G. Valitutti A. Tifi A. Gentile

La chimica in moduli

- **A** La materia e gli atomi
- **B** Lavorare con gli atomi: la mole
- **C** All'interno dell'atomo
- **D** Dagli atomi alle molecole
- **E** La nomenclatura e le reazioni chimiche
- **F** L'energia, le reazioni e l'equilibrio
- **G** Il trasferimento di protoni ed elettroni
- **H** Il mondo del carbonio

Zanichelli

La formula editoriale VVF (volumi a vendita flessibile) viene incontro a uno dei principali suggerimenti del d.m. 7.12.1999, "Norme e avvertenze per la compilazione del libro di testo da utilizzare nella scuola dell'obbligo". Tale decreto, formalmente dettato solo per la scuola dell'obbligo, contiene tuttavia indicazioni generali valide per ogni livello scolastico.
I contenuti di questo libro sono pertanto offerti, a scelta dell'utente, in sezioni agili e, in alternativa, in aggregazioni più ampie (volumi o confezioni di più fascicoli).
L'utente può così scegliere privilegiando la possibilità di ritagliarsi un percorso didattico differenziato, di graduare l'acquisto o di contenere la spesa.

La divisione di questo libro in volumetti non è puramente meccanica. In sintonia con il d.m. 7.12.1999 il materiale è stato organizzato in modo da configurare moduli didattici autonomi, ciascuno dotato di indicazioni di ingresso (prerequisiti e competenze) e di uscita (prove di verifica finalizzate alla certificazione delle competenze acquisite).
Queste e altre indicazioni (tra cui le informazioni sulla struttura dell'opera), tradizionalmente riservate all'insegnante, sono ora presenti nel libro dello studente, in modo da consentire un più corretto e consapevole utilizzo del libro.

Realizzazione editoriale:
- Redazione: Elena Bacchilega
- Segreteria di redazione: Deborah Lorenzini
- Progetto grafico, impaginazione e disegni: Studio Emme Grafica+
- Fotografie: Carlo Gardini, Parma

Contributi:
- Revisione del testo, ricerca iconografica: Roberta Marchetti
- Indice analitico: Norma, Parma
- Per le foto in laboratorio, si ringrazia il Liceo Statale Giacomo Ulivi, Parma

Copertina:
- Realizzazione: Roberto Marchetti
- Immagine di copertina: Vincent Van Gogh, *Notte stellata sul Rodano*, 1888. Parigi, Musée d'Orsay.

Prima edizione: marzo 2001

Ristampa:

5 4 3 2 1 2001 2002 2003 2004 2005

Realizzare un libro è un'operazione complessa, che richiede numerosi controlli: sul testo, sulle immagini e sulle relazioni che si stabiliscono tra essi. L'esperienza suggerisce che è praticamente impossibile pubblicare un libro privo di errori. Saremo quindi grati ai lettori che vorranno segnalarceli.
Per segnalazioni o suggerimenti relativi a questo libro l'indirizzo a cui scrivere è:

Zanichelli editore S.p.A.
Via Irnerio 34
40126 Bologna
fax: 051 249782
e-mail: lineaquattro@bo.zanichelli.it
sito web: www.zanichelli.it

Zanichelli editore S.p.A. opera con sistema qualità certificato CertiCarGraf n. 477 - IQ Net IT - 16130 secondo la norma UNI EN ISO 9001:94

Stampa: Centro Poligrafico Milano
Via Puccini 64, 20080 Casarile (Milano)
per conto di Zanichelli editore S.p.A.
Via Irnerio 34, 40126 Bologna

Struttura del libro

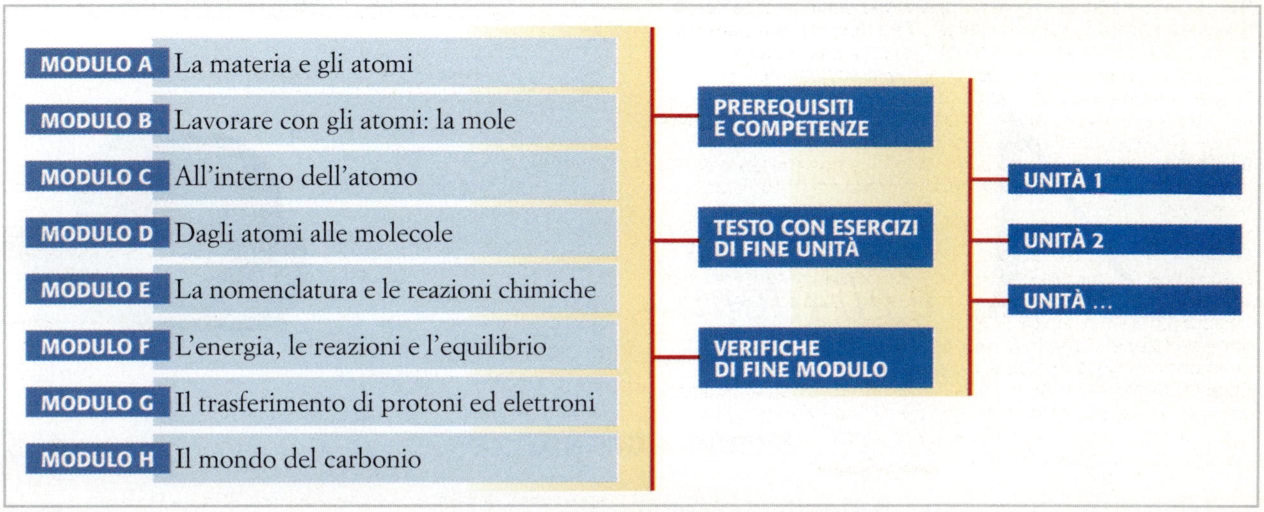

- Questo volume raccoglie insieme quattro fascicoli composti in tutto da otto moduli, pensati per consentire un percorso didattico flessibile e differenziato.
- Per agevolare la consultazione del volume unico abbiamo inserito in apertura un **SOMMARIO** di tutti i moduli e un **INDICE ANALITICO**, anch'esso riferito a tutto il volume.
- Lungo il testo si trovano ripetuti i sommari e gli indici analitici dei singoli moduli o gruppi di moduli (A+B, C+D+E, F+G, H).
- Ogni modulo si apre con i *prerequisiti* e le *competenze* e termina con le proprie *verifiche finali* e il proprio *glossario*.

Sommario del volume

Modulo **A**

La materia e gli atomi

Modulo B
Lavorare con gli atomi: la mole

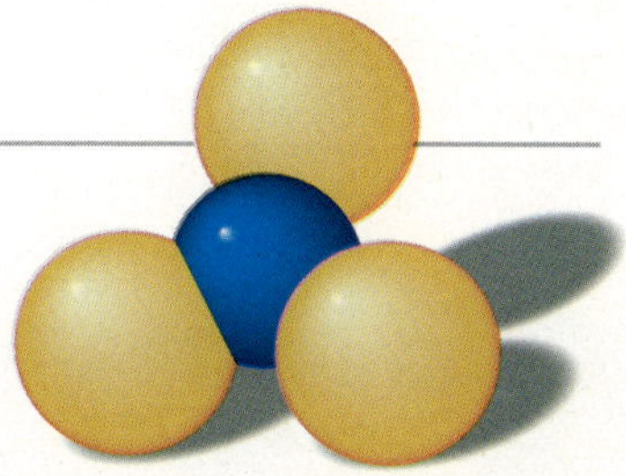

Modulo C

All'interno dell'atomo

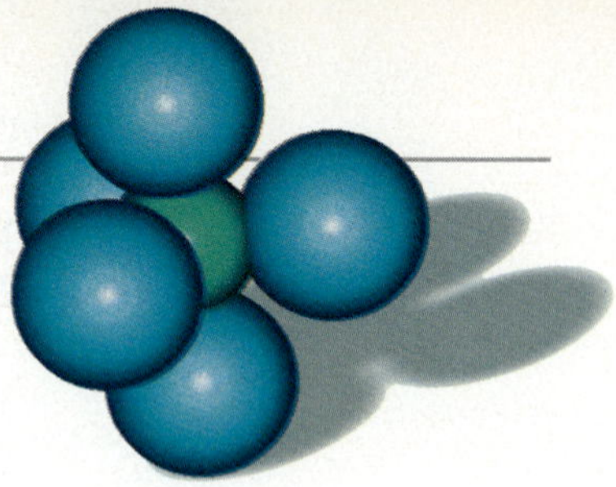

unità 1 LE PARTICELLE DELL'ATOMO C 3

unità 2 L'ATOMO E I LIVELLI DI ENERGIA C 19

unità 3 IL SISTEMA PERIODICO C 39

unità 4 IL MODELLO A ORBITALI C 57

Modulo D

Dagli atomi alle molecole

unità 3 LE SOLUZIONI D 51

Modulo E
La nomenclatura e le reazioni chimiche

unità 1 LA NOMENCLATURA DEI COMPOSTI E 3

unità 2 LE REAZIONI CHIMICHE E 31

Modulo F
L'energia, le reazioni e l'equilibrio

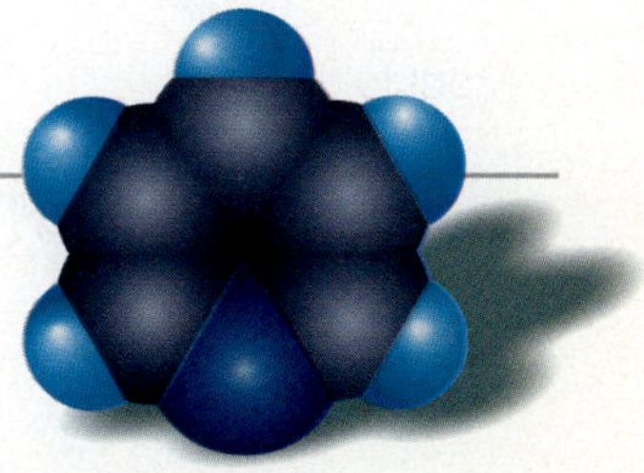

Modulo G

Il trasferimento di protoni ed elettroni

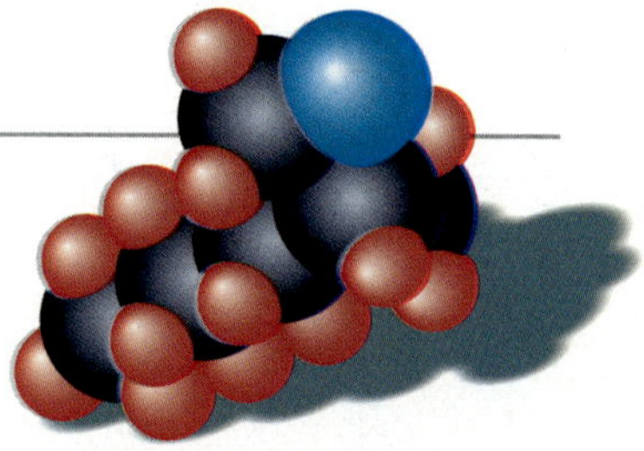

Modulo H

Il mondo del carbonio

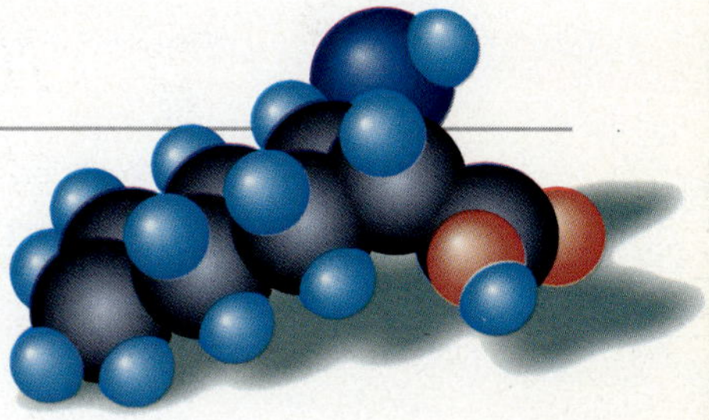

Indice analitico del volume

A

B

C

D

E

F

G

H

I

J

K

L

M

N

O

P

Q

R

S

T

U

V

W

Z

G. Valitutti A. Tifi A. Gentile

La chimica in moduli

Modulo A **La materia e gli atomi**
Modulo B **Lavorare con gli atomi: la mole**

La formula editoriale VVF (volumi a vendita flessibile) viene incontro a uno dei principali suggerimenti del d.m. 7.12.1999, "Norme e avvertenze per la compilazione del libro di testo da utilizzare nella scuola dell'obbligo". Tale decreto, formalmente dettato solo per la scuola dell'obbligo, contiene tuttavia indicazioni generali valide per ogni livello scolastico.
I contenuti di questo libro sono pertanto offerti, a scelta dell'utente, in sezioni agili e, in alternativa, in aggregazioni più ampie (volumi o confezioni di più fascicoli).
L'utente può così scegliere privilegiando la possibilità di ritagliarsi un percorso didattico differenziato, di graduare l'acquisto o di contenere la spesa.

La divisione di questo libro in volumetti non è puramente meccanica. In sintonia con il d.m. 7.12.1999 il materiale è stato organizzato in modo da configurare moduli didattici autonomi, ciascuno dotato di indicazioni di ingresso (prerequisiti e competenze) e di uscita (prove di verifica finalizzate alla certificazione delle competenze acquisite).
Queste e altre indicazioni (tra cui le informazioni sulla struttura dell'opera), tradizionalmente riservate all'insegnante, sono ora presenti nel libro dello studente, in modo da consentire un più corretto e consapevole utilizzo del libro.

Realizzazione editoriale:
- Redazione: Elena Bacchilega
- Segreteria di redazione: Deborah Lorenzini
- Progetto grafico, impaginazione e disegni: Studio Emme Grafica+
- Fotografie: Carlo Gardini, Parma

Contributi:
- Revisione del testo, ricerca iconografica: Roberta Marchetti
- Indice analitico: Norma, Parma
- Per le foto in laboratorio, si ringrazia il Liceo Statale Giacomo Ulivi, Parma

Copertina:
- Realizzazione: Roberto Marchetti
- Immagine di copertina: Vincent Van Gogh, *Notte stellata sul Rodano*, 1888. Parigi, Musée d'Orsay.

Prima edizione: febbraio 2001

Ristampa:

5 4 3 2 2001 2002 2003 2004 2005

Realizzare un libro è un'operazione complessa, che richiede numerosi controlli: sul testo, sulle immagini e sulle relazioni che si stabiliscono tra essi. L'esperienza suggerisce che è praticamente impossibile pubblicare un libro privo di errori. Saremo quindi grati ai lettori che vorranno segnalarceli.
Per segnalazioni o suggerimenti relativi a questo libro l'indirizzo a cui scrivere è:

Zanichelli editore S.p.A.
Via Irnerio 34
40126 Bologna
fax: 051 249782
e-mail: lineaquattro@bo.zanichelli.it
sito web: www.zanichelli.it

Zanichelli editore opera con sistema qualità certificato secondo la norma UNI EN ISO 9001

Stampa: Centro Poligrafico Milano
Via Puccini 64, 20080 Casarile (Milano)
per conto di Zanichelli editore S.p.A.
Via Irnerio 34, 40126 Bologna

G. Valitutti A. Tifi A. Gentile

La chimica in moduli

Moduli A+B

La materia e gli atomi
Lavorare con gli atomi: la mole

Zanichelli

Sommario

Modulo

A La materia e gli atomi

Modulo B

Lavorare con gli atomi: la mole

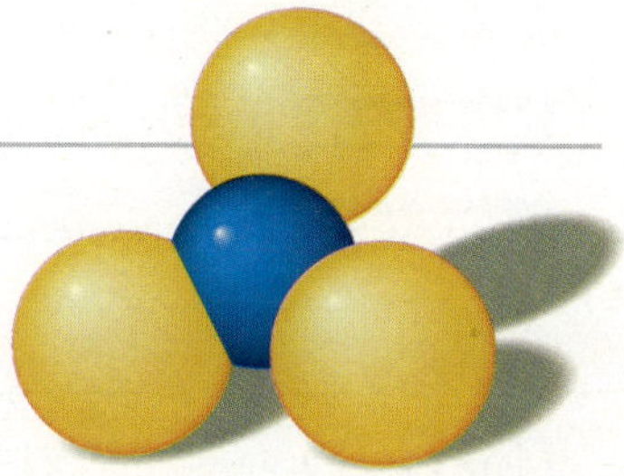

Atlante

STRUTTURA DEL LIBRO

- **MODULO A** La materia e gli atomi
- **MODULO B** Lavorare con gli atomi: la mole
- **MODULO C** All'interno dell'atomo
- **MODULO D** Dagli atomi alle molecole
- **MODULO E** La nomenclatura e le reazioni chimiche
- **MODULO F** L'energia, le reazioni e l'equilibrio
- **MODULO G** Il trasferimento di protoni ed elettroni
- **MODULO H** Il mondo del carbonio

PREREQUISITI E COMPETENZE

TESTO CON ESERCIZI DI FINE UNITÀ
- **UNITÀ 1**
- **UNITÀ 2**
- **UNITÀ ...**

VERIFICHE DI FINE MODULO

Ogni modulo si apre con i *prerequisiti* e le *competenze* e termina con le *verifiche di finali.*

Teoria

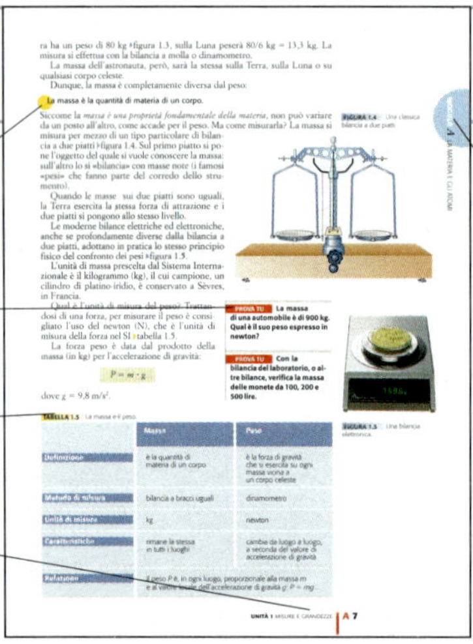

Le definizioni sono evidenziate in giallo

Esempi ed esercizi favoriscono un approccio operativo

Le tabelle aiutano ad organizzare le conoscenze

Titolo dell'unità

Titolo del modulo

Esercizi

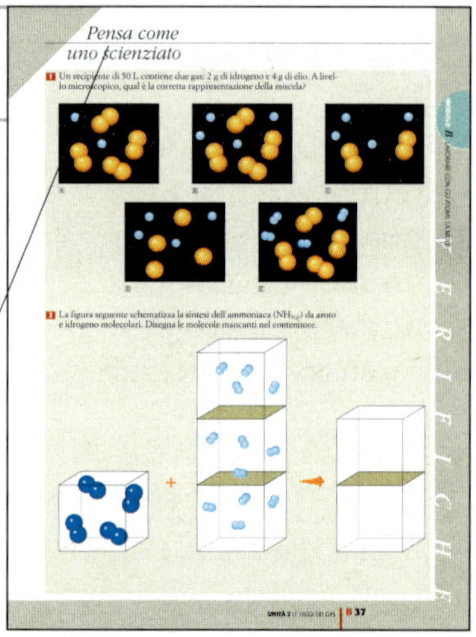

Questi esercizi insegnano a risolvere problemi applicando il modello cinetico-molecolare della materia

Gli esercizi di conoscenza servono a verificare ciò che lo studente ha appreso

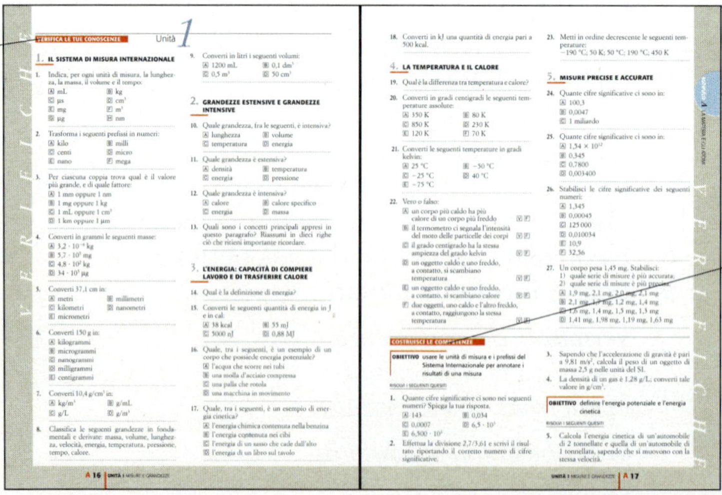

Esercizi

Questi esercizi aiutano lo studente a costruire una competenza attraverso il raggiungimento di alcuni obiettivi intermedi

Fonti di approfondimento

LIBRI

- Isaac Asimov, *Breve storia della chimica*, ZANICHELLI
- H.W. Roesky, K. Möckel, *Il luna park della chimica*, ZANICHELLI
- Peter Atkins, *Il secondo principio*, ZANICHELLI
- Peter Atkins, *Molecole*, ZANICHELLI
- John Emsley, *Prodotti chimici, guida per il consumatore*, ZANICHELLI
- G.Völlmer, M.Franz, *La chimica di tutti i giorni*, ZANICHELLI
- Primo Levi, *Il sistema periodico*, EINAUDI
- *Enciclopedia della chimica*, GARZANTI
- *Dizionario biografico degli scienziati e dei tecnici*, ZANICHELLI

RIVISTE

- *Le Scienze*, edizione italiana di *Scientific American* www.lescienze.it

LINKS E SITI WEB

- www.chemdex.org
  oltre 400 links sulla chimica
- www.webelements.com
  un sito dedicato a tutti gli elementi chimici
- http://portal.sophia.it/cgi-bin/WebObjects/News
  recensioni di articoli, notizie, informazioni e di siti di carattere scientifico

MUSEI

- Museo Nazionale della Scienza e della Tecnica Leonardo da Vinci, Milano
  www.museoscienza.org

Modulo

A La materia e gli atomi

Salvador Dalì, *Cestino di pane*

PREREQUISITI

Per affrontare lo studio di questo modulo sono necessarie le seguenti competenze:

- Comprendere il significato di un testo scientifico di base.
- Utilizzare le competenze matematiche di base.

COMPETENZE

- Utilizzare le unità di misura del Sistema Internazionale (SI) nella risoluzione dei problemi.
- Distinguere le grandezze estensive dalle grandezze intensive e determinare la densità di un oggetto e la sua temperatura.
- Spiegare alcune proprietà della materia in termini di energia cinetica, di energia potenziale, di calore e di temperatura.
- Separare e identificare le sostanze attraverso alcune proprietà intensive.
- Distinguere gli elementi dai composti e le trasformazioni fisiche dalle trasformazioni chimiche.
- Spiegare le caratteristiche macroscopiche delle trasformazioni fisiche e chimiche mediante il modello cinetico-molecolare della materia.

Unità 1

COMPETENZE

Utilizzare le unità di misura e i prefissi del Sistema Internazionale (SI) nella risoluzione dei problemi.

Distinguere le grandezze estensive dalle grandezze intensive e determinare la densità di un oggetto e la sua temperatura.

Spiegare alcune proprietà della materia in termini di energia cinetica, di energia potenziale, di calore e di temperatura.

Le competenze dell'unità didattica sono costruite ponendosi i seguenti obiettivi:

1. Usare le unità di misura e i prefissi del Sistema Internazionale per annotare i risultati di una misura.
2. Definire l'energia potenziale e l'energia cinetica.
3. Distinguere le grandezze estensive dalle grandezze intensive.
4. Misurare e calcolare la densità e la temperatura dei materiali.
5. Distinguere il calore dalla temperatura.

Misure e grandezze

La **chimica** è la scienza che studia la composizione, la struttura e le trasformazioni della materia.

Noi viviamo in un mondo chimico; ogni cosa che ci circonda, e noi stessi, è un condensato di numerosissime sostanze.

La chimica si basa sulla teoria che tutta la materia, con poche eccezioni, è formata da **molecole** e che le molecole, a loro volta, sono fatte di **atomi**. Approfondiremo questo argomento alla fine del modulo A. Gli atomi che costituiscono le molecole sono senza età; passano da una sostanza all'altra, da un corpo all'altro e da un organismo all'altro. Gli atomi del nostro corpo già esistevano prima di noi e, dopo di noi, saranno riciclati da altri organismi. Durante la nostra vita, sicuramente abbiamo respirato almeno una molecola d'aria che già è stata respirata da famosi personaggi storici (Cesare, Gesù, Galileo).

FIGURA 1.1 Galileo Galilei (Pisa, 15 febbraio 1564 - Arcetri, 8 gennaio 1642).

Ma come possiamo conoscere la composizione e la struttura della materia? Il grande sviluppo delle scienze sperimentali deriva, essenzialmente, dalla capacità di effettuare misure sempre più rigorose e di interpretare i fatti accertati per via sperimentale. Misurare significa conoscere. L'affermazione, tuttavia, ha senso soltanto se si stabiliscono regole precise, cioè se si fissano le **unità di misura** e le metodologie per raccogliere e analizzare i dati sperimentali.

1. IL SISTEMA INTERNAZIONALE

I numeri che si usano in fisica e in chimica derivano spesso da un esperimento di misura. In questi casi si fa frequentemente uso di quantità dimensionate, cioè di numeri che moltiplicano un'unità di misura:

59 m	rappresenta una lunghezza
59 kg	rappresenta una massa
59 m^3	rappresenta un volume
59	è un numero puro

Lo stesso numero, moltiplicato per unità di misura diverse, ha un significato fisico diverso. L'unità di misura scelta ci consente di **confrontare** i risultati di altre misure con le nostre.

Le grandezze che si possono misurare si chiamano grandezze fisiche.

La comunità scientifica internazionale ha identificato sette grandezze indipendenti, le grandezze **fondamentali**, dalle quali possono essere ricavate tutte le altre (grandezze **derivate**). Il sistema metrico fondato sulle sette grandezze fondamentali è chiamato *Sistema Internazionale* (abbreviato in SI).

A ciascuna grandezza fondamentale è stata assegnata una propria unità di misura ▸tabella 1.1.

TABELLA 1.1 Le grandezze fondamentali e le loro unità di misura.

Grandezza fisica	Simbolo della grandezza	Nome dell'unità di misura	Simbolo dell'unità di misura
lunghezza	*l*	metro	m
massa	*m*	kilogrammo	kg
tempo	*t*	secondo	s
corrente elettrica	*I*	ampere	A
temperatura	*T*	kelvin	K
quantità di sostanza	*n*	mole	mol
intensità luminosa	I_v	candela	cd

Dalla combinazione algebrica (moltiplicazioni e divisioni) delle sette unità fondamentali si possono ottenere le unità di misura delle grandezze derivate ▸tabella 1.2.

TABELLA 1.2 Alcune grandezze derivate.

Grandezza fisica	Nome dell'unità di misura	Simbolo dell'unità di misura	Definizione dell'unità di misura SI
area	metro quadrato	m^2	
volume	metro cubo	m^3	
densità o massa volumica	kilogrammo al metro cubo	kg/m^3	
forza	newton	N	$1\ N = 1\ kg \cdot m/s^2$
pressione	pascal	Pa	$1\ Pa = 1\ N/m^2$
energia, lavoro, calore	joule	J	$1\ J = 1\ N \cdot m$
velocità	metri al secondo	m/s	
accelerazione	metro al secondo quadrato	m/s^2	
potenza	watt	W	1 W = 1 J/s
carica elettrica	coulomb	C	$1\ C = 1\ A \cdot s$
differenza di potenziale elettrico, forza elettromotrice	volt	V	1 V = 1 J/C
resistenza	ohm	Ω	1 Ω = 1 V/A
frequenza	hertz	Hz	1 Hz = 1/s

Spesso in fisica e in chimica si usano multipli e sottomultipli dell'unità di misura. A ogni multiplo o sottomultiplo corrispondono un *prefisso*, che deve precedere, senza spazi, il nome dell'unità di misura, e un *simbolo*, da anteporre al simbolo dell'unità di misura. ▸tabella 1.3.

TABELLA 1.3 Principali prefissi delle unità di misura.

Sottomultiplo	Prefisso	Simbolo	Multiplo	Prefisso	Simbolo
10^{-1}	deci- 0,1	d-	10	deca-	da-
10^{-2}	centi- 0,01	c-	10^2	etto-	h-
10^{-3}	milli-	m-	10^3	kilo-	k-
10^{-6}	micro-	μ-	10^6	mega-	M-
10^{-9}	nano-	n-	10^9	giga-	G-
10^{-12}	pico-	p-	10^{12}	tera-	T-
10^{-15}	femto-	f-	10^{15}	peta-	P-
10^{-18}	atto-	a-	10^{18}	exa-	E-

In questo paragrafo passeremo in rassegna le principali grandezze, sia fondamentali (come la lunghezza) sia derivate (come la densità e il volume).

2. GRANDEZZE ESTENSIVE E GRANDEZZE INTENSIVE

Le grandezze che descrivono le proprietà della materia sono di due tipi: le grandezze **estensive** e le grandezze **intensive** ▸tabella 1.4.

Sono estensive le proprietà fisiche di un materiale o di una sostanza che dipendono dalla dimensione del campione: la massa, il peso, la lunghezza, il volume, l'energia. Sono intensive le proprietà fisiche di un materiale che *non* dipendono dalla dimensione del campione. Esse, infatti, sono tipiche di quel materiale o di quella sostanza (per esempio, la densità, la temperatura, la pressione).

TABELLA 1.4 Le proprietà della materia.

	Proprietà intensive	Proprietà estensive
Definizione	non dipendono dalla dimensione del campione	dipendono dalla dimensione del campione
Esempi	peso specifico	massa
	densità	volume
	temperatura di ebollizione	lunghezza

La lunghezza

L'unità di misura della lunghezza nel SI è il *metro*, m. L'antico metro campione, in platino-iridio, è tutt'ora conservato a Sèvres, vicino a Parigi. Oggi l'unità standard si ricava misurando lo spazio percorso dalla luce nel vuoto durante un intervallo di tempo pari a 1/299 792 458 secondi.

I principali sottomultipli del metro sono:

1 decimetro	=	1 dm	=	0,1 metri	=	$1 \cdot 10^{-1}$ m
1 centimetro	=	1 cm	=	0,01 metri	=	$1 \cdot 10^{-2}$ m
1 millimetro	=	1 mm	=	0,001 metri	=	$1 \cdot 10^{-3}$ m
1 micrometro	=	1 μm	=	0,000001 metri	=	$1 \cdot 10^{-6}$ m
1 nanometro	=	1 nm	=	0,000000001 metri	=	$1 \cdot 10^{-9}$ m
1 ångström	=	1 Å	=	0,0000000001 metri	=	$1 \cdot 10^{-10}$ m

ESEMPIO L'atomo d'oro ha un diametro di circa 1,44 · 10^{-10} m. Calcola il diametro in nanometri e in ångström.

Soluzione

Bisogna trasformare i metri in nanometri: sapendo che 1 nm = $1 \cdot 10^{-9}$ m, il diametro è uguale a 0,144 nm. Il diametro corrisponde a 1,44 Å, poichè 1 Å = $1 \cdot 10^{-10}$ m.

Le dimensioni di atomi e molecole e le lunghezze d'onda della luce si misurano comunemente in *nanometri*. Raramente si usa come unità l'*ångström*, un'unità di misura che non fa parte del Sistema Internazionale. Fra i due sottomultipli del metro c'è la seguente relazione: 10 Å = 1 nm.

Il tempo

PROVA TU **Calcola la tua età in nanosecondi.**

Sino al 1956, il secondo veniva definito con riferimento al giorno solare medio. Sapendo che un giorno è formato da 24 ore e ciascuna ora da 3600 secondi (60 min · 60 s), un giorno è «scandito» da 86 400 secondi. Pertanto, il secondo rappresenta la 1/86 400 parte di un giorno solare medio.

Oggi, però, il secondo è definito come l'intervallo di tempo necessario alla radiazione emessa dal cesio-133 (^{133}Cs) per produrre 9 192 631 770 vibrazioni.

Il volume

Le misure di volume sono molto frequenti nel laboratorio di chimica e nella vita quotidiana (per lo più si tratta di misure di liquidi). Il volume è una quantità derivata da una lunghezza (elevata al cubo) e si esprime in *decimetri cubi* o, più comunemente, in *litri*:

$$1 \text{ litro} = 1 \text{ L} = 1 \text{ dm}^3 = 10 \text{ cm} \cdot 10 \text{ cm} \cdot 10 \text{ cm} = 1000 \text{ cm}^3 = 10^{-3} \text{ m}^3$$

L'equivalenza mostra che il cm^3 (centimetro cubo, a volte indicato anche con «cc») è la millesima parte del litro, pertanto viene anche detto millilitro. Il simbolo del millilitro è mL ▸figura 1.2.

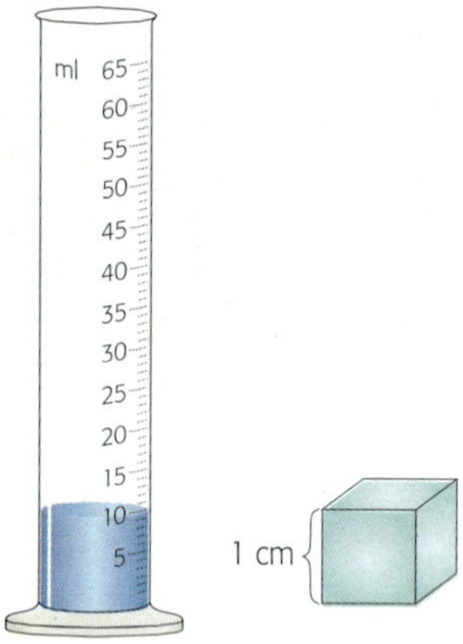

FIGURA 1.2 1 mL è uguale a 1 cm^3.

ESEMPIO **Calcola il volume in litri di 2 km^3 d'aria.**

Soluzione

Trasforma i km in metri e poi in decimetri. Sapendo che 1 L = 1 dm^3, i dm ottenuti vanno elevati al cubo:

1 km = 1000 m = 10 000 dm = $1 \cdot 10^4$ dm

1 km^3 = $(10^4 \text{ dm})^3 = 1 \cdot 10^{12} \text{ dm}^3 = 1 \cdot 10^{12}$ L

La massa e il peso

Ogni cosa è attratta dalla Terra. I corpi cadono perché la Terra esercita su di essi una forza, che noi chiamiamo *forza di gravità*, o semplicemente *gravità*. Tale forza agisce su tutti gli oggetti, grandi e piccoli. Sulla cima dell'Everest, il peso di un oggetto è minore che sulla riva del mare (la differenza è di circa 2,5 parti su 1000), perché la forza di gravità diminuisce al crescere della distanza dal centro della Terra. Perciò, il peso di un corpo (che *è una forza*) cambia da un posto all'altro della superficie terrestre e da un pianeta all'altro.

Sulla Luna, la forza di gravità è sei volte più bassa che sulla Terra. Un astronauta che sulla Ter-

FIGURA 1.3 La massa dell'astronauta non varia, ma il peso è minore sulla Luna che sulla Terra.

ra ha un peso di 80 kg ▸figura 1.3, sulla Luna peserà 80/6 kg = 13,3 kg. La misura si effettua con la bilancia a molla o dinamometro.

La massa dell'astronauta, però, sarà la stessa sulla Terra, sulla Luna o su qualsiasi corpo celeste.

Dunque, la massa è completamente diversa dal peso:

La massa è la quantità di materia di un corpo.

Siccome la *massa è una proprietà fondamentale della materia*, non può variare da un posto all'altro, come accade per il peso. Ma come misurarla? La massa si misura per mezzo di un tipo particolare di bilancia a due piatti ▸figura 1.4. Sul primo piatto si pone l'oggetto del quale si vuole conoscere la massa: sull'altro lo si «bilancia» con masse note (i famosi «pesi» che fanno parte del corredo dello strumento).

Quando le masse sui due piatti sono uguali, la Terra esercita la stessa forza di attrazione e i due piatti si pongono allo stesso livello.

Le moderne bilance elettriche ed elettroniche, anche se profondamente diverse dalla bilancia a due piatti, adottano in pratica lo stesso principio fisico del confronto dei pesi ▸figura 1.5.

L'unità di massa prescelta dal Sistema Internazionale è il kilogrammo (kg), il cui campione, un cilindro di platino-iridio, è conservato a Sèvres, in Francia.

Qual è l'unità di misura del peso? Trattandosi di una forza, per misurare il peso è consigliato l'uso del newton (N), che è l'unità di misura della forza nel SI ▸tabella 1.5.

La forza peso è data dal prodotto della massa (in kg) per l'accelerazione di gravità:

$$P = m \cdot g$$

dove $g = 9{,}8\ m/s^2$.

FIGURA 1.4 Una classica bilancia a due piatti.

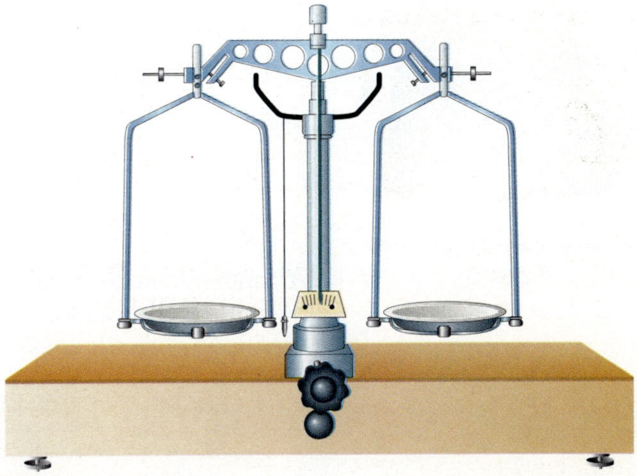

PROVA TU **La massa di una automobile è di 900 kg. Qual è il suo peso espresso in newton?**

PROVA TU **Con la bilancia del laboratorio, o altre bilance, verifica la massa delle monete da 100, 200 e 500 lire.**

FIGURA 1.5 Una bilancia elettronica.

TABELLA 1.5 La massa e il peso.

	Massa	Peso
Definizione	è la quantità di materia di un corpo	è la forza di gravità che si esercita su ogni massa vicina a un corpo celeste
Metodo di misura	bilancia a bracci uguali	dinamometro
Unità di misura	kg	newton
Caratteristiche	rimane la stessa in tutti i luoghi	cambia da luogo a luogo, a seconda del valore di accelerazione di gravità
Relazione	Il peso *P* è, in ogni luogo, proporzionale alla massa *m* e al valore locale dell'accelerazione di gravità *g*: $P = mg$	

FIGURA 1.6 L'olio è meno denso dell'acqua.

Una proprietà intensiva della materia: la densità

Provate a farvi questa domanda: quale materiale è più denso, l'acqua o l'olio? Di solito si risponde, sbagliando, l'olio. E invece i fatti ci dicono il contrario: l'olio, proprio perché meno denso, galleggia sull'acqua e non affonda ▸figura 1.6.

Ma che cos'è la densità? È una proprietà specifica della materia che si calcola dividendo la massa di un determinato oggetto per il suo volume:

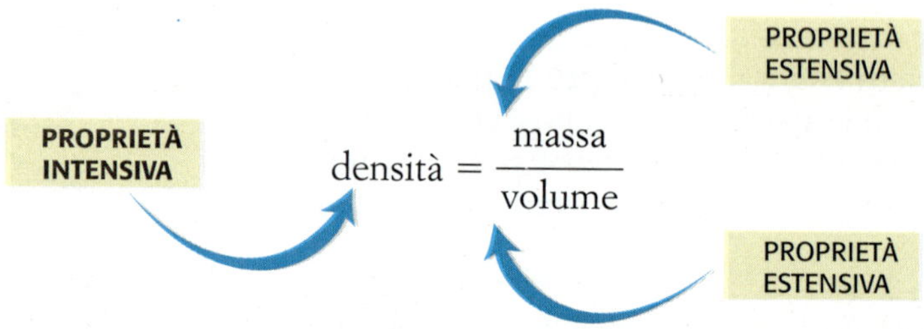

Al numeratore si pone l'unità di massa e al denominatore l'unità di volume. Secondo il SI la densità si misura in kg/m^3. Nell'uso comune, però, si usano il grammo (g) per la massa e il millilitro (mL) o il centimetro cubo (cm^3) per il volume:

$$d = \frac{m}{V} = \frac{kg}{m^3} = \frac{g}{cm^3} = g \cdot cm^{-3}$$

Come si passa da $\frac{kg}{m^3}$ a $\frac{g}{cm^3}$?

$$1\,\frac{kg}{m^3} = \frac{1000g}{(100cm)^3} = \frac{10^3 g}{10^6 cm^3} = \frac{g}{10^3 cm^3} = 10^{-3}\frac{g}{cm} = 0{,}001\ g \cdot cm^{-3}$$

La densità dei gas si misura in grammi per litro.

Un errore comune, quando si discute sulla densità di un corpo, consiste nell'affermare che questa dipende dalla sua massa e dal suo volume. In realtà, per un dato materiale, variando la massa e il volume la densità non cambia; essa varia soltanto aumentando o diminuendo la temperatura.

Per quasi tutte le sostanze, l'aumento di temperatura fa diminuire la densità, perché aumenta il volume. Soltanto il ghiaccio e poche altre sostanze fanno eccezione a questa regola ▸tabella 1.6.

TABELLA 1.6 La densità di alcuni materiali.

Solidi	Densità a 20 °C ($g \cdot cm^{-3}$)	Liquidi	Densità a 20 °C ($g \cdot cm^{-3}$)	Gas	Densità a 0 °C e a 10^5 Pa (g / L)
ghiaccio	0,92	acqua	1,00	aria	1,29
litio	0,53	benzina	0,67	diossido di carbonio	1,98
sale	2,16	alcol	0,79	idrogeno	0,090
vetro	da 2,5 a 2,8	mercurio	13,6	ossigeno	1,43
carta	0,70	aceto	1,01		
sughero	0,21	olio di oliva	0,92		
oro	19,3	sangue	1,06		

ESEMPIO **Di due lingotti di oro puro, il primo ha una massa di 15 kg e volume di 777,2 cm^3, il secondo ha una massa di 500 g e un volume di 25,9 cm^3. Qual è la densità dei due lingotti?**

Soluzione

Calcola la densità inserendo i dati nella formula:

$$\text{densità} = \frac{\text{massa}}{\text{volume}}$$

$$\text{primo lingotto: } d = \frac{15\,000 \text{ g}}{777{,}2 \text{ cm}^3} = 19{,}3 \text{ g} \cdot \text{cm}^{-3}$$

$$\text{secondo lingotto: } d = \frac{500 \text{ g}}{25{,}9 \text{ cm}^3} = 19{,}3 \text{ g} \cdot \text{cm}^{-3}$$

Le masse e i volumi dei due lingotti sono molto diversi, ma la loro densità, cioè il rapporto massa/volume, è una costante caratteristica del materiale di cui sono costituiti.

PROVA TU

Utilizzando la tabella 1.6, calcola la massa di un litro di mercurio.

La densità dipende, quindi, dal materiale, dalla temperatura e dalla pressione (specialmente per i gas).

3. ENERGIA: LA CAPACITÀ DI COMPIERE LAVORO E DI TRASFERIRE CALORE

Ha scritto D. Herron: «*L'energia è un'idea, come l'amore. Facile da riconoscere, ma difficile da definire.*»

Tutti parlano di energia: energia elettrica, energia solare, energia termica, energia chimica. Ma cos'è l'energia? La definizione più comune fra i fisici è la seguente:

L'energia è la capacità di un corpo di eseguire lavoro e di trasferire calore.

Il lavoro fatto su un oggetto, da una forza applicata, è definito e misurato dal prodotto della forza per la distanza percorsa dall'oggetto:

$$\text{lavoro} = \text{forza} \cdot \text{spostamento}$$
$$L = f \cdot s$$

Energia e lavoro, nel SI, hanno la stessa unità di misura: il **joule**.

$$\text{J} = 1\,\text{N} \cdot 1\text{m} = \frac{\text{kg} \cdot \text{m}^2}{\text{s}^2} = \text{joule}$$

In biochimica è anche molto usata la **caloria**. Che cos'è la caloria? La caloria è la quantità di calore necessaria a portare 1 g d'acqua da 14,5 a 15,5 °C.
La caloria e il joule sono fra loro legati dalla seguente equivalenza:

$$1 \text{ cal} = 4{,}18 \text{ J}$$

Tutti i tipi di energia, anche quelli citati all'inizio, sono classificabili come *energia cinetica* o *energia potenziale*.

L'energia cinetica

Qualsiasi oggetto in movimento è capace di produrre lavoro. Chiamiamo energia cinetica l'energia dovuta al movimento dei corpi. L'energia cinetica di un oggetto si calcola con la formula:

$$E_c = \frac{1}{2} m \cdot v^2$$

$$\text{energia cinetica} = \frac{1}{2} \cdot \text{massa} \cdot (\text{velocità})^2$$

La relazione vale sia per una palla da tennis, sia per un atomo, sia per un'automobile.

L'energia potenziale

L'energia chimica contenuta nei combustibili e nei cibi è energia potenziale; tale energia è trasformabile in calore, o in altra forma di energia, mediante reazioni chimiche.

L'energia posseduta dagli oggetti, in virtù della loro posizione o composizione, è denominata energia potenziale.

Questa forma di energia si può considerare energia immagazzinata, che può essere trasformata in energia cinetica figura 1.7.

FIGURA 1.7 L'energia potenziale del masso si convertirà in energia cinetica quando esso inizierà a rotolare verso il basso.

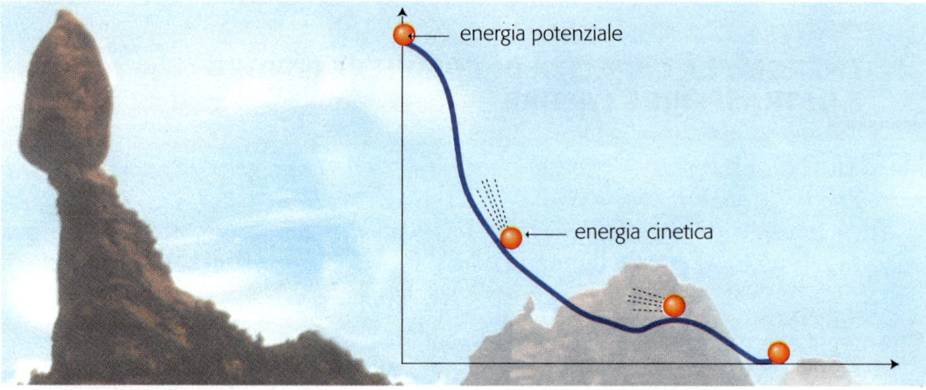

L'uomo sfrutta l'energia potenziale contenuta nei cibi per la sua sopravvivenza. Nelle sue cellule, infatti, avvengono reazioni di demolizione degli alimenti la cui energia potenziale viene trasformata in altre forme di energia, necessarie alla vita, e in calore tabella 1.7.

TABELLA 1.7 Il valore energetico dei principali alimenti.

Materiali	Valore calorico (kcal/g)	Valore calorico (kJ/g)
glucidi (in zucchero, pane, pasta)	4	16,7
lipidi (olio, burro, margarina, grassi animali)	9	37,6
proteine (in carne, pesce, uova, formaggi, fagiolini)	4	16,7
alcol (in vino, birra, liquori, sidro)	7	29,3

4. LA TEMPERATURA E IL CALORE

Quando misuriamo col termometro la temperatura di un corpo o di un oggetto, ricaviamo informazioni sul suo stato termico; la temperatura non ci dice niente sulla *quantità* di calore che entra o esce dal corpo.

In che cosa differiscono temperatura e calore?

La temperatura

La temperatura è una *grandezza intensiva* che ci fornisce una misura di quanto un corpo è caldo o freddo. Non bisogna perciò confonderla con il calore che, come vedremo più avanti, è un modo di trasferire energia.

Lo strumento utilizzato per misurare la temperatura è il **termometro**, che si basa sulla capacità che hanno i liquidi (come l'alcol e il mercurio), i solidi e i gas di dilatarsi all'aumentare della temperatura.

I termometri più comuni sono suddivisi in gradi centigradi, secondo una scala chiamata scala Celsius. Questa scala sfrutta due punti fissi: la temperatura a cui il ghiaccio fonde e quella a cui l'acqua bolle. Infatti, *mentre l'acqua bolle e il ghiaccio fonde, la temperatura si mantiene costante* ▸ figura 1.8. Per prima cosa si immerge il termometro in una miscela ghiaccio-acqua. Il volume occupato dalla sostanza contenuta nel termometro (generalmente mercurio), si contrae fino a un valore stabile e ripetibile, che viene fissato con un segno. A questo si assegna il valore di 0 °C.

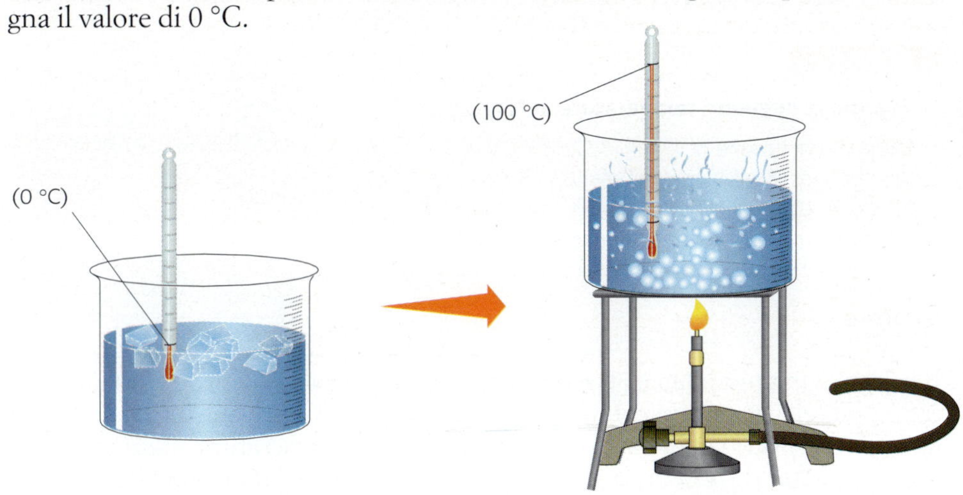

FIGURA 1.8 Come si determinano lo 0 °C e il 100 °C di un termometro.

Un segno analogo viene praticato sul termometro immerso nell'acqua bollente, per fissare la dilatazione corrispondente ai 100 °C. La distanza fra i due segni viene infine divisa in 100 parti uguali. La scelta arbitraria di due punti fissi non è priva di conseguenze; infatti, lo zero della scala Celsius non corrisponde allo zero di energia cinetica media.

Lord Kelvin dimostrò nel 1848 che esiste uno **zero assoluto** della temperatura, al di sotto del quale è impossibile scendere. Lo zero assoluto si colloca a − 273,15 °C. Anche la scala assoluta, come la Celsius, è una scala centigrada, il cui grado si chiama kelvin e si indica con K. La scala Celsius e la scala assoluta sono semplicemente spostate, una rispetto all'altra, di 273,15 gradi.

La temperatura assoluta viene indicata con T ed è una delle sette grandezze fondamentali del SI. La temperatura centigrada viene indicata con la lettera t.

Come si passa dalla temperatura in gradi Celsius a quella in gradi K? Si applica la seguente formula:

$$\frac{T\,(\mathrm{K})}{\mathrm{K}} = \frac{t\,(^\circ\mathrm{C})}{^\circ\mathrm{C}} + 273{,}15$$

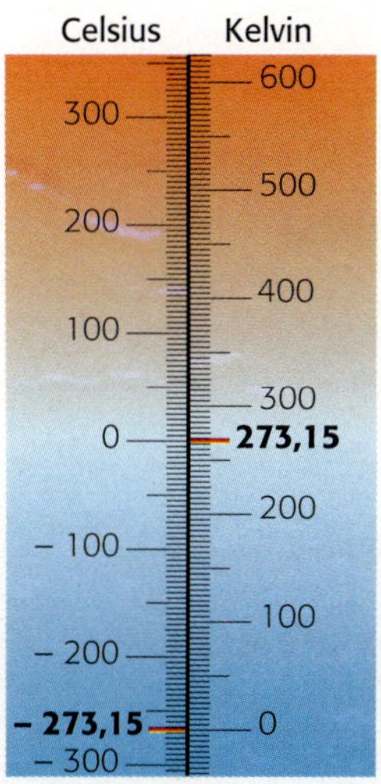

Quindi, nel caso del ghiaccio fondente si trova:

$$\frac{T}{\text{K}} = \frac{0\ \cancel{^\circ\text{C}}}{\cancel{^\circ\text{C}}} + 273{,}15 = 0 + 273{,}15$$

$$T = (0 + 273{,}15)\ \text{K} = 273{,}15\ \text{K}$$

Analogamente, la temperatura assoluta dell'acqua bollente sarà:

$$\frac{T}{\text{K}} = \frac{100\ \cancel{^\circ\text{C}}}{\cancel{^\circ\text{C}}} + 273{,}15$$

$$T = (100 + 273{,}15)\ \text{K} = 373{,}15\ \text{K}$$

ESEMPIO **Un campione di azoto liquido si trova a −200 °C. Calcola la sua temperatura assoluta.**

Soluzione

Scrivi l'equazione e inserisci i dati, poi procedi al calcolo.

$$\frac{T}{\text{K}} = \frac{-200\ ^\circ\text{C}}{^\circ\text{C}} + 273{,}15$$

$$T = (-200 + 273{,}15)\ \text{K} = 73{,}15\ \text{K}$$

PROVA TU

Esprimi le seguenti temperature in °C:

A punto di fusione dell'oro: 1337,58 K
B punto di liquefazione dell'aria: 83,15 K
C punto di solidificazione del mercurio: 234,31 K
D punto di ebollizione del mercurio: 629,73 K

Il calore

Il calore è una modalità di trasferimento di energia da un corpo a una temperatura più elevata a uno con una temperatura più bassa. Il trasferimento cessa non appena i due corpi hanno raggiunto la stessa temperatura ▸figura 1.9.

La capacità di un corpo di trasferire energia, però, non dipende soltanto dalla sua temperatura: infatti, un oggetto molto caldo non necessariamente è in grado di trasmettere molto calore. Pensiamo per esempio a un fiammifero acceso e a un incendio; la temperatura della fiamma è sempre la stessa, ma il

FIGURA 1.9 Il calore è un trasferimento di energia.

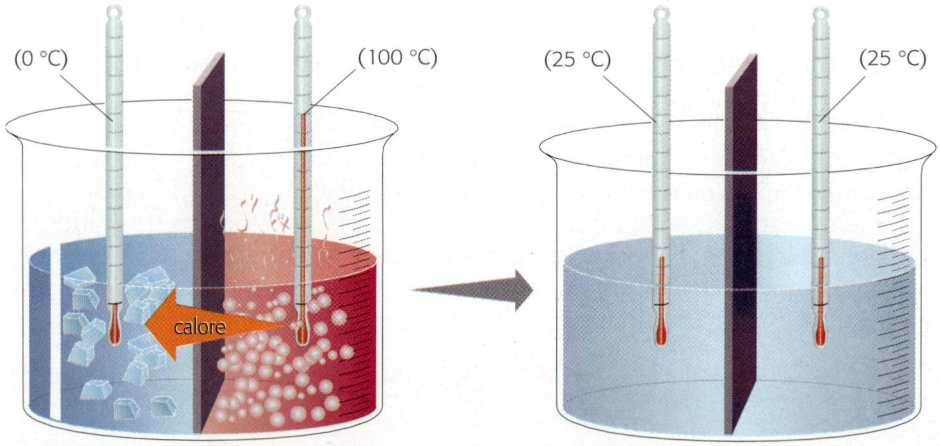

calore emesso dal fiammifero è quasi irrilevante rispetto a quello sprigionato dall'incendio.

Il calore, quindi, dipende anche dalla quantità di materia che viene coinvolta nel trasferimento di energia: si tratta perciò di una grandezza estensiva della materia, a differenza della temperatura che, come abbiamo visto, è una *grandezza intensiva* (cioè che non dipende dalla massa del campione). Nel SI l'unità di misura del calore è il joule (J).

Le reazioni chimiche spesso sviluppano calore, che può essere misurato con uno strumento, chiamato **calorimetro** ▸figura 1.10. Ogni misura di calore comporta due misure di temperatura, una all'inizio (t_1) e una alla fine (t_2) del trasferimento. L'energia viene trasferita dal recipiente in cui avviene la reazione a una massa d'acqua contenuta in un altro recipiente isolato. Il calore è direttamente proporzionale alla differenza di temperatura dell'acqua e alla sua massa:

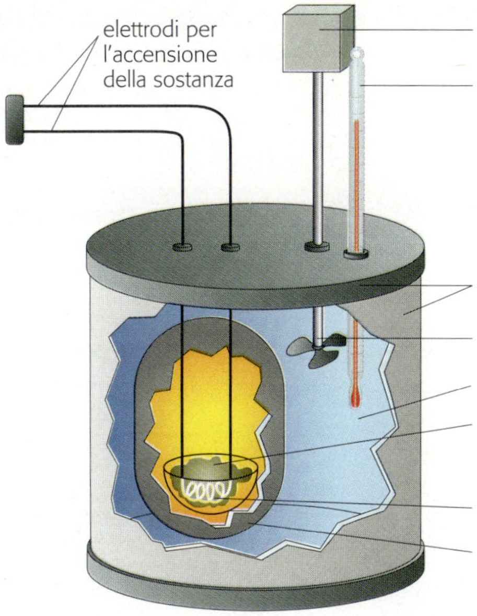

FIGURA 1.10 Schema di una bomba calorimetrica. Questa è un calorimetro speciale che permette di misurare con precisione i calori di reazione.

$$\text{calore} = 4{,}18 \cdot (t_2 - t_1) \cdot m_{H_2O} \text{ (kg)}$$

La formula non tiene conto della piccola quantità di energia assorbita dal calorimetro.

Il calore specifico

Abbiamo detto che il calore è una grandezza estensiva che dipende dalla massa del campione e dalla sua temperatura. Se consideriamo una massa d'acqua di 1 g e una variazione di temperatura di 1 °C, vedremo che il calore scambiato è pari a 4,18 J. Il valore di 4,18 J/g °C è chiamato **calore specifico** dell'acqua.

Il calore specifico è la quantità di energia assorbita (o ceduta) da 1 g di materiale durante un aumento (o una diminuzione) di temperatura di 1 °C.

Il calore specifico è diverso e caratteristico per ogni materiale ▸tabella 1.8, e può essere utilizzato per identificare le diverse sostanze.

Come si può vedere nella tabella, il calore specifico dell'acqua è molto elevato: occorre cioè molta energia per ottenere piccoli incrementi di temperatura. Il calore specifico del rame, invece, è piuttosto basso (ovvero, basta poca energia per ottenere un grande aumento di temperatura).

TABELLA 1.8 I calori specifici di alcune sostanze.

Sostanza	Calore specifico (J/g°C)	Calore specifico (cal/g°C)
acqua	4,18	1,00
alluminio	0,900	0,215
aria	1,00	0,24
rame	0,385	0,092
piombo	0,146	0,035
ferro	0,45	0,107

Il calore specifico c di una sostanza può essere utilizzato nella formula che abbiamo descritto parlando del calorimetro:

$$\text{calore scambiato} = c \cdot (t_2 - t_1) \cdot m$$

ESEMPIO **La stessa quantità di calore, 100 joule, viene ceduta a 10 g d'acqua e a 10 g di rame. Determina l'incremento di temperatura ottenuto nei due casi.**

Soluzione

Utilizza la formula per il calcolo del calore per ricavare $t_2 - t_1$:

$$t_2 - t_1 = \frac{\text{calore}}{m \cdot C}$$

Quindi, inserisci i dati nella formula:

$$\text{acqua: } t_2 - t_1 = \frac{100\ \text{J}}{10\ \text{g} \cdot 4{,}18\ \text{J/g °C}} = 2{,}39\ \text{°C}$$

$$\text{rame: } t_2 - t_1 = \frac{100\ \text{J}}{10\ \text{g} \cdot 0{,}385\ \text{J/g °C}} = 26{,}0\ \text{°C}$$

5. MISURE PRECISE E ACCURATE

La qualità di una misura migliora se l'operazione si ripete più volte e se ne calcola il valore medio. Una *singola* misura è *precisa* se non si discosta dal valore medio. D'altro canto, se la media è vicina al risultato *vero*, la misura è *accurata*.

Perciò la precisione stabilisce quanto le misure di una grandezza sono vicine fra loro. L'accuratezza indica, invece, quanto la misura si avvicina al valore corretto.

La figura 1.11 chiarisce il significato dei due concetti.

Misuriamo la lunghezza di un libro con un metro su cui sono marcati solo i centimetri. Il risultato – 24 cm – non è certo una misura accurata. È un numero che non ci dice niente riguardo ai millimetri. Usiamo allora un metro capace di apprezzare anche i millimetri e troviamo 24,3 cm. È la misura esatta? No! Il numero 24,3 ha tre *cifre significative*, ma ancora non ci dice nulla sui decimi di millimetro.

Con l'aiuto di strumenti più raffinati possiamo eseguire la misura fino al decimo di millesimo di millimetro, cioè cinque cifre dopo la virgola. Un risultato d'eccezione, ma non ancora il valore «vero» della lunghezza. Infatti, che

FIGURA 1.11 Tiro al bersaglio:
A i colpi sono molto precisi, ma poco accurati
B l'accuratezza dei colpi è elevata, ma è peggiorata la precisione
C i colpi non sono né precisi né accurati.

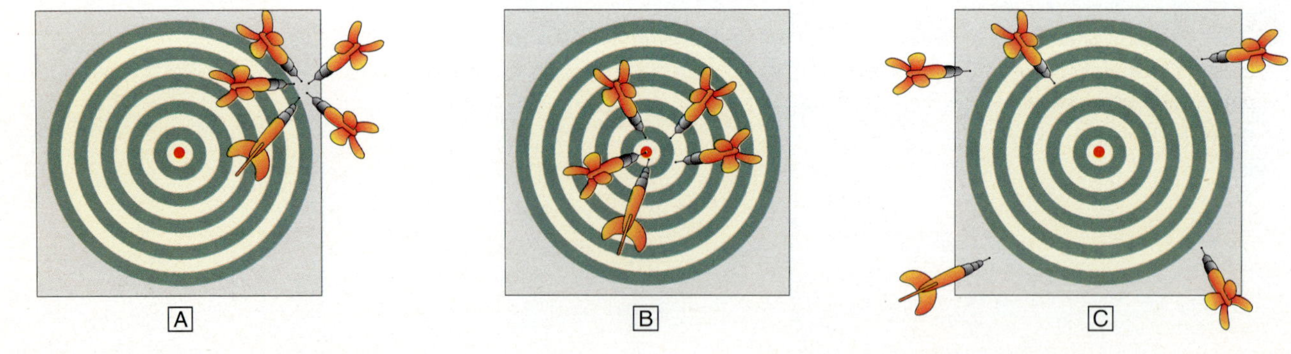

cosa dire dei milionesimi di millimetro e così via? A questi livelli, però, il concetto di lunghezza perde di significato. Risulta quindi impossibile eseguire delle misure assolutamente accurate. Il *valore vero* non esiste nella realtà fisica, è un'astrazione matematica.

Quali sono allora i criteri per valutare il risultato di una misura? Il numero delle cifre significative, ottenute dopo aver eseguito la misura, è il criterio con cui si può giudicare se lo sperimentatore ha fatto un buon lavoro. Poche cifre significative significano misura poco accurata; molte cifre significative significano misura molto accurata. Che cosa sono e come si stabiliscono le cifre significative? La tabella 1.9 ci può guidare nella esatta determinazione del numero di cifre significative.

TABELLA 1.9 Numeri e cifre significative.

Numero	Cifre significative
0,00708	3
0,0708	3
0,708	3
70,8	3
0,7080	4
70,80	4
7080,0	5

È bene, dunque, tenere presenti le seguenti regole:

1. tutti i numeri diversi da zero si considerano cifre significative;
2. gli zeri che precedono, a sinistra, il primo numero nella tabella, **non** sono significativi;
3. gli zeri terminali, a destra di una cifra decimale, sono cifre significative (0,0300, ad esempio, ha tre cifre significative).

Quando si devono riportare i risultati di una misura, è importante scrivere correttamente il numero, soprattutto se il risultato prevede una moltiplicazione o una divisione. A questo riguardo, una regola stabilisce che nelle moltiplicazioni e divisioni il numero delle cifre significative non può superare il numero delle cifre significative del risultato meno accurato.

ESEMPIO **Calcola l'area di un quadrato il cui lato misura 1,6 m.**

Soluzione

Applica la formula dell'area:

area = l^2 = 1,6 m · 1,6 m = 2,56 m^2

Siccome il numero che esprime la lunghezza del lato ha due cifre significative, anche l'area deve avere lo stesso numero di cifre significative. Perciò il dato, correttamente espresso, va così arrotondato: area = 2,6 m^2

ESEMPIO **Esprimi la seguente moltiplicazione con un numero corretto di cifre significative:**

2,02 · 1,325 · 2,3 = 6,1595

Soluzione

Esegui la moltiplicazione: il risultato avrà lo stesso numero di cifre significative del dato meno accurato. Siccome 2,3 ha soltanto due cifre significative, il risultato sarà espresso con due cifre significative: 6,2.

1. IL SISTEMA DI MISURA INTERNAZIONALE

1. Scrivi, per ogni unità di misura, se indica la lunghezza, la massa, il volume o il tempo:

A mL   B kg
C µs   D cm^3
E mg   F m^3
G µg   H nm

2. Trasforma i seguenti prefissi in numeri:

A kilo   B milli
C centi   D micro
E nano   F mega

3. Per ciascuna coppia trova qual è il valore più grande, e di quale fattore:

A 1 mm oppure 1 nm
B 1 mg oppure 1 kg
C 1 mL oppure 1 cm^3
D 1 km oppure 1 µm

4. Converti in grammi le seguenti masse:

A $3{,}2 \cdot 10^{-6}$ kg
B $5{,}7 \cdot 10^5$ mg
C $4{,}8 \cdot 10^2$ kg
D $34 \cdot 10^5$ µg

5. Converti 37,1 cm in:

A metri   B millimetri
C kilometri   D nanometri
E micrometri

6. Converti 150 g in:

A kilogrammi
B microgrammi
C nanogrammi
D milligrammi
E centigrammi

7. Converti 10,4 g/cm^3 in:

A kg/m^3 B g/mL
C g/L   D g/m^3

8. Classifica le seguenti grandezze in fondamentali e derivate: massa, volume, lunghezza, velocità, energia, temperatura, pressione, tempo, calore.

9. Converti in litri i seguenti volumi:

A 1200 mL   B 0,1 dm^3
C 0,5 m^3 D 50 cm^3

2. GRANDEZZE ESTENSIVE E GRANDEZZE INTENSIVE

10. Quale grandezza, fra le seguenti, è intensiva?

A lunghezza   B volume
C temperatura   D energia

11. Quale grandezza è estensiva?

A densità   B temperatura
C energia   D pressione

12. Quale grandezza è intensiva?

A calore   B calore specifico
C energia   D massa

13. Quali sono i concetti principali appresi in questo paragrafo? Riassumi in dieci righe ciò che ritieni importante ricordare.

3. L'ENERGIA: CAPACITÀ DI COMPIERE LAVORO E DI TRASFERIRE CALORE

14. Qual è la definizione di energia?

15. Converti le seguenti quantità di energia in J e in cal:

A 38 kcal   B 55 mJ
C 5000 nJ   D 0,88 MJ

16. Quale, tra i seguenti, è un esempio di un corpo che possiede energia potenziale?

A l'acqua che scorre nei tubi
B una molla d'acciaio compressa
C una palla che rotola
D una macchina in movimento

17. Quale, tra i seguenti, è un esempio di energia cinetica?

A l'energia chimica contenuta nella benzina
B l'energia contenuta nei cibi
C l'energia di un sasso che cade dall'alto
D l'energia di un libro sul tavolo

18. Converti in kJ una quantità di energia pari a 500 kcal.

4. LA TEMPERATURA E IL CALORE

19. Qual è la differenza tra temperatura e calore?

20. Converti in gradi centigradi le seguenti temperature assolute:

A 350 K	B 80 K
C 850 K	D 230 K
E 120 K	F 70 K

21. Converti le seguenti temperature in gradi kelvin:

A 25 °C	B −50 °C
C −25 °C	D 40 °C
E −75 °C	

22. Vero o falso?

- A Un corpo più caldo ha più calore di un corpo più freddo. V F
- B Il termometro ci segnala l'intensità del moto delle particelle dei corpi. V F
- C Il grado centigrado ha la stessa ampiezza del grado kelvin. V F
- D Un oggetto caldo e uno freddo, a contatto, si scambiano temperatura. V F
- E Un oggetto caldo e uno freddo, a contatto, si scambiano calore. V F
- F Due oggetti, uno caldo e l'altro freddo, a contatto, raggiungono la stessa temperatura. V F

23. Metti in ordine decrescente le seguenti temperature:
−190 °C; 50 K; 50 °C; 190 °C; 450 K

5. MISURE PRECISE E ACCURATE

24. Quante cifre significative ci sono in:

- A 100,3
- B 0,0047
- C 1 miliardo

25. Quante cifre significative ci sono in:

- A $1{,}54 \times 10^{12}$
- B 0,345
- C 0,7800
- D 0,003400

26. Stabilisci le cifre significative dei seguenti numeri:

- A 1,345
- B 0,00045
- C 125 000
- D 0,010034
- E 10,9
- F 32,56

27. Un corpo pesa 1,45 mg. Stabilisci:
1) quale serie di misure è più accurata;
2) quale serie di misure è più precisa.

- A 1,9 mg, 2,1 mg, 2,0 mg, 2,1 mg
- B 2,1 mg, 1,7 mg, 1,2 mg, 1,4 mg
- C 1,6 mg, 1,4 mg, 1,5 mg, 1,3 mg
- D 1,41 mg, 1,98 mg, 1,19 mg, 1,63 mg

COSTRUISCI LE COMPETENZE

OBIETTIVO usare le unità di misura e i prefissi del Sistema Internazionale per annotare i risultati di una misura

RISOLVI I SEGUENTI QUESITI

1. Quante cifre significative ci sono nei seguenti numeri? Spiega la tua risposta.

A 143	B 0,034
C 0,0007	D $6{,}5 \cdot 10^3$
E $6{,}500 \cdot 10^3$	

2. Effettua la divisione 2,7/3,61 e scrivi il risultato riportando il corretto numero di cifre significative.

3. Sapendo che l'accelerazione di gravità è pari a 9,81 m/s^2, calcola il peso di un oggetto di massa 2,5 g nelle unità del SI.

4. La densità di un gas è 1,28 g/L; converti tale valore in g/cm^3.

OBIETTIVO definire l'energia potenziale e l'energia cinetica

RISOLVI I SEGUENTI QUESITI

5. Calcola l'energia cinetica di un'automobile di 2 tonnellate e quella di un'automobile di 1 tonnellata, sapendo che si muovono con la stessa velocità.

VERIFICHE

6. Calcola l'energia cinetica di due automobili, con massa uguale, che si muovono rispettivamente a 50 km/ora e a 25 km/ora.
7. Considera un vagoncino fermo in cima alle montagne russe; l'energia che contiene è cinetica o potenziale? Cosa succederà, in termini energetici, quando il vagoncino inizierà la sua discesa?
8. Utilizzando la tabella 1.7 e la seguente equazione:

   g di alimento × valore calorico (kcal/g) = kcal

   A calcola il valore calorico di 100 g di riso in kcal, sapendo che contiene il 13% d'acqua, il 7% di proteine, lo 0,6% di grassi e il 79,4% di amido;

   B calcola il contenuto energetico in kcal di una porzione di 50 g di prosciutto crudo, sapendo che è costituito dal 33% d'acqua, dal 20,1% di proteine e dal 46,9% di grassi.

OBIETTIVO distinguere le grandezze estensive dalle grandezze intensive

RISOLVI I SEGUENTI QUESITI

9. Costruisci una tabella e scrivi alcuni esempi di grandezze estensive e intensive in base alla loro definizione.

OBIETTIVI misurare e calcolare la densità e la temperatura dei materiali
distinguere il calore dalla temperatura

RISOLVI I SEGUENTI QUESITI

10. Un oggetto di legno ha massa di 476,6 g e volume di 1090 mL. Qual è la densità del legno?
11. La densità del rubino è 4,1 g/cm^3; qual è la massa di un rubino che ha un volume di 0,451 cm^3?
12. La densità dell'oro è 19,3 g/mL; qual è il volume di un oggetto d'oro di 15 g?
13. La densità del rame è 8,6 g/cm^3; qual è il volume di un filo di rame del peso di 20 g?
14. Durante una reazione chimica, la temperatura di 1 kg d'acqua aumenta di 5 K. Calcola il calore sviluppato in kcal e in kJ.
15. Un materiale ha una densità di 1,8 g/cm^3. Calcola la massa di 1 m^3 di questo materiale.
16. Qual è la densità della benzina, sapendo che 350 mL hanno una massa di 245 g?
17. Un blocco metallico ha dimensioni 5,0 cm × 7,0 cm × 20,0 cm e massa di 5,0 kg. Qual è la densità del metallo?
18. Qual è la densità dell'idrogeno, espressa in g/L, se 100 L di gas hanno una massa pari a $8{,}93 \cdot 10^{-3}$ kg?
19. La densità del latte è 1,1 g/mL. Qual è la massa di 1 L di latte?
20. Un cubo di sughero pesa 500,0 g e ha una densità di 0,25 g/cm^3. Calcola la lunghezza del lato del cubo.
21. Un cubo metallico ha il lato di 15 cm e una massa di 30,24 kg. Il metallo è:

    A ferro B alluminio
    C piombo D rame

    Potrai ricavare le densità dei vari metalli dalla tavola periodica del libro.
22. Quanto calore (in kcal) perdono 100 g d'acqua, se la loro temperatura viene portata da 30 °C a 20 °C?
23. 2 kg d'acqua passano da una temperatura di 15 °C a una di 45 °C. Quanto calore è stato assorbito dalla massa d'acqua?
24. Se 4 g d'acqua a 1 °C assorbono 8 cal, la loro temperatura finale sarà:

    A 1 °C B 2 °C
    C 3 °C D 4 °C
25. La temperatura di 50 g d'acqua, dopo aver assorbito 1000 cal, è di 50 °C. Qual era la temperatura iniziale?

    A 10 °C B 60 °C
    C 30 °C D 20 °C
26. Quanto calore bisogna fornire (in cal) per far passare la temperatura di 10 g d'acqua da 5 °C a 20 °C?

    A $2{,}5 \cdot 10^2$ B $1{,}5 \cdot 10^2$
    C $2{,}0 \cdot 10^2$ D $5{,}0 \cdot 10$
27. Un oggetto con volume di 3,0 dm^3 ha una massa di 58 000 g. Trova la sua densità ed esprimila col corretto numero di cifre significative:

    A 19 300 kg/m^3
    B 19 000 kg/m^3
    C 19 333 kg/m^3
    D 20 000 kg/m^3
28. Quanto calore bisogna fornire per fare aumentare la temperatura di 40 g d'acqua da 30 °C a 50 °C? (Per trovare i valori del calore specifico, consulta la tabella 1.8.)
29. Quanto calore bisogna fornire per fare aumentare la temperatura di 40 g di rame da 30 °C a 50 °C? (Per trovare i valori del calore specifico, consulta la tabella 1.8.)

Pensa come uno scienziato

1 Il seguente disegno rappresenta una parte di una buretta contenente un liquido.
Qual è la lettura corretta del volume?

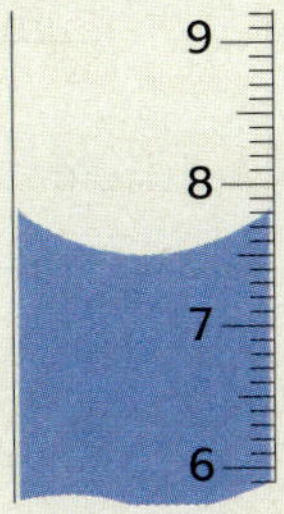

A 7,2 mL
B 7,5 mL
C 7,8 mL
D 8,2 mL

2 Completa la seguente matrice. Per trovare le densità degli elementi metallici, consulta la tavola periodica. Il volume della sfera si calcola con la seguente espressione:
volume = $4/3\ \pi\ r^3$

Metallo	Raggio della sfera	Densità	Massa	Volume
magnesio	4 cm			
		0,9 g/cm^3	50 g	
argento	7 cm			
		22,65 g/cm^3		25 cm^3
oro	3	19,3 g/cm^3		
		1,54 g/cm^3		70 cm^3

Unità 2

COMPETENZA

Separare e identificare le sostanze attraverso alcune proprietà intensive.

La competenza dell'unità didattica
si costruisce ponendosi i seguenti obiettivi:

- **1.** Classificare la materia in base agli stati fisici.
- **2.** Classificare la materia in sostanze pure e in miscugli omogenei ed eterogenei.
- **3.** Descrivere i passaggi di stato e disegnare le curve di riscaldamento e di raffreddamento delle sostanze.
- **4.** Descrivere e spiegare le principali tecniche di separazione dei materiali.

Le proprietà della materia

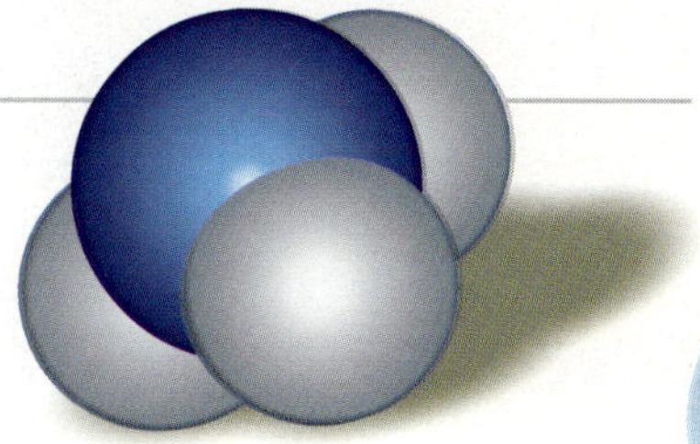

1. GLI STATI FISICI DELLA MATERIA

Il mondo che ci circonda è costituito da materia. La materia si presenta a noi in forme diversissime come automobili, case, alberi, animali. La Chimica si occupa dello studio delle proprietà più nascoste della materia e dei suoi cambiamenti. Le porzioni di materia su cui i chimici effettuano le loro indagini sono dette sistemi.

Un sistema è una porzione delimitata di materia.

Un bicchiere d'acqua è un esempio di sistema. L'acqua è diversa dal bicchiere che la contiene; essa è liquida, è incolore, è inodore. Le parole liquido, incolore, inodore descrivono alcune proprietà dell'acqua. Noi riconosciamo la materia proprio attraverso le sue **proprietà caratteristiche**.

Gli oggetti hanno una massa e occupano uno spazio, ossia hanno un volume.

Se esaminiamo, secondo la loro forma, alcuni oggetti che si trovano nella nostra casa, vediamo che la materia può esistere in tre **stati fisici** diversi, denominati anche stati di aggregazione della materia: lo stato **solido**, lo stato **liquido** e lo stato **aeriforme** (cioè sotto forma di gas o di vapore) ▸tabella 2.1.

TABELLA 2.1 Lo stato fisico di alcuni materiali.

Solidi	Liquidi	Aeriformi (gas e vapori)
sale	acqua	aria
zucchero	latte	vapor d'acqua: acqua che bolle, acqua che evapora
vetro: bicchieri, bottiglie, vetro delle finestre, lampadine	aceto	gas per uso domestico
metalli: pentole, posate, chiavi, tubi dell'acqua, fili elettrici	aranciata	vapori odorosi: profumo, frutta, fiori, erbe aromatiche
ghiaccio	vino	anidride carbonica: spumante, bibite gassate, pasta lievitata
legno: sedie, tavoli, finestre	mercurio (nel termometro)	gas degli accendini

I tre stati di aggregazione dipendono dalla costituzione della materia, dalla temperatura e dalla pressione. Per esempio, il ghiaccio è un solido e rimane tale soltanto se la temperatura si mantiene sotto 0 °C alla pressione di 1 atmosfera.

I vapori si trasformano in liquidi e solidi per modesti abbassamenti di temperatura e aumenti di pressione, mentre per i gas sono necessarie condizioni più drastiche.

In che cosa differiscono solidi, liquidi e aeriformi? I corpi solidi hanno una massa, un volume e una forma definiti. I corpi liquidi hanno una massa e un volume definiti, come i solidi, ma assumono la forma della parte di recipiente che li contiene. Infine ci sono gli aeriformi, che hanno una massa propria ma si espandono fino a occupare tutto il volume disponibile e ad assumere la forma del recipiente che li contiene.

C'è un'altra differenza: i gas si possono comprimere, mentre i solidi e i liquidi sono, in larga misura, incomprimibili ▸tabella 2.2.

TABELLA 2.2 Le proprietà caratteristiche dei tre stati di aggregazione della materia.

	Solidi	Liquidi	Aeriformi
Volume	proprio	proprio	occupa tutto il volume disponibile
Forma	propria	assume la forma del recipiente	assume la forma del recipiente
Densità	alta	media	bassa
Effetto della pressione	incomprimibile (a pressioni non elevate)	incomprimibile (a pressioni non elevate)	comprimibile

2. I SISTEMI OMOGENEI E I SISTEMI ETEROGENEI

La materia può essere distinta in omogenea ed eterogenea. Per esempio, l'acqua contenuta in un bicchiere è visibilmente uniforme: in particolare, ogni piccola parte dell'acqua ha lo stesso colore e la stessa densità di qualsiasi altra parte. Queste sono chiamate **proprietà intensive** (unità 1). Siccome tutte le parti dell'acqua hanno le stesse proprietà intensive, non sono distinguibili l'una dall'altra e sono fisicamente delimitate dal bicchiere, diremo che il sistema è costituito da una sola **fase**.

Si dice fase una porzione di materia fisicamente distinguibile e delimitata che ha proprietà intensive uniformi.

FIGURA 2.1 L'olio è un liquido che non si scioglie in acqua.

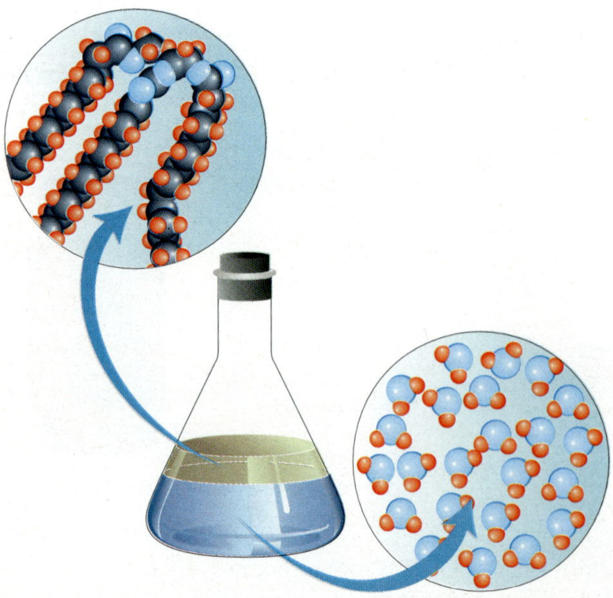

Supponiamo ora di versare nel bicchiere alcuni cucchiai d'olio di oliva. Siccome l'olio è un liquido che non si scioglie in acqua, ci aspettiamo di vedere due strati liquidi: l'acqua sotto e l'olio sopra ▸figura 2.1. La materia contenuta nel bicchiere, quindi, non è più uniforme.

Quante serie di proprietà intensive si possono scrivere per i due liquidi contenuti nel bicchiere?

Avremo la serie delle proprietà intensive dell'acqua (colore, densità, ecc.) e quella dell'olio (colore, densità, ecc.). Diremo quindi che il contenuto del bicchiere è costituito da **due** distinte fasi liquide, ciascuna con la propria serie di proprietà intensive.

In generale:

Un sistema costituito da una sola fase è detto omogeneo; un sistema costituito da due o più fasi è detto eterogeneo.

3. LE SOSTANZE PURE E I MISCUGLI

La materia può anche essere suddivisa in due categorie: le sostanze pure e i miscugli. Sia le sostanze pure sia i miscugli possono essere a loro volta omogenei o eterogenei.

La sostanza pura

Secondo il linguaggio comune, l'acqua potabile, il latte e l'aria che respiriamo in alta montagna sono puri; quindi, la parola *purezza* è sinonimo di «non contaminato». In Chimica, l'aggettivo *puro* assume un significato più preciso. Quando il chimico afferma che un corpo è puro vuol dire che esso è formato da una sola sostanza. Quindi:

Un sistema è puro solo se è formato da una singola sostanza, la quale possiede proprietà caratteristiche e ha una composizione costante.

L'acqua distillata è pura perché è acqua al 100%. L'acqua di rubinetto invece non è pura, perché vi sono disciolte altre sostanze; infatti, se lasciamo evaporare l'acqua potabile, troveremo nel contenitore un residuo bianco.

Anche il concetto di purezza chimica, però, si presta a qualche riflessione critica. L'idea di sostanza pura è un'astrazione, giacché tutte le sostanze reali sono più o meno impure. E allora, come si denomina una porzione di materia che non è completamente pura? Il termine materiale sembra il più adatto a questo scopo. Se non si è sicuri della purezza della materia che compone un corpo o un sistema, per indicarlo è preferibile usare la parola materiale, e non la parola sostanza.

I materiali comprendono sia le sostanze pure sia i sistemi costituiti da due o più sostanze, che sono chiamati **miscugli** ▸ figura 2.2.

Le impurezze non sono sempre indesiderabili e dannose. Per esempio, il silicio, un materiale semiconduttore usato nei circuiti elettronici, è considerato una delle sostanze più pure. In realtà, il silicio è puro per il 99,9999%, ma le sue straordinarie proprietà sono dovute proprio alle impurezze che contiene.

FIGURA 2.2 I materiali si dividono in miscugli e sostanze.

I miscugli omogenei e i miscugli eterogenei

I sistemi che esamineremo possono essere costituiti da una sola sostanza oppure da più sostanze. Un sistema formato da una sola sostanza pura può essere omogeneo oppure eterogeneo. Per esempio, l'acqua distillata purissima allo stato liquido costituisce un esempio di sistema omogeneo.

A 0 °C l'acqua distillata si trova in parte in fase solida (ghiaccio) e in parte in fase liquida; pertanto, il sistema è **fisicamente eterogeneo**. Infatti, anche se è costituito da una sola sostanza pura, il sistema è formato da due fasi distinte.

TABELLA 2.3 Come distinguere i sistemi omogenei dai sistemi eterogenei.

	Definizione	Sostanza	Miscuglio
Sistema omogeneo	è costituito da una sola fase	acqua pura, oro puro, cloruro di sodio puro	acqua di rubinetto, sale marino, acciaio, leghe metalliche
Sistema eterogeneo	è costituito da due o più fasi	acqua pura e ghiaccio	acqua e sabbia, legno, granito, latte, marmo, sabbia, fumo, nebbia

I dieci e più milioni di sostanze pure che conosciamo si comportano alla stessa maniera dell'acqua.

I sistemi costituiti da due o più sostanze sono i **miscugli** (o miscele); anche i miscugli possono essere omogenei ed eterogenei ▸tabella 2.3.

Se prendiamo del sale da cucina e lo sciogliamo completamente in acqua, avremo un **miscuglio omogeneo**. I grani di sale, infatti, non saranno più visibili, neanche al microscopio. Tutte le zone del miscuglio avranno le stesse proprietà intensive (colore, densità, ecc.), cioè costituiranno una singola fase. Anche l'acqua e alcol formano un miscuglio omogeneo. A tali miscugli omogenei diamo il nome di soluzioni.

Un miscuglio omogeneo di due o più sostanze è chiamato soluzione. Il materiale più abbondante del miscuglio è il solvente, mentre i materiali meno abbondanti si chiamano soluti.

Esistono anche i miscugli eterogenei: qui le differenti parti (fasi) sono visibili al microscopio o addirittura a occhio nudo, come i minerali costituenti il granito ▸figura 2.3. Come si definisce un miscuglio eterogeneo?

Un miscuglio eterogeneo è costituito da componenti chimicamente definiti e da fasi fisicamente distinguibili.

FIGURA 2.3 Due esempi di sistema eterogeneo.

La maggior parte dei materiali a noi noti non sono sostanze singole, ma miscugli più o meno complessi, di sostanze diverse. Il latte è un classico esempio di miscuglio eterogeneo. Apparentemente il suo aspetto è uniforme; l'osservazione al microscopio, invece, rivela l'esistenza di minuscole goccioline di grasso, immerse in un liquido trasparente. Il fatto che il latte sia opaco dimostra la sua eterogeneità.

Le soluzioni non sono soltanto liquide, come l'acqua e sale oppure l'acqua e zucchero. Esistono anche soluzioni gassose: l'aria che respiriamo, per esempio, è un miscuglio omogeneo di azoto, di ossigeno e di altri gas in percentuale minore. Ci sono anche le soluzioni solide, come l'acciaio, il bronzo e le altre leghe metalliche.

ESEMPIO **Distingui i seguenti materiali in sostanze pure e miscugli.**

A peltro
B latta
C oro
D acqua del mare

Soluzione

Il peltro, la latta e l'acqua del mare sono miscugli. L'oro è una sostanza pura.

A il peltro è una lega metallica di stagno e piombo, cioè una soluzione solida;
B la latta è una lega metallica costituita da rame e zinco, cioè un'altra soluzione solida;
C l'oro è costituito da una sola sostanza;
D l'acqua del mare è una soluzione liquida contenente vari sali disciolti in acqua.

PROVA TU

Utilizzando la tabella, distingui i seguenti materiali in sostanze pure, miscugli omogenei e miscugli eterogenei:

A sabbia B vetro C olio di semi D zucchero E lana F marmo G ossigeno

Sostanza pura	Miscuglio omogeneo	Miscuglio eterogeneo
.....	.....	.....
.....	.....	.....
.....	.....	.....
.....	.....	.....
.....	.....	.....

Nebbia, fumo, schiuma ed emulsione sono miscugli eterogenei

Cominciamo a definire i miscugli eterogenei gas-liquido. La **schiuma** è un tipico esempio di miscuglio costituito dalla dispersione di un gas in un liquido. Una soluzione saponosa si trasforma in schiuma insufflando aria con una cannuccia; allo stesso modo, il bianco d'uovo sbattuto incorpora un certa quantità d'aria e forma una schiuma.

La **nebbia** è un miscuglio eterogeneo acqua-aria formato da minuscole goccioline d'acqua disperse e sospese nell'aria, come anche le nubi.

Il **fumo**, invece, è un miscuglio eterogeneo di un solido in un gas; il fumo che esce dai camini è costituito, in buona parte, da particelle finissime di carbone disperse in aria.

L'**emulsione** è un miscuglio eterogeneo tra due o più liquidi immiscibili, che si ottiene agitandoli energicamente; in questo modo si formano minuscole goccioline difficilmente separabili. La maionese è un esempio di emulsione ottenuta agitando olio e tuorlo d'uovo.

I colloidi sono speciali miscugli

La distinzione fra miscugli omogenei e miscugli eterogenei non è netta. Esiste una classe di materiali che si colloca a mezza strada fra i miscugli omogenei e quelli eterogenei. A questa classe appartengono i **colloidi**, che sono considerati «pseudo-soluzioni», in quanto, a un esame superficiale, appaiono come miscugli omogenei. In realtà, i colloidi sono sospensioni di grandi particelle (da 20 000 a 100 000 nm di diametro) in un solvente; essi differiscono dalle soluzioni perché le particelle sospese sono abbastanza grandi da diffondere la luce ▸figura 2.4. Se la fase disperdente, liquida o gassosa, prevale su quella solida (fase dispersa), si ha un **sol**. Se, invece, prevale la fase solida si ha un **gel**. Sono colloidi il citosol delle cellule, l'albume dell'uovo, la gelatina, i budini, le caramelle gommose. Quando i colloidi solidificano si ottiene una massa compatta.

FIGURA 2.4 Alcuni esempi di colloidi.

Con speciali procedimenti e ad alta temperatura è possibile preparare un aerogel, cioè un materiale solido assai resistente e con bassissima densità, costituito da aria e silice. Questo materiale ha una struttura simile a una spugna, ma è rigido e ha una densità bassissima, inferiore a quella del legno.

La ▸tabella 2.4 sottostante mostra come distinguere i miscugli omogenei dai miscugli eterogenei e le sostanze pure omogenee da quelle eterogenee.

TABELLA 2.4 Alcune sostanze e materiali omogenei ed eterogenei.

Sostanze pure omogenee	Sostanze pure eterogenee	Miscugli omogenei	Miscugli eterogenei
alcol al 100%	acqua e ghiaccio	soluzione di acqua e sale	acqua e sabbia
ferro		vino	sabbia
ossigeno		aceto	legno

PROVA TU **Completa la tabella distinguendo i miscugli omogenei dagli eterogenei e le sostanze pure omogenee dalle sostanze pure eterogenee:**

[A] soluzione di acqua e zucchero [B] aria [C] oro puro
[D] acqua distillata [E] marmo [F] acqua distillata e vapore (dentro una pentola a pressione)
[G] zolfo

Sostanze pure omogenee	Sostanze pure eterogenee	Miscugli omogenei	Miscugli eterogenei
....	....	....	....
....	....	....	....
....	....	....	....
....	....	....	....
....	....	....	....

4. I PASSAGGI DI STATO

Le sostanze e i materiali possono passare, per effetto delle variazioni di temperatura o di pressione, da uno stato fisico a un altro. Nella figura 2.5 sono riportati tutti i possibili **passaggi di stato** e le loro denominazioni.

Fornendo calore a un cubetto di ghiaccio (solido), alla temperatura di 0 °C, esso si trasforma in acqua (liquido); questo passaggio è chiamato **fusione**. Riscaldando l'acqua si ottiene vapore d'acqua; il passaggio di stato dalla fase liquida a quella di vapore è chiamato **evaporazione**.

Alcune sostanze solide, per riscaldamento, si trasformano direttamente in vapore senza passare per lo stato liquido. Questo processo è denominato **sublimazione**. Fra le sostanze che sublimano ci sono la naftalina e altri prodotti usati come antitarme. Anche la neve sublima: alle basse temperature dell'alta montagna, infatti, la quantità di neve che si trasforma in vapore per sublimazione è molto maggiore di quella che scorre via sotto forma di acqua.

Sottraendo energia termica, i passaggi di stato avvengono in senso inverso. I gas possono trasformarsi direttamente in solidi, e il fenomeno viene denominato **brinamento**. I gas possono pure trasformarsi in liquidi (**liquefazione**). I vapori, invece, diventano liquidi attraverso un fenomeno denominato **condensazione**. Infine, i liquidi sottoposti a raffreddamento **solidificano**.

Bisogna però precisare che i gas non passano allo stato liquido per semplice abbassamento della temperatura; bisogna applicare loro anche una consistente pressione. Per esempio, l'aria deve essere raffreddata alla sua **temperatura critica** (−140,8 °C) e deve essere sottoposta a una **pressione di circa** 37,2 atmosfere, prima di diventare liquida. Ciascun gas ha una propria temperatura critica e una propria pressione critica.

FIGURA 2.5 Schema dei passaggi di stato.

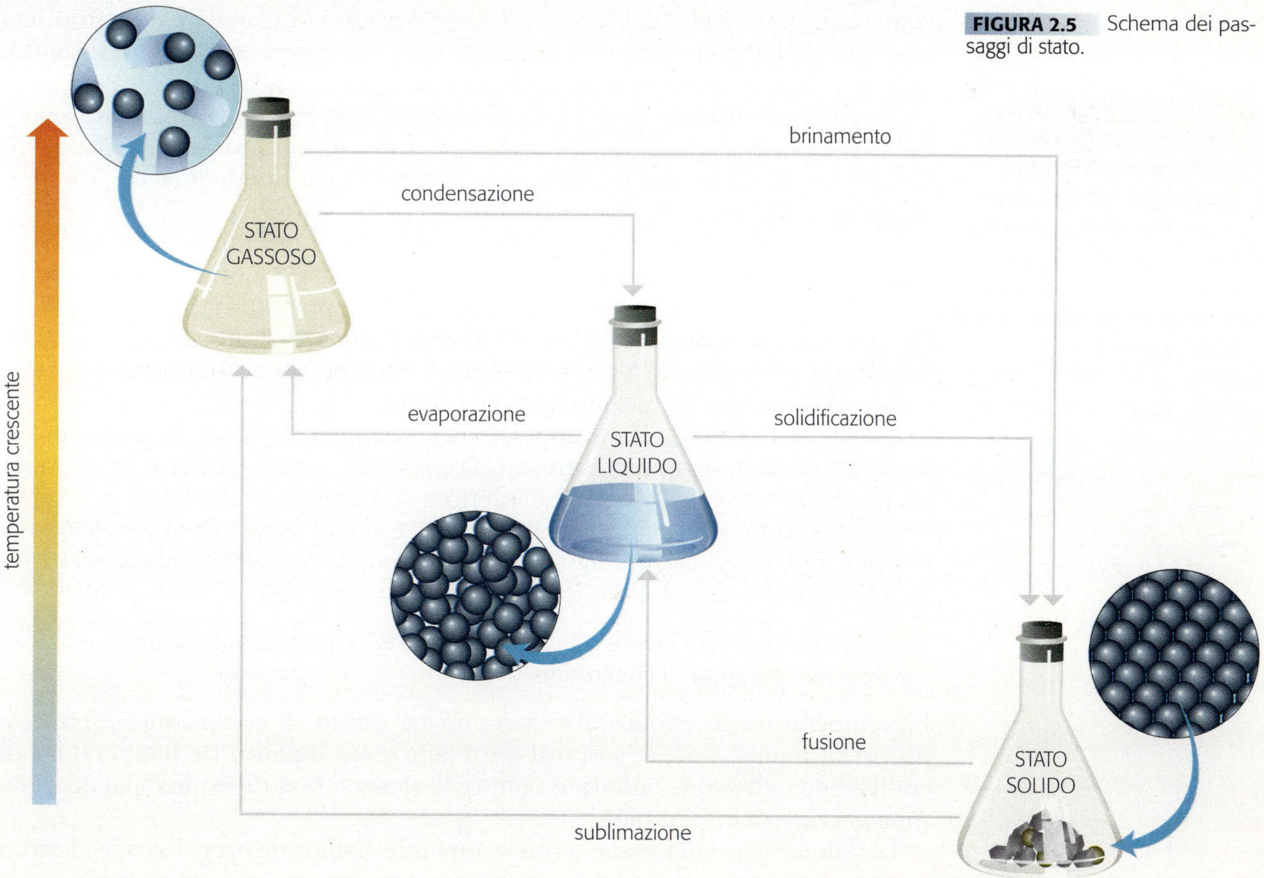

La curva di riscaldamento di una sostanza pura

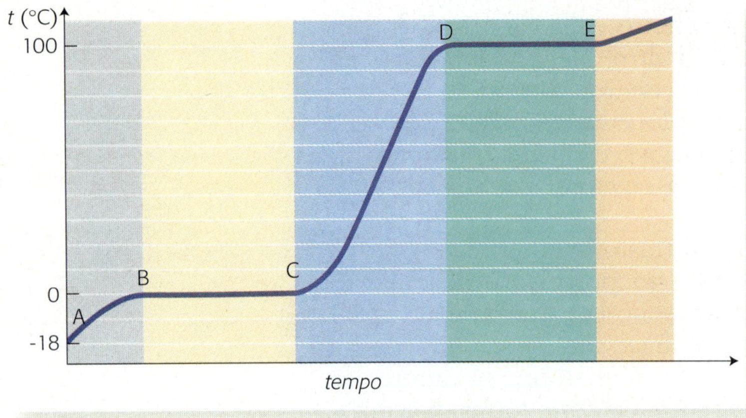

FIGURA 2.6 La curva di riscaldamento dell'acqua.

Un eccellente metodo per verificare il grado di purezza di un solido consiste nel determinare la sua temperatura di fusione, denominata anche punto di fusione.

Poniamo nel freezer a −18 °C un recipiente pieno d'acqua distillata con immerso un termometro. Il blocco di ghiaccio col termometro, estratto dal freezer, segnerà la temperatura di −18 °C. Lasciamo riscaldare a temperatura ambiente il recipiente contenente ghiaccio e termometro, e annotiamo le temperature che leggiamo. Riportando su un grafico le temperature in funzione del tempo, otteniamo la cosiddetta **curva di riscaldamento** ▸figura 2.6.

La temperatura dapprima cresce in maniera regolare, passando da −18 °C a 0 °C (area grigia). Quando il ghiaccio comincia a fondere, sulla curva compare un gradino (tratto B-C); anche se l'ambiente continua a cedere calore al miscuglio di acqua e ghiaccio, la temperatura non aumenta.

La temperatura a cui coesistono acqua e ghiaccio è denominata temperatura di fusione.

Perché durante la fusione la temperatura non sale? Perché il calore assorbito serve a vincere le forze di coesione del solido e a trasformarlo in liquido, come vedremo meglio nell'unità 4. La temperatura di fusione è una proprietà intensiva dell'acqua distillata e delle sostanze pure in generale; ogni sostanza, quindi, possiede una temperatura di fusione caratteristica.

Terminata la fusione di tutto il ghiaccio, la temperatura ricomincia a salire. La lunghezza del segmento B-C, chiamato **sosta termica**, dipende dalla quantità di ghiaccio che deve fondere: maggiore è la quantità di ghiaccio, più lunga sarà la sosta termica.

ESEMPIO **L'argento fonde a 961 °C e ritorna solido per raffreddamento. Riscaldato nuovamente, fonde ancora a 961 °C. In base a questi dati, possiamo affermare che l'argento è una sostanza pura?**

Soluzione

L'argento è una sostanza pura, perché il suo punto di fusione è netto e rimane lo stesso, anche dopo aver riscaldato e raffreddato più volte il metallo.

Torniamo al nostro recipiente pieno d'acqua. Continuando a riscaldare, questa volta con un bunsen, la temperatura ricomincia a salire con regolarità, fino a 100 °C (area azzurra). Nell'intervallo di temperatura da 0 °C a 100 °C l'acqua evapora. Raggiunti i 100 °C (alla pressione di 1 atmosfera), ha inizio l'ebollizione e si ha un'altra sosta termica: anche se continuiamo a fornire calore, la temperatura non aumenta più (tratto D-E).

Qual è la differenza fra evaporazione ed ebollizione? Dal momento in cui inizia a formarsi, il vapore esercita una pressione chiamata tensione di vapore. Finché la tensione di vapore è inferiore alla pressione atmosferica, il vapore si forma solo sulla superficie del liquido e si ha l'evaporazione. Quando la tensione di vapore diventa uguale alla pressione atmosferica, le bolle di vapore si formano in tutto il liquido e ha inizio l'ebollizione.

La temperatura a cui la tensione di vapore eguaglia la pressione esterna è detta temperatura di ebollizione.

La temperatura di ebollizione (detta anche punto di ebollizione) è un'altra proprietà intensiva delle sostanze pure allo stato liquido. La temperatura di ebollizione dell'acqua, infatti, è sempre la stessa e non dipende dalla quantità (una goccia, un litro, o più).

La lunghezza della sosta termica dipende dalla quantità d'acqua. Fino a quando l'ultima goccia non si sarà trasformata in vapore, la temperatura non

TABELLA 2.5 La temperatura di fusione e la temperatura di ebollizione sono proprietà intensive caratteristiche di alcune sostanze pure.

Sostanza pura	Temperatura di fusione (°C) a 1 atmosfera	Temperatura di ebollizione (°C) a 1 atmosfera
ossigeno	−218,4	−183
azoto	−210	−196
alcol etilico	−115	78,5
acqua	0	100
mercurio	−38,8	356,7
sale da cucina	801	1465
alluminio	660	2327
oro	1065	2808
tungsteno (metallo del filamento delle lampadine, che ha i più elevati punti di fusione e di ebollizione fra i metalli)	3410	5927

ricomincerà a salire. Il calore ceduto al corpo viene utilizzato per vincere le forze di coesione del liquido e trasformarlo in vapore; nel vapore, infatti, tali forze risultano molto meno intense.

Una volta scomparso il liquido, la temperatura del vapore ricomincerà a salire in maniera regolare (area arancio).

Per ogni sostanza pura si può disegnare la curva di riscaldamento, come abbiamo fatto con l'acqua. Quello che cambia sono la temperatura di fusione e la temperatura di ebollizione, che saranno tipiche per ogni sostanza ▸tabella 2.5. Queste due proprietà intensive si possono utilizzare per identificare le diverse sostanze.

Cosa succede se sottoponiamo a riscaldamento una soluzione di acqua e sale? Trattandosi di un sistema omogeneo, potremmo aspettarci di ottenere un curva simile a quella dell'acqua distillata. Invece, la curva sarà diversa: mancheranno le soste termiche della fusione e dell'ebollizione. In altre parole, durante la fusione la temperatura aumenterà gradualmente, a mano a mano che il solido scompare e si forma il liquido, e continuerà ad aumentare gradualmente anche durante l'ebollizione.

I passaggi di stato delle soluzioni e dei miscugli in generale non avvengono a temperature costanti.

Potremmo ora domandarci se l'acqua può bollire a una temperatura più bassa o più alta dei 100 °C; la risposta è sì. La temperatura di fusione e quella di ebollizione, infatti, dipendono dalla pressione. Se la pressione esterna si abbassa, l'acqua bolle a una temperatura inferiore ai 100 °C; se, invece, si aumenta la pressione esterna, l'acqua bolle a una temperatura superiore ai 100 °C.

Per esempio, in alta montagna, dove la pressione è inferiore a 1 atmosfera, l'acqua bolle a circa 80 °C (e per questo motivo, di solito, in montagna la pasta cuoce peggio).

La pentola a pressione, al contrario, aumenta la temperatura di ebollizione rendendo più veloce la cottura dei cibi. L'innalzamento è reso possibile dall'aumento di pressione del vapore all'interno della pentola sigillata; in questo modo, il miscuglio bolle a più di 100 °C ▸figura 2.7.

FIGURA 2.7 Una pentola a pressione.

La curva di raffreddamento di una sostanza pura

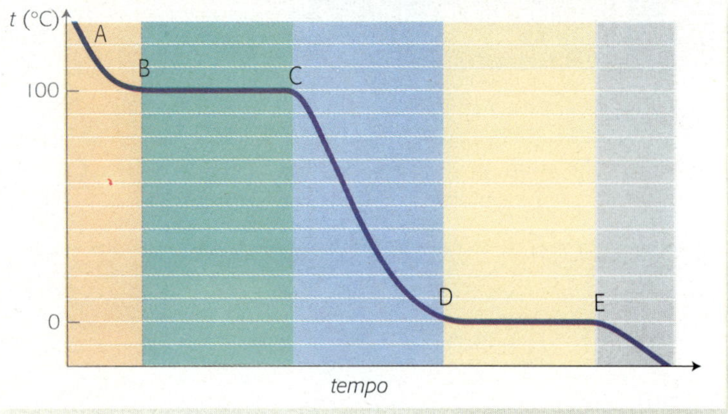

FIGURA 2.8 La curva di raffreddamento dell'acqua.

Proviamo ora a disegnare la curva di raffreddamento di una sostanza pura. Immaginiamo di raffreddare un recipiente pieno di vapore; se riportiamo in grafico i valori della temperatura in funzione del tempo, otterremo una curva inversa a quella di riscaldamento ▸figura 2.6. Questa curva si chiamerà **curva di raffreddamento** ▸figura 2.8 dell'acqua. Tutte le sostanze pure, che possono esistere come aeriformi, avranno curve di raffreddamento simili a questa.

Cominciamo a raffreddare il vapore: la temperatura si abbasserà gradualmente (area arancio), fino a quando il vapore comincia a trasformarsi in liquido (condensazione). Da questo punto in poi, la temperatura rimane costante, anche se il vapore continua a cedere calore all'ambiente (tratto B-C).

Questa temperatura è denominata **temperatura di condensazione** del vapore d'acqua.

Se i due passaggi di stato (condensazione ed ebollizione) avvengono alle stesse condizioni di pressione, la temperatura di condensazione è uguale alla temperatura di ebollizione.

Nel caso dell'acqua, alla pressione di 1 atmosfera questa temperatura è uguale a 100 °C. Durante la sosta termica (segmento B-C), tutto il vapore si trasforma in liquido.

Continuando il raffreddamento, la temperatura del liquido ricomincia a scendere con regolarità (area azzurra). Il tratto D-E corrisponde a una nuova sosta termica: ha inizio la trasformazione del liquido in solido, e la temperatura rimane costante. Questa è la **temperatura di solidificazione**, che per l'acqua a 1 atmosfera di pressione è uguale a 0 °C.

Se i due passaggi di stato (solidificazione e fusione) avvengono alle stesse condizioni di pressione, la temperatura di solidificazione è uguale alla temperatura di fusione.

Completata la solidificazione di tutto il liquido, la temperatura ricomincia a scendere (area grigia). Tutte le sostanze pure hanno una curva di raffreddamento simile a quella dell'acqua, con temperature di condensazione e solidificazione caratteristiche per ogni sostanza.

I passaggi di stato e la pressione

Abbiamo già detto che la temperatura di fusione e la temperatura di ebollizione di una sostanza sono condizionate dall'entità della pressione esterna. Prima di spiegare questo aspetto, chiariamo un punto importante: il passaggio dallo stato solido allo stato liquido comporta sempre un aumento di volume, a eccezione dell'acqua e di pochi altri materiali, per i quali il volume aumenta durante la solidificazione. Vi sarà forse capitato di mettere in freezer un bottiglia piena d'acqua e di ritrovarla spaccata dall'aumentato volume del ghiaccio.

Torniamo a considerare la pressione. La riduzione della pressione esterna rende più facile l'ebollizione delle sostanze; invece, la fusione e la solidificazione sono poco influenzate dalle variazioni esterne di pressione. Perché?

Possiamo immaginare la pressione come qualcosa che preme sui solidi e sui liquidi. Quando il liquido si trasforma in vapore, deve aumentare di circa mille volte il proprio volume. Una pressione esterna elevata tende a contrastare questa espansione, e quindi l'ebollizione avverrà a temperatura più alta. Invece, una riduzione di pressione favorisce l'espansione e fa abbassare il punto di ebollizione.

Nel passaggio da solido a liquido, l'aumento di volume è molto piccolo e quindi non viene ostacolato da una pressione elevata. L'acqua rappresenta una delle poche eccezioni: la pressione elevata tende a favorire la fusione del ghiaccio poiché durante la trasformazione il volume si riduce. Pertanto l'acqua, sottoposta a pressione elevata, fonde a una temperatura leggermente inferiore a 0 °C.

La pressione necessaria per fondere il ghiaccio a −1 °C è molto alta, pari a 133 atmosfere. Un pattinatore di 70 kg che prema sul ghiaccio con una lamina di superficie pari a 0,5 cm^2 raggiunge questa pressione. La figura 2.9 illustra questo fenomeno.

FIGURA 2.9 La pressione esercitata dalla lama è sufficiente per fondere una piccola porzione di ghiaccio.

5. I PRINCIPALI METODI DI SEPARAZIONE DI MISCUGLI E SOSTANZE

Separare i componenti di un miscuglio può essere un'attività impegnativa, specialmente se si tratta dei componenti di miscugli omogenei. L'operazione è più facile con i miscugli eterogenei.

Filtrazione

Con l'uso di opportuni filtri è possibile separare particelle solide, più o meno grandi, da miscugli liquidi e gassosi. Il liquido scende per gravità verso il basso, lasciando sul filtro la parte solida figura 2.10.

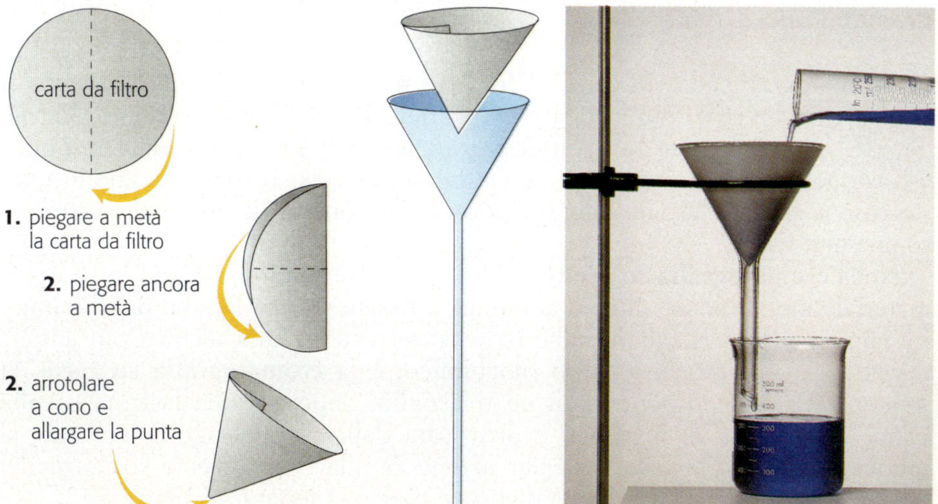

FIGURA 2.10 Apparecchiatura per la filtrazione.

FIGURA 2.11
A L'imbuto separatore consente di separare rapidamente due liquidi immiscibili.
B Un esempio di decantazione (all'inizio e alla fine).
C Una centrifuga.

Con questa tecnica è possibile separare la sabbia da un miscuglio eterogeneo acqua-sabbia. La filtrazione è impiegata anche per separare l'acqua dai fanghi prodotti nella depurazione delle acque di scarico.

Centrifugazione

I miscugli eterogenei di liquidi e/o solidi, aventi densità diverse, possono essere separati per stratificazione (o decantazione) di uno sull'altro. La centrifuga è un dispositivo che fornisce accelerazioni superiori a quella di gravità, consentendo una stratificazione più rapida.

In passato l'olio d'oliva, dopo la spremitura, si separava dall'acqua per decantazione in opportuni vasi di terracotta. Attualmente, per ottenere lo stesso risultato, si impiega la centrifuga. In biologia le centrifughe sono molto usate per separare i componenti delle cellule viventi ▸figura 2.11.

Estrazione

Se un componente di un miscuglio è solubile in un dato liquido (solvente), può essere allontanato dal miscuglio. Naturalmente il successo dell'operazione dipende dalla capacità del solvente di sciogliere di preferenza il componente del miscuglio che si desidera. Tale capacità è chiamata affinità.

I pigmenti verdi delle foglie e quelli arancione della carota, per fare due esempi, possono essere estratti con etere di petrolio. La preparazione di tè e caffè è legata all'estrazione selettiva di alcuni componenti mediante acqua; il miscuglio eterogeneo ottenuto viene poi filtrato.

Cromatografia

La cromatografia è la più versatile fra le tecniche di separazione e consente di risolvere anche i casi più intricati. Ideata nel 1906 dal botanico russo Michael Tswett, questa tecnica non differisce, in linea di principio, dalla semplice estrazione, ma ne moltiplica grandemente l'efficacia. Il solvente, che in questo caso si chiama fase mobile, trasporta i componenti del miscuglio attraverso una fase fissa.

Nella **cromatografia su strato** la fase fissa, costituita da un sottile strato di materiale inerte, come silice o allumina, è fissata su una lamina di alluminio. La lamina si può ritagliare nelle dimensioni volute. Una tecnica più antica, ma ancora utilizzata in campo biochimico, è la **cromatografia su carta**: la separazione dei componenti di un miscuglio, deposto sulla lastrina o sulla carta sotto forma di macchia, è provocata dalla fase mobile. Il solvente si muove attraverso la fase fissa per azione capillare; le diverse sostanze del miscuglio si muovono a velocità diversa e perciò si separano ▸figura 2.12.

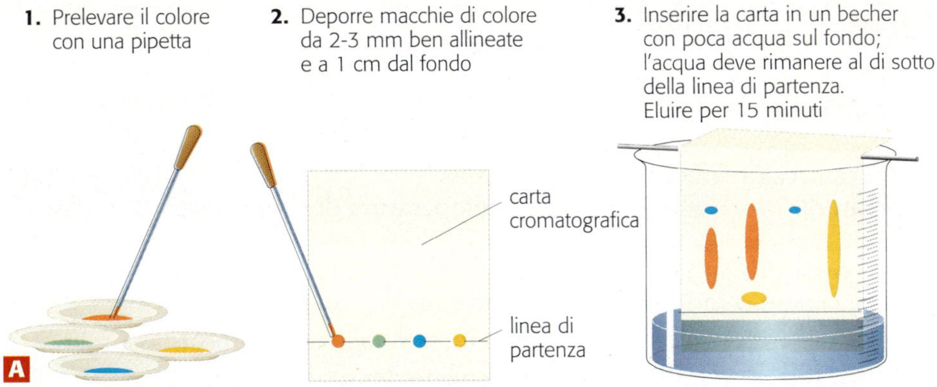

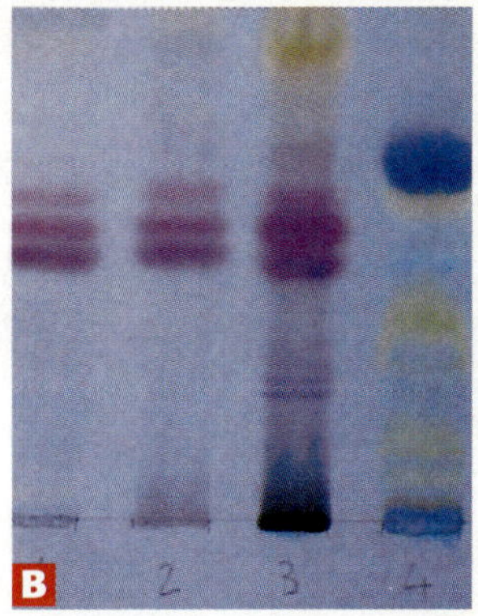

FIGURA 2.12
A Separazione mediante cromatografia su carta dei coloranti.
B Separazione mediante cromatografia su strato sottile di inchiostri di penna a sfera nera. Ogni inchiostro nero è in realtà un miscuglio di molte sostanze colorate.
Per realizzare l'esperienza è stato usato il seguente solvente: alcol butilico (6 mL); alcol etilico (2,5 mL); acqua (1,5 mL); acido acetico (1 goccia).

Le tecniche strumentali cromatografiche più note sono la **gascromatografia** e la cromatografia liquida ad alta pressione (**HPLC**): la prima utilizza come solvente di trasporto un gas, la seconda un liquido ad alta pressione.

Distillazione

La distillazione è il metodo privilegiato per la purificazione dei liquidi e si basa sulla diversa volatilità dei componenti delle miscele liquide. La volatilità rappresenta la tendenza a evaporare, ed è più alta per i liquidi a basso punto di ebollizione.

La distillazione riunisce in sé due passaggi di stato, l'evaporazione e la condensazione. Il primo inizia nel recipiente in cui la miscela bolle; il secondo interessa i vapori, che vengono condensati all'interno dell'apparecchiatura con acqua fredda. Il dispositivo in cui avviene la condensazione si chiama refrigerante.

I vapori di una miscela all'ebollizione sono più ricchi del componente che possiede la maggior volatilità. La condensazione di tali vapori comporta un grado più o meno elevato di purificazione. Nel caso della distillazione di una soluzione contenente sali disciolti, che in genere non sono volatili, la separazione dal solvente è completa.

La distillazione semplice ▸figura 2.13 è usata per ottenere acqua «distillata», ovvero priva di sali disciolti. Invece, per separare i vari componenti del petrolio nelle raffinerie, si usa la distillazione frazionata. Analogamente, per separare i componenti liquidi di un miscuglio omogeneo (per esempio acqua e alcol) si utilizzano apparecchiature, che incorporano una colonna di frazionamento.

FIGURA 2.13 Apparecchiatura per la distillazione.

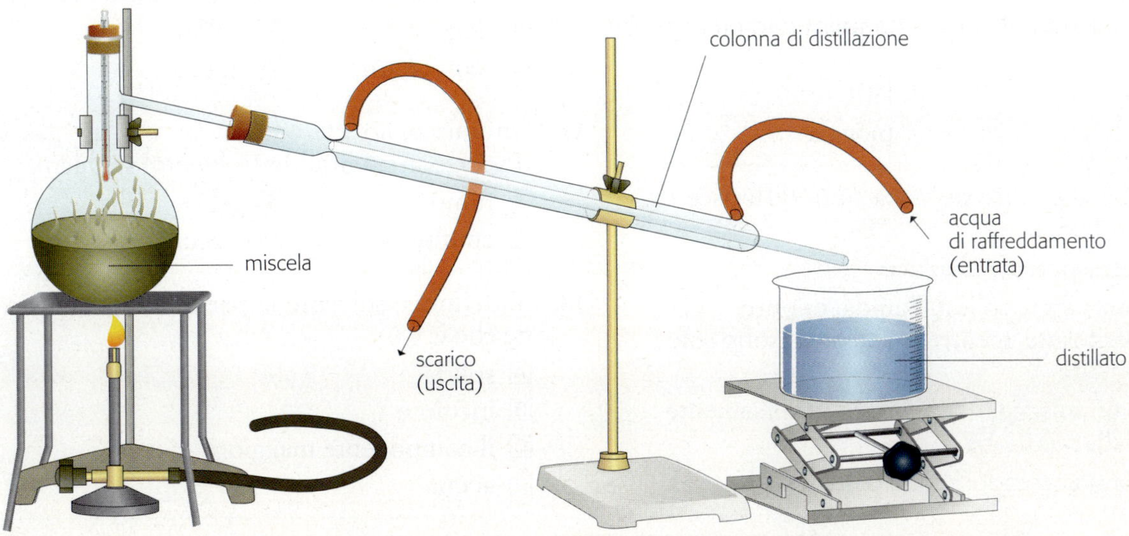

1. GLI STATI FISICI DELLA MATERIA

1. I liquidi mostrano un modesto cambiamento di volume con la temperatura. V F

2. Quale stato della materia è caratterizzato da una forma indefinita e da un volume definito?

3. Quale stato della materia ha la più bassa densità?

4. Fai un esempio di un materiale che può esistere sia come solido sia come liquido.

5. Qual è la differenza tra un gas e un vapore?

6. L'alcol etilico fonde a 156 K. Alla temperatura di −20 °C, qual è il suo stato fisico?
   - A solido
   - B liquido
   - C aeriforme
   - D indeterminato

2. I SISTEMI OMOGENEI E I SISTEMI ETEROGENEI
3. LE SOSTANZE PURE E I MISCUGLI

7. La soluzione è:
   - A un miscuglio eterogeneo
   - B un miscuglio omogeneo
   - C un colloide
   - D una sospensione

8. Quale materiale non è un miscuglio eterogeneo?
   - A fumo
   - B latte
   - C vernice fresca
   - D pioggia

9. In che cosa una sostanza pura differisce da una soluzione?
   - A è trasparente alla luce
   - B può essere solida, liquida, oppure aeriforme, mentre le soluzioni sono solo liquide
   - C è un miscuglio omogeneo, diversamente dalla soluzione
   - D ha una composizione costante

10. Quale, fra le seguenti, non è una proprietà intensiva della materia?
   - A densità
   - B volume
   - C temperatura di ebollizione
   - D colore

11. Quale affermazione riguardante il vino non è corretta?
   - A è un miscuglio di composti
   - B è meno denso dell'acqua
   - C conduce la corrente elettrica
   - D contiene sodio metallico

12. Una spremuta di arancia viene classificata come:
   - A un miscuglio eterogeneo
   - B un miscuglio omogeneo
   - C un composto
   - D un elemento

13. Quale materiale è una sostanza pura?
   - A ghiaccio
   - B latte
   - C dentifricio
   - D bronzo

14. Qual è un miscuglio eterogeneo solido?
   - A sabbia
   - B il corpo umano
   - C il cloruro di sodio
   - D un termometro

15. Individuare quale miscuglio è eterogeneo.
   - A sangue
   - B limatura di ferro
   - C sale grosso
   - D soluzione di acqua e zucchero

16. Qual è una proprietà estensiva della materia?
   - A densità
   - B colore
   - C temperatura
   - D massa

17. Un miscuglio eterogeneo in cui un gas è disperso in un liquido (solvente) si chiama:
   - A fumo
   - B gel
   - C emulsione
   - D schiuma

18. Si definisce solvente la parte di una soluzione che è:
   - A solida
   - B incolore
   - C il componente maggiore
   - D acqua

19. Quale affermazione sui miscugli eterogenei è scorretta?

A sono formati da due o più sostanze
B sono formati da due o più fasi
C possono essere separati nei componenti che li costituiscono
D hanno una uniforme composizione

20. Quale o quali materiali possono essere usati come solventi?

A un solido
B un liquido
C un gas
D tutti e tre

21. Un soluto potrebbe essere:

A un gas
B un solido
C un liquido
D tutti e tre

22. I miscugli trasparenti alla luce, formati da particelle non più grandi delle molecole, si chiamano:

A colloidi
B soluzioni
C emulsioni
D sostanze

23. Il bronzo è:

A un elemento
B un composto
C un miscuglio omogeneo
D un miscuglio eterogeneo

4. I PASSAGGI DI STATO

24. Il passaggio di stato di un solido a gas è denominato:

A evaporazione
B condensazione
C brinamento
D sublimazione

25. Qual è il processo per identificare i componenti colorati di un miscuglio omogeneo?

A distillazione
B cromatografia
C filtrazione
D estrazione

26. La curva di riscaldamento, disegnata sotto, individua diverse zone, caratterizzate da variazioni di temperatura oppure da temperatura costante. Descrivi in dettaglio ogni cambiamento di stato.

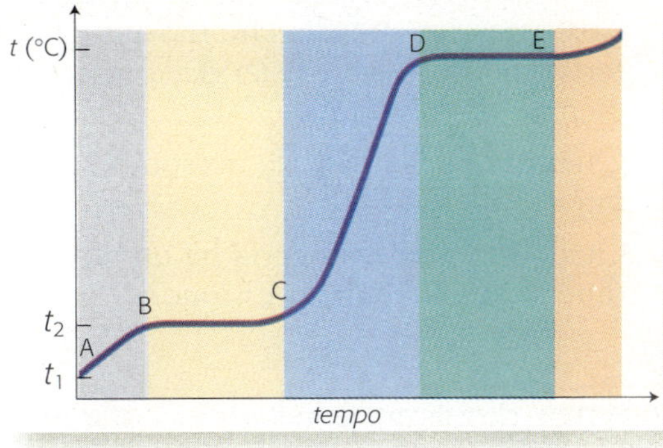

5. I PRINCIPALI METODI DI SEPARAZIONE DI MISCUGLI E SOSTANZE

27. Descrivi il procedimento impiegato per ottenere acqua distillata.

28. Quali proprietà e differenze di comportamento sono sfruttate dalle seguenti separazioni?

A distillazione
B estrazione
C filtrazione
D cromatografia

29. Quale procedimento consente la separazione dei microrganismi dal vino, col minor danno delle qualità organolettiche?

A distillazione
B estrazione
C decantazione
D cromatografia

30. Descrivi in dieci righe le principali tecniche di separazione.

COSTRUISCI LA COMPETENZA

OBIETTIVO classificare la materia in base agli stati fisici

RISOLVI I SEGUENTI QUESITI

1. Costruisci una tabella che riassuma le caratteristiche degli stati fisici della materia, con esempi.
2. Quali stati della materia possono essere definiti «condensati»?
3. Quale stato della materia ha un volume che dipende molto dalla pressione?

OBIETTIVO classificare la materia in sostanze pure e in miscugli omogenei ed eterogenei

RISOLVI I SEGUENTI QUESITI

4. Quali criteri puoi applicare per distinguere una sostanza pura da un miscuglio?
5. Quale delle seguenti curve di riscaldamento corrisponde all'ebollizione di acquavite (acqua e alcol al 40%)? Quale invece è relativa all'ebollizione dell'alcol puro?

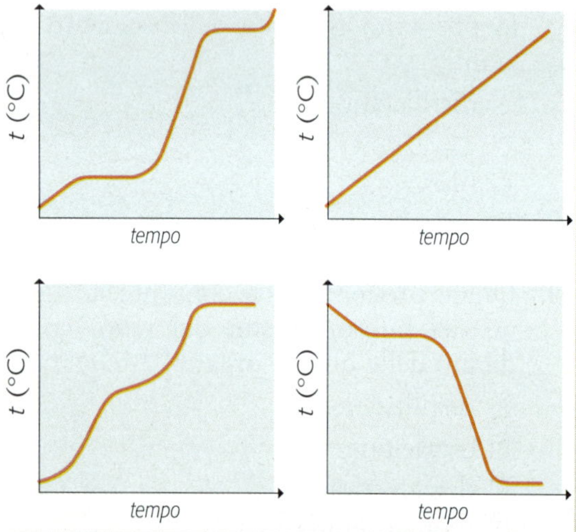

6. Come si può usare la filtrazione per separare la farina da un miscuglio di sale e farina?
7. Un miscuglio contenente acqua, olio e sale viene agitato. Descrivi la sequenza delle operazioni necessarie per recuperare ciascun componente.
8. Puoi definire ed elencare alcune proprietà intensive della materia?
9. A quale separazione può essere paragonato il ciclo naturale dell'acqua?
10. Fai almeno quattro esempi di miscugli omogenei e di miscugli eterogenei.
11. Durante la fusione, la temperatura di fusione di un miscuglio omogeneo:
   - A rimane costante sino a quando tutto il solido non è fuso
   - B prima aumenta e poi diminuisce
   - C aumenta durante la fusione
   - D è più alta di quella di una sostanza pura

   Spiega la tua risposta.

OBIETTIVO descrivere i passaggi di stato e disegnare le curve di riscaldamento e di raffreddamento delle sostanze

RISOLVI I SEGUENTI QUESITI

12. Qual è la differenza fra fase e stato?
13. Il disegno mostra un sistema eterogeneo. Quanti sono gli stati nel cilindro? Quante le fasi?

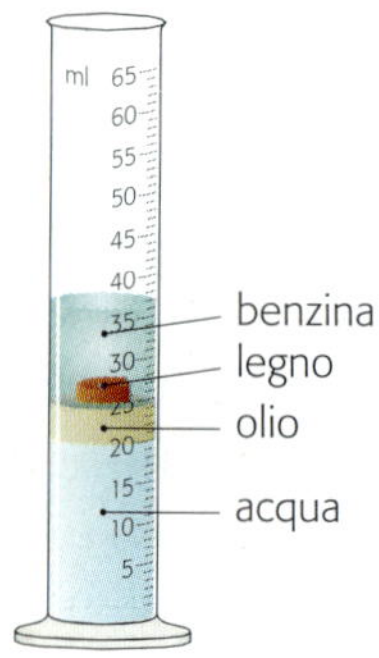

14. Puoi descrivere i cambiamenti di stato del ferro puro solido, sottoposto a riscaldamento?
15. Completa la seguente tabella indicando il passaggio di stato che può avvenire.

Riscaldare il ferro solido	
Raffreddare il vapore acqueo	
Raffreddare l'acqua liquida	
Riscaldare l'acetone	

OBIETTIVO descrivere e spiegare le principali tecniche di separazione dei materiali

RISOLVI I SEGUENTI QUESITI

16. Descrivi quali sono le principali tecniche di separazione delle sostanze.

Pensa come uno scienziato

1 Devi montare un'apparecchiatura per la produzione di acqua distillata.

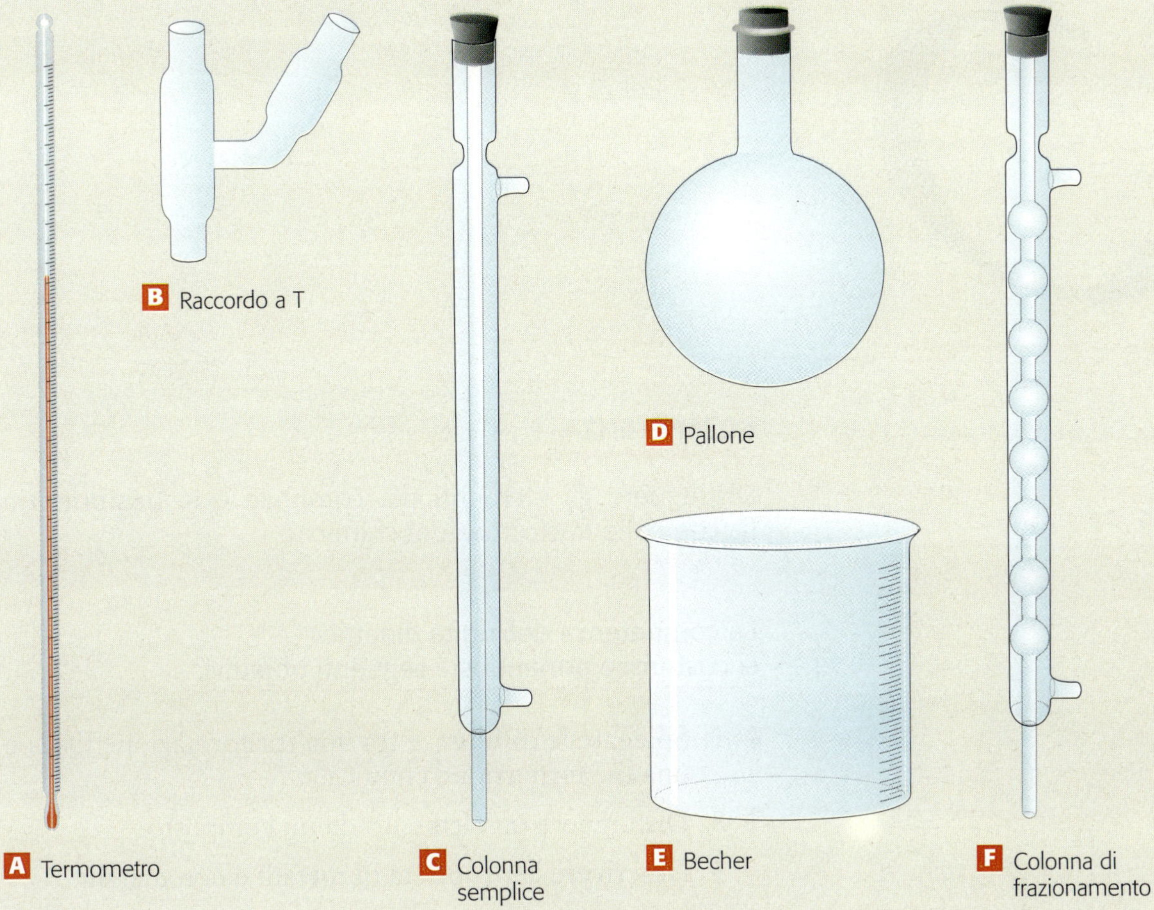

Qual è l'ordine corretto di montaggio dei componenti?

1. D – B – A – F – E
2. D – B – A – C – E
3. D – B – F – A – E
4. D – B – C – E – A

2 Completa la matrice inserendo i materiali indicati sotto. Quindi scrivi nelle caselle vuote altri esempi che ritieni importanti.

Bicarbonato di sodio; ottone; miscuglio di acqua e benzina; elio.

	Sostanza pura	Miscuglio omogeneo	Miscuglio eterogeneo
solido			
liquido			
gassoso			

Unità 3

COMPETENZA

Distinguere gli elementi dai composti e le trasformazioni fisiche dalle trasformazioni chimiche.

La competenza dell'unità didattica si costruisce ponendosi i seguenti obiettivi:

1. Spiegare le differenze tra una trasformazione fisica e una trasformazione chimica.
2. Distinguere un elemento da un composto.
3. Descrivere le proprietà di metalli e non metalli.

Le trasformazioni della materia

1. LE TRASFORMAZIONI FISICHE E CHIMICHE

Il nostro corpo e l'ambiente in cui viviamo sono fatti di materia. La materia si presenta in tre stati di aggregazione: lo *stato solido*, lo *stato liquido* e lo *stato gassoso*.

Alcuni cambiamenti che noi osserviamo sono semplici mutamenti dello stato fisico di una sostanza (da liquido a vapore, da liquido a solido, ecc.); altri consistono in variazioni delle dimensioni di un oggetto, dovute a espansione o a contrazione per effetto della temperatura e della pressione esterna. Tutte queste trasformazioni, che non alterano la composizione chimica di una sostanza, si chiamano **trasformazioni fisiche** o fenomeni fisici.

Le trasformazioni fisiche provocano un cambiamento fisico reversibile della materia; nelle trasformazioni fisiche non si formano nuove sostanze.

L'acqua, per esempio, può passare da uno stato fisico all'altro senza diventare un'altra sostanza ▸figura 3.1: portata a temperature inferiori a 0 °C diventa ghiaccio, e ritorna allo stato liquido se si ristabiliscono le condizioni iniziali, cioè se la temperatura ritorna sopra lo zero. Anche la dissoluzione del comune sale da cucina in acqua è una trasformazione fisica: infatti, il sale si può riottenere per semplice evaporazione del solvente.

FIGURA 3.1 L'acqua subisce continuamente delle trasformazioni fisiche.

Cerchiamo ora di distinguere le trasformazioni fisiche dalle **trasformazioni chimiche** della materia, denominate anche fenomeni chimici oppure reazioni chimiche.

Le trasformazioni chimiche sono cambiamenti che comportano la formazione di nuove sostanze aventi proprietà profondamente diverse da quelle dei materiali originari.

Le reazioni chimiche sono trasformazioni che comportano una variazione della composizione chimica delle sostanze originarie (reagenti), con formazione di nuove sostanze (prodotti).

Nella ▸tabella 3.1 sono elencati alcuni esempi di trasformazioni fisiche e chimiche.

I materiali complessi, come gli alberi, i fiori e la frutta, si ottengono da materiali più semplici attraverso una lunga serie di reazioni chimiche. Anche il petrolio si è formato milioni di anni fa attraverso complicate reazioni chimiche. Tutte le trasformazioni del cibo che ingeriamo sono di natura chimica, come anche la combustione di una candela ▸figura 3.2.

Come si rappresenta una reazione chimica? Si scrivono a sinistra i reagenti e a destra i prodotti, collegati da una freccia:

$$\textbf{reagenti} \rightarrow \textbf{prodotti}$$

TABELLA 3.1 Le trasformazioni fisiche e chimiche della materia.

Trasformazioni fisiche	Trasformazioni chimiche
magnetizzazione di un ago con la calamita 	combustione del gas domestico, che si trasforma in vapore d'acqua e biossido di carbonio 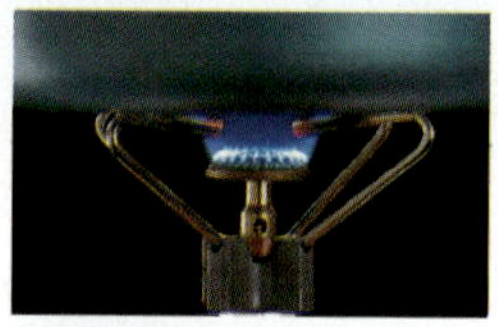
ebollizione dell'acqua 	cottura di un uovo (o di altri cibi) 
dissoluzione dello zucchero in acqua 	formazione di ruggine sugli oggetti di ferro 
sbucciare una mela 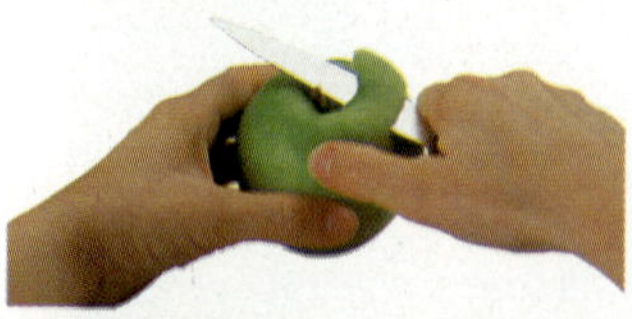	produzione di yogurt e formaggio dal latte 
montare il bianco d'uovo 	formazione di melanina, che provoca l'abbronzatura

FIGURA 3.2 La combustione di una candela. I reagenti (cera e ossigeno dell'aria) si trasformano nei prodotti (vapore e biossido di carbonio).

La freccia spiega l'andamento della *reazione e ci informa che i reagenti si trasformano nei prodotti.*

Nei moduli E, F e G avremo modo di affrontare e di spiegare i diversi tipi di reazione.

In quali casi possiamo dire che c'è stata una reazione? Questa affermazione è possibile se la trasformazione che osserviamo comporta:

1. la formazione di bollicine
2. un cambiamento di colore
3. la formazione o la scomparsa di un solido
4. il riscaldamento o il raffreddamento del recipiente in cui avviene la reazione.

Se si verifica uno di questi fenomeni, possiamo ritenere, con buona approssimazione, che ci sia stata una reazione e che i reagenti si siano trasformati nei prodotti.

Nella ▸tabella 3.2 si trovano alcuni esempi delle principali evidenze sperimentali di alcune reazioni chimiche.

TABELLA 3.2 Alcune evidenze sperimentali di trasformazioni chimiche.

Osservazioni	Interpretazioni
versando aceto sul bicarbonato di sodio si producono bollicine	le bollicine ci fanno pensare che si sia formata una nuova sostanza, e che quindi sia avvenuta una reazione
versando succo di limone in una tazza di tè, il colore diventa più chiaro	la variazione di colore è dovuta a una reazione chimica
aggiungendo un cucchiaino di bicarbonato di sodio a un bicchiere di vino rosso, il colore diventa più scuro	la variazione di colore è dovuta a una reazione chimica
il bianco d'uovo riscaldato sul fornello diventa un solido bianco, che non è più solubile in acqua	la formazione di un solido bianco insolubile ci dice che è avvenuta una reazione chimica

ESEMPIO **Classifica i seguenti fenomeni in trasformazioni fisiche o chimiche.**

A rompere un vetro
B ottenere il vino dal succo d'uva fermentato
C comprimere e raffreddare l'aria fino a liquefarla
D sciogliere il miele in acqua

Soluzione

A Trasformazione fisica. La composizione non cambia; il vetro si riduce in frammenti.
B Trasformazione chimica. Con la fermentazione, si producono nuove sostanze come alcol e biossido di carbonio.
C Trasformazione fisica. Il gas aria diventa aria liquida.
D Trasformazione fisica. Non si formano nuove sostanze. Il miele e l'acqua producono una soluzione, dalla quale, evaporando il liquido, si separa il miele.

PROVA TU

Completa la tabella classificando i seguenti esempi in trasformazioni fisiche o chimiche.

A tagliare a fette il prosciutto
B bruciare un foglio di carta
C togliere una macchia di grasso con la benzina
D cuocere una torta

Trasformazione fisica	Trasformazione chimica
....	....
....	....
....	....
....	....

2. ELEMENTI E COMPOSTI

Il processo che ci consente di determinare la composizione di una sostanza è chiamato **analisi**. I risultati di moltissime analisi ci confermano che tutti i materiali dell'universo sono formati da due tipi di sostanze pure: gli **elementi** e i **composti**. Questa classificazione ci permette di distinguere le sostanze semplici da quelle complesse. Cominciamo col definire gli elementi e i composti.

Si definisce elemento una sostanza pura che non può essere trasformata, con gli ordinari mezzi chimici, in altre sostanze ancora più semplici.

Quando il chimico prova a fare l'analisi di un oggetto di ferro puro, trova che è costituito interamente di ferro e non si può trasformare in una sostanza ancora più semplice. Altri esempi di elementi sono l'ossigeno, l'azoto, l'oro, l'argento e tutti gli altri metalli.

Le sostanze pure più numerose sulla Terra, però, non sono gli elementi, ma i composti. A tutt'oggi il numero dei composti, di origine naturale e di origine sintetica, supera largamente i 10 milioni. L'acqua distillata, lo zucchero e il cloruro di sodio sono tipici esempi di questa classe di sostanze.

Si definisce composto ogni sostanza pura che può essere decomposta, con gli ordinari mezzi chimici, in altre sostanze pure più semplici. I composti hanno una composizione ben definita e costante.

La seconda frase della definizione ci chiarisce un punto importante per distinguere i composti dai miscugli: infatti i miscugli, diversamente dai composti, hanno una composizione che può variare e non è costante.

Un esempio di composto è l'acqua, che è formata dagli elementi idrogeno e ossigeno. Attraverso un processo chiamato elettrolisi è possibile decomporre l'acqua in idrogeno e ossigeno. La formazione di idrogeno e ossigeno è dovuta al consumo della corrente elettrica che passa in una soluzione acquosa.

La reazione di decomposizione dell'acqua può essere così rappresentata:

$$\text{acqua}_{(l)} \rightarrow \text{idrogeno}_{(g)} + \text{ossigeno}_{(g)}$$

I pedici (l) e (g) spiegano che l'acqua (il reagente) è allo stato liquido, mentre l'idrogeno e l'ossigeno, cioè i due prodotti, si trovano allo stato gassoso. Quindi, una prima grossolana distinzione fra reagenti e prodotti è possibile sulla base dell'aspetto fisico: l'acqua è liquida e i due prodotti sono gas. Tuttavia, come abbiamo visto nelle pagine precedenti, ci sono altri criteri per identificare reagenti e prodotti. Le tre sostanze implicate nell'elettrolisi, infatti, hanno proprietà intensive completamente diverse e quindi possono essere facilmente riconosciute.

ESEMPIO **Classifica i seguenti materiali in elementi, composti e miscugli.**

A aria
B acqua distillata
C oro puro
D cloruro di sodio
E succo di pomodoro

Soluzione

A Miscuglio omogeneo. L'aria è un miscuglio di più gas.
B Composto. L'acqua distillata è formata da ossigeno e idrogeno in proporzioni costanti di combinazione.
C Elemento. L'oro è un elemento metallico.
D Composto. Il cloro e il sodio sono chimicamente combinati in proporzioni costanti.
E Miscuglio eterogeneo.

La figura 3.3 riassume quanto abbiamo detto finora.

FIGURA 3.3 Le trasformazioni della materia.

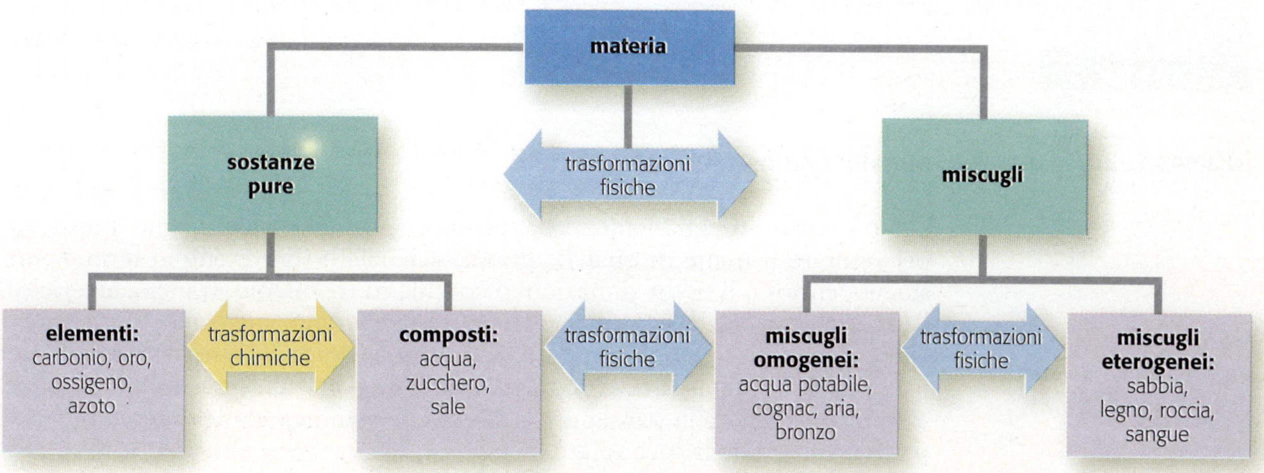

3. LA TAVOLA PERIODICA E GLI ELEMENTI

TABELLA 3.3 L'abbondanza relativa degli elementi sulla crosta terrestre.

Elemento	Simbolo	% sulla crosta terrestre
ossigeno	O	46,6
silicio	Si	27,7
alluminio	Al	8,1
ferro	Fe	5,0
calcio	Ca	3,6
sodio	Na	2,8
potassio	K	2,6
magnesio	Mg	2,1
idrogeno	H	0,13
tutti gli altri elementi		1,36

Nel 1869 il chimico russo Dimitri Ivanovich Mendeleev scoprì che gli elementi potevano essere classificati e ordinati sulla base delle loro proprietà chimiche e fisiche. Il risultato del suo lavoro è la tavola periodica degli elementi ▸ figura 3.4.

La tavola periodica moderna è costituita da 109 elementi chimici; di questi, soltanto 89 sono presenti in natura, principalmente sotto forma di composti e raramente nella forma elementare (come oro, platino, argento, rame, carbonio, ossigeno, azoto, zolfo). Gli altri 20 elementi sono stati scoperti nel corso delle ricerche sull'energia atomica oppure sono stati ottenuti mediante apposite reazioni nucleari.

Quasi il 99 per cento in peso della crosta terrestre è costituito da soli 9 elementi, come potete vedere nella ▸ tabella 3.3.

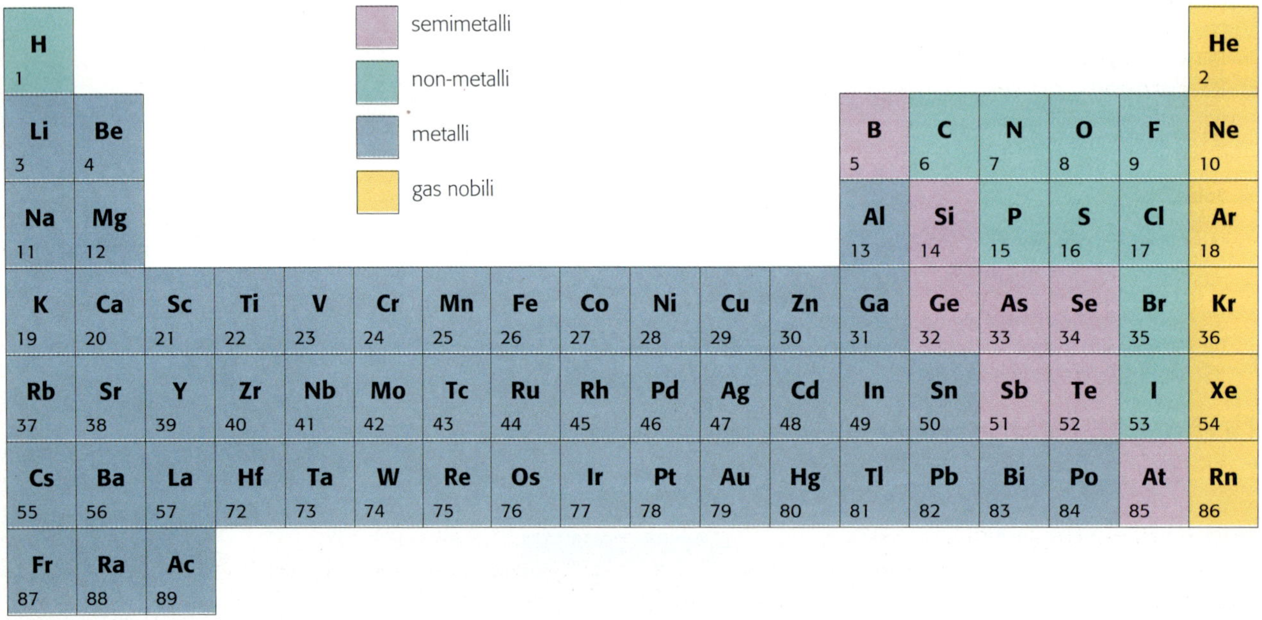

FIGURA 3.4 La tavola periodica degli elementi.

Metalli, non metalli e semimetalli

I nomi attribuiti agli elementi hanno diverse origini: alcuni sono stati scelti per onorare il nome di qualche grande scienziato (per esempio fermio, einsteinio, curio) o il nome di nazioni o continenti (germanio, francio, americio). Altri derivano dal nome di pianeti (plutonio, uranio, nettunio) o da parole latine e greche, che richiamano una proprietà tipica di quel particolare elemento o la località dove è stato scoperto. Il nome del gas nobile elio, per esempio, deriva dalla parola greca *Elios*, che significa «Sole», perché fu scoperto analizzando la luce solare.

I chimici hanno stabilito di usare apposite abbreviazioni per indicare gli elementi. Tali abbreviazioni prendono il nome di **simboli** e sono costituite da una, da due o da tre lettere. La prima lettera deve essere scritta in maiuscolo, mentre la seconda e la terza (se ci sono) in minuscolo. Per esempio, il simbolo del rame, che deriva dal latino *cuprum*, si scrive Cu e non CU.

La lettura delle formule va fatta nominando una lettera per volta. Per esempio, Cu si legge «ci-u» e non «cu». Il ferro, il cui simbolo è Fe, si legge «effe-e» e non «fe».

Come abbiamo detto, la classificazione degli elementi all'interno della tavola periodica si basa sulle loro differenti proprietà fisiche e chimiche; in base a questa classificazione distinguiamo tre classi di elementi: metalli, non-metalli e semimetalli.

FIGURA 3.5 Alcuni oggetti metallici.

Vediamo innanzitutto le proprietà fisiche caratteristiche dei **metalli**. I metalli puri generalmente sono lucenti e sono buoni conduttori del calore e dell'elettricità. Gli oggetti metallici usati nella vita quotidiana, di solito, non sono costituiti da metalli puri ma da leghe metalliche, cioè miscugli omogenei. I fili elettrici, per esempio, sono di rame o d'alluminio, mentre le stoviglie da fuoco sono di rame, d'acciaio inossidabile, di alluminio o di ghisa ▸ figura 3.5.

A temperatura ambiente (20 °C) tutti i metalli sono solidi, a eccezione del mercurio. La gran parte di essi, inoltre, si può ridurre in fili o in lamine sottili: tale proprietà è denominata **duttilità**. I metalli possono essere anche modellati con uno stampo a pressione o col martello per formare oggetti di forma diversa; questa proprietà è chiamata **malleabilità**.

Quali sono invece le caratteristiche dei **non metalli**? In generale, le proprietà fisiche dei non metalli sono opposte a quelle dei metalli, a cominciare dalla varietà dei loro colori (lo zolfo è giallo, il cloro verde pallido, il bromo rosso, ecc.). A eccezione del carbonio, tutti i non metalli sono cattivi conduttori del calore e della corrente elettrica. Riguardo allo stato fisico, i non metalli possono essere gassosi (come ossigeno, azoto, fluoro, cloro), liquidi (bromo) e solidi (carbonio, zolfo). I non metalli solidi non sono né malleabili né duttili e si frantumano se colpiti col martello.

FIGURA 3.6 La grafite e il diamante sono due forme dell'elemento carbonio.

In particolare, il carbonio ha un comportamento davvero unico nel sistema periodico: sotto forma di grafite, è un discreto conduttore di corrente elettrica, ma non del calore. Sotto forma di diamante, invece, è l'elemento che conduce meglio il calore (più dell'argento, dell'oro e del rame), ma non è conduttore di elettricità ▸ figura 3.6.

Consideriamo infine i **semimetalli** (per esempio, il germanio e il silicio): questi elementi hanno proprietà intermedie, in parte di tipo metallico e in parte di carattere non metallico. Essi non sono né conduttori né isolanti, ma diventano eccellenti semiconduttori quando contengono impurezze di altri elementi vicini. Germanio e silicio impuri, per esempio, sono solitamente impiegati nei transistor e nei circuiti integrati ▸ figura 3.7.

FIGURA 3.7 Molti componenti elettronici sono formati dai semimetalli germanio e silicio.

L'ultima colonna della tavola periodica è costituita dai gas nobili che tratteremo nel modulo C.

1. LE TRASFORMAZIONI FISICHE E CHIMICHE

1. Qual è la differenza tra una trasformazione fisica e una trasformazione chimica?

2. Distingui le seguenti trasformazioni in fisiche e chimiche:
   - A il ghiaccio fonde a 0 °C
   - B il metano viene bruciato
   - C il legno marcisce
   - D l'acqua bollendo si trasforma in vapore

3. Classifica le seguenti osservazioni come trasformazioni fisiche o chimiche:
   - A il rame conduce l'elettricità
   - B l'alluminio viene fuso
   - C il ferro arrugginisce
   - D la carta, col tempo, ingiallisce
   - E il sale si scioglie in acqua

4. Quale affermazione, fra quelle descritte nel brano seguente, è una reazione chimica?
   «La benzina è spruzzata nel carburatore, è miscelata con l'aria, è convertita in vapore e infine è bruciata; i prodotti di combustione si espandono nei cilindri.»
   - A è spruzzata
   - B è miscelata all'aria
   - C è bruciata
   - D è convertita in vapore
   - E si espandono nei cilindri

5. Distingui le trasformazioni fisiche da quelle chimiche:
   - A decomporre una sostanza negli elementi che la costituiscono
   - B preparare una tazza di tè (senza limone)
   - C ricavare ossigeno a partire da aria liquida
   - D cuocere un uovo

6. Mescolando due soluzioni liquide, si nota un'effervescenza. Ciò si spiega perché è avvenuta una reazione chimica e...(scegli la risposta corretta):
   - A ...uno dei prodotti è un gas
   - B ...uno dei reagenti è un gas
   - C ...si sono ottenute sostanze più leggere
   - D ...gli elementi sono diventati gassosi

7. Mescolando due soluzioni limpide e incolori, si ottiene un miscuglio blu limpido. È avvenuta una reazione e...(scegli la risposta corretta):
   - A ... gli elementi hanno cambiato colore
   - B ... i prodotti hanno cambiato colore
   - C ... si è formata una nuova sostanza di colore blu
   - D ... il colore dei reagenti è cambiato da bianco a blu

8. Mescolando acido cloridrico con una soluzione di idrossido di sodio, la temperatura della soluzione aumenta. Ciò si spiega perché:
   - A le due sostanze si sono mescolate
   - B ha avuto luogo una reazione chimica con aumento di energia potenziale
   - C nella reazione si formano sostanze più calde
   - D nella reazione si libera calore

9. Quante trasformazioni fisiche e quante trasformazioni chimiche sono descritte nel brano seguente?
   «Il fluoro è un gas giallo pallido che reagisce con tutti i composti organici. I metalli, ridotti in polvere, bruciano a contatto col fluoro con una fiamma splendente. Il fluoro è uno dei pochi elementi che forma composti con lo xeno.»
   - A 2 chimiche e 2 fisiche
   - B 2 chimiche e 3 fisiche
   - C 1 chimica e 3 fisiche
   - D 3 chimiche e 2 fisiche

2. ELEMENTI E COMPOSTI

10. Quale delle seguenti sostanze è un elemento?
    - A acqua
    - B sale
    - C ammoniaca
    - D ossigeno

11. Che cos'è un composto?

12. Qual è la differenza tra elemento e composto?

13. Qual è la differenza tra miscela e composto?

14. In quale frase il termine «composto» è usato correttamente?
- A sciogliendo il sale nell'acqua si ottiene un composto
- B mescolando due elementi si ottiene un composto
- C un composto si separa nei suoi elementi mediante filtrazione
- D il composto si ottiene dalla reazione fra due elementi

15. Le reazioni chimiche possono servire per separare:
- A i solidi dai liquidi
- B i gas dai liquidi
- C un miscuglio nei suoi componenti
- D un composto nei suoi elementi

16. Il platino è:
- A un composto
- B un colloide
- C una sostanza
- D un miscuglio eterogeneo

17. Oro, platino, azoto e cloro sono esempi di:
- A elementi
- B composti
- C sostanze
- D miscugli omogenei

18. Le sostanze che possono essere trasformate in sostanze più semplici si chiamano:
- A elementi
- B composti
- C miscugli omogenei
- D miscugli eterogenei

19. Quale dei seguenti materiali è una sostanza pura?
- A acciaio
- B mercurio
- C cemento
- D aria filtrata

20. Un campione non può essere separato in due o più sostanze con mezzi chimici; pertanto esso è:
- A un miscuglio
- B una soluzione
- C un composto
- D un elemento

3. LA TAVOLA PERIODICA E GLI ELEMENTI

21. Individua l'unica affermazione errata:
- A gli elementi sono prevalentemente metalli
- B un elemento è una sostanza pura
- C gli elementi noti sono poco più di cento
- D gli elementi sono decomponibili in sostanze più semplici

22. Come si leggono gli elementi As, Na e Cl?
- A as, na, cl
- B a-esse, enne-a, ci-elle
- C as, na, ci-elle

23. Quali sono le proprietà caratteristiche di un metallo?

24. Quali sono le proprietà caratteristiche di un non metallo?

25. Quali sono le proprietà caratteristiche di un semimetallo?

26. Scrivi il nome dei seguenti elementi: K, Cu, Na, N, P, S, W, Au, Mn.

27. Qual è il nome dello scienziato che per primo ha classificato e ordinato gli elementi in base alle loro proprietà chimiche?

28. Quali sono i concetti principali appresi in questo paragrafo? Riassumi in dieci righe ciò che ritieni importante ricordare.

VERIFICHE

COSTRUISCI LA COMPETENZA

OBIETTIVO spiegare le differenze tra una trasformazione fisica e una trasformazione chimica

RISOLVI I SEGUENTI QUESITI

1. Unendo polvere di ferro e polvere di zolfo in condizioni diverse, si possono ottenere sia un miscuglio sia un composto. Come si ottiene un semplice miscuglio? In che condizioni si ottiene un composto?

2. Quali sono le evidenze più convincenti che ha avuto luogo una reazione chimica?

3. Le palline bianche di un antitarme, poste in un armadio, scompaiono dopo un certo numero di mesi.

A La scomparsa delle palline è una trasformazione fisica oppure chimica? Con quale termine viene descritto questo fenomeno?

B Quali prove sperimentali giustificano la risposta?

4. Spiega la natura delle trasformazioni chimiche e proponi almeno due esempi.

OBIETTIVO distinguere un elemento da un composto

RISOLVI I SEGUENTI QUESITI

5. Ricava dai seguenti composti gli elementi che li costituiscono:
$NaCl$ (sale da cucina);
H_2O (acqua);
$C_6H_{12}O_6$ (zucchero);
CH_4 (metano);
NH_3(ammoniaca);
Na_2CO_3 (carbonato di sodio)

OBIETTIVO descrivere le proprietà di metalli e non metalli

RISOLVI I SEGUENTI QUESITI

6. Il magnesio possiede le seguenti proprietà; distingui quelle fisiche da quelle chimiche, e spiega la tua scelta:

A è solido a temperatura ambiente

B conduce la corrente elettrica

C brucia all'aria con una fiamma luminosa

D forma una polvere bianca quando viene a contatto con acido cloridrico

E fonde a 651 °C

F è duttile e malleabile

7. Il carbonio possiede le seguenti proprietà; distingui quelle fisiche da quelle chimiche, e spiega la tua scelta:

A il diamante è il miglior conduttore di calore, ma non conduce la corrente elettrica

B il diamante è la sostanza naturale più dura esistente

C il diamante e la grafite non sono né duttili, né malleabili

D il diamante e la grafite sono due forme del carbonio

8. Confronta il comportamento del diamante e della grafite.

9. Quale coppia di elementi ha proprietà chimiche simili?

A Mg e O

B Ca e F

C Mg e Ca

D O e He

Spiega la tua risposta.

10. Quale elemento è malleabile?

A H

B Ag

C O

D S

Spiega la tua risposta.

11. I non metalli allo stato solido sono cattivi conduttori di calore (meno il diamante) e sono:

A fragili agli urti

B hanno tutti superfici splendenti

C sono duttili

D hanno buona conducibilità elettrica

Spiega la tua risposta.

Pensa come uno scienziato

1 In quali becher avvengono trasformazioni chimiche, cioè reazioni?

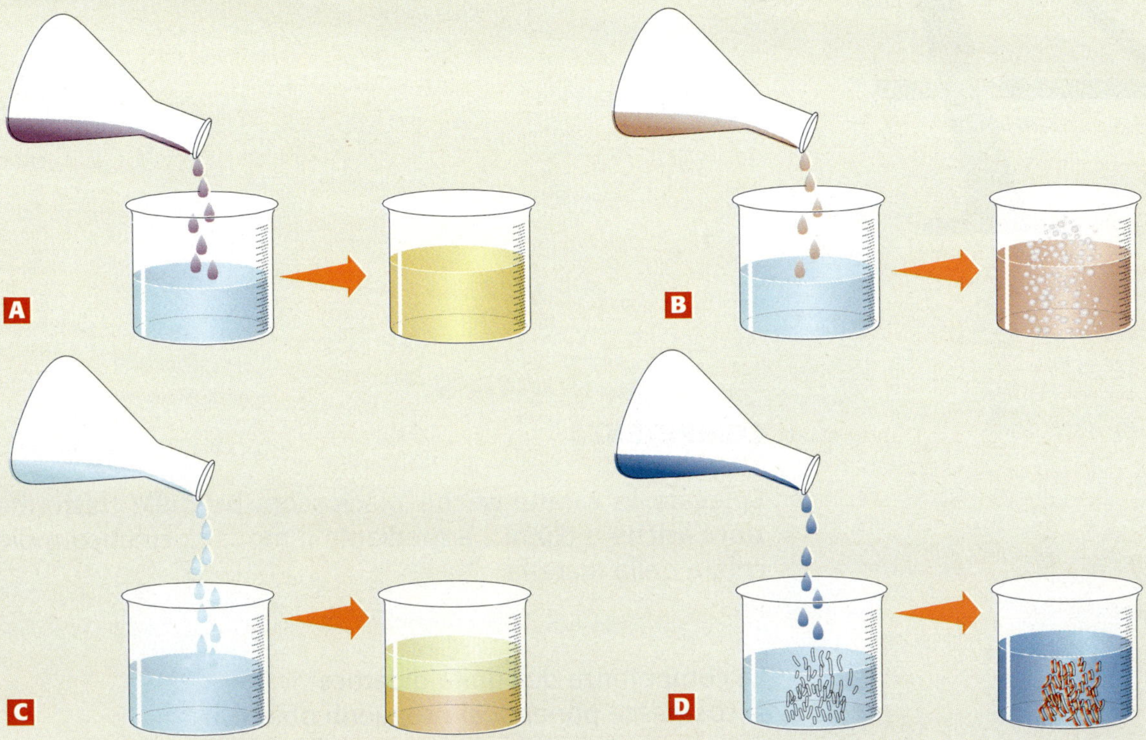

☐ soltanto in A e C ☐ soltanto in B e D
☐ soltanto in C e B ☐ in tutti i becher

2 Completa la seguente matrice aiutandoti con la tavola periodica:

Nome	Simbolo	Densità (g/cm^3)	Punto di fusione (°C)
		7,14	419
potassio			
		2,187	−219,6
		19,3	1064,8
ossigeno			
azoto			
		7,87	1536
		7,29	232
rame			

Unità 4

COMPETENZA

Spiegare le caratteristiche macroscopiche delle trasformazioni fisiche e chimiche mediante il modello cinetico-molecolare della materia.

La competenza dell'unità didattica si costruisce ponendosi i seguenti obiettivi:

1. Definire le tre leggi ponderali della chimica.
2. Descrivere il modello atomico di Dalton.
3. Spiegare le caratteristiche macroscopiche e microscopiche delle principali trasformazioni fisiche.
4. Utilizzare il modello cinetico-molecolare per interpretare le trasformazioni fisiche e chimiche.

Spiegare il visibile con l'invisibile

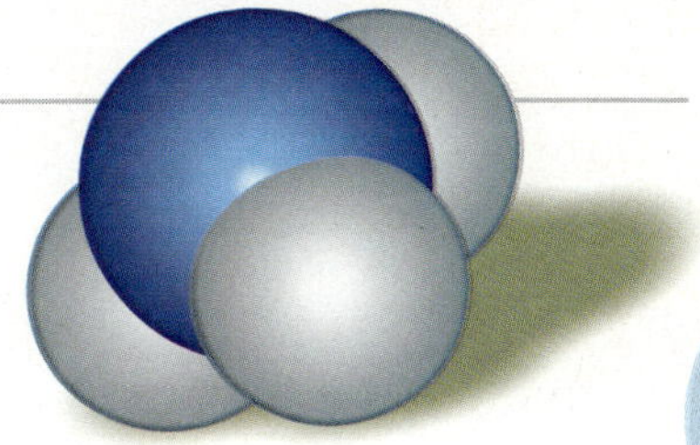

1. LE PROVE DELL'ESISTENZA DEGLI ATOMI

Gli studenti che iniziano lo studio della chimica sanno già che la materia è fatta di atomi; ma quali sono le prove che gli atomi esistono realmente? Oggi, grazie a particolari strumenti, è possibile rivelare che essi esistono e compongono la materia che ci circonda. La fotografia seguente è una prova della reale esistenza degli atomi ▸figura 4.1.

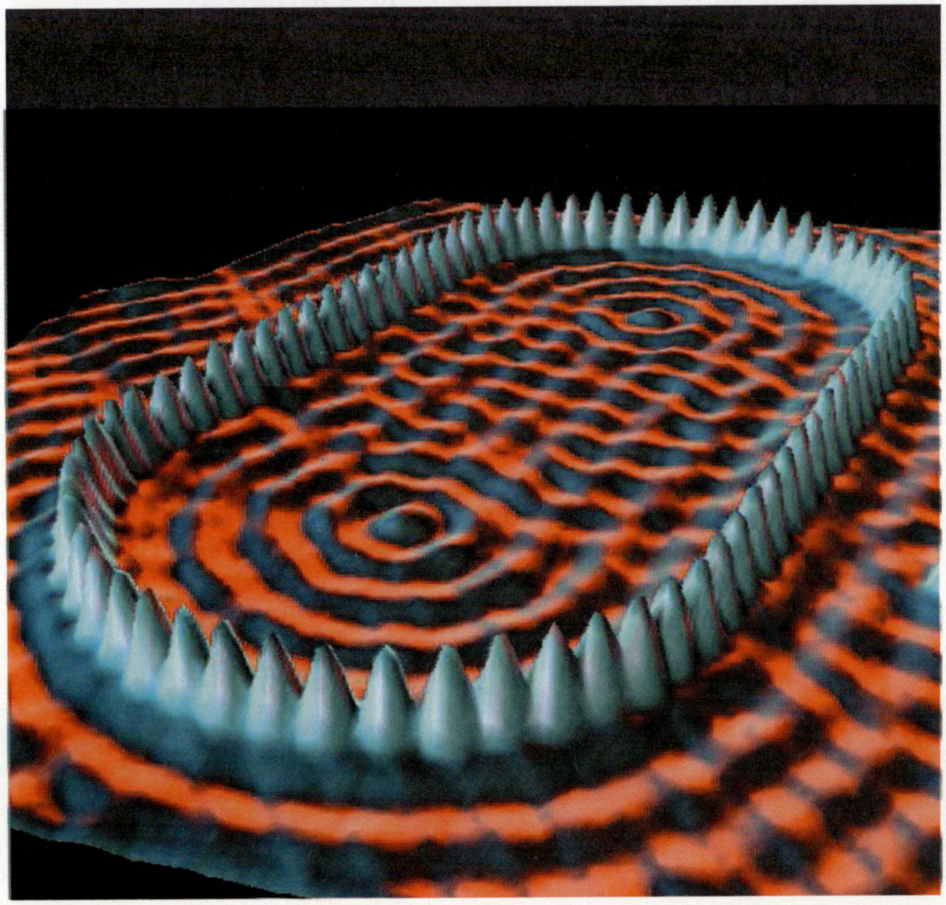

FIGURA 4.1 I piccoli coni sono atomi di ferro depositati su una lamina di rame.

Le prime idee sull'esistenza degli atomi non si basavano su chiari risultati sperimentali, ma piuttosto su argomentazioni di tipo filosofico. «*La materia non è continua, come sembra, ma è formata da particelle piccolissime*», così sosteneva Leucippo nel 450 a.C. Un suo discepolo, Democrito (470-380 a.C.), chiamò *atomi* queste particelle infinitamente piccole. Secondo i due filosofi greci, la materia era costituita da atomi immutabili, indistruttibili e indivisibili.

L'idea atomistica della materia, osteggiata da Platone e Aristotele, venne ripresa da Lucrezio (95-55 a.C.). La sua opera *De rerum Natura* (*Sulla natura delle cose*) fece conoscere agli scienziati il pensiero di Leucippo e di Democrito circa la intima struttura della materia. Leucippo, Democrito e Lucrezio, quindi, ritenevano che l'atomo fosse il costituente ultimo della materia sulla base di pure considerazioni filosofiche.

Ci vollero altri ventidue secoli perché nascesse il primo modello atomico, costruito su basi sperimentali.

Oggi sappiamo con certezza che l'aria è costituita da microscopiche particelle, in perenne agitazione, e che l'acqua non è un fluido continuo, come i nostri sensi ci inducono a credere, ma un liquido formato da piccolissime particelle. Pertanto, possiamo affermare che:

La materia che ci circonda non è continua, ma risulta formata da particelle microscopiche.

Come abbiamo visto nell'unità 3, esistono in tutto 109 elementi, ciascuno dei quali è costituito da un particolare e caratteristico tipo di atomo.

Vediamo ora quali passi sono stati necessari alla scienza per arrivare a elaborare il primo modello atomico.

2. LA NASCITA DELLA MODERNA TEORIA ATOMICA: DA LAVOISIER A DALTON

Nel 1803, l'inglese John Dalton arrivò alla conclusione che la materia era costituita da particelle piccolissime, attraverso l'attenta analisi e l'interpretazione delle tre leggi fondamentali della chimica: *la legge di conservazione della massa*, *la legge delle proporzioni definite* e *la legge delle proporzioni multiple*.

L'ipotesi atomica di Dalton poggia su solide basi sperimentali e su chiare e precise deduzioni logiche. Studieremo una per una le tre leggi e ne spiegheremo il significato alla luce della teoria atomica.

Lavoisier e la legge di conservazione della massa

«*Mi sono dato come legge di procedere sempre dal noto all'ignoto, e di non fare alcuna deduzione che non sgorghi direttamente dagli esperimenti e dall'osservazione*».

In questo brano di Antoine Lavoisier ▸figura 4.2 è condensato il modo di procedere del ricercatore moderno, che cerca verità di fatto e non di ragione.

Lavoisier fu il primo a notare che, in una reazione, la somma dei pesi dei reagenti era sempre uguale alla somma dei pesi dei prodotti; in altre parole, che nelle reazioni chimiche la materia si conserva. La sua legge di conservazione della massa è del 1789 e afferma che:

FIGURA 4.2 Antoine-Laurent Lavoisier (Parigi, 26 agosto 1743 - Parigi, 8 maggio 1794).

In un reazione chimica, la massa dei reagenti è esattamente uguale alla massa dei prodotti.

La bilancia fu lo strumento di misura che accompagnò fedelmente Lavoisier nei suoi lavori sperimentali e intorno al quale ruotarono le prime idee scientifiche della chimica.

La legge delle proporzioni definite o della composizione costante

Joseph Proust effettuò prolungate prove seguendo un metodo d'indagine analogo a quello di Lavoisier. Nel 1799, sulla base dei risultati ottenuti, egli enunciò la legge delle proporzioni definite, secondo la quale:

In un composto, gli elementi che lo costituiscono sono presenti secondo rapporti in peso costanti e definiti.

Questa legge ci permette di distinguere i composti dai miscugli di elementi. I miscugli di elementi, come ferro e carbone, possono essere separati facilmente con mezzi fisici; una calamita è sufficiente a isolare il ferro dal carbone. Invece, gli elementi di un composto possono essere separati soltanto distruggendo il composto.

Proust dimostrò, per esempio, che il carbonato di rame, qualunque fosse la sua origine (naturale o preparato in laboratorio), conteneva sempre ossido di rame e biossido di carbonio nelle stesse proporzioni. Questo esperimento è riportato nella ▸figura 4.3.

Egli verificò che riscaldando diversi campioni di carbonato di rame del peso di 123,5 grammi si ottengono sempre 79,5 g di ossido di rame e 44 g di biossido di carbonio gassoso. Egli riscontrò la regolarità della reazione, ma non seppe spiegarne il meccanismo, in quanto non conosceva il concetto di atomo.

Secondo Proust, «*...un composto è un prodotto privilegiato al quale la natura ha dato una composizione costante*».

FIGURA 4.3 La decomposizione del carbonato di rame.

ESEMPIO **Riscaldando del solfato di rame di colore azzurro si ottengono solfato di rame bianco e vapore d'acqua. Calcola la percentuale di acqua legata chimicamente, sapendo che 10,00 g di sale azzurro si trasformano in 6,39 g di sale bianco.**

Soluzione

Per ottenere la massa d'acqua eliminata si sottrae la massa del prodotto dalla massa della sostanza di partenza.

$10{,}00 - 6{,}39 = 3{,}61$ g

Quindi si scrive la proporzione:

massa dell'acqua : massa della sostanza di partenza = x : 100.

Dalla proporzione si ricava la percentuale di acqua presente nel solfato di rame azzurro:

$$x = \frac{\text{massa dell'acqua}}{\text{massa della sostanza di partenza}} \times 100$$

Quindi:

$3{,}61 : 10{,}00 = x : 100$

$$x = \frac{3{,}61}{10{,}00} \cdot 100 = 36{,}1\%$$

La legge delle proporzioni multiple di Dalton

FIGURA 4.4 John Dalton (Englesfield, 6 settembre 1766 - Manchester, 27 luglio 1844).

Nel 1808, un insegnante di matematica e filosofia naturale a Manchester, John Dalton ▸figura 4.4, avanzò l'ipotesi che due elementi potessero reagire e portare alla formazione di due o più composti di struttura chimica diversa.

Consideriamo, per esempio, la reazione di ossigeno e carbonio (combustione), dalla quale si possono ottenere due gas, uno molto tossico e l'altro meno. Il primo gas è l'ossido di carbonio, pericolosissimo, che si ottiene in tutte le combustioni in condizioni di carenza di ossigeno. L'altro gas, meno pericoloso, è il biossido di carbonio, che è il prodotto della combustione normale in un ambiente ben areato.

Partendo da 1 grammo di carbonio, l'ossigeno consumato può essere pari a 1,33 g oppure a 2,66 g ▸figura 4.5.

FIGURA 4.5 Il carbonio reagisce con l'ossigeno per dare il monossido di carbonio, gas tossico, e il biossido di carbonio, gas meno tossico.

Si può notare come le quantità di ossigeno che si combinano con 1 g di carbonio stiano tra loro in rapporto di numeri interi piccoli: 1,33 : 2,66 = 1 : 2. Queste osservazioni possono essere generalizzate nella legge delle proporzioni multiple:

Quando un elemento si combina con la stessa massa di un secondo elemento per formare composti diversi, le masse del primo elemento stanno fra loro in rapporti semplici, esprimibili mediante numeri interi piccoli.

Il modello atomico di Dalton

Sia Lavoisier sia Proust non fornirono una spiegazione delle regolarità riscontrate nei loro esperimenti. Da esse Dalton prese spunto per elaborare nel 1803 la prima teoria atomica che si basa sui seguenti punti:

1. la materia è fatta di atomi piccolissimi, che sono indivisibili e indistruttibili;
2. tutti gli atomi di uno stesso elemento sono identici e hanno la stessa massa;
3. gli atomi di un elemento non possono essere convertiti in atomi di altri elementi;
4. gli atomi di un elemento si combinano solo con numeri interi di atomi di altri elementi;
5. gli atomi non possono essere né creati né distrutti, ma si trasferiscono interi da un composto all'altro.

La teoria di Dalton concorda perfettamente con la legge di conservazione della massa. Difatti, i punti 1, 2, 3 implicano che in una reazione chimica gli atomi rimangano invariati in numero e in massa; quindi, la massa totale non subisce alcuna variazione.

Anche la legge di Proust è conforme all'ipotesi atomica di Dalton: in base al punto 4, infatti, un composto ha composizione costante, perché contiene un numero fisso di atomi di ogni elemento.

La legge delle proporzioni multiple, elaborata nel 1808 dallo stesso Dalton, fornì un'ulteriore argomentazione a favore della teoria atomica; essa, infatti, conferma i punti 4 e 5. Consideriamo di nuovo l'esempio della reazione tra carbonio e ossigeno ▶figura 4.6, in cui si formano due composti diversi: il primo (monossido di carbonio) contiene un atomo di carbonio e un atomo di ossigeno, il secondo (biossido di carbonio) contiene un atomo di carbonio e due di ossigeno. I due composti hanno proprietà fisiche e chimiche completamente diverse: il monossido di carbonio è estremamente velenoso, mentre il biossido è meno pericoloso ed è il normale prodotto della respirazione.

FIGURA 4.6 La legge delle proporzioni multiple spiega la formazione di CO e CO_2 a partire da carbonio e ossigeno.

3. LE OSSERVAZIONI MACROSCOPICHE E IL MODELLO MICROSCOPICO

Quanto abbiamo detto nelle precedenti unità si riferisce, in generale, a osservazioni che avvengono a livello di corpi e oggetti di dimensioni discrete; si tratta, insomma, di osservazioni riguardanti le **proprietà macroscopiche** della materia. La determinazione sia delle grandezze intensive (punto di fusione, punto di ebollizione, calore di fusione, calore di vaporizzazione) sia delle grandezze estensive (massa, volume) sono state effettuate su porzioni di materia che possiamo vedere e toccare. Ma come possiamo ora spiegare le proprietà macroscopiche della materia per mezzo di modelli microscopici, come il modello atomico di Dalton (o altri più moderni)?

Dalla teoria atomica di Dalton abbiamo appreso che la materia non è continua ma, a livello microscopico, è formata da atomi. La sola idea di atomo può bastare a spiegare la complessità del mondo che ci circonda?

Elementi, composti, atomi e molecole

Gli oggetti che vediamo con i nostri occhi e tocchiamo con le mani, e anche tante altre cose che non vediamo (come i gas), appartengono a quel mondo che noi chiamiamo *materiale*. La materia è formata da sostanze pure, che sono suddivise in elementi e composti. L'oro (Au), il rame (Cu), il ferro (Fe) e l'alluminio (Al) sono esempi di elementi a noi ben noti e che possiamo riconoscere facilmente.

Immaginiamo ora di dividere un oggetto di alluminio in campioni sempre più minuti; dopo numerosissime suddivisioni, possiamo immaginare di arrivare alla singola particella, chiamata **atomo**, che conserva intatte le proprietà chimiche dell'elemento alluminio. Questo è vero per l'alluminio, per l'oro, per il ferro e per tutti gli elementi della tavola periodica. Gli elementi, infatti, sono costituiti da una sola specie di atomi.

Gli elementi sono costituiti da atomi che hanno identiche proprietà chimiche.

Un atomo di alluminio ha le proprietà chimiche di un oggetto di alluminio, ma non le stesse proprietà fisiche; il buon senso ci dice che *un solo* atomo non può essere grigio, e non può condurre la corrente elettrica.

Un singolo atomo, quindi, non possiede le proprietà fisiche tipiche dell'elemento, come l'opacità, il colore, la densità e lo stato di aggregazione. Tali

FIGURA 4.7 Alcuni elementi sono costituiti da molecole biatomiche.

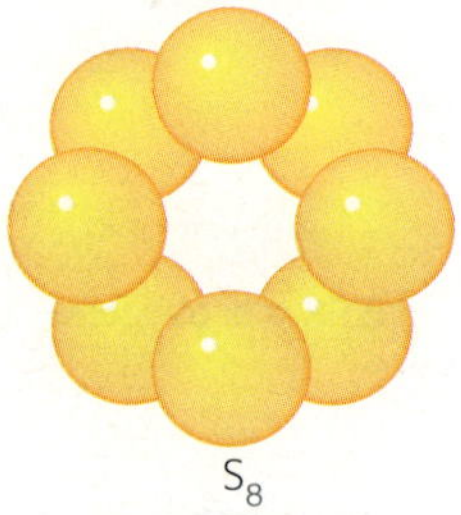

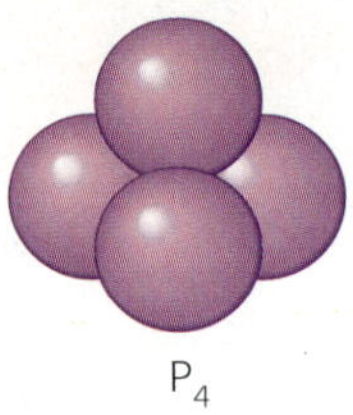

FIGURA 4.8 Zolfo e fosforo: due elementi con molecole complesse.

proprietà sono il risultato dell'unione dei tantissimi atomi che costituiscono l'oggetto, perché sono proprietà macroscopiche della materia.

La maggior parte dei 109 elementi chimici noti finora sono monoatomici, cioè sono formati da singoli atomi. In pratica si tratta di 97 elementi, che possono essere rappresentati dal semplice simbolo chimico.

Altri sette elementi (idrogeno, ossigeno, azoto, fluoro, cloro, bromo, iodio) sono costituiti da atomi legati in coppie ▸figura 4.7.

Il numero in basso, a destra del simbolo chimico, indica il numero di atomi e viene chiamato *indice numerico*.

Nel gergo dei chimici, si dice che i due atomi, legati strettamente l'uno all'altro, formano una molecola.

Ci sono altri quattro elementi che esistono sotto forma di molecole più complesse ▸figura 4.8. Fosforo e arsenico hanno molecole formate da quattro atomi. Zolfo e selenio possiedono anch'essi molecole complesse, formate da otto atomi. Qual è allora la definizione corretta di molecola?

La molecola è un raggruppamento di due o più atomi che possiede proprietà chimiche caratteristiche.

Abbiamo visto che le molecole degli elementi sono formate da atomi uguali. I composti, invece, hanno molecole costituite da atomi di natura diversa.

I composti hanno una composizione definita a cui partecipano atomi di natura diversa.

L'acqua, il metano, il biossido di carbonio e l'ammoniaca sono composti che tutti conosciamo le cui strutture molecolari sono rappresentate nella ▸figura 4.9.

FIGURA 4.9 Molecole di alcuni composti.

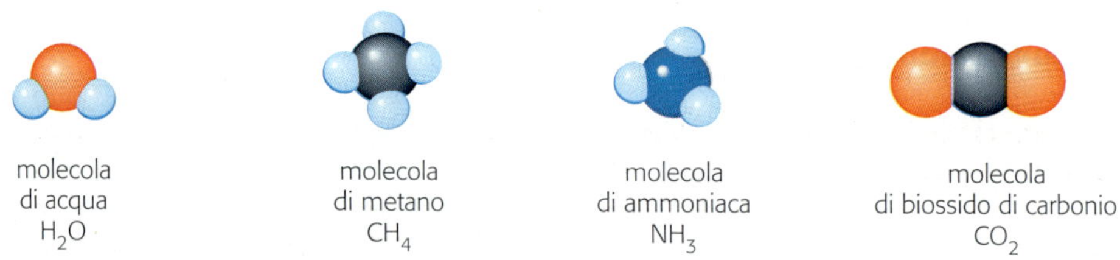

ESEMPIO **Scrivi le formule delle molecole della figura 4.10, sapendo che l'atomo di idrogeno è azzurro, l'atomo di ossigeno è rosso, l'atomo di carbonio è nero e l'atomo di azoto è blu.**

Soluzione

Prima scrivi i simboli degli elementi affiancati; in basso, a destra di ciascun simbolo, scrivi il numero che indica gli atomi di quell'elemento nella formula. Per stabilire questo numero puoi contare le palline dello stesso colore.

A acqua: due atomi azzurri (H) e uno rosso (O) = H_2O

B metano: un carbonio (nero) e 4 idrogeni = CH_4

C biossido di carbonio: un carbonio e due ossigeni = CO_2

D ammoniaca: un azoto e tre idrogeni = NH_3

TABELLA 4.1 Proprietà macroscopiche e microscopiche di elementi e composti.

Esempio	Proprietà microscopica	Proprietà macroscopica
L'ossigeno è un gas.		sì
Il punto di fusione del ferro è 1536 °C.		sì
Il punto di ebollizione dell'acqua è 100 °C.		sì
L'ammoniaca contiene azoto.	sì	
Il bromo è un liquido.		sì
L'acqua contiene ossigeno.	sì	
La densità del rame è 8,96 g/mL.		sì
La temperatura ambiente dell'aria è 20 °C.		sì

Una sola molecola, come un atomo isolato, non possiede le proprietà fisiche caratteristiche dell'elemento o del composto, da cui proviene. Una molecola d'acqua non si comporta come una minuscola goccia d'acqua. È privo di significato, quindi, parlare di punto di ebollizione o di fusione di una sola molecola d'acqua. Le proprietà fisiche di una sostanza, sia essa elemento o composto, sono proprietà macroscopiche:

Le proprietà fisiche di una sostanza sono il risultato degli effetti cooperativi di un enorme numero di atomi o di molecole.

Invece, le proprietà chimiche delle sostanze sono **proprietà microscopiche**, che dipendono dalla natura degli atomi e delle molecole delle sostanze ▸tabella 4.1.

Oltre agli atomi e alle molecole, esistono anche frammenti di materia che prendono il nome di **ioni**. Che cosa sono? Per spiegarlo dobbiamo fare una premessa; gli atomi e le molecole che abbiamo considerato finora non possiedono una carica elettrica; in altre parole, sono neutri. Gli ioni, invece, sono particelle cariche elettricamente.

Si definiscono ioni gli atomi o i gruppi di atomi con carica elettrica positiva o negativa.

Tipici esempi di ioni sono lo ione permanganato, di colore viola, lo ione sodio, incolore, e lo ione rame, che in acqua è di colore azzurro ▸figura 4.10.

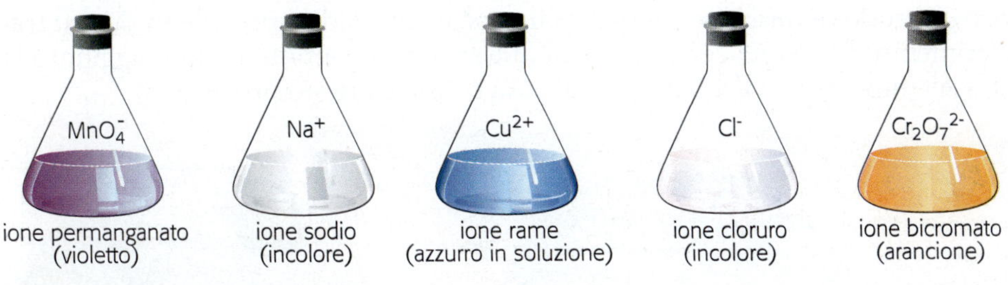

FIGURA 4.10 Le soluzioni colorate e incolori contengono ioni.

Gli ioni carichi positivamente sono chiamati cationi, quelli carichi negativamente sono detti anioni.

Per finire, dobbiamo sottolineare un punto molto importante: le formule, sia quelle che abbiamo visto, sia quelle che incontreremo più avanti, non indicano sempre composti formati da molecole. Esistono composti, come il sale da cucina (NaCl), la cui formula non indica una molecola ma semplicemente il rapporto (1:1, in questo caso) in cui si trovano gli atomi tra loro. I composti di questo tipo sono detti composti ionici; essi non sono formati da

FIGURA 4.11 In un composto ionico, come NaCl, non vi sono molecole ma schiere di ioni in un rapporto ben preciso.

molecole ben individuabili, ma da schiere di ioni positivi e negativi, che si alternano a formare un solido ▸ figura 4.11.

Tutti i composti ionici, a temperatura ambiente, sono solidi.

4. LA TEORIA CINETICO-MOLECOLARE DELLA MATERIA

Abbiamo detto che la materia è formata da piccolissime particelle, gli atomi, le molecole e gli ioni. Tutte queste particelle non sono ferme, ma *in continuo* e *inarrestabile moto*.

Nei solidi, le particelle oscillano e vibrano intorno a posizioni fisse; nei liquidi, le molecole sono a contatto ma hanno maggiore libertà di movimento; per i gas, infine, la libertà di movimento è massima e il moto molecolare è assolutamente disordinato. I disegni della ▸ figura 4.12 rappresentano il comportamento delle particelle microscopiche nei solidi, nei liquidi e nei gas.

Le particelle, quindi, possiedono una certa quantità di energia **cinetica** che è dovuta al loro moto. Inoltre, esse possiedono anche un certa energia **potenziale** (che deriva dalle forze di interazione tra le molecole).

La somma dell'energia cinetica e dell'energia potenziale delle particelle, che costituiscono un sistema, è chiamata energia interna del sistema:

$$E_{sistema} = E_c + E_p$$

Se forniamo calore a un oggetto, la sua energia interna aumenta. Infatti, il calore è un modo di trasferire energia da un corpo più caldo a uno più freddo. Il trasferimento di energia cessa appena i due sistemi a contatto hanno raggiunto la stessa temperatura. Vediamo in che cosa consiste questo processo.

FIGURA 4.12 Il moto delle particelle nei solidi, liquidi e gas.

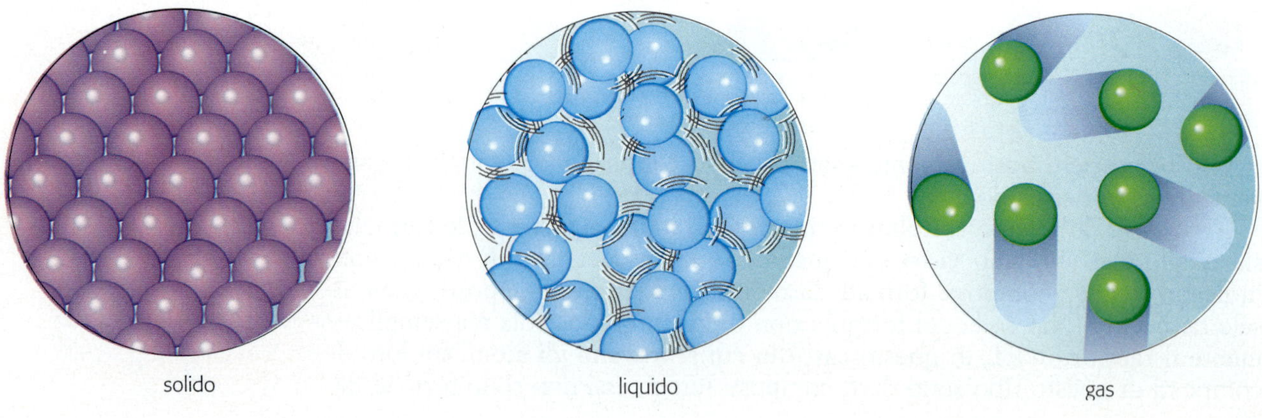

In seguito a riscaldamento, l'energia cinetica delle particelle aumenta. Esse si muovono sempre più velocemente urtandosi sempre più spesso, e tendono ad allontanarsi l'una dall'altra. Secondo il modello particellare, quindi:

Il moto degli atomi e delle molecole è tanto più intenso quanto più alta è la temperatura.

A causa degli urti continui che avvengono tra le particelle, il loro moto è molto disordinato; le particelle, quindi, non posseggono tutte la stessa energia cinetica. Per questo, piuttosto che parlare di energia di un singolo atomo o di una singola molecola, è preferibile esprimersi in termini di energia cinetica media:

La temperatura di un corpo è proporzionale all'energia cinetica media delle particelle che lo costituiscono.

Abbiamo così stabilito una correlazione tra la temperatura, che è una proprietà macroscopica della materia, e l'energia cinetica delle singole particelle che costituiscono la materia stessa.

Vediamo ora che succede all'energia potenziale. Abbiamo detto che, in seguito a riscaldamento, le particelle si muovono più velocemente e tendono ad allontanarsi l'una dall'altra. Ciò comporta un aumento dell'energia potenziale, che dipende dalle forze di attrazione di natura elettrostatica, che tendono a mantenere vicine le molecole. Quindi, fornire calore a un sistema significa aumentare non solo la sua energia cinetica, ma anche la sua energia potenziale.

In altre parole:

Il calore proveniente da un corpo più caldo è un modo per aumentare l'energia interna di un sistema.

Quindi, in generale, a un aumento della temperatura corrisponde un aumento del contenuto di energia interna di un corpo.

I passaggi di stato spiegati dalla teoria cinetico-molecolare

Abbiamo visto nell'unità 2 che lo stato di aggregazione di un materiale dipende dalla sua temperatura. Questa affermazione ci risulta più comprensibile se la consideriamo dal punto di vista della teoria cinetico-molecolare, considerando la temperatura come una misura del contenuto di energia interna.

All'aumentare della temperatura si ha un aumento dell'energia interna: in altre parole, crescono sia l'agitazione delle particelle sia la tendenza a passare da uno stato ordinato a uno disordinato, perché diviene più facile vincere le forze di attrazione fra le molecole. Queste forze sono particolarmente forti nei solidi, più scarse nei liquidi e del tutto trascurabili nei gas.

Consideriamo l'esempio dell'acqua ▸figura 4.13: alle temperature inferiori

FIGURA 4.13 Al crescere della temperatura l'acqua solida diventa prima liquida e poi vapore. Se la temperatura è molto alta, l'acqua si ionizza.

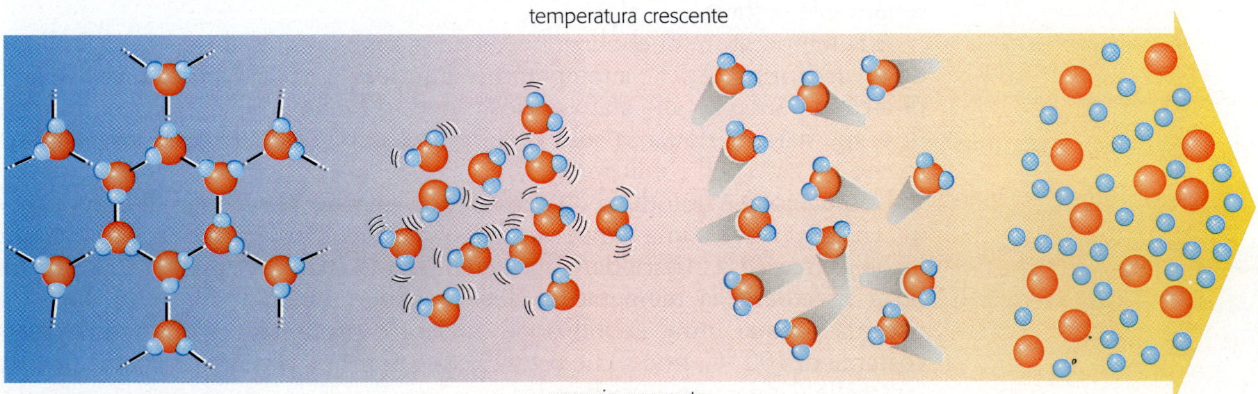

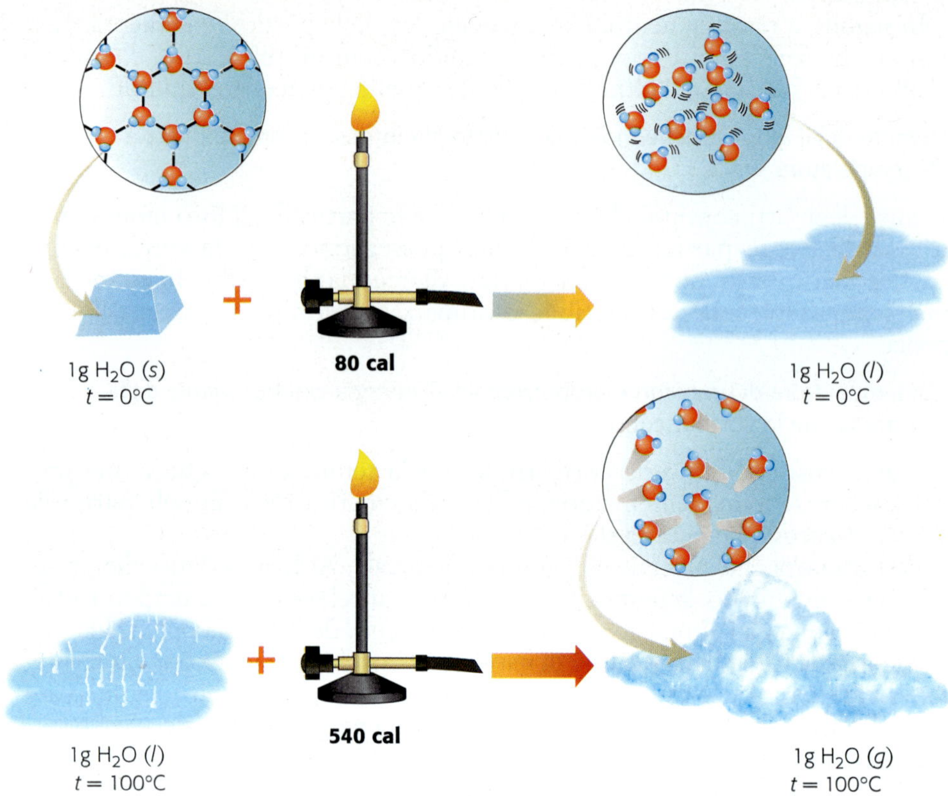

FIGURA 4.14 Il passaggio dallo stato liquido a quello gassoso produce un maggior allontanamento delle molecole e richiede maggiore energia rispetto alla fusione.

a 273 K (0 °C), le forze di coesione sono predominanti e l'acqua si trova allo stato solido. Aumentando la temperatura, le molecole acquistano energia e riescono a vincere le forze di coesione che le tengono vicine. Una volta raggiunta la **temperatura di fusione**, che è pari a 273 K, si ha il passaggio allo stato liquido. Aumentando ancora la temperatura, le molecole di acqua si muovono sempre più velocemente e le forze di attrazione diventano sempre più deboli, finché non si raggiunge la **temperatura di ebollizione** (373 K, ovvero 100 °C); a questo punto si ha il passaggio allo stato gassoso.

Una sostanza allo stato liquido, quindi, ha un contenuto energetico maggiore rispetto allo stato solido e inferiore rispetto allo stato gassoso. Per passare da uno stato a un altro è necessario fornire o sottrarre energia, sotto forma di calore. Bisogna però ricordare che, a parità di massa, si deve fornire più calore per passare da liquido a gas (ebollizione) che per passare da solido a liquido (fusione); infatti, allo stato gassoso la distanza tra le particelle è molto maggiore rispetto allo stato liquido ▸figura 4.14.

Vediamo ora più in dettaglio alcuni passaggi di stato che sono particolarmente importanti dal punto di vista chimico, perché sono i più usati per separare le sostanze.

Alla temperatura di ebollizione, come sappiamo, si ha il passaggio da liquido ad aeriforme. Anche a temperature inferiori, però, si verifica un passaggio di alcune particelle allo stato gassoso; questo fenomeno, che prende il nome di evaporazione, riguarda solo la superficie del liquido, e non l'intera massa (come nel caso dell'ebollizione).

L'ebollizione è quindi, in un certo senso, un caso particolare di evaporazione, che si verifica a una temperatura ben precisa. Per la benzina, l'ebollizione inizia a circa 70 °C (riscaldare il miscuglio in assenza di fiamma!). Continuando a riscaldare, la temperatura della benzina aumenta. Al contrario, se si riscalda l'acqua pura, l'ebollizione inizierà e proseguirà a una temperatura costante di 100 °C, fino a che tutta l'acqua non sarà diventata vapore. Questo intervallo è chiamato sosta termica.

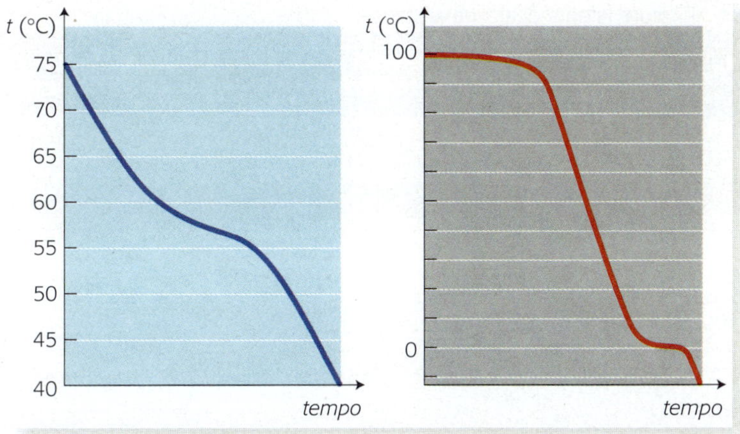

FIGURA 4.15 Confronto fra la curva di raffreddamento di un miscuglio omogeneo (paraffina, in blu) e quella di una sostanza pura (acqua, in rosso).

Il passaggio di stato inverso (che si ottiene raffreddando i vapori) è la condensazione. Nel caso dell'acqua, anche la condensazione avviene a temperatura costante, che coincide con quella di ebollizione. Per la benzina questo non si verifica.

Da che cosa dipende il diverso comportamento dell'acqua e della benzina? La differenza consiste nel fatto che l'acqua è una sostanza pura, mentre la benzina è un miscuglio omogeneo. Poiché le molecole di una sostanza pura sono uguali e legate da forze uniformi, l'ebollizione avviene a una temperatura fissa. Nella benzina, le molecole più piccole sono meno legate ed evaporano a una temperatura più bassa, mentre le altre richiedono una temperatura più alta. I materiali che non presentano un sosta termica, quindi, non sono sostanze pure ma miscugli.

La ▸figura 4.15 mette a confronto la curva di raffreddamento dell'acqua (sostanza pura) con quella della paraffina (miscuglio).

I passaggi di stato delle sostanze pure avvengono a temperature che sono precise e caratteristiche per ogni sostanza pura e che rimangono costanti per tutta la durata del processo.

ESEMPIO **L'olio extravergine di oliva fonde nell'intervallo di temperatura da 0 °C a 6 °C. Che cosa si può affermare circa la sua purezza?**

Soluzione

Siccome la temperatura di fusione non è precisa, dobbiamo concludere che l'olio di oliva è un miscuglio omogeneo di diverse sostanze. Dal punto di vista chimico, quindi, non si tratta di una sostanza pura.

Il calore latente

Durante il passaggio di stato, anche se la temperatura non aumenta, si ha comunque uno scambio di energia. Nel caso dell'ebollizione, per esempio, il sistema continua ad assorbire calore. Tale quantità di calore è proporzionale alla quantità di sostanza ed è chiamata **calore latente**, che significa «che non si vede» (dal latino *latere*, cioè nascondere) perché non si manifesta con variazioni di temperatura. In particolare:

Il calore latente è la quantità di calore scambiata da 1 g di sostanza durante un passaggio di stato.

Il calore latente è una proprietà intensiva della materia che viene spesso utilizzata per identificare e separare le sostanze pure. Ognuna di esse, infatti, possiede un **calore latente di fusione**, caratteristico per il passaggio da solido

TABELLA 4.2 Il calore latente di alcune sostanze.

Sostanza	Calore latente di fusione (kJ/kg)	Calore latente di ebollizione (kJ/kg)
acqua	334	2260
alcol	104,5	878
etere	97	355
alluminio	222	10534
ferro	272	6688
oro	67,3	1588
rame	209	4807

a liquido (e viceversa), e un **calore latente di ebollizione** che identifica il passaggio da liquido a gas (e viceversa). La tabella 4.2 riporta i valori dei calori latenti di ebollizione e di fusione di alcune sostanze. Nel caso del ghiaccio, il calore latente di fusione è pari a 334 J/g (80 cal/g); si tratta di una quantità di energia di tutto rispetto, come si vede nella figura 4.16.

Qual è la funzione del calore latente? La spiegazione ci viene dalla teoria cinetico-molecolare.

Durante un passaggio di stato, il calore latente serve a indebolire le forze di coesione tra le molecole, permettendo loro di allontanarsi e passare, per esempio, da liquido a gas. Nel vapore, infatti, esse sono molto più distanti di quanto non siano nell'acqua.

Osservando la tabella, noterete che per la stessa sostanza il calore latente di ebollizione è generalmente molto maggiore di quello di fusione. Nel caso dell'acqua, per esempio, il valore è maggiore di più di sei volte. Tale differenza di-

FIGURA 4.16 Un grammo di ghiaccio fonde con 334 joule; fornendo la stessa quantità di energia termica a un grammo di rame, questo raggiungerà la temperatura di 850 °C.

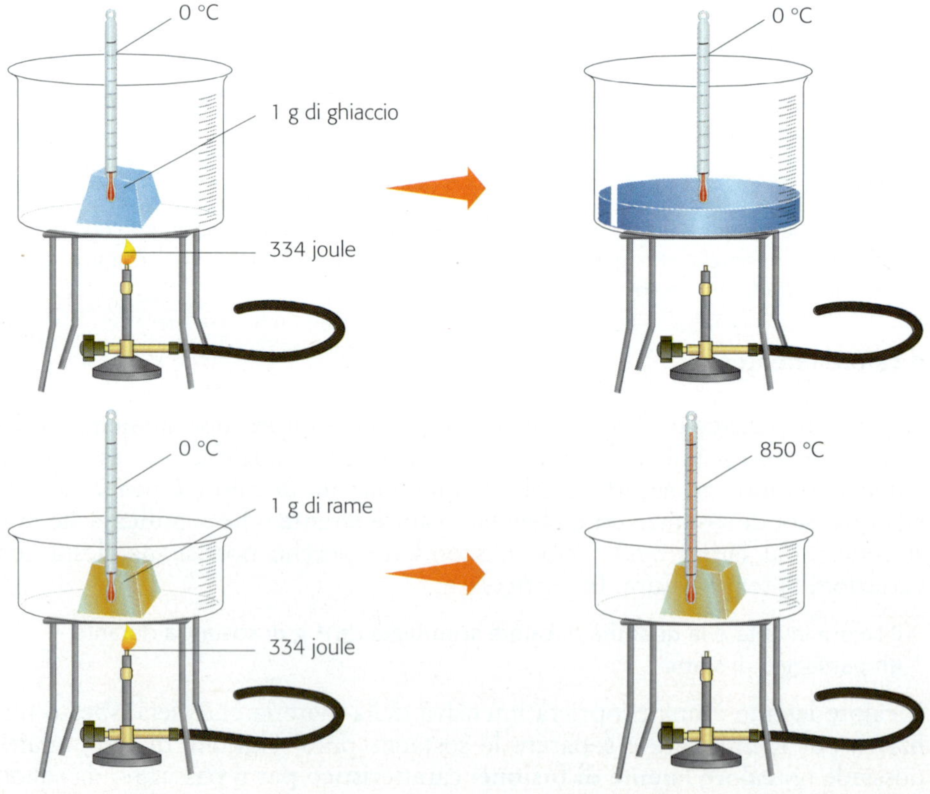

FIGURA 4.17 Foto di vapori di iodio contenuti in un recipiente trasparente e interpretazione microscopica.

pende dal fatto che è più difficile annullare le forze di coesione di un liquido, che diventa vapore, che ridurre le forze di coesione all'interno di un solido.

La sublimazione e il brinamento, infine, sono passaggi di stato che avvengono tra solidi e gas.

La **sublimazione** è il passaggio delle molecole di un solido allo stato gassoso, grazie alla loro energia cinetica. Questo fenomeno è particolarmente evidente per i solidi le cui molecole sono debolmente legate le une alle altre, e spiega l'odore di certi materiali, come la naftalina e la canfora, o il colore viola che circonda i frammenti dello iodio solido ▸figura 4.17.

Anche il ghiaccio può sublimare, sotto vuoto e quando la pressione è inferiore a 600 Pa. Il fenomeno è utilizzato nella liofilizzazione. Durante tale processo le molecole dell'acqua, sublimando, abbandonano le cellule congelate dei cibi senza danneggiarle. Il passaggio inverso, cioè da gas a solido, si chiama **brinamento**.

1. L'EVIDENZA DELL'ESISTENZA DEGLI ATOMI

1. Esistono prove dirette dell'esistenza degli atomi?

2. Da quanti atomi è formata la molecola dell'acqua?

3. Quanti tipi di atomo esistono?

4. Quali possono essere le differenze tra gli atomi di un elemento e quelli di un altro?

2. LA NASCITA DELLA MODERNA TEORIA ATOMICA: DA LAVOISIER A DALTON

5. Secondo la teoria di Dalton, gli atomi di un elemento sono identici tra loro e nelle molecole dei composti essi sono presenti in numero fisso, combinati con un numero costante di atomi di altri elementi. Quale legge ponderale propone tale ipotesi?

6. Secondo la teoria di Dalton, le molecole dei composti possono contenere solo atomi interi, anche se, in certi casi, in numero variabile. Quale legge ponderale propone tale ipotesi?

7. Quando il ferro arrugginisce aumenta o diminuisce di peso?

8. Quando un blocco di legno brucia sul caminetto, trasformandosi in cenere, possiamo affermare che la legge di Lavoisier è stata rispettata?

9. I miscugli seguono la legge di Proust? Argomenta la tua risposta con un esempio.

10. Quale affermazione è sbagliata, sulla base della teoria atomica di Dalton?
    - A tutti gli elementi sono fatti di atomi e gli atomi sono indivisibili
    - B tutti gli atomi di un elemento sono uguali ma diversi dagli atomi degli altri elementi
    - C gli atomi di differenti elementi formano sempre un unico composto
    - D una reazione chimica comporta una variazione nella combinazione degli atomi e non un cambiamento negli atomi stessi

3. LE OSSERVAZIONI MACROSCOPICHE E IL MODELLO MICROSCOPICO

11. Il metallo con cui si fanno le campane contiene 78 parti di rame e 22 parti di stagno. Puoi affermare che si tratta di un composto?

12. Fai un esempio di molecola biatomica e di molecola tetratomica.

13. L'affermazione «l'acqua bolle a 100 gradi» è riferibile:
    - A alla molecola d'acqua
    - B agli atomi componenti l'acqua
    - C alla sostanza acqua
    - D alla pressione esterna

14. Quale affermazione è corretta?
    - A le molecole dell'acqua sono liquide
    - B le molecole del vapore acqueo sono aeriformi
    - C la molecola d'acqua è formata da tre atomi
    - D le molecole d'acqua non si attraggono

15. Quale affermazione è corretta?
    - A un elemento chimico è sempre formato da molecole biatomiche
    - B un elemento chimico è formato da singoli atomi
    - C tutti gli elementi sono metalli
    - D gli atomi di un elemento hanno tutti le stesse proprietà chimiche

16. Quale affermazione è corretta?
    - A l'atomo di ossigeno è gassoso
    - B l'atomo di ferro può combinarsi con l'atomo di ossigeno
    - C l'atomo d'oro è metallico
    - D l'atomo di iodio è di colore viola

17. Scrivi i nomi e le formule di tutti gli elementi aventi molecole biatomiche.

18. Scrivi i nomi e i simboli di tutti gli elementi con molecole formate da più di due atomi.

19. Scrivi una formula per la molecola dell'acido solforico, che contiene due atomi di idrogeno, uno di zolfo e quattro di ossigeno.

20. Quale tra questi due ossidi di ferro contiene la più elevata percentuale di ferro?

A Fe_2O_3 B FeO

21. Quanti atomi di idrogeno ci sono in una molecola di alcol etilico, C_2H_5OH?

4. LA TEORIA CINETICO-MOLECOLARE DELLA MATERIA

22. Per ciascun disegno, identifica cosa rappresenta:

A un elemento
B un composto
C una soluzione di due elementi
D una soluzione di un elemento e un composto

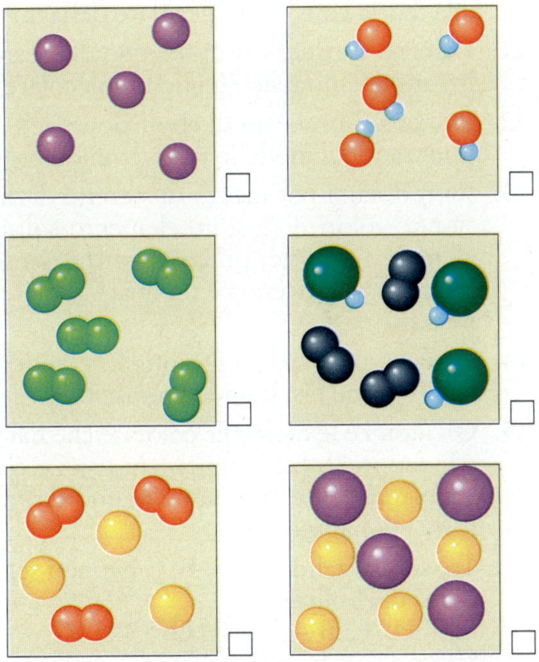

23. Sapendo che il calore latente di ebollizione dell'acqua è pari a 2260 J/g, quanti grammi di vapore si ottengono fornendo all'acqua a 100 °C una quantità di calore pari a 1600 J?

A 1,0 g B 0,4 g
C 0,7 g D 3,0 g

24. Una sostanza pura non può essere identificata per mezzo:

A della densità
B del punto di fusione
C del punto di ebollizione
D della massa

25. Sapendo che il calore latente di fusione del ghiaccio è pari a 334 J/g, quanto calore è necessario per fondere 5 g di ghiaccio?

A 334 J B 1670 J
C 800 J D 2600 J

26. Ogni cambiamento schematizza una:

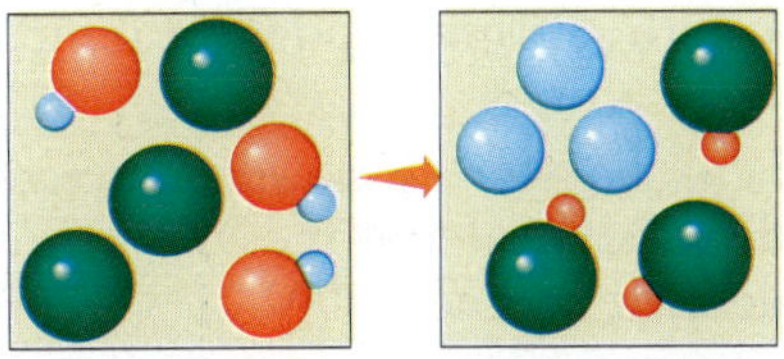

A reazione chimica
B trasformazione fisica

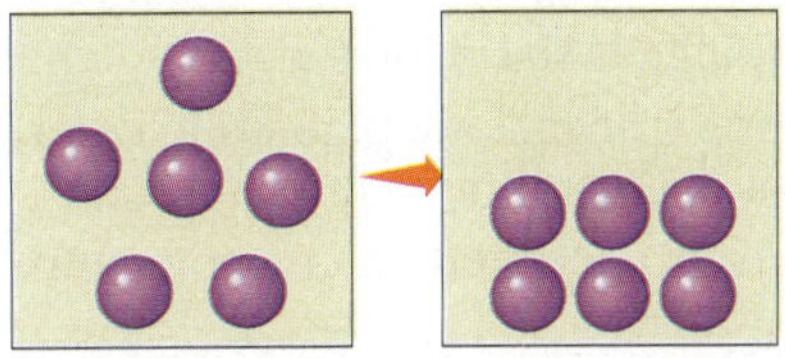

A reazione chimica
B trasformazione fisica

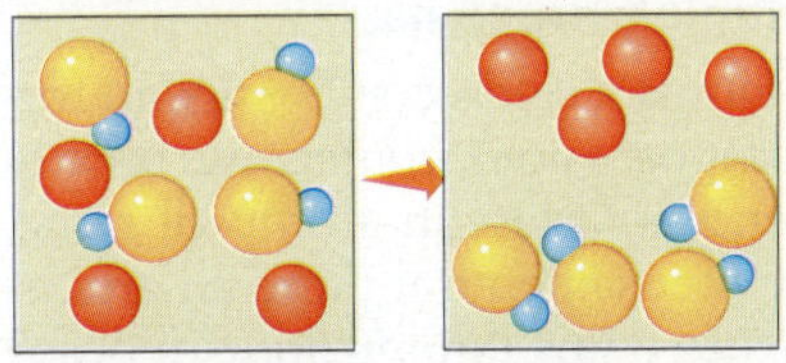

A reazione chimica
B trasformazione fisica

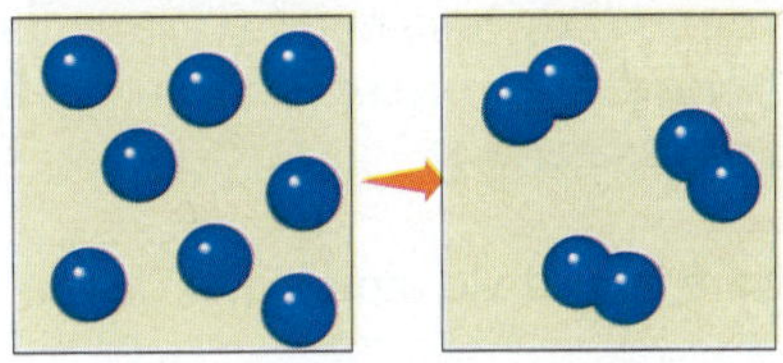

A reazione chimica
B trasformazione fisica

27. La sublimazione:

A è caratteristica dei solidi con molecole che hanno deboli forze di coesione ed è causata dall'agitazione termica
B è caratteristica dei solidi con molecole che hanno intense forze di coesione ed è causata dall'agitazione termica
C è caratteristica dei solidi con molecole che hanno deboli forze di coesione ed è causata dagli urti delle molecole dell'aria sulle molecole del solido
D è caratteristica dei solidi con molecole che hanno intense forze di coesione ed è causata dagli urti delle molecole dell'aria sulle molecole del solido

28. Quali sono i concetti principali appresi in questo paragrafo? Riassumi in dieci righe ciò che ritieni importante ricordare.

VERIFICHE

COSTRUISCI LA COMPETENZA

OBIETTIVO definire le tre leggi ponderali della chimica

RISOLVI I SEGUENTI QUESITI

1. Quali sono le leggi ponderali della chimica che hanno portato al primo modello atomico di Dalton?
2. Alcune palline di antitarme sono state lasciate in un armadio. Dopo alcuni mesi, non c'è traccia visibile delle palline.
   - A In questo fenomeno la Legge di Conservazione della massa (Lavoisier) è stata violata? Spiega la tua risposta.
   - B Fornisci una spiegazione plausibile della scomparsa delle palline di antitarme.
   - C Ci sono prove sperimentali che spiegano questo fenomeno?
3. Proponi un esempio in cui la legge delle proporzioni multiple è rispettata.
4. Il rame si combina a caldo con l'ossigeno formando un composto nero, contenente un atomo di ossigeno per ciascun atomo di rame. Riscaldando intensamente il rame all'aria, si avrà un aumento o una diminuzione di peso? In questo composto ci sarà una percentuale maggiore di rame o di ossigeno? (Controlla sulla tavola periodica le masse relative degli atomi di rame e ossigeno.)

OBIETTIVO descrivere il modello atomico di Dalton

RISOLVI I SEGUENTI QUESITI

5. Quali idee della teoria atomica di Dalton sono ancora valide oggi, a quasi duecento anni dalla loro nascita?

OBIETTIVO spiegare le caratteristiche macroscopiche e microscopiche delle principali trasformazioni fisiche

RISOLVI I SEGUENTI QUESITI

6. Descrivi le differenze fra le proprietà macroscopiche e le proprietà microscopiche della materia.
7. Il colore caratteristico delle fragole, che noi vediamo, è un fenomeno di tipo macroscopico (cioè che interessa moltissime molecole) oppure è legato a una proprietà di una singola molecola?
8. I metalli conducono la corrente elettrica. Un singolo atomo d'argento conduce la corrente elettrica? Ha la stessa densità di 1 kg d'argento? Ha lo stesso colore argenteo?
9. Spiega per mezzo della teoria cinetico-molecolare il fenomeno grazie al quale alcuni particolari tessuti lasciano traspirare il vapore ma non fanno passare l'acqua allo stato liquido.

OBIETTIVO utilizzare il modello cinetico-molecolare per interpretare le trasformazioni fisiche e chimiche

RISOLVI I SEGUENTI QUESITI

10. Descrivi verbalmente la fusione, l'ebollizione, la condensazione di una sostanza pura in base alla teoria cinetico-molecolare della materia.
11. Disegna il processo di fusione del ferro utilizzando il modello cinetico-molecolare.
12. Disegna il processo di ebollizione dell'acqua utilizzando il modello cinetico-molecolare.
13. Rappresenta per mezzo di sferette di dimensioni e colori diversi un elemento solido, un elemento liquido, un composto gassoso, un miscuglio omogeneo e un miscuglio eterogeneo.
14. Disegna utilizzando il modello cinetico-molecolare due fasi liquide immiscibili.
15. Gli atomi e le molecole colorate che hai usato per rappresentare i fenomeni fisici e chimici sono realmente colorate e hanno davvero la forma di palline?
16. Tre sostanze liquide A, B, C hanno i seguenti punti di ebollizione:
    A = 51 °C; B = 85 °C ; C = 123 °C.
    Secondo te, in quale delle tre sostanze sono maggiori le forze di coesione tra le molecole?
17. In tre recipienti uguali si pongono a evaporare 0,5 mL di alcol etilico, 0,5 mL di pentano e 0,5 mL di acetone, poi si misura l'abbassamento di temperatura.
    Nel caso dell'alcol etilico la temperatura diminuisce di 7 °C; nel caso del pentano, di 1 °C; nel caso dell'acetone di 4 °C.
    - A Quale dei tre liquidi presenta il maggior calore latente di evaporazione?
    - B Quale ha molecole che si attraggono con maggiori forze di coesione?
    - C Quale evapora più rapidamente?

Pensa come uno scienziato

1 I seguenti riquadri rappresentano, a livello microscopico:

A una reazione chimica
B la solubilizzazione di un solido
C l'evaporazione di una soluzione
D la sublimazione di un solido
E una separazione cromatografica
F la miscelazione di due liquidi

Associa la trasformazione relativa ad ogni riquadro.

☐

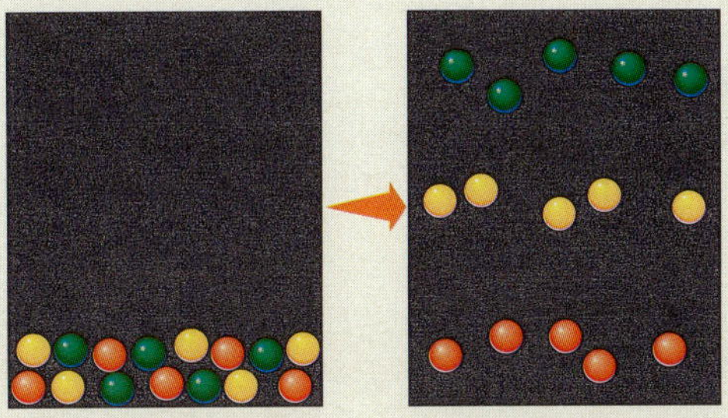
☐

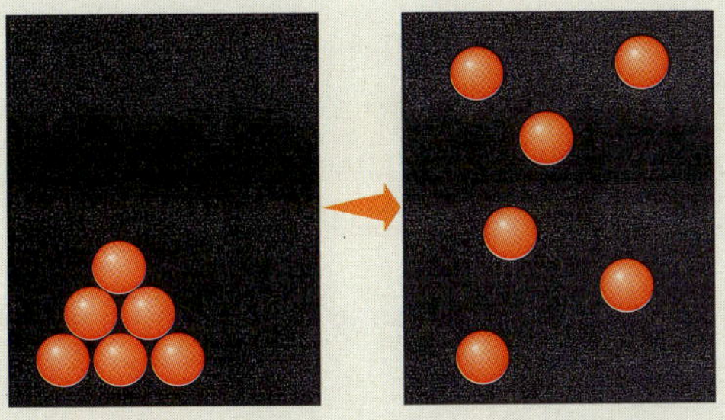
☐

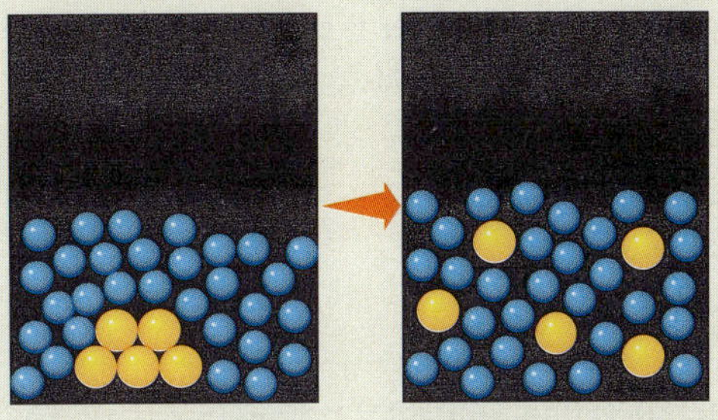
☐

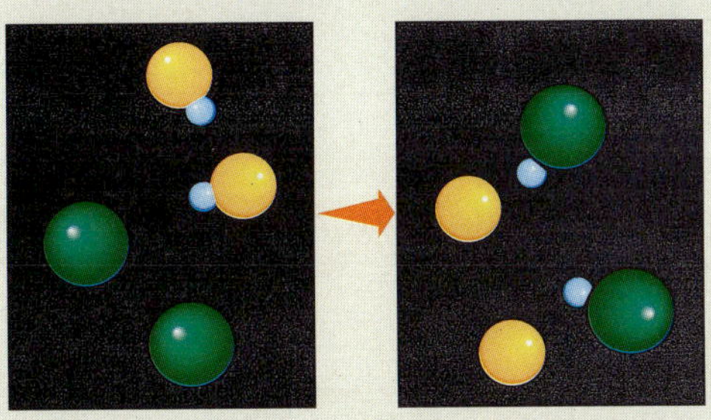
☐

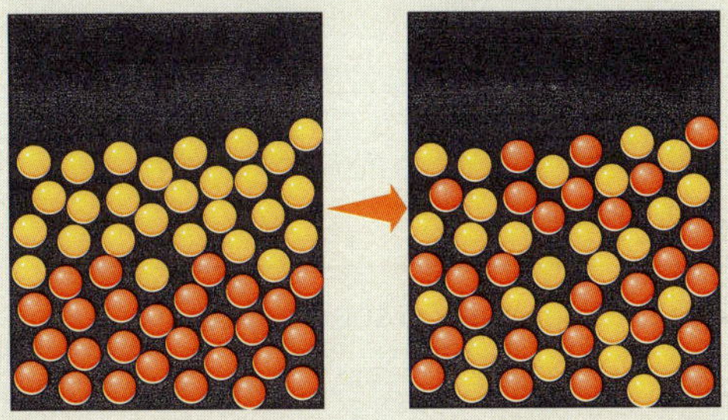
☐

2 Sotto ai seguenti materiali, scrivi una o più lettere per indicare la definizione e la proprietà (o le proprietà) possedute da quel materiale.

Acqua	$H_{2(g)}$	$Fe_{(s)}$	Marmo	$NaCl_{(s)}$	Latte	Olio

A sostanza
B elemento
C composto
D miscuglio omogeneo
E miscuglio eterogeneo
F punto di fusione elevato
G punto di fusione basso
H forza di coesione elevata

Modulo

Verifiche A

VERIFICHE

UNITÀ DIDATTICA 1

1. Qual è il significato del prefisso nano?

A 10^{12}

B 10^{9}

C 10^{-6}

D 10^{-9}

2. Una sfera di bronzo ha il volume di 48 cm^3 e la massa di 417 g. Qual è la sua densità?

A 8,7 g/cm^3

B 0,12 g/cm^3

C 20,3 g/cm^3

D 4,5 g/cm^3

3. La temperatura ambiente è solitamente di 25 °C. Qual è la temperatura in K?

A 248, 15 K

B 298,15 K

C 330,15 K

D 280,15 K

4. Quanti microgrammi ci sono in 1 kg?

A 10^{3}

B 10^{6}

C 10^{9}

D 10^{12}

5. La benzina ha una densità di 0,67 g/mL. Qual è la massa di 67 mL di benzina?

A 45 g

B 44,9 g

C 102 g

D 4,45 g

6. L'energia termica è misurata, di solito, in:

A °C

B K

C J/g · °C

D J

7. Qual è l'ordine corretto di crescente densità dei seguenti materiali?

A aria, vetro, piombo, acqua, ghiaccio

B aria, ghiaccio, acqua, vetro, piombo

C aria, vetro, acqua, ghiaccio, piombo

D vetro, piombo, ghiaccio, acqua, aria

8. Il volume di un mattone di piombo è 485 cm^3. Qual è il volume in m^3?

A $4{,}85 \cdot 10^{4}\ m^3$

B $4{,}85\ m^3$

C $4{,}85 \cdot 10^{-2}\ m^3$

D $0{,}000485\ m^3$

9. Una bottiglia di 2 litri d'alcol (densità = 0,79 g/cm^3), quanto pesa?

A $3{,}95 \cdot 10^{-2}$ kg

B 1, 6 g

C 1,58 kg

D 395 g

10. Quanti cm sono 0,053 km?

A 53

B 530

C 5300

D 53 000

11. Quanti kg sono 2700 mg?

A $2{,}7 \cdot 10^{-3}$

B 2,7 · 10^{-6}
C 2,7
D 2,7 · 10^3

12. Qual è la quantità di calore necessario per portare 1 L d'acqua da 30 °C a 60 °C?
A 300 cal
B 1500 cal
C 3000 cal
D 30 000 cal

13. Qual è la quantità di calore necessario per portare 1 kg di alluminio da 30 °C a 60 °C? (Il calore specifico dell'alluminio si ricava dalla tabella 1.8.)
A 350 cal
B 645 cal
C 6450 cal
D 64500 cal

14. Qual è la quantità di calore necessaria per portare 60 g di piombo da 20 °C a 300 ° C? (Per il calore specifico consulta la tabella 1.8.)
A 588 cal
B 1028 cal
C 5140 cal
D 10280 cal

UNITÀ DIDATTICA 2

15. Il mercurio ha un punto di fusione di 235 K. Alla temperatura di −20 °C, qual è il suo stato fisico?
A solido
B liquido
C aeriforme
D indeterminato

16. Quale materiale non è un miscuglio eterogeneo?
A succo di pomodoro
B vino
C vernice fresca
D fango

17. Quale proprietà non possiede un composto?
A può essere trasformato negli elementi componenti
B può essere solido, liquido, oppure aeriforme
C è un miscuglio eterogeneo
D ha una composizione costante

18. Quale, fra le seguenti, non è una proprietà intensiva della materia?
A densità
B energia
C punto di ebollizione
D temperatura

19. Quale affermazione riguardante il latte non è corretta?
A è un miscuglio di composti
B è un miscuglio omogeneo
C conduce la corrente elettrica
D contiene sostanze grasse

20. Una spremuta di limone viene classificata come:
A un miscuglio eterogeneo
B un miscuglio omogeneo
C un composto
D un elemento

21. Quale materiale è una sostanza pura?
A ghiaccio
B vino
C succo d'uva
D bronzo

22. Qual è un miscuglio eterogeneo solido?
A il marmo
B lo zucchero
C il cloruro di sodio
D un termometro

23. Individua quale miscuglio è eterogeneo:
A burro
B limatura di ferro
C sale grosso
D soluzione

24. Qual è una proprietà estensiva della materia?
A densità
B volume
C calore specifico
D temperatura

25. Un miscuglio eterogeneo in cui un gas è disperso in un liquido (solvente), si chiama:
A aerosol
B gel
C emulsione
D schiuma

26. Si definisce solvente la parte di un miscuglio omogeneo che è:
- A solida
- B acqua
- C il componente in quantità maggiore
- D liquida

27. Con quale procedimento si separano i componenti di una benzina?
- A distillazione
- B estrazione
- C decantazione
- D cromatografia

28. Il passaggio di stato di un gas a solido è denominato:
- A evaporazione
- B condensazione
- C brinamento
- D sublimazione

29. Quale delle seguenti curve corrisponde alla condensazione dei vapori di alcol puro?

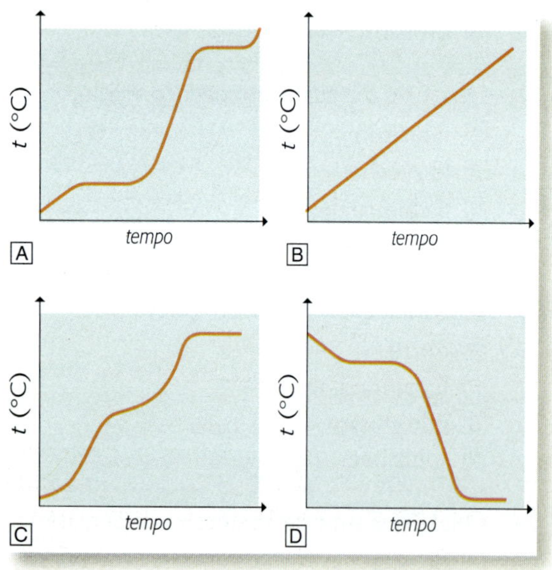

30. Quali grandezze intensive, fra le seguenti, servono per identificare una sostanza?
- A punto di ebollizione
- B volume
- C massa
- D stato fisico
- E temperatura
- F densità

UNITÀ DIDATTICA 3

31. Classifica le seguenti osservazioni come trasformazioni fisiche o chimiche:
- A l'argento conduce l'elettricità
- B il ferro fuso viene trasformato in tubi
- C il rame, lasciato all'aria, diventa verde in superficie
- D la carta, col tempo, ingiallisce
- E il vino si diluisce in acqua

32. Qual è la trasformazione chimica?
- A decomposizione di una sostanza negli elementi
- B preparazione di una tazza di caffé
- C ottenimento dell'azoto dall'aria liquida
- D condensazione dei vapori di mercurio

33. Mescolando due soluzioni limpide e incolori, si ottiene un miscuglio giallo limpido:
- A si è formata una sostanza gialla
- B le molecole hanno cambiato colore
- C non c'è stata reazione
- D il colore è dovuto a una trasformazione fisica

34. Mescolando acido solforico con una soluzione di idrossido di potassio, aumenta la temperatura:
- A il mescolamento delle due sostanze è il principale responsabile dell'aumento di temperatura
- B c'è stata solo una trasformazione fisica
- C nella reazione si formano molecole più calde
- D è avvenuta una reazione

35. Il nichel è:
- A un composto
- B una sostanza
- C un miscuglio omogeneo
- D un miscuglio eterogeneo

36. Potassio, cobalto, acido solforico, ossigeno e NaCl sono esempi di:
- A sostanze
- B composti
- C elementi
- D miscugli omogenei

37. Le sostanze che non possono essere trasformate chimicamente in sostanze più semplici si chiamano:
- A elementi
- B composti

[C] soluzioni

[D] miscugli eterogenei

38. Quale dei seguenti materiali è una sostanza pura?

[A] peltro

[B] legno

[C] aria pura

[D] argento

39. Un campione può essere separato in due o più sostanze con semplici mezzi fisici. Pertanto è:

[A] un composto

[B] una soluzione

[C] un elemento

[D] un elemento combinato con altri elementi

40. Individua l'unica affermazione errata:

[A] gli elementi sono prevalentemente metalli

[B] un elemento è una sostanza pura

[C] gli elementi noti sono poco più di cento

[D] gli elementi sono decomponibili in sostanze più semplici

41. Qual è, fra le seguenti, una proprietà chimica dell'oro?

[A] fonde a 1064,8 °C

[B] ha una densità di 19,3 g/cm^3

[C] si scioglie in mercurio

[D] non viene attaccato dall'ossigeno dell'aria

42. Il ferro possiede le seguenti proprietà. Distingui le proprietà fisiche dalle chimiche:

[A] conduce la corrente elettrica

[B] brucia in cloro con una fiamma luminosa

[C] fonde a 651 °C

[D] è duttile e malleabile

43. Lo zolfo possiede le seguenti proprietà. Distinguere le proprietà fisiche dalle chimiche:

[A] è un solido di colore giallo

[B] non conduce la corrente elettrica

[C] brucia all'aria con fiamma azzurrina

[D] non è duttile e non è malleabile

UNITÀ DIDATTICA 4

44. L'affermazione «il mercurio bolle a 357 °C» è riferibile:

[A] alla sostanza mercurio

[B] all'atomo mercurio

[C] alla temperatura

[D] alla pressione esterna

45. Quale affermazione è corretta?

[A] gli atomi del mercurio sono liquidi

[B] gli atomi di mercurio non si attraggono

[C] il mercurio non diventa solido

[D] il mercurio è formato da atomi

46. Quale affermazione è corretta?

[A] un metallo è sempre formato da molecole biatomiche

[B] un metallo è formato da atomi singoli

[C] tutti gli elementi sono metalli

[D] gli atomi di un metallo hanno le stesse proprietà fisiche di 1 kg di metallo

47. Quale affermazione non è corretta?

[A] l'atomo di ossigeno è gassoso

[B] l'atomo di ferro può combinarsi con l'atomo di ossigeno

[C] l'atomo d'oro non si combina con l'ossigeno atmosferico

[D] i vapori di iodio sono color viola

48. Una sostanza pura non può essere identificata da:

[A] la temperatura

[B] il punto di fusione

[C] il punto di ebollizione

[D] la densità

49. Quale dei seguenti composti dell'azoto contiene la maggior percentuale di azoto?

[A] N_2O

[B] NO

[C] NO_2

[D] NO_3^-

50. Qual è la sequenza corretta dei simboli degli elementi zolfo, sodio, silicio?

[A] S, So, Si

[B] Su, So, S

[C] S, Na, Si

[D] Su, Na, Si

51. Quale affermazione è corretta?

A un miscuglio di acqua salata e olio è un miscuglio omogeneo

B le proprietà dei composti sono identiche a quelle degli elementi di cui sono formati

C la legge della composizione definita stabilisce che lo stato fisico dei composti dipende dalla composizione chimica del composto

D tutte le affermazioni sono errate

52. Quale affermazione è corretta?

A Mg è il simbolo del mercurio

B P è il simbolo del potassio

C Cu è il simbolo del rame

D tutte le affermazioni sono errate

53. Una soluzione contenente zucchero viene fatta evaporare. Qual è la rappresentazione microscopica, dopo l'allontanamento del solvente?

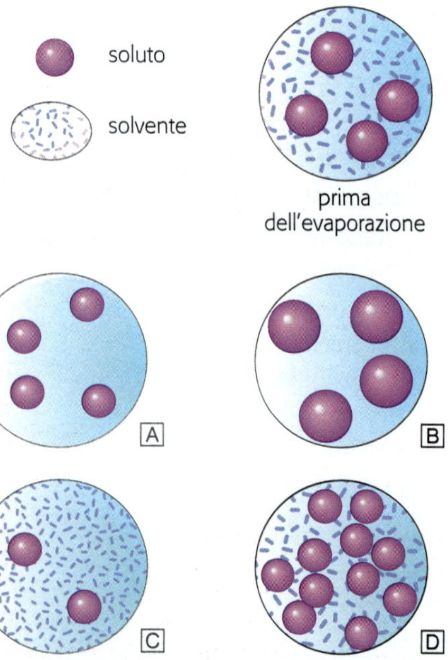

54. L'ossigeno si scioglie in acqua e si ottiene:

A un miscuglio eterogeneo

B un miscuglio omogeneo

C un composto

D una lega

55. La fusione è data:

A da solidi con molecole che hanno deboli forze di coesione

B da solidi con molecole che hanno intense forze di coesione ed è causata dall'agitazione termica

C da solidi con molecole che hanno deboli forze di coesione ed è causata dagli urti delle molecole dell'aria sulle molecole del solido

D da tutti i solidi e dipende dalla temperatura

56. Le particelle di un solido cristallino sono:

A disposte in modo disordinato

B disposte in modo disordinato ma vicine

C disposte in ordine ma lontane

D disposte in ordine ma vicine

Modulo

Glossario A

Accuratezza [*accuracy*]: una misura accurata dà un valore vicino al valore vero della proprietà misurata.

Allotropo [*allotrope*]: indica una delle forme sotto cui può presentarsi un elemento.

Amalgama [*amalgam*]: soluzione di un altro metallo in mercurio.

Amorfo [*amorphous*]: materiale privo di ordine cristallino, avente proprietà simili al vetro.

Ångstrom [*Ångstrom*]: sottomultiplo del metro corrispondente a 10^{-10} m.

Anidro [*anhydrous*]: termine che caratterizza un composto privo di acqua.

Anione [*anion*]: singolo atomo o gruppo di atomi con carica negativa.

Atmosfera [*atmosphere*]: unità di misura della pressione media dell'aria a livello del mare. Un'atmosfera corrisponde a 760 mmHg.

Atomo [*atom*]: la più piccola e caratteristica unità di un elemento.

Brinamento [*frosting*]: passaggio dallo stato gassoso a quello solido.

Calore [*heat*]: forma di energia trasferita nel contatto fra corpi a temperatura diversa, per gli urti disordinati fra gli atomi e le molecole dei due corpi.

Calore latente di fusione [*heat of fusion*]: calore richiesto per cambiare lo stato di una sostanza da solido a liquido.

Calore specifico [*specific heat*]: calore richiesto per far crescere di 1 °C la temperatura di 1 g di una determinata sostanza.

Caloria [*calorie*]: calore necessario per riscaldare 1 g d'acqua da 14,5 a 15,5 °C.

Calorimetro [*calorimeter*]: strumento usato per misurare il calore.

Capillarità [*capillarity*]: capacità di un liquido di risalire dentro un tubicino o canale sottile contro la forza di gravità.

Cationi [*cations*]: singoli atomi o gruppi di atomi con carica positiva.

Centrifugazione [*centrifugation*]: rapida rotazione cui viene sottoposto un tubo contenente una miscela eterogenea, con almeno un componente liquido. L'accelerazione centrifuga provoca la stratificazione dei componenti.

Cifra significativa [*significant figure*]: numero che indica la precisione di una misura.

Colloide [*colloid*]: miscuglio in cui particelle molto piccole, costituite da poche migliaia di atomi, sono disperse in un liquido.

Combustione [*combustion*]: reazione che ha luogo quando una sostanza brucia in presenza di ossigeno o altro comburente.

Composto [*compound*]: sostanza formata da due o più elementi uniti chimicamente in proporzioni definite.

Concentrazione [*concentration*]: quantità di soluto disciolto in una quantità unitaria di solvente.

Condensazione [*condensation*]: passaggio dallo stato gassoso a quello liquido.

Coulomb [*Coulomb*]: unità di misura della carica elettrica.

Cristallizzazione [*crystallization*]: ottenimento dei cristalli di una sostanza da una soluzione.

Cromatografia [*chromatography*]: separazione di sostanze in miscela mediante l'uso di una superficie che le adsorbe con differente forza.

Decantazione [*decantation*]: separazione per stratificazione dei componenti di una miscela eterogenea.

Densità [*density*]: proprietà caratteristica della materia. Si calcola facendo il rapporto fra la massa e il volume di un campione di una determinata sostanza.

Distillazione [*distillation*]: metodo fisico di separazione dei componenti di una miscela, che si basa sulla differente volatilità.

Duttilità [*ductility*]: proprietà di una sostanza a essere stirata in fili sottili.

Ebollizione [*boiling*]: evaporazione tumultuosa. Il vapore si forma anche all'interno del liquido con una pressione che bilancia quella esterna.

Elemento [*element*]: sostanza i cui atomi hanno tutti le stesse proprietà chimiche e fisiche.

Energia potenziale [*potential energy*]: energia immagazzinata in una sostanza a causa della sua composizione chimica o in un corpo soggetto a forze.

Estensiva (proprietà) [*extensive propertie*]: proprietà che dipende dalla quantità del materiale. Esempio: massa, volume.

Evaporazione [*evaporation*]: passaggio dallo stato liquido allo stato gassoso.

Fase [*phase*]: parte visibile e distinta di una miscela eterogenea.

Fenomeno chimico [*phenomenon chemical*]: trasformazione che comporta la formazione di sostanze chimicamente diverse da quelle di partenza.

Fenomeno fisico [*phenomenon physicist*]: trasformazione che avviene senza cambiare le proprietà chimiche delle sostanze interessate.

Filtrazione [*filtration*]: metodo fisico di separazione di un solido da un fluido (liquido o gas).

Formula chimica [*chemical formula*]: rappresentazione più semplice che mostra il tipo di atomi presenti in una sostanza e il loro numero relativo.

Fusione [*fusion*]: passaggio dallo stato solido a quello liquido.

Gas [*gas*]: sostanza fluida che occupa tutto il volume a disposizione e può essere facilmente compressa.

Gel [*gel*]: colloide solido.

Indice [*index*]: numero in basso a destra di un elemento o gruppo in una formula chimica. Indica il numero di atomi di ciascun elemento nella formula.

Intensiva (proprietà) [*intensive property*]: proprietà che non dipende dalla quantità di sostanza. Esempio: temperatura, densità.

Ioni [*ions*]: singoli atomi o gruppi di atomi con carica elettrica positiva o negativa.

Lavoro [*work*]: prodotto della forza applicata per lo spostamento.

GLOSSARIO

Lega [*alloy*]: soluzione solida composta da più di un elemento e che possiede proprietà metalliche.

Legge delle proporzioni definite [*law of definite proportions*]: la composizione percentuale di una sostanza pura è sempre la stessa.

Legge delle proporzioni multiple [*law of multiple proportions*]: quando due elementi si combinano per formare più composti, le masse dei due elementi, che si combinano tra loro, sono in rapporto di piccoli numeri interi.

Legge di conservazione della massa [*law of mass conservation*]: in ogni reazione chimica la massa dei prodotti eguaglia esattamente la massa delle sostanze reagenti.

Liquido [*liquid*]: sostanza fluida che prende la forma della parte di recipiente che occupa.

Macroscopico [*macroscopic*]: grande e visibile.

Malleabilità [*malleableize*]: propensione di una sostanza, tipica dei metalli, a essere ridotta in lamine.

Massa [*mass*]: quantità di materia in un campione di sostanza o di una miscela. La massa di un oggetto non dipende dalla for-za di gravità.

Materia [*matter*]: tutto ciò che occupa spazio e ha massa.

Metallo [*metal*]: sostanza che conduce elettricità, possiede lucentezza metallica, è duttile e malleabile; consiste di cationi tenuti in-sieme da un mare di elettroni.

Microscopico [*microscopic*]: piccolo e invisibile a occhio nudo.

Miscuglio omogeneo [*homogeneous mixture*]: combinazione di due o più sostanze che possono essere separate con metodi fisici.

Miscuglio eterogeneo [*heterogeneous mixture*]: combinazione di due o più sostanze, che presentano superfici di separazione visibili anche a occhio nudo.

Molecola [*molecule*]: la più piccola e caratteristica unità di una sostanza, formata da due o più atomi.

Non metallo [*metalloid*]: sostanza che non conduce elettricità, che non è duttile né malleabile.

Passaggio di stato [*phase changes*]: trasformazione fisica da uno stato di aggregazione a un altro.

Peso [*weight*]: forza con cui un oggetto è attratto dalla Terra o da qualsiasi altro grande corpo.

Prodotto [*product*]: sostanza ottenuta attraverso una reazione chimica.

Punto di ebollizione [*boiling point*]: temperatura alla quale la pressione del vapore uguaglia la pressione esterna. In tali condizioni l'evaporazione interessa tutta la massa del liquido e non la sola superficie.

Punto di fusione [*melting point*]: temperatura alla quale la fase solida e quella liquida sono in equilibrio.

Reagente [*reagent*]: materiale di partenza per una reazione chimica.

Scala Celsius [*Celsius scale*]: scala delle temperature il cui 0 corrisponde alla temperatura di fusione del ghiaccio e il 100 alla temperatura di ebollizione dell'acqua, sotto la pressione di $1{,}013 \cdot 10^5$ Pa (1 atm).

Sol [*sol*]: colloide liquido.

Solidificazione [*solidification*]: passaggio dallo stato liquido allo stato solido.

Solido [*solid*]: sostanza rigida avente una forma propria e indipendente dalla forma del suo contenitore.

Soluto [*solute*]: componente meno abbondante di una soluzione.

Soluzione [*solution*]: miscela omogenea.

Solvente [*solvent*]: componente più abbondante di una soluzione.

Stato di aggregazione [*state of matter*]: condizione della materia. Appartenenza della materia allo stato gassoso, liquido o solido.

Sublimazione[*sublimation*]: passaggio dallo stato solido a quello gassoso.

Tavola periodica degli elementi[*periodic table*]: tavola che raccoglie tutti gli elementi in ordine crescente di numero atomico. In questa maniera le proprietà fisiche e chimiche ricorrono periodicamente.

Temperatura [*temperature*]: grandezza che misura quanto un oggetto è caldo. È proporzionale all'energia cinetica media delle molecole ed è una grandezza intensiva.

Tensione di vapore [*vapor pressure*]: pressione esercitata da un vapore in equilibrio con la fase liquida o solida.

Vapore [*vapor*]: fase gassosa di una sostanza. Termine usato in genere al posto di gas, quando la sostanza è liquida o solida alla temperatura in questione.

Vaporizzazione [*vaporization*]: passaggio di molecole dallo stato liquido a quello gassoso.

Velocità [*rate*]: misura lo spazio percorso nell'unità di tempo. La velocità media si calcola dividendo lo spazio percorso per il tempo impiegato a percorrerlo.

Volume [*volume*]: spazio tridimensionale occupato da un oggetto.

Zero assoluto [*absolute zero*]: zero della temperatura assoluta o scala Kelvin. Lo zero assoluto (−273,15 °C) è un traguardo irraggiungibile.

Modulo B

Lavorare con gli atomi: la mole

Botticelli, *La nascita di Venere* (particolare)

PREREQUISITI

Per affrontare lo studio di questo modulo sono necessarie le seguenti competenze:

- Utilizzare le unità di misura e i prefissi del Sistema Internazionale (SI) nella risoluzione dei problemi.
- Separare e identificare le sostanze attraverso alcune proprietà intensive.
- Distinguere gli elementi dai composti e le trasformazioni fisiche dalle trasformazioni chimiche.
- Spiegare le caratteristiche macroscopiche delle trasformazioni fisiche e chimiche mediante il modello cinetico-molecolare della materia.

COMPETENZE

- Usare la mole come unità di misura della quantità di sostanza.
- Applicare le leggi dei gas nella risoluzione dei problemi.

Unità 1

COMPETENZA

Usare la mole come unità di misura della quantità di sostanza.

La competenza dell'unità didattica si costruisce ponendosi i seguenti obiettivi:

- **1.** Calcolare la massa molare di una sostanza.
- **2.** Calcolare il numero di moli in un campione.
- **3.** Ricavare la formula di un composto.

La quantità chimica: la mole

La mancanza di un'idea chiara di atomo e di molecola ha ostacolato e ritardato, nei secoli passati, il progredire della chimica quantitativa.

Nel 1661 Robert Boyle pubblicò *The Sceptical Chemist* (*Il chimico scettico*), in cui sosteneva che ogni elemento è costituito da «corpuscoli»; i gas possono essere compressi, perciò contengono spazio vuoto e corpuscoli.

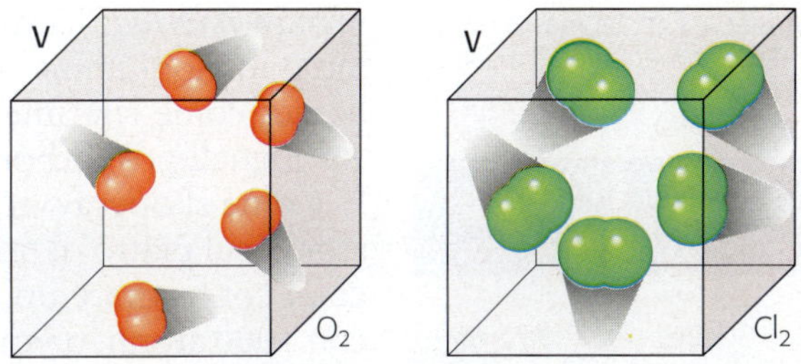

FIGURA 1.1 Volumi uguali di gas diversi contengono lo stesso numero di molecole.

Nel 1803, John Dalton avanzò l'ipotesi che i composti fossero costituiti da particelle elementari uguali; ogni unità elementare di composto, quindi, sarebbe formata da un numero fisso di atomi dei singoli elementi.

Con Dalton nacque così l'idea di atomo indivisibile, che influenzò la ricerca chimica per tutto l'Ottocento. Prendendo l'atomo di idrogeno come riferimento, Dalton compilò la prima tabella dei pesi atomici di carbonio (C), ossigeno (O), azoto (N) e silicio (Si).

L'intuizione decisiva sulla natura della molecola va attribuita ad Avogadro (1811). Lo scienziato torinese stabilì che il volume occupato da un gas dipende solo da *quante* particelle sono contenute nel gas ▸ figura 1.1. Quindi, dalla misura dei volumi di gas che si combinano, concluse che gli elementi gassosi idrogeno, ossigeno, azoto, fluoro, cloro erano e sono formati da «atomi doppi» che egli chiamò *molecole* (H_2, O_2, N_2, F_2, Cl_2).

Le idee di Avogadro restarono però nell'ombra per circa mezzo secolo, ostacolate dall'autorità scientifica di Dalton.

È grazie a un altro italiano, Stanislao Cannizzaro ▸ figura 1.2, che al congresso di Karlsruhe del 1860 si risolse il problema della determinazione della massa degli atomi. Lo scienziato, infatti, affermò che la formula dell'acqua non è HO, come sostenevano i sostenitori delle teorie di Dalton, ma H_2O. Egli dimostrò la validità della teoria di Avogadro e presentò una tabella di 21 pesi atomici basata su tale teoria. Propose, inoltre, di calcolare i pesi molecolari a partire dalle densità gassose.

FIGURA 1.2 Stanislao Cannizzaro (Palermo, 13 luglio 1826 - Roma, 10 ottobre 1910).

Fu il trionfo definitivo dell'idea di molecola: a questo punto atomi e molecole, pur restando ancora invisibili, potevano essere utilizzati come oggetti concreti per il lavoro del chimico.

1. LA MASSA ATOMICA E LA MASSA MOLECOLARE

Trovare una bilancia che possa «pesare» un atomo è un sogno irrealizzabile. Non potendo determinare la massa assoluta degli atomi, si ricorre alla sua

FIGURA 1.3 Schema di uno spettrometro di massa.

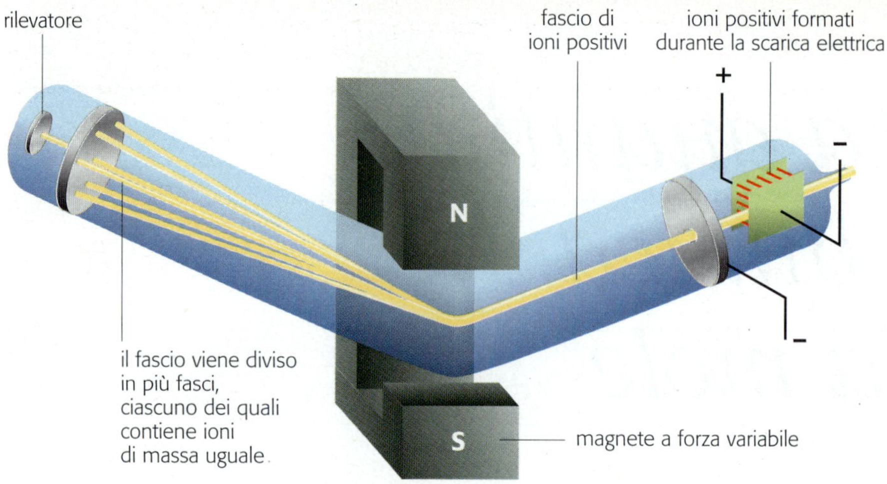

TABELLA 1. 1 La massa relativa delle monete riferita a quella della moneta da 100 lire (uguale a 10 unità).

Moneta	Massa
50 lire	7,75 u
100 lire	10,00 u
200 lire	6,25 u
500 lire	8,75 u

misura *relativa*. L'unità di misura della massa relativa non è, quindi, il grammo o il kilogrammo, ma un atomo di riferimento. Storicamente sono stati utilizzati, come riferimento, prima l'atomo di idrogeno, poi l'atomo di ossigeno e ora quello di carbonio.

Come si opera per determinare le masse relative? È impossibile mettere un atomo sul piatto di una bilancia e l'atomo di riferimento sull'altro piatto. Invece di confrontare un atomo con un atomo, possiamo confrontare 1000 atomi con 1000 atomi, o porzioni di materia ancora più grandi, a seconda della sensibilità della bilancia. La sola cosa che conta è che il numero di atomi dei due elementi resti lo stesso.

Oggi vengono utilizzati metodi sperimentali molto accurati (per esempio la *spettrometria di massa*), che ci forniscono le masse atomiche relative con una precisione molto elevata ▸ figura 1.3.

Il campione di riferimento per la determinazione della massa atomica relativa è un particolare atomo di carbonio, chiamato isotopo 12, che viene indicato come ^{12}C (studieremo cosa sono gli isotopi nel modulo C).

La massa atomica (o peso atomico) di un elemento è la massa relativa rispetto all'atomo di ^{12}C.

Definiamo ora l'unità di misura della massa atomica *u*, chiamata anche *dalton*:

L'unità di massa atomica u è uguale a 1/12 della massa dell'atomo di ^{12}C.

La **massa atomica relativa** ▸ tabella 1.1 viene chiamata anche **peso atomico** (**PA**). Bisogna però fare attenzione: come abbiamo visto, il peso atomico non è un peso espresso in grammi o in kilogrammi. Per calcolarlo, infatti, si fa il rapporto tra due masse: la massa dell'atomo che ci interessa e la massa dell'atomo di ^{12}C. Da questo rapporto si ottiene un numero *puro*, cioè che non ha dimensioni, espresso in unità di massa atomica u.

Quindi, quando diciamo che l'ossigeno ha un peso atomico di 16 u, affermiamo che la sua massa è 16 volte più grande della dodicesima parte della massa del ^{12}C. Se potessimo mettere su un piatto di una bilancia ideale un solo atomo di ossigeno e sull'altro 16 u, la bilancia sarebbe in equilibrio.

Se confrontiamo l'atomo di ossigeno con l'atomo di idrogeno, che ha peso atomico 1u, vedremo che l'ossigeno è 16 volte più pesante dell'idrogeno.

I valori dei pesi atomici sono indicati sulla tavola periodica.

Consideriamo ora una molecola; la sua massa dipende dalle masse dei singoli atomi che la compongono. Quindi, per determinare la **massa molecolare relativa** (detta comunemente **peso molecolare**, **PM**), si fa la somma dei pesi atomici degli elementi che compaiono nella formula.

Un termine più generale per indicare il peso molecolare è il *peso formula*, che è più corretto nel caso dei composti ionici (come il cloruro di sodio, NaCl) che non sono costituiti da molecole. Anche il peso molecolare e il peso formula si esprimono in u.

ESEMPIO **Utilizzando la tavola periodica, calcola i seguenti pesi molecolari:**

A molecola di ossigeno, O_2
B molecola di azoto, N_2
C molecola d'acqua, H_2O
D cloruro di sodio, NaCl

Soluzione

A PM $O_2 = 2 \times$ (PA ossigeno) $= 2 \times 16$ u $= 32$ u
B PM $N_2 = 2 \times$ (PA azoto) $= 2 \times 14$ u $= 28$ u
C PM $H_2O = 2 \times$ (PA idrogeno) $+ 1$(PA ossigeno) $= 2 \times 1$ u $+ 16$ u $= 2$ u $+ 16$ u $= 18$ u
D PM NaCl = PA sodio + PM cloro = 23 u + 35 u = 58 u

PROVA TU

Usando la tavola periodica, calcola il peso molecolare delle seguenti sostanze:

A acido fosforico, H_3PO_4
B cloruro di ammonio, NH_4Cl
C biossido di carbonio, CO_2
D idrossido di potassio, KOH
E biossido di silicio, SiO_2

2. CONTARE PER MOLI

Abbiamo visto che i pesi atomici e molecolari si esprimono in unità di massa atomica u. In laboratorio, però, non è possibile usare direttamente l'unità di massa atomica, perché si tratta di un valore estremamente piccolo; da una misura sperimentale, si è visto che 1 u = $1{,}661 \times 10^{-24}$ g, e non esiste nessuna bilancia che permetta di pesare una quantità così piccola di materia (circa 1/1 000 000 000 000 000 000 000 000 di grammo).

Quando si ha a che fare con oggetti straordinariamente piccoli, come atomi e molecole, è necessario stabilire un collegamento tra il mondo microscopico (che non vediamo) e il mondo macroscopico (che possiamo misurare). La mole è uno strumento che ci permette di stabilire questo tipo di collegamento ▸figura 1.4.

Una mole è una quantità di sostanza che contiene un numero definito di particelle (atomi, molecole, ioni).

FIGURA 1.4 Una mole di alcuni elementi e composti. Gli elementi sono: grafite (C), zinco (Zn), mercurio (Hg), rame (Cu) e zolfo (S). I composti, da destra: solfato di rame pentaidrato ($CuSO_4 \cdot 5H_2O$), acqua (H_2O), cloruro di sodio (NaCl), etanolo (CH_3CH_2OH), bicromato di potassio ($K_2Cr_2O_7$).

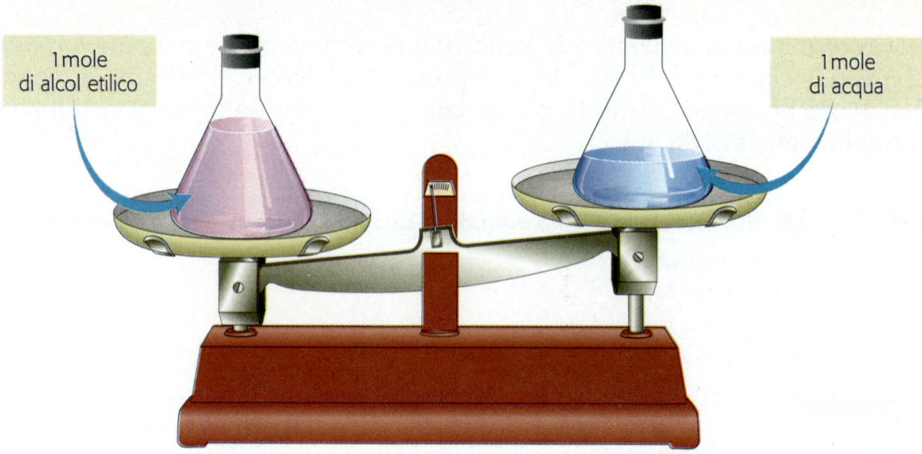

FIGURA 1.5 Una mole di alcol etilico pesa circa 2 volte e mezzo più di una mole di acqua.

Possiamo dire che una mole è simile a un paio: entrambi rappresentano una quantità di sostanza che contiene un numero definito di oggetti. Dato che gli atomi e le molecole sono piccolissimi, in una mole ne sarà contenuto un numero molto grande che è sempre lo stesso, esattamente come in un paio di scarpe ci sono sempre e solo due scarpe.

Nel paragrafo precedente abbiamo visto che un atomo di ossigeno (PA = 16 u) pesa sedici volte più di un atomo di idrogeno (PA = 1 u): quindi, tra i due elementi c'è un rapporto 16:1.

Questo rapporto non varia qualunque sia il numero di atomi che consideriamo: 1000 atomi di ossigeno continueranno a pesare 16 volte di più di 1000 atomi di idrogeno.

Allora, noi possiamo scegliere di considerare un numero di atomi che abbia un peso complessivo uguale alla massa atomica espressa in grammi ed essere sicuri che il rapporto 16:1 verrà mantenuto: 16 g di ossigeno e 1 g di idrogeno, infatti, contengono lo stesso grandissimo numero di atomi.

Secondo il Sistema Internazionale la **mole** (**mol**) rappresenta l'unità di misura della quantità di sostanza ed è una delle sette unità di misura fondamentali:

Una mole è la quantità di sostanza che contiene un numero di particelle elementari uguale al numero di atomi contenuti in 12 g di ^{12}C.

Abbiamo detto che per pesare una mole di una certa sostanza, noi dobbiamo pesare una quantità in grammi uguale al peso atomico di quella sostanza. Lo stesso discorso vale per le molecole: la massa di una mole di acqua è uguale al suo peso molecolare espresso in grammi.

Da ciò deriva che il peso (o massa) di una mole varia a seconda del materiale considerato. Per esempio, una mole di acqua non ha lo stesso peso di una mole di alcol etilico, proprio come un paio di ciabatte di gomma non ha lo stesso peso di paio di scarponi da sci ▸figura 1.5.

La massa di una mole è chiamata **massa molare** (**M**) e la sua unità di misura è g/mol.

La massa molare di un elemento è uguale alla sua massa atomica relativa espressa in grammi.

Pesando sulla bilancia una mole di una sostanza, quindi, noi riusciamo a prendere un numero costante e ben definito di atomi o molecole, senza doverne contare neanche una.

ESEMPIO **Qual è la massa molare del rame (Cu)?**

Soluzione

Sappiamo che:
PA Cu = 63,5 u

Da cui:
1 mol Cu = 63,5 g

Quindi:
M Cu = 63,5 g/mol

ESEMPIO **Qual è la massa molare dell'acqua (H_2O)?**

Soluzione

Sappiamo che:
PM H_2O = 18 u

Da cui:
1 mol H_2O = 18 g

Quindi:
M H_2O = 18 g/mol

Il numero di Avogadro

Nel paragrafo precedente abbiamo visto che il numero di particelle contenuto in una mole è molto grande; ma quante sono esattamente queste particelle?

TABELLA 1.2 Masse molari e numero di particelle.

Una mole di...	...corrisponde a...	... e contiene:
H	1 g	$6{,}023 \cdot 10^{23}$ atomi di H
H_2	2 g	$6{,}023 \cdot 10^{23}$ molecole di H_2
O	16 g	$6{,}023 \cdot 10^{23}$ atomi di O
O_2	32 g	$6{,}023 \cdot 10^{23}$ molecole di O_2
^{12}C	12 g	$6{,}023 \cdot 10^{23}$ atomi di ^{12}C
H_2O	18 g	$6{,}023 \cdot 10^{23}$ molecole di H_2O

Possiamo ricavare questo dato facendo il rapporto tra la massa molare di 1u e la massa unitaria espressa in grammi:

$$\frac{\text{M 1u}}{\text{massa unitaria}} = \frac{1\ \text{g/mol}}{1{,}661 \times 10^{-24}\text{g}} = 6{,}02 \times 10^{23}\ \text{particelle/mol}$$

Il numero che abbiamo ottenuto si chiama **numero di Avogadro** (N) ed è davvero enormemente grande, più di seicentomila miliardi di miliardi.

Una mole di qualsiasi sostanza contiene *sempre* $6{,}02 \times 10^{23}$ particelle, siano atomi, molecole o ioni ▸tabella 1.2.

La ▸figura 1.6 riassume quanto abbiamo detto finora.

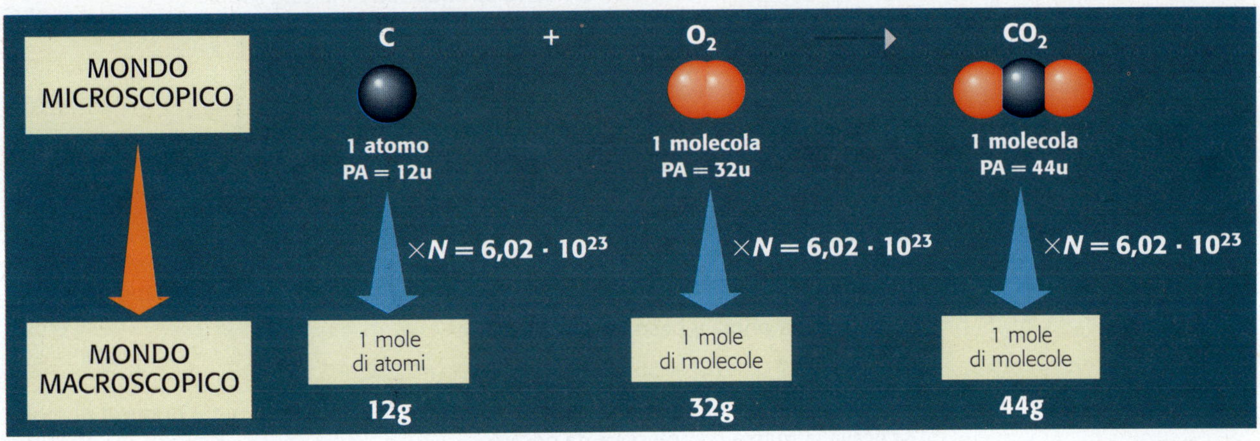

FIGURA 1.6 Il numero di Avogadro permette di passare dal mondo microscopico a quello macroscopico.

Calcoli con le moli

Finora abbiamo parlato solo di una mole alla volta, ma in Chimica è importante calcolare quante moli ci sono in un campione di una certa sostanza. Il numero di moli si ottiene dividendo la massa del campione per la massa molare di quella sostanza:

$$n = \frac{m}{\text{M}}$$

NUMERO DI MOLI (n)

MASSA DEL CAMPIONE (g) (m)

MASSA MOLARE (g/mol) (M)

La stessa relazione ci consente di risalire alla massa del campione, se è noto il numero di moli *n* che esso contiene:

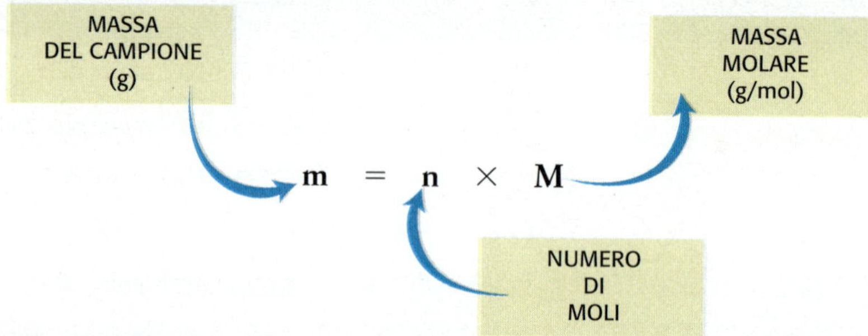

ESEMPIO **Usando la tavola periodica, calcola il numero di moli contenute in una zolletta di zucchero ($C_{12}H_{22}O_{11}$) di 5 g.**

Soluzione

Si calcola innanzitutto il peso molecolare di $C_{12}H_{22}O_{11}$:

C: 12 u · 12 = 144 u
H: 1 u · 22 = 22 u
O: 16 u · 11 = 176 u
PM = 342 u

da cui si ricava la massa molare
M $C_{12}H_{22}O_{11}$ = 342 g/mol
La massa molare corrisponde (numericamente) al peso molecolare:
M = 342 g/mol
Per ricavare il numero di moli si ricorre all'equazione indicata sopra:

$$n = \frac{m\ (\text{g})}{\text{M (g/mol)}} = \frac{5\ \text{g}}{342\ \text{g/mol}} = 0{,}015\ \text{mol}$$

ESEMPIO **Per effettuare una reazione chimica, occorre dosare un ammontare di cloruro di sodio (NaCl) di 2,5 mol. Calcola la massa di NaCl da pesare.**

Soluzione

Occorre calcolare la massa molare M e poi moltiplicarla per il numero di moli.

Si determina prima il peso formula di NaCl:

PA Na = 23,0 u; PA Cl = 35,5 u. Peso formula = 23,0 + 35,5 = 58,5 u

La massa molare M, quindi, è pari a 58,5 g/mol. Moltiplicando per il numero di moli, si ricava la massa complessiva da pesare:

58,5 g/mol · 2,5 mol = 146 g

ESEMPIO **0,24 mol di un gas sconosciuto hanno massa 6,72 g. Qual è la massa relativa delle sue molecole?**

Soluzione

Conoscendo la massa totale e il numero di moli si può ricavare la massa di una mole; questa sarà numericamente uguale alla massa molecolare relativa.

$$\text{M} = \frac{\text{massa totale } m}{\text{numero di moli } n} = \frac{6{,}72\ \text{g}}{0{,}24\ \text{mol}} = 28\ \text{g/mol}$$

Quindi la molecola ha massa relativa 28 u.

Il numero di Avogadro, N ($6{,}022 \cdot 10^{23}$), è la costante di proporzionalità attraverso la quale dalla quantità chimica n, espressa in moli, si ricava il numero di particelle contenute in un campione, N_p:

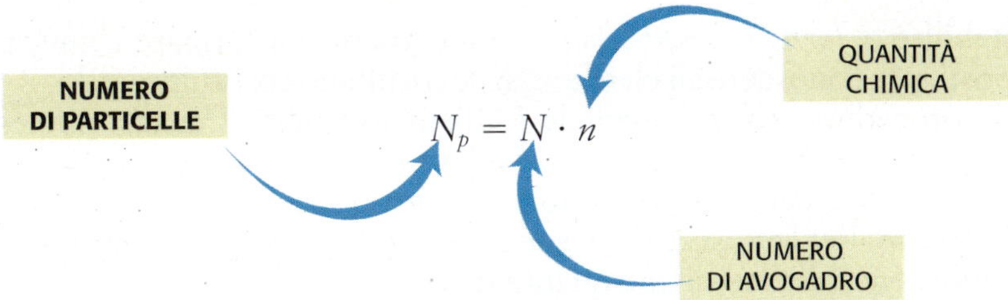

$$N_p = N \cdot n$$

FIGURA 1.7 Amedeo Avogadro (Torino, 8 agosto 1776 - 9 luglio 1856).

ESEMPIO **Un bicchiere contiene 50 mL d'acqua. Quante molecole d'acqua sono presenti nel bicchiere?**

Soluzione

Dopo aver trasformato il volume in massa, si calcola il numero di moli. Poi, sapendo che ogni mole contiene $6{,}02 \cdot 10^{23}$ molecole, si moltiplica tale numero per il numero di moli.

50 mL ≈ 50 g (poiché la densità dell'acqua è 1,0 g/mL); PM H_2O = 1 + 1 + 16 = 18 u
M H_2O = 18 g/mol

$$n = \frac{50\ \text{g}}{18\ \text{g/mol}} = 2{,}8\ \text{mol}$$

numero di molecole $= 2{,}8 \cdot 6{,}0 \cdot 10^{23} = 1{,}7 \cdot 10^{24}$

ESEMPIO **Ci sono più atomi in 5 g di carbonio o in 10 g di piombo?**

Soluzione

Non occorre calcolare il numero di atomi dei due campioni. Basta calcolare il numero di moli, che è direttamente proporzionale al numero di atomi.

M_C = 12 g/mol
M_{Pb} = 207 g/mol

$$\text{carbonio: } n = \frac{m}{M} = \frac{5\ \text{g}}{12\ \text{g/mol}} = 0{,}42\ \text{mol}$$

$$\text{piombo: } n = \frac{m}{M} = \frac{10\ \text{g}}{207\ \text{g/mol}} = 0{,}048\ \text{mol}$$

Gli atomi presenti in 5 g di carbonio, quindi, sono quasi dieci volte più numerosi degli atomi in 10 g di piombo.

PROVA TU

Due oggetti d'oro e d'argento hanno massa uguale (15 g). Quale oggetto contiene più atomi?

3. LE FORMULE CHIMICHE

Come calcolare le formule minime

Per stabilire le *formule empiriche*, i chimici usano trasformare chimicamente i composti, per conoscere gli elementi di cui risultano costituiti.

Tale procedimento sperimentale è chiamato analisi. L'analisi può essere di tipo *qualitativo* e di tipo *quantitativo*. Nel primo caso si riesce a sapere *quali* sono gli elementi costituenti, nel secondo si determinano le *quantità* dei vari elementi del composto. Per conoscere la *formula empirica minima* del composto in esame sono indispensabili dati di tipo quantitativo.

Ma vediamo come si procede. Generalmente i dati sperimentali sono espressi in *percentuali in peso* di ciascun elemento in un composto. Per risalire dalla composizione percentuale alla formula empirica minima ▸figura 1.8 è necessario:

1. convertire la percentuale di ciascun elemento in grammi, come se il campione contenesse 100 g;
2. dividere la massa in grammi *m* di ciascun elemento per la massa molare M dell'elemento (in g/mol), per avere il numero di moli di quell'elemento (*n*);
3. scegliere il più piccolo *numero di moli* ottenuto e dividere gli altri rapporti (*m*/M) per questo valore minimo, per ottenere numeri interi.

FIGURA 1.8 Dalla composizione percentuale alla formula minima.

COMPOSTO

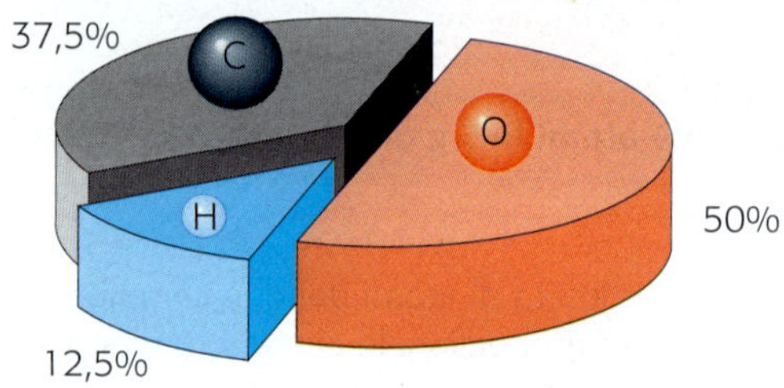

elementi	grammi in 100 g di composto	moli	rapporto tra le moli	formula minima
H	12,5	$\frac{12,5}{1,0} = 12,5$	$\frac{12,5}{3,1} = 4$	
C	37,5	$\frac{37,5}{12,0} = 3,1$	$\frac{3,1}{3,1} = 1$	CH_4O
O	50,0	$\frac{50,0}{16,0} = 3,1$	$\frac{3,1}{3,1} = 1$	

ESEMPIO **Un composto ha la seguente composizione percentuale:**

H = 3,1%
P = 31,5%
O = 65,4%

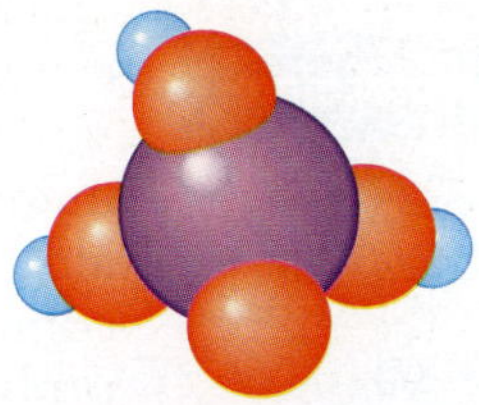

[A] modello dell'acido fosforico

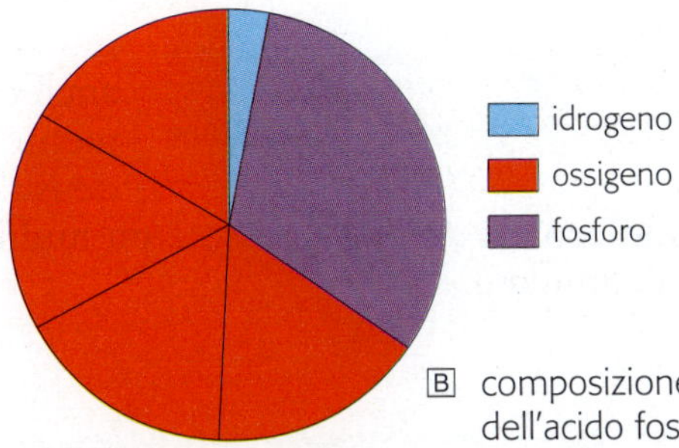

[B] composizione percentuale dell'acido fosforico

Qual è la formula empirica del composto analizzato?

Soluzione

Si procede seguendo i tre punti elencati sopra.

1) 100 g di campione contengono:

H = 3,1 g
P = 31,5 g
O = 65,4 g

2) Dai grammi si calcola il numero di moli *n* di ciascun elemento nel campione:

$$n\,\text{H} = \frac{3{,}1\ \text{g}}{M_\text{H}\ (\text{g/mol})} = \frac{3{,}1\ \text{g}}{1\ \text{g/mol}} = 3{,}1\ \text{mol}$$

$$n\,\text{P} = \frac{31{,}5\ \text{g}}{M_\text{P}\ (\text{g/mol})} = \frac{31{,}5\ \text{g}}{31{,}0\ \text{g/mol}} = 1{,}02\ \text{mol}$$

$$n\,\text{O} = \frac{65{,}4\ \text{g}}{M_\text{O}\ (\text{g/mol})} = \frac{65{,}4\ \text{g}}{16\ \text{g/mol}} = 4{,}09\ \text{mol}$$

3) Per ricavare gli *indici numerici* (i numeri che si scrivono in basso a destra di ciascun elemento), si divide il numero di moli dei singoli elementi per il *più piccolo* valore trovato (1,02 in questo caso):

$$\text{H:}\ \frac{3{,}1}{1{,}02} = 3{,}04 \qquad \text{P:}\ \frac{1{,}02}{1{,}02} = 1 \qquad \text{O:}\ \frac{4{,}09}{1{,}02} = 4$$

I tre rapporti danno rispettivamente circa 3 (H), 1 (P) e 4 (O), che rappresentano gli indici numerici cercati. Pertanto la *formula empirica* sarà H_3PO_4.

PROVA TU

Determina le formule empiriche dei seguenti composti:

[A] 97,2% di Cl; 2,8% di H
[B] 51,33% di Ca; 48,7% di F
[C] 43,4% di Na; 11,3% di C; 45,3% di O

TABELLA 1.3 Multipli della stessa formula empirica.

Formula minima	Peso molecolare
CH_2O	30
$C_2H_4O_2$	60
$C_3H_6O_3$	90
$C_4H_8O_4$	120
$C_5H_{10}O_5$	150
$C_6H_{12}O_6$	180

La formula ottenuta con questa procedura si chiama *formula empirica minima*. Essa rappresenta il rapporto numerico più basso con cui i diversi atomi si trovano nel composto. Se il composto è formato da molecole, è probabile che la formula di tali molecole sia un **multiplo** della formula *minima* da noi trovata. Ce ne possiamo accorgere dal peso molecolare, anch'esso determinabile sperimentalmente (per esempio, misurando la densità dei gas) ▸tabella 1.3.

Il peso molecolare *reale* può essere un multiplo del peso formula ricavato dalla formula minima.

ESEMPIO **Un composto ha dato i seguenti risultati all'analisi:**

C = 40%
H = 6,6%
O = 53%

Inoltre sperimentalmente è stato calcolato il suo peso molecolare, che risulta uguale a 180. Quali sono la formula empirica minima e la formula «vera» della molecola?

Soluzione

Per il calcolo della formula empirica minima si procede come per l'esempio precedente:

$$n\,C = \frac{40\ g}{M_C\ (g/mol)} = \frac{40\ g}{23\ g/mol} = 3{,}3\ mol$$

$$n\,H = \frac{6{,}6\ g}{M_H\ (g/mol)} = \frac{6{,}6\ g}{1\ g/mol} = 6{,}6\ mol$$

$$n\,O = \frac{53\ g}{M_O\ (g/mol)} = \frac{53\ g}{16\ g/mol} = 3{,}3\ mol$$

La formula empirica è la seguente:

$$C = \frac{3{,}3}{3{,}3} = 1 \qquad H = \frac{6{,}6}{3{,}3} = 2 \qquad O = \frac{3{,}3}{3{,}3} = 1$$

cioè CH_2O (peso molecolare = 12 + 2 + 16 =30).

Ma il peso formula (30) non coincide con quello trovato sperimentalmente (180), perciò bisogna moltiplicare gli indici della formula minima per un multiplo. Nel caso in esame 6 (= 180/30) è il multiplo adatto. Infatti la *formula molecolare* $C_6H_{12}O_6$ ha un peso molecolare coincidente con quello trovato sperimentalmente. La risposta ai due quesiti è la seguente:

CH_2O (formula empirica minima) — $C_6H_{12}O_6$ (formula molecolare)

Come determinare la formula conoscendo il peso molecolare

Quando è noto il peso molecolare oppure il peso formula (determinati sperimentalmente), per stabilire la formula della sostanza si adotta una diversa strategia.

Per esempio, sappiamo da alcuni esperimenti che il diossano, un solvente organico, ha un peso molecolare di 88,1 u ed è costituito dal 54,5% di C, il 9,15% di H e 36,3% di O. Qual è la formula del diossano ?

È chiaro che la formula sarà $C_xH_yO_z$: per trovare i valori di x, y e z, si procede secondo questo schema:

1. si dividono le diverse percentuali per 100. Nel caso in esame avremo: 54,5/100 = 0,545; 9,15/100 = 0,0915; 36,3/100 = 0,363;

2. si calcolano i valori di x, y e z in questa maniera:

$x = 0{,}545 \times \text{peso molecolare/peso atomico C} = 0{,}545 \times 88{,}1/12{,}0 =$
$= 48{,}01/12{,}0 = 4$

$y = 0{,}0915 \times \text{PM/PA H} = 0{,}0915 \times 88{,}1/1{,}01 = 8{,}06/1{,}01 = 8$

$z = 0{,}363 \times \text{PM/PA O} = 0{,}363 \times 88{,}1/16{,}0 = 32{,}0/16 = 2$

Pertanto, la formula del diossano è : $C_4H_8O_2$

Il concetto di mole ci viene in aiuto anche nella soluzione del problema inverso: data la formula di una sostanza, risalire alla composizione percentuale dei vari elementi che la compongono.

PROVA TU **Un composto costituito dal 61,25 % di mercurio e dal 38,75 % di iodio, ha peso molecolare 655.**
Trova la formula molecolare del composto.

1. LA MASSA ATOMICA E LA MASSA MOLECOLARE

1. Definisci che cos'è la massa atomica di un elemento, e qual è la sua unità di misura.

2. Se consideriamo come unità di massa atomica relativa 1/6 della massa del ^{12}C, invece di 1/12, il peso atomico di una sostanza:
- A resta invariato
- B varia poco
- C raddoppia
- D si dimezza

3. Qual è il peso formula relativo di KCl?
- A 60,4
- B 48,3
- C 74,5
- D 94,7

4. Qual è il peso molecolare relativo di H_2SO_4?
- A 120,1
- B 74,8
- C 54,0
- D 98,0

5. Qual è il peso molecolare relativo di HNO_3?
- A 58,0
- B 63,0
- C 84,0
- D 91,0

6. Qual è il peso formula relativo di NaOH?
- A 40,0
- B 24,0
- C 36,0
- D 80,0

7. Qual è il peso molecolare relativo di Na_2SO_4?
- A 142,04
- B 100,15
- C 48,40
- D 74, 35

2. CONTARE PER MOLI

8. Una mole di azoto e una mole di ammoniaca hanno:
- A lo stesso numero di atomi
- B la stessa massa
- C lo stesso numero di molecole
- D la stessa energia cinetica

9. Quanti atomi di ossigeno ci sono in 5,0 mol di SO_3?

10. Quante molecole di glucosio $C_6H_{12}O_6$ ci sono in un pacco da 1 kg?

11. Quanti ioni Na^+ ci sono in una confezione di 500 g di sale, NaCl?

12. Qual è l'unità di misura della massa molare?

13. Quante moli di HI sono presenti in un campione di 370 g?

14. Un campione di $NaHSO_4$ contiene 2,5 mol. Quanto pesa?

15. Quanto pesano $1,5 \times 10^{23}$ molecole di H_3PO_4?

16. Calcola quante moli contiene un campione di 25 g delle seguenti sostanze:
- A NaI
- B $CuSO_4$
- C CH_4

17. 2,24 mol di una sostanza sconosciuta pesano 391 g. Qual è il peso molecolare della sostanza?

18. Quanti atomi di C ci sono in 6,0 mol di carbonio?

19. Un campione di O_2 contiene $3,01 \times 10^{24}$ molecole. A quante moli corrispondono?

20. Una mole di H_2O contiene:
- A 1 mole di molecole di H_2O
- B 1 mole di atomi di O
- C 2 moli di atomi di H
- D tutte e tre le risposte precedenti sono giuste

21. Una mole è:

A un insieme di atomi

B $3{,}01 \times 10^{23}$ molecole

C l'unità di misura della massa

D l'unità di misura della quantità di materia

22. Quanti atomi ci sono in 10 moli di H_3PO_4?

23. Quale risposta è vera?

A 1 mole di NH_3 contiene 3 moli di atomi N e 3 moli di atomi H

B 1 mole di NH_3 contiene 1 mole di atomi N e 1 mole di atomi H

C 1 mole di NH_3 contiene 1 mole di atomi N e 3 moli di atomi H

D 1 mole di NH_3 contiene 1 mole di atomi N e 1/3 di mole di atomi H

24. Quale campione contiene il maggior numero di atomi di ossigeno?

A 10 g di O

B 10 g di O_2

C 10 g di O_3

D il numero di atomi in A, B, C è identico

25. Quale campione ha la massa maggiore?

A 1,5 moli di ferro

B 1,5 moli di calcio

C 1,5 moli di piombo

D la massa è uguale in A, B, C

26. Quale recipiente è più adatto per contenere una mole d'acqua?

A un contagocce

B un cilindro di vetro da 50 mL

C un bicchiere

D una bottiglia da 1 litro

27. 18 g di una sostanza con peso molecolare di 180 u rappresentano:

A un decimo del peso atomico

B un decimo della massa molare

C un decimo della massa molecolare relativa

D un decimo del peso molecolare

28. Quali sono i concetti principali appresi in questo paragrafo? Riassumi in dieci righe ciò che ritieni importante ricordare.

3. LE FORMULE CHIMICHE

29. Un composto è formato per l'81,7% da carbonio e per il 18,3% da idrogeno, e ha PM = 44 u. Qual è la sua formula empirica?

30. Un composto è formato per il 50,05% da zolfo e per il 49,95% da ossigeno. Qual è la sua formula empirica?

31. Un composto è formato per l'85% da argento e per il 15% da fluoro. Qual è la sua formula empirica?

32. Un composto è formato dal 32,38% di sodio, dal 22,57% di zolfo e dal 45,05% di ossigeno. Qual è la formula del composto?

33. Un acido è costituito dal 26,7% di carbonio, dal 2,2% di idrogeno e dal 71,1% di ossigeno. Il suo peso molecolare, ottenuto sperimentalmente, è 90 u. Qual è la formula dell'acido?

34. Un composto avente PM = 28 u è formato da idrogeno e carbonio in rapporto 2 : 1. La formula del composto è:

A CH_2

B C_2H_4

C C_3H_6

D C_4H_2

35. Calcola la composizione percentuale di NaCl.

COSTRUISCI LA COMPETENZA

OBIETTIVO calcolare la massa molare di una sostanza

RISOLVI I SEGUENTI QUESITI

1. Qual è la massa di una mole di zinco?
   - A 48,3 g
   - B 91,6 g
   - C 120,5 g
   - D 65,4 g
2. Qual è la massa di una mole d'oro?
   - A 196,97 g
   - B 180,95 g
   - C 107,87 g
   - D 90,45 g
3. Qual è la massa di una mole di mercurio?
   - A 56,34 g
   - B 200,59 g
   - C 118,69 g
   - D 132,90 g
4. Una mole di un metallo sconosciuto ha una massa di 47,90 g. Qual è il metallo?
   - A argento
   - B piombo
   - C bario
   - D titanio
5. Calcola il peso molecolare e la massa molare dei seguenti composti:
   - A aspirina $C_9H_8O_4$
   - B glucosio $C_6H_{12}O_6$
   - C etanolo C_2H_5OH
6. Calcola il peso formula e la massa molare dei seguenti composti:
   - A $AgNO_3$
   - B NH_4Br
   - C $Ca(NO_3)_2$

OBIETTIVO calcolare il numero di moli in un campione

RISOLVI I SEGUENTI QUESITI

7. Per determinare sperimentalmente il quantitativo in moli di una sostanza quali operazioni esegui?
8. Quanti grammi di zolfo devi pesare per avere 10 mol di questo elemento?
9. Quanti grammi di zucchero ($C_{12}H_{22}O_{11}$) devi pesare per avere 8 mol di questo composto?
10. Calcola il numero di atomi in:
    - A 0,875 mol di Pb
    - B 0,432 mol di Cu
    - C 1,45 mol di Ca
11. Calcola il numero di molecole in:
    - A 0,0567 mol di CO_2
    - B 2,4 mol di H_2S
    - C 4,7 mol di $C_{12}H_{22}O_{11}$ (zucchero)
12. Qual è la differenza fra massa molecolare e massa molare?

OBIETTIVO ricavare la formula di un composto

RISOLVI I SEGUENTI QUESITI

13. Conoscendo la percentuale degli elementi in un composto e il suo peso molecolare, come calcoli il suo peso formula?
14. In laboratorio ci sono due recipienti di vetro, contenenti un composto liquido e un composto solido. Le due etichette riportano soltanto le percentuali degli elementi componenti, che risultano uguali sia per il solido che per il liquido. I pesi molecolari del solido e del liquido sono uguali o diversi?
15. Il gas nobile xeno forma dei composti molto instabili col fluoro. I composti sono XeF_2, XeF_4, XeF_6 . Calcola le percentuali degli elementi componenti le tre sostanze.

Pensa come uno scienziato

1 Gli alcoli contenuti nei tre cilindri hanno una densità quasi identica (0,8 g/mol). Quale cilindro contiene il maggior numero di molecole?

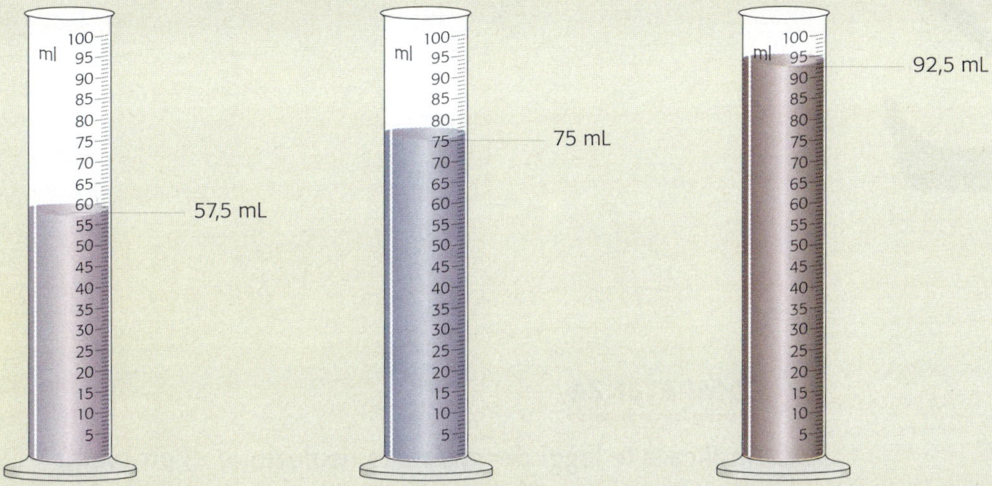

C_2H_5OH alcol etilico — C_3H_7OH alcol propilico — C_4H_9OH alcol butilico

2 Completa la sottostante matrice:

Molecola	Massa molecolare relativa o peso molecolare (u)	Massa molare (g/mol)	Numero di molecole in 1 mol	1 mole pesa ... (g)
CH_4				
Cl_2				
O_2				
N_2				
HF				
NH_3				

Unità 2

COMPETENZA

Applicare le leggi dei gas nella risoluzione di problemi.

La competenza dell'unità didattica si costruisce ponendosi i seguenti obiettivi:

1. Interpretare le proprietà fisiche dei gas mediante il modello cinetico-molecolare.
2. Descrivere l'effetto della temperatura e del numero di particelle sulla pressione e sul volume di un gas.
3. Correlare la densità dei gas al volume molare e alla massa molare.
4. Usare l'equazione generale per il calcolo del volume molare e delle altre variabili dei gas.

Le leggi dei gas

Gli antichi credevano che l'aria fosse l'unica sostanza «aeriforme». Franciscus M. Van Helmont coniò la parola *gas* nel 1630 e descrisse per primo le proprietà dell'aria «silvestre» e dell'aria «pingue» (CO_2 e CH_4). Egli era convinto che fosse impossibile contenere un gas in un recipiente. Alla base di questa convinzione c'era l'idea (errata) che gli aeriformi avessero una composizione e una natura speciali e completamente diverse dalla comune materia condensata (liquidi e solidi) ▸figura 2.1.

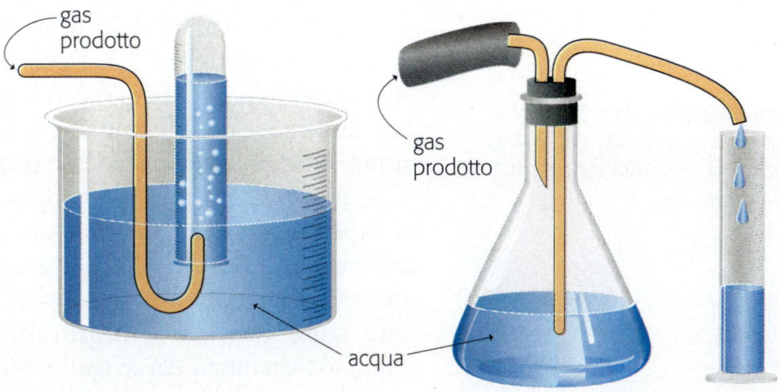

FIGURA 2.1 Due metodi per la raccolta e la misura del volume dei gas. Questi metodi sono adatti per gas poco solubili in acqua.

Robert Boyle ▸figura 2.2 fu probabilmente il primo a raccogliere i gas; secondo l'ipotesi di Boyle l'aria sarebbe costituita da atomi e spazio vuoto. Ma la comunità scientifica dell'epoca non accettò questa idea rivoluzionaria e bisognò aspettare altri 140 anni perché il concetto di atomo avesse libertà di circolazione.

Oggi sappiamo che la miscela gassosa che respiriamo contiene come componenti principali azoto e ossigeno in diverse percentuali; i componenti secondari non raggiungono, tutti insieme, l'un per cento del totale ▸tabella 2.1.

TABELLA 2.1 Composizione dell'aria (priva di vapore acqueo e di inquinanti).

Componente	Formula	Percentuale (sulle molecole totali)
azoto	N_2	78,08
ossigeno	O_2	20,95
argo	Ar	0,934
biossido di carbonio	CO_2	0,0314
neon	Ne	0,00182
ammoniaca	NH_3	0,001
elio	He	0,000524
metano	CH_4	0,0002
cripton	Kr	0,000514
idrogeno	H_2	0,00005

FIGURA 2.2 Robert Boyle (Irlanda, 25 gennaio 1627 - Londra, 30 dicembre 1691) nel suo laboratorio.

1. I GAS IDEALI E LA TEORIA CINETICO-MOLECOLARE

Il disordine è la principale caratteristica della materia gassosa dal punto di vista microscopico. A che cosa è dovuto il caos in cui convivono gli atomi e le molecole di tutti i gas? Per rispondere a questa domanda utilizzeremo un modello di **gas ideale** o **perfetto** che ci permetterà di spiegare il comportamento dei gas per mezzo della teoria cinetico-molecolare. Vediamo ora le caratteristiche del gas ideale:

1. L'energia cinetica media delle particelle del gas è direttamente proporzionale alla temperatura assoluta.
2. Le particelle del gas ideale non si attraggono reciprocamente. Anche nei gas reali le forze di attrazione, nella maggior parte dei casi, sono trascurabili; per questo i gas, a differenza dei liquidi e dei solidi, non hanno forma propria e assumono il volume del recipiente che li contiene.
3. Nel modello di gas ideale il volume occupato dalle particelle è considerato trascurabile. Anche il volume dei gas reali è costituito in massima parte da spazio vuoto ▸figura 2.3. I gas non sono formati da «particelle più leggere», ma dalle stesse molecole che compongono solidi e liquidi; le stesse molecole d'acqua, per esempio, costituiscono sia il liquido, con densità 1 g/cm^3, sia il vapore, con densità 0,0005 g/cm^3. La densità 2000 volte più bassa dell'acqua allo stato gassoso è imputabile alla maggior distanza tra le molecole ▸figura 2.4. Dunque la densità dei gas è di gran lunga inferiore a quella dei liquidi e dei solidi.
4. Le particelle del gas si muovono disordinatamente e a grande velocità in tutte le direzioni. Il «cammino» viene continuamente interrotto da urti fra le molecole stesse o con le pareti del contenitore. Se si disponesse di molte palline di gomma *perfettamente elastiche*, lanciandole in una stanza, queste non smetterebbero mai di rimbalzare in tutte le direzioni; analogamente, le particelle dei gas sono perfettamente elastiche.

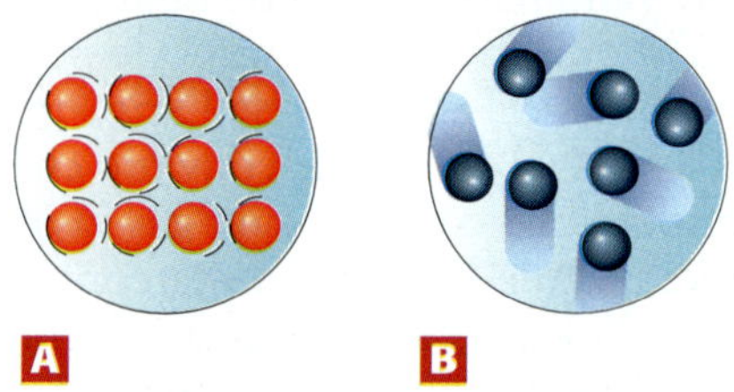

FIGURA 2.3 Modello microscopico di un solido (A) e di un gas (B). Entrambi sono formati da molecole.

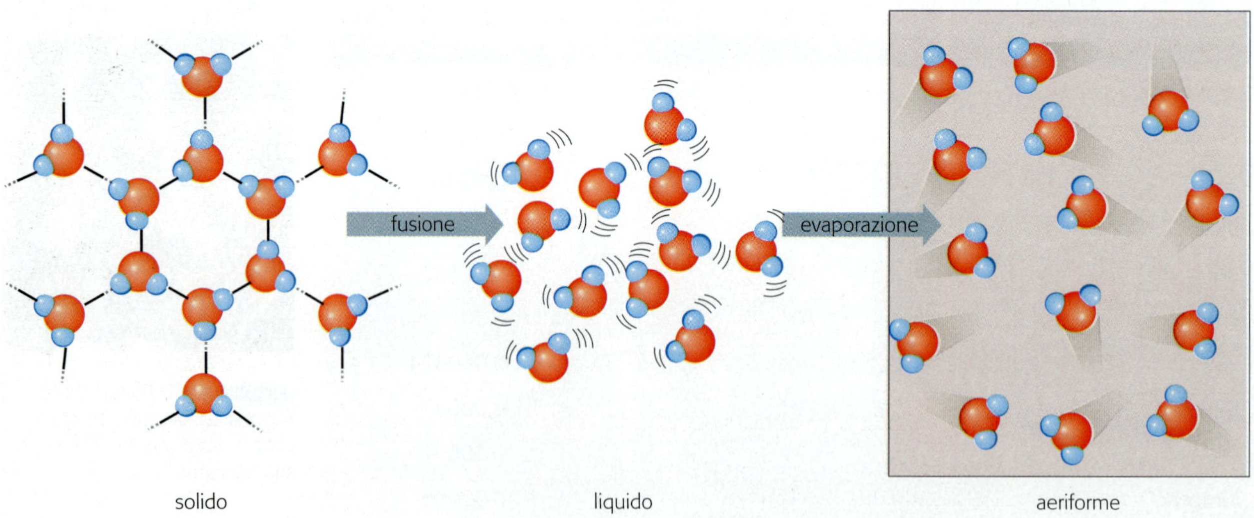

FIGURA 2.4 Le stesse molecole costituiscono la sostanza acqua nei suoi tre stati di aggregazione.

2. LA PRESSIONE DEI GAS

Che cosa mantiene tesa la gomma di un palloncino pieno di gas? ▸figura 2.5 Questo fenomeno è dovuto alla pressione esercitata dal gas sul palloncino. Le molecole di un gas racchiuse in un contenitore, infatti, si muovono in tutte le direzioni e colpiscono le sue pareti, esercitando una pressione sulle pareti stesse. Maggiori sono il numero e l'energia degli urti, tanto più elevata è la pressione esercitata dal gas, che è inversamente proporzionale all'area della parete.

Per calcolare la pressione dobbiamo fare il rapporto fra la forza e l'area:

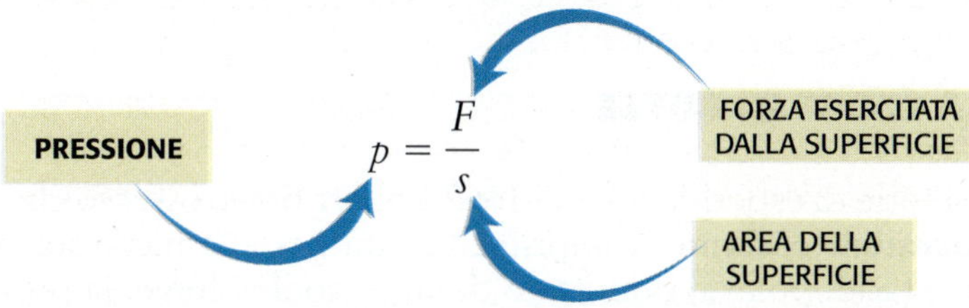

FIGURA 2.5 La pressione mantiene gonfi i palloncini.

È possibile avere un'idea tangibile di come sono collegati i concetti di forza, pressione e area. Prendiamo una siringa senza ago, spingiamo il pistone in fondo, chiudiamo l'uscita con un dito e cerchiamo di estrarre il pistone. Sentiremo una forza che si oppone al moto e richiama il pistone nella posizione iniziale. L'origine della forza non è nella siringa, ma nella pressione esterna. Si nota anche che la forza non aumenta modificando la posizione del pistone; infatti la pressione esterna è costante. Prendendo una siringa avente diametro doppio la forza aumenterà del quadruplo.

La pressione è una grandezza **intensiva**, come la temperatura e la densità. L'unità di misura della pressione nel Sistema Internazionale è il **pascal** (**Pa**), pari a 1 newton (N) per metro quadrato (m^2):

$$1\ \text{Pa} = \frac{1\ \text{N}}{\text{m}^2} = 1\text{kg} \cdot \text{m}^{-1} \cdot \text{s}^{-2}$$

La pressione atmosferica

Nel 1644 un allievo di Galilei, Evangelista Torricelli, costruì un dispositivo per misurare la pressione atmosferica: il primo *barometro a mercurio*. Egli prese un lungo tubo di vetro, chiuso a un'estremità, e lo riempì di mercurio; poi lo capovolse, senza fare entrare aria, e lo immerse in una bacinella contenente anch'essa mercurio. Egli osservò che il livello del mercurio dentro al tubo si abbassava fino a un'altezza di 76 cm ▸figura 2.6.

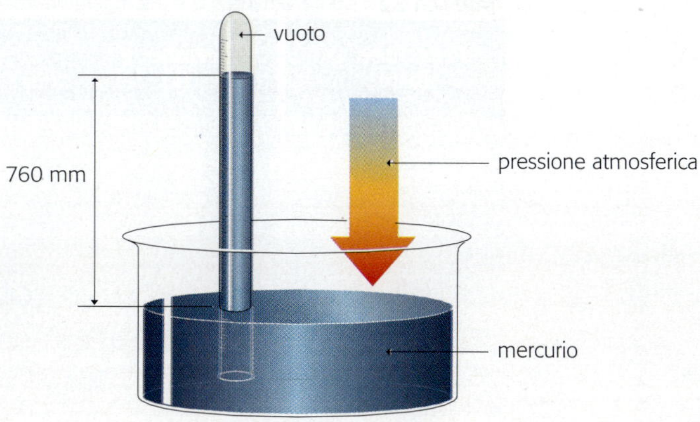

FIGURA 2.6 L'esperimento di Torricelli.

Il livello raggiunto dal mercurio fornisce la misura della pressione atmosferica esercitata sulla superficie del mercurio nella bacinella, espressa in *millimetri di mercurio* (*mmHg*). Questa unità di misura, non più in uso, può essere convertita in pascal secondo la seguente relazione:

$$1 \text{ atm} = 760 \text{ mmHg} = 101\,325 \text{ Pa}$$

Per praticità, al posto del pascal si preferisce usare un suo multiplo, il **bar**:

$$1 \text{ bar} = 10^5 \text{ Pa} \qquad \text{da cui} \qquad 1 \text{ atm} = 1{,}013 \text{ bar}$$

3. LA LEGGE DI BOYLE

Con una serie di esperimenti, nel 1662 Robert Boyle osservò che, in condizioni di **temperatura costante**, comprimendo un gas alla metà del suo volume, la pressione raddoppiava; riducendo di un terzo il volume, la pressione triplicava, e cosi via. Questa osservazione portò alla formulazione della **legge di Boyle**:

La pressione di una determinata quantità di gas, a temperatura costante, è inversamente proporzionale al volume.

Le figure 2.7 e 2.8 e la tabella 2.2 illustrano tale comportamento.

FIGURA 2.7 Comprimendo il gas, il numero complessivo di particelle rimane lo stesso, ma aumenta la loro concentrazione. Per questo aumentano la frequenza degli urti e la pressione.

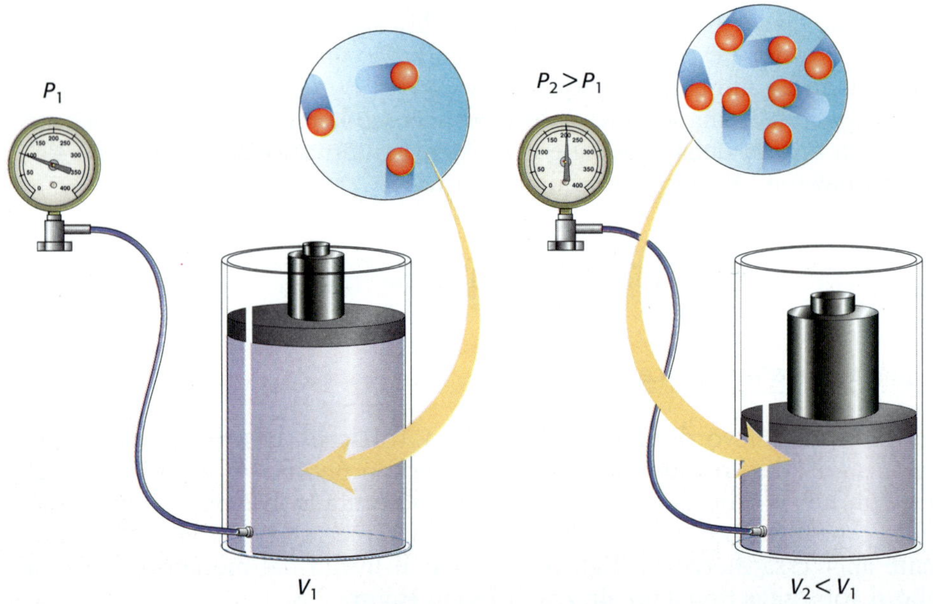

FIGURA 2.8 A temperatura costante, se aumenta la pressione il volume diminuisce in maniera tale che il prodotto $p \cdot V$ rimane costante.

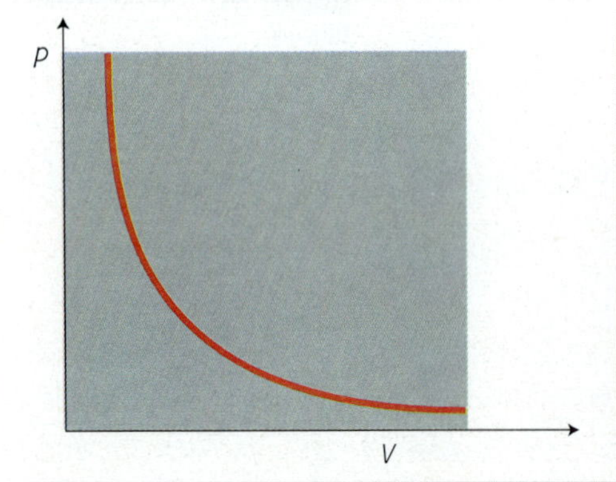

TABELLA 2.2 Come variano *p* e *V* a temperatura costante

Pressione, *p* (atm)	Volume, *V* (L)	$p \cdot V$
1	6	6
2	3	6
3	2	6
4	1,5	6
5	1,2	6
6	1	6

La legge di Boyle può essere così generalizzata:

$$p \cdot V = k$$

Il prodotto della pressione per il volume di una determinata quantità di gas è costante, a temperatura costante.

Proviamo a spiegare la legge di Boyle per mezzo del modello cinetico-molecolare ▸figura 2.7. Immaginiamo di avere all'interno di un contenitore un campione di gas che occupa un volume V_1: le particelle che compongono il gas si muovono urtando le pareti del contenitore, e la frequenza degli urti determina il valore della pressione, p_1.

Se dimezziamo sperimentalmente il volume a disposizione delle particelle (V_2) mantenendo costante la temperatura, la frequenza e l'intensità degli urti sulle pareti del contenitore raddoppieranno e quindi la pressione esercitata dal gas aumenterà in maniera proporzionale, passando da p_1 a p_2 .

La variazione della pressione al variare del volume avviene in modo che il prodotto pV rimanga sempre costante:

$$p_1 \cdot V_1 = k \qquad p_2 \cdot V_2 = k$$

da cui:

$$p_1 \cdot V_1 = p_2 \cdot V_2$$

ESEMPIO **Una bombola di metano contiene 96 L di gas a 220 atm. Calcola il volume occupato dalla stessa quantità di gas alla pressione atmosferica.**

Soluzione

Si applica l'equazione $p_1\, V_1 = p_2\, V_2$ e, con i dati a disposizione, si effettua il calcolo.

Con l'espansione del gas il prodotto $p \cdot V$ rimane costante. Quindi:

$p \cdot V = 96 \cdot 220 = x\ (\text{L}) \cdot 1\ (\text{atm})$;

Ricavando la x:

$x = 96 \cdot 220 = 21\,120\ \text{L} \equiv 21{,}12\ \text{m}^3$

4. LA LEGGE DI GAY-LUSSAC

Vediamo ora come la temperatura influenza la pressione in condizioni di **volume costante**; questa relazione è descritta dalla legge di Gay-Lussac, che risale al 1802 ▸figura 2.9.

Immaginiamo di riscaldare un campione di gas contenuto in un recipiente chiuso (volume costante); dato che l'energia cinetica media delle particelle del gas è direttamente proporzionale alla temperatura, aumentando la temperatura aumenterà anche la velocità delle particelle.

Di conseguenza, gli urti contro le pareti del recipiente diventeranno più frequenti e più violenti ▸figura 2.10, determinando un aumento della pressione esercitata dal gas.

FIGURA 2.9 Joseph-Louis Gay-Lussac (Saint Leonard de Noblat, 6 dicembre 1778 - Parigi, 9 maggio 1850) mentre effettua i suoi esperimenti.

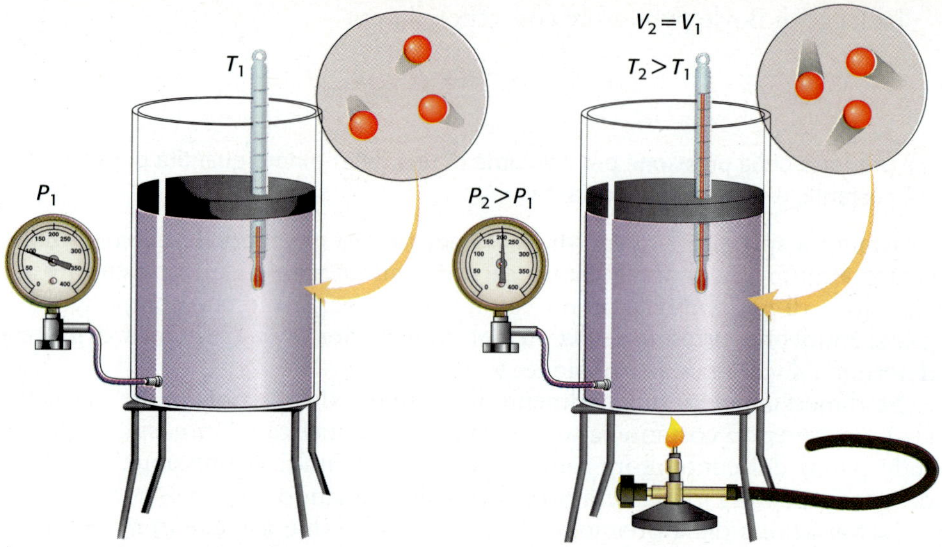

FIGURA 2.10 Legge di Gay-Lussac: raddoppiando la temperatura assoluta la pressione raddoppia. Lo schema permette di interpretare questo fatto con una maggiore velocità delle molecole.

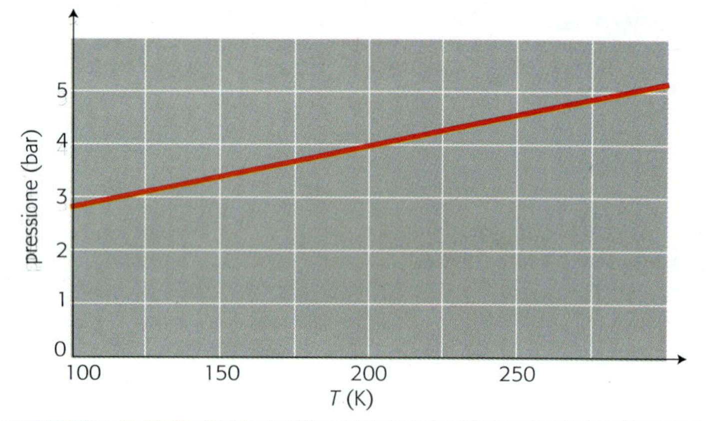

FIGURA 2.11 La pressione di una data quantità di gas è proporzionale alla sua temperatura assoluta.

Quindi, in condizioni di volume costante, la pressione aumenta in modo direttamente proporzionale alla temperatura assoluta ▸figura 2.11:

$$\frac{p}{T} = k$$

Questa relazione ci permette di capire perché è pericoloso scaldare una bomboletta spray contenente gas compresso: l'aumento di pressione conseguente al riscaldamento, infatti, fa esplodere la bomboletta.

Possiamo enunciare la legge di Gay-Lussac nel seguente modo:

La pressione di una determinata quantità di gas, a volume costante, è direttamente proporzionale alla temperatura assoluta.

Quindi, mantenendo costante il volume e la quantità del gas, aumentando la temperatura la pressione passerà da p_1 a p_2; dato che $p/T = k$, allora:

$$\frac{p_1}{T_1} = \frac{p_2}{T_2}$$

Per mezzo di questa equazione è possibile ricavare la pressione o la temperatura (espressa in K) in qualsiasi situazione sperimentale.

La legge di Gay-Lussac ha un altro risvolto importante; egli considerò diversi gas (metano, idrogeno, elio) nelle stesse condizioni sperimentali, e osservò che tutti si comportavano allo stesso modo: aumentando la temperatura di un grado centigrado, la pressione aumentava di 1/273 rispetto alla pressione del gas a 0 °C. Ovvero:

$$p_t = p_{0\,°C} + 1/273 \cdot p_{0\,°C} \cdot t$$

$p_{0\,°C}$ indica la pressione del gas a 0 °C, p_t indica la pressione del gas alla temperatura t. Il valore 1/273 è lo stesso per tutti i gas; questa uniformità di com-

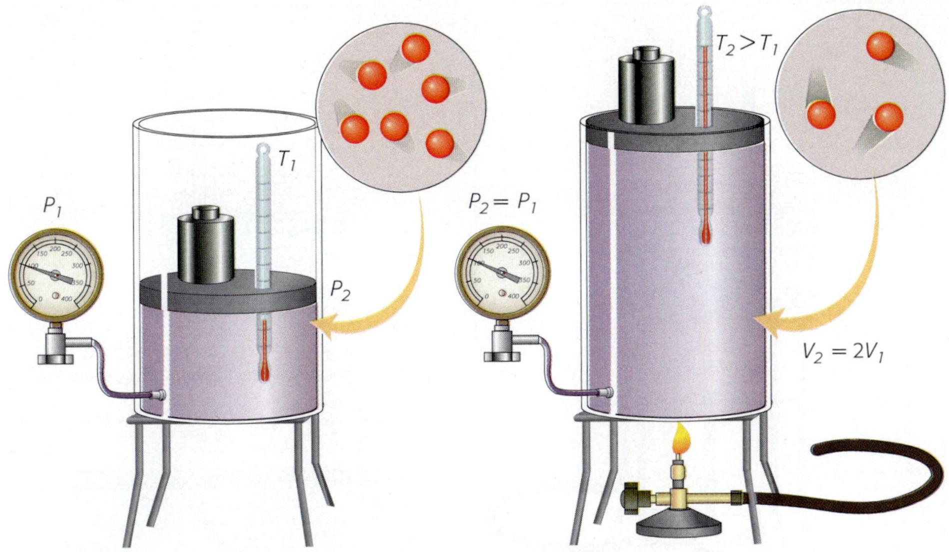

FIGURA 2.12 Legge di Charles: raddoppiando la temperatura, per mantenere costante la pressione, il volume deve raddoppiare. In tal modo l'aumentata forza degli urti delle particelle è compensata dalla diminuzione della loro frequenza.

portamento, a parità di condizioni, significa che la pressione esercitata da un gas non dipende dal tipo di molecole o di particelle che lo compongono, ma esclusivamente dal *numero delle particelle*.

5. LA LEGGE DI CHARLES

Consideriamo una quantità fissa di gas ideale contenuto in un recipiente a pareti elastiche, oppure dotato di uno stantuffo mobile ▸figura 2.12; in queste condizioni, la **pressione del gas è costante** e il volume occupato dal gas è direttamente proporzionale alla sua temperatura assoluta ▸figura 2.13:

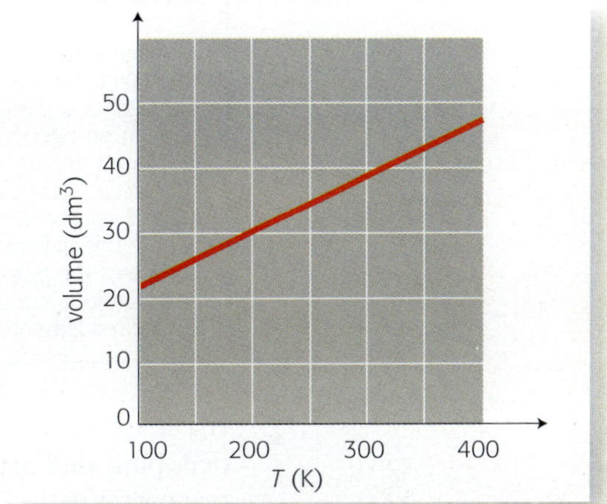

FIGURA 2.13 Il volume occupato da una data quantità di gas è proporzionale alla sua temperatura assoluta.

$$V = T \cdot k$$

Questa relazione venne formulata nel 1787 da Jacques Charles e descrive la dilatazione dei gas:

Il volume di una determinata quantità di gas, a pressione costante, è direttamente proporzionale alla temperatura assoluta.

Secondo il modello cinetico-molecolare, infatti, un aumento della temperatura determina un aumento dell'energia cinetica delle particelle che compongono il gas; muovendosi con maggiore velocità, esse tendono a occupare uno spazio maggiore. Se le pareti del recipiente in cui è contenuto il gas non sono rigide, esso ha la possibilità di dilatarsi mentre la pressione che esercita sulle pareti rimane costante.

Sapendo che $V/T = k$, possiamo mettere in relazione l'aumento di temperatura assoluta (da T_1 a T_2) e l'aumento di volume (da V_1 a V_2):

$$V_1/T_1 = V_2/T_2$$

Lavorando sperimentalmente, Charles misurò le variazioni di volume di una certa quantità di aria mantenuta a volume costante ▸figura 2.14. Nel suo esperimento, Charles variava la temperatura da 0 °C a 100 °C immergendo la stessa quantità di aria, a pressione costante, da un recipiente di acqua e ghiac-

FIGURA 2.14 L'esperimento di Charles mostra come varia il volume di un gas in funzione della sua temperatura.

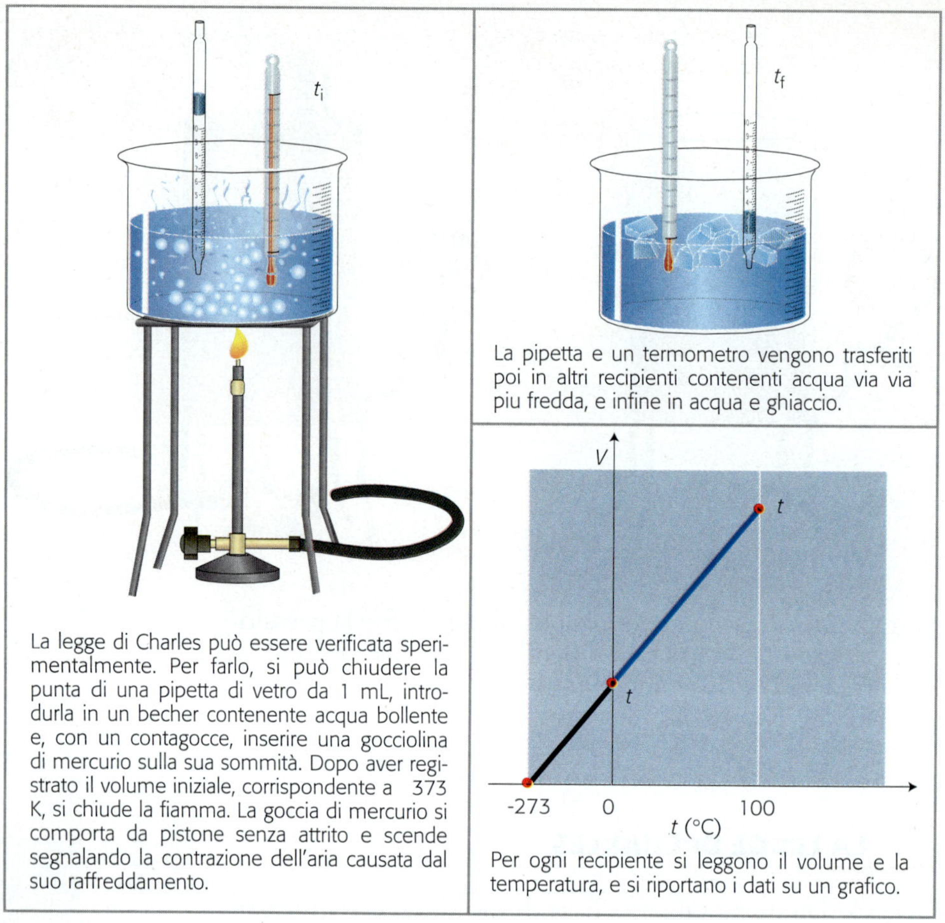

La legge di Charles può essere verificata sperimentalmente. Per farlo, si può chiudere la punta di una pipetta di vetro da 1 mL, introdurla in un becher contenente acqua bollente e, con un contagocce, inserire una gocciolina di mercurio sulla sua sommità. Dopo aver registrato il volume iniziale, corrispondente a 373 K, si chiude la fiamma. La goccia di mercurio si comporta da pistone senza attrito e scende segnalando la contrazione dell'aria causata dal suo raffreddamento.

La pipetta e un termometro vengono trasferiti poi in altri recipienti contenenti acqua via via piu fredda, e infine in acqua e ghiaccio.

Per ogni recipiente si leggono il volume e la temperatura, e si riportano i dati su un grafico.

cio a un recipiente di acqua bollente. Qualunque fosse il volume iniziale occupato dall'aria, il rapporto tra il volume a 100 °C e quello a 0 °C era sempre costante.

Poi Charles cambiò la quantità di aria e rifece la misurazione, e infine ripetè l'esperimento con altri gas; il risultato era sempre lo stesso. Calcolando la variazione di volume del gas a un aumento di temperatura di 1 °C, egli verificò che questo valore era uguale a 1/273 del volume che il gas occupava a 0 °C. Come nel caso di Gay-Lussac, il valore di 1/273 è lo stesso per tutti i gas.

$$V_t = V_{0\,°C} + 1/273 \cdot V_{0\,°C} \cdot t$$

In altre parole, a ogni un aumento di temperatura di 1°C il volume aumenta 0,00366 volte.

Riportando su un grafico i valori del volume in funzione della temperatura si ottiene una retta. Cosa accade continuando a raffreddare il campione sotto lo 0 °C? Prolungando la retta verso sinistra, si vede che il volume si annulla quando la temperatura raggiunge il valore di −273 °C; questo valore è denominato **zero assoluto** (0 K) e rappresenta il punto dove il volume si annulla.

In pratica, però, questo risultato è impossibile, perché il volume è uguale a zero solo quando non c'è più materia. Inoltre, non è possibile raffreddare un gas fino a 0 K perché, abbassando la temperatura, il gas dapprima diventa liquido (l'aria, per esempio, condensa a 80 K) e poi solido. A questo punto, il volume occupato dalle singole particelle, per quanto piccole esse siano, impedisce loro di avvicinarsi ulteriormente l'una all'altra. Lo zero assoluto, quindi, non è un valore raggiungibile sperimentalmente, ma rappresenta il limite inferiore della temperatura.

ESEMPIO **Un litro di gas si trova all'interno di una sfera rigida di acciaio alla pressione di 0,5 atm e alla temperatura di 50 °C. Stabilisci cosa accadrà riscaldando il gas a 100 °C.**

Soluzione

Poiché il volume e il numero di molecole sono costanti, le uniche variabili sono la pressione e la temperatura. Si applica l'equazione $\frac{P_1}{T_1} = \frac{P_2}{T_2}$. La legge prevede che la pressione aumenterà in proporzione alla temperatura assoluta, che passa da 50 + 273 = 323 K a 373 K.

Quindi si introducono i dati:

323 : 373 = 0,5 : *x*

da cui si ricava la pressione finale:

$$x = \frac{373 \cdot 0{,}5}{323} = 0{,}58 \text{ atm}$$

ESEMPIO **Una pipetta da 1 mL chiusa sul fondo e con una goccia di mercurio che intrappola 1 mL esatto di aria è immersa in acqua bollente. La pipetta viene poi trasferita in un cilindro con ghiaccio fondente. Quale sarà il volume dell'aria nella pipetta?**

Soluzione

La temperatura passerà da 373 K a 273 K, mentre la pressione e la quantità d'aria rimarranno costanti. Le variabili in gioco sono perciò *T* e *V*. Va usata la legge di Charles, nella formula $\frac{V_1}{T_1} = \frac{V_2}{T_2}$, secondo la quale il volume si ridurrà in proporzione alla temperatura:

373 K : 273 K = 1,0 mL : V_2 mL

Si ricava poi il volume finale

$$V_2 = \frac{273 \cdot 1{,}0}{373} = 0{,}73 \text{ mL}$$

6. LE REAZIONI TRA I GAS E IL PRINCIPIO DI AVOGADRO

Le reazioni chimiche fra sostanze gassose ▸figura 2.15 hanno condotto, nel diciannovesimo secolo, alla comprensione della natura molecolare della materia.

Avogadro avanzò l'ipotesi che tutti i gas contenessero, in un dato volume, lo stesso numero di particelle a parità di pressione e di temperatura. A quel tempo (1811) si riteneva che le particelle componenti i gas idrogeno e cloro fossero singoli atomi. Pertanto, nella reazione tra un *volume di idrogeno* e *un volume di cloro* si sarebbe dovuto ottenere un *solo volume* del composto HCl ▸figura 2.16.

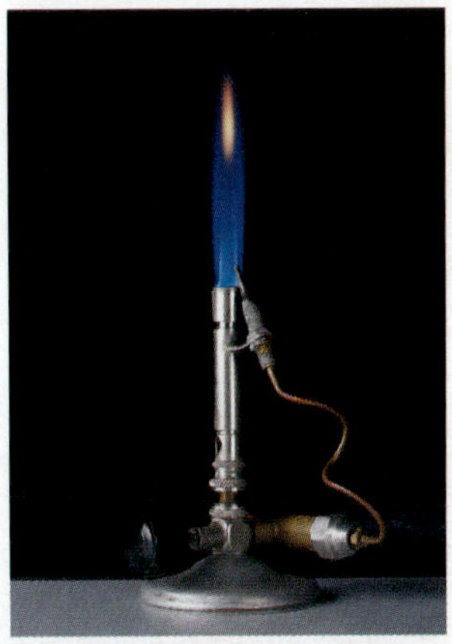

FIGURA 2.15 La combustione del metano è una reazione tra due gas (metano e ossigeno).

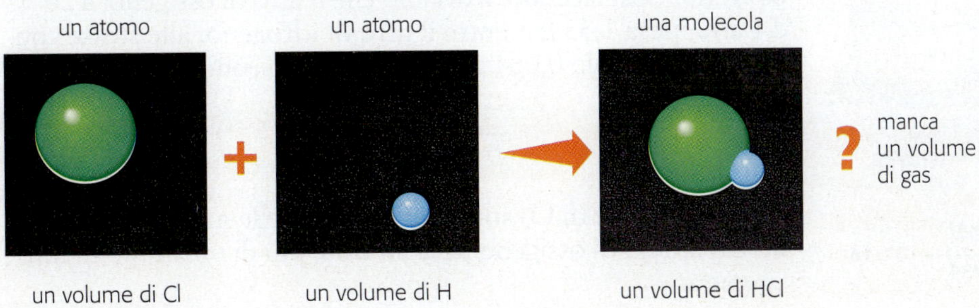

FIGURA 2.16 Interpretazione errata della reazione fra cloro e idrogeno.

FIGURA 2.17 Interpretazione corretta della reazione fra cloro e idrogeno.

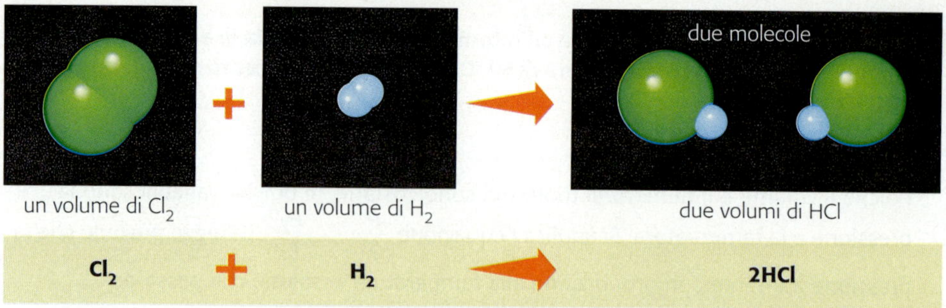

Invece i fatti mostrano che dalla reazione risultano 2 *volumi* di cloruro di idrogeno, HCl. Poiché l'atomo era considerato indivisibile, Avogadro ipotizzò che gli elementi fossero già presenti con atomi «doppi» e che gli atomi si liberassero solo al momento di combinarsi, gli uni con gli altri ▸figura 2.17.

$$Cl_2 + H_2 \rightarrow 2\ HCl$$

La spiegazione di Avogadro basata sulle molecole biatomiche è, come sappiamo, corretta. Per questo indichiamo con Cl_2, H_2, O_2, N_2, F_2 le molecole degli elementi gassosi. Comunque precisiamo, fin d'ora, che questa regola non è assoluta. Sei elementi (detti gas nobili: He, Ne, Ar, Kr, Xe, Rn) si presentano con atomi singoli; l'ozono, una forma molto reattiva dell'ossigeno, possiede molecole triatomiche (O_3).

L'ipotesi di Avogadro è di grande utilità pratica: infatti essa ci suggerisce come *pesare le molecole*. Se volumi uguali di due gas, alla stessa pressione e temperatura, pesano diversamente, allora vuol dire che il gas con massa maggiore è costituito da molecole più pesanti. Inoltre il rapporto fra i pesi dei due volumi di gas è esattamente uguale al rapporto fra le masse delle due diverse molecole costituenti.

7. QUANTO PESANO UN ATOMO O UNA MOLECOLA?

L'intuizione decisiva sulla natura delle molecole è dunque di Avogadro. Il suo principio stabilisce che:

Volumi uguali di gas diversi, alla medesima temperatura e pressione, contengono lo stesso numero di molecole.

FIGURA 2.18 Confrontiamo il peso di 1 L di ossigeno e di 1 L di idrogeno.

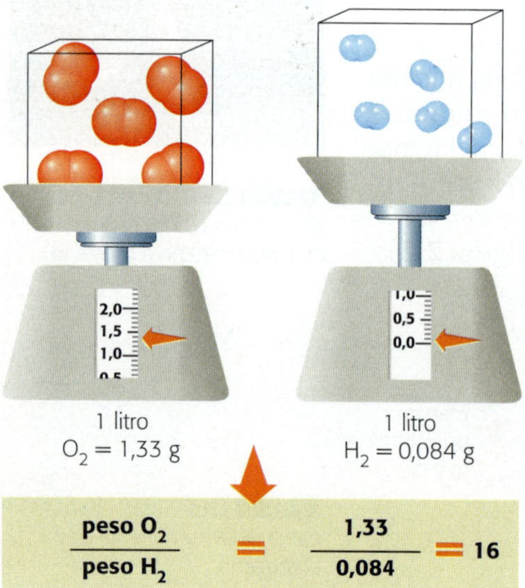

Ma le vedute di Avogadro restarono nell'ombra per mezzo secolo. Solo nel 1860, al congresso di Karlsruhe, un altro italiano, Stanislao Cannizzaro, propose di utilizzare l'idea di Avogadro per calcolare le masse relative delle molecole, a partire dalla densità dei gas.

Sappiamo che in un litro di gas idrogeno (H_2) e in un litro di gas ossigeno (O_2) c'è lo stesso numero di molecole ▸figura 2.18; mettiamo ora sulla bilancia un litro di idrogeno e un litro di ossigeno. Così facendo, troviamo che il litro di ossigeno, a 20 °C e 1 atm, pesa 1,33 g mentre il litro di idrogeno, alle stesse condizioni, pesa solo 0,084 g. Cosa possiamo concludere?

$$\frac{1{,}33}{0{,}084} = 16 \text{ volte}$$

1. Le molecole di O_2 sono più pesanti delle molecole di H_2.
2. Un atomo di ossigeno pesa 16 volte più di un atomo di idrogeno.

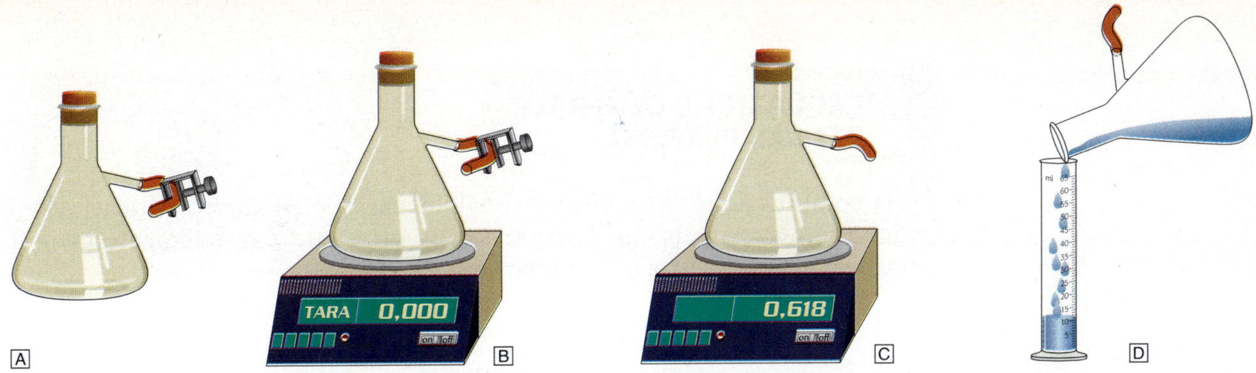

Questo è un risultato notevole! Anche se non abbiamo la minima idea della massa assoluta dell'atomo di ossigeno, sappiamo che questa è 16 volte quella dell'atomo di idrogeno.

La massa di un litro di gas fornisce la **densità** di quel gas. È questa la strada seguita dagli scienziati del diciannovesimo secolo, per calcolare i pesi atomici degli elementi allora noti.

Determinare la densità dei gas per via sperimentale è molto semplice. La figura 2.19 mostra come ricavare la densità dell'aria.

FIGURA 2.19 Determinazione della densità dei gas per via sperimentale.
A La beuta è vuota perché l'aria è stata allontanata dalla pompa da vuoto.
B Si pone la beuta vuota sulla bilancia e si azzera.
C Si apre la pinza e si lascia entrare l'aria. La massa si legge sullo schermo della bilancia.
D Si determina il volume della beuta.

Come si vede nel disegno, la densità si calcola dividendo la massa per il volume (500 mL = 0,5 L):

$$d = \frac{m}{V} = \frac{0{,}61}{0{,}5} = 1{,}20 \text{ g/L}$$

Dalla densità dell'aria (1,20 g/L, a 20 °C), è possibile risalire al suo *peso molecolare medio*, riferito all'atomo d'idrogeno. Si divide la densità dell'aria per la densità dell'idrogeno (0,084 a 20 °C) e si moltiplica per due (perché ogni molecola di H_2 è formata da 2 atomi).

$$\text{peso molecolare medio aria} = \frac{1{,}20 \text{ g/L}}{0{,}084 \text{ g/L}} \cdot 2 \cong 29 \text{ u}$$

Il peso atomico dell'atomo di idrogeno è 1,008 u.

Questo valore è intermedio tra quello di O_2 (32 u) e quello di N_2 (28 u), i principali componenti dell'aria.

Il principio di Avogadro può essere formulato matematicamente:

A pressione e temperatura costanti il volume di un gas è direttamente proporzionale al suo numero di moli (cioè di molecole):

$$V = k \cdot n$$

in cui la costante k, a temperatura e pressione date, è la stessa per ogni gas.

ESEMPIO **1 L di idrogeno reagisce con 0,5 L di ossigeno a 150 °C formando vapor d'acqua. Calcola il volume di vapore d'acqua formato, ipotizzando che le molecole di H_2O si ottengano in base allo schema seguente (in rosso l'atomo di O e in azzurro l'atomo di H).**

Soluzione

Dallo schema si nota che ogni molecola di O_2 si combina con due molecole di H_2 e forma due molecole di H_2O. Per il principio di Avogadro, ciò che vale per le molecole deve essere vero anche per i volumi. In tal caso, 0,5 L O_2 si combineranno con un volume doppio di H_2 e formeranno un doppio volume di vapore acqueo, cioè 1 L.

8. L'EQUAZIONE GENERALE DEI GAS PERFETTI

Dalla combinazione delle leggi di Boyle, Charles e Avogadro si ricava che il volume è inversamente proporzionale alla pressione e direttamente proporzionale alla temperatura e al numero di moli del gas.

$$\frac{p \cdot V}{T \cdot n} = k$$

Inoltre, per il principio di Avogadro, la costante di proporzionalità deve essere identica per tutti i gas. Quanto affermato viene riassunto nella forma più nota dell'**equazione generale dei gas perfetti** o **ideali**:

$$p \cdot V = n \cdot R \cdot T$$

La costante di proporzionalità R, chiamata *costante universale dei gas*, vale 8,31 J/(K · mol) nel Sistema Internazionale, in cui la pressione si esprime in pascal e il volume in metri cubi. Nelle applicazioni pratiche e negli esercizi capita di dover esprimere la pressione in atmosfere e il volume in litri. In tal caso la costante R è 0,082 L · atm/(mol · K).

L'equazione dei gas ideali può essere usata per calcolare una delle quattro variabili (P, V, T, n), note le altre tre, e fornisce una buona approssimazione anche per i gas reali. Inoltre, l'equazione $P \cdot V = n \cdot R \cdot T$ comprende tutte le leggi dei gas ideali che abbiamo studiato e costituisce il modo più agevole per memorizzarle. Per esempio, se si vuole sapere come varia la pressione di un gas in un recipiente rigido, al variare della temperatura, si pongono V = costante e n = costante per avere: p · costante = costante · costante · T. Raggruppando tutte le costanti si ha la legge di Gay-Lussac: $p = k \cdot T$ ▸figura 2.20.

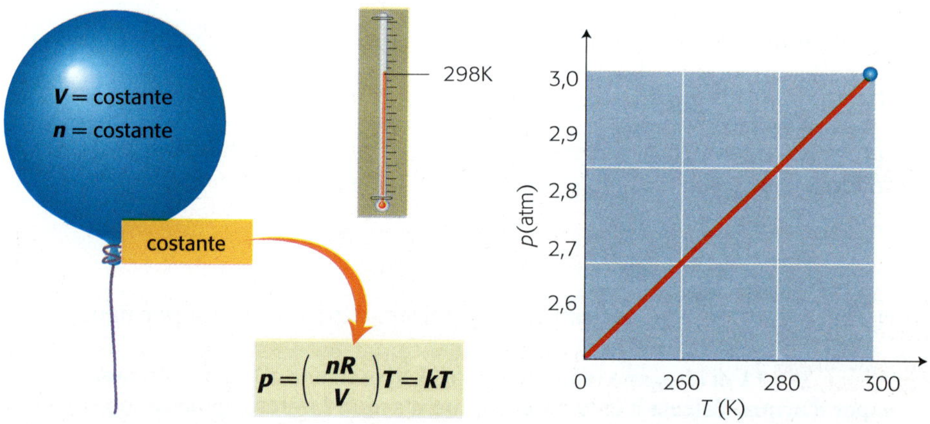

FIGURA 2.20 Secondo l'equazione generale dei gas, a volume e numero di moli costanti, la pressione è proporzionale alla temperatura.

Legge delle pressioni parziali di Dalton

Sinora abbiamo avuto a che fare con un tipo di gas per volta. Nel caso di miscele di gas ideali le cose cambiano: a queste miscele si applica ugualmente l'equazione generale dei gas ideali, ma è necessario che i gas della miscela siano indipendenti tra loro. A questo proposito, la legge di Dalton asserisce che in una miscela i componenti gassosi si comportino in modo indipendente l'uno dall'altro:

La pressione totale esercitata da due o più gas in un contenitore è uguale alla somma delle pressioni parziali dei gas componenti.

In effetti, i gas componenti si comportano come se ciascun gas avesse a disposizione tutto il volume del contenitore. La pressione esercitata da ciascun gas, all'interno del contenitore e in assenza degli altri gas, è chiamata **pressione parziale**. Espressa in formula, la pressione totale è:

$$p_{\text{totale}} = p_1 + p_2 + p_3 + \ldots$$

ESEMPIO **Abbiamo un contenitore di 20,0 L a 298 K che contiene 4,00 mol di ossigeno e 3,00 mol di elio. Qual è la pressione totale esercitata dai gas nel contenitore?**

Soluzione

Per risolvere il problema si calcolano le pressioni parziali, esercitate separatamente dai due gas:

$p_1 = (nRT)/V$ e $p_2 = (nRT)/V$

$p_{\text{ossigeno}} = [(4{,}00 \text{ mol})(0{,}08206 \text{ atm L/mol} \cdot \text{K})(298 \text{ K})]/20{,}0 \text{ L} = 4{,}89 \text{ atm}$

$p_{\text{elio}} = 5\ [(3{,}00 \text{ mol})(0{,}08206 \text{ atm} \cdot \text{L/mol} \cdot \text{K})(298 \text{ K})]/20{,}0 \text{ L} = 3{,}67 \text{ atm}$

La pressione totale esercitata dai gas è:

$p_{\text{totale}} = 4{,}89 \text{ atm} + 3{,}67 \text{ atm} = 8{,}56 \text{ atm}$

9. I GAS E IL VOLUME MOLARE

A differenza dei solidi e dei liquidi, i gas obbediscono al principio di Avogadro, secondo il quale, a una certa pressione e a una certa temperatura il volume occupato da un gas dipende solo dal numero di molecole, e non dal tipo di molecole. Possiamo chiederci pertanto qual è il volume occupato da una mole di gas qualsiasi a temperatura e pressione note.

A 0 °C e 101,325 Pa (1 atm), una mole di gas occupa un volume di circa 22,4 L.

La condizione 0 °C e 1 atm è detta *stato standard* (STP) ▸figura 2.21.

In conclusione, le moli dei gas possono essere determinate sia per pesata (un metodo poco usato), come si fa per tutte le altre sostanze, sia dalla misura del volume, a temperatura e pressione date. Dall'equazione generale dei gas ideali risulta semplice calcolare il **volume di una mole**, V_M, di qualsiasi gas:

$$V_M \text{ (in litri)} = 0{,}082 \cdot \frac{T}{p}$$

dove T è la temperatura assoluta e p è la pressione in atmosfere.

FIGURA 2.21 A condizioni standard, una mole di qualsiasi gas occupa sempre 22,4 L.

TABELLA 2.3 I valori molari a 0 °C e 1 atm di alcuni gas reali.

Gas	Volumi molari (dm^3)
He	22,40
N_2	22,40
CO_2	22,26
Cl_2	22,04

Il comportamento dei gas reali si discosta leggermente da quello ideale, che trascura le interazioni fra le molecole e il loro volume. Pertanto il volume molare di un gas reale può differire di qualche unità percentuale dal valore di 22,4 L ▸tabella 2.3.

ESEMPIO **Da 10 mL di disinfettante, contenente acqua ossigenata, si sono sviluppati 110 mL di ossigeno a 20 °C e 0,993 atm. Determina le moli di ossigeno prodotte e la massa di tale gas.**

Soluzione

a) Si calcola il volume di una mole di ossigeno con l'equazione:

$$V_M = 0{,}082 \cdot \frac{T}{P}$$

Sostituendo:
p = 0,993 atm, T = 298 K (= 273 + 20)

$$V_M = 0{,}082 \cdot \frac{293}{0{,}993} = 24{,}2 \text{ L} = 24{,}200 \text{ mL}$$

b) Si calcolano le moli di O_2 dividendo il volume complessivo 110 mL per il volume di una mole (24,200 mL):

quantità di O_2 = 110/24,200 = 0,00454 mol

c) Si calcola la massa dell'ossigeno moltiplicando la massa molare (32,0 g/mol) per il numero di moli:

32,0 · 0,00454 = 0,145 g

1. I GAS IDEALI E LA TEORIA CINETICO-MOLECOLARE

1. Quali sono le caratteristiche di un gas ideale?

2. All'aumentare della temperatura di un gas l'energia cinetica delle sue particelle:
   A diminuisce
   B aumenta
   C resta uguale

3. Con l'aumentare della temperatura di un gas la velocità delle sue particelle:
   A diminuisce
   B aumenta
   C resta uguale

4. I gas reali non si comportano esattamente come previsto dalla legge generale dei gas ideali. Ciò è dovuto in parte al fatto che le loro particelle:
   A occupano un certo volume
   B si urtano costantemente
   C non si attraggono l'un l'altra
   D hanno velocità differenti

5. Una delle assunzioni fondamentali di un gas ideale è che:
   A le molecole dei gas si attraggono l'un l'altra
   B le molecole si espandono quando vengono poste sotto pressione
   C le molecole del gas occupano un volume trascurabile
   D le molecole non esercitano alcuna pressione

2. LA PRESSIONE DEI GAS

6. Il dispositivo usato per misurare la pressione di un gas si chiama:
   A termometro
   B manometro
   C calorimetro
   D spettrometro

7. Se Torricelli avesse usato l'acqua invece del mercurio, quanto sarebbe stata alta la colonna?

3. 4. 5. LE LEGGI DI BOYLE, DI GAY-LUSSAC E DI CHARLES

8. Perché gli aerei che volano ad alta quota sono pressurizzati?

9. Un campione gassoso a 1 atm occupa un volume di 15 litri. Qual è il volume, se la stessa quantità di gas viene compressa a 15 atm a temperatura costante?

10. Quando la pressione di un gas diminuisce a temperatura costante il suo volume:
   A diminuisce
   B aumenta
   C resta uguale

11. Se il volume di un gas viene diminuito lasciando la temperatura costante, la pressione aumenta. Questo perché:
   A le particelle urtano con più forza le pareti del recipiente
   B le particelle urtano le pareti con minore frequenza
   C c'è un maggior numero di particelle che urta il contenitore
   D la velocità delle particelle è maggiore

12. Un gas viene compresso a temperatura costante fino ad occupare metà del suo volume iniziale. Stabilisci che variazione subisce la pressione.

13. Un gas chiuso in un recipiente rigido viene riscaldato da 300 K a 600 K. Spiega come varia la pressione.

14. Due litri di elio a 0 °C sono riscaldati in un cilindro con pistone, mantenendo costante la pressione, fino a 273 °C. Spiega come varia il volume.

15. Un campione di 1 L di elio a 20 °C ha la stessa pressione di 1 L di elio a 200 °C. Qual è la spiegazione?
   A perché la quantità di elio è inferiore e ci sono meno molecole nel secondo recipiente
   B perché nel primo recipiente vi è una quantità di elio e un numero di molecole minore del secondo

C perché la temperatura del secondo recipiente è più alta

D questa situazione è impossibile perché, se il volume e la pressione dei due campioni sono uguali, anche la temperatura deve essere uguale

16. In due recipienti uguali, alla stessa pressione e temperatura, si introducono idrogeno in uno e ossigeno nell'altro. Stabilisci quale dei due recipienti peserà di più.

17. Quando la temperatura di un gas aumenta da 40 °C a 80 °C a pressione costante, il suo volume:

A resta costante

B raddoppia

C diminuisce

D aumenta del 13% circa

18. Perché aumenta la pressione, se si comprime un gas?

19. Se si comprime un gas ideale a temperatura costante, la sua energia cinetica media e la sua pressione:

A crescerà; crescerà;

B non varierà; crescerà;

C diminuirà; crescerà;

D non varierà; non varierà

Puoi spiegare la tua risposta ?

6. LE REAZIONI FRA GAS E IL PRINCIPIO DI AVOGADRO

20. In un recipiente contenente molecole di idrogeno e di cloro in ugual numero avviene la reazione di formazione di HCl. Quando la temperatura ritornerà al valore iniziale, di quanto sarà variata la pressione?

21. L'ossido di azoto NO reagisce con l'O_2 secondo la reazione:

$2\,NO + O_2 \rightarrow 2\,NO$

Calcola i volumi di ossigeno richiesti per la reazione di 6 volumi di NO.

7. QUANTO PESANO UN ATOMO O UNA MOLECOLA?

22. Un grammo di idrogeno e un grammo di ossigeno sono posti in due recipienti uguali, a 20 °C. Stabilisci quale dei due gas eserciterà una pressione maggiore.

23. Si effettua un esperimento come indicato nella ▸figura 2.20, usando ossido di carbonio (CO) per riempire la beuta.
In base ai seguenti dati: massa di gas: 0,639 g; volume beuta: 543 mL; temperatura = 20 °C; pressione = 1 atm; calcola il peso molecolare del gas riferito all'atomo di idrogeno. Calcola inoltre il peso atomico del carbonio (sapendo che quello dell'ossigeno è 16 u).

24. I due gas azoto (N_2) e ossido di carbonio (CO) hanno la medesima densità: 1,250 g/L, nelle stesse condizioni di temperatura e pressione. Si tratta di una coincidenza?

25. Sapendo che la densità di H_2, a 0 °C e 1 atm, vale 0,0899 g/L, trova le masse molecolari relative a H per i seguenti gas:

A ossido di carbonio
(d = 1,250 g/L, a 0 °C e 1 atm)

B trifluoruro di boro
(d = 2,99 g/L, a 0 °C e 1 atm)

C ammoniaca
(d = 0,7710 g/L, a 0 °C e 1 atm)

26. La densità del gas bromuro di idrogeno (HBr) è 3,5 g/L, a 0 °C e 1 atm. Usando la densità dell'idrogeno dell'esercizio precedente, trova il peso atomico relativo del bromo. Confronta il risultato con il peso atomico della tavola periodica.

27. Non sempre l'elemento ossigeno forma molecole biatomiche. Sotto l'azione dei raggi UV, nella parte alta dell'atmosfera, si può formare un gas chiamato *ozono*. Questo gas è più reattivo dell'ossigeno biatomico, irritante se presente nell'aria respirata, ma indispensabile negli strati più alti, dove blocca i pericolosi raggi ultravioletti di alta energia. La densità dell'ozono è, a 0 °C e 1 atm, 2,144 g/L. Stabilisci quanti atomi di ossigeno sono contenuti in ogni molecola di ozono.

28. Il peso molecolare medio dell'aria è 29. Spiega perché il vapore acqueo sale verso l'alto.

29. L'atomo di elio ha una massa 4 volte maggiore di quella dell'idrogeno.
Spiega perché la densità dell'elio gassoso è solo doppia di quella dell'idrogeno.

30. La densità dell'aria è circa 1,2 g/L e il suo peso molecolare medio è circa 29, a temperatura ambiente. Dei palloncini contenenti He, Ne, Ar, Kr, Xe vengono liberati. Stabilisci quali potranno sollevarsi in aria, e quali rimarranno a terra (trova i pesi atomici dei gas nobili sulla tavola periodica).

31. Vero o falso?

A Tutti i gas si possono trasformare in liquidi. V F

B Un gas ad alta pressione e bassa temperatura ha un comportamento più vicino all'ideale dello stesso gas a bassa pressione e alta temperatura. V F

C La pressione esercitata da un gas dipende dall'energia cinetica media delle sue molecole. V F

D La pressione esercitata da un gas dipende dal numero di urti delle molecole sulle pareti nell'unità di tempo. V F

E In una miscela gassosa le diverse molecole si muovono alla stessa velocità. V F

F L'aria umida è più densa di quella secca. V F

G Un pallone riempito di solo azoto, se abbastanza grande, potrebbe innalzarsi in aria. V F

H La densità di un gas aumenta all'aumentare della temperatura. V F

32. Da quale fattore *non* dipende la densità di un campione di gas?

A pressione a V = costante

B numero totale di molecole

C temperatura a p = costante

D massa delle molecole

33. Alcuni palloncini sono pieni di aria, elio, idrogeno, metano, argon, neon. Quali volano via?
Spiegare le ragioni della risposta.

34. Un litro di gas a 0 °C e 1 atm ha una massa di 1,98 g. Il peso molecolare relativo del gas è:

A 1,98

B 22,52

C 32,42

D 44,32

35. Un gas sconosciuto in un recipiente da 1 litro a 25 °C e 1 atmosfera pesa 1,27 g. Calcola il peso molecolare del gas.

8. L'EQUAZIONE GENERALE DEI GAS PERFETTI

36. Introduciamo vapori di benzina in un cilindro avente il volume di 5 mL a 50 °C e alla pressione di 749 mmHg. Il vapore viene poi compresso a 0,9 mL con una pressione di 9 atm. Calcola la temperatura finale del vapore.

37. Calcola il numero di moli di gas contenute in un recipiente del volume di 35 L, a 151 °C e 2 atm.

COSTRUISCI LA COMPETENZA

OBIETTIVO interpretare le proprietà fisiche dei gas mediante il modello cinetico-molecolare

RISOLVI I SEGUENTI QUESITI

1. Come si spiegano le differenze fra lo stato gassoso e gli stati liquido e solido?

2. Secondo la teoria cinetico-molecolare dei gas, se una mole di argon (Ar, PM = 40 u), contenuta in un cilindro a volume costante, viene sostituita con una mole di un altro gas, l'elio (He, PM = 4), alla stessa temperatura:

A la pressione aumenta di poco

B la pressione diminuisce di poco

C la pressione diminuisce di molto

D la pressione rimane la stessa

Spiega la tua risposta.

3. Si può dire la stessa cosa dell'esercizio precedente per quanto riguarda i solidi e i liquidi? Motiva la tua risposta.

4. Trova la massa dei seguenti solidi e liquidi e calcola la pressione esercitata su 1 cm^2 (a livello del mare) da 1 mol di $Au_{(s)}$, 1 mol di $Mg_{(s)}$, 1 mol di $Hg_{(l)}$.

VERIFICHE

OBIETTIVO descrivere l'effetto della temperatura e del numero di particelle sulla pressione e sul volume di un gas

RISOLVI I SEGUENTI QUESITI

5. La densità di una fissata quantità di gas sarà minore a pressione e temperatura:

A alta, alta
B alta, bassa
C bassa, bassa
D bassa, alta

Spiega la tua risposta.

6. Un cilindro con pistone ha un volume di 250 mL e contiene un gas alla pressione di 1 atm e alla temperatura di 25 °C. Si estrae il pistone sino a portare il volume a 750 mL e senza cambiare la temperatura. Calcola la nuova pressione.

A 1,3 atm
B 0,33 atm
C 0,66 atm
D 1,5 atm

Puoi spiegare le ragioni della tua risposta?

7. Perché aumenta la pressione, se si riscalda un gas contenuto in un recipiente a pareti rigide?

8. Un cilindro a pareti rigide contiene un gas alla pressione di 1 atm. e alla temperatura di 30°C. Se la temperatura passa a 80°C, quale sarà la nuova pressione?

A 1,56 atm
B 1,17 atm
C 1,33 atm
D 1,85 atm

Puoi spiegare la tua risposta?

9. Una bombola d'aria compressa (tara = 40 kg), contiene aria compressa a 200 atmosfere e pesa 50 kg. La stessa bombola viene lentamente vuotata fino ad una pressione di 100 atm. Stabilisci il peso complessivo raggiunto.

10. Un pallone è riempito con idrogeno a 20 °C e 1 atmosfera fino ad un volume di 1,2 litri. Calcola il volume del pallone a:

A 100 °C e 1 atm
B 20 °C e 0,5 atm
C nello spazio, a −200 °C e a 10 mmHg

11. Usando la legge di Charles, calcola il volume finale di un campione gassoso di 200 mL riscaldato a pressione costante da 20 a 300 °C.

12. Un campione di gas si trova alla temperatura di 150 °C e occupa il volume di un litro. Trova a quale temperatura il volume sarà di 0,5 litri.

13. 100 mL di elio alla pressione di 3 atmosfere sono riscaldati da 20 a 100 °C. Calcola la nuova pressione.

14. Una stanza misura $6 \times 3 \times 4$ m^3. L'aria viene riscaldata da 18 a 27 °C, mantenendo costante la pressione. Calcola il volume d'aria che esce dalla stanza.

15. Costruisci un grafico per mostrare quale tra i seguenti campioni gassosi A, B, C, e D non segue la legge di Charles.

A		B		C		D	
T (K)	*V* (L)	*T* (K)	*V* (L)	*T* (K)	*V* (L)	*T* (K)	*V* (L)
40	139	100	198	30	51	85	53
50	176	132	263	40	64	101	63
100	349	155	311	50	75	148	93
133	466	167	333	60	84	255	160
187	654	188	376	70	84	310	195
250	874	204	409	80	81	449	283

OBIETTIVI correlare la densità dei gas al volume molare e alla massa molare

usare l'equazione generale per il calcolo del volume molare e delle altre variabili dei gas

RISOLVI I SEGUENTI QUESITI

16. Come si può determinare la massa relativa delle molecole di un gas?

17. Un gas nobile sconosciuto (He, Ne, Ar, Xe, Rn) ha una densità di 1,6 g/L; alla stessa temperatura di 20 °C, l'idrogeno H_2 ha una densità di 0,084 g/L. Determina il peso atomico del gas nobile e scrivi il suo nome, dopo aver consultato la tavola periodica per l'identificazione.

18. Un gas tossico è un composto dello zolfo. La densità del gas è 2,69 g/L. Sapendo che la densità dell'idrogeno è 0,084 g/L a 20 °C, identifica il composto dello zolfo: H_2S oppure SO_2?

Pensa come uno scienziato

1 Un recipiente di 50 L contiene due gas: 2 g di idrogeno e 4 g di elio. A livello microscopico, qual è la corretta rappresentazione della miscela?

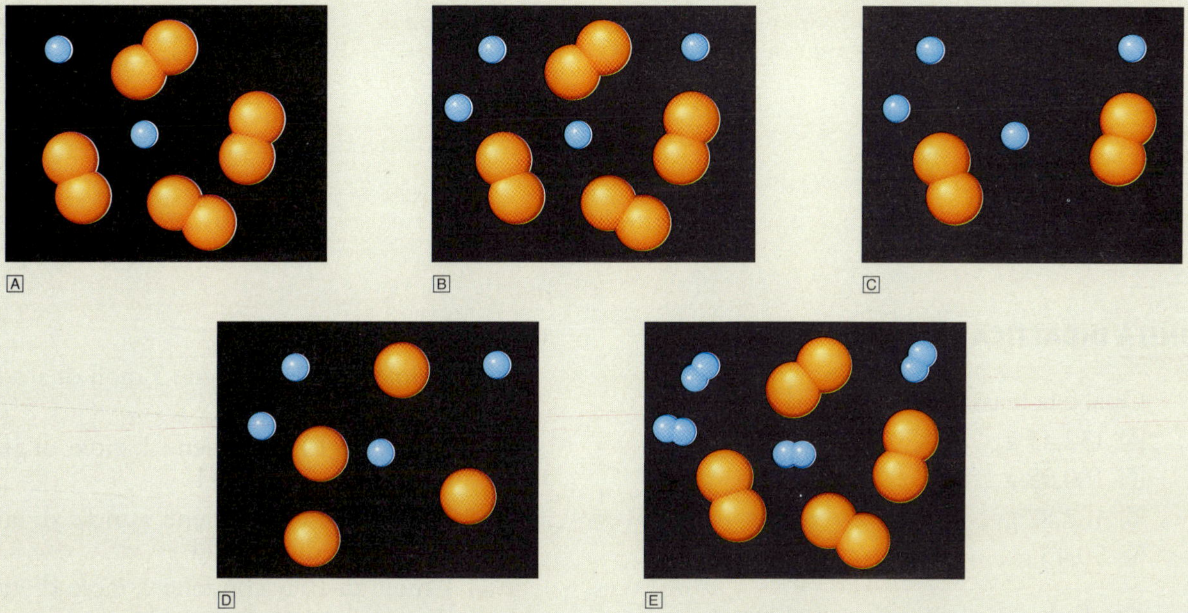

2 La figura seguente schematizza la sintesi dell'ammoniaca ($NH_{3(g)}$) da azoto e idrogeno molecolari. Disegna le molecole mancanti nel contenitore.

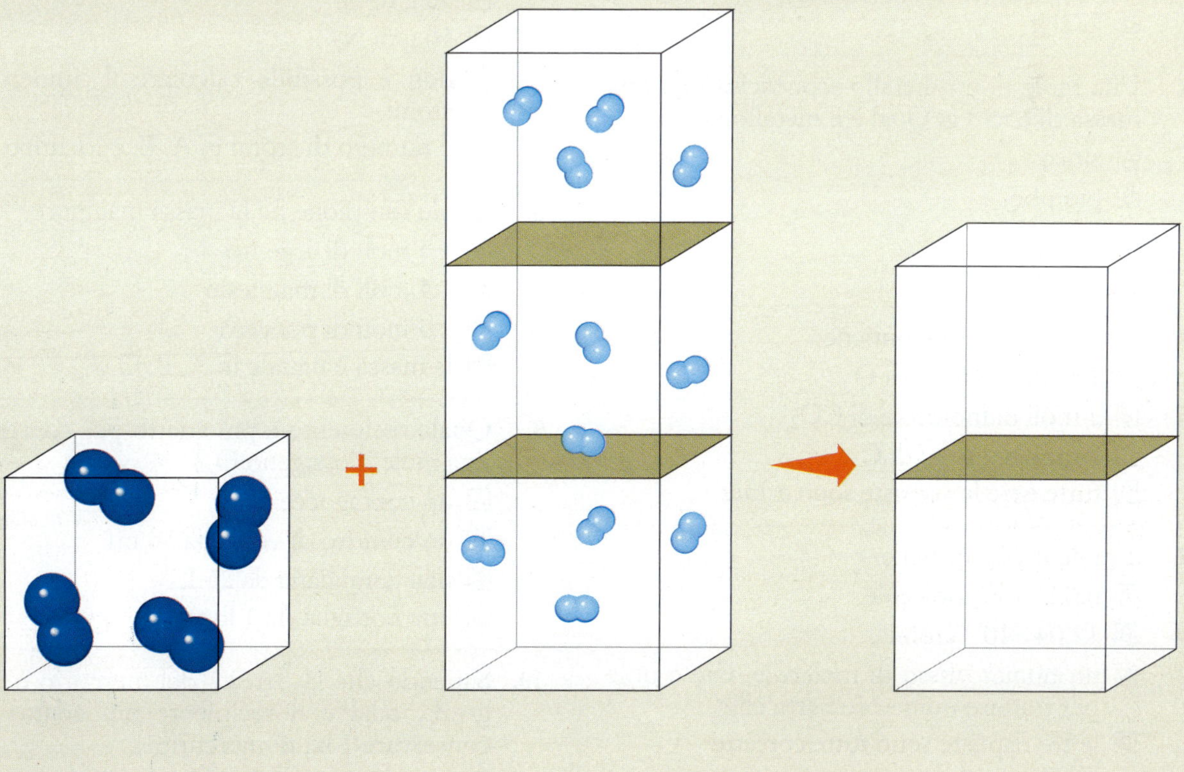

Modulo B

Verifiche

VERIFICHE

UNITÀ DIDATTICA 1

1. Qual è la massa di una mole d'argento?

A 132,45 g

B 100,98 g

C 107,87 g

D 90,45 g

2. Qual è la massa di una mole di cromo?

A 34,34 g

B 200,59 g

C 106,34 g

D 52,0 g

3. Una mole di un metallo sconosciuto ha una massa di 65,38 g. Qual è il metallo?

A zinco

B piombo

C calcio

D titanio

4. Una mole di CO_2 contiene:

A 1 mole di atomi di O

B 2 moli di molecole di CO_2

C 2 moli di atomi di C

D tutte e tre le risposte sono errate

5. 1 mole di N_2 contiene:

A $6,02 \cdot 10^{23}$ molecole

B $12,04 \cdot 10^{23}$ atomi

C un numero fisso di molecole, che è utile per trattare numerose particelle

D le tre risposte sono tutte corrette

6. Vero o falso?

A 1 mole di PH_3 contiene 3 moli di atomi P e 3 moli di atomi H

B 1 mole di PH_3 contiene 1 mole di atomi P e 3 moli di atomi H

C 1 mole di PH_3 contiene 1 mole di atomi P e 1 mole di atomi H

D 1 mole di PH_3 contiene 1 mole di atomi P e 1/3 di mole di atomi H

7. Quale campione contiene il maggior numero di atomi?

A 50 g di N

B 50 g di N_2

C non è possibile calcolare il numero di atomi

D il numero di atomi in A, B, è identico

8. Quale campione ha la massa maggiore?

A 1,5 moli di argento

B 1,5 moli di magnesio

C 1,5 moli di potassio

D la massa è uguale in A, B, C

9. Quale recipiente è più adatto per contenere una mole d'ossigeno O_2?

A un contagocce

B un cilindro di vetro da 50 mL

C una damigiana da 25 L

D una bottiglia da 1 litro

10. Sapendo che la densità del mercurio è 13,6 g/mL, qual è il recipiente più adatto per conservare 1 kg di mercurio?

A una damigiana da 25 L

B una bottiglia da 1 L

C un contagocce

D un cilindro da 100 mL

11. Quante moli ci sono in 84,5 g di argon?

A 5,3 mol

B 1,2 mol

C 3,4 mol

D 2,1 mol

12. Quanti grammi di ammoniaca (NH_3) ci sono in 30 moli?

A 23 g

B 45 g

C 510 g

D 220 g

UNITÀ DIDATTICA 2

13. Quale affermazione, riguardante la teoria cinetico-molecolare dei gas ideali, non è corretta?

A le molecole sono trattate come se non avessero massa

B le molecole sono trattate come se non avessero volume

C le molecole sono trattate come se non ci fosse attrazione reciproca

D l'energia cinetica media delle molecole di un gas è proporzionale alla temperatura assoluta

14. Un campione di 100 mL di gas è contenuto in un cilindro alla pressione di 760 mm di Hg. Qual è il volume dello stesso gas a 1520 mm di Hg?

A 20 mL

B 150 mL

C 70 mL

D 50 mL

15. Un gas occupa il volume di 100 mL a 20 °C. Qual è il volume a 10 °C, se la pressione rimane costante?

A 96,6 mL

B 122 mL

C 48,8 mL

D 166,4 mL

16. Quante moli di H_2 ci sono in un cilindro di 50 L, se la pressione è di 10 atmosfere e la temperatura di 27 °C?

A 40,5 moli

B 60 moli

C 10 moli

D 20,3 moli

17. Un cilindro di 10 L contiene O_2 alla pressione di 10 atmosfere e alla temperatura di 300 K. Qual è la massa dell'ossigeno?

A 100,05 g

B 45 g

C 130,08 g

D 170, 24 g

18. La densità dei gas è molto più bassa di quella dei liquidi e dei solidi. Essa viene riportata in g/L. Siccome la mole di un gas a 0 °C e a 1 atm è uguale a 22,4 L, qual è la densità della CO_2?

A 1,96 g/L

B 3,45 g/L

C 0,034 g/L

D 1,48 g/L

19. La densità dei gas è molto più bassa di quella dei liquidi e dei solidi. Essa viene riportata in g/L. Siccome la mole di un gas a 0 °C e a 1 atm è uguale a 22,4 L, qual è la densità dell'He?

A 1,13 g/L

B 0,009 g/L

C 2,3 g/L

D 0,18 g/L

20. La densità di un gas è 1,25 g/L. Qual è il peso molecolare del gas? (La densità dell'idrogeno è 0,0899 a 0 °C.)

A 28

B 32

C 44

D 14

Modulo

Glossario B

Atmosfera [*atmosphere*]: unità di misura della pressione media dell'aria a livello del mare. Un'atmosfera corrisponde a 760 mmHg (o 760 torr).

Barometro [*barometer*]: strumento per misurare la pressione atmosferica.

Condizioni standard (o normali) [*standard conditions*]: quelle dei gas a 0 °C (273 K) e 1,01325 · 10^5 Pa (1 atm).

Equazione dei gas ideali [*ideal gas law*]: equazione di stato per i gas che racchiude l'ipotesi di Avogadro, la legge di Boyle e la legge di Charles ($pV = nRT$).

Frazione molare [*mole fraction*]: numero che, in una miscela, esprime il rapporto fra le moli di un componente sul numero totale di moli.

Gas [*gas*]: sostanza fluida che occupa tutto il volume a disposizione e può essere facilmente compressa.

Gas ideale [*ideal gas*]: gas immaginario le cui molecole non hanno volume né reciproche forze attrattive.

Gas nobili [*noble gas*]: elementi appartenenti al gruppo zero (elio, neon, argon, kripto, xeno, radon).

Indice [*index*]: numero in basso a destra di un elemento o gruppo in una formula chimica. Indica il numero di atomi di ciascun elemento nella formula.

Ipotesi di Avogadro [*Avogadro's hypothesis*]: uguali volumi di gas diversi, alla stessa temperatura e pressione, contengono uguale numero di molecole.

Legge di Boyle [*Boyle's law*]: a temperatura costante, il prodotto del volume per la pressione di una determinata quantità di gas è costante.

Legge di Charles [*Charles's law*]: a pressione costante, il volume di una determinata quantità di gas è proporzionale alla temperatura assoluta.

Legge di Gay-Lussac [*Gay-Lussac's law*]: a volume costante, la pressione di una determinata quantità di gas è proporzionale alla temperatura.

Mole [*mole*]: numero di atomi in 12,0000 g di carbonio-12.

Molecola [*molecule*]: la più piccola e caratteristica unità di una sostanza, formata da due o più atomi.

Numero di Avogadro *N* [*Avogadro's number*]: numero di unità elementari in una mole di una sostanza ($N = 6{,}022 \cdot 10^{23}$).

Peso formula [*formula weight*]: somma delle masse degli atomi compresi in una formula.

Peso molecolare [*molecular weight*]: massa degli atomi di una molecola.

Pressione [*pressure*]: misura la forza esercitata sull'unità di area. Si calcola dividendo la forza per l'area.

Pressione parziale [*partial pressure*]: pressione che eserciterebbe un gas, componente una miscela, se occupasse da solo il contenitore.

Principio di Avogadro [*Avogadro's law*]: volumi uguali di gas diversi, sotto le stesse condizioni di temperatura e pressione, contengono lo stesso numero di particelle.

Stato standard [*standard state*]: stato in cui si presenta una sostanza pura, sotto la pressione di 1,013 · 10^5 Pa (1 atm), a una determinata temperatura. La temperatura più comune è 25 °C.

Tavola periodica degli elementi[*periodic table*]: tavola che raccoglie tutti gli elementi in ordine crescente di numero atomico. In questa maniera le proprietà fisiche e chimiche ricorrono periodicamente.

Torr [*torr*]: unità della pressione barometrica. La pressione esercitata da una colonna di mercurio alta 1 mm è uguale a 1 torr.

Indice analitico

F

G

H

I

J

K

L

M

N

O

P

Q

R

S

Fonti delle illustrazioni

MODULO A

Carlo Gardini: A1.5, A1.6, tabella 2.1, A2.2, A2.3a, A2.3c, A2.4, A2.7, A2.10, A2.11, tabella 3.1, A3.2, A3.5, A3.6, A3.7, A4.3, A4.11, A4.17

A2.3b da *Archeo*, numero 71, gennaio 1991

A2.9 da *Nagano1998*, proSport GmbH, Monaco

A2.12 da Valitutti, Gentile, Gerosa, Tifi, *Le basi della Chimica* Masson S.p.A., Milano, 1997; Zanichelli, Bologna, 1999

A3.1 foto Eliot Porter

A4.1 IBM Almaden Research Center

A4.4 da *Storia delle Scienze 4. Natura e vita. L'età moderna* Einaudi, Torino, 1994

MODULO B

Carlo Gardini: B1.4, B2.5, B2.15

B1.2, B1.7 da *Storia delle Scienze 4. Natura e vita. L'età moderna* Einaudi, Torino, 1994

B2.2, B2.9 foto Mary Evans, Picture Library

G. Valitutti A. Tifi A. Gentile

La chimica in moduli

Modulo C **All'interno dell'atomo**
Modulo D **Dagli atomi alle molecole**
Modulo E **La nomenclatura e le reazioni chimiche**

La formula editoriale VVF (volumi a vendita flessibile) viene incontro a uno dei principali suggerimenti del d.m. 7.12.1999, "Norme e avvertenze per la compilazione del libro di testo da utilizzare nella scuola dell'obbligo". Tale decreto, formalmente dettato solo per la scuola dell'obbligo, contiene tuttavia indicazioni generali valide per ogni livello scolastico.
I contenuti di questo libro sono pertanto offerti, a scelta dell'utente, in sezioni agili e, in alternativa, in aggregazioni più ampie (volumi o confezioni di più fascicoli).
L'utente può così scegliere privilegiando la possibilità di ritagliarsi un percorso didattico differenziato, di graduare l'acquisto o di contenere la spesa.

La divisione di questo libro in volumetti non è puramente meccanica. In sintonia con il d.m. 7.12.1999 il materiale è stato organizzato in modo da configurare moduli didattici autonomi, ciascuno dotato di indicazioni di ingresso (prerequisiti e competenze) e di uscita (prove di verifica finalizzate alla certificazione delle competenze acquisite).
Queste e altre indicazioni (tra cui le informazioni sulla struttura dell'opera), tradizionalmente riservate all'insegnante, sono ora presenti nel libro dello studente, in modo da consentire un più corretto e consapevole utilizzo del libro.

Realizzazione editoriale:
- Redazione: Elena Bacchilega
- Segreteria di redazione: Deborah Lorenzini
- Progetto grafico, impaginazione e disegni: Studio Emme Grafica+
- Fotografie: Carlo Gardini, Parma

Contributi:
- Revisione del testo, ricerca iconografica: Roberta Marchetti
- Indice analitico: Norma, Parma
- Per le foto in laboratorio, si ringrazia il Liceo Statale Giacomo Ulivi, Parma

Copertina:
- Realizzazione: Roberto Marchetti
- Immagine di copertina: Vincent Van Gogh, *Notte stellata sul Rodano*, 1888. Parigi, Musée d'Orsay.

Prima edizione: febbraio 2001

Ristampa:

5 4 3 2 2001 2002 2003 2004 2005

Realizzare un libro è un'operazione complessa, che richiede numerosi controlli: sul testo, sulle immagini e sulle relazioni che si stabiliscono tra essi. L'esperienza suggerisce che è praticamente impossibile pubblicare un libro privo di errori. Saremo quindi grati ai lettori che vorranno segnalarceli.
Per segnalazioni o suggerimenti relativi a questo libro l'indirizzo a cui scrivere è:

Zanichelli editore S.p.A.
Via Irnerio 34
40126 Bologna
fax: 051 249782
e-mail: lineaquattro@bo.zanichelli.it
sito web: www.zanichelli.it

Zanichelli editore opera con sistema qualità certificato secondo la norma UNI EN ISO 9001

Stampa: Centro Poligrafico Milano
Via Puccini 64, 20080 Casarile (Milano)
per conto di Zanichelli editore S.p.A.
Via Irnerio 34, 40126 Bologna

G. Valitutti A. Tifi A. Gentile

La chimica in moduli

Moduli C+D+E

All'interno dell'atomo
Dagli atomi alle molecole
La nomenclatura e le reazioni chimiche

Zanichelli

Sommario

Modulo C

All'interno dell'atomo

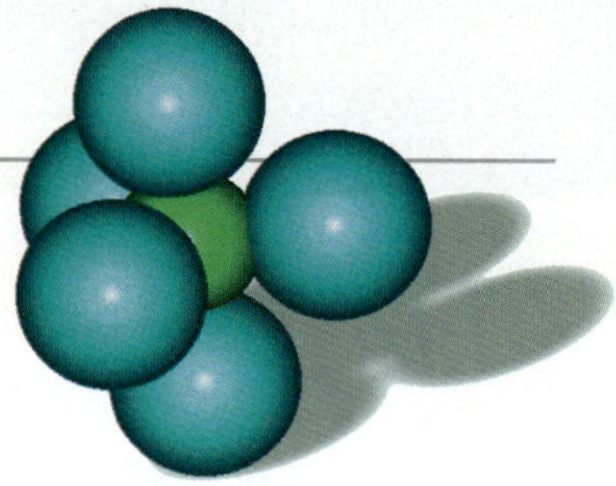

Modulo D

Dagli atomi alle molecole

Modulo E

La nomenclatura e le reazioni chimiche

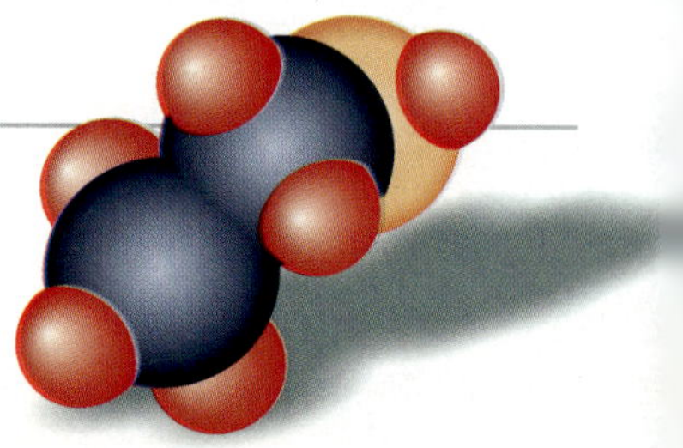

Atlante

STRUTTURA DEL LIBRO

- **MODULO A** La materia e gli atomi
- **MODULO B** Lavorare con gli atomi: la mole
- **MODULO C** All'interno dell'atomo
- **MODULO D** Dagli atomi alle molecole
- **MODULO E** La nomenclatura e le reazioni chimiche
- **MODULO F** L'energia, le reazioni e l'equilibrio
- **MODULO G** Il trasferimento di protoni ed elettroni
- **MODULO H** Il mondo del carbonio

- **PREREQUISITI E COMPETENZE**
- **TESTO CON ESERCIZI DI FINE UNITÀ**
  - **UNITÀ 1**
  - **UNITÀ 2**
  - **UNITÀ ...**
- **VERIFICHE DI FINE MODULO**

Ogni modulo si apre con i *prerequisiti* e le *competenze* e termina con le *verifiche di finali*.

Teoria

Le definizioni sono evidenziate in giallo

Esempi ed esercizi favoriscono un approccio operativo

Le tabelle aiutano ad organizzare le conoscenze

Titolo dell'unità

Esercizi

Titolo del modulo

Questi esercizi insegnano a risolvere problemi applicando il modello cinetico-molecolare della materia

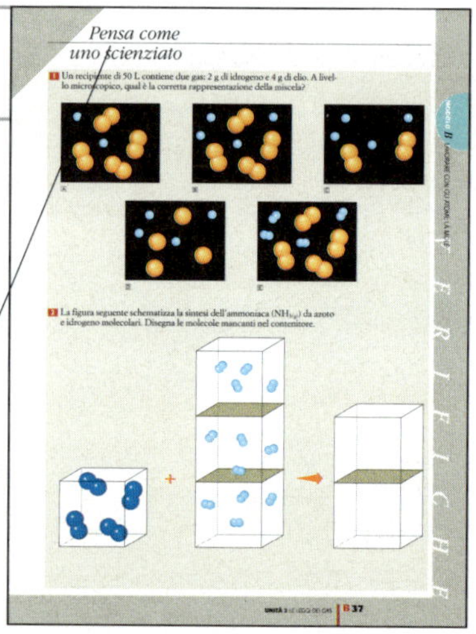

Gli esercizi di conoscenza servono a verificare ciò che lo studente ha appreso

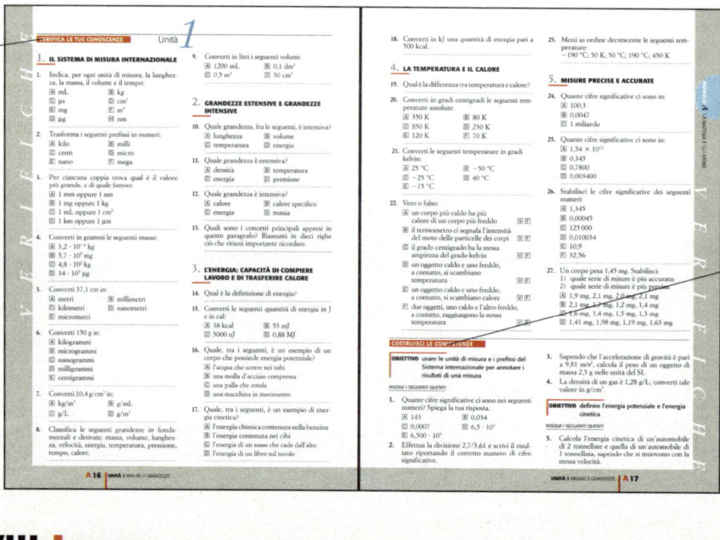

Esercizi

Questi esercizi aiutano lo studente a costruire una competenza attraverso il raggiungimento di alcuni obiettivi intermedi

Fonti di approfondimento

LIBRI

- Isaac Asimov, *Breve storia della chimica*, ZANICHELLI
- H.W. Roesky, K. Möckel, *Il luna park della chimica*, ZANICHELLI
- Peter Atkins, *Il secondo principio*, ZANICHELLI
- Peter Atkins, *Molecole*, ZANICHELLI
- John Emsley, *Prodotti chimici, guida per il consumatore*, ZANICHELLI
- G.Völlmer, M.Franz, *La chimica di tutti i giorni*, ZANICHELLI
- Primo Levi, *Il sistema periodico*, EINAUDI
- *Enciclopedia della chimica*, GARZANTI
- *Dizionario biografico degli scienziati e dei tecnici*, ZANICHELLI

RIVISTE

- *Le Scienze*, edizione italiana di *Scientific American* www.lescienze.it

LINKS E SITI WEB

- www.chemdex.org
  oltre 400 links sulla chimica
- www.webelements.com
  un sito dedicato a tutti gli elementi chimici
- http://portal.sophia.it/cgi-bin/WebObjects/News
  recensioni di articoli, notizie, informazioni e di siti di carattere scientifico

MUSEI

- Museo Nazionale della Scienza e della Tecnica Leonardo da Vinci, Milano
  www.museoscienza.org

Modulo C

All'interno dell'atomo

Kenneth Noland, *Empireo*

PREREQUISITI

Per affrontare lo studio di questo modulo sono necessarie le seguenti competenze:

- Spiegare le caratteristiche macroscopiche delle trasformazioni fisiche e chimiche mediante il modello cinetico-molecolare della materia.
- Usare la mole come unità di misura della quantità di sostanza.

COMPETENZE

- Descrivere la natura delle particelle elementari che compongono l'atomo.
- Spiegare la struttura elettronica a livelli di energia dell'atomo.
- Identificare gli elementi attraverso le loro proprietà periodiche.
- Utilizzare il modello a orbitali dell'atomo.

Unità 1

COMPETENZA

Descrivere la natura delle particelle elementari che compongono l'atomo.

La competenza dell'unità didattica si costruisce ponendosi i seguenti obiettivi:

1. Spiegare le proprietà delle tre particelle che compongono l'atomo.
2. Comparare i modelli atomici di Thomson e Rutherford.
3. Identificare gli elementi mediante il numero atomico e determinare la massa atomica dagli isotopi componenti.
4. Descrivere le principali trasformazioni del nucleo atomico.

Le particelle dell'atomo

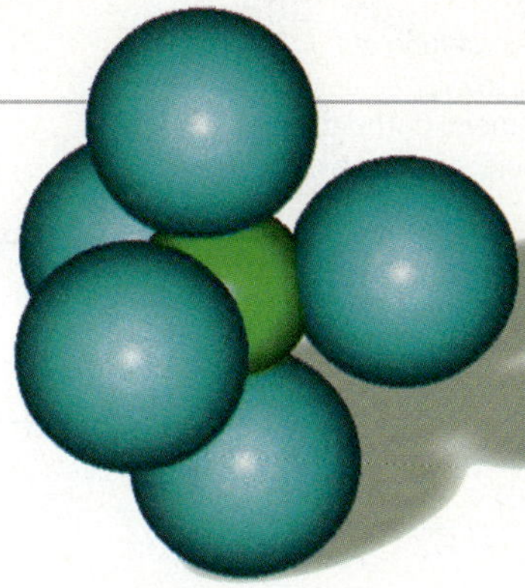

1. LA NATURA ELETTRICA DELLA MATERIA

I Greci avevano scoperto che gli oggetti di ambra, strofinati con un panno di lana, attiravano la paglia sminuzzata. Essi chiamavano *elektron* l'ambra e il termine *elettricità*, che noi usiamo per descrivere questi fenomeni, deriva proprio dal nome greco dell'ambra. Possiamo ripetere oggi l'esperimento dei Greci, usando oggetti di plastica e di vetro. Se strofiniamo una penna di plastica con un panno di lana e l'avviciniamo a un mucchietto di carta, ridotta in frammenti, osserveremo che i pezzettini sono attratti dall'oggetto di plastica. Ripetendo l'esperimento con una bacchetta di vetro, si osserva lo stesso effetto. Tali prove sperimentali ci fanno ritenere che la materia sia formata da cariche elettriche.

Lo strofinio ha determinato la formazione di cariche elettriche sulla plastica e sulla bacchetta di vetro. Ma cosa significa tutto questo?

La spiegazione che possiamo proporre è la seguente. Inizialmente la plastica e il panno erano neutri. Poi, lo strofinio ha tolto qualcosa da un oggetto e lo ha ceduto all'altro oggetto. In altre parole, gli atomi che compongono sia la plastica sia il panno, devono avere alcune parti positive e altre negative. Prima dello strofinio, c'era perfetto equilibrio fra cariche positive e cariche negative.

In maniera arbitraria abbiamo anche stabilito che la plastica diventa negativa, cioè possiede in superficie un numero maggiore di cariche negative, cedute dal panno, e quest'ultimo, avendo perso cariche negative, rimane con un eccesso di carica positiva. Per il vetro accade l'opposto: il vetro si carica positivamente e il panno negativamente. Pertanto, i corpi possono acquistare una carica elettrica positiva, simile alla carica del vetro strofinato, oppure una carica elettrica negativa, simile alla plastica strofinata.

Se facciamo altri esperimenti, come quello nella ▸figura 1.1, possiamo verificare che:

1. le cariche uguali, per esempio (+) e (+) oppure (−) e (−) si respingono;
2. le cariche opposte (+) e (−) si attraggono.

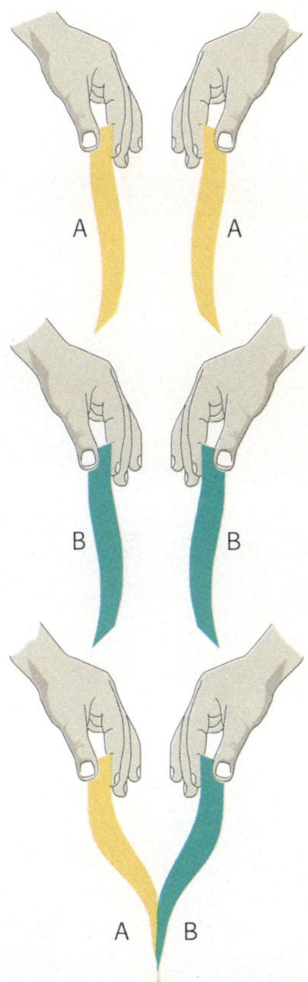

FIGURA 1.1 Per effettuare l'esperimento si ritagliano delle strisce di plastica dai trasparenti per fotocopia (A) e non fotocopiabili (B).
Strofinandole con un semplice foglio di carta, le strisce A e B si caricano in modo opposto.
Le strisce A assumono una carica negativa e le strisce B una carica positiva. Se si avvicinano le strisce di segno uguale, avremo repulsione; se invece si avvicinano strisce di segno opposto, ci sarà attrazione.

Nel 1897 il fisico inglese Joseph J. Thomson utilizzò i tubi di vetro inventati da Crookes ▸figura 1.2 per separare le parti positive dalle parti negative degli atomi. Il tubo di vetro sotto vuoto (con una pressione interna di $1 \cdot 10^{-3}$ atmosfere), conteneva due placche metalliche. Una placca era collegata al polo negativo di un potente generatore elettrico e l'altra alla polarità positiva.

FIGURA 1.2
A Schema di un tubo di Crookes (1874).
B Gli esperimenti di Thomson (1897) sulla natura dei raggi catodici.

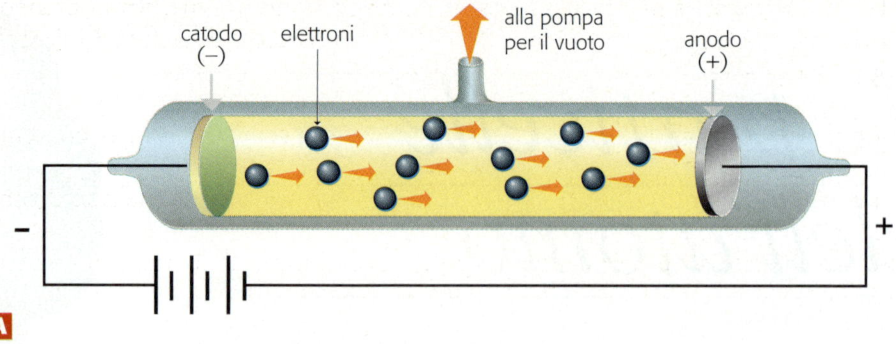

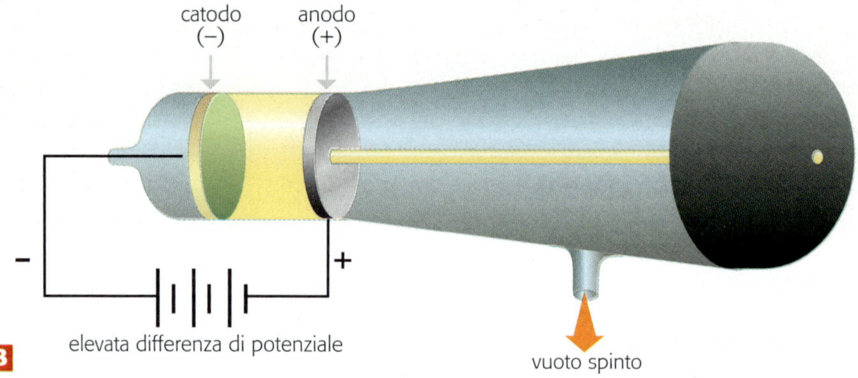

La placca negativa fu chiamata **catodo** (−) e la placca positiva **anodo** (+). Siccome la placca positiva era forata, si vedeva in fondo al tubo una luminosità verdastra, causata dai frammenti negativi che provenivano dagli atomi metallici del catodo. Tali radiazioni furono chiamate **raggi catodici**.

Con altri esperimenti fu possibile dimostrare che:

1. i raggi catodici sono formati da particelle negative chiamate **elettroni**;
2. cambiando il metallo del catodo, si ottenevano sempre fasci di elettroni.

Questi dati sperimentali portarono alla conclusione seguente:

Gli atomi di tutti gli elementi contengono le stesse particelle negative, chiamate elettroni.

Come furono misurate le particelle positive degli atomi? Con altri esperimenti, effettuati in tubi di vetro, simili a quelli per la scoperta degli elettroni, furono identificate altre particelle, che si muovevano verso il polo negativo, formando un fascio di raggi anodici. Si trattava quindi di particelle con carica positiva ▸figura 1.3.

FIGURA 1.3 L'apparecchio di Goldstein che portò alla scoperta del protone.

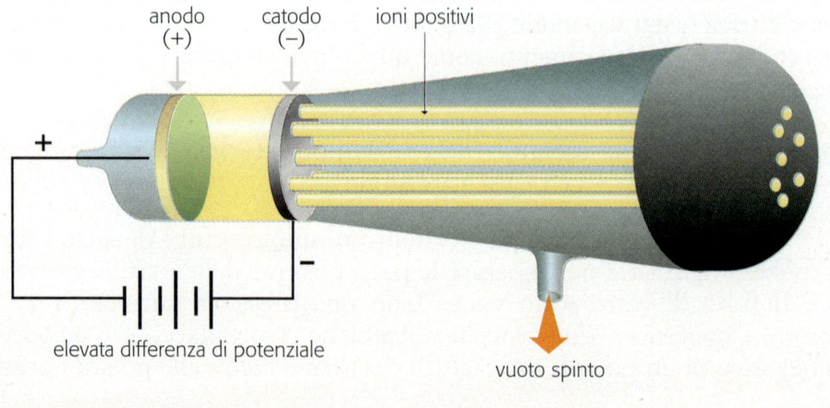

Gli esperimenti sulle cariche positive furono condotti in tubi contenenti gas diversi a bassissima pressione ($1 \cdot 10^{-3}$ atmosfere). Alla fine Goldstein scoprì che:

1. le masse delle particelle positive erano diverse, a seconda del gas contenuto nel tubo;
2. la massa della particella positiva più piccola veniva rilevata quando il tubo conteneva idrogeno;
3. le masse delle altre particelle positive erano multiple della massa dell'idrogeno.

Come furono spiegati questi risultati sperimentali? Si pensò che i gas, contenuti nel tubo e bombardati dagli elettroni, perdessero altri elettroni e si trasformassero in frammenti positivi dell'atomo. Avendo le particelle positive masse multiple dell'idrogeno, gli atomi dovevano essere costituiti da questa particella fondamentale. Tale particella elementare positiva, che ha la stessa carica dell'elettrone e massa molto più grande, fu chiamata **protone**.

Vediamo ora di riassumere i risultati di circa 70 anni di ricerche sulle particelle fondamentali dell'atomo e di collocare storicamente tutte le principali scoperte.

2. LE PARTICELLE FONDAMENTALI

Gli atomi di tutti gli elementi sono formati da tre particelle elementari: elettrone, protone e neutrone.

Attraverso gli studi sui raggi catodici, alla fine del secolo scorso, furono scoperte le proprietà della particella elettrone (Thomson, 1897). L'**elettrone** ha una massa di $9{,}1 \cdot 10^{-31}$ kg ($9{,}1 \cdot 10^{-28}$ g) e una carica elettrica negativa, che fu determinata nel 1910 da Millikan, pari a $-1{,}6 \cdot 10^{-19}$ Coulomb.

Con altre esperienze sui tubi di Crookes furono chiarite le caratteristiche di una seconda particella elementare, il **protone**. La sua scoperta è attribuita a Goldstein (1866), mentre fu Wien (1911) a misurarne la carica. La carica elettrica del protone è identica a quella dell'elettrone, ma di segno opposto, pari cioè a $+\ 1{,}6 \cdot 10^{-19}$ coulomb. La massa del protone è $1{,}67 \cdot 10^{-24}$ g, cioè circa 1836 volte più pesante dell'elettrone.

La terza particella atomica, il **neutrone**, postulata da Rutherford nel 1920, fu scoperta nel 1932 da Chadwick. Come dice il suo nome, il neutrone è una particella priva di carica elettrica, dotata di una massa leggermente superiore a quella del protone, circa 1839 volte più pesante dell'elettrone. Nella ▸tabella 1.1 sono riportate sinteticamente le caratteristiche delle tre particelle elementari che costituiscono gli atomi di tutti gli elementi.

Data la loro collocazione nel nucleo, i protoni e i neutroni sono chiamati *nucleoni*. La ▸figura 1.4 mostra le particelle che compongono il nucleo di alcuni atomi.

TABELLA 1.1 Le particelle fondamentali che compongono l'atomo.

Particella	Carica elettrica	Carica relativa al protone	Massa	Massa relativa al protone
elettrone (e)	$-1{,}6 \cdot 10^{-19}$ C	− 1	$9{,}1 \cdot 10^{-28}$ g	1/1836
protone (p)	$1{,}6 \cdot 10^{-19}$ C	+ 1	$1{,}673 \cdot 10^{-24}$ g	1
neutrone (n)	0	0	$1{,}675 \cdot 10^{-24}$ g	≅ 1

FIGURA 1.4 I nuclei di idrogeno, elio, litio e berillio.

3. I MODELLI ATOMICI DI THOMSON E RUTHERFORD

La scoperta dell'elettrone pose il problema di un nuovo modello atomico. Thomson, basandosi su una vecchia idea di Lord Kelvin, propose per l'atomo un modello continuo, con la carica positiva che occupava come una nube tutto il suo volume e gli elettroni dispersi nell'atomo in posizioni regolari.

Ma anche questo modello non resse alle prove sperimentali condotte da Rutherford, Geiger e Marsden.

La ▸figura 1.5 schematizza l'esperimento cruciale effettuato da Rutherford (1909). Lo scienziato neozelandese si servì di una sorgente di particelle α (i nuclei positivi di elio, He^{2+}) per bombardare un sottile foglio d'oro (spessore 0,01 mm). Al termine dell'esperimento egli accertò che:

1. gran parte delle radiazioni α attraversava il foglio d'oro, senza subire nessuna deviazione;
2. solo alcune particelle venivano deviate o, addirittura, rimbalzavano indietro, come se avessero colpito un corpo molto denso e carico positivamente ▸figura 1.6.

FIGURA 1.5 L'esperimento di Rutherford.

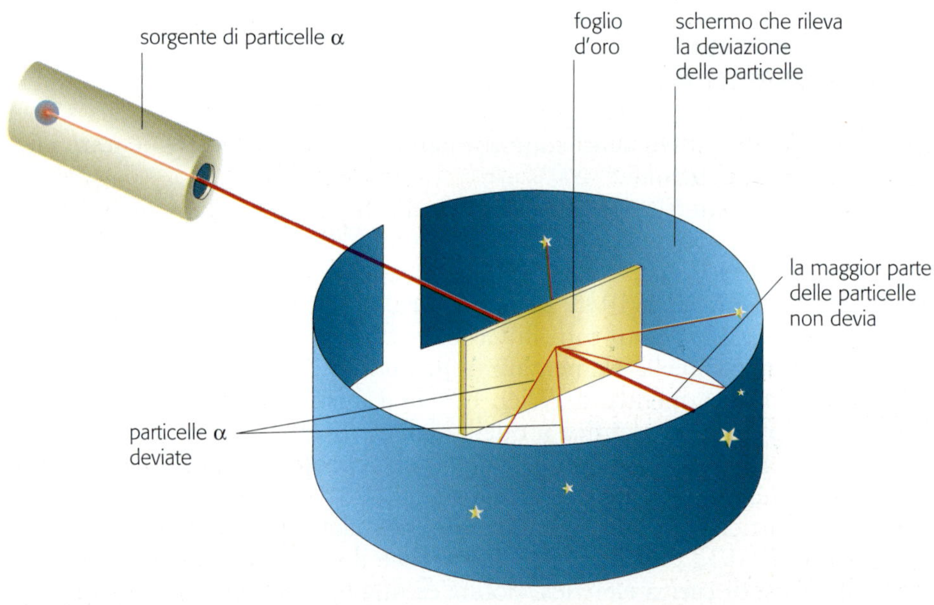

FIGURA 1.6 I due modelli atomici di Thomson e Rutherford a confronto.

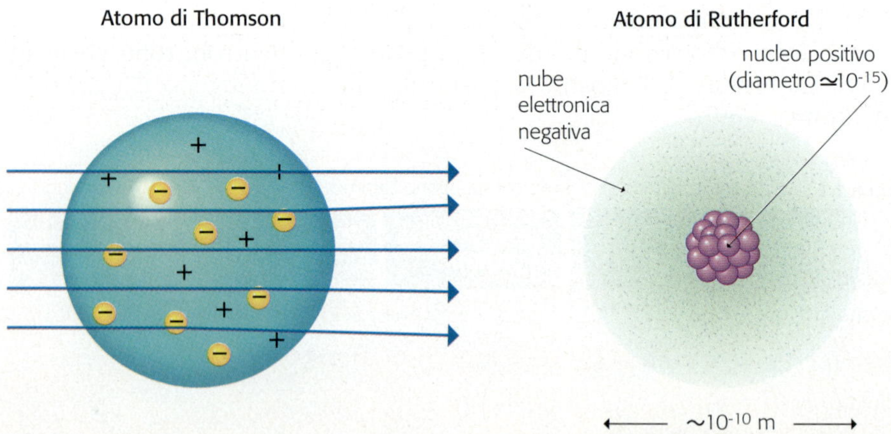

Queste osservazioni portarono Rutherford a concludere che:

1. l'atomo era composto da un nucleo centrale in cui erano concentrate tutta la carica positiva e la massa dell'atomo;
2. i leggerissimi elettroni occupavano lo spazio vuoto intorno al nucleo;
3. il diametro del nucleo doveva essere centomila volte più piccolo (10^{-15} m) del diametro dell'atomo (10^{-10} m);
4. gli elettroni, carichi negativamente, ruotavano intorno al nucleo come pianeti intorno al Sole, ed erano in numero tale da bilanciare esattamente la carica positiva del nucleo.

Il modello si adattava bene agli esperimenti fatti da Rutherford e descriveva, giustamente, l'atomo come una struttura essenzialmente vuota. Ma anche questo modello aveva dei limiti: non forniva ancora alcun dettaglio, ad esempio, sul «come» gli elettroni fossero disposti intorno al nucleo.

4. NUMERO ATOMICO, NUMERO DI MASSA E ISOTOPI

Per completare la conoscenza del mondo microscopico, soffermiamoci sul nucleo, cioè sul cuore dell'atomo. Siamo già a conoscenza di due fatti fondamentali:

1. i nucleoni (le particelle del nucleo, protoni e neutroni) occupano uno spazio enormemente ridotto rispetto al volume totale dell'atomo;
2. l'atomo ha una struttura essenzialmente vuota, in cui si muovono i leggerissimi elettroni, la cui massa viene considerata praticamente trascurabile.

Come possiamo sfruttare queste conoscenze per identificare un elemento chimico? Ciò è possibile grazie al numero atomico, che viene così definito:

Il numero dei protoni, uguale a quello degli elettroni, è chiamato numero atomico (Z).

Questo numero è caratteristico di ogni elemento e viene scritto in basso a sinistra del simbolo chimico:

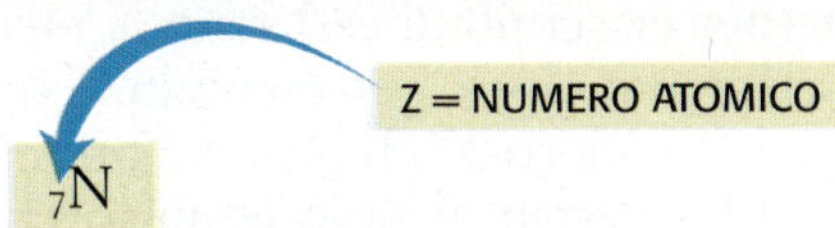

Tutti gli atomi con 7 protoni nel nucleo sono atomi di azoto, N.

L'idrogeno naturale è in massima parte costituito da atomi con un protone e un elettrone. In piccola percentuale, tuttavia, troviamo anche atomi di idrogeno con un protone, un elettrone e uno o due neutroni ▸figura 1.7.

La presenza del neutrone in più nel nucleo non influenza le proprietà chimiche dell'atomo, che sono identiche a quelle dell'atomo con un solo protone. I due tipi di atomi, che sono detti **isotopi**, hanno invece proprietà fisiche

PROVA TU **Consultando la tavola periodica, stabilisci il numero atomico dei seguenti elementi: U, Po, N, Cu, P, As, Ba, Ar.**

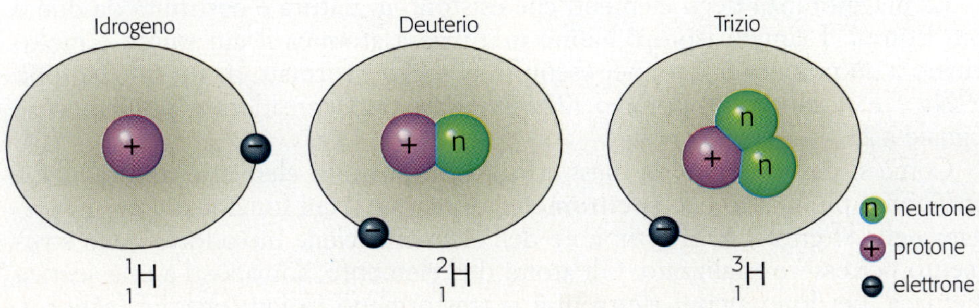

FIGURA 1.7 I tre isotopi dell'idrogeno hanno Z = 1. Essi hanno masse diverse (≈ 1, ≈ 2, ≈ 3, rispettivamente), ma tutti formano molecole d'acqua per reazione con l'ossigeno. Le proprietà chimiche sono quindi identiche.

diverse (per esempio, massa diversa). In tutto l'idrogeno possiede tre isotopi: l'idrogeno, il deuterio e il trizio: l'idrogeno ha massa 1, il deuterio 2, il trizio 3. Il trizio viene anche chiamato tritio. In generale, quindi:

Gli isotopi sono atomi dello stesso elemento aventi le stesse proprietà chimiche ma masse diverse, perché contengono un diverso numero di neutroni.

Consideriamo i seguenti isotopi del carbonio:

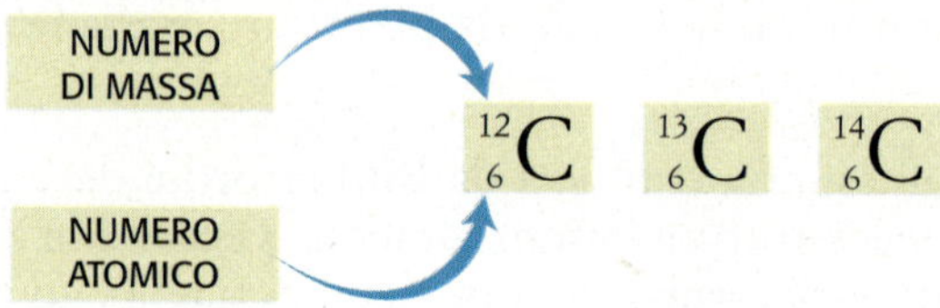

Il numero in alto, a sinistra del simbolo dell'elemento, è il numero di massa e si definisce così:

Il numero di massa (A) è uguale alla somma dei protoni e dei neutroni contenuti nel nucleo.

$$A = \text{protoni} + \text{neutroni} = Z + n^\circ$$

Pertanto, il numero dei neutroni dei tre isotopi del carbonio sarà:

$$A - Z = n^\circ$$

Il carbonio-12 possiede sei neutroni nel nucleo ($12 - 6 = 6$). Il carbonio-13 ne possiede sette ($13 - 6 = 7$) e il carbonio-14 otto ($14 - 6 = 8$).

Come si può notare, i tre isotopi hanno lo stesso simbolo chimico (C) e lo stesso numero atomico e, quindi, avranno identiche proprietà chimiche. Per via della diversa massa, invece, i tre isotopi avranno proprietà fisiche in buona parte non coincidenti.

Gli elementi, allo stato naturale e nei composti, contengono una miscela dei vari isotopi in percentuali ben determinate e costanti. Le proprietà fisiche osservate per ciascuno di essi sono la media di quelle dei singoli isotopi presenti. L'elemento cloro, per esempio, è costituito da una miscela dei due isotopi, cloro-35 e cloro-37. Il primo è presente circa per il 76% e il secondo per quasi il 24%. Perciò, il peso atomico che troviamo sulla tavola periodica è una media ponderata dei due isotopi. Il calcolo approssimato, per stabilire il peso atomico della miscela di isotopi, è il seguente:

$$(35 \times 0{,}76) + (37 \times 0{,}24) = 26{,}60 + 8{,}88 = 35{,}48$$

In altre parole, si moltiplica la massa di ciascun isotopo per la sua percentuale nell'elemento naturale; sommando questi prodotti si ottiene la massa atomica relativa dell'elemento naturale.

La maggioranza degli elementi che esistono in natura è costituita da due o più isotopi. I singoli isotopi hanno una massa atomica il cui valore è molto vicino a un numero intero; per esempio, il sodio è formato da un solo isotopo (${}^{23}Na$) e il suo peso atomico (22,98977) si può considerare praticamente uguale a 23.

Come si può misurare la massa degli isotopi di un elemento naturale? Lo strumento più adatto è lo **spettrometro di massa**, il cui funzionamento è spiegato nella ▸figura 1.8. Il campione dell'elemento viene introdotto nello strumento per essere analizzato. Gli atomi dell'elemento, sottoposti a una scarica elettrica, perdono alcuni elettroni e si trasformano in ioni positivi (cationi).

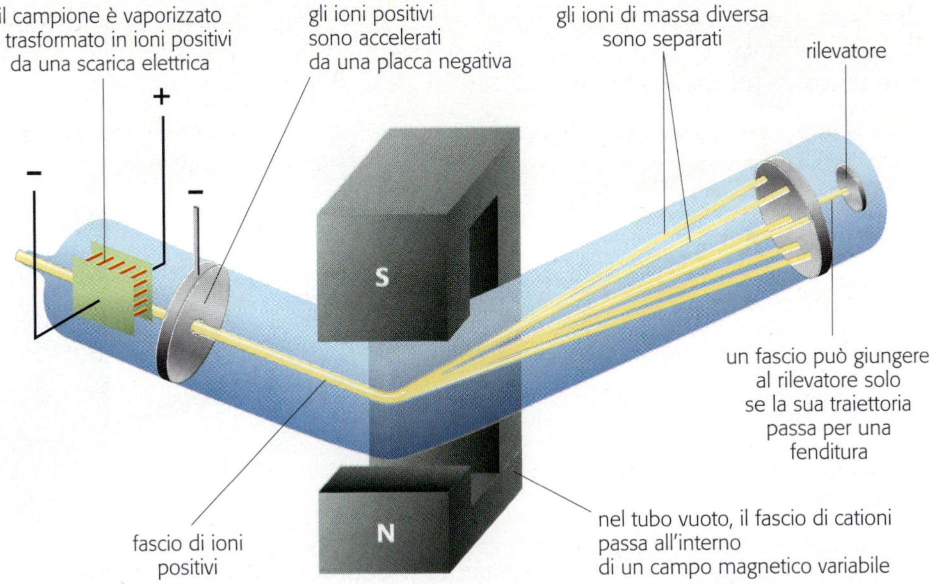

FIGURA 1.8 Il funzionamento dello spettrometro di massa. Tutti gli ioni ricevono la stessa energia dal campo elettrico, ma la loro velocità dipenderà dalla loro massa. Gli ioni aventi maggiore massa (e minor velocità) subiranno una minore curvatura. Perciò il fascio si divide in tanti fasci di ioni aventi diversa massa. Per un dato valore di campo magnetico, solo ioni aventi una determinata massa attraverseranno la seconda fenditura e giungeranno al rilevatore. Questo registrerà una corrente elettrica proporzionale al numero di ioni, determinando la percentuale di isotopi degli elementi e la massa di ciascuno di essi.

La macchina riesce a separare i vari isotopi componenti, variando gradualmente l'intensità del campo magnetico, e a determinare sia la massa sia la percentuale di ciascun isotopo presente nell'elemento naturale.

ESEMPIO **Quanti protoni, elettroni e neutroni possiede l'isotopo dell'uranio, $^{235}_{92}U$, utilizzato per costruire la prima bomba atomica?**

Soluzione

Sappiamo che il numero di massa A è la somma dei protoni e dei neutroni. Conoscendo il numero atomico Z, possiamo ricavare anche il numero di neutroni e di elettroni.

Numero atomico Z = numero protoni = numero di elettroni = 92

Numero di massa A – numero atomico = numero di neutroni:

235 – 92 = 143 neutroni

PROVA TU

Identifica l'elemento che esiste sotto forma dei seguenti isotopi: $^{79}_{35}X$, $^{81}_{35}X$. Quanti elettroni, protoni e neutroni contengono singolarmente i due isotopi?

5. IL NUCLEO DELL'ATOMO E LE SUE TRASFORMAZIONI

Il numero di protoni e neutroni di un nucleo determina se esso è più o meno stabile. Infatti, per bilanciare la repulsione tra i protoni, aventi carica elettrica dello stesso segno, occorre un adeguato numero di neutroni, con le loro forze nucleari di tipo attrattivo. Quando i protoni sono in numero troppo elevato ($Z > 83$), per quanti neutroni si pongano nel nucleo, esso diviene instabile. Un nucleo instabile tende a liberarsi di alcune particelle; tale processo viene denominato **decadimento radioattivo**. Un nucleo instabile può anche scindersi in due o più nuclei più leggeri; questo fenomeno viene chiamato **fissione nucleare**.

FIGURA 1.9 Le radiazioni positive α (nuclei di elio) sono trattenute da un semplice foglio di carta. Le radiazioni negative β (elettroni veloci) sono più penetranti e vengono bloccate dall'alluminio.
I raggi γ (radiazioni elettromagnetiche) sono assorbite soltanto da uno schermo di piombo di un certo spessore.

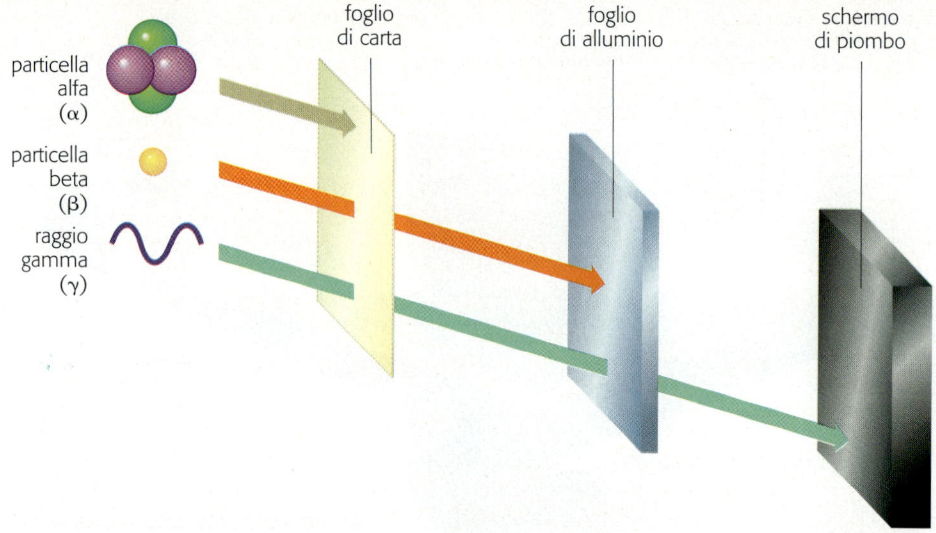

Il processo di emissione di radiazioni è denominato **radioattività**. La radioattività fu scoperta da Bequerel nel 1896. I materiali radioattivi emettono, in genere, particelle α, che sono nuclei positivi di elio (He^{2+}), particelle β, cioè elettroni veloci (${}_{-1}^{0}e$) e radiazioni elettromagnetiche gamma (γ) ▸figura 1.9. Ecco i più frequenti tipi di radioattività.

1. Nuclei troppo ricchi di neutroni decadono, in genere, emettendo elettroni veloci (particelle β). L'elettrone liberato deriva dalla trasformazione di un neutrone in un protone; quindi si ha l'aumento di un'unità del numero atomico. Un esempio si ha con il trizio ▸figura 1.10, che presenta decadimento β: ${}_{1}^{3}H \rightarrow {}_{2}^{3}He + {}_{-1}^{0}e$

FIGURA 1.10 Esempio di decadimento β.

2. Nuclei con numero atomico superiore a 83 e numero di massa superiore a 220 decadono emettendo particelle α positive (nuclei di elio). In tal modo il numero di massa diminuisce di 4 unità, mentre Z diminuisce di 2 unità. Un esempio è il decadimento del torio-232 ▸figura 1.11, uno dei più abbondanti elementi radioattivi della crosta terrestre e potenziale sostituto dell'uranio come fonte di energia nucleare: ${}_{90}^{232}Th \rightarrow {}_{88}^{228}Ra + {}_{2}^{4}He$

FIGURA 1.11 Esempio di decadimento α.

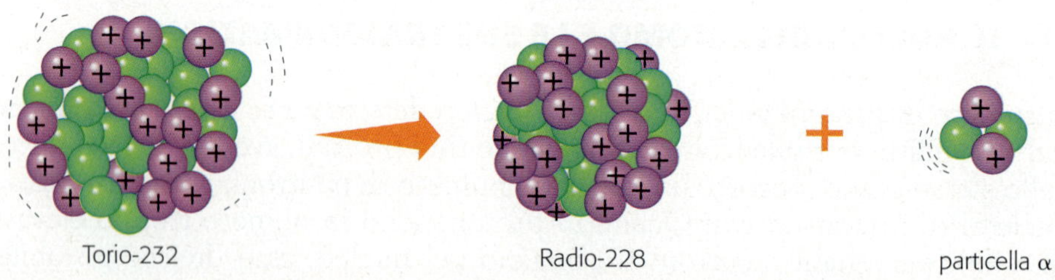

3. La cattura di elettroni o l'emissione di elettroni positivi (β^+ o positroni) avviene quando il numero di protoni è troppo elevato rispetto ai neutroni. In tal caso un protone può trasformarsi in neutrone, assorbendo un elet-

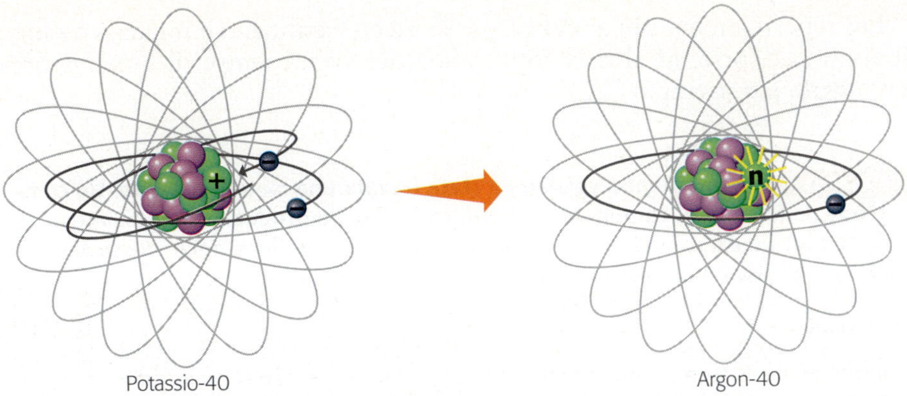

FIGURA 1.12 Esempio di decadimento per cattura elettronica di ^{40}K.

trone orbitante tra quelli più vicini al nucleo o emettendo una particella equivalente all'elettrone, ma con carica opposta (positrone). Un esempio è offerto dal potassio-40 ▸figura 1.12. Tale isotopo costituisce lo 0,01% del potassio terrestre ed è il responsabile della maggior parte della radiazione di origine naturale nelle specie viventi e nel suolo.

Quanto tempo impiega un particolare nucleo instabile a decadere? In intervalli di tempo successivi e costanti si disintegra sempre la stessa percentuale dei nuclei presenti all'inizio dell'intervallo. Se, per esempio, si parte da un campione di trizio puro, in circa dodici anni la sua quantità si sarà dimezzata (× 0,5). Dopo altri dodici anni una metà della rimanente metà decadrà, riducendosi così alla frazione di 1/4 (0,5 × 0,5 = 0,25 = 1/4) e così via. Il grafico della ▸figura 1. 13 definisce questo tipo di decadimento spontaneo.

Il tempo occorrente per ridurre alla metà la quantità di un isotopo radioattivo è chiamato tempo di dimezzamento.

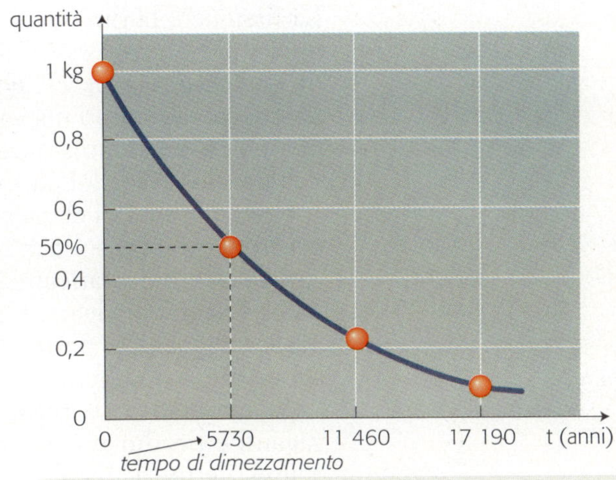

FIGURA 1.13 Il decadimento del carbonio-14.

La datazione dei reperti col radiocarbonio

Il carbonio-14 è un isotopo radioattivo (con decadimento β) del carbonio, contenente 8 neutroni e 6 protoni. Il carbonio-14 decade secondo la seguente equazione:

$$^{14}_{6}C \rightarrow ^{14}_{7}N + 1\beta^-$$

Il carbonio-14 si forma nell'atmosfera a un ritmo abbastanza costante, per effetto dell'urto dei neutroni prodotti dai raggi cosmici con l'azoto. Questo isotopo del carbonio entra nella costituzione di ogni organismo vivente, ma cessa di essere assimilato non appena l'organismo muore e smette di alimentarsi. Da quel momento la quantità di ^{14}C si riduce regolarmente, dimezzandosi ogni 5730 anni. I resti dell'organismo vivente possono divenire un reperto osseo, un utensile, una stoffa o un fossile. Su tale reperto si può misurare la quantità di carbonio-14 (detto anche radio-carbonio) residuo, attraverso la sua emissione β. Dalla percentuale di ^{14}C residuo sul carbonio totale si risale al numero di dimezzamenti subiti, e quindi al tempo trascorso dalla morte dell'organismo vivente ▸tabella 1.2.

TABELLA 1.2

Isotopo	Tempo di dimezzamento
trizio	12 anni e 3 mesi
potassio-40	1,28 miliardi di anni
carbonio-14	5730 anni

Per reperti ancora più antichi e per le rocce (centinaia di migliaia o milioni di anni) si ricorre ad altri isotopi radioattivi aventi tempi di dimezzamento più lunghi, per esempio ^{40}K.

ESEMPIO **In una tomba egiziana è stata trovata una ciotola di legno. Un campione della ciotola, contenente 0,1 g di carbonio, ha prodotto 1840 disintegrazioni in 40 ore. Un campione di 0,1 g di carbonio attuale produce nello stesso tempo 3680 emissioni β. Calcola l'età del reperto.**

Soluzione

Inizialmente il legno della ciotola conteneva la stessa percentuale odierna di C-14. Pertanto il rapporto 1840/3680 = 0,5 fornisce la frazione di carbonio-14 residua. Poiché la quantità di C-14 si è dimezzata, possiamo concludere che è trascorso un tempo di dimezzamento completo, cioè 5730 anni.

La fissione nucleare

La fissione è la divisione di un nucleo instabile, di grandi dimensioni, in due nuclei più piccoli; essa è accompagnata dalla liberazione di alcuni neutroni e di energia (raggi γ e calore). Tale trasformazione può avvenire spontaneamente (per esempio nel caso di ^{238}U). In certi nuclei detti *fissionabili* la fissione può essere stimolata tramite il bombardamento di neutroni, come nel caso dell'uranio-235 e del plutonio-239 ▸figura 1.14.

Se la quantità di elemento radioattivo supera una certa massa detta *critica*, i neutroni prodotti sono in numero sufficiente a innescare una reazione a catena, cioè la fissione praticamente simultanea di tutti i nuclei fissili, che sfocia in un'esplosione nucleare. La massa critica del plutonio-239 è pari a circa 15 kg, ma se l'elemento è particolarmente compresso può scendere fino a 5 kg, corrispondente a una sfera delle dimensioni di un'arancia.

In alternativa, è possibile ridurre il numero e la velocità dei neutroni vaganti e produrre così una fissione controllata, con liberazione graduale di energia termica. Il calore viene poi convertito in vapore e quindi in energia elettrica. Su questo meccanismo si basa il funzionamento delle centrali elettriche a energia nucleare. I nuclei leggeri prodotti dalla fissione sono costituiti da parecchi isotopi di vari elementi, a loro volta instabili e radioattivi (scorie radioattive), e il loro smaltimento rappresenta il principale punto debole nell'impiego della tecnologia nucleare per la produzione di energia.

FIGURA 1.14 La fissione di un nucleo di uranio-235. I «frammenti» possono anche essere differenti da Ba-142 e Kr-91.

1. LA NATURA ELETTRICA DELLA MATERIA

1. La materia è costituita da particelle cariche. Perché la materia ordinaria è, nel suo complesso elettricamente neutra?

2. Da cosa sono formati i raggi catodici?

3. Quale esperimento ha dimostrato la presenza di particelle cariche negativamente?

4. Quale prova sperimentale servì a Goldstein per sostenere che l'atomo conteneva particelle positive?

2. LE PARTICELLE FONDAMENTALI

5. Qual è la massa dell'elettrone?
   - A $1{,}46 \times 10^{-47}$ kg
   - B $2{,}67 \times 10^{-39}$ kg
   - C $9{,}1 \times 10^{-31}$ kg
   - D $1{,}04 \times 10^{-15}$ kg

6. Quale particella ha massa minore?
   - A protone
   - B neutrone
   - C elettrone
   - D atomo d'idrogeno

7. Quale particella ha carica positiva?
   - A protone
   - B neutrone
   - C elettrone
   - D atomo d'idrogeno

8. Quale particella ha una massa circa 1/1836 di quella del protone?
   - A atomo d'idrogeno
   - B elettrone
   - C nucleone
   - D neutrone

9. Quali sono i concetti principali appresi in questo paragrafo? Riassumi in dieci righe ciò che ritieni importante ricordare.

3. MODELLI ATOMICI DI THOMSON E DI RUTHERFORD

10. Che cos'è una particella alfa?

11. Quali particelle elementari costituiscono la particella α?

12. Rispetto all'atomo, il nucleo è:
    - A più grande e contiene la maggior parte della massa dell'atomo
    - B più piccolo e contiene molto meno massa dell'atomo
    - C più piccolo e contiene quasi tutta la massa dell'atomo
    - D più grande e contiene meno massa dell'atomo

13. L'esperimento di Rutherford dimostrò che gran parte del volume atomico è occupato da:
    - A protoni
    - B neutroni
    - C spazio vuoto
    - D nucleo

14. Quale concetto non fa parte del modello di Rutherford?
    - A il nucleo contiene particelle positive
    - B l'atomo è formato da un nucleo denso
    - C gli elettroni girano intorno al nucleo
    - D il numero dei protoni è uguale al numero di elettroni

15. Il modello atomico di Rutherford sostiene l'esistenza di:
    - A protoni concentrati nel nucleo
    - B elettroni nello spazio attorno al nucleo
    - C neutroni concentrati nel nucleo
    - D tutte e tre le risposte citate sopra

4. NUMERO ATOMICO, NUMERO DI MASSA E ISOTOPI

16. Compara un atomo di calcio-40 con un atomo di potassio-39. Quale atomo possiede:
    - A meno neutroni e più protoni
    - B uguale numero di protoni e neutroni
    - C più protoni e meno elettroni
    - D più elettroni e meno protoni

VERIFICHE

17. Il numero di protoni nel nucleo di ^{32}P è:

A 17 B 15
C 47 D 32

18. Qual è il numero di neutroni del ^{32}P?

A 17
B 15
C 47
D 32

19. Gli atomi di un elemento hanno lo stesso numero di:

A nucleoni B elettroni
C neutroni D protoni

20. Il numero atomico Z di un atomo è sempre uguale al:

A numero di protoni del nucleo
B numero di nucleoni
C numero di neutroni
D numero di protoni più numero di elettroni

21. Qual è il numero di nucleoni nell'atomo di ^{127}I?

A 53 B 74
C 180 D 127

22. Il nucleo di un atomo è formato da 8 protoni e 8 neutroni. Qual è il numero di elettroni?

A 8 B 16
C 6 D 32

23. Il nucleo di un atomo è costituito da 26 protoni e 30 neutroni. Qual è il numero di elettroni?

A 56 B 52
C 26 D 13

24. Qual è il numero di protoni di un atomo ^{40}Ar?

A 20 B 22
C 60 D 18

25. Qual è il numero di elettroni di un atomo che ha numero atomico Z = 13 e numero di massa A = 27?

A 14 B 13
C 27 D 41

26. Identifica i seguenti elementi: $^{9}_{4}X$, $^{28}_{14}X$, $^{27}_{13}X$.

27. Quale affermazione non è corretta?

A gli atomi neutri hanno uguale numero di protoni e neutroni
B la massa dell'atomo è dovuta al nucleo
C gli elettroni occupano quasi tutto il volume dell'atomo
D gli atomi contengono nuclei formati da protoni e neutroni

28. Che cos'è un isotopo?

29. Quanti e quali sono gli isotopi del carbonio?

30. Qual è il numero di protoni di neutroni e di elettroni di $^{35}Cl^{-}$?

A 17 protoni, 18 neutroni, 16 elettroni
B 17 protoni, 18 neutroni, 17 elettroni
C 17 protoni, 18 neutroni, 18 elettroni
D 18 protoni, 17 neutroni, 17 elettroni

31. L'isotopo con Z = 30 e A = 70 appartiene all'elemento:

A fosforo
B zinco
C gallio
D itterbio

32. L'isotopo con Z = 9 e A = 19 appartiene a:

A fluoro
B potassio
C nichel
D neon

33. L'isotopo con Z = 51 e A = 122 appartiene a:

A ferro
B antimonio
C piombo
D arsenico

34. Il gallio naturale è costituito da due isotopi ^{69}Ga e ^{71}Ga. Il 60,108% è gallio-69 (massa = 68,9256) e il 39,892% è gallio-71 (massa = 70,9247). Qual è la massa dell'elemento naturale?

A 71,21 B 69,72
C 70,51 D 71,52

35. Il rubidio è costituito da due isotopi ^{85}Rb e ^{87}Rb. Il rubidio-85 è presente per il 72,165% mentre il rubidio-87 ammonta al 27,835%. Qual è la massa atomica del rubidio?

A 85,47

B 85,97

C 86,47

D 86,97

36. A cosa serve lo spettrometro di massa?

37. Quali sono i concetti principali appresi in questo paragrafo? Riassumi in dieci righe ciò che ritieni importante ricordare.

5. IL NUCLEO DELL'ATOMO E LE SUE TRASFORMAZIONI

38. Qual è la differenza tra decadimento radioattivo e fissione nucleare?

39. Il carbonio-14 subisce decadimento β. Quali sono Z e A del nucleo prodotto? Qual è l'elemento?

40. Un nucleo di uranio-235 è colpito da 1 neutrone e subisce fissione, formando un nucleo di tellurio-137 e uno di zirconio-97. Quanti neutroni si liberano dalla fissione?

41. Il boro-12 decade e si trasforma in carbonio-12. Quale particella emette il nucleo?

42. Da un kilogrammo di ossa di un reperto archeologico, si misura un'emissione di 1875 elettroni/minuto. Normalmente 1 kg di ossa emette 15 000 elettroni/minuto. Stima l'età del reperto.

43. Lo iodio-131 ha un tempo di dimezzamento di 8 giorni. Cosa significa?

A il campione radioattivo scompare dopo 8 giorni

B il campione radioattivo si dimezza in 16 giorni

C il campione radioattivo si riduce a metà dopo 8 giorni

D tutti gli atomi decadono dopo 8 giorni

44. Qual è il prodotto del decadimento del radon-220, che emette particelle alfa?

A polonio-216

B radon-216

C radio-224

D francio-224

45. Quale particella manca nella seguente equazione? $^{27}Al + \rightarrow {}^{30}P + {}^{1}n$

A neutrone

B particella β

C protone

D particella α

46. Nel decadimento di gallio-75 a germanio-75, si ha emissione di

A particelle β

B neutroni

C particelle α

D radiazioni γ

47. Nell'emissione di una particella α, durante il decadimento radioattivo, il numero di massa:

A rimane lo stesso

B aumenta di 2

C diminuisce di 4

D aumenta di 4

48. Lo iodio-131 ha un tempo di dimezzamento di 8 giorni. Quanti grammi di iodio-131 rimangono di un campione di 4 g, dopo 24 giorni?

A 2 g

B 1 g

C 9,5 g

D 0,5 g

49. Il fosforo-32 ha un tempo di dimezzamento di 14 giorni. Quanti giorni sono necessari perché il campione originario si riduca a 1/4 della quantità iniziale?

A 7 giorni

B 14 giorni

C 42 giorni

D 28 giorni

COSTRUISCI LA COMPETENZA

OBIETTIVO spiegare le proprietà delle tre particelle che compongono l'atomo

RISOLVI I SEGUENTI QUESITI

1. Quali sono le particelle fondamentali dell'atomo?

2. Compara protone e neutrone dal punto di vista della carica e della massa.

3. Un atomo di idrogeno è costituito da un protone e da un elettrone. Conoscendo la massa del protone e quella dell'elettrone, quanti atomi di idrogeno ci sono in 1 grammo dell'elemento?

OBIETTIVO comparare i modelli atomici di Thomson e Rutherford

RISOLVI I SEGUENTI QUESITI

4. Quali sono le somiglianze e quali sono le differenze tra il modello atomico di Thomson e quello di Rutherford?

5. In che modo Rutherford riuscì a dimostrare che l'atomo non è un oggetto microscopico solido?

6. L'atomo è una struttura essenzialmente vuota. Conoscendo il diametro di un atomo e supponendo di avere in fila una serie di atomi, quanti ne servono per riempire un centimetro?

- A cento milioni di atomi
- B un milione di atomi
- C diecimila atomi
- D cinquantamila atomi

7. La densità dell'alluminio è 2,7 g/cm^3. Sapendo che il nucleo di alluminio è formato da 13 protoni e da 14 neutroni e possiede un volume di 2×10^{-39}cm^3, la densità del nucleo è:

- A uguale alla densità dell'alluminio metallico
- B minore dell'alluminio metallico
- C maggiore dell'alluminio metallico
- D enormemente più grande dell'alluminio metallico

OBIETTIVO identificare gli elementi mediante il numero atomico e determinare la massa atomica dagli isotopi componenti

RISOLVI I SEGUENTI QUESITI

8. Come si identificano gli elementi e come si determina la massa atomica di un elemento?

9. Dati i seguenti isotopi
$^{14}_{5}Y$, $^{14}_{6}X$, $^{13}_{7}Z$, $^{11}_{5}Y$, $^{10}_{6}X$, $^{10}_{5}Y$
stabilisci quali:

- A sono isotopi dello stesso elemento
- B hanno identico numero di massa
- C hanno lo stesso numero di neutroni
- D hanno lo stesso numero di elettroni

Identifica tutti gli elementi.

10. Il litio in natura è una miscela di due isotopi. Il 7,42% è l'isotopo ^{6}Li (massa = 6,02) e il 92,58% appartiene al ^{7}Li (massa = 7,02). Qual è la massa atomica approssimata?

- A 6,54
- B 7,02
- C 6,95
- D 7,23

OBIETTIVO descrivere le principali trasformazioni del nucleo atomico

RISOLVI I SEGUENTI QUESITI

11. Quali sono le principali trasformazioni nucleari?

12. Scrivi l'equazione di decadimento dello iodio-131, che emette particelle β e ha un tempo di dimezzamento di 8 giorni.

13. Completa le seguenti reazioni nucleari:

- A $^{242}_{94}Pu \rightarrow {}^{4}_{2}He + \ldots$
- B $\ldots \rightarrow {}^{32}_{16}S + \beta^-$

Pensa come uno scienziato

1 Il boro ha peso atomico 10,81 ed è costituito dall'isotopo ^{10}B (● pallina rossa) e dall'isotopo ^{11}B (● pallina verde). Quale figura mostra la corretta percentuale dei due isotopi nell'elemento naturale?

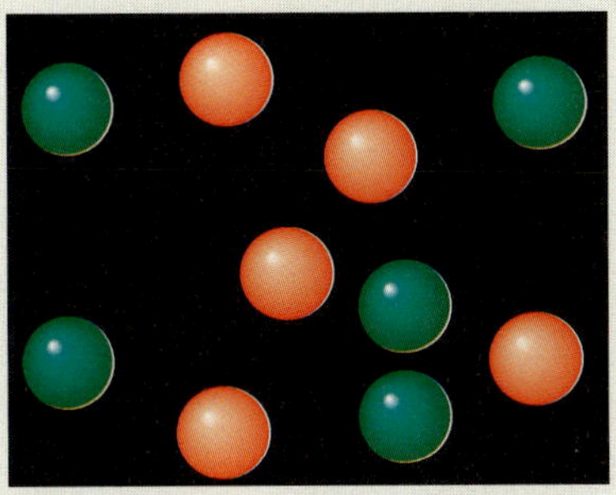

A

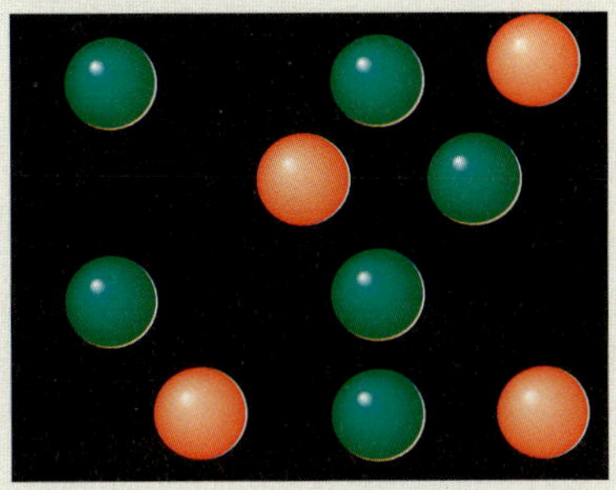

B

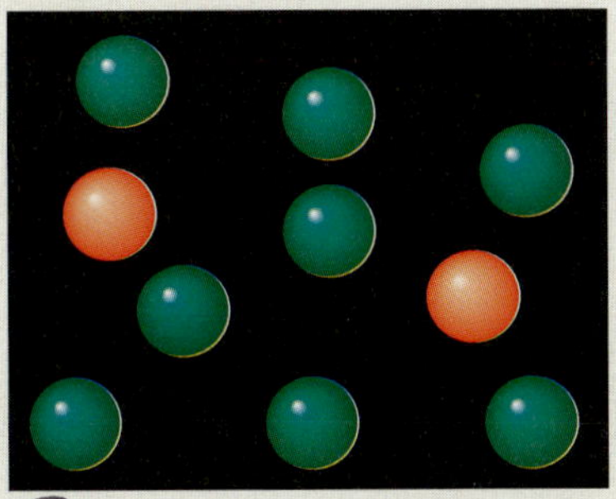

C

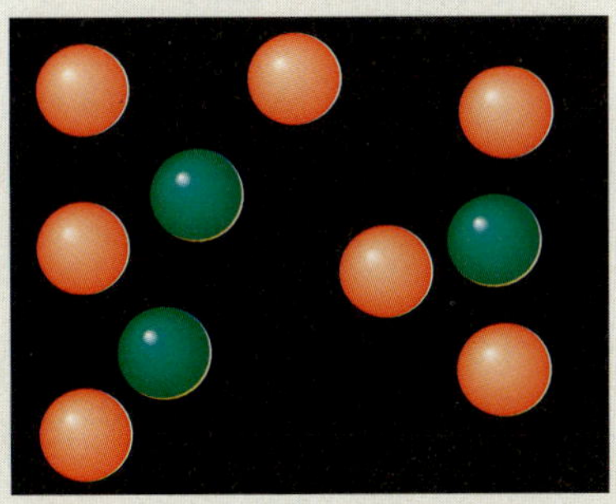

D

2 Completa la seguente tabella:

Simbolo	Nome	Numero atomico	Numero di massa	Protoni	Elettroni	Neutroni
$^{40}_{20}Ca$						
	mercurio				80	120
		33	75			
			184		74	
	platino				78	117

MODULO C ALL'INTERNO DELL'ATOMO

VERIFICHE

Unità 2

COMPETENZA

Spiegare la struttura elettronica a livelli di energia dell'atomo.

La competenza dell'unità didattica si costruisce ponendosi i seguenti obiettivi:

1. Descrivere il comportamento ondulatorio e corpuscolare della luce.
2. Usare il concetto di livelli di energia quantizzati per spiegare lo spettro a righe dell'atomo.
3. Rappresentare la configurazione elettronica di un elemento.
4. Identificare le basi sperimentali della struttura a livelli e sottolivelli di energia dell'atomo.

L'atomo e i livelli di energia

Quasi tutto quello che sappiamo sulla struttura elettronica degli atomi ci viene dall'analisi della luce emessa o assorbita dalle sostanze. Cominceremo perciò la nostra esplorazione del mondo infinitamente piccolo degli elettroni e degli atomi analizzando il duplice comportamento, ondulatorio e corpuscolare, della luce e dell'energia.

1. LA DOPPIA NATURA DELLA LUCE

Qual è la natura della luce?

Finché la luce si propaga nello spazio, o passa attraverso fenditure, la sua natura ondulatoria è facilmente verificabile. Per la luce, e quindi per tutte le *onde elettromagnetiche* (raggi X, infrarosso, ▸figura 2.1) i valori tipici delle grandezze che la caratterizzano sono:

VELOCITÀ DELLA LUCE

$$c = \lambda \cdot \nu = 3 \cdot 10^8 \ \mathrm{m \cdot s^{-1}}$$

La *frequenza* ν si misura in hertz: $1 \ \mathrm{Hz} = 1 \ \mathrm{s^{-1}}$. La *lunghezza d'onda* λ si misura in metri, in nanometri o in Ångström (Å): $1 \text{Å} = 10^{-10} \ \mathrm{m} = 0{,}1 \ \mathrm{nm}$. La velocità della luce (c) è pari a $3 \cdot 10^8$ m/s.

FIGURA 2.1 La luce visibile è una radiazione elettromagnetica, come i raggi X e le onde radio. Lo spettro visibile è un insieme continuo di colori dal rosso (λ = 700 nm) al violetto (λ = 400 nm).

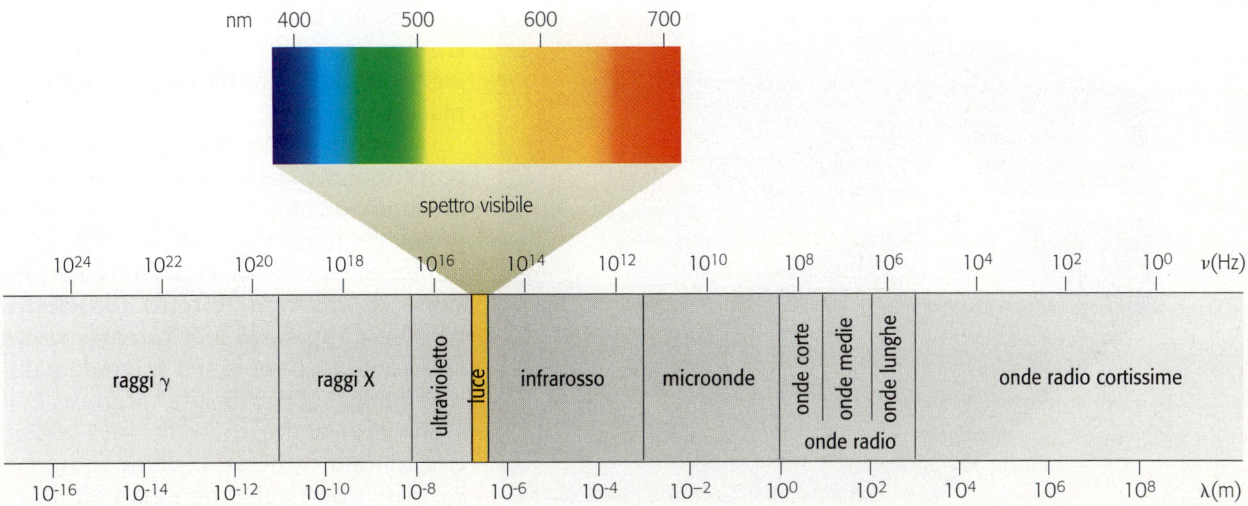

ESEMPIO **Calcolare la lunghezza d'onda delle onde radio FM alla frequenza di 100 MHz.**

Soluzione

Si applica la formula:

$$\lambda = \frac{c}{\nu} = \frac{3 \cdot 10^8 \text{ m} \cdot \text{s}^{-1}}{100 \cdot 10^6 \text{ s}^{-1}} = \frac{3 \cdot 10^8 \text{ m}}{1 \cdot 10^8} = 3 \text{ m}$$

La prova più evidente della natura ondulatoria della luce è legata al fenomeno della **diffrazione**.

Se si osserva una sorgente luminosa attraverso due dita ravvicinate si vedono righe chiare e scure alternate; queste righe sono chiamate **frange d'interferenza**. Il fenomeno si verifica quando le onde incontrano fessure oppure ostacoli molto piccoli, quasi delle stesse dimensioni della lunghezza d'onda. Allora il fascio non si propaga in linea retta, ma si rigenera per diffrazione all'uscita, provocando fenomeni di *interferenza*. Le frange chiare sono dovute all'interferenza *positiva*, in cui più onde *si sommano*, facendo aumentare la luminosità. Le zone scure sono dovute all'interferenza *negativa*, in cui le onde *si sottraggono* ▸figura 2.2.

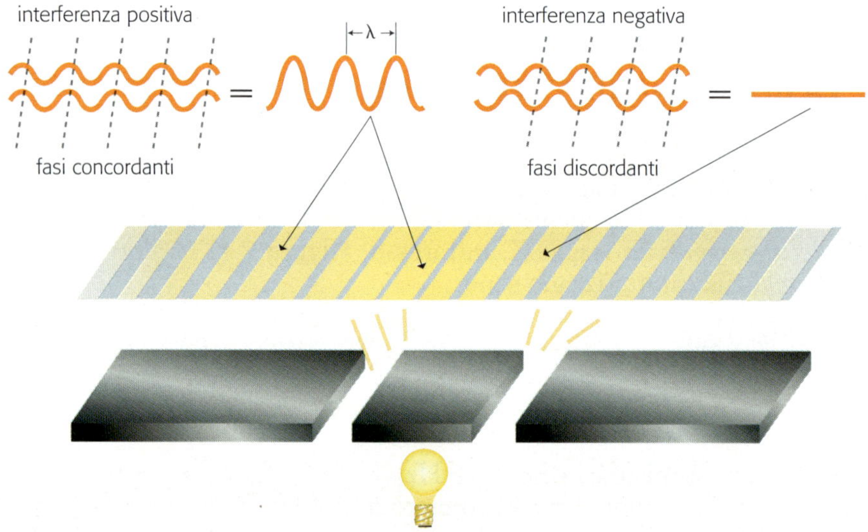

FIGURA 2.2 Come si generano le frange di interferenza: la frangia più intensa è situata proprio dietro l'ostacolo.

FIGURA 2.3 La luce solare viene scomposta dal prisma in uno spettro continuo di colori. Solo i fotoni blu-violetto hanno sufficiente energia per espellere elettroni dai metalli.

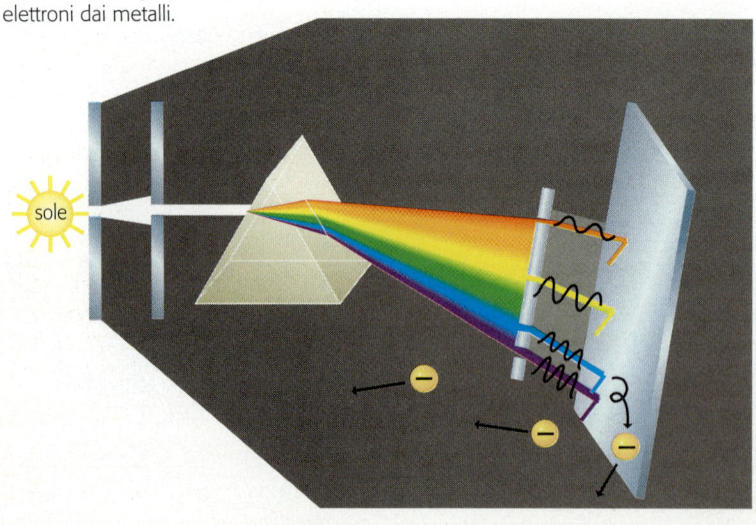

Notate che frange chiare possono trovarsi anche nella zona d'ombra, dietro l'ostacolo, dove particelle che viaggiano in linea retta non potrebbero mai giungere.

Come si evidenzia invece la natura corpuscolare della luce? Proiettando la figura di interferenza su una lastra metallica, in corrispondenza delle zone luminose è possibile constatare l'espulsione di elettroni (**effetto fotoelettrico**). Non appena la luce *interagisce con la materia*, spunta la sua seconda natura: quella corpuscolare ▸figura 2.3. Ogni radiazione, quindi, può essere considerata come un insieme di numerosissime particelle, ognuna con il suo determinato pacchetto di energia. Tali unità minime di energia, denominate **fotoni**, sono responsabili dell'espulsione di elettroni dalle superfici metalliche illuminate.

A ogni fotone è associata un'energia:

$$E = h \cdot \nu$$

ENERGIA DI UN FOTONE DI LUCE A FREQUENZA ν

ricordando che: $\nu = \dfrac{c}{\lambda}$:

$$E = h \cdot \frac{c}{\lambda}$$

ENERGIA DI UN FOTONE DI LUCE A LUNGHEZZA D'ONDA λ

dove h (il cui valore è $6{,}63 \cdot 10^{-34}$ J · s) è detta *costante di Planck*.

L'equazione riunisce i due comportamenti della luce. Nelle interazioni con la materia emerge l'aspetto corpuscolare (insieme di fotoni, ciascuno con energia E); nella propagazione e nell'aggiramento di piccoli ostacoli appare il comportamento ondulatorio (caratterizzato da una lunghezza d'onda e da una frequenza). Quale relazione esiste fra struttura atomica e radiazione luminosa? A questa domanda rispose Niels Bohr, interpretando gli spettri a righe emessi dagli elementi chimici.

La nascita del termine «fotone» è legata a due nomi: Max Planck, nel 1900, introdusse la sua costante h, sostenendo l'esistenza di granuli indivisibili di energia dati dalla formula $E = h \cdot \nu$. Albert Einstein, nel 1905, usò l'ipotesi dei «dardi di luce» per spiegare parecchi fenomeni fisici, fra cui l'effetto fotoelettrico. Ben presto si comprese che tutti i tipi di energia dovevano essere scambiabili solo a pacchetti discontinui, che Planck chiamò *quanti* di energia. Il nome *fotone* fu coniato da Compton nel 1922.

2. L'ATOMO DI BOHR

Se riscaldiamo alla fiamma un filo metallico e facciamo passare la luce bianca emessa prima attraverso una fenditura e poi attraverso un prisma di vetro, vedremo che la luce viene scomposta in tutti i colori dell'arcobaleno ▸figura 2.4. La serie continua di colori ottenuti viene chiamata **spettro continuo** ed è tipico dei solidi e dei liquidi portati all'incandescenza. Anche l'arcobaleno, che vediamo dopo la pioggia, è la scomposizione della luce bianca del sole in tutti i colori componenti.

Se, invece, analizziamo la luce emessa da gas rarefatti caldi, per esempio la luce di una lampada contenente idrogeno a bassissima pressione, avremo uno spettro discontinuo, costituito da un certo numero di righe colorate. Tale spettro viene chiamato **spettro a righe** ed è diverso per ogni elemento chimico analizzato.

Per l'idrogeno si ottengono, nella zona del visibile, 4 righe colorate: a 657 nm (riga rossa), a 486 nm (riga verde), a 434 (riga blu) e a 410 (riga viola) ▸figura 2.5.

FIGURA 2.4 L'arcobaleno è un esempio di spettro continuo.

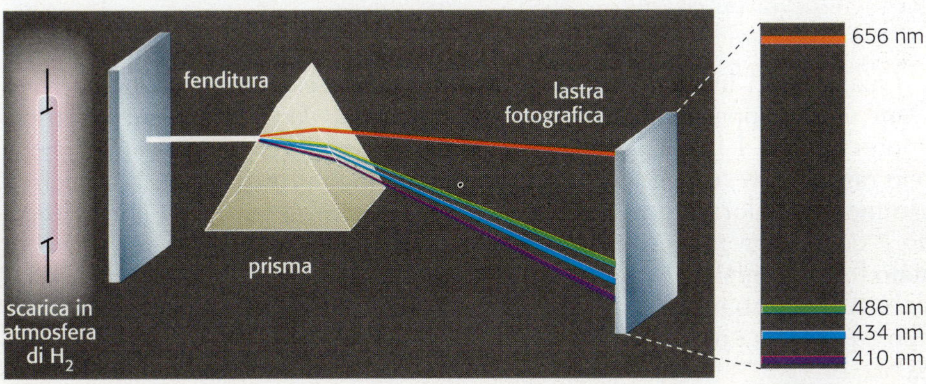

FIGURA 2.5 Spettro a righe dell'idrogeno. La figura a righe si ottiene perché le radiazioni emesse, prima di essere separate dal prisma, passano attraverso una sottile fenditura. Se le radiazioni passassero attraverso minuscoli fori, otterremmo degli spettri a cerchi concentrici, con gli stessi quattro colori.

In sostanza, ogni atomo emette un caratteristico spettro formato da una serie di righe, separate da spazi neri. Lo spettro dell'atomo di idrogeno, in realtà, è molto più complesso di quello rappresentato; la figura 2.6, infatti, mostra soltanto le radiazioni che appaiono nella zona della luce visibile.

Gli spettri atomici si possono usare, come l'impronta digitale per gli uomini, per riconoscere gli elementi. Per esempio, il sodio, che colora di giallo la fiamma, ha uno spettro a righe molto diverso da quello dell'idrogeno.

Questo fatto sperimentale convinse Niels Bohr, nel 1913, della necessità di perfezionare il modello atomico di Rutherford. Egli si rese conto che l'emissione di luce da parte degli atomi doveva avere a che fare con gli elettroni, che ruotavano intorno al nucleo.

Il nuovo modello dell'atomo d'idrogeno di Bohr si basa sulle seguenti assunzioni, che spiegano lo spettro a righe dell'elemento.

1. L'elettrone percorre solo determinate orbite circolari, chiamate *orbite stazionarie*. Quando l'elettrone ruota su un'orbita stazionaria non assorbe e non emette energia. L'atomo di idrogeno, insomma, è stabile, e l'elettrone (negativo) non cadrà mai sul protone (positivo).
2. All'elettrone sono permesse solo un limitato numero di orbite, che posseggono determinate energie. In altre parole, le orbite sono *quantizzate*, cioè sono in numero limitato e si possono contare.
3. Per saltare da un'orbita a un'altra di livello energetico più elevato, l'elettrone deve assorbire energia. Tale energia gli viene fornita per mezzo di calore, oppure di una scarica elettrica.
4. Quando l'elettrone cade su un livello di energia inferiore, l'atomo emette una luce caratteristica; la luce emessa compare come riga colorata nello spettro a righe.
5. L'energia della luce emessa o assorbita è uguale alla differenza fra le energie delle due orbite ▸figura 2.6.

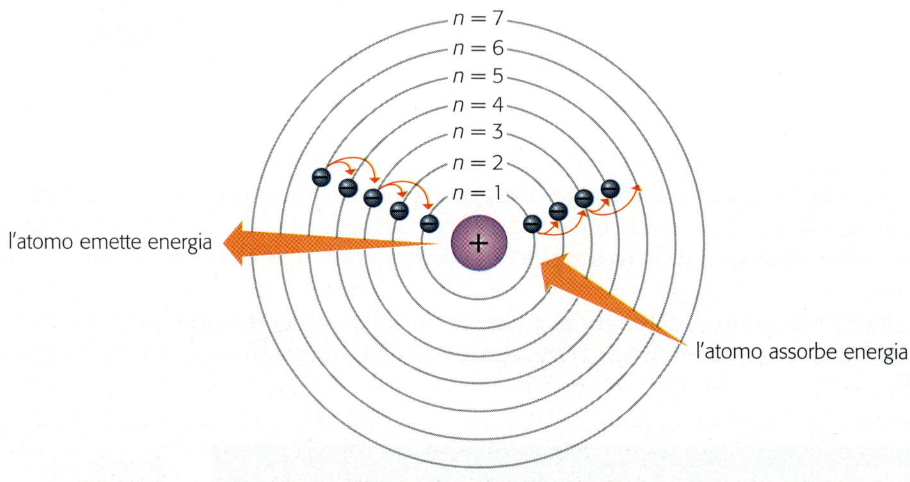

FIGURA 2.6 Un modello di Bohr per l'atomo di idrogeno.

Quali sono i livelli di energia e le orbite che l'elettrone può percorrere? Ogni orbita appartiene a un **livello di energia**, denominato anche guscio oppure strato. I livelli di energia delle orbite, che l'elettrone dell'idrogeno può raggiungere, dipendono dal **numero quantico principale**, n. Il numero n assume solo valori interi 1, 2, 3.... Il livello di energia più basso per l'idrogeno è quello con numero quantico n uguale a 1. Tale livello viene chiamato **stato fondamentale** e ha un'energia uguale a E_1.

Nell'idrogeno non c'è nessuna orbita a energia più bassa di E_1, così come non c'è nessuna orbita intermedia fra E_1 ed E_2 e fra gli altri livelli permessi E_3, E_4, E_5,...

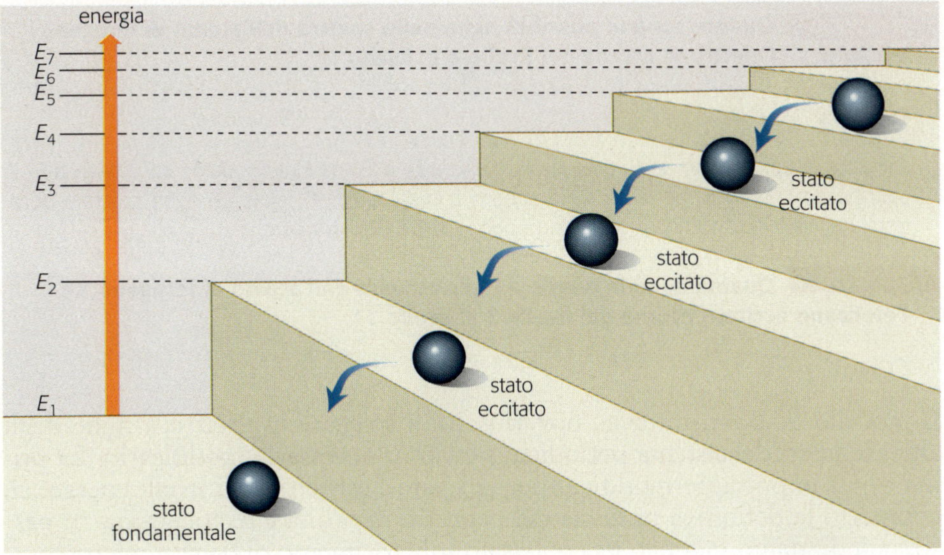

FIGURA 2.7 Gli elettroni scendendo da un livello più alto emettono energia. Ogni salto è rivelato dalla presenza di una riga nello spettro di emissione dell'atomo.

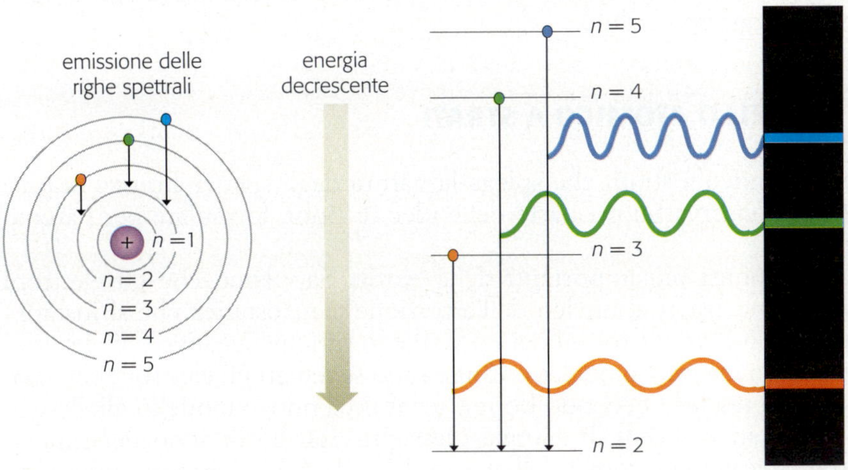

FIGURA 2.8 A un salto energetico maggiore corrisponde l'emissione di un fotone avente frequenza maggiore. La radiazione blu ha frequenza maggiore della radiazione rossa. Lo spettro è semplificato e non contiene tutte le righe.

I livelli di energia superiore E_2, E_3, ... sono chiamati **stati eccitati**, perché l'elettrone li può raggiungere soltanto se riceve una sufficiente quantità di energia ▶figure 2.7; 2.8; 2.9.

Veniamo ora all'interpretazione dello spettro a righe, fornita da Bohr. L'emissione di radiazioni diverse avviene perché gli elettroni degli atomi, eccitati dalla fiamma o in altro modo, saltano su livelli di energia più elevati. Gli elettroni degli atomi eccitati, attratti dal nucleo, ritornano nello stato fondamentale direttamente (per esempio, da E_5 a E_1) o scendendo gradino per gradino, cioè passando per i livelli inferiori di energia (da E_5 a E_4, da E_4 a E_3, da E_3 a E_2, da E_2 a E_1, ...). L'emissione di energia per ogni salto si materializza in un fotone, avente energia e frequenza ottenibili dalla seguente equazione di Bohr:

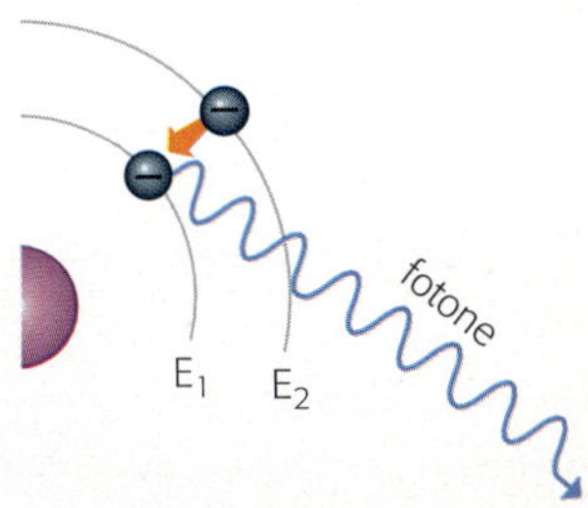

FIGURA 2.9 L'elettrone, passando da un livello di energia più alto (E_2) a uno inferiore (E_1), emette un fotone.

FREQUENZA DEL FOTONE EMESSO

$$\Delta E = E_5 - E_1 = h\nu = 6{,}6 \times 10^{-34}\,\text{Js} \times \nu\ (\text{in s}^{-1}) = \text{energia di 1 fotone}$$

ENERGIA DEL FOTONE EMESSO

Perciò, nello spettro si osserveranno tante righe quanti sono i salti dagli stati eccitati allo stato fondamentale.

ESEMPIO **Quante sono le possibili righe nello spettro dell'atomo di idrogeno eccitato, se l'elettrone ritorna dal livello 4 al livello 1?**

Soluzione

L'elettrone può passare da E_4 a E_3, da E_3 a E_2, da E_2 a E_1, da E_4 a E_2, da E_4 a E_1, da E_3 a E_1. I salti possibili sono 6, pertanto nello spettro compariranno 6 righe. Le righe colorate della zona del visibile sono una piccola parte dello spettro dell'idrogeno.

PROVA TU **Quante sono le possibili righe emesse dall'atomo di idrogeno, se l'elettrone eccitato ritorna dal livello 3 al livello 1?**

Il modello di Bohr, tuttavia, non riusciva a spiegare lo spettro a righe degli altri elementi del sistema periodico; perciò fu necessario modificarlo. La prima e più importante modifica, per spiegare l'esistenza dei livelli energetici, comportò la definitiva rinuncia del concetto di orbita e di traiettoria. Si passò, quindi, da un modello fisico, basato sul movimento di oggetti microscopici (come gli elettroni) a un modello matematico. Parleremo di tale modello nell'unità 4 di questo modulo.

3. IL MODELLO ATOMICO A STRATI

Il modello atomico a strati, che spiega la natura degli spettri atomici di tutti gli elementi, conserva buona parte delle idee di Bohr, formulate per l'atomo di idrogeno.

Vediamo i punti più importanti della teoria. Sappiamo che gli elettroni negli atomi sono legati al nucleo dall'attrazione elettrostatica che si instaura fra le cariche positive (i protoni del nucleo) e le cariche negative (gli elettroni che si muovono intorno al nucleo). Come sono sistemati gli elettroni che ruotano intorno al nucleo? Secondo Bohr e secondo il nuovo modello gli elettroni sono sistemati in livelli di energia crescenti. Tali livelli sono denominati anche strati o gusci elettronici dell'atomo. I livelli di energia sono numerati, dal più basso al più alto. Per $n = 1$ avremo il livello più basso. Gli altri livelli sono $n = 2$, $n = 3$, $n = 4$, $n = 5$, $n = 6$, $n = 7$. Questi sette principali livelli di energia sono in grado di descrivere la struttura elettronica di *tutti gli elementi della tavola periodica*. Il numero n è già stato definito *numero quantico principale*. Ricorderete che n può assumere solo valori interi e non frazionari.

L'atomo di idrogeno ha un solo elettrone, che si sistemerà sul primo livello di energia ($n = 1$). Secondo il modello di Bohr, si dice, in questo caso, che l'idrogeno si trova nel suo stato o livello fondamentale. Se l'elettrone non è nel livello o stato di minor energia, si dice che si trova in uno stato eccitato. Anche questo aspetto della teoria di Bohr viene conservato dalla nuova teoria.

Ciascun livello di energia è suddiviso in uno o più **sottolivelli**. Il primo livello di energia è costituito da un solo sottolivello, ma il secondo è formato da due sottolivelli. Il terzo livello è composto di tre sottolivelli, il quarto di quattro sottolivelli, il quinto da cinque e così via. I primi quattro sottolivelli sono designati con le lettere *s*, *p*, *d*, *f*. Tali lettere furono inventate dagli spettroscopisti del diciannovesimo secolo per descrivere la serie di righe negli spettri dei metalli alcalini. La *s* sta per *sharp* (riga netta), la *p* per *principal* (principale), la *d* per *diffuse* (diffusa) e la *f* per *fundamental* (fondamentale). La teoria prevede anche l'esistenza di sottolivelli *g*, *h*, *i*, *l*, *m*, ma per scrivere le strutture elettroniche di tutti gli elementi della tavola periodica sono sufficienti i quattro sottolivelli *s*, *p*, *d*, *f*.

Quanti elettroni può contenere un livello principale di energia n? Il numero massimo di elettroni che i livelli principali di energia possono contenere si ricava dalla seguente relazione:

$$\text{numero massimo di elettroni} = 2 \times n^2$$

Per $n = 1$ ci saranno al massimo 2 elettroni, per $n = 2$ ci potranno essere al massimo 8 elettroni, per $n = 3$ al massimo 18 elettroni, per $n = 4$ al massimo 32 elettroni, …

Per individuare con precisione i diversi sottolivelli che compongono un livello principale di energia, si antepone un numero alla lettera. Per $n = 1$ esiste un solo sottolivello che sarà indicato con 1*s*. Per $n = 2$, i due possibili sottolivelli sono 2*s* e 2*p*. Per $n = 3$, ci sono tre possibili sottolivelli, 3*s*, 3*p*, 3*d*, e così via. Quindi, a seconda del numero quantico principale n, la teoria prevede altrettanti sottolivelli.

Quanti elettroni possono contenere i diversi sottolivelli? Il sottolivello *s* può contenere solo due elettroni, il *p* ne può contenere al massimo 6, il *d* al massimo 10 e l'*f* al massimo 14. Per rappresentare il numero di elettroni che occupa un determinato sottolivello si usano gli esponenti. Per esempio:

LIVELLO

$4s^2$

$3p^6$

$4d^{10}$

$4f^{14}$

NUMERO MASSIMO DI ELETTRONI

I sottolivelli scritti sopra si pronunciano «quattro esse due», «tre pi sei», «quattro di dieci», «quattro effe quattordici». I sottolivelli possono anche contenere un numero inferiore di elettroni, del massimo previsto. Per esempio:

$1s^1$ e $1s^2$ $\quad 3p^1\ 3p^2\ 3p^3\ 3p^4\ 3p^5\ 3p^6 \quad 4d^1\ 4d^2\ 4d^3\ 4d^4\ 4d^5$

$4d^6 \ldots 4d^{10} \quad 4f^1\ 4f^2 \ldots 4f^{11} \ldots 4f^{14}$

Nella tabella 2.1 sono illustrati livelli, sottolivelli e numero massimo di elettroni che possono occuparli. Un'altra cosa importante da ricordare è questa:

Tutti gli elettroni di uno stesso sottolivello hanno uguale energia.

Per esempio, i quattro elettroni di $3p^4$ hanno energia uguale.

La descrizione della struttura elettronica dell'idrogeno è semplice. Più complicato è rappresentare la struttura elettronica degli altri elementi, che contengono molti elettroni. I sottolivelli, che appartengono a ciascuno dei 7 livelli principali di energia, hanno valori di energia crescenti $s < p < d < f$.

Per $n = 4$, per esempio, il sottolivello 4*s* è di energia inferiore al 4*p* e questo sottolivello ha energia più bassa del 4*d* ; il 4*f* ha energia maggiore del 4*d*.

TABELLA 2. 1 Numero massimo di elettroni su ogni livello e sottolivello.

Livello	Sottolivelli	Numero massimo di elettroni del sottolivello	Numero massimo di elettroni del livello
1	1*s*	2	2
2	2*s* 2*p*	2 6	8
3	3*s* 3*p* 3*d*	2 6 10	18
4	4*s* 4*p* 4*d* 4*f*	2 6 10 14	32
5	5*s* 5*p* 5*d* 5*f*	2 6 10 14	32
6	6*s* 6*p* 6*d*	2 6 10	18
7	7*s*	2	2

4. LA CONFIGURAZIONE ELETTRONICA DEGLI ELEMENTI

L'argomento centrale di questo paragrafo è la distribuzione degli elettroni intorno al nucleo di un atomo o di uno ione qualsiasi. Come si chiama questa rappresentazione?

La rappresentazione completa dei sottolivelli occupati da tutti gli elettroni, in un atomo oppure in uno ione, è chiamata configurazione elettronica.

Per scrivere la disposizione degli elettroni di un atomo o di uno ione si applica la seguente regola. Ogni atomo, nel suo stato fondamentale, avrà gli elettroni sui sottolivelli a più bassa energia possibile, cioè più vicini al nucleo. La configurazione elettronica dei primi 18 elementi, come vedremo, è relativamente facile da ricordare ▸tabella 2.2. Gli elettroni iniziano a disporsi, uno alla volta, sul sottolivello a più bassa energia, fino al numero massimo consentito (che è 2 per *s*, 6 per *p*, 10 per *d* e 14 per *f*), prima di cominciare a riempire il sottolivello successivo, a più alta energia. Il numero di elettroni di un atomo neutro è uguale al numero atomico dell'elemento. Sulla tavola periodica gli elementi sono disposti in ordine crescente di numero atomico. Il numero 1 è l'idrogeno, che possiede 1 elettrone, il 2 è l'elio con 2 elettroni,... il numero 100 è il fermio con 100 elettroni,...

TABELLA 2. 2 La configurazione elettronica dei primi 18 elementi neutri. Come vedete, le configurazioni sono state costruite aggiungendo un elettrone per volta. La somma degli esponenti, cioè degli elettroni, è uguale al numero atomico dell'elemento.

Atomo	Z	Configurazione elettronica dello stato fondamentale	
H	1	$1s^1$	1° livello
He	2	$1s^2$	
Li	3	$1s^2\ 2s^1$	2° livello
Be	4	$1s^2\ 2s^2$	
B	5	$1s^2\ 2s^2\ 2p^1$	
C	6	$1s^2\ 2s^2\ 2p^2$	
N	7	$1s^2\ 2s^2\ 2p^3$	
O	8	$1s^2\ 2s^2\ 2p^4$	
F	9	$1s^2\ 2s^2\ 2p^5$	
Ne	10	$1s^2\ 2s^2\ 2p^6$	
Na	11	$1s^2\ 2s^2\ 2p^6\ 3s^1$	3° livello
Mg	12	$1s^2\ 2s^2\ 2p^6\ 3s^2$	
Al	13	$1s^2\ 2s^2\ 2p^6\ 3s^2\ 3p^1$	
Si	14	$1s^2\ 2s^2\ 2p^6\ 3s^2\ 3p^2$	
P	15	$1s^2\ 2s^2\ 2p^6\ 3s^2\ 3p^3$	
S	16	$1s^2\ 2s^2\ 2p^6\ 3s^2\ 3p^4$	
Cl	17	$1s^2\ 2s^2\ 2p^6\ 3s^2\ 3p^5$	
Ar	18	$1s^2\ 2s^2\ 2p^6\ 3s^2\ 3p^6$	

Cominciamo a descrivere la configurazione elettronica dei primi 5 elementi. L'idrogeno H ha numero atomico (Z) uguale a 1 e quindi ha un solo elettrone da sistemare sul più basso sottolivello 1*s*: la sua configurazione elettronica è $1s^1$. L'elio (He) ha numero atomico 2 e due elettroni esterni: la configurazione dell'elio è $1s^2$. Il litio (Li) ha numero atomico 3 e tre elettroni esterni: la sua configurazione è $1s^2\ 2s^1$. L'elemento con numero atomico 4 è il berillio (Be), che ha quattro elettroni esterni e configurazione elettronica $1s^2\ 2s^2$. Al quinto posto della tavola troviamo il boro (B), che possiede 5 elettroni: la configurazione elettronica di B è $1s^2\ 2s^2\ 2p^1$. Quindi:

La somma degli esponenti corrisponde al numero di elettroni posseduto da ciascun atomo neutro nello stato fondamentale.

Per un atomo neutro, la somma degli esponenti è uguale al numero atomico dell'elemento.

L'ordine di riempimento dei sottolivelli

L'ordine di riempimento dei sottolivelli, per i primi 18 elementi, avviene con regolarità. Si completa con gli elettroni prima il livello 1, poi il 2 e quindi parte del livello 3. Come possiamo verificare sulla tabella, l'ordine è il seguente:

$$1s \rightarrow 2s \rightarrow 2p \rightarrow 3s \rightarrow 3p$$

$$\text{elettroni nei sottolivelli} = 2 + 2 + 6 + 2 + 6 = 18$$

L'elettrone 19 dovrebbe essere collocato nel sottolivello 3*d*. Invece, sia l'elettrone 19 sia l'elettrone 20 si dispongono sul livello di energia 4 e vanno a riempire il sottolivello 4*s*. Pertanto la struttura elettronica del calcio, che ha numero atomico Z = 20, è la seguente:

$$1s^2\ 2s^2\ 2p^6\ 3s^2\ 3p^6\ \underline{4s^2} \quad \text{e non} \quad 1s^2\ 2s^2\ 2p^6\ 3s^2\ 3p^6\ \underline{3d^2}$$

$$\text{elettroni nei sottolivelli} = 2 + 2 + 6 + 2 + 6 + \underline{2} = 20$$

Cercheremo di spiegare l'anomalia ricorrendo a un'analogia. Supponiamo di avere due palazzine, costruite lungo il fianco della montagna ▸figura 2.10. La prima è stata costruita in basso, alla quota 3, e la seconda alla quota 4, più in alto. Come si vede nella figura, il piano terra (4*s*) della palazzina costruita in alto si trova più in basso, rispetto al terzo piano (3*d*) della prima costruzione.

PROVA TU **Scrivi la configurazione elettronica degli elementi con numero atomico 6, 7, 8, 9, cioè del carbonio C, dell'azoto N, dell'ossigeno O e del fluoro F. L'ordine di riempimento dei sottolivelli è: 1*s* 2*s* 2*p***

FIGURA 2.10 L'inquilino del piano terra (4 *s*) della casa più in alto (n = 4) abita più in basso dell'inquilino del piano 3 *d* della casa costruita a valle.

FIGURA 2.11 Livelli e sottolivelli in ordine crescente di energia.

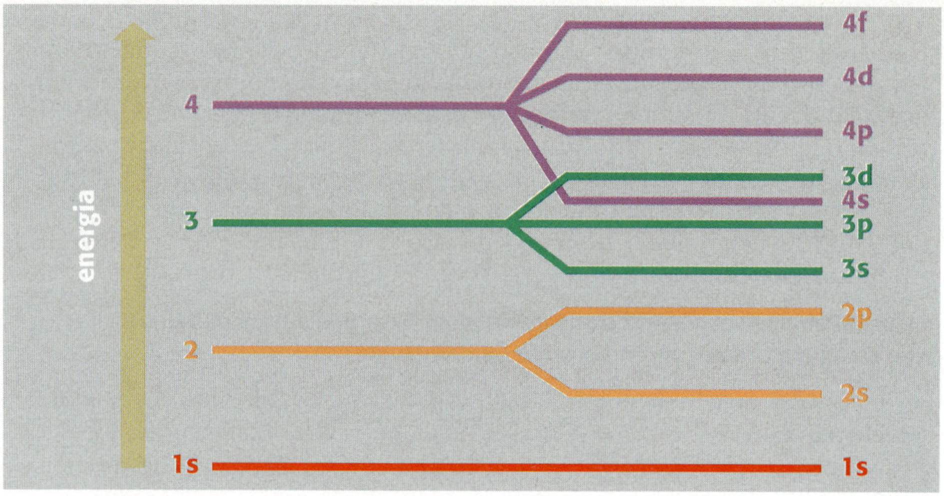

FIGURA 2.12 L'ordine di riempimento dei sottolivelli. Si comincia dal sottolivello 1*s* e poi si seguono le frecce, verso l'alto.

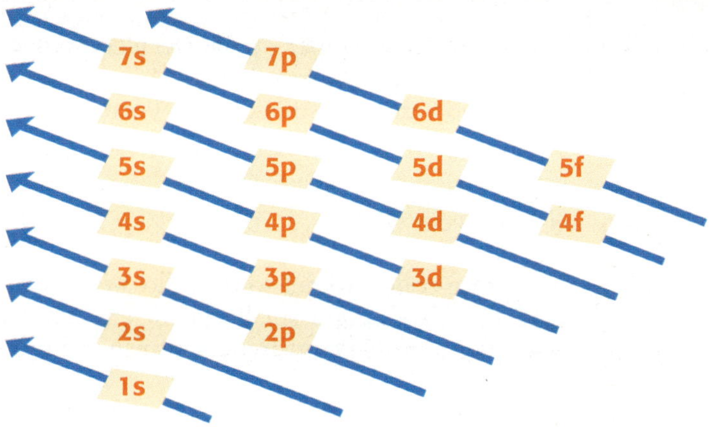

Analogamente accade per gli atomi con più di 18 elettroni. Bisogna trovare, allora, uno schema che ci consenta di stabilire l'ordine di riempimento per tutti gli elementi del sistema periodico, senza entrare nei dettagli matematici della teoria. Le ▸figure 2.11 e 2.12 ci possono aiutare a risolvere questo problema. Secondo lo schema, l'ordine completo di riempimento dei sottolivelli è il seguente:

$$1s \rightarrow 2s \rightarrow 2p \rightarrow 3s \rightarrow 3p \rightarrow 4s \rightarrow 3d \rightarrow 4p \rightarrow 5s \rightarrow 4d \rightarrow$$
$$\rightarrow 5p \rightarrow 6s \rightarrow 4f \rightarrow 5d \rightarrow 6p \rightarrow 7s \rightarrow 5f \rightarrow 6d \rightarrow 7p$$

La configurazione elettronica di qualsiasi elemento della tavola periodica si può scrivere tenendo presente la successione dei sottolivelli elencata sopra.

ESEMPIO **Qual è la struttura elettronica del ferro?**

Soluzione Per risolvere il quesito si opera così:

a) si trova sulla tavola periodica il numero atomico (Z) che ci informa sul numero di elettroni;
b) si distribuiscono gli elettroni sui sottolivelli, secondo la sequenza ricavata dalla figura 2.12;
c) si controlla che la somma degli esponenti sia uguale al numero atomico.

Quindi:

a) Il numero atomico del ferro è 26, perciò gli elettroni dello stato fondamentale sono 26;
b) l'ordine di riempimento dei sottolivelli è 1*s* 2*s* 2*p* 3*s* 3*p* 4*s* 3*d*: $1s^2\ 2s^2\ 2p^6\ 3s^2\ 3p^6\ 4s^2\ 3d^6$;
c) si controlla la somma degli esponenti:
elettroni = 2 + 2 + 6 + 2 + 6 + 2 + 6 = 26

ESEMPIO **Qual è la configurazione elettronica dello iodio, che ha numero atomico 53?**

Soluzione

Per risolvere il quesito si opera così:

a) il numero atomico (Z) ci informa sul numero di elettroni;
b) si distribuiscono gli elettroni sui sottolivelli, secondo la sequenza ricavata dalla figura 2.12;
c) si controlla che la somma degli esponenti dei sottolivelli sia uguale al numero atomico.

Quindi:

a) il numero atomico dello iodio è 53, perciò gli elettroni dello stato fondamentale sono 53:
b) l'ordine di riempimento dei sottolivelli è 1*s* 2*s* 2*p* 3*s* 3*p* 4*s* 3*d* 4*p* 5*s* 4*d* 5*p*;
$1s^2\ 2s^2\ 2p^6\ 3s^2\ 3p^6\ 4s^2\ 3d^{10}\ 4p^6\ 5s^2\ 4d^{10}\ 5p^5$
c) si controlla la somma degli esponenti:
elettroni = 2 + 2 + 6 + 2 + 6 + 2 + 10 + 6 + 2 + 10 + 5 = 53

PROVA TU

Qual è la configurazione elettronica dell'arsenico (As), che ha numero atomico 33?

PROVA TU

Qual è la configurazione elettronica del cripton (Kr), che ha numero atomico 36?

Per scrivere le strutture elettroniche di ioni positivi e ioni negativi si opera in maniera leggermente diversa.

ESEMPIO **Qual è la configurazione elettronica degli ioni calcio (Ca^{2+}) e fluoruro (F^-)?**

Soluzione Si trova il numero atomico dell'elemento neutro. Per stabilire il numero di elettroni, si abbassa il numero atomico di 1 (per gli ioni 1+), di 2 (per gli ioni 2+), di 3 (per gli ioni 3+).
In caso di ioni negativi si aumenta il numero atomico di 1 (per gli ioni 1−), di 2 (per gli ioni 2−), e così via.

Il numero atomico del calcio è 20. Siccome si tratta di uno ione 2+, il numero di elettroni non è 20 ma 18. Pertanto, la struttura elettronica di Ca^{2+} è:
$1s^2\ 2s^2\ 2p^6\ 3s^2\ 3p^6$
elettroni = 2 + 2 + 6 + 2 + 6 = 18

Il numero atomico del fluoro è 9. Siccome lo ione ha carica 1^-, il numero di elettroni non è 9 ma 10. Perciò, la struttura elettronica di F^- è:
$1s^2\ 2s^2\ 2p^6$
elettroni = 2 + 2 + 6 = 10

Prima di chiudere la spiegazione sulla configurazione elettronica, faremo qualche esempio su come risalire dalla configurazione elettronica all'elemento.

ESEMPIO **Quali elementi hanno la seguente struttura elettronica?**
$1s^2\ 2s^2\ 2p^6\ 3s^2\ 3p^6\ 4s^2\ 3d^{10}\ 4p^6\ 5s^2$
$1s^2\ 2s^2\ 2p^6\ 3s^2\ 3p^6\ 4s^2\ 3d^{10}\ 4p^6\ 5s^2\ 4d^{10}\ 5p^5$

Soluzione Per risolvere il quesito si opera così:

a) si controlla che gli esponenti non superino il numero massimo di elettroni consentito (2 per *s*, 6 per *p*, 10 per *d*, 14 per *f*);

b) si sommano gli esponenti; la somma, per un atomo neutro, è uguale al numero atomico (Z) dell'elemento;
c) si identifica l'elemento sulla tavola periodica.

Esaminiamo la prima struttura elettronica:

$1s^2\ 2s^2\ 2p^6\ 3s^2\ 3p^6\ 4s^2\ 3d^{10}\ 4p^6\ 5s^2$

a) elettroni = 2 + 2 + 6 + 2 + 6 + 2 + 10 + 6 + 2 = 38;
b) il numero atomico dell'elemento è 38;
c) l'elemento è lo stronzio (Sr).

Per il secondo elemento si procede alla stessa maniera:

$1s^2\ 2s^2\ 2p^6\ 3s^2\ 3p^6\ 4s^2\ 3d^{10}\ 4p^6\ 5s^2\ 4d^{10}\ 5p^3$

a) elettroni = 2 + 2 + 6 + 2 + 6 + 2 + 10 + 6 + 2 + 10 + 3 = 51;
b) il numero atomico dell'elemento è 51;
c) l'elemento è l'antimonio Sb.

PROVA TU

Trova l'elemento che ha la seguente configurazione elettronica:
$1s^2\ 2s^2\ 2p^6\ 3s^2\ 3p^6\ 4s^2\ 3d^{10}\ 4p^2$

5. LA SECONDA PROVA SPERIMENTALE

Una seconda prova sperimentale della dislocazione degli elettroni sui livelli di energia (dopo quella degli spettri a righe) si ricava dalle energie di ionizzazione. L'atomo di zolfo, per esempio, è neutro ($_{16}S$) perché possiede 16 protoni nel nucleo e 16 elettroni, che orbitano intorno al nucleo. Fornendo una quantità crescente di energia, è possibile allontanare dall'atomo un elettrone alla volta, ottenendo ioni con carica positiva, cioè **cationi**. Il processo si chiama **ionizzazione**. Per lo zolfo la ionizzazione può essere schematizzata così:

$$S_{(g)} + \text{energia} \rightarrow S^+_{(g)} + e^-$$

L'energia che è stata impiegata è chiamata energia di ionizzazione, e la sua definizione è la seguente:

L'energia di ionizzazione di un atomo è l'energia necessaria per rimuovere un elettrone dall'atomo in fase gassosa.

L'energia necessaria per togliere allo zolfo il primo elettrone viene denominata energia di *prima ionizzazione*. Aumentando l'energia, si riesce a strappare un secondo, un terzo elettrone, e così via. Pertanto, dello zolfo si possono misurare anche la seconda, la terza,..., sino alla sedicesima energia di ionizzazione. L'energia aumenta *sempre* a ogni ionizzazione successiva, poiché vengono tolti gli elettroni, ma non i protoni (l'elemento rimane sempre lo zolfo).

All'aumentare della carica positiva dello ione, diventa sempre più difficile togliere l'elettrone successivo. Ma non è solo questa, come spiegheremo fra poco, la ragione dell'aumento dell'energia di ionizzazione.

Come si determina sperimentalmente la *serie di energie di ionizzazione successive*? L'elemento viene introdotto in un tubo di vetro sotto vuoto come quello ▸figura 2.13. Applicando potenziali elettrici crescenti, si registrano le energie di ionizzazione; con i valori misurati si costruisce un istogramma. L'energia di ionizzazione si misura in eV per atomo oppure in kJ per mole di atomi. Nel grafico riportato nella ▸figura 2.14 sono stati riportati i valori delle energie di ionizzazione successive, espressi in kJ/mol, di tutti i 16 elettroni dell'atomo di zolfo.

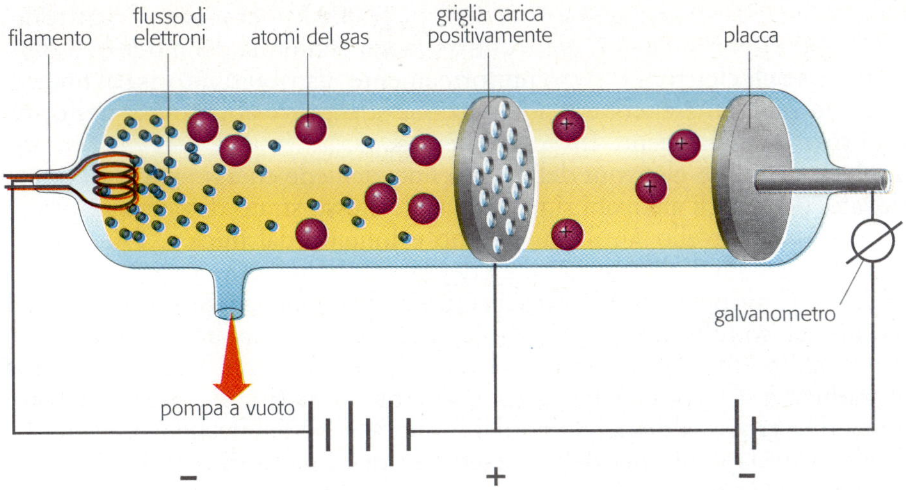

FIGURA 2.13 L'apparecchiatura utilizzata per misurare l'energia di ionizzazione. Si tratta di un tubo in cui prima viene fatto il vuoto e poi viene introdotto il gas da esaminare; quindi si genera una differenza di potenziale, che produce un flusso di elettroni, e si misura con un galvanometro l'intensità della corrente generata. Mano a mano che la differenza di potenziale aumenta, aumenta anche l'intensità della corrente; quando la differenza di potenziale raggiunge un certo valore, l'intensità della corrente diminuisce e poi si azzera. Questo significa che il movimento degli elettroni è cessato perché l'energia fornita al sistema ora viene usata per strappare gli elettroni agli atomi neutri del gas, trasformandoli in ioni positivi. Il valore della tensione corrispondente è il potenziale di ionizzazione.

Osservando l'istogramma, si comprende come sono sistemati gli elettroni dello zolfo sui 3 livelli di energia (strati o gusci). Partiamo dalla struttura dell'atomo di zolfo e cerchiamo di comprendere il significato dell'istogramma:

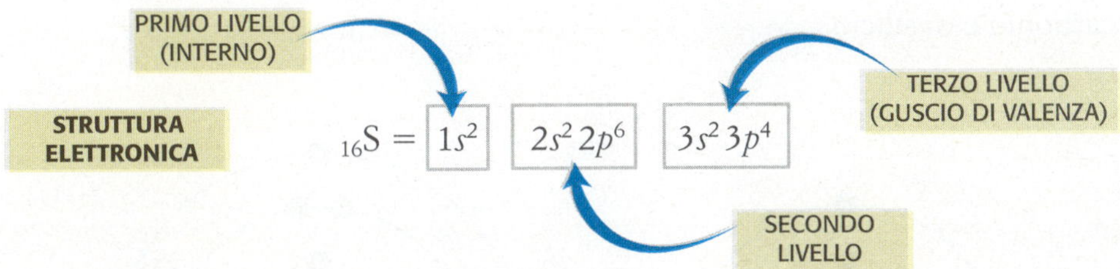

Le energie di ionizzazione dei primi 6 elettroni del guscio di valenza sono comprese fra 1000 kJ/mol e 9000 kJ/mol (terzo livello, il più esterno). Poi bisogna fornire 28 000 kJ/mol per ionizzare il 7° elettrone (secondo livello) e 68 000 kJ/mol per il 14° (sempre sul secondo livello) e addirittura 311 000 kJ/mol per ionizzare il 15° elettrone (primo livello, il più vicino al nucleo).

FIGURA 2.14 Le energie di ionizzazione dell'atomo di zolfo. Il primo cospicuo salto di energia è di 20 000 kJ per mole (fra terzo e secondo livello). Il secondo salto è di 243 000 kJ per mole (fra secondo e primo livello).

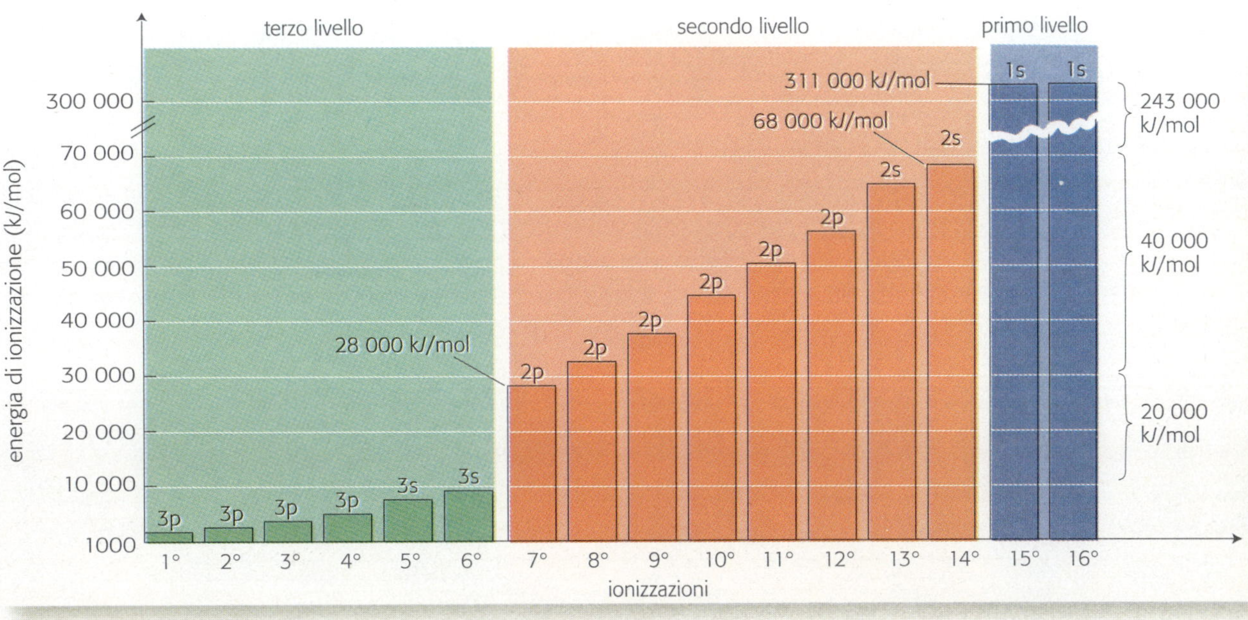

Questi due elevati salti energetici, di circa 20 000 kJ per mole (7° elettrone) e di 243 000 kJ per mole (15° elettrone), sono la conferma del modello atomico a strati; se gli elettroni fossero uniformemente distribuiti intorno al nucleo, dovremmo aspettarci energie di ionizzazione successive abbastanza uniformi, senza bruschi innalzamenti. Invece non è così.

Togliere i primi 6 elettroni dello zolfo non richiede energie particolarmente elevate, perché gli elettroni si trovano sullo stesso strato di valenza (sottolivelli 3*s* e 3*p* del livello 3), il più esterno e lontano dal nucleo. Più difficile risulta sottrarre gli 8 elettroni 2*s* e 2*p* del livello 2, che sono a distanza media dal nucleo. Enormemente più difficile, infine, l'allontanamento degli ultimi 2 elettroni dal sottolivello 1*s* (livello 1), che sono vicinissimi al nucleo. In sostanza, all'interno di uno strato (o livello) l'energia di ionizzazione aumenta con gradualità. Quando si passa da uno strato all'altro, si notano sull'istogramma due grossi salti energetici (dal livello 3 al 2 e dal livello 2 al livello 1). Tali salti sono la conferma della correttezza dell'ipotesi di distribuzione dei 16 elettroni dello zolfo su 3 gusci o livelli di energia, per $n = 1, 2, 3$.

Analoghi profili energetici si possono ricavare per tutti gli altri elementi, perché gli elettroni sono disposti intorno al nucleo su strati o gusci ben precisi, che corrispondono ai livelli energetici governati dal numero quantico principale n.

La figura ▸figura 2.15 mostra la distribuzione degli elettroni negli atomi di carbonio e di silicio.

FIGURA 2.15 Sia il carbonio sia il silicio hanno solo 4 elettroni sul guscio più esterno.

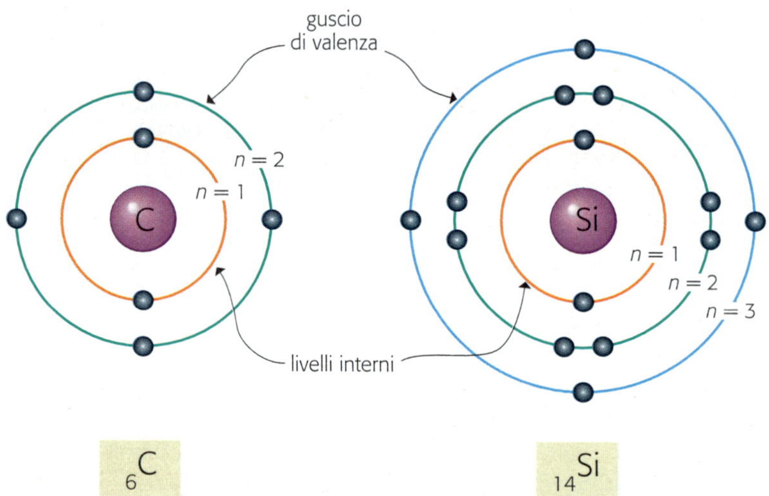

1. LA DOPPIA NATURA DELLA LUCE

1. La luce prodotta da un filamento metallico a 1000°C è composta da:
A radiazione visibile
B radiazione ultravioletta
C raggi X
D raggi γ

2. La lunghezza d'onda più corta della luce visibile è:
A rossa
B verde
C gialla
D violetta

3. I raggi X hanno:
A grande lunghezza d'onda
B frequenza elevata
C frequenza bassa
D lunghezza d'onda media

4. Quali sono i concetti appresi in questo paragrafo? Scrivi una breve sintesi di 10 righe di ciò che consideri importante ricordare.

2. L'ATOMO DI BOHR

5. Secondo Bohr la sistemazione degli elettroni intorno al nucleo somiglia:
A ai gradini di una scala
B a un sistema solare in miniatura
C a un gruppo di nubi in movimento
D a nessuno dei tre modelli descritti

6. Un elettrone eccitato dell'idrogeno emette meno energia quando cade dal livello:
A 3 al 2
B 2 all'1
C 4 al 2
D 5 al 2

7. Lo spettro caratteristico di un elemento è prodotto quando:
A l'elettrone cade su un livello di energia più basso
B l'energia del nucleo aumenta
C l'elettrone passa su un livello di energia più elevato
D gli elettroni sono emessi dall'atomo

8. Il numero quantico principale descrive:
A il cammino dell'elettrone
B il livello di energia dell'elettrone
C la velocità dell'elettrone
D la massa dell'elettrone

9. Quali sono i concetti appresi in questo paragrafo? Scrivi una breve sintesi di 10 righe di quanto consideri importante da ricordare.

3. IL MODELLO ATOMICO A STRATI

10. Qual è il numero massimo di elettroni sul livello principale di energia?
A 8
B $2n$
C n^2
D $2n^2$

11. Un atomo contiene 25 elettroni nello stato fondamentale. Quanti sono i livelli di energia che contengono i 25 elettroni?
A 1
B 2
C 3
D 4

12. Si verifica emissione di energia quando l'elettrone passa dal sottolivello:
A $2s$ al $3s$
B $1s$ al $2s$
C $3p$ al $5s$
D $3s$ al $2s$

13. Un elettrone $2s$ del litio:
A ha più energia di un $2p$
B è più lontano dal nucleo di un elettrone $1s$
C è sempre più lontano dal nucleo di un elettrone $2p$
D ha la stessa energia del $2p$

14. Il numero totale di elettroni su un orbitale *f* è:

A 6

B 8

C 7

D 14

15. Qual è il numero totale di elettroni di un atomo di sodio nel suo stato fondamentale?

A 2

B 6

C 8

D 11

16 Il caratteristico spettro a righe del sodio è prodotto quando i suoi elettroni:

A ritornano sui livelli di energia più bassi

B saltano sui livelli di energia più alti

C sono allontanati dall'atomo neutro

D sono acquistati dall'atomo neutro

17. Quali sono i concetti principali appresi in questo paragrafo? Riassumi in dieci righe ciò che ritieni importante ricordare.

4. LA CONFIGURAZIONE ELETTRONICA DEGLI ELEMENTI

18. Scrivi le configurazioni elettroniche di litio, sodio e potassio.

19. Cosa hanno in comune le configurazioni elettroniche degli elementi dell'esercizio precedente?

20. Scrivi le configurazioni elettroniche di ossigeno, zolfo e selenio.

21. Cosa hanno in comune le configurazioni degli elementi dell'esercizio precedente?

22. Il cloro (Cl) può acquistare un elettrone e diventare Cl^- (ione cloruro). Qual è la configurazione elettronica di questo ione?

23. Quale elemento ha la stessa configurazione elettronica dello ione cloruro?

24. Qual è la configurazione elettronica dello ione magnesio (Mg^{2+})?

25. Qual è la configurazione elettronica dello ione (Ca^{2+})?

26. Confronta lo ione magnesio con lo ione calcio. Cosa hanno in comune? Perché sono diversi?

27. Un atomo ha sette elettroni di valenza nel suo stato fondamentale. Qual è la configurazione elettronica di questo elemento nello strato di valenza?

A $3s^1\,3p^6$

B $3s^1\,3p^4\,3d^2$

C $3s^2\,3p^4\,3d^1$

D $3s^2\,3p^5$

28. Quale tra le seguenti configurazioni elettroniche rappresenta un atomo in uno stato eccitato?

A $1s^2\,2s^2\,2p^6\,3p^1$

B $1s^2\,2s^2\,2p^6\,3s^2$

C $1s^2\,2s^2\,2p^6\,3s^2\,3p^2$

D $1s^2\,2s^2\,2p^6\,3s^1$

29. Qual è la configurazione di un gas nobile nello stato eccitato?

A $1s^1$

B $1s^1\,2s^1$

C $1s^2\,2s^2$

D $1s^2\,2s^2\,2p^1$

30. Qual è il numero massimo di elettroni nel sottolivello $2p$ del cloro nel suo stato fondamentale?

A 5

B 4

C 6

D 2

31. Qual è il numero massimo di sottolivelli sul terzo principale livello di energia?

A 1

B 2

C 3

D 4

32. Qual è la configurazione elettronica dei seguenti elementi?
O; K; Ba; Kr; Se; P

33. La configurazione elettronica $1s^2\,2s^2\,2p^2$ appartiene al:
A magnesio
B azoto
C silicio
D carbonio

34. La configurazione elettronica $1s^2\,2s^2\,2p^6\,3s^2\,3p^4$ appartiene a:
A ossigeno
B zolfo
C fosforo
D azoto

35. Quando il sodio perde un elettrone:
A si forma uno ione con carica −1
B si forma uno ione con carica +1
C il numero atomico diminuisce di uno
D il nucleo aumenta la sua carica di +1

36. Se gli elettroni occupano i livelli di energia più bassi possibili, l'atomo si dice:
A inerte
B nel suo stato fondamentale
C eccitato
D che ha completato tutti i livelli di energia

37. Un atomo ha la configurazione elettronica $1s^2\,2s^2\,2p^5$. Quale affermazione non è corretta?
A ha numero atomico maggiore dell'ossigeno
B ha numero atomico minore dell'argo
C ha carica −1
D ha nove protoni nel nucleo

38. Le particelle che sono coinvolte nelle reazioni chimiche sono:
A i protoni
B gli elettroni
B i neutroni
D gli elettroni di valenza

5. LA SECONDA PROVA SPERIMENTALE

39. Perché l'energia di ionizzazione successiva di un elemento non cresce con regolarità?

40. A che cosa sono dovuti i salti energetici, che si registrano nelle energie di ionizzazione?

41. Come si ionizza un atomo?

42. Quali sono i concetti principali appresi in questo paragrafo? Riassumi in dieci righe ciò che ritieni importante ricordare.

COSTRUISCI LA COMPETENZA

OBIETTIVO descrivere il comportamento ondulatorio e corpuscolare della luce

RISOLVI I SEGUENTI QUESITI

1. Quale affermazione è corretta circa l'energia di un fotone? Spiega la tua risposta.
A l'energia è direttamente proporzionale alla lunghezza d'onda della radiazione
B l'energia è inversamente proporzionale alla lunghezza d'onda della radiazione
C l'energia è inversamente proporzionale alla frequenza della radiazione
D l'energia non dipende dalla lunghezza d'onda della radiazione

2. Qual è l'energia di 1 mole di fotoni della radiazione violetta, che ha $\lambda = 400$ nm $= 400 \times 10^{-9}$ m, sapendo che la costante di Planck h è uguale a $6{,}6 \times 10^{-34}$ J · s?
A 0,5 kJ/mol
B 1,2 kJ/mol
C 300 kJ/mol
D 29,8 kJ/mol

OBIETTIVO usare il concetto di livelli di energia quantizzati per spiegare lo spettro a righe dell'atomo

RISOLVI I SEGUENTI QUESITI

3. Spiega la correlazione fra lo spettro a righe dell'idrogeno e i livelli di energia caratteristici dell'elettrone di questo elemento.

4. La luce visibile è prodotta da:
A un metallo riscaldato a 200 °C
B dagli elettroni eccitati
C dalle radiazioni gamma
D dai gas riscaldati a 200 °C

5. Se l'elettrone dell'idrogeno si muove dal secondo al primo livello di energia emetterà:
   - A una particella β
   - B una particella α
   - C un quanto di energia
   - D raggi γ
6. Quale transizione comporta il più elevato assorbimento di energia?
   - A dall'1s al 3p
   - B dal 2p al 3s
   - C dal 3s al 3p
   - D dal 3s al 4s

   Spiega la tua risposta.

OBIETTIVO rappresentare la configurazione elettronica di un elemento

RISOLVI I SEGUENTI QUESITI

7. Rappresenta la configurazione elettronica di 4 elementi aventi numero atomico compreso fra Z = 10 e Z = 20.
8. Quale coppia di particelle ha la stessa configurazione elettronica?
   - A Cl^{1-} e K
   - B Cl^{1-} e Ne
   - C Cl^{1-} e S^{2-}
   - D Cl^{1+} e F^{1-}
9. Qual è la configurazione elettronica di un isotopo dell'ossigeno nello stato fondamentale?
   - A $1s^2 2s^2 2p^2$
   - B $1s^2 2s^2 2p^3$
   - C $1s^2 2s^2 2p^1$
   - D $1s^2 2s^2 2p^4$
10. Il numero di elettroni di valenza in un atomo con la configurazione elettronica $1s^2 2s^2 2p^6 3s^2 3p^4$ è:
    - A 2
    - B 4
    - C 16
    - D 6

OBIETTIVO identificare le basi sperimentali della struttura a livelli e sottolivelli di energia dell'atomo

RISOLVI I SEGUENTI QUESITI

11. Descrivi le basi sperimentali della disposizione degli elettroni sui livelli e sottolivelli di energia.
12. Il fosforo (Z = 15) mostra due grossi salti energetici nella serie di ionizzazioni successive di tutti i suoi elettroni. Scrivi la configurazione elettronica dell'elemento e individua questi due salti energetici.
13. Nella serie di ionizzazioni successive del potassio (Z = 19) quanti salti energetici evidenti mostra l'elemento?
    - A 2
    - B 3
    - C 4
    - D 5
14. Disegna, per il fosforo e il potassio, le strutture elettroniche a cerchi concentrici come quelle del carbonio e del silicio (ogni cerchio rappresenta un livello energetico).

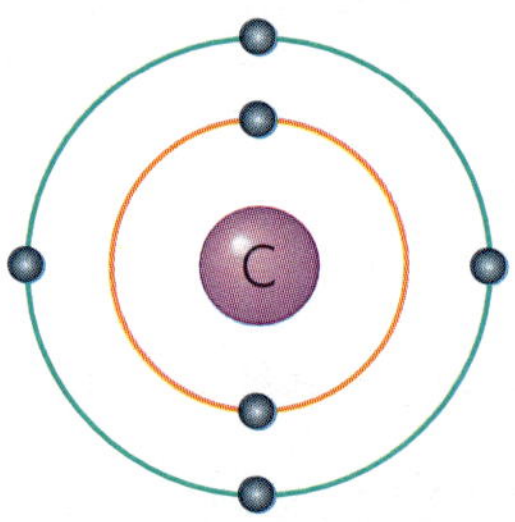

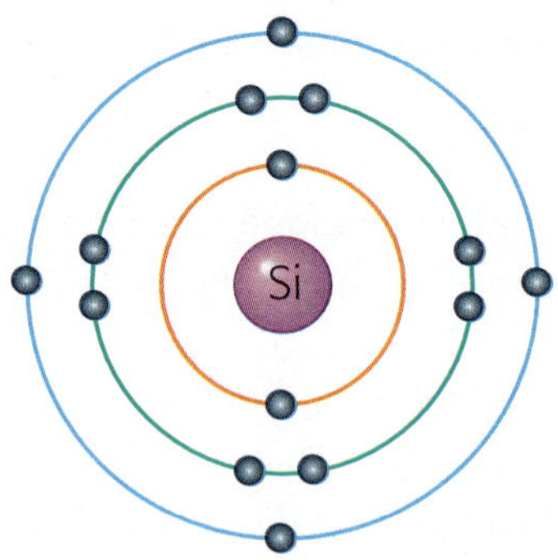

Pensa come uno scienziato

1 Quale struttura elettronica, fra quelle rappresentate, appartiene al cloro? Quali elementi hanno le altre strutture elettroniche?

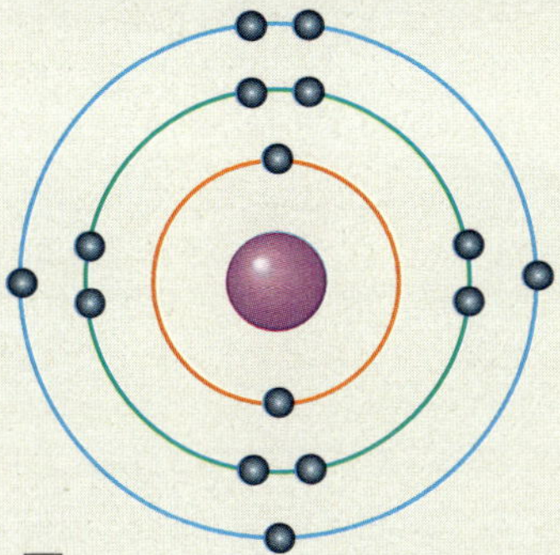

A

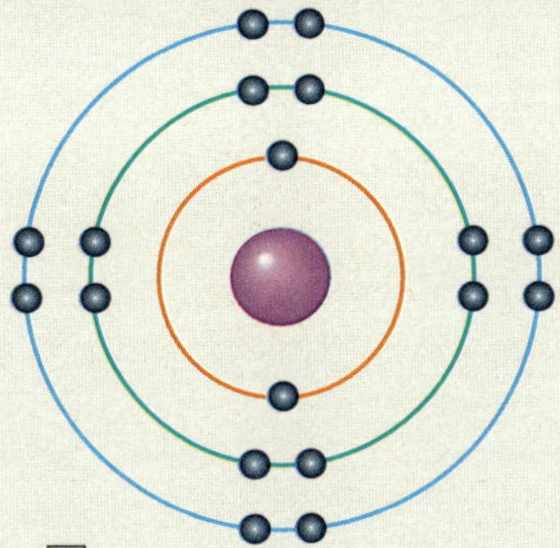

B

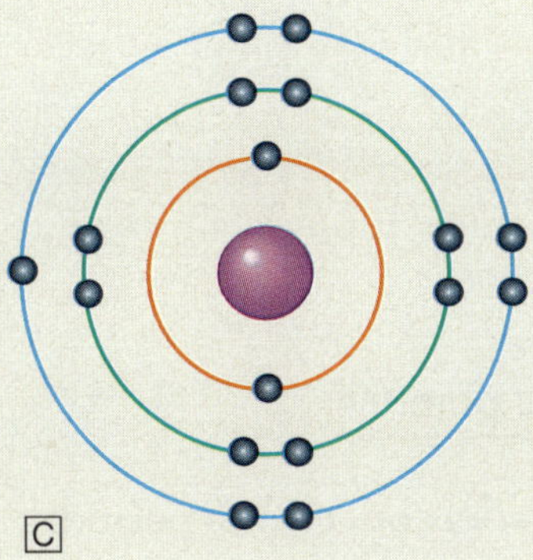

C

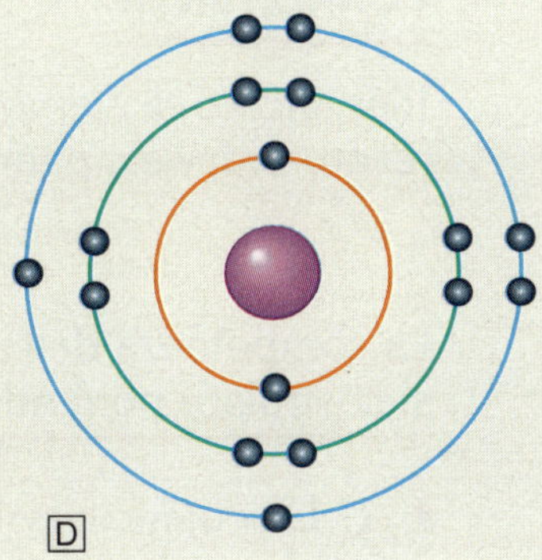

D

A ....

B ....

C ....

D ....

2 Completa la seguente tabella:

Elemento	Simbolo	Numero atomico	Struttura elettronica	Strati elettronici	Elettroni di valenza
alluminio					
azoto					
		22			
		18			
		35			
ossigeno					
bario					

Unità 3

COMPETENZA

Identificare gli elementi attraverso le loro proprietà periodiche

La competenza dell'unità didattica si costruisce ponendosi i seguenti obiettivi:

- **1.** Discutere lo sviluppo storico del concetto di periodicità.
- **2.** Spiegare la relazione fra struttura elettronica e posizione degli elementi sulla tavola periodica.
- **3.** Descrivere le principali proprietà periodiche che confermano la struttura a strati dell'atomo.
- **4.** Descrivere le principali proprietà di metalli, non metalli, semimetalli e gas nobili.

Il sistema periodico

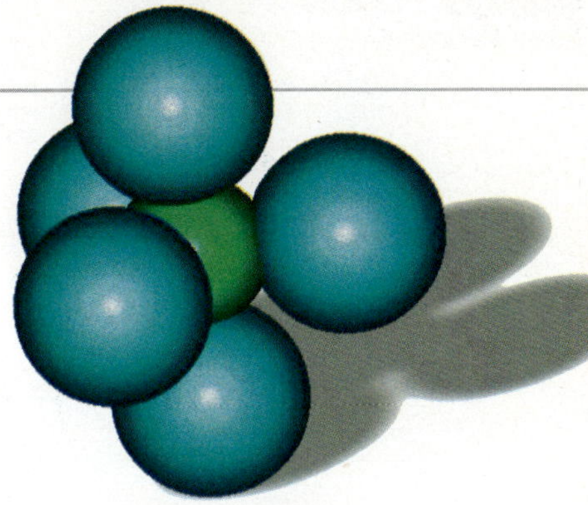

L'inizio del percorso che porterà all'elaborazione della tavola periodica come la conosciamo oggi può essere fatto risalire al 1860, l'anno in cui Stanislao Cannizzaro propose alla comunità scientifica il metodo per determinare i pesi atomici relativi, come abbiamo visto nel modulo B.

FIGURA 3.1 Dmitrij Ivanovic Mendeleev (Tobolsk, 7 febbraio 1834 - San Pietroburgo, 2 febbraio 1907).

1. VERSO IL SISTEMA PERIODICO

Sessanta anni di sforzi e di congetture: è questo il periodo di tempo che intercorre tra l'ipotesi atomica di Dalton e l'opera del grande chimico russo Dmitrij Ivanovic Mendeleev ▸figura 3.1.

Nel 1869 Mendeleev ordinò i 63 elementi noti secondo il peso atomico crescente. Egli dispose i primi sette elementi in fila (dal litio al fluoro), quindi scrisse una seconda riga dal sodio al cloro e poi una terza riga, una quarta ecc.; tralasciò i gas nobili, che non erano ancora stati scoperti ▸tabella 3.1.

TABELLA 3.1 Lo schema di Mendeleev.

	H	I	II	III	IV	V	VI	VII
periodo 1		Li	Be	B	C	N	O	F
periodo 2		Na	Mg	Al	Si	P	S	Cl
periodo 3		K	Ca	^{31}?	^{32}?	As	Se	Br
periodo 4		Rb	Sr	In	Sn	Sb	Te	I

Due cose colpirono gli scienziati in questo schema veramente notevole:

1. leggendo lo schema per colonne si notava che gli elementi avevano proprietà chimiche comuni (per esempio, i metalli alcalíni reagiscono violentemente con l'acqua);
2. lungo le righe apparivano degli spazi vuoti.

Lo scienziato russo previde peso atomico e proprietà fisiche e chimiche per gli elementi 31 e 32, ancora sconosciuti. Pochi anni più tardi, nel 1875, il francese De Boisbaudran isolò l'elemento 31, il *gallio* (Ga), che aveva le caratteristiche previste da Mendeleev. Nel 1866 Winkler chiamò *germanio* (Ge) l'elemento della posizione 32, da lui isolato; la validità della legge periodica di Mendeleev trovò ancora una clamorosa conferma.

Lo spettroscopio, da poco introdotto da Bunsen, fu uno strumento prezioso per accorgersi della presenza di nuovi elementi chimici nei minerali. Bastava mettere il minerale sospetto sulla fiamma poco luminosa del becco bunsen e osservare le righe allo spettroscopio. Il cesio, il rubidio, il gallio, per esempio, furono visti per la prima volta in questo modo.

FIGURA 3.2 La tavola periodica di Mendeleev.

Ueber die Beziehungen der Eigenschaften zu den Atomgewichten der Elemente. Von D. Mendelejeff. — Ordnet man Elemente nach zunehmenden Atomgewichten in verticale Reihen so, dass die Horizontalreihen analoge Elemente enthalten, wieder nach zunehmendem Atomgewicht geordnet, so erhält man folgende Zusammenstellung, aus der sich einige allgemeinere Folgerungen ableiten lassen.

			Ti = 50	Zr = 90	? = 180
			V = 51	Nb = 94	Ta = 182
			Cr = 52	Mo = 96	W = 186
			Mn = 55	Rh = 104,4	Pt = 197,4
			Fe = 56	Ru = 104,4	Ir = 198
			Ni = Co = 59	Pd = 106,6	Os = 199
H = 1			Cu = 63,4	Ag = 108	Hg = 200
	Be = 9,4	Mg = 24	Zn = 65,2	Cd = 112	
	B = 11	Al = 27,4	? = 68	Ur = 116	Au = 197 ?
	C = 12	Si = 28	? = 70	Sn = 118	
	N = 14	P = 31	As = 75	Sb = 122	Bi = 210 ?
	O = 16	S = 32	Se = 79,4	Te = 128 ?	
	F = 19	Cl = 35,5	Br = 80	J = 127	
Li = 7	Na = 23	K = 39	Rb = 85,4	Cs = 133	Tl = 204
		Ca = 40	Sr = 87,6	Ba = 137	Pb = 207
		? = 45	Ce = 92		
		?Er = 56	La = 94		
		?Yt = 60	Di = 95		
		?In = 75,6	Th = 118 ?		

1. Die nach der Grösse des Atomgewichts geordneten Elemente zeigen eine stufenweise Abänderung in den Eigenschaften.

2. Chemisch-analoge Elemente haben entweder übereinstimmende Atomgewichte (Pt, Ir, Os), oder letztere nehmen gleichviel zu (K, Rb, Cs).

3. Das Anordnen nach den Atomgewichten entspricht der *Werthigkeit* der Elemente und bis zu einem gewissen Grade der Verschiedenheit im chemischen Verhalten, z. B. Li, Be, B, C, N, O, F.

4. Die in der Natur verbreitetsten Elemente haben *kleine* Atomgewichte

Contemporaneamente anche il tedesco Lothar Meyer studiava la serie crescente dei pesi atomici e la periodicità delle *proprietà fisiche*, ma solo nel 1870, un anno dopo Mendeleev, egli giunse ad elaborare una tavola periodica simile a quella di Mendeleev.

Nel 1871 lo scienziato russo modificò la disposizione degli elementi, passando dalla tavola verticale alla disposizione orizzontale presentata nella ▸figura 3.2. Mendeleev distribuì i 63 elementi allora noti in dodici file orizzontali e otto verticali, iniziando con l'idrogeno (il primo in alto a sinistra) e concludendo con l'uranio (l'ultimo in basso a destra).

2. LA MODERNA TAVOLA PERIODICA

Nei primi decenni di questo secolo si è finalmente giunti a fare piena luce sulle ragioni della disposizione degli elementi nella tavola periodica.

Il posto occupato nel *sistema periodico* da ciascun elemento è stabilito dal *numero atomico*, che indica il numero dei protoni nel nucleo e quindi anche il numero di elettroni che si trovano intorno al nucleo di un atomo neutro. Leggendo la tavola periodica si comprende la causa della periodicità: le strutture elettroniche più esterne degli elementi, infatti, si ripetono periodicamente, dopo aver completato un livello. Perciò:

Il numero e la disposizione degli elettroni sul livello più esterno, simile per gli elementi dello stesso gruppo, determina la somiglianza delle proprietà chimiche e fisiche degli elementi di un gruppo.

La periodicità, quindi, è dovuta alla struttura elettronica più esterna degli elementi. Gli elettroni più esterni sono chiamati **elettroni di valenza**.

Discutiamo ora alcune regolarità riscontrate. Per esempio, gli elementi litio (Li), sodio (Na), potassio (K) sono metalli che hanno proprietà chimiche e fisiche simili: essi reagiscono violentemente con l'acqua, formano ossidi con l'ossigeno a temperatura ambiente, hanno una bassa densità, hanno punti di fusione bassi. Tali elementi, chiamati **metalli alcalíni**, presentano una struttura elettronica caratteristica:

$_{3}Li$	$1s^2$	$2s^1$		
$_{11}Na$	$1s^2$	$2s^2\,2p^6$	$3s^1$	
$_{19}K$	$1s^2$	$2s^2\,2p^6$	$3s^2\,3p^6$	$4s^1$

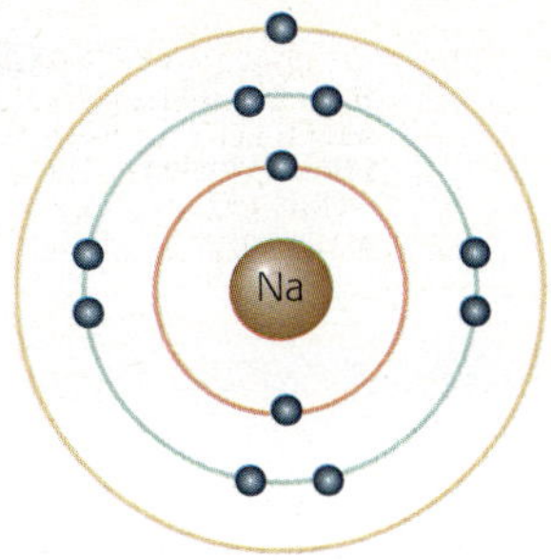

L'esame della configurazione elettronica di Li, Na, K e di Rb (rubidio), Cs (cesio) e Fr (francio), che li seguono nel gruppo, rivela che ciascun elemento ha un solo elettrone sul sottolivello più esterno *s* (guscio di valenza).

Anche gli elementi berilio (Be), magnesio (Mg), calcio (Ca), stronzio (Sr), bario (Ba) presentano proprietà chimiche e fisiche simili, perché hanno strutture elettroniche esterne simili. Questi elementi sono detti **metalli alcalino-terrosi**:

$_{4}Be$	$1s^2$	$2s^2$		
$_{12}Mg$	$1s^2$	$2s^22p^6$	$3s^2$	
$_{20}Ca$	$1s^2$	$2s^22p^6$	$3s^23p^6$	$4s^2$

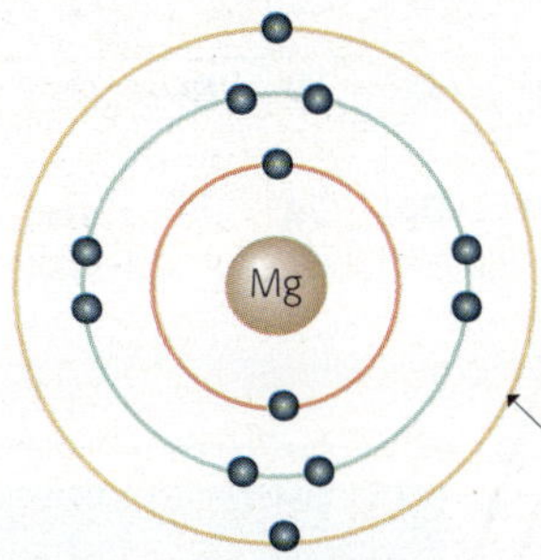

Gli elementi Be, Mg, Ca, Sr, Ba hanno tutti due elettroni sul guscio di valenza, cioè sul sottolivello più esterno *s*.

Le stesse considerazioni si possono fare per tutti gli altri elementi della tavola periodica. La figura seguente ci mostra la disposizione degli elettroni più esterni per gli elementi dei principali gruppi del sistema periodico ▸figura 3.3.

FIGURA 3.3 Tavola periodica e rappresentazione degli elementi secondo il modello a strati di elettroni.

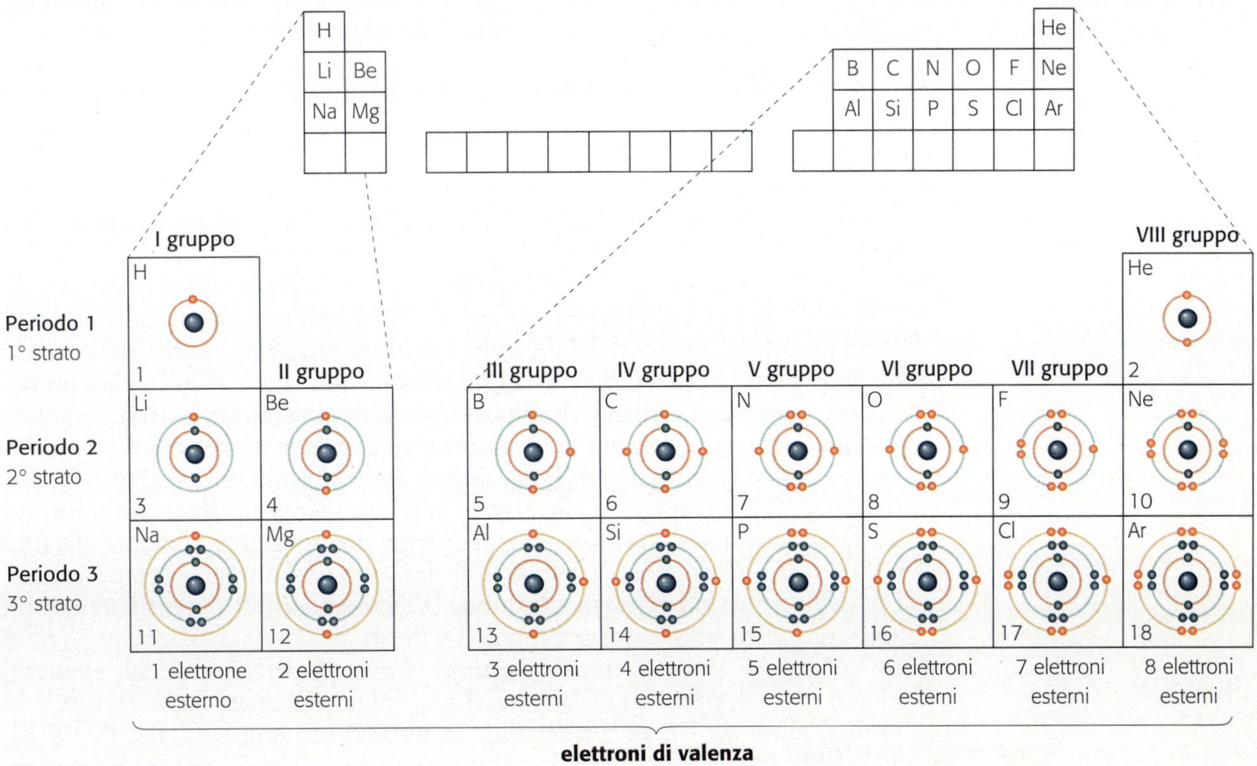

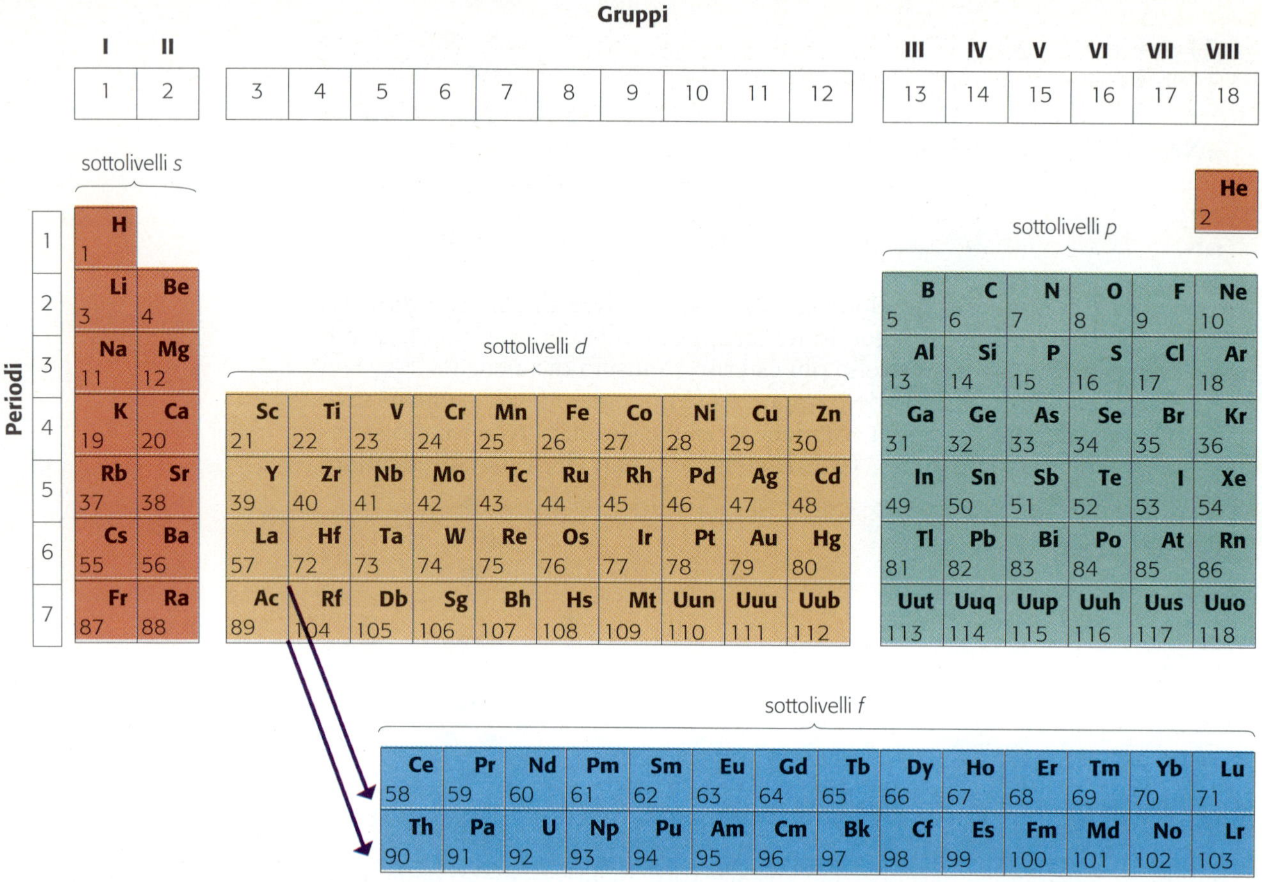

FIGURA 3.4 La moderna tavola periodica degli elementi, con i numeri atomici.

Considerando la moderna tavola periodica degli elementi vanno sottolineati sei punti, che rappresentano in sintesi le caratteristiche del sistema e completano il quadro delineato da Mendeleev ▸figura 3.4.

1. Il posto che ciascun elemento occupa nel sistema periodico non dipende dal suo peso atomico ma dal suo numero atomico (numero di protoni nel nucleo dell'atomo).

2. Gli elementi presenti nella tavola sono 118; gli elementi 113, 115 e 117 però sono soltanto ipotetici, mentre gli elementi 114, 116 e 118 sono stati scoperti molto di recente, nel 1999.

3. Le righe orizzontali formano **7 periodi**. Il numero di ciascun periodo ci indica il livello principale di energia sul quale è possibile trovare gli *elettroni di valenza* di tutti gli elementi del periodo. Gli elementi, per esempio, del periodo 3 hanno i loro elettroni di valenza sul terzo livello con $n = 3$. In ciascun periodo il numero di elettroni di valenza cresce, da sinistra verso destra, e *le proprietà cambiano sistematicamente attraverso il periodo*. Gli elementi che chiudono i periodi sono **gas nobili** (gas inerti, come definiti fino al 1960). Questi sei elementi (elio He, neon Ne, argon Ar, cripton Kr, xeno Xe e radon Rn) sono caratterizzati da una bassissima reattività, dovuta principalmente alla loro configurazione elettronica stabile. Per ora sono noti numerosi composti stabili dello xeno con gli elementi fluoro (F) e ossigeno (O), mentre è noto un solo composto stabile del cripton con il fluoro.

4. Le colonne verticali formano i **gruppi**. I gruppi principali degli elementi hanno una doppia numerazione. La prima, suggerita dalla IUPAC, in numeri arabi da 1 a 18. La seconda in numeri romani: I, II, III, IV, V, VI, VII, VIII. Quest'ultima numerazione interessa soltanto i gruppi principali,

TABELLA 3.2 Gli elementi di ogni periodo.

Periodo	Elementi					
1	2		$_1H$	e	$_2He$
2	8	da	$_3Li$	a	$_{10}Ne$
3	8	da	$_{11}Na$	a	$_{18}Ar$
4	18	da	$_{19}K$	a	$_{36}Kr$
5	18	da	$_{37}Rb$	a	$_{54}Xe$
6	32	da	$_{55}Cs$	a	$_{86}Rn$
7	32 (finora)	da	$_{87}Fr$	a	$_{118}Uuo$

in cui gli elettroni si dispongono a riempire i sottolivelli *s* e *p*. Al numero romano corrisponde il numero degli elettroni di valenza.

5. Fra il gruppo II e il III si trovano i numerosissimi **elementi di transizione**. Anch'essi sono suddivisi in gruppi numerati da 3 a 12 (numerazione araba). Tali elementi metallici, dieci per ogni riga orizzontale, hanno gli elettroni più esterni sui sottolivelli 3*d*, 4*d*, 5*d*.
6. In fondo alla tavola periodica ci sono due file di 14 elementi metallici, che costituiscono le due serie dei **lantanidi** e degli **attinidi**. Questi 28 metalli hanno gli elettroni di valenza sui sottolivelli 4*f* e 5*f*.

La ▸tabella 3.2 riassume gli elementi contenuti in ogni periodo.

3. LE CONSEGUENZE DELLA STRUTTURA A STRATI DELL'ATOMO

La *struttura a strati* degli elettroni negli atomi è la chiave che ci consente di fare piena luce sulla tavola periodica. Gli strati elettronici corrispondono esattamente alle righe del sistema periodico; nell'elencare gli elementi per numero atomico crescente, quindi, si va a capo subito dopo aver completato, con un gas nobile, uno strato elettronico.

Gli elementi che hanno lo stesso numero di elettroni nello strato più esterno hanno proprietà chimiche simili e fanno parte della stessa famiglia, cioè si ritrovano sulla stessa colonna o gruppo.

Per esempio tutti i metalli alcalíni, caratterizzati dalla violenta reazione con l'acqua, hanno atomi con un solo elettrone nello strato più esterno, *facilmente ionizzabile*.

Lo strato più esterno viene chiamato **strato di valenza**, poiché è quello che determina il comportamento chimico (per esempio il numero di legami chimici) dell'elemento.

Ma come si determina il numero di elettroni di valenza sapendo il numero atomico *Z*? La situazione dei livelli energetici può essere rappresentata dal diagramma della ▸figura 3.5, basato sull'energia di ionizzazione. Il primo e il secondo elettrone si disporranno sul sottolivello 1*s*, completando il primo strato e il *primo periodo* della tavola periodica. I primi due elementi hanno pertanto le seguenti **configurazioni elettroniche**:

$$H = 1s^1 \qquad He = 1s^2$$

FIGURA 3.5 Gli elettroni si sistemano nei livelli energetici a partire da quello più in basso.

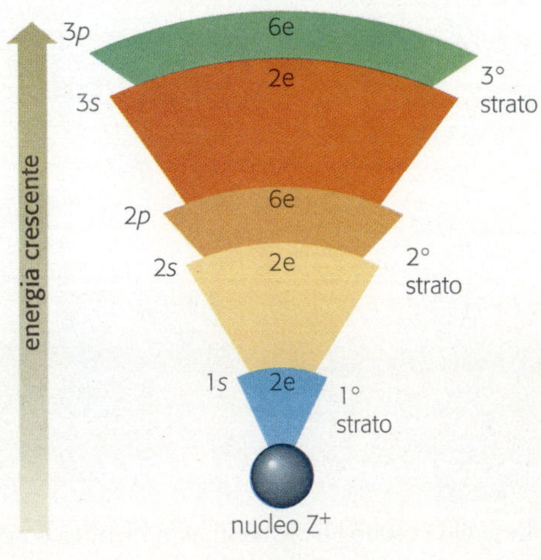

MODULO C ALL'INTERNO DELL'ATOMO

ESEMPIO **Disegna la struttura a puntini degli elementi Na, O, F, He.**

Soluzione

Ṅa :Ö: :F̤̈· Ḧe

PROVA TU

Disegna la struttura a puntini per gli elementi K, Mg, Al, Si, P, S, Cl, Ar.

Procedendo con gli elementi successivi, le configurazioni elettroniche assegnano 1 elettrone esterno al litio, 2 al berillio, 3 al boro, 4 al carbonio, ecc.

Un metodo semplice per indicare la struttura elettronica esterna dei vari elementi è rappresentato dai simboli di Lewis. Si scrive il simbolo dell'elemento considerato, con intorno tanti puntini quanti sono gli elettroni dello strato (o livello) più esterno, cioè gli elettroni di valenza. Da quest'ultimi dipendono le proprietà chimiche dell'atomo. Abbiamo già visto nella figura 3.2 che il numero di puntini corrisponde al numero del gruppo di appartenenza.

La ▸tabella 3.3 mostra la struttura elettronica dei primi 20 elementi appartenenti ai gruppi principali I, II, III, IV, V, VI, VII, VIII. A eccezione dell'elio, gli elementi in ciascun gruppo contengono lo stesso numero di elettroni di valenza, cioè nello strato più esterno.

TABELLA 3.3 La configurazione elettronica dei primi 30 elementi.

Gruppo	$_{Z}$Atomo	Elettroni sui livelli				Elettroni sui sottolivelli				
I	$_{1}$H	1				$1s^1$				Periodo 1
VIII	$_{2}$He	2				$1s^2$				
I	$_{3}$Li	2	1			$1s^2$	$2s^1$			Periodo 2
II	$_{4}$Be	2	2			$1s^2$	$2s^2$			
III	$_{5}$B	2	3			$1s^2$	$2s^2\ 2p^1$			
IV	$_{6}$C	2	4			$1s^2$	$2s^2\ 2p^2$			
V	$_{7}$N	2	5			$1s^2$	$2s^2\ 2p^3$			
VI	$_{8}$O	2	6			$1s^2$	$2s^2\ 2p^4$			
VII	$_{9}$F	2	7			$1s^2$	$2s^2\ 2p^5$			
VIII	$_{10}$Ne	2	8			$1s^2$	$2s^2\ 2p^6$			
I	$_{11}$Na	2	8	1		$1s^2$	$2s^2\ 2p^6$	$3s^1$		Periodo 3
II	$_{12}$Mg	2	8	2		$1s^2$	$2s^2\ 2p^6$	$3s^2$		
III	$_{13}$Al	2	8	3		$1s^2$	$2s^2\ 2p^6$	$3s^2\ 3p^1$		
IV	$_{14}$Si	2	8	4		$1s^2$	$2s^2\ 2p^6$	$3s^2\ 3p^2$		
V	$_{15}$P	2	8	5		$1s^2$	$2s^2\ 2p^6$	$3s^2\ 3p^3$		
VI	$_{16}$S	2	8	6		$1s^2$	$2s^2\ 2p^6$	$3s^2\ 3p^4$		
VII	$_{17}$Cl	2	8	7		$1s^2$	$2s^2\ 2p^6$	$3s^2\ 3p^5$		
VIII	$_{18}$Ar	2	8	8		$1s^2$	$2s^2\ 2p^6$	$3s^2\ 3p^6$		
I	$_{19}$K	2	8	8	1	$1s^2$	$2s^2\ 2p^6$	$3s^2\ 3p^6\ 3d^0$	$4s^1$	Periodo 4
II	$_{20}$Ca	2	8	8	2	$1s^2$	$2s^2\ 2p^6$	$3s^2\ 3p^6\ 3d^0$	$4s^2$	

In giallo ci sono gli elementi, con identica configurazione sul guscio di valenza, che iniziano i periodi 1, 2, 3, 4.

4. LE PROPRIETÀ PERIODICHE

Ci sono alcune proprietà dell'atomo che variano periodicamente e che confermano la natura della legge periodica. Come abbiamo visto, *la causa della periodicità è la struttura elettronica più esterna degli elementi.* Le proprietà che variano periodicamente sono: il raggio e il volume atomico, l'energia di ionizzazione, l'affinità elettronica e l'elettronegatività.

Raggio atomico e volume atomico

Il volume degli atomi è dovuto agli elettroni che si muovono intorno al nucleo, in una regione dello spazio chiamata orbitale atomico, che studieremo meglio nell'unità 4 del modulo C. Per rendere più semplice questo concetto possiamo paragonare gli orbitali a delle nubi che circondano il nucleo, la cui densità rappresenta la probabilità di trovare l'elettrone. La nube elettronica non ha margini definiti; tuttavia è possibile misurare il **raggio atomico** e da questo risalire al **volume atomico**. Con raggio atomico si intende la metà della distanza minima di avvicinamento fra due atomi dello stesso elemento ▸figura 3.6. Con volume atomico si indica lo spazio occupato da una mole dell'elemento in esame, cioè il rapporto tra il peso atomico e la densità dell'elemento allo stato solido. I raggi atomici e di conseguenza i volumi atomici sono proprietà periodiche degli elementi: entrambi decrescono da sinistra a destra, nei periodi, e aumentano dall'alto verso il basso, nei gruppi. Quali sono le cause di tale comportamento? I fattori che influenzano il raggio e il volume degli atomi sono due:

1. il numero quantico principale, *n*, che lungo un periodo rimane invariato, ma cresce scendendo nel gruppo;
2. gli elettroni interni (cioè distribuiti sui gusci interni) che neutralizzano gran parte della carica positiva del nucleo.

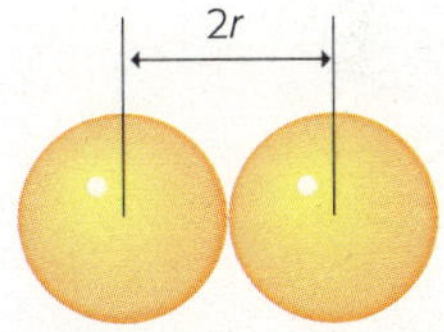

FIGURA 3.6 Il raggio atomico.

Procedendo lungo un periodo, da sinistra verso destra, si ha un aumento del numero atomico, cioè un aumento della carica nucleare (i protoni). Contemporaneamente gli elettroni che via via si aggiungono, spostandosi da un elemento al successivo, hanno lo stesso numero quantico principale, ovvero occupano degli strati aventi circa la stessa energia. La vicinanza degli elettroni di valenza al nucleo provoca una contrazione della nube elettronica, e quindi la diminuzione del raggio atomico.

Perché il raggio e il volume atomico degli elementi di un gruppo crescono, dall'alto verso il basso? In questo caso il fattore più importante è l'aumento del numero quantico principale *n* e quindi del numero di livelli occupati dagli elettroni di valenza. Questi strati, scendendo lungo un gruppo, si troveranno sempre più lontani dal nucleo e sempre meglio schermati dalla attrazione del nucleo stesso, con conseguente aumento sia del raggio atomico sia del volume atomico ▸figura 3.7. Riassumendo :

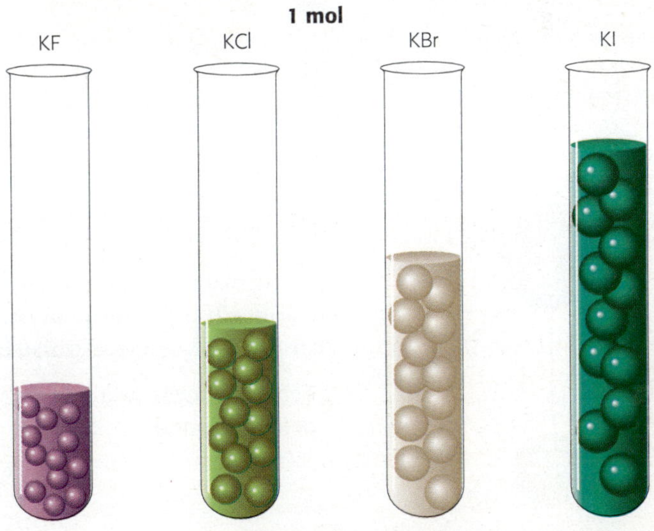

FIGURA 3.7 I volumi degli atomi e degli ioni crescono scendendo lungo un gruppo. Le provette contengono lo stesso numero di ioni alogenuri. I diversi livelli raggiunti confermano la scala dei volumi degli ioni: $I^- > Br^- > Cl^- > F^-$

Il raggio atomico e il volume atomico aumentano discendendo lungo un gruppo e diminuiscono procedendo da sinistra verso destra lungo un periodo.

FIGURA 3.8 Tavola dei raggi atomici. In giallo i metalli, in grigio i semimetalli e in verde i non metalli. Le misure sono espresse in picometri. Ricordate che 1 pm = $1 \cdot 10^{-12}$ m.

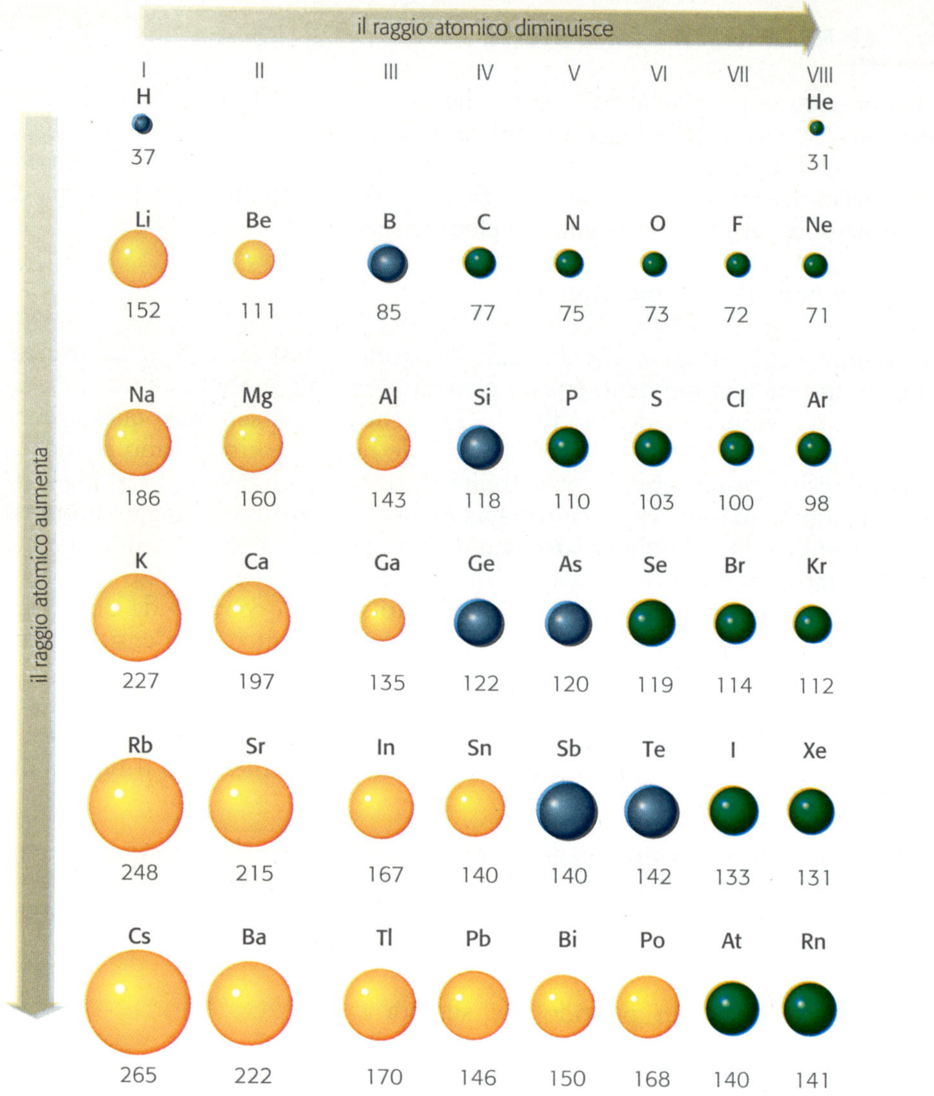

La figura 3.8 descrive l'andamento del raggio atomico e del volume atomico.

L'energia di ionizzazione e il sistema periodico

Se si fornisce energia a un atomo, i suoi elettroni possono effettuare *salti quantici* verso livelli più esterni, aventi energia più alta. Con energia ancora maggiore l'elettrone può essere espulso definitivamente dall'atomo figura 3.9.

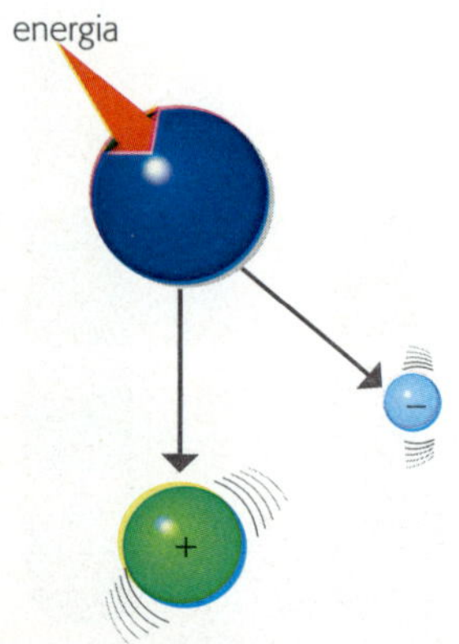

FIGURA 3.9 Ionizzazione di un atomo. Il catione che si forma ha un volume inferiore dell'atomo neutro.

L'energia necessaria per «strappare» un elettrone dall'atomo si chiama energia di ionizzazione.

$$A + \text{energia} \rightarrow A^+ + e^-$$

L'energia di prima ionizzazione diminuisce scendendo lungo un gruppo perché gli elettroni più esterni, quindi più facilmente estraibili, sono più lontani dal nucleo. Spostandosi da sinistra verso destra lungo un periodo, invece, l'energia di ionizzazione tende ad aumentare perché aumenta la carica nucleare e gli elettroni sono maggiormente trattenuti.

Il diagramma della figura 3.10 mostra le energie di ionizzazione dei primi 20 elementi. In esso si notano i gas nobili, a cui corrispondono valori di energia di ionizzazione maggiori a causa della loro configurazione elettronica a guscio

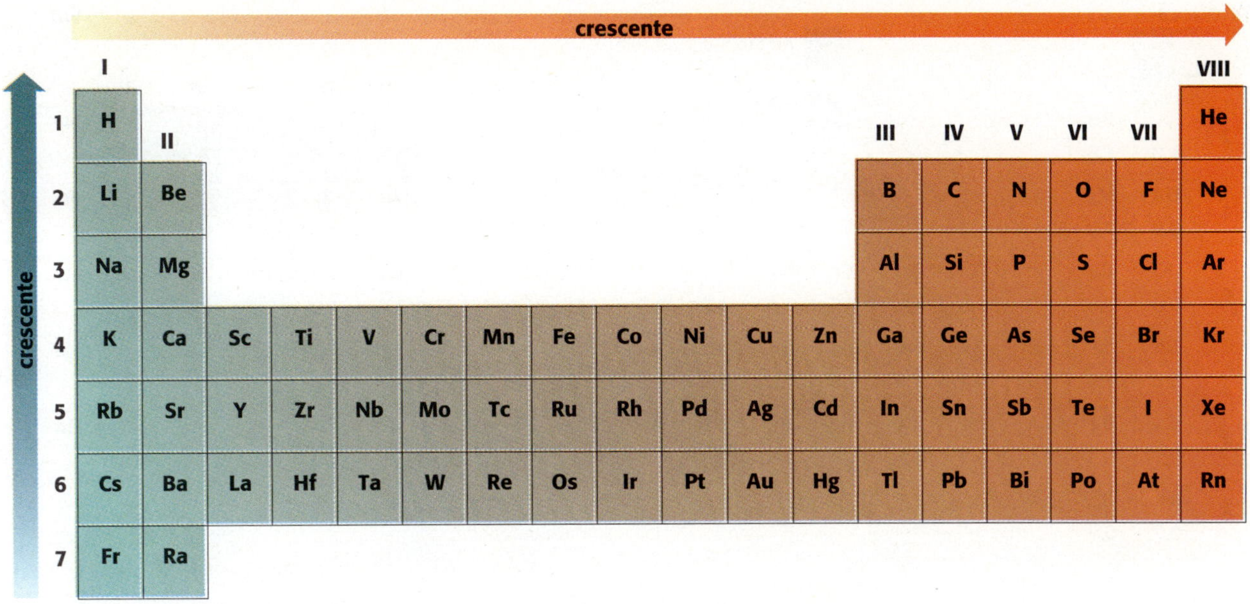

FIGURA 3.10 Andamento dell'energia di prima ionizzazione e dell'affinità elettronica.

chiuso, e i metalli alcalini a cui corrispondono i valori minori, perché hanno un solo elettrone nello strato più esterno (sottolivello *s*) che perdono facilmente.

Le energie di ionizzazione secondarie di uno stesso elemento sono sempre maggiori di quelle primarie, perché strappare un elettrone da un atomo già in possesso di una carica positiva richiede maggiore energia, soprattutto se il secondo elettrone si trova in un guscio chiuso.

Questo comportamento costituisce una delle migliori dimostrazioni della struttura elettronica a strati dell'atomo.

Riassumendo:

Procedendo da sinistra a destra lungo un periodo l'energia di ionizzazione aumenta; procedendo dall'alto verso il basso in un gruppo l'energia di ionizzazione diminuisce.

L'affinità elettronica

Abbiamo visto che per ionizzare un atomo e trasformarlo in ione positivo bisogna fornire energia. Se l'atomo cattura uno o più elettroni, invece, libera una certa quantità di energia.

$$A + e^- \rightarrow A^- + \text{energia}$$

Per l'atomo di cloro il processo è così schematizzabile ▸figura 3.11:

$$Cl_{(g)} + e^- \rightarrow Cl^-{}_{(g)} + 3{,}617\ \text{eV}$$

L'energia liberata è chiamata *affinità elettronica* e costituisce una misura della tendenza a formare ioni negativi:

L'affinità elettronica è l'energia che si libera quando l'atomo in fase gassosa cattura un elettrone.

L'affinità elettronica è determinabile in modo sperimentale, analogamente all'energia di ionizzazione. L'affinità elettronica è massima per gli elementi in alto a destra della tavola periodica (fluoro, ossigeno, zolfo, cloro, bromo, iodio). Per il resto, segue lo stesso andamento generale dell'energia di ionizzazione: aumenta lungo un periodo e diminuisce lungo un gruppo.

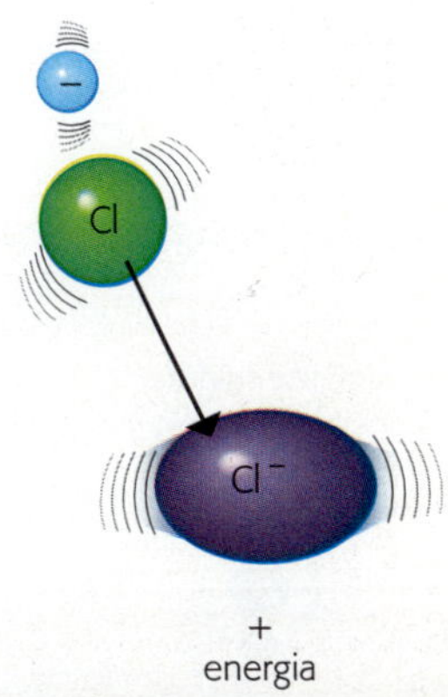

FIGURA 3.11 L'atomo di cloro acquista un elettrone e si trasforma in ione cloruro. L'anione che si forma ha un volume maggiore dell'atomo neutro.

elettronegatività alta

elettronegatività media

elettronegatività bassa

	I	II											III	IV	V	VI	VII	VIII
1	H 2,1																	He
2	Li 1,0	Be 1,6											B 2,0	C 2,5	N 3,0	O 3,5	F 4,0	Ne
3	Na 0,9	Mg 1,2											Al 1,5	Si 1,8	P 2,1	S 2,5	Cl 3,0	Ar
4	K 0,8	Ca 1,0	Sc 1,3	Ti 1,5	V 1,6	Cr 1,6	Mn 1,5	Fe 1,8	Co 1,9	Ni 1,9	Cu 1,9	Zn 1,6	Ga 1,6	Ge 1,8	As 2,0	Se 2,4	Br 2,8	Kr
5	Rb 0,8	Sr 1,0	Y 1,2	Zr 1,4	Nb 1,6	Mo 1,8	Tc 1,9	Ru 2,2	Rh 2,2	Pd 2,2	Ag 1,9	Cd 1,7	In 1,7	Sn 1,8	Sb 1,9	Te 2,1	I 1,5	Xe
6	Cs 0,7	Ba 0,9	La 1,0	Hf 1,3	Ta 1,5	W 1,7	Re 1,6	Os 2,2	Ir 2,2	Pt 2,2	Au 2,4	Hg 1,9	Tl 1,8	Pb 1,9	Bi 1,9	Po 2,0	At 2,1	Rn
6	Fr 0,7	Ra 0,9																

FIGURA 3.12 L'elettronegatività degli elementi.

L'elettronegatività

Le proprietà chimiche e fisiche di un atomo, ad eccezione della massa e del numero atomico, dipendono dalla struttura elettronica più esterna. Fra queste proprietà, troviamo anche l'elettronegatività.

L'elettronegatività di un elemento misura la sua tendenza ad attrarre elettroni.

La definizione ci porta a una importante prima riflessione. L'elettronegatività è quella proprietà dell'atomo che determina, quando due atomi formano un legame scambiando elettroni, se questi elettroni saranno equidistanti dai due nuclei o invece spostati verso uno dei due. La **scala dell'elettronegatività** sarà largamente impiegata per prevedere il tipo di legame chimico nel modulo D. Ci sono diverse scale di elettronegatività, ma in questo testo useremo la scala di Linus Pauling. In tale scala l'elemento più elettronegativo è il fluoro con 4,0 e gli elementi meno elettronegativi sono il francio e il cesio con 0,7 ▸figura 3.12. Tutti gli altri elementi hanno valori intermedi. Come le altre proprietà periodiche, che dipendono dalla struttura elettronica dello strato di valenza, l'elettronegatività aumenta lungo un periodo, da sinistra a destra, e diminuisce lungo un gruppo, dall'alto verso il basso. Qual è la causa di questo comportamento? La spiegazione è analoga a quella vista per il volume atomico:

FIGURA 3.13 L'elettronegatività diminuisce scendendo lungo il gruppo.

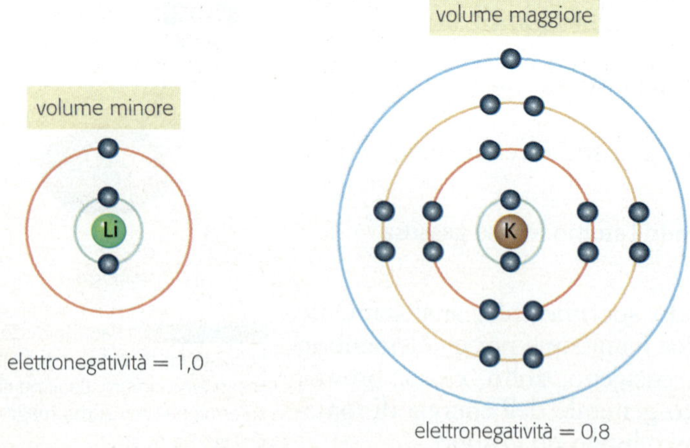

1. se cresce il numero dei protoni e rimane costante l'azione di neutralizzazione della carica dei gusci interni, l'atomo avrà una maggiore forza di attrazione sugli elettroni e quindi la sua elettronegatività aumenterà lungo un periodo;
2. scendendo nel gruppo, cresce il numero dei gusci elettronici e l'atomo diventa sempre più grande: pertanto, il nocciolo interno esercita una forza di attrazione minore sugli elettroni più esterni, e ciò si traduce in una diminuzione di elettronegatività ▸figura 3.13.

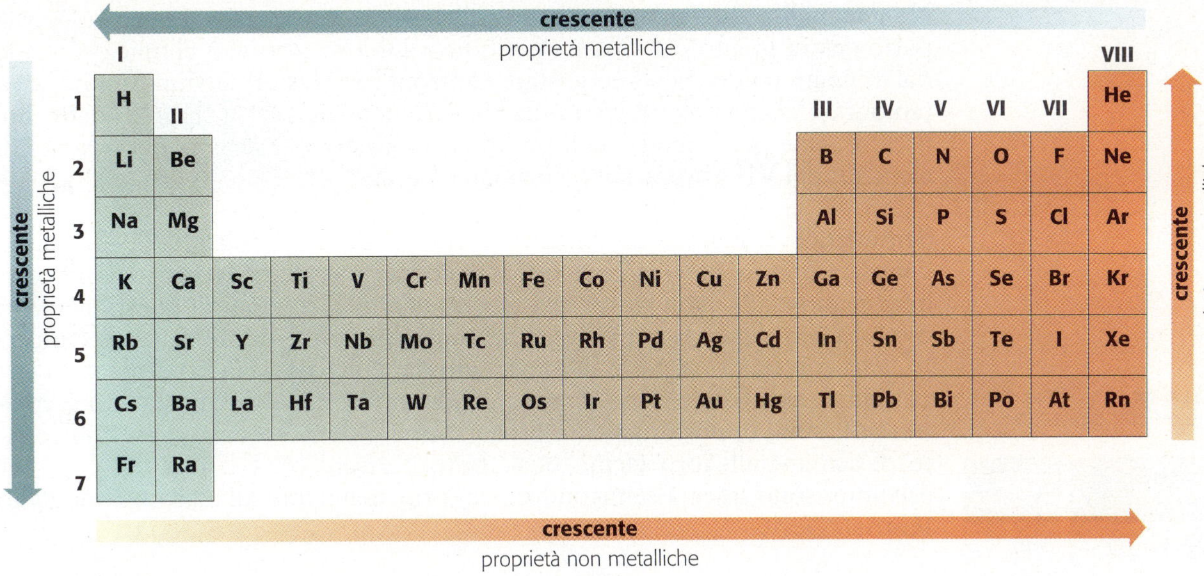

5. METALLI, NON METALLI E SEMIMETALLI

FIGURA 3.14 L'andamento delle proprietà metalliche e non metalliche.

Il sistema periodico può essere suddiviso ancora in tre zone, a seconda delle proprietà chimiche e fisiche: la zona dei *metalli* (la più popolata), quella dei *non metalli* e infine quella dei *semimetalli* ▸figure 3.14 e 3.15.

Metalli. Gli elementi metallici sono numerosissimi (più di 80). Essi rappresentano la parte sinistra del sistema periodico. Sono in genere solidi, duri, hanno lucentezza metallica, sono buoni conduttori del calore e dell'elettricità, sono malleabili (cioè si possono battere in lamine sottili) e duttili (cioè si possono stirare in fili sottili e pieghevoli). Esistono, tuttavia, alcune eccezioni: antimonio, bismuto e manganese sono duri e friabili.

Un solo metallo è liquido, il mercurio (Hg). Gli altri hanno punti di fusione che vanno da circa 30 °C (cesio e gallio) ai 3410 °C del tungsteno (W), elemento con cui si fabbricano i filamenti delle lampadine.

Molte proprietà chimiche dei metalli dipendono dalla loro tendenza a perdere elettroni, particolarmente dimostrata dai metalli dei gruppi I (alcalíni) e II (alcalino-terrosi). Per quanto riguarda invece le proprietà fisiche, queste dipendono dal singolare legame chimico che gli atomi metallici intrattengono fra di loro. Come si vedrà più avanti, gli atomi dei metalli occupano posizioni quasi fisse nel reticolo cristallino. Il legame che tiene in piedi l'edificio metallico è di tipo cooperativo: gli ioni metallici positivi occupano posizioni fisse (rappresentano lo scheletro dell'edificio) e gli elettroni più esterni si muovono liberamente da un atomo all'altro. Sono appunto tali elettroni che cementano gli atomi del metallo e gli conferiscono le ben note proprietà (conducibilità termica ed elettrica).

Al centro del sistema periodico vi sono i *metalli di transizione*, noti anche come «metalli del blocco *d*» perché qui si ha il riempimento dei sottolivelli *d*. Le proprietà di questi elementi sono molto simili, tanto che risulta difficoltoso separare i metalli di transizione fra di loro, anche se a causa della loro diversa configurazione elettronica hanno una chimica molto vasta e varia. I *lantanidi* sono metalli abbastanza rari con proprietà chimiche simili fra loro. Anche gli *attinidi*, elementi quasi tutti di origine artificiale, radioattivi e instabili, hanno proprietà molto simili fra loro.

FIGURA 3.15 Da sinistra: un non metallo (S), un semimetallo (Si) e un metallo (Cu).

Non metalli. Gli elementi non metallici, che sono appena 12, occupano la parte destra in alto del sistema periodico. La loro reattività chimica dipende dalla innata tendenza ad acquistare elettroni per trasformarsi in ioni negativi (anioni). L'affinità elettronica è particolarmente alta per il fluoro, l'ossigeno, il cloro, cioè per i non metalli più in alto a destra nel sistema periodico. Gli elementi del VII gruppo sono chiamati *alogeni*.

Semimetalli. C'è infine un limitato gruppo di elementi di frontiera che hanno comportamento metallico e non metallico insieme; questi elementi sono chiamati semimetalli. Non esiste un accordo unanime su quali di questi elementi di passaggio siano da considerare semimetalli, perciò il loro numero è incerto. Essi entrano a far parte di importantissimi oggetti quali i transistor e i circuiti integrati. La struttura di tali componenti elettronici è di silicio o germanio purissimi, opportunamente drogati (cioè contenenti impurezze controllate di semimetalli loro vicini, quali boro e arsenico). I lettori dei CD, per esempio, sono laser a semiconduttore, principalmente all'arseniuro di gallio (GaAs).

TABELLA 3.4 La composizione in elementi del corpo umano.

Elemento	%
Ossigeno (O)	65
Carbonio (C)	18
Idrogeno (H)	10
Azoto (N)	3,0
Calcio (Ca)	2,0
Fosforo (P)	1,0
Potassio (K)	0,35
Zolfo (S)	0,25
Cloro (Cl)	0,15
Sodio (Na)	0,15
Magnesio (Mg)	0,05
Ferro (Fe)	0,04
tutti gli altri	0,046

6. GLI ELEMENTI DELLA VITA

Quanti elementi sono essenziali per la vita? Dopo tanti anni di ricerche, la risposta non è ancora definitiva: sicuramente 26, ma forse 39 o più ▸figura 3.16. Si sa con certezza che gli elementi più abbondanti della *biosfera* sono 10 e che ne costituiscono insieme il 99%. Essi sono, in ordine decrescente di abbondanza, l'ossigeno, il carbonio, l'idrogeno, l'azoto, il calcio, il fosforo, il potassio, lo zolfo, il cloro e il sodio. Gli altri 29 elementi che completano la composizione assolvono a importantissime funzioni; fra questi ci sono il ferro dell'emoglobina, lo zinco dell'insulina e il cobalto della vitamina B_{12}.

Di altri solo recentemente è stata scoperta l'essenzialità; per esempio, è stato accertato che la totale mancanza di vanadio, di silicio e di stagno nella dieta può causare gravi ritardi nello sviluppo ▸tabella 3.4.

Il fluoro, altro elemento necessario in tracce, è essenziale per il rafforzamento dello smalto dei denti contro la carie. Persino il selenio, a dosi ridottissime, ha un effetto benefico. Sembra, infatti, che possa prevenire l'insorgenza del cancro e rallentare l'invecchiamento.

FIGURA 3.16 Gli elementi della vita.

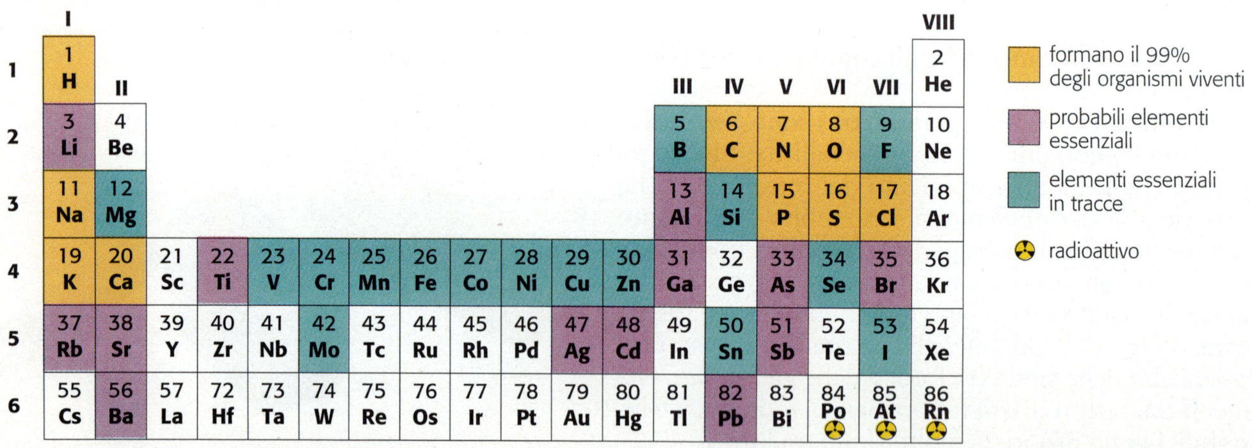

1. VERSO IL SISTEMA PERIODICO

1. Quali elementi ancora sconosciuti Mendeleev descrisse in dettaglio, basandosi sulle proprietà degli elementi vicini?

2. Quale scienziato propose di sistemare gli elementi sulla tavola periodica in ordine di peso atomico crescente?
   - A Moseley
   - B Mendeleev
   - C Thomson
   - D Rutherford

3. Quale scienziato propose di sistemare gli elementi sulla tavola periodica in ordine di numero atomico crescente?
   - A Moseley
   - B Mendeleev
   - C Meyer
   - D Thomson

4. La compilazione della tavola periodica è dovuta a Mendeleev e a :
   - A Avogadro
   - B Dalton
   - C Thomson
   - D Meyer

5. Quali sono i concetti principali appresi in questo paragrafo? Riassumi in dieci righe ciò che ritieni importante ricordare.

2. LA MODERNA TAVOLA PERIODICA

6. Quale terna di elementi non ha uguale numero di elettroni sul guscio di valenza?
   - A Mg, Ca, Ba
   - B Li, K, Na
   - C F, Cl, Br
   - D C, N, O

7. Qual è il nome dell'elemento del gruppo IV appartenente al periodo 3?
   - A gallio
   - B azoto
   - C silicio
   - D fosforo

8. Qual è il nome dell'elemento del gruppo III appartenente al periodo 4?
   - A gallio
   - B germanio
   - C alluminio
   - D silicio

9. Lo ione O^{2-} ha la stessa configurazione elettronica di:
   - A S^{2-}
   - B Ca^{2+}
   - C F^{-}
   - D Na

10. Un elemento, componente delle ossa, ha la seguente configurazione elettronica: $1s^2\ 2s^2 2p^6\ 3s^2 3p^3$. Qual è l'elemento?
    - A azoto
    - B silicio
    - C calcio
    - D fosforo

3. LE CONSEGUENZE DELLA STRUTTURA A STRATI DELL'ATOMO

11. Un elemento ha configurazione elettronica $1s^2\ 2s^2 2p^6\ 3s^2 3p^6$. A quale gruppo appartiene?
    - A gruppo I
    - B gruppo VII
    - C gruppo VIII
    - D gruppo II

12. Disegna la struttura a puntini di I, Ca, Kr, Be, N, Na.

13. Un elemento ha configurazione elettronica $1s^2\ 2s^2 2p^6\ 3s^2 3p^4$. A quale periodo e a quale gruppo appartiene?
    - A periodo 2, gruppo VIII
    - B periodo 3, gruppo VI
    - C periodo 3, gruppo VIII
    - D periodo 2, gruppo VI

14. Cos'è lo strato di valenza?

4. LE PROPRIETÀ PERIODICHE

15. Quale atomo ha il raggio maggiore?
A Li
B Be
C N
D F

16. Qual è la carica totale di uno ione che contiene 10 elettroni, 15 neutroni, 13 protoni?
A −1
B +1
C +2
D +3

17. La quantità di energia richiesta per rimuovere un elettrone di valenza dell'atomo neutro in fase gassosa si chiama:
A energia cinetica
B energia potenziale
C affinità elettronica
D energia di ionizzazione

18. Quale atomo ha maggiore affinità elettronica?
A Li
B Na
C K
D Cl

19. Quale atomo ha minore affinità elettronica?
A Ca
B F
C Mg
D Cs

20. Quale atomo ha maggiore energia di ionizzazione?
A Li
B Mg
C Rb
D F

21. Quale atomo ha minore energia di ionizzazione?
A Cl
B Br
C O
D Li

22. Descrivi l'andamento dell'affinità elettronica lungo la tavola periodica.

23. Il sodio forma uno ione con carica:
A −1 perché perde un elettrone
B −1 perché acquista un elettrone
C +1 perché perde un elettrone
D +1 perché acquista un elettrone

24. Un elemento del periodo 2 ha energia di ionizzazione elevata.
L'elemento è:
A Li B B
C C D F

25. Quale atomo richiede minore energia per formare una mole di ioni positivi?
A Na
B Al
C Si
D S

26. Quando lo zolfo S diventa lo ione solfuro S^{2-}, quest'ultimo avrà un volume:
A uguale a S
B molto più piccolo di S
C minore di S
D maggiore di S

27. Quale atomo ha la tendenza maggiore a formare ioni negativi?
A Na
B K
C Ca
D O

28. Quale atomo perde più facilmente un elettrone?
A Na
B Al
C C
D F

29. Quale atomo non contiene uno strato con 8 elettroni?
A Na
B Li
C K
D Rb

5. METALLI, NON METALLI E SEMIMETALLI

30. Quale affermazione riguardante i metalli alcalini è sbagliata?
    - A donano facilmente elettroni
    - B ai loro atomi manca un elettrone per completare la configurazione di un gas nobile
    - C hanno bassi punti di fusione
    - D reagiscono con l'acqua

31. Quale elemento del periodo 3 ha carattere non metallico più pronunciato?
    - A Mg
    - B Si
    - C Al
    - D S

32. Quale tra i seguenti elementi è un semimetallo?
    - A silicio
    - B cadmio
    - C fluoro
    - D iodio

33. Scendendo lungo il gruppo II il carattere metallico:
    - A diminuisce
    - B rimane costante
    - C prima aumenta e poi diminuisce
    - D aumenta

34. Il potassio reagisce violentemente con l'acqua e produce idrogeno gassoso perché:
    - A ha un'elevata energia di ionizzazione
    - B è un elemento del periodo 4
    - C ha un elevato peso atomico
    - D ha una bassa energia di ionizzazione

35. L'atomo di un elemento ha Z = 13 e massa 27. Il numero di elettroni di valenza è:
    - A 2
    - B 3
    - C 4
    - D 5

36. Quali sono i concetti principali appresi in questo paragrafo? Riassumi in dieci righe ciò che ritieni importante ricordare.

COSTRUISCI LA COMPETENZA

OBIETTIVO discutere lo sviluppo storico del concetto di periodicità

RISOLVI I SEGUENTI QUESITI

1. Come ha avuto origine il concetto di periodicità delle proprietà chimiche e fisiche degli elementi?
2. Quale elemento, previsto da Mendeleev, fu scoperto nel 1886?
    - A Si
    - B Ge
    - C Cd
    - D Co
3. Quali elementi non erano ancora stati scoperti quando Mendeleev costruì la sua tavola?
    - A i metalli alcalini
    - B gli alogeni
    - C i metalli alcalino-terrosi
    - D i gas nobili
4. Lo ione Na^+ è un componente dei vetri. Per indurire la superficie dei vetri usati nelle auto, si sostituiscono gli ioni sodio con ioni più piccoli. Quali sono questi ioni?
    - A Ag^+
    - C Cu^{2+}
    - B Pb^{2+}
    - D Li^+

OBIETTIVO spiegare la relazione fra struttura elettronica e posizione degli elementi sulla tavola periodica

RISOLVI I SEGUENTI QUESITI

5. Quale relazione c'è fra la struttura elettronica e la posizione degli elementi sulla tavola periodica?
6. Quale sequenza di numeri atomici è formata solo da elementi di transizione?
    - A 11, 14, 18, 22
    - B 24, 42, 46, 72
    - C 18, 37, 44, 29
    - D 38, 41, 50, 80

7. Il 4° periodo contiene:
   - A 8 elementi
   - B 2 elementi
   - C 32 elementi
   - D 18 elementi

8. Quale elemento ha proprietà simili al sodio?
   - A calcio
   - B magnesio
   - C potassio
   - D fosforo

   Spiega la tua risposta.

OBIETTIVO descrivere le principali proprietà periodiche che confermano la struttura a strati dell'atomo

RISOLVI I SEGUENTI QUESITI

9. Quali sono le proprietà periodiche che rendono diversi gli elementi di un periodo e simili gli elementi di un gruppo?

10. All'interno di un periodo, da sinistra a destra, l'aumento del numero atomico è accompagnato da:
    - A un aumento del volume atomico e una diminuzione di elettronegatività
    - B una diminuzione del volume atomico e una diminuzione dell'elettronegatività
    - C una diminuzione del volume atomico e un aumento di elettronegatività
    - D un aumento del volume atomico e un aumento dell'elettronegatività

    Spiega la tua risposta.

11. Nei periodi 2 e 3, al diminuire del volume atomico:
    - A diminuisce l'elettronegatività
    - B diminuisce il carattere metallico degli elementi
    - C aumenta il carattere metallico degli elementi
    - D non si hanno significative differenze nelle proprietà

    Spiega la tua risposta.

OBIETTIVO descrivere le principali proprietà di metalli, non metalli, semimetalli e gas nobili

RISOLVI I SEGUENTI QUESITI

12. Quali sono le principali differenze nelle proprietà chimiche e fisiche di metalli e non metalli?

13. Le proprietà caratteristiche dei non metalli sono più evidenti in:
    - A F
    - B Cl
    - C Br
    - D I

    Spiega la tua risposta.

14. Quale elemento del periodo 5 ha più spiccate caratteristiche metalliche?
    - A argento
    - B antimonio
    - C tellurio
    - D iodio

15. Quale elemento del periodo 4 ha più spiccate proprietà non metalliche?
    - A titanio
    - B gallio
    - C selenio
    - D manganese

16. Quale elemento ha comportamento da semimetallo?
    - A carbonio
    - B silicio
    - C piombo
    - D stagno

17. Il carattere non metallico degli elementi del gruppo V, dall'alto verso il basso:
    - A diminuisce
    - B aumenta
    - C rimane costante
    - D prima aumenta e poi diminuisce

    Spiega la tua risposta.

Pensa come uno scienziato

1 Riempi il sottostante schema con i simboli dei primi 20 elementi, ponendo a sinistra i metalli e a destra i non metalli. Inoltre puoi indicare qualunque altro metallo, non metallo o semimetallo che conosci.

1 Completa la seguente tabella:

Elemento	Simbolo	Numero atomico	Periodo	Gruppo	Elettroni di valenza
titanio					
bario					
		32			
		53			
			3	IV	4
			3	VI	6
			4	V	5
			5	III	3
	Sn				
	Bi				

Unità

4

COMPETENZA

Utilizzare il modello a orbitali dell'atomo.

La competenza dell'unità didattica
si costruisce ponendosi i seguenti obiettivi:

- **1.** Descrivere il comportamento ondulatorio e corpuscolare dell'elettrone.
- **2.** Applicare il concetto di orbitale al modello atomico.
- **3.** Descrivere le regole di riempimento degli orbitali.
- **4.** Disegnare le strutture elettroniche dei principali elementi.

Il modello a orbitali

La teoria di Bohr non chiariva alcune anomalie nello spettro dell'idrogeno e di atomi con più elettroni; perciò fu necessario modificarla. La prima e più importante modifica, per spiegare l'esistenza dei livelli energetici, comportò la definitiva rinuncia al concetto di orbita e di traiettoria.

1. L'IPOTESI DI DE BROGLIE

Il primo a rendersi conto che non solo il fotone, ma anche l'elettrone e le altre particelle hanno un comportamento che contrasta con il senso comune, fu Louis Victor de Broglie, nel 1923. Colpito dal fatto che la luce mostrava proprietà sia corpuscolari sia ondulatorie, de Broglie si chiese se questa non fosse una proprietà universale, e quindi anche della materia. Secondo de Broglie, l'elettrone si comporterebbe talvolta come particella e talvolta come onda. Le onde associate con l'elettrone, e con qualsiasi corpo in movimento, sono chiamate *onde di materia* (da non confondere con le onde elettromagnetiche, cioè con la luce). Le onde di materia si muovono con velocità diverse, mentre le onde elettromagnetiche hanno un'unica velocità, quella della luce ($3 \cdot 10^8$ m/s). Ma qual è la lunghezza d'onda? De Broglie rispose anche a questa domanda: *a ciascun corpo in movimento è associata una lunghezza d'onda*:

LUNGHEZZA D'ONDA, PROPRIETÀ TIPICA DI UN'ONDA

$$\lambda = \frac{h}{mv}$$

QUANTITÀ DI MOTO, TIPICA PROPRIETÀ DELLE PARTICELLE

dove h è la costante di Planck, m la massa del corpo e v la sua velocità.

L'unicità della costante di Planck è una dimostrazione dell'unità della natura. La stessa costante lega il comportamento ondulatorio di fenomeni così diversi, come le onde elettromagnetiche e le onde di materia, al comportamento corpuscolare.

2. IL PRINCIPIO DI INDETERMINAZIONE

Partendo dall'ipotesi ondulatoria di de Broglie, Erwin Schrödinger formulò nel 1926 l'equazione d'onda che porta il suo nome. Dalla soluzione di questa speciale equazione, abbastanza diversa dalle familiari equazioni algebriche, possiamo ricavare solo *informazioni probabilistiche* sulla posizione dell'elettrone, senza poter «disegnare» le traiettorie dell'elettrone intorno al nucleo.

Un solido sostegno alla concezione quanto-meccanica dell'atomo doveva venire anche da Werner Heisenberg, col suo **principio di indeterminazione** (1927).

Riassumiamo, sinteticamente, il pensiero di Heisenberg. Per vedere dove si trova un oggetto in una camera buia, dobbiamo accendere la luce. Per sapere dove si trova un elettrone, dobbiamo bombardarlo con dei *fotoni* di un'onda elettromagnetica. I fotoni diventano così dei veri e propri proiettili che perturbano gli elettroni, cioè li spostano dalla loro posizione.

Per semplificare le cose pensiamo a due oggetti di uguali dimensioni che si urtano; dopo l'urto entrambi avranno una nuova posizione e una nuova traiettoria. La stessa cosa accade agli elettroni e ai fotoni.

Sulla base di un analogo ragionamento, e a causa del dualismo onda-particella che caratterizza gli elettroni e i fotoni, Heisenberg affermò che *non possiamo conoscere nel medesimo istante dove si trovi un elettrone e con che velocità si stia muovendo*. Quando è nota con precisione la posizione dell'elettrone, la sua velocità nello stesso istante diviene notevolmente incerta, indeterminata ▶ figura 4.1.

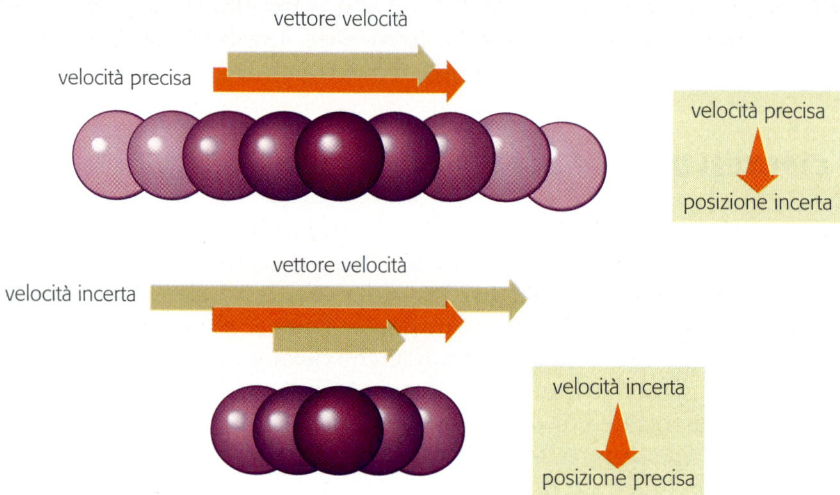

FIGURA 4.1 Secondo il principio di indeterminazione, le particelle non hanno una posizione e una velocità precise. Quando si determina una delle due grandezze, l'altra resta indeterminata.

3. L'EQUAZIONE D'ONDA E L'ORBITALE

Tutte le informazioni sull'elettrone nell'atomo si ottengono da funzioni d'onda ψ (psi) che si ricavano risolvendo l'equazione matematica di Schrödinger.

Il quadrato di tale funzione, ψ^2, ci dà informazioni sulla distribuzione degli elettroni all'interno dell'atomo. In particolare:

Il quadrato della funzione d'onda rappresenta la probabilità di trovare l'elettrone in un punto particolare dello spazio, cioè in un punto di coordinate *x*, *y*, *z* note.

Risolvendo l'equazione di Scrodinger è possibile individuare le regioni dello spazio in cui la probabilità di trovare l'elettrone è massima; tali regioni sono chiamate orbitali.

L'orbitale è la regione dello spazio intorno al nucleo dove la probabilità di trovare un elettrone è massima.

Secondo questo modello gli elettroni non occupano più delle posizioni fisse e determinate come nel caso delle orbite di Bohr; gli elettroni, infatti, possono trovarsi anche in regioni diverse dagli orbitali, ma la probabilità che ciò si verifichi è minima. L'atomo, quindi, non assomiglia più a un sistema planetario; l'elettrone ora si muove all'interno di un nube di carica negativa creata dai suoi stessi spostamenti.

Ogni orbitale possiede una forma caratteristica e un certo contenuto di energia; la dimensione, l'orientamento e la forma dell'orbitale sono descritti dai numeri quantici, che vedremo nel prossimo paragrafo.

4. I RISULTATI DELLA TEORIA

Dalla risoluzione dell'equazione d'onda di Schrodinger si ottengono una serie di valori denominati **numeri quantici**. I numeri quantici sono quattro. I primi *tre* servono a indicare e a distinguere i diversi orbitali. Il *quarto numero* descrive una proprietà tipica dell'elettrone, dentro e fuori dell'atomo. Esaminiamo in dettaglio i quattro numeri quantici, per renderci conto delle loro proprietà.

Il numero quantico principale

Gli orbitali sono caratterizzati dal **numero quantico principale** n, il quale può assumere soltanto valori interi 1, 2, 3, 4, 5, 6, 7. Il numero quantico principale definisce il contenuto energetico dell'elettrone, che dipende dalla sua distanza dal nucleo. Quando n **cresce** gli orbitali diventano più grandi, la loro energia cresce e gli elettroni si allontanano dal nucleo.

Per $n = 1$ si ha lo stato a più bassa energia. Tutti gli orbitali che sono caratterizzati da un valore di n uguale appartengono allo stesso livello (o guscio o strato) energetico.

Il numero quantico secondario

Gli orbitali con lo stesso valore di n possono avere forme diverse. Il **numero quantico secondario** l definisce quanti orbitali di forma diversa possono esistere nello stesso livello energetico.

Fissato un valore di n, l può assumere solo 0, 1, 2, … $(n - 1)$ valori. Per $l = 0$ avremo l'orbitale s, per $l = 1$ l'orbitale p, per $l = 2$ l'orbitale d, per $l = 3$ l'orbitale f.

per $l =$	0	1	2	3
orbitale:	s	p	d	f

Ciascun tipo di orbitale è sempre preceduto dal numero quantico principale, che ci indica il livello di energia a cui appartiene l'orbitale. Per esempio:

l'orbitale 1s appartiene al livello 1
l'orbitale 2s appartiene al livello 2
l'orbitale 3p appartiene al livello 3

Le forme e i volumi dei diversi tipi di orbitali sono molto differenti tra loro. La forma degli orbitali s è sferica; al centro della sfera c'è il nucleo. Il volume della sfera aumenta al crescere del numero quantico principale n: l'orbitale 1s ha un diametro più piccolo del 2s e la sua energia è più bassa ▸figura 4.2.

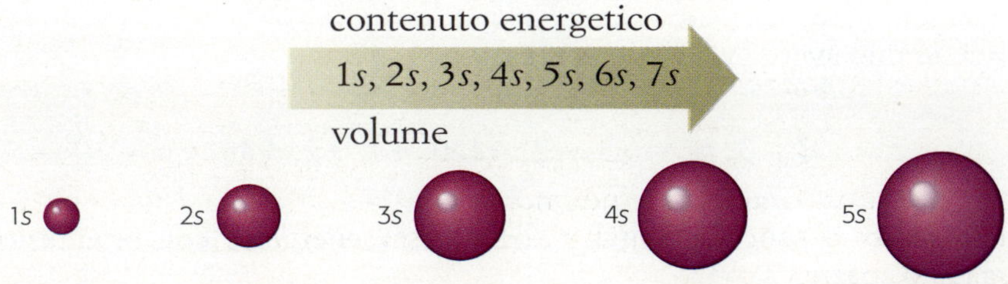

FIGURA 4.2 Dimensioni relative degli orbitali s di uno stesso atomo, al variare del numero quantico principale.

Queste dimensioni relative vanno considerate soltanto all'interno di un determinato atomo; non hanno quindi valore assoluto. Infatti, l'aumento del numero atomico comporta quasi sempre la contrazione del volume degli orbitali. L'orbitale 1*s* dell'uranio (Z = 92), per esempio, ha un raggio 92 volte più piccolo dell'orbitale 1*s* dell'idrogeno. Gli orbitali *p* hanno un doppio lobo; il nucleo dell'atomo sta al centro dei due lobi. Gli orbitali *p* possono essere al massimo tre, orientati lungo i tre assi coordinati *x*, *y*, *z* ▸figura 4.3. Gli orbitali *d* hanno una forma a quattro lobi. La ▸figura 4.4 rappresenta i cinque orbitali *d*. Ancora più complessa è la struttura dei sette orbitali *f*.

FIGURA 4.3 Orbitali *p*.

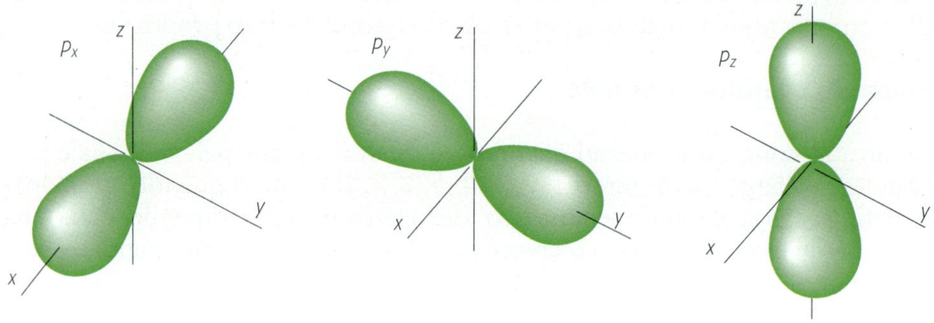

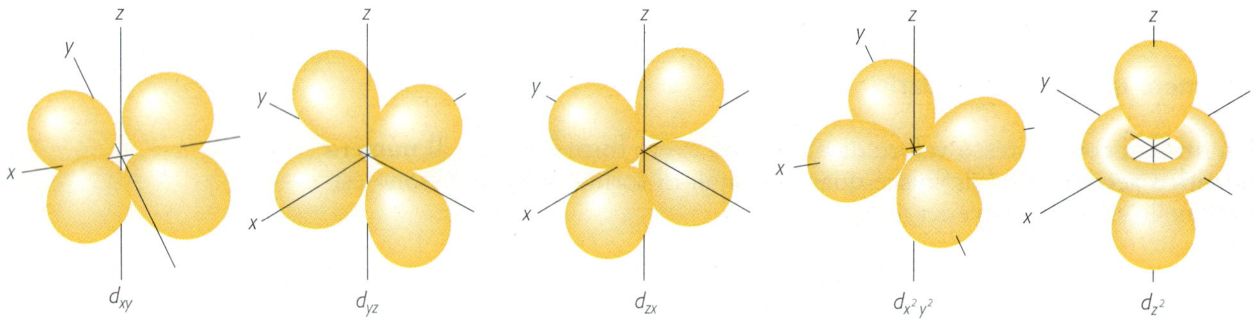

FIGURA 4.4 Orbitali *d*.

Il numero quantico magnetico

Dato che l'orbitale *s* è di forma sferica, esso ha un'unica orientazione nello spazio. Gli orbitali *p*, *d*, *f*, invece, possono avere diverse orientazioni, ciascuna delle quali è stabilita dal valore del terzo numero quantico, chiamato **numero quantico magnetico** *m*.

Per ogni valore di *l*, *m* assume valori interi che vanno da $-l$ a $+l$ ▸figura 4.5. Per esempio, per l = 0 *m* assume il solo valore 0. Perciò esiste un solo orbitale *s*, di forma sferica. Per $l = 1$, *m* assume tre valori −1, 0, +1. I tre valori indicano tre orbitali *p* orientati lungo gli assi *x*, *y*, *z*.

Se $l = 2$, *m* può assumere cinque valori; esisteranno quindi 5 orbitali *d* aventi la stessa energia, ma differente orientazione nello spazio:

$$l = 2, m = -2, -1, 0, +1, +2$$

Per $l = 3$, *m* può avere i valori seguenti:

$$l = 3, m = -3, -2, -1, 0, +1, +2, +3$$

In questo caso ci sono 7 orbitali *f* della stessa energia e con orientazione diversa nello spazio.

n	Numeri quantici		Orbitali	Numero massimo di elettroni
	l da 0 a (n-1)	m (-l, 0, +l)		
4	3	−3 −2 −1 0 +1 +2 +3	4*f*	14
	2	−2 −1 0 +1 +2	4*d*	10
	1	−1 0 +1	4*p*	6
	0	0	4*s*	2
3	2	−2 −1 0 +1 +2	3*d*	10
	1	−1 0 +1	3*p*	6
	0	0	3*s*	2
2	1	−1 0 +1	2*p*	6
	0	0	2*s*	2
1	0	0	1*s*	2

FIGURA 4.5 Ogni orbitale è descritto da tre numeri quantici (n, l, m) che indicano l'energia, la forma e l'orientazione nello spazio. La figura mostra gli orbitali dei primi quattro livelli di energia.

Per ciascun livello di energia, il numero di orbitali varia. Per n = 1 c'è solo l'orbitale 1*s*, che può contenere due elettroni. Per n = 2 ci sono l'orbitale 2*s* e tre orbitali 2*p*; questi ultimi possono ospitare al massimo sei elettroni. Per n = 3 ci sono: 1 orbitale 3*s*, 3 orbitali 3*p* e 5 orbitali 3*d*. La ▸ tabella 4.1 elenca gli orbitali e il numero di elettroni che possono ospitare.

TABELLA 4.1

Tipo di orbitale	Massimo numero di orbitali in un livello	Numero massimo di elettroni che possono occupare gli orbitali
s	1	2
p	3	6
d	5	10
f	7	14

Il numero quantico di spin

Il **numero quantico di spin** è il quarto numero quantico. Esso viene indicato con la lettera m_s e possiede soltanto due valori ▸ figura 4.6:

$$m_s = +1/2$$
$$m_s = -1/2$$

Ciascun valore corrisponde a una rotazione in senso orario o antiorario dell'elettrone; esso, infatti, si comporta come una piccola trottola con proprietà magnetiche. Se l'elettrone ruota in senso orario, avrà la freccia verso l'alto; se ruota in senso antiorario, la freccia sarà rivolta verso il basso.

FIGURA 4.6 Il numero quantico di spin, m_s.

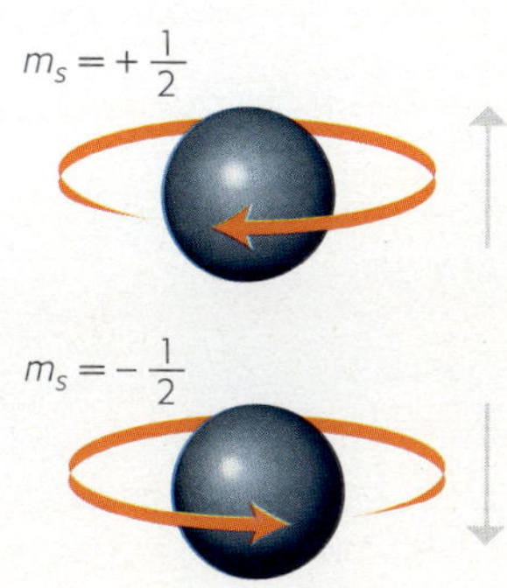

In modo arbitrario si considera +1/2 la rotazione oraria e −1/2 la rotazione antioraria. Per tradizione, il primo elettrone di un orbitale ha spin +1/2 e il secondo −1/2.

L'importanza dello spin dell'elettrone nella determinazione della configurazione elettronica dell'atomo fu chiarita dal fisico Wolfgang Pauli, che enunciò al riguardo il **principio di esclusione**:

Due elettroni che occupano lo stesso orbitale hanno spin opposti.

Pertanto, due elettroni che hanno la stessa serie di numeri quantici n, l, m devono avere un differente numero quantico di spin m_s. Per esempio, le serie di numeri quantici (4, 0, 0, +1/2) e (4, 0, 0, −1/2) si riferiscono a una coppia di elettroni, collocati su un orbitale 4*s*; essi sono diversi soltanto nello spin.

Come stabilisce il principio di Pauli, ogni orbitale può contenere al massimo due elettroni: si possono verificare tre casi:

1. l'orbitale è vuoto e si rappresenta con un quadratino □
2. l'orbitale è semipieno e si disegna nel quadratino una freccia [↑]
3. l'orbitale è pieno e il quadratino contiene due frecce, orientate in direzione opposta [↑↓]

5. L'ORDINE DI RIEMPIMENTO DEGLI ORBITALI

Per descrivere la configurazione elettronica degli elementi rappresenteremo ciascun orbitale con un quadratino. Siccome c'è solo un orbitale *s* per ogni valore di *n*, useremo un quadratino soltanto. Ci sono tre orbitali *p*, e allora disegneremo tre quadrati a contatto. Per gli orbitali *d* i quadrati saranno 5 e per gli *f* ci saranno in fila 7 quadratini.

Per mostrare gli elettroni, useremo le frecce. Prima di disegnare le frecce, ci sono tre regole da tenere presenti.

1. Ogni orbitale può contenere al massimo due elettroni, purché di *spin opposti* (principio di esclusione di Pauli). Le due frecce di ciascun quadratino devono puntare in direzioni opposte, una verso l'alto e l'altra verso il basso.
2. Si occupano prima gli orbitali a più bassa energia e poi quelli a energia più elevata (principio della costruzione progressiva).
3. Se ci sono più orbitali della stessa energia, prima si colloca un elettrone su ciascun orbitale vuoto e poi si completano gli orbitali semipieni (regola di Hund). Perciò, ci dovrà essere una freccia in tutti e tre gli orbitali *p*, prima che si possano disegnare le seconde frecce.

FIGURA 4.7 Il riempimento degli orbitali viene descritto seguendo l'andamento delle frecce.

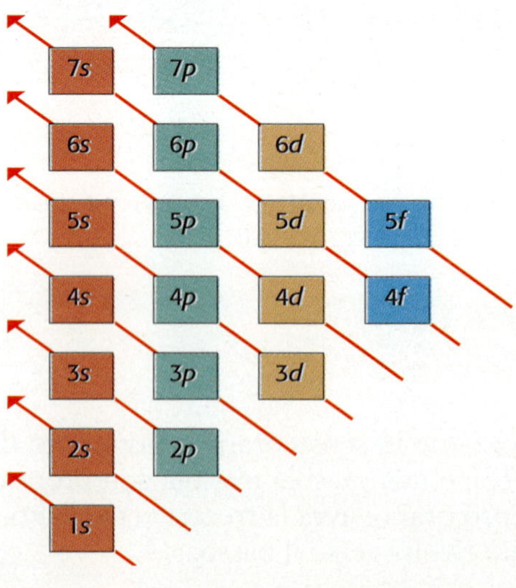

Per applicare le regole sopra esposte e scrivere la struttura elettronica di un elemento qualsiasi bisogna conoscere:

1. il numero atomico Z dell'elemento;
2. l'ordine di riempimento degli orbitali ▸figure 4.7 e 4.8.

L'ordine di riempimento inizia dall'orbitale a più bassa energia 1*s* e segue le frecce tracciate lungo la diagonale dei quadrati, dal basso verso l'alto.

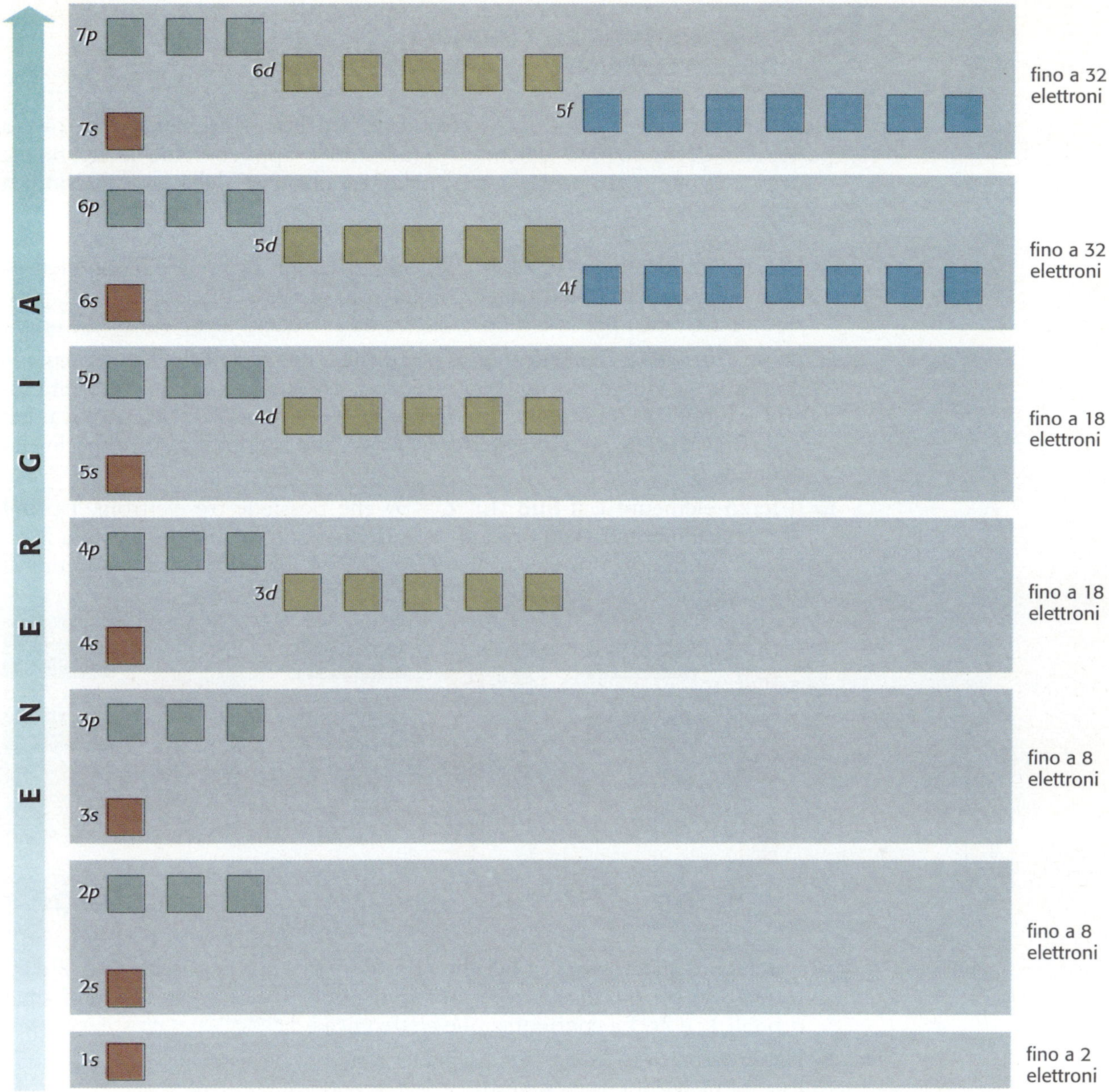

FIGURA 4.8 Schema di riempimento degli orbitali.

Dalle figure si ricava il seguente ordine di riempimento, ossia la disposizione degli orbitali al crescere dell'energia e della lontananza dal nucleo:

$$1s \rightarrow 2s \rightarrow 2p \rightarrow 3s \rightarrow 3p \rightarrow 4s \rightarrow 3d \rightarrow 4p \rightarrow 5s \rightarrow 4d \rightarrow 5p \rightarrow$$
$$\rightarrow 6s \rightarrow 4f \rightarrow 5d \rightarrow 6p \rightarrow 7s \rightarrow 5f \rightarrow 6d \rightarrow 7p$$

Per i primi 18 elementi non ci sono problemi per la collocazione degli elettroni. Gli elettroni vanno a occupare nell'ordine il 1° livello di energia, il 2° livello di energia e i primi due sottolivelli del 3° livello. Dal 19° elemento in poi, cioè dal potassio in avanti, il riempimento successivo degli orbitali non segue più la logica del valore crescente del numero quantico principale; vengono riempiti prima gli orbitali di minor contenuto energetico.

6. LA STRUTTURA ELETTRONICA DEGLI ELEMENTI

Descriveremo ora la struttura elettronica dei primi 18 elementi della tavola periodica. Useremo uno schema a quadratini e applicheremo le tre regole elencate nel paragrafo precedente. I primi tre elementi della tavola periodica sono l'idrogeno, l'elio e il litio.

1 L'atomo di **idrogeno** (H, Z = 1) è formato da un protone e da un elettrone. L'elettrone occupa il primo orbitale più vicino al nucleo. La configurazione elettronica per H è rappresentata da $1s^1$, che si legge «uno esse uno».

2 Dopo l'idrogeno c'è l'**elio** (He, Z = 2), che è un gas nobile. L'elio possiede due protoni, due neutroni e due elettroni esterni. I due elettroni riempiono l'orbitale 1*s* con *spin opposti*. Pertanto la configurazione elettronica dell'elio è $1s^2$ (si legge «uno esse due»). Con l'elio si completa il primo livello di energia.

3 Il terzo elemento è il **litio** (Li, Z = 3) che possiede tre elettroni. I primi due si sistemeranno sull'orbitale 1*s* e il terzo sull'orbitale successivo il 2*s*. La sua configurazione elettronica è $1s^2\ 2s^1$. Le strutture con i quadratini di questi primi tre elementi sono raffigurati sotto:

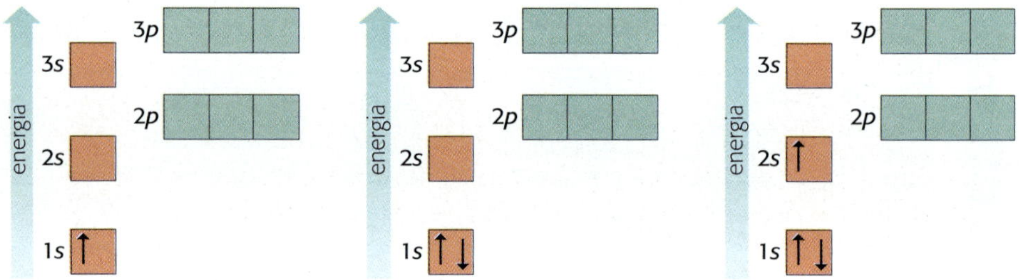

$_1$H $1s^1$ $_2$He $1s^2$ $_3$Li $1s^2\ 2s^1$

4 L'elemento successivo è il **berillio** (Be, Z = 4). Esso possiede quattro elettroni (due coppie di elettroni con spin opposti) che sono sistemati sugli orbitali 1*s* e 2*s*. La configurazione elettronica è $1s^2\ 2s^2$.

5 L'atomo di **boro** (B, Z = 5) possiede 5 elettroni da sistemare in tre orbitali: l'1*s*, il 2*s* e il 2*p*. La sua struttura è $1s^2\ 2s^2\ 2p^1$.

6 Il **carbonio** (C, Z = 6) occupa una posizione centrale del sistema periodico e possiede 6 elettroni che si sistemeranno negli stessi orbitali del boro. La sua configurazione elettronica è quindi $1s^2\ 2s^2\ 2p^2$. Per la disposizione dei due elettroni più esterni si applica la regola di Hund. Gli elettroni occuperanno due diversi orbitali 2*p* e avranno *spin paralleli*. Le strutture di berillio, boro e carbonio sono disegnate sotto:

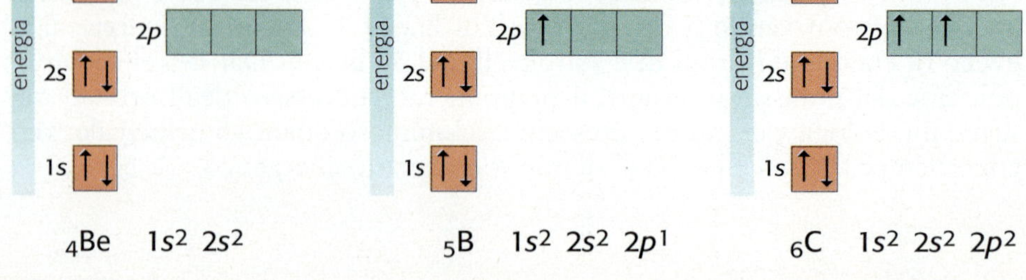

$_4$Be $1s^2\ 2s^2$ $_5$B $1s^2\ 2s^2\ 2p^1$ $_6$C $1s^2\ 2s^2\ 2p^2$

7 L'**azoto** (N, Z = 7) ha la configurazione $1s^2\ 2s^2\ 2p^3$. In accordo con la regola di Hund, i 3 elettroni $2p$ occuperanno tre orbitali diversi con *spin paralleli*.

8 L'atomo di **ossigeno** (O, Z = 8) ha la configurazione elettronica $1s^2\ 2s^2\ 2p^4$. Due elettroni più esterni occuperanno il primo orbitale $2p$, con *spin opposti*, gli altri due si distribuiranno sui due orbitali rimasti.

9 L'atomo di **fluoro** (F, Z = 9) ha la configurazione $1s^2\ 2s^2\ 2p^5$. Solo un orbitale $2p$ è semipieno, gli altri sono tutti occupati con coppie di elettroni a *spin opposti*. Le strutture di azoto, ossigeno e fluoro sono rappresentate sotto:

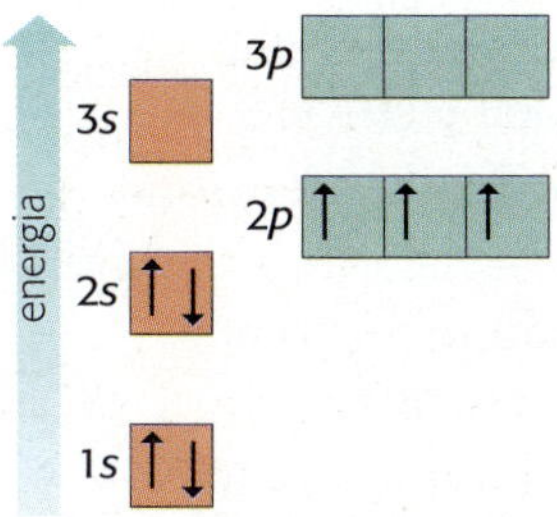

$_7N$ $1s^2\ 2s^2\ 2p^3$

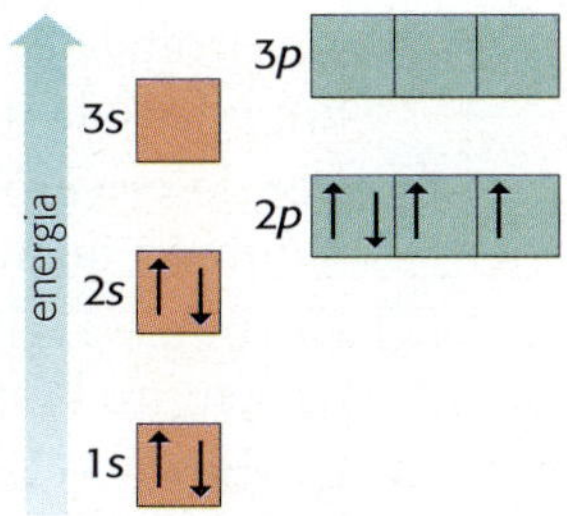

$_8O$ $1s^2\ 2s^2\ 2p^4$

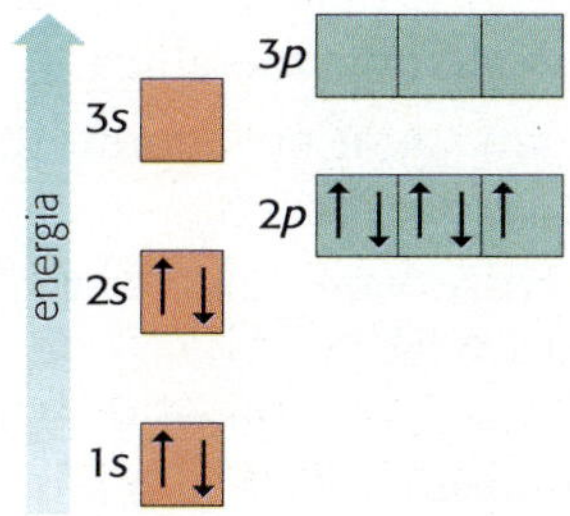

$_9F$ $1s^2\ 2s^2\ 2p^5$

10 L'atomo di **magnesio** (Mg, Z = 12) ha la configurazione $1s^2\ 2s^2\ 2p^6\ 3s^2$. Come si può notare, gli strati 1° e 2° sono completi rispettivamente con 2 e con 8 (2 + 6) elettroni. I due elettroni di valenza (più esterni) sono collocati sull'orbitale $3s$, che appartiene al 3° livello.

11 L'atomo di **alluminio** (Al, Z = 13) ha configurazione $1s^2\ 2s^2\ 2p^6\ 3s^2\ 3p^1$. Lo strato di valenza contiene tre elettroni (come il boro). L'alluminio infatti appartiene al gruppo III.

12 L'atomo di **silicio** (Si, Z = 14) ha la configurazione $1s^2\ 2s^2\ 2p^6\ 3s^2\ 3p^2$. Gli elettroni di valenza sono quattro, come per il carbonio, che appartiene allo stesso gruppo IV. Le strutture di magnesio, alluminio e silicio sono rappresentate sotto:

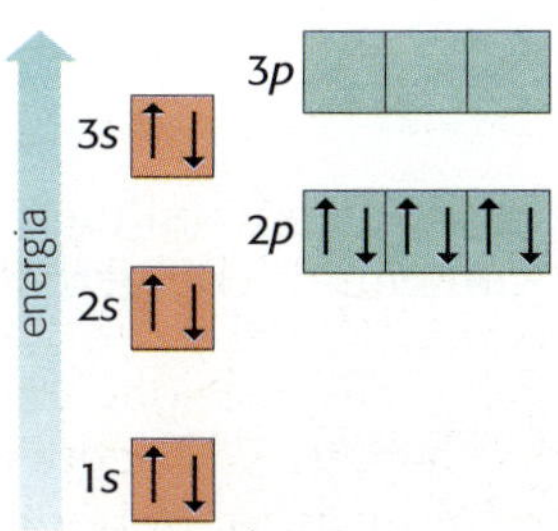

$_{12}Mg$

$1s^2\ 2s^2\ 2p^6\ 3s^2$

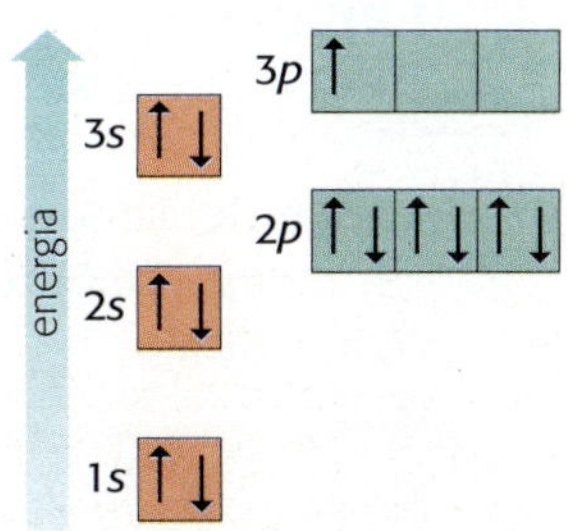

$_{13}Al$

$1s^2\ 2s^2\ 2p^6\ 3s^2\ 3p^1$

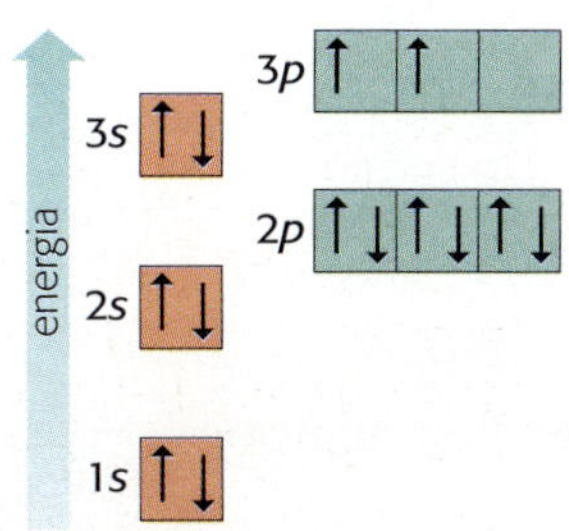

$_{14}Si$

$1s^2\ 2s^2\ 2p^6\ 3s^2\ 3p^2$

PROVA TU **Qual è la struttura elettronica del gas nobile neon, $_{10}$Ne? Disegna la struttura a quadratini. Col neon si completa il secondo livello di energia.**

PROVA TU **Qual è la struttura elettronica del sodio $_{11}$Na? Disegna la struttura a quadratini. Il sodio inizia il riempimento del 3° strato (o livello).**

PROVA TU **Disegna le strutture elettroniche a quadratini di fosforo e zolfo ($_{15}$P e $_{16}$S).**

PROVA TU **Disegna le strutture elettroniche a quadratini di cloro e argon ($_{17}$Cl e $_{18}$Ar).**

1. L'IPOTESI DI DE BROGLIE

2. IL PRINCIPIO DI INDETERMINAZIONE

1. Quali dei seguenti fenomeni evidenziano il carattere ondulatorio dell'elettrone e quali il carattere corpuscolare?
   A la formazione di cerchi concentrici dopo aver attraversato una lamina metallica
   B la formazione di un puntino luminoso sullo schermo di un televisore
   C l'impossibilità di osservare una carica elettrica inferiore a $1{,}6 \cdot 10^{-19}$ C
   D l'osservazione di frange di interferenza nell'immagine di un particolare al microscopio elettronico

2. Le seguenti particelle si muovono tutte alla stessa velocità. Quale di esse possiede la lunghezza d'onda di de Broglie più elevata?
   A un elettrone
   B un protone
   C una molecola di idrogeno
   D un atomo di elio

3. Quali sono i concetti principali appresi in questo paragrafo? Riassumi in dieci righe ciò che ritieni importante ricordare.

3. L'EQUAZIONE D'ONDA E L'ORBITALE

4. Vero o falso?
   A Il modello atomico di Bohr tiene conto delle proprietà ondulatorie dell'elettrone. V F
   B L'elettrone può essere visto come un'onda elettromagnetica o come un corpuscolo. V F
   C Il moto dell'elettrone nell'atomo è descritto in termini di velocità e posizione. V F
   D Alla luce delle conoscenze moderne si può affermare che gli elettroni si muovono intorno al nucleo su traiettorie regolari, cioè circonferenze o ellissi. V F
   E Non è possibile seguire il moto dell'elettrone osservandone le posizioni a intervalli di tempo, senza interferire con il suo moto. V F
   F I livelli energetici descritti dal modello di Bohr si ritrovano anche nella teoria quantistica moderna. V F

5. Vero o falso?
   A Un orbitale è un contenitore che impedisce la fuga dell'elettrone. V F
   B Per descrivere un orbitale occorrono 3 numeri quantici. V F
   C L'orbitale 3*s* di qualunque atomo ha sempre la stessa energia. V F
   D L'orbitale 3*s* di qualunque atomo ha sempre le stesse dimensioni. V F
   E L'orbitale è una nube di carica elettrica diffusa. V F
   F L'elettrone libero, nel vuoto lontano dall'atomo, non ha numeri quantici. V F
   G Tutti i numeri quantici dell'elettrone possono variare per salti di una unità. V F

6. Quali sono i concetti principali appresi in questo paragrafo? Riassumi in dieci righe ciò che ritieni importante ricordare.

4. I RISULTATI DELLA TEORIA

7. Quale dei seguenti numeri quantici influenza maggiormente il contenuto energetico dell'orbitale?
   A n B l
   C m D m_s

8. Quale dei seguenti numeri quantici influenza la forma dell'orbitale?
   A n B l
   C m D m_s

9. Quale dei seguenti numeri quantici influenza il numero totale di sottolivelli in uno strato?
   A n B l
   C m D m_s

10. Quale fra i seguenti valori non può esistere?

	n	l	m
A	1	0	0
B	4	3	2
C	2	2	1
D	3	2	2

11. Quale fra i seguenti orbitali non esiste?

A $7d$
B $6f$
C $5g$
D $4h$

12. Scrivi tutti i valori che l e m possono assumere quando $n = 3$ e disegna tutti gli orbitali corrispondenti.

13. È più piccolo l'orbitale $1s$ dell'atomo di litio (numero atomico 3) o l'$1s$ del potassio (numero atomico 19)?

14. Quali sono i concetti principali appresi in questo paragrafo? Riassumi in dieci righe ciò che ritieni importante ricordare.

5. L'ORDINE DI RIEMPIMENTO DEGLI ORBITALI

15. Qual è il corretto ordine di riempimento degli orbitali?

A $4s \rightarrow 4p \rightarrow 4d \rightarrow 4f$
B $4f \rightarrow 4d \rightarrow 4s \rightarrow 4p$
C $4s \rightarrow 4d \rightarrow 4p \rightarrow 4f$
D $4s \rightarrow 4f \rightarrow 4d \rightarrow 4p$

16. Qual è il corretto ordine di riempimento degli orbitali?

A $4d \rightarrow 4p \rightarrow 4s \rightarrow 3p \rightarrow 3d$
B $3p \rightarrow 4s \rightarrow 3d \rightarrow 4p \rightarrow 4d$
C $3p \rightarrow 3d \rightarrow 4s \rightarrow 4p \rightarrow 4d$
D $3p \rightarrow 3d \rightarrow 4d \rightarrow 4s \rightarrow 4p$

17. Quale fra i seguenti atomi ha la configurazione elettronica maggiormente somigliante a quella del cloro ($1s^2\,2s^2\,2p^6\,3s^2\,3p^5$)?

A Si = $1s^2\,2s^2\,2p^6\,3s^2\,3p^2$
B N = $1s^2\,2s^2\,2p^3$
C F = $1s^2\,2s^2\,2p^5$
D Ne = $1s^2\,2s^2\,2p^6$

18. Stabilisci il numero di elettroni contenuti nello strato più esterno degli atomi dei seguenti elementi:

A sodio
B magnesio
C fluoro
D alluminio
E carbonio

19. Qual è il numero massimo di elettroni che può essere ospitato dai seguenti orbitali?

A tutti gli orbitali $3p$
B orbitale $7s$
C tutti gli orbitali $6f$
D tutti gli orbitali con $n = 4$
E tutti gli orbitali del quinto strato

20. Quali sono i concetti principali appresi in questo paragrafo? Riassumi in dieci righe ciò che ritieni importante ricordare.

6. LA STRUTTURA ELETTRONICA DEGLI ELEMENTI

21. Scrivi le configurazioni elettroniche degli atomi aventi numero atomico da 1 a 20.

22. Scrivi le configurazioni elettroniche per gli atomi dei seguenti elementi:

A Rb
B Kr
C Si
D C
E S

23. A quale atomo appartiene la configurazione elettronica $1s^2\,2s^2\,2p^6\,3s^2$?

24. Il sodio ha la seguente configurazione elettronica: $1s^2\,2s^2\,2p^6\,3s^1$

A Quanti strati di elettroni sono occupati dai suoi elettroni?
B E quanti sono gli elettroni dello ione Na^+?
C Che cosa si può affermare riguardo alle dimensioni dell'atomo e dello ione a confronto?
D È più facile togliere un elettrone all'atomo Na o un altro elettrone allo ione Na^+?

25. L'atomo di quale elemento non contiene uno strato con otto elettroni?

A sodio
B litio
C potassio
D rubidio

26. Quale elemento presenta la seguente configurazione elettronica?

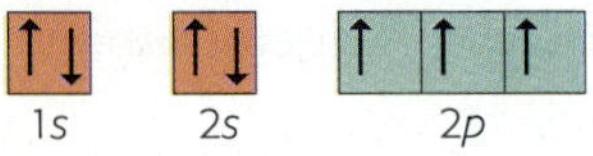

A litio
B sodio
C carbonio
D fluoro

27. Quale elemento presenta la seguente configurazione elettronica?

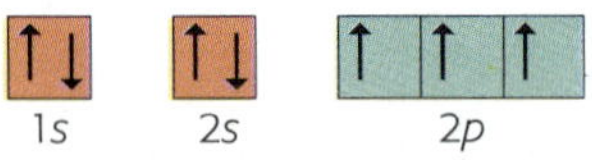

A azoto
B berillio
C litio
D boro

28. In quale delle seguenti configurazioni elettroniche è stata applicata la regola di Hund?

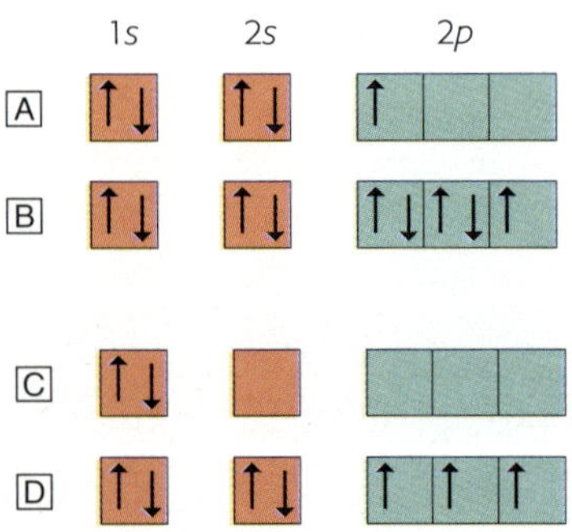

29. Quale delle seguenti configurazioni elettroniche non rispetta la regola di Hund?

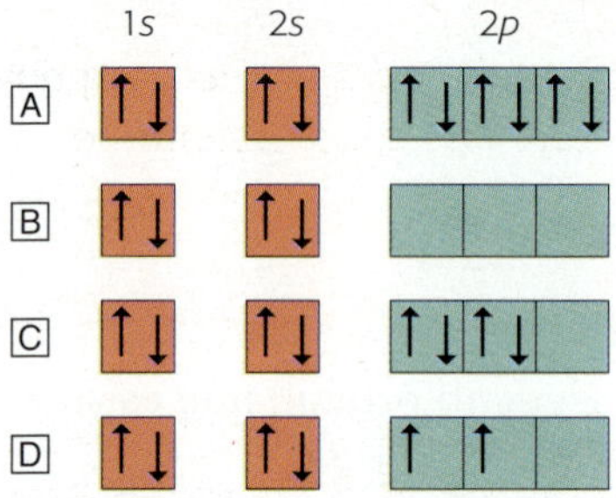

30. Quale delle seguenti configurazioni elettroniche appartiene all'atomo di berillio eccitato?

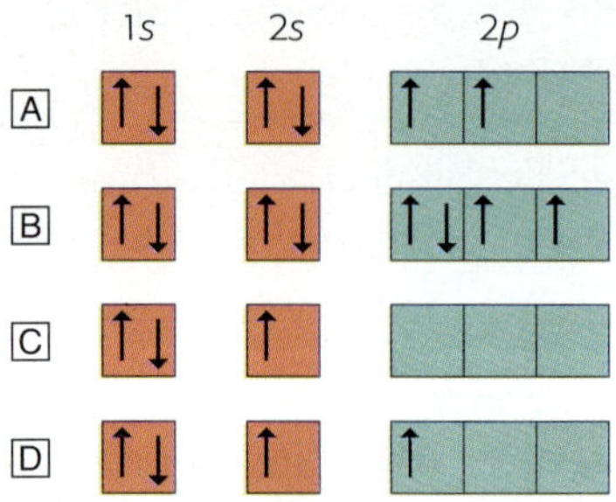

31. Quale fra le seguenti strutture elettroniche appartiene allo ione Mg^{2+}?

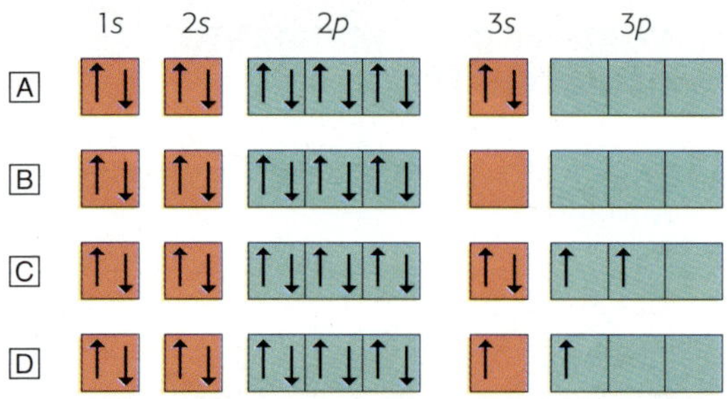

32. Il numero degli orbitali pieni dell'atomo di fluoro è:

A 2
B 9
C 4
D 5

COSTRUISCI LA COMPETENZA

OBIETTIVO descrivere il comportamento ondulatorio e corpuscolare dell'elettrone

RISOLVI I SEGUENTI QUESITI

1. Quali sono le evidenze sperimentali che l'elettrone si comporta talvolta come corpuscolo e talvolta come onda di materia?

2. L'esistenza delle onde di materia è stata prevista da:

A Thomson B Einstein
C De Broglie D Bohr

Spiega la tua risposta.

3. Le onde di materia si distinguono dalle onde elettromagnetiche perché:

A non hanno una lunghezza d'onda
B si muovono con velocità inferiore a quella della luce
C non danno fenomeni di interferenza
D perché hanno energia inferiore alle onde elettromagnetiche

Spiega la tua risposta.

OBIETTIVO applicare il concetto di orbitale al modello atomico

RISOLVI I SEGUENTI QUESITI

4. Quali sono i criteri che ci consentono di distinguere i diversi orbitali?

5. L'orbitale a più bassa energia è:

A 2*p* C 3*p*
B 2*s* D 3*d*

Spiega la tua risposta.

6. Un elettrone 2*s*:

A ha più energia di un elettrone 2*p*
B è probabilmente più lontano dal nucleo di un elettrone 1*s*
C viaggia su un'orbita circolare intorno al nucleo
D non potrà mai essere più lontano dal nucleo di un elettrone 2*p*

Spiega la tua risposta.

7. Un orbitale *p* è:

A a forma sferica
B a forma di due lobi
C a forma di cubo
D di forma difficile da descrivere

OBIETTIVO descrivere le regole di riempimento degli orbitali

RISOLVI I SEGUENTI QUESITI

8. Quali sono le principali regole per poter riempire correttamente gli orbitali?

9. L'atomo di ossigeno ha:

A un orbitale 2*p* completamente vuoto
B due orbitali *s* semipieni
C ha un orbitale 2*p* pieno
D ha due orbitali 2*p* pieni

10. Gli orbitali 4*f* si riempiono dopo:

A l'orbitale 5*s*
B gli orbitali 4*d*
C gli orbitali 5*p*
D l'orbitale 6*s*

OBIETTIVO disegnare le strutture elettroniche dei principali elementi

RISOLVI I SEGUENTI QUESITI

11. Disegna, con frecce e quadratini, le strutture elettroniche degli elementi con Z = 12, 13, 14, 15, 16, 18, 19, 20.

12. Quando l'alluminio si trova nello stato fondamentale, quanti orbitali contengono un solo elettrone?

A 1
B 2
C 3
D 5

13. Quale atomo o ione non è isoelettronico, cioè non contiene lo stesso numero di elettroni?

A P^{3-}
B Ar
C Cl^-
D Ca^+

14. La configurazione dello zolfo è: $1s^2 2s^2 2p^6 3s^2 3p^4$. Quale specie dello zolfo si forma più facilmente?

A S^{3+}
B S^{2+}
C S^-
D S^{2-}

Pensa come uno scienziato

1 Qual è la maggiore differenza fra il modello a orbitali e l'atomo di Bohr? Quale figura rappresenta meglio il modello a orbitali? Spiega la tua risposta.

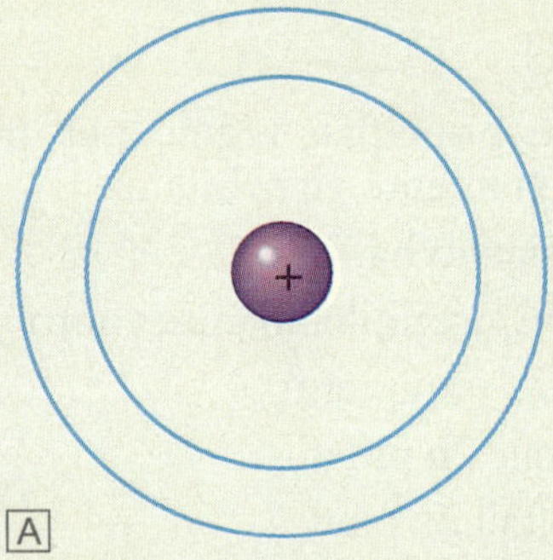

A

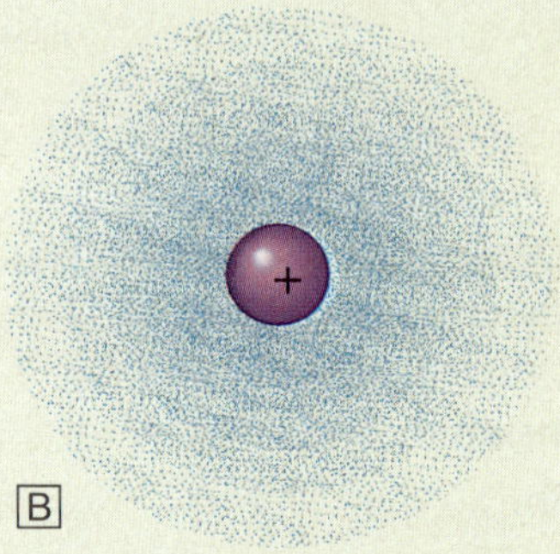

B

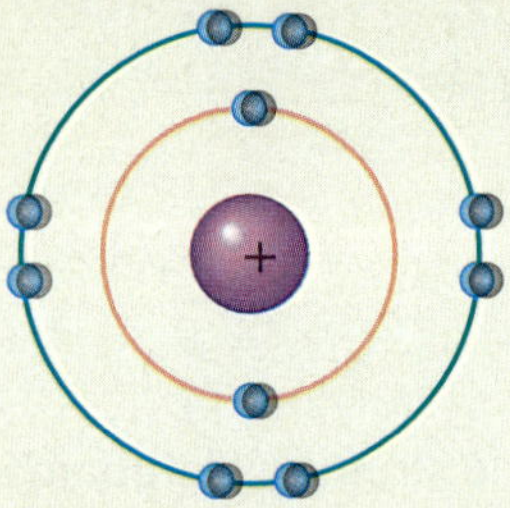

C

2 Completa la seguente tabella:

Elemento	Simbolo	Numero atomico	Periodo	Gruppo	Elettroni di valenza
ferro					
boro					
		30			
		17			
			3	IV	5
			4	VIII	8
			4	II	2
			5	III	3
	Cd				
	Hg				

Modulo C Verifiche

UNITÀ DIDATTICA 1

1. Compara un atomo di ^{24}Mg con un atomo di ^{23}Na. Quale atomo possiede
   - A meno neutroni e più protoni?
   - B uguale numero di protoni e neutroni?
   - C più elettroni e meno protoni?
   - D più protoni e meno elettroni?

2. Il numero di protoni nel nucleo di ^{32}S è:
   - A 16
   - B 15
   - C 48
   - D 32

3. Qual è il numero di neutroni del ^{32}S?
   - A 16
   - B 15
   - C 48
   - D 32

4. Qual è il numero di neutroni nell'atomo di ^{127}Te?
   - A 75
   - B 127
   - C 180
   - D 52

5. Il nucleo di un atomo è formato da 9 protoni e 10 neutroni. Qual è il numero di elettroni?
   - A 8
   - B 19
   - C 9
   - D 10

6. Il nucleo di un atomo è costituito da 15 protoni e 16 neutroni. Qual è il numero di elettroni?
   - A 31
   - B 15
   - C 16
   - D 5

7. Qual è il numero di protoni nell'atomo di ^{40}Ca?
   - A 20
   - B 22
   - C 60
   - D 18

8. Gran parte del volume atomico è occupato da:
   - A protoni
   - B spazio vuoto
   - C neutroni
   - D nucleoni

9. Qual è il numero di protoni di neutroni e di elettroni di ^{40}Ar?
   - A 17 protoni, 18 neutroni, 16 elettroni
   - B 17 protoni, 18 neutroni, 17 elettroni
   - C 17 protoni, 18 neutroni, 18 elettroni
   - D 18 protoni, 22 neutroni, 18 elettroni

10. L'isotopo con Z = 35 e A = 80 appartiene all'elemento:
    - A fosforo
    - B zinco
    - C bromo
    - D itterbio

11. L'isotopo con Z = 19 e A= 40 appartiene a:

A fluoro

B potassio

C nichel

D neon

12. Lo iodio-131 ha un tempo di semivita di 8 giorni. Dopo quanti giorni 4 g di iodio si riducono a 1 g?

A 8

B 16

C 24

D 32

UNITÀ DIDATTICA 2

13. Qual è il numero massimo di elettroni sul 4° livello principale di energia?

A 8

B 6

C 32

D 18

14. Un atomo contiene 15 elettroni nello stato fondamentale. Quanti sono i livelli di energia che contengono i 15 elettroni?

A 1

B 2

C 3

D 4

15. Si verifica emissione di energia quando l'elettrone salta dal sottolivello:

A $3s$ al $4s$

B $2s$ al $1s$

C $3p$ al $5s$

D $3s$ al $5s$

16. Qual è il numero totale di elettroni di un atomo di fosforo nel suo stato fondamentale?

A 5

B 8

C 15

D 11

17. Un atomo ha 5 elettroni di valenza nel suo stato fondamentale. Qual è la configurazione elettronica di questo elemento nello strato di valenza?

A $3s^2 3p^3$

B $3s^1 3p^2 3d^2$

C $3s^2 3p^2 3d^1$

D $3s^2 3p^5$

18. Quale configurazione elettronica rappresenta un atomo in uno stato eccitato?

A $1s^2 2s^2 2p^5 3p^1$

B $1s^2 2s^2 2p^6 3s^2$

C $1s^2 2s^2 2p^6 3s^2 3p^2$

D $1s^2 2s^2 2p^6 3s^1$

19. Qual è la configurazione di un gas nobile nello stato eccitato?

A $1s^1$

B $1s^2 2s^1$

C $1s^2 2s^2 2p^6$

D $1s^2 2s^2 2p^5 3s^1$

20. Qual è il numero massimo di elettroni nel sottolivello $2p$ del fosforo nel suo stato fondamentale?

A 5 B 4

C 6 D 2

21. La configurazione elettronica $1s^2 2s^2 2p^3$ appartiene a:

A magnesio

B azoto

C silicio

D carbonio

22. La configurazione elettronica $1s^2 2s^2 2p^6 3s^2 3p^3$ appartiene a:

A ossigeno B zolfo

C fosforo D azoto

23. Un atomo ha configurazione elettronica $1s^2 2s^2 2p^6$. Quale tra le seguenti affermazioni non è corretta?

A ha numero atomico maggiore dell'ossigeno

B ha numero atomico minore del cripto

C ha numero atomico maggiore dell'elio

D ha nove protoni nel nucleo

24. Se l'elettrone dell'idrogeno si muove dal quarto livello al secondo livello di energia emetterà:

A una particella β

B una particella α

C un quanto di energia nella zona del visibile

D un quanto di energia nella zona delle radiazioni X

25. Quale transizione comporta il più elevato assorbimento di energia?

A da 1*s* a 3*p*

B da 2*p* a 3*p*

C da 3*s* a 4*s*

D da 1*s* a 4*s*

UNITÀ DIDATTICA 3

26. Quale terna di elementi non ha uguale numero di elettroni sul guscio di valenza?

A Si, P, S

B Li, K, Na

C F, Cl, Br

D B, Al, Ga

27. Qual è il nome dell'elemento del gruppo V appartenente al periodo 3?

A gallio

B azoto

C silicio

D fosforo

28. Qual è il nome dell'elemento del gruppo IV appartenente al periodo 4?

A gallio

B germanio

C alluminio

D silicio

29. Lo ione I^- ha la stessa configurazione elettronica di:

A S^{2-}

B Ca^{2+}

C F^-

D Cs^+

30. Un elemento ha configurazione elettronica $1s^2 2s^2 2p^6 3s^2 3p^5$. A quale gruppo oppure famiglia appartiene?

A è un metallo alcalino (gruppo I)

B è un alogeno (gruppo VII)

C è un gas nobile (gruppo VIII)

D è un metallo alcalino-terroso (gruppo II)

31. Qual è la coppia di gas nobili fra i seguenti elementi?

A xeno e kripton

B elio e niobio

C tallio e radon

D afnio e sodio

32. Un elemento ha configurazione elettronica $1s^2 2s^2 2p^6 3s^2 3p^2$. A quale periodo e a quale gruppo appartiene?

A periodo 2, gruppo VIII

B periodo 3, gruppo VI

C periodo 3, gruppo IV

D periodo 2, gruppo VI

33. Quale atomo ha il raggio maggiore?

A F

B Mg

C P

D Na

34. Qual è la carica totale di uno ione che contiene 10 elettroni, 15 neutroni, 11 protoni?

A −1

B +1

C +2

D +3

35. Quale atomo ha maggiore affinità elettronica?

A O

B S

C K

D F

36. Quale atomo ha maggiore energia di ionizzazione?

A Cl

B Ba

C Rb

D Na

37. Un elemento del VII gruppo ha una energia di ionizzazione molto elevata. L'elemento è:

- [A] I
- [B] Br
- [C] F
- [D] Cl

38. Quale atomo richiede minore energia per formare una mole di ioni positivi?

- [A] Cl
- [B] Mg
- [C] K
- [D] N

39. Quando l'ossigeno diventa lo ione ossido O^{2-}, quest'ultimo avrà un volume:

- [A] uguale a O
- [B] molto più piccolo di O
- [C] maggiore di O
- [D] minore di O

40. Quale atomo ha la tendenza maggiore a formare ioni negativi?

- [A] Li
- [B] S
- [C] Cl
- [D] Al

41. Sugli alogeni, quale affermazione è sbagliata?

- [A] donano facilmente elettroni
- [B] ai loro atomi manca un elettrone per completare la configurazione di un gas nobile
- [C] hanno bassi punti di fusione
- [D] reagiscono con i metalli alcalini

42. Quale elemento è un semimetallo?

- [A] carbonio
- [B] cadmio
- [C] germanio
- [D] iodio

UNITÀ DIDATTICA 4

43. L'orbitale a più bassa energia è:

- [A] 5*p*
- [B] 4*s*
- [C] 3*d*
- [D] 3*s*

44. Un elettrone 2*p*:

- [A] ha più energia di un elettrone 2*s*
- [B] è probabilmente più vicino al nucleo di un elettrone 1*s*
- [C] viaggia su un'orbita circolare intorno al nucleo
- [D] non potrà mai essere più lontano dal nucleo di un elettrone 2*s*

45. Un orbitale *s* è:

- [A] di forma sferica
- [B] a forma di due sfere che quasi si toccano
- [C] a forma di trifoglio
- [D] la forma è complicata e difficile da descrivere

46. L'atomo di zolfo ha:

- [A] un orbitale 2*p* completamente vuoto
- [B] due orbitali *s* semipieni
- [C] ha due orbitali 3*p* pieni
- [D] ha due orbitali 2*p* semipieni

47. Gli orbitali 4*d* si riempiono dopo:

- [A] l'orbitale 5*s*
- [B] gli orbitali 4*f*
- [C] gli orbitali 5*p*
- [D] l'orbitale 6*s*

Modulo
Glossario C

Atomo [*atom*]: la più piccola e caratteristica unità di un elemento.

Condizione di Bohr [*Bohr condition*]: relazione fra la frequenza della radiazione emessa da un atomo o da una molecola e la corrispondente variazione di energia: $h\nu = -\Delta E$.

Configurazione elettronica [*electron configuration*]: particolare disposizione degli elettroni sui livelli energetici di un atomo.

Costante di Planck (h) [*Planck's constant*]: costante fondamentale del mondo atomico e molecolare il cui valore numerico è $6{,}625 \cdot 10^{-34}$Js.

Decadimento radioattivo [*radioactive decay*]: decomposizione spontanea di un nucleo atomico.

Deuterio [*deuterium*]: isotopo dell'idrogeno il cui nucleo contiene un neutrone e un protone.

Diamagnetismo [*diamagnetism*]: proprietà di certe sostanze di essere leggermente respinte da un campo magnetico. Le sostanze diamagnetiche non contengono elettroni spaiati.

Difetto di massa [*mass defect*]: differenza fra la massa di un nucleo e le masse dei suoi componenti neutroni e protoni.

Diffrazione [*diffraction*]: interferenza delle onde provocata da un oggetto posto sul loro cammino.

Effetto fotoelettrico [*photoelectric effect*]: fenomeno per effetto del quale alcuni metalli emettono elettroni se colpiti da radiazione elettromagnetica di determinata frequenza.

Elementi di transizione [*transition elements*]: elementi che hanno gli orbitali d parzialmente occupati.

Elettrone [*electron*]: particella elementare con carica elettrica negativa, in continuo movimento fuori dal nucleo dell'atomo.

Elettronegatività [*electronegativity*]: misura la forza di attrazione di un atomo sugli elettroni di un legame, quando è legato a un altro atomo.

Energia di ionizzazione [*ionization energy*]: energia necessaria per togliere un elettrone a un atomo, uno ione o una molecola, allo stato gassoso.

Fermione [*fermion*]: particella con spin semintero (elettroni, protoni ecc.).

Fissione nucleare [*nuclear fission*]: scissione di un nucleo pesante instabile in nuclei più leggeri, con liberazione di energia e neutroni. La fissione può essere spontanea o indotta dall'urto con neutroni.

Fotone [*photon*]: unità indivisibile (granulo) di energia di radiazione elettromagnetica. L'energia di un fotone è $E = h\nu$.

Frequenza (ν) [*frequency*]: numero di oscillazioni che avvengono in un punto determinato nell'unità di tempo.

Fusione nucleare [*nuclear fusion*]: unione di più nuclei leggeri per formare nuclei pesanti, con liberazione di energia.

Interferenza [*interference*]: mutuo effetto di due onde che produce una certa perdita di energia in certe zone e un aumento di energia in altre zone.

Ioni [*ions*]: singoli atomi o gruppi di atomi con carica elettrica positiva o negativa.

Ioni (o **molecole**) **isoelettronici** [*isoelectronic ions*]: ioni o molecole aventi la medesima configurazione elettronica esterna, ma formati da atomi diversi. Esempi: [:ONO:], :OCO: e [:SCN:]

Ionizzazione (di atomi e molecole) [*ionization*]: conversione di atomi o molecole in ioni mediante perdita o acquisto di elettroni.

Isotopi [*isotopes*]: atomi dello stesso elemento contenenti un diverso numero di neutroni. Sono separabili allo spettrometro di massa perché hanno massa differente.

Lantanidi [*lanthanides*]: elementi (14 in tutto) che hanno gli orbitali $4f$ parzialmente occupati.

Linea spettrale [*spectral line*]: radiazione di una singola lunghezza d'onda, emessa o assorbita dà un atomo o da una molecola.

Lunghezza d'onda (λ) [*wavelength*]: in un'onda che si propaga, misura la distanza fra due massimi in un dato istante.

Macroscopico [*macroscopic*]: grande e visibile.

Massa critica [*critical mass*]: è la massa di materiale fissile minima per sostenere una reazione a catena.

Materia [*matter*]: tutto ciò che occupa spazio e ha massa.

Meccanica quantistica [*quantum mechanics*]: teoria fisica che spiega il comportamento degli atomi e delle molecole.

Metalli alcalini [*alkali metals*]: elementi del gruppo I, escluso l'idrogeno: litio, sodio, potassio, cesio, rubidio, francio. Sono metalli estremamente reattivi.

Metalli alcalino-terrosi [*alkaline earth metals*]: metalli del gruppo II: berillio, magnesio, calcio, stronzio, bario, radio.

Metallo [*metal*]: sostanza che conduce elettricità, possiede lustro metallico, è duttile e malleabile; consiste di cationi tenuti insieme da un mare di elettroni.

Microonde [*microwave*]: onde elettromagnetiche la cui lunghezza d'onda (λ) varia da 10^{-4} a 10^{-1} m.

Microscopico [*microscopic*]: piccolo e invisibile a occhio nudo.

Moderatore [*moderator*]: sostanza in grado di rallentare i neutroni. Esempi: grafite, acqua pesante.

Neutrone [*neutron*]: particella neutra con massa quasi uguale a quella del protone e residente nel nucleo.

Non metallo [*nonmetal*]: sostanza che non conduce elettricità, né duttile né malleabile.

Nucleo atomico [*atomic nucleus*]: zona al centro dell'atomo carica positivamente e responsabile della maggior parte della sua massa.

Nucleo fissile [*fissionable nucleus*]: nucleo pesante instabile che può subire fissione per urto con neutroni lenti.

Nucleone [*nucleon*]: ciascuna delle due principali particelle che compongono il nucleo: il protone o il neutrone.

Nuclide [*nuclide*]: specifico isotopo di un elemento.

Numero atomico (Z) [*atomic number*]: numero di protoni nel nucleo di un atomo.

Numero di massa (A) [*mass number*]: numero totale dei nucleoni (neutroni + protoni) contenuti nel nucleo di un atomo.

Numero quantico di spin (m_s) [*spin quantum number*]: numero quantico caratteristico sia degli elettroni liberi che di quelli vincolati, che può assumere solo due valori: $+1/2$ e $-1/2$.

Numero quantico magnetico (m) [*magnetic quantum number*]: numero intero che descrive l'orientazione di un orbitale nello spazio.

Numero quantico principale (n) [*principal quantum number*]: numero intero non negativo dal quale si ricavano informazioni sulla grandezza e sull'energia di un orbitale atomico.

Numero quantico secondario (l) [*secondary quantum number*]: numero che ci dà informazioni sulla forma e il tipo di orbitale. Per $l = 0$ si ha l'orbitale *s*, per $l = 1$ l'orbitale *p*, per $l = 2$ l'orbitale *d* ecc.

Onda elettromagnetica [*electromagnetic wave*]: oscillazione periodica di campo elettrico e magnetico che si propaga anche nel vuoto. A tale tipo di onda appartiene la luce. Le onde elettromagnetiche sono prodotte da particelle cariche accelerate.

Onda longitudinale [*longitudinal wave*]: fenomeno ondulatorio avente oscillazioni lungo la direzione di propagazione dell'onda. Esempio:onde sonore.

Onda trasversale [*transverse wave*]: fenomeno ondulatorio con oscillazioni perpendicolari alla direzione di propagazione dell'onda. Esempio: onde elettromagnetiche.

Onde di materia [*matter wave*]: onde di probabilità associate alla materia in movimento. Solo per particelle atomiche o subatomiche in movimento si possono misurare le rispettive lunghezze d'onda.

Onde stazionarie [*standing wave*]: il risultato di onde identiche che si muovono in opposte direzioni.

Orbitale atomico [*atomic orbital*]: regione di spazio intorno al nucleo di un atomo in cui è più elevata la probabilità di trovare un elettrone.

Ottetto [*octet*]: configurazione stabile degli elettroni di valenza. I gas nobili, eccetto l'elio, hanno otto elettroni nello strato di valenza.

Paramagnetismo [*paramagnetism*]: comportamento delle sostanze attratte da un campo magnetico. Tali sostanze contengono elettroni spaiati.

Particelle alfa [*alpha particle*]: nuclei di elio (He^{2+}) formati da due protoni e due neutroni, componenti i raggi alfa.

Particelle beta [*beta particle*]: elettroni a elevata energia cinetica, emessi dai nuclei nel decadimento radioattivo.

Periodo [*period*]: riga orizzontale del sistema periodico; il numero di un periodo è uguale al numero quantico principale degli elettroni di valenza dei suoi elementi.

Peso atomico (o massa atomica) [*atomic weight*]: massa di un atomo o massa media degli atomi di un campione naturale di un elemento, riferita alla dodicesima parte dell'isotopo 12 del carbonio.

Plasma [*plasma*]: materia ad alta temperatura in cui elettroni e nuclei atomici si muovono indipendentemente gli uni dagli altri.

Positrone [*positron*]: particella con massa uguale a quella dell'elettrone e con carica positiva.

Principio di esclusione di Pauli [*Pauli principle*]: solo due elettroni, purché di spin opposto, possono occupare lo stesso orbitale.

Principio di indeterminazione [*uncertainty princilpe*]: la posizione e la quantità di moto di una particella in un dato istante sono definite solo con un certo grado di approssimazione. Il prodotto fra le incertezze nelle misure delle due grandezze è non inferiore a $h/2\pi$.

Protone [*proton*]: nucleo dell'idrogeno, particella subatomica con carica positiva e sede nel nucleo atomico. La sua massa è circa 1837 volte maggiore di quella dell'elettrone.

Quantità di moto [*momentum*]: prodotto della massa di un oggetto per la sua velocità.

Quanto [*quantum*]: indivisibile unità o pacchetto di energia.

Radiazioni alfa (α) [*alpha radiation*]: radiazioni costituite da particelle positive, i nuclei di elio (due protoni + due neutroni), emesse dai nuclei di atomi radioattivi.

Radiazioni beta (β) [*beta radiation*]: radiazioni costituite da particelle negative (elettroni) emesse dai nuclei di atomi radioattivi.

Radiazioni elettromagnetiche [*electromagnetic radiation*]: particolari forme di energia le cui onde si propagano alla velocità della luce ($3 \cdot 10^8$ m/s).

Radiazioni gamma (γ) [*gamma radiation*]: fotoni ad alta energia emessi dai nuclei atomici radioattivi.

Radioattività [*radioactivity*]: disintegrazione spontanea di nuclei atomici instabili. La radioattività si manifesta con l'emissione di radiazioni alfa, beta o gamma.

Raggi anodici (o canale) [*anode rays*]: fascio di ioni positivi in movimento dall'anodo al catodo in un tubo di Crookes.

Raggi catodici [*cathode rays*]: fascio di elettroni in movimento dal catodo all'anodo in un tubo di Crookes.

Raggi X [*x-rays*]: radiazioni elettromagnetiche di elevata energia e frequenza.

Reazione a catena [*chain reaction*]: serie di reazioni identiche in cui il prodotto di una reazione inizia quella successiva.

Regola dell'ottetto [*octet rule*]: gli atomi tendono a raggiungere la configurazione elettronica stabile di ottetto, acquistando, cedendo o condividendo coppie di elettroni.

Regola di Hund [*Hund's rule*]: gli elettroni occupano prima tutti gli orbitali della stessa energia disponibili e poi si accoppiano.

Reticolo di diffrazione [*diffraction grating*]: superficie di materiale riflettente o trasparente contenente diverse migliaia di linee parallele per centimetro. Il reticolo viene usato per produrre figure di interferenza.

Semiconduttore [*semiconductor*]: conduttore di elettroni con una resistenza che diminuisce con l'aumentare della temperatura.

Semimetalli [*semimetals*]: elementi di frontiera che hanno alcune proprietà tipiche dei metalli e altre caratteristiche dei non metalli.

Spettro elettromagnetico [*electromagnetic spectrum*]: denominazione dell'insieme delle lunghezze d'onda della radiazione elettromagnetica.

Spettroscopio [*spectroscope*]: strumento per analizzare la luce e tracciarne lo spettro.

Spin [*spin*]: stato di moto intrinseco associato a ogni particella, non eliminabile, che può avere solo due versi (non coincidenti con la direzione del moto), indicati con $+1/2$ e $-1/2$.

Stato eccitato [*excited state*]: stato di un elettrone quando è su un livello di energia più alto dello stato fondamentale.

Stato fondamentale (di un atomo o molecola) [*ground state*]: lo stato a più bassa energia.

Struttura atomica [*atomic structure*]: sistemazione degli elettroni intorno al nucleo di un atomo.

Superconduttore [*superconductor*]: conduttore di elettroni con resistenza elettrica nulla.

Superfluidità [*superfluidity*]: capacità di fluire senza attrito (cioè con viscosità nulla).

Tempo di dimezzamento o di semivita [*half life*]: tempo necessario a una sostanza chimica che si trasforma o a un insieme di nuclei radioattivi per dimezzarsi.

Trizio (o tritio) [*tritium*]: isotopo dell'idrogeno il cui nucleo contiene due neutroni e un protone.

Velocità [*rate*]: misura lo spazio percorso nell'unità di tempo. La velocità media si calcola dividendo lo spazio percorso per il tempo impiegato a percorrerlo.

Modulo D

Dagli atomi alle molecole

Michelangelo,
La creazione di Adamo

PREREQUISITI

Per affrontare lo studio di questo modulo sono necessarie le seguenti competenze:

- Spiegare la struttura elettronica a livelli di energia dell'atomo.
- Identificare gli elementi attraverso le loro proprietà periodiche.
- Usare la mole come unità di misura della quantità di sostanza.

COMPETENZE

- Spiegare la struttura delle sostanze che presentano legame ionico, legame covalente o legame metallico.
- Spiegare la forma delle molecole e le proprietà delle sostanze.
- Preparare e utilizzare soluzioni in base alle loro proprietà.

Unità 1

COMPETENZA

Spiegare la struttura delle sostanze che presentano legame ionico, legame covalente o legame metallico.

La competenza dell'unità didattica è costruita ponendosi i seguenti obiettivi:

1. Spiegare le proprietà osservabili della materia sulla base della sua struttura microscopica.
2. Comparare i diversi legami chimici.
3. Determinare la polarità dei legami covalenti sulla base delle differenze di elettronegatività.

I legami chimici

Gli elementi presenti in natura sono appena 89 (altri 21 sono stati sintetizzati dall'uomo). Come è possibile che appena 89 *atomi diversi* producano più di 15 *milioni di sostanze diverse*? La risposta più semplice ci sembra questa: tutti i corpi dell'Universo esistono perché questi 89 atomi si aggregano, in vario modo, fra di loro. Ecco la prova più evidente della esistenza del **legame chimico**.

Un esperimento di facile realizzazione fa pensare all'esistenza di legami, di natura diversa, fra gli atomi nelle molecole: Michael Faraday nel 1832 scoprì che l'acqua pura non conduce la corrente elettrica. Sciogliendo in acqua cloruro di sodio (sale da cucina) e saccarosio (zucchero) si può osservare un diverso comportamento al passaggio della corrente.

Solo il cloruro di sodio conduce la corrente (la lampadina si accende). La differenza nella conducibilità elettrica fra sale, acqua e zucchero dipende dal diverso tipo di legame chimico fra gli atomi costituenti le tre sostanze. In questa unità si troverà la spiegazione degli esperimenti della ▸figura 1.1.

Perché due o più atomi si legano fra loro? Il legame chimico si forma se l'insieme di atomi che ne risulta ha *energia minore* degli atomi separati.

Se l'energia potenziale dei due atomi diminuisce, i due atomi si uniscono formando il legame chimico (principio dell'energia potenziale minima). Se, invece, l'energia potenziale aumenta, il tentativo di unione fallisce e gli atomi non si legano tra di loro.

FIGURA 1.1
L'acqua pura non consente il passaggio della corrente elettrica (a sinistra).
Gli elettroliti, come NaCl, formano soluzioni conduttrici (al centro).
Lo zucchero non è un elettrolita (a destra).

Nella formazione degli aggregati di atomi, a partire dagli atomi isolati, viene liberata energia. La stessa identica energia deve essere fornita al sistema, nel caso si voglia rompere il legame. Pertanto:

L'energia di legame è la quantità di energia per mole necessaria a rompere un determinato legame.

L'energia di legame si misura in kJ/mol, in kcal/mol oppure in elettronvolt (eV).

1. I GAS NOBILI E LA REGOLA DELL'OTTETTO

Quando gli atomi si avvicinano per formare un legame chimico solo gli elettroni più esterni partecipano all'operazione. Il nucleo e i rimanenti elettroni non intervengono. Gli elettroni dello strato più esterno vengono chiamati *elettroni di valenza* o *di legame*.

Uno scienziato americano, Gilbert N. Lewis, ebbe un'idea brillante, disegnare con una serie di punti gli elettroni esterni effettivamente partecipanti alle combinazioni dell'atomo.

Perciò gli elementi del primo, secondo e terzo periodo si scrivono così:

Gruppo	I A	II A	III A	IV A	V A	VI A	VII A	VIII A (o0)
primo periodo	H•							:He:
secondo periodo	Li•	Be:	•Ḃ•	•Ċ•	•N̈•	:Ö•	:F̈:	:N̈e:
terzo periodo	Na•	Mg:	•Ȧl•	•Ṡi•	•P̈•	:S̈•	:C̈l:	:Ä̤r:

Se applichiamo il simbolismo di Lewis a tutti gli elementi della tavola periodica ci accorgiamo che i membri del gruppo I A hanno un solo elettrone di valenza, i membri del gruppo II A hanno due elettroni di valenza, i membri del gruppo III A hanno tre elettroni di valenza e così via, sino al gruppo VIII A. Per tali elementi, i **gas nobili**, la struttura elettronica è quella sottostante:

L'ultima cifra (il numero di elettroni esterni) ci dice quanti puntini circondano l'elemento.

He	**$2e^-$**					
Ne	$2e^-$	**$8e^-$**				
Ar	$2e^-$	$8e^-$	**$8e^-$**			
Kr	$2e^-$	$8e^-$	$18e^-$	**$8e^-$**		
Xe	$2e^-$	$8e^-$	$18e^-$	$18e^-$	**$8e^-$**	
Rn	$2e^-$	$8e^-$	$18e^-$	$32e^-$	$18e^-$	**$8e^-$**

Questo gruppo di elementi attirò l'attenzione dei chimici, che capirono subito che il numero otto ha un particolare significato: è il segnale indicante la stabilità dell'edificio atomico. Soltanto i gas nobili possiedono una configurazione elettronica esterna con otto elettroni; a eccezione dell'elio (che ne ha soltanto due), essi sono quindi particolarmente stabili.

Questo è il significato della **regola dell'ottetto** enunciata da Gilbert N. Lewis nel 1916.

Un atomo è particolarmente stabile quando ha 8 elettroni nel livello di valenza.

L'idrogeno (con un solo elettrone) e il litio con (tre elettroni) tendono invece ad assumere la configurazione elettronica dell'elio:

$$\ddot{\mathrm{He}}$$

I principali legami chimici, (covalente, ionico e metallico), sono una conseguenza di tali operazioni: quando formano un legame chimico, infatti, gli atomi cercano di raggiungere la configurazione elettronica esterna più stabile, mettendo in comune, cedendo o acquistando elettroni fino a completare l'ottetto.

2. IL LEGAME COVALENTE

Il **legame covalente** è responsabile della formazione delle molecole; in tale legame gli elettroni sono *condivisi* dai due nuclei positivi. La figura 1.2 rappresenta la formazione del legame covalente.

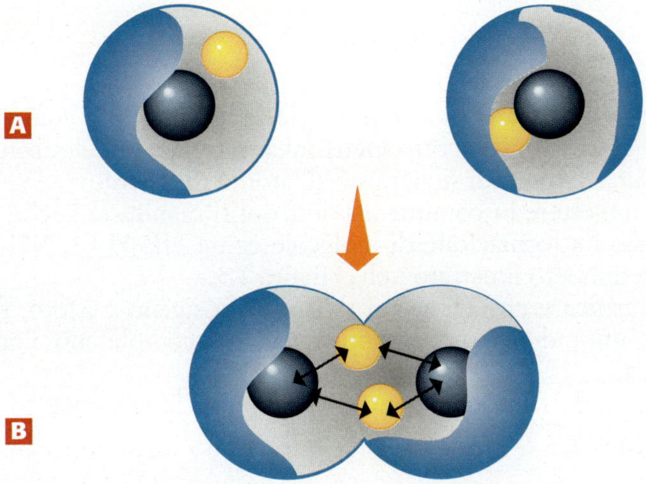

FIGURA 1.2
A Due atomi separati si avvicinano;
B nel legame covalente due elettroni sono condivisi e attratti dai noccioli interni positivi di entrambi gli atomi.

La formazione della molecola di idrogeno è un importante esempio di legame covalente. Col simbolismo di Lewis scriviamo:

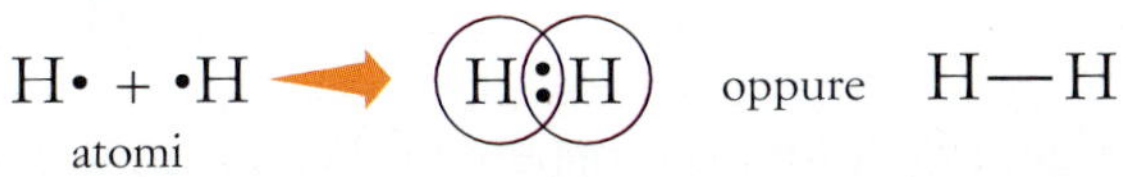

La lineetta o i due punti rappresentano la *coppia di elettroni* impegnati nel legame covalente, che è dovuto alla forza di attrazione che i nuclei degli atomi esercitano sugli elettroni in comune.
I due elettroni del legame appartengono *contemporaneamente* ai due atomi di idrogeno. L'energia del legame è pari a 103 kcal/mole o 431 kJ/mole ed è l'energia occorrente per separare di nuovo gli atomi di *una mole* di H_2.

Il legame covalente si forma quando due atomi mettono in comune una coppia di elettroni.

Passiamo a un altro esempio: la molecola di cloro, Cl_2. L'atomo di cloro ha sette elettroni nello strato più esterno:

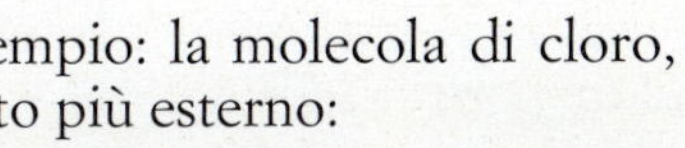

Gran parte dei diversi milioni di composti noti sono tenuti insieme da legami *covalenti* fra elementi come C, H, O, N, S, Cl, Br, F, I.
I composti contenenti tutti gli altri elementi rappresentano circa il 12% sul totale.

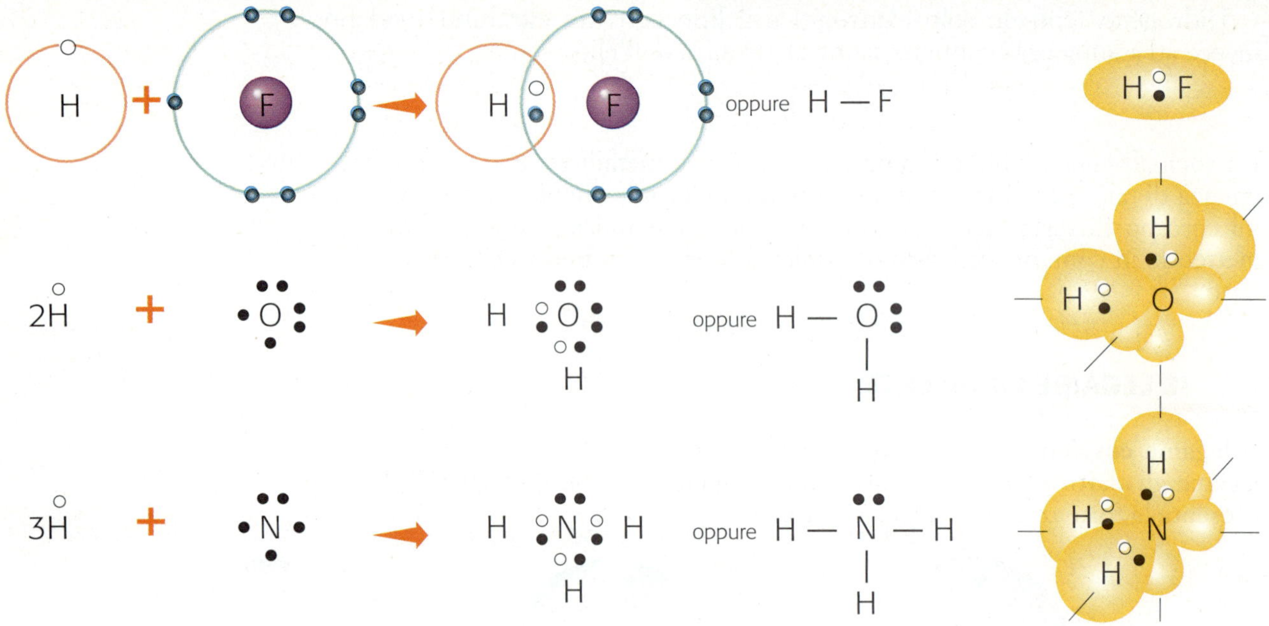

FIGURA 1.3 Formazione delle molecole di HF, H_2O, NH_3.

Come si può notare, la formazione del legame covalente consente a ciascun atomo di cloro di avere otto elettroni esterni: i due elettroni centrali appartengono sia all'atomo di sinistra sia all'atomo di destra.

La tendenza a mettere in comune gli elettroni si manifesta anche fra atomi di natura diversa. La formazione di molecole come HF, H_2O, NH_3, avviene secondo il procedimento illustrato nella ▶figura 1.3.

È possibile verificare che gli atomi di fluoro, ossigeno e azoto, formando rispettivamente uno, due e tre legami covalenti, completano l'ottetto del guscio di valenza.

Per il metano (CH_4), infine, la struttura di Lewis è la seguente:

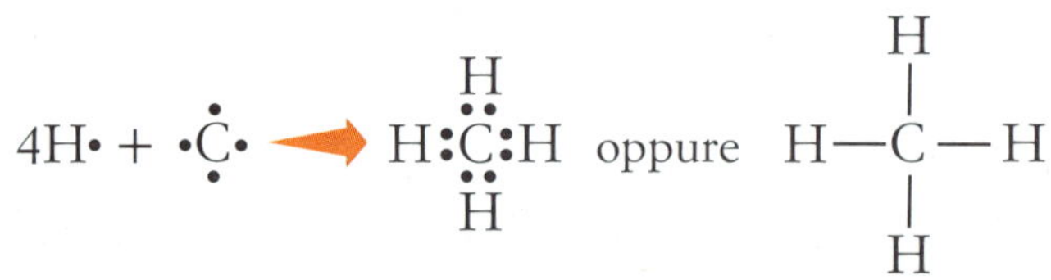

Non sempre la regola dell'ottetto è rispettata. Per esempio BeH_2 e BH_3 hanno strutture che contraddicono le regole enunciate in precedenza. Berillio e boro, pur appartenendo ai gruppi II A e III A, formano composti covalenti (ad esempio BeF_2, $BeCl_2$, BeH_2, BF_3, BCl_3, BH_3). Inoltre le strutture di BeH_2 e BH_3 sono:

il berillio ha solo 4 elettroni nello strato più esterno

il boro ha solo 6 elettroni nello strato più esterno

La valenza

A questo punto è necessario definire il concetto di valenza.

La valenza rappresenta il numero di elettroni che un elemento guadagna, perde o mette in comune quando si lega con altri atomi.

Per i primi quattro gruppi del sistema periodico il numero di legami, o valenze, dipende dal numero di elettroni più esterni: questi elementi, infatti, tendono ad assumere la configurazione elettronica del gas nobile che li precede. Invece, la valenza degli ultimi quattro gruppi è determinata dal numero di elettroni che ci vogliono per arrivare a 8 (struttura del gas nobile che segue l'elemento). Perciò, la valenza lungo un periodo varia così:

Gruppo	I A	II A	III A	IV A	V A	VI A	VII A	VIII A
Valenza	1	2	3	4	3	2	1	0

I legami covalenti multipli

Tutti gli esempi precedenti descrivono la formazione del legame covalente *singolo*. Gli atomi possono raggiungere la configurazione stabile di un gas nobile condividendo anche *due* o *tre* coppie di elettroni. Se gli atomi scambiano quattro o sei elettroni (due o tre coppie), i legami covalenti che intersecano i due atomi, si dicono, rispettivamente, **legame doppio** e **legame triplo**. È questo il caso dell'azoto (N_2), i cui due atomi sono tenuti insieme da un triplo legame covalente.

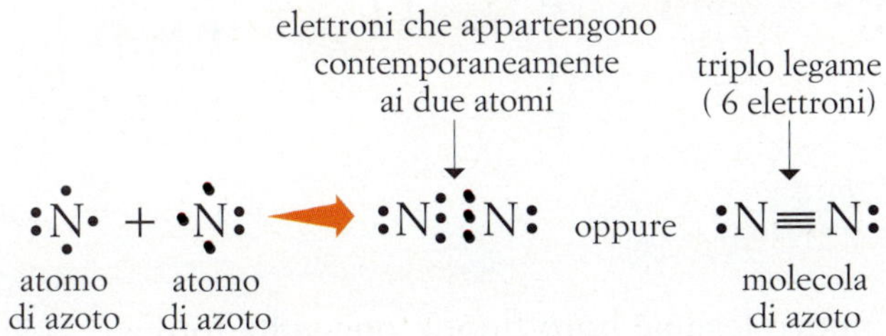

Parallelamente, e con una certa approssimazione, l'ossigeno molecolare (O_2) può essere interpretato come una molecola con *doppio legame*. I due atomi di ossigeno, infatti, condividono 4 elettroni:

L'*ordine* (o *molteplicità*) di legame tra due atomi, uniti fra loro da un legame covalente, indica il numero di coppie di elettroni poste tra essi. Per esempio, nella molecola di azoto (N_2), l'ordine di legame è 3. L'ordine di legame, trova un riscontro sperimentale nella lunghezza e nella energia necessaria per rompere il legame: un legame doppio, infatti, è più corto e più forte di uno singolo, e uno triplo è ancora più corto e necessita di maggior energia per allontanare i due atomi ▸tabella 1.1.

TABELLA 1.1 Caratteristiche dei legami multipli.

Legame	Energia (kJ/mol)	Lunghezza (Å)
singolo	347	1,54
doppio	598	1,34
triplo	812	1,20

Il legame covalente dativo

Un particolare tipo di legame covalente è quello conosciuto come **legame dativo** o covalente coordinato.

Nel legame covalente dativo la coppia di elettroni comuni è fornita da uno solo degli atomi partecipanti al legame.

Nella molecola di ammoniaca, ad esempio, l'azoto ha due elettroni liberi. I due elettroni di legame sono dati dall'azoto (*donatore*) e lo ione H^+ partecipa al legame come *accettore*. Una volta formato, il legame dativo dello ione ammonio non differisce dagli altri tre legami covalenti N—H.

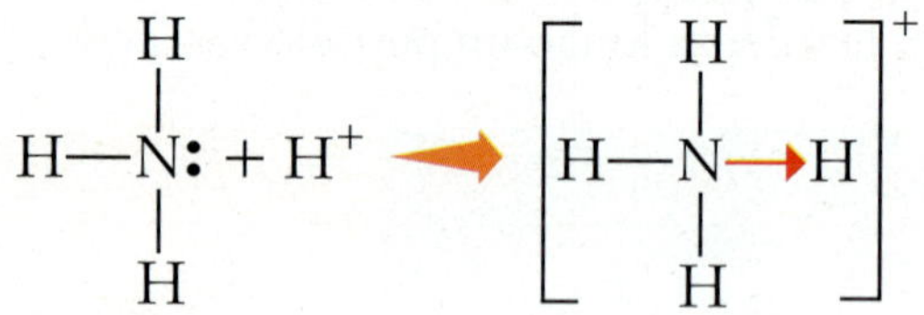

Se si fa passare del trifluoruro di boro gassoso, BF_3, su un fluoruro metallico, si ottiene un solido bianco. In esso il boro (accettore) si lega allo ione fluoruro (donatore) tramite un orbitale vuoto:

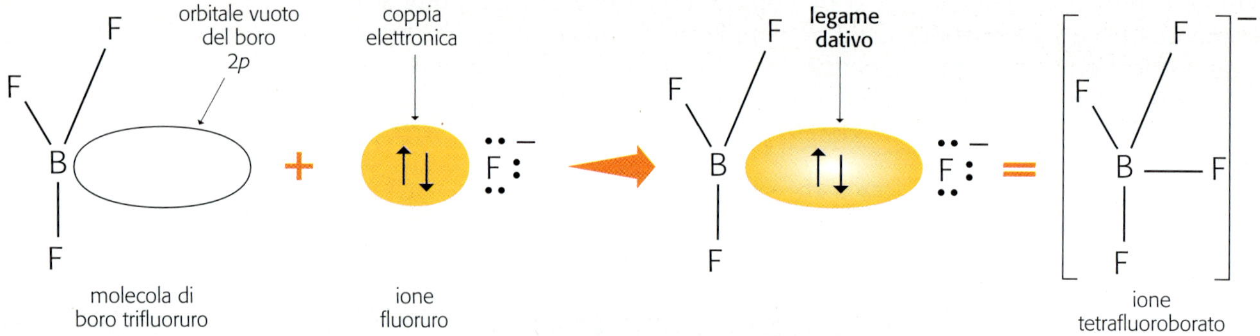

Notate che il nuovo legame boro-fluoro, una volta formato, non è più distinguibile dagli altri, ma è un normale legame covalente.

Quando l'accettore di elettroni è un metallo o uno ione metallico, circondato da un certo numero di ioni negativi o molecole, si ottiene una specie chiamata **complesso**, o **composto di coordinazione**. Le molecole che circondano il metallo si dicono leganti, mentre il metallo posto al centro si chiama coordinante. Il colore azzurro di una soluzione contenente un sale di rame è dovuta proprio allo ione complesso $[Cu(H_2O)_6]^{2+}$ ▶figura 1.4, a destra:

FIGURA 1.4 Due complessi di coordinazione del rame: a sinistra una soluzione in acqua di solfato di rame ($CuSO_4 \cdot 5\,H_2O$), che forma ioni rame $[Cu(H_2O)_4]^{2+}$; a destra, lo ione rame $[Cu(H_2O)_6]^{2+}$.

Ricorrendo al legame covalente dativo è possibile dare una struttura accettabile a numerosi e importanti composti inorganici. Gli esempi dell'acido solforico e dell'acido fosforico evidenziano la formazione di legami covalenti dativi. I 6 elettroni appartenenti allo zolfo (gruppo VI A), e i 5 del fosforo (gruppo V A), sono disegnati con puntini vuoti. Per indicare un legame covalente dativo è permesso l'uso di una freccia diretta verso l'atomo che accetta il doppietto elettronico:

H_2SO_4
acido solforico

H_3PO_4
acido fosforico

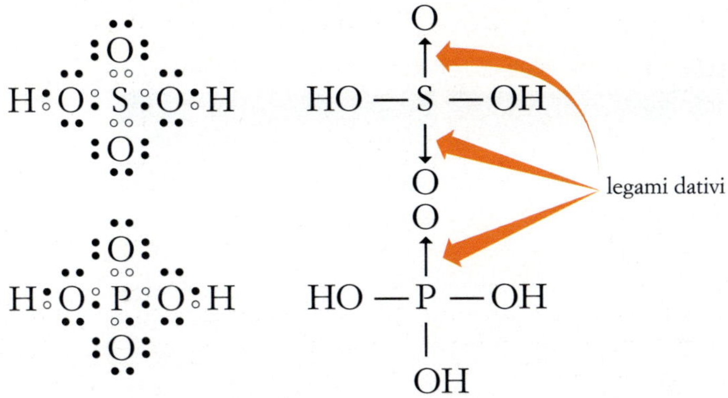

PROVA TU **Tenendo presenti le strutture dell'acido solforico e dell'acido fosforico, disegna quelle che competono ai seguenti acidi: a) $HClO_4$ (acido perclorico); b) $HClO_3$ (acido clorico); c) $HClO_2$ (acido cloroso).**

3. LA SCALA DELL'ELETTRONEGATIVITÀ E I LEGAMI

Se due atomi identici sono uniti da legami covalenti (singoli, doppi o tripli) , essi esercitano la stessa forza di attrazione sugli elettroni di legame. Pertanto, il legame covalente sarà covalente puro. Ma se gli atomi sono di natura diversa, essi eserciteranno sugli elettroni di legame una diversa forza di attrazione. È questo il caso, ad esempio, dell'acido cloridrico, HCl ▸figura 1.5. In questa molecola i due atomi sono molto differenti tra loro. La coppia di elettroni comuni risulta spostata verso l'atomo di cloro. Si dice allora che il cloro possiede una maggiore **elettronegatività** dell'idrogeno.

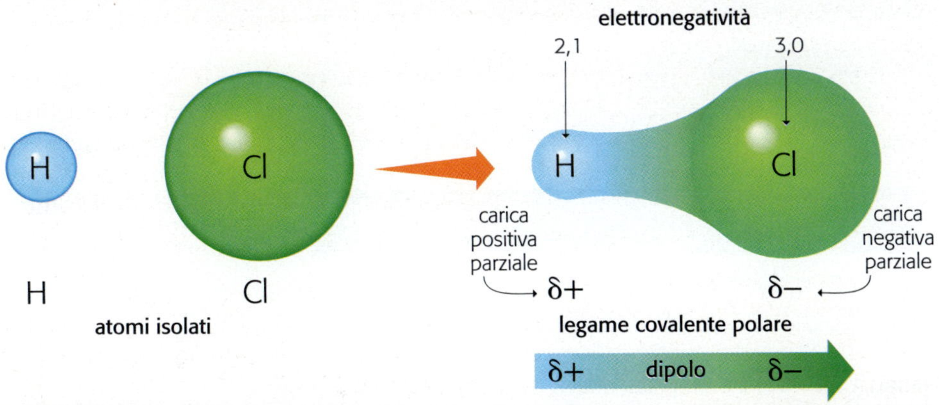

FIGURA 1.5 Formazione del legame covalente polare.

L'elettronegatività misura la forza di attrazione di un atomo sugli elettroni messi in comune nel legame covalente.

L'equilibrio generale della molecola non viene alterato, e neanche la sua neutralità globale: ma ora ci sono un polo parzialmente negativo (l'atomo di cloro) e uno parzialmente positivo (l'atomo di idrogeno). Questo tipo di legame è chiamato **legame covalente polare** ▸figura 1.4.

Il centro delle cariche positive non coincide più col centro delle cariche negative e si ha un **dipolo** (cioè una separazione, anche parziale, di cariche).

La scala di elettronegatività più nota è stata proposta da Linus Pauling (1901-1994, premio Nobel per la Chimica 1954 e per la Pace 1962). In essa il fluoro ha il valore di elettronegatività più alto (4,0). Seguono l'ossigeno (3,5), il cloro (3,0), l'azoto (3,0). Il cesio e il francio sono gli elementi meno elettronegativi (0,7).

Quanto maggiore è la differenza di elettronegatività fra i due atomi che formano il legame, tanto più elevati sono il carattere ionico e la polarità del legame ▸tabelle 1.2 e 1.3.

TABELLA 1.2 Percentuale di carattere ionico in un legame.

Differenza di elettronegatività	Percentuale carattere ionico
0,1	0,5
0,3	2
0,5	6
0,7	12
0,9	19
1,1	26
1,3	34
1,5	48
1,7	51
1,9	59
2,1	67
2,3	74
2,5	79
2,7	84
2,9	88
3,1	91
3,3	93

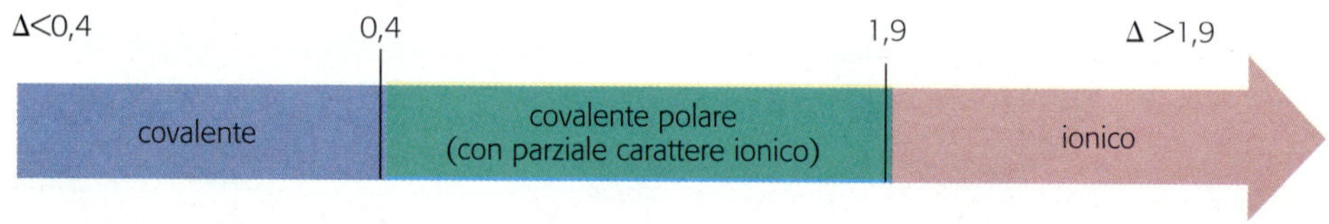

TABELLA 1.3 Alcuni esempi dell'effetto dell'elettronegatività sui legami.

	H — H	Br — Br	H — Cl
Elettronegatività	2,1 2,1	2,8 2,8	2,1 3,0
Δ	0	0	0,9
Legame	covalente puro	covalente puro	covalente polare
	Hg — Cl	Na^+ Cl^-	Mg^{2+} O^{2-}
Elettronegatività	1,9 3,0	0,9 3,0	1,2 3,5
Δ	1,1	2,1	2,3
Legame	covalente polare	ionico	ionico

4. IL LEGAME IONICO

Quando la differenza di elettronegatività fra i due elementi che intendono legarsi è superiore a 1,9, avviene un trasferimento di elettroni da un atomo all'altro. Fra questi due ioni di carica opposta che si attraggono, si forma un nuovo tipo di legame, chiamato **legame ionico**.

Consideriamo la formazione del legame ionico tra un atomo di sodio e un atomo di cloro. Il valore di elettronegatività del Na (0,9) è molto più basso del valore di elettronegatività del Cl (3,0); perciò un elettrone esterno si trasferirà dal sodio al cloro.

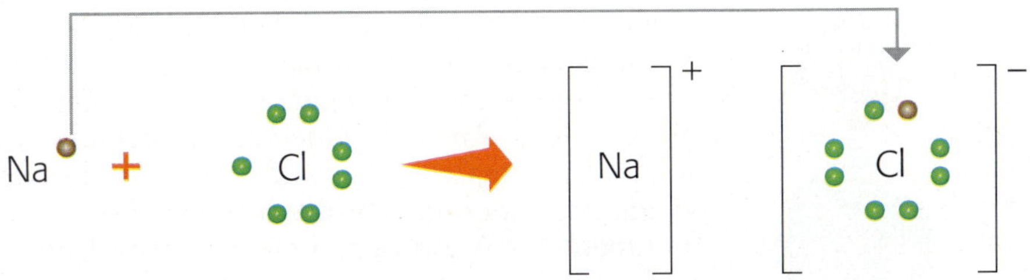

Il trasferimento dell'elettrone dal sodio al cloro ha prodotto i due ioni $\mathbf{Na^+}$ e $\mathbf{Cl^-}$ che ora si attraggono l'uno verso l'altro per effetto della **forza elettrostatica**. Ecco come nasce il legame ionico. Per capire come il bilancio energetico possa essere favorevole, occorre prendere in considerazione almeno i tre contributi più importanti: l'energia *spesa* dal sistema per togliere l'elettrone all'atomo di sodio (energia di ionizzazione), quella *prodotta* nella formazione dello ione Cl^- (affinità elettronica) e quella *ricavata* con l'avvicinamento degli ioni di carica opposta (Cl^- e Na^+) fino alla distanza del legame. Quando molti ioni di carica opposta si aggregano in una struttura compatta, l'ultimo contributo citato, l'attrazione elettrostatica, fornisce la spinta decisiva per la formazione del legame.

Il legame ionico è dovuto alla forza di attrazione che tiene uniti ioni di carica opposta.

In seguito alla formazione del legame ionico, lo ione sodio ha raggiunto la configurazione elettronica del neon e lo ione cloro quella dell'argon.

Proviamo a vedere cosa accade per gli elementi dei gruppi II A e VI A, ad esempio il composto MgO:

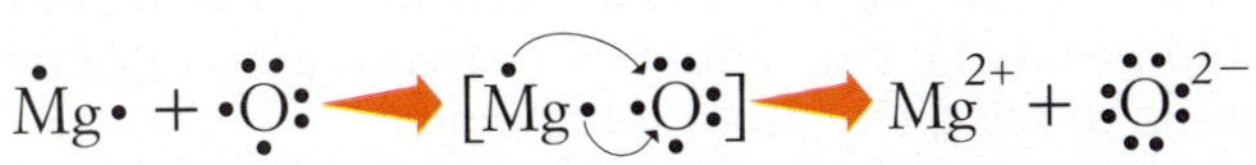

Il magnesio (un metallo) cede *due* elettroni all'ossigeno (un non metallo) e si formano i due ioni Mg^{2+} e O^{2-}. Anche in questo caso tra i due ioni si stabilisce il legame ionico.

La valenza ionica di un elemento rappresenta il numero di elettroni perduti o acquistati dall'atomo di tale elemento. Pertanto, se l'elemento perde elettroni, si trasforma in ione positivo (ad esempio, Na^+, Mg^{2+}, Al^{3+}); se l'elemento acquista elettroni, si ottengono ioni negativi (ad esempio Cl^-, O^{2-}).

Osservando il sistema periodico, si può dire,con una certa approssimazione, che:

1. i *metalli* appartenenti ai gruppi I A, II A, III A (con 1, 2, 3 elettroni esterni), perdono elettroni (rispettivamente 1, 2, 3) e diventano ioni positivi (+1, +2, +3) con struttura del gas nobile più vicino;

2. i *non metalli* dei gruppi V A, VI A, VII A (con 5, 6, 7 elettroni esterni) acquistano elettroni (rispettivamente 3, 2, 1) e si trasformano in ioni negativi (−3, −2, −1) con la configurazione elettronica del gas nobile più vicino;
3. se i metalli e i non metalli si incontrano, i primi cedono gli elettroni più esterni e i secondi li acquistano;
4. fra questi ioni di carica opposta si stabilisce una forza di attrazione che rappresenta il *legame ionico*.

5. I COMPOSTI IONICI SI DISSOCIANO

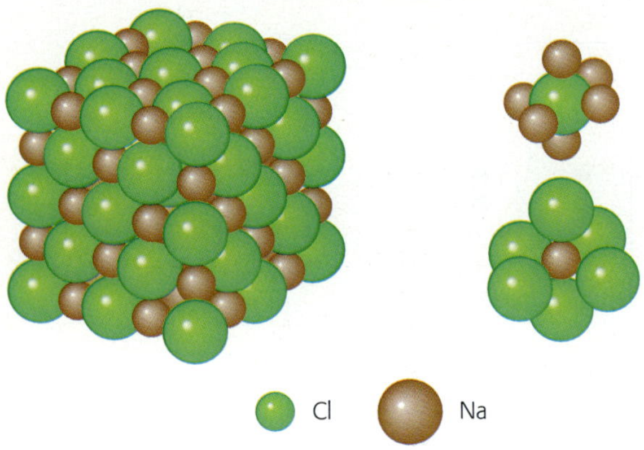

FIGURA 1.6 Il reticolo ionico dell'NaCl.

Come abbiamo visto, per formare il composto NaCl ogni atomo di cloro riceve un elettrone dagli atomi di sodio; grazie alla sua carica negativa, attira intorno a sé sei ioni sodio, che si pongono a stretto contatto con ogni ione cloro. Anche lo ione Na^+ si circonda di sei ioni Cl^-. Si forma così il *reticolo cristallino* di NaCl, cioè una struttura solida, ordinata ▸figura 1.6.

Il numero 6, che indica gli ioni che circondano ogni ione di carica opposta, non è una regola generale. Esistono anche reticoli ionici in cui ogni ione, posto al centro di un cubo, è circondato da 8 ioni di carica opposta, occupanti i vertici del cubo stesso (per esempio il CsCl).

L'esistenza dei reticoli ionici spiega anche l'*elevato punto di fusione* di questi composti solidi:

PUNTO DI FUSIONE = 801 °C → NaCl

PUNTO DI FUSIONE = 2852 °C → MgO

PROVA TU **Sono stati misurati i seguenti punti di fusione 1920 °C e 775 °C per due diversi composti: KCl, BaO. A quale composto appartiene, secondo te, il punto di fusione più elevato?**

Come si vede, Na^+Cl^- ha un punto di fusione relativamente basso, se paragonato a quello di $Mg^{2+}O^{2-}$. La ragione risiede nel fatto che in $Mg^{2+}O^{2-}$ la forza di attrazione fra gli ioni è più elevata (si tratta infatti di ioni bivalenti). Ciò spiega anche il fatto che NaCl è solubile in acqua, al contrario di MgO.

Tutti i composti ionici sono solidi a temperatura ambiente e hanno elevati punti di fusione; essi sono buoni conduttori di elettricità sia allo stato fuso sia in soluzione. Il passaggio dell'elettricità è dovuto al movimento degli anioni (−) verso il polo positivo e dei cationi (+) verso il polo negativo ▸figura 1.7. L'acqua è in grado di sciogliere molti solidi ionici.

FIGURA 1.7 La soluzione di un solido ionico conduce l'elettricità.

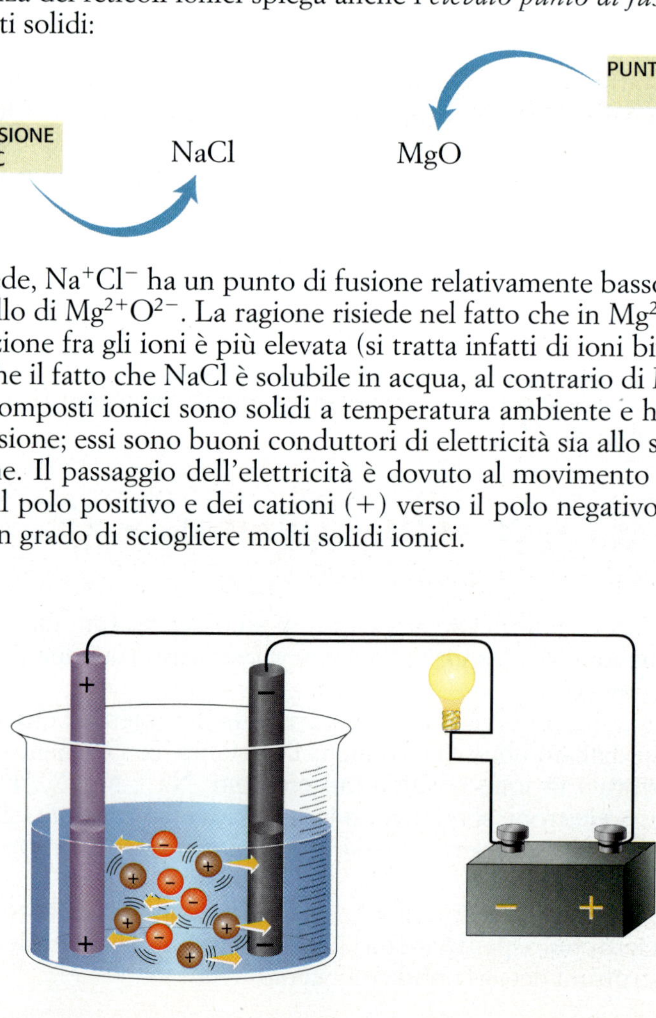

6. IL LEGAME METALLICO

Circa i quattro quinti di tutti gli elementi sono metalli. Come nasce un cristallo metallico? Consideriamo un elemento come il sodio (Na). La struttura elettronica del sodio presenta un elettrone nello strato più esterno; infatti, la sua configurazione elettronica è $1s^2 2s^2 2p^6 3s^1$.

L'atomo mette in comune l'elettrone esterno. Gli altri atomi fanno altrettanto e mettono in comune *tutti* gli elettroni di valenza (cioè i più esterni). Essi quindi non sono attaccati a un atomo o a una coppia di atomi, ma sono condivisi dallo sterminato numero di atomi di sodio ▸figura 1.8.

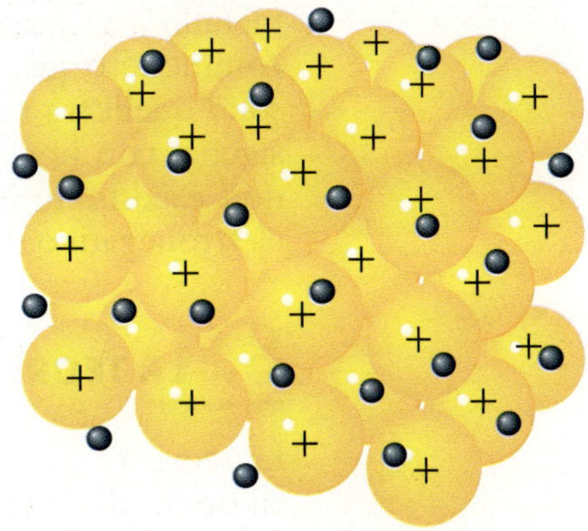

FIGURA 1.8 Gli elettroni del guscio di valenza sono liberi di muoversi da una parte all'altra del cristallo metallico, mentre gli ioni metallici occupano posizioni quasi fisse all'interno del reticolo cristallino.

Il legame metallico è dovuto all'attrazione fra gli ioni metallici positivi e gli elettroni mobili che li circondano.

Il legame metallico è dunque di tipo cooperativo. Gli ioni metallici positivi occupano posizioni quasi fisse nel cristallo e tutti gli elettroni più esterni passano liberamente da un atomo all'altro. La nebbia elettronica avvolge e tiene uniti tutti i cationi metallici del cristallo. Le proprietà tipiche dei metalli, come la conducibilità elettrica e termica, sono proprio dovute alla libertà di movimento degli elettroni più esterni. Anche la malleabilità e la duttilità dei metalli dipendono alla mobilità degli elettroni più esterni.

7. LA TAVOLA PERIODICA E I LEGAMI FRA DUE ELEMENTI

La tavola periodica è lo strumento più semplice per individuare il tipo di legame che si forma tra gli atomi dei diversi elementi. In generale si può dire:

1. i *metalli* formano fra loro legami metallici;
2. i *non metalli* formano fra loro legami covalenti;
3. i metalli e i non metalli si uniscono mediante legami ionici.

La ▸tabella 1.4 riassume il comportamento degli elementi.

	Metallo	H (idrogeno)	C, Si (carbonio e silicio)	F, Cl, Br, I (alogeni) O (ossigeno)
Metallo	M	I	I	I
H (idrogeno)	I	C	C	C
C, Si (carbonio e silicio)	I	C	C	C
F, Cl, Br, I (alogeni) O (ossigeno)	I	C	C	C

TABELLA 1.4 La matrice ci fornisce un'indicazione approssimata dei tipi di legame che si formano fra due elementi della tavola periodica. I metalli formano fra loro legami metallici (M). Gli stessi metalli combinati con l'idrogeno, con gli elementi centrali del sistema periodico, con l'ossigeno e con gli alogenuri formano prevalentemente legami ionici (I). In tutti gli altri casi, il legame covalente è quello preferito.

Alla luce di quanto abbiamo visto sul passaggio graduale da legame covalente a legame ionico, la regola che attribuisce il legame ionico all'unione metallo-non metallo deve essere applicata attentamente, se non si vogliono commettere grossolani errori. In pratica, i soli composti *puramente ionici* sono quelli tra metalli del primo e secondo gruppo con gli alogeni e con l'ossigeno, con poche eccezioni. Per esempio, l'elettronegatività di un elemento non è costante in qualsiasi composto, ma dipende dalla valenza: Ti^{4+} è più elettronegativo di Ti^{2+}, e Mn^{7+} ha elettronegatività maggiore di Mn^{2+}.

8. LA TEORIA DEL LEGAME DI VALENZA

La teoria che razionalizza la regola dell'ottetto di Lewis è nata nel 1930 grazie all'opera di Linus Pauling e N.B. Slater. Essa è conosciuta come teoria del *legame di valenza* (o VB, da *Valence Bond*) e applica la meccanica quantistica al legame chimico.

Secondo questa teoria:

Il legame covalente si forma quando gli orbitali semipieni di due atomi danno origine a un nuovo orbitale che permette a entrambi gli elettroni di appartenere a ciascun atomo. Questo nuovo orbitale è chiamato orbitale molecolare

La figura 1.9. illustra la formazione del legame covalente nella molecola di idrogeno per avvicinamento di due *orbitali semipieni* (contengono ciascuno un elettrone), con formazione di un orbitale molecolare.

FIGURA 1.9 La formazione della molecola di H_2 secondo la simbologia della teoria del legame di valenza.

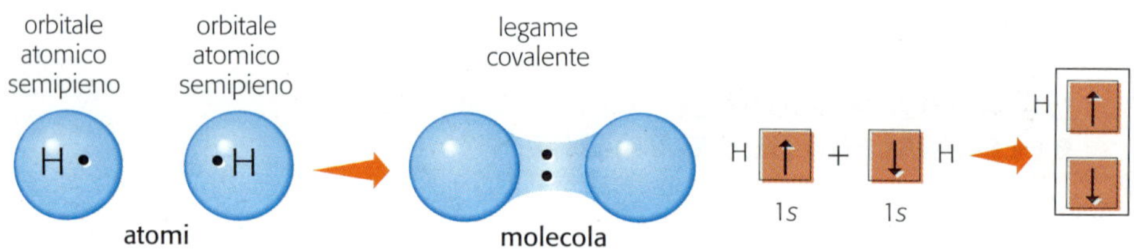

Quando l'orbitale del legame si sviluppa lungo la linea di congiunzione tra i due nuclei è chiamato orbitale σ (sigma). La forza attrattiva tra gli elettroni e i protoni, infatti, è in grado di bilanciare la repulsione protone-protone figura 1.10.

FIGURA 1.10

[A] Alla distanza di 0,74 Å le attrazioni (frecce verdi) e le repulsioni tra cariche dello stesso segno (frecce rosse) si bilanciano perfettamente.

[B] A distanze leggermente maggiori prevalgono le attrazioni e i due atomi H tendono ad avvicinarsi. A distanze inferiori a 0,74 Å prevalgono le repulsioni e diviene più difficile avvicinare i due atomi. Poiché occorre energia sia per allungare sia per accorciare la molecola, questa è stabile. La presenza di un minimo nella curva di energia potenziale (in rosso) è sempre indice di stabilità. L'energia del legame (431 kJ/mol) equivale all'energia spesa per separare gli atomi a distanza infinita e corrisponde alla «profondità» della buca.

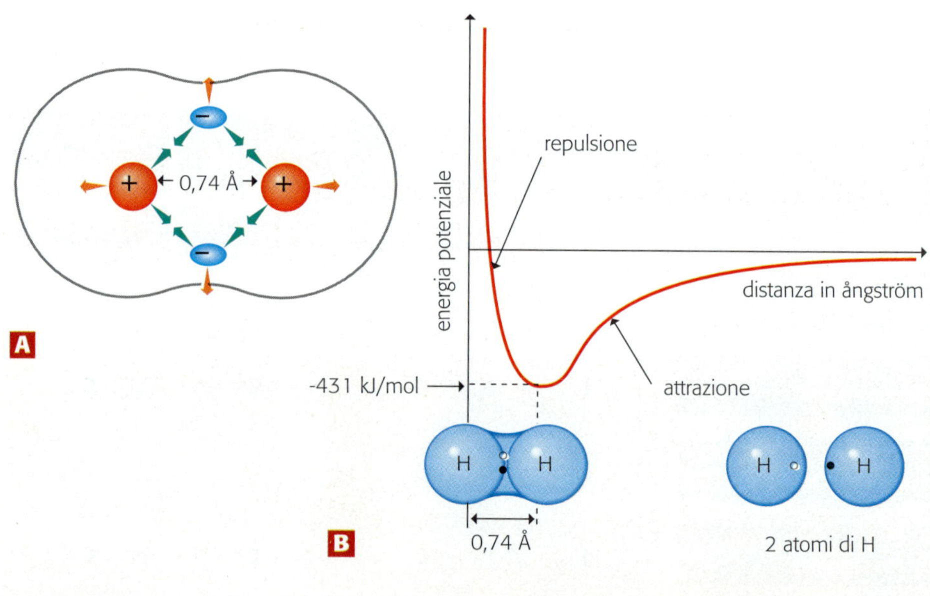

Passiamo a un altro esempio: la molecola di fluoro, F_2. Secondo la teoria del legame di valenza lo scambio avviene così:

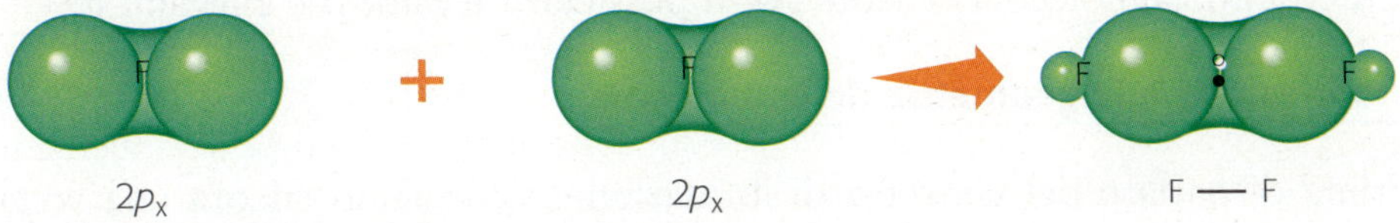

Quando due atomi di fluoro si incontrano, mettono in comune due elettroni *sovrapponendo* due orbitali atomici semipieni. Ciò, infatti, è conveniente dal punto di vista energetico. La coppia di elettroni è il «cemento» che unisce i due atomi. Questo tipo di legame si chiama legame sigma (σ).

Fra H e F la sovrapposizione degli orbitali semipieni è la seguente:

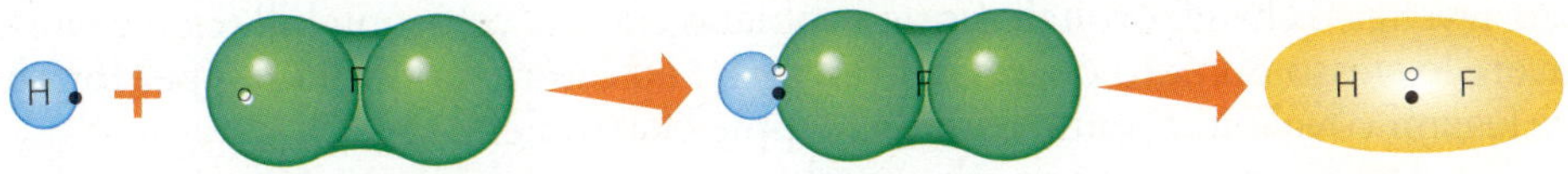

Per H_2O si possono disegnare i seguenti modelli:

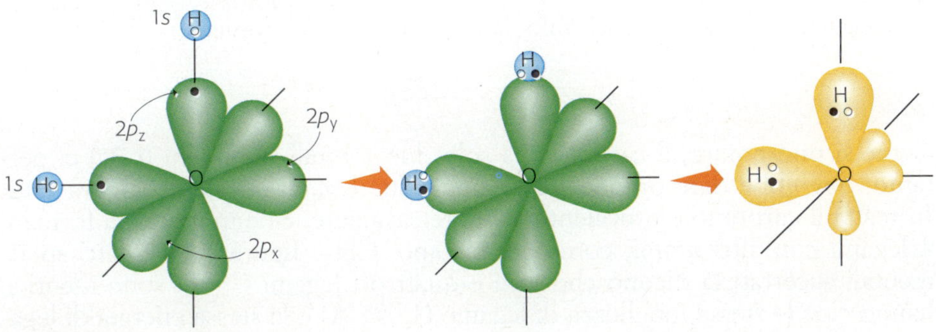

Per NH_3:

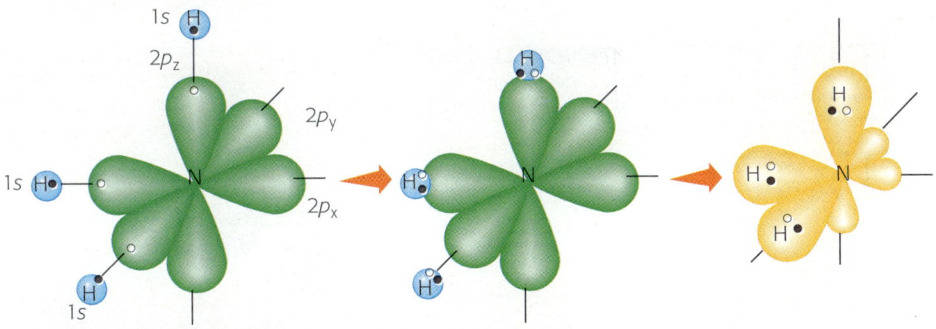

Nei legami multipli, oltre al legame σ (sovrapposizione frontale), interviene anche la fusione laterale degli orbitali atomici *p* (o anche *d*), con la formazione di orbitali π. Nel legame π si può individuare un piano che attraversa i due nuclei, nel quale la probabilità di trovare un elettrone è uguale a zero; tale piano è detto *piano nodale* ▸figura 1.11.

FIGURA 1.11 La formazione del legame π.

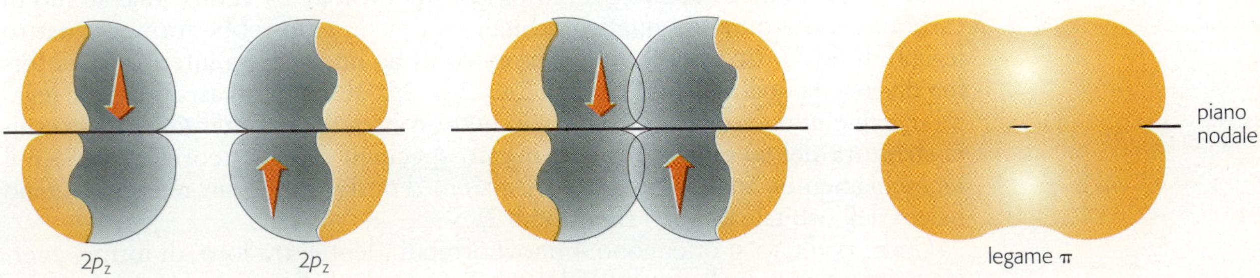

Dato che il legame è dovuto alla formazione dell'orbitale molecolare, parlare di orbitali σ e π o di legami σ e π è la stessa cosa.

Pertanto, la molecola di azoto N≡N possiede 1 legame σ e 2 legami π.

L'ibridazione e la geometria delle molecole

Prima di parlare del concetto di ibridazione, ricordiamo ancora una volta, che gli orbitali atomici non sono speciali contenitori nei quali possiamo sistemare uno o due elettroni. Gli orbitali sono soltanto strumenti matematici che ci consentono di fare «ragionevoli» previsioni sulle zone in cui possono trovarsi gli elettroni.

Secondo questo approccio teorico, gli orbitali atomici puri *s*, *p* e *d* si possono trasformare, mescolandosi, in **orbitali atomici ibridi**. La condizione perché questo avvenga è che gli orbitali ibridati abbiano energie confrontabili (cioè devono avere lo stesso numero quantico principale) ed essere tutti utilizzati per formare legami covalenti oppure ospitare coppie elettroniche libere.

Facciamo subito notare che qualsiasi teoria del legame covalente deve poter interpretare le proprietà fisiche e chimiche di una molecola, già note e determinabili sperimentalmente.

Prendiamo il caso del carbonio, la cui struttura elettronica è:

$${}_{6}C = 1s^2\ 2s^2 2p^2$$

Come si può notare, il carbonio ha solo due orbitali semipieni (i 2*p*) e, pertanto, dovrebbe dare origine solamente a due legami covalenti ▸figura 1.12. In realtà il carbonio è prevalentemente tetravalente, cioè in grado di formare 4 legami con altri atomi, come nel metano, CH_4 ▸figura 1.13; i fatti sperimentali accertati ci dicono che tutti e quattro i legami C—H sono identici, hanno cioè la stessa lunghezza di legame (1,095 Å) e la stessa energia di legame (435 kJ · mol^{-1});

FIGURA 1.12 Lo stato fondamentale del carbonio.

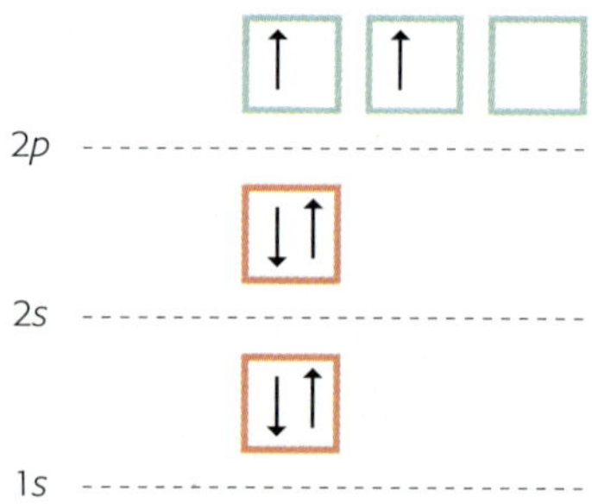

FIGURA 1.13 Modellino del metano.

La prima approssimazione di cui si serve la teoria è la **promozione** di un elettrone dall'orbitale 2*s* (a energia più bassa) sull'orbitale 2*p* vuoto. Tale atomo di carbonio eccitato ha ora quattro orbitali semipieni, e potrebbe formare quattro legami; tuttavia, siccome l'orbitale atomico 2*s* ha una energia inferiore e ha forma diversa da quella dei tre orbitali 2*px*, 2*py*, 2*pz*, dovremmo aspettarci tre legami uguali e uno diverso. Tutto ciò è in netto contrasto con quanto accertato sulla struttura del metano. Anche in questo specifico caso, la teoria suggerisce il «mescolamento» matematico delle funzioni d'onda (non è un reale fenomeno fisico) dell'orbitale 2*s* con i tre orbitali 2*p*.

Come risultato si ottengono 4 nuovi orbitali identici tra loro, di forma, energia e disposizione nello spazio del tutto diverse da quelle originarie dei 4 orbita-

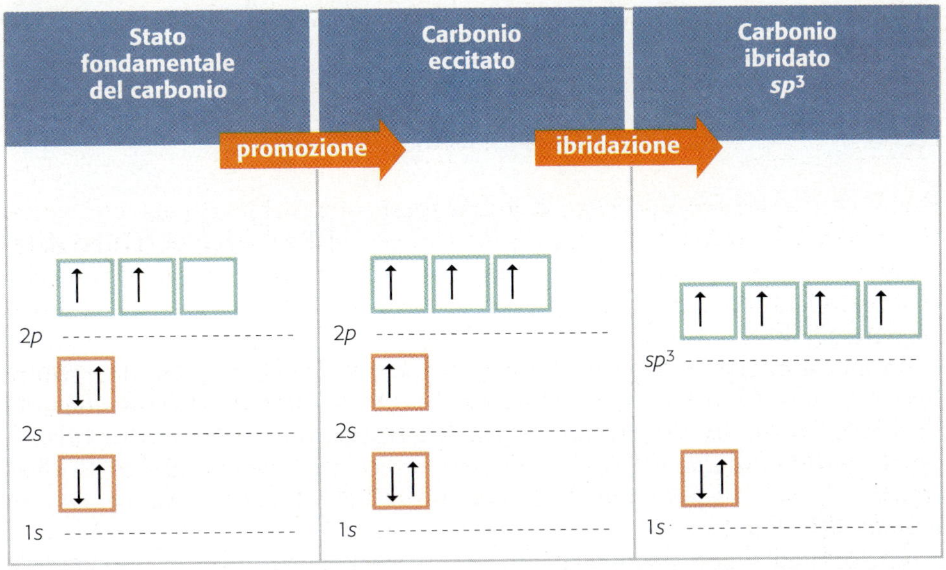

TABELLA 1.5 Come si forma il carbonio ibridato sp^3.

li atomici di partenza. Questa operazione matematica prende il nome di **ibridazione** ▸tabella 1.5. I nuovi quattro orbitali ibridi, chiamati sp^3, hanno per 1/4 le caratteristiche dell'orbitale 2*s* e per 3/4 le caratteristiche dei 2p.

Il 3, esponente di *p*, indica il numero di orbitali *p* che partecipano alla formazione dell'ibrido.

Altri due ibridi servono per descrivere la struttura dei composti contenenti legami multipli (e non solo per il carbonio) ▸tabella 1.6.

Ibrido	Numero dei gruppi	Geometria della molecola	Angoli di legame
sp	2	lineare	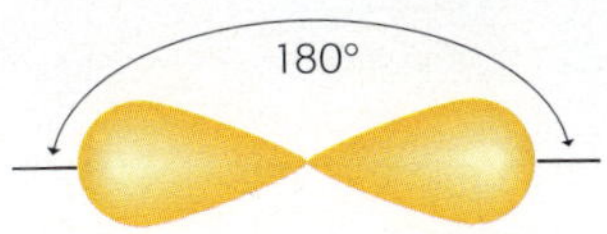
sp^2	3 	triangolare piana	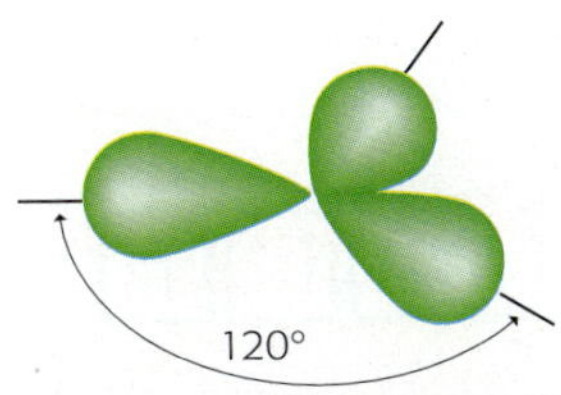
sp^3	4 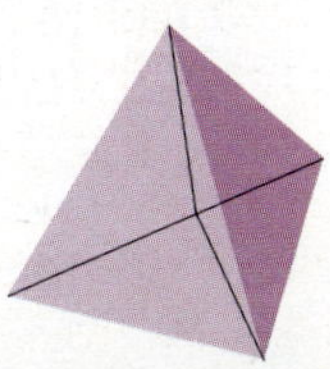	tetraedrica	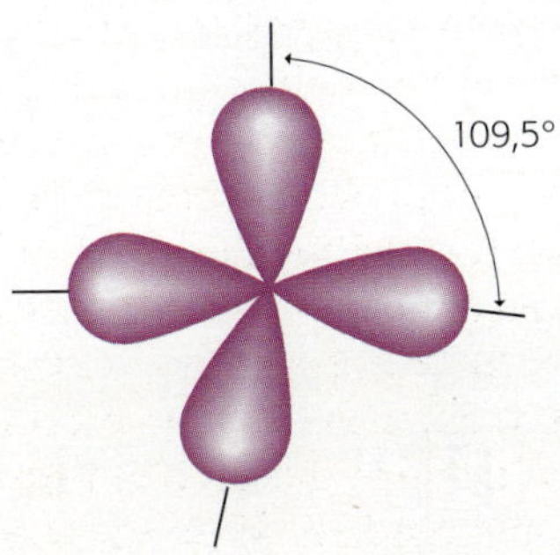

TABELLA 1.6 Gli ibridi del carbonio a confronto. Notare la struttura tetraedrica del carbonio sp^3 con angolo di 109,5°, quella planare dell'sp^2 (angolo di 120°) e quella lineare dell'*sp* (angolo di 180°).

Consideriamo per prima la struttura dei composti del carbonio con tre gruppi come C_2H_4:

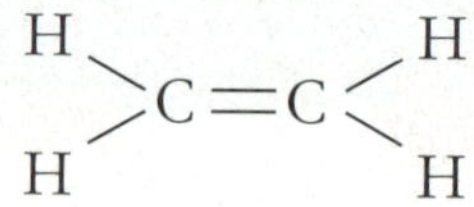

Questo tipo di ibrido è chiamato sp^2: esso nasce dalla fusione dell'orbitale 2*s* e da due orbitali atomici 2*p*. Il restante orbitale 2*pz*, non ibridato, è *perpendicolare* al piano contenente i tre ibridi sp^2, i quali si dispongono a 120° l'uno rispetto all'altro.

Infine, si interpreta la struttura dei composti del carbonio con due gruppi legati (come CO_2: O=C=O) mediante l'ibrido *sp* ottenuto dalla fusione del l'orbitale 2*s* con *un solo* orbitale 2*p* (dei tre disponibili). Gli altri due orbitali 2*p* non ibridati (il 2*px* e il 2*py*), sono perpendicolari fra loro e ai due ibridi *sp* (questi ultimi si dispongono da parti opposte l'uno rispetto all'altro, con un angolo di 180°).

Gli orbitali *p* non ibridati e contenenti un elettrone sono impiegati nella formazione di legami π. Se gli elettroni sono due, formeranno una coppia elettronica libera. Nel caso del carbonio sono possibili tutti e tre i tipi di ibridazione, come si vede nella tabella 1.7.

TABELLA 1.7 Gli orbitali ibridati del carbonio e le energie a essi associate.

Stato fondamentale del carbonio	Ibrido sp^3	Ibrido sp^2	Ibrido *sp*
	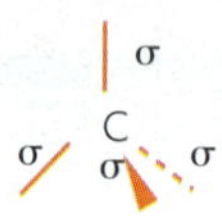 geometria tetraedrica	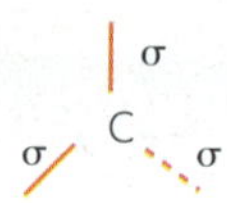 geometria triangolare piana	 geometria lineare
	4 legami σ	3 legami σ, 1 legame π	2 legami σ, 2 legami π
2*p*: ↑ ↑ ☐ 2*s*: ↓↑ 1*s*: ↓↑	sp^3: ↑ ↑ ↑ ↑ 1*s*: ↓↑	2*p*: ↑ sp^2: ↑ ↑ ↑ 1*s*: ↓↑	2*p*: ↑ ↑ *sp*: ↑ ↑ 1*s*: ↓↑

Le ibridazioni sp^3 e sp^2 sono chiamate in causa anche per spiegare la struttura di molecole a forma sferica con 60 atomi di carbonio. Tali molecole sono state scoperte da Richard Smalley, Harry Kroto e R.F. Curl, ai quali è stato assegnato il premio Nobel 1996 per la Chimica.

Questa nuova forma di carbonio ha la formula molecolare C_{60} e una struttura che somiglia a un pallone da calcio. La molecola è costituita da 32 facce: 20 a forma di esagono e 12 a forma di pentagono.

Ogni atomo di carbonio è legato ad altri 3 atomi di carbonio, e questo fa pensare a una struttura del carbonio con ibridazione sp^2 planare, come il carbonio della grafite. I quattro carboni (quello centrale e gli altri 3 ai vertici di un triangolo equilatero), in realtà, non sono planari ma disposti su una superficie curva. Inoltre, diversamente dalla grafite, che conduce la corrente elettrica, questo carbonio a forma di pallone non conduce l'elettricità.

Sono state identificate altre molecole di forma sferica e con un numero maggiore di atomi di carbonio (per esempio, è noto anche una molecola C_{70}). Queste sostanze (si tratta sempre dell'elemento carbonio) sono state tutte denominate *fullereni* in onore dell'architetto americano R. Buckminster Fuller, che ha costruito cupole geodetiche assai resistenti ▸figure 1.14 e 1.15.

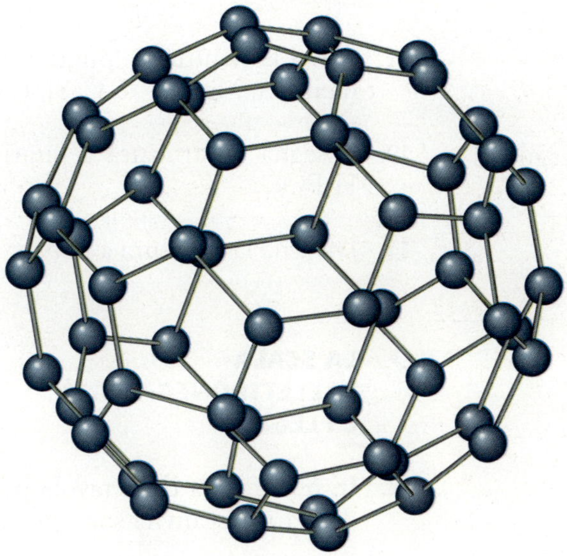

FIGURA 1.14 Un fullerene.

FIGURA 1.15 Il padiglione americano all'Expo di Montreal (1967); si tratta di una cupola disegnata da R. Buckminster Fuller.

1. I GAS NOBILI E LA REGOLA DELL'OTTETTO

1. Descrivi la regola dell'ottetto.

2. Quanti elettroni deve guadagnare l'atomo di fosforo per raggiungere la struttura di un gas nobile?

3. Quanti elettroni deve perdere un atomo di cesio per completare l'ottetto?

4. Per raggiungere la configurazione di un gas nobile, l'atomo di bromo deve perdere o acquistare elettroni?

2. IL LEGAME COVALENTE

5. Disegna la struttura a puntini dei seguenti composti:
   - A CH_4
   - B SO_2
   - C CH_3Cl
   - D SiH_4
   - E CO_2
   - F PCl_3
   - G $SiCl_4$
   - H Br_2

6. Scrivi le strutture a puntini dei seguenti composti che non obbediscono alla regola dell'ottetto:
   - A BCl_3
   - B BeF_2

7. Quale dei seguenti composti non rispetta la regola dell'ottetto? Scrivi la struttura a puntini di ciascuno.
   - A BH_3
   - B N_2O_3
   - C N_2O
   - D ICl

8. Quale molecola biatomica avrà gli atomi più vicini e la maggiore energia di legame?
   - A F_2
   - B O_2
   - C N_2
   - D Li_2

9. Quale fra le seguenti sostanze contiene un legame covalente dativo?
   - A KCl
   - B NH_4Cl
   - C CCl_4
   - D CO_2

10. Scrivi la struttura a puntini dei seguenti composti:
    - A LiF
    - B KI
    - C CO_2

11. Scrivi la struttura a puntini dei seguenti elementi: S, Mg, Ca, K, C, Si, F, Cl, O, N, Al.

12. Disegna la struttura a puntini di H_2SO_4 e H_3PO_4.

13. Disegna la struttura a puntini di BH_3 e SO_2.

3. LA SCALA DI ELETTRONEGATIVITÀ E I LEGAMI

14. In quale zona della tavola periodica i valori di elettronegatività sono più elevati?
    - A a sinistra in basso
    - B a sinistra in alto
    - C a destra in basso
    - D a destra in alto

15. In ciascuna coppia, individua qual è il legame più polare:
    - A H—F e H—S
    - B H—O e H—F

16. Disegna le strutture delle seguenti molecole, indicando con una freccia il dipolo:
    - A O_2
    - B NO
    - C HF
    - D Cl_2
    - E ICl

17. Il legame fra H e O nella molecola H_2O è un legame:
- A a idrogeno
- B covalente
- C covalente polare
- D ionico

18. Quale legame si forma nei composti binari ottenuti dalle seguenti coppie di elementi?
- A sodio e zolfo
- B carbonio e cloro
- C fosforo e bromo

19. Gli atomi della molecola di N_2 sono legati da:
- A un legame semplice
- B un legame doppio
- C un triplo legame
- D un legame dativo

20. Gli atomi di CO_2 sono legati da:
- A un legame singolo e un triplo legame
- B da due doppi legami
- C da due legami singoli
- D da due legami tripli

21. Un legame in cui gli elettroni sono equidistanti dai due nuclei è chiamato:
- A covalente polare
- B covalente dativo
- C ionico
- D covalente

22. Quale composto ha un legame covalente polare?
- A CO
- B KF
- C Cl_2
- D CaO

23. Quali sono i concetti principali appresi in questo paragrafo? Riassumi in dieci righe ciò che ritieni importante ricordare.

4. IL LEGAME IONICO

24. Il Cu^{2+} è diverso da Cu in quanto lo ione Cu^{2+}ha:
- A più protoni
- B più elettroni
- C meno protoni
- D meno elettroni

25. Il Cl^- è diverso da Cl in quanto lo ione Cl^- ha:
- A più protoni
- B più elettroni
- C meno protoni
- D meno elettroni

26. Quando l'atomo di bario perde i suoi elettroni di valenza, lo ione formatosi ha la stessa configurazione di un atomo di:
- A I
- B Xe
- C La
- D Cs

27. Quale atomo, fra i seguenti, ha la più forte attrazione sugli elettroni di valenza?
- A Ar
- B Cl
- C Mg
- D C

28. Quale composto è ionico?
- A BH_3
- B KF
- C PH_3
- D CO

5. I COMPOSTI IONICI SI DISSOCIANO

29. Quale delle seguenti sostanze forma un solido ionico?
- A LiCl
- B HCl
- C NH_3
- D H_2O
- E PCl_3

30. Secondo te, quale dei seguenti solidi ionici ha il punto di fusione più alto?
- A MgO
- B K_2O
- C KF
- D MgI_2

31. Quale tra i seguenti solidi è solubile in acqua e forma una soluzione che conduce l'elettricità?
- A S_8
- B Zn
- C KI
- D SiO_2

32. Quale liquido, fra i seguenti, è il miglior conduttore di elettricità?
- A $H_2O_{(l)}$
- B $KOH_{(soluzione)}$
- C $CCl_{4(l)}$
- D $CH_3OH_{(l)}$

33. Una caratteristica proprietà dei solidi ionici è questa:
- A sono trasparenti
- B conducono la corrente
- C hanno un elevato punto di fusione
- D hanno un basso punto di fusione

34. Quale composto ha una struttura ionica?
- A NH_3
- B HCl
- C KI
- D CO

35. Elenca due proprietà dei solidi ionici.

36. Quale sostanza in soluzione acquosa conduce bene l'elettricità?
- A CCl_4
- B Br_2
- C $MgCl_2$
- D zucchero ($C_6H_{12}O_6$)

37. Quale composto ha un elevato punto di fusione?
- A H_2O
- B KI
- C CO_2
- D CH_4

38. Quale composto conduce la corrente elettrica sia allo stato fuso sia in soluzione acquosa?
- A Na_2SO_4
- B CH_3OH
- C CO
- D NH_3

39. Il $CaCO_3$ è un solido:
- A molecolare polare
- B metallico
- C molecolare apolare
- D ionico

40. Quale proprietà è tipica dei composti ionici solidi?
- A sono buoni conduttori di calore
- B sono malleabili
- C sono duri
- D sono buoni conduttori di elettricità

41. Quale idruro è ionico?
- A CH_4
- B CaH_2
- C H_2O
- D PH_3

6. IL LEGAME METALLICO

42. Perché il rame è malleabile e il solfato di rame è fragile?

43. Una barretta di alluminio (PA = 27) di 27 g contiene:
- A $6{,}02 \cdot 10^{23}$ atomi di alluminio e un ugual numero di elettroni
- B $6{,}02 \cdot 10^{23}$ ioni alluminio e altrettanti elettroni
- C $6{,}02 \cdot 10^{23}$ ioni alluminio positivi e altrettanti ioni negativi
- D $6{,}02 \cdot 10^{23}$ ioni alluminio e un numero triplo di elettroni di valenza

44. Quali sono i concetti principali appresi in questo paragrafo? Scrivi un breve riassunto.

COSTRUISCI LA COMPETENZA

OBIETTIVO spiegare le proprietà osservabili della materia sulla base della sua struttura microscopica

RISOLVI I SEGUENTI QUESITI

1. Come spieghi la conducibilità elettrica dei metalli?

2. Qual è l'elemento metallico?

A N

B Na

C B

D I

3. Fra le seguenti coppie di elementi si forma un composto ionico o covalente? Spiega la tua risposta.

A sodio e idrogeno

B carbonio e cloro

C rame e fluoro

D nichel e iodio

E idrogeno e cloro

F idrogeno e fluoro

4. Come riconosci sperimentalmente un composto covalente da uno ionico?

5. Il composto $SnCl_4$ si scioglie in acqua e la soluzione è conduttrice. Esso risulta anche solubile in etere e in cloroformio, solventi scarsamente polari. In questo caso le soluzioni non sono conduttrici. Come spieghi questo strano comportamento?

6. Perché il sodio non forma facilmente lo ione Na^{2+} e l'ossigeno lo ione O^{3-}?

7. Classifica le seguenti sostanze come metalliche, ioniche o formate da molecole:

A un solido giallo che fonde a 119° e non conduce l'elettricità sia allo stato solido sia liquido

B un solido argenteo che fonde a 98° e conduce la corrente sia come solido sia come liquido

C un solido violaceo che sublima e non conduce l'elettricità

D un solido bianco che fonde a 801° e conduce la corrente solo allo stato liquido

8. I composti ionici sono duri ma fragili. Cosa significa?

OBIETTIVO comparare i diversi legami chimici

RISOLVI I SEGUENTI QUESITI

9. Quali sono le differenze fra i legami covalente e ionico, e come si formano?

10. Mostra come avviene il trasferimento di elettroni nella formazione dei seguenti composti ionici:

A fra un atomo di litio e un atomo di fluoro

B fra due atomi di potassio e un atomo di ossigeno

C fra un atomo di calcio e un atomo di ossigeno

D fra tre atomi di magnesio e due atomi di azoto

11. Mostra come avviene la formazione dei seguenti composti covalenti:

A fra due atomi di ossigeno e un atomo di carbonio

B fra un atomo di carbonio e quattro atomi di cloro

C fra due atomi di cloro e tre atomi di ossigeno

12. I legami fra le seguenti coppie di elementi saranno ionici, covalenti oppure covalenti polari?

A C e Cl

B S e Cl

C K e F

D Fe e F

E N e H

13. Spiega a che cosa è dovuta la polarità dei legami covalenti?

14. Quale composto contiene legami sia ionici sia covalenti?

A NaCl

B CO_2

C KNO_3

D HCl

15. Con quale saggio puoi sapere se una sostanza è ionica?

VERIFICHE

OBIETTIVO determinare la polarità dei legami covalenti sulla base delle differenze di elettronegatività

RISOLVI I SEGUENTI QUESITI

16. Come avviene il completamento dell'ottetto elettronico nel legame ionico e in quello covalente?

17. Il numero degli elettroni di valenza di CCl_4 è:
- A 24
- B 28
- C 36
- D 32

18. Il numero degli elettroni di valenza di NH_3 è:
- A 5
- B 6
- C 7
- D 8

19. Classifica le seguenti sostanze come metalliche, ioniche o formate da molecole:
- A Cl_2
- B Au
- C NaBr
- D Na_2SO_4
- E S_8
- F SO_2
- G Ni
- H CaO
- I NH_4Cl
- L NH_3
- M RbBr
- N PH_3

20. Quale coppia di elementi forma un legame col maggior carattere ionico?
- A Li, C
- B Mg, C
- C Hg, Cl
- D Al, H
- E F, F

Pensa come uno scienziato

1 Per ciascuno dei quattro composti formati dagli elementi indicati nella griglia, determina:
- A la formula
- B la struttura a puntini
- C il tipo di particelle (ioni, molecole)
- D il tipo di legame

	Formula	Struttura a puntini	Particelle	Legame
H + Cl				
H + Li				
S + Cl				
S + Li				

2 Nella tabella seguente sono elencate alla rinfusa alcune proprietà dei composti covalenti, dei composti ionici, dei metalli.
- A indica con la lettera C le caselle che descrivono le principali proprietà di un composto covalente;
- B indica con la lettera I le caselle che descrivono le principali proprietà di un composto ionico;
- C indica con la lettera M le caselle che descrivono le principali proprietà di un metallo.

hanno punto di fusione elevato ☐	hanno punti di fusione bassi ☐	conducono la corrente allo stato solido ☐	conducono la corrente allo stato fuso ☐
conducono la corrente in soluzione ☐	hanno legami non polari ☐	formano molecole biatomiche ☐	sono tutti solidi a temperatura ambiente ☐
sono gassosi a temperatura ambiente ☐	non sono solubili in acqua ☐	non formano molecole allo stato solido ☐	sublimano, cioè passano dallo stato solido allo stato gassoso ☐

Unità 2

COMPETENZA

Spiegare la forma delle molecole e le proprietà delle sostanze.

La competenza dell'unità didattica
è costruita ponendosi i seguenti obiettivi:

1. Determinare la geometria e la polarità delle molecole secondo il modello VSEPR.
2. Confrontare le forze di attrazione interatomiche (legame ionico, legame covalente, legame metallico) con le forze intermolecolari.
3. Spiegare le differenze nelle proprietà fisiche delle sostanze e dei materiali, dovute alle interazioni interatomiche e intermolecolari.
4. Classificare i solidi in base alle interazioni fra atomi e fra molecole.

La forma delle molecole e le forze intermolecolari

1. LA FORMA DELLE MOLECOLE

Molte proprietà delle sostanze dipendono dalla forma delle molecole. Per esempio il fatto che l'olio di semi sia liquido e la margarina, ricavata dallo stesso olio, sia solida, dipende dalla diversa forma assunta dalle molecole dei due materiali. Anche l'odore e il sapore dei cibi sono causati dalla forma delle molecole, che è alla base delle interazioni con i recettori del naso e della lingua.

Nel 1957, R. Gillespie mise a punto una semplice teoria, che permette di ricavare le strutture molecolari dalle formule di Lewis. Questa teoria, indicata con la sigla VSEPR, (*Valence Shell Electron-Pair Repulsion*) è detta *teoria* della *repulsione delle coppie di elettroni del guscio di valenza*. Vediamo di cosa si tratta. La disposizione degli atomi intorno a un atomo centrale dipende dal numero di coppie di elettroni che circondano quest'ultimo. Siccome le nubi di carica negativa si respingono, *le coppie di elettroni esterni si dispongono il più lontano possibile l'una dall'altra*. Per coppie di elettroni si intendono sia gli elettroni impegnati nel legame covalente, sia i doppietti liberi non scambiati:

$H_2\ddot{\underset{\cdot\cdot}{O}}$ doppietti liberi

I legami covalenti doppi e tripli, ai fini della geometria molecolare, «valgono» quanto un legame covalente singolo.

Perciò, dalla formula e dal numero di coppie elettroniche libere si può risalire alla disposizione nello spazio della molecola. Il tipo di molecola si schematizza così:

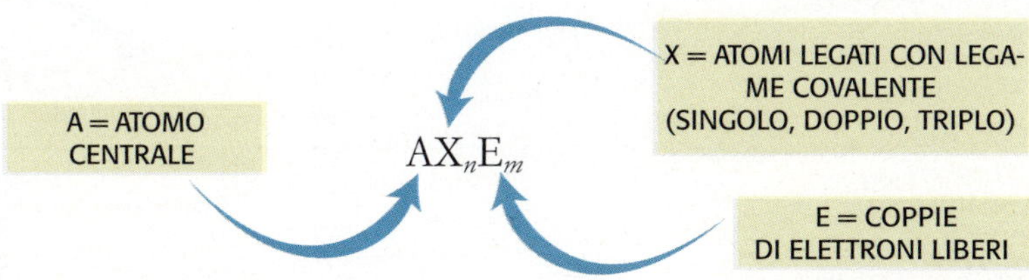

Per calcolare il numero dei gruppi che determinano la forma della molecola si sommano il numero di atomi (X) legati all'atomo centrale e il numero di coppie elettroniche libere (E) possedute dall'atomo centrale:

$$\text{numero di gruppi} = n + m$$

Ecco alcuni esempi con l'indicazione della disposizione nello spazio dei vari gruppi:

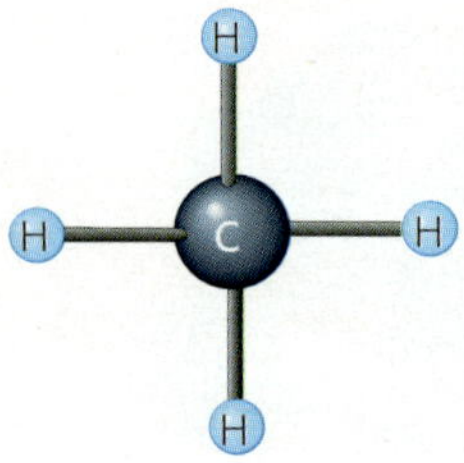

4 gruppi
(tetraedro)

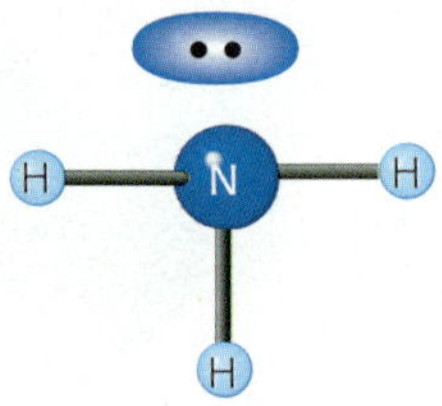

4 gruppi
(tetraedro)

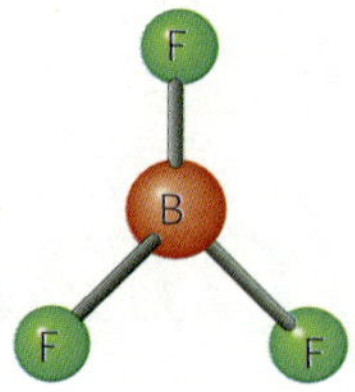

3 gruppi
(triangolo equilatero)

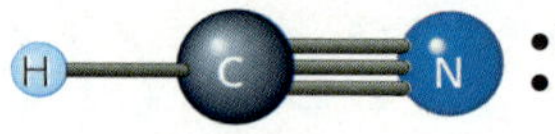

2 gruppi
(lineare)

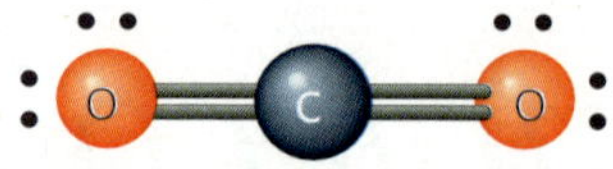

2 gruppi
(lineare)

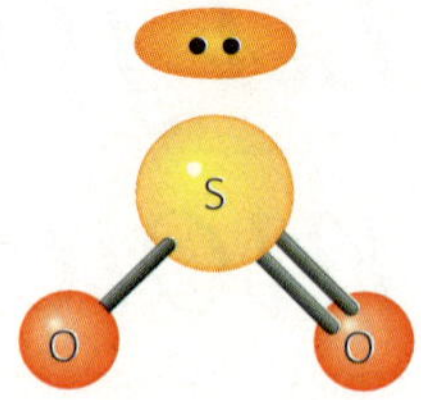

3 gruppi
(triangolo equilatero)

Come mostra la ▸tabella 2.1, per *due* coppie di elettroni la struttura è lineare, per *tre* coppie è quella di un triangolo equilatero, per *quattro* coppie la struttura è tetraedrica.

Un'attenzione particolare meritano le due strutture tetraedriche dell'ammoniaca, ▸figura 2.1 e dell'acqua, ▸figura 2.2; queste molecole, infatti, presentano alcune particolarità a livello dell'*angolo di legame*, che vedete rappresentati nelle figure. Normalmente gli angoli di legame sono di 109,5° circa per un tetraedro regolare (ad esempio il CH_4).

Nel caso dell'ammoniaca, la compressione dell'angolo di legame (107,3°) è dovuta all'ingombrante doppietto elettronico libero dell'azoto; per l'acqua la compressione di due doppietti elettronici liberi è ancora più forte e l'angolo di legame scende a 105°.

TABELLA 2.1 La forma di alcune molecole.

Numero gruppi	Tipo di molecola	Forma	Struttura a puntini	Struttura geometrica	Angolo di legame	Modello
2	AX_2	lineare	H : Be : H	H — Be — H	180°	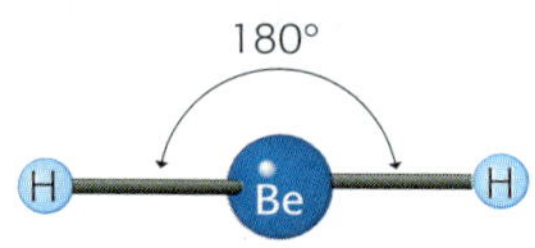
3	AX_3 AX_2E	triangolo equilatero	H : B : H H	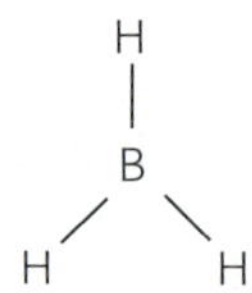	120°	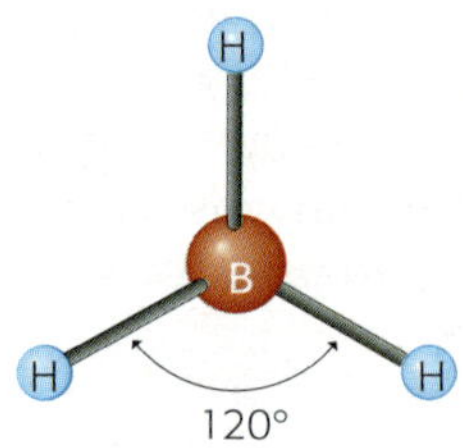
4	AX_4 AX_3E	tetraedro	H H : C : H H	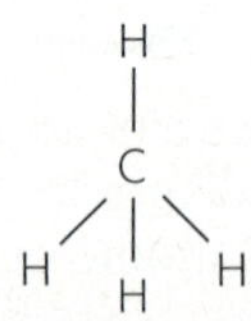	109,5°	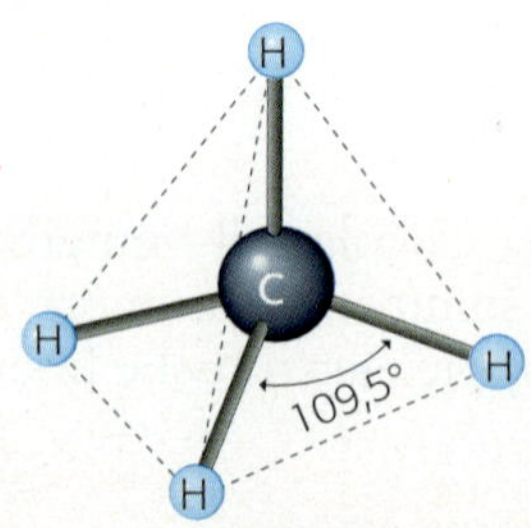

Struttura a puntini	Struttura geometrica	Angolo di legame	Modello
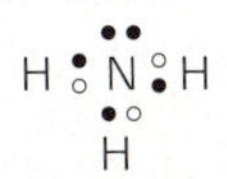	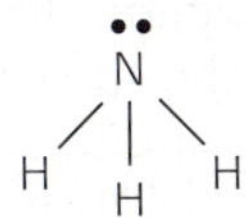	107,3°	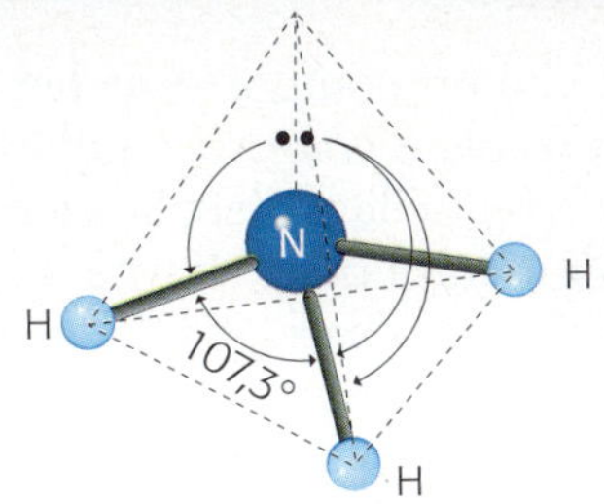

FIGURA 2.1 La struttura dell'ammoniaca.

Struttura a puntini	Struttura geometrica	Angolo di legame	Modello
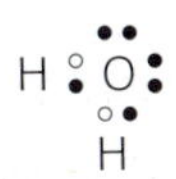	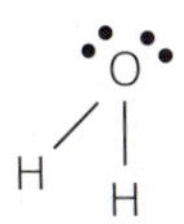	105°	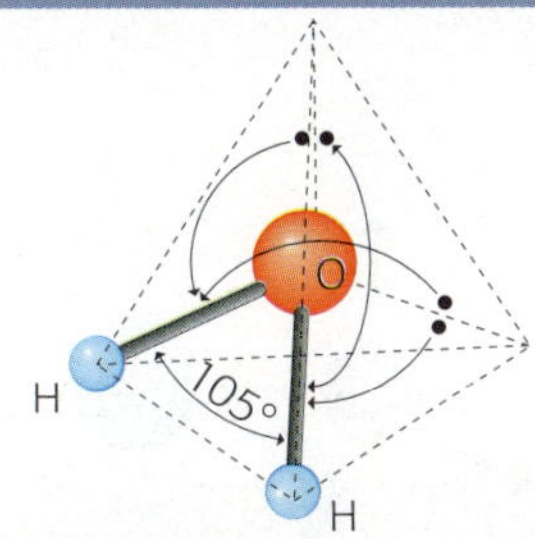

FIGURA 2.2 La struttura dell'acqua.

ESEMPIO **Stabilisci la geometria corretta delle seguenti molecole: CO_2, HNO_2, CF_2Cl_2, intorno agli atomi evidenziati in rosso.**

Soluzione

Per prima cosa bisogna calcolare il numero di gruppi che circondano l'atomo centrale; sulla base di questo numero si stabilisce la geometria delle molecole.

1) Si disegnano le strutture a puntini delle molecole:

2) Si osserva che nel CO_2 il carbonio centrale, è legato a due gruppi che occuperanno due direzioni dello spazio (AX_2). La geometria sarà quindi lineare, con i tre atomi perfettamente allineati. Intorno all'azoto di HNO_2 vi sono invece due gruppi legati (O= e –OH) e una coppia elettronica libera (AX_2E). Sono richieste tre direzioni dello spazio e la geometria della molecola sarà quindi a triangolo. Il carbonio del terzo composto CF_2Cl_2, infine, è contornato da quattro atomi e altrettanti legami singoli (AX_4) e adotterà quindi una geometria tetraedrica.

3) Si disegnano ora le molecole nella loro reale disposizione, sostituendo i puntini dei legami con delle lineette.

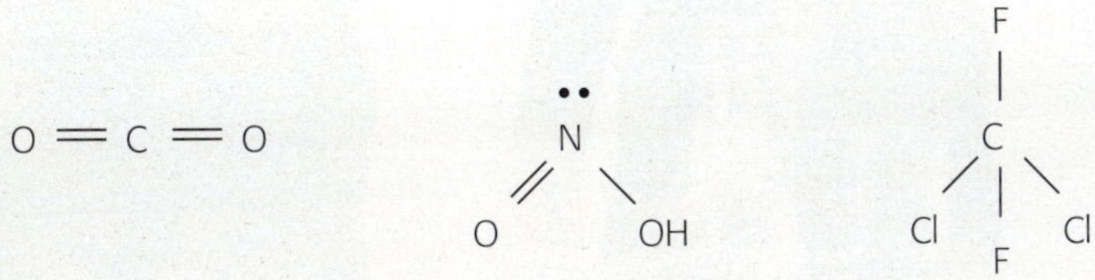

2. MOLECOLE POLARI E NON POLARI

Dire che un composto ha legami covalenti polari non significa affermare che la molecola è *polare*. La polarità di una molecola, infatti, dipende anche dalla *geometria* della molecola, cioè dalla disposizione nello spazio dei suoi legami.

Gli esempi della ▸figura 2.3. mostrano quattro casi interessanti di molecole polari e non polari a causa della loro forma. L'acqua (H_2O) e il cloroformio ($CHCl_3$) risultano essere polari, mentre il biossido di carbonio (CO_2) e il tetracloruro di carbonio (CCl_4) non lo sono. Le frecce indicano la direzione dei dipoli.

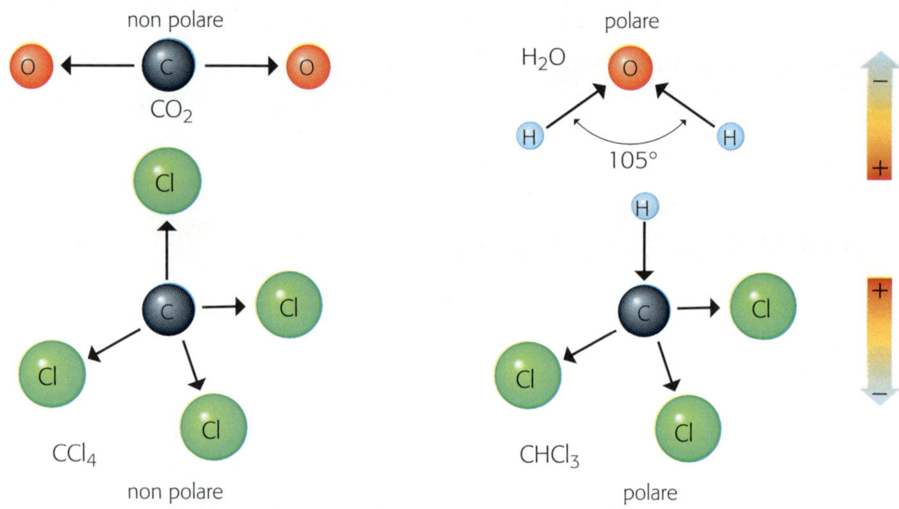

FIGURA 2.3
A La molecola CO_2 è apolare poiché i due dipoli sono opposti e si annullano a vicenda.
B La molecola H_2O è polare perché i legami covalenti sono polari e disposti in maniera da non annullarsi.
C La molecola CCl_4 risulta apolare. I quattro dipoli dei legami C—Cl, infatti, si annullano per la simmetria molecolare.
D In $CHCl_3$ i dipoli si sommano conferendo una polarità netta alla molecola.

PROVA TU **Stabilisci quali delle seguenti molecole sono polari:**

A $:SO_2$
B SO_3
C $:PH_3$
D $:PCl_3$
E BeH_2
F H_2S

Nel caso di molecole del tipo AX_nE_m la polarità è facilmente prevedibile. Infatti, se non ci sono doppietti liberi (E) e i gruppi X sono tutti uguali, la molecola può essere considerata non polare.

FORMULA	$H_2\ddot{O}:$	$\ddot{N}H_3$	CCl_4	CH_2Cl_2	BCl_3	CO_2
SCHEMA	AX_2E_2	AX_3E	AX_4	AX_2Y_2	AX_3	AX_2
	molecola polare	molecola polare	molecola non polare	molecola polare	molecola non polare	molecola non polare

FIGURA 2.4 Solo le molecole polari sono attratte dalla carica elettrica della bacchetta.

Un esperimento molto semplice per distinguere i liquidi costituiti da molecole polari e non è quello mostrato in ▸figura 2.4. Una bacchetta elettrizzata attira le molecole polari, come quelle di acqua, acetone e alcol, ma non quelle

non polari, come il benzene. Il fenomeno viene spiegato dalla ▸figura 2.5; la molecola polare HF si orienta con la parte che porta una parziale carica positiva (δ^+) verso il polo negativo, mentre la parte con una parziale carica negativa (δ^-) viene attratta dal polo positivo.

Quali sono le ragioni della solubilità dei soluti in certi solventi? Una regola base della solubilità è che i simili sciolgono i simili. I solventi non polari come benzina, CCl_4 e cherosene sciolgono composti formati da molecole non polari (per esempio naftalina e olio). Una curiosità: il biossido di carbonio CO_2, classica molecola non polare, può essere utilizzato (a bassa temperatura e sotto pressione) per estrarre la caffeina dai chicchi di caffè e dalle foglioline di tè.

I solventi *polari* (acqua, alcol, acetone) si prestano invece a solubilizzare molecole polari come lo zucchero. In particolare, l'acqua scioglie persino composti ionici come KCl e Na_2SO_4.

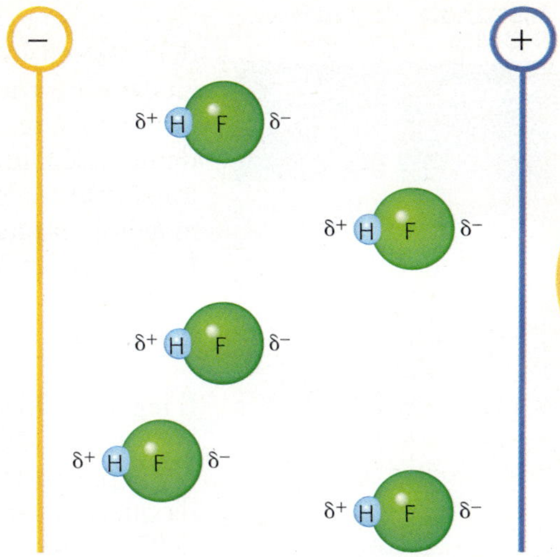

FIGURA 2.5 L'effetto del campo elettrico sulla molecola di HF. Le parziali cariche positive (δ^+, delta più) e negative (δ^-, delta meno) si orientano rispettivamente verso l'anodo e verso il catodo.

3. LE FORZE INTERMOLECOLARI

L'esistenza della materia condensata (solidi e liquidi) dipende dall'intensità delle **forze di coesione**, di natura elettrica, che uniscono le molecole. Tali forze sono denominate anche *forze di Van der Waals* e *forze di London*.

Le forze di Van der Waals e di London

Le forze di Van der Waals sono forze di attrazione tra dipoli, in qualsiasi stato fisico essi si trovino. Si tratta di interazioni deboli, di natura elettrostatica, a *corto raggio*, cioè significative solo a brevi distanze.

Le molecole polari, cioè assimilabili a un dipolo elettrico, ma anche le molecole apolari a causa della loro simmetria, ma sempre formate da legami polari, si comportano come dipoli molecolari. Essi tendono a orientarsi in modo tale che la propria estremità positiva si avvicini a quella negativa del dipolo adiacente ▸figura 2.6.

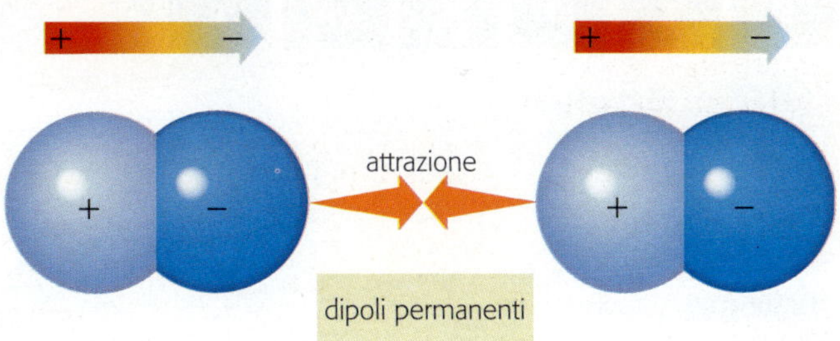

FIGURA 2.6 Attrazione dipolo-dipolo fra molecole polari (forze di Van der Waals).

I legami elettrostatici tra dipoli permanenti sono chiamati forze di Van der Waals.

Per le molecole poliatomiche completamente apolari non si può fare lo stesso ragionamento, a causa delle loro geometrie che impediscono l'orientamento dei dipoli. A cosa sono dovute le interazioni molecolari attrattive presenti in queste molecole? Pensiamo a molecole come H_2, N_2 e a gas nobili monoatomici come He, Ne, Ar; anch'esse hanno una piccola polarità. A causa del moto caotico degli elettroni, infatti, la carica elettrica della molecola può risultare sbilanciata, ovvero non simmetrica, per brevi istanti. Può formarsi cioè un *dipolo temporaneo* che esercita forze di attrazione sulle molecole vicine ▸figura 2.7. Tali forze sono chiamate forze di London.

FIGURA 2.7 La formazione di dipoli istantanei spiega la debole forza di attrazione fra molecole non-polari (forze di London).

Le forze di London sono dovute all'attrazione tra i dipoli temporanei di molecole vicine.

TABELLA 2.2 Le temperature di ebollizione degli alogeni.

Alogeno	Punto di ebollizione (°C)
F_2	−188
Cl_2	−34,5
Br_2	58,8
I_2	185,2

L'intensità delle forze di Van der Waals e di London aumenta al crescere delle dimensioni e della massa delle molecole ▸tabella 2.2. Le forze fra dipoli giocano un ruolo decisivo nella interazione tra le molecole, anche se comunque sono circa 50 volte più deboli del legame covalente. Ma c'è un'altra fondamentale differenza: nella molecola di H_2 c'è posto *solo* per due atomi, è impossibile aggiungere un terzo atomo. Una molecola, invece, può attrarre il maggior numero possibile di molecole vicine, finché c'è spazio disponibile. La sua capacità attrattiva si estende in tutte le direzioni.

Il legame a idrogeno

Il **legame a idrogeno** è un altro tipo di interazione intermolecolare, tipico delle molecole dell'acqua.

Le particolari caratteristiche dell'acqua come solvente dipendono proprio da questi legami dovuti alla sua polarità, data dalla maggiore elettronegatività dell'ossigeno (3,5) rispetto all'idrogeno (2,1). L'ossigeno dell'acqua ha una parziale carica negativa, δ^-, e i due idrogeni una parziale carica positiva δ^+ ▸figura 2.8.

La struttura dipolare consente alla molecola d'acqua, tra l'altro, di stabilire legami secondari con gli ioni dei cristalli ionici, per esempio, l'azione dell'acqua su NaCl è illustrata dalla ▸figura 2.9.

Se confrontiamo le temperature di ebollizione dei composti NH_3, H_2O e HF con quella dei sottostanti idruri (cioè dei composti con l'idrogeno) dei gruppi V, VI, VII ▸tabella 2.3, notiamo subito che sono molto elevate ▸figura 2.10. Tutto ciò è un segnale della presenza di interazioni molto forti fra le molecole di NH_3, H_2O e HF.

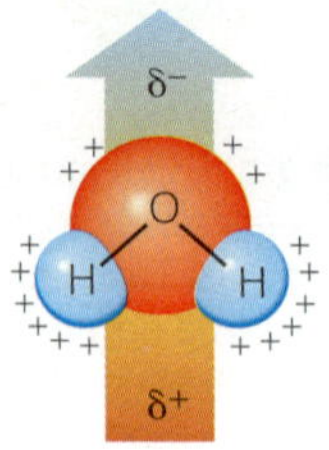

FIGURA 2.8 La struttura delle molecole d'acqua.

TABELLA 2.3 Le temperature di ebollizione degli idruri.

V	°C	VI	°C	VII	°C
NH_3	−33	H_2O	100	HF	19
PH_3	−88	H_2S	−61	HCl	−85

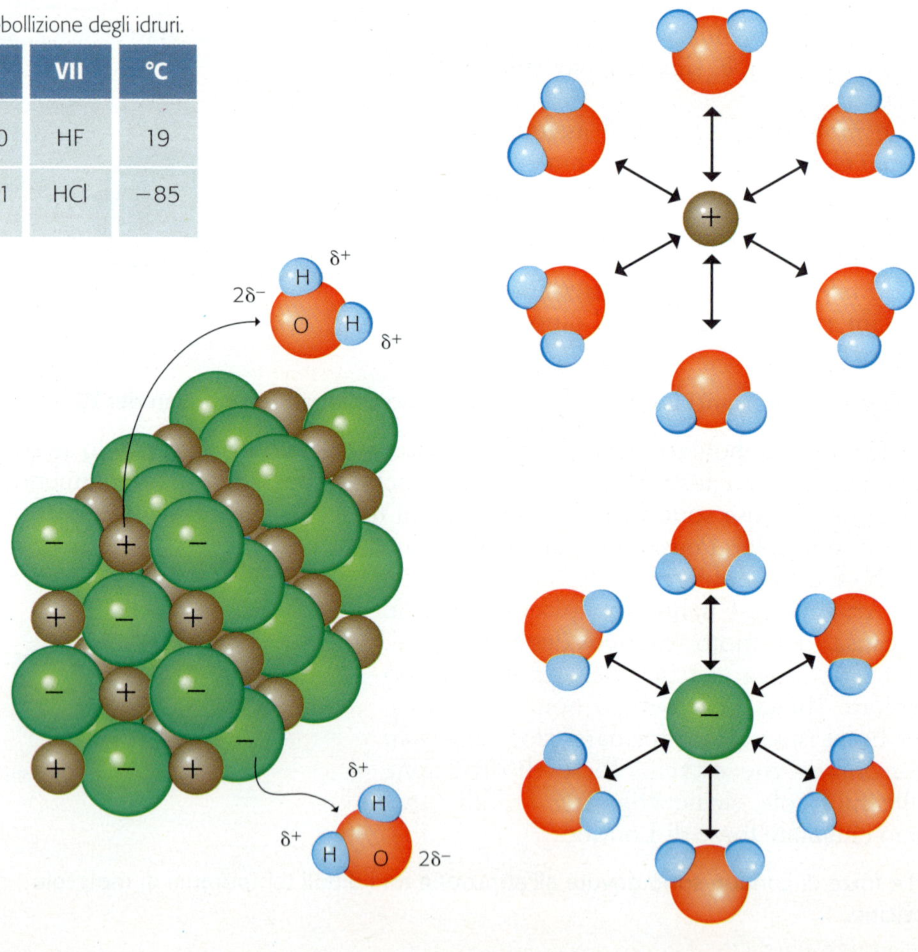

FIGURA 2.9 Il solido ionico NaCl si scioglie in acqua.

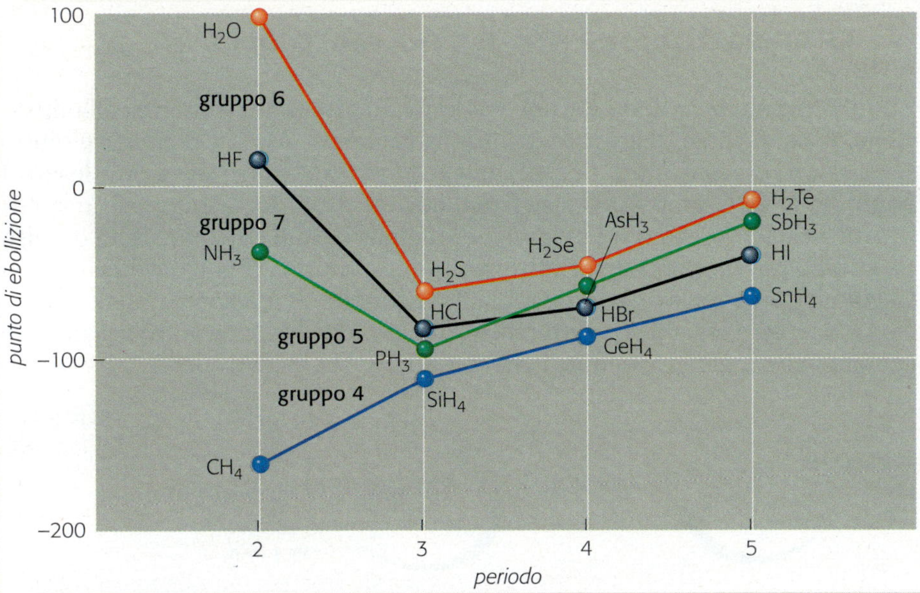

FIGURA 2.10 Punto di ebollizione per alcune famiglie di idruri. Soltanto F, O, N, formano idruri con elevato punto di ebollizione.

Queste caratteristiche, infatti, sono dovute alla presenza del legame a idrogeno, che si forma tutte le volte che un atomo di idrogeno si trova fra due atomi piccoli, molto elettronegativi e con una coppia di elettroni solitari, come O, F e N.

Nella molecola dell'acqua, gli idrogeni legati all'ossigeno subiscono l'attrazione di un secondo atomo elettronegativo (tipo F, O, N) che si trova nelle vicinanze; si forma così un legame molto più debole del legame covalente esistente fra idrogeno e ossigeno della molecola dell'acqua.

Il legame a idrogeno viene indicato con una linea tratteggiata, per distinguerlo dal legame covalente. Esso ha, inoltre, un importante requisito geometrico: i tre atomi coinvolti (i due atomi elettronegativi e l'idrogeno che fa da ponte) devono trovarsi tutti sulla stessa linea ▸figura 2.11.

Quando l'acqua congela, le molecole sono costrette a distanziarsi per formare la trama ordinata di legami a idrogeno; da ciò deriva la minor densità del ghiaccio rispetto all'acqua liquida. Le proprietà del ghiaccio e la solubilità dello zucchero in acqua sono dovute al legame a idrogeno, grazie al quale anche composti polari come il saccarosio ($C_{12}H_{22}O_{11}$) si sciolgono in acqua.

Nel caso dello zucchero (saccarosio) e di altri composti simili, infatti, la solubilizzazione è possibile perché le molecole d'acqua instaurano legami a idrogeno con i gruppi O—H della molecola di saccarosio.

Tali soluzioni però non conducono la corrente elettrica, perché le molecole polari dello zucchero hanno un comportamento totalmente diverso dai cationi e dagli anioni.

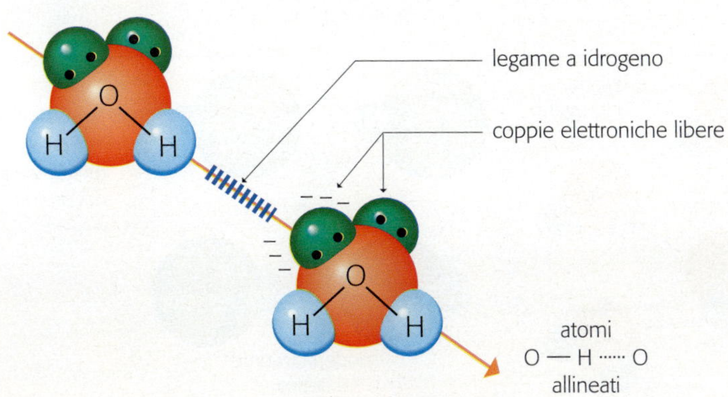

FIGURA 2.11 Nel legame a idrogeno (......) gli atomi coinvolti devono essere allineati. X e Y possono essere atomi di azoto, ossigeno o fluoro.

4. LE ATTRAZIONI FRA ATOMI E FRA MOLECOLE

Con il termine *forza* di un legame i chimici non intendono riferirsi alla definizione fisica di forza di attrazione, misurabile in newton. Ci si riferisce piuttosto all'*energia* occorrente per allontanare l'uno dall'altro gli atomi legati. È quindi la scala energetica che sancisce quale è il più forte e il meno forte dei legami chimici. Usiamo il kilojoule per mole ($kJ \cdot mol^{-1}$) come unità di misura, perché più comodo dell'elettronvolt; quest'ultimo, infatti, si riferisce a un singolo legame, mentre, come sappiamo, i chimici usano come unità la mole e cioè $6{,}02 \cdot 10^{23}$ legami. La differenza si nota facendo i calcoli: per ogni eV di energia in un legame, essendo $1\ eV = 1{,}6 \cdot 10^{-19}\ J$, occorrono:

ENERGIA IN UN LEGAME

$$1\ eV = 1{,}6 \cdot 10^{-19}\ J \cdot 6{,}02 \cdot 10^{23} mol^{-1} = 96{,}5\ kJ \cdot mol^{-1}$$

LEGAMI IN 1 MOL

ENERGIA IN 1 MOL DI LEGAMI

Analizzando i dati della tabella 2.4 e la figura 2.12, appare evidente che le molecole sono strutture *più resistenti* degli aggregati di molecole. Tutte queste entità, e lo stesso atomo, sono in definitiva aggregati di elettroni e nuclei. Per quanto riguarda l'atomo, possiamo farci un'idea della sua resistenza: ionizzare un atomo, infatti, costa una decina di elettronvolt, cioè circa 960 kJ per mole, più del doppio di quanto serva per spezzare un legame covalente o ionico. La scala dell'energia nei due regni (atomico e molecolare) è dunque alquanto diversa.

TABELLA 2.4 Ordini di grandezza delle energie dei legami interatomici (a) e intermolecolari (b).

Tipo di legame	Energia necessaria per rompere un legame (kJ/mol)	Energia necessaria per rompere 1 mol di legami (kJ/ mol)
(a) covalente	poco più di 4	(circa 4 × 96,5) ≈ 400
(a) legame ionico	circa 4	(circa 4 × 96,5) ≈ 400
(a) legame metallico	0,4 ÷ 1,2	[(0,4 ÷ 1,2) × 96,5] ≈ 40 ÷ 120
(b) legame a idrogeno	0,2 ÷ 0,4	[(0,2 ÷ 0,4) × 96,5] ≈ 20 ÷ 40
(b) forze di Van der Waals	0,01 ÷ 0,1	[(0,01 ÷ 0,1) × 96,5] ≈ 1 ÷ 10

FIGURA 2.12 Forze interatomiche (legami ionico, covalente e metallico) e forze intermolecolari a confronto.

forze interatomiche e forze intermolecolari a confronto

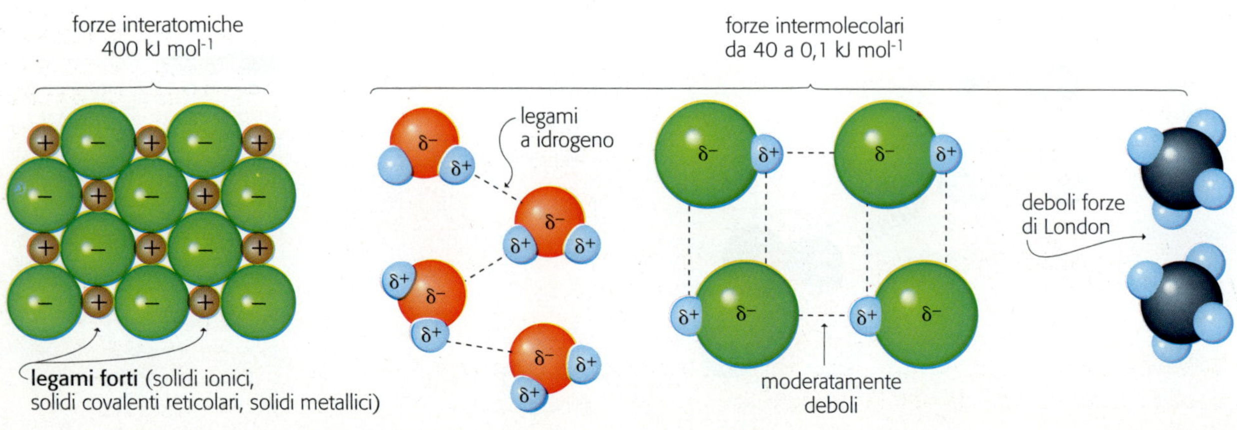

5. LA CLASSIFICAZIONE DEI SOLIDI

I solidi possono essere cristallini o amorfi. Nei **solidi cristallini** gli atomi, le molecole o gli ioni che li costituiscono sono disposti ordinatamente. Nei **solidi amorfi**, come il burro, la gomma e il vetro, fra le particelle microscopiche componenti prevale il disordine.

I solidi cristallini hanno una disposizione interna regolare di atomi, molecole o ioni; essi possono essere ionici, reticolari, molecolari e metallici.

La coesione dei solidi è dovuta alle forze elettriche attrattive tra le cariche positive dei nuclei e le cariche negative degli elettroni. Le forze magnetiche giocano un ruolo molto limitato e le forze gravitazionali sono trascurabili.
Si conoscono *cinque* classi di cristalli, determinate dal tipo di legame che si stabilisce fra gli atomi, gli ioni o le molecole del reticolo.

Cristalli ionici

I composti ionici sono solidi fragili, costituiti da ioni aventi cariche opposte: Na^+Cl^-, $Ca^{2+}F_2^-$, $NH_4^+NO_3^-$.

In questi solidi la forza che mantiene uniti gli ioni è principalmente elettrostatica. La struttura cristallina assume un ordine tale da rendere *massima l'attrazione* fra ioni di carica opposta e *minima la repulsione* fra ioni con la stessa carica. Basta una lieve deformazione per perturbare questo delicato equilibrio tra attrazioni e repulsioni, e provocare una frattura del cristallo ▸figura 2.13. Si spiegano così la fragilità dei cristalli ionici e l'impossibilità di deformarli.

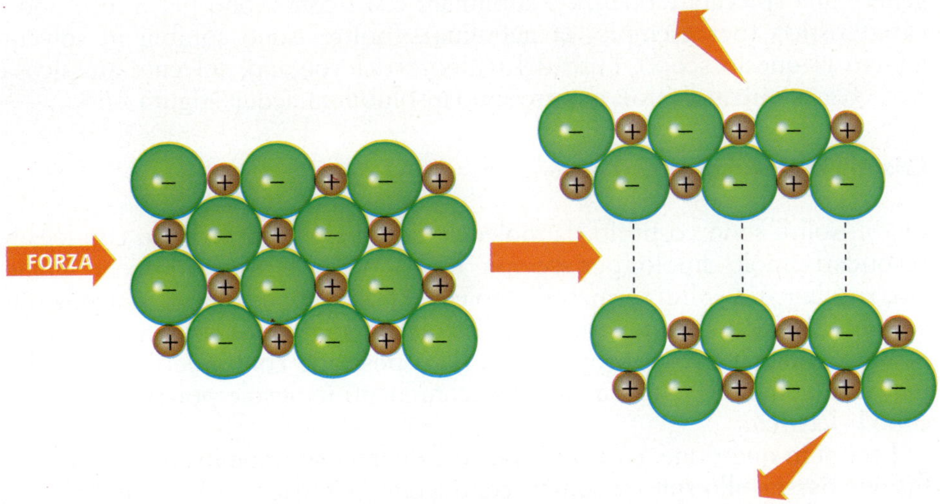

FIGURA 2.13 La fragilità dei solidi ionici è dovuta alla presenza in essi delle cariche positive e negative. Una sollecitazione meccanica provoca lo scorrimento dei piani, perciò le cariche uguali vengono a contatto. La notevole repulsione provoca la frattura.

Il legame ionico si forma:

1. fra elementi metallici e non-metallici, che abbiano elettronegatività molto diversa;
2. fra ioni poliatomici i cui atomi raggiungano configurazioni elettroniche stabili (NO_3^-, NH_4^+, SO_4^{2-} CN^-) e cationi metallici.

Poiché l'attrazione elettrostatica è forte, il legame ionico produce sempre un *solido*. Per lo stesso motivo, i solidi ionici hanno in genere un *alto punto di fusione*.

I solidi ionici si riconoscono sperimentalmente perché:

1. allo stato solido non conducono elettricità;
2. le loro soluzioni acquose conducono discretamente l'elettricità;
3. allo stato fuso conducono l'elettricità.

ESEMPIO **I punti di fusione 801 °C e 2614 °C appartengono a CaO e a NaCl. Quale solido ha la temperatura di fusione più alta?**

Soluzione

CaO ($Ca^{2+}O^{2-}$) ha punto di fusione più alto di NaCl (Na^+Cl^-). Essendo doppia la carica elettrica dei suoi ioni, la forza di attrazione è molto maggiore.

Solidi reticolari

FIGURA 2.14 Alcuni cristalli di quarzo.

Nei solidi reticolari (diamante, biossido di silicio SiO_2, quarzo) figura 2.14, una *rete tridimensionale* di legami covalenti unisce gli atomi in un'enorme molecola. Gli elettroni di legame sono localizzati lungo la linea di congiunzione fra gli atomi e non sono disponibili per il trasporto della corrente. L'unica eccezione in natura è la grafite.
Data la robustezza del legame covalente, questi composti sono sempre solidi e hanno punti di fusione elevatissimi.
I solidi covalenti sono estremamente duri e molti di essi sono considerati pietre preziose. Sono, inoltre, insolubili in acqua e in qualsiasi altro solvente e tali caratteristiche consentono facilmente di identificarli in laboratorio. Però non è facile distinguerli sperimentalmente dai solidi ionici insolubili e ad alto punto di fusione, come Al_2O_3, MgO e da molti altri ossidi di metalli.

Cristalli molecolari non polari

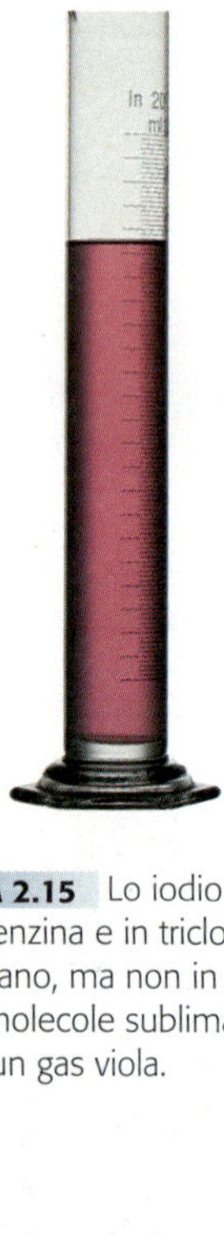

FIGURA 2.15 Lo iodio si scioglie in benzina e in tricloro-trifluoro etano, ma non in acqua. Le sue molecole sublimano formando un gas viola.

I solidi molecolari sono tenuti insieme dalle deboli forze di Van der Waals fra molecole apolari (per esempio iodio molecolare (I_2), bromo molecolare (Br_2), naftalina). Spesso occorre raggiungere basse temperature per osservare tali sostanze allo stato solido (-78 °C per la CO_2, -246 °C per Ne), poiché anche una debole agitazione termica impedisce alle molecole di solidificare.

Le poche sostanze molecolari, solide a temperatura ambiente, hanno in genere una spiccata tendenza a sublimare e si riconoscono per il loro odore caratteristico (per esempio, la naftalina). Inoltre, sono solubili in solventi apolari (a questo scopo, l'uso del trifluorotricloroetano, solvente atossico, è particolarmente indicato), mentre sono insolubili in acqua figura 2.15.

Cristalli molecolari polari

Questi solidi sono costituiti da molecole polari che si attraggono con legami secondari dipolo-dipolo (per esempio P_4O_{10}) o con legami a idrogeno (ghiaccio, zucchero). I solidi formati da molecole polari sono solubili in acqua o in solventi discretamente polari, come l'alcol, e sono riconoscibili in laboratorio proprio grazie a questa proprietà. È però possibile confonderli con i solidi ionici. In genere le soluzioni acquose contenenti molecole polari non conducono l'elettricità.

I solidi in questione, costituiti spesso da composti organici, hanno punti di fusione bassi e allo stato fuso non conducono l'elettricità. Molti sali che consideriamo «ionici», sono spesso solidi molecolari che si ionizzano in acqua ($HgCl_2$, $AlCl_3$, $FeCl_3$, ecc.). Le molecole di tali composti sono spesso solubili in solventi a bassa polarità (cloroformio).

Cristalli metallici

I metalli hanno una struttura cristallina, mascherata dal loro aspetto lucente. I piccoli cristalli che li costituiscono possono essere evidenziati osservando al microscopio una superficie levigata e attaccata con acidi. I cristalli metallici sono anche visibili sulla superficie di frattura dei metalli.

I metalli sono costituiti da ioni (che occupano i punti del reticolo) immersi nel «mare» degli elettroni più esterni. Il solido è tenuto insieme da questa specie di colla elettronica, che si muove liberamente in ogni direzione.

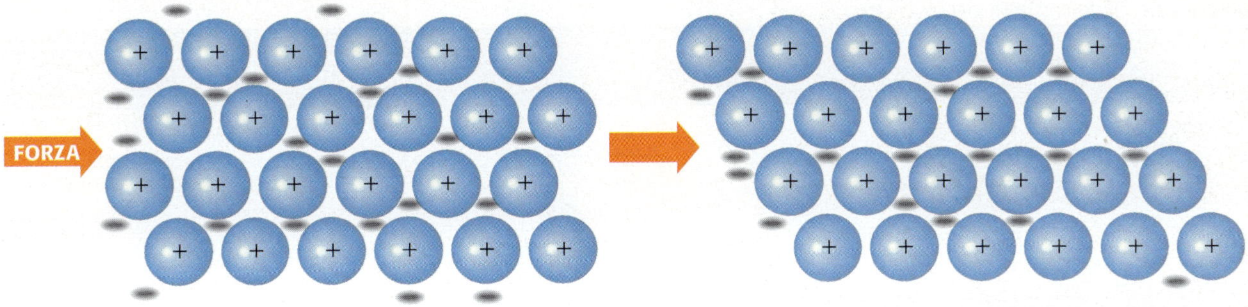

FIGURA 2.16 Gli elettroni mobili consentono agli ioni positivi del metallo di «scivolare» gli uni sugli altri, senza compromettere la compattezza della struttura, conferendo malleabilità e duttilità. Il comportamento è opposto a quello dei solidi ionici.

I metalli sono dei buoni conduttori di calore ed elettricità. Tale proprietà consente di riconoscerli in laboratorio.

I metalli sono sempre opachi, cioè in grado di assorbire la luce visibile di tutte le frequenze; per questo, se ridotti in polvere finissima, appaiono neri. Essi hanno punti di fusione variabili: il mercurio fonde a −39 °C ed è l'unico metallo liquido; il tungsteno presenta il legame metallico più robusto e fonde a 3410 °C. Il tungsteno è stato utilizzato per le punte abrasive delle «talpe giganti» che hanno perforato i primi tunnel sotto il canale della Manica.

La malleabilità e la duttilità, cioè la capacità di lasciarsi forgiare in lamine o fili sottili, sono una conseguenza della flessibilità del legame metallico ▸figura 2.16.

Molti metalli, come l'oro e il rame, si sciolgono nel mercurio. La soluzione dei metalli in mercurio si chiama amalgama. Il colore giallo di un anello d'oro scompare anche con una sola gocciolina di mercurio!

Soluzioni di più metalli allo stato solido sono chiamati leghe.

L'oro usato in gioielleria è in genere una lega al 25% di rame (18 carati), che lo rende più duro dell'oro puro, ma meno resistente all'ossidazione. Il cloro, contenuto nella varechina, ha una certa azione solubilizzante nei confronti dell'oro a 18 carati. La presenza di atomi più piccoli dell'oro (come argento o rame) nella lega rende più difficile lo slittamento dei piani reticolari e ciò spiega la maggior resistenza meccanica delle leghe rispetto all'oro zecchino.

6. LA STRUTTURA DEI SOLIDI E LA CELLA ELEMENTARE

L'abate francese Haüy, nel 1700, si chiedeva perché i cristalli avessero una struttura regolare. Dalle osservazioni fatte, si convinse che i cristalli sono formati da unità minime, chiamate **celle elementari**, che si ripetono, nelle tre dimensioni dello spazio, senza lasciare spazi vuoti ▸figura 2.17.

FIGURA 2.17 Un cristallo piramidale può avere celle elementari cubiche. Queste sono talmente piccole che le facce a gradinata appaiono lisce.

TABELLA 2.5 Sistemi cristallografici.

Sistema	Angoli e lati della cella	Cella elementare	Assi e piani caratteristici	Esempi
cubico	$\alpha = \beta = \gamma = 90°$ $a = b = c$	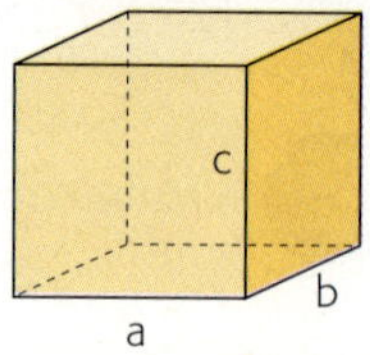	$4A_3$ e $3A_2$	diamante, C salgemma, NaCl oro, Au granato, $Ca_3Al_2(SiO_4)_3$
esagonale	$\alpha = \beta = 90°$; $\gamma = 120°$ $a = b \neq c$	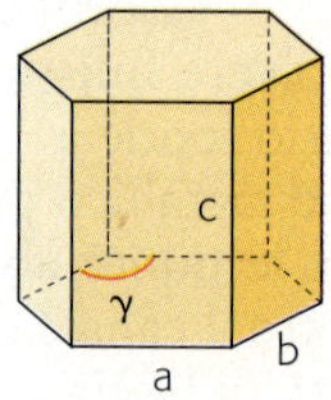	$1A_6$	grafite, C berillo, $Be_3Al_2Si_6O_{18}$ smeraldo
tetragonale	$\alpha = \beta = \gamma = 90°$ $a = b \neq c$	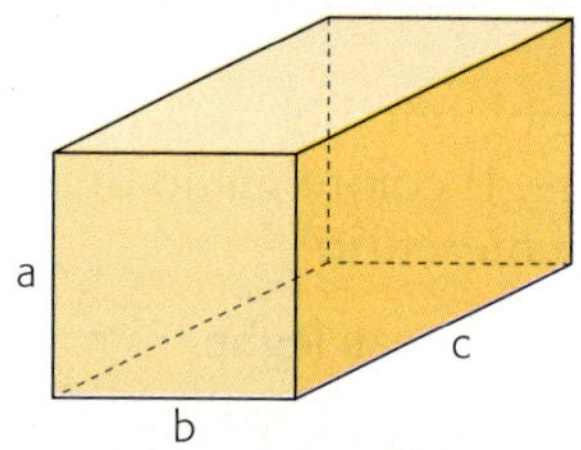	$1A_4$	rutilo e anatasio, TiO_2 zircone, $ZrSiO_4$
trigonale	$\alpha = \beta = 90°$; $\gamma = 120°$ $a = b \neq c$	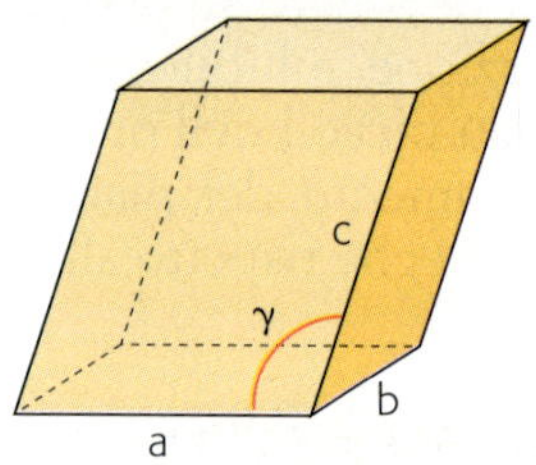	$1A_3$	calcite, $CaCO_3$ corindone, Al_2O_3 rubini, zaffiri
rombico	$\alpha = \beta = \gamma = 90°$ $a \neq b \neq c$	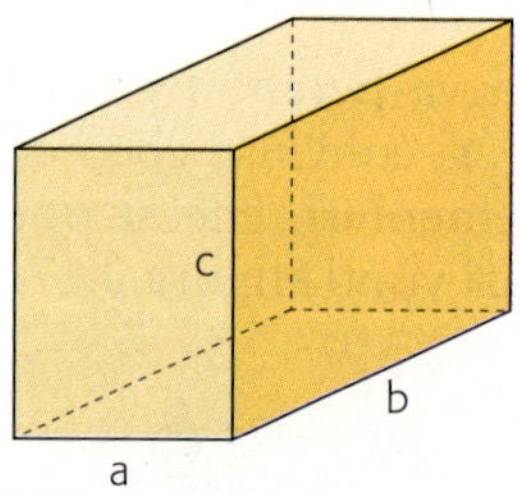	$1A_2$	zolfo α, S_8 marcassite, FeS_2 topazio, $Al_2F_2SiO_4$
monoclìno	$\alpha = \beta = 90°$ $\gamma \neq 90°$ $a \neq b \neq c$	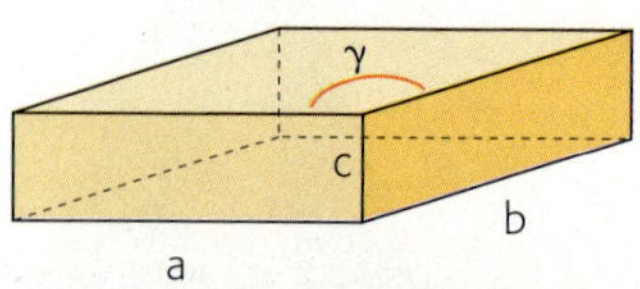	$1A_2$ e 1P	crocoite, $PbCrO_4$ zolfo β, S_8 $Na_2SO_4 \cdot 10H_2O$
triclìno	$\alpha \neq \beta \neq \gamma \neq 90°$ $a \neq b \neq c$	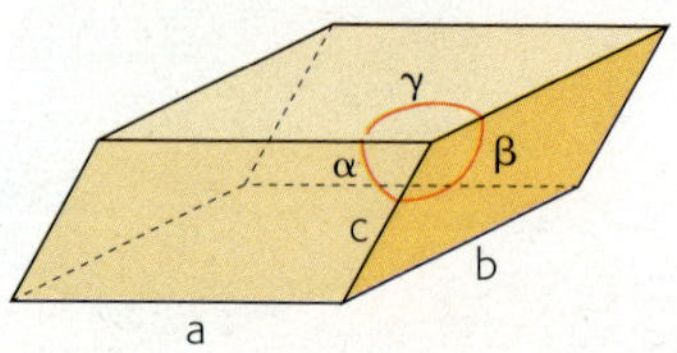	nessuno	$KAlO_2(SiO_2)_3$

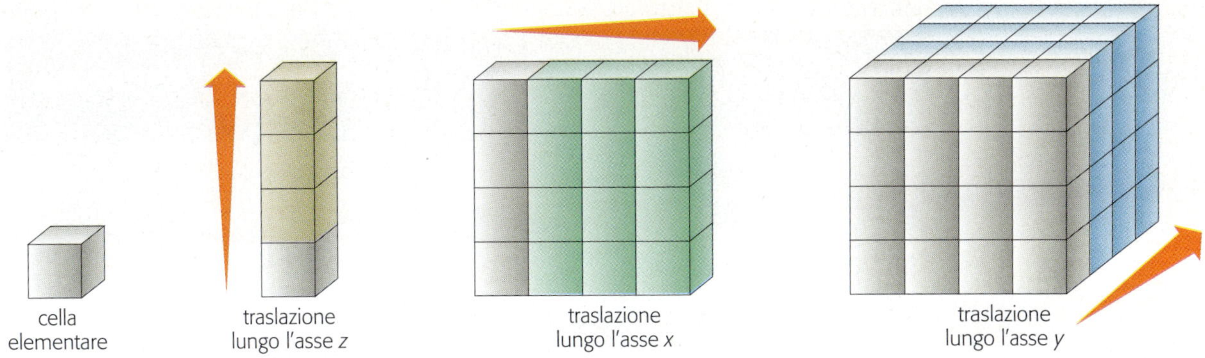

FIGURA 2.18 Da una cella elementare è possibile ricostruire tutto il cristallo.

Una conseguenza di questa regolarità è la possibilità di sfaldarsi: i cristalli si tagliano lungo piani paralleli alle facce ▸tabella 2.5.

Nella ▸figura 2.18 è riportata la cella elementare più simmetrica: la cella cubica semplice. Ogni atomo, molecola o ione occupa uno dei vertici, e la ripetizione nelle tre direzioni dell'unità minima dà origine a un reticolo cubico.

La cella elementare ha la medesima composizione chimica del cristallo. La dimensione della cella elementare va da 2 a 3 Å, nei solidi formati da atomi uguali, fino a centinaia di Ångström nei cristalli delle molecole proteiche.

Il cristallo non conserva necessariamente la forma della cella elementare; per esempio, la cella base del cloruro di sodio è cubica, ma i cristalli possono essere anche ottaedrici.

7. IL POLIMORFISMO E L'ISOMORFISMO

Il polimorfismo

La fusione di un cristallo rappresenta il passaggio dall'ordine al disordine. Molti solidi mostrano anche passaggi da un tipo di ordine a un altro: questi solidi, che possono avere differenti abiti cristallini, sono chiamati **polimorfi**.

Quando un elemento possiede forme polimorfe, tali forme vengono chiamare **allotropiche**. Il termine *allotropo* si estende però anche agli elementi liquidi e gassosi. Si può dire, per esempio, che l'ozono (O_3) è un'allotropo dell'ossigeno molecolare (O_2).

Grafite e diamante sono due allotropi dello stesso elemento, il carbonio ▸figura 2.19. La composizione del diamante fu dimostrata nel 1772 da Lavoisier, che riscaldò un diamante con una grossa lente, fino a farlo bruciare. Dalla combustione ottenne solo CO_2. Nella grafite gli atomi di carbonio, potendo formare doppi legami covalenti, generano strati a struttura esagonale, simili alle celle delle api. Queste lamine di atomi di carbonio sono sovrapposte e unite debolmente da forze di Van der Waals.

La facilità con cui gli strati possono scorrere uno sull'altro spiega le proprietà lubrificanti della grafite, impiegata negli oli per motore. Inoltre, gli elettroni del doppio legame covalente C=C sono liberi di muoversi entro un

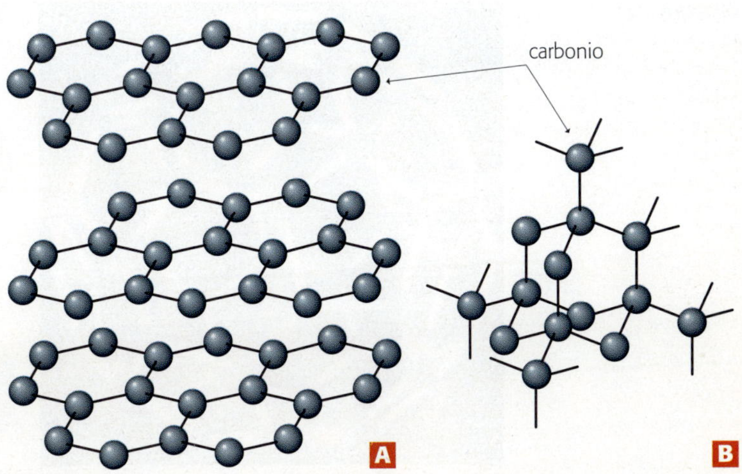

FIGURA 2.19
[A] La struttura della grafite.
[B] La struttura del diamante.
Grafite e diamante sono due allotropi del carbonio.

TABELLA 2.6 La scala di Mohs, una scala empirica per valutare qualitativamente la durezza di un cristallo.

Durezza	Minerale di riferimento		Test comune per i minerali
	talco	teneri	si scalfiscono con l'unghia
2	gesso	teneri	
3	calcite	semiduri	
4	fluorite	semiduri	si scalfiscono con una lama d'acciaio, ma non incidono il vetro
5	apatite	semiduri	
6	ortoclasio	duri	scalfiscono il vetro
7	quarzo	duri	
8	topazio	duri	
9	corindone	duri	scalfiscono sia il vetro sia l'acciaio (rubini, zaffiri, smeraldi)
10	diamante	duri	

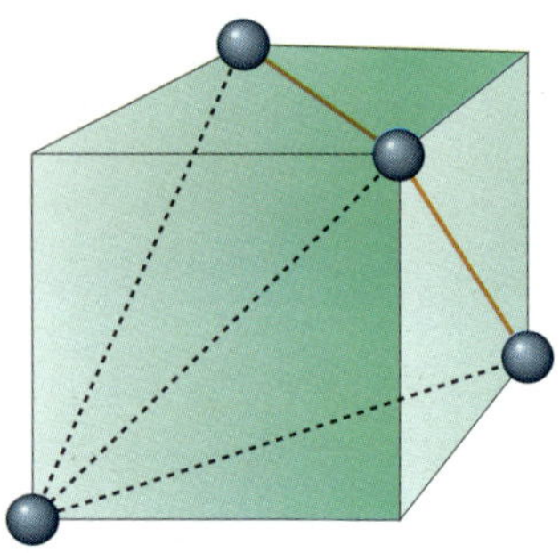

FIGURA 2.20 Il tetraedro.

piano; per questo la grafite, pur non essendo un metallo, è un discreto conduttore di elettricità.

Se la grafite può essere usata per scrivere sulla carta, il diamante è adatto per segnare il vetro. La sua durezza ▸tabella 2.6 gli consente di scalfire qualsiasi superficie, compreso lo zircone, lo smeraldo e altre pietre dure.

Nel diamante ogni carbonio è legato strettamente ad altri 4 carboni, disposti ai vertici di un **tetraedro** ▸figura 2.20. Il diamante non conduce la corrente elettrica, ma è un ottimo conduttore di calore. Nel 1985 Smalley e Kroto hanno isolato un'altra forma allotropica del carbonio, costituita da molecole C_{60}, aventi la forma di un pallone da calcio ▸figura 2.21. Tale molecola è stata chiamata *buckminsterfullerene*, dal nome dell'architetto Fuller che disegnò cupole aventi identica struttura. Le forze di Van der Waals radunano le molecole sferiche C_{60} in una struttura esagonale compatta ▸figura 2.22., formando cristalli color senape solubili in benzene con colorazione rosso-magenta.

FIGURA 2.21 Modellino di una molecola di C_{60}, o buckminsterfullerene.

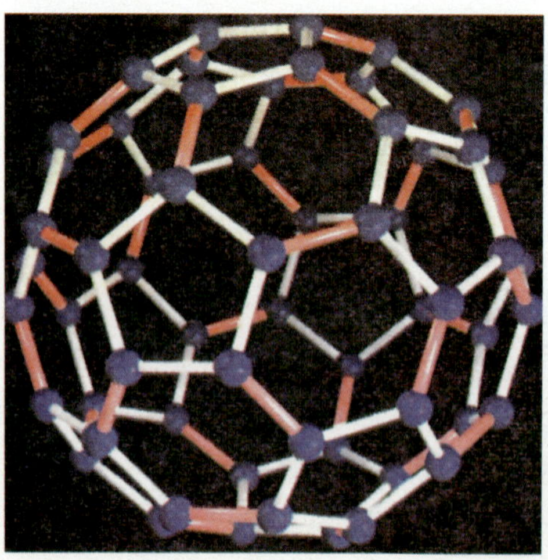

FIGURA 2.22 Struttura cristallina del fullerene, carbonio in forma molecolare (C_{60}).

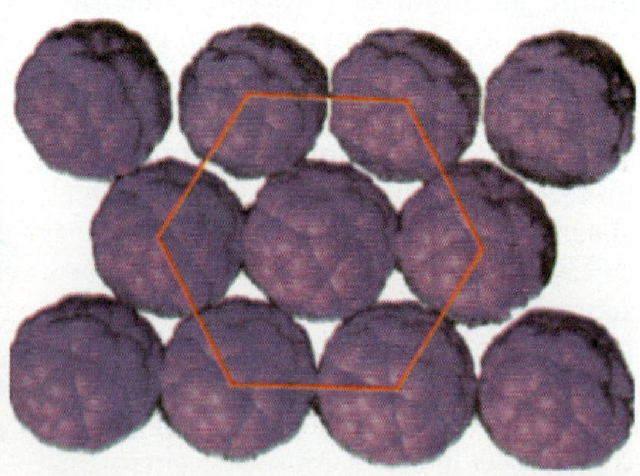

L'isomorfismo

Si definise *isomorfismo* la capacità che hanno *sostanze diverse* di formare cristalli aventi stessa forma e stessa classe di simmetria. Per esempio, la calcite ($CaCO_3$) e la siderite ($FeCO_3$) possono cristallizzare insieme, formando soluzioni solide omogenee. In altre parole, gli ioni Ca^{2+} e Fe^{2+} sono *intercambiabili* tra loro.

Molte pietre preziose devono la loro bellezza alla possibilità di intercambiare piccole quantità di ioni aventi stessa carica e raggio ionico simile. Per esempio, la struttura base del corindone, Al_2O_3, origina il rubino per sostituzione di qualche ione Al^{3+} con ioni Cr^{3+}, e lo zaffiro per sostituzione con ioni Ti^{3+} e Fe^{3+} ▸figura 2.23.

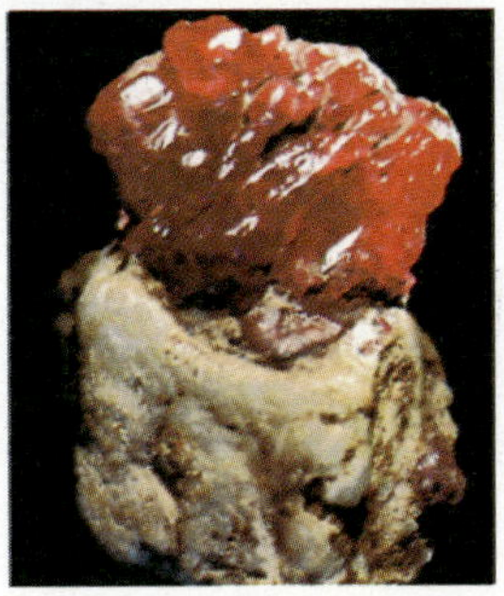

FIGURA 2.23 Un rubino e uno zaffiro. Queste pietre hanno la composizione del corindone (Al_2O_3), ma ne differiscono per gli ioni che, in tracce, sostituiscono l'alluminio.

8. ALCUNE PROPRIETÀ INTENSIVE DEI LIQUIDI

La disposizione delle molecole nei liquidi è altamente disordinata, quasi come nei gas. D'altro canto, il numero di molecole nell'unità di volume è elevatissimo, confrontabile con quello dei solidi. Per questo i liquidi sono considerati, ai fini pratici, incomprimibili. A differenza di quanto avviene nei solidi, le molecole dei liquidi hanno un'elevata mobilità e si scambiano di posto frequentemente. Le proprietà dello stato liquido sono difficili da prevedere teoricamente e ancora oggi mancano modelli matematici, adatti a descrivere uno stato della materia così *denso* e *disordinato*.

L'acqua è un liquido formato da molecole piccole e molto polari, in parte unite da legami a idrogeno. Nella ▸tabella 2.7 sono elencate alcune proprietà intensive dell'acqua.

TABELLA 2.7 Le proprietà intensive dell'acqua.

Proprietà	Valore a 20 °C
Densità ($g \cdot cm^{-3}$)	0,9982
Pressione di vapore (mmHg)	17,535
Tensione superficiale ($N \cdot m^{-1}$)	0,07275
Viscosità ($N \cdot s \cdot m^{-2}$)	0,001002

La *densità*, per esempio, è una proprietà intensiva che si calcola determinando il rapporto fra la massa e il volume di una certa quantità di liquido. Essa infatti dipende dalle forze di coesione fra le molecole e dalla loro massa.

La *pressione* (o *tensione*) di *vapore* di un liquido, invece, esprime la tendenza delle sue molecole a passare allo stato gassoso ▸figura 2.24.

Vediamo come interpretare il fenomeno. A causa dei continui urti, una parte delle molecole di un liquido è dotata di energia cinetica superiore alla media. Le molecole più veloci, se si trovano vicine alla superficie, possono quindi sfuggire dal liquido. La tensione di vapore, che si esprime in unità di pressione, cresce all'aumentare della temperatura, poiché l'agitazione termica è maggiore.

FIGURA 2.24 Il bromo liquido e i suoi vapori sono rossi.

ESEMPIO **Perché l'alcol lascia una sensazione di freddo sulla mano?**

Soluzione

Con l'evaporazione le molecole d'alcol sottraggono calore alla mano.

ESEMPIO **Perché alla quota di 1200 m l'acqua bolle a 96 °C?**

Soluzione

Perché a tale altitudine la pressione atmosferica è pari a 707 mmHg. L'acqua raggiunge tale pressione di vapore alla temperatura di 96 °C.

La *temperatura di ebollizione*, o *punto di ebollizione*, è un'altra importante proprietà fisica dei liquidi, che dipende dalla pressione.

I liquidi volatili (etere, acetone) hanno un'elevata tensione di vapore, alla quale si accompagna, in genere, anche una bassa temperatura di ebollizione.

Proviamo a immergere in acqua un oggetto metallico ripiegato, sospeso a una molla ▸figura 2.25. Ritirando l'oggetto dalla superficie dell'acqua vedremo allungarsi la molla: questo è il segno che la superficie dell'acqua esercita una forza apprezzabile. In una parola, la superficie acquosa tende a contrarsi e a «trattenere» l'oggetto immerso.

Si definisce tensione superficiale la forza di contrazione delle superfici liquide.

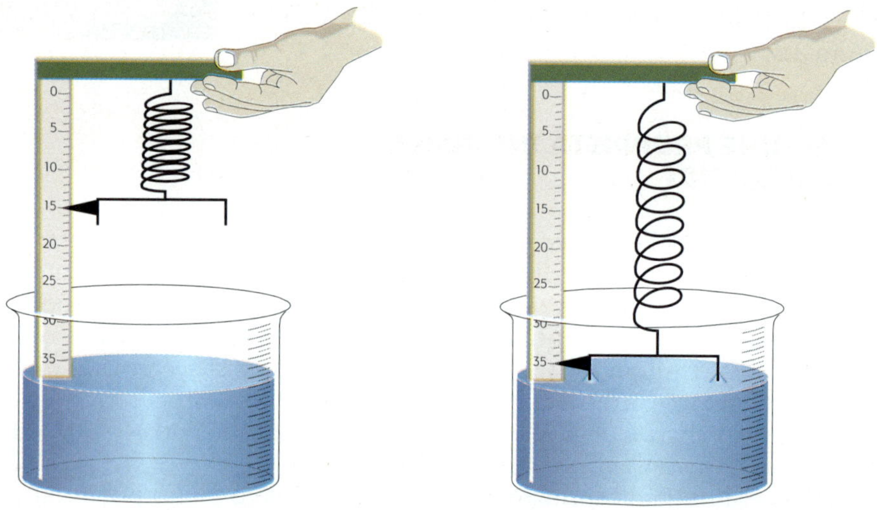

FIGURA 2.25 La tensione superficiale provoca l'allungamento della molla.

Perché le gocce dei liquidi sono tendenzialmente sferiche? Anche questo fenomeno è dovuto alla **tensione superficiale**. Proviamo a spiegarlo. Le molecole interne di un liquido sono attratte dalle altre molecole in tutte le direzioni ▸figura 2.26; in superficie, invece, le molecole si trovano in una condizione diversa: sono attratte soltanto dalle molecole sottostanti e da quelle poste lateralmente. Il liquido, pertanto, tende ad assumere la forma che gli consente di avere la *minore area superficiale*. A parità di volume, la forma sferica è quella che occupa la minore superficie. Dunque, le gocce sono sferiche, o quasi.

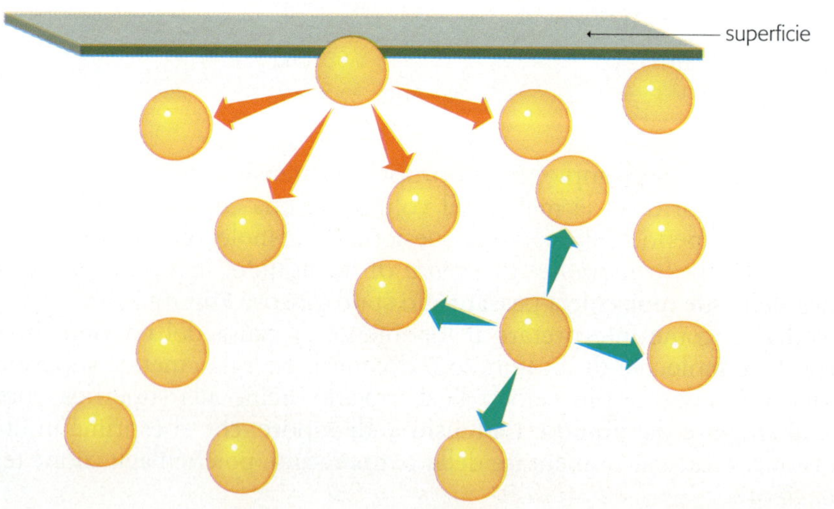

FIGURA 2.26 Le forze attrattive non bilanciate alla superficie comprimono le molecole in uno strato difficile da penetrare.

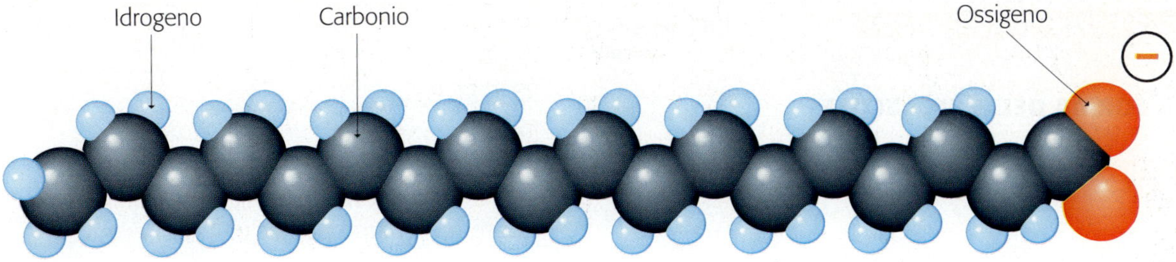

La tensione superficiale diminuisce all'aumentare della temperatura. Inoltre i **tensioattivi** ▸figura 2.27(soluzioni diluite di detergenti), sciolti in acqua, ne riducono moltissimo la tensione superficiale ▸figura 2.28. Lo strato superficiale si contrae di meno, al punto che l'aria può essere incorporata nel liquido per formare una *schiuma*. Per la stessa ragione anche minuscole goccioline oleose possono essere disperse nell'acqua e formare un'*emulsione*.

L'altro fenomeno che interessa i liquidi è la **capillarità**. Quando immergiamo un tubicino di vetro (capillare) in acqua, un sottile film d'acqua penetra nel tubicino e raggiunge una certa altezza. Più stretto è il diametro, più in alto si spinge la colonna liquida. Tale fenomeno, chiamato capillarità, è dovuto all'incurvarsi della superficie del liquido, che forma un'emisfera chiamata menisco.

Se il liquido bagna le pareti del capillare – è il caso dell'acqua che tocca il vetro – si forma un menisco concavo e si ha un *innalzamento capillare* ▸figura 2.29. Se invece la superficie liquida si incurva sotto l'azione della propria tensione superficiale (menisco convesso), il liquido nel capillare scenderà a un livello inferiore a quello esterno (esempio: mercurio-vetro).

La capillarità è un fenomeno importante in natura, per esempio nel rifornire d'acqua le radici delle piante. Anche la cromatografia su strato sottile e su carta si basa sul movimento dei liquidi per capillarità.

Infine la **viscosità** è una proprietà intensiva posseduta da tutti i fluidi (liquidi e gas) che esprime la resistenza ai cambiamenti di forma.

La viscosità, cioè la resistenza allo scorrimento, è dovuta alla forza di attrazione intermolecolare fra le lamine liquide.

In altre parole, quindi, la viscosità è un coefficiente di «attrito interno». Liquidi molto viscosi, come l'olio, escono lentamente da un forellino, mentre liquidi meno viscosi, come l'acqua, fluiscono rapidamente.

I vetri e i materiali amorfi sono in realtà liquidi altamente viscosi. Essi, infatti, possono scorrere, anche se con estrema lentezza.

FIGURA 2.27 Il sapone è il più comune dei tensioattivi. Le sue molecole contengono una lunga catena apolare e un'estremità polare o ionica. La parte polare si immerge tra le molecole dell'acqua, nello strato superficiale, mentre l'ingombrante parte apolare rimane fuori dal liquido. La repulsione tra le parti apolari determina l'allontanamento delle molecole dell'acqua.

FIGURA 2.28 L'ago di acciaio non penetra la pellicola superficiale dell'acqua. Sono sufficienti tracce di sapone per distruggere lo strato superficiale e fare affondare l'ago.

FIGURA 2.29 Il fenomeno della capillarità in un liquido che bagna il vetro (a sinistra) e in uno che non lo bagna (a destra).

1. LA FORMA DELLE MOLECOLE

1. Quali composti hanno una geometria tetraedrica?
   A NF_3
   B OF_2
   C CH_2O
   D $AlCl_4^-$
   E NO_3^-
   F NH_4^+

2. Quali composti hanno geometria trigonale planare?
   A $AlCl_3$
   B PCl_3
   C CH_2O
   D NH_3
   E H_3O^+
   F NO_3^-
   G CH_3OH
   H CH_4

3. Quali composti hanno geometria lineare?
   A BeH_2
   B CO_2
   C CS_2
   D SCN
   E CH_4
   F H_2O

4. Qual è la geometria delle seguenti molecole?
   A $HgBr_2$
   B CH_2Br_2
   C SO_2
   D CF_4
   E SO_3
   F NO_2^-

2. MOLECOLE POLARI E NON POLARI

5. Le seguenti molecole sono polari o non polari?
   A HF
   B CO_2
   C CH_3Br
   D PF_3

6. Un esempio di molecola non polare contenente un legame polare è:
   A N_2
   B H_2O
   C NH_3
   D CCl_4

7. Quale sostanza è formata da molecole non polari?
   A HCl
   B CF_4
   C NH_3
   D H_2S

8. Un solido si scioglie in acqua e la soluzione non è conduttrice. Si tratta di:
   A un composto ionico
   B un composto molecolare non polare
   C un composto molecolare polare
   D un composto metallico

9. Qual è il miglior solvente per lo iodio, I_2?
   A benzina
   B acqua
   C acido acetico

10. Qual è il miglior solvente per il bromuro di sodio, NaBr?
   A olio
   B acqua
   C benzina
   D alcol etilico

3. LE FORZE INTERMOLECOLARI

11. Perché non ha senso parlare di forze di Van der Waals per le seguenti sostanze?
   A ferro
   B idrossido di potassio
   C diamante

12. Che tipo di forze operano fra le particelle delle seguenti sostanze?

A argento

B elio

C NH_3

13. Che tipo di forze bisogna vincere per fondere le seguenti sostanze?

A oro

B ossigeno

C cloruro di litio

D acido cloridrico

E acqua

14. Perché il bromo (Br_2) è liquido e lo zolfo (S_8)è solido?

15. Quale solido possiede basso punto di fusione e non conduce l'elettricità allo stato fuso?

A C

B Cu

C NaI

D I_2

16. L'ossigeno e lo zolfo hanno la stessa valenza e appartengono allo stesso gruppo. Perché il primo è gassoso e l'altro è solido?

17. Quale dei seguenti solidi è costituito da molecole unite da legami a idrogeno?

A $NH_4CI_{(s)}$

B $NaHCO_{3(s)}$

C $CO_{2(s)}$ (ghiaccio secco)

D $H_2O_{(s)}$ (ghiaccio)

E $KHSO_{4(s)}$

18. Perché il legame a idrogeno è importante per le proprietà solventi dell'acqua?

19. Spiega i seguenti fatti:

A per la maggior parte delle sostanze lo stato solido è più denso dello stato liquido (a eccezione del bismuto)

B il ghiaccio è meno denso dell'acqua

20. Quali caratteristiche deve possedere una sostanza perché le sue soluzioni acquose siano conduttrici?

4. LE ATTRAZIONI FRA ATOMI E FRA MOLECOLE

21. Quale non metallo non è un gas, a temperatura ambiente?

A F_2

B Cl_2

C S_2

D N_2

22. Richiede meno energia:

A ionizzare un atomo

B rompere un legame covalente singolo

C rompere un legame ionico

D rompere un legame a idrogeno

23. Richiede più energia:

A ionizzare un atomo

B rompere un legame covalente singolo

C rompere un legame a idrogeno

D rompere un legame ionico

5. LA CLASSIFICAZIONE DEI SOLIDI

24. Quali sono le caratteristiche di un solido cristallino?

25. Elenca quattro tipi di solido cristallini e proponi un esempio per ciascuno.

26. Quali sono le principali proprietà dei solidi ionici?

27. Quali sono le principali proprietà dei solidi reticolari?

28. Quali sono le proprietà dei solidi molecolari non polari?

29. Quali sono le proprietà dei solidi molecolari polari?

30. Quali sono le proprietà dei metalli?

VERIFICHE

6. LA STRUTTURA DEI SOLIDI E LA CELLA ELEMENTARE

31. Che cos'è la cella elementare?

32. Qual è la cella elementare più simmetrica?
- A la cella esagonale
- B la cella cubica
- C la cella trigonale
- D la cella tetragonale

7. IL POLIMORFISMO E L'ISOMORFISMO

33. Cosa si intende per sostanza polimorfa e isomorfa?

34. Cos'è un allotropo?

35. Qual è il minerale più duro?
- A la grafite
- B il gesso
- C il diamante
- D il corindone

36. Perché la grafite, pur non essendo un metallo, conduce la corrente elettrica?

37. Qual è il minerale più tenero?
- A il quarzo
- B il gesso
- C il topazio
- D il talco

38. Quale minerale ha una struttura tetraedrica?
- A la calcite
- B il diamante
- C il gesso
- D la grafite

8. ALCUNE PROPRIETÀ INTENSIVE DEI LIQUIDI

39. Vero o falso?
- A I liquidi più densi affondano, se messi a contatto con altri liquidi. V F
- B Il ghiaccio galleggia sull'acqua per la tensione superficiale dell'acqua. V F
- C I liquidi aventi diversa densità non si mescolano. V F
- D La viscosità dei liquidi aumenta all'aumentare della temperatura. V F
- E Alcuni insetti scivolano sulla superficie, sorretti dalla tensione superficiale dell'acqua. V F

40. Quale liquido ha una tensione di vapore minore?
- A l'acetone
- B l'etere etilico
- C l'acqua
- D l'olio

COSTRUISCI LA COMPETENZA

OBIETTIVO determinare la geometria e la polarità delle molecole secondo il modello VSEPR

RISOLVI I SEGUENTI QUESITI

1. Come si stabilisce la forma di una molecola in base al modello VSEPR?

2. Disegna le strutture delle seguenti molecole:
- A CH_4
- B CO_2
- C H_2O
- D NH_3

3. Qual è la forma della molecola di acido fosforico, H_3PO_4?
- A lineare
- B trigonale planare
- C piramidale
- D tetraedrica

Disegna la sua struttura.

4. Come si stabilisce se una molecola è o non è un dipolo?

5. Lo iodio I_2 è più solubile in tetracloruro di carbonio, CCl_4, perché:
- A iodio e CCl_4 hanno pesi molecolari simili

B iodio e CCl_4 hanno molecole non polari mentre l'acqua è polare

C iodio e acqua hanno simili attrazioni intermolecolari

D iodio e CCl_4 contengono alogeni

6. Quale sostanza si scioglie in acqua?

A Cl_2

B CH_4

C $CaCl_2$

D benzina

Spiega la tua risposta.

7. Scrivi un esempio di un composto del bromo polare, non-polare e ionico.

OBIETTIVO confrontare le forze di attrazione interatomiche (legame ionico, legame covalente, legame metallico) con le forze intermolecolari

RISOLVI I SEGUENTI QUESITI

8. Come puoi riconoscere sperimentalmente una sostanza polare da una non polare?

9. Una sostanza solida si scioglie in olio di oliva e la soluzione non conduce la corrente elettrica. Le molecole della sostanza sono:

A non polari

B polari

C ioniche

Spiega la tua risposta.

10. Un liquido si scioglie in acqua e la soluzione acquosa non conduce la corrente elettrica. Le molecole della sostanza liquida sono:

A covalenti polari

B covalenti non polari

C ioniche

D non conduttrici

Spiega la tua risposta.

11. Distingui le forze interatomiche da quelle intermolecolari, poi spiega come si formano:

A le forze di Van der Waals

B i legami polari

C i legami a idrogeno

D il legame covalente

E il legame ionico

Spiega la tua risposta.

12. Nel ghiaccio secco ($CO_{2(s)}$, $t_{fus.} = -78{,}5$ °C) le molecole sono unite fra loro da:

A forze di Van der Waals

B legami covalenti polari

C legami ionici

D legami covalenti non polari

Spiega la tua risposta.

13. Come possono attrarsi fra loro corpi elettricamente neutri come le molecole?

14. Quale composto ha forza di coesione maggiore?

A $I_{2(s)}$

B $Ne_{(s)}$

C $H_2O_{(s)}$

D $N_{2(s)}$

Spiega la tua risposta.

15. In quale composto ci sono legami idrogeno?

A HI

B PH_3

C CH_4

D HF

Spiega la tua risposta.

OBIETTIVO spiegare le differenze nelle proprietà fisiche delle sostanze e dei materiali, dovute alle interazioni interatomiche e intermolecolari

RISOLVI I SEGUENTI QUESITI

16. Quali sono le proprietà caratteristiche dell'acqua? Spiega la tua risposta.

17. Quale affermazione non è corretta?

A l'acqua scioglie alcune sostanze polari

B tutti i composti ionici sono solubili in acqua

C l'acqua ha elevato punto di ebollizione e basso peso molecolare

D l'acqua forma soluzioni con l'alcol etilico

Spiega la tua risposta.

18. Procurati dell'acetone per unghie e verifica la solubilità in acqua e in acetone dello zucchero e del sale. L'acetone ha la seguente struttura; ricopiala e rispondi alle domande.

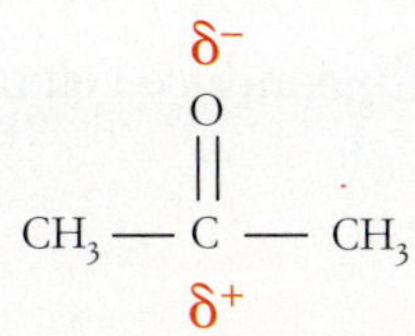

VERIFICHE

A Come spieghi il maggiore potere solvente dell'acetone?

B Perché l'acetone, diversamente dall'acqua, scioglie anche la naftalina?

C Sciogli cinque cucchiaini di sale in un bicchiere con due dita d'acqua. Aggiungendo acetone si ottiene un precipitato di NaCl. Spiega questo fenomeno.

19. Spiega quali forze di attrazione si devono superare per ottenere i fenomeni seguenti:

A il ghiaccio fonde

B lo zucchero si scioglie in acqua

C un filo di rame viene spezzato

D il petrolio bolle

E il sale si scioglie in acqua

F lo iodio gassoso da biatomico diviene monoatomico

20. Spiega perché:

A la sabbia umida è dura sotto i piedi mentre non lo è la sabbia secca

D i peli di un pennello bagnato aderiscono l'uno all'altro

21. La viscosità dell'acqua a 100 °C è solo un sesto della viscosità a 0 °C. Come puoi spiegare la diminuzione della viscosità dell'acqua all'aumentare della temperatura.

OBIETTIVO classificare i solidi in base alle interazioni fra atomi e fra molecole

RISOLVI I SEGUENTI QUESITI

22. Quale proprietà non è tipica di alcuni metalli?

A è malleabile

B è un liquido con basso punto di ebollizione

C è un solido con basso punto di fusione

D è un buon conduttore del calore

Spiega la tua risposta.

23. Quale affermazione non è corretta?

A molti solidi molecolari sono teneri e hanno un punto di fusione basso

B i solidi ionici sono formati da ioni positivi e negativi

C il solido CaF_2 conduce l'elettricità

D il diamante ha un punto di fusione elevato ed è molto duro

Spiega la tua risposta.

24. Quale affermazione non è corretta?

A il corindone è un minerale molto duro

B la grafite è un materiale che non conduce la corrente

C il minerale calcite è poco solubile in acqua

D il quarzo è un minerale duro

Spiega la tua risposta.

25. Volumi uguali dei tre liquidi:

A $C_2H_5—OH$ (alcol etilico)

B H_2O

C olio

impiegano, rispettivamente, 20 secondi, 30 secondi e 120 secondi a uscire da un recipiente forato. Come spieghi tale comportamento?

26. Perché il diamante e la grafite hanno proprietà tanto diverse?

27. Quale affermazione non è corretta?

A il diamante è un buon conduttore di calore

B il diamante è l'elemento più duro esistente

C il diamante fonde ad alta temperatura

D il diamante è un buon conduttore di corrente

Spiega la tua risposta.

28. Quale legame è più forte?

A il legame fra le molecole di CO_2 solido

B il legame fra gli atomi di carbonio del diamante

C il legame fra le molecole di zucchero

D il legame metallico fra gli atomi di platino

Spiega la tua risposta.

Pensa come uno scienziato

1 A ogni ingrandimento associa uno dei solidi riportati sotto:

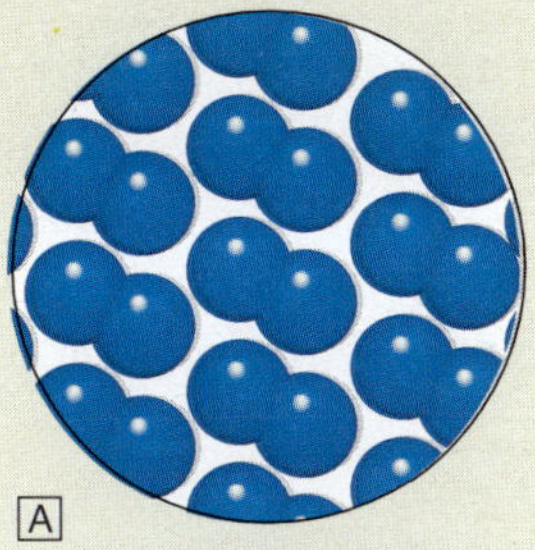
A

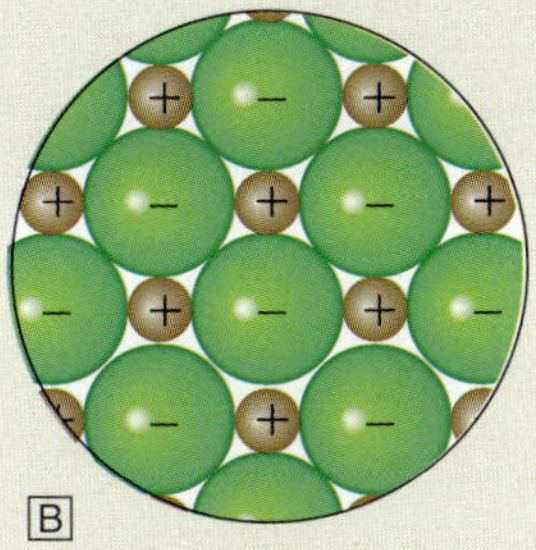
B

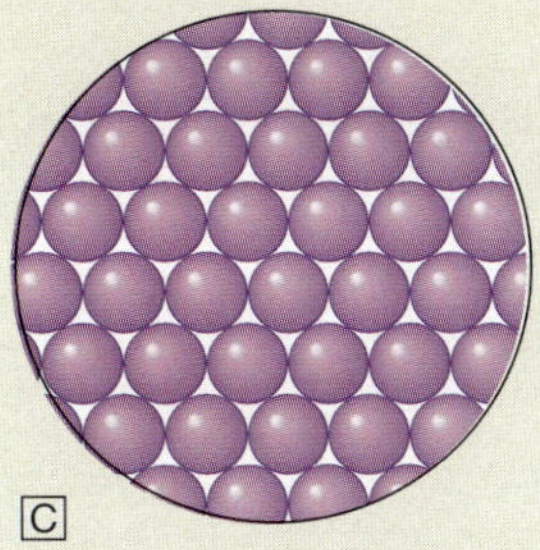
C

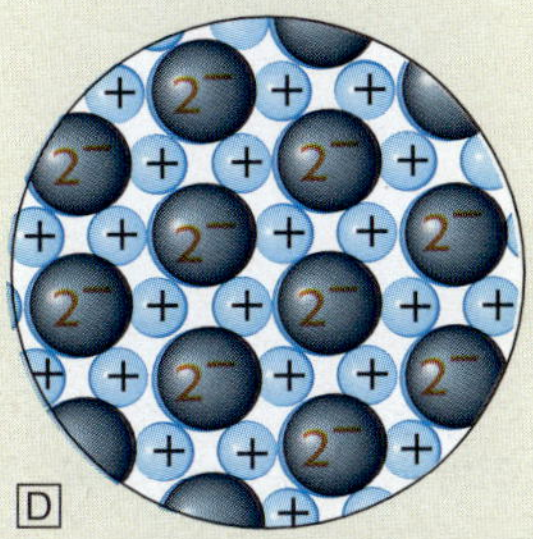
D

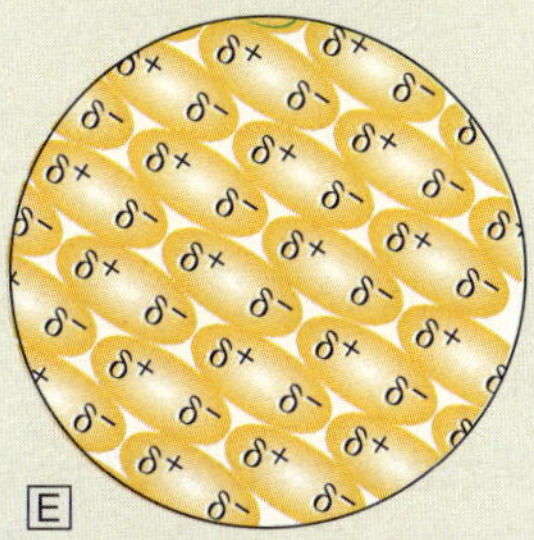
E

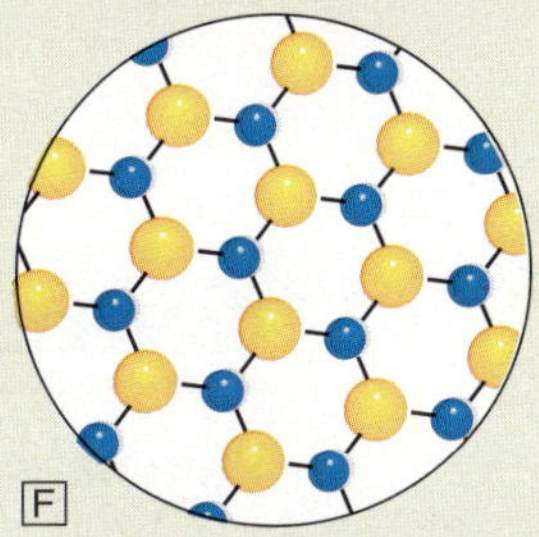
F

- solido ionico con formula AC_2
- solido covalente reticolare
- NaCl
- solido molecolare polare
- solido molecolare apolare

2 Completa la seguente tabella:

Formula molecolare	Struttura geometrica	Rispetta la regola dell'ottetto?	La molecola ha legami polari?	La molecola è polare?
Cl_2				
HCl				
CH_2Cl_2				
$AlCl_3$				
$BeBr_2$				
H_2O				
NH_3				
SO_2				
H_2SO_4				

Unità 3

COMPETENZA

Preparare e utilizzare soluzioni in base alle loro proprietà.

La competenza dell'unità didattica
è costruita ponendosi i seguenti obiettivi:

1. Spiegare la formazione di soluzioni liquide, solide e gassose.
2. Preparare soluzioni a concentrazione nota (percento in peso, molarità, molalità).
3. Descrivere i fattori che determinano la solubilità di un soluto in un solvente.
4. Descrivere le proprietà colligative delle soluzioni.

Le soluzioni

1. LE PROPRIETÀ DELLE SOLUZIONI

L'aria, l'acqua del mare e molti altri materiali non sono sostanze pure ma particolari miscugli omogenei chiamati soluzioni. In sostanza:

Le soluzioni sono miscugli omogenei i cui costituenti conservano le loro proprietà.

Quando sciogliamo lo zucchero in acqua, le molecole che costituiscono lo zucchero si distribuiscono nel liquido. Lo zucchero scompare dalla nostra vista e le sue molecole si mescolano a quelle dell'acqua. È tuttavia possibile, facendo evaporare tutta l'acqua, recuperare in qualsiasi momento lo zucchero disciolto. Il sapore dolce della soluzione è un'altra prova della presenza del saccarosio. Le soluzioni sono miscugli omogenei formati da un **solvente** e da un **soluto**:

Il solvente è il componente della soluzione che si trova in proporzione maggiore; il soluto è il componente presente in quantità minore nella soluzione.

Anche se il solvente e il soluto sono in fasi diverse (per esempio, lo zucchero è solido e l'acqua liquida) *la soluzione assume la fase del solvente* ▸tabella 3.1. Più difficile risulta stabilire qual è il solvente e quale il soluto quando i componenti si trovano in quantità pressoché uguali.

Le soluzioni possono essere classificate in gassose, liquide e solide:

1. Nelle *soluzioni gassose*, per esempio l'aria che respiriamo, i cui componenti del miscuglio omogeneo sono allo stato aeriforme;
2. le *soluzioni liquide* si presentano allo stato liquido e sono costituite da liquidi e da solidi e gas disciolti in liquidi. Una bibita gassata è un esempio di soluzione liquida, contenente un liquido (acqua), un gas (biossido di carbonio), uno o più solidi (zucchero e aromi);
3. le *soluzioni solide* risultano formate da solidi (solvente) contenenti in soluzione altri solidi oppure gas. Le soluzioni solide dei metalli sono anche chiamate *leghe metalliche*. Il bronzo, l'ottone, l'acciaio sono esempi noti di leghe metalliche ▸figura 3.1.

FIGURA 3.1 Alcuni esempi di soluzioni solide (leghe metalliche).

TABELLA 3.1 Alcuni esempi di soluzioni.

Fase del solvente	Fase del soluto	Esempi
Liquido	Solido	Acqua e sale, acqua e zucchero, tintura di iodio
Liquido	Liquido	Acqua e alcol, benzina e olio, aceto, grappa
Liquido	Gas	Acqua frizzante, bibita gassata
Gas	Gas	Aria, gas domestico
Solido	Solido	Leghe metalliche: peltro (50% stagno, 50% piombo), latta (70% rame, 30% zinco), bronzo (70% rame, 30% stagno)

2. LA CONCENTRAZIONE DELLE SOLUZIONI

Le soluzioni che contengono piccole concentrazioni di soluto sono dette *diluite*, mentre quelle con elevate concentrazioni di soluto sono chiamate *concentrate*. I due termini, evidentemente, hanno un significato puramente qualitativo. Come stabilire, dunque, la concentrazione di una soluzione in maniera rigorosa? Fra i numerosi metodi per esprimere la concentrazione di una soluzione ne abbiamo scelti tre: il *percento in peso*, la *molarità* e la *molalità*.

PROVA TU **Quanti grammi di zucchero devi pesare per avere 500 g di una soluzione acquosa al 30%?**

Il metodo del **percento in peso** è uno dei più semplici, e indica la quantità di soluto, espressa in grammi, in 100 g di soluzione.. Per esempio, preparare 100 g di una soluzione al 15% di NaCl significa sciogliere 15 g di cloruro di sodio in 85 g di acqua.

In chimica è molto usato anche il metodo della **molarità**.

La molarità indica il numero delle moli di soluto per litro di soluzione.

La molarità si calcola, conoscendo la massa di soluto presente in un dato volume di soluzione, con due divisioni. La prima divisione ci consente di trovare il numero di moli (si dividono i grammi della sostanza in soluzione per la sua massa molare). Trovato il numero di moli, è sufficiente dividerlo per il volume della soluzione, per avere la molarità:

$$\frac{\text{g}}{\text{massa molare}} = n \text{ (numero di moli)}$$

$$\frac{\text{numero di moli } n}{\text{volume in litri}} = \text{molarità} = \text{M}$$

La molarità è una unità di misura della concentrazione che dipende dalla temperatura; infatti, al variare della temperatura varia anche il volume.

ESEMPIO **Calcola la molarità di 500 mL di una soluzione acquosa contenente 5,85 g di NaCl.**

Soluzione

Conoscendo il peso molecolare (più precisamente il peso formula) di NaCl (23 + 35,5 = 58,5), si ricava il numero di moli:

$$n = \frac{5{,}85 \text{ g}}{58{,}5 \text{ g/mol}} = 0{,}1 \text{ mol} \qquad \text{Quindi:} \quad \text{M} = \frac{0{,}1 \text{ mol}}{500 \text{ mL}} = \frac{0{,}2 \text{ mol}}{1000 \text{ mL}} = 0{,}2 \text{ mol/L} = 0{,}2 \text{ M}$$

L'equazione che consente di risolvere gran parte dei problemi riguardanti le soluzioni è la seguente:

VOLUME IN LITRI — MOLARITÀ — NUMERO DI MOLI

$$V \times \mathrm{M} = \frac{\mathrm{g}}{\text{massa molare (g/mole)}} = n$$

Per preparare in laboratorio una soluzione a molarità nota occorrono due strumenti di misura: una bilancia per determinare la massa e un recipiente *graduato* o *tarato* per il volume ▸figura 3.2.

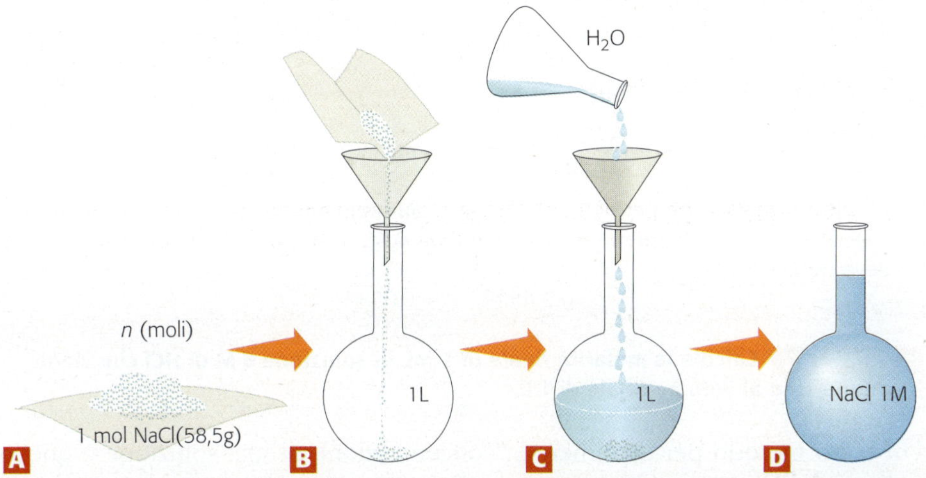

FIGURA 3.2
A Per preparare una soluzione 1 M di NaCl posso pesare 1 mol di NaCl (massa molare 58,5 g);
B inserisco il sale in un pallone da 1 L;
C aggiungo acqua (solvente) fino a raggiungere un volume pari a 1 L:

$$\frac{1\ \text{mol}}{1\ \text{L}} = 1\text{mol} \cdot \text{L}^{-1} = 1\text{M}$$

PROVA TU **2 L di soluzione contengono 49 g di H_2SO_4; calcola la molarità di questa soluzione.**

Un altro modo per preparare soluzioni *titolate* (cioè a concentrazione nota) consiste nel *diluire* soluzioni più concentrate. Il procedimento comporta l'aggiunta del solvente a una soluzione fino a ottenere la molarità desiderata ▸figura 3.3.

Con la diluizione la *quantità di soluto resta invariata*. Perciò si può scrivere un'uguaglianza fra la quantità di soluto *prima* (*i*) e *dopo* (*f*) la diluizione:

$$\text{numero di moli } n = \text{molarità} \cdot \text{volume} = \mathrm{M}_i \cdot V_i = \mathrm{M}_f \cdot V_f$$

PROVA TU **Prepara una soluzione 2 M di HCl (acido cloridrico).**

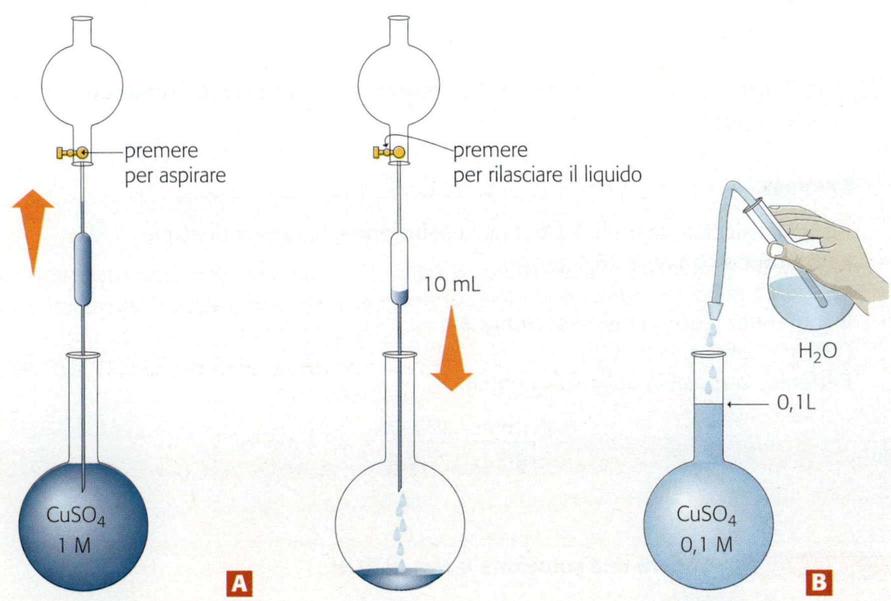

FIGURA 3.3
A Per preparare una soluzione 0,1 M di $CuSO_4$ partendo da una soluzione 1 M di $CuSO_4$, ne posso prelevare 10 mL e metterli in un secondo pallone;
B aggiungo acqua (solvente) nel secondo pallone fino a raggiungere un volume pari a 0,1 L.

L'aggiunta di solvente dal volume iniziale V_i al volume finale V_f comporta una diminuzione della concentrazione:

$$M_f = \frac{M_i \cdot V_i}{V_f}$$

ESEMPIO **A 500 mL di soluzione 0,2 M di NaCl vengono aggiunti 1,5 L d'acqua. Calcola la molarità della soluzione diluita.**

Soluzione

Il volume dopo la diluizione (V_f) è di 2 L. Poiché la quantità di NaCl disciolto non varia per effetto della diluizione, si può scrivere:

$$0{,}5\ \text{L} \cdot 0{,}2\ \text{M} = 2\ \text{L} \cdot M_f$$

Si calcola poi la molarità finale

$$M_f = \frac{0{,}5\ \text{L} \cdot 0{,}2\ \text{M}}{2\ \text{L}} = 0{,}05\ \text{mol} \cdot \text{L}^{-1} = 0{,}05\ \text{M}$$

Un altro metodo, che permette di giungere più rapidamente al risultato, consiste nel-l'osservare che la diluizione è di 4 volte (da 0,5L a 2L); quindi la concentrazione si deve ridurre a 1/4:

$$0{,}2\ \text{mol/L} : 4 = 0{,}05\ \text{M}$$

PROVA TU **Calcola la molarità finale di 1 mL di soluzione 6 M di HCl che viene diluita sino al volume finale di 1 L.**

Un terzo metodo per esprimere la concentrazione di una soluzione è quello della **molalità**.

La molalità indica il numero di moli di soluto contenuto in 1 kg di solvente

$$\text{molalità} = m = \frac{\text{moli di soluto}}{\text{kilogrammi di solvente}}$$

Questa unità di misura è indipendente dalla temperatura, poiché nella relazione non compare il volume; ciò la rende particolarmente utile in crioscopia e in ebullioscopia.

ESEMPIO **Calcola la molalità della soluzione satura di NaCl, sapendo che è al 26,4% in peso.**

Soluzione

Bisogna calcolare le moli di NaCl nella soluzione e i grammi di acqua.
La soluzione contiene 26,4 g, cioè:
26,4/58,5 = 0,451 mol di NaCl
Il contenuto d'acqua della soluzione è:
(100 g − 26,4 g) = 73,6 g
Pertanto, la molalità della soluzione è:

$$m = \frac{0{,}451\ \text{mol}}{\text{kg}} \cdot \frac{1000\ \text{g}}{73{,}6\ \text{g}} = 6{,}13\ \text{mol kg}^{-1}$$

PROVA TU **Prepara una soluzione 0,5 *m* di KOH.**

3. LE SOLUZIONI SATURE

Come tutti possono verificare, il sale fino si scioglie più rapidamente di quello grosso. Lo stesso vale per lo zucchero o per qualsiasi altra sostanza finemente macinata. Perché? La risposta è semplice. La *velocità* di solubilizzazione dipende dalla superficie di contatto del solido con il solvente. Se aumenta la superficie, cresce la velocità. I solidi finemente suddivisi offrono al solvente una *maggiore superficie di contatto*, e quindi vanno in soluzione più rapidamente.

La solubilità del soluto nel liquido,però, non è illimitata. A un certo il soluto non si scioglie più, e la soluzione risultante si dice *satura*: il soluto eccedente rimane come corpo di fondo (se si tratta di un solido). Tuttavia lo scambio di materia fra la soluzione e il soluto non sciolto continua senza sosta. Molecole o ioni abbandonano il corpo di fondo e si trasferiscono in soluzione, mentre altre molecole o ioni percorrono la strada inversa, cioè passano dalla soluzione al soluto ▸figura 3.4. Quest'ultimo processo avviene a velocità crescente man mano che aumenta la concentrazione di particelle del soluto, fino al punto di equilibrare la velocità di passaggio in soluzione con quella di passaggio a soluto. Da quel momento la concentrazione del soluto non varia più.

Il fatto che tale massima concentrazione non dipenda dalla quantità di corpo di fondo è un risultato sperimentale di notevole importanza.

La solubilità varia da sostanza a sostanza e dipende sia dalla natura del soluto sia da quella del solvente.

Per esempio, occorrono 370 g di NaCl (non importa se si tratta di sale fino o grosso) prima che un litro d'acqua sia saturo, mentre il marmo è praticamente insolubile (appena 15 mg per litro).

Quando si raffredda una soluzione satura e calda, se il solido (come avviene nella maggior parte dei casi) è meno solubile a freddo, l'eccesso di soluto si separa fino a dare una soluzione satura.

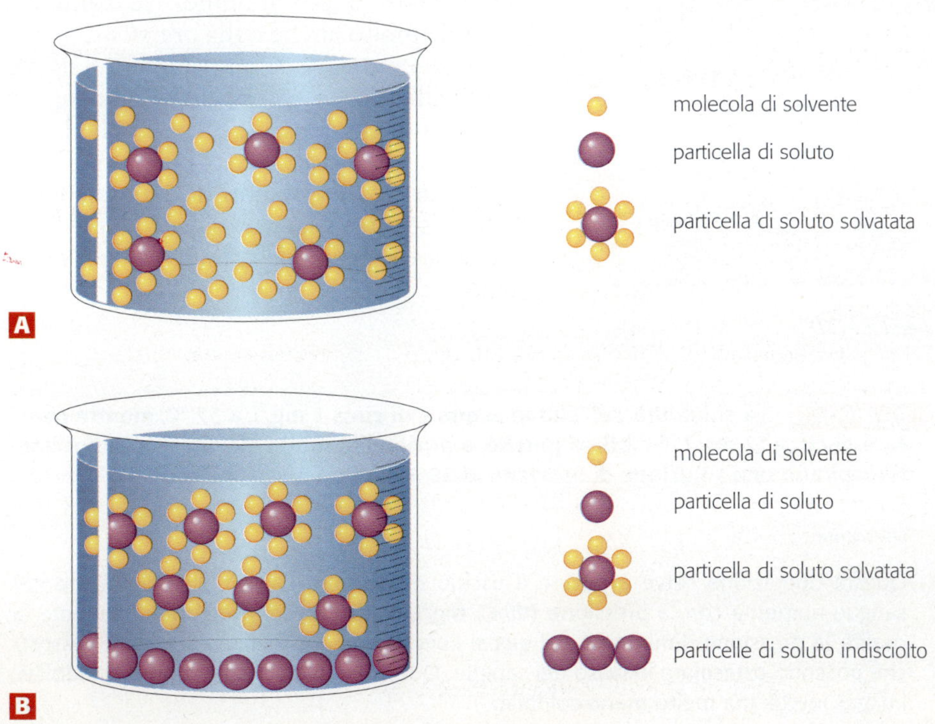

FIGURA 3.4
A Modello di soluzione insatura.
B Modello di soluzione satura.

4. SOLUBILITÀ, TEMPERATURA E PRESSIONE

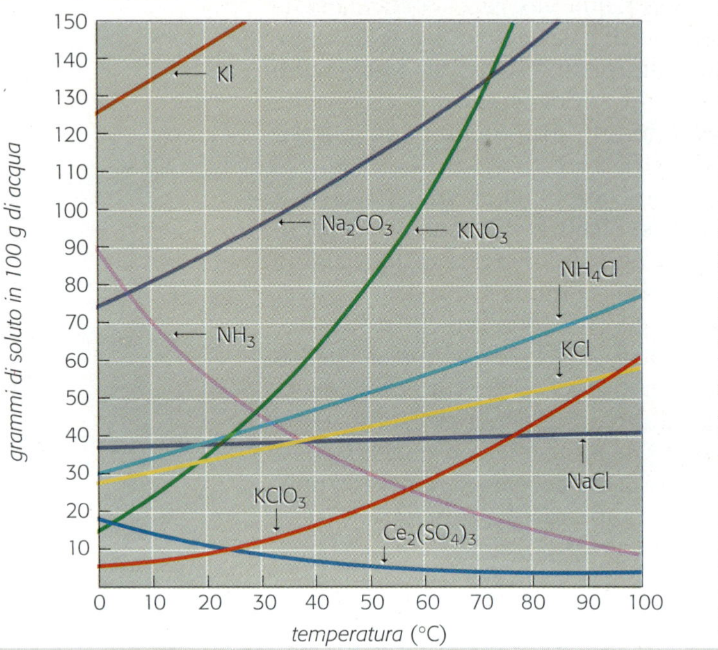

FIGURA 3.5 L'andamento della solubilità di alcune sostanze in funzione della temperatura.

Un altro fattore che influenza la solubilità è la temperatura. Nella maggioranza dei casi *la solubilità dei solidi e dei liquidi aumenta con la temperatura* ▸figura 3.5, ma si conoscono numerose eccezioni a questa regola. Per esempio la solubilità di trifluoruro di antimonio (SbF_3), dell'acetato di calcio, $(CH_3COO)_2Ca$, e del solfato di cerio, $Ce_2(SO_4)_3$, è maggiore in acqua fredda.

Per i gas il discorso è diverso. *I gas sono più solubili in acqua fredda* che in acqua calda. A 20 °C l'ossigeno ha una solubilità dell'ordine di circa 10 mg per litro d'acqua. A 0 °C la sua solubilità è quasi doppia.

PROVA TU **Perché riscaldando dell'acqua si liberano bollicine di gas?**

A volte le morie di pesci nei laghi e nei fiumi sono dovute ad asfissia, derivante da un improvviso aumento di temperatura. Quando la concentrazione di ossigeno scende sotto i 4 mg/L, infatti, nessun pesce è in grado di sopravvivere ▸figura 3.6.

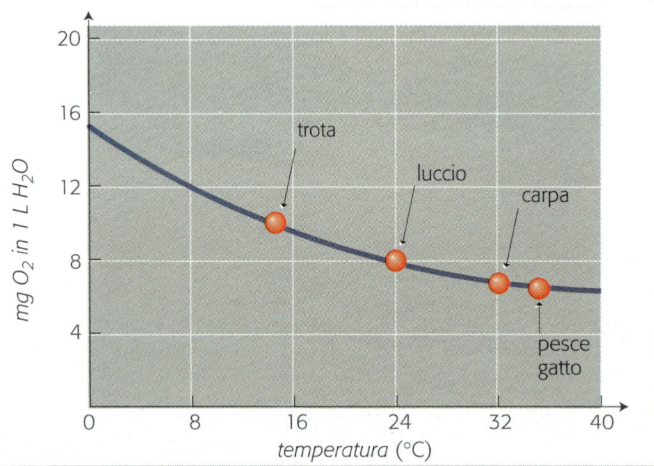

FIGURA 3.6 La solubilità massima dell'O_2 atmosferico in acqua, con riportate le temperature di sopravvivenza di alcuni pesci.

Per i gas, a differenza di quanto avviene per i solidi e per i liquidi, la solubilità dipende molto anche dalla *pressione*.

Per esempio, se si sostituisce l'ossigeno puro all'aria, la pressione dell'ossigeno aumenta di circa 5 volte e così anche la sua solubilità in acqua, che raggiunge i 49 mg/L. In alcuni impianti di depurazione si preferisce insufflare ossigeno puro per accelerare i processi ossidativi degli inquinanti.

ESEMPIO **La solubilità dell'elio in acqua è di circa 1 mg/L a 37 °C, mentre per N_2 è di circa 12 mg/L. Stabilisci perché, a profondità molto elevate, i sommozzatori respirano una soluzione di ossigeno al 20% in elio invece dell'aria.**

Soluzione

Questa operazione serve a ridurre il rischio di embolia. La solubilità dell'azoto nel sangue aumenta con la pressione (di 12 mg/L ogni 10 m di profondità). Durante la risalita la pressione diminuisce e il gas si libera formando bollicine (emboli gassosi) che possono ostacolare il flusso del sangue. Questo pericolo viene ridotto usando l'elio, gas inerte, ma molto meno solubile.

5. PERCHÉ LE SOSTANZE SI SCIOLGONO?

Nella formazione di una soluzione, le molecole di solvente circondano le molecole di soluto. Tale fenomeno è chiamato **solvatazione** ▸figura 3.7 ed è dovuto alle attrazioni che si esercitano fra solvente e soluto. Quando il solvente è l'acqua, la solvatazione prende il nome di **idratazione**.

La formazione di una soluzione è favorita dalla diminuzione di energia che si accompagna all'aumento di disordine del sistema. Questo argomento sarà affrontato in dettaglio nel modulo F.

La formazione di una soluzione è sempre accompagnata da una variazione di energia. Durante il processo, alcuni legami si rompono e altri si formano; per esempio, si rompono i legami soluto-soluto e molti legami solvente-solvente, e al loro posto si formano nuovi legami **soluto-solvente**. Le molecole di solvente, infatti, circondano le molecole o gli ioni di soluto e stabiliscono con essi nuovi e più forti legami. In poche parole, la soluzione si forma perché la somma dell'energia dei nuovi legami supera largamente l'energia spesa per portare in soluzione il soluto.

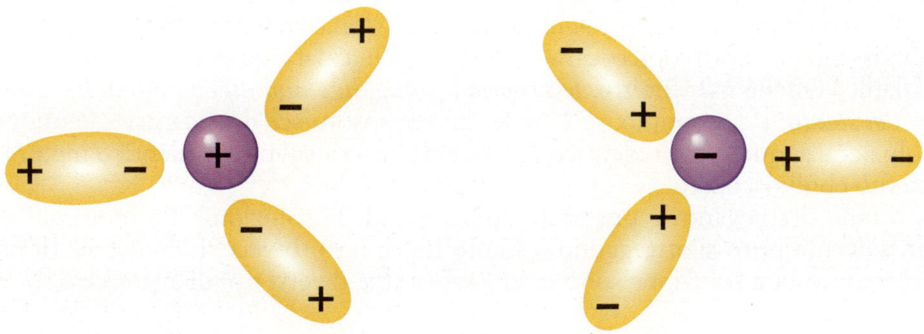

FIGURA 3.7 Modello semplificato di solvatazione di un composto ionico in soluzione.

6. L'EFFETTO DEL SOLUTO SUL SOLVENTE

Abbiamo visto che quando un soluto si scioglie in un solvente, le particelle del soluto si legano con le particelle del solvente. Questi legami modificano il comportamento della soluzione. Infatti, la pressione di vapore della soluzione, detta anche **tensione di vapore**, è più bassa della pressione di vapore del solvente puro, alla stessa temperatura ▸figura 3.8.

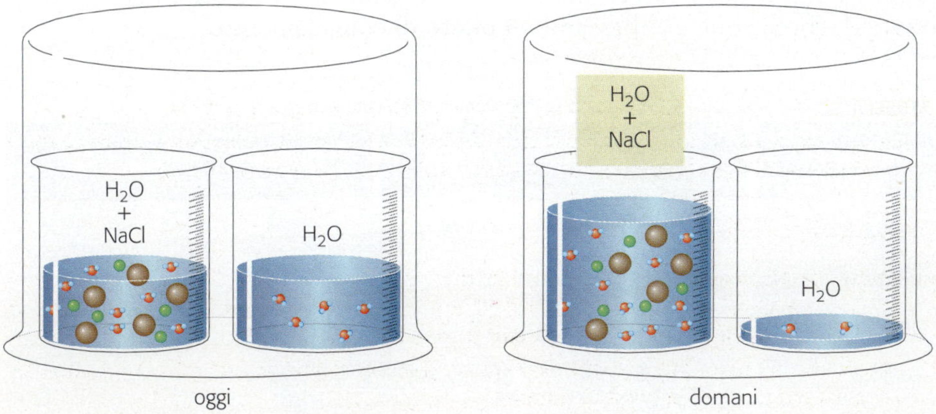

FIGURA 3.8 I due recipienti si trovano sotto una campana di vetro. Il vapore si trasferisce dal solvente puro alla soluzione, perché la tensione di vapore del solvente è *superiore* a quella della soluzione.

Ci sono due effetti visibili causati da questa diminuzione della tensione di vapore:

1. il punto di ebollizione della soluzione si innalza, e il fenomeno viene chiamato **innalzamento ebullioscopico**;
2. il punto di congelamento della soluzione si abbassa, e il fenomeno viene denominato **abbassamento crioscopico**.

Innalzamento ebullioscopico e abbassamento crioscopico vanno sempre riferiti al punto di ebollizione e al punto di congelamento del solvente puro che, per l'acqua, sono rispettivamente 100 °C e 0 °C.

Per esempio, 1 mole di saccarosio (lo zucchero comune), sciolta in 1 kg d'acqua, porta il punto di ebollizione della soluzione a 100,52 °C. Il punto di congelamento della stessa soluzione si abbassa a −1,86 °C.

Le proprietà colligative delle soluzioni

L'innalzamento del punto di ebollizione e l'abbassamento del punto di congelamento delle soluzioni sono le prime due **proprietà colligative** delle soluzioni. Tali proprietà dipendono dal *numero di particelle di soluto* disciolte e dalla *natura del solvente*. Ogni solvente ha innalzamento ebullioscopico e abbassamento crioscopico caratteristici per una data quantità di soluto non volatile ▸tabella 3.2. Inoltre, *le proprietà colligative non dipendono dalla natura del soluto*. Per esempio, se 1 mole di urea sostituisce il saccarosio, la nuova soluzione acquosa avrà identico abbassamento crioscopico e identico innalzamento ebullioscopico.

Come si spiegano le proprietà colligative delle soluzioni? Le molecole di un solvente puro si attraggono soltanto fra di loro. Invece, le molecole di un solvente in una soluzione sono interessate a due diversi tipi di attrazione:

1. si attraggono fra di loro;
2. sono attratte con maggior forza dalle molecole di soluto, che esse circondano (solvatazione).

Pertanto, le molecole di solvente, in una soluzione, hanno bisogno di più energia per sfuggire dalla soluzione e diventare vapore. Di conseguenza, la tensione di vapore della soluzione è più bassa di quella del solvente puro. Con una tensione di vapore più bassa, la temperatura alla quale la soluzione bolle si innalzerà.

All'altro estremo (punto di congelamento) la situazione si rovescia; le molecole di soluto ostacolano la solidificazione del solvente e il punto di congelamento della soluzione si abbassa. In definitiva, le molecole di soluto tendono ad aumentare l'intervallo di esistenza dello stato liquido, innalzando il punto di ebollizione e abbassando il punto di congelamento.

TABELLA 3.2 Le costanti ebullioscopiche e crioscopiche di alcuni solventi.

Solvente	k_e (°C/m)	k_c (°C/m)	t_{eb} (°C)	t_{cong} (°C)
acqua	0,515	1,853	100	0
benzene	2,53	4,9	80,2	5,5
acido acetico	3,07	3,9	118,5	16,6
canfora	5,95	40	208,3	178,4

Come possiamo determinare sperimentalmente gli effetti del soluto sul punto di ebollizione e sul punto di congelamento? Se il soluto è formato da molecole che rimangono tali anche in soluzione e non è volatile (cioè non evapora col solvente) si possono applicare le seguenti equazioni; tutte le temperature sono espresse in °C.

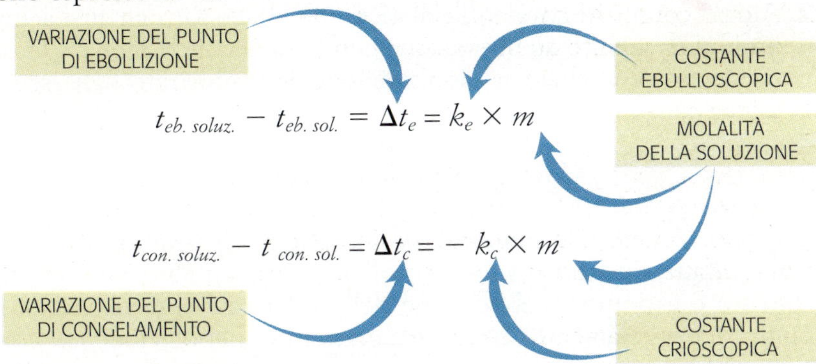

Il segno meno al secondo membro della seconda equazione ci fa capire che il soluto abbassa il punto di fusione della soluzione.

Le costanti k_e e k_c non dipendono dal tipo di soluto, ma sono costanti caratteristiche del solvente. Le due equazioni, scritte sopra, si applicano però solo ai composti che liberano molecole in soluzione; per gli elettroliti, come vedremo fra poco, bisogna introdurre opportune modifiche.

ESEMPIO **Il liquido di un radiatore d'auto contiene 2,0 mol di glicol etilenico ($C_2H_6O_2$) per kg di H_2O. Quali sono i punti di ebollizione e di congelamento della soluzione?**

Soluzione

Si applicano le equazioni sull'innalzamento ebullioscopico e sull'abbassamento crioscopico.

Per il punto di ebollizione:

$$\Delta t_{eb} = k_e \cdot m \; \frac{0{,}515\ °C \cdot kg}{mol} \cdot \frac{2{,}0\ mol}{1{,}0\ kg} = 1{,}0\ °C$$

$$\Delta t_{eb} = t_{eb.\,soluz.} - t_{eb.\,sol.} = 1{,}0\ °C$$
$$t_{eb.\,soluz.} = 1{,}0\ °C + 100\ °C = 101\ °C$$

Per il punto di congelamento:

$$\Delta t_c = -k_c \cdot m = -\frac{1{,}853\ °C \cdot kg}{1\ mol} \cdot \frac{2{,}0\ mol}{1{,}0\ kg} = -3{,}7\ °C$$

$$t_{cong.\,soluz.} - t_{cong.\,sol.} = -3{,}7\ °C$$
$$t_{cong.\,soluz.} = t_{cong.\,sol.} - 3{,}7\ °C =$$
$$t_{cong.\,soluz.} = 0\ °C - 3{,}7\ °C = -\,3{,}7\ °C$$

Il comportamento degli elettroliti in soluzione

Certe sostanze, chiamate **elettroliti**, quando vengono messi in soluzione producono ioni. Sono elettroliti gli acidi, le basi e i sali. Siccome gli ioni sono liberi di muoversi, le soluzioni conducono l'elettricità. Gli ioni possono essere prodotti in soluzione con due modalità distinte.

1. I composti ionici come NaCl, quando si sciolgono in acqua, liberano ioni positivi e negativi. In effetti, le molecole d'acqua *separano* gli ioni Na^+ e Cl^-, che sono già presenti nel solido NaCl.

Questo processo viene denominato **dissociazione**, ed è rappresentato dalla seguente equazione:

$$Na^+Cl^-_{(s)} + H_2O_{(l)} \rightarrow Na^+_{(aq)} + Cl^-_{(aq)}$$

2. Alcuni composti covalenti polari, come HCl e tutti gli altri acidi, producono ioni in seguito all'interazione con le molecole d'acqua. Questo secondo processo viene chiamato **ionizzazione** ed è illustrato dalla seguente equazione:

$$HCl_{(g)} + H_2O_{(l)} \rightarrow H_3O^+_{(aq)} + Cl^-_{(aq)}$$

La dissociazione e la ionizzazione modificano il comportamento delle soluzioni; infatti, quando si va a controllare sperimentalmente il punto di congelamento e il punto di ebollizione delle soluzioni di elettroliti, si trovano un punto di congelamento *più basso* e un punto di ebollizione *più alto* di quanto ci si sarebbe aspettato.

La ragione di tale comportamento è dovuta al fatto che *1 mole di elettrolita disciolto produce più di 1 mole di particelle*. Per esempio, quando si scioglie in acqua 1 mole di NaCl, si liberano 2 moli di particelle (1 mole di $Na^+_{(aq)}$ + 1 mole di $Cl^-_{(aq)}$).

Pertanto, l'innalzamento ebullioscopico e l'abbassamento crioscopico di NaCl sono *doppi*, rispetto a quello di una sostanza molecolare di pari concentrazione, che libera in soluzione solo molecole intere.

Se sciogliamo in acqua 1 mole del composto $(NH_4)_3PO_4$:

$$(NH_4)_3PO_{4(s)} + H_2O_{(l)} \rightarrow 3NH_4^+_{(aq)} + PO_4^{3-}_{(aq)}$$

otteniamo addirittura 4 moli di particelle (3 moli di $NH_4^+_{(aq)}$ + 1 mole di $PO_4^{3-}_{(aq)}$). Anche in questo caso, l'innalzamento ebullioscopico e l'abbassamento crioscopico saranno *quadrupli* rispetto a quelli di una sostanza molecolare di pari concentrazione. Pertanto, con le soluzioni di elettroliti bisogna tener conto del numero di ioni che si formano dopo la dissociazione o la ionizzazione. Ricordiamo, tuttavia, che tali considerazioni sono valide soltanto in presenza di soluzioni *diluite*.

7. LA PRESSIONE OSMOTICA

Come avviene il trasferimento della linfa delle piante dalle radici fino alle foglie dei rami più alti? Quale forza «spinge» le soluzioni saline fino a 90 metri di altezza? Su quale principio si basa il trasporto dei fluidi vitali nel nostro organismo? Sono alcune domande a cui risponde questo paragrafo che tratta dell'osmosi, un'altra proprietà colligativa delle soluzioni.

L'**osmosi** è un processo di diffusione che interessa le cellule vegetali e animali, e in generale le soluzioni separate da una *membrana semipermeabile*. La membrana permette il passaggio del solvente verso la soluzione più concentrata. ▶figura 3.9.

FIGURA 3.9 All'equilibrio la pressione idrostatica π si oppone al passaggio nella soluzione di altre molecole di solvente attraverso la membrana semipermeabile.

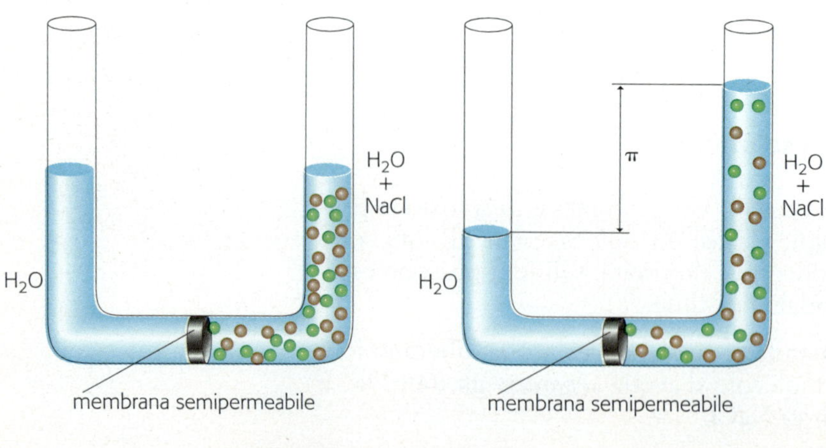

La pressione osmotica rappresenta la pressione idrostatica che bisogna esercitare su una soluzione, separata da un'altra soluzione da una membrana semipermeabile, perché in essa non entri altro solvente.

Quanto maggiore è il numero delle particelle disciolte, cioè la concentrazione della soluzione, tanto più alta è la pressione osmotica, che si indica con π. La pressione osmotica si misura in unità di pressione (atm), proprio come la pressione dei gas. Nelle *soluzioni ideali* la pressione osmotica è proporzionale al numero di molecole nell'unità di volume (concentrazione) e alla temperatura assoluta secondo l'equazione di Van't Hoff:

$$\pi \cdot V = nRT$$

$$\pi = \frac{n}{V} \cdot RT = \mathrm{M}RT$$

dove M è la molarità e R è la costante dei gas, il cui valore è 0,082 (se π si esprime in atmosfere). Notate la somiglianza con l'equazione di stato dei gas ideali.

La linfa può raggiungere la cima degli alberi proprio grazie alla pressione osmotica, che determina un continuo passaggio di acqua dalla soluzione meno concentrata (la linfa nei vasi) a quella più concentrata (il citoplasma delle cellule). Negli alberi più alti si sono misurate pressioni osmotiche anche di 10 atm.

Fra le proprietà colligative, la pressione osmotica è quella che meglio si presta alla determinazione sperimentale del peso molecolare ▸figura 3.10.

FIGURA 3.10 Due prugne secche non snocciolate mostrano come agisce la pressione osmotica. Quella gonfia è stata lasciata in acqua per 2 ore. La buccia funge da membrana semipermeabile.

ESEMPIO **2,72 g di una proteina sono sciolti in acqua e portati a 100 mL. La soluzione ha una pressione osmotica di 0,022 atm, a 25 °C. Calcola il peso molecolare della proteina.**

Soluzione

Si applica l'equazione valida per le soluzioni ideali; dall'equazione:

$$\pi = \mathrm{M} \cdot R \cdot T$$

si ricava M:

$$\mathrm{M} = \pi / R \cdot T = 0{,}022/0{,}082 \cdot (25 + 273) = 9{,}0 \cdot 10^{-4}\ \mathrm{mol \cdot L^{-1}}$$

Perciò 2,72 g (posti in 100 mL = 0,1 L) ammontano a:

$$9{,}0 \cdot 10^{-4}\ \mathrm{mol \cdot L^{-1}} \cdot 0{,}1\ \mathrm{L} = 9{,}0 \cdot 10^{-5}\ \mathrm{mol}$$

Allora il peso molecolare è:

$$\mathrm{PM} = 2{,}72\ \mathrm{g}/9{,}0 \cdot 10^{-5} = 3{,}0 \cdot 10^{4}\ \mathrm{u}$$

8. I COLLOIDI

I colloidi sono sistemi che hanno caratteristiche intermedie fra le soluzioni e i miscugli eterogenei; dalle prime si differenziano per le maggiori dimensioni delle particelle e per il fenomeno della diffusione della luce (effetto Tyndall, ▸figura 3.11).

Le particelle delle miscele eterogenee tendono a depositarsi per gravità. Le minuscole particelle dei colloidi, invece, che hanno dimensioni da 10^{-7} a 10^{-9} m, presentano la stessa stabilità delle soluzioni.

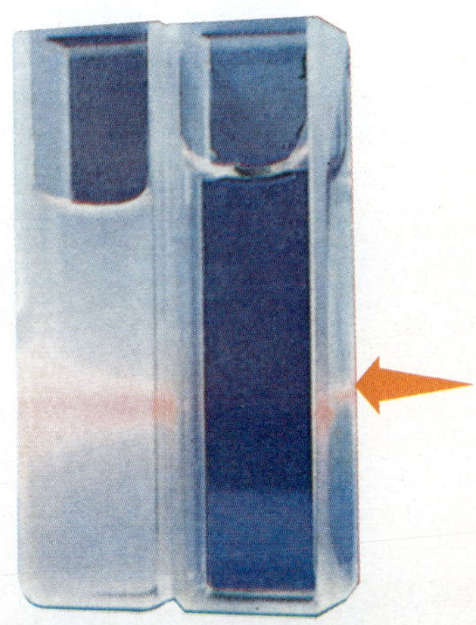

FIGURA 3.11 L'effetto Tyndall: il raggio laser penetra senza diffusione nella soluzione (a destra), ma viene diffuso dal colloide (a sinistra).

TABELLA 3.3 Esempi di colloidi o dispersioni colloidali.

Materiale	Fase disperdente	Fase dispersa
panna	grasso	aria
maionese	grasso (del tuorlo d'uovo)	acqua
fumo	aria	cenere
latte	siero (soluzione acquosa zuccherina)	grasso
nubi	aria	acqua
plasma sanguigno	siero del sangue	grassi, proteine

I colloidi sono considerati *sistemi bifasici*; i termini *agente disperdente* e *fase dispersa* prendono il posto, rispettivamente, di solvente e soluto ▸tabella 3.3.

Le diverse combinazioni possibili di agenti disperdenti e fasi disperse hanno nomi differenti; passiamo in rassegna i principali.

1. *Sol*: sistema formato da una fase solida dispersa in un liquido e in grado di essere versato come un liquido. Un esempio di sol è l'idrossido di magnesio, $Mg(OH)_2$, disperso in acqua (latte di magnesia).
2. *Gel*: se il sistema è dotato di una certa rigidità, come il budino, viene denominato gel ed è costituito da un liquido disperso in un solido. Un esempio è l'alcol «solido».
3. *Emulsione*: tale termine descrive la dispersione colloidale di un liquido in un secondo liquido (per esempio latte, maionese).
4. *Aerosol*: si conoscono due tipi di aerosol: il primo è costituito da particelle solide disperse in un gas (per esempio il fumo) il secondo da particelle liquide disperse in un gas (per esempio la nebbia).

Le particelle colloidali sono animate da moto continuo e irregolare, causato dall'insieme degli urti con le molecole del mezzo in cui sono disperse; questo tipo di moto è noto come **moto browniano**, dal nome del biologo inglese Robert Brown, che per primo lo osservò sui grani di polline. Il moto browniano garantisce la stabilità delle dispersioni colloidali e costituisce una testimonianza, direttamente osservabile, dell'agitazione molecolare.

Le tecniche di separazione riassunte nella ▸tabella 3.4 hanno in comune l'uso di membrane filtranti; le membrane differiscono solo per la grandezza dei pori. Si dice spesso che i reni filtrano il sangue. In effetti la *dialisi* è un tipo particolare di filtrazione, che consente il libero passaggio di molecole e ioni di piccole dimensioni (sostanze di scarto), ma non la perdita delle proteine. Il *rene artificiale* è una macchina che utilizza *membrane semipermeabili* artificiali per la dialisi del sangue del paziente. Il sangue viene pompato esternamente per il «lavaggio» e poi reintrodotto in circolo, una volta ripulito.

TABELLA 3.4 Come separare un miscuglio.

Miscuglio	Tecnica di separazione
eterogenea	filtrazione
colloidale	dialisi, ultrafiltrazione
omogenea	osmosi inversa

1. LE PROPRIETÀ DELLE SOLUZIONI

1. Quale fattore ha meno influenza sulla solubilità dei solidi completamente solubili in un liquido?
- A la natura del solvente
- B la temperatura
- C la pressione
- D la natura del soluto

2. Una soluzione è un sistema:
- A chimicamente omogeneo
- B chimicamente eterogeneo e fisicamente omogeneo
- C fisicamente eterogeneo
- D fisicamente omogeneo e chimicamente omogeneo

3. Indica la coppia di materiali che può dar luogo a un miscuglio eterogeneo:
- A acqua e alcol
- B acqua e miele
- C benzina e olio
- D olio e sale

4. Scrivi la definizione di solvente e di soluto.

5. Spiega perché le particelle di zucchero in una soluzione acquosa diluita non si raccolgono a formare il corpo di fondo, neanche in tempi lunghissimi.

2. LA CONCENTRAZIONE DELLE SOLUZIONI

6. Qual è la concentrazione espressa in percento in peso di una soluzione ottenuta sciogliendo 15,6 g di NaCl in 135 g d'acqua?
- A 10,3 %
- B 11,6 %
- C 88,4 %
- D 89,6 %

7. La molalità è definita come:
- A grammi di soluto per kilogrammo di solvente
- B moli di soluto per kilogrammo di solvente
- C moli di soluto per kilogrammo di soluzione
- D moli di soluto per litro di soluzione

8. La molarità è definita come:
- A grammi di soluto per kilogrammo di solvente
- B moli di soluto per kilogrammo di solvente
- C moli di soluto per kilogrammo di soluzione
- D moli di soluto per litro di soluzione

9. Quale soluzione di NaOH è più concentrata?
- A 0,6M
- B 10 g di NaOH in 100 mL di soluzione
- C 30 g di NaOH in 200 mL di soluzione
- D 40 g di NaOH in 250 mL di soluzione

10. 219 g di $CaCl_2$ sono sciolti in 1000 g di acqua. La soluzione ha una percentuale in peso di $CaCl_2$ pari a:
- A 9,1%
- B 1,1%
- C 17,9%
- D 21,9%

11. Quante moli contiene complessivamente un litro di soluzione di $Mg(NO_3)_2$ 0,15 M? Scegli la risposta esatta:
- A 0,15
- B 0,30
- C 0,45
- D 0,60

12. La massa in grammi di NaOH in 500 mL di soluzione 0,88 M è:
- A 35,1
- B 17,55
- C 66
- D 70,2

13. Calcola quante moli contengono 250 mL di soluzione di KOH 0,2 M.

14. Calcola la molarità di 2 L di una soluzione che contiene 4 g di NaOH.

VERIFICHE

15. Un recipiente da 250 mL contiene nitrato di sodio (Na_2NO_3) a concentrazione 0,1 M. Se si prelevano 50 mL con una pipetta, la concentrazione in questi 50 mL sarà:
   A 0,2 M
   B 0,025 M
   C 0,075 M
   D 0,1 M

16. Un becher contiene 200 mL di soluzione 0,1 M di sale comune (NaCl). Qual è la concentrazione della soluzione che rimane, dopo un prelievo di 150 cm^3?
   A 0,2 M
   B 0,1 M
   C 0,075 M
   D 0,025 M

17. Calcola quanti grammi di NaOH sono necessari per preparare 50 mL di soluzione 0,15 M.

18. Quante moli di KOH sono necessarie per preparare 2 L di soluzione 2 M?

19. 250 mL di una soluzione 3 M sono diluiti a 1 L. Qual è la concentrazione della soluzione ottenuta?

20. Quanti millilitri di HCl 0,1 M si possono ricavare diluendo opportunamente 5 mL di HCl 1 M?
   A 1
   B 5
   C 0,5
   D 50

3. LE SOLUZIONI SATURE

21. A una soluzione di zucchero in acqua, contenente cristalli di zucchero, viene aggiunto altro zucchero. Cosa accade?
   A la concentrazione della soluzione aumenta
   B la soluzione diventa satura
   C la concentrazione della soluzione rimane la stessa, ma aumenta il corpo di fondo
   D aumenta il corpo di fondo e la concentrazione della soluzione

22. Quali sono i concetti principali appresi in questo paragrafo? Riassumi in dieci righe ciò che ritieni importante ricordare.

4. SOLUBILITÀ, TEMPERATURA E PRESSIONE

23. Vero o falso?
   A I gas sono più solubili in acqua calda. V F
   B La solubilità dei liquidi e dei solidi, di solito, aumenta all'aumentare della temperatura. V F

24. Quali sono i concetti principali appresi in questo paragrafo? Riassumi in dieci righe ciò che ritieni importante ricordare.

5. PERCHÈ LE SOSTANZE SI SCIOLGONO?

25. Che cosa si intende per idratazione?

26. Quali sono i concetti principali appresi in questo paragrafo? Riassumi in dieci righe ciò che ritieni importante ricordare.

6. L'EFFETTO DEL SOLUTO SUL SOLVENTE

27. Quale delle seguenti affermazioni non è corretta?
   A l'acqua del mare bolle a temperatura più alta dell'acqua dolce
   B il ghiaccio dell'acqua del mare fonde a temperatura più bassa del ghiaccio normale
   C il punto di ebollizione dell'acqua marina aumenta mentre avviene l'evaporazione
   D le densità dell'acqua marina e dell'acqua dolce sono uguali

28. Calcola il punto di congelamento di una soluzione acquosa di zucchero ($C_{12}H_{22}O_{11}$) 0,5 *m*.

29. Che concentrazione molale deve avere un liquido antigelo per radiatori contenente glicol etilenico ($C_2H_6O_2$) per avere un punto di congelamento di -10 °C?

30. Che concentrazione molale deve avere una soluzione acquosa di NaCl per bollire a 104 °C?

31. Il punto di fusione di una sostanza miscelata con un'altra sostanza sarà:

A più alto della stessa sostanza pura per l'innalzamento ebullioscopico

B più alto o più basso a seconda che l'altra sostanza fonda a temperatura più alta o più bassa

C sempre più basso della stessa sostanza pura per l'abbassamento crioscopico

D identico a quello della sostanza pura

32. Le sostanze che in soluzione conducono la corrente elettrica si chiamano:

A elettroliti

B non elettroliti

C elementi

D composti solubili

33. Che cosa si intende per dissociazione e per ionizzazione delle sostanze? Proponi qualche esempio.

34. Una soluzione 0,5 M di KI, rispetto a una soluzione 0,5 M di saccarosio, produce un abbassamento crioscopico:

A uguale

B metà

C doppio

D triplo

35. Quale soluzione acquosa ha il più alto punto di ebollizione?

A $CaCl_2$ 1 M

B glucosio 1 M

C KCl 1 M

D A, B, C hanno identico punto di ebollizione

7. LA PRESSIONE OSMOTICA

36. Che cos'è la pressione osmotica?

37. Se si applica una pressione idrostatica di 12 mm Hg su una soluzione avente la pressione osmotica di 0,013 atmosfere, separate dall'acqua pura da una membrana semipermeabile, quale fenomeno si verifica?

A le molecole d'acqua attraversano la membrana e diluiscono la soluzione

B le molecole d'acqua abbandonano la soluzione, che diviene più concentrata

C c'è equilibrio fra le molecole d'acqua che passano da una parte e dall'altra della membrana

D le molecole d'acqua non si trasferiscono mai dalla soluzione al solvente puro

38. Una soluzione di 100 g di una proteina in 1000 mL di soluzione acquosa ha una pressione osmotica di 572 mmHg a 25 °C. Qual è il peso molecolare di questa proteina?

A $2{,}8 \cdot 10^2$ u

B $4{,}76 \cdot 10^4$ u

C 258 u

D 3250 u

39. Quali sono i concetti principali appresi in questo paragrafo? Riassumi in dieci righe ciò che ritieni importante ricordare.

40. Quale affermazione non è corretta?

A la pressione osmotica si misura in atmosfere

B l'equazione che si usa per calcolare la pressione osmotica è simile a quella dei gas ideali

C la pressione osmotica dipende dal numero di particelle contenute in una determinata soluzione

D la pressione osmotica dipende soltanto dalla concentrazione della soluzione

COSTRUISCI LA COMPETENZA

OBIETTIVO spiegare la formazione di soluzioni liquide, solide e gassose

RISOLVI I SEGUENTI QUESITI

1. Per ottenere un miscuglio omogeneo, quali liquidi mescoleresti tra loro?

2. Spiega perché il bromo, Br_2 è solubile in tetracloruro di carbonio (CCl_4).

3. Hai a disposizione quattro soluzioni di solfato di rame (blu). Quale avrà la colorazione più intensa?

A 5 g $CuSO_4$ in 100 mL di acqua
B 10 g $CuSO_4$ in 100 mL di acqua
C 15 g $CuSO_4$ in 200 mL di acqua
D 20 g $CuSO_4$ in 400 mL di acqua

OBIETTIVO preparare soluzioni a concentrazione nota (percento in peso, molarità, molalità)

RISOLVI I SEGUENTI QUESITI

4. Quanti modi conosci per preparare le soluzioni a concentrazione nota?

5. Una soluzione contiene 45 g di KCl in 400 mL. Qual è la molarità della soluzione?

A 0,5 M
B 0,8 M
C 1,0 M
D 1,5 M

6. Una soluzione contiene 80 g di NH_4Br in 500 g d'acqua. Qual è la molalità della soluzione?

A 0,7 *m*
B 0,58 *m*
C 1,63 *m*
D 1,33 *m*

7. Come si trasforma una soluzione concentrata in una diluita?

8. Da una soluzione 1,5 M di HCl si prelevano 15 mL e si diluiscono in pallone tarato a 500 mL. Qual è la molarità della nuova soluzione?

A 0,5 M
B 0,7 M
C 0,045 M
D 0, 075 M

9. Una soluzione di 400 mL di HNO_3 0,05 M è stata ottenuta diluendo 40 mL di una soluzione più concentrata. Qual è la molarità della soluzione concentrata?

A 0,5 M
B 0,8 M
C 1,2 M
D 1,5 M

10. Da una soluzione di NaOH 1,5 M si prelevano 50 mL e si diluiscono in un pallone tarato a 250 mL. Qual è la concentrazione della soluzione finale?

A 0,05 M
B 0,03M
C 0,3 M
D 0,5 M

11. Quale soluzione contiene la stessa concentrazione di ioni di una soluzione 1 M di $CaCl_2$?

A NaCl 1 M
B $CuSO_4$ 0,5 M
C $Cu(NO_3)_2$ 1 M
D NaCl 2 M

12. Qual è la massa d'acqua necessaria per preparare 300 g di una soluzione al 30% di NaCl?

A 100 g
B 200 g
C 210 g
D 270 g

OBIETTIVO descrivere i fattori che determinano la solubilità di un soluto in un solvente

RISOLVI I SEGUENTI QUESITI

13. Perché la curva di solubilità di NH_3 si abbassa molto, se si raggiungono temperature alte?

14. Un tipo di vasca per la depurazione è molto stretta e profonda (20-30 m). In essa viene insufflata aria dal fondo. Qual è il motivo per cui si sceglie tale forma?

OBIETTIVO descrivere le proprietà colligative delle soluzioni

RISOLVI I SEGUENTI QUESITI

15. Come si determinano l'innalzamento ebullioscopico e l'abbassamento crioscopico?

16. Se 0,600 g di urea (peso molecolare = 60,1 u) si sciolgono in 20 g d'acqua, qual è il punto di ebollizione della soluzione? (La k_e dell'acqua è 0,512 °C/m.)

A 102,0 °C

B 100,25 °C

C 103,50 °C

D 100,55 °C

17. Se la stessa quantità di urea si scioglie in 20 mL d'acqua, qual è il punto di congelamento della soluzione?
(La k_c dell'acqua è 1,85 °C/m.)

A −1,85 °C

B −2,75 °C

C −0,55 °C

D −0,93 °C

18. Come si determina la pressione osmotica di una soluzione?

19. A parità di concentrazione un elettrolita avrà una pressione osmotica:

A più alta di un composto non ionizzato

B più bassa di un composto non ionizzato

C uguale a un composto non ionizzato

D più bassa di un composto non ionizzato, se l'elettrolita è poco solubile

Spiega la tua risposta.

20. Un campione di 5 g di proteina è sciolto in 1000 mL d'acqua. La pressione osmotica a 25 °C di questa soluzione è 1,35 mmHg. Qual è il peso molecolare della proteina?

A 68 700 u

B 4350 u

C 1540 u

D 2300 u

21. Un becher viene posto sopra una piastra riscaldante. Il punto di ebollizione dell'acqua aumenterà se:

A si copre il becher con un vetro

B si aumenta la temperatura della piastra

C si aggiunge sale comune all'acqua

D se si toglie una parte dell'acqua iniziale

Spiega la tua risposta.

22. Una soluzione 0,5 M di KCl e una soluzione 0,2 M di $Al_2(SO_4)_3$ in due becher identici sono poste sotto una campana di vetro sigillata. Che cosa noterai dopo alcune ore?

A il livello del liquido rimarrà uguale in entrambi i becher, perché l'entità dell'evaporazione è trascurabile

B il livello del liquido scenderà in entrambi i becher, a causa dell'evaporazione dell'acqua

C il livello scenderà nel becher con il KCl e salirà nell'altro, perché il primo ha maggiore tensione di vapore

D il livello salirà nel becher con il KCl e scenderà nell'altro, perché il primo ha minore tensione di vapore

Spiega la tua risposta.

23. Quale massa di glicole etilenico (peso molecolare = 62,1 u) devi sciogliere in 10 L d'acqua per produrre una soluzione che congeli a −23,3 °C?
(Il k_c dell'acqua è pari a 1,85 °C/m.)

A 7,8 g

B 7,8 kg

C 0,78 kg

D 78 kg

24. Qual è il punto di ebollizione in °C di una soluzione acquosa 2,15 m in glicerina?
(La k_e dell'acqua è 0,512 °C/m.)

A 1,1

B 101,1

C 100,1

D 100,2

25. Si applica una pressione idrostatica di 0,005 atm su una soluzione avente pressione osmotica di 0,013 atm, separata dall'acqua da una membrana semipermeabile. Che cosa accade?

Pensa come uno scienziato

1 Completa la seguente tabella:

Soluto	Massa	Massa molare	Moli	Litri di soluzione	Molarità
$NaNO_3$	50 g			2 L	
$CuSO_4$	35 g			0,5 L	
KCl			0,4 mol	1,5 L	
$(NH_4)_3PO_4$			1,5 mol	0,8 L	
$NiCl_2$	48 g				1,5 M
$Fe(NO_3)_3$	74 g				0,5 M

2 Completa la seguente tabella:

Soluto	Massa	Massa molare	Moli	Massa solvente	Molalità
$MgCl_2$	80 g				1,5 *m*
NaOH			0,3 mol	0,5 kg	
H_2SO_4			0,05 mol		0,1 *m*
HNO_3			0,2 mol		1,0 *m*
K_2CO_3	12 g			0,8 kg	
$C_6H_{12}O_6$	60 g			0,5 kg	

Modulo D

Verifiche

VERIFICHE

UNITÀ DIDATTICA 1

1. Quale molecola biatomica avrà gli atomi più vicini e la maggiore energia di legame?

A Cl_2 B Na_2
C O_2 D HCl

2. Quale fra le seguenti sostanze contiene un legame covalente dativo?

A F_2 B CO
C CCl_4 D BF_3NH_3

3. Quale composto non rispetta la regola dell'ottetto?

A NH_3 B $AlCl_3$
C CO_2 D Br_2

4. Il legame fra H e N nella molecola NH_3 è un legame:

A a idrogeno
B covalente non-polare
C dativo
D covalente polare

5. Quale coppia di elementi forma un legame col maggior carattere ionico?

A Na, C B H, C
C Hg, Cl D Al, H

6. Quale legame è ionico nei composti binari, ottenuti da ciascuna coppia di elementi:

A sodio e zolfo
B carbonio e cloro
C idrogeno e bromo
D idrogeno e azoto

7. Gli atomi della molecola di N_2 sono legati da:

A un legame semplice
B un legame doppio
C un triplo legame
D un legame dativo

8. Gli atomi di HCN sono legati da:

A un legame singolo e un triplo legame
B due legami doppi
C due legami singoli
D un legame ionico e uno triplo

9. Quale composto contiene legami sia ionici sia covalenti?

A Na_2SO_4 B CO_2
C KI D HCl

10. Il Ba^{2+} è diverso da Ba in quanto lo ione Ba^{2+} ha:

A più protoni
B più elettroni
C ha meno elettroni
D ha meno protoni

11. Il I^- è diverso da I in quanto lo ione I^- ha:

A più protoni
B ha meno elettroni
C ha meno protoni
D ha più elettroni

12. Quando l'atomo di potassio perde i suoi elettroni di valenza, lo ione formatosi ha la stessa configurazione di un atomo di:

A Ar B Br
C Ca D Rb

VERIFICHE

13. Quale delle seguenti sostanze forma un solido ionico?
- A H_2O
- B HF
- C NH_3
- D KF

14. Quale dei seguenti solidi ionici ha il punto di fusione più alto?
- A Al_2O_3
- B K_2O
- C KCl
- D CaI_2

15. Quale sostanza è solubile in acqua e forma una soluzione che conduce l'elettricità?
- A NaI
- B Zn
- C N_2
- D SiO_2

16. Una barretta di magnesio (peso atomico = 24) di 24 grammi contiene:
- A $6{,}02 \cdot 10^{23}$ ioni di magnesio e un ugual numero di elettroni
- B $6{,}02 \cdot 10^{23}$ ioni di magnesio e metà numero di elettroni
- C $6{,}02 \cdot 10^{23}$ ioni di magnesio e un numero doppio di elettroni di valenza
- D $6{,}02 \cdot 10^{23}$ ioni magnesio positivi e altrettanti ioni negativi

UNITÀ DIDATTICA 2

17. Quali composti e quali ioni hanno geometria trigonale planare?
- A $AlBr_3$
- B PCl_3
- C CH_2O
- D NH_3
- E CCl_4
- F NO_3^-
- G CH_3^+
- H a, b, c, d

18. Quali composti hanno geometria lineare tra 1) BF_3, 2) CO_2, 3) HCN, 4) HSCN?
- A tutti
- B soltanto 1, 2, 3
- C soltanto 1, 3, 4
- D soltanto 2, 3, 4

19. Un esempio di molecola non polare contenente un legame polare è:
- A O_2
- B Br_2
- C NH_3
- D CI_4

20. Quale sostanza è formata da molecole non polari?
- A N_2
- B CH_3Cl
- C NH_3
- D H_2S

21. Un solido si scioglie in acqua e la soluzione è conduttrice. Si tratta di:
- A un composto ionico
- B un composto molecolare non polare
- C un composto molecolare polare
- D un composto fra idrogeno e carbonio

22. Quale dei seguenti solidi è costituito da molecole unite da legami a idrogeno?
- A CH_4
- B $NiCO_3$
- C H_2O (ghiaccio)
- D HCl

23. Quale sostanza ha un punto di fusione di 660 °C e un punto di ebollizione di 2327 °C?
- A N_2
- B CH_3OH
- C Al
- D HCl

24. Quale sostanza ha un punto di fusione pari a −210 °C e un punto di ebollizione di −196 °C?
- A N_2
- B CH_3OH
- C Al
- D HCl

25. Quale molecola o ione ha una struttura tetraedrica?
- A CH_4
- B H_2O
- C CO_2
- D NO_3^-

26. Qual è la forma della molecola di acido carbonico, H_2CO_3?
- A trigonale planare
- B piramidale
- C tetraedrica
- D lineare

27. Il bromo (Br_2) è solubile in tetracloruro di carbonio (CCl_4) e poco in acqua perché:
- A bromo e CCl_4 hanno molecole non polari mentre l'acqua è polare
- B bromo e acqua hanno simili attrazioni intermolecolari
- C bromo e CCl_4 hanno pesi molecolari simili
- D bromo e CCl_4 contengono alogeni

28. Quale sostanza è molto solubile in acqua?
- A KOH
- B CCl_4
- C N_2
- D benzina

29. Una sostanza solida si scioglie in benzina e la soluzione non conduce la corrente elettrica. La sostanza è:
- A un composto fra sodio e cloro
- B un composto fra magnesio e fluoro
- C un composto fra potassio e iodio
- D un composto fra idrogeno e carbonio

30. Un liquido si scioglie in acqua e la soluzione acquosa non conduce la corrente elettrica. Il liquido è:
- A $NaCl_{(aq)}$
- B $HCl_{(aq)}$
- C $CH_3OH_{(l)}$ (metanolo)
- D $KI_{(aq)}$

31. Quale composto ha forze di coesione maggiori?
- A $S_{8(s)}$
- B $Ne_{(s)}$
- C $NH_{3(s)}$
- D $N_{2(s)}$

32. In quale composto ci sono legami idrogeno?
- A HCl
- B CH_3F
- C HF
- D CO

UNITÀ DIDATTICA 3

33. La soluzione è un sistema:
- A chimicamente omogeneo
- B eterogeneo
- C chimicamente eterogeneo e fisicamente omogeneo
- D fisicamente eterogeneo

34. Indica la coppia di materiali che può dar luogo a un miscuglio eterogeneo:
- A acqua e sale
- B zucchero e sale
- C benzina e olio
- D acqua e aceto

35. La molalità è definita come:
- A kilogrammi di soluto per kilogrammo di solvente
- B moli di soluto per litro di soluzione.
- C moli di soluto per kilogrammo di solvente
- D moli di soluto per kilogrammo di soluzione

36. La molarità è definita come:
- A grammi di soluto per kilogrammo di solvente
- B moli di soluto per litro di soluzione.
- C moli di soluto per kilogrammo di solvente
- D moli di soluto per kilogrammo di soluzione

37. Quale soluzione di NaOH è la più concentrata?
- A 0,6M
- B 20 g di NaOH in 100 mL di soluzione
- C 30 g di NaOH in 200 mL di soluzione
- D 80 g di NaOH in 250 mL di soluzione

38. Se sciogli 219 g di cristallo idrato $CaCl_2 \cdot 6H_2O$ in 500 g di acqua. La soluzione ha una percentuale in peso di $CaCl_2$ pari a:
- A 18,2%
- B 22,2%
- C 35,8%
- D 43,8%

39. Quante moli di ioni contiene un litro di soluzione di $Mg(NO_3)_2$ 0,2 M?
- A 0,6
- B 0,30
- C 0,45
- D 0,2

40. La massa in grammi di NaOH in 500 cm^3 di soluzione 0,20 M è:
- A 6
- B 4
- C 22
- D 43

41. Un recipiente da 500 mL contiene nitrato di sodio alla concentrazione di 0,4 mol/L. Se prelevi 150 mL con una pipetta, la concentrazione dei 150 mL sarà :
- A 0,2 M
- B 0,1 M
- C 0,4 M
- D 0,025 M

42. Un becher contiene 300 cm^3 di soluzione a concentrazione 0,3 M di sale comune. Qual è la concentrazione della soluzione che rimane, dopo che hai prelevato 100 cm^3?
- A 0,3 M
- B 0,1 M
- C 0,075 M
- D 0,025 M

VERIFICHE

43. Quanti mL di HCl 0,5 M ottieni da 5 mL di HCl 1 M?

A 10 B 5

C 0,5 D 20

44. Quale soluzione contiene la stessa concentrazione di ioni di una soluzione 1 M di $(NH_4)_3PO_4$?

A $Cu(NO_3)_2$ 1 M

B $CuSO_4$ 0,5 M

C NaCl 1 M

D KI 2 M

45. Una soluzione 0,3 *m* di $CaCl_2$, rispetto a una soluzione 0,3 *m* di saccarosio, produce un abbassamento crioscopico:

A uguale

B metà

C doppio

D triplo

46. Quale soluzione ha il più alto punto di ebollizione?

A NaCl 2 *m*

B KI 2 *m*

C urea 2 *m*

D K_2SO_4 1,5 *m*

47. Quale soluzione ha il più basso punto di congelamento?

A $CaCl_2$ 0,5 *m*

B saccarosio 0,7 *m*

C $CuSO_4$ 0,6 *m*

D NaOH 0,6 *m*

Modulo

Glossario D

Allotropo [*allotrope*]: indica una delle forme sotto cui può presentarsi un elemento.

Amalgama [*amalgam*]: soluzione di un metallo in mercurio.

Amorfo [*amorphous*]: materiale privo di ordine cristallino, avente proprietà simili al vetro.

Capillarità [*capillarity*]: capacità di un liquido di risalire, dentro un tubicino o canale sottile, contro la forza di gravità.

Cella elementare [*unit cell*]: la più piccola porzione di un cristallo, che può essere utilizzata per generare l'intero reticolo cristallino.

Colloide [*colloid*]: miscuglio in cui particelle molto piccole, costituite da poche migliaia di atomi, sono disperse in un liquido.

Concentrazione [*concentration*]: quantità di soluto disciolto in una quantità unitaria di solvente.

Crioscopia [*cryoscopy*]: determinazione del peso molecolare delle sostanze, sciolte in un solvente, sulla base dell'abbassamento del punto di congelamento della soluzione.

Cristallo liquido [*liquid crystal*]: sostanza che fluisce come un liquido, ma che possiede molecole che si dispongono con un certo ordine cristallino.

Cristallo [*crystal*]: solido la cui struttura interna di atomi, molecole o ioni mostra una ripetizione regolare, in tutte e tre le direzioni del solido.

Densità [*density*]: proprietà caratteristica della materia. Si calcola facendo il rapporto fra la massa e il volume di un campione di una determinata sostanza.

Diluizione [*dilution*]: procedimento per rendere meno concentrata una soluzione, mediante l'aggiunta di solvente.

Dipolo [*dipole*]: corpo in cui il centro delle cariche positive non coincide con il centro delle cariche negative.

Dipolo elettrico [*electric dipole*]: separazione fra due cariche elettriche di segno opposto.

Duttilità [*ductility*]: proprietà di una sostanza a essere stirata in fili sottili.

Ebollizione [*boiling*]: evaporazione tumultuosa. Il vapore si forma anche all'interno del liquido con una pressione che bilancia quella esterna.

Ebullioscopia [*ebulliometry*]: misura del peso molecolare di una sostanza, sciolta in un solvente, attraverso l'innalzamento del punto di ebollizione della soluzione che esso provoca.

Effetto Tyndall [*Tyndall effect*]: diffusione della luce, da parte delle particelle disperse in un colloide. Il percorso di un raggio di luce è visibile entro una dispersione colloidale, mentre non lo è in una soluzione.

Elettronegatività [*electronegativity*]: misura la forza di attrazione di un atomo sugli elettroni di un legame, quando è legato a un altro atomo.

Equivalenti/litro [*equivalent/liter*]: concentrazione ottenuta moltiplicando la molarità per la valenza, carica ionica o numero di elettroni scambiati dal soluto.

Fase [*phase*]: parte visibile e distinta di una miscela eterogenea.

Forze di London [*London forces*]: interazione fra dipoli istantanei, che si verifica fra molecole vicine.

Forze di van der Waals [*van der Waals forces*]: interazioni deboli fra dipoli istantanei o permanenti, che si instaurano quando due molecole sono molto vicine. Da questa categoria di legami è escluso il legame a ponte d'idrogeno.

Frazione molare [*mole fraction*]: numero che, in una miscela, esprime il rapporto fra le moli di un componente sul numero totale di moli.

Gel [*gel*]: colloide solido.

Idratazione [*hydration*]: interazione esistente nelle soluzioni fra un certo numero di molecole d'acqua e le particelle di soluto.

Idruro [*hydride*]: composto formato dall'idrogeno e un altro elemento.

Intensiva (proprietà) [*intensive propertie*]: proprietà che non dipende dalla quantità di sostanza Esempio: temperatura, densità, concentrazione, punto di fusione, punto di ebollizione.

Ione idratato [*hydrate ion*]: ione in soluzione acquosa, legato a un certo numero di molecole d'acqua.

Legame a idrogeno [*hydrogen bond*]: forza di attrazione fra molecole contenenti atomi di idrogeno legati a ossigeno, azoto o fluoro.

Legame covalente [*covalent bond*]: legame fra due atomi che si realizza mettendo in comune coppie di elettroni.

Legame ionico [*ionic bond*]: legame dovuto alla forza di attrazione fra ioni di carica opposta.

Legame metallico [*metallic bond*]: gli elettroni più esterni di tutti gli atomi si muovono liberamente attraverso il cristallo e sono scambiati ugualmente da tutti gli ioni metallici costituenti il reticolo cristallino.

Legame multiplo [*multiple bond*]: legame che si realizza quando due atomi si scambiano più di una coppia di elettroni.

Legame pi-greco (π) [*pi bonding*]: due elettroni in un orbitale molecolare, situato nella zona di spazio compresa fra i due atomi legati, ma sopra e sotto la linea che li congiunge.

Legame polare [*polar bond*]: legame covalente fra atomi dotati di una carica elettrica parziale.

Legame sigma (σ) [*sigma bonding*]: due elettroni in un orbitale molecolare situato lungo la linea di congiungimento degli atomi legati.

Legante [*ligant*]: ione o molecola che può essere coordinato intorno a un singolo atomo metallico.

Malleabilità [*malleableize*]: proprietà di una sostanza, tipica dei metalli, a essere ridotta in lamine.

Membrana semipermeabile [*semipermeable membrane*]: barriera che consente il passaggio soltanto a certi ioni o molecole.

Metallo [*metal*]: sostanza che conduce

elettricità, possiede lustro metallico, è duttile e malleabile; consiste di cationi tenuti insieme da un mare di elettroni.

Miscuglio [*mixture*]: combinazione di due o più sostanze che possono essere separate con metodi fisici.

Molalità [*molality*]: numero di moli di soluto per kilogrammo di solvente. La concentrazione molale non dipende dalla temperatura della soluzione.

Molarità [*molarity*]: concentrazione di una soluzione espressa come moli di soluto per litro di soluzione. La molarità si indica con M.

Momento dipolare [*dipole moment*]: misura, nelle molecole polari, l'entità della separazione di carica fra i centri delle cariche positive e negative. Ha le dimensioni di una distanza per una carica.

Osmosi [*osmosis*]: passaggio di un solvente attraverso una membrana semipermeabile in direzione di una soluzione più concentrata.

Osmosi inversa [*reverse osmosis*]: passaggio di un solvente da una soluzione concentrata verso una soluzione più diluita, attraverso una membrana semipermeabile. Il passaggio è forzato da una pressione applicata, sul lato della soluzione più concentrata, maggiore della differenza di pressione osmotica.

Percentuale in peso [*percent by mass*]: indica i grammi di soluto contenuto in 100 g di soluzione.

Proprietà colligativa [*melting point*]: proprietà che dipende solo dal numero delle particelle di soluto presenti in soluzione e non dalla composizione chimica.

Punto di ebollizione [*boiling point*]: temperatura alla quale la pressione del vapore uguaglia la pressione esterna. In tali condizioni l'evaporazione interessa tutta la massa del liquido e non la sola superficie.

Punto di fusione [*melting point*]: temperatura alla quale la fase solida e quella liquida sono in equilibrio.

Regola dell'ottetto [*octet rule*]: gli atomi tendono a raggiungere la configurazione elettronica più esterna stabile con otto elettroni, acquistando, cedendo o condividendo coppie di elettroni.

Sol [*sol*]: colloide liquido.

Solubilità [*solubility*]: quantità di soluto che può sciogliersi in una determinata quantità di solvente, a una determinata temperatura.

Soluto [*solute*]: componente meno abbondante di una soluzione.

Soluzione satura [*saturated liquid*]: soluzione in cui il soluto indisciolto e il soluto in soluzione sono in equilibrio dinamico.

Soluzione [*solution*]: miscela omogenea.

Solvatazione [*solvation*]: le particelle di soluto nelle soluzioni sono circondate sempre da un certo numero di molecole di solvente, che interagiscono con esse.

Solvente [*solvent*]: componente più abbondante di una soluzione.

Tensioattivo [*surface-active agent*]: sostanza che riduce la tensione superficiale di una soluzione.

Tensione di vapore [*vapor pressure*]: pressione esercitata da un vapore in equilibrio con la fase liquida o solida.

Tensione superficiale [*surface tension*]: forza che rende la superficie di un liquido difficile da penetrare.

Valenza [*valence*]: capacità di ogni atomo di entrare in combinazione con altri atomi, acquistando, cedendo o mettendo in comune un certo numero di elettroni.

Viscosità [*viscosity*]: attrito interno dei corpi liquidi che impedisce loro di scorrere.

Volatilità [*volatility*]: tendenza a evaporare.

Modulo E

La nomenclatura e le reazioni chimiche

Victor Vaserely, *Composizione*

PREREQUISITI

Per affrontare lo studio di questo modulo sono necessarie le seguenti competenze:

- Identificare gli elementi attraverso le loro proprietà periodiche.
- Spiegare le caratteristiche macroscopiche delle trasformazioni fisiche e chimiche mediante il modello cinetico-molecolare della materia.
- Preparare e utilizzare soluzioni in base alle loro proprietà.
- Usare la mole come unità di misura della quantità di sostanza.
- Spiegare la struttura delle sostanze che presentano legame ionico, legame covalente o legame metallico.
- Spiegare la forma delle molecole e le proprietà delle sostanze.

COMPETENZE

- Utilizzare le formule dei composti inorganici per classificarli secondo le regole della nomenclatura sistematica e tradizionale.
- Effettuare calcoli stechiometrici.
- Classificare le principali reazioni chimiche, identificando reagenti e prodotti.

Unità 1

COMPETENZA

Utilizzare le formule dei composti inorganici per classificarli secondo le regole della nomenclatura sistematica e tradizionale.

La competenza dell'unità didattica si costruisce ponendosi i seguenti obiettivi:

1. Classificare i composti in base alla loro natura: ionica o molecolare, binaria e ternaria.
2. Classificare i composti per classi di appartenenza.
3. Saper assegnare il numero di ossidazione a ogni elemento combinato.
4. Utilizzare le regole di nomenclatura IUPAC o tradizionale.

La nomenclatura dei composti

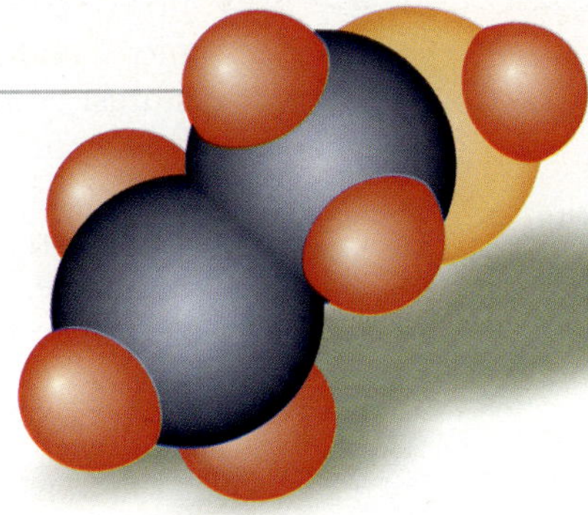

Questa unità tratta principalmente il linguaggio chimico. La nomenclatura chimica è regolamentata dalla IUPAC (*International Union for Pure and Applied Chemistry*), un'associazione internazionale che periodicamente si riunisce per aggiornare le regole della «sintassi chimica» alla luce delle nuove conoscenze. Le regole della nomenclatura, presentate qui e tuttora valide, sono state elaborate durante il congresso IUPAC del 1957, basato sulle precedenti proposte di Alfred Stock.

Il «gergo» specifico è di fondamentale importanza per la comprensione di ogni scienza, ma non va confuso con la disciplina stessa. Quest'avvertimento vale anche per la Chimica, il cui linguaggio *descrive*, *classifica* e *organizza* la realtà sperimentale in una teoria, ma non va confuso con la realtà stessa.

Antoine L. Lavoisier, intorno al 1787, diede per primo una sistemazione alla nomenclatura chimica rendendola simile alla moderna. I suffissi -ico, -oso, -ato, -ito, -uro, ancora oggi usati, furono introdotti dal chimico francese. Per gli elementi Lavoisier propose dei simboli geometrici, poi sostituiti da John Dalton, che all'inizio dell'Ottocento, usava segni circolari ▸figura 1.1.

I simboli degli elementi, come oggi li conosciamo, furono introdotti da Jöns Jacobs Berzelius nel 1813. La loro semplicità e utilità ha contribuito, a poco a poco, alla definitiva affermazione di tale simbologia.

I simboli degli elementi sono costituiti da una, due o tre lettere che derivano dal nome originale, spesso latino, dell'elemento chimico. Ad esempio, la lettera C rappresenta il carbonio (dal latino *carbo*), O l'ossigeno (dal greco *oxis* = aspro o acido, e *genes* = generatore), U l'uranio (dal pianeta Urano, scoperto pochi anni prima dell'elemento), Cu il rame (dal latino *cuprum*), Uuq l'ununquadio ecc.

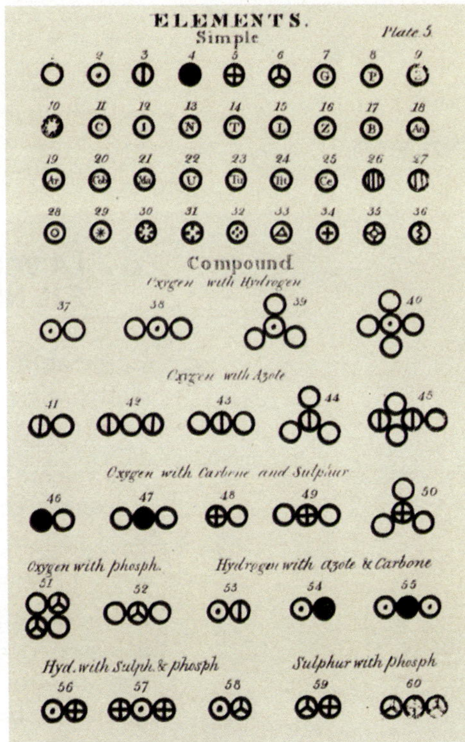

FIGURA 1.1 I simboli usati da Dalton per rappresentare gli atomi degli elementi.

1. COMPOSTI MOLECOLARI E COMPOSTI IONICI

A tutt'oggi, sono più di 12 milioni le sostanze delle quali si conosce l'esatta composizione. Di queste, solo una piccola percentuale è di natura inorganica. Le sostanze inorganiche sono state rinvenute sulla crosta terrestre oppure ottenute mediante reazioni chimiche. La parte più cospicua delle sostanze note è però di natura organica, cioè formata in prevalenza da atomi di carbonio. I composti organici sono stati isolati da piante e animali, o preparati per sintesi chimica nei laboratori di ricerca e nell'industria. Di essi parleremo diffusamente nel modulo H.

Tutti i composti, sia inorganici sia organici, possono essere suddivisi in **composti molecolari** e **composti ionici**. I primi sono formati da gruppi di molecole, cioè da atomi uniti da legami covalenti. Per esempio, nella molecola di metano ci sono quattro atomi di idrogeno legati a un atomo di carbonio:

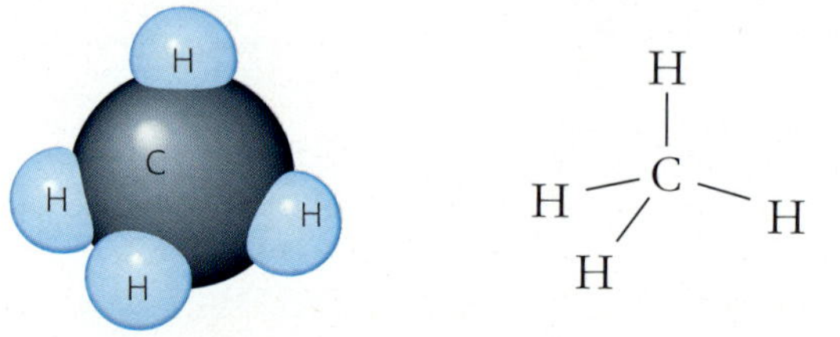

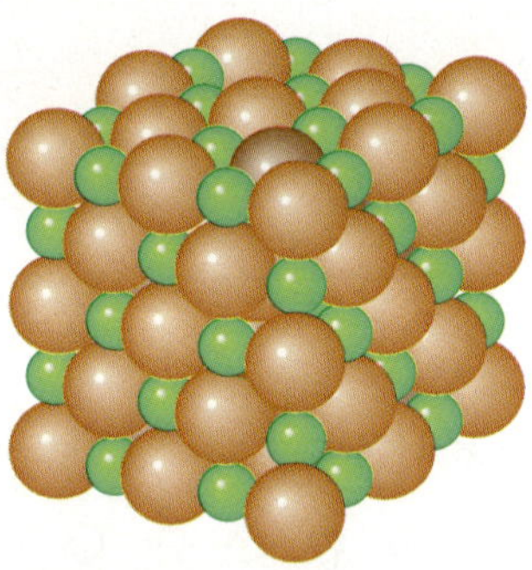

FIGURA 1.2 Il reticolo cristallino del cloruro di litio.

Nei composti ionici, invece, non è individuabile una vera e propria molecola. Per esempio, il cloruro di litio, un sale, è formato da ioni litio positivi e ioni cloruro negativi. Ciascuno ione Li^+ positivo è circondato da ioni Cl^- negativi e ogni ione Cl^- è attorniato da ioni Li^+ ▸figura 1.2.

Per i composti ionici è più corretto chiamare l'unità base «formula unitaria» invece che «molecola».

Come riconoscere se un composto è di tipo ionico o molecolare? Non sono possibili sicure generalizzazioni al riguardo. Con buona approssimazione si può dire soltanto che:

1. la maggior parte dei composti ionici è formata da metalli combinati con non metalli, per esempio $NaCl$, MgO, Al_2O_3;
2. gran parte dei composti molecolari derivano dalla combinazione fra due o più elementi non metallici, come per esempio CO_2, H_2O, NH_3, $CHCl_3$.

2. LA VALENZA E IL NUMERO DI OSSIDAZIONE

Come abbiamo visto nel modulo D, gli atomi formano legami utilizzando gli elettroni esterni: condividendoli, cedendoli o catturandoli dagli atomi vicini. Da qui deriva il concetto di **valenza**:

La valenza è il numero di elettroni esterni che l'atomo di un dato elemento acquista, cede o condivide con gli atomi a cui è legato.

In passato, quando non era chiara la natura del legame chimico, si confrontavano le formule dei composti con quelle di composti analoghi contenenti idrogeno oppure ossigeno. La valenza di un elemento era data dal numero di idrogeni o dal doppio degli ossigeni necessari per rimpiazzare l'elemento considerato. Per esempio, in $AgCl$ l'argento sostituisce un idrogeno di HCl, quindi Ag ha valenza 1.

Conoscere la valenza degli elementi combinati è di fondamentale importanza per assegnare i nomi e scrivere le formule corrette dei composti. Per ricavare le valenze occorre conoscere le strutture elettroniche dei composti e questo è un compito complesso.

Nella moderna nomenclatura, al posto della valenza si preferisce utilizzare il **numero di ossidazione (n.o.)**:

Il numero di ossidazione rappresenta la carica che ogni atomo (in una molecola o in uno ione poliatomico) assumerebbe se gli elettroni di legame fossero assegnati all'atomo più elettronegativo.

TABELLA 1.1 Regole per determinare il numero di ossidazione degli elementi in vari tipi di composti.

Regola	Esempio
1. Gli atomi nelle sostanze elementari hanno sempre numero di ossidazione zero.	In Cl_2 il n.o. del cloro è zero. In S_8 lo zolfo ha n.o. zero.
2. Il numero di ossidazione dell'ossigeno è −2, tranne nei perossidi, in cui vale −1 e quando è legato al fluoro, in cui è +2.	In Na_2O, H_2O, MgO, Al_2O_3, l'ossigeno ha n.o. −2. Nei perossidi di idrogeno e di sodio (per esempio, H_2O_2 e Na_2O_2) n.o. −1; in F_2O, l'ossigeno ha n.o. +2.
3. Il numero di ossidazione dell'idrogeno è +1, fanno eccezione i casi in cui H è combinato con un metallo, nel qual caso ha n.o. = −1.	In H_2O, HCl, H_2SO_3, HF, NH_3, PH_3, CH_4, l'idrogeno ha n.o. +1. Negli idruri dei metalli, come LiH, CuH, l'idrogeno ha n.o. −1 (notate che H è posto a destra nella formula).
4. Gli ioni monoatomici hanno numero di ossidazione coincidente con la carica elettrica.	Il ferro in Fe^{3+} ha n.o. +3. Il sodio in NaCl (Na^+Cl^-) ha n.o. +1. Il magnesio in MgO ($Mg^{2+}O^{2-}$) ha n.o. +2.
5. In uno ione poliatomico la somma dei numeri di ossidazione deve equivalere alla carica dello ione.	In OH^- l'ossigeno ha n.o. −2 e l'idrogeno ha n.o. +1. La somma dà −1. In SO_4^{2-} i 4 ossigeni danno −8. Perché avanzi −2 allo ione, lo zolfo deve avere n.o. +6. In $Cr_2O_7^{2-}$ i 7 ossigeni danno −14; perché restino due cariche negative i due atomi di cromo devono avere +12, quindi +6 ciascuno.
6. In una molecola o in un composto ionico la somma dei numeri di ossidazione deve essere zero.	In H_2O ogni idrogeno ha n.o. +1 e l'ossigeno ha n.o. −2, quindi +1 +1 −2 = 0. In PbO_2 i due ossigeni (con n.o. −2) danno −4; perché il totale sia zero, il piombo deve avere n.o. +4.
7. In un legame covalente gli elettroni condivisi sono formalmente attribuiti all'atomo più elettronegativo.	In PCl_3 il fosforo forma tre legami col più elettronegativo cloro. Quindi il fosforo ha n.o. +3 e il cloro ha n.o. −1.

Questo numero viene assegnato sulla base di regole convenzionali vedi tabella 1.1.

Queste regole possono essere usate per ricavare il numero di ossidazione di qualunque elemento chimico combinato.

ESEMPIO **Ricava il numero di ossidazione del fosforo nei due composti PH_3 e P_2O_5.**

Soluzione

Nel primo composto il fosforo è combinato con tre idrogeni aventi n.o. +1, (1·3 = 3); poiché il fosforo è un non metallo, PH_3 è una molecola: quindi la somma dei n.o. deve dare zero. Pertanto il n.o. di P è −3.

Nella seconda molecola, abbiamo cinque ossigeni con n.o. −2, per un totale di −10. Quindi i due P devono avere n.o. +10 per dare una molecola neutra. Ciascuno di essi ha n.o. +5.

$\overset{-3}{P}\,\overset{+1}{H_3}$ $\qquad$ $\overset{+5}{P_2}\,\overset{-2}{O_5}$

ESEMPIO **Ricava il n.o. del fosforo nei due composti HPO_2 e $H_4P_2O_7$.**

Soluzione

Trattandosi di casi più complessi conviene impostare matematicamente il problema.
Nel primo composto, i n.o. noti di H e O sono sommati:

$$1 \cdot \text{n.o. H} = +1 \cdot 1 = +1$$
$$2 \cdot \text{n.o. O} = -2 \cdot 2 = -4$$
$$+1 - 4 = -3$$

Uguagliando a zero, n.o. P è +3.

Per $H_4P_2O_7$ si ha:

$$4 \cdot \text{n.o. H} = +1 \cdot 4 = +4$$
$$7 \cdot \text{n.o. O} = -2 \cdot 7 = -14$$
$$+4 - 14 = -10$$

Uguagliando a zero si ha 2 · n.o. P = +10. Da cui si ricava che il n.o. del P è +5.

+1+3−2
HPO_2

+1 +5 −2
$H_4P_2O_7$

ESEMPIO **Ricava il n.o. del carbonio negli ioni HCO_3^- e $C_2O_4^{-2}$.**

Soluzione

Per HCO_3^- si ha:

$$1 \cdot \text{n.o. H} = +1 \cdot 1 = 1$$
$$3 \cdot \text{n.o. O} = -2 \cdot 3 = -6$$
$$1 - 6 = -5$$

Delle 5 cariche negative formali, solo una deve risultare come carica netta dello ione. Pertanto il n.o. del carbonio è +4.

Per $C_2O_4^{2-}$ si ha:

$$4 \cdot \text{n.o. O} = -2 \cdot 4 = -8$$

Perché lo ione abbia carica netta −2, i due carboni devono annullare 6 cariche negative formali su 8. Quindi 2 · n.o. C = +6; n.o. C = +3.

+1 +4 −2
HCO_3^-

+3 −2
$C_2O_4^{2-}$

Il numero di ossidazione non fa distinzione tra valenza covalente o ionica, ma può essere utile saper distinguere i due casi poiché i composti ionici hanno caratteristiche molto diverse da quelli covalenti. Perciò nella ▸tabella 1.2 sono indicati con colore diverso i numeri di ossidazione relativi agli stati ionici.

Per quanto riguarda gli stati ionici, in generale, i *non metalli si trasformano in anioni* (ioni negativi) mentre i *metalli diventano cationi* (ioni positivi). Gli ioni negativi monoatomici con carica superiore a 1 (O^{2-}, N^{3-}, P^{3-}) non possono esistere nelle soluzioni acquose, poiché reagiscono con l'acqua. Possono trovarsi solo allo stato solido, combinati con ioni positivi.

Le cariche di tali ioni presentano un andamento periodico evidente, almeno per i gruppi principali.

Osservando la ▸tabella 1.3, si nota che le cariche degli ioni positivi sono ricavabili dal numero del gruppo. Il catione dell'idrogeno, H^+, e i cationi dei metalli del gruppo I hanno carica +1 (Li^+, Na^+ ecc.), mentre quelli del gruppo II hanno carica +2 (Mg^{2+}, Ca^{2+} ecc.).

TABELLA 1. 2 Gli stati di ossidazione più comuni degli elementi. Il colore si riferisce agli stati ionici.

H ±1																	**He** 0
Li 1	**Be** 2											**B** 3	**C** ±4; 2	**N** −3 +3; 5 4; 2	**O** −2	**F** −1	**Ne** 0
Na 1	**Mg** 2											**Al** 3	**Si** 4	**P** −3 +3; 5	**S** 6; 4 −2	**Cl** −1 +1; 3 5; 6; 7	**Ar** 0
K 1	**Ca** 2	**Sc** 3	**Ti** 4; 3	**V** 5; 4 3; 2	**Cr** 6; 3; 2	**Mn** 7; 6; 4 2; 3	**Fe** 2; 3	**Co** 2; 3	**Ni** 2; 3	**Cu** 2; 1	**Zn** 2	**Ga** 3	**Ge** 4	**As** ±3 +3; 5	**Se** −2; 6; 4	**Br** −1 +1; 3 5	**Kr** 0
Rb 1	**Sr** 2	**Y** 3	**Zr** 4	**Nb** 5; 3	**Mo** 6; 5; 4 3; 2	**Tc** 2;4;5;7	**Ru** 2; 3; 4 6; 8	**Rh** 2; 3; 4	**Pd** 2; 4	**Ag** 1	**Cd** 2	**In** 3	**Sn** 4; 2	**Sb** ±3 −3; 5	**Te** 6; 4; −2	**I** −1 +1; 3 5; 7	**Xe** 0
Cs 1	**Ba** 2	**La** 3	**Hf** 4	**Ta** 5	**W** 6; 5; 4 3; 2	**Re** 7; 6; 4 2-1	**Os** 2; 3; 4 6; 8	**Ir** 2; 3 4; 6	**Pt** 2; 4	**Au** 3; 1	**Hg** 2; 1	**Tl** 3; 1	**Pb** 4; 2	**Bi** +3; −3; 5	**Po** 4; 2	**At** —	**Rn** 0
Fr 1	**Ra** 2	**Ac** 3															

Ce 3; 4	**Pr** 3; 4	**Nd** 3	**Pm** 3	**Sm** 3; 2	**Eu** 3; 2	**Gd** 3	**Tb** 3; 4	**Dy** 3	**Ho** —	**Er** —	**Tm** —	**Yb** —	**Lu** —
Th 4	**Pa** 5; 4	**U** 6; 5 4; 3	**Np** 6; 5 4; 3	**Pu** 6; 5 4; 3	**Am** 6; 5 4; 3	**Cm** 3	**Bk** 4; 3	**Cf** 3	**Es** —	**Fm** —	**Md** —	**No** —	**Lr** —

TABELLA 1.3 I principali ioni monoatomici.

I	II		III	IV	V	VI	VII
H^+							
Li^+					N^{3-}	O^{2-}	F^-
Na^+	Mg^{2+}		Al^{3+}		P^{3-}	S^{2-}	Cl^-
K^+	Ca^{2+}	Metalli di transizione ▸tabella 1.4	Ga^{3+}			Se^{2-}	Br^-
Rb^+	Sr^{2+}			(Sn^{4+})			I^-
Cs^+	Ba^{2+}			(Pb^{4+})			

TABELLA 1.4 Cationi di metalli di transizione.

Metallo	Ione
cromo	Cr^{3+}
rame	Cu^+, Cu^{2+}
ferro	Fe^{2+}, Fe^{3+}
mercurio	Hg^{2+}
nichel	Ni^{2+}
manganese	Mn^{2+}
zinco	Zn^{2+}
cobalto	Co^{2+},Co^{3+}
argento	Ag^+

Per i non metalli dei gruppi V, VI e VII le cariche degli anioni sono rispettivamente −3 (N^{3-}, P^{3-}), −2 (O^{2-}, S^{2-}) e −1 (F^-, Cl^-, Br^-, I^-) secondo gli elettroni necessari per completare il guscio elettronico esterno.

Gli ioni indicati fra parentesi possono avere anche valenze inferiori al numero del gruppo.

Nella ▸tabella 1.4 vengono riportati alcuni cationi di metalli di transizione.

3. LEGGERE E SCRIVERE LE FORMULE

Ogni composto è rappresentabile con una formula i cui simboli esprimono, sinteticamente, i tipi di atomi e il loro numero. Ad esempio una molecola di CO_2, diossido di carbonio, contiene *un* atomo di carbonio e *due* atomi di ossigeno. Il numero due, in basso a destra di O, si chiama **indice numerico** e ci indica quanti atomi di ossigeno ci sono nella molecola o nella formula. A destra del C non ci sono numeri; per convenzione il simbolo nudo sottintende il numero uno.

Nel leggere gli indici di una molecola si usano i seguenti prefissi:

mono…	= 1
di…	= 2
tri…	= 3
tetra…	= 4
penta…	= 5
esa…	= 6
epta…	= 7
otta…	= 8
nona…	= 9
deca…	= 10

La maggior parte dei composti è formato da due «parti»; una, quella a sinistra nella formula chimica, è costituita dall'elemento con maggiore carattere metallico o da un catione, mentre l'altra (quella a destra nella formula chimica) è costituita da un non metallo o da un anione. In generale, si scrive a sinistra della formula l'elemento che si trova nello stato di ossidazione più positivo.

Per i composti binari, cioè formati da due elementi, il nome si costruisce indicando per primo l'elemento scritto a destra, che è più negativo, con la desinenza **-uro**, seguito dal nome dell'altro elemento. Fanno eccezione i composti dell'ossigeno, che vengono chiamati «ossidi» e non «ossigenuri».

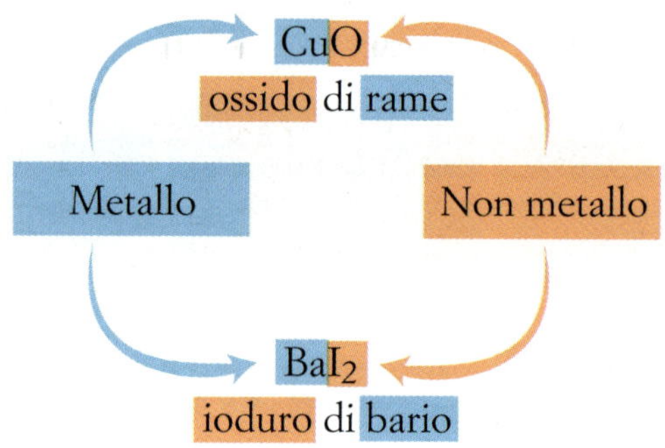

Na_2O	KBr	Al_2O_3
ossido di sodio	bromuro di potassio	ossido di alluminio

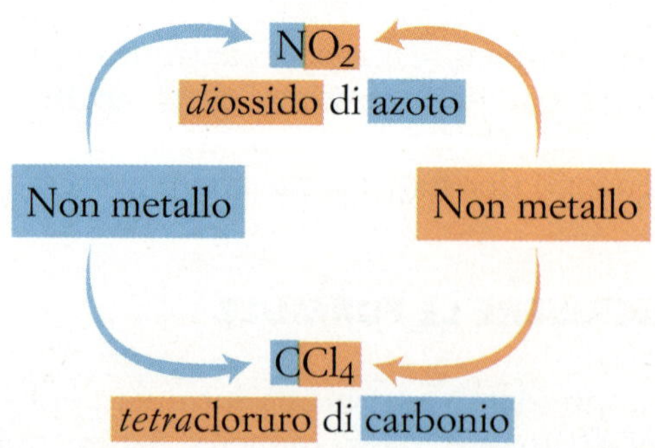

Per poter scrivere correttamente le formule bisogna rispettare la regola 6 dei numeri di ossidazione, in base alla quale la somma dei n.o. degli atomi più positivi deve essere uguale e opposta a quella degli elementi non metallici scritti a destra nel composto.

Se tutti e due gli ioni (catione e anione) hanno lo stesso n.o. in valore assoluto (+1 −1, +2 −2, +3 −3, ecc.), si ottiene la formula scrivendo affiancati i simboli dei due ioni:

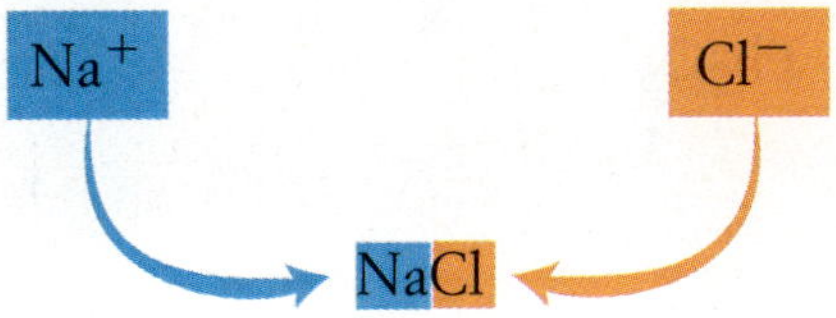

cloruro di sodio

elementi monovalenti (n.o.+1, −1)

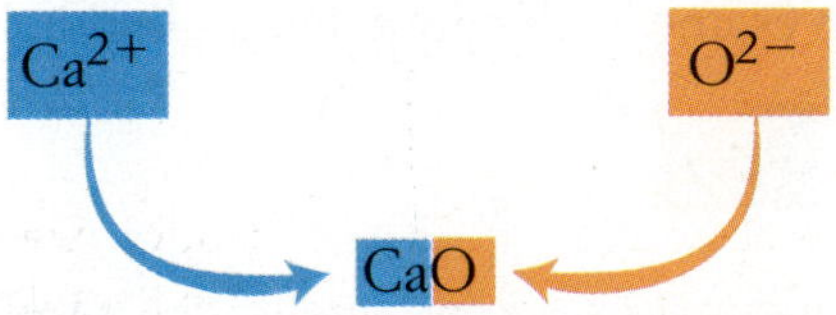

ossido di calcio

elementi bivalenti (n.o.+2, −2)

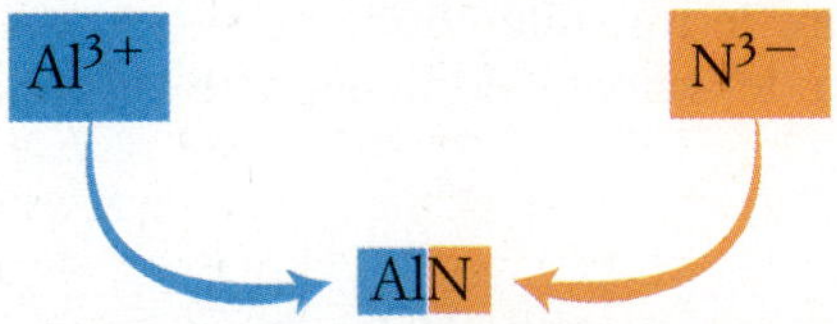

nitruro di alluminio

elementi trivalenti (n.o.+3, −3)

ESEMPIO **Scrivi le formule dei seguenti composti:**

A ossido di bario

B ossido di magnesio

C cloruro di potassio

Soluzione

A Scriviamo i due ioni interessati, Ba^{2+} e O^{2-} uno a fianco dell'altro; siccome i due elementi sono bivalenti, la formula dell'ossido di bario è BaO.

B Lo stesso ragionamento si fa per l'ossido di magnesio, Mg^{2+} e O^{2-}, la cui formula è MgO.

C Nel cloruro di potassio, gli ioni K^+ e Cl^- sono monovalenti; pertanto la formula è KCL

PROVA TU **Scrivi le formule dei seguenti composti:**

A ossido di stronzio

B ossido di nichel

C cloruro di litio

Se i numeri di ossidazione sono diversi, la strada più veloce per arrivare alla formula consiste nell'usare il n.o. di un elemento come indice dell'altro elemento e viceversa.

Nei composti binari, per esempio, il numero di atomi di ciascun elemento nella formula è uguale al n.o. dell'altro, come nella formula dell'ossido di piombo con n.o. Pb +4.

1. Scriviamo i simboli con i rispettivi n.o. nell'ordine corretto: prima l'elemento più metallico (catione) e poi l'anione non metallico o poliatomico.

2. Il n.o. del metallo diventa l'indice del non metallo e viceversa, come è indicato dalle frecce.

Pb_2 O_4

Pb_2O_4

↑ ↑

divisibili per 2

3. Nell'eventualità che i due indici della formula abbiano un divisore comune, la formula si semplifica. Nel caso in esame, si dividono per 2 gli indici.

PbO_2

PROVA TU **Scrivi le formule del solfuro di alluminio e del bromuro di alluminio.**

La semplificazione *non* va fatta in alcuni casi, come quello dell'acqua ossigenata (H_2O_2).

Un altro metodo per determinare le formule chimiche si basa sul **calcolo del minimo comune multiplo** fra le valenze ioniche, che illustriamo nel seguente esempio.

ESEMPIO **Scrivi la formula del composto fra l'alluminio e l'ossigeno.**

Soluzione

Consultando la ▸tabella 1.3 si trova che l'alluminio ha +3 come unico n.o., mentre l'ossigeno ha n.o. −2. La carica positiva sarà un multiplo di +3 (possiamo prendere 1, 2, 3, ecc. ioni Al^{3+}); la carica negativa sarà invece multipla di −2 (1, 2, 3,… ioni O^{2-}). Per la neutralità del composto occorre trovare il minor numero di cariche positive che possa uguagliare un ugual numero di cariche negative, cioè il minimo comune multiplo tra i due numeri di ossidazione +3 e −2; m.c.m. (3, 2) = 6. Perciò, nella formula, 6 cariche negative compenseranno 6 cariche positive e 2 atomi di Al (6/3 =2) dovranno essere uniti a tre atomi di O (6/2 = 3).
In conclusione, la formula è: Al_2O_3 (ossido di alluminio).

$$\overset{3+}{Al_2}\overset{-2}{O_3}$$

4. LA CLASSIFICAZIONE DEI COMPOSTI BINARI

Ci sono due classi di composti binari (formati cioè da due elementi chimici): i *composti di tipo ionico e i composti di tipo molecolare.*

I composti ionici sono costituiti da un catione metallico (che si scrive per primo nella formula) e da un anione non metallico. I composti più importanti appartenenti a questa classe sono gli *idruri*, i *sali* (ad esempio gli alogenuri e i solfuri) e gli *ossidi basici*.

L'altra classe, quella dei composti binari molecolari, comprende gli *ossidi acidi* (chiamati anidridi nel linguaggio tradizionale) gli *idracidi* e gli *idruri covalenti* ▸figura 1.3.

FIGURA 1.3 I composti binari possono essere ionici o molecolari (covalenti).

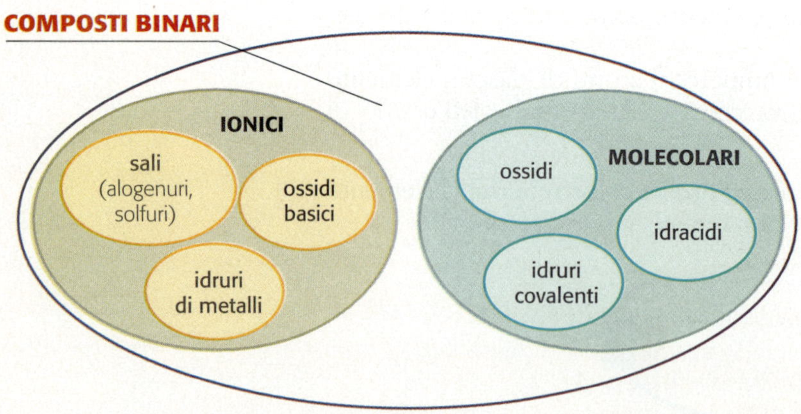

I sali binari

Le formule di questi composti ionici comprendono una parte metallica (la prima) e una non metallica (la seconda).

Gli ioni monoatomici negativi sono denominati aggiungendo il suffisso **-uro** al nome del non metallo da cui derivano.

F^-	Cl^-	Br^-	I^-	S^{2-}	N^{3-}
fluoruro	cloruro	bromuro	ioduro	solfuro	nitruro

Nella denominazione di questi composti, contrariamente a quanto accade nella formula, il nome dello ione positivo segue quello dell'anione ▸tabella 1.5.

Se i due elementi si combinano in modi diversi, si usano i prefissi **mono-**, **di-**, **tri-**, **tetra-**, **penta-**, **esa-**, **epta-** a seconda del numero di atomi della prima e/o della seconda specie che entra a far parte del composto ▸tabella 1.6.

TABELLA 1.5 Alcuni sali binari.

Formula	Nome
NaCl	clor**uro** di sodio
CaS	solf**uro** di calcio
NaH	idr**uro** di sodio

TABELLA 1.6 Formule e nomi di alcuni composti binari.

Formula	Nome IUPAC	Nome secondo Stock
$FeCl_2$	**di**cloruro di ferro	cloruro di ferro (II)
$FeCl_3$	**tri**cloruro di ferro	cloruro di ferro (III)
Al_2S_3	**tri**solfuro di **di**alluminio	solfuro di alluminio
CuCl	**mono**cloruro di rame	cloruro di rame (I)
$CuCl_2$	**di**cloruro di rame	cloruro di rame (II)

La nomenclatura di Stock che è riportata nella tabella prevede l'indicazione della valenza dello ione con un numero romano scritto in parentesi, tranne che nel caso dei composti fra non metalli. Inoltre, il n.o. tra parentesi non va inserito quando il metallo ne possiede solo uno, e il prefisso mono- va usato solo se necessario.

È ancora in uso la nomenclatura tradizionale che si serve dei suffissi **-oso** e **-ico** per indicare rispettivamente il numero di ossidazione inferiore e quello superiore dei cationi metallici. Pertanto, i due cloruri del ferro si chiamano anche cloruro ferr**oso** e cloruro ferr**ico**, e i due cloruri del rame, cloruro rame**oso** e cloruro rame**ico**.

ESEMPIO **Scrivi il nome dei seguenti composti secondo Stock e IUPAC:**

A NaBr

B CaH_2

C Fe_2S_3

Soluzione

A NaBr, bromuro di sodio

B CaH_2, idruro di calcio

C Fe_2S_3, solfuro di ferro (III), trisolfuro di diferro

ESEMPIO **Scrivi le formule dei seguenti composti:**

A ioduro rameoso

B bromuro di alluminio

C solfuro di ammonio

D nitruro di gallio

Soluzione

A Per lo ioduro rameoso gli ioni interessati sono Cu^+ e I^-, perciò la formula è CuI.

B Per il bromuro di alluminio gli ioni sono Al^{3+} e Br^- e la formula è $AlBr_3$.

C Per il solfuro di ammonio è necessario introdurre la formula dello ione ammonio, $NH_4{}^+$, che è poliatomico e si comporta come uno ione metallico di valenza +1. Pertanto, fra $NH_4{}^+$ e S^{2-}, la formula è $(NH_4)_2S$. Si noti l'uso della parentesi per gli ioni poliatomici. L'indice numerico 2 moltiplica sia gli atomi di idrogeno (che diventano otto) sia quelli di azoto (due).

D Il nitruro è N^{3-}, mentre il Ga ha n.o. +3, perciò la formula è GaN.

Gli ossidi

L'ossigeno forma composti con quasi tutti gli elementi della tavola periodica; tali composti si chiamano **ossidi**. In essi l'ossigeno ha sempre n.o. −2. L'unica eccezione è costituita dal composto OF_2, che non è un ossido, bensì un fluoruro, nel quale O ha n.o. +2; infatti il fluoro è l'unico elemento più elettronegativo dell'ossigeno.

La formula degli ossidi vede sempre l'ossigeno a destra, preceduto dall'altro elemento. Nella ▸tabella 1.7, in base alla valenza dell'elemento E generico, sono indicate tutte le possibili formule degli ossidi e alcuni esempi, con i nomi IUPAC.

Nella nomenclatura Stock gli ossidi dei vari elementi, con numero di ossidazione variabile, sono distinti riportando tra parentesi il n.o., indicato con un numero romano, mentre nella nomenclatura tradizionale si usa il suffisso **-ico** per il numero di ossidazione più alto e **-oso** per quello più basso ▸tabella 1.7.

Mentre la nomenclatura IUPAC non fa distinzione tra ossidi di metalli e non metalli, la nomenclatura tradizionale, sempre meno usata, utilizza regole diverse nei due casi, distinguendo tra **ossidi basici** e **ossidi acidi**.

Gli ossidi dei metalli hanno in genere comportamento basico; il comportamento basico è indicato dalla reazione dell'ossido con l'acqua, nella quale si formano ioni OH^- (idrossido) capaci di colorare di blu la cartina universale

■ Fanno eccezione i metalli con numero di ossidazione elevato, 5, 6, 7, i cui ossidi hanno comportamento acido. Per esempio sono acidi CrO_3, Mn_2O_7 e OsO_4.

TABELLA 1.7 Le possibili formule degli ossidi.

n.o. E	Formula generica	Esempi	Nome IUPAC
1	E_2O	Na_2O	ossido di sodio
2	EO	MgO	ossido di magnesio
3	E_2O_3	Al_2O_3	ossido di alluminio
4	EO_2	CO_2	**di**ossido di carbonio
5	E_2O_5	V_2O_5	**pent**ossido di **di**vanadio
6	EO_3	UO_3	**tri**ossido di uranio
7	E_2O_7	Mn_2O_7	**ept**ossido di **di**manganese
8	EO_4	OsO_4	**tetr**ossido di osmio

TABELLA 1.8 Le formule degli ossidi basici.

Elemento	n.o.	Formula	Nome IUPAC	Nome secondo Stock	Nome tradizionale
Cu	+1 +2	Cu_2O CuO	ossido di dirame ossido di rame	ossido di rame (I) ossido di rame (II)	ossido rameoso ossido rameico
Sn	+2 +4	SnO SnO_2	ossido di stagno diossido di stagno	ossido di stagno (II) ossido di stagno (IV)	ossido stannoso ossido stannico
Fe	+2 +3	FeO Fe_2O_3	ossido di ferro triossido di ferro	ossido di ferro (II) ossido di ferro (III)	ossido ferroso ossido ferrico

del pH. Le sostanze basiche insolubili in acqua sono invece riconoscibili dalla capacità di solubilizzarsi negli acidi.

Nella tabella 1.8 sono riportati alcuni esempi di ossidi basici e i relativi nomi, utilizzando sia la nomenclatura di Stock, sia quella tradizionale.

Gli ossidi dei non metalli hanno invece comportamento acido; il comportamento acido è caratterizzato dalla capacità degli ossidi di reagire con l'acqua sviluppando ioni H^+ solvatati (H_3O^+ ioni idronio). Le soluzioni acide risultanti sono riconoscibili dalla cartina universale del pH, che assume colorazione rossa o arancio. Anche per gli ossidi acidi si possono usare la nomenclatura IUPAC, con i prefissi mono-, di-, tri-, ecc., oppure la nomenclatura tradizionale, meno usata, con il termine **anidride** al posto di ossido tabella 1.9.

Il sistema mostrato in tabella 1.9. per le anidridi del cloro, può essere applicato anche agli ossidi degli altri alogeni, bromo e iodio (con numeri di ossidazione 1, 3, 5, 7).

n.o. = 1	anidride ipo…	…osa
n.o. = 3	anidride	…osa
n.o. = 5	anidride	…ica
n.o. = 7	anidride per…	…ica

TABELLA 1.9 Le formule degli ossidi acidi.

Elemento	n.o.	Formula	Nome IUPAC	Nome tradizionale
B	+3	B_2O_3	triossido di diboro	anidride borica
C	+4 +2	CO_2 CO	diossido di carbonio monossido di carbonio	anidride carbonica ossido di carbonio
N	+1 +2 +3 +4 +4 +5	N_2O NO N_2O_3 NO_2 e N_2O_4 N_2O_5	monossido di diazoto monossido di azoto triossido di diazoto diossido di azoto e tetrossido di diazoto pentossido di diazoto	protossido di azoto ossido di azoto anidride nitrosa ipoazotide anidride nitrica
P	+3 +5	P_2O_3 P_2O_5	triossido di difosforo pentossido di difosforo	anidride fosforosa anidride fosforica
S	+4 +6	SO_2 SO_3	diossido di zolfo triossido di zolfo	anidride solforosa anidride solforica
Cl	+1 +3 +4 +5 +7	Cl_2O Cl_2O_3 ClO_2 Cl_2O_5 Cl_2O_7	monossido di dicloro triossido di dicloro diossido di cloro pentossido di dicloro eptossido di di cloro	anidride ipoclorosa anidride clorosa biossido di cloro anidride clorica anidride perclorica

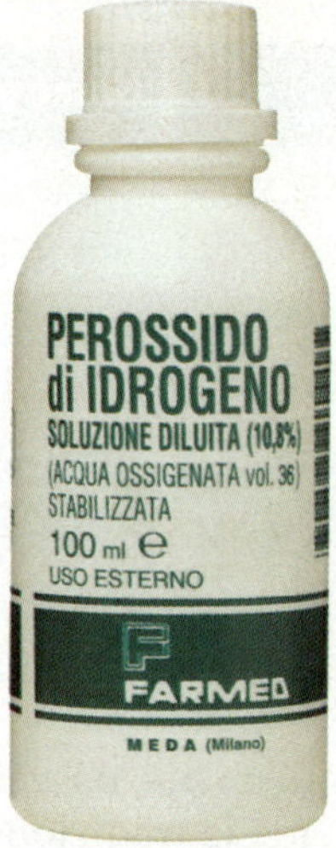

FIGURA 1.4 Una bottiglia di acqua ossigenata.

Un tipo particolare di ossidi, i **perossidi**, contiene due atomi di ossigeno legati tra loro: —O—O— o O_2^{2-}. L'atomo di ossigeno in più rispetto ai normali ossidi tende a essere rilasciato facilmente e questo fatto rende ossidanti tali sostanze. I più noti sono il perossido di sodio (Na_2O_2, un solido giallo) e il perossido d'idrogeno, più comunemente noto come acqua ossigenata, il liquido che si impiega come disinfettante ▸figura 1.4.

Quali ossidi reagiscono con l'acqua? Per verificarlo puoi compiere un esperimento.

ESPERIMENTO Introduci in 6 provette una punta di spatola di Al_2O_3, CuO, Cr_2O_3, Fe_2O_3, PbO_2 e CaO.

Aggiungi a ciascuna provetta qualche goccia di acqua distillata e verifica con la cartina universale in quale caso si è ottenuto un idrossido.

Gli ossidi acidi sono meno restii degli ossidi basici a reagire con l'acqua; puoi verificarlo con il seguente esperimento; brucia una «miccia» di zolfo e, appena noti la fiamma blu, gettala in una beuta da 50 mL asciutta. Chiudila con un tappo, poi riaprila e versa (proprio come faresti con un liquido) il gas SO_2 in un becher con poca acqua distillata.

Infine, saggia con la cartina universale la soluzione di acido solforoso ottenuta (la cartina si colora di rosso-arancio).

Saggia con una cartina anche l'acqua minerale gassata. Il colore arancio è dovuto all'acido carbonico, formato dalla reazione fra CO_2 e acqua.

Gli idruri

I composti binari con l'idrogeno prendono il nome di **idruri**. Possono essere divisi in tre categorie: gli **idracidi** (H con F, Cl, Br, I, S), gli **idruri salini** (H con i metalli: in questi composti l'idrogeno segue il metallo, nella formula chimica) e gli **idruri covalenti** (H con i semimetalli e i non metalli).

Gli idruri salini differiscono notevolmente dagli idruri covalenti, come mostrato dalla ▸tabella 1.10.

La nomenclatura degli idruri è semplice: basta scrivere idruro di..., seguito dal nome del metallo ▸tabella 1.11.

TABELLA 1.10 Le differenze tra idruri salini e idruri covalenti.

Idruri salini	Idruri covalenti
Sono formati da un metallo + idrogeno.	Non metallo o semimetallo + idrogeno.
Sono solidi (tranne GaH_3, liquido).	Sono gas, spesso infiammabili all'aria.
Hanno un'elevata percentuale di carattere ionico e in alcuni casi contengono lo ione H^-.	Sono tutti covalenti, con molecole poco polari o apolari, tranne NH_3 che è molto polare.
Tendono a reagire con l'acqua sviluppando idrogeno gassoso e lasciando una soluzione basica di idrossido del metallo.	Reagiscono in modo vario, con l'acqua. CH_4 non è solubile e non reagisce con essa.

TABELLA 1.11 Esempi di idruri.

Formula	Nome	Nome comune *	Tipo di idruro
LiH	idruro di litio		ionico
BaH_2	idruro di bario		ionico
CuH	idruro di rame (I)		parzialmente ionico
AlH_3	idruro di alluminio		solido covalente continuo, parzialmente ionico
CH_4	tetridruro di carbonio	metano	molecolare (gas infiammabile)
SiH_4	tetridruro di silicio	silano	molecolare (gas che si incendia spontaneamente all'aria)
NH_3	triidruro di azoto	ammoniaca	molecolare (gas solubile in acqua con reazione basica)
PH_3	triidruro di fosforo	fosfina	molecolare (gas auto-infiammabile)
AsH_3	triidruro di arsenico	arsina	molecolare (gas auto-infiammabile)

* In questi casi, la IUPAC consiglia l'uso dei nomi comuni.

Gli idracidi

Gli idracidi sono costituiti da un piccolo gruppo di composti binari, di natura molecolare, contenenti atomi di idrogeno e atomi di non metalli.

Ecco i principali radicali non metallici che si uniscono ad atomi di idrogeno:

F^-	Cl^-	Br^-	I^-	S^{2-}	N^{3-}
fluoruro	cloruro	bromuro	ioduro	solfuro	nitruro

Quando tali composti sono puri si denominano fluoruro di idrogeno, cloruro di idrogeno, bromuro di idrogeno, ioduro di idrogeno e solfuro di diidrogeno: HF, HCl HBr, HI, H_2S. Tuttavia, sciogliendosi in acqua, questi composti molecolari si ionizzano producendo ioni H^+ e l'anione corrispondente.

La presenza degli ioni H^+ dà all'acqua un caratteristico sapore «acido» e colora la cartina universale ▸figura 1.5.

Per questo motivo, gli idracidi in soluzione acquosa si denominano aggiungendo il suffisso **-idrico** al nome del non metallo e facendolo precedere dalla dicitura **acido**. Tali composti binari si chiamano: **acido** fluor**idrico**, **acido** clor**idrico** ecc. Tutti i nomi, sia dei composti puri sia di quelli in soluzione, sono elencati nella ▸tabella 1.12.

FIGURA 1.5 Gli idracidi in acqua liberano ioni H^+, hanno sapore acidulo e colorano di rosso la cartina indicatrice.

TABELLA 1.12 Gli idracidi.

Acido	Nome del composto puro	In soluzione
HF	fluor**uro** d'idrogeno	**acido** fluor**idrico**
HCl	clor**uro** d'idrogeno	**acido** clor**idrico**
HBr	brom**uro** d'idrogeno	**acido** brom**idrico**
HI	iod**uro** d'idrogeno	**acido** iod**idrico**
H_2S	solf**uro** di diidrogeno	**acido** solf**idrico**

5. LA CLASSIFICAZIONE DEI COMPOSTI TERNARI

I composti ternari sono formati dalla combinazione di tre differenti elementi. I principali composti ternari sono gli **idrossidi**, gli **ossiacidi** (ossoacidi) e i **sali degli ossiacidi** ▸figura 1.6.

FIGURA 1.6 La classificazione dei composti ternari e la loro descrizione.

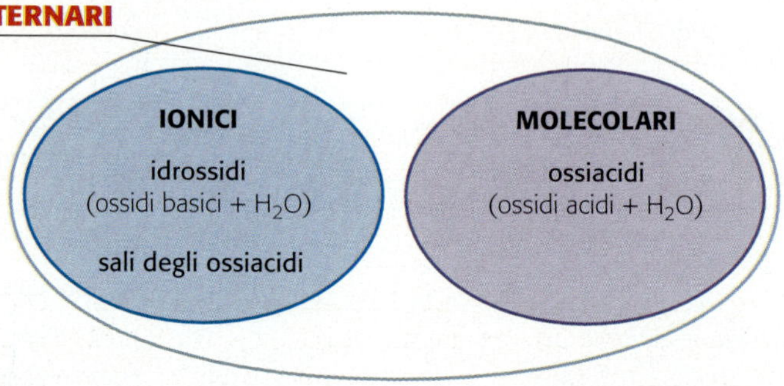

Gli idrossidi

Gli idrossidi sono composti di tipo ionico, che si ottengono facendo reagire gli ossidi basici con l'acqua.

Il gruppo monovalente caratteristico degli idrossidi è l'ossidrile (OH^-). Per il nome di tali composti, si scrive prima la parola idrossido e poi il nome del metallo.

Nella formula, il simbolo del metallo precede il gruppo ossidrile OH. Per i metalli bivalenti, trivalenti ecc., il gruppo OH si racchiude tra parentesi: $Ca(OH)_2$ e *non* $CaOH_2$.

La notazione di Stock si usa solo per gli ioni metallici che posseggono due valenze. Nella nomenclatura tradizionale le due valenze si distinguono coi suffissi **-oso** e **-ico**.

Nella ▸tabella 1.13 sono riportati alcuni esempi di idrossidi con i relativi nomi, secondo le diverse nomenclature.

TABELLA 1.13 Gli idrossidi.

Idrossido	Nome IUPAC	Nome secondo Stock	Nome tradizionale
$Ca(OH)_2$	diidrossido di calcio	idrossido di calcio	idrossido di calcio
$Fe(OH)_2$	diidrossido di ferro	idrossido di ferro (II)	idrossido ferroso
$Fe(OH)_3$	triidrossido di ferro	idrossido di ferro (III)	idrossido ferrico
$Sn(OH)_2$	diidrossido di stagno	idrossido di stagno (II)	idrossido stannoso
$Sn(OH)_4$	tetridrossido di stagno	idrossido di stagno (IV)	idrossido stannico
$Al(OH)_3$	triidrossido di alluminio	idrossido di alluminio	idrossido di alluminio

ESEMPIO **Nomina i seguenti idrossidi secondo Stock e col nome tradizionale:**

A CuOH   B $Cu(OH)_2$ C $Pb(OH)_2$ D $Pb(OH)_4$

Soluzione

A CuOH, idrossido di rame (I) oppure idrossido rameoso

B $CU(OH)_2$ idrossido di rame (II) oppure idrossido rameico

C $Pb(OH)_2$ idrossido di piombo (II) oppure idrossido piomboso

D $Pb(OH)_4$ idrossido di piombo (IV) oppure idrossido piombico

ESEMPIO **Scrivi le formule dei seguenti idrossidi, indicati con il nome IUPAC:**

A idrossido di zinco

B idrossido di nichel

C idrossido di argento

Soluzione

A Zn^{2+} e OH^- : $Zn(OH)_2$

B Ni^{2+} e OH^- : $Ni(OH)_2$

C Ag^+ e OH^- : $AgOH$

Gli ossiacidi

Gli ossiacidi si ottengono facendo reagire l'acqua con gli ossidi acidi o anidridi. Secondo la nomenclatura classica, ancora la più usata, il nome di ciascun ossiacido deriva direttamente dalla corrispondente anidride. Per esempio:

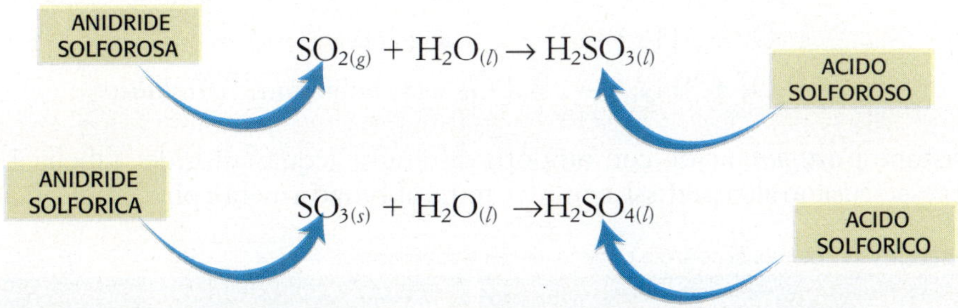

L'unica differenza consiste nella sostituzione della parola *anidride* con *acido*; il suffisso terminale passa da femminile a maschile.

La tabella 1.14 contiene le reazioni di formazione dei principali ossiacidi con le relative denominazioni.

La nomenclatura ufficiale IUPAC chiama l'ossiacido con il nome dell'elemento caratteristico terminante in **-ico**, seguito dalla sua valenza o numero di

TABELLA 1.14 I principali ossiacidi.

Reazione	Formula	Nome tradizionale	Nome IUPAC
$SO_{2(l)} + H_2O_{(l)}$ →	$H_2SO_{3(aq)}$	acido solfor**oso**	acido triossosolforico (IV)
$SO_{3(s)} + H_2O_{(l)}$ →	$H_2SO_{4(l)}$	acido solfor**ico**	acido tetrossosolforico (VI)
$N_2O_{3(g)} + H_2O_{(l)}$ →	$2HNO_{2(aq)}$	acido nitr**oso**	acido diossonitrico (III)
$N_2O_{5(s)} + H_2O_{(l)}$ →	$2HNO_{3(l)}$	acido nitr**ico**	acido triossonitrico (V)
$CO_{2(g)} + H_2O_{(l)}$ →	$H_2CO_{3(aq)}$	acido carbon**ico**	acido triossocarbonico (IV)
$P_2O_{3(s)} + 3H_2O_{(l)}$ →	$2H_3PO_{3(s)}$	acido fosfor**oso**	acido triossofosforico (III)
$P_2O_{5(s)} + 3H_2O_{(l)}$ →	$2H_3PO_{4(s)}$	acido fosfor**ico**	acido tetrossofosforico (V)
$Cl_2O_{(g)} + H_2O_{(l)}$ →	$2HClO_{(aq)}$	acido ipoclor**oso**	acido ossoclorico (I)
$Cl_2O_{3(g)} + H_2O_{(l)}$ →	$2HClO_{2(aq)}$	acido clor**oso**	acido diossoclorico (III)
$Cl_2O_5 + H_2O_{(l)}$ →	$2HClO_{3(aq)}$	acido clor**ico**	acido triossoclorico (V)
$Cl_2O_{7(l)} + H_2O_{(l)}$ →	$2HClO_{4(l)}$	acido perclor**ico**	acido tetrossoclorico (VII)

ossidazione in parentesi e preceduto dal nome e numero indicante gli atomi di ossigeno (**-osso-**). Per esempio, H_2SO_4 è l'**acido tetrosso**solfor**ico** (VI) e H_2SO_3 è l'**acido triosso**solfor**ico** (IV). La valenza del non metallo è sempre la stessa nell'ossido e nell'acido da esso derivato. Nonostante la semplicità della moderna nomenclatura, quella tradizionale è ancora la più diffusa; come nel caso degli ossidi, nella nomenclatura tradizionale il suffisso **-ico** indica il numero di ossidazione più alto, mentre il suffisso **-oso** indica quello più basso.

Anche questi composti, come gli idracidi, liberano ioni H^+ quando si sciolgono in acqua.

Gli acidi meta-, piro-, orto- e poli-

Alcune anidridi possono combinarsi con l'acqua in diversi rapporti. All'acido meno idratato, cioè quello ottenuto in rapporto 1:1, è assegnato il prefisso **meta-**, a quello intermedio il prefisso **piro-** e, infine, a quello maggiormente idratato il prefisso **orto-**:

$P_2O_5 + H_2O \rightarrow 2HPO_3$ acido metafosforico

$P_2O_5 + 2H_2O \rightarrow H_4P_2O_7$ acido pirofosforico

$P_2O_5 + 3H_2O \rightarrow 2H_3PO_4$ acido ortofosforico o fosforico

Esistono pure *poli*-acidi, con rapporti differenti acqua/anidride ▸tabella 1.15. Per essi si usano altri prefissi, come tri, tetra, abbinati a meta e piro, se necessario.

TABELLA 1.15 Esempi di acidi più o meno idratati e di poliacidi.

Formula	Derivazione	Nome
HBO_2	$(H_3BO_3 - H_2O)$	acido **meta**borico
$H_4B_4O_7$	$(4\ H_3BO_3 - 4\ H_2O)$	acido **tetra**borico
H_4SiO_4		acido **orto**silicico o silicico
$H_6Si_2O_7$	$(2\ H_4SiO_4 - H_2O)$	acido **piro**silicico
H_2SiO_3	$(H_4SiO_4 - H_2O)$	acido **meta**silicico
$H_6Si_4O_{11}$	$(4\ H_4SiO_4 - 5\ H_2O)$	acido **tetra**silicico
H_3PO_3		acido **orto**fosforoso o fosforoso
$H_4P_2O_5$	$(2\ H_3PO_3 - H_2O)$	acido **piro**fosforoso
HPO_2	$(H_3PO_3 - H_2O)$	acido **meta**fosforoso
$H_4P_4O_{12}$	$(4\ H_3PO_4 - 4H_2O)$	acido **tetra**fosforico

I sali

La nomenclatura dei sali rappresenta l'atto conclusivo e più importante di tutta la nomenclatura. I sali sono composti ionici che derivano dagli acidi per sostituzione (parziale o totale) di uno o più idrogeni con uno ione metallico o con lo ione ammonio NH_4^+.

Per la nomenclatura tradizionale dei sali valgono le seguenti regole:

1. se l'acido termina in **-oso** ⟶ il sale assume il suffisso **-ito**;
2. se l'acido termina in **-ico** ⟶ il sale assume il suffisso **-ato**;
3. se l'acido termina in **-idrico** ⟶ il sale assume il suffisso **-uro**.

TABELLA 1.16 Alcuni sali degli ossiacidi.

Acido	Residuo	Sali	Nome tradizionale
H_2SO_3 acido solfor**oso**	SO_3^{2-} solf**ito**	Na_2SO_3 $CaSO_3$	solfito di sodio solfito di calcio
H_2SO_4 acido solfor**ico**	SO_4^{2-} solf**ato**	K_2SO_4 $Al_2(SO_4)_3$	solfato di potassio solfato di alluminio
HNO_2 acido nitr**oso**	NO_2^- nitr**ito**	$Ba(NO_2)_2$ KNO_2	nitrito di bario nitrito di potassio
HNO_3 acido nitr**ico**	NO_3^- nitr**ato**	NH_4NO_3 $Cr(NO_3)_3$	nitrato di ammonio nitrato di cromo(III)
$HClO$ acido ipoclor**oso**	ClO^- ipoclor**ito**	$NaClO$ $Ba(ClO)_2$	ipoclorito di sodio ipoclorito di bario
$HClO_2$ acido clor**oso**	ClO_2^- clor**ito**	$KClO_2$ $Zn(ClO_2)_2$	clorito di potassio clorito di zinco
$HClO_3$ acido clor**ico**	ClO_3^- clor**ato**	$LiClO_3$ $Al(ClO_3)_3$	clorato di litio clorato di alluminio
$HClO_4$ acido perclor**ico**	ClO_4^- perclor**ato**	$KClO_4$ $Cu(ClO_4)_2$	perclorato di potassio perclorato rameico

Nella tabella 1.16 sono riportati alcuni esempi di residui derivati dagli acidi ed esempi di sali.

Senza far ricorso all'acido, da cui deriva, la formula e il nome del sale si possono ricavare consultando le tabelle 1.17 e 1.18.

TABELLA 1.17 I principali cationi.

+1	+2	+3	+4
H^+ ione idrogeno	Fe^{2+} ione ferro (II)	Fe^{3+} ione ferro (III)	Sn^{4+} ione stagno (IV)
Li^+ ione litio	Sn^{2+} ione Stagno (II)	Cr^{3+} ione cromo (III)	Pb^{4+} ione piombo (IV)
Na^+ ione sodio	Mg^{2+} ione magnesio	Al^{3+} ione alluminio	Ti^{4+} ione titanio
K^+ ione potassio	Ca^{2+} ione calcio	Bi^{3+} ione bismuto	
Ag^+ ione argento	Sr^{2+} ione stronzio		
Cu^+ ione rame (I)	Ba^{2+} ione bario		
NH_4^+ ione ammonio	Cu^{2+} ione rame (II)		
	Pb^{2+} ione piombo (II)		
	Hg^{2+} ione mercurio (II)		
	Mn^{2+} ione manganese (II)		
	Co^{2+} ione cobalto (II)		
	Ni^{2+} ione nichel		
	Cd^{2+} ione cadmio		

TABELLA 1. 18 I principali anioni.

−1	−2	−3
H^- Idruro	O^{2-} ossido	N^{3-}nitruro
F^- fluoruro	S^{2-} solfuro	$PO_4{}^{3-}$ fosfato
Cl^- cloruro	$O_2{}^{2-}$ perossido	
Br^-bromuro	$SO_4{}^{2-}$ solfato	
I^- ioduro	$SO_3{}^{2-}$ solfito	
CN^- cianuro	$CO_3{}^{2-}$ carbonato	
OH^- idrossido	$CrO_4{}^{2-}$ cromato	
SH^- idrogenosolfuro	$Cr_2O_7{}^{2-}$ dicromato	
ClO_4^- perclorato	$HPO_4{}^{2-}$ idrogenofosfato	
ClO_3^- clorato	$PHO_3{}^{2-}$ fosfito	
ClO_2^- clorito	$MnO_4{}^{2-}$ manganato	
ClO^- ipoclorito		
NO_3^- nitrato		
NO_2^- nitrito		
CH_3COO^- acetato		
MnO_4^- permanganato		
HSO_4^- idrogenosolfato (bisolfato)		
$HSO_3{}^-$ idrogenosolfito (bisolfito)		
$HCO_3{}^-$ idrogenocarbonato (bicarbonato)		
$H_2PO_4{}^-$ diidrogenofosfato		

Osservando gli esempi, si nota che agli elementi che hanno due anioni ossigenati si dà il suffisso **-ato** all'anione che contiene più atomi di ossigeno e il suffisso **-ito** all'anione che ne ha di meno.

Il seguente schema riassume «l'albero genealogico» dei sali.

Come abbiamo visto, per ogni idrogeno che viene tolto si aggiunge una carica negativa al residuo. Gli acidi che contengono più di un idrogeno sono detti **poliprotici**. Da essi si può togliere un numero variabile di atomi di idrogeno,

TABELLA 1.19 Alcuni esempi di sali acidi.

Acido poliprotico	Residui dell'acido	Sali acidi	Nomi
H_2S acido solfidrico	$-1H^+ \rightarrow HS^-$ idrogenosolfuro $-2H^+ \rightarrow S^{2-}$ solfuro	KHS	idrogenosolfuro di potassio
H_2SO_4 acido solforico	$-1H^+ \rightarrow HSO_4^-$ idrogenosolfato $-2H^+ \rightarrow SO_4^{2-}$ solfato	$Ca(HSO_4)_2$	idrogenosolfato di calcio
H_2CO_3 acido carbonico	$-1H^+ \rightarrow HCO_3^-$ idrogenocarbonato $-2H^+ \rightarrow CO_3^{2-}$ carbonato	$NaHCO_3$	idrogenocarbonato di sodio o bicarbonato di sodio
H_3PO_4 acido fosforico	$-1H^+ \rightarrow H_2PO_4^-$ diidrogenofosfato $-2H^+ \rightarrow HPO_4^{2-}$ idrogenofosfato $-3H^+ \rightarrow PO_4^{3-}$ fosfato	KH_2PO_4 Na_2HPO_4	diidrogenofosfato di potassio idrogenofosfato di sodio
H_3PO_3 acido fosforoso	$-1H^+ \rightarrow H_2PO_3^-$ diidrogenofosfito $-2H^+ \rightarrow HPO_3^{2-}$ fosfito*	LiH_2PO_3 Na_2HPO_3	diidrogenofosfito di litio fosfito di sodio

* L'acido fosforoso ha solo due idrogeni legati all'ossigeno e ionizzabili. Il terzo H è legato al fosforo e non può essere ionizzato in acqua.

ottenendo **sali acidi** ▸tabella 1.19. Per esempio, l'acido carbonico, H_2CO_3 può originare lo ione CO_3^{2-} (carbonato), togliendo due idrogeni, o lo ione HCO_3^-, *idrogeno*carbonato, togliendone uno solo.

Vi sono inoltre **sali basici**, che uniscono uno o più ioni OH^- (idrossido) all'anione dell'acido. Tali sali sono denominati con l'aggiunta monobasico, bibasico, a seconda del numero di gruppi OH, indicati tra parentesi.

$AlOHSO_4$	solfato monobasico di alluminio
$Bi(OH)_2Cl$	cloruro bibasico di bismuto
$CaOHPO_4$	fosfato monobasico di calcio

Per i sali, come per gli ossoacidi, la nomenclatura IUPAC è usata raramente. In essa i residui e i sali hanno lo stesso nome degli ossiacidi da cui derivano, per sostituzione della desinenza **-ico** con **-ato**.

Per esempio, l'acido triossisolforico (IV) H_2SO_3 origina il residuo SO_3^{2-}, triossisolfato (IV), corrispondente al solfito nella nomenclatura tradizionale.

ESEMPIO **Nomina i seguenti sali:**

A $(NH_4)_2SO_4$
B $Ca(ClO_4)_2$
C KNO_2
D $Ca(HCO_3)_2$
E $KHSO_4$

Soluzione

A solfato di ammonio
B perclorato di calcio
C nitrito di potassio
D idrogeno carbonato di calcio o bicarbonato di calcio
E idrogenosolfato di potassio o bisolfato di potassio

ESEMPIO **Scrivi le formule dei seguenti composti:**

A carbonato di litio
B idrogenofosfato di ammonio
C idrogenosolfito di bario
D fosfato di magnesio

Soluzione

Per arrivare alle formule si scrive a sinistra il catione e a destra l'anione; la valenza del catione diventa l'indice dell'anione e viceversa. Perciò:

A carbonato di litio: Li^{+} e $CO_3^{2-} \rightarrow Li_2CO_3$
B idrogenofosfato di ammonio: NH_4^{+} e $HPO_4^{2-} \rightarrow (NH_4)_2HPO_4$
C idrogenosolfito di bario: Ba^{2+} e $HSO_3^{-} \rightarrow Ba(HSO_3)_2$
D fosfato di magnesio: $Mg^{2+}Ba^{2+}$ e $PO_4^{3-} \rightarrow Mg_3(PO_4)_2$

PROVA TU

Scrivi le formule dei seguenti composti:
A solfito di litio
B idrogenocarbonato di alluminio
C diidrogenofosfato di magnesio
D carbonato ferrico
E idrogenosolfuro rameoso
F bromuro rameico

PROVA TU

Nomina i seguenti composti:
A $NaHCO_3$
B K_2SO_4
C H_2SO_4
D $NaNO_2$
E $AlPO_4$
F Bi_2S_3
G ZnO
H KOH

1. COMPOSTI MOLECOLARI E COMPOSTI IONICI

1. Quali sono i legami chimici contenuti nei composti molecolari?

2. Quali elementi formano ioni positivi e quali negativi?

3. Quali ioni sono contenuti nel composto $CaBr_2$?

4. Identifica tra i seguenti composti quelli molecolari e quelli ionici:
   A KI
   B SCl_2
   C HCN
   D CdO
   E H_2S
   F $CaSO_4$
   G NH_3
   H SrH_2

5. Scrivi le formule di tre composti molecolari contenenti ossigeno.

6. Classifica i seguenti composti in ionici e molecolari:
   A triossido di diazoto
   B monossido di carbonio
   C eptossido di diiodio
   D ossido di cromo(III)
   E nitruro di magnesio
   F acqua
   G solfuro di calcio

2. LA VALENZA E IL NUMERO DI OSSIDAZIONE

7. È possibile che, per un elemento in un composto, il numero di ossidazione non coincida con la valenza?

8. Quali sono le definizioni di valenza e di numero di ossidazione?

9. Nel composto N_2O_5 gli atomi di azoto hanno valenza 5 e quelli di ossigeno valenza 2.
   A disegna una struttura per tale molecola, con un ossigeno al centro
   B qual è il numero di ossidazione dell'azoto?

10. Qual è il numero di ossidazione del silicio nel composto SiH_4?

11. Scrivi una formula di un composto dell'azoto con numero di ossidazione −3.

12. Il manganese può avere numeri di ossidazione variabili tra +2 e +7. Qual è il suo numero di ossidazione in MnO_4^{2-}, ione manganato?

13. Trova i numeri di ossidazione degli elementi sottolineati:
   A $\underline{Cl}O_2$
   B $H\underline{Cl}O$
   C $\underline{S}_2O_8^{2-}$
   D $\underline{Se}H_2$
   E $\underline{N}_2O_4$
   F $\underline{Si}H_4$
   G $\underline{Xe}O_4$
   H $\underline{Ag}O$

14. Trova i numeri di ossidazione degli elementi sottolineati:
   A $\underline{C}O_2$
   B $\underline{Si}Cl_4$
   C $\underline{Ba}O$
   D $\underline{K}_2SO_4$
   E $\underline{N}H_4^+$
   F $\underline{N}O_3^-$
   G $\underline{P}_4$
   H $\underline{Zn}S$

15. Trova i numeri di ossidazione degli elementi sottolineati:
   A $\underline{Hg}_2^{2+}$
   B $\underline{Si}F_6^{2-}$
   C $\underline{Sn}H_3^+$
   D $\underline{Sn}Cl_5^-$
   E $\underline{Ge}Cl_3^-$
   F $\underline{Cr}O_4^{2-}$
   G $\underline{Cr}_2O_7^{2-}$
   H $H_5\underline{O}_2^+$

16. Qual è lo stato di ossidazione più positivo dell'ossigeno?

3. LEGGERE E SCRIVERE LE FORMULE

17. Scrivi una formula e il relativo nome di un composto di fluoro e bario.

18. Scrivi il composto ossigenato del carbonio al più alto numero di ossidazione e assegnagli il nome.

19. Scrivi le formule dei seguenti nitruri:

A di gallio, alla base di un semiconduttore molto usato nell'elettronica

B di silicio, materiale abrasivo

C di boro, materiale ceramico avente svariati usi

20. Scrivi le formule dei seguenti carburi (in cui il carbonio ha n.o. −4):

A di silicio, detto «carborundum», il più comune componente delle paste abrasive

B di alluminio

C di berillio

21. Scrivi i nomi dei seguenti composti:

A PbI_2

B NiO

C BF_3

D CS_2

E $SiCl_4$

22. Scrivi le formule dei seguenti composti:

A solfuro di calcio

B tribromuro di fosforo

C diossido di cloro

D diidruro di selenio

E triioduro di azoto

23. Scrivi le formule e i nomi delle seguenti sostanze:

A un composto di fluoro e zolfo al n.o. più elevato

B un composto dell'ossigeno e del carbonio con n.o. +2

C un composto del cloro e del cesio

24. Scrivi i nomi e le formule di tutti i composti ottenibili dalla combinazione a coppie dei seguenti ioni:

A Li^+ B Ca^{2+} C Al^{3+}

D Cl^- E O^{2-} F N^{3-}

4. LA CLASSIFICAZIONE DEI COMPOSTI BINARI

25. Quale tra i seguenti è un composto binario?

A KCN

B Cu_2Br_2

C O_2

D COS

26. Quali sono i composti binari contenenti idrogeno?

27. Quali sono i composti binari dell'ossigeno?

28. Scrivi un composto binario tra due non metalli.

29. Classifica i seguenti composti binari:

A ossidi

B anidridi

C idruri salini

D idruri covalenti

E idracidi

F sali binari

CaS ☐

SeH_2 ☐

B_2O_3 ☐

H_2S ☐

BeH_2 ☐

MnO ☐

Ce_2O_3 ☐

SrH_2 ☐

HF ☐

SO_3 ☐

SiH_4 ☐

LiI ☐

30. Quale riga comprende solo ossidi acidi?

A Na_2O, CaO, CO_2

B SO_3; CuO; Cr_2O_3

C MnO_2; CuO; Cr_2O_3

D SO_3; CO_2; P_2O_5

31. Classifica i seguenti composti in ossidi acidi e ossidi basici:

A CuO

B Al_2O_3

C CrO_3

D SO_3

E Na_2O
F ZnO
G K_2O
H MnO

32. Quale dei seguenti composti non contiene lo ione ossido (O^{2-})?

A Li_2O
B Na_2O
C MgO
D Na_2O_2
E H_2O_2
F Cu_2O
G ZnO
H Li_2O

33. Denomina i seguenti composti:

A $LiCl$
B CH_4
C $PbCl_4$
D CuS
E N_2O_4
F HBr
G SiO_2
H BaH_2

34. Il fluoruro di stagno(II) è contenuto in certi dentifrici per indurire lo smalto dei denti; scrivi la sua formula.

35. Scrivi la formula del cloruro di calcio, usato per fondere il ghiaccio sulle strade

36. Scrivi le formule dei seguenti composti:

A ossido di cromo(III)
B ossido di vanadio(V)
C solfuro di nichel(III)
D idruro di titanio(IV)
E cloruro di ferro(III)

37. Scrivi le formule dei seguenti composti:

A ossido di magnesio
B ossido cobaltoso
C anidride clorica
D anidride perclorica
E cloruro rameoso

38. Scrivi i nomi secondo Stock dei seguenti composti:

A CuI_2
B Hg_2I_2
C Co_2S_3
D CrO_3
E MnO_2
F NiH_2
G PbF_4
H FeS

39. Scrivi le formule e i nomi IUPAC di tre idruri covalenti, di tre idracidi e di tre ossidi basici tipo E_2O_3.

5. LA CLASSIFICAZIONE DEI COMPOSTI TERNARI

40. Quali composti binari ottieni per sottrazione di acqua a:

A un ossiacido
B un idrossido

41. Negli ossiacidi e negli idrossidi ci sono gruppi OH legati all'elemento. Come spieghi le differenze di comportamento, nonostante questa somiglianza?

42. Classifica i seguenti composti in acidi e basi:

A BaO
B $HClO_3$
C HBr
D NH_3
E $Ca(OH)_2$
F HNO_3

43. Scrivi il nome e la formula dei composti formati dalle seguenti terne di elementi.

A H, Li, O
B Zn, H, O
C K, C, O
D H, S, O

44. Assegna i nomi secondo Stock ai seguenti idrossidi:

A $Zn(OH)_2$
B $Cr(OH)_3$
C $Fe(OH)_2$
D $Zr(OH)_4$

45. Assegna il nome tradizionale ai seguenti ossiacidi:

A HNO_3
B H_2CO_3
C H_3PO_3
D HNO_2

46. Scrivi le formule dei seguenti composti:

A ipoclorito di litio
B acido perclorico
C idrossido rameoso
D carbonato di cobalto(II)
E nitrato d'ammonio
F solfito di potassio
G iodato di potassio
H solfato di cromo(III)
I acido solforico
L idrossido di magnesio

47. Qual è l'acido derivante da ciascuna anidride dell'elenco?

A CO_2
B SO_3
C N_2O_3
D B_2O_3
E P_2O_5

48. Qual è l'idrossido formalmente derivante da ciascuno dei seguenti ossidi basici?

A CaO
B FeO
C Al_2O_3
D Rb_2O
E SnO_2

49. Scrivi le formule dei seguenti composti:

A acido tetraossoclorico(VII)
B acido tetraossomanganico(VI)
C acido triossoarsenico(III)
D acido triossosolforico(IV)
E acido triossoselenico(IV)
F triossocarbonato(IV) di ferro(II)
G tetraossosolfato(VI) di rame(II)

50. Scrivi le formule e i nomi dei sali derivanti dalle seguenti coppie idrossido-ossiacido:

A acido perclorico; idrossido di sodio
B acido ipocloroso; idrossido di calcio
C acido ipobromoso; idrossido di bario
D acido bromidrico; idrossido di rubidio
E acido solforoso; idrossido di stronzio
F acido solfidrico; idrossido di rame(II)
G acido solforico; idrossido di alluminio
H acido ortofosforico; idrossido di zinco
I acido silicico; idrossido di cromo(III)
L acidopirofosforico; idrossido di magnesio

51. Assegna il nome ai seguenti sali:

A $NaHSO_4$
B Li_2CO_3
C CuH_2PO_4
D $FeSO_4$
E $Pb(NO_3)_2$
F $Ni(NO_2)_2$
G $MnCrO_4$
H KCN

52. Scrivi le formule dei seguenti sali:

A solfato di cromo(III)
B carbonato di ferro(II)
C perclorato di alluminio
D iodato di potassio
E solfuro di ammonio
F acetato di argento
G dicromato di potassio
H permanganato di potassio
I nitrato di zirconio(IV)

53. Scrivi le formule dei seguenti acidi:

A acido silicico
B acido borico
C acido ortofosforico

COSTRUISCI LA COMPETENZA

OBIETTIVO classificare i composti in base alla loro natura: ionica o molecolare, binaria e ternaria

RISOLVI I SEGUENTI QUESITI

1. Classifica i seguenti composti in ionici e molecolari:
- A NO_2
- B KCl
- C H_2S
- D HCl
- E NaH
- F CaO

2. Classifica i seguenti composti in binari e ternari:
- A $NaClO$
- B HF
- C CH_4
- D $CuSO_3$
- E CuO
- F KCN

3. Quale tra i seguenti è l'unico composto ternario ionico?
- A MgI_2
- B $HClO$
- C SiH_4
- D KCl
- E $KClO_4$
- F HNO_3

OBIETTIVO classificare i composti per classi di appartenenza

RISOLVI I SEGUENTI QUESITI

4. Dividi i seguenti composti binari idrogenati in tre classi:
- A HCl
- B NH_3
- C BeH_2
- D H_2S
- E AlH_3

5. Dividi i seguenti composti ossigenati in tre categorie:
- A BeO
- B K_2O
- C P_2O_3
- D K_2O
- E SO_3
- F NO_2

6. Classifica i seguenti composti in acidi e basici:
- A B_2O_3
- B CaO
- C HNO_3
- D LiH
- E NH_3
- F KOH

7. Classifica i seguenti sali in quattro categorie:
- A $LiCl$
- B $KHSO_4$
- C $AlBr_3$
- D $Mn(NO_3)_2$
- E $KHCO_3$
- F $NaClO_4$
- G $CrOHSO_4$

OBIETTIVO saper assegnare il numero di ossidazione a ogni elemento combinato

RISOLVI I SEGUENTI QUESITI

8. Assegna il numero di ossidazione agli elementi sottolineati:
- A $\underline{Fe}O$
- B $\underline{O}_3$
- C $\underline{Na}Cl$
- D $H_2\underline{S}$
- E $\underline{N}H_3$
- F $\underline{Al}H_3$

9. Assegna il numero di ossidazione agli elementi sottolineati:
- A $\underline{K}OH$
- B $Na\underline{Cl}O$
- C $H_2\underline{S}O_3$
- D $H\underline{N}O_2$
- E $\underline{Ba}SO_4$
- F $\underline{Sr}(OH)_2$

10. Assegna il numero di ossidazione agli elementi sottolineati:

A $\underline{Cl}O_4^-$

B $\underline{N}H_2^-$

C $\underline{S}F_4$

D $\underline{N}O_2^+$

E $K_2\underline{S}_2O_5$

F $\underline{Mo}O_4^{2-}$

11. Scrivi le formule di:

A un'anidride del selenio con numero di ossidazione +4

B un ossiacido del fosforo con n.o. +3

C un cloruro del piombo con n.o. +4

D un anione dell'azoto con n.o. +3

E un anione dell'azoto con n.o. −3

OBIETTIVO utilizzare le regole di nomenclatura IUPAC o tradizionale

RISOLVI I SEGUENTI QUESITI

12. Scrivi i nomi e le formule di due composti contenenti silicio.

13. Scrivi i nomi IUPAC dei seguenti composti:

A As_2O_3

B Bi_2O_5

C HBr

D Cr_2S_3

E FeS

F $SbCl_3$

14. Scrivi i nomi tradizionali dei seguenti composti:

A FeS

B $CoCl_2$

C $SnBr_4$

D $NaNO_2$

E $KClO_2$

F SO_3

15. Scrivi le formule dei seguenti composti:

A nitrito di manganese(II)

B fluoruro ferrico

C acido cloroso

D idrossido di indio

E anidride perclorica

F ossido di cromo(VI)

Pensa come uno scienziato

1 In base ai seguenti simboli convenzionali per gli atomi: scrivi le formule e denomina tutte le sostanze rappresentate nelle figure; inoltre rispondi alle seguenti domande:

A Quali sostanze sono di natura ionica?
B Quali sostanze sono di natura covalente?
C Quali sono gli ossidi?
D Qual è l'idracido?
E Quali sono i sali ternari?
F Qual è il sale binario?
G Qual è l'idruro?
H Qual è l'idrossido?
I Qual è l'ossiacido?
L Quale composto ionico contiene solo non metalli?

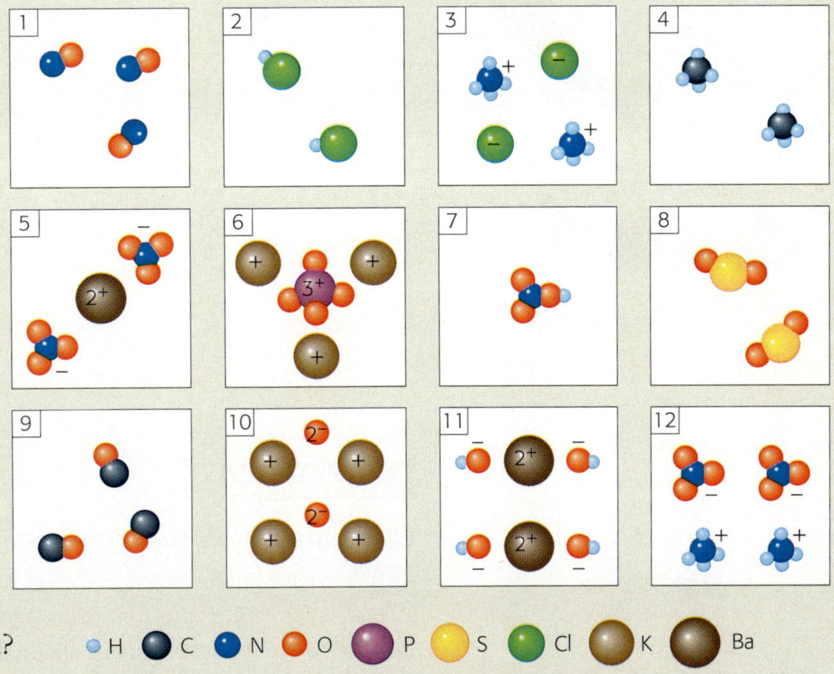

2 Indicare con un croce la casella in cui ciascuna descrizione o formula corrisponde alla classe.

	Idruro salino	Idruro covalente	Idracido	Ossido acido	Ossido basico	Sale binario	Ossiacido	Idrossido	Sale di ossoacido
Dona ioni H^+, il nome termina in -ico -oso.									
HCl									
Contiene ioni H^-.									
Li_2S									
Contiene ioni O^{2-}.									
H_3PO_4									
CH_4									
Dona ioni H^+, il nome termina in -idrico.									
KH									
CO_2									
Composti di H con non metalli.									
$Mn(NO_3)_2$									
Composti ionici contenenti OH^-.									
$Co(OH)_2$									
Composti covalenti chiamati anidridi.									
BaO									

Unità 2

COMPETENZA

Effettuare calcoli stechiometrici.

La competenza dell'unità didattica si costruisce ponendosi i seguenti obiettivi:

1. Bilanciare una reazione chimica.
2. Leggere un'equazione chimica bilanciata sotto l'aspetto quantitativo, in moli o in molecole.
3. Calcolare la quantità chimica di una sostanza, conoscendo l'ammontare di un'altra sostanza della stessa reazione chimica.
4. Riconoscere il reagente in eccesso e il reagente limitante, rispetto alle quantità stechiometriche.

Le reazioni chimiche

1. EQUAZIONI DI REAZIONE E BILANCIAMENTO

Per rappresentare una reazione chimica si scrive una equazione chimica, costituita da formule e simboli.

Prendiamo ad esempio la reazione di combustione dell'idrogeno con l'ossigeno, in cui si forma l'acqua.

$$2H_{2(g)} + O_{2(g)} \rightarrow 2\ H_2O_{(l)}$$

La reazione chimica va letta nel seguente modo: «Due moli di diidrogeno ($2H_2$) gassoso si combinano con una mole di diossigeno (O_2) gassoso per dare ($\rightarrow$) 2 moli di acqua (H_2O) liquida.»

I reagenti e i prodotti devono essere già noti *prima* di scrivere l'equazione, con gli indici corretti (che poi non si possono più modificare). L'equazione chimica, infatti, *non* consente di ricavare le formule dei prodotti. I simboli tra parentesi, in basso a destra a ogni formula, si riferiscono allo stato fisico delle sostanze:

(*g*)	=	gassoso
(*l*)	=	liquido
(*s*)	=	solido
(*aq*)	=	soluzione acquosa

Per scrivere correttamente un'equazione occorre seguire tre tappe:

1. stabilire quali sono i reagenti e i prodotti (i loro nomi e le classi di appartenenza);
2. scrivere le formule corrette dei reagenti (a sinistra della freccia) e dei prodotti (a destra);
3. bilanciare, cioè variare il numero di unità formula di ogni reagente e prodotto (coefficienti) per ottenere un ugual numero di atomi nei reagenti e nei prodotti. Il coefficiente 1 viene omesso. In questa fase non si possono più modificare le formule.

Il primo passaggio è il più importante; per conoscere quali prodotti si origineranno dall'unione di certi reagenti, se la situazione è nuova, è necessario effettuare un'indagine sperimentale. La previsione per via teorica dei prodotti che si devono formare è possibile solo quando la combinazione dei reagenti rientra in una classe tipica di reazioni (come vedremo nella prossima unità).

Il secondo passaggio, cioè la scrittura delle formule dei reagenti e dei prodotti, è stato oggetto della precedente unità didattica.

Per la terza fase, il bilanciamento, non ci sono istruzioni precise; infatti i coefficienti di una reazione chimica vanno scelti volta per volta, eventualmente provando e riprovando. L'esercizio può essere di aiuto al riguardo. Tuttavia, riteniamo possa essere utile seguire tre semplici regole:

1. bilanciare prima i metalli e i non metalli;
2. gli ioni poliatomici (per esempio SO_4^{2-}, NO_3^-), che appaiono da ambedue i lati dell'equazione, sono bilanciati come gruppo;
3. bilanciare gli atomi di idrogeno e di ossigeno.

Mostriamo un esempio di bilanciamento per tentativi per chiarire quanto abbiamo affermato.

Dati sperimentali: il mercurio (Hg) a 300 °C reagisce con l'ossigeno (O_2) per formare l'ossido di mercurio (HgO), di colore rosso.

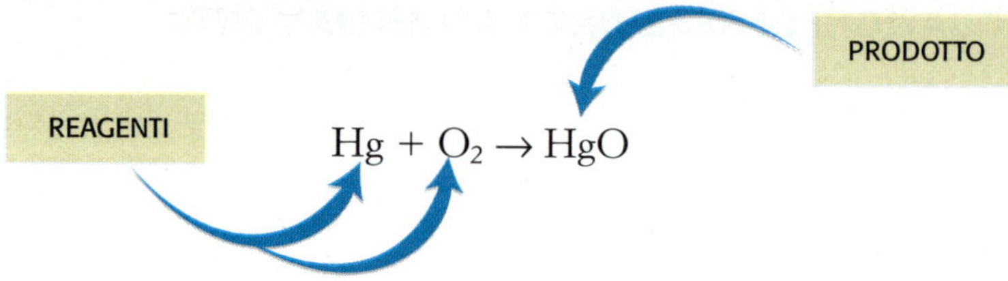

Ricordiamo ancora una volta che quando si bilancia una reazione <u>non</u> si devono modificare le formule di reagenti e prodotti.

L'ossigeno non è bilanciato perché ci sono due atomi a sinistra e solo uno a destra. Quindi occorre aggiungere un HgO a destra. Siccome è vietato cambiare la formula in HgO_2, perché non è questo il composto che si forma, si deve prendere un'altra molecola di HgO. Quindi si ha:

$$Hg + O_2 \rightarrow 2HgO$$

A questo punto, pareggiato l'ossigeno, risulta un atomo di mercurio in più tra i prodotti. Il mercurio si può bilanciare aggiungendo un altro atomo di Hg tra i reagenti:

$$2Hg + O_2 \rightarrow 2HgO$$

Quindi, la reazione bilanciata è:

$$2Hg + O_2 \rightarrow 2HgO$$

L'equazione, così come è scritta sopra, è bilanciata correttamente; infatti, possiamo contare lo stesso numero di atomi nei prodotti e nei reagenti.

Come ulteriore esempio, bilanciamo la seguente reazione chimica; secondo le regole che abbiamo fissato:

$$H_3PO_4 + Ca(OH)_2 \rightarrow Ca_3(PO_4)_2 + H_2O$$

1. Si bilancia per primo il calcio (ci sono tre atomi di calcio a destra e un atomo a sinistra) ponendo il numero 3 davanti alla formula dell'idrossido di calcio:

$$H_3PO_4 + 3Ca(OH)_2 \rightarrow Ca_3(PO_4)_2 + H_2O$$

2. A sinistra c'è un gruppo PO_4, mentre a destra ce ne sono 2; pertanto, si moltiplicherà per 2 la formula di H_3PO_4:

$$2H_3PO_4 + 3Ca(OH)_2 \rightarrow Ca_3(PO_4)_2 + H_2O$$

3. Rimangono da sistemare gli atomi di idrogeno e ossigeno: a sinistra ci sono 12 H e 6 O, mentre a destra solo 2 H e 1 O (nella molecola di H_2O). Perciò, l'equazione è definitivamente bilanciata anteponendo il numero 6 all'acqua:

$$2H_3PO_4 + 3Ca(OH)_2 \rightarrow Ca_3(PO_4)_2 + 6H_2O$$

È comunque sempre bene controllare che da ambedue i lati dell'equazione chimica vi sia lo stesso numero di atomi.

2. CALCOLI STECHIOMETRICI

Per passare dal livello microscopico (atomi e molecole) al livello macroscopico (grammi, kilogrammi), bisogna ricorrere al concetto di mole, come abbiamo visto nell'unità B1. Per fare previsioni e calcoli di tipo quantitativo, bisogna partire da una reazione chimica bilanciata, come la seguente:

$$3H_{2(g)} + N_{2(g)} \rightarrow 2NH_{3(g)}$$

Il ramo della chimica che si occupa delle relazioni quantitative fra le sostanze reagenti è detta **stechiometria** e i calcoli relativi sono chiamati *calcoli stechiometrici*. Nella precedente reazione, i coefficienti ci dicono che 3 molecole di idrogeno reagiscono con 1 molecola di azoto per dare 2 molecole di ammoniaca; tuttavia, a livello macroscopico l'equazione ci dice anche che 3 moli di idrogeno reagiscono con 1 mole di azoto per dare 2 moli di ammoniaca. Riassumendo:

I coefficienti di una reazione bilanciata indicano sia il numero di molecole (o formule unitarie) coinvolte, sia il numero di moli.

La tabella 2.1 sintetizza quanto abbiamo appena detto.

TABELLA 2.1 Interpretazione quantitativa di una reazione chimica.

Reazione	$3\ H_2$	+	N_2	→	$2\ NH_3$
	3 molecole	reagiscono con	1 molecola	per dare	2 molecole
	3 moli ($3 \cdot 6 \cdot 10^{23}$ molecole)	reagiscono con	1 mole ($6 \cdot 10^{23}$ molecole)	per dare	2 moli ($2 \cdot 6 \cdot 10^{23}$ molecole)
	$3 \cdot 2{,}02$ g = 6,06 g	reagiscono con	28 g	per dare	$2 \cdot 17{,}03$ g = 34,06 g

Le informazioni contenute nell'equazione chimica permettono di fare previsioni di tipo quantitativo. Se, per esempio, è nota la reazione chimica, si può conoscere la massa dei prodotti che si otterranno, a partire da determinate quantità di reagenti. Con un metodo alternativo si possono semplificare notevolmente i calcoli, senza ricorrere direttamente al calcolo delle moli. Il procedimento semplificato si svolge nei seguenti passaggi:

1. si scrive la reazione chimica bilanciata;
2. si costruisce una tabella sotto l'equazione, avente tante colonne quante sono i reagenti e i prodotti e con quattro righe (per i coefficienti, le masse molari, le masse e le quantità chimiche di sostanza);
3. si scrivono i coefficienti nelle caselle sotto ogni sostanza, nella prima riga;
4. si scrive la massa della sostanza nota nella corrispondente casella e una x nella casella della sostanza di cui si vuole calcolare la massa;
5. si determinano le masse molari della sostanza data e dell'incognita;
6. si calcola la quantità chimica (mol) della sostanza data;
7. si calcola la quantità chimica (mol) della sostanza incognita, in base al rapporto stechiometrico dei coefficienti;
8. si risale alla massa della sostanza incognita, a partire dalle moli e dalla massa molare.

ESEMPIO **Nella reazione fra cloruro di calcio e fosfato di sodio si ottengono il fosfato di calcio e il cloruro di sodio. Quanti grammi di cloruro di sodio si ottengono facendo reagire 150 g di $CaCl_2$?**

Soluzione

L'equazione bilanciata è la seguente:

$$3CaCl_2 + 2Na_3PO_4 \rightarrow Ca_3(PO_4)_2 + 6NaCl$$

La tabella 2.2 sviluppa i primi cinque punti.

TABELLA 2.2 Il bilanciamento di una reazione: la prima tappa.

	$3\ CaCl_2$ +	$2Na_3PO_4$ →	$Ca_3(PO_4)_2$ +	$6NaCl$
Coefficiente	3	2	1	6
Massa molare	111 g/mol			58,5 g/mo
Massa	150 g			x
Quantità chimica				

Si procede quindi al calcolo dei punti 6, 7, 8.

6. Quantità chimica, $n = \dfrac{\text{massa}}{\text{massa molare}} = \dfrac{150\ \text{g}}{111\ \text{g/mol}} = 1{,}35\ \text{mol}\ CaCl_2$

7. In base al rapporto stechiometrico tra i coefficienti, dalle moli di $CaCl_2$ possiamo ricavare le moli di NaCl, con la proporzione:

   $3 : 6 = 1{,}35\ \text{mol} : x\ \text{mol}$

   dalla quale

   $x = 6 \cdot 1{,}35/3 = 2{,}70\ \text{mol}$

8. Si ricava la massa di NaCl dalle moli e dalla massa molare:

   massa = quantità chimica · massa molare = 2,70 mol · 58,5 g/mol = 158 g NaCl

Lo schema completo è nella tabella 2.3.

TABELLA 2.3 Il bilanciamento di una reazione: la fase finale.

	$3\ CaCl_2$ +	$2Na_3PO_4$ →	$Ca_3(PO_4)_2$ +	$6NaCl$
Coefficiente	3	2	1	6
Massa molare	111 g/mol			58,5 g/mo
Massa	150 g			158 g
Quantità chimica	1,35 mol			2,70 mol

Il concetto di reagente limitante

In una reazione che richiede più reagenti, si dice **limitante** quello in difetto rispetto alla quantità stechiometrica. Per esempio, sappiamo che per neutralizzare 500 mg di NaOH, occorrono esattamente 456 mg di HCl.

Se ai 500 mg di NaOH aggiungeremo esattamente 456 mg di HCl, avremo una trasformazione completa di entrambi i reagenti. Se, invece, metteremo un solo milligrammo di HCl in più, questo non avrà alcuna possibilità di reagire: NaOH è in tal caso il reagente limitante. Se, d'altra parte, faremo reagire meno di 456 mg di HCl, non avremo più la possibilità di consumare tutti i 500 mg di NaOH. In tal caso, HCl è il reagente limitante (e resterà un eccesso di NaOH).

1. EQUAZIONI DI REAZIONE E BILANCIAMENTO

1. Bilancia le seguenti reazioni:
   - A $KF + H_2SO_4 \rightarrow HF + K_2SO_4$
   - B $Cu + S_8 \rightarrow CuS$
   - C $Na_2O_2 \rightarrow Na_2O$
   - D $Hg_2O + O_2 \rightarrow HgO$
   - E $Cu_2O + O_2 \rightarrow CuO$

2. Bilancia le seguenti reazioni, utilizzate da J. Priestley, intorno al 1770, per ottenere l'ossigeno:
   - A $Mg(NO_3)_{2(s)} \rightarrow MgO_{(s)} + NO_{2(g)} + O_{2(g)}$
   - B $KNO_{3(s)} \rightarrow KNO_{2(s)} + O_{2(g)}$
   - C $Ag_2CO_{3(g)} \rightarrow Ag_{(s)} + CO_{2(g)} + O_{2(g)}$

3. Bilancia le seguenti reazioni:
   - A $Al + H_2O + NaOH \rightarrow NaAlO_2 + H_2$
   - B $SiF_4 + H_2O \rightarrow H_2SiF_6 + H_2SiO_3$
   - C $SiCl_4 + H_2O \rightarrow SiO_2 + HCl$
   - D $CH_4 + O_2 \rightarrow CO_2 + H_2O$
   - E $NI_3 \rightarrow I_2 + N_2$

4. Scrivi e bilancia l'equazione della reazione del nitruro di alluminio con acqua, in cui si formano ammoniaca e idrossido di alluminio.

5. Scrivi e bilancia l'equazione della reazione tra solfuro di zinco e HCl. Si formano solfuro d'idrogeno gassoso e cloruro di zinco

6. Scrivi e bilancia l'equazione della reazione tra solfito di sodio e acido cloridrico. Si formano diossido di zolfo gassoso, cloruro di sodio e acqua.

7. Scrivi e bilancia l'equazione della reazione tra fluoruro di calcio e acido fosforico a caldo. Si forma fluoruro d'idrogeno gassoso e fosfato di calcio.

8. Scrivi e bilancia l'equazione della reazione tra carbonato di rame(II) e acido cloridrico. Si formano cloruro rameico e diossido di carbonio gassoso.

9. Se getti un pezzo di rame (o una moneta di rame) in acido nitrico diluito formi un gas rosso (diossido di azoto), nitrato di rame(II) e acqua. Scrivi l'equazione di questa reazione.

10. Gli alchimisti ottenevano l'acido solforico («olio di vetriolo») riscaldando il «vetriolo verde» (solfato ferroso), in presenza d'aria (ossigeno). Si otteneva anidride solforica gassosa e ossido ferrico. L'anidride solforica, assorbita in acqua, originava l'acido solforico. Scrivi le equazioni bilanciate delle due reazioni successive.

2. CALCOLI STECHIOMETRICI

11. Perché 1 g di zolfo non contiene tanti atomi quanti ve ne sono in 1 g di rame? Quanti grammi di zolfo devi prendere per avere gli stessi atomi di 1 g di Cu?

12. Quale dei seguenti campioni ha maggiore massa?
    - A 1,5 mol di ferro
    - B 1,5 mol di calcio
    - C 1,5 mol di piombo
    - D uguali nelle tre risposte sopra

13. Lo zinco reagisce con lo zolfo formando ZnS:
    $Zn_{(s)} + S_{(g)} \rightarrow ZnS_{(s)}$
    Per realizzare la trasformazione completa dei reagenti non sono necessarie quantità uguali di zinco e zolfo (per esempio 1 kg di Zn e 1 kg di S); spiega il perché.

14. Quale ossido ha il 50% in peso di ossigeno?
    - A CO
    - B N_2O
    - C SO_2
    - D CO_2

15. Calcola i grammi di ossido di calcio che puoi ricavare dalla decomposizione di 190 g di carbonato di calcio, secondo la reazione:
    $CaCO_{3(s)} \rightarrow CaO_{(s)} + CO_{2(s)}$

16. Calcola i grammi di rame che ottieni dalla reazione di 6,5 g di zinco, secondo l'equazione:

$CuSO_{4(aq)} + Zn_{(s)} \rightarrow Cu_{(s)} + ZnSO_{4(aq)}$

17. Bilancia la reazione chimica e calcola i grammi di carbonio e minerale di ferro necessari per ottenere 111,6 g di ferro:

$C + Fe_2O_3 \rightarrow Fe + CO$

18. Le reazioni sottostanti sono usate per ottenere i metalli titanio e tungsteno, aventi notevole importanza tecnologica:

[A] $2Mg + TiCl_4 \rightarrow Ti + 2MgCl_2$

[B] $3H_2 + WO_3 \rightarrow W + 3H_2O$

Stabilisci quanti grammi di WO_3 (ossido di tungsteno IV) e di $TiCl_4$ (cloruro di titanio IV) sono necessari per ottenere 1 mole di tungsteno e di titanio.

19. L'elemento silicio (Si) è preparato con la seguente reazione:

$SiO_{2(s)} + 2C_{(s)} \rightarrow Si_{(s)} + 2CO_{(g)}$

Se la reazione ha inizio con 1 mol di SiO_2 e 2 mol di C, calcola quali saranno le quantità di tutte le sostanze a reazione completata?

20. Unendo frammenti di iodio, trucioli di alluminio e qualche goccia d'acqua si ha la reazione:

$Al + I_2 \rightarrow AlI_3$

Bilancia la reazione e stabilisci le quantità di tutti i reagenti e prodotti dopo la reazione di 0,54 g di alluminio con 7,62 g di iodio.

21. Su una bilancia a due piatti si dispongono a sinistra un becher con 1 g di Mg (PA 24,305 u), a destra un becher identico con 1 g di Zn (PA 65,38 u). La bilancia è all'equilibrio. Si introducono, in entrambi i becher, 10 mL di una soluzione di H_2SO_4.
A sinistra avviene la reazione:

$Mg + H_2SO_4 \rightarrow MgSO_4 + H_2$

a destra, avviene la reazione:

$Zn + H_2SO_4 \rightarrow ZnSO_4 + H_2$

L'idrogeno formato è libero di abbandonare i due becher. Inoltre tutto il magnesio e tutto lo zinco reagiscono. Alla fine (scegliere la risposta esatta):

[A] il piatto di destra si alza

[D] il piatto di sinistra si alza

[C] la bilancia resta in equilibrio

22. In un recipiente chiuso si pongono a reagire 2 g di bromo e 2 g di ferro. Dalla reazione si forma $FeBr_3$. Stabilisci qual è il reagente limitante.

COSTRUISCI LA COMPETENZA

OBIETTIVO bilanciare una reazione chimica

RISOLVI I SEGUENTI QUESITI

1. Bilancia la seguente reazione chimica:
$C + O_2 \rightarrow CO$

2. Bilancia la seguente reazione chimica:
$Cu_2O + O_2 \rightarrow CuO$

3. Bilancia la seguente reazione chimica:
$Fe + O_2 \rightarrow Fe_2O_3$

4. Bilancia la seguente reazione chimica:
$NH_3 + O_2 \rightarrow NO_2 + H_2O$

OBIETTIVO leggere un'equazione chimica bilanciata sotto l'aspetto quantitativo, in moli o in molecole

RISOLVI I SEGUENTI QUESITI

5. Scrivi un'equazione che esprima la seguente frase: una mole di gas metano si combina con due moli di ossigeno gassoso per formare una mole di diossido di carbonio e due moli di vapore acqueo.

6. Scrivi una reazione chimica che esprima la seguente frase: sedici molecole di solfuro di idrogeno reagiscono con otto molecole di diossido di zolfo per dare tre molecole di zolfo ottoatomico e sedici molecole d'acqua.

7. Data la reazione chimica bilanciata
$2Hg_2O + O_2 \rightarrow 4HgO$
descrivila come nell'esercizio precedente, ma riferendo le quantità a una sola mole di Hg_2O.

OBIETTIVO calcolare la quantità chimica di una sostanza, conoscendo l'ammontare di un'altra sostanza della stessa reazione chimica

RISOLVI I SEGUENTI QUESITI

8. Quante moli di CaO puoi ottenere dalla decomposizione di 0,25 mol di $CaCO_3$ secondo l'equazione
$CaCO_3 \rightarrow CaO + CO_2$?

9. Data la reazione chimica bilanciata
$Fe_2O_3 + 6HCl \rightarrow 2FeCl_3 + 3\ H_2O$
calcola la quantità chimica di $FeCl_3$ e di acqua ottenibili da 3 mol di HCl e 0,5 mol di Fe_2O_3.

10. Data la reazione chimica bilanciata
$4FeSO_4 + O_2 \rightarrow 2Fe_2O_3 + 4SO_3$
stabilisci quante moli di solfato ferroso e di ossigeno sono necessarie per avere 16 mol di triossido di zolfo.

OBIETTIVO riconoscere il regente in eccesso e il reagente limitante, rispetto alle quantità stechiometriche

RISOLVI I SEGUENTI QUESITI

11. In un recipiente introduciamo 2 mol di KCN e 1 mol di HCl, che reagiscono secondo l'equazione:
$KCN + HCl \rightarrow HCN + KCl$
Stabilisci qual è il reagente limitante.

12. In un recipiente si introducono 2 mol di KF e 2 mol di H_2SO_4, che reagiscono secondo l'equazione:
$2KF + H_2SO_4 \rightarrow 2HF + K_2SO_4$
Stabilisci qual è il reagente limitante

13. Si fanno reagire 0,6 mol di idrossido di alluminio con 1,2 mol di HCl. Stabilisci qual è il reagente limitante e quante mol di $AlCl_3$ e acqua ottieni:
$Al(OH)_3 + 3\ HCl \rightarrow AlCl_3 + 3H_2O$

Pensa come uno scienziato

1 Scrivi le equazioni corrispondenti alle reazioni A e B.

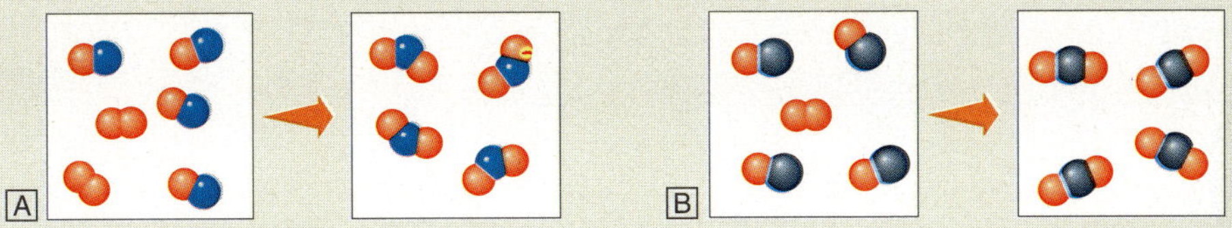

2 Date le equazioni di reazione A e B, completa il disegno con le modifiche dei prodotti formati.

A combustione del metano: $CH_4 + 2O_2 \rightarrow CO_2 + 2H_2O$

B combustione dell'ossido di carbonio: $2CO + O_2 \rightarrow 2CO_2$

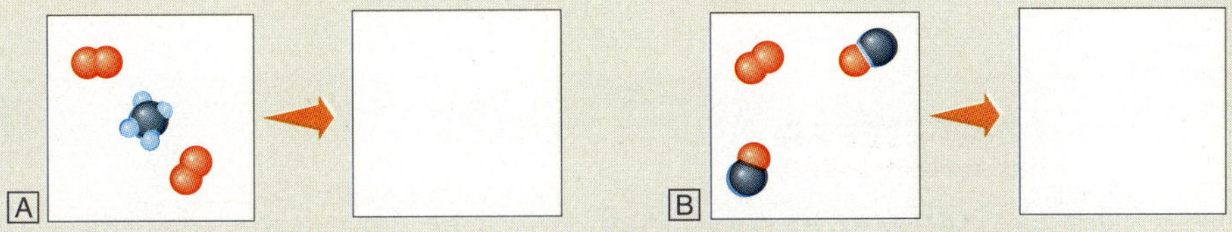

3 I riquadri contengono solo una molecola di ogni reagente e prodotto per due reazioni A e B. Completa le due reazioni, aggiungendo le molecole necessarie al bilanciamento. Scrivi le due equazioni bilanciate.

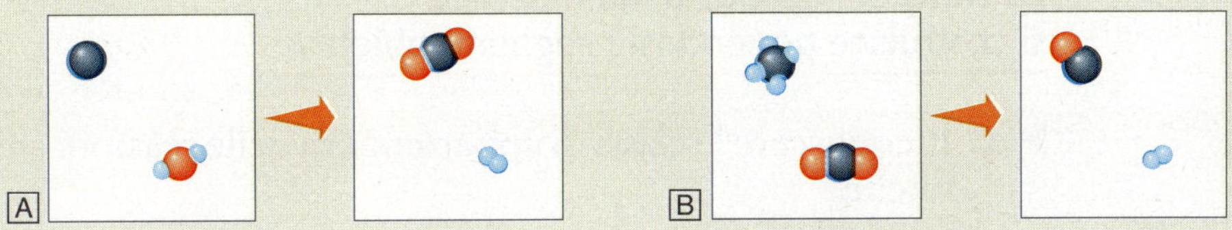

4 La reazione $2S + O_2 \rightarrow 2SO_3$ è rappresentabile con particelle di S e di O_2. Se la miscela iniziale dei reagenti è A, come si presenterà la miscela dopo la reazione completa?

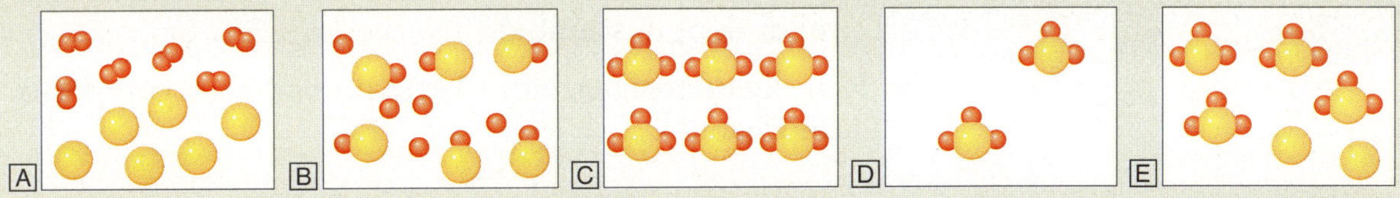

5 Completa la seguente tabella con i valori delle quantità riportate sulla colonna di sinistra, per ogni reagente e prodotto, e indica qual è il reagente limitante e quello in eccesso:

	$2NH_3$ +	H_2SO_4 →	$(NH_4)_2SO_4$
massa	34 g	49 g	66 g
quantità chimica			
massa molare			
coefficiente			
indici			
reagenti in eccesso			
reagenti in difetto			

Unità 3

COMPETENZA

Classificare le principali reazioni chimiche identificando reagenti e prodotti.

La competenza dell'unità didattica si costruisce ponendosi i seguenti obiettivi:

1. Riconoscere le classi di appartenenza delle reazioni chimiche.
2. Indicare i composti ottenibili dall'unione di metalli e non metalli, da acqua e ossidi acidi o basici, dalla decomposizione di perossidi, carbonati e idrossidi, dalla reazione di metalli con ossidi o sali, dalle reazioni di doppio scambio.
3. Individuare i reagenti adatti a preparare un composto inorganico.

La classificazione delle reazioni chimiche

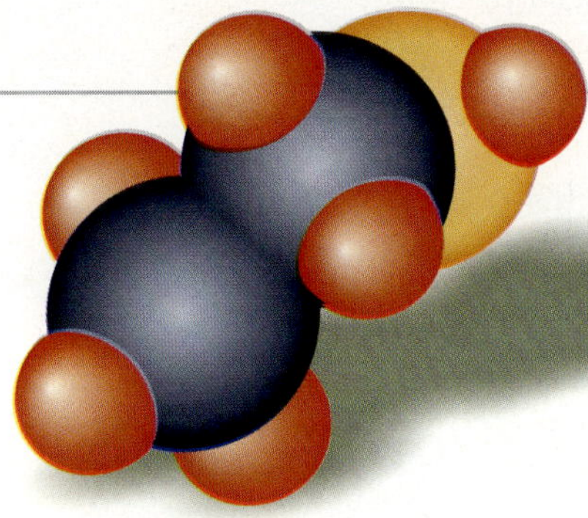

Saper realizzare una reazione chimica è di gran lunga più stimolante e utile della spiegazione, mai definitiva, delle cause che l'hanno provocata.

Il laboratorio è l'ambiente in cui verificare e applicare le conoscenze introdotte in questa unità.

Un gran numero di reazioni rientra in questi 4 semplici schemi:

reazione di sintesi:	A + B	→	AB
reazione di decomposizione :	AB	→	A + B
reazione di spostamento:	A + BC	→	AC + B
reazione di doppio scambio:	AB + CD	→	AD + CB

«... e nel tubo, riscaldato dall'esterno, avevamo fatto passare una corrente d'idrogeno, nella speranza che quest'ultimo strappasse l'ossigeno legato al nichel e lo lasciasse ridotto, cioè nudo, allo stato metallico».
Primo Levi

1. REAZIONE DI SINTESI: A + B → AB

In questo tipo di reazione, da due o più elementi o composti semplici si prepara un solo composto.

REAZIONE 1 non metallo + O_2 → anidride

$C_{(g)}$ carbonio + $2O_{2(g)}$ ossigeno $\xrightarrow{\Delta}$ $CO_{2(g)}$ diossido di carbonio

REAZIONE 2 metallo + O_2 → ossido

$2Cu_{(s)}$ rame + $2O_{2(s)}$ ossigeno $\xrightarrow{\Delta}$ $2CuO_{(s)}$ ossido di rame

REAZIONE 3 metallo + non metallo → sale ▸figura 3.1.

$2\,Al_{(s)}$ alluminio + $3I_{2(s)}$ iodio $\xrightarrow{\Delta}$ $2AlI_{3(s)}$ ioduro di alluminio

Il simbolo Δ indica che la reazione richiede un riscaldamento iniziale per essere avviata.

FIGURA 3.1
La sintesi dello ioduro di alluminio partendo da iodio (non metallo) e alluminio (metallo).

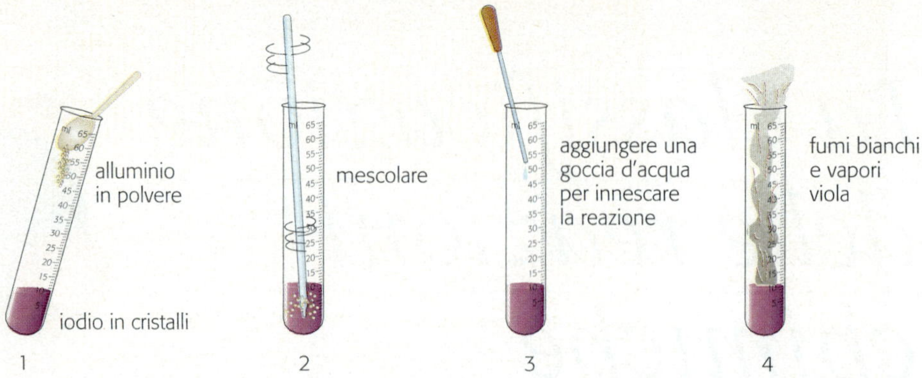

REAZIONE 4 metallo + H_2 → idruro

$2Li_{(s)} + H_{2(g)} \rightarrow 2LiH_{(s)}$

REAZIONE 5 alogeno + H_2 → idracido ▸figura 3.2.

$Cl_{2(g)} + H_{2(g)} \rightarrow 2\,HCl_{(g)}$

REAZIONE 6 ossido acido + acqua → ossiacido
(Questo tipo di reazione è dato da tutte le anidridi.)

$SO_{3(g)} + H_2O_{(l)} \rightarrow H_2SO_{4(aq)}$

REAZIONE 7 ossido basico + acqua → idrossido

$BaO_{(s)} + H_2O_{(l)} \rightarrow Ba(OH)_{2(aq)}$

Nelle prime due reazioni, che sono reazioni di **combustione**, l'ossigeno si combina con un non metallo e con un metallo formando due ossidi, uno acido e uno basico, rispettivamente. La ▸figura 3.3 mostra la combustione del ferro e del magnesio (due metalli). Solo i *metalli nobili* (oro, argento, platino) non si combinano con l'ossigeno puro.

Nella terza reazione, fra metallo e non metallo diverso dall'ossigeno, si forma un *sale binario*.

FIGURA 3.2
La sintesi del cloruro di idrogeno partendo da cloro e idrogeno, attivata dalla luce.

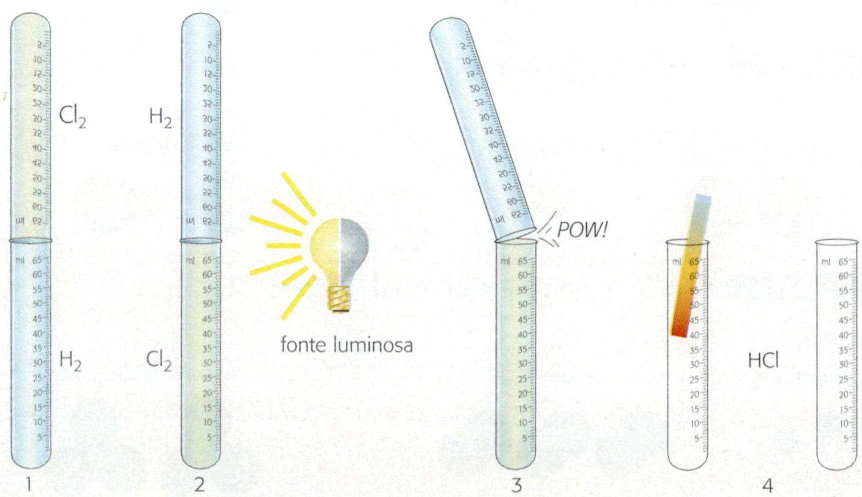

FIGURA 3.3 La combustione del ferro in ossigeno e del magnesio in aria.

Come abbiamo visto nel modulo C, la reattività degli elementi dipende da proprietà atomiche, come l'*energia di ionizzazione*, bassa per i metalli più reattivi, e l'*affinità elettronica*, elevata per i non metalli. La combinazione fra elementi è perciò agevolata quando intervengono metalli dei gruppi IA o IIA (alcalini e alcalino-terrosi), non metalli dei gruppi VIA, VIIA o entrambi.

Sono reazioni di sintesi anche la formazione di un ossiacido (dall'anidride e dall'acqua) e di un idrossido dalla combinazione dell'ossido con l'acqua.

Quest'ultima reazione richiede idrossidi solubili, almeno in parte, in acqua, cosa non vera nella maggior parte dei casi. La reazione è quindi, in pratica, limitata agli idrossidi dei metalli alcalini e alcalino-terrosi.

2. REAZIONE DI DECOMPOSIZIONE: AB → A + B

La reazione di decomposizione è l'inverso della reazione di combinazione o sintesi. Un reagente si decompone in due o più prodotti. Tutte le decomposizioni sono favorite dal riscaldamento a temperatura elevata.

Prendiamo in esame le due principali reazioni di decomposizione: la decomposizione con liberazione di O_2 e la decomposizione dei carbonati.

REAZIONE 8 decomposizione con formazione di ossigeno

$$2KClO_{3(s)} \xrightarrow{\Delta} 2KCl_{(s)} + 3O_{2(g)}$$

$$2H_2O_{2(aq)} \xrightarrow{I^- \text{ o } MnO_2} 2H_2O_{(l)} + O_{2(g)}$$

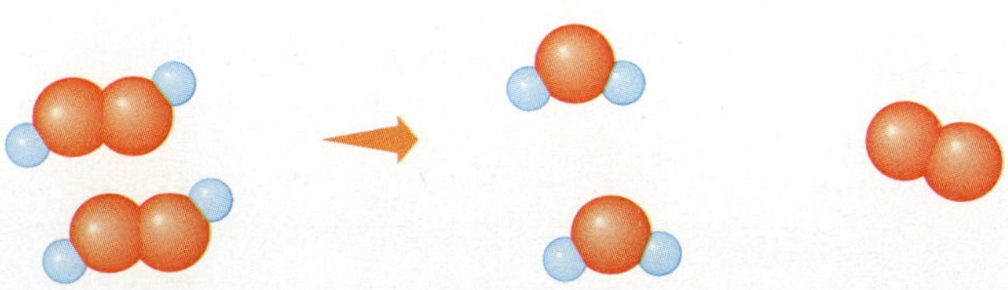

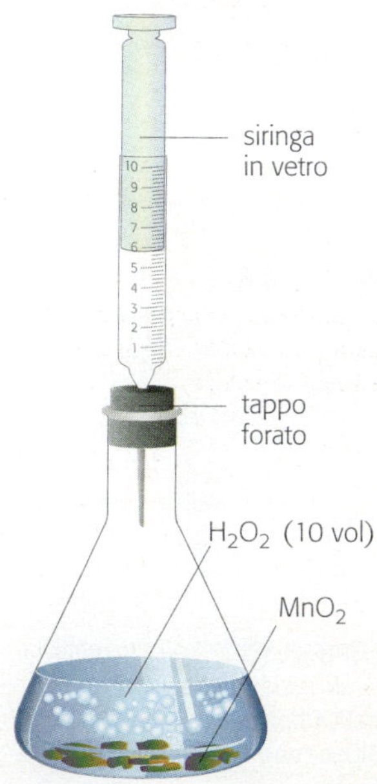

FIGURA 3.4 Preparazione di una piccola quantità di ossigeno.

La decomposizione del perossido d'idrogeno (acqua ossigenata) o del clorato di potassio sono fra i metodi più pratici per preparare l'ossigeno in *laboratorio* ▸figura 3.4.

La reazione inversa, di sintesi:
$CaO + CO_{2(g)} \rightarrow CaCO_{3(s)}$ è altrettanto possibile. Il verso spontaneo della reazione dipende dalla temperatura: ad alta temperatura è favorita la decomposizione.

REAZIONE 9 decomposizione di carbonati e idrossidi metallici

$$CaCO_{3(s)} \xrightarrow{\Delta} CaO_{(s)} + CO_{2(g)}$$

$$\underset{\text{verde}}{CuCO_{3(s)}} \xrightarrow{\Delta} CuCO_{3(s)} \rightarrow \underset{\text{nero}}{CuO_{(s)}} + CO_{2(g)}$$

$$Na_2CO_{3(s)} \longrightarrow \textit{nessuna reazione}$$

Tutti i carbonati, eccetto quelli dei metalli alcalini, gruppo IA, danno questa reazione di decomposizione.

Analogamente, gli *idrossidi* (esclusi quelli dei metalli alcalini) al riscaldamento si decompongono formando l'ossido del metallo e l'acqua.

REAZIONE 10 idrossido → ossido + H_2O

$$Ni(OH)_{2(s)} \xrightarrow{\Delta} NiO_{(s)} + H_2O_{(g)}$$

3. REAZIONE DI SCAMBIO O DI SPOSTAMENTO: A + BC → AC + B

Nelle reazioni di scambio un elemento libero *sostituisce* uno degli elementi del composto, che a sua volta diviene libero. Tutte le reazioni di questo tipo comportano variazioni del numero di ossidazione.

elemento conteso EX	+	elemento più reattivo E	⟶	elemento meno reattivo E	+	EX

L'esperienza ci insegna che gli elementi non hanno tutti la stessa tendenza a *ossidarsi*, cioè a combinarsi con l'ossigeno.

Il magnesio brucia all'aria producendo una gran quantità di energia e luce, mentre il ferro si incendia solo in ossigeno puro e solo se ridotto in fili sottili (come abbiamo visto nella ▸figura 3.3). L'oro invece non si ossida all'aria, nemmeno se viene fuso. La tendenza a ossidarsi si identifica con la disponibilità a cedere elettroni all'ossigeno, o ad altre specie, e consente di disporre gli elementi in una *serie di reattività* ordinata ▸figura 3.5.

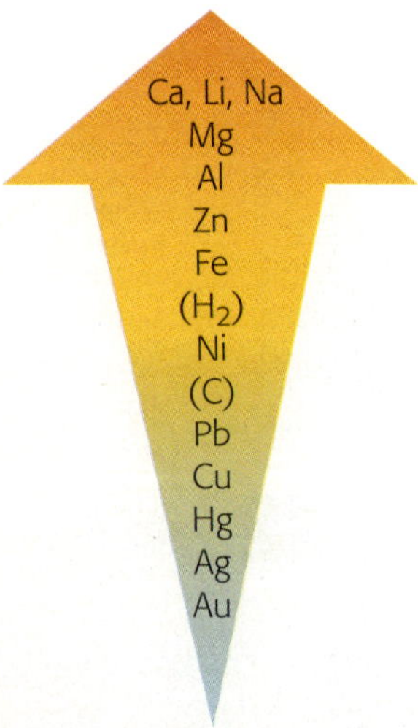

FIGURA 3.5 Serie di reattività di alcuni elementi. Le reattività del carbonio e dell'idrogeno dipendono molto dalle condizioni di reazione.

REAZIONE 11 spostamento con elemento attivo (C, H_2, Mg, Al)

$$5C_{(s)} + 2P_2O_{5(s)} \xrightarrow{1500\ °C} 5CO_{2(g)} + P_{4(g)}$$

$$2Mg_{(s)} + SiO_{2(s)} \xrightarrow{\Delta} 2MgO_{(s)} + Si_{(g)}$$

$$2Al_{(s)} + Cr_2O_{3(s)} \xrightarrow{\Delta} Al_2O_{3(s)} + 2Cr_{(g)}$$

$$H_{2(g)} + CuO_{(s)} \xrightarrow{\Delta} H_2O_{(g)} + Cu_{(s)}$$

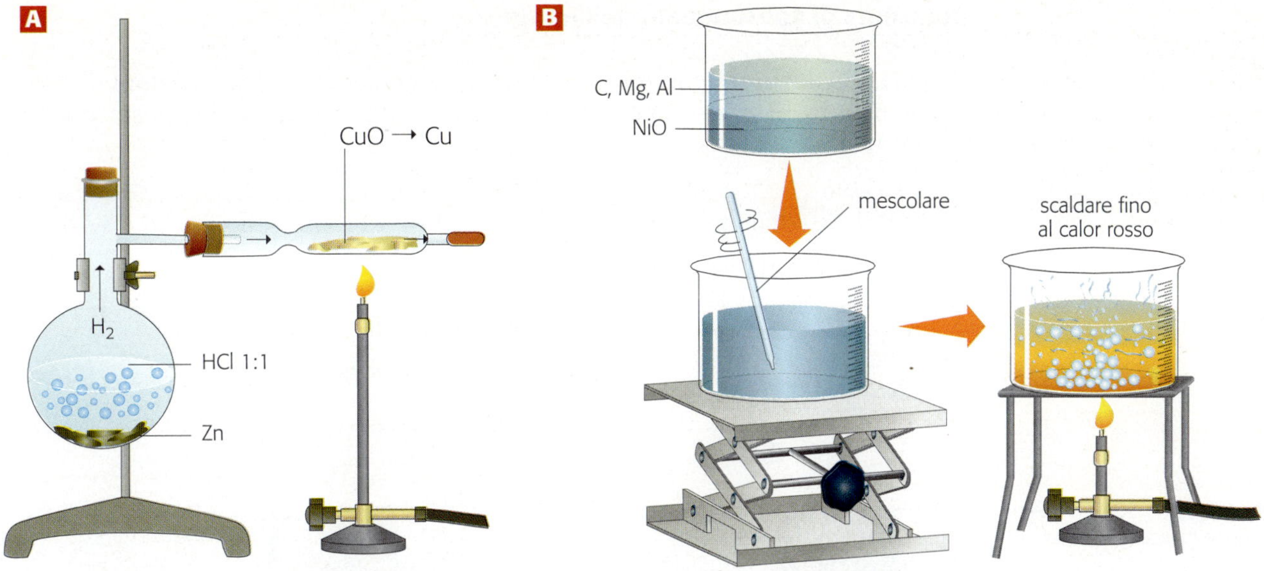

FIGURA 3.6
A Tecnica per la riduzione con idrogeno.
B Tecnica per la riduzione con Mg, Al, C.

Gli elementi *carbonio*, *magnesio*, *alluminio* e *idrogeno* sono frequentemente usati per ottenere gli elementi dai minerali. Fra questi l'idrogeno è il meno attivo ed è in grado di spostare solo metalli poco reattivi (es Cu, Ag), facendo passare tale gas in un tubo di vetro riscaldato contenente l'ossido ▸figura 3.6.

Le reazioni con Al, Mg, e a volte anche col carbone, una volta avviate, sviluppano tanto calore da mantenere incandescente il crogiolo.
Nella ▸figura 3.7 sono indicati alcuni metodi per l'isolamento dei principali elementi metallici e non metallici.

Le reazioni di spostamento appena viste avvengono in fase solida. Ma le reazioni che avvengono in acqua sono certamente più comuni nell'esperienza di laboratorio.

La molecola dell'acqua è dotata di una polarità positiva e negativa e possiede la capacità di portare in soluzione gli ioni dei cristalli ionici ▸figura 3.8.

D'ora in avanti i composti ionici (sali e idrossidi) che si trovano in soluzione acquosa saranno indicati in forma ionica. Per esempio: soluzione di cloruro di sodio in acqua = $Na^+Cl^-_{(aq)}$.

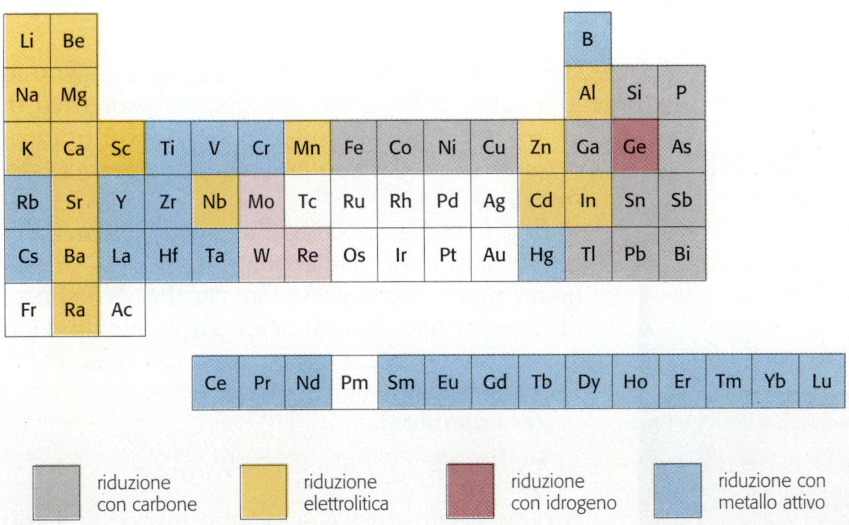

FIGURA 3.7 Metodi di isolamento dei principali elementi metallici e dei semimetalli. In bianco gli elementi artificiali, prodotti mediante trasformazioni nucleari, e gli elementi nativi.

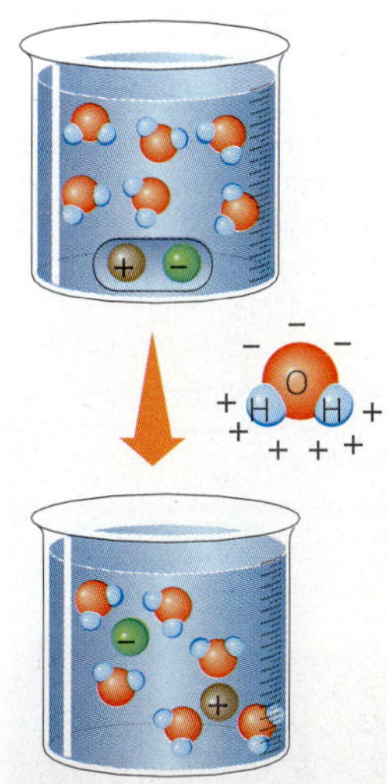

FIGURA 3.8 La polarità elettrica della molecola d'acqua consente la dissociazione dei composti ionici.

Reazione di spostamento dell'idrogeno

Anche in soluzione acquosa vale il meccanismo generale delle reazioni di spostamento, in base al quale l'elemento più reattivo della serie sposta quello meno reattivo.

REAZIONE 12 metallo attivo + $H_2O \rightarrow H_2$ + idrossido ▸figure 3.9 e 3.10					
$2Na_{(s)}$	+ $2H_2O_{(l)}$	$\rightarrow$	$H_{2(g)}$	+	$2Na^+OH^-_{(aq)}$
$Mg_{(s)}$	+ $2H_2O_{(l)}$	$\rightarrow$	$H_{2(g)}$	+	$Mg(OH)_{2(s)}$
$Ni_{(s)}$	+ $H_2O_{(l)}$	$\rightarrow$	*nessuna reazione*		
$Ni_{(s)}$	+ $2HCl_{(aq)}$	$\rightarrow$	$H_{2(g)}$	+	$Ni^{2+}(Cl^-)_{2(aq)}$

FIGURA 3.9 Schema della reazione fra sodio e acqua.

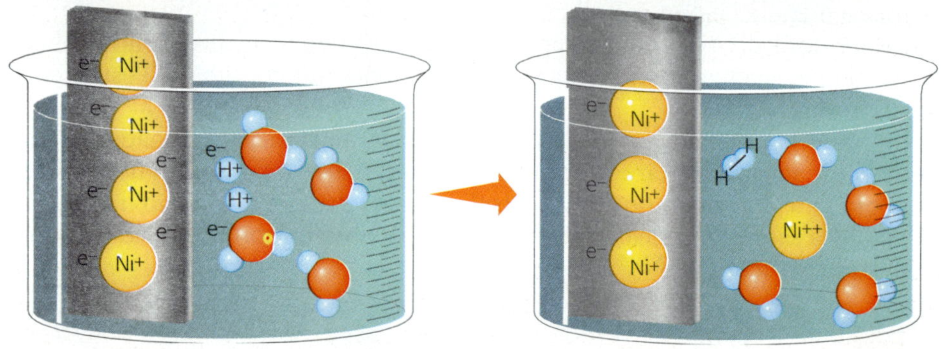

FIGURA 3.10 Schema della reazione fra nichel e HCl. Gli ioni Cl^- sono stati omessi per semplicità.

FIGURA 3.11 Il magnesio in acqua fredda (a destra) reagisce a stento, solo in superficie. La reazione è più evidente in acqua calda (a sinistra). La formazione degli ioni idrossido è rivelata dalla colorazione rossa assunta dalla fenolftaleina.

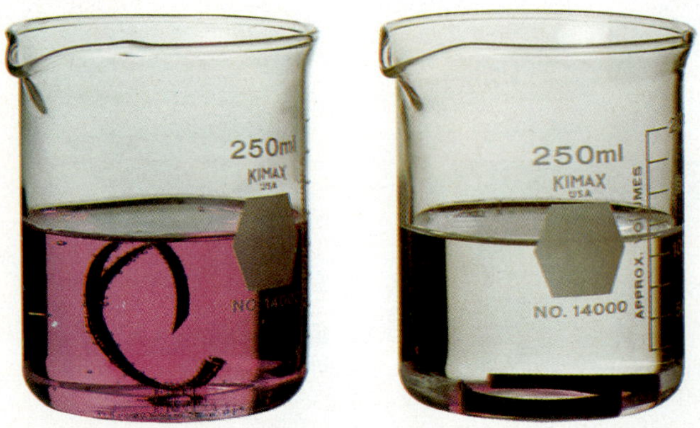

I metalli dei gruppi IA e IIA spostano l'idrogeno dall'acqua, il magnesio reagisce con H_2O solo a caldo a causa dello strato superficiale protettivo di $MgCO_3$ ▸figura 3.11. Anche la reazione dell'alluminio con acqua è praticamente inutilizzabile, per la presenza di Al_2O_3 protettivo sulla superficie del metallo.

È più facile spostare l'idrogeno elementare da un acido che dall'acqua. Un gruppo di elementi meno reattivi (Al, Zn, Sn, Fe, Ni) sposta l'idrogeno solo con gli acidi. Altri metalli sono ancora meno reattivi (Au, Ag, Cu, Hg, Pt) e resistono persino agli acidi.

Per esempio:

$$Ag_{(s)} + HCl_{(aq)} \rightarrow \textit{nessuna reazione}$$

Il rame e l'argento si sciolgono invece in acido nitrico concentrato, con una complessa reazione che tratteremo nel modulo G.

Spostamento dei metalli dalle soluzioni dei loro ioni

Il metallo più reattivo sposta quello meno reattivo, cedendogli elettroni:

REAZIONE 13 metallo attivo + sale1 → metallo1 + sale2

$Cu_{(s)} + 2Ag^+NO_3^-{}_{(aq)} \rightarrow Cu^{2+}(NO_3^-)_{2(aq)} + 2Ag_{(s)}$ ▸figura 3.12

$Cu_{(s)} + Zn^{2+}SO_4^{2-}{}_{(aq)} \rightarrow$ *nessuna reazione*

FIGURA 3.12 Cristalli di argento metallico ottenuti da una soluzione di $AgNO_3$. Il rame della lamina, nello «spostare» l'argento, è passato nella soluzione colorandola di blu.

ESEMPIO **Stabilisci quali reazioni tra quelle elencate sono realizzabili.**

A $MgO + Mn \rightarrow MnO + Mg$

B $3Pb_3O_4 + 8Al \rightarrow 4Al_2O_3 + 9Pb$

C $2Ag + 2HCl \rightarrow 2AgCl + H_2$

D $CuSO_4 + Sn \rightarrow Cu + SnSO_4$

Soluzione

La prima e la terza reazione sono impossibili perché un elemento più reattivo non può essere spostato da uno meno reattivo. La seconda e la quarta sono invece realizzabili.

4. REAZIONE DI DOPPIO SCAMBIO: AB + CD → AD + CB

Tali reazioni, in cui due composti si scambiano i «partner», sono guidate dalla formazione di gas, solidi poco solubili (*precipitati*), o altri composti molecolari, come H_2O.

Formazione di un precipitato

Le reazioni di precipitazione sono certamente affascinanti: unendo due liquidi limpidi si ottiene un solido colorato o bianco. In realtà, tra tutte le reazioni, quella di precipitazione è la più vicina alle trasformazioni fisiche: infatti in essa nessuna molecola o ione si modifica; accade solo che molti ioni di carica opposta si uniscano formando un solido insolubile. Solo a livello macroscopico possiamo osservare la formazione di una sostanza diversa, avente proprietà diverse dai reagenti (il precipitato) ▸figura 3.13.

REAZIONE 14 sale1 + sale2 → sale3 + sale precipitato

$Ba^{2+}(Cl^-)_{2(aq)}$ cloruro di bario	+ $H_2SO_{4(aq)}$ acido solforico	→ $BaSO_{4(s)}$ solfato di bario *solido* bianco	+ $2HCl_{(aq)}$ acido cloridrico
$(Na^+)_2S^{2-}{}_{(aq)}$ solfuro di sodio	+ $K^+NO_3^-{}_{(aq)}$ nitrato di potassio	→ *nessuna reazione*	
$(Na^+)_2S^{2-}{}_{(aq)}$ solfuro di sodio	+ $Cu^{2+}(Cl^-)_{2(aq)}$ cloruro di calcio	→ $CuS_{(s)}$ solfuro di rame *solido* nero	+ $2Na^+Cl^-{}_{(aq)}$ cloruro di sodio

FIGURA 3.13 Formazione di un precipitato di PbI_2.

Lo schema della formazione del solfuro di rame, per esempio, è più chiaro se omettiamo di scrivere gli ioni «spettatori», Na^+ e Cl^-:

$$Cu^{2+}{}_{(aq)} + S^{2-}{}_{(aq)} \rightarrow CuS_{(s)}$$

FIGURA 3.14 La formazione del precipitato.

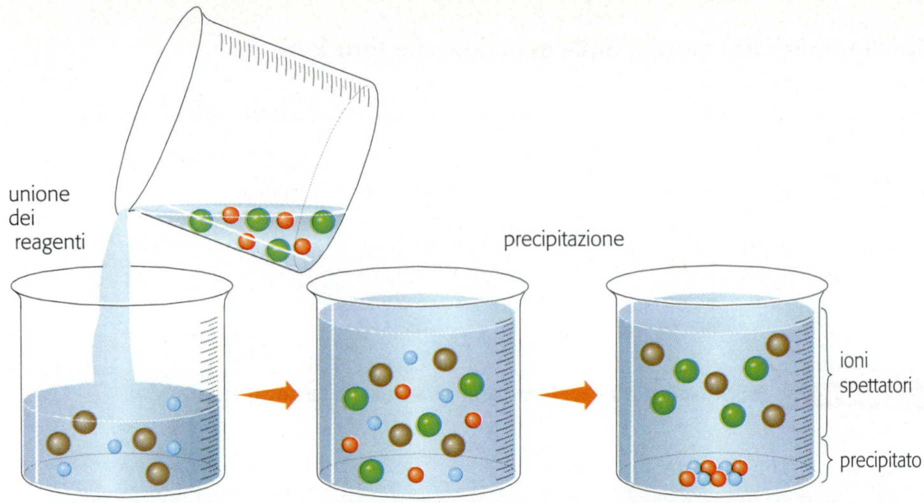

Come possiamo sapere se un dato sale è insolubile e se può avvenire la reazione di precipitazione? In genere gli ioni con carica elevata (±2, ±3) si attraggono con tale forza che il solido ionico risulta insolubile in acqua. Ma, a parte questo criterio generale, tutt'altro che infallibile, sono preferibili alcune semplici regole empiriche:

1. in generale, i sali formati da ioni monovalenti sono *solubili*, ad eccezione di AgCl;
2. sono *solubili* tutti i nitrati, gli acetati, i perclorati, gli idrogenocarbonati e i sali dei metalli alcalini e dello ione ammonio;
3. sono *solubili* tutti i solfati (tranne $CaSO_4$, $BaSO_4$, $SrSO_4$ e $PbSO_4$);
4. sono *insolubili* tutti i carbonati, i fosfati, i solfiti, i solfuri e gli idrossidi (tranne quelli al punto 2.) e gli idrossidi di calcio, stronzio e bario (poco solubili).

ESEMPIO **Unisci a due a due le soluzioni dei tre composti seguenti e descrivi le eventuali reazioni:**

cloruro di magnesio, nitrato d'argento, solfato di sodio.

Soluzione

Fra cloruro di magnesio e nitrato d'argento i possibili prodotti sono cloruro di argento (AgCl) e nitrato di magnesio ($Mg(NO_3)_2$). Il primo è insolubile e quindi precipiterà. Unendo $MgCl_2$ e Na_2SO_4 non avverrà alcuna reazione, poiché sia $MgSO_4$ che NaCl sono solubili. Infine, essendo il solfato d'argento insolubile, si formerà un precipitato anche da solfato di sodio e nitrato d'argento.

Formazione di H_2O (reazione di neutralizzazione)

La formazione di un composto poco ionizzato (H_2O) a partire da reagenti facilmente ionizzabili, rappresenta il motore della reazione di neutralizzazione o acido-base ▸figura 3.15. Anche la formazione di calore è associata alla formazione di acqua, (circa 56 kJ/mol) dall'acido e dall'OH^-. La reazione acido-base avviene tra acidi e idrossidi, fra acidi e ossidi basici, fra idrossidi e anidridi e anche tra ossidi basici e anidridi ▸figura 3.16. Solo in quest'ultimo caso non si forma acqua.

FIGURA 3.15 Schematizzazione della reazione di neutralizzazione.

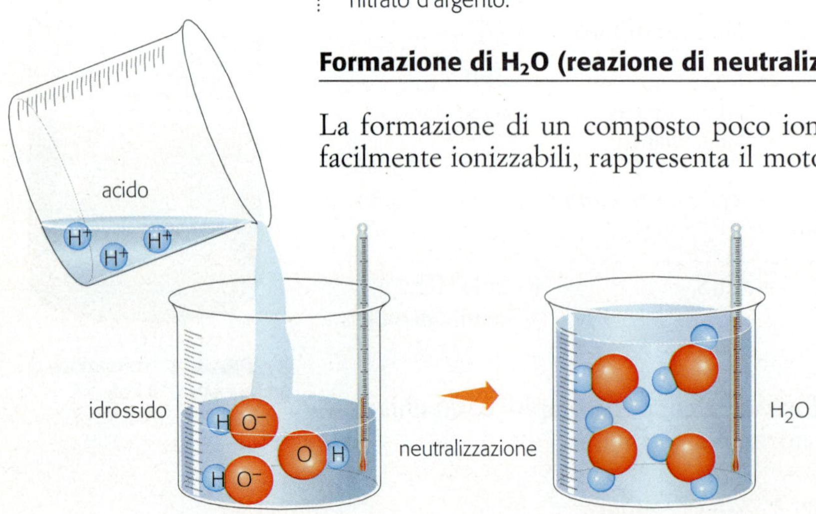

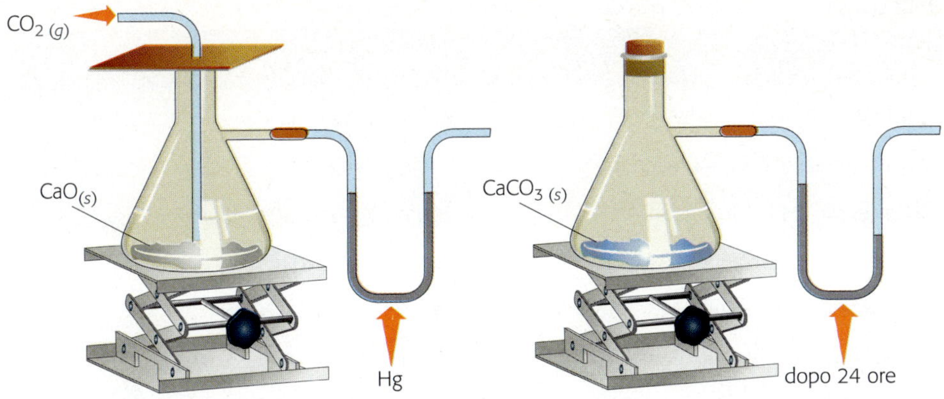

FIGURA 3.16 Come verificare la reazione fra un ossido acido e un ossido basico.

REAZIONE 15 acido + idrossido → sale + H_2O

$Na^+OH^-_{(aq)} + HCl_{(aq)} \rightarrow Na^+Cl^-_{(aq)} + H_2O_{(l)}$ + calore

$2K^+OH^-_{(aq)} + H_2SO_{4(aq)} \rightarrow (K^+)_2SO_4{}^{2-}{}_{(aq)} + 2H_2O_{(l)}$ + calore

$Mg^{2+}(OH^-)_{2(s)} + 2HNO_{3(aq)} \rightarrow Mg^{2+}(NO_3{}^-)_{2(aq)} + 2H_2O_{(l)}$ + calore

REAZIONE 16 ossido basico + acido → sale + H_2O

$NiO_{(s)} + 2HNO_{3(aq)} \rightarrow Ni^{2+}(NO_3^-)_{2(aq)} + H_2O_{(l)}$

ossido di nichel (II); acido nitrico; nitrato di nichel (II)

REAZIONE 17 anidride + idrossido → sale + H_2O

$SO_{3(g)} + 2Na^+OH^-_{(aq)} \rightarrow (Na^+)_2SO_4^{2-}{}_{(aq)} + 2H_2O_{(l)}$

anidride solforica; idrossido di sodio; solfato di sodio

Formazione di gas

Anche le seguenti reazioni di doppio scambio, trainate dalla formazione delle specie molecolari gassose CO_2, SO_2, NH_3, oltre che dell'acqua, sono reazioni acido base. I carbonati sono basi che sviluppano CO_2 reagendo con gli acidi, come anche i solfiti, che sviluppano SO_2 (gas con odore pungente, molto tossico!) in ambiente acido. I sali d'ammonio sono acidi deboli e liberano NH_3, dal caratteristico odore, in presenza di basi.

REAZIONE 18 carbonato + acido → sale + CO_2 + H_2O

$Na_2CO_{3(aq)} + 2HNO_{3(aq)} \rightarrow 2\,Na^+NO_3^-{}_{(aq)} + CO_{2(g)} + H_2O_{(l)}$

carbonato di sodio; acido nitrico; nitrato di sodio; diossido di carbonio (gas)

REAZIONE 19 solfito + acido → sale + SO_2 + H_2O

$CaSO_{3(s)} + 2HCl_{(aq)} \rightarrow Ca^{2+}\,(Cl^-)_{2(aq)} + SO_{2(g)} + H_2O_{(l)}$

REAZIONE 20 sale di ammonio + idrossido → sale + NH_3 + H_2O ▸figura 3.17

$NH_4{}^+Cl^-_{(aq)} + K^+OH^-_{(aq)} \rightarrow K^+Cl^-_{(aq)} + NH_{3(aq,\,g)} + H_2O_{(l)}$ + calore

FIGURA 3.17 Lo sviluppo di ammoniaca è rivelato dalla cartina all'indicatore universale, che diviene blu a contatto con i suoi vapori.

L'esempio nella pagina seguente mostra come realizzare una semplice preparazione sfruttando le reazioni che abbiamo studiato.

TABELLA 3.1 Schema riassuntivo delle reazioni che abbiamo visto.

Reazione	Esempio
Sintesi	**A + B → AB**
1. nonmetallo + O_2 → anidride	$C + O_2 \rightarrow CO_2$
2. metallo + O_2 → ossido	$2Cu + O_2 \rightarrow 2CuO$
3. metallo + nonmetallo → sale	$2Fe + 3Cl_2 \rightarrow 2FeCl_3$
4. metallo + idrogeno → idruro	$Ba + H_2 \rightarrow BaH_2$
5. alogeno + idrogeno → idracido	$F_2 + H_2 \rightarrow 2HF$
6. anidride + acqua → ossiacido	$P_2O_5 + 3H_2O \rightarrow 2H_3PO_4$
7. ossido basico + acqua → idrossido	$BaO + H_2O \rightarrow Ba(OH)_2$
Decomposizione	**AB → A + B**
8. decomposizione dei perossidi	$2Na_2O_2 \rightarrow 2Na_2O + O_2$
9. carbonato → ossido + CO_2	$CuCO_3$ + calore → $CuO + CO_2$
10. idrossido → ossido + H_2O	$Co(OH)_2$ + calore → $CoO + H_2O$
Spostamento	**A + BC → AC + B**
11. (C, H_2, Al, Mg) + ossido1	$2Al + Cr_2O_3 \rightarrow Al_2O_3 + 2Cr$ → ossido + elemento1
12. metallo attivo + H_2O → H_2 + idrossido	$Mg + 2H_2O \rightarrow H_2 + Mg(OH)_2$
13. metallo attivo + sale1	$Cu + 2AgNO_3 \rightarrow 2Ag + Cu(NO_3)_2$ →metallo meno attivo + sale2
Doppio scambio	**AB + CD → AD + CB**
14. sale 1 + sale 2 → sale 3 + sale 4 (ppt)	$NaCl_{(aq)} + AgNO_{3(aq)} \rightarrow NaNO_{3(aq)} + AgCl_{(as)}$
15. acido+ idrossido → sale + acqua	$H_2SO_4 + Ba(OH)_2 \rightarrow BaSO_4 + 2H_2O$
16. ossido basico + acido → sale + acqua	$MnO + 2HCl \rightarrow MnCl_2 + H_2O$
17. anidride + idrossido → sale + acqua	$SO_2 + Ca(OH)_2 \rightarrow CaSO_3 + H_2O$
18. carbonato + acido → sale + CO_2 + H_2O	$CaCO_3 + 2HClO_4 \rightarrow Ca(ClO_4)_2 + CO_2 + H_2O$
19. solfito + acido → sale + SO_2 + H_2O	$K_2SO_3 + 2HBr \rightarrow 2KBr + SO_2 + H_2O$
20. sale d'ammonio + idrossido → sale + NH_3 + H_2O	$(NH_4)_2SO_4 + 2NaOH$ $\rightarrow Na_2SO_4 + 2NH_3 + 2H_2O$

ESEMPIO **Vuoi preparare rame metallico avendo a disposizione carbonato di rame(II). Come puoi procedere?**

Soluzione

Si schematizza così il problema: $CuCO_{3(s)} \rightarrow ? \rightarrow Cu_{(s)}$.
Dalle regole riportate a pagina E48 risulta che il carbonato di rame è insolubile. Per giungere al metallo vi sono due vie possibili:

A si porta in soluzione lo ione Cu^{2+} facendo reagire il carbonato con HCl, poi si sposta il rame metallico aggiungendo un metallo più reattivo (per esempio Zn).

B si decompone il carbonato per riscaldamento, poi si riduce l'ossido riscaldandolo con carbone nello stesso crogiolo.

In formule:

A

Reazione 18: $CuCO_{3(s)} + 2HCl_{(aq)} \rightarrow CuCl_{2(aq)} + H_2O_{(l)} + CO_{2(g)}$

Reazione 13: $CuCl_{2(aq)} + Zn_{(s)} \rightarrow Cu_{(s)} + ZnCl_{2(aq)}$

B

Reazione 9: $CuCO_{3(s)} \rightarrow CuO_{(s)} + CO_{2(g)}$

Reazione 11: $2CuO_{(s)} + C_{(s)} \rightarrow 2Cu_{(s)} + CO_{2(g)}$

ESEMPIO **Prepara 10 g di cloruro di calcio partendo da $Ca(OH)_2$.**

Soluzione

Cerca nella tabella 3.1 le reazioni che da un idrossido ($Ca(OH)_2$) conducono al sale dello stesso metallo. Sono possibili le reazioni n.15, 17, e 20. La 17 è però da escludere perché si deve ottenere un sale binario ($CaCl_2$), mentre l'anidride introdurrebbe l'ossigeno. Rimangono quindi due soluzioni ugualmente possibili: far reagire il $Ca(OH)_2$ con un acido che abbia il cloruro come residuo (HCl) o con un sale d'ammonio con lo stesso residuo, il cloruro d'ammonio, NH_4Cl.

Reazione 15: $Ca(OH)_2 + 2HCl \rightarrow CaCl_2 + 2H_2O$

Reazione 20: $Ca(OH)_{2(s)} + 2NH_4Cl_{(aq)} \rightarrow CaCl_{2(aq)} + 2NH_{3(aq,\,g)} + 2H_2O_{(l)}$

Svolgiamo i calcoli per la seconda possibilità, ricavando le masse di $Ca(OH)_2$ e di NH_4Cl necessarie, secondo il procedimento descritto a pagina E34.

Reazione:

$Ca(OH)_2 + 2NH_4Cl \rightarrow CaCl_2 + 2NH_3 + 2H_2O$

Coefficienti: 1 2 1 2 2

Calcolo le masse molari M:

M $Ca(OH)_2$ = 74 g/mol

M NH_4Cl = 53,5 g/mol

M $CaCl_2$ = 110 g/mol

Calcolo le quantità chimiche *n* necessarie per ottenere 10 g di $CaCl_2$:

n $CaCl_2$ = 10 g / 110 g/mol = 0,09 mol

n $Ca(OH)_2$ = 0,09 mol

(la quantità chimica di $Ca(OH)_2$ è la stessa di $CaCl_2$ perché i coefficienti stechiometrici sono uguali)

n NH_4Cl = 2 · 0,09 = 0,18 mol

(la quantità chimica di NH_4Cl è il doppio di quella di di $CaCl_2$ perché i coefficienti stechiometrici sono in rapporto 2:1)

Calcolo le masse *m* da pesare:

m $Ca(OH)_2$ = 0,09 mol · 74 g/mol = 6,67 g

m NH_4Cl = 0,18 mol · 53,5 g/mol = 9.64 g

Dobbiamo quindi mescolare 6,67 g di $Ca(OH)_2$ (idrossido di calcio) e 9,64 g di NH_4Cl (cloruro d'ammonio) sciolti in una sufficiente quantità d'acqua, e riscaldare fino a quando l'odore di ammoniaca (NH_3) non sarà scomparso. Dopo che tutta l'acqua sarà evaporata, otterremo un residuo di 10 g di cloruro di calcio ($CaCl_2$).

1. REAZIONE DI SINTESI: A + B → AB

1. Quale coppia di sostanze non reagisce?

A CO_2 con SO_2

B MgO con CO_2

C Na_2O con SO_3

D NO_2 con CaO

2. Quale sostanza, se posta in acqua, forma un acido? Scrivi l'equazione per la reazione di sintesi dell'acido:

A $NaCl$

B CaO

C SO_3

D Li_2O

3. Scrivi le equazioni per le reazioni di sintesi nei tre casi in cui si verificano:

A $BaO + H_2O \rightarrow$

B $SO_2 + H_2O \rightarrow$

C $SiO_2 + H_2O \rightarrow$

D $CO_2 + H_2O \rightarrow$

4. Scrivi le equazioni per le reazioni di sintesi che trasformano il calcio metallico in:

A ossido di calcio

B cloruro di calcio

C idruro di calcio

D nitruro di calcio

5. Scrivi l'equazione di sintesi del cloruro d'idrogeno gassoso dagli elementi.

6. Il carbone e il diamante, sosteneva Lavoisier nel 1776, bruciano entrambi con l'ossigeno, producendo lo stesso gas («aria fissa»), composto da carbonio e ossigeno. Qual è l'equazione di reazione comune alla combustione del diamante e del carbonio?

7. Completa le seguenti reazioni di sintesi aggiungendo il reagente o il prodotto mancante e bilanciandole:

A $\ldots + H_2O \rightarrow NaOH$

B $CO_2 + H_2O \rightarrow \ldots$

C $Al + \ldots \rightarrow AlI_3$

D $\ldots + H_2O \rightarrow H_2SO_3$

8. Calcola la massa di ossido ferrico ottenibile dalla reazione di un kilo di ferro con ossigeno.

9. Scrivi le reazione di sintesi di:

A CO B HF C $FeCl_3$

10. Disegna con dei cerchietti le trasformazioni microscopiche che avvengono quando si riscalda il litio all'aria.

11. Classifica le seguenti reazioni (sintesi, decomposizione, spostamento, doppio scambio):

A $Ag_2CO_3 \rightarrow Ag_2O + CO_2$

B $K_2SO_4 + Pb(NO_3)_2 \rightarrow PbSO_4 + 2KNO_3$

C $Hg + I_2 \rightarrow HgI_2$

D $MnO_2 + C \rightarrow Mn + CO_2$

E $BaO + CO_2 \rightarrow BaCO_3$

F $Cl_2 + 2KI \rightarrow I_2 + 2KCl$

G $HCl + KCN \rightarrow HCN + KCl$

H $2KNO_3 \rightarrow 2KNO_2 + O_2$

2. REAZIONE DI DECOMPOSIZIONE: AB → A + B

12. Scrivi le equazioni delle reazioni di decomposizione di:

A $NiCO_3$

B $PbCO_3$

C $Mn(OH)_2$

13. Quale dei seguenti carbonati è stabile al riscaldamento?

A K_2CO_3

B $CuCO_3$

C $CoCO_3$

D Ag_2CO_3

14. Scrivi l'equazione della reazione di decomposizione dell'idrossido di alluminio per riscaldamento.

15. Scrivi l'equazione della reazione di decomposizione termica dell'acido ortoborico, in cui si forma l'anidride corrispondente e vapore acqueo.

16. Praticamente ogni sostanza, se portata a temperatura sufficientemente elevata, si decompone negli elementi di cui è formata. Scrivere le equazioni per le reazioni di decomposizione di:

A H_2O

B NH_3

C HI

D HgO

3. REAZIONE DI SCAMBIO O DI SPOSTAMENTO: A + BC → AC + B

17. Quale dei seguenti metalli reagisce con l'acqua a caldo? Scrivi l'equazione bilanciata della reazione tra il metallo e l'acqua:

A Zn

B Hg

C Cu

D Mg

18. Quale dei seguenti metalli non reagisce né con acqua né con HCl(*aq*)? Scrivi le reazioni con HCl degli altri tre metalli:

A Cu

B Al

C Zn

D Fe

19. Scrivi l'equazione bilanciata che si ottiene immergendo un batuffolo di lana di ferro in una soluzione acquosa di solfato di rame.

20. Scrivi l'equazione della reazione tra magnesio metallico e acido cloridrico acquoso.

21. Il magnesio metallico, se riscaldato in atmosfera di diossido di carbonio, brucia formando ossido di magnesio e carbonio. Scrivi l'equazione di reazione.

22. Completa le seguenti reazioni di spostamento, scrivendo i prodotti e bilanciandole:

A $Al_{(s)} + AgNO_{3(aq)} \rightarrow$

B $K_{(s)} + H_2O_{(l)} \rightarrow$

C $Be_{(s)} + HCl_{(aq)} \rightarrow$

D $CdO_{(s)} + Mg_{(s)} \rightarrow$

E $Ga_2O_{3(s)} + Al_{(s)} \rightarrow$

F $Ag_2O_{(s)} + H_{2(g)} \rightarrow$

G $SnO_{(s)} + C_{(s)} \rightarrow$

23. Scrivi i reagenti necessari per ottenere i seguenti prodotti mediante reazione di spostamento e bilancia le equazioni di reazione:

A .... $\rightarrow MgI_{2(aq)} + Pb_{(s)}$

B .... $\rightarrow ZnCl_{2(aq)} + Cd_{(s)}$

C .... $\rightarrow H_{2(g)} + La(OH)_{3(s)}$

D .... $\rightarrow ZnSO_{4(aq)} + H_{2(g)}$

E .... $\rightarrow CO_{2(g)} + Ni_{(s)}$

F .... $\rightarrow H_2O_{(g)} + Cu_{(s)}$

24. Quali fra le seguenti reazioni non possono avvenire, in base alla serie di reattività?

A $Mg_{(s)} + NiO_{(s)} \rightarrow MgO_{(s)} + Ni_{(s)}$

B $2Au_{(s)} + 3H_2O_{(l)} \rightarrow Au_2O_{3(s)} + 3H_{2(g)}$

C $Al_2O_{3(s)} + 2Cr_{(s)} \rightarrow Cr_2O_{3(s)} + 2Al_{(s)}$

D $2Al_{(s)} + 3ZnO_{(s)} \rightarrow 3Zn_{(s)} + Al_2O_{3(s)}$

25. Progetta la preparazione di un campione di nichel metallico partendo da NiO, con due diverse reazioni di spostamento (Ni ha proprietà magnetiche simili a quelle del ferro).

26. Un grammo di magnesio e un grammo di zinco si fanno reagire, separatamente, con un eccesso di acido cloridrico. Quale metallo svilupperà il maggior volume di idrogeno?

27. In 10 ml di HCl 1 M si aggiunge un granello di zinco che pesa 0,42 g. Al termine della reazione rimane un eccesso di:

A Zn

B HCl

C nessuno dei due

4. REAZIONE DI DOPPIO SCAMBIO: AB + CD → AD + CB

28. Scrivi le equazioni di dissociazione-ionizzazione in acqua dei seguenti composti:

A $NaOH \rightarrow$

B $Fe(NO_3)_3 \rightarrow$

C $HNO_3 \rightarrow$

D $Ba(OH)_2 \rightarrow$

VERIFICHE

29. Quale tra i seguenti sali è insolubile in acqua?
A $Pb(NO_3)_2$
B $CuCl_2$
C CaF_2
D LiF

30. Tre soluzioni X, Y, Z, sono unite a due a due, con i risultati riportati sotto. Le tre soluzioni sono di HCl, Na_2CO_3 e $BaCl_2$, ma non in questo ordine. Quale delle tre è X? Quale è Y? Quale è Z?
A X + Y → nessuna reazione
B X + Z → formazione di un precipitato bianco
C Y + Z → effervescenza

31. Completa e bilancia le eseguenti reazioni di precipitazione e indica con (*s*) il precipitato:
A $FeCl_{3(aq)} + NaOH_{(aq)} \rightarrow$
B $BaCl_{2(aq)} + K_2SO_{4(aq)} \rightarrow$
C $Pb(NO_3)_{2(aq)} + Na_2CrO_{4(aq)} \rightarrow$
D $AgNO_{3(aq)} + Na_2S_{(aq)} \rightarrow$
E $Na_2CO_{3(aq)} + CuCl_{2(aq)} \rightarrow$

32. Scrivi i reagenti necessari per ottenere i prodotti delle seguenti reazioni di precipitazione:
A .... $\rightarrow Cu(OH)_{2(s)} + NaCl_{(aq)}$
C .... $\rightarrow PbSO_{4(s)} + Zn(NO_3)_{2(aq)}$
C .... $\rightarrow AgCl_{(s)} + KClO_{4(aq)}$
D .... $\rightarrow HgI_{2(s)} + KNO_{3(aq)}$
E .... $\rightarrow MnCO_{3(s)} + K_2SO_{4(aq)}$

33. Indica quale delle seguenti reazioni non comporta la formazione di precipitato?
A $CuCl_2 + NaOH \rightarrow$
B $AlCl_3 + KNO_3 \rightarrow$
C $LiOH + Fe(NO_3)_2 \rightarrow$
D $Ba(ClO_4)_2 + CuSO_4 \rightarrow$

34. Completa le seguenti reazioni di neutralizzazione e stabilisci in quale di esse si forma un precipitato:
A $HCl + Ca(OH)_2 \rightarrow$
B $H_2SO_4 + Ba(OH)_2 \rightarrow$
C $H_3PO_4 + NaOH \rightarrow$
D $HNO_3 + KOH \rightarrow$

35. Perché il guscio dell'uovo sviluppa effervescenza con l'aceto?

36. La soluzione di un catione sconosciuto viene aggiunta separatamente a una soluzione di K_2CO_3, a una soluzione di K_2SO_4 e a una soluzione di KCl. Si formano due precipitati. Il catione è:
A K^+
B Ba^{2+}
C Mg^{2+}
D Na^+

37. Perché nei laghi eccessivamente acidi si aggiunge carbonato di calcio in polvere?

38. Il solfato di bario è una sostanza di contrasto usata in radiologia perché assorbe i raggi X. Si ingerisce una sospensione di $BaSO_4$ per la radiografia dell'apparato digerente. Perché chi ingerisce il solfato di bario non deve temere la tossicità degli ioni Ba^{2+}? Perché non è possibile usare $BaCO_3$, ugualmente insolubile? (Ricorda che nello stomaco è contenuto HCl.)

39. Il solfato di ammonio è un importante fertilizzante. Progetta la preparazione di un campione di questo sale partendo da ammoniaca.

40. Progetta la preparazione di queste sostanze, in laboratorio:
A cloruro di calcio, a partire da CaO
B idrossido di magnesio, a partire da Mg

41. Scrivi e bilancia la reazione fra carbonato di rame (II) e acido cloridrico.

42. Completa le seguenti equazioni di reazione:
A $Mg(OH)_{2(s)} + HNO_{3(aq)} \rightarrow$
B $KOH_{(aq)} + SO_{2(g)} \rightarrow$
C $Li_2O_{(s)} + H_2SO_{4(l)} \rightarrow$
D $CO_{2(g)} + ... \rightarrow K_2CO_{3(aq)} + H_2O_{(l)}$
E $FeCl_{3(aq)} + NaOH \rightarrow .... + NaCl$

43. Scrivi e bilancia l'equazione della reazione tra carbonato di potassio e cloruro di zinco. Stabilisci quale dei due prodotti è il precipitato.

44. Scrivi e bilancia l'equazione della reazione tra ioduro di sodio e nitrato d'argento. Stabilisci quale dei due prodotti è il precipitato.

45. Quale sale contiene ioni che possono interagire con una soluzione di $AgNO_3$?

A KNO_3
B $NaCl$
C $Cu(NO_3)_2$
D $NaNO_3$

46. Completa il seguente schema con i reagenti e i prodotti mancanti:

$$Fe + \ldots \rightarrow Fe(OH)_2 + H_2$$
$$\downarrow$$
$$Fe(OH)_2 + HCl \rightarrow \quad + H_2O$$

47. Completa le seguenti equazioni di reazione:

A $BaCl_{2(aq)} + K_2SO_{4(aq)} \rightarrow$
B $HNO_{3(aq)} + KOH_{(aq)} \rightarrow$
C $Ba(OH)_{2(aq)} + HCl_{(l)} \rightarrow$
D $Pb(NO_3)_{2(aq)} + Na_2CrO_{4(aq)} \rightarrow$

48. Sono a disposizione le seguenti sostanze: $FeCl_{2(aq)}$; $Mg_{(s)}$; $H_2SO_{4(aq)}$; $KOH_{(aq)}$. Scrivi almeno tre reazioni utilizzabili per preparare sali diversi.

49. Che cosa succede se si uniscono 20 g di idrossido di calcio con 20 g di acido solforico? Scegli la risposta esatta:

A avviene una reazione e alla fine resta dell'acido solforico
B avviene una reazione e alla fine avanza dell'idrossido di calcio
C avviene una reazione in cui entrambi i reagenti sono completamente consumati
D non avviene alcuna reazione chimica

COSTRUISCI LA COMPETENZA

OBIETTIVO riconoscere le classi di appartenenza delle reazioni chimiche

RISOLVI I SEGUENTI QUESITI

1. In quale tipo di equazione di reazione compare un elemento sia tra i reagenti sia tra i prodotti? Spiega la tua risposta.

A sintesi
B decomposizione
C spostamento o scambio
D doppio scambio

2. Quale tipo di reazione comporta sempre l'aumento del numero di moli di sostanza chimica? Spiega la tua risposta.

A sintesi
B decomposizione
C spostamento o scambio
D doppio scambio

3. Classifica le seguenti reazioni nelle quattro categorie principali (sintesi, decomposizione, spostamento, doppio scambio):

A $2Ag_2CO_3 \rightarrow 4Ag + 2CO_2 + O_2$
B $MgO + SO_3 \rightarrow MgSO_4$
C $CdS + 2HCl \rightarrow CdCl_2 + H2S$
D $Pb(NO_3)_2 + Fe \rightarrow Fe(NO_3)_3 + Pb$
E $HCN + KOH \rightarrow KCN + H_2O$
F $2H_2 + O_2 \rightarrow 2H_2O$
G $2NI_3 \rightarrow N_2 + 3I_2$
H $2Al + 3H_2SO_4 \rightarrow Al_2(SO_4)_3 + 3H_2$

4. Riconosci, tra le seguenti, l'unica reazione che non può essere classificata in nessuna delle quattro categorie principali (sintesi, decomposizione, spostamento, doppio scambio):

A $Zn + I_2 \rightarrow ZnI_2$
B $CH_4 + 2O_2 \rightarrow CO_2 + 2H_2O$
C $4CuO \rightarrow 2Cu_2O + O_2$
D $NH_4Cl + AgNO_3 \rightarrow AgCl + NH_4NO_3$

OBIETTIVO indicare i composti ottenibili dall'unione di metalli e non metalli, da acqua e ossidi acidi o basici, dalla decomposizione di perossidi, carbonati e idrossidi, dalla reazione di metalli con ossidi o sali, dalle reazioni di doppio scambio

RISOLVI I SEGUENTI QUESITI

5. Quali prodotti si ottengono dalle seguenti reazioni?

A $Al + F_2 \rightarrow$
B $K_2O + H_2O \rightarrow$
C $CO_2 + H_2O \rightarrow$

D $Cr(OH)_3$ + calore →
E $Al_2(CO_3)_3$ + calore →
F H_2O_2 + calore →
G $Mg + CuSO_4$ →
H $Al + NiO$ →
I $CuCl_2 + Na_2CO_3$ →
L $H_2SO_4 + NaOH$ →
M $NH_4Cl + Ba(OH)_2$ →
N $CaCO_3 + HNO_3$ →

6. Quali sono i reagenti necessari per ottenere i seguenti prodotti?
A → $CO_2 + NaCl + H_2O$
B → $Na_2SO_4 + NH_3 + H_2O$
C → $Ca_3(PO_4)_2 + H_2O$
D → $ZnS + Na_2SO_4$
E → $SnCl_2 + H_2$
F → $Ca(OH)_2 + H_2$
G → $CuO + CO_2$
H → H_2SO_4

7. Completa le seguenti equazioni di reazione:
A H_2SO_4 + ... → $NaHSO_4 + H_2O$
B .... + Fe → $FeBr_2$ + ...
C $Fe(OH)_3$ → .... + H_2O
D Na + ... → NaH

8. Scrivi l'equazione della reazione di decomposizione del carbonato di rame.

9. Fin dall'antichità, per ottenere la calce (ossido di calcio) si riscaldava la pietra calcare (carbonato di calcio). Come spieghi la reazione?

10. Perché l'acqua ossigenata, usata come disinfettante, perde la sua efficacia se conservata da troppo tempo?

11. Il bicromato d'ammonio si decompone facilmente per blando riscaldamento. I prodotti sono azoto, ossido di cromo (III) e vapore acqueo. Scrivi l'equazione bilanciata per tale reazione.

12. Scrivi la reazione di decomposizione termica del carbonato rameoso.

13. Facendo passare vapore acqueo in una canna di fucile arroventata, Lavoisier isolava l'idrogeno dell'acqua, mentre l'ossigeno rivestiva l'interno della canna di uno strato di ossido ferrico. Scrivi l'equazione per la reazione di spostamento avvenuta.

OBIETTIVO individuare i reagenti adatti a preparare un composto inorganico

RISOLVI I SEGUENTI QUESITI

14. Elenca i diversi metodi di preparazione di un sale di un ossiacido.

15. Scrivi tre diverse equazioni di reazione che portano alla preparazione del carbonato di rame (II).

16. Scrivi un percorso costituito da due reazioni per preparare l'idrossido di zinco a partire dal carbonato di zinco.

17. Quali reazioni possono essere utilizzate per la produzione di idrogeno gassoso?

18. Quali dei seguenti metalli non può essere utilizzato per spostare il piombo dal suo nitrato? Spiega la tua risposta.
A $Fe_{(s)} + Pb(NO_3)_{2(aq)} \rightarrow Fe(NO_3)_{2(aq)} + Pb_{(s)}$
B $Zn_{(s)} + Pb(NO_3)_{2(aq)} \rightarrow Zn(NO_3)_{2(aq)} + Pb_{(s)}$
C $Cu_{(s)} + Pb(NO_3)_{2(aq)} \rightarrow Cu(NO_3)_{2(aq)} + Pb_{(s)}$
D $Mg_{(s)} + Pb(NO_3)_{2(aq)} \rightarrow Mg(NO_3)_{2(aq)} +$
$+ Pb_{(s)}$

19. Quale dei seguenti sali in soluzione provoca la formazione di un precipitato se viene aggiunto a una soluzione di $MgCl_2$?
A $KI_{(aq)}$
B $Ba(NO_3)_{2(aq)}$
C $K_2CO_{3(aq)}$
D Na_2S

Pensa come uno scienziato

1 Assegna ciascuna reazione alla propria classe di appartenenza, scrivendo reagenti e prodotti nella casella corrispondente.

	Sintesi	Decomposizione	Spostamento	Doppio scambio
Formazione di un idrossido da un ossido.				
Ottenimento di CuO per riscaldamento di $CuCO_3$.				
Riduzione a rame metallico con carbone e CuO.				
Sviluppo di ammoniaca da cloruro di ammonio e NaOH.				
Precipitazione di Cu per trattamento di una soluzione di $CuSO_4$ con Fe.				
Sviluppo di gas idrogeno da Fe e acido cloridrico.				
Formazione di $MgCl_2$ dagli elementi.				
Precipitazione di $CuCO_3$ dall'unione di un carbonato e di una soluzione di Cu^{2+}.				
Sviluppo di idrogeno da acqua e un metallo attivo.				
Unione di HCl e $Ba(OH)_2$.				

Modulo E

Verifiche

VERIFICHE

UNITÀ DIDATTICA 1

1. Quale tra i seguenti composti è binario e ionico?
   - A NH_3
   - B NO_2
   - C KCl
   - D KOH

2. Quale tra i seguenti composti è binario covalente?
   - A NO
   - B KH
   - C NaI
   - D BaO

3. Quale tra i seguenti composti è un ossido basico?
   - A CO_2
   - B CaO
   - C P_2O_5
   - D SO_2

4. Quale tra i seguenti composti è un ossido acido (anidride)?
   - A N_2O_5
   - B Na_2O
   - C SrO
   - D Al_2O_3

5. Quale tra i seguenti composti è un idrossido?
   - A H_3PO_4
   - B KOH
   - C HF
   - D HClO

6. Quale tra i seguenti composti dell'azoto ha numero di ossidazione +5?
   - A NH_4Br
   - B HCN
   - C HNO_3
   - D N_2H_4

7. Quale elemento ha numero di ossidazione +6?
   - A $H_6Si_2O_7$
   - B H_2SO_4
   - C $HMnO_4$
   - D $HClO_3$

8. Trova, tra i seguenti composti, l'idrogeno solfuro di potassio:
   - A $KHSO_3$
   - B $KHSO_4$
   - C KHS
   - D K_2S

9. Trova, tra i seguenti composti, il clorato di zinco:
   - A $Zn(ClO)_2$
   - B $Zn(ClO_2)_2$
   - C $ZnCl_2$
   - D $Zn(ClO_3)_2$

10. Qual è la formula del solfito rameoso?
    - A Cu_2SO_4
    - B CuS
    - C Cu_2SO_3
    - D $CuSO_3$

11. Qual è il nome IUPAC di $KHCO_3$?
    - A carbonato acido di potassio

B carbonato mono idrato di potassio

C carbonato idrato di potassio

D idrogeno carbonato di potassio

12. Quale tra i seguenti acidi deriva dall'anidride clorosa?

A $HClO$

B $HClO_2$

C $HClO_3$

D $HClO_4$

UNITÀ DIDATTICA 2

13. Nella reazione fra idrossido di sodio e acido solfidrico si formano :

A Na_2SO_4 e H_20

B $NaHSO_4$ e H_2O

C Na_2SO_3 e H_2O

D Na_2S e H_2O

14. Qual è la reazione con bilanciamento errato? Sai bilanciarla correttamente?

A $(NH_4)_2SO_4 + 2KOH \rightarrow NH_3 + K_2SO_4 + 2H_2O$

B $Fe_2O_3 + 2Al \rightarrow Al_2O_3 + 2Fe$

C $CH_4 + 2O_2 \rightarrow CO_2 + 2H_2O$

D $2Al + 3H_2SO_4 \rightarrow Al_2(SO_4)_3 + 3H_2$

15. Quali sono i coefficienti corretti per la seguente reazione chimica?
$CaO + H_3PO_4 \rightarrow Ca_3(PO_4)_2 + H_2O$

A 1, 2, 1, 2

B 1, 2, 2, 2

C 3, 2, 2, 2

D 3, 2, 1, 3

16. Quali sono i coefficienti corretti per la seguente reazione chimica?
$(NH_4)_2SO_{4(aq)} + BaCl_{2(aq)} \rightarrow$
$\rightarrow BaSO_{4(s)} + NH_4Cl$

A 1, 2, 1, 1

B 1, 1, 2, 1

C 1, 1, 1, 2

D 1, 2, 2, 2

17. Data la reazione
$Fe + H_2SO_4 \rightarrow FeSO_4 + H_2$
quante moli di H_2 si ottengono da una mole di Fe e 2 moli di H_2SO_4?

A 1

B 2

C 3

D 4

18. Data la reazione
$2\ Al(OH)_3 \rightarrow Al_2O_3 + 3H_2O$
quante moli di ossido di alluminio e d'acqua si ottengono riscaldando 0,5 moli di idrossido di alluminio?

A 0,5 di Al_2O_3 e 0,5 di H_2O

B 0,5 di Al_2O_3 e 1,0 di H_2O

C 0,25 di Al_2O_3 e 0,75 di H_2O

D 0,5 di Al_2O_3 e 0,75 di H_2O

19. Data la reazione chimica
$Mg_{(s)} + 2HCl_{(aq)} \rightarrow MgCl_{2(aq)} + H_{2(g)}$
in quale caso i reagenti sono nel corretto rapporto stechiometrico?

A 0,1 mol + 0,3 mol → 0,1 mol + 0,1 mol

B 0,2 mol + 0,3 mol → 0,1 mol + 0,1 mol

C 0,1 mol + 0,2 mol → 0,1 mol + 0,1 mol

D 0,1 mol + 0,2 mol → 0,1 mol + 0,2 mol

20. Nella seguente equazione si sono fatti reagire e si sono ottenute le moli scritte sotto a ciascuna specie chimica:

$2\ LiOH + CO_2 \rightarrow Li_2CO_3 + H_2O$

0,5mol + 0,5 mol → 0,25 mol+ 0,25 mol

Qual è il reagente limitante della reazione?

A diossido di carbonio

B idrossido di litio

C carbonato di litio

D diossido di carbonio e idrossido di litio

UNITÀ DIDATTICA 3

21. Bilancia correttamente la seguente reazione:
$(NH_4)_3PO_4 + BaCl_2 \rightarrow Ba_3(PO_4)_2 + NH_4Cl$
Qual è la somma dei coefficienti della reazione bilanciata?

A 4

B 8

C 12

D 15

22. Quale reazione non può avvenire?

[A] $MgO + Li_2O \rightarrow$

[B] $Ba + H_2 \rightarrow$

[C] $Na_2O + SO_2 \rightarrow$

[D] $CaO + H_2SO_4 \rightarrow$

23. Il solfato rameico in soluzione reagisce col carbonato di litio in soluzione e si ottengono il carbonato di rame solido (precipitato) e il solfato di litio in soluzione. Qual è la somma dei coefficienti della reazione bilanciata?

[A] 5

[B] 4

[C] 6

[D] 10

24. Il fluoruro d'argento in soluzione e il cloruro di calcio in soluzione reagiscono e producono due precipitati. I prodotti solidi ottenuti sono: il cloruro d'argento e il fluoruro di calcio. Qual è la somma dei coefficienti della reazione bilanciata?

[A] 5

[B] 4

[C] 6

[D] 10

25. L'alluminio reagisce con l'ossigeno dell'aria e produce un solido bianco (ossido di alluminio). Qual è la somma dei coefficienti della reazione bilanciata?

[A] 4

[B] 5

[C] 6

[D] 9

26. Dalla reazione fra magnesio metallico e una soluzione di acido perclorico si ottengono il gas idrogeno e il perclorato di magnesio in soluzione. Se si lascia evaporare l'acqua si ottiene il sale puro. Quanti grammi di magnesio metallico e di acido perclorico dovranno reagire per avere 10 g di perclorato di magnesio?

[A] 2,0 g di Mg e 8,0 g di acido perclorico

[B] 1,0 g di Mg e 9,0 g di acido perclorico

[C] 1,1 g di Mg e 9,1 g di acido perclorico

[D] 1,09 g di Mg e 9,01 g di acido perclorico

Modulo

Glossario E

Anione [*anion*]: singolo atomo o gruppo di atomi con carica negativa.

Catione [*cation*]: singolo atomo o gruppo di atomi con carica positiva.

Coefficiente [*coefficient*]: numero che precede la formula chimica in una equazione bilanciata.

Combustione [*combustion*]: reazione che ha luogo quando una sostanza brucia in presenza di ossigeno o altro comburente.

Formula chimica [*chemical formula*]: rappresentazione più semplice che mostra il tipo di atomi presenti in una sostanza e il loro relativo numero,

Formula di struttura [*structural formula*]: formula che mostra il numero e il tipo di atomi in una molecola e anche la loro disposizione nello spazio.

Idruro [*hydride*]:composto formato dall'idrogeno e un altro elemento.

Indice [*index*]: numero in basso a destra di un elemento o gruppo in una formula chimica. Indica il numero di atomi di ciascun elemento nella formula.

Neutralizzazione [*neutralization*]: reazione fra un acido e una base con produzione di acqua e di un sale.

Numero di ossidazione [*oxidation number*]: carica formale assegnata a ogni atomo in una molecola o ione, secondo determinate regole.

Ossiacido [*hydroxy acid*]: sostanza acida nella cui composizione ci sono atomi di ossigeno, idrogeno e di un altro elemento.

Ossido [*oxide*]: composto che contiene ossigeno legato a un altro elemento.

Ossido acido [*acidic oxide*]: ossido di un non metallo che forma un acido se aggiunto all'acqua.

Ossido basico [*basic oxide*]: ossido di un metallo che con acqua può originare una base.

Precipitato [*precipitate*]: solido insolubile che si forma rapidamente da una reazione in soluzione.

Prodotto [*product*]: sostanza ottenuta attraverso una reazione chimica.

Reagente [*reagent*]: materiale di partenza per una reazione chimica.

Reagente limitante [*critical reagent*]: reagente presente in difetto relativamente alle quantità stechiometriche, che limita la massima conversione possibile in prodotto.

Sale [*salt*]: composto prodotto (insieme all'acqua) nella reazione di neutralizzazione fra un acido e una base.

Stechiometria [*stoichiometry*]: studio delle relazioni quantitative fra reagenti e prodotti nelle reazioni chimiche.

Valenza [*valence*]: capacità di ogni atomo di entrare in combinazione con altri atomi, acquistando, cedendo o mettendo in comune un certo numero di elettroni.

Indice analitico

D

E

F

G

H

I

K

L

P

Q

R

S

T

Fonti delle illustrazioni

MODULO C

Carlo Gardini: C3.15

C3.1, C3.2 da *Storia delle Scienze 4. Natura e vita. L'età moderna* Einaudi, Torino, 1994

MODULO D

Carlo Gardini: D1.1, D1.4, D1.13, D2.4, D2.14, D2.15, D2.28, D3.1, D3.10,

D1.15, D2.21, D2.23, D2.29 da Atkins, Jones *Chimica generale* seconda edizione Zanichelli, Bologna, 1998

D2.22, D2.24, D3.11 da Valitutti, Gentile, Gerosa, Tifi, *Le basi della Chimica* Masson S.p.A., Milano, 1997; Zanichelli, Bologna, 1999

MODULO E

E1.1 da *Storia delle Scienze 4. Natura e vita. L'età moderna* Einaudi, Torino, 1994

Carlo Gardini: E1.4, E1.5, E3.3b, E3.11, E3.12, E3.13, E3.17

E3.3a da Valitutti, Gentile, Gerosa, Tifi, *Le basi della Chimica* Masson S.p.A., Milano, 1997; Zanichelli, Bologna, 1999

G. Valitutti A. Tifi A. Gentile

La chimica in moduli

Modulo F **L'energia, le reazioni e l'equilibrio**
Modulo G **Il trasferimento di protoni ed elettroni**

VOLUMI A VENDITA FLESSIBILE

La formula editoriale VVF (volumi a vendita flessibile) viene incontro a uno dei principali suggerimenti del d.m. 7.12.1999, "Norme e avvertenze per la compilazione del libro di testo da utilizzare nella scuola dell'obbligo". Tale decreto, formalmente dettato solo per la scuola dell'obbligo, contiene tuttavia indicazioni generali valide per ogni livello scolastico.
I contenuti di questo libro sono pertanto offerti, a scelta dell'utente, in sezioni agili e, in alternativa, in aggregazioni più ampie (volumi o confezioni di più fascicoli).
L'utente può così scegliere privilegiando la possibilità di ritagliarsi un percorso didattico differenziato, di graduare l'acquisto o di contenere la spesa.

La divisione di questo libro in volumetti non è puramente meccanica. In sintonia con il d.m. 7.12.1999 il materiale è stato organizzato in modo da configurare moduli didattici autonomi, ciascuno dotato di indicazioni di ingresso (prerequisiti e competenze) e di uscita (prove di verifica finalizzate alla certificazione delle competenze acquisite).
Queste e altre indicazioni (tra cui le informazioni sulla struttura dell'opera), tradizionalmente riservate all'insegnante, sono ora presenti nel libro dello studente, in modo da consentire un più corretto e consapevole utilizzo del libro.

Realizzazione editoriale:
- Redazione: Elena Bacchilega
- Segreteria di redazione: Deborah Lorenzini
- Progetto grafico, impaginazione e disegni: Studio Emme Grafica+
- Fotografie: Carlo Gardini, Parma

Contributi:
- Revisione del testo, ricerca iconografica: Roberta Marchetti
- Indice analitico: Norma, Parma
- Per le foto in laboratorio, si ringrazia il Liceo Statale Giacomo Ulivi, Parma

Copertina:
- Realizzazione: Roberto Marchetti
- Immagine di copertina: Vincent Van Gogh, *Notte stellata sul Rodano*, 1888. Parigi, Musée d'Orsay.

Prima edizione: marzo 2001

Ristampa:

5 4 3 2 2001 2002 2003 2004 2005

Realizzare un libro è un'operazione complessa, che richiede numerosi controlli: sul testo, sulle immagini e sulle relazioni che si stabiliscono tra essi. L'esperienza suggerisce che è praticamente impossibile pubblicare un libro privo di errori. Saremo quindi grati ai lettori che vorranno segnalarceli.
Per segnalazioni o suggerimenti relativi a questo libro l'indirizzo a cui scrivere è:

Zanichelli editore S.p.A.
Via Irnerio 34
40126 Bologna
fax: 051 249782
e-mail: lineaquattro@bo.zanichelli.it
sito web: www.zanichelli.it

Zanichelli editore opera con sistema qualità certificato secondo la norma UNI EN ISO 9001

Stampa: Centro Poligrafico Milano
Via Puccini 64, 20080 Casarile (Milano)
per conto di Zanichelli editore S.p.A.
Via Irnerio 34, 40126 Bologna

G. Valitutti A. Tifi A. Gentile

La chimica in moduli

Moduli F+G

L'energia, le reazioni e l'equilibrio
Il trasferimento di protoni ed elettroni

Zanichelli

Sommario

Modulo F

L'energia, le reazioni e l'equilibrio

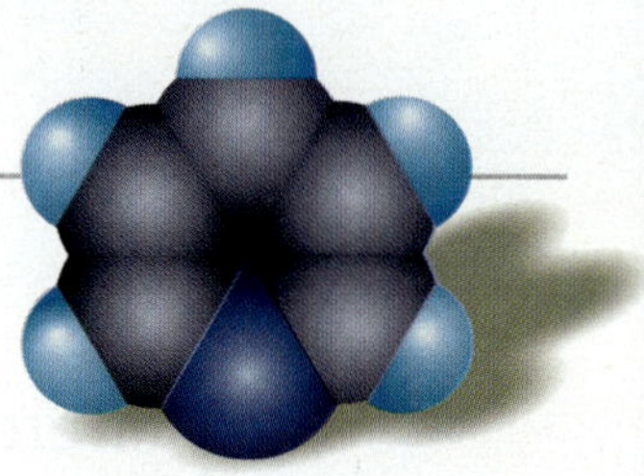

Modulo

G il trasferimento di protoni ed elettroni

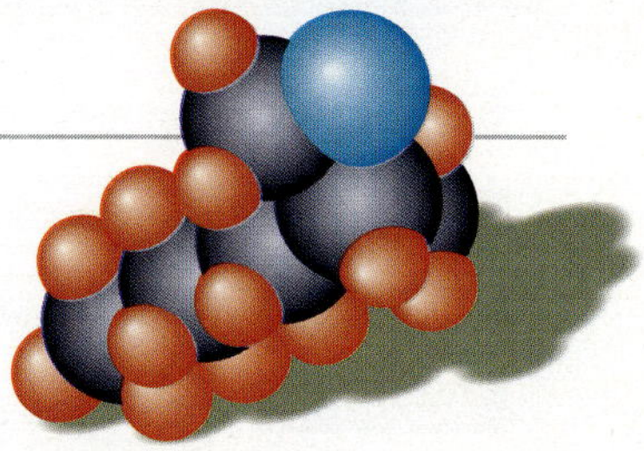

Atlante

STRUTTURA DEL LIBRO

- **PREREQUISITI E COMPETENZE**
- **TESTO CON ESERCIZI DI FINE UNITÀ**
  - **UNITÀ 1**
  - **UNITÀ 2**
  - **UNITÀ ...**
- **VERIFICHE DI FINE MODULO**

Ogni modulo si apre con i *prerequisiti* e le *competenze* e termina con le *verifiche di finali.*

Teoria

Le definizioni sono evidenziate in giallo

Esempi ed esercizi favoriscono un approccio operativo

Le tabelle aiutano ad organizzare le conoscenze

Titolo dell'unità

Esercizi

Titolo del modulo

Questi esercizi insegnano a risolvere problemi applicando il modello cinetico-molecolare della materia

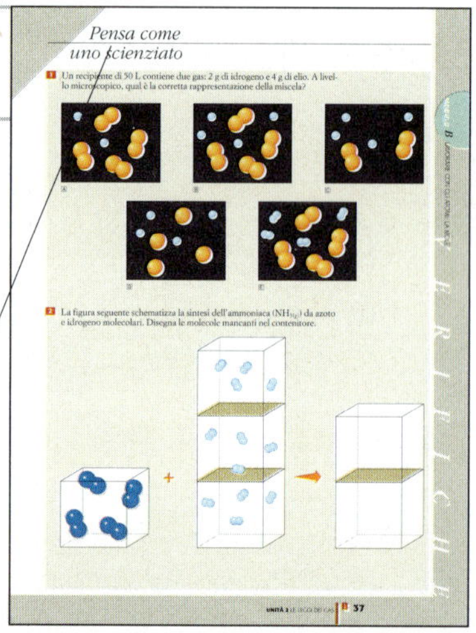

Gli esercizi di conoscenza servono a verificare ciò che lo studente ha appreso

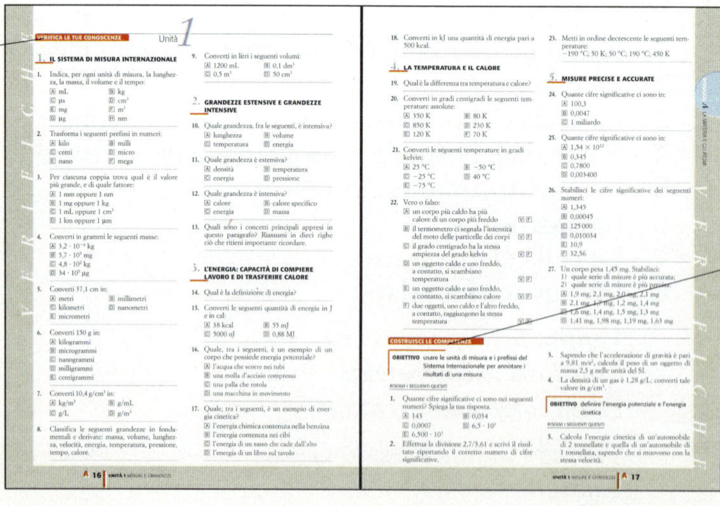

Esercizi

Questi esercizi aiutano lo studente a costruire una competenza attraverso il raggiungimento di alcuni obiettivi intermedi

Fonti di approfondimento

LIBRI

- Isaac Asimov, *Breve storia della chimica*, ZANICHELLI
- H.W. Roesky, K. Möckel, *Il luna park della chimica*, ZANICHELLI
- Peter Atkins, *Il secondo principio*, ZANICHELLI
- Peter Atkins, *Molecole*, ZANICHELLI
- John Emsley, *Prodotti chimici, guida per il consumatore*, ZANICHELLI
- G.Völlmer, M.Franz, *La chimica di tutti i giorni*, ZANICHELLI
- Primo Levi, *Il sistema periodico*, EINAUDI
- *Enciclopedia della chimica*, GARZANTI
- *Dizionario biografico degli scienziati e dei tecnici*, ZANICHELLI

RIVISTE

- *Le Scienze*, edizione italiana di *Scientific American* www.lescienze.it

LINKS E SITI WEB

- www.chemdex.org
  oltre 400 links sulla chimica
- www.webelements.com
  un sito dedicato a tutti gli elementi chimici
- http://portal.sophia.it/cgi-bin/WebObjects/News
  recensioni di articoli, notizie, informazioni e di siti di carattere scientifico

MUSEI

- Museo Nazionale della Scienza e della Tecnica Leonardo da Vinci, Milano
  www.museoscienza.org

Modulo F

L'energia, le reazioni e l'equilibrio

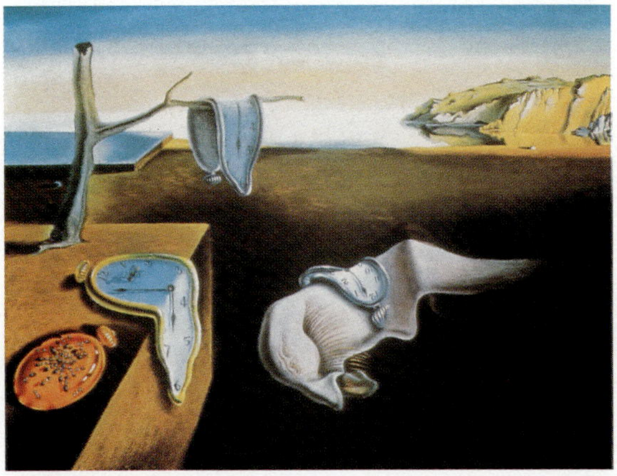

Salvador Dalì,
Persistenza della memoria

PREREQUISITI

Per affrontare lo studio di questo modulo sono necessarie le seguenti competenze:

- Utilizzare le competenze matematiche di base.
- Spiegare alcune proprietà della materia in termini di energia cinetica, di energia potenziale, di calore e di temperatura.
- Spiegare la struttura delle sostanze che presentano legame ionico, legame covalente o legame metallico.
- Classificare le principali reazioni chimiche, identificando reagenti e prodotti.
- Effettuare calcoli stechiometrici.
- Preparare e utilizzare soluzioni in base alle loro proprietà.

COMPETENZE

- Utilizzare le grandezze termodinamiche per descrivere le variazioni di energia dei sistemi chimici.
- Descrivere i fattori che influenzano la velocità di una reazione.
- Spiegare le proprietà dei sistemi chimici all'equilibrio.

Unità 1

COMPETENZA

Utilizzare le grandezze termodinamiche per descrivere le variazioni di energia dei sistemi chimici.

COMPETENZA

La competenza dell'unità didattica
è costruita ponendosi i seguenti obiettivi:

- **1.** Definire il sistema e l'ambiente di una trasformazione.
- **2.** Applicare il primo principio della termodinamica.
- **3.** Calcolare la variazione di entalpia di una reazione chimica, date le entalpie di formazione dei reagenti e dei prodotti.
- **4.** Prevedere la spontaneità di una trasformazione, conoscendo le variazioni di entalpia e di entropia.

L'energia si trasferisce

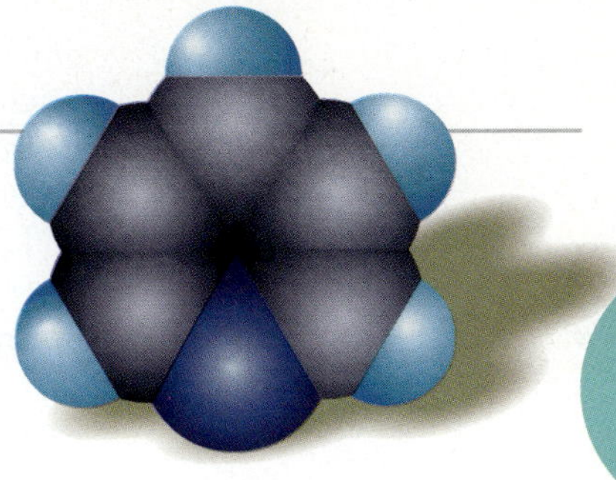

1. LE REAZIONI PRODUCONO ENERGIA

Gli scienziati operano dividendo il mondo fisico in parti più piccole, costituite da oggetti e da corpi, sulle quali effettuano misure e delle quali determinano le proprietà. Essi distinguono l'oggetto che vogliono studiare, chiamato **sistema**, dalla restante parte che lo circonda, detta **ambiente**.

I principali sistemi che si studiano in chimica sono quelli in cui avvengono **reazioni chimiche**. Se la reazione è prodotta in un becher, l'ambiente è rappresentato da tutto lo spazio che sta intorno al becher, all'interno del quale c'è il sistema, che è costituito dai reagenti e dai prodotti della reazione. In altre parole:

I sistemi chimici sono costituiti dai materiali (reagenti e prodotti) che partecipano alle trasformazioni fisiche e chimiche della materia.

I sistemi possono essere aperti, chiusi o isolati.

1. I **sistemi aperti** scambiano con l'ambiente *sia materia sia energia*. Il nostro organismo è un classico esempio di sistema aperto: noi consumiamo cibo e produciamo energia, che cediamo all'ambiente. Le reazioni che avvengono in un becher sono altri esempi di sistemi aperti, che possono scambiare materia ed energia con l'ambiente ▸figura 1.1.
2. I **sistemi chiusi** scambiano con l'ambiente *soltanto energia*, ma non materia. Per esempio, una bottiglia d'acqua minerale chiusa e una bottiglia di vino tappata sono due sistemi chiusi, che possono cedere o assorbire energia termica dall'ambiente, raffreddandosi o riscaldandosi a seconda che vengano posti in frigorifero o tenuti al sole ▸figura 1.2.
3. Infine ci sono i **sistemi isolati**, che non hanno alcun contatto con l'ambiente esterno e *non scambiano con esso né materia né energia*. Un esempio di sistema isolato è il liquido contenuto in un thermos, che mantiene costante la sua temperatura ▸figura 1.3.

Nelle pagine seguenti incontreremo spesso concetti già introdotti nel modulo A, come *ener-*

FIGURA 1.1 Un esempio di sistema aperto: una pastiglia effervescente che si scioglie in un bicchiere d'acqua.

FIGURA 1.2 Le bottiglie tappate sono un esempio di sistema chiuso (in basso a sinistra).

FIGURA 1.3 Un sistema isolato: il contenuto di un thermos (in basso a destra).

gia, *calore*, *lavoro*. In questo modulo ci occuperemo prevalentemente della capacità dell'energia di produrre calore. Questa parte della chimica, che descrive il trasferimento di calore da un corpo all'altro, ossia da un sistema a un altro, è chiamata **termochimica**.

La termodinamica, invece, si occupa di *tutti* i possibili trasferimenti di energia che interessano la materia e non solo del calore: pertanto, la termochimica è una branca della termodinamica.

Reazioni esotermiche e reazioni endotermiche

Come abbiamo visto nei precedenti moduli, le trasformazioni fisiche e chimiche sono spesso accompagnate da produzione o da assorbimento di calore ▸figura 1.4. In particolare:

Le reazioni che avvengono con produzione di calore, cioè trasferiscono energia dal sistema all'ambiente, si chiamano reazioni esotermiche; si denominano, invece, reazioni endotermiche quelle che assorbono calore dall'ambiente.

FIGURA 1.4 Una reazione endotermica e una reazione esotermica.

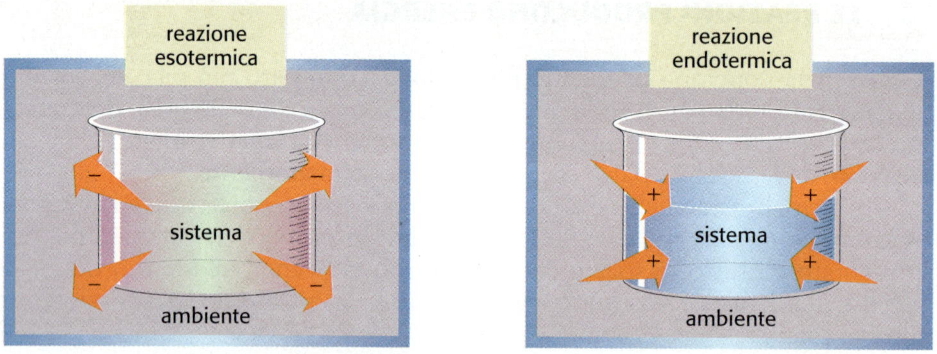

Le **reazioni esotermiche** determinano un visibile riscaldamento sia del sistema sia del suo ambiente, come nel caso delle seguenti reazioni di combustione:

combustione del carbone: $C + O_2 \rightarrow CO_2 + \text{calore}$

respirazione cellulare: $\underset{\text{glucosio}}{C_6H_{12}O_6} + 6O_2 \rightarrow 6CO_2 + 6H_2O + \text{calore}$

La seconda reazione avviene nelle cellule e fornisce loro una parte dell'energia necessaria per la sopravvivenza.

Più rare sono le **reazioni endotermiche**, come quella rappresentata nella ▸figura 1.5:

$$Ba(OH)_2 \cdot 8H_2O_{(s)} + 2NH_4NO_{3(s)} \rightarrow Ba(NO_3)_{(aq)} + 2NH_{3(g)} + 10H_2O_{(l)} - \text{calore}$$

FIGURA 1.5 Realizzazione di una reazione endotermica spontanea:
A 8 g di $Ba(OH)_2 \cdot 8H_2O$ e 4g di NH_4NO_3 solidi vengono mescolati;
B l'acqua all'esterno congela e il cartoncino si attacca alla beuta.

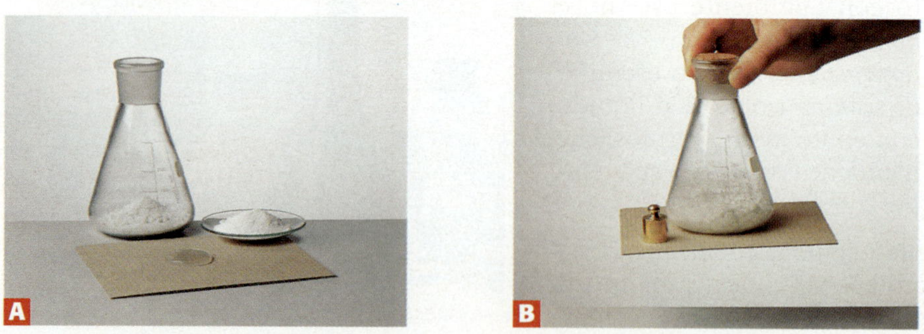

Questa reazione comporta un forte raffreddamento dell'ambiente circostante. Infatti l'acqua che si trova a contatto con la beuta diventa ghiaccio, e il cartoncino di supporto si attacca sul fondo della beuta.

La tabella 1.1 mostra le cause della diversità di comportamento delle reazioni esotermiche ed endotermiche.

TABELLA 1.1 Il comportamento delle reazioni chimiche.

Reazioni esotermiche	Reazioni endotermiche
si formano molecole più stabili con legami più forti	si formano molecole meno stabili con legami più deboli
l'energia potenziale del sistema diminuisce e si produce calore, che fluisce verso l'ambiente	l'energia potenziale del sistema aumenta a spese del calore assorbito dall'ambiente
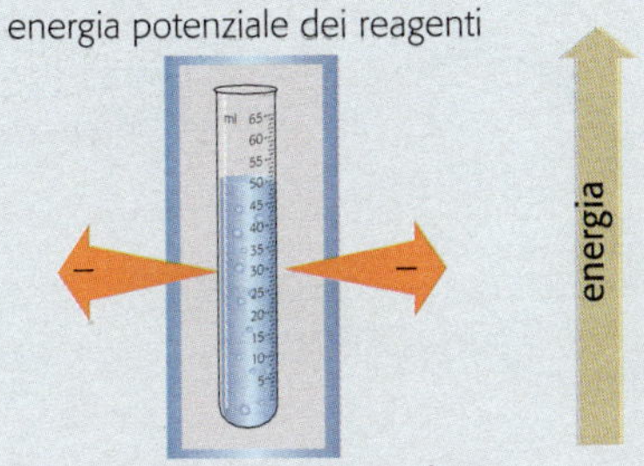	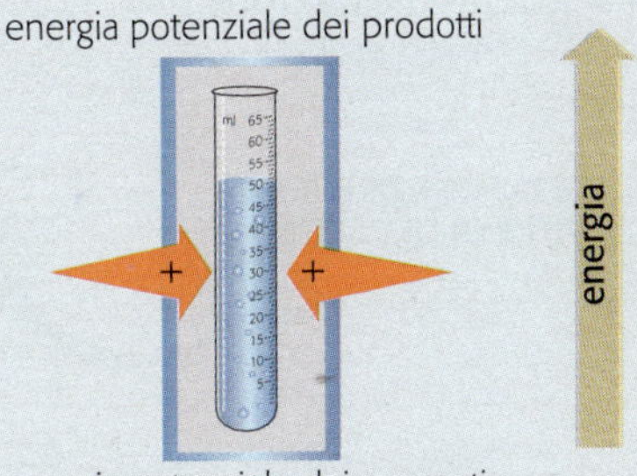

La figura 1.6 mostra un altro esempio di reazione endotermica.

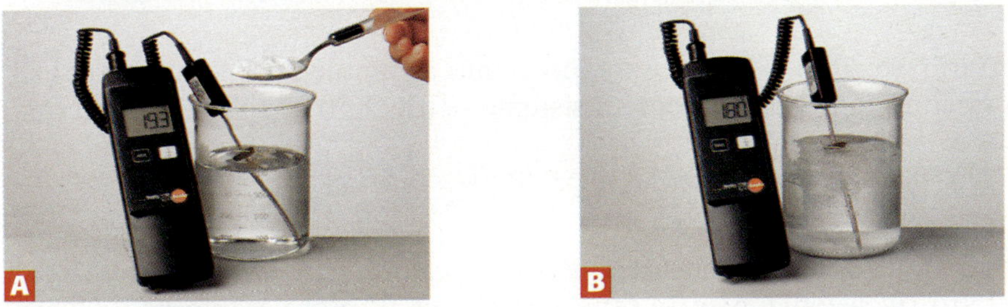

FIGURA 1.6 Una reazione endotermica spontanea: $H^+ + HCO_3^- \rightarrow H_2O + CO_2$. La temperatura passa da 19,3 °C a 18 °C.

In generale possiamo dire che i cambiamenti che producono o assorbono energia si verificano nei passaggi di stato (come abbiamo visto nel modulo A), nella formazione delle soluzioni (come abbiamo visto nei moduli A e D) e nelle reazioni chimiche (che possono essere esotermiche o endotermiche).

2. IL PRIMO PRINCIPIO DELLA TERMODINAMICA

Nel 1865, E.J. Rudolph Clausius affermò che *il contenuto di energia dell'Universo, considerato come sistema isolato, è costante*. Questa affermazione rappresenta una delle possibili definizioni del **primo principio della termodinamica**. Un'altra definizione è la seguente:

L'energia può essere convertita da una forma all'altra, ma non può essere né creata né distrutta.

Il primo principio, quindi, esprime la conservazione dell'energia totale del sistema e dell'ambiente. Da ciò deriva che:

L'aumento (o la diminuzione) dell'energia di un sistema è uguale alla quantità di energia che esso riceve (o cede) mediante scambi di calore o di lavoro con l'ambiente.

È importante notare che l'energia totale (energia del sistema più energia dell'ambiente) rimane sempre costante.
Quest'ultima definizione mette in evidenza che sia il calore sia il lavoro sono forme di energia in transito; ciò che si accumula è invece l'energia del sistema, che è denominata **energia interna** (U).

L'energia interna U del sistema è la somma dell'energia cinetica e dell'energia potenziale di tutte le particelle che lo compongono. L'energia cinetica è dovuta all'agitazione termica di atomi, ioni e molecole costituenti il sistema; l'energia potenziale del sistema dipende dalle attrazioni fra cariche opposte (per esempio, nei legami chimici) e dalle repulsioni fra cariche uguali (per esempio, fra le nubi elettroniche esterne delle molecole), che coinvolgono le particelle.

È possibile calcolare la variazione di energia interna di un sistema mediante la seguente equazione:

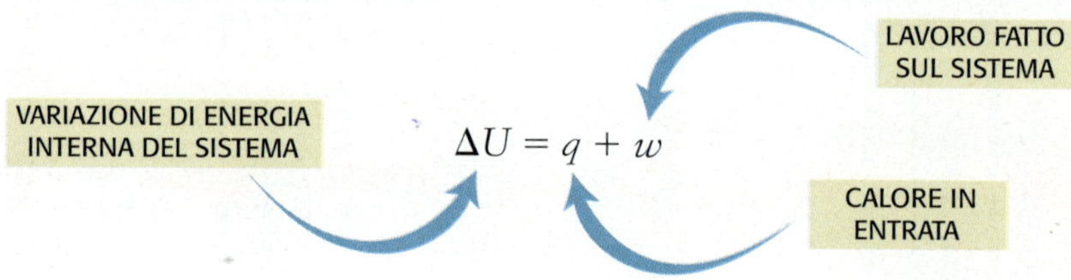

$$\Delta U = q + w$$

Se per esempio forniamo al sistema 70 kJ di calore e 15 kJ di lavoro, la sua energia interna aumenterà di 85 kJ:

$$\text{variazione di energia interna} = \Delta U = 70 \text{ kJ} + 15 \text{ kJ} = 85 \text{ kJ}$$

Al contrario, se 30 kJ di calore saranno ceduti all'ambiente esterno e 20 kJ di lavoro saranno fatti sull'ambiente il sistema perderà 50 kJ di energia interna:

$$\Delta U = -30 \text{ kJ} - 20 \text{ kJ} = -50 \text{ kJ}$$

La convenzione adottata considera *positivi* il calore *assorbito dal* sistema e il lavoro fatto *sul* sistema; mentre sono *negativi* sia il calore *ceduto* sia il lavoro fatto *dal* sistema.

I due esempi che abbiamo considerato ci spiegano che:

1. calore e lavoro sono modi equivalenti per modificare l'energia interna di un sistema;
2. l'energia interna dei sistemi isolati non si può cambiare.

Nel prossimo paragrafo spiegheremo il fenomeno della combustione, considerandola dal punto di vista della termochimica.

3. LA COMBUSTIONE PRODUCE CALORE

La **combustione** è una reazione fra un combustibile e un comburente, dalla quale si libera una quantità rilevante di energia. Il **combustibile** è di solito un composto contenente carbonio o idrogeno, mentre il **comburente** è una sostanza contenente atomi di elementi a *elevata elettronegatività* (N, O, F), di cui il più diffuso è l'ossigeno dell'aria ▸tabella 1.2, ▸figura 1.7. I prodotti della combustione sono costituiti in genere da molecole *stabili*, cioè poco reattive.

Nella combustione con ossigeno, il carbonio e l'idrogeno dei combustibili si trasformano rispettivamente in CO_2 e H_2O. Per esempio, le combustioni

FIGURA 1.7 Combustione del ferro in ossigeno.

TABELLA 1.2 I principali combustibili e comburenti.

Combustibili	Comburenti
H_2	O_2
C (carbone)	F_2
idrocarburi (CH_4, C_2H_2, C_4H_{10}, benzina, gasolio)	Cl_2
alcoli (metilico: CH_3OH; etilico: C_2H_5OH)	N_2O_4
carboidrati (amido, cellulosa, zucchero)	N_2O
grassi, olii	
N_2H_4 (idrazina)	
metalli (Be, B, Al, Mg, Li, Ta, Zr)	

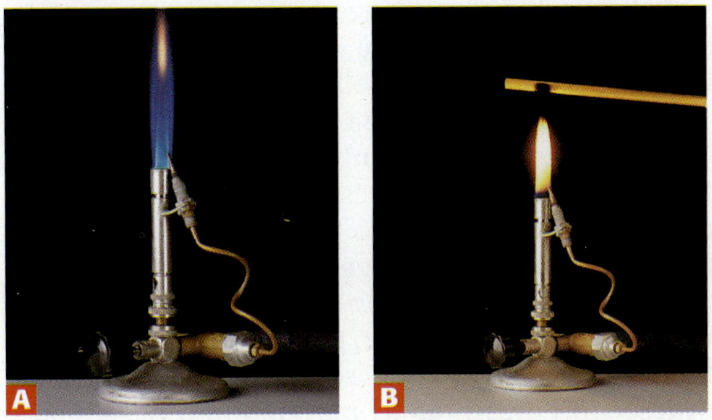

FIGURA 1.8
A Combustione completa del gas metano. Il cono bluastro si forma nella regione della fiamma in cui CO brucia a CO_2.
B La combustione avviene con poca aria. In queste condizioni resta del carbonio incombusto e si forma CO. La fuliggine rende luminosa la fiamma e si deposita su una superficie fredda.

del metano ▸figura 1.8 e dell'idrogeno sono descritte dalle seguenti equazioni di reazione:

$$CH_{4(g)} + 2O_{2(g)} \rightarrow CO_{2(g)} + 2H_2O_{(g)} + \text{calore}$$
$$2H_{2(g)} + O_{2(g)} \rightarrow 2H_2O_{(g)} + \text{calore}$$

Nella ▸tabella 1.2 sono elencati altri combustibili e comburenti, come i propellenti per i razzi (N_2O_4 e idrazina, utilizzati per i viaggi sulla Luna; ossigeno e idrogeno liquidi per le missioni più moderne) e la miscela di acetilene (C_2H_2) e protossido d'azoto (N_2O) usati invece per la fiamma ossidrica. Alcune sostanze danno fiamme luminosissime (flash), come nel caso della combustione fra magnesio e ossigeno.

FIGURA 1.9 Una bomba calorimetrica.

Come si misura il calore di reazione

La combustione può essere effettuata in un recipiente chiuso, chiamato **bomba calorimetrica**, in cui viene posto un eccesso di comburente (per esempio, ossigeno). Il calore sviluppato è trasmesso a una massa d'acqua contenuta in un calorimetro e la temperatura all'interno di esso è registrata da un termometro ▸figura 1.9. Dall'aumento di temperatura (ΔT) si risale al **calore** Q, in base alla seguente formula:

CALORE → Q; MASSA DEL CALORIMETRO → m; CALORE SPECIFICO DEL CALORIMETRO → C; AUMENTO DI TEMPERATURA → ΔT

$$Q\ (\text{kJ}) = C \cdot m \cdot \Delta T$$

TABELLA 1.3 L'energia ricavabile da combustibili e cibi.

Sostanze	Energia liberata da un grammo di sostanza in eccesso di ossigeno (kJ)
H_2	142
CH_4	55,7
benzina	50
grassi	38 (9 kcal)
alcol	29 (7 kcal)
amido (zuccheri)	17 (4 kcal)
proteine	17 (4 kcal)

FIGURA 1.10 Gli uccelli usano le riserve di energia accumulata sotto forma dei grassi per volare. Il potere calorico elevato dei grassi consente agli uccelli di portarsi dietro meno combustibile e di volare per lunghe distanze.

In prima approssimazione, si può sostituire a C il calore specifico dell'acqua (4,18 kJ/kgK) e a m la massa in kilogrammi dell'acqua contenuta nel calorimetro. La ▸tabella 1.3 mostra quanta energia (espressa come calore di reazione) si può ricavare da 1 g di alcune sostanze.

Gli animali utilizzano l'energia contenuta negli alimenti (come i grassi e gli zuccheri) per ricavare l'energia di cui hanno bisogno. Le proteine invece svolgono soprattutto funzioni strutturali, ma possono essere utilizzate come combustibili; nei mammiferi esse vengono ossidate formando urea (NH_2CONH_2), con un ricavo energetico di circa 17 kJ/g.

La combustione degli alimenti avviene lentamente nell'organismo, attraverso molte reazioni chimiche consecutive che, complessivamente, prendono il nome di *metabolismo energetico*. È interessante confrontare l'energia ricavabile da alcuni combustibili e dai principali alimenti ▸tabella 1.3.

Perché gli animali usano i grassi come combustibile di riserva, mentre le piante accumulano amido? I primi devono portarsi appresso il loro «pacchetto» di energia di riserva, e questo deve essere, a parità di energia ricavabile, il più leggero possibile (si pensi agli uccelli migratori, che volano per giorni senza rifornimento ▸figura 1.10). Inoltre, per questioni strutturali, tali materiali devono essere solidi. La natura, quindi, ha prescelto i grassi (38 kJ per grammo) per gli animali, dotandoli di un metabolismo efficiente, ma lento e complesso. Per le piante, invece, la natura ha optato per gli zuccheri. Infatti, a fronte di una resa energetica inferiore, gli zuccheri offrono il vantaggio di un metabolismo molto rapido sia in fase di accumulo sia in fase di utilizzo.

4. I CALORI DI REAZIONE E L'ENTALPIA

Come abbiamo visto, le reazioni possono liberare oppure assorbire energia. Di solito l'energia è scambiata sotto forma di calore, ma ci sono anche processi in cui l'energia viene trasferita come luce o in altre forme. Come si spiega questo flusso di energia a livello di atomi, di ioni e di molecole?

Per produrre molta energia con una reazione, i reagenti devono possedere legami deboli (cioè devono essere molto reattivi) e i prodotti devono avere, al contrario, legami più forti (cioè essere molto stabili). Per stabilire la variazione di energia che accompagna una reazione chimica, quindi, occorre sapere quali sono i prodotti e quali i reagenti della reazione.

$$Q = -\Delta U$$

La **variazione di energia interna**, ΔU, dipende:

1. dal numero dei legami rotti (nei reagenti) e dal numero dei nuovi legami formati (nei prodotti);
2. dalla forza dei legami, dei reagenti e dei prodotti.

Per chiarire questo concetto, immaginiamo di fare reagire un campione di magnesio metallico con l'ossigeno dell'aria. Si tratta di una comune reazione di combustione che produce una grande quantità di calore e di luce:

$$2Mg_{(s)} + O_{2(g)} \rightarrow 2MgO_{(s)} + \text{calore} + \text{luce}$$

Il calore e la luce liberati durante la reazione, ci portano a due conclusioni:

1. la somma delle energie chimiche di magnesio e ossigeno (reagenti) è maggiore dell'energia chimica dell'ossido di magnesio (prodotto);
2. il legame chimico (di tipo ionico) nell'ossido di magnesio è più forte del doppio legame dell'ossigeno e del legame metallico del magnesio.

A volte l'energia che deriva da un sistema chimico non si trasforma completamente in calore. Nel caso della formazione di prodotti di reazione gassosi, per esempio, avviene un'espansione; la *variazione di volume* sarà:

$$\Delta V = V_{\text{finale}} - V_{\text{iniziale}}$$

Se la pressione esterna è p, il sistema compierà un lavoro sull'ambiente pari a $p \cdot \Delta V$; pertanto, il calore che si sviluppa, misurato per mezzo di un calorimetro sarà:

CALORE SVILUPPATO

LAVORO PRODOTTO

$$Q = -\Delta U - p \cdot \Delta V = -\Delta(U + pV)$$

Per tener conto del lavoro di espansione, si usa più spesso dell'energia interna U, la funzione $H = U + pV$, chiamata **entalpia**. Pertanto il calore assorbito dal calorimetro a pressione costante è:

$$Q = -\Delta H = -(H_{\text{prodotti}} - H_{\text{reagenti}})$$

La tabella 1.4 mostra l'entalpia di formazione di alcune sostanze, da utilizzare per fare qualche esempio.

TABELLA 1.4 Entalpie di formazione di alcune sostanze (T = 298 K e p = 101 325 Pa).

Sostanza	$H°$ (kJ · mol^{-1})	Sostanza	$H°$ (kJ · mol^{-1})	Sostanza	$H°$ (kJ · mol^{-1})
$C_{(g)}$	+718	$H_2S_{(g)}$	−20,1	$NH_4Cl_{(s)}$	−314,4
$N_{(g)}$	+471	$N_2O_{5(g)}$	−43,1	$CO_{2(g)}$	−393,5
$O_{(g)}$	+247	$NH_{3(g)}$	−46,2	$SO_{3\,(l)}$	−441,0
$C_2H_{2(g)}$	+226,7	$CH_{4(g)}$	−74,9	$MgO_{(s)}$	−597,9
$H_{(g)}$	+218	$HCl_{(g)}$	−92,3	$CaO_{(s)}$	−635,1
$Cl_{(g)}$	+121	$CO_{(g)}$	−110,5	$Fe_2O_{3(s)}$	−822,2
$NO_{(g)}$	+90,4	$H_2O_{2(l)}$	−187,8	$Ca(OH)_{2(s)}$	−984,8
$NO_{2(g)}$	+33,8	$CH_3OH_{(l)}$	−238,6	$CaCO_{3(s)}$	−1207
$HI_{(g)}$	+25,9	$H_2O_{(l)}$	−285,9	$CaSO_{4(s)}$	−1434
$N_2O_{4(g)}$	+9,16	$SO_{2(g)}$	−296,9	$Al_2O_{3(s)}$	−1670

La comprensione di questa tabella è di notevole importanza. Il primo punto da chiarire è: a quali condizioni sono riferiti i valori riportati? Tutte le sostanze, a 298 K e 1 atm (1,013 · 10^5 Pa), si considerano ottenute dagli elementi che le compongono, nel loro stato stabile a 298 K e 1 atm. Pertanto lo zero di questa scala di energia è rappresentato dagli elementi nel loro stato naturale. Tutti gli elementi hanno quindi entalpia uguale a zero. Questo spiega perché i valori sono chiamati **entalpie di formazione**.

Nella parte alta della tabella, in corrispondenza dei valori più alti, troviamo elementi allo stato di gas monoatomico, a partire dalle molecole degli elementi stessi come si trovano allo stato naturale. Poiché occorre sempre energia per spezzare i legami e separare gli atomi, è evidente che gli elementi monoatomici saranno molto reattivi e avranno un'alta energia potenziale. Ai livelli più bassi troviamo, invece, composti formati da elementi aventi elettronegatività molto diversa (metallo + non metallo); si tratta di composti stabili, cioè poco reattivi.

Quando la variazione di entalpia è minore di zero ($\Delta H < 0$), la reazione si dice **esotermica** e si verifica *emissione di calore*. Se invece $\Delta H > 0$, la reazione si dice **endotermica** e richiede energia termica; quindi il sistema si raffredda e poi *assorbe calore* dall'esterno.

Un tempo si pensava che solo le reazioni esotermiche fossero spontanee. Oggi che sono note molte reazioni *endotermiche spontanee*, tale criterio distintivo non è valido. In altre parole, non sempre le reazioni procedono verso il rafforzamento dei legami.

Un esempio è la seguente reazione, che è fortemente endotermica e spontanea:

$$Ba(OH)_2 \cdot 8H_2O_{(s)} + 2NH_4NO_{3(s)} \rightarrow Ba(NO_3)_{(aq)} + 2NH_{3(g)} + 10H_2O_{(l)}$$

In questa reazione, infatti, si ha una variazione di entalpia ΔH pari a +62,3 kJ.

5. L'ENTROPIA: L'INDICATORE DEL «DISORDINE» DI UN SISTEMA

Assistiamo quotidianamente a fenomeni naturali spontanei: la pioggia che cade dal cielo, l'acqua che scorre nei fiumi, i raggi del sole che scaldano la terra. I fenomeni spontanei hanno una speciale caratteristica: si verificano senza interventi esterni.

Per esempio, se versiamo in acqua il comune sale da cucina, esso si scioglierà *spontaneamente* senza un intervento esterno. L'acqua congela spontaneamente a −5 °C; il carbonio si combina spontaneamente con l'ossigeno dell'aria per dare il biossido di carbonio:

$$C_{(s)} + O_{(g)} \rightarrow CO_{2(g)} + \text{calore}$$

Per nostra fortuna, questa reazione è lentissima a temperatura ambiente; se non fosse così, vedremmo andare in «fumo» il carbonio puro di tutti i brillanti di questo mondo. La combustione del carbonio, però, può avvenire facilmente, se la avviamo con un accendino ▸figura 1.11.

FIGURA 1.11 La reazione spontanea del carbonio con l'ossigeno è lentissima a temperatura ambiente, ma può essere avviata facilmente.

Il principio che giustifica le trasformazioni spontanee è questo: esse sono unidirezionali e tendono a far aumentare il disordine del sistema. Il **secondo principio della termodinamica** esprime questa tendenza al disordine della materia e dell'energia:

È impossibile realizzare una trasformazione il cui unico risultato sia di far passare calore da un corpo più freddo a uno più caldo.

TABELLA 1.5 Le seguenti trasformazioni mostrano che la materia e l'energia tendono al disordine.

Trasformazioni
Scambio di calore da un corpo caldo a un corpo freddo.
Espansione di un gas.
Vaporizzazione, fusione, sublimazione.
Formazione di una soluzione.
Reazione con formazione di prodotti gassosi.
Reazione di decomposizione e di rottura di legami chimici.

Quindi, l'energia tende a fluire spontaneamente dai corpi caldi a quelli freddi, livellando la temperatura e aumentando lo stato di disordine. Analogo comportamento ha la materia ▸tabella 1.5.

Anche gli atomi e le molecole tendono a sparpagliarsi e mescolarsi: l'acqua evapora, il profumo diffonde ecc. ▸figura 1.12.

La dispersione di atomi, molecole o energia implica un aumento del *disordine*, il quale *caratterizza tutte le trasformazioni spontanee*. Il disordine che si verifica in un sistema può essere misurato per mezzo di una quantità chiamata **entropia** (S), che si misura in J/mol · K: si tratta infatti di una quantità di energia divisa per una temperatura.

Uno dei modi per determinare l'entropia di un corpo consiste nel misurare il calore che occorre per incrementare la sua temperatura, iniziando da $T = 0$ K; ΔS indica la variazione di entropia:

FIGURA 1.12 Molti processi hanno una direzione preferita. Quando $KMnO_4$ viene aggiunto all'acqua, esso tende a disperdersi. Il colore viola è dovuto allo ione MnO_4^-.

$$\Delta S = S_{\text{prodotti}} - S_{\text{reagenti}}$$

Ogni sostanza ha un valore caratteristico di entropia. Essa risulta maggiore quando il moto termico è più intenso (a temperatura più alta) e quando il movimento avviene con maggior libertà. Per esempio, un cristallo di ghiaccio, superati i 273,15 K, passerà allo stato liquido, caratterizzato da una maggior entropia. Il moto delle molecole d'acqua è ancora più disordinato passando allo stato gassoso, quindi l'acqua tende a evaporare. In generale, lo stato liquido ha maggiore entropia dello stato solido, e lo stato gassoso ha entropia ancora più alta di quello liquido. Se non fosse per la tendenza a formare legami a idrogeno, che tiene unite le molecole, l'acqua esisterebbe solo allo stato gassoso ▸tabella 1.6.

Poiché gli stati più probabili sono quelli a entropia maggiore, i processi spontanei saranno caratterizzati da $\Delta S > 0$.

TABELLA 1.6 Entropia (S) di una mole di acqua, in $J \cdot K^{-1} \cdot mol^{-1}$ a 0,01 °C e 611 Pa.

	S
solida	43
liquida	65
gassosa	209

6. L'ENERGIA LIBERA: IL MOTORE DELLE REAZIONI CHIMICHE

Sappiamo che ci sono due forze che determinano la direzione in cui una reazione è spontanea: l'entalpia di reazione e l'entropia di reazione.

La trasformazione dei reagenti nei prodotti tende quindi a soddisfare due esigenze:

1. il rafforzamento dei legami ($\Delta H < 0$, come nelle reazioni esotermiche);
2. la tendenza verso un maggior disordine e quindi verso una maggiore entropia ($\Delta S > 0$).

Una maggiore entropia, di solito, si ottiene con la trasformazione di molecole complesse in molecole più piccole.

Cosa accade quando una delle due energie è favorevole e l'altra è contraria? J. Willard Gibbs trovò una risposta a questa domanda e introdusse un'altra grandezza, conosciuta come **energia libera** (G).

Questa grandezza ingloba sia l'entropia sia l'entalpia e ha le proprietà di un'energia potenziale, cioè tende a un minimo in una trasformazione spontanea. Definiamo così l'energia libera G:

$$G = H - TS \qquad \Delta G = \Delta H - T\Delta S$$

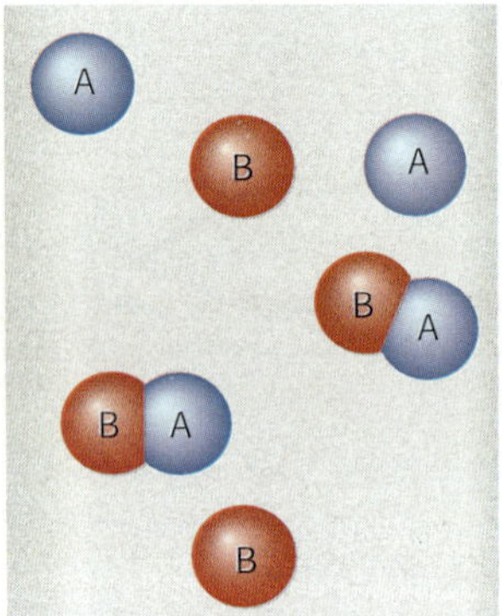

FIGURA 1.13
Reazione A + B → AB.
La formazione di legami favorisce l'unione di A e B (AB). La tendenza al disordine favorisce la separazione di A e B.
A basse temperature è favorita AB, ad alte temperature A+B.
A ogni temperatura si ha una miscela di A, B e AB in *equilibrio*.

Come si vede dalla formula, il termine dell'entropia ha segno negativo perché in tal modo un aumento di entropia ($\Delta S > 0$), che favorisce la spontaneità della trasformazione, si riflette in una diminuzione di G. La variazione di entropia inoltre è moltiplicata per la temperatura, in modo da avere una quantità con le dimensioni dell'energia ▸figura 1.13. L'unità di misura dell'energia libera è kJ/mol (cioè kJ · mol^{-1}). I valori di energia libera delle varie sostanze sono forniti come *energie libere di formazione dei composti nello stato standard* (1M a 298 K e a 1 atm) *a partire dagli elementi nel medesimo stato*. Per definizione, $\Delta G°_f = 0$.

La variazione di energia libera degli elementi è sempre zero.

Ogni reazione chimica può avvenire in due possibili direzioni:

reagenti → prodotti oppure **prodotti → reagenti**

La distinzione fra reagenti e prodotti ha un significato solo convenzionale; infatti, cambiando la direzione della freccia tutte le variazioni ΔH, ΔS e ΔG cambiano di segno.

Che cosa succede se si mescola una mole di tutti i reagenti e prodotti puri, a 1 atm (stato standard) e a 298 K? Se l'energia libera dei reagenti è maggiore di quella dei prodotti, allora la reazione avverrà verso la formazione dei prodotti. In caso contrario si assisterà alla trasformazione inversa, cioè i prodotti si ritrasformeranno nei reagenti. Concludiamo affermando che

La direzione in cui la trasformazione avviene spontaneamente è solo quella in cui si ha $\Delta G < 0$.

ESEMPIO **Usando i dati riportati nella tabella seguente, stabilisci se la seguente reazione può avvenire spontaneamente:**

$Pb(NO_3)_2 + 2KI \rightarrow PbI_2 + 2KNO_3$

Sostanza	$\Delta G°_f$ (kJ/ mol)
$Pb(NO_3)_2$	−251
KI	−323,7
PbI_2	−173,5
KNO_3	−394,5

Soluzione

Il ΔG di reazione è pari all'energia libera dei prodotti meno quella dei reagenti:

$\Delta G = [-173{,}5 - (394{,}5 \cdot 2)] - [-251 - (2 \cdot 323{,}7)] =$
$= -962{,}5 - (-898{,}4) = -64{,}1$ kJ/mol.

Le energie libere di formazione di KI e KNO_3 sono state moltiplicate per 2, al fine di tener conto dei coefficienti stechiometrici. Il valore negativo di ΔG conferma il dato sperimentale: la reazione avviene spontaneamente nella direzione indicata (formazione di PbI_2 giallo, ▸figura 1.14).

FIGURA 1.14 Mescolando i sali bianchi di KI e $Pb(NO_3)_2$ si forma spontaneamente il solido giallo PbI_2.

Con il concetto di energia libera, le reazioni *endotermiche spontanee* risultano comprensibili. L'aumento dell'energia dei legami (cioè il loro indebolimento), evidenziato da $\Delta H > 0$, è compensato da un aumento di entropia sufficientemente alto, tanto che il termine $T\Delta S$ diviene maggiore di ΔH; infine avremo:

$$\Delta G = \Delta H - T\Delta S \rightarrow \Delta G < 0$$

Quindi, la reazione endotermica spontanea fra idrossido di bario idrato e nitrato di ammonio che abbiamo visto nel primo paragrafo può essere spiegata con l'accresciuto disordine che deriva dalla produzione di ammoniaca gassosa. Arriviamo così alla conclusione precedente, cioè che le reazioni (esotermiche o endotermiche) avvengono spontaneamente quando $\Delta G < 0$.

La tabella 1.7 elenca tutte le condizioni che le funzioni termodinamiche devono rispettare perché si abbia una variazione di energia libera minore di zero e quindi una reazione spontanea. Concludendo, si possono avere reazioni spontanee, siano esse esotermiche (le più numerose) o endotermiche, solo se $\Delta G < 0$.

TABELLA 1.7 Le condizioni per avere una reazione spontanea.

Funzioni termodinamiche	Reazioni	
1. $\Delta S > 0$, $\Delta H < 0$	combustioni	reazioni esotermiche
2. $\Delta S < 0$, $\Delta H < 0$, ma $\Delta H < T\Delta S$	formazione di $H_2O_{(l)}$ da $H_{2(g)}$ e $O_{2(g)}$	
3. $\Delta S > 0$, $\Delta H > 0$, ma $T\Delta S > \Delta H$	reazioni con formazione di gas	reazioni endotermiche

1. LE REAZIONI PRODUCONO ENERGIA

1. Qual è il fattore più importante per stabilire se una reazione è esotermica o endotermica?

2. Qual è la differenza tra un sistema chiuso e un sistema isolato?

3. Fai un esempio di sistema isolato.

4. Classifica i seguenti sistemi come aperti, isolati o chiusi: cellula vivente, Sole, bottiglia d'olio aperta a temperatura ambiente, cibo in un forno a microonde, lampadina accesa, caffè caldo in un thermos chiuso.

5. Quali sono i modi in cui i sistemi possono scambiare energia con l'ambiente esterno?

6. Vero o falso?
   - A Le reazioni esotermiche comportano il passaggio di calore all'ambiente. V F
   - B Le reazioni esotermiche non possono avvenire in un sistema isolato. V F
   - C In una reazione esotermica si ha un aumento di temperatura. V F
   - D Sciogliendo un sale in acqua, si ha una diminuzione di temperatura; la trasformazione è endotermica. V F
   - E L'ebollizione dell'acqua avviene con un rifornimento continuo di energia; è una trasformazione esotermica. V F
   - F Una trasformazione chimica, in cui si formano legami più forti, comporterà la cessione di calore all'ambiente. V F
   - G Una reazione endotermica comporta la diminuzione dell'energia del sistema. V F

2. IL PRIMO PRINCIPIO DELLA TERMODINAMICA

7. Quali sono i processi che consentono aumenti o diminuzioni di energia di un sistema?

8. Qual è la variazione di energia ΔU di un sistema che acquista 100 J dal contatto con un corpo più caldo e svolge 60 J di lavoro su un corpo esterno?

9. Se una reazione chimica avviene in un sistema isolato, qual è la variazione di energia ΔU?

10. Quali sono i concetti principali appresi in questo paragrafo? Riassumi in dieci righe ciò che ritieni importante ricordare.

3. LA COMBUSTIONE PRODUCE CALORE

11. Vero o falso?
    - A I comburenti sono non metalli molto elettronegativi. V F
    - B I metalli possono essere combustibili. V F
    - C I prodotti della combustione sono meno stabili dei reagenti. V F
    - D La combustione è sempre una reazione endotermica, poiché richiede calore per essere avviata. V F
    - E I prodotti della combustione degli idrocarburi sono acqua e CO_2. V F
    - F L'ossigeno puro è un pericoloso combustibile. V F

12. I due zuccheri galattosio e glucosio hanno un calore di combustione, rispettivamente, di 671 kcal/mol e 673 kcal/mol. Le due molecole contengono gli stessi atomi ($C_6H_{12}O_6$); in quale zucchero i legami sono più forti?

13. Quali sono i concetti principali appresi in questo paragrafo? Riassumi in dieci righe ciò che ritieni importante ricordare.

4. I CALORI DI REAZIONE E L'ENTALPIA

14. Come avvengono la produzione di calore o l'assorbimento di calore nelle reazioni?

15. Qual è il valore di ΔH per una trasformazione che avviene in un sistema isolato?

16. Che variazione subisce l'entalpia in una reazione esotermica?

17. Qual è la differenza tra le due funzioni H e U?

18. Usando la tabella 1.4 ricava il ΔH per la reazione $NH_{3(g)} + HCl_{(g)} \rightarrow NH_4Cl_{(s)}$.

19. Perché la maggior parte dei valori di entalpia di formazione della tabella 1.4 sono negativi?

20. Se una reazione chimica ha per unico risultato la formazione di un legame chimico, il ΔH sarà positivo o negativo?

21. Quali sono i concetti principali appresi in questo paragrafo? Riassumi in dieci righe ciò che ritieni importante ricordare.

5. L'ENTROPIA: L'INDICATORE DEL «DISORDINE» DI UN SISTEMA

22. Quali sono i fattori che indicano se una reazione chimica può avvenire spontaneamente?

23. Quali dei seguenti stati è più disordinato?
   - A ghiaccio a −50 °C
   - B ghiaccio a 0 °C
   - C acqua a 25 °C
   - D vapore acqueo a 25 °C

24. Una mole di soluto viene sciolta in quattro volumi diversi di solvente. In quale situazione si avrà maggiore entropia?
   - A in 10 litri
   - B in 20 litri
   - C in 30 litri
   - D in un litro

25. In quale variazione di un sistema gassoso l'entropia diminuisce?
   - A l'aggiunta di altra materia
   - B il riscaldamento
   - C la diluizione
   - D il raffreddamento

26. Spiega perché si ha un maggiore aumento di entropia nell'evaporazione di un liquido che nella fusione di un solido.

6. L'ENERGIA LIBERA: IL MOTORE DELLE REAZIONI CHIMICHE

27. Come deve essere il segno di ΔH per avere una diminuzione di energia libera?

28. Come deve essere il segno di ΔS per avere una diminuzione di energia libera?

29. Un aumento di temperatura provoca un aumento o una diminuzione di energia libera? Analizza nei dettagli la formula:
$\Delta G = \Delta H - T\Delta S$

30. Una reazione di sintesi ha $\Delta H = -90$ kJ/mol e $\Delta S = -195$ J/K. Stabilisci se tale reazione potrà avvenire spontaneamente alla temperatura di 400 K.

31. ΔH e ΔS sono poco influenzati dalla temperatura. Per l'esercizio precedente, calcola a quale temperatura si ha esattamente $\Delta G = 0$ e quindi le variazioni di entalpia ed entropia si bilanciano.

32. Quale delle seguenti reazioni può avvenire spontaneamente alla temperatura di 300 K?
   - A $\Delta H = 21$ kJ; $\Delta S = -140$ J
   - B $\Delta H = -42$ kJ; $\Delta S = -350$ J
   - C $\Delta H = -95$ kJ; $\Delta S = -64$ J
   - D $\Delta H = 37$ kJ; $\Delta S = 76$ J

33. Due reazioni A → B e B → C hanno rispettivamente $\Delta G°_{AB} = +125$ kJ/mol e $\Delta G°_{BC} = -198$ kJ/mol. Quali affermazioni sono vere?
   - A La reazione A → B può avvenire spontaneamente.
   - B La reazione B → C può avvenire spontaneamente, se il sistema riceve una certa quantità di B.
   - C La trasformazione complessiva A → C può avvenire spontaneamente se A, B e C si trovano nello stesso sistema.
   - D La trasformazione A → C è impossibile perché il primo stadio non può avvenire spontaneamente, quindi non si forma B.

VERIFICHE

COSTRUISCI LA COMPETENZA

OBIETTIVO definire il sistema e l'ambiente di una trasformazione

RISOLVI I SEGUENTI QUESITI

1. Fai un esempio di sistema aperto in cui avviene una reazione chimica e si forma un gas.

2. Fai un esempio di sistema chiuso in cui si forma un precipitato.

3. Fai un esempio di sistema isolato in cui avviene una trasformazione fisica.

4. È possibile realizzare un sistema che scambia materia ma non energia?

OBIETTIVO applicare il primo principio della termodinamica

RISOLVI I SEGUENTI QUESITI

5. Calcola il calore ceduto da un sistema che assorbe un lavoro meccanico di 30 kilojoule e incrementa la sua energia interna di 16 kilojoule.

6. È possibile una trasformazione in cui il lavoro fatto su un sistema uguaglia il calore dissipato nell'ambiente? Spiega la tua risposta.

7. Un sistema che produce calore può anche incrementare la sua energia interna?
Spiega la tua risposta.

OBIETTIVO calcolare la variazione di entalpia di una reazione chimica, date le entalpie di formazione dei reagenti e dei prodotti

RISOLVI I SEGUENTI QUESITI

8. Il primo principio della termodinamica afferma che l'energia non può essere creata né distrutta. Ma se bruciamo benzina in un motore, otteniamo lavoro meccanico. Da dove scaturisce tale energia?

9. In un sistema posto a contatto con un termostato avviene una trasformazione che lo porta a incrementare la propria energia interna di 120 kJ, mentre esegue un lavoro elettrico pari a 210 kJ. Stabilisci se la trasformazione è esotermica o endotermica.

10. Il legno ha un potere calorifico di circa 12 000 kJ/kg. Quanti kilojoule si possono ricavare bruciando 10 kg di legna?

11. Un litro di benzina viene bruciato in eccesso di ossigeno, in modo da raccogliere tutto il calore prodotto in un calorimetro avente i seguenti dati: massa = 200 kg, calore specifico = $4{,}18\ kJ \cdot K^{-1} \cdot kg^{-1}$. Se la temperatura è aumentata di 38,5 °C, a quanto ammonta il calore prodotto?

12. Un bicchiere di latte intero da 100 mL contiene 3,3 g di proteine, 3,5 g di grassi e 4,9 g di zuccheri. Calcola la quantità di energia che puoi ricavare bevendo il bicchiere di latte.

13. Quanti grammi di proteine occorrono per avere lo stesso apporto calorico di 50 g di olio d'oliva (grasso)?

14. Una reazione esotermica viene effettuata, con le stesse quantità di reagenti, in un recipiente rigido e chiuso e in un recipiente espandibile. In quale caso si ottiene un maggiore scambio di calore con l'ambiente esterno?

OBIETTIVO prevedere la spontaneità di una trasformazione, conoscendo le variazioni di entalpia e di entropia

RISOLVI I SEGUENTI QUESITI

15. Quali sono i criteri per stabilire se una trasformazione può avvenire spontaneamente?

16. Quale è più stabile tra i due seguenti composti? Spiega la tua risposta.
$CO : H° = -110{,}5$ kJ/mol
$CO_2 : H° = -393{,}5$ kJ/mol

17. Ha maggiore entropia una mole di un gas o una mole di un solido cristallino?

18. Le entalpie di formazione di NaCl e NaBr sono pari a −411 kJ/mol e −361 kJ/mol. Sono più forti i legami tra Na e Cl o tra Na e Br?

19. Si può realizzare una trasformazione chimica in cui i prodotti hanno minore stabilità e minore entropia dei reagenti?

20. Con quali segni di ΔH e ΔS una trasformazione non può verificarsi spontaneamente?

21. In una reazione chimica, che avviene alla temperatura di 280 K, si ha $\Delta H = +40$ kJ e $\Delta S = -120$ J/K. Calcola la variazione di energia libera della trasformazione.

22. Possono avvenire spontaneamente trasformazioni in cui l'entropia del sistema diminuisce, mentre la sua entalpia aumenta?

23. La reazione $2CuO_{(s)} + O_{2(g)} \rightarrow 2CuO_{(s)}$ ha $\Delta S = -186$ J/K e $\Delta H = -315$ kJ. Calcola il ΔG della reazione a 300 K.

Pensa come uno scienziato

1 Inserisci nel riquadro sotto le illustrazioni le seguenti descrizioni:

- reazione esotermica in un sistema chiuso
- reazione endotermica in un sistema isolato
- reazione esotermica in un sistema isolato
- reazione endotermica in un sistema chiuso

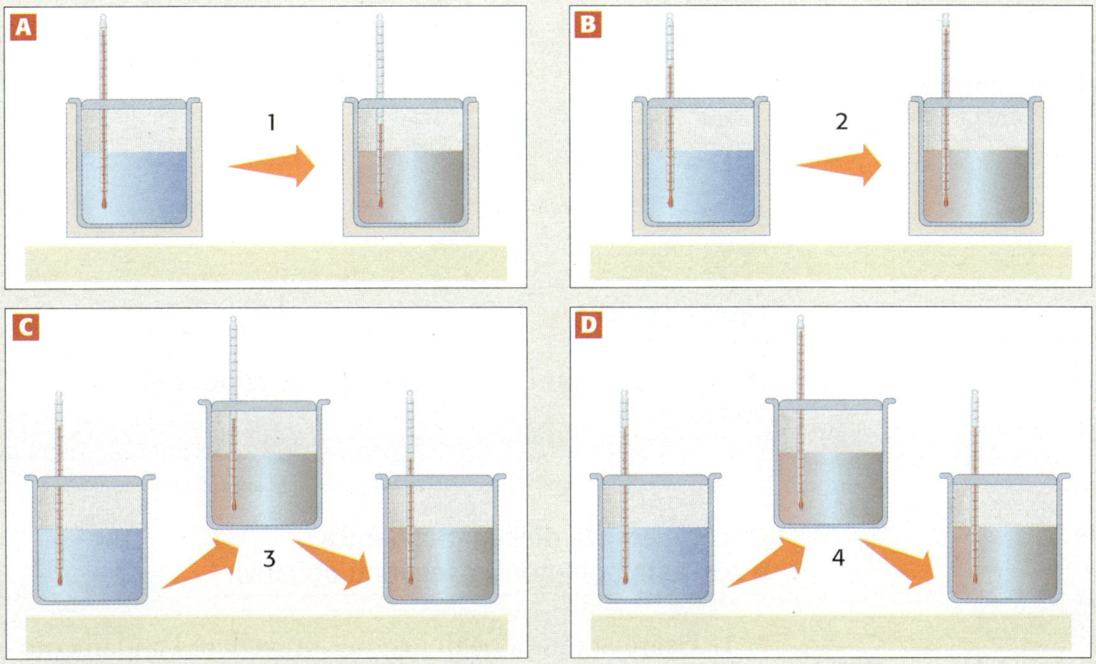

Qual è l'unica illustrazione che si riferisce a una trasformazione in cui l'ambiente riceve calore dal sistema?
Qual è l'unica illustrazione che si riferisce a una trasformazione in cui l'ambiente cede calore al sistema?
In quali trasformazioni l'entalpia del sistema è diminuita?
In quali trasformazioni l'energia libera del sistema è diminuita?

2 Completa la seguente matrice scrivendo negli appositi spazi la correlazione esistente tra i parametri considerati.

	Combustione	Formazione di legami forti	Spontaneità di una trasformazione
Energia libera	Le combustioni sono trasformazioni spontanee in cui l'energia libera diminuisce molto.		
Entropia			
Calore			
Temperatura			

Unità 2

COMPETENZA

Descrivere i fattori che influenzano la velocità di una reazione.

La competenza dell'unità didattica è costruita ponendosi i seguenti obiettivi:

1. Usare la teoria degli urti per prevedere l'andamento di una reazione.
2. Descrivere il comportamento di una reazione con la teoria dello stato di transizione.
3. Spiegare l'azione dei diversi parametri che influenzano la velocità di reazione (temperatura, concentrazione, pressione, superficie di contatto, presenza di catalizzatori).
4. Spiegare come si può modificare l'andamento di una reazione aggiungendo un catalizzatore.

La velocità di reazione

La maggioranza dei prodotti chimici utilizzati nella vita quotidiana è progettata con il chiaro intento di ridurre al minimo le trasformazioni chimiche dei loro componenti; così la carta contiene gli antingiallenti, i cibi gli antiossidanti, il cuoio gli impermeabilizzanti.

Altre volte, invece, desideriamo che le trasformazioni avvengano in breve tempo: che la vernice si secchi, che il cemento e la colla facciano presa, che il motore si avvii.

Questi sono alcuni esempi di come l'uomo controlla il fattore tempo delle trasformazioni. In questa unità studieremo come controllare la velocità delle reazioni chimiche.

1. COS'È LA VELOCITÀ DI REAZIONE

Quanto tempo durano le reazioni? Un attimo, un giorno o un secolo? Una reazione veloce, anche troppo in verità, è quella comune a tutti gli esplosivi, dalla nitroglicerina al tritolo. L'esito disastroso delle esplosioni è dovuto, principalmente, ai grandi volumi di gas caldi che queste *rapidissime* reazioni liberano quasi istantaneamente ▸figura 2.1. La crescita delle stalattiti e delle stalagmiti è invece il risultato di una reazione chimica *molto lenta*: la trasformazione del bicarbonato di calcio (solubile) in carbonato di calcio insolubile, acqua e biossido di carbonio:

$$Ca(HCO_3)_{2(aq)} \rightarrow CaCO_{3(s)} + H_2O_{(l)} + CO_{2(aq)}$$

FIGURA 2.1 Un'esplosione è una reazione molto veloce.

Ma come possiamo misurare la **velocità di reazione**? Per cominciare, possiamo dare la seguente definizione:

La velocità di reazione è la variazione della concentrazione di prodotto Δ[P] o di reagente Δ[R] nell'intervallo di tempo Δt.

$$v = \frac{\Delta[P]}{\Delta t} = -\frac{\Delta[R]}{\Delta t}$$

La velocità di reazione è una grandezza intensiva, cioè non dipende dalla massa del sistema: essa è identica in una sola goccia di soluzione o in un volume più grande della stessa soluzione.

Le parentesi quadre indicano le *concentrazioni molari*. Poiché la concentrazione di reagente diminuisce col procedere della reazione, il segno meno della seconda uguaglianza serve per ottenere una velocità di reazione positiva. La velocità v è determinabile sperimentalmente misurando la variazione nel tempo di una qualunque proprietà dei reagenti o dei prodotti che possa essere messa in relazione con la concentrazione: la variazione della massa del sistema, le variazioni di colore, il volume di gas prodotti.

Durante una reazione chimica, la velocità di reazione non è costante. In genere è più alta all'inizio e diminuisce verso la fine della reazione.

ESPERIMENTO Questo esperimento permette di misurare la velocità di una reazione. Pesa 10 g di bicarbonato di sodio e introducili in un palloncino di gomma. Applica il palloncino sgonfio sul collo di un matraccio in vetro da 100 mL, contenente 50 mL di HCl 3M. Assicurato il palloncino, fai cadere il sale all'interno del matraccio, avvia un cronometro e misura il tempo necessario al palloncino per gonfiarsi. L'esperimento può essere ripetuto con HCl 0,1 M o con aceto.

2. L'ENERGIA DI ATTIVAZIONE: LA TEORIA DEGLI URTI E LA TEORIA DELLO STATO DI TRANSIZIONE

Per poter apprezzare i fattori che influenzano la velocità di reazione, immaginiamo di poter «osservare» atomi e molecole in movimento ▸figura 2.2.

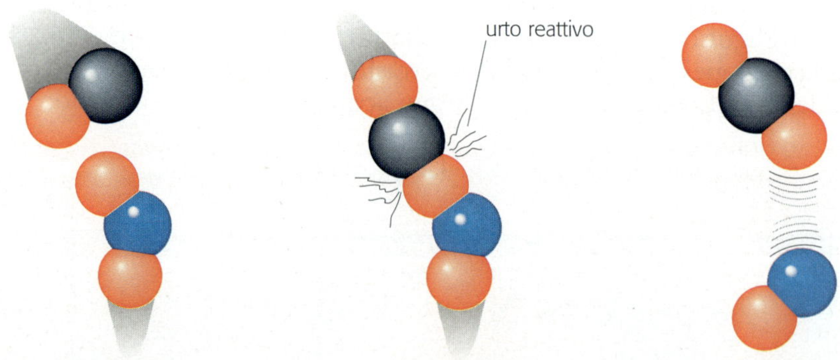

FIGURA 2.2 Come avviene una reazione: $CO + NO_2 \rightarrow CO_2 + NO$

Agitate dal moto termico, le molecole dei reagenti si urtano senza sosta. Perché avvenga una reazione, tuttavia devono verificarsi contemporaneamente tre condizioni:

1. che si verifichi un certo numero di *urti* fra le molecole dei reagenti;
2. che le collisioni avvengano con una *orientazione appropriata*;
3. che l'*energia* sia *sufficiente* a effettuare la trasformazione.

Se una di queste condizioni viene a mancare, non ci sarà reazione. Per quanto riguarda la prima condizione si può ottenere un numero maggiore di urti aumentando il numero di molecole o ioni dei reagenti nell'unità di volume. Concentrazioni più alte determinano infatti una maggior frequenza degli urti. Anche l'aumento di temperatura, che aumenta la velocità media delle particelle, ha l'effetto di intensificare la frequenza degli urti.

Ma a un urto non sempre corrisponde una reazione; la seconda condizione, infatti afferma che esistono urti efficaci e urti non efficaci, come si vede nella ▸figura 2.3. Le molecole che si trasformano in ogni intervallo di tempo, quindi, sono solo una frazione di quelle che si urtano. Alcune molecole si colpiscono con l'orientazione sbagliata, altre posseggono energia cinetica insufficiente o ruotano troppo rapidamente. Come possiamo fare per aumentare la percentuale di urti efficaci?

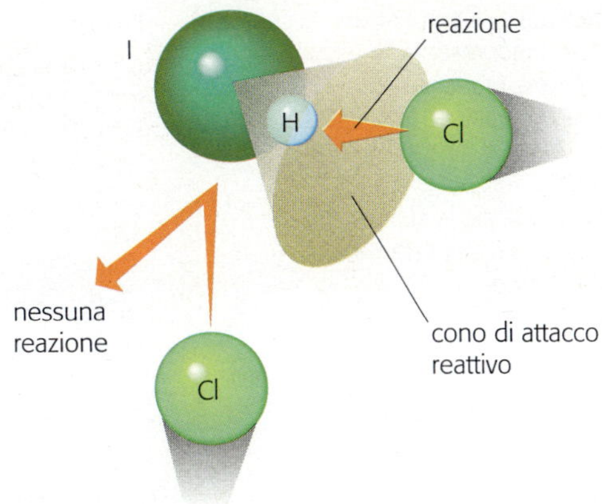

FIGURA 2.3 Nella reazione dell'atomo di Cl con la molecola HI sono favorevoli solamente gli urti nei quali Cl si avvicina lungo una direzione interna al cono indicato.

1. *Orientamento corretto*. Le molecole dei liquidi e dei gas sono più libere di muoversi, quindi la probabilità che esse si scontrino è più elevata che per i solidi. Esistono particolari superfici solide che bloccano le molecole indebolendo i legami che devono rompersi ▸figura 2.4. Tali superfici, usate ad esempio nelle marmitte catalitiche, si chiamano catalizzatori eterogenei. Il concetto di catalizzatore sarà trattato nel prossimo paragrafo. Anche la presenza di cariche elettriche opposte facilita l'incontro delle molecole o degli ioni nelle giuste direzioni; per questa ragione le reazioni di precipitazione e quelle di neutralizzazione, che avvengono tra ioni di carica opposta, sono molto rapide.

FIGURA 2.4 La superficie di platino dissocia la molecola di monossido d'azoto NO in atomi di azoto (blu) e in atomi di ossigeno (rosso). Per tale reazione ci vogliono $1{,}7 \cdot 10^{-12}$ secondi. Gli atomi di azoto e di ossigeno si staccano subito dalla superficie e formano le molecole N_2 e O_2.

2. *Sufficiente energia di collisione*. Perché gli urti siano efficaci occorre fornire alle molecole sufficiente energia cinetica. Se l'energia non è sufficiente, anche un urto nella direzione corretta può concludersi con un semplice «rimbalzo» delle molecole, senza portare ad alcun cambiamento (urto elastico). Le molecole e gli atomi sono circondati da elettroni e, quando si avvicinano, le nuvole elettroniche si respingono. Per questo occorre superare una soglia di energia perché gli urti portino al distacco degli elettroni e avvicinino gli atomi alla distanza di legame. Aumentando la temperatura si ha un aumento dell'energia cinetica media delle molecole; quindi il numero di particelle che hanno energia maggiore della soglia critica aumenta. Nel 1888 il chimico svedese Svante Arrhenius definì tale soglia col termine di **energia di attivazione**, E_a:

L'energia di attivazione è l'energia minima che occorre per iniziare una reazione, rompendo alcuni dei legami dei reagenti.

L'energia di attivazione è dunque una barriera da superare. Quando accendiamo il gas delle nostre cucine ci serviamo dell'accendino o del fiammifero, che forniscono l'energia per innescare la reazione.

FIGURA 2.5 Il tratto rosso della curva rappresenta l'energia di attivazione per la reazione $NO_2 + CO \rightarrow NO + CO_2$. La reazione inversa $NO + CO_2 \rightarrow NO_2 + CO$ è molto più lenta; la sua energia di attivazione è rappresentata dal tratto verde.

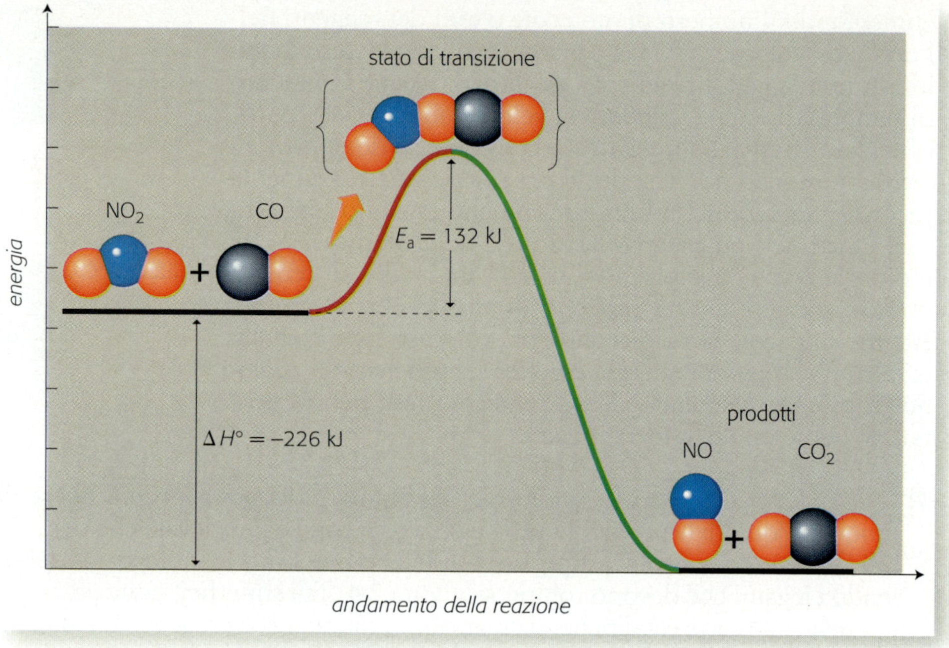

Nella figura 2.5 l'energia di attivazione è rappresentata come il salto energetico che va dal livello dei reagenti allo stato di transizione.

Lo **stato di transizione** è una fase intermedia della reazione, in cui i legami tra i reagenti si stanno rompendo e si stanno formando quelli tra i prodotti. A livello molecolare, a questo stadio corrisponde la formazione di un composto intermedio chiamato **complesso attivato** che ha un contenuto energetico superiore sia a quello dei reagenti sia a quello dei prodotti. A causa del suo elevato contenuto energetico, il complesso attivato è molto instabile, e si converte rapidamente nei prodotti della reazione.

Secondo questo modello, quindi, l'energia di attivazione E_a è la differenza tra l'energia del complesso attivato e quella dei reagenti. Una volta superato lo stato di transizione, l'energia scende nuovamente fino al livello dei prodotti. Il dislivello energetico tra i reagenti e i prodotti corrisponde alla **variazione di entalpia** ΔH: nelle reazioni *esotermiche* (come quella rappresentata nella figura) il valore di ΔH è *negativo* (il contenuto energetico dei prodotti è minore di quello dei reagenti); nelle reazioni *endotermiche*, invece, i prodotti hanno un'energia maggiore dei reagenti e il valore di ΔH sarà *positivo*.

Il fatto che anche le reazioni esotermiche abbiano bisogno dell'energia di attivazione spiega perché spesso queste reazioni siano spontanee ma non siano veloci; i catalizzatori, che studieremo nel prossimo paragrafo, hanno proprio la funzione di farle avvenire più rapidamente.

In molti casi la formazione dei prodotti della reazione procede attraverso *più stadi*, cioè attraverso una serie di collisioni, piuttosto che con un unico urto. Esaminiamo il semplice caso della reazione di formazione dell'acqua a partire dagli elementi idrogeno e ossigeno:

$$2H_{2(g)} + O_{2(g)} \rightarrow 2H_2O_{(g)}$$

Perché la reazione possa procedere in un unico stadio occorrerebbe l'urto contemporaneo di *tre* molecole, due di H_2 e una di O_2. Gli urti di questo tipo sono scarsamente probabili, mentre sono molto frequenti quelli fra *coppie* di molecole, per esempio fra H_2 e O_2. La fulminea reazione di combustione dell'idrogeno è quindi molto più complessa di quanto farebbe pensare l'equazione di reazione.

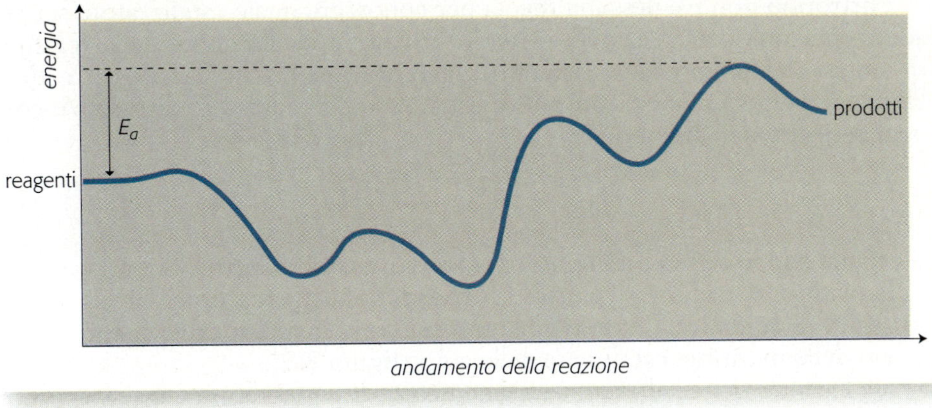

FIGURA 2.6 Una reazione a più stadi.

In una reazione a più stadi, che implica più collisioni, si passerà dai reagenti ai prodotti superando diverse barriere energetiche ▸figura 2.6. In tal caso l'energia di attivazione risulta definita come la *più alta* di tali barriere energetiche.

3. I CATALIZZATORI

Il modo più semplice per avere il maggior numero possibile di molecole con energia superiore a E_a è di aumentare la temperatura. A temperatura più alta, infatti, gli urti saranno più frequenti e più efficaci. Questo provvedimento però può favorire anche altre reazioni indesiderate, dato che tutti i legami sono sollecitati dagli urti. Perciò un metodo migliore è ridurre l'energia di attivazione. A parità di temperatura, molte più molecole saranno in grado di superare una barriera di attivazione più bassa. Ma come fare? Occorre far avvenire la stessa reazione lungo un percorso alternativo. Questa è la funzione del **catalizzatore**, un componente della miscela di reazione in presenza del quale il percorso si modifica, frazionandosi in più stadi a più bassa energia di attivazione. Esistono **catalizzatori omogenei**, che operano nella stessa fase dei reagenti e dei prodotti, e **catalizzatori eterogenei** che operano in una fase diversa da quella dei reagenti e dei prodotti. In definitiva:

Il catalizzatore è una sostanza che accelera una reazione chimica modificandone il percorso, senza consumarsi durante la trasformazione.

Va notato che i reagenti e i prodotti sono gli stessi della reazione non catalizzata e che il catalizzatore, pur prendendo parte alla reazione, alla fine si ritrova nelle stesse quantità iniziali ▸figura 2.7.

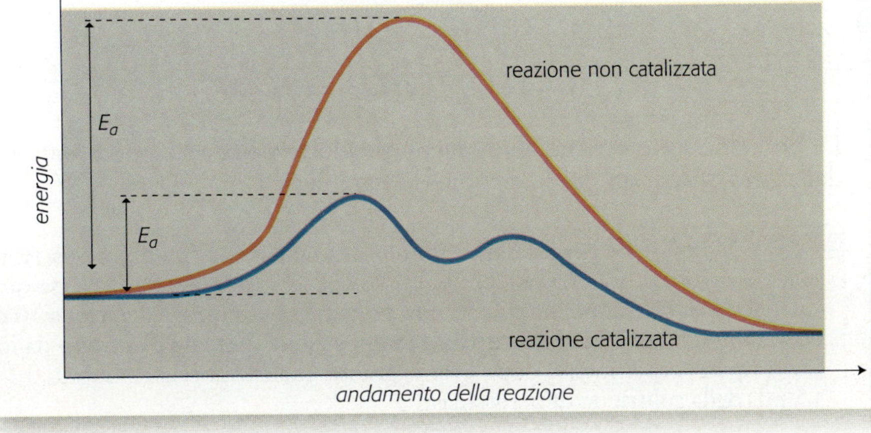

FIGURA 2.7 Il catalizzatore fornisce un percorso di reazione con una energia di attivazione inferiore rispetto alla reazione non catalizzata.

Purtroppo non c'è nessuna regola per conoscere quale catalizzatore sia più adatto per una data reazione; prima di trovare il catalizzatore della reazione di sintesi dell'ammoniaca, risultato raggiunto nel 1909, Carl Bosch e Fritz Haber dovettero tentare con più di mille sostanze e miscele diverse. Ancora oggi la sintesi dell'ammoniaca

$$N_{2(g)} + 3H_{2(g)} \rightarrow 2NH_{3(g)}$$

si ottiene con lo stesso catalizzatore, a base di ossidi di ferro.

Il platino, il rodio e il palladio, depositati su microscopici canali in una struttura di ceramica a nido d'ape, costituiscono invece il catalizzatore eterogeneo delle marmitte catalitiche delle auto ▸figura 2.8.

Sia l'azione dei catalizzatori sia l'aumento di temperatura consentono una maggior velocità di reazione. I catalizzatori, però, presentano dei vantaggi. In primo luogo l'uso di temperature elevate implica un costo energetico; inoltre, come abbiamo detto, la temperatura accelera *tutte* le reazioni possibili, compresa la *decomposizione* dei prodotti, mentre i catalizzatori sono in genere *altamente specifici,* cioè accelerano *solo un tipo di reazione* ▸tabella 2.1.

FIGURA 2.8 La marmitta catalitica contiene due catalizzatori. Il primo trasforma NO in azoto N_2 e ossigeno O_2; il secondo converte CO in CO_2.

TABELLA 2.1 Alcuni esempi di catalizzatori di processi industriali.

Reazione catalizzata	Catalizzatore
$2SO_{2(g)} + O_{2(g)} \rightarrow 2SO_{3(g)}$	V_2O_5
$3H_{2(g)} + N_{2(g)} \rightarrow 2NH_{3(g)}$	ferro + ossidi di ferro
$2NH_{3(g)} + 4O_{2(g)} \rightarrow 2HNO_{3(g)} + 2H_2O$	reti di platino
$carbone_{(s)} + H_{2(g)} \rightarrow idrocarburi_{(l)}$	solfuri di Mo, W o Ni
$CO_{(g)} + 2H_{2(g)} \rightarrow CH_3OH_{(g)}$	ZnO
$2NO_{(g)} + 2CO_{(g)} \rightarrow N_{2(g)} + 2CO_{2(g)}$ $2NO_{(g)} + 2H_{2(g)} \rightarrow 2H_2O_{(g)} + N_{2(g)}$ $2CO_{(g)} + O_{2(g)} \rightarrow 2CO_{2(g)}$	marmitta catalitica: 1 ÷ 3 g di platino, rodio o palladio su materiale ceramico altamente poroso

FIGURA 2.9 Modello di una molecola di enzima.

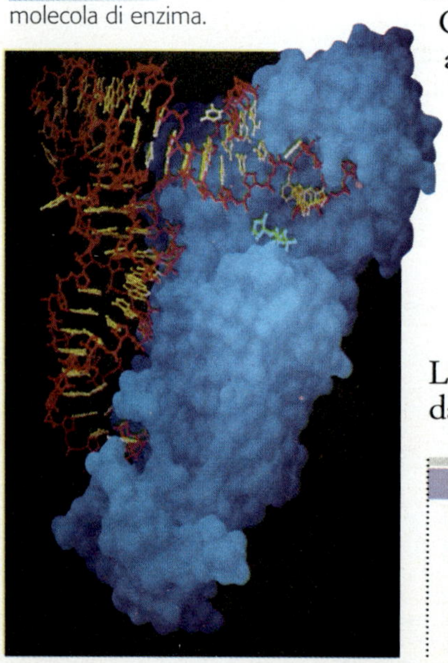

Una classe importante di catalizzatori è costituita dagli enzimi, catalizzatori biologici di natura proteica presenti nelle cellule e nel sangue ▸figura 2.9.

Gli enzimi hanno la funzione di rendere veloci le reazioni biochimiche a temperature compatibili con la vita; in assenza di catalizzatori, infatti, queste reazioni sarebbero molto lente, o richiederebbero temperature troppo elevate. Avrete certamente osservato la schiuma che si forma quando l'acqua ossigenata bagna una ferita:

perossido d'idrogeno

$$2H_2O_2 \rightarrow 2H_2O + O_2$$

Le bollicine sono dovute all'ossigeno prodotto nella reazione, catalizzata dalla *perossidasi*, un tipico enzima del sangue.

ESPERIMENTO Una perossidasi è contenuta anche nelle patate; per osservare la sua attività, trитura una patata. Aggiungi acqua, mescola e filtra. Versa qualche goccia di soluzione limpida in una provetta con acqua ossigenata a 10 o a 12 volumi e osserva la reazione di decomposizione. L'enzima è inibito da ioni Cu^{2+}; ripeti l'esperimento dopo aver aggiunto qualche goccia di $CuSO_4$ 0,1 M a 5 mL della soluzione di perossidasi.

4. I FATTORI CHE INFLUENZANO LA VELOCITÀ DI REAZIONE

I fattori che influenzano la velocità di reazione sono: la natura dei reagenti, la concentrazione delle specie reagenti, la temperatura, la superficie di contatto (per i solidi), l'eventuale catalizzatore (che abbiamo studiato nel paragrafo precedente).

Esaminiamo in dettaglio come agiscono questi fattori.

La natura dei reagenti

La velocità di reazione dipende dalla natura delle sostanze reagenti ▸figura 2.10. Per esempio il calcio reagisce rapidamente con l'acqua, mentre un altro metallo, il magnesio, reagisce molto più lentamente:

$Ca + 2H_2O \rightarrow Ca(OH)_2 + H_2$	reazione veloce
$Mg + 2H_2O \rightarrow Mg(OH)_2 + H_2$	reazione lenta

La reazione è la stessa: due metalli dello stesso gruppo reagiscono con l'acqua. Ma la velocità è diversa, poiché sono diverse la loro natura e la loro reattività nei confronti dell'acqua.

FIGURA 2.10 La reazione di decomposizione di una soluzione acquosa al 30% di H_2O_2 produce H_2O e O_2. Si tratta di una rapida reazione esotermica (catalizzata da MnO_2) che produce vapore.

La concentrazione

Se la concentrazione di uno o più reagenti aumenta, anche la velocità cresce. Infatti, quando in un determinato volume ci sono più atomi, molecole o ioni, il numero di urti per unità di tempo aumenta e quindi è più alta la probabilità che vi sia reazione. Dato che in un sistema chiuso la concentrazione dei reagenti diminuisce mano a mano che la reazione avviene, la velocità diminuirà col progredire della reazione ▸figura 2.11.

Nelle reazioni in fase gassosa, infine, a una pressione maggiore corrispondono una concentrazione maggiore e quindi una velocità di reazione più elevata.

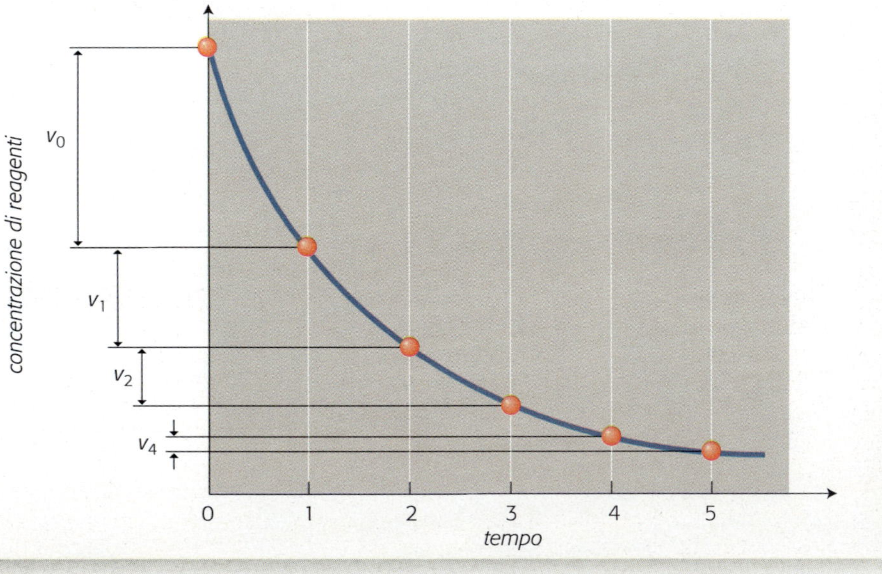

FIGURA 2.11 Diminuzione della velocità di reazione nel tempo in un sistema chiuso.

La temperatura

FIGURA 2.12 Nella pentola a pressione i cibi cuociono più velocemente.

Una semplice (e approssimativa) regola ci dice: se la temperatura aumenta di 10 °C, la velocità di reazione raddoppia. Con la pentola a pressione è possibile, in questo modo, dimezzare i tempi di cottura dei cibi ▸figura 2.12.

L'influenza della temperatura è spiegata dalla teoria degli urti; l'aumento di temperatura corrisponde a urti più frequenti e più violenti. In altre parole, aumenta la percentuale di *molecole attive*, dotate di energia sufficiente a superare la barriera energetica.

Al contrario, per conservare gli alimenti si ricorre alla refrigerazione, che abbassa la velocità delle reazioni di decomposizione e preserva i prodotti per un periodo di tempo più lungo.

La superficie di contatto

Per reazioni in fase gassosa e in soluzione, la superficie di contatto non incide sulla velocità di reazione, in quanto le molecole sono relativamente libere di urtarsi. Ma se qualcuno dei reagenti è solido, la velocità dipende anche da questo fattore. Nei solidi, infatti, solo le molecole e gli atomi che si trovano in superficie sono esposti all'ambiente di reazione. Quanto più fini sono le particelle solide, tanto maggiore è la superficie esposta e più rapida è la reazione. Per esempio, il carbonio (solido) reagisce più rapidamente con l'ossigeno dell'aria se è presente sotto forma di polvere o di piccoli frammenti:

$$C_{(s)} + O_{2(g)} \rightarrow CO_{2(g)} + \text{calore}$$

Da ciò deriva la pericolosità, nelle miniere di carbone, delle polveri finemente suddivise, che possono portare a una vera e propria esplosione allo scoccare di una scintilla.

1. COS'È LA VELOCITÀ DI REAZIONE

1. Come si ricava la velocità di reazione conoscendo il numero di moli di prodotto formato, il tempo e il volume?

2. Qual è la velocità di reazione, se la molarità di un reagente passa da 0,030 mol/L a 0,023 mol/L in 20 secondi?

3. Come puoi misurare sperimentalmente la velocità della seguente reazione?
$CaCO_{3(s)} + 2HCl_{(aq)} \rightarrow$
$\rightarrow CaCl_{2(aq)} + CO_{2(g)} + H_2O_{(l)}$

4. Quale tra le seguenti reazioni è più veloce?
- A 0,1 moli prodotte in 13 secondi
- B 0,05 moli prodotte in 26 secondi
- C 0,1 moli prodotte in 8 secondi
- D 0,05 moli prodotte in 13 secondi

5. Una reazione che si completa in cinque minuti è necessariamente più veloce di una che richiede mezz'ora?

2. L'ENERGIA DI ATTIVAZIONE: LA TEORIA DEGLI URTI E LA TEORIA DELLO STATO DI TRANSIZIONE

6. Secondo la teoria degli urti quali sono le condizioni che consentono una reazione?

7. Quale dei seguenti interventi non consente di aumentare la frequenza degli urti in una miscela gassosa?
- A l'aumento del volume
- B l'aumento della temperatura
- C l'aumento della concentrazione
- D l'introduzione di un catalizzatore

8. Vero o falso?
- A L'energia di attivazione si modifica al variare della temperatura. V F
- B Tutte le reazioni hanno energia di attivazione positiva. V F
- C Le reazioni con elevata energia di attivazione sono più lente. V F
- D Nelle reazioni, le molecole devono salire in alto per poi discendere dall'altro versante. V F
- E Non esistono reazioni con variazione di entalpia negativa. V F

9. Quale parte del grafico mostra l'energia di attivazione?

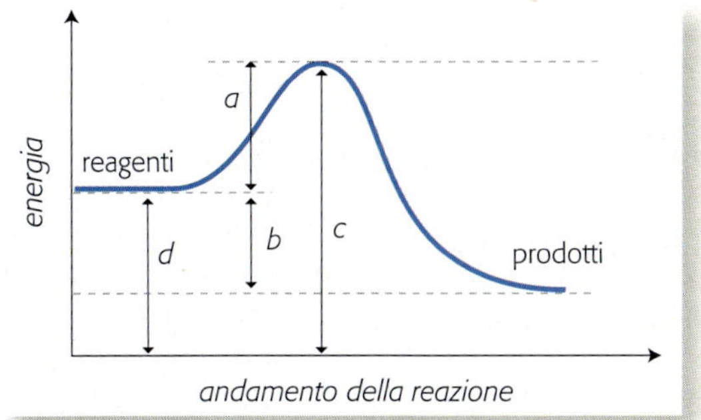

10. Quale parte del grafico mostra il calore di reazione?

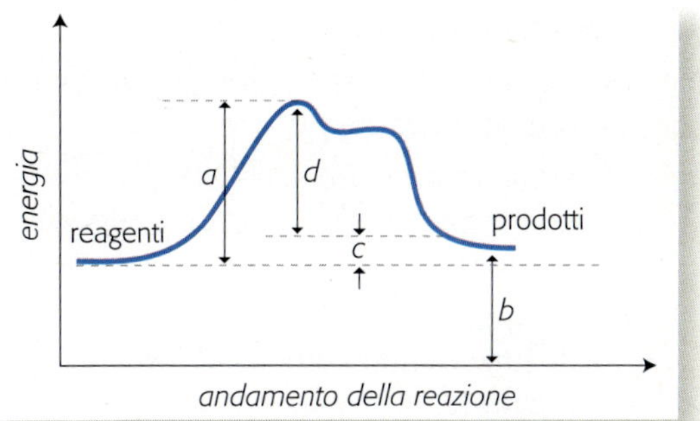

11. Quanto vale l'energia di attivazione nel grafico?

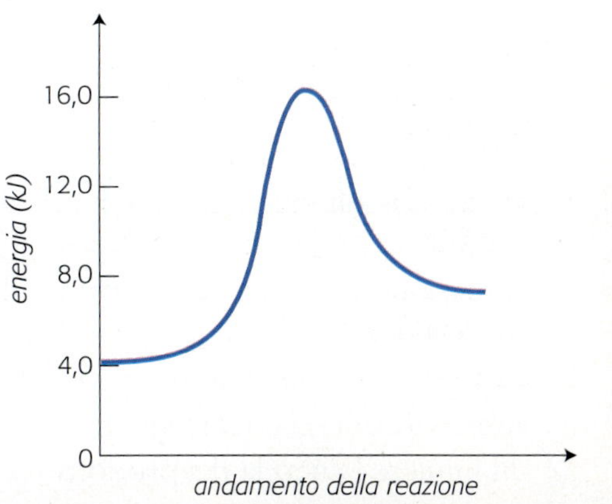

- A +16
- B +12
- C +8
- D +4

12. Quale tratto della curva rappresenta lo stadio lento della reazione?

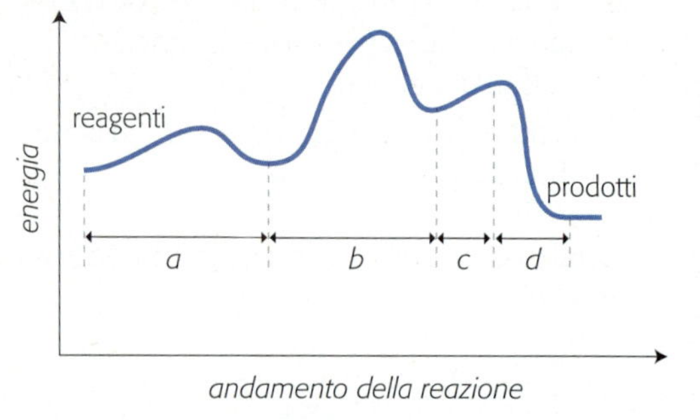

13. Che cos'è il complesso attivato?

14. Quali sono i concetti principali appresi in questo paragrafo? Riassumi in dieci righe ciò che ritieni importante ricordare.

3. I CATALIZZATORI

15. Vero o falso?

A Per una reazione chimica può esserci più di un catalizzatore. V F

B Un catalizzatore accelera una reazione abbassando l'energia di attivazione. V F

C La quantità di catalizzatore non influisce sulla velocità di una reazione. V F

D L'enzima è un organismo vivente. V F

E Il catalizzatore può modificare la variazione di entalpia di una reazione. V F

F Il catalizzatore non prende parte alla reazione e per questo non si consuma. V F

16. Il catalizzatore aumenta la velocità di reazione perché:

A la reazione segue un percorso a più bassa energia di attivazione

B aumenta l'energia di attivazione

C aumenta l'energia dei reagenti

D diminuisce l'energia dei prodotti

17. Indica quale tra le reazioni elencate, è una reazione catalitica:

A si aumenta la velocità di reazione fra iodio e idrogeno incrementando la temperatura

B si ottiene una combustione più rapida del carbone macinandolo

C si velocizza la decomposizione del perossido d'idrogeno aggiungendo biossido di manganese

D si aumenta la velocità di combustione del fosforo mettendolo in atmosfera di ossigeno puro

18. Il diagramma mostra il profilo energetico per la reazione esotermica fra le sostanze A e B. La formazione del prodotto AB in presenza del catalizzatore segue il percorso *a*, *b* oppure *c*?

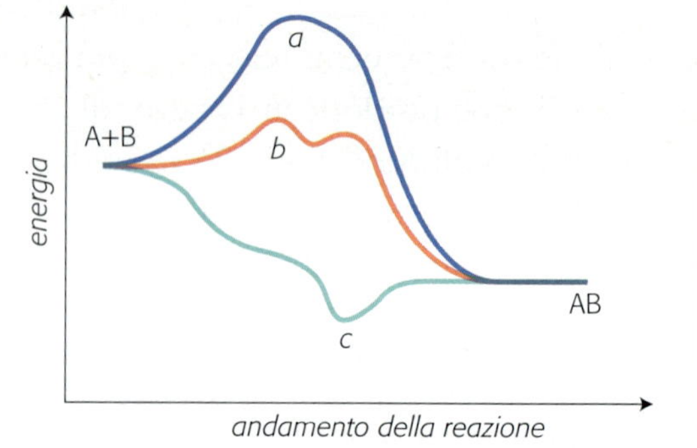

19. Quali sono i concetti principali appresi in questo paragrafo? Riassumi in dieci righe ciò che ritieni importante ricordare.

4. I FATTORI CHE INFLUENZANO LA VELOCITÀ DI REAZIONE

20. Perché la velocità di reazione aumenta al crescere della concentrazione di un reagente?

21. Perché la velocità è solitamente più elevata all'inizio della reazione?

22. Una reazione indicata genericamente con lo schema $R \rightarrow P$ avviene a 20 °C alla velocità di 0,12 $mol \cdot L^{-1} \cdot s^{-1}$. La velocità per la stessa reazione effettuata a 40 °C sarà probabilmente circa:

A 0,06 $mol \cdot L^{-1} \cdot s^{-1}$

B 0,24 $mol \cdot L^{-1} \cdot s^{-1}$

C 0,05 $mol \cdot L^{-1} \cdot s^{-1}$

D 0,01 $mol \cdot L^{-1} \cdot s^{-1}$

23. Quale curva visualizza la dipendenza della velocità di una reazione semplice dalla temperatura?

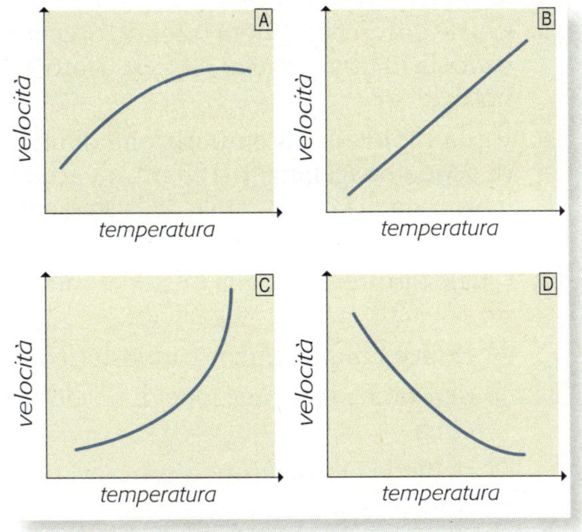

24. Perché le reazioni che coinvolgono solo ioni in soluzione acquosa sono in genere molto veloci?

25. Quali sono i concetti principali appresi in questo paragrafo? Riassumi in dieci righe ciò che ritieni importante ricordare.

COSTRUISCI LA COMPETENZA

OBIETTIVO usare la teoria degli urti per prevedere l'andamento di una reazione

RISOLVI I SEGUENTI QUESITI

1. Quali sono i punti fondamentali della teoria degli urti?
2. Perché è preferibile realizzare le reazioni chimiche dopo aver portato in soluzione dei reagenti solidi, piuttosto che unirli direttamente?
3. Per quali ragioni non tutti gli urti tra le molecole dei reagenti sono efficaci?
4. Come si può agire per avere una maggiore frequenza di urti reattivi?
5. Spiega i seguenti fenomeni secondo la teoria degli urti:
   - A il piombo in polvere si incendia se esposto alla fiamma
   - B il ferro verniciato non arrugginisce
   - C l'idrogeno e l'ossigeno in un palloncino non si combinano
   - D il burro irrancidisce a 20 °C (e si conserva nel frigo)

OBIETTIVO descrivere il comportamento di una reazione con la teoria dello stato di transizione

RISOLVI I SEGUENTI QUESITI

6. Disegna il profilo energetico di una reazione, caratterizzata da energia di attivazione 240 kJ/mol, entalpia di formazione dei prodotti = −120 kJ/mol e $\Delta H = -110$ kJ/mol.
7. Disegna un profilo energetico per una reazione a tre stadi. A quale corrisponde l'energia di attivazione?

OBIETTIVI spiegare l'azione dei diversi parametri che influenzano la velocità di reazione (temperatura, concentrazione, pressione, superficie di contatto, presenza di catalizzatori)

spiegare come si può modificare l'andamento di una reazione aggiungendo un catalizzatore

RISOLVI I SEGUENTI QUESITI

8. Quali sono i fattori che controllano la velocità di reazione e come agiscono?

VERIFICHE

9. Com'è possibile aumentare la velocità di reazione tra due gas senza aumentare la temperatura?

10. Quale effetto ha l'agitazione di una miscela omogenea sulla velocità di reazione, una volta che i reagenti siano stati mescolati?

11. In una reazione che richiede urti reattivi tra le specie A e B, quale incremento di velocità si può prevedere se si raddoppiano le concentrazioni di A e B?

12. Se si aggiunge MnO_2 al perossido d'idrogeno, questo si decompone rapidamente fino a trasformarsi in ossigeno e acqua. Cosa accadrà aggiungendo altro H_2O_2 nello stesso recipiente dopo che la reazione si è completata?

13. Gli enzimi sono molecole proteiche con elevata specificità catalitica. Spiega che cosa significa l'affermazione secondo cui, in una miscela, l'enzima «riconosce le sole molecole che devono reagire e le mette in condizioni di farlo».

14. Perché la molecola dello zucchero viene demolita a CO_2 e H_2O a 37 °C nel corpo umano, mentre per ottenere lo stesso risultato bruciandolo occorre superare i 200 °C?

15. Quale differenza si nota facendo bruciare una candela in aria e in una miscela azoto/ossigeno al 50%?

16. È più rapida la decomposizione di una mole di acqua ossigenata in 100 mL di acqua bollente o quella di una mole della stessa sostanza in un litro d'acqua bollente?

17. Quale fattore sconsiglia l'uso del catalizzatore?

   A riduce l'inquinamento atmosferico
   B determina la formazione di prodotti specifici
   C richiede temperature d'uso elevate
   D riduce i tempi di reazione

   Spiega la tua risposta.

Pensa come uno scienziato

1 I disegni rappresentano la cinetica della reazione $A + B \rightarrow C$. Dopo aver stabilito la sequenza dei disegni, scrivi i tempi da uno a quattro secondi nei quattro agitatori.

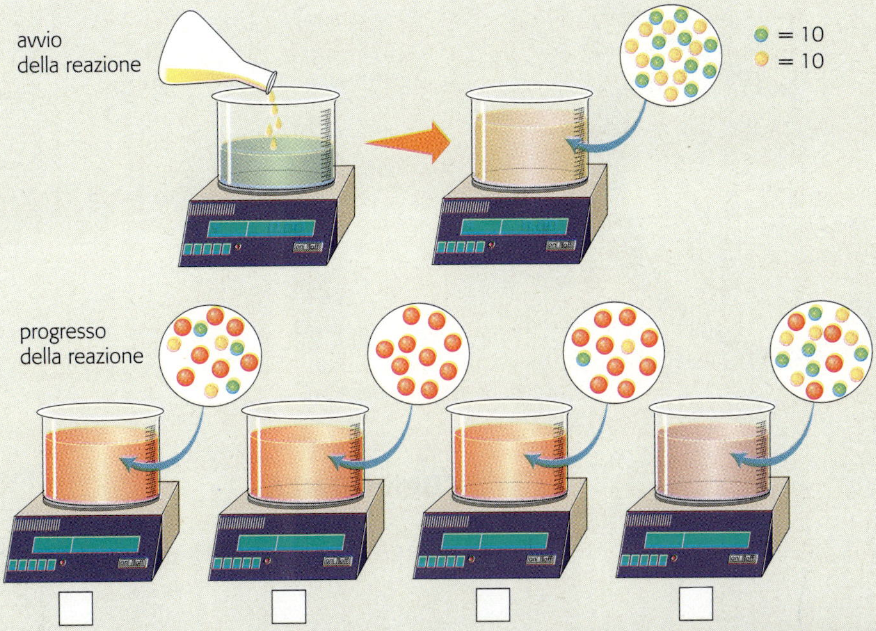

2 Completa la seguente tabella, che fornisce la velocità di reazione nei vari tempi.

Tempo (s)	Concentrazione molare di prodotto P	Variazione della concentrazione	Velocità di reazione (mol/s)
0	0		
1	4	+4	4/1 = 4
2			
3			
4			

3 Riporta le velocità calcolate nell'esercizio precedente in un grafico e disegna la curva della velocità.

4 Completa la seguente matrice scrivendo la correlazione esistente tra i parametri considerati.

	Catalizzatore	Superficie di contatto	Temperatura	Concentrazione
Velocità di reazione	I catalizzatori provocano un aumento della velocità di reazione.			
Quantità di urti reattivi				
Energia di attivazione				

Unità 3

COMPETENZA

Spiegare le proprietà dei sistemi chimici all'equilibrio.

La competenza dell'unità didattica è costruita ponendosi i seguenti obiettivi:

1. Descrivere i sistemi in equilibrio.
2. Descrivere la situazione d'equilibrio come risultante dalla reversibilità delle reazioni diretta e inversa.
3. Calcolare la costante d'equilibrio di una reazione dai valori delle concentrazioni.
4. Prevedere la direzione in cui si muoverà un sistema per raggiungere l'equilibrio, date la K_{eq} e le concentrazioni oppure la K_{ps}.
5. Valutare il grado di completezza di una reazione per mezzo della costante d'equilibrio.
6. Utilizzando il principio di Le Châtelier, predire l'effetto del cambiamento del numero di moli, del volume o della temperatura sulla posizione dell'equilibrio.

L'equilibrio chimico

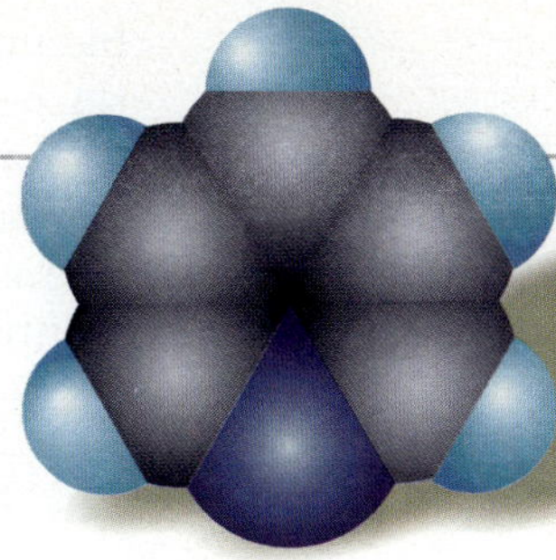

In questa unità risponderemo a diverse domande. Quando termina una reazione chimica? Nelle reazioni, le sostanze reagenti si trasformano totalmente nei prodotti di reazione? Possiamo anticipare fin d'ora le risposte sintetiche. In generale, le reazioni non arrivano a compimento perché raggiungono un determinato stato, chiamato stato di **equilibrio chimico**, in cui i prodotti di reazione e le sostanze reagenti sono ugualmente presenti e la reazione non è in grado di andare né avanti, né indietro. Inizieremo col descrivere i *sistemi in equilibrio*.

1. L'EQUILIBRIO DINAMICO

Consideriamo una trasformazione fisica: se mettiamo dei cubetti di ghiaccio in un bicchiere d'acqua, assistiamo a due fenomeni in apparenza contrastanti: il ghiaccio fonde, ma contemporaneamente alcuni cubetti si saldano tra loro. Evidentemente un po' d'acqua solidifica, saldando i pezzi di ghiaccio. In queste condizioni, infatti, il ghiaccio fonde, ma il processo inverso è ugualmente probabile. I fisici e i chimici, in casi del genere, parlano di *equilibrio dinamico* fra stato solido e stato liquido. Le molecole di ghiaccio ($H_2O_{(s)}$) passano in continuazione allo stato liquido, bilanciate da altrettante molecole d'acqua ($H_2O_{(l)}$) che si trasformano in ghiaccio.

Un sistema è in equilibrio dinamico quando le velocità delle trasformazioni opposte sono uguali.

L'equilibrio che abbiamo descritto comporta il passaggio di stato tra solido e liquido ed è chiamato *equilibrio di fase*. Quando una trasformazione fisica o chimica giunge all'equilibrio, le condizioni di reversibilità e dinamicità sono indicate da una doppia freccia:

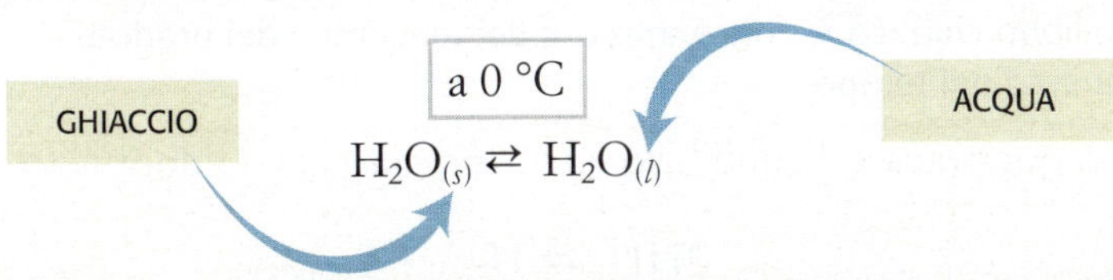

$$H_2O_{(s)} \rightleftarrows H_2O_{(l)}$$

L'equilibrio dinamico può instaurarsi anche in una trasformazione chimica: e in questo caso, anziché fasi diverse, avremo a sinistra i reagenti e a destra i prodotti (*equilibrio chimico*).

Le situazioni di equilibrio dinamico tuttavia non sono frequenti in natura, poiché esse richiedono sistemi chiusi (cioè privi di scambi di materia con l'ambiente) e mantenuti alla stessa temperatura dell'ambiente esterno. Comunque, finché queste condizioni sono garantite, il sistema rimane all'equilibrio e in esso non avvengono più variazioni *osservabili a livello macroscopico*. Nonostante l'apparenza però, nel mondo infinitamente piccolo degli atomi e delle molecole, le trasformazioni diretta e inversa avvengono in continuazione, con velocità identiche.

2. L'EQUILIBRIO CHIMICO: ANCHE I PRODOTTI REAGISCONO

In laboratorio le reazioni chimiche avvengono spesso in sistemi che, con buona approssimazione, si possono considerare *chiusi*.

Supponiamo, per esempio, di chiudere una certa quantità di ioduro di idrogeno (gas incolore) in un pallone di vetro. A temperatura ambiente (298 K) gli urti fra le molecole non sono sufficienti a superare l'energia di attivazione e, pertanto, non avviene alcuna reazione. A 700 K, invece, gli urti fra le molecole di HI provocano una reazione chimica di decomposizione:

$$2HI_{(g)} \rightarrow H_{2(g)} + I_{2(g)}$$

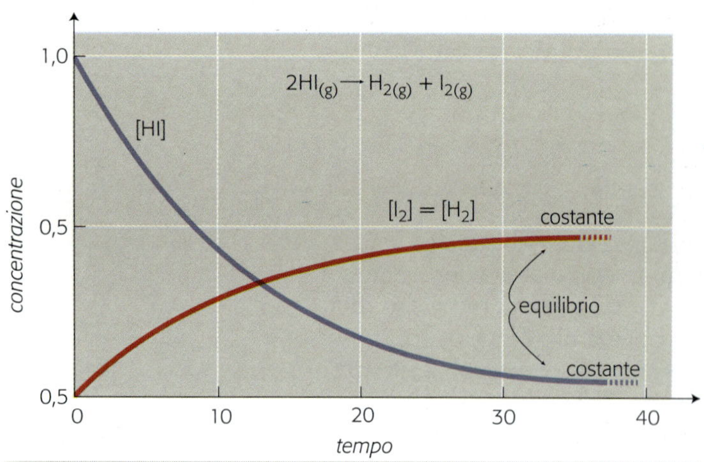

FIGURA 3.1 A 700 K la reazione $2HI \rightarrow H_2 + I_2$, non è completa, ma raggiunge un equilibrio in cui [HI] non si annulla e $[H_2] = [I_2] < 0,5\ mol \cdot L^{-1}$. All'equilibrio le concentrazioni dei reagenti e dei prodotti rimangono costanti.

A 700 K e 1 atm, la trasformazione avviene alla velocità di 33 $mmol \cdot L^{-1}$ di HI decomposto al minuto. A poco a poco si noterà la comparsa di una colorazione viola dovuta al formarsi di $I_{2(g)}$ e $H_{2(g)}$. La reazione potrebbe andare avanti così fino alla decomposizione completa di HI. Invece, appena iniziano a formarsi I_2 e H_2, si verifica un fenomeno inatteso: le molecole dei prodotti H_2 e I_2 iniziano a reagire insieme per dare di nuovo HI, a una velocità tanto più elevata quanto maggiore è la loro concentrazione (curva rossa nella ▸figura 3.1). La reazione di sintesi è la seguente:

$$H_{2(g)} + I_{2(g)} \rightarrow 2HI_{(g)}$$

Dopo poco tempo, la velocità della reazione di formazione di HI diventerà uguale alla velocità di decomposizione. Le concentrazioni di HI, di H_2 e di I_2, a questo punto, rimarranno costanti, a meno di un intervento esterno: la reazione ha raggiunto l'equilibrio.

All'equilibrio chimico le concentrazioni dei reagenti e dei prodotti non variano nel tempo.

Anche in questo caso l'equilibrio viene indicato con la doppia freccia:

$$2HI_{(g)} \rightleftarrows H_{2(g)} + I_{2(g)}$$

Le due frecce testimoniano che le reazioni diretta e inversa avvengono, all'equilibrio, con **uguale velocità**.

Le concentrazioni di I_2, H_2 e HI all'equilibrio non sono prestabilite, ma dipendono dalle concentrazioni iniziali dei reagenti e dei prodotti, a valori

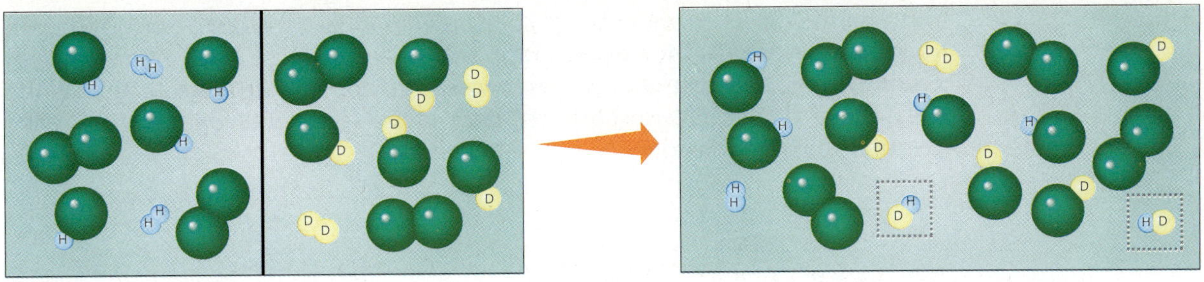

prestabiliti di pressione e temperatura. L'equilibrio chimico, infatti, è sempre un equilibrio dinamico ▸figura 3.2.

In generale:

In un sistema all'equilibrio sono presenti contemporaneamente tutti i reagenti e i prodotti a concentrazioni costanti.

La situazione di equilibrio non va confusa con quella di inerzia chimica causata dall'incapacità di superare l'energia di attivazione. Per esempio, una miscela di $O_{2(g)}$ e $N_{2(g)}$ non è all'equilibrio, anche se le concentrazioni dei reagenti rimangono sempre costanti; semplicemente, non c'è abbastanza energia per avviare la reazione.

La ▸tabella 3.1 mostra il raggiungimento dell'equilibrio nella reazione che abbiamo considerato in quattro diverse prove, a partire da concentrazioni iniziali diverse.

FIGURA 3.2 Un esperimento che dimostra la natura dinamica dell'equilibrio chimico. Vengono unite una miscela di H_2, I_2 e HI all'equilibrio e una miscela, ugualmente all'equilibrio, in cui il deuterio (D) sostituisce l'idrogeno: D_2, I_2, DI. Il risultato è che le concentrazioni non variano. La miscela resta all'equilibrio, ma compare una nuova molecola, HD. Evidentemente anche all'equilibrio avvengono le reazioni di sintesi e decomposizione: $HI + DI \rightleftarrows HD + I_2$

TABELLA 3.1 Il raggiungimento dell'equilibrio nella reazione $2HI \rightleftarrows H_2 + I_2$, a 700 K e a 1 atm.

Prova	Concentrazioni iniziali (mol · L⁻¹)				Concentrazioni all'equilibrio (mol · L⁻¹)		
	[HI]	$[H_2]$	$[I_2]$	→	[HI]	$[H_2]$	$[I_2]$
1	1	0	0	→	0,064	0,47	0,47
2	0	0,5	0,5	→	0,064	0,47	0,47
3	0,5	0,5	0,5	→	0,096	0,70	0,70
4	1	0,5	0,5	→	0,13	0,94	0,94

3. LA COSTANTE D'EQUILIBRIO

Nel 1864, il matematico Cato Guldberg e il chimico Peter Waage, entrambi norvegesi, notarono che all'equilibrio esisteva un rapporto costante tra le concentrazioni dei prodotti e quelle dei reagenti, elevate al loro coefficiente stechiometrico. Considerando sempre la reazione

$$2HI_{(g)} \rightarrow H_{2(g)} + I_{2(g)}$$

la relazione è la seguente:

$$R = \frac{[H_2] \cdot [I_2]}{[HI]^2}$$

Le parentesi quadre esprimono le concentrazioni in mol/L; notate che il denominatore è elevato al quadrato, perché il coefficiente stechiometrico di HI è 2.

Inserendo nella formula i dati sperimentali della tabella 3.1, otterremo un valore costante $R = 54$; a questo rapporto R viene dato il nome di **costante di equilibrio** K_{eq}. Queste e altre osservazioni hanno portato alla formulazione della legge dell'equilibrio chimico, nota come *legge di azione di massa*, che per una generica reazione

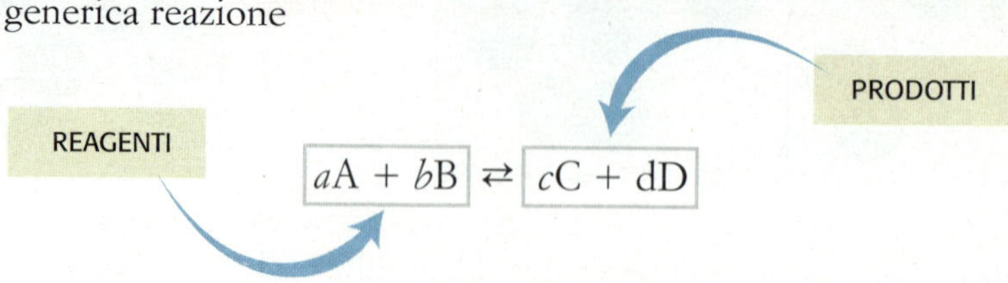

si traduce nell'equazione:

$$K_{eq} = \frac{[C]^c \cdot [D]^d}{[A]^a \cdot [B]^b}$$

L'enunciato della legge di azione di massa è il seguente:

In un sistema chimico in equilibrio, a una data temperatura e a una data pressione, il rapporto tra il prodotto delle concentrazioni molari dei prodotti e il prodotto delle concentrazioni molari dei reagenti, elevate ciascuna al proprio coefficiente stechiometrico, è costante.

ESEMPIO **Verifica che le concentrazioni all'equilibrio della prima reazione nella tabella 3.1 soddisfino la costante d'equilibrio $K_{eq} = 54$.**

Soluzione

Si sostituiscono le concentrazioni all'equilibrio nell'espressione:

$$K_{eq} = \frac{[H_2] \cdot [I_2]}{[HI]^2}$$

All'equilibrio:

$[H_2] \cdot [I_2]/[HI]^2 = 0{,}47 \cdot 0{,}47/(0{,}064)^2 = (0{,}47/0{,}064)^2 = 53{,}9$

La piccola differenza è giustificata dalla natura sperimentale dei dati.

ESEMPIO **Scrivi l'equazione della legge di azione di massa per la reazione:**

$2SO_{2(g)} + O_{2(g)} \rightleftarrows 2SO_{3(g)}$

Soluzione

Si scrive al numeratore la concentrazione dell'unico prodotto, elevata al quadrato (coefficiente stechiometrico = 2). Al denominatore vanno invece la concentrazione dei reagenti SO_2 (al quadrato) e O_2:

$$K_{eq} = \frac{[SO_3]^2}{[SO_2]^2 \cdot [O_2]}$$

PROVA TU **Scrivi l'equazione della legge di azione di massa per le reazioni:**

$N_2O_{4(g)} \rightleftarrows 2NO_{2(g)}$

$HSO_4{}^-{}_{(aq)} \rightleftarrows H^+{}_{(aq)} + SO_4{}^{--}{}_{(aq)}$

$Ag^+{}_{(aq)} + 2NH_{3(aq)} \rightleftarrows Ag(NH_3)_{2(aq)}$

Esaminiamo, in particolare, le prime due righe della tabella 3.1. Si nota un fatto interessante: lo stesso stato d'equilibrio si ottiene sia con la reazione diretta (→), a partire dal reagente (HI), sia con la reazione inversa (←), a partire dai prodotti (H_2 e I_2), purché il numero totale di atomi di iodio e di idro-

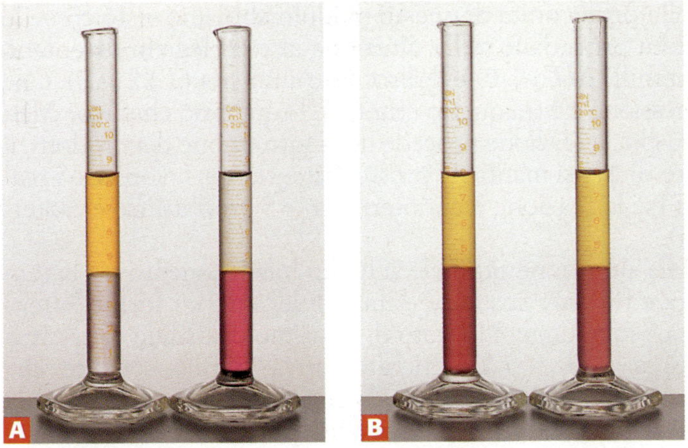

FIGURA 3.3

[A] Situazione iniziale. Lo iodio si trova solo nello strato acquoso della prima provetta e nel solvente organico della seconda.

[B] Dopo un giorno lo iodio è distribuito nei due liquidi, in maniera identica. Come si può accelerare la reazione, cioè raggiungere l'equilibrio più rapidamente, senza attendere il giorno dopo?

geno sia lo stesso nei due casi. È come se i reagenti e i prodotti sentissero una «attrazione» per lo stato d'equilibrio figura 3.3.

Nell'equazione generale della costante, il valore di K_{eq}, a seconda della reazione, può essere grande ($K_{eq} >> 1$), piccolo ($K_{eq} << 1$) o intermedio ($K_{eq} \approx 1$).

Sono praticamente *complete* le reazioni caratterizzate da un valore elevato della costante d'equilibrio, come la prima reazione nella tabella 3.2:

$$K_{eq} = \frac{[HCl]^2}{[H_2] \cdot [Cl_2]} = \frac{(\text{numero molto grande})^2}{(\text{numero molto piccolo}) \cdot (\text{numero molto piccolo})} = \text{numero grandissimo} = 4 \cdot 10^{31}$$

Tutte le altre reazioni, in cui persistono quantità più o meno elevate dei reagenti, sono dette *reazioni all'equilibrio*. Se la K_{eq} è molto piccola (ultime due reazioni nella tabella 3.2), la reazione inversa è preferita e *l'equilibrio è spostato a sinistra*; si avranno all'equilibrio solo piccolissime quantità dei prodotti desiderati.

Osservando la tabella 3.2 si ricavano le seguenti regole per calcolare la costante d'equilibrio:

1. le concentrazioni dei *prodotti* si pongono al *numeratore* e quelle dei *reagenti* al *denominatore*; tutte le concentrazioni sono in mol/L e sono indicate con parentesi quadre [ ];
2. le concentrazioni vanno moltiplicate fra di loro ed elevate a potenza con i rispettivi *coefficienti* di reazione.

TABELLA 3.2 Costanti d'equilibrio a 298 K per alcune reazioni.

Reazione	Espressione della costante d'equilibrio	Valore della costante K_{eq}
$H_{2(g)} + Cl_{2(g)} \rightleftarrows 2HCl_{(g)}$	$\frac{[HCl]^2}{[H_2] \cdot [Cl_2]} = K_{eq}$	$4 \cdot 10^{31}$
$CO_{2(g)} + H_{2(g)} \rightleftarrows CO_{(g)} + H_2O_{(g)}$	$\frac{[CO] \cdot [H_2O]}{[CO_2] \cdot [H_2]} = K_{eq}$	$9{,}7 \cdot 10^{-6}$
$H_2O_{(l)} \rightleftarrows H^+_{(aq)} + OH^-_{(aq)}$	$\frac{[H^+] \cdot [OH^-]}{[H_2O]} = K_{eq}$	$1{,}8 \cdot 10^{-16}$

ESEMPIO

La costante d'equilibrio per la reazione
$2SO_{2(g)} + O_{2(g)} \rightleftarrows 2SO_{3(g)}$
è 1,6 · 10²³ a 25 °C e 523 a 700 K. Stabilisci a quale temperatura l'equilibrio è più spostato verso destra.

Soluzione

A temperatura ambiente (25 °C = 298 K) la costante d'equilibrio è notevolmente più grande e, quindi, la reazione sarà più spostata a destra.

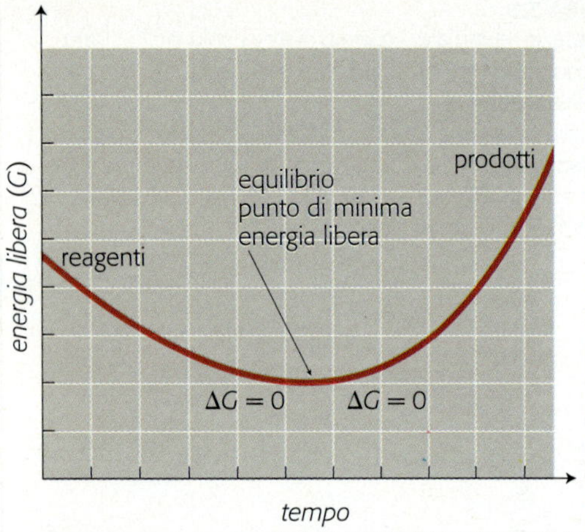

FIGURA 3.4 L'andamento dell'energia libera in una reazione all'equilibrio.

Nella prima unità di questo modulo abbiamo visto come le reazioni procedano nella direzione in cui i legami diventano più stabili ($\Delta H < 0$) e il disordine aumenta ($T\Delta S > 0$). Che connessione c'è tra questo criterio e l'equilibrio chimico? Man mano che la reazione procede nella formazione dei prodotti, il valore di ΔH si mantiene pressoché costante, favorendo i reagenti (se la reazione è endotermica) o i prodotti (se è esotermica).

Nella situazione ottimale si ha un bilanciamento tra la tendenza a formare sostanze dotate di legami più forti e la tendenza a raggiungere lo stato di massimo disordine e massima entropia: $\Delta H = T\Delta S$. In alternativa si può scrivere che $\Delta G = \Delta H - T\Delta S = 0$. In tale stato non c'è convenienza a formare più prodotti o più reagenti, poiché l'energia libera G si trova al valore minimo possibile ▸figura 3.4. In altre parole:

L'equilibrio chimico corrisponde alla situazione di minima energia libera di un sistema chiuso.

In questo modulo ci occuperemo prevalentemente di equilibri di soluzioni e di gas ideali. Sono ideali le soluzioni estremamente diluite e i gas rarefatti, ad alta temperatura. Solo in queste condizioni K_{eq} si mantiene costante. È importante tenere a mente che ciascuna reazione ha una K_{eq} in cui non compaiono le dimensioni delle concentrazioni, cioè che le costanti K_{eq} di equilibrio sono numeri *senza dimensioni*.

La costante d'equilibrio e la temperatura

Il valore della costante d'equilibrio K_{eq} varia con la temperatura; per ogni temperatura, infatti, esistono all'equilibrio un diverso valore di K_{eq} e diverse concentrazioni di reagenti e prodotti. Possiamo dimostrare quanto abbiamo affermato con un semplice esperimento.

Due fiale di vetro sigillate contengono la medesima miscela all'equilibrio di due gas, il tetrossido di azoto (N_2O_4), che è incolore e il diossido d'azoto (NO_2) che è rosso:

$$N_2O_{4(g)} \rightleftarrows 2NO_{2(g)}$$
$$\text{gas incolore} \qquad \text{gas rosso}$$

FIGURA 3.5 A bassa temperatura prevale N_2O_4, mentre a 100 °C cresce la concentrazione del gas rosso NO_2.

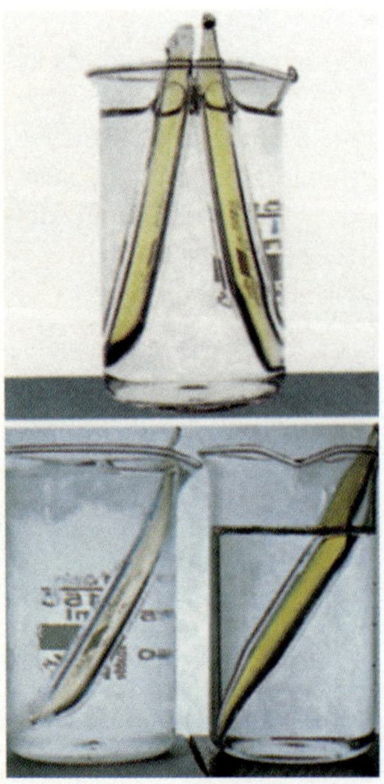

La colorazione identica delle due fiale a temperatura ambiente dimostra che esse contengono le stesse concentrazioni di gas all'equilibrio. Introducendo una fiala in acqua bollente si nota l'intensificarsi della colorazione rossa (perciò la concentrazione di NO_2 è cresciuta). Introducendo l'altra fiala in acqua e ghiaccio si ha una diminuzione della colorazione rossa, che testimonia la diminuzione della $[NO_2]$ ▸figura 3.5.

La variazione della costante d'equilibrio spiega queste osservazioni; infatti a 25 °C la costante K_{eq} è:

$$K_{eq\,25\,°C} = \frac{[NO_2]^2}{[N_2O_4]} = 4{,}5 \cdot 10^{-3}$$

A 100 °C la costante K_{eq} aumenta di 58 volte:

$$K_{eq\,100\,°C} = \frac{[NO_2]^2}{[N_2O_4]} = 260 \cdot 10^{-3}$$

A 0 °C, invece, K_{eq} è circa 8 volte più bassa:

$$K_{eq\,0\,°C} = \frac{[NO_2]^2}{[N_2O_4]} = 0{,}59 \cdot 10^{-3}$$

Si tratta quindi di una reazione endotermica ▸figura 3.6:

$$\text{calore} + N_2O_{4(g)} \rightarrow 2\,NO_{2(g)}$$

Questi esperimenti portano alla seguente definizione:

Nelle reazioni esotermiche ($\Delta H < 0$), la costante d'equilibrio K_{eq} diminuisce all'aumentare della temperatura. Nelle reazioni endotermiche ($\Delta H > 0$), invece, K_{eq} aumenta all'aumentare della temperatura.

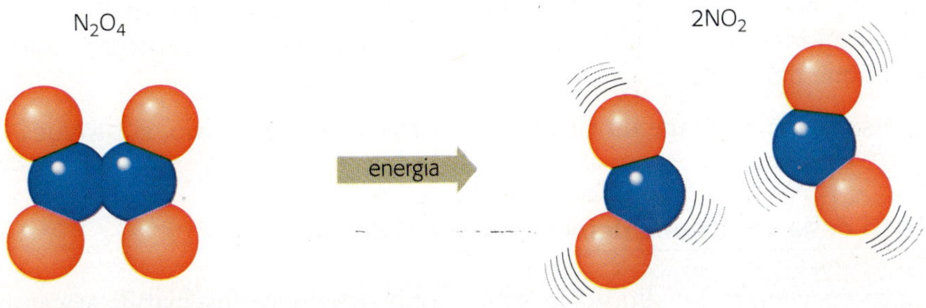

FIGURA 3.6 A temperatura più alta la molecola N_2O_4 si trasforma in due molecole di NO_2.

4. IL PRINCIPIO DI LE CHÂTELIER

L'equilibrio è governato da un ridotto numero di fattori: volume, pressione, concentrazione e temperatura. Ma se qualcuno di questi fattori viene turbato, come risponde l'equilibrio?

La risposta ci viene dall'applicazione del *principio di Le Châtelier* (1884), meglio conosciuto come *principio dell'equilibrio mobile*. Il principio può essere enunciato nel modo seguente:

Un sistema all'equilibrio, perturbato da un'azione esterna, reagisce in modo da ridurne o annullarne l'effetto, ristabilendo l'equilibrio.

Si tratta, in pratica, dello stesso comportamento di chi riceve una spinta e, per non cadere, si sposta nella direzione della spinta stessa.

Ma vediamo in concreto le applicazioni del principio di Le Châtelier.

L'effetto della variazione della concentrazione

Consideriamo una reazione all'equilibrio. Se si altera la concentrazione di un reagente o di un prodotto, la reazione si sposterà per annullare l'effetto dell'alterazione. Evidentemente, l'aggiunta o la sottrazione di una specie (reagente o prodotto) distrugge temporaneamente lo stato d'equilibrio. Per ripristinare l'equilibrio, il sistema reagisce in modo da consumare parte della specie aggiunta; ciò permette di mantenere costante il valore della K_{eq}. Per esempio, nella reazione

$$N_2O_4 \rightleftarrows 2NO_2$$

se si aumenta la concentrazione di N_2O_4, per ristabilire l'equilibrio una parte

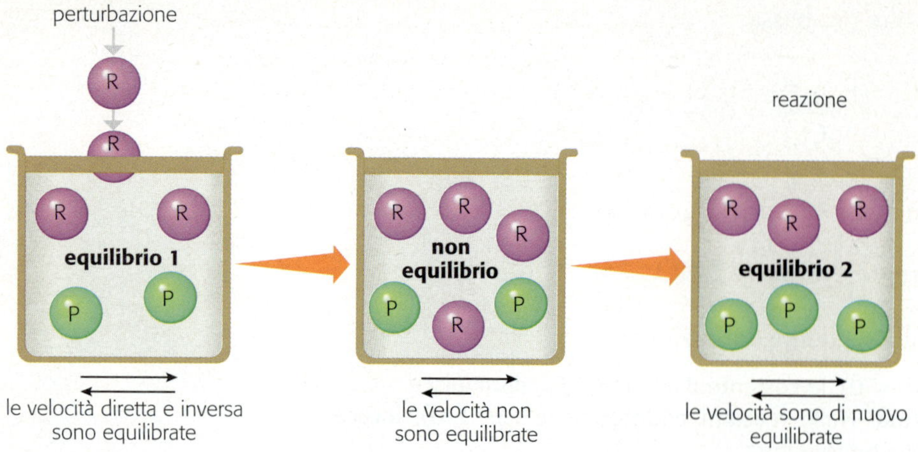

FIGURA 3.7 Come un sistema all'equilibrio risponde alle perturbazioni delle concentrazioni.

delle molecole aggiunte si trasformerà in NO_2 e l'equilibrio si sposterà a destra. Tutto questo si può rappresentare con il modello della ▸figura 3.7.

Quindi, cambiando le concentrazioni dei prodotti e dei reagenti, il loro rapporto (la costante d'equilibrio, K_{eq}) rimane invariato, *purché la temperatura rimanga costante* prima e dopo l'aggiunta:

Aggiungendo un reagente a un sistema all'equilibrio, l'equilibrio si sposta nella direzione che consente la scomparsa di una parte del reagente aggiunto e la formazione del prodotto.

Viceversa, se si aggiunge un prodotto al sistema all'equilibrio, si provoca una reazione opposta.

L'effetto della variazione della pressione o del volume

Le reazioni riguardanti liquidi e solidi sono in genere insensibili ai cambiamenti di pressione e di volume. Ma le variazioni di pressione e di volume possono condizionare le reazioni i cui componenti sono in fase gassosa, *purché la reazione comporti variazioni nel numero di moli di sostanze gassose.*

La reazione in fase gassosa:

1 VOLUME — 2 VOLUMI

$$N_2O_{4(g)} \rightleftarrows 2NO_{2(g)}$$

è influenzata dalla pressione, e la si può spingere a destra o a sinistra, a seconda delle condizioni.

Supponiamo di dimezzare il volume del recipiente contenente la miscela dei due gas all'equilibrio ▸figura 3.8.

FIGURA 3.8 La costante di equilibrio non viene influenzata dall'aumento di pressione, purché la temperatura rimanga costante.

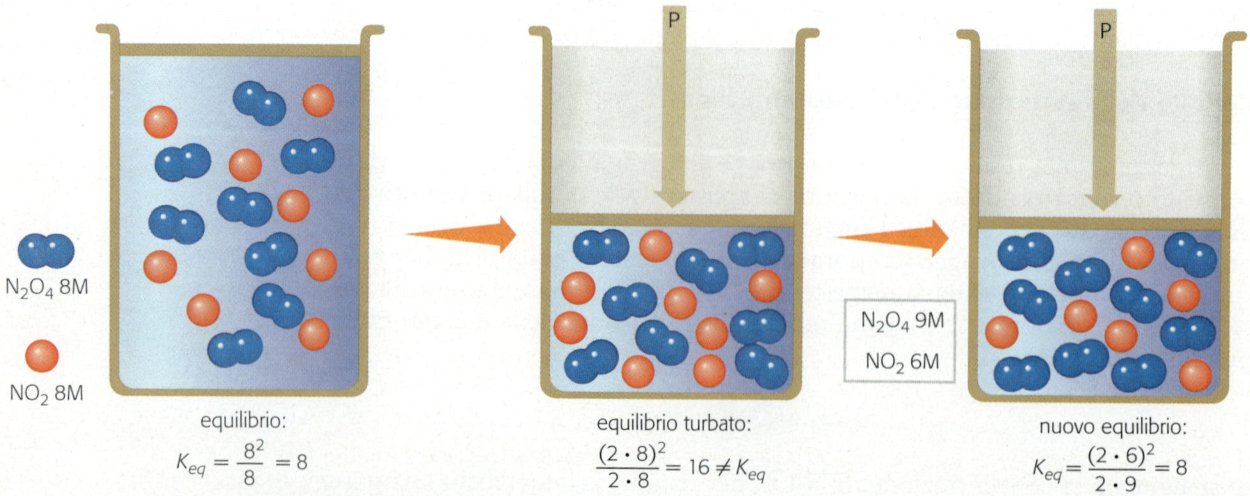

Trovandosi ora le molecole di NO_2 e di N_2O_4 in metà volume, la pressione e le concentrazioni raddoppieranno.

Per ristabilire l'equilibrio, 2 molecole di NO_2 si uniscono formandone una di N_2O_4 Il fenomeno può essere visualizzato attraverso i cambiamenti di colore (dovuti alle diverse concentrazioni di N_2O_4 e NO_2) come mostrato nella figura 3.9.

Anche in questo caso potevamo prevedere la risposta dell'equilibrio applicando il principio di Le Châtelier:

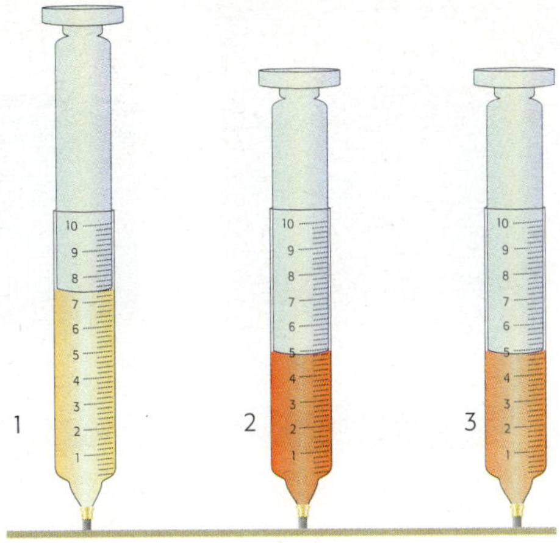

FIGURA 3.9 Come il sistema $N_2O_4 \rightleftarrows 2NO_2$ all'equilibrio reagisce alle variazioni di pressione e volume.
Il nuovo equilibrio in 3 comporta un colore più chiaro perché crescono le molecole N_2O_4 (incolori) e diminuiscono le molecole NO_2 (rosse).

L'aumento di pressione di un sistema gassoso all'equilibrio comporta lo spostamento dell'equilibrio verso la formazione delle sostanze che occupano il minor volume.

Viceversa, se si aumenta il volume a disposizione (diminuzione della pressione), viene favorita la formazione delle sostanze che occupano un volume maggiore.

L'effetto della variazione della temperatura

Abbiamo già visto con la reazione

$$N_2O_{4(g)} \rightleftarrows 2NO_{2(g)}$$

che la temperatura fa variare il valore della costante d'equilibrio; in accordo col principio di Le Châtelier, fornendo calore a un sistema all'equilibrio, ha luogo la reazione che va nella direzione che implica assorbimento di calore (direzione endotermica). Se l*a reazione verso destra è endotermica, verrà favorita la formazione dei prodotti*; viceversa, *se la reazione è esotermica, fornendo calore la reazione tornerà indietro.*

L'influenza del catalizzatore

Il catalizzatore non ha alcuna influenza sulla posizione dell'equilibrio, poiché non compare nell'equazione di reazione. Esso non influenza il valore della costante d'equilibrio ma, come abbiamo visto nell'unità 2, agisce sulla *velocità di raggiungimento dell'equilibrio*, accelerando in egual misura sia la reazione diretta sia quella opposta. In alcuni casi la presenza del catalizzatore è indispensabile perché la reazione abbia luogo a una velocità apprezzàbile.

ESEMPIO

Stabilisci se la reazione $2SO_{2(g)} + O_{2(g)} \rightleftarrows 2SO_{3(g)}$ **all'equilibrio è favorita da un aumento di pressione, da un aumento di volume o è indifferente a queste variazioni.**

Soluzione

Nella reazione si passa da 3 moli a 2 moli di gas. Pertanto se si aumenta la pressione l'equilibrio si sposta verso i prodotti, cioè ne favorisce la formazione.

5. L'EQUILIBRIO DI SOLUBILITÀ

Finora abbiamo considerato reazioni in cui prodotti e reagenti erano nella medesima fase. Cosa succede quando uno dei componenti è in una fase diversa?

Quando si scioglie in acqua un sale (solido), il reticolo cristallino del solido viene distrutto e gli ioni si disperdono nel solvente (liquido). Si passa quindi *spontaneamente* da uno stato di iniziale *ordine*, il reticolo cristallino, a quello finale di *disordine*, la soluzione. Il fenomeno può essere trattato come una normale reazione chimica, in cui dei legami chimici si rompono e nuovi lega-

FIGURA 3.10 Il solido ($CuSO_4$) si scioglie fino a formare una soluzione satura. Nel terzo becher le velocità di dissoluzione del solido e di cristallizzazione sono uguali.

mi si instaurano nella soluzione. Non va dimenticata, perciò, l'altra tendenza dei sistemi chimici: quella di raggiungere uno stato di energia minima, e cioè a formare legami più forti fra le particelle costituenti. Nelle soluzioni tale tendenza favorisce la precipitazione, a scapito della dissoluzione. Quando un solido ha raggiunto la massima solubilità consentita dalla sua natura, dalla natura del solvente e dalla temperatura, non può sciogliersi ulteriormente e rimane come corpo di fondo. La concentrazione di tale soluzione, detta **soluzione satura**, non varia più, poiché è in equilibrio dinamico con il corpo di fondo ▸figura 3.10.

Il fenomeno si addice particolarmente ai composti poco solubili (per esempio Ag_2SO_4) ed è regolato dalle leggi dell'equilibrio chimico che abbiamo studiato:

TENDENZA A SCIOGLIERSI (PER AUMENTARE IL DISORDINE)

$$Ag_2SO_{4(s)} \rightleftarrows 2Ag^+_{(aq)} + SO_4^{2-}{}_{(aq)}$$

TENDENZA A PRECIPITARE (PER RAGGIUNGERE L'ENERGIA MINIMA)

L'equilibrio appena descritto è un equilibrio *eterogeneo*, cioè le specie chimiche partecipanti si trovano in diversi stati di aggregazione.

Possiamo quindi scrivere l'espressione per la costante K_{eq}:

$$K_{eq} = \frac{[Ag^+]^2 \cdot [SO_4^{2-}]}{[Ag_2SO_4]}$$

In questo caso, però, non ha senso parlare della concentrazione di un solido $[Ag_2SO_4]$, che rimane sempre la stessa. Pertanto, grazie a una convenzione termodinamica, le concentrazioni delle specie solide (e dei liquidi puri) non compaiono nell'espressione della costante di equilibrio. In questo caso la costante è chiamata **prodotto di solubilità** e viene indicata con K_{ps}.

La concentrazione di $Ag_2SO_{4(s)}$ *solido*, che come abbiamo visto è costante, viene inglobata nella costante K. Pertanto rimane la relazione tra le sole specie a concentrazione variabile:

VALORE OTTENUTO SPERIMENTALMENTE

$$K_{ps} = K_{eq} \cdot \text{costante} = K_{eq} \cdot [Ag_2SO_4] = [Ag^+]^2 \cdot [SO_4^{2-}] = 1{,}4 \cdot 10^{-5}$$

Dall'espressione della K_{ps} si ricava che nei sistemi eterogenei il valore della costante di equilibrio è indipendente dalla quantità di solidi (o liquidi puri). Aggiungendo tali componenti, quindi, l'equilibrio non viene modificato.

ESEMPIO **Scrivi le espressioni del prodotto di solubilità per i seguenti sali poco solubili:**

$PbCl_2$ Ag_2CrO_4 $Al(OH)_3$

Soluzione

Si scrivono le equazioni per le reazioni di dissociazione dei tre sali:

$PbCl_{2(s)} \rightleftarrows Pb^{2+}{}_{(aq)} + 2Cl^{-}{}_{(aq)}$

$Ag_2CrO_{4(s)} \rightleftarrows 2Ag^{+}{}_{(aq)} + CrO_4{}^{2-}{}_{(aq)}$

$Al(OH)_{3(s)} \rightleftarrows Al^{3+}{}_{(aq)} + 3OH^{-}{}_{(aq)}$

Quindi, si ricava la K_{ps} inglobando la concentrazione del solido, che è costante, nella K_{eq}:

$K_{ps} = [Pb^{2+}] \cdot [Cl^-]^2$

$K_{ps} = [Ag^+]^2 \cdot [CrO_4{}^{2-}]$

$K_{ps} = [Al^{3+}] \cdot [OH^-]^3$

ESEMPIO **Sapendo che la solubilità massima di $AgI_{(s)}$ in acqua è 9,1 · 10^{-9} mol/L, determina il prodotto di solubilità di questo sale.**

Soluzione

Si scrive l'equilibrio di dissociazione del sale in acqua:

$AgI_{(s)} \rightleftarrows Ag^{+}{}_{(aq)} + I^{-}{}_{(aq)}$

Poiché nella soluzione satura ci sono 9,1 · 10^{-9} mol/L di AgI in soluzione e poiché queste sono completamente dissociate in un ugual numero di moli di Ag^+ e I^-, si ricava che le molarità dello ione argento e dello ione I^- sono entrambe pari a 9,1 · 10^{-9} mol/L. Quindi l'espressione per il prodotto di solubilità è:

$K_{ps} = [Ag^+] \cdot [I^-] = 9{,}1 \cdot 10^{-9} \cdot 9{,}1 \cdot 10^{-9} = (9{,}1 \cdot 10^{-9})^2 = 8{,}3 \cdot 10^{-17}$

FIGURA 3.11 Aggiungendo una soluzione di NaCl alla soluzione satura di $PbCl_{2(aq)}$, si forma cloruro di piombo solido che precipita.

Come varia la solubilità di un composto all'aumentare della temperatura? Quanto abbiamo già spiegato a proposito dell'influenza della temperatura sugli equilibri vale anche per gli equilibri di solubilità. Se la solubilizzazione è un fenomeno endotermico, la somministrazione di calore favorirà la formazione della soluzione, come nel caso della maggioranza dei sali: la solubilità quindi *aumenta* a temperature più elevate. Alcune sostanze, invece, si sciolgono provocando un riscaldamento (per esempio l'acetato di calcio e l'idrossido di calcio) e perciò la solubilità *diminuisce* all'aumentare della temperatura.

1. L'EQUILIBRIO DINAMICO

1. Individua l'unica affermazione corretta.
   - [A] l'equilibrio chimico è uno stato che si raggiunge quando in una reazione si esaurisce uno dei reagenti
   - [B] l'equilibrio chimico si raggiunge quando la velocità di trasformazione dei reagenti nei prodotti si annulla
   - [C] l'equilibrio chimico è una condizione in cui non avviene alcuna trasformazione a livello microscopico
   - [D] l'equilibrio chimico è una situazione in cui la velocità di trasformazione dei reagenti nei prodotti e la velocità della trasformazione inversa si bilanciano

2. Spiega il significato dei seguenti termini relativi all'equilibrio chimico:
   - [A] dinamico
   - [B] reversibile
   - [C] mobile

3. Che cosa accade a livello microscopico una volta raggiunto l'equilibrio?

4. Per ciascuno dei seguenti sistemi all'equilibrio, descrivi le trasformazioni diretta e inversa che avvengono a livello microscopico:
   - [A] acqua in un recipiente chiuso in equilibrio col suo vapore
   - [B] acqua e ghiaccio in un thermos
   - [C] due soluzioni acquose saline separate da una membrana semipermeabile

2. L'EQUILIBRIO CHIMICO: ANCHE I PRODOTTI REAGISCONO

5. Una miscela gassosa contiene ossigeno e azoto. Le concentrazioni dei gas restano invariate nel tempo. Puoi affermare che la miscela è all'equilibrio chimico?

6. In un recipiente viene introdotto $HI_{(g)}$ a 700 K. Descrivi l'andamento nel tempo delle reazioni:
   $2\,HI \rightarrow H_2 + I_2$ e $H_2 + I_2 \leftarrow 2HI$

7. Stabilisci quale curva corrisponde a una reazione praticamente completa e quale a una reazione d'equilibrio.

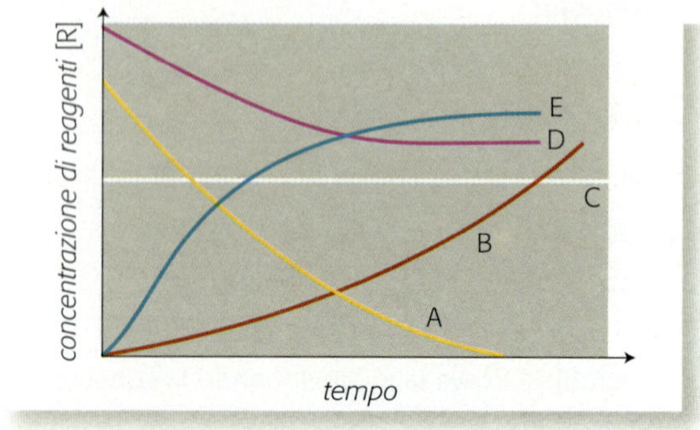

3. LA COSTANTE D'EQUILIBRIO

8. Per la reazione $H_{2(g)} + I_{2(g)} \rightleftarrows 2HI_{(g)}$ calcola la costante d'equilibrio a 460 °C, sapendo che in tali condizioni $[H_2] = 0{,}00384$ M; $[I_2] = 0{,}00152$; $[HI] = 0{,}0169$ M

9. Vero o falso?
   - [A] All'equilibrio le concentrazioni dei reagenti e dei prodotti sono costanti nel tempo. [V] [F]
   - [B] In un sistema all'equilibrio sia i reagenti sia i prodotti sono presenti in concentrazione non nulla. [V] [F]
   - [C] All'equilibrio reagenti e prodotti hanno le stesse concentrazioni. [V] [F]
   - [D] All'equilibrio l'energia libera totale è minima. [V] [F]

10. Scrivi l'espressione della legge di azione di massa per la reazione:
    $Fe^{3+}{}_{(aq)} + Ce^{3+}{}_{(aq)} \rightleftarrows Fe^{2+}{}_{(aq)} + Ce^{4+}{}_{(aq)}$

11. Scrivi la reazione corrispondente all'equazione:

$$K_{eq} = \frac{[H_2]^3 \cdot [C_2H_2]}{[CH_4]^2}$$

12. L'equilibrio chimico corrisponde a un minimo di:
    - [A] energia libera
    - [B] velocità di reazione
    - [C] entalpia
    - [D] concentrazione

13. Quale reazione si può considerare completa?

A $NH_{3(aq)} + H_2O \rightleftarrows NH^{4+}{}_{(aq)} + OH^-{}_{(aq)}$
$K_{eq} = 3{,}2 \cdot 10^{-7}$

B $CH_3COOH_{(aq)} + H_2O \rightleftarrows CH_3COO^-{}_{(aq)} + H_3O^+{}_{(aq)}$
$K_{eq} = 1{,}8 \cdot 10^{-5}$

C $CO_{2(aq)} + H_2O \rightleftarrows H_2CO_{3(aq)}$
$K_{eq} = 3 \cdot 10^{-5}$

D $H_3O^+{}_{(aq)} + OH^-{}_{(aq)} \rightleftarrows 2H_2O_{(l)}$
$K_{eq} = 3{,}1 \cdot 10^{17}$

14. Quale reazione è più spostata a destra?

A $HI_{(aq)} \rightleftarrows H^+{}_{(aq)} + I^-{}_{(aq)}$
$K_{eq} = 10^{10}$

B $HF_{(aq)} \rightleftarrows H^+{}_{(aq)} + F^-{}_{(aq)}$
$K_{eq} = 6{,}3 \cdot 10^{-4}$

C $H_2S_{(aq)} \rightleftarrows HS^-{}_{(aq)} + H^+{}_{(aq)}$
$K_{eq} = 10^{-7}$

D $[Fe(H_2O)_6]^{3+}{}_{(aq)} \rightleftarrows [Fe(H_2O)_5(OH)]^{2+}{}_{(aq)} + H^+{}_{(aq)}$
$K_{eq} = 10^{-3}$

15. A 1000 K la costante d'equilibrio della reazione
$N_2 + 3H_2 \rightleftarrows 2NH_3$ è: $K_{eq} = 0{,}0024$
La reazione è più spostata a destra o a sinistra?

16. Scrivi le equazioni per la costante d'equilibrio delle seguenti reazioni:

A $CH_{4(g)} + 4Cl_{2(g)} \rightleftarrows CCl_{4(l)} + 4HCl_{(g)}$

B $BaSO_{4(s)} \rightleftarrows BaO_{(s)} + SO_{3(g)}$

C $4NH_{3(g)} + 3O_{2(g)} \rightleftarrows 2N_{2(g)} + 6H_2O_{(g)}$

17. A quale reazione corrisponde

$$K_{eq} = \frac{[A][B]^2}{[AB_2]}?$$

A $AB_2 \rightleftarrows A + 2B$

B $2AB \rightleftarrows A + B_2$

C $A + 2B \rightleftarrows 2AB$

D $A + B_2 \rightleftarrows 2AB$

18. Calcola la costante d'equilibrio a 150 °C per la reazione
$PCl_{5(g)} \rightleftarrows PCl_{3(g)} + Cl_{2(g)}$
sapendo che le concentrazioni all'equilibrio, a 150 °C, sono:

$[PCl_5] = 2{,}4 \cdot 10^{-5}$ $[PCl_3] = 6{,}7 \cdot 10^{-4}$
$[Cl_2] = 1{,}79 \cdot 10^{-3}$

19. Per la reazione
$H_{2(g)} + I_{2(g)} \rightleftarrows 2HI_{(g)}$
a 460 °C si hanno le seguenti concentrazioni:

$[H_2] = 6{,}47 \cdot 10^{-3}$ $[I] = 0{,}594 \cdot 10^{-3}$
$[HI] = 13{,}7 \cdot 10^{-3}$

Calcola la costante d'equilibrio.

20. Per la reazione
$PCl_5 \rightleftarrows PCl_3 + Cl_2$
a 250 °C si ha $K_{eq} = 4{,}16 \cdot 10^{-2}$. Per ogni terna di concentrazioni, stabilisci se avverrà la reazione diretta, quella opposta o se la reazione è già all'equilibrio.

$[PCl_5]$	$[PCl_3]$	$[Cl_2]$
5	4,56	4,56
2	2,50	1,32
30	1,45	3,44

4. IL PRINCIPIO DI LE CHÂTELIER

21. La reazione $Cl_{2(g)} \rightleftarrows 2Cl_{(g)}$ è all'equilibrio. Prevedi l'effetto delle seguenti perturbazioni sul sistema se:

A si raddoppia la pressione

B si raddoppia il volume

22. A un sistema all'equilibrio si aggiunge un prodotto raddoppiandone la concentrazione. Cosa accadrà alla velocità delle reazioni diretta e inversa? Perché il sistema raggiungerà un nuovo stato di equilibrio?

23. Il catalizzatore fa cambiare la costante di equilibrio?

24. Nel sistema A + B ⇄ AB + calore che è all'equilibrio, elenca tre metodi che consentano di far crescere la concentrazione di AB.

25. Nella reazione $N_2 + O_2 \rightleftarrows 2NO + 43{,}2$ kcal, se la pressione aumenta cosa accade al numero di moli di NO?

26. Quale dei seguenti fattori non influenza la costante d'equilibrio?

A la temperatura

B la presenza del catalizzatore

VERIFICHE

C l'energia potenziale dei prodotti
D l'energia libera di ciascuna sostanza coinvolta nella reazione

27. Se in un sistema all'equilibrio si aggiunge un catalizzatore, il valore della costante d'equilibrio:

A diminuisce
B aumenta
C tende a zero
D resta lo stesso

28. Considera la reazione: $H_{2(g)} + I_{2(g)} \rightleftarrows 2HI_{(g)}$. Mantenendo costante la temperatura e raddoppiando la pressione sul sistema all'equilibrio:

A varia la costante d'equilibrio
B aumenta la quantità di HI
C aumentano le quantità di H_2 e di I_2
D non si verifica nessun cambiamento nelle quantità dei tre gas

29. Considera il sistema all'equilibrio:
$FeCl_{3(aq)} + SCN^-_{(aq)} \rightleftarrows FeSCN^{2+}_{(aq)} + 3Cl^-_{(aq)}$
Sapendo che gli ioni $FeSCN^{2+}$ sono di colore rosso che cosa accade se si sottraggono ioni Cl^-?

A si intensifica il colore rosso
B diminuisce l'intensità del colore rosso
C scompare completamente il colore rosso
D non accade nulla

30. Considera il seguente sistema all'equilibrio:
$N_{2(g)} + 3H_{2(g)} \rightleftarrows 2NH_{3(g)} - 92kJ$
(reazione esotermica)
L'equilibrio può essere spostato a destra mediante:

A l'aumento della pressione
B l'aumento della temperatura
C l'aggiunta di un catalizzatore
D la rimozione di azoto

31. Se la pressione totale cresce, in che direzione si sposta il seguente equilibrio?
$2SO_{3(g)} \rightleftarrows 2SO_{2(g)} + O_{2(g)}$

32. Data la seguente reazione, stabilisci in quale direzione si sposta l'equilibrio, se l'acqua viene allontanata a mano a mano che si forma:
$4NH_{3(g)} + 3O_{2(g)} \rightleftarrows 2N_{2(g)} + 6H_2O_{(g)}$

33. La reazione:
calore $+ CO_{(g)} + H_2O_{(g)} \rightleftarrows CO_{2(g)} + H_{2(g)}$
è all'equilibrio. In quale direzione viene spostata la posizione dell'equilibrio da ciascuno dei seguenti cambiamenti?

A aggiunta di CO
B aggiunta di H_2
C rimozione di H_2O
D rimozione di CO_2
E aumento della temperatura
F dimezzamento del volume per azione della pressione esterna
G aggiunta di catalizzatore

34. Per la reazione endotermica ($\Delta H = 565$ kJ)
$CO_{2(g)} + C_{(s)} \rightleftarrows 2CO_{(g)}$
la costante d'equilibrio è 1,6 a 1000 °C. Stabilisci se, alla temperatura di 850 °C, la costante d'equilibrio K_{eq} sarà maggiore o minore.

5. L'EQUILIBRIO DI SOLUBILITÀ

35 Il sistema $BaF_{2(s)} \rightleftarrows Ba^{2+}_{(aq)} + 2F^-_{(aq)}$ è all'equilibrio. Prevedi l'effetto delle seguenti perturbazioni sul sistema:

A si aggiunge $BaF_{2(s)}$ al sistema
B si aggiunge acqua al sistema
C si aggiunge al sistema una soluzione concentrata di cloruro di bario

36. La solubilità dell'ossigeno nell'acqua diminuisce con l'aumentare della temperatura. Il processo di solubilizzazione dell'ossigeno è endotermico o esotermico?

37. Scrivi l'espressione del prodotto di solubilità per questi composti:

A $Ca(OH)_2$ B $BaCO_3$
C $Ca_3(PO_4)_2$ D $Pb(IO_3)_2$
E $MgNH_4PO_4$ F Sb_2S_3

38. In quale delle seguenti soluzioni sarà più solubile l'idrossido di calcio ($K_{ps} = 5{,}5 \cdot 10^{-6}$)?

A $CaCl_2$ 0,1 M B NaOH 0,1 M
C HCl 0,1 M D H_2O

39. Il prodotto di solubilità K_{ps} del cloruro di piombo (II) è $1{,}6 \cdot 10^{-5}$ a 25 °C. Calcola la molarità della sua soluzione satura a 25 °C.

COSTRUISCI LA COMPETENZA

OBIETTIVO descrivere i sistemi in equilibrio

RISOLVI I SEGUENTI QUESITI

1. Quali sono i comportamenti che consentono di riconoscere una situazione di equilibrio chimico?
2. Data una reazione A + B → C + D, immagina di aggiungere in un recipiente vuoto quantità casuali di A e di B e attendere che la reazione giunga a compimento. Stabilisci quali e quante sostanze potranno ritrovarsi alla fine, nei due casi:
   A se la reazione va all'equilibrio ($K_{eq} = 1$)
   B se la reazione è completa ($K_{eq} = 10^{50}$)
3. In una soluzione satura di Ag_2SO_4 si è stabilito l'equilibrio $Ag_2SO_{4(s)} \rightleftarrows 2Ag^+_{(aq)} + SO_4^{2-}{}_{(aq)}$. Se si elimina il corpo fondo mediante filtrazione, si avrà ancora uno stato di equilibrio?
4. Spiega il significato della seguente affermazione: «Tutte le reazioni che avvengono in un sistema chiuso mantenuto a temperatura e pressione costanti, raggiungono uno stato di equilibrio, anche quelle che consideriamo complete.»
5. La concentrazione delle sostanze nelle cellule umane spesso non cambia molto nel tempo. Questo significa che la cellula è in uno stato di equilibrio dinamico?

OBIETTIVO descrivere la situazione d'equilibrio come risultante dalla reversibilità delle reazioni diretta e inversa

RISOLVI I SEGUENTI QUESITI

6. Che cosa significano i termini «dinamico», «reversibile», «mobile» riferiti all'equilibrio chimico?
7. Come è possibile che all'equilibrio chimico le concentrazioni non cambino più, mentre avvengono le reazioni diretta e inversa?
8. Immagina una situazione di equilibrio chimico «statico»: le concentrazioni non cambiano più perché sono cessati gli urti reattivi. In un tale scenario, come risponderebbe il sistema all'aggiunta di un reagente?
9. Si intende dimostrare la reversibilità della reazione a 600 °C:
   $CO_{(g)} + H_2O_{(g)} \rightleftarrows CO_{2(g)} + H_{2(g)}$
   utilizzando la determinazione analitica della concentrazione di CO_2. Si inizia aggiungendo 0,5 mol di CO e 0,5 mol di H_2O nel recipiente. Si porta a 600 °C, si attende il raggiungimento dell'equilibrio, quindi si analizza la concentrazione $[CO_2]$. Come proseguiresti l'esperimento?
10. Le seguenti concentrazioni si riferiscono a una reazione all'equilibrio studiata da Gulberg e Waage a 100 °C:
    acido acetico + alcol ⇄ estere + H_2O
    Trova quale di esse non rappresenta uno stato d'equilibrio.
    Lo stato individuato raggiungerà l'equilibrio procedendo verso destra o verso sinistra?

[alcol] M	[acido] M	[estere] M	$[H_2O]$ M
3,33	3,33	6,67	6,67
0,32	1,07	2,93	2,93
13,8	1,42	8,58	8,58
0,75	5,86	4,14	4,14

11. Per un solo valore della costante d'equilibrio ci sono molti diversi stati di equilibrio. Per l'equilibrio A + B ⇄ C + D, scrivi altri valori di concentrazione a piacere nella seguente tabella, in modo da ottenere sempre la stessa K_{eq}.

[A]	[B]	[C]	[D]	K_{eq}
2	4	6	8	6
				6
				6

OBIETTIVI calcolare la costante d'equilibrio di una reazione dai valori delle concentrazioni

prevedere la direzione in cui si muoverà un sistema per raggiungere l'equilibrio, date la K_{eq} e le concentrazioni oppure la K_{ps}

valutare il grado di completezza di una reazione per mezzo della costante d'equilibrio

utilizzando il principio di Le Châtelier, predire l'effetto del cambiamento del numero di moli, del volume o della temperatura sulla posizione dell'equilibrio

VERIFICHE

RISOLVI I SEGUENTI QUESITI

12. Come si usa la legge di azione di massa per prevedere i comportamenti dei sistemi all'equilibrio?

13. Scrivi la costante d'equilibrio per la reazione: $2SO_{2(g)} + O_{2(g)} \rightleftarrows 2SO_{3(g)}$

14. Calcola il valore di K_{eq} della precedente reazione, date le seguenti concentrazioni misurate a 1000 °C:
$[SO_2] = 0{,}309$; $[O_2] = 0{,}353$; $[SO_3] = 0{,}338$

15. Quali cambiamenti subiranno tutte le concentrazioni se la $[SO_2]$ viene aumentata? E se invece si aumenta la $[O_2]$? Se si sottrae dal recipiente all'equilibrio metà della SO_3 come si comporterà il sistema?

16. La reazione in oggetto è esotermica. Quali variazioni subiranno le concentrazioni se il sistema viene raffreddato da 1000 a 500 °C?

17. La reazione $2SO_{2(g)} + O_{2(g)} \rightleftarrows 2SO_{3(g)}$ è catalizzata da V_2O_5. Che cosa accade se nel recipiente di reazione a 500 °C, dopo che l'equilibrio è stato raggiunto, si aggiunge V_2O_5 finemente suddiviso? Dopo l'aggiunta di V_2O_5 come cambiano le velocità delle reazioni diretta e inversa?

18. Se il sistema della domanda precedente viene compresso alla metà del proprio volume, come varieranno le concentrazioni delle specie all'equilibrio?

19. Come si applica il principio dell'equilibrio mobile agli equilibri di solubilità?

20. La solubilità di CaS è di 0,2 g/L a 20 °C. Qual è il suo prodotto di solubilità?

21. L'acetato di calcio si scioglie esotermicamente. Cosa accade se si riscalda una sua soluzione satura, filtrata e limpida?

22. Cosa accade se a una soluzione satura di CaS, in presenza del corpo di fondo, si aggiunge un sale solubile di calcio?

23. La densità del ghiaccio è inferiore a quella dell'acqua. Si può invocare il principio di Le Châtelier per spiegare il fatto che la pressione favorisce la formazione del liquido?

24. Per prevenire la carie dentaria l'acqua potabile è addizionata di fluoro (come ione fluoruro) in concentrazione circa $5 \cdot 10^{-5}$ M. La concentrazione di ioni calcio nell'acqua è circa $2 \cdot 10^{-4}$ M. Esiste la possibilità che precipiti CaF_2 ($K_{ps} = 4 \cdot 10^{-11}$) rendendo vano il trattamento?

25. Perché, in genere, non si parla di prodotto di solubilità per sali come NaCl?

26. Se in una soluzione satura di NaCl si fa gorgogliare HCl gassoso si nota la formazione di un precipitato di NaCl. Come si interpreta il fenomeno?

27. La K_{eq} della reazione $N_{2(g)} + 3H_{2(g)} \rightleftarrows 2NH_{3(g)}$ a 500 K vale 60,7. Stabilisci se la miscela che ha $[N_2] = 0{,}0022$ M, $[H_2] = 0{,}00124$ M e $[NH_3] = 0{,}0112$ M, tenderà a formare altra ammoniaca oppure se la quantità di ammoniaca diminuirà.

Pensa come uno scienziato

1 La reazione $N_2O_{4(g)} \rightleftarrows 2NO_{2(g)}$ ha raggiunto l'equilibrio nel recipiente a sinistra. Per aggiunta di 8 moli di N_2O_4 si produce uno stato di non equilibrio (al centro).

A Quale reazione avverrà, in conseguenza della perturbazione, per raggiungere il nuovo equilibrio?

B Completa l'espressione della costante nel nuovo equilibrio 2.

C Disegna la nuova situazione nel recipiente di destra.

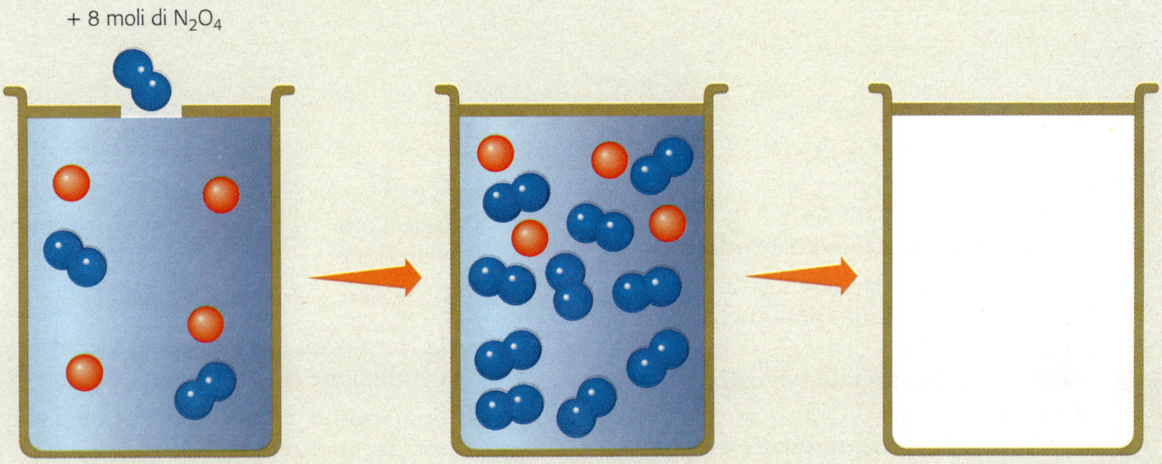

equilibrio 1

$$K_{eq} = \frac{[NO_2]^2}{[N_2O_4]} = \frac{4^2}{2} = 8$$

equilibrio turbato

$$\frac{[NO_2]^2}{[N_2O_4]} = \frac{4^2}{2+8} = 1{,}6 \neq K_{eq}$$

equilibrio 2

$$\frac{[NO_2]^2}{[N_2O_4]} = \text{———} = 8 = K_{eq}$$

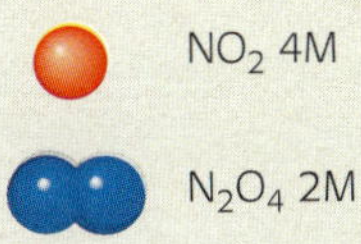

2 Come agiscono temperatura, concentrazione, volume e presenza di un catalizzatore sulla velocità di reazione e sullo stato di equilibrio? Completa la matrice.

	Temperatura	Concentrazione di un reagente	Volume	Catalizzatore
Velocità delle reazioni diretta e inversa	La temperatura agisce in ugual misura sia sulla velocità della reazione diretta sia sulla velocità di quella inversa.			
Stato di equilibrio				

Modulo F

Verifiche

VERIFICHE

UNITÀ DIDATTICA 1

1. Quale delle seguenti reazioni è endotermica?

A in seguito alla reazione la temperatura del sistema aumenta spontaneamente da 20 a 60 °C

B il sistema cede 100 joule di calore all'ambiente

C l'entalpia del sistema aumenta di 50 kJ

D la temperatura del recipiente di reazione aumenta

2. Quale delle seguenti reazioni avrà $\Delta H<0$?

A una reazione di decomposizione in cui si rompe un legame e si formano due molecole più piccole

B una reazione in cui i legami formati sono in minor numero di quelli rotti

C una reazione in cui i legami formati sono più deboli di quelli rotti

D una reazione in cui le molecole del prodotto sono molto stabili

3. La reazione $2LiH_{(s)} \rightarrow 2Li_{(s)} + H_{2(g)}$, realizzata a pressione costante, comporta, per una mole di idrogeno formato, un lavoro verso l'esterno di 2,5 kJ. La variazione di entalpia è di +85,5 kJ. La variazione di energia ΔU del sistema è:

A +88 kJ

B −88 kJ

C +83 kJ

D −83 kJ

4. Date le entalpie di formazione dei reagenti e dei prodotti,

CO $\quad H_f = -110{,}5$ kJ/mol

CH_4 $\quad H_f = -74{,}9$ kJ

$H_2O_{(g)}$ $\quad H_f = -241{,}8$ kJ/mol

stabilisci qual è l'affermazione corretta riferita alla reazione:

$$CO_{(g)} + 3H_{2(g)} \rightarrow CH_{4(g)} + H_2O_{(g)}$$

A la reazione è endotermica e comporta produzione di lavoro verso l'esterno

B la reazione è esotermica e avviene con assorbimento di lavoro

C la reazione avviene con assorbimento di calore e produzione di lavoro

D la reazione avviene con produzione di calore e di lavoro

UNITÀ DIDATTICA 2

5. Vero falso?

A Le reazioni chimiche comportano urti tra le molecole. V F

B Gli urti sono possibili solo se la miscela dei reagenti viene agitata. V F

C Se si aumenta la concentrazione di una sola delle due sostanze che intervengono nell'urto reattivo *non* si ha aumento della velocità di reazione. V F

D Non tutti gli urti sono reattivi. V F

E Se un urto avviene con energia d'impatto superiore all'energia di attivazione sarà certamente efficace. V F

F I catalizzatori aumentano la frequenza degli urti. V F

6. Stabilisci quali fattori accelerano (A) e quali ritardano (R) la produzione di CO_2 nella reazione tra marmo ($CaCO_3$) e acido cloridrico (HCl):

$2HCl_{(aq)} + CaCO_{3(s)} \rightarrow CaCl_{2(aq)} + CO_{2(g)} + H_2O_{(l)}$.

A utilizzo di acido cloridrico più concentrato
B raffreddamento dell'acido
C uso di marmo polverizzato
D aumento del volume di soluzione con acqua
E introdurre un volume doppio di HCl della stessa concentrazione
F raddoppiare la quantità di carbonato di calcio

7. Quali fattori influenzano la velocità di reazione?

A l'energia di attivazione
B l'orientazione delle molecole durante l'urto
C la frequenza degli urti
D tutti e tre i precedenti fattori

8. A quale reazione corrisponde la seguente curva dell'energia di reazione?

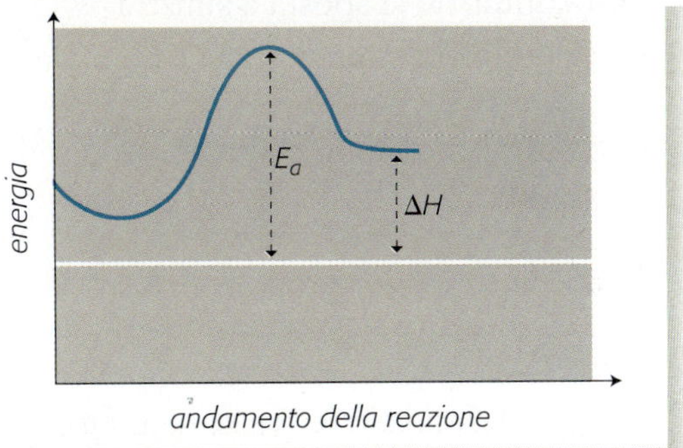

A $CH_{4(g)} + 2O_{2(g)} \rightarrow CO_{2(g)} + 2H_2O_{(g)} +$ + calore
B $H_{2(g)} + I_{2(g)} \rightarrow 2HI_{(g)}$ + calore
C $N_{2(g)} + O_{2(g)}$ + calore $\rightarrow 2NO_{(g)}$
D $2S_{(g)} + 3O_{2(g)} \rightarrow 2SO_{3(g)}$ + calore

9. Qual è lo scopo del catalizzatore?

A trasformare la reazione in una reazione esotermica
B creare un percorso alternativo con energia di attivazione più bassa
C far crescere la velocità di reazione
D le precedenti risposte sono tutte corrette

UNITÀ DIDATTICA 3

10. Vero falso?

A L'equilibrio chimico può essere raggiunto solo in un sistema chiuso in cui la pressione e la temperatura sono mantenute costanti. V F
B L'equilibrio è contraddistinto da un'uguale concentrazione di tutti i reagenti e i prodotti. V F
C All'equilibrio la velocità di reazione netta è zero e non variano più le concentrazioni. V F
D All'equilibrio sono contemporaneamente contenuti sia i reagenti sia i prodotti. V F
E All'equilibrio si annullano le velocità di reazione diretta e inversa. V F
F Per ogni reazione chimica, a una data temperatura, esiste un unico stato di equilibrio. V F

11. In una soluzione all'equilibrio $A + B \rightleftarrows C + D$ si aggiunge una certa quantità di D. Stabilisci quali saranno le alterazioni rispetto all'equilibrio iniziale.

A [A] aumenta
[B] aumenta
[C] diminuisce
[D] aumenta

B [A] aumenta
[B] aumenta
[C] aumenta
[D] aumenta

C [A] aumenta
[B] aumenta
[C] diminuisce
[D] diminuisce

D [A] diminuisce
[B] diminuisce
[C] aumenta
[D] diminuisce

12. A una miscela che ha già raggiunto l'equilibrio si aggiunge un catalizzatore adatto. Quale descrizione è adeguata alla situazione che si ottiene?

A non si avranno variazioni né a livello macroscopico né a livello microscopico poiché il sistema aveva già raggiunto l'equilibrio

VERIFICHE

B si ha un'accelerazione della reazione diretta e l'equilibrio si sbilancia più verso i prodotti

C si ha un uguale incremento delle reazioni diretta e inversa, ma la posizione dell'equilibrio resta invariata

D la reazione può giungere a completamento, fino all'esaurimento dei reagenti

13. Scrivi le espressioni per le costanti d'equilibrio delle seguenti reazioni:
$CH_{4(g)} + 4F_{2(g)} \rightleftarrows CF_{4(g)} + 4HF_{(g)}$
$NH_4HCO_{3(s)} \rightleftarrows NH_{3(g)} + H_2O_{(g)} + CO_{2(g)}$

14. A quale temperatura la reazione
$H_{2(g)} + I_{2(g)} \rightleftarrows 2HI_{(g)}$ è più completa?

A a 298 K; $K_{eq} = 794$

B a 500 K; $K_{eq} = 160$

C a 700 K; $K_{eq} = 54$

D a 763 K; $K_{eq} = 46$

15. Devi abbattere la concentrazione di fluoruro da una soluzione, utilizzando anioni che formano un precipitato con lo ione fluoruro (Mg^{2+}, Ca^{2+}, Ba^{2+}, Pb^{2+}). Quale catione puoi utilizzare, sulla base delle costanti dei prodotti di solubilità a 20 °C?

A Mg^{2+}($K_{ps} = 7{,}0 \cdot 10^{-9}$)

B Ca^{2+} ($K_{ps} = 3{,}4 \cdot 10^{-11}$)

C Ba^{2+} ($K_{ps} = 1{,}7 \cdot 10^{-6}$)

D Pb^{2+} ($K_{ps} = 3{,}3 \cdot 10^{-8}$)

16. Per la reazione di sintesi dell'ammoniaca
$N_{2(g)} + 3H_{2(g)} \rightarrow 2NH_{3(g)}$
si ha $\Delta H = -46$ kJ/mole NH_3.
Prevedi l'effetto delle seguenti azioni su una miscela all'equilibrio di azoto, idrogeno e ammoniaca a 500 K e 1 atm. Scrivi **D** se la reazione si sposta a destra, **S** se si sposta a sinistra e **I** se la posizione dell'equilibrio resta invariata.

A si riduce il volume fino ad aumentare la pressione a 100 atm

B si aumenta la temperatura a 700 K

C si aggiunge un catalizzatore

D si aggiunge alla miscela altro idrogeno

17. Quale tra le seguenti trasformazioni spontanee si verifica con diminuzione di entropia nel sistema?

A $2Na_{(s)} + H_{2(g)} \rightarrow 2NaH_{(s)}$

B $NH_4HCO_3 \rightarrow NH_{3(g)} + H_2O_{(g)} + CO_{2(g)}$

C $2H_2O_{2(l)} \rightarrow 2H_2O_{(l)} + O_{2(g)}$

D $2Au_2O_{3(s)} \rightarrow 4Au_{(s)} + 3O_{2(g)}$

18. La reazione $2Cu_{(s)} + H_{2(g)} \rightarrow 2CuH_{(s)}$ è endotermica e comporta diminuzione di entropia. Si può affermare che:

A la reazione può avvenire spontaneamente in un sistema isolato

B la reazione non può avvenire spontaneamente

C la reazione potrà avvenire fornendo calore, a temperatura più alta

D la reazione può avvenire solo aggiungendo un adatto catalizzatore

19. Una soluzione satura di cromato d'argento, Ag_2CrO_4, si dissocia secondo l'equazione:
$Ag_2CrO_{4(s)} \rightleftarrows 2Ag^+_{(aq)} + CrO_4^{2-}{}_{(aq)}$
In quale direzione si sposta l'equilibrio, se aggiungiamo Ag_2CrO_4 solido?

A l'equilibrio si sposta a destra

B l'equilibrio si sposta a sinistra

C l'equilibrio non si sposta né a destra né a sinistra

D i dati forniti sono insufficienti per poterlo stabilire

20. Quale fattore può comportare lo spostamento dell'equilibrio a destra o a sinistra di una reazione?

A la pressione per le reazioni in fase gassosa

B la temperatura

C la concentrazione

D tutti e tre i precedenti fattori

Modulo F

Glossario

Calore [*heat*]: processo di trasferimento dell'energia dovuto al contatto fra corpi a temperatura diversa, per gli urti disordinati fra gli atomi e le molecole dei corpi. Con lo stesso nome viene denominata la quantità di energia trasferita nel medesimo processo.

Calore di reazione [*heat of reaction*]: variazione del contenuto energetico conseguente a una reazione.

Calore latente di fusione [*heat of fusion*]: calore richiesto per cambiare lo stato di una sostanza da solido a liquido.

Calore specifico [*specific heat*]: calore richiesto per far crescere di 1 °C la temperatura di 1 g di una determinata sostanza.

Caloria [*calorie*]: calore necessario per riscaldare 1 g d'acqua da 14,5 a 15,5 °C.

Calorimetro [*calorimeter*]: strumento usato per misurare l'energia scambiata come calore.

Catalizzatore [*catalyst*]: sostanza che influenza la velocità di una reazione chimica senza essere consumata nel processo.

Comburente [*comburent*]: sostanza ossidante in grado di alimentare la combustione. Esempi: O_2, F_2, N_2O.

Combustione [*combustion*]: reazione che ha luogo quando una sostanza (combustibile) brucia in presenza di ossigeno o altro comburente.

Costante d'equilibrio (K_c) [*equilibrium constant*]: rapporto approssimativamente costante, all'equilibrio chimico, tra le concentrazioni dei prodotti, elevate ciascuna al rispettivo coefficiente stechiometrico, e quelle dei reagenti, anch'esse elevate ai coefficienti stechiometrici.

Energia cinetica [*kinetic energy*]: energia di un corpo legata al suo movimento ($E_c = \frac{1}{2} mv^2$).

Energia di attivazione (E_a) [*activation energy*]: energia minima richiesta per ottenere una reazione; viene rappresentata come una barriera energetica.

Energia di ionizzazione [*ionization energy*]: energia necessaria per togliere un elettrone ad un atomo, uno ione o una molecola, allo stato gassoso.

Energia interna (U) [*internal energy*]: energia totale di tutte le particelle in un sistema.

Energia libera (G) [*Gibbs free energy*] energia di un sistema che può essere trasformata in lavoro, a temperatura e pressione costanti.

Energia potenziale (E_p) [*potential energy*]: energia immagazzinata in una sostanza a causa della sua composizione chimica o in un corpo soggetto a forze.

Entalpia (H) [*enthalpy*]: misura l'energia potenziale trasformabile in energia termica e contenuta in un sistema chimico.

Entalpia di formazione standard ($H°$) [*enthalpy of formation*]: variazione di entalpia nella reazione di formazione di una mole di sostanza dagli elementi, nella loro forma più stabile a 1 atm di pressione e a 298,15 K.

Entalpia di legame [*enthalpy of bond*]: aumento di entalpia che interviene nella rottura di un legame.

Entalpia di reazione standard ($\Delta H°$) [*enthalpy of reaction*] differenza di entalpia fra i prodotti di una reazione, nel loro stato standard, e i reagenti del medesimo stato.

Entropia (S) [*entropy*]: misura quanto disordine c'è in un sistema formato da tantissime particelle.

Entropia molare [*molar entropy*]: entropia di una mole di sostanza pura a 1 atm di pressione.

Enzima [*enzyme*]: catalizzatore biologico.

Equilibrio chimico [*chemical equilibrium*]: stato di un sistema chimico caratterizzato dalla condizione di equilibrio dinamico fra la formazione dei prodotti e la formazione dei reagenti.

Equilibrio dinamico [*dynamic equilibrium*]: condizione in cui le velocità di un processo e del suo esatto opposto sono uguali.

Moto termico [*thermal motion*]: movimento disordinato e caotico degli atomi.

Primo principio della termodinamica [*thermodynamics first law*]: principio di conservazione dell'energia, secondo il quale l'energia non può essere né creata né distrutta.

Principio di Le Châtelier [*Le Châtelier's principle*]: un sistema all'equilibrio dinamico tende a opporsi a qualsiasi variazione delle condizioni d'equilibrio.

Prodotto di solubilità [*solubility product*]: prodotto delle concentrazioni ioniche molari in una soluzione satura di un sale; la costante dell'equilibrio di dissoluzione.

Reazione endotermica [*endothermic reaction*]: reazione che richiama calore all'ambiente.

Reazione esotermica [*exothermic reaction*]: reazione che rilascia calore all'ambiente.

Secondo principio della termodinamica [*thermodynamics second law*]: il calore passa spontaneamente da un corpo a temperatura più alta a uno a temperatura più bassa e non viceversa.

Spontaneo [*spontaneous*]: che procede da solo, senza dover essere guidato o forzato. Esempi: un gas che si espande, un oggetto caldo che si raffredda, il metano che brucia.

Stato standard [*standard state*]: stato in cui si presenta una sostanza pura, sotto la pressione 1 atm, a una determinata temperatura. La temperatura più comune è 25 °C.

Temperatura [*temperature*] grandezza che misura *quanto* un oggetto è caldo. È proporzionale all'energia cinetica media delle molecole ed è una grandezza intensiva.

Termodinamica[*thermodynamics*]: studio delle trasformazioni dell'energia da una forma all'altra.

Velocità di reazione [*reaction rate*]: rapidità di variazione della concentrazione dei reagenti e dei prodotti in un certo istante. Si calcola dividendo la variazione di concentrazione per il tempo intercorso.

Zero assoluto [*absolute zero*]: zero della temperatura assoluta o scala Kelvin. Lo zero assoluto (−273,15 °C) è un traguardo irraggiungibile perché gli atomi non si fermano mai.

Modulo G

Il trasferimento di protoni ed elettroni

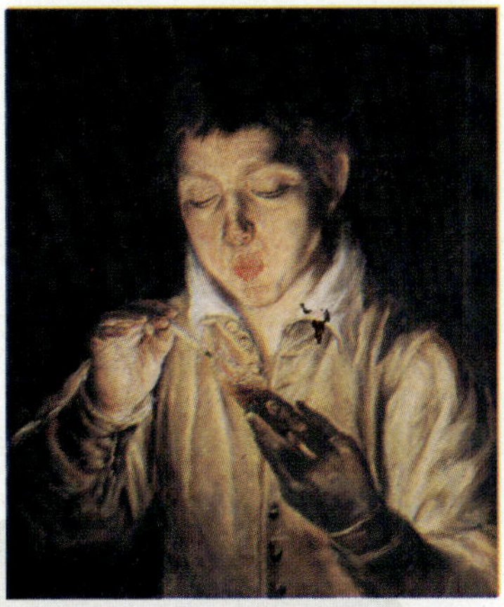

El Greco,
Giovinetto che soffia su un carbone acceso

PREREQUISITI

Per affrontare lo studio di questo modulo sono necessarie le seguenti competenze:

- Classificare le principali reazioni chimiche, identificando reagenti e prodotti.
- Effettuare calcoli stechiometrici.
- Descrivere i fattori che influenzano la velocità di una reazione.
- Spiegare le proprietà dei sistemi chimici all'equilibrio.
- Preparare e utilizzare soluzioni in base alle loro proprietà.
- Utilizzare le competenze matematiche di base.

COMPETENZE

- Spiegare le proprietà di acidi e basi.
- Identificare e bilanciare le reazioni di ossido-riduzione.
- Applicare i principi delle reazioni di ossido-riduzione alle pile e alle celle elettrolitiche.

Unità 1

COMPETENZA

Spiegare le proprietà di acidi e basi.

La competenza dell'unità didattica è costruita ponendosi i seguenti obiettivi:

- **1.** Identificare gli acidi e le basi secondo le teorie di Arrhenius, di Brönsted e di Lewis.
- **2.** Descrivere l'equilibrio acido-base in una soluzione acquosa.
- **3.** Calcolare il pH delle soluzioni acquose.
- **4.** Determinare la concentrazione di acidi e basi.
- **5.** Descrivere il comportamento dei sali e dei tamponi nelle soluzioni acquose.

Acidi e basi si scambiano protoni

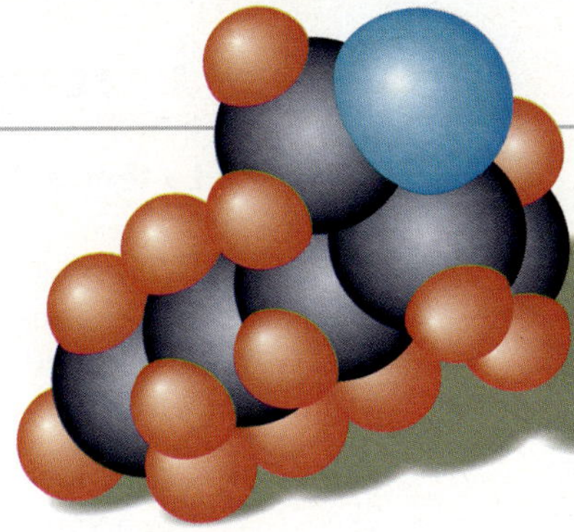

Le proprietà di acidi e basi furono descritte per la prima volta nel 1680 da Robert Boyle. Cento anni dopo (nel 1787) Antoine Laurent Lavoisier avanzò una prima ipotesi sulla composizione chimica degli acidi, considerandoli composti binari dell'ossigeno.

Nel 1811, invece, Humphry Davy dimostrò che è l'*idrogeno*, e non l'ossigeno, l'elemento sempre presente nelle molecole degli acidi.

Questa idea fu ripresa e sviluppata da Svante August Arrhenius, e nel 1887 nacque la prima teoria su **acidi** e **basi** ▸figure 1.1 e 1.2.

Nella ▸tabella 1.1 sono riportate alcune proprietà di tali composti, che possono essere facilmente verificate.

FIGURA 1.1
Il veleno delle api (sopra) è una sostanza acida, quello delle vespe (sotto) è una sostanza basica.

A B

FIGURA 1.2
A Sostanze acide di uso comune.
B Sostanze basiche di uso comune.

TABELLA 1.1 Le proprietà generali degli acidi e delle basi.

Acidi	Basi
Hanno sapore acidulo (come l'aceto o il limone).	Hanno sapore amaro (come quello del sapone).
Colorano in rosso la cartina all'indicatore universale.	Colorano in blu la cartina all'indicatore universale.
Sono elettroliti in soluzione e conducono la corrente elettrica.	Sono elettroliti in soluzione e conducono la corrente elettrica.

1. LE TEORIE SUGLI ACIDI E SULLE BASI

La teoria di Arrhenius

Il chimico svedese Svante Arrhenius (1858-1927) nel 1887 dettò la prima definizione di acido e di base, fondata sulla loro capacità di condurre la corrente elettrica in soluzione acquosa. La versione moderna della teoria di Arrhenius è la seguente:

Gli acidi sono sostanze che in acqua liberano ioni H^+; le basi sono sostanze che in acqua liberano ioni OH^-.

Secondo tale definizione il cloruro di idrogeno è un acido, in quanto in acqua si ionizza liberando uno ione H^+:

$$HCl_{(g)} \xrightarrow{H_2O_{(l)}} H^+_{(aq)} + Cl^-_{(aq)}$$

All'opposto, l'idrossido di sodio, NaOH, che in acqua libera ioni OH^-, è una base:

$$NaOH_{(s)} \xrightarrow{H_2O_{(l)}} Na^+_{(aq)} + OH^-_{(aq)}$$

Per capire e completare la teoria di Arrhenius è assai utile fare alcune precisazioni, principalmente sul comportamento dello ione H^+. Perché il protone è tanto diverso da tutti gli altri ioni? Esso è lo ione dell'idrogeno, ma è anche un nucleo atomico (**protone**). Gli ioni degli altri elementi sono grandi all'incirca come gli atomi, mentre lo ione-protone ha un raggio centomila volte inferiore all'atomo (10^{-13} contro 10^{-8} cm). La sua carica è così concentrata che esso può combinarsi istantaneamente con una molecola d'acqua formando lo ione H_3O^+, chiamato **ione idronio**. La reazione di ionizzazione di HCl, scritta in forma più simile alla realtà, è infatti questa:

$$HCl_{(g)} + H_2\ddot{O}\!:_{(l)} \rightarrow H_3O^+_{(aq)} + Cl^-_{(aq)}$$

Il simbolo *aq* tra parentesi ci suggerisce due cose: che lo ione è in soluzione acquosa e, contemporaneamente, che lo ione è circondato, a stretto contatto, da un certo numero di molecole d'acqua. Per semplicità, spesso faremo ricorso al simbolo $H^+_{(aq)}$ al posto del più corretto *ione idronio in soluzione acquosa*, $H_3O^+_{(aq)}$.

Gli acidi puri, a temperatura ambiente, possono essere *solidi* (come l'H_3PO_4 o l'acido citrico), *liquidi* (H_2SO_4, HNO_3, acido acetico) o *gassosi* (HCl, HBr, H_2S). Allo stato *puro*, siccome si tratta di composti covalenti, non sono ionizzati e non conducono l'elettricità. Se sciolti in acqua invece liberano nella soluzione ioni idrogeno e diventano conduttori ▸figura 1.3.

Le basi più comuni, secondo la teoria di Arrhenius, sono formate da un metallo e da un gruppo **idrossido**, OH^-. Molti idrossidi metallici, per esempio NaOH e KOH, sono composti ionici già allo stato solido, cioè prima di passare in soluzio-

FIGURA 1.3
A Soluzione di $H_2SO_{4(aq)}$. L'acido forte è un ottimo conduttore di corrente.
B L' H_2SO_4 puro non conduce la corrente perché è un composto covalente.

ne. In acqua essi si dissociano in un catione metallico e uno ione idrossido OH^- secondo la reazione che abbiamo già visto.

Esistono anche basi formate da molecole covalenti e senza gruppi OH. Tali basi tuttavia sciolte in acqua, fanno crescere la concentrazione degli ioni OH^- perché producono ioni idrossido. La più familiare base di questa categoria è l'ammoniaca, un tipico composto covalente:

$:NH_{3(aq)}$	+	$H_2O_{(l)}$	→	$NH_4{}^+{}_{(aq)}$	+	$OH^-{}_{(aq)}$
ammoniaca				ione ammonio		ione idrossido

La teoria di Brönsted e Lowry

La teoria di Arrhenius dominò incontrastata per più di trent'anni (e ancora oggi c'è chi definisce gli acidi e le basi secondo la sua definizione).

Ma quella teoria aveva un punto debole: la sua applicabilità era ed è limitata alle soluzioni acquose. C'era bisogno di una teoria più generale, e nel 1922 il chimico danese Johannes N. Brönsted (1879-1947) e l'inglese Thomas M. Lowry (1874-1936), indipendentemente l'uno dall'altro, proposero una nuova definizione di acido e di base:

Qualsiasi molecola o ione che può donare un protone è un acido, qualsiasi molecola o ione che può accettare un protone è una base.

Secondo Brönsted e Lowry, un acido agisce da donatore solo in presenza di una sostanza che accetti il protone, cioè una base; d'altro canto, una base accetta un protone solo se c'è chi glielo cede. Il punto fermo della teoria è che ci deve essere *sempre* una reazione di trasferimento del protone, affinché possano manifestarsi le proprietà acide e basiche delle sostanze.

Un donatore di protoni è una qualsiasi sostanza che possieda atomi di idrogeno legati covalentemente ad altri atomi più elettronegativi. Per esempio, H_2S, NH_4^+, HSO_4^- (una molecola neutra, un catione, un anione) possono tutti e tre comportarsi da acidi trasferendo un protone all'acqua. Le reazioni di trasferimento sono le seguenti:

REAZIONE 1 donatore di protoni: molecola neutra

$H_2S_{(g)}$	+	$H_2\ddot{O}:_{(l)}$	⇄	$H_3O^+{}_{(aq)}$	+	$HS^-{}_{(aq)}$
acido		base		ione idronio		

REAZIONE 2 donatore di protoni: catione

$NH_4{}^+{}_{(aq)}$	+	$H_2\ddot{O}:_{(l)}$	⇄	$H_3O^+{}_{(aq)}$	+	$:NH_{3(aq)}$
acido		base		ione idronio		

REAZIONE 3 donatore di protoni: anione

$$\underset{\text{acido}}{HSO_{4(aq)}^{-}} + \underset{\text{base}}{H_2\ddot{O}:_{(l)}} \rightleftarrows \underset{\text{ione idronio}}{H_3O^{+}_{(aq)}} + SO_4{}^{2-}{}_{(aq)}$$

Dall'altro versante, un accettore può essere qualsiasi molecola neutra o anione che abbia disponibile, per scambiarla, almeno una coppia di elettroni.

REAZIONE 4 accettore di protoni: molecola neutra

$$\underset{\text{base}}{:NH_{3(aq)}} + \underset{\text{acido}}{H-O-H_{(l)}} \rightleftarrows OH^{-}_{(aq)} + NH_4{}^{+}{}_{(aq)}$$

FIGURA 1.4 La reazione tra cloruro di idrogeno e ammoniaca. Il fumo bianco è NH_4Cl solido che si forma in vicinanza della provetta contenente HCl.

REAZIONE 5 accettore di protoni: anione

$$\underset{\text{base}}{:\ddot{\underset{..}{O}}:^{2-}{}_{(aq)}} + \underset{\text{acido}}{H-O-H_{(l)}} \rightleftarrows OH^{-}_{(aq)} + OH^{-}_{(aq)}$$

L'ultima reazione è caratteristica di tutti gli *ossidi ionici solubili* dei metalli dei gruppi I e II (come CaO, Na_2O, K_2O ecc.).

Le reazioni acido-base possono avvenire anche allo stato gassoso, come nella reazione fra cloruro di idrogeno e ammoniaca ▸figura 1.4.

$$\underset{\text{acido}}{HCl_{(g)}} + \underset{\text{base}}{:NH_{3(g)}} \rightleftarrows \underset{\substack{\text{sale}\\\text{(fumo bianco)}}}{NH_4{}^{+}Cl^{-}{}_{(s)}}$$

FIGURA 1.5 Acidi e basi coniugati.

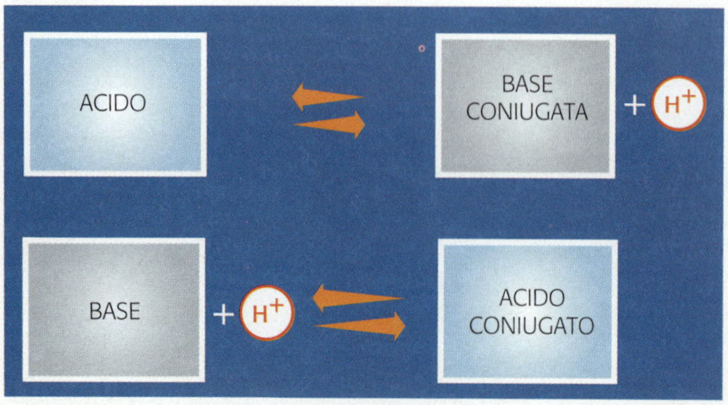

La conseguenza più importante della teoria del trasferimento di protoni è che un acido e una base reagiscono tra loro per formare un altro acido e un'altra base. Ogni acido, perdendo e donando il proprio protone, si trasforma in una base, chiamata **base coniugata**; esiste sempre un equilibrio fra l'acido e la sua base coniugata. Analogamente ogni base, accettando il protone, si converte nel corrispondente **acido coniugato** ▸figura 1.5. Anche in questo caso esisterà un equilibrio tra la base e il suo acido coniugato.

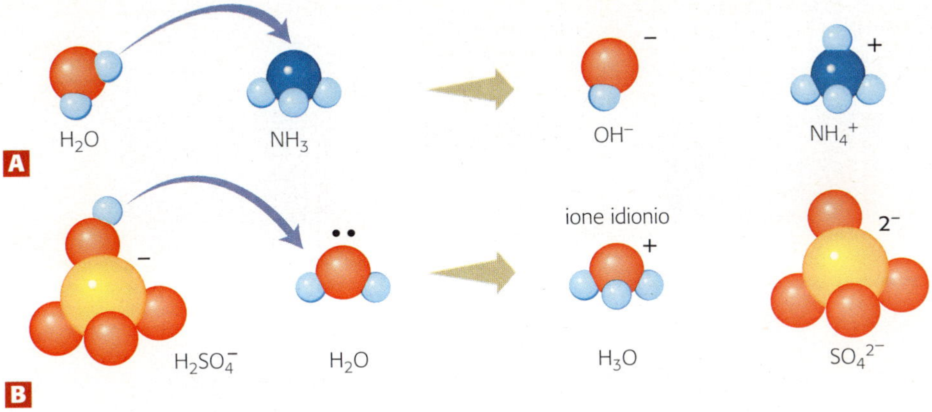

FIGURA 1.6
A L'acqua si comporta da acido quando cede un protone a NH_3 e genera gli ioni NH_4^+ e OH^-.
B L'acqua si comporta da base quando accetta un protone dallo ione idrogeno solfato e genera uno ione idronio (H_3O^+).

Vi sono poi particolari specie, per esempio l'acqua, che possono essere classificate sia come acidi sia come basi. Tali specie, che possono accettare o donare protoni, si denominano **anfotere**. Le reazioni dove compare l'acqua denotano il suo carattere anfotero ▸figura 1.6.

La teoria di Lewis

Un'ulteriore estensione dei concetti di acido e di base fu realizzata dal chimico statunitense Gilbert N. Lewis (1876-7946). Con la sua teoria, le classi degli acidi e delle basi si ampliano in maniera considerevole e ne entrano a far parte sostanze che non avremmo considerato tali né con la teoria di Arrhenius né con quella di Brönsted-Lowry. Lewis, nel 1923, dettò la seguente definizione.

Si dicono acidi le sostanze che possono accettare una coppia di elettroni, e si dicono basi le sostanze in grado di cedere una coppia di elettroni.

Le due definizioni necessitano però di una ulteriore precisazione. Le sostanze acide della definizione possono essere atomi, molecole o cationi. D'altro canto, le sostanze basiche possono essere atomi, molecole o anioni. I cationi rendono la soluzione acida, mentre gli anioni trasformano le soluzioni neutre in basiche.

REAZIONE 1 acido di Lewis

$$Zn^{2+}_{(aq)} + 2H_2O_{(l)} \rightarrow Zn(OH)_{2(aq)} + 2H^+_{(aq)}$$

REAZIONE 2 base di Lewis

$$CO_3^{2-}{}_{(aq)} + 2H_2O_{(l)} \rightarrow H_2CO_{3(aq)} + 2OH^-_{(aq)}$$

La struttura elettronica incompleta fa sì che lo ione Zn^{2+}, pur non possedendo idrogeni ionizzabili, si comporti da acido. Le molecole con struttura elettronica incompleta sono anch'esse acidi, come per esempio le seguenti sostanze:

$$AlCl_3,\ BF_3,\ FeCl_3,\ SnCl_4$$

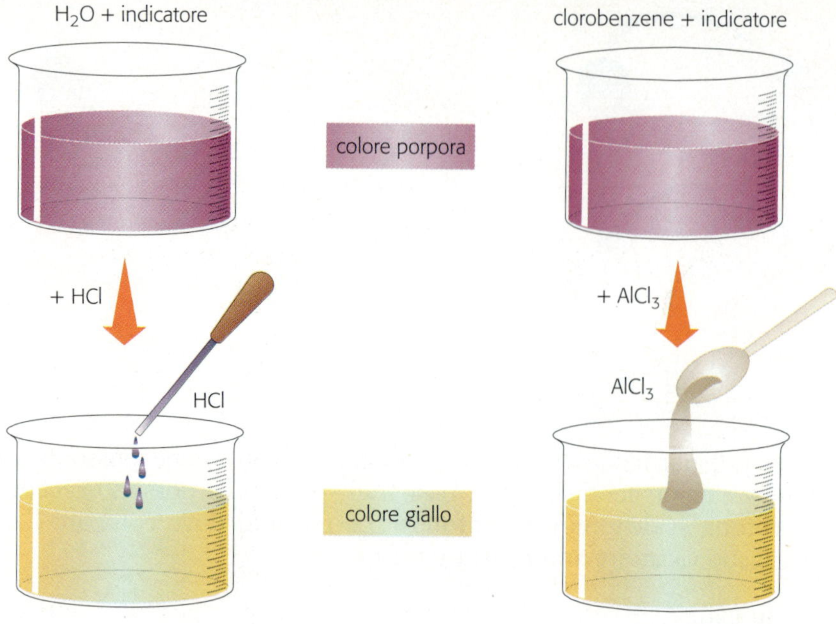

FIGURA 1.7 A un bicchiere contenente una soluzione color porpora di acqua e indicatore (cristal violetto) aggiungiamo alcune gocce di HCl concentrato (a sinistra). A un secondo bicchiere, contenente un solvente organico neutro (clorobenzene anidro) e lo stesso indicatore, si aggiungono alcuni granelli di $AlCl_3$.
Entrambe le soluzioni cambiano colore, passando dal porpora al giallo, testimoniando il passaggio da un ambiente neutro a un ambiente acido. Quindi, anche se non possiede atomi di idrogeno, l'$AlCl_3$ è un acido di Lewis, che accetta il doppietto elettronico della molecola dell'indicatore. L'assenza di acqua (si tratta infatti di un solvente organico) garantisce l'assenza di ioni H^+ in soluzione.

Una dimostrazione della vastità dei nuovi concetti di acido e di base ci è proposta dall'esperimento illustrato nella figura 1.7.

La reazione fra $AlCl_3$ e l'indicatore è la seguente (In rappresenta la molecola dell'indicatore, cristal violetto):

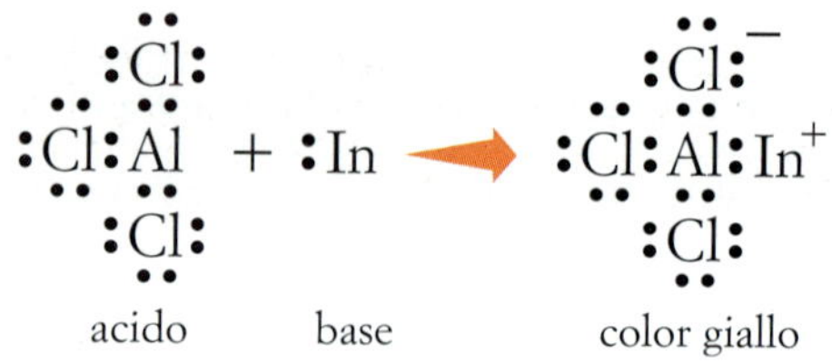

Alla molecola di $AlCl_3$ mancano 2 elettroni per completare l'ottetto esterno; questi elettroni mancanti vengono dati dall'indicatore, che si comporta da base. Fra l'indicatore e $AlCl_3$ si forma un legame covalente dativo.

Per descrivere quello che avviene durante una reazione fra una base e un acido di Lewis, i chimici organici hanno coniato i due termini *nucleofilo* ed *elettrofilo*. Se, nel corso della reazione, un reagente fornisce la coppia di elettroni (base) è chiamato **nucleofilo**; se, invece, il reagente accetta una coppia di elettroni (acido) è denominato **elettrofilo**.

2. LA IONIZZAZIONE DELL'ACQUA

L'acqua pura è un elettrolita debole e un cattivo conduttore di elettricità. Nell'acqua distillata, infatti, sono presenti pochissimi ioni liberi che derivano dalla ionizzazione delle sue molecole. La reazione di autoionizzazione dell'acqua, che produce ioni idrogeno e ioni idrossido, può essere così semplificata:

$$\underset{\text{acqua}}{H{-}O{-}H_{(l)}} \rightleftarrows \underset{\text{ione idrogeno}}{H^+_{(aq)}} + \underset{\text{ione idrossido}}{OH^-_{(aq)}}$$

Come abbiamo già visto lo ione positivo è chiamato ione idrogeno, mentre quello negativo ione idrossido. La doppia freccia indica l'esistenza di equilibrio fra le pochissime molecole ionizzate e quelle integre.

La costante di equilibrio è:

$$K_{eq} = \frac{[H^+][OH^-]}{[H_2O]}$$

A 298 K (25 °C), $K_{eq} = 1{,}8 \cdot 10^{-16}$; questo valore molto basso indica che l'equilibrio è spostato verso le molecole di acqua non ionizzata.

È stato calcolato che a 298 K la concentrazione molare dell'acqua non ionizzata è:

$$\frac{1000 \text{ g} \cdot \text{L}^{-1}}{18{,}015 \text{ g} \cdot \text{mol}^{-1}} = 55{,}4 \text{ mol} \cdot \text{L}^{-1} = 55{,}4 \text{ M}$$

Dato che l'equilibrio è molto spostato a sinistra, questo valore si può considerare costante e lo si può inglobare nel valore della K_{eq}:

$$K_{eq} \cdot [H_2O] = [H^+] \cdot [OH^-]$$

Sostituendo, ricaviamo una nuova costante K_w chiamata **prodotto ionico dell'acqua**:

$$K_w = 1{,}8 \cdot 10^{-16} \cdot 55{,}4 = [H^+] \cdot [OH^-] = 1{,}00 \cdot 10^{-14}$$

La lettera *w* rappresenta l'iniziale della parola *acqua* in inglese (*water*) e in tedesco (*wasser*).

Come si è detto, la concentrazione dei due ioni, idrogeno e idrossido, è molto bassa; in acqua pura le concentrazioni si equivalgono. A 298 K sarà quindi $[H^+] = [OH^-] = 1 \cdot 10^{-7}$ M. L'equivalenza si può verificare anche nelle soluzioni e, quindi, generalizzando:

Una soluzione in cui $[H^+] = [OH^-]$ si dice neutra.

Ora si possono fare due interessanti ipotesi. Se gli ioni H^+ sono più numerosi degli ioni OH^-, come sarà la soluzione? In questo caso *la soluzione si dice acida*. Se invece la concentrazione degli OH^- è superiore a quella degli H^+, *la soluzione si dice basica*.

È importante tenere sempre presente che, *qualunque cosa accada*, nelle soluzioni acquose a 298 K il prodotto della $[H^+]$ per $[OH^-]$ è *sempre* $1 \cdot 10^{-14}$. Se ciò è vero, *appena la concentrazione di uno dei due ioni cresce, la concentrazione dell'altro cala e viceversa*.

Le $[OH^-]$ e $[H^+]$ sono dunque in «perenne altalena» ▸figura 1.8. Attraverso il controllo di uno solo dei due ioni, di norma H^+, si può stabilire se una soluzione è acida oppure basica. In particolare, quando $[H^+]$ è maggiore di $1 \cdot 10^{-7}$, siamo in un ambiente acido, mentre se $[H^+]$ è minore di $1 \cdot 10^{-7}$, l'ambiente è basico:

$$[H^+] > [OH^-] \text{ ambiente acido}$$
$$[H^+] < [OH^-] \text{ ambiente basico}$$

L'acqua del rubinetto non è pura, da un punto di vista chimico. Infatti contiene disciolti sia sali minerali sia gas (O_2, N_2, CO_2). Nonostante ciò la $[H_2O]$ è sempre molto vicina al valore 55,4 M (sempre tra 55,3 e 55,4). Una soluzione 0,1 M di CH_3COOH ha $[H_2O] = 55{,}1$ M.

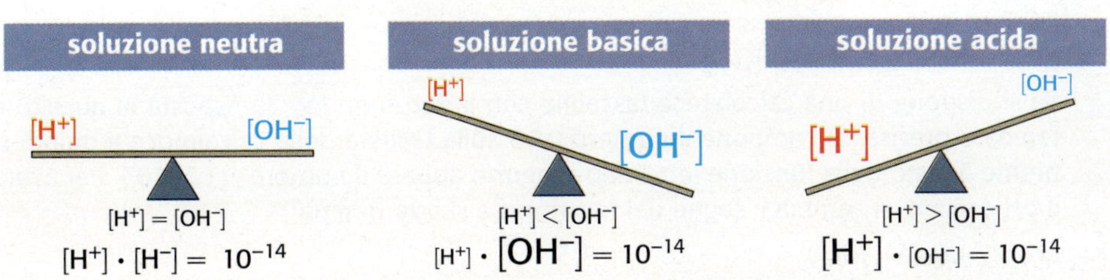

FIGURA 1.8 Solo nelle soluzioni neutre la concentrazione degli ioni H^+ è uguale a quella degli ioni OH^-. Nelle soluzioni acide prevale la $[H^+]$ e nelle soluzioni basiche la $[OH^-]$.

3. IL pH

Il concetto di pH (si legge «pi-acca») è nato per esprimere in maniera semplice la concentrazione degli ioni idrogeno presenti in soluzione, senza far ricorso ai numeri esponenziali. La lettera p posta davanti a una quantità significa che bisogna calcolare il logaritmo negativo di quella quantità. Il p significa «$-$*log*».

Pertanto:

Si definisce pH il logaritmo decimale negativo della concentrazione degli ioni H^+.

$$pH = -\log[H^+]$$

Prima di passare al calcolo vero e proprio fissiamo i punti sulla scala di pH: i numeri che esprimono la neutralità, la basicità o l'acidità delle soluzioni sono compresi fra 0 e 14. Un pH uguale a 7 rappresenta una soluzione neutra, in cui le concentrazioni di H^+ e OH^- sono fra loro uguali e pari a $1 \cdot 10^{-7}$ mol $\cdot$ L^{-1}. Vediamo perché.

Riprendiamo l'espressione della K_w e calcoliamone il logaritmo negativo:

$$K_w = [H^+] \cdot [OH^-]$$

$$-\log K_w = -\log[H^+] - \log[OH^-]$$

Introducendo la notazione p al posto di $-\log$, avremo:

$$pK_w = pH + pOH$$

A 298 K, siccome K_w è uguale a $1 \cdot 10^{-14}$, l'equazione sopra si trasforma in:

$$14 = pH + pOH$$

con la quale è possibile calcolare sia il pH sia il pOH di qualsiasi soluzione, acida o basica. Infatti, nell'equazione

$$pH = -\log[H^+] = -\log(1 \cdot 10^{-7}) = 7$$

l'acqua pura possiede proprio pH 7. Valori di pH più bassi di 7 si trovano nelle soluzioni acide; se in soluzione prevalgono gli ioni OH^- sugli ioni H^+, il pH assume valori che vanno da 7 a 14.

Supponiamo di avere una soluzione in cui la concentrazione di ioni H^+ sia $1 \cdot 10^{-4}$ M; il pH si calcola così:

$$pH = -\log[H^+] = -\log(1 \cdot 10^{-4}) = 4$$

ESEMPIO **Qual è il pH di una soluzione di HCl 0,05 M?**

Soluzione

HCl è un acido completamente ionizzato in H^+ e Cl^-: $[H^+] = 0{,}05$ M

$pH = -\log(5 \cdot 10^{-2}) = 1{,}30$

Se si dispone di una calcolatrice tascabile con la funzione *log*, la risposta al quesito è rapida e precisa. Si compone il numero 0,05 sulla tastiera della calcolatrice e quindi si preme il tasto della funzione *log*. Sullo schermo appare il numero $-1{,}30103$. Per avere il pH cercato, si cambia il segno del logaritmo e si approssima:

$pH = -\log(5 \cdot 10^{-2}) = -(-1{,}30) = 1{,}30$

ESEMPIO **Una soluzione di NaOH a 25 °C ha una concentrazione $2,7 \cdot 10^{-4}$ M. Calcola il pH della soluzione.**

Soluzione

L'idrossido di sodio è un composto ionico, completamente dissociato. Essendo una base, in questo caso si usa la concentrazione degli ioni idrossido che è:

$[OH^-] = 2,7 \cdot 10^{-4}$

Calcoliamo il pOH:

$pOH = -\log [OH] = -\log (2,7 \cdot 10^{-4}) = 3,57$

Per ottenere il pH basta sottrarre da 14 il pOH:

$pH = 14 - pOH = 10,43$

La soluzione ha pH = 10,43 ed è quindi una soluzione basica.

Gli indicatori di pH

Il controllo del pH è di massima importanza, specie nel caso di fluidi vitali come il sangue.

Il plasma sanguigno ha un pH compreso fra 7,35 e 7,45 ed è molto pericoloso sorpassare tali limiti. Il pH della saliva varia, normalmente, fra 6,5 e 7,5 e quello dello stomaco fra 1 e 3.

Anche in campo agricolo il controllo del pH del suolo è di grande utilità, se non si vogliono compromettere le colture. Nella tabella 1.2 sono elencate alcune piante col relativo intervallo ottimale di pH necessario alla loro crescita e sviluppo.

TABELLA 1.2 Il pH ottimale del suolo per diversi tipi di piante.

Pianta	pH
azalea	4,5 ÷ 5,5
rosa	6 ÷ 7
riso	5 ÷ 6
grano	5 ÷ 7,5
barbabietola	7 ÷ 8
cipolla, pomodoro, mela	3 ÷ 7

FIGURA 1.9 L'azalea è una pianta che preferisce i terreni acidi.

Prima della semina si controlla il pH del suolo ed eventualmente si interviene per correggerlo: un suolo troppo acido viene addizionato con $CaCO_3$, per innalzare il suo pH; i suoli troppo basici sono invece corretti con zolfo in polvere, che è ossidato ad acido solforico dai batteri del terreno.

Per la misura precisa del pH si usano apparecchi elettronici denominati *piaccametri* o pH-*metri*.

Esistono poi alcune sostanze organiche che hanno la singolare proprietà di assumere colori diversi a seconda del pH della soluzione. Queste sostanze, chiamate **indicatori**, vengono versate a piccole porzioni nelle soluzioni per rivelarne il pH approssimato. Ci sono indicatori per tutti i pH compresi fra 0 e 14: si tratta di sostanze acide o basiche che, ionizzandosi, assumono una colorazione diversa dalla forma non ionizzata:

$$H{:}In \rightleftarrows H^+_{(aq)} + {:}In^-_{(aq)}$$

FIGURA 1.10 Colorazioni assunte dalle cartine universali ai diversi valori di pH.

Ogni indicatore possiede almeno due diversi colori. Il punto di passaggio da un colore all'altro, in cui le due specie colorate si trovano alla medesima concentrazione, viene chiamato **punto di viraggio**. In natura gli indicatori sono molto diffusi (li contengono alcuni fiori colorati, alcuni vegetali, la frutta); altri, invece, sono stati preparati per via sintetica.

I chimici hanno approntato una miscela di più indicatori, in modo da disporre di un diverso colore per ogni pH. Tale miscela – che copre l'arco di pH da 1 ad 11 – è stata chiamata *indicatore universale* e viene venduta sia liquida sia assorbita su strisce di carta ▸figura 1.10.

Ecco la composizione dell'indicatore universale; unire a 50 mL di acqua e 50 mL di alcol:
18,5 mg di rosso metile
60 mg di blu di bromotimolo
64 mg di fenolftaleina
NaOH 0,1 M fino a ottenere un colore verde.

4. LA FORZA DEGLI ACIDI E DELLE BASI

Gli acidi e le basi, posti in soluzione acquosa, assumono comportamenti diversi, in base ai quali vengono classificati come **forti** o **deboli**. *Sono considerati forti quegli acidi e quelle basi che in acqua sono completamente dissociati.*

Secondo la terminologia di Brönsted, sono acidi forti quelli che cedono protoni *in maniera completa* all'acqua; di conseguenza, le basi forti sono quelle che acquistano *in maniera completa* protoni dall'acqua ▸figura 1.11.

FIGURA 1.11 Il colore assunto dalla cartina conferma il pH dell'acido forte (rosso) e della base forte (blu).

Dire che un composto è completamente ionizzato o dissociato significa affermare che tutte le sue molecole si sono trasformate in ioni, passando in soluzione. Per esempio, se poniamo in acqua l'acido nitrico (forte), ci saranno in soluzione solo ioni H^+ (o, più correttamente, H_3O^+) e ioni NO_3^-:

$$HNO_{3(l)} \xrightarrow{H_2O_{(l)}} H^+_{(aq)} + NO_3^-{}_{(aq)}$$

Per gli acidi e le basi forti, completamente ionizzati, si usa una sola freccia che va da sinistra a destra. Fra i tanti acidi noti, sono *pochi* quelli che possono essere considerati forti; i principali sono elencati nella ▸tabella 1.3.

Nella stessa ▸tabella 1.3 sono elencate anche le basi forti più comuni. Si tratta degli idrossidi dei gruppi I e II, tipici composti ionici e quindi ionizzati

TABELLA 1.3 Le principali acidi e basi forti.

Nome	Formula		Ioni in soluzione acquosa		
Acidi (composti covalenti)					
acido perclorico	$HClO_{4(l)}$	→	$H^+_{(aq)}$	+	$ClO_4^-{}_{(aq)}$
acido nitrico	$HNO_{3(l)}$	→	$H^+_{(aq)}$	+	$NO_3^-{}_{(aq)}$
acido solforico	$H_2SO_{4(l)}$	→	$H^+_{(aq)}$	+	$HSO_4^-{}_{(aq)}$
acido cloridrico	$HCl_{(g)}$	→	$H^+_{(aq)}$	+	$Cl^-{}_{(aq)}$
acido bromidrico	$HBr_{(g)}$	→	$H^+_{(aq)}$	+	$Br^-{}_{(aq)}$
acido iodidrico	$HI_{(g)}$	→	$H^+_{(aq)}$	+	$I^-{}_{(aq)}$
Basi (composti ionici)					
idrossido di sodio	$NaOH_{(s)}$	→	$OH^-{}_{(aq)}$	+	$Na^+{}_{(aq)}$
idrossido di litio	$LiOH_{(s)}$	→	$OH^-{}_{(aq)}$	+	$Li^+{}_{(aq)}$
idrossido di potassio	$KOH_{(s)}$	→	$OH^-{}_{(aq)}$	+	$K^+{}_{(aq)}$
idrossido di magnesio	* $Mg(OH)_{2(s)}$	→	$2OH^-{}_{(aq)}$	+	$Mg^{++}{}_{(aq)}$
idrossido di calcio	* $Ca(OH)_{2(s)}$	→	$2OH^-{}_{(aq)}$	+	$Ca^{++}{}_{(aq)}$
idrossido di bario	$Ba(OH)_{2(s)}$	→	$2OH^-{}_{(aq)}$	+	$Ba^{++}{}_{(aq)}$

* Sono poco solubili.

al 100% già allo stato solido. Alcuni idrossidi del gruppo IIA ($Mg(OH)_2$, $Ca(OH)_2$) sono poco solubili: essi dunque, benché la loro dissociazione in acqua sia completa, liberano pochi ioni OH^- in soluzione, a causa della difficoltà a sciogliersi.

Tutti gli altri acidi e basi non inclusi nella tabella 1.3 si possono considerare deboli, cioè parzialmente ionizzati in acqua. Si tratta ovviamente di una generalizzazione non priva di eccezioni.

Qual è la differenza fra acido forte e acido concentrato? L'acido forte è completamente ionizzato in acqua; un acido si dice invece concentrato quando è presente in soluzione con un numero elevato di moli. Un discorso analogo vale anche per le basi.

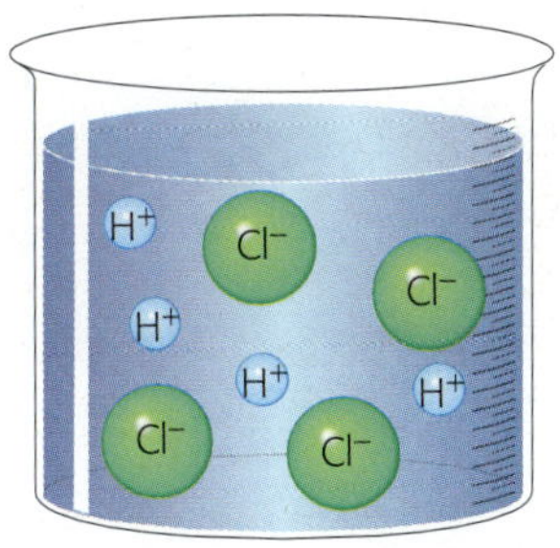

Acidi e basi deboli: la costante di ionizzazione

Gli acidi e le basi forti, come abbiamo detto, sono ionizzati al 100%. Tuttavia esistono molti altri acidi e basi che vengono chiamati *acidi e basi deboli*. Essi si ionizzano limitatamente, quando si sciolgono in acqua, tendendo a rimanere in forma indissociata figura 1.12. Per esempio l'acido acetico, CH_3COOH, contenuto nell'aceto, libera pochi ioni in soluzione:

$CH_3COOH_{(aq)}$ forma non ionizzata, prevalente all'equilibrio	⇄	$H^+{}_{(aq)} + CH_3COO^-{}_{(aq)}$ forma ionizzata

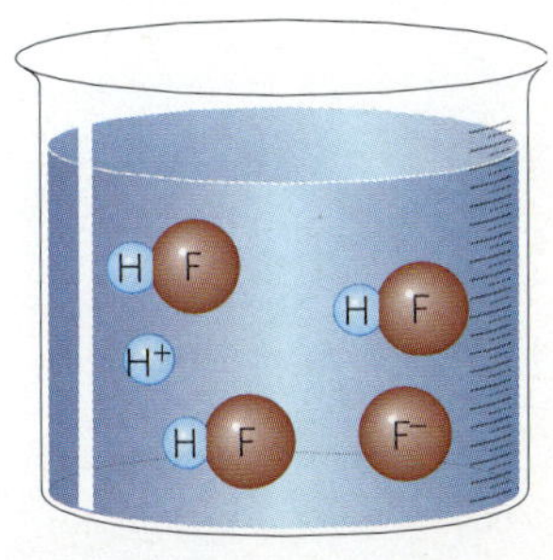

FIGURA 1.12 Sopra: 4 molecole di HCl, un acido forte e completamente ionizzato. Sotto: 4 molecole di HF, un acido debole, parzialmente ionizzato.

La doppia freccia richiama l'attenzione sulla contemporanea presenza, in soluzione acquosa, di ioni H^+ e CH_3COO^- e di molecole CH_3COOH non ionizzate. Queste ultime, in una soluzione 0,1 M, sono predominanti (98,7%); l'equilibrio quindi è spostato a sinistra, e la percentuale di ioni H^+ e CH_3COO^- è appena dell'1,3%. Il caso, come si vede, è molto diverso da quello dell'HNO_3,

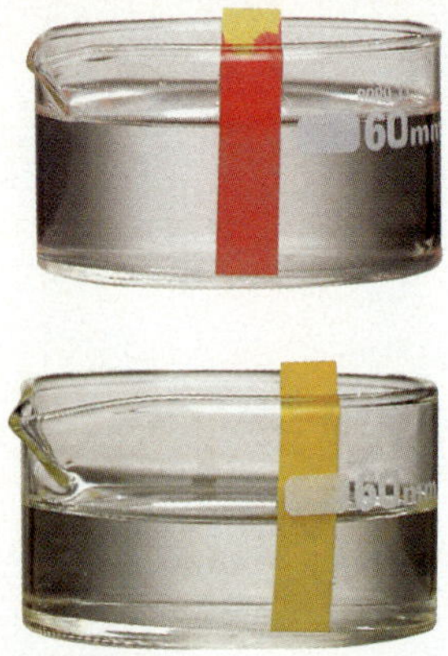

FIGURA 1.13 Sopra una soluzione di acido forte (acido nitrico) e sotto una soluzione di acido debole (acido acetico) di pari concentrazione.

completamente ionizzato. Se confrontiamo i pH di due soluzioni di pari concentrazione 1M dei due acidi ▸figura 1.13, troviamo:

soluzione	1M	CH_3COOH	pH = 2,4
soluzione	1M	HNO_3	pH = 0

La soluzione di HNO_3 è decisamente più acida della soluzione di acido acetico. Tutto ciò è una ulteriore conferma della scarsa dissociazione dell'acido acetico. Per ogni acido debole, in soluzione acquosa, è possibile scrivere una equazione di ionizzazione come quella dell'acido acetico.

L'equilibrio della reazione viene espresso dalla **costante di dissociazione** (o **di ionizzazione**), K_a:

$$K_a = \frac{[H^+]\,[CH_3COO^-]}{[CH_3COOH]} = 1{,}8 \cdot 10^{-5}$$

Dal valore di K_a si può avere un'idea di quanto può essere ionizzato l'acido in acqua. Difatti, più alta è la K_a di un acido, maggiore è la sua dissociazione (per una determinata concentrazione e a una certa temperatura).

Le costanti di ionizzazione di alcuni acidi deboli sono ricavabili dalla ▸tabella 1.4: maggiore è la K_a, più forte è l'acido.

La K_a consente anche di confrontare la forza degli acidi. Per esempio, l'acido fluoridrico, HF, che ha una K_a di $9{,}1 \cdot 10^{-4}$, è un acido debole relativamente più forte dell'acido cianidrico, che ha una K_a di $4{,}9 \cdot 10^{-10}$.
Vediamo ora un esempio che illustra l'uso della K_a per il calcolo della $[H^+]$ e quindi del pH di una soluzione acquosa di un acido.

ESEMPIO **Quali sono la $[H^+]$ e il pH di una soluzione 0,1 M di acido acetico?**

Soluzione

Come prima cosa si scrive la reazione di dissociazione dell'acido acetico:

$CH_3COOH \rightleftarrows H^+ + CH_3COO^-$

La reazione ci dice che all'equilibrio la $[H^+]$ eguaglia la $[CH_3COO^-]$. Siccome abbiamo a che fare con un acido debole relativamente concentrato, si può ritenere che solo una piccola percentuale di molecole siano ionizzate, sicché:

$[CH_3COOH] \approx 0{,}1$ M e $[CH_3COO^-] = [H^+]$

Si scrive quindi la K_a e si determina la $[H^+]$ incognita:

$$K_a = \frac{[CH_3COO^-][H^+]}{[CH_3COOH]} = 1{,}8 \cdot 10^{-5} = \frac{[H^+]^2}{0{,}1}$$

$[H^+]^2 = 1{,}8 \cdot 10^{-5} \cdot 10^{-1} = 1{,}8 \cdot 10^{-6}$; $[H^+] = \sqrt{1{,}8 \cdot 10^{-6}} = 1{,}3 \cdot 10^{-3}$ M

Ricavata la $[H^+]$ si calcola il pH: $-\log[H^+] = -\log(1{,}3 \cdot 10^{-3}) = +2{,}89$

Anche le basi deboli mostrano un'analoga resistenza a produrre ioni OH^- in soluzione acquosa. Per esempio, se confrontiamo i pH di due basi, una forte (NaOH) e una debole (NH_3), troviamo:

soluzione 1M di NH_3	pH = 11,6
soluzione 1M di NaOH	pH = 14

TABELLA 1.4 Costanti di ionizzazione K_a di alcuni acidi.

Nome	Reazione di ionizzazione	K_a a 298 K
acido perclorico	$HClO_4 \rightleftarrows H^+ + ClO_4^-$	molto grande molto grande
acido iodidrico	$HI \rightleftarrows H^+ + I^-$	
acido bromidrico	$HBr \rightleftarrows H^+ + Br^-$	
acido cloridrico	$HCl \rightleftarrows H^+ + Cl^-$	
acido solforico	$H_2SO_4 \rightleftarrows H^+ + HSO_4^-$	
acido nitrico	$HNO_3 \rightleftarrows H^+ + NO_3^-$	
ione idronio	$H_3O^+ \rightleftarrows H^+ + H_2O$	55
acido iodico	$HIO_3 \rightleftarrows H^+ + IO_3^-$	$1{,}7 \cdot 10^{-1}$
acido ossalico	$H_2C_2O_4 \rightleftarrows H^+ + HC_2O_4^-$	$5{,}9 \cdot 10^{-2}$
acido solforoso	$H_2SO_3 \rightleftarrows H^+ + HSO_3^-$	$1{,}5 \cdot 10^{-2}$ *
ione idrogeno solfato	$HSO_4^- \rightleftarrows H^+ + SO_4^{2-}$	$1{,}2 \cdot 10^{-2}$
acido fosforico	$H_3PO_4 \rightleftarrows H^+ + H_2PO_4^-$	$7{,}5 \cdot 10^{-3}$
acido D-tartarico	$H_2C_4H_4O_6 \rightleftarrows H^+ + HC_4H_4O_6^-$	$1{,}0 \cdot 10^{-3}$
acido citrico	$H_3C_6H_5O_7 \rightleftarrows H^+ + H_2C_6H_5O_7^-$	$7{,}1 \cdot 10^{-4}$ *
acido nitroso	$HNO_2 \rightleftarrows H^+ + NO_2^-$	$4{,}6 \cdot 10^{-4}$ *
acido fluoridrico	$HF \rightleftarrows H^+ + F^-$	$3{,}5 \cdot 10^{-4}$
acido L-ascorbico	$H_2C_6H_6O_6 \rightleftarrows H^+ + HC_6H_6O_6^-$	$7{,}9 \cdot 10^{-5}$ *
acido acetico	$CH_3COOH \rightleftarrows H^+ + CH_3COO^-$	$1{,}8 \cdot 10^{-5}$
acido carbonico	$CO_2 + H_2O \rightleftarrows H^+ + HCO_3^-$	$4{,}3 \cdot 10^{-7}$
ione idrogeno solfito	$HSO_3^- \rightleftarrows H^+ + SO_3^{2-}$	$1{,}0 \cdot 10^{-7}$
acido solfidrico	$H_2S \rightleftarrows H^+ + HS^-$	$9{,}1 \cdot 10^{-8}$ *
ione diidrogeno fosfato	$H_2PO_4^- \rightleftarrows H^+ + HPO_4^{2-}$	$6{,}2 \cdot 10^{-8}$
acido ipocloroso	$HClO \rightleftarrows H^+ + ClO^-$	$3{,}0 \cdot 10^{-8}$ *
acido borico	$H_3BO_3 \rightleftarrows H^+ + H_2BO_3^-$	$7{,}3 \cdot 10^{-10}$ *
acido ammonio	$NH_4^+ \rightleftarrows H^+ + NH_3$	$5{,}6 \cdot 10^{-10}$
acido cianidrico	$HCN \rightleftarrows H^+ + CN^-$	$4{,}9 \cdot 10^{-10}$
ione idrogeno carbonato	$HCO_3^- \rightleftarrows H^+ + CO_3^{2-}$	$5{,}6 \cdot 10^{-11}$
ione idrogeno solfuro	$HS^- \rightleftarrows H^+ + S^{2-}$	$1{,}1 \cdot 10^{-12}$
ione idrogeno fosfato	$H_2PO_4^{2-} \rightleftarrows H^+ + PO_4^{3-}$	$2{,}2 \cdot 10^{-13}$ *
acqua	$H_2O \rightleftarrows H^+ + OH^-$	$1{,}8 \cdot 10^{-16}$

I valori di K_a sono tratti da *Handbook of Chemistry and Physics*, 68ª edizione.
I dati contrassegnati con l'asterisco sono stati ottenuti a temperature diverse da 25 °C, ma comunque prossime a questa temperatura.

Il pH rivela la scarsa ionizzazione dell'ammoniaca in acqua. Se scriviamo l'equazione di ionizzazione possiamo anche ricavare la **costante di dissociazione** K_b della base:

$$:NH_{3(g)} + H—O—H_{(l)} \rightleftarrows NH_4{}^+{}_{(aq)} + OH^-{}_{(aq)}$$

forma molecolare — forma ionizzata

$$K_b = \frac{[NH_4^+]\,[OH^-]}{[NH_3]} = 1{,}8 \cdot 10^{-5}$$

La concentrazione di H_2O non è inserita nella espressione della K_b perché l'acqua è normalmente presente in largo eccesso, cosicché la sua concentrazione è in pratica costante, almeno per soluzioni diluite.

Nel caso in cui si voglia conoscere la $[H^+]$ di una soluzione di una base si calcola prima la $[OH^-]$ e quindi, inserendo tale concentrazione nella K_w, si ottiene la concentrazione degli idrogenioni. Ma vediamo con un esempio come si effettuano i vari passaggi di calcolo.

ESEMPIO **Qual è la $[H^+]$ di una soluzione 0,1 M di ammoniaca? Calcola anche il pH della stessa soluzione.**

Soluzione

Si scrive la reazione di ionizzazione dell'ammoniaca:

$$NH_3 + H_2O \rightleftarrows NH_4^+ + OH^-$$

L'equazione ci fa notare che, per 1 mol di NH_3 che si ionizza, si ottengono 1 mol di $NH_4{}^+$ e 1 mol di OH^-. Siccome la base è debole, si ritiene che soltanto una modesta percentuale sia ionizzata:

$$[NH_3] \approx 0{,}1\ M, \quad e \quad [NH_4^+] = [OH^-]$$

Dalla K_b si ricava la $[OH^-]$ incognita:

$$K_b = \frac{[NH_4^+] \cdot [OH^-]}{[NH_3]} = \frac{[OH^-]^2}{0{,}1} = 1{,}8 \cdot 10^{-5}$$

Da cui:

$$[OH^-]^2 = 1{,}8 \cdot 10^{-5} \cdot 10^{-1} = 1{,}8 \cdot 10^{-6}$$
$$[OH^-] = \sqrt{1{,}8 \cdot 10^{-6}} = 1{,}3 \cdot 10^{-3}\ M$$

Perciò la $[H^+]$ sarà:

$$[H^+] = K_w / [OH^-] = 10^{-14} / 1{,}3 \cdot 10^{-3} = 7{,}7 \cdot 10^{-12}$$
$$pH = -\log[H^+] = -\log(7{,}7 \cdot 10^{-12}) = 11{,}11$$

Si arriva all'identico risultato passando per il pOH e introducendolo nella seguente equazione:

$$pH + pOH = 14$$
$$pOH = -\log[OH^-] = -\log(1{,}3 \cdot 10^{-3}) = +2{,}89$$
$$pH = 14 - pOH = 14 - 2{,}89 = 11{,}11$$

5. LA NEUTRALIZZAZIONE: UNA REAZIONE FRA ACIDI E BASI

L'aggiunta di un acido a una base comporta una reazione con abbondante produzione di calore.

In questa reazione, chiamata **reazione di neutralizzazione**, gli ioni H^+ dell'acido sono catturati dagli ioni OH^- della base e dalla loro unione si origina una molecola d'acqua. Per esempio, versando HNO_3 in una soluzione di NaOH, la reazione sarà:

NITRATO DI SODIO IN SOLUZIONE

$$HNO_{3(aq)} + NaOH_{(aq)} \rightarrow H_2O_{(l)} + Na^+_{(aq)} + NO_3^-{}_{(aq)} + \text{calore}$$

La reazione fra un acido e una base è chiamata reazione di neutralizzazione.

La reazione ha per protagonisti gli ioni H^+ e OH^-, mentre Na^+ e NO_3^- assistono immutati alla reazione. Questi due ioni sono denominati *ioni spettatori.*

Dalla reazione di un acido con una base si ottiene sempre un **sale** e spesso acqua. Ci sono almeno quattro tipi di reazioni di neutralizzazione:

1. acido forte con base forte
2. acido debole con base forte
3. acido forte con base debole
4. acido debole con base debole.

La reazione 4 ha scarso valore applicativo; la neutralizzazione acido forte-base forte è invece usata molto frequentemente e a essa faremo riferimento in seguito.

La reazione fra pari quantità di acido e di base forti ha come duplice risultato la produzione di acqua e la scomparsa delle proprietà acide e basiche delle soluzioni di partenza.

Tralasciando gli ioni spettatori, una reazione di neutralizzazione può essere scritta solo con i due ioni, H^+ e OH^-, che vi prendono effettivamente parte:

PROVA TU **Completa e bilancia le seguenti reazioni di neutralizzazione:**

A $Ba(OH)_2 + HCl \rightarrow$

B $KOH + H_3PO_4 \rightarrow$

C $Ca(OH)_2 + HClO_4 \rightarrow$

$$H^+_{(aq)} + OH^-_{(aq)} \rightarrow H_2O_{(l)} + \text{calore (55,6 kJ per mole di } H_2O \text{ formata)}$$

Terminata la reazione di neutralizzazione, rimane solo l'acqua, una sostanza neutra.

Per apprezzare il punto esatto in cui tutti gli ioni H^+ sono neutralizzati dagli ioni OH^- c'è bisogno di un appropriato indicatore che, cambiando colore, ci avverta della raggiunta neutralità ▸figura 1.14.

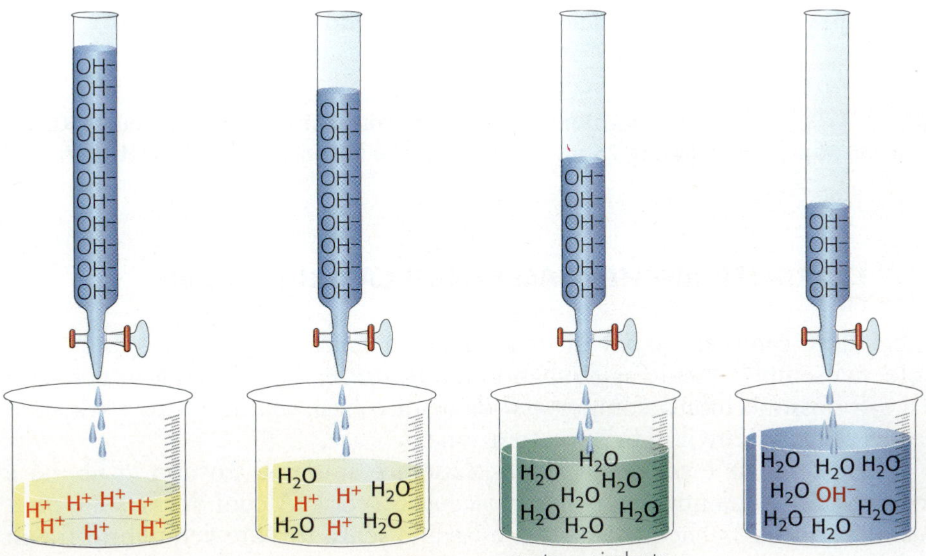

FIGURA 1.14 Schema di un particolare tipo di reazione di neutralizzazione, la titolazione acido-base. Sono evidenziati i principali ioni presenti in ogni fase. Al punto equivalente si hanno contemporaneamente il viraggio dell'indicatore (BTB) e l'uguaglianza del numero di equivalenti della base con quelli dell'acido.

Volendo, si può utilizzare la reazione di neutralizzazione per determinare la quantità precisa di acido o di base in una soluzione incognita. Questa procedura quantitativa è chiamata **titolazione**.

Per ottenere la neutralità, gli *equivalenti* (cioè il prodotto $n_{H^+} \cdot M_{H^+} \cdot V_{H^+}$) di acido dovranno uguagliare gli *equivalenti* di base. I calcoli si effettuano sulla base della seguente equazione:

EQUIVALENTI DI ACIDO		EQUIVALENTI DI BASE
$n_{H^+} \cdot M_{H^+} \cdot V_{H^+}$	=	$n_{OH^-} \cdot M_{OH^-} \cdot V_{OH^-}$

in cui:

n_{H^+}	=	numero di ioni H^+ per molecola di acido
M_{H^+}	=	molarità dell'acido espressa in mol · dm^{-3} o M
V_{H^+}	=	volume dell'acido in L o dm^3
n_{OH^-}	=	numero di ioni OH^- per molecola o formula di base
M_{OH^-}	=	molarità della base espressa in mol · dm^{-3} o M
V_{OH^-}	=	volume della base in L o dm^3

L'equazione conserva la sua validità anche nel caso di acidi o basi deboli. Un esempio chiarirà come si esegue il calcolo delle grandezze incognite.

ESEMPIO **Per neutralizzare 300 mL di KOH 0,1 M, quanti mL di H_2SO_4 0,1 M sono necessari?**

Soluzione

Dalla formula H_2SO_4 dell'acido solforico si capisce che $n_{H^+} = 2$, perché due sono gli ioni idrogeno che l'acido può cedere; invece $n_{OH^-} = 1$, in quanto KOH ha disponibile un solo OH^-. Introducendo i dati del problema nell'equazione appena scritta, si ottengono il risultato e la risposta al quesito. I due volumi vanno espressi in litri (L).

$$\underbrace{2 \cdot 0{,}1 \cdot V_a}_{\text{equivalenti di acido}} = \underbrace{1 \cdot 0{,}1 \cdot 0{,}3}_{\text{equivalenti di base}}$$

$$V_a = \frac{1 \cdot 0{,}1 \cdot 0{,}3}{2 \cdot 0{,}1} = \frac{0{,}03}{0{,}2} = 0{,}15 \text{ L} = 150 \text{ mL}$$

PROVA TU **Per neutralizzare 50 mL di H_3PO_4 0,02 M si usa KOH 0,05 M in presenza di un opportuno indicatore. Quanti millilitri di base occorrono?**

PROVA TU **Durante una reazione di neutralizzazione si sono usati 30 mL di KOH 0,035 M per neutralizzare 25 mL di HNO_3. Qual è la concentrazione di HNO_3?**

6. L'IDROLISI: ANCHE I SALI FANNO CAMBIARE IL pH

È possibile cambiare il pH di una soluzione senza usare acidi oppure basi note, ma semplicemente aggiungendo un *opportuno sale*. Molti ioni derivanti dai sali possono infatti comportarsi da acidi o basi; ma non tutti i sali sono capaci di far variare il pH di una soluzione.

Quando il sale è sciolto in acqua, cationi e anioni si trovano in libertà e sono circondati da numerosissime molecole d'acqua. Alcuni di essi sono *incapaci* di reagire con l'acqua presente e vagano senza turbare l'equilibrio fra gli

TABELLA 1.5 Anioni e cationi spettatori o neutri.

Anioni	Cationi
Cl^-, Br^-, I^-, NO_3^-, ClO_4^-, SO_4^{2-}	Na^+, K^+, Li^+, Ca^{2+}, Mg^{2+}, Ba^{2+}

ioni H^+ e OH^- della soluzione; essi si comportano cioè da ioni spettatori. È stato sperimentato che tutti gli anioni e i cationi della tabella 1.5, provenienti da acidi e basi forti, **non reagiscono** con H_2O.

Gli ioni Cl^-, Na^+, K^+ e Ca^{2+} giocano un ruolo di primo piano nel metabolismo del corpo umano. Pensate a quali inconvenienti potremmo andare incontro se essi reagissero con l'acqua delle cellule! Altri cationi e anioni, invece, reagiscono con l'acqua e cambiano il pH della soluzione. Pertanto:

Tutti gli anioni e i cationi provenienti da acidi e basi deboli, reagiscono con H_2O comportandosi, rispettivamente, da basi e da acidi.

La reazione fra sale e acqua è chiamata **idrolisi**. Passiamo agli esempi: figura 1.15.

Le tre soluzioni contengono sali diversi: KCl, KCN, NH_4Cl. È stata anche aggiunta qualche goccia di indicatore (BTB) a ciascuna soluzione per vedere se e come varia il pH.

La spiegazione dei fatti osservati ci viene dalle teorie di Brönsted e di Lewis. Gli ioni K^+ e Cl^- sono neutri perché provengono da una base forte e da un acido forte e non hanno nessuna tendenza a reagire con H_2O.

Lo ione CN^-, invece, è la base coniugata di HCN, un acido debole. Per questo motivo avviene una reazione acido-base in cui l'acqua si comporta da acido, donando un protone alla base CN^-:

FIGURA 1.15 La soluzione rossa è acida, perché contiene un sale (NH_4Cl) che in acqua libera un anione neutro e un catione acido.
La soluzione gialla è neutra: contiene infatti KCl, un sale che in acqua dà un catione neutro e un anione neutro.
La soluzione blu è basica: il sale KCN, infatti, libera per idrolisi un catione neutro e un anione basico.

$$CN^- + H_2O \rightleftarrows H{-}CN + OH^-$$

BASE 1 → H_2O; BASE 2 → $H{-}CN$

Pertanto, se il sale contiene un anione che è la base coniugata di un acido debole (per esempio NO_2^-, CH_3COO^-, CO_3^{2-}, SO_3^{2-}), esso forma **soluzioni basiche**. Se il sale, invece, è formato da un catione che è l'acido coniugato di una base debole (per esempio Zn^{2+}, Al^{3+}, Cu^{2+}, Ag^+ ecc.), produce **soluzioni acide**.

Come spiegare il comportamento acido di cationi che, come Zn^{2+} o Fe^{3+}, non contengono affatto ioni H^+? Mentre gli anioni agiscono sottraendo ioni H^+ all'acqua, i cationi dei metalli possono invece legarsi agli OH^- dell'acqua.

Rimane un eccesso di ioni H^+ che rende acide le soluzioni dei cationi metallici:

$$Fe^{3+} + H{-}CN \rightleftarrows FeOH^{2+} + H^+$$

La capacità degli ioni metallici di ionizzare la molecola dell'acqua aumenta con la carica elettrica dello ione. Uno ione a carica elevata e piccole dimensioni (come Al^{3+}) produce soluzioni la cui acidità compete con quella dell'acido cloridrico (pH 1-2).

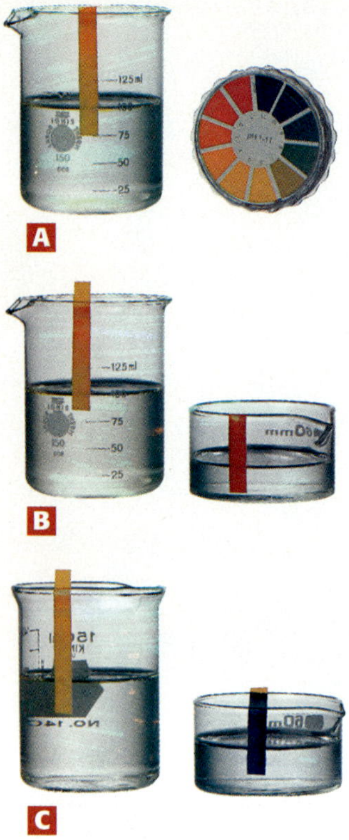

FIGURA 1.16
A Il becher contiene una soluzione tampone a pH noto.
B Per piccole aggiunte di acido forte (becher piccolo) il pH del tampone non cambia.
C In seguito a piccole aggiunte di base forte (becher piccolo) il pH del tampone non cambia.

7. LE SOLUZIONI TAMPONE

È sufficiente far cadere una goccia di acido solforico in un litro d'acqua per far calare bruscamente il pH, da 7 a meno di 3. Persino lo scarso diossido di carbonio presente nell'aria, sciogliendosi nell'acqua distillata, forma acido carbonico ($H_2O + CO_2 \rightarrow H_2CO_3$) e fa abbassare il suo pH a circa 6. Questa proprietà dell'acqua di cambiare repentinamente il suo pH, anche per modestissime aggiunte di acidi e di basi ▸tabella 1.6 può creare grossi problemi pratici.

Che cosa si può fare allora per frenare le rapide variazioni del pH dell'acqua? Si preparano apposite soluzioni chiamate **soluzioni tampone**, o semplicemente **tamponi**, che resistono al cambiamento di pH per moderate addizioni di acido o di base ▸figura 1.16.

Le soluzioni tampone contengono *un acido e la sua base coniugata* (Brönsted), in concentrazioni pressoché uguali. La coppia coniugata della soluzione tampone è formata, in genere, da un acido debole e dalla sua base coniugata forte (per esempio $CH_3COOH/CH_3COO^-Na^+$) oppure da una base debole e dal suo acido coniugato forte (per esempio $NH_3/NH_4^+Cl^-$). I due partner della coppia coniugata devono essere presenti, in soluzione, in concentrazioni circa uguali.

TABELLA 1.6 Come cambia il pH di un litro acqua con l'aggiunta di acidi e basi.

acido: HCl	$[H^+]$	pH	base: NaOH	$[H^+]$	pH
0 M	$1 \cdot 10^{-7}$	7	0 M	$1 \cdot 10^{-7}$	7
0,0001 M	$1 \cdot 10^{-4}$	4	0,0001 M	$1 \cdot 10^{-10}$	10
0,0010 M	$1 \cdot 10^{-3}$	3	0,0010 M	$1 \cdot 10^{-11}$	11
0,0100 M	$1 \cdot 10^{-2}$	2	0,0100 M	$1 \cdot 10^{-12}$	12
0,1000 M	$1 \cdot 10^{-1}$	1	0,1000 M	$1 \cdot 10^{-13}$	13

L'esempio più conosciuto di tampone è la soluzione formata da acido acetico e acetato di sodio di pari concentrazione. Per vedere come funziona il tampone in esame consideriamo l'equilibrio:

$$\underset{\text{acido acetico}}{CH_3COOH_{(aq)}} \rightleftarrows \underset{\text{ione acetato}}{CH_3COO^-_{(aq)}} + H^+_{(aq)}$$

L'equilibrio può essere spostato sia a destra sia a sinistra se si introducono nella soluzione altri acidi, altre basi, o diluendo la soluzione medesima. Aggiungendo H^+ l'equilibrio si sposterà a *sinistra*, mentre addizionando OH^-, gli H^+ liberi saranno neutralizzati e l'equilibrio si sbilancerà *a destra*, producendo ioni CH_3COO^- (tutto ciò nel pieno rispetto del principio di Le Châtelier).

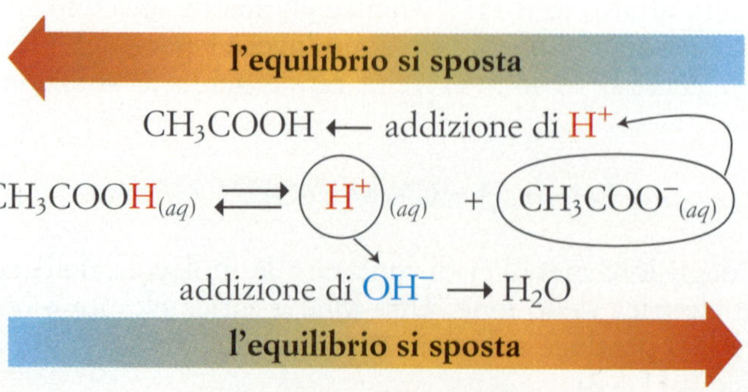

ESEMPIO **Una soluzione contiene 0,250 mol · L^{-1} di CH_3COOH e 0,250 mol · L^{-1} di $CH_3COO^-Na^+$. Qual è il pH della soluzione? In un litro di tale soluzione versiamo 0,1 mol di HCl. Come varierà il pH della soluzione?**

Soluzione

1. Come abbiamo già visto, la costante d'equilibrio per l'acido acetico è:

$$K_a = 1{,}8 \cdot 10^{-5} = \frac{[CH_3COO^-][H^+]}{[CH_3COOH]}$$

La concentrazione all'equilibrio di un acido debole, come nel caso in esame, è virtualmente uguale a quella iniziale dell'acido. Anche per il sale vale la stessa considerazione. Pertanto:

$[CH_3COOH] = 0{,}250 \text{ mol} \cdot L^{-1}$ e $[CH_3COO^-] = 0{,}250 \text{ mol} \cdot L^{-1}$,
e la [1] si trasforma in:

$$K_a = 1{,}8 \cdot 10^{-5} = \frac{[\text{sale}]\,[H^+]}{[\text{acido}]} = \frac{0{,}250 \cdot [H^+]}{0{,}250} = [H^+] = 1{,}8 \cdot 10^{-5}$$

Passando al calcolo del pH: $[H^+] = 1{,}8 \cdot 10^{-5}$; $pH = -\log(1{,}8 \cdot 10^{-5}) = 4{,}74$

2. Per vedere come resiste il tampone alle aggiunte esterne di acidi, versiamo lo stesso quantitativo di acido cloridrico in 1 L della soluzione tampone descritta sopra e in un litro d'acqua distillata ▸tabella 1.7.
Per il tampone, addizionato di 0,1 mol di HCl, avrà luogo la reazione seguente:

$$CH_3COO^-_{(aq)} + H^+_{(aq)} \rightarrow CH_3COOH_{(aq)}$$

L'aggiunta di HCl farà crescere la concentrazione dell'acido acetico di 0,1 mol · L^{-1} e abbasserà la concentrazione dello ione acetato della stessa quantità, cioè 0,1 mol · L^{-1}. La situazione alla fine sarà la seguente:

$$K_a = \frac{[H^+]\,[\text{acetato}]}{[\text{acido acetico}]} = \frac{[H^+]\,[0{,}250 - 0{,}100]}{[0{,}250 + 0{,}100]} = \frac{[H^+] \cdot 0{,}150}{0{,}350}$$

$$[H^+] = 1{,}8 \cdot 10^{-5} \cdot \frac{0{,}350}{0{,}150} = 4{,}2 \cdot 10^{-5};\ pH = -\log(4{,}2 \cdot 10^{-5}) = -[0{,}62 - 5] = 4{,}38$$

Così il pH varia dall'originale 4,74 a 4,38. La variazione è davvero minima, se paragonata al salto di pH di 1 L d'acqua, a cui sia stato aggiunto lo stesso quantitativo di HCl.

$$\underset{1\ L}{H_2O_{(l)}}\ (pH = 7) + \underset{0{,}1\ mol}{HCl_{(aq)}} \rightarrow \underset{0{,}1\ mol}{H^+_{(aq)}} + \underset{0{,}1\ mol}{Cl^-_{(aq)}}\ (pH = 1)$$

In quest'ultimo caso, il pH precipita da 7 a 1. La frenata operata dal tampone è davvero efficace!

TABELLA 1.7 Come varia il pH di un tampone.

Moli di acido o di base aggiunte a 1 L di tampone		$[H^+]$	pH
HCl			
0	0,250/0,250	$1{,}80 \cdot 10^{-5}$	4,74
0,001	0,251/0,249	$1{,}81 \cdot 10^{-5}$	4,74
0,010	0,260/0,240	$1{,}95 \cdot 10^{-5}$	4,71
0,100	0,350/0,150	$4{,}20 \cdot 10^{-5}$	4,38
NaOH			
0	0,250/0,250	$1{,}80 \cdot 10^{-5}$	4,74
0,001	0,249/0,251	$1{,}79 \cdot 10^{-5}$	4,75
0,010	0,240/0,260	$1{,}66 \cdot 10^{-5}$	4,78
0,100	0,150/0,350	$7{,}71 \cdot 10^{-5}$	5,11

VERIFICHE

1. LE TEORIE SUGLI ACIDI E SULLE BASI

1. Definisci gli acidi e le basi secondo la teoria di Arrhenius.

2. Spiega perché lo ione H^+ non resta come protone libero nelle soluzioni acquose.

3. Definisci gli acidi e le basi secondo la teoria di Brönsted-Lowry.

4. Le seguenti sostanze danno soluzioni basiche. Quali sono basi secondo Arrhenius e quali lo sono secondo la definizione di Brönsted?
   A $NaOH$
   B SH^-
   C NH_3
   D OH^-
   E $NaHCO_3$
   F $Ba(OH)_2$

5. Le soluzioni acquose di ammoniaca sono basiche perché:
   A l'ammoniaca è una base di Arrhenius
   B l'ammoniaca è un idrossido
   C l'ammoniaca è una base di Brönsted
   D l'ammoniaca contiene ioni OH^-

6. Scrivi la reazione di scambio protonico fra acido fluoridrico e acqua.

7. Scrivi la reazione di scambio protonico fra idrossido di potassio e cloruro di ammonio.

8. Scrivi la reazione di scambio protonico fra ossido di calcio e acqua.

9. L'ammoniaca NH_3 è:
   A una base di Brönsted
   B un acido di Brönsted
   C un acido di Arrhenius
   D è un composto neutro

10. Nella seguente reazione, quali sono le due basi di Brönsted ?
    $NH_{3(g)} + H_2O_{(l)} \rightarrow NH_4{}^+{}_{(aq)} + OH^-{}_{(aq)}$
    A $NH_4{}^+$ e H_2O
    B NH_3 e H_2O
    C H_2O e OH^-
    D NH_3 e OH^-

11. Secondo la teoria di Brönsted un acido è:
    A un accettore di protoni
    B un donatore di protoni
    C un accettore di elettroni
    D un donatore di elettroni

12. Secondo la teoria di Lewis un acido è:
    A un accettore di protoni
    B un donatore di protoni
    C un accettore di elettroni
    D un donatore di elettroni

13. Secondo la teoria di Brönsted una base è:
    A un accettore di protoni
    B un donatore di protoni
    C un accettore di elettroni
    D un donatore di elettroni

14. Qual è la base coniugata di H_3PO_4?
    A $PO_4{}^{3-}$
    B $H_2PO_4{}^-$
    C OH^-
    D $HPO_4{}^{2-}$

15. Nella reazione:
    $HSO_4{}^- + H_2O \rightarrow H_3O^+ + SO_4{}^{2-}$ lo ione $HSO_4{}^-$ è:
    A un accettore di protoni
    B anfotero
    C una base
    D un donatore di protoni

16. Nella reazione $HCl + H_2O \rightarrow H_3O^+ + Cl^-$, qual è la coppia acido – base coniugata ?
    A HCl e H_3O^+
    B HCl e H_2O
    C HCl e Cl^-
    D H_2O e Cl^-

17. Nella reazione $HCl + H_2O \rightarrow H_3O^+ + Cl^-$, quali sono i due acidi ?
    A HCl e H_3O^+
    B HCl e H_2O
    C HCl e Cl^-
    D H_2O e Cl^-

18. Nella reazione $HCl + H_2O \rightarrow H_3O^+ + Cl^-$, quali sono le due basi ?

- A HCl e H_3O^+
- B HCl e H_2O
- C HCl e Cl^-
- D H_2O e Cl^-

19. Nella reazione $NH_2^- + H_2O \rightarrow NH_3 + OH^-$, la coppia coniugata acido-base è:

- A H_2O e OH^-
- B NH_2^- e OH^-
- C NH_3 e OH^-
- D H_2O e NH_3

20. Nella reazione $NH_2^- + H_2O \rightarrow NH_3 + OH^-$, le due basi sono:

- A H_2O e OH^-
- B NH_2^- e OH^-
- C NH_3 e OH^-
- D H_2O e NH_3

2. LA IONIZZAZIONE DELL'ACQUA

21. Quale fra le seguenti soluzioni acquose a 298 K contiene valori impossibili di concentrazione di H^+ e OH^-?

	$[H^+]$	$[OH^-]$
A	0,1 M	10^{-12} M
B	0,000001 M	0,00000001
C	0,004 M	$2,5 \cdot 10^{-12}$
D	$5 \cdot 10^{-15}$ M	2 M
E	$2 \cdot 10^{-9}$ M	$5 \cdot 10^{-6}$ M
F	10^{-14} M	0
G	10^{-3} M	10^{-11} M

22. Stabilisci il carattere acido, basico o neutro delle seguenti soluzioni:

	$[H^+]$	$[OH^-]$
A	10^{-8}	10^{-6}
B	10	10^{-15}
C	$9 \cdot 10^{-5}$	$1,11 \cdot 10^{-10}$
D	10^{-7}	10^{-7}
E	$1,5 \cdot 10^{-7}$	$6,67 \cdot 10^{-8}$

23. In una soluzione acquosa basica:

- A la $[H^+]$ è uguale a zero
- B la $[H^+]$ è uguale a $[OH^-]$
- C la $[H^+]$ è minore della $[OH^-]$
- D la $[H^+]$ è maggiore della $[OH^-]$

24. Qual è la concentrazione di H^+ nell'acqua pura a 25 °C ?

- A $1 \cdot 10^{-14}$ mol/L
- B $1 \cdot 10^{-7}$ mol/L
- C $1 \cdot 10^{7}$ mol/L
- D $1 \cdot 10^{14}$ mol/L

3. IL pH

25. Stabilisci il pH delle seguenti soluzioni:

- A $[H^+] = 0,001$ M
- B $[H^+] = 10^{-9}$ M
- C $[H^+] = 10^{-3}$ M
- D $[H^+] = 1$ M
- E $[H^+] = 10^{-1}$ M
- F $[H^+] = 10$ M
- G $[H^+] = 10^{-13}$ M
- H $[H^+] = 10^{-5,6}$ M
- I $[H^+] = 10^{-8,4}$ M

26. Qual è la concentrazione in mol/L di ioni idrogeno in una soluzione 0,01 M di HCl?

- A 2
- B $2 \cdot 10^{-1}$
- C $1 \cdot 10^{-2}$
- D $2 \cdot 10^{-2}$

27. Il pH di una soluzione acquosa 0,01 M di HNO_3 è uguale a:

- A 1
- B 2
- C 3
- D 11

28. Il pH di una soluzione di idrossido di potassio 0,001 M è:

- A 0,01
- B 2
- C 10
- D 11

29. Un indicatore H:In ha colore blu nella forma ionizzata ed è incolore nella forma non ionizzata. Stabilisci il colore di una soluzione nettamente acida dell'indicatore.

VERIFICHE

30. Qual è il pH a cui la concentrazione di OH^- è più bassa ?

A 1
B 7
C 11
D 14

31. Qual è il pH a cui la concentrazione dello ione H^+ è minore della concentrazione dello ione OH^-?

A 10
B 7
C 4
D 3

32. IL valore di K_w aumenta se cresce:

A la concentrazione degli ioni H^+
B la concentrazione degli ioni OH^-
C la pressione
D la temperatura

33. La $[H^+]$ è di $1 \cdot 10^{-4}$ mol/L. La soluzione è:

A basica e il pH è uguale a 10
B acida e il pH è uguale a 4
C acida e il pH è uguale a 10
D basica e il pH è uguale a 4

34. La $[OH^-]$ è maggiore della $[H^+]$ in una soluzione di:

A HCl
B HNO_3
C $Ba(OH)_2$
D NaCl

35. Qual è il pH in una soluzione in cui la $[OH^-]$ è $1 \cdot 10^{-3}$ mol/L?

A 8
B 3
C 10
D 11

36. Calcola il pH delle seguenti soluzioni:

A $[H^+] = 0{,}00001$ M
B $[OH^-] = 1 \cdot 10^{-11}$ M
C $[OH^-] = 0{,}00001$ M
D $[OH^-] = 2 \cdot 10^{-2}$ M

37. Calcola il pH delle seguenti soluzioni acquose:

A HCl 0,1 M
B NaOH 0,1 M
C H_2SO_4 0,005 M
D HNO_3 0,001 M
E $Ba(OH)_2$ 0,001 M

38. Calcola le concentrazioni $[H^+]$ e $[OH^-]$ delle seguenti soluzioni acquose:

A pH = 6
B pOH = 6
C pH = 13
D pH = 3
E pH = −1
F pOH = 1
G pH = 8

4. LA FORZA DEGLI ACIDI E DELLE BASI

39. Vero o falso?

A Gli acidi forti sono dei solidi ionici. V F
B Le basi forti sono composti ionici. V F
C Tutti gli acidi sono sostanze liquide. V F
D Gli idrossidi non sono le sole sostanze a comportamento basico. V F
E Lo ione idronio è un acido di Brönsted. V F
F L'acqua possiede proprietà sia basiche sia acide. V F

40. $HCl_{(g)}$ è molto solubile in acqua. Sono presenti molecole $HCl_{(aq)}$ nella soluzione acquosa dell'acido?

41. Il pH della base $Ca(OH)_2$, sciolta in acqua, raggiunge al massimo il valore 12,5. Qual è il motivo?

A è debolmente ionizzato
B è un solido ionico scarsamente solubile
C è una base debole.

42. Stabilisci la sequenza crescente di forza basica di questi tre idrossidi:
1. $Pb(OH)_2$, $K_b = 9{,}6 \cdot 10^{-4}$
2. AgOH, $K_b = 1{,}1 \cdot 10^{-4}$
3. stricnina, $K_b = 5{,}49 \cdot 10^{-9}$

A 3 > 2 > 1
B 2 > 1 > 3
C 1 > 2 > 3
D 1 > 3 > 2

43. Scrivi la reazione di seconda ionizzazione dell'acido carbonico.

44. Scegli l'acido più forte fra quelli elencati:
- A H_2CO_3
- B H_2SO_3
- C H_3PO_4
- D H_2SO_4

45. Quale acido ha la base coniugata più forte?
- A HCl
- B HF
- C HBr
- D HI

46. Qual è il più debole acido di Brönsted?
- A HCl
- B NH_3
- C H_2O
- D H_2S

47. Quale sostanza, sciolta in acqua, produce solo ioni positivi H_3O^+?
- A NaH
- B NaOH
- C NH_3
- D H_2S

48. Qual è la base più debole?
- A HS
- B Cl^-
- C NO_3^-
- D Br^-

49. Qual è l'acido più forte?
- A HClO
- B $HClO_2$
- C $HClO_3$
- D $HClO_4$

50. Qual è la base più forte?
- A Cl^-
- B NH_3
- C Br^-
- D H_2O

51. Quali sono i concetti principali appresi in questo paragrafo? Scrivi un riassunto di circa 20 righe.

5. LA NEUTRALIZZAZIONE: UNA REAZIONE FRA ACIDI E BASI

52. Calcola i millilitri di HCl 0,5 M necessari per neutralizzare 25 mL di NaOH 1 M.

53. Calcola i millilitri di H_2SO_4 0,01 M necessari per neutralizzare 50 mL di KOH 0,02 M.

54. Per neutralizzare 20 ml di una soluzione di NaOH sono stati necessari 35 mL di HCl 0,1 M. Qual è la concentrazione molare dell'idrossido di sodio?

55. 25 ml di soluzione di HCl neutralizzano completamente 50 ml di soluzione di NaOH 2M. La concentrazione della soluzione di HCl, in mol/L, è uguale a:
- A 1
- B 2
- C 3
- D 4

56. Una quantità di acido in eccesso viene aggiunto a una soluzione alcalina. Come può variare il pH della soluzione?
- A aumenta da 7 a 8
- B aumenta da 3 a 8
- C diminuisce da 7 a 6
- D diminuisce da 9 a 5

57. Un campione di 30 mL di HCl vengono neutralizzati da 10 mL di NaOH 1,5 M. Qual è la molarità di HCl?
- A 0,50
- B 0,25
- C 4,5
- D 1,5

58. Quante moli d'acqua si formano se 1 mole di HCl reagisce con 1 mole di NaOH?
- A 1
- B 2
- C 0,5
- D 0,25

59. Quante moli d'acqua si formano se 0,5 moli di HCl reagiscono con 0,25 moli di NaOH?
- A 1
- B 0,5
- C 0,25
- D 0,75

VERIFICHE

60. Quante moli di acqua si formano se 0,8 moli di H_2SO_4 reagiscono con 0,8 moli di KOH?

A 0,4 B 0,2
C 0,6 D 0,8

61. Se 0,8 moli di H_2SO_4 reagiscono con 0,8 moli di KOH la soluzione è:

A neutra B basica
C a pH 7 D acida

6. L'IDROLISI: ANCHE I SALI FANNO CAMBIARE IL PH

62. Per i seguenti sali, qual è la reazione di idrolisi in acqua? La soluzione è acida, basica o neutra?

A $NaNO_3$
B $CaCO_3$
C K_2CO_3
D $FeSO_4$
E $MgSO_4$
F LiCl
G $CaCl_2$
H $MnCl_2$
I Na_3PO_4
L $NaHCO_3$
M $KHSO_4$
N KCH_3COO
O $Ba(NO_3)_2$
P KCN
Q $(NH_4)_2SO_4$
R NH_4CH_3COO

63. Quale delle seguenti sostanze, se sciolta in acqua, produce una soluzione basica?

A cloruro di sodio, NaCl
B cloruro d'idrogeno, HCl
C carbonato di sodio, Na_2CO_3
D cloruro di ammonio, NH_4Cl

64. Quale delle seguenti sostanze, se sciolta in acqua, produce una soluzione acida?

A Na_2SO_3
B Na_2CO_3
C NaH_2PO_4
D Na_3PO_4

65. Quale delle seguenti sostanze, se sciolta in acqua, produce una soluzione basica?

A K_2CO_3
B $Al_2(SO_4)_3$
C NaH_2PO_4
D $FeCl_3$

66. Quale soluzione acquosa è acida?

A CH_3COONa
B NH_4Cl
C Na_2CO_3
D Na_3PO_4

67. Quale sale produce una soluzione basica?

A NaF B $NaNO_3$
C NaCl D NH_4Cl

68. Quale sale produce una soluzione acida?

A NaF B $NaNO_3$
C NaCl D NH_4Cl

69. Quale sale produce una soluzione acida?

A KBr B $CuSO_4$
C $NaNO_3$ D NaI

70. Quale sale produce una soluzione basica?

A KI
B NH_4Cl
C Na_2CO_3
D Na_2SO_4

7. LE SOLUZIONI TAMPONE

71. La K_a dell'acido acetico è $1{,}8 \cdot 10^{-5}$. Se unisco 500 mL di una soluzione 0,1 M di acido acetico e 500 mL di una soluzione 0,1 M di acetato di sodio, qual è il pH del tampone?

A 5,0 B 4,3
C 4,74 D 6,5

72. La K_b dell'ammoniaca è $1{,}8 \cdot 10^{-5}$. Se miscelo 200 mL di una soluzione 0,5 M di NH_3 con 200mL di una soluzione 0,5 M di NH_4Cl, qual è il pH del tampone?

A 5,0 B 4,3
C 4,74 D 9,26

COSTRUISCI LA COMPETENZA

OBIETTIVO identificare gli acidi e le basi secondo le teorie di Arrhenius, di Brönsted e di Lewis

RISOLVI I SEGUENTI QUESITI

1. Completa la seguente tabella:

Acido coniugato	Base coniugata
HI	
	S^{2-}
	NH_2^-
HNO_3	
	Cl^-
HSO_4^-	
H_2SO_4	

2. Identifica l'acido e la base di Lewis per le seguenti reazioni:

A $H^+ + :PH_3 \rightarrow PH_4^+$

B $Cu^{2+} + 2\ :NH_3 \rightarrow [H_3N:Cu:NH_3]^{2+}$

C $FeCl_3 + Cl^- \rightarrow FeCl_4^-$

D $H_3N: + BF_3 \rightarrow H_3N:BF_3$

OBIETTIVO descrivere l'equilibrio acido-base in soluzione acquosa

RISOLVI I SEGUENTI QUESITI

3. Vero o falso?

A L'acqua pura non contiene ioni. V F

B Nelle soluzioni acquose la somma degli ioni idronio e ossidrile vale 10^{-14} mol · L^{-1}. V F

C La costanza del prodotto ionico deriva dalla costanza dell'equilibrio di ionizzazione dell'acqua. V F

D L'acqua del rubinetto ha una conducibilità elettrica molto maggiore di quella distillata. V F

E L'acqua del rubinetto ha un prodotto ionico maggiore di quello dell'acqua pura. V F

F Il prodotto ionico dell'acqua assume un valore diverso da $1 \cdot 10^{-14}$ a 60 °C. V F

G Il pH dell'acqua pura è sempre 7 a qualsiasi temperatura. V F

H A qualsiasi temperatura l'acqua pura contiene $[H^+] = [OH^-]$. V F

Spiega le tue risposte.

4. Il fenolo (C_6H_5OH) è un'acido debole con una costante di ionizzazione K_a pari a $1{,}28 \cdot 10^{-10}$. Individua fra le seguenti l'affermazione errata, spiegando la tua scelta:

A è un acido più debole dell'acido acetico

B è un acido più forte dell'acqua

C ha circa la stessa forza dell'acido cianidrico (HCN)

D le sue soluzioni acquose colorano in rosso la cartina universale

5. Esamina le costanti di dissociazione dei seguenti acidi. Qual è l'acido più debole?

Acido	K_1	K_2	K_3
HIO_3	$1{,}6 \cdot 10^{-1}$		
H_2CO_3	$2 \cdot 10^{-4}$	$5{,}6 \cdot 10^{-11}$	
H_3PO_4	$7{,}5 \cdot 10^{-3}$	$6{,}2 \cdot 10^{-8}$	$4{,}2 \cdot 10^{-13}$
HNO_3			
H_2SO_3	$1{,}7 \cdot 10^{-2}$	$6{,}4 \cdot 10^{-8}$	

A iodico

B carbonico

C fosforico

D solforoso

6. Disponi in ordine di forza crescente le seguenti basi:

1. CO_3^{2-} 2. HSO_4^- 3. Cl^-

A $1 < 2 < 3$

B $2 < 3 < 1$

C $3 < 2 < 1$

D $2 < 1 < 3$

OBIETTIVO calcolare il pH delle soluzioni acquose

RISOLVI I SEGUENTI QUESITI

7. La $[H^+]$ è $1 \cdot 10^{-2}$ mol/L . Qual è la $[OH^-]$ in mol/L?

A $1 \cdot 10^{-10}$

B $1 \cdot 10^{-12}$

C $1 \cdot 10^{-13}$

D $1 \cdot 10^{-11}$

8. Il pH di una soluzione di un acido forte può essere minore di zero?

9. Il pH di una soluzione di una base forte può essere maggiore di 14?

10. Il pH di una soluzione 10^{-8} M di HCl è:

A 8

B 6

C di poco inferiore a 7

OBIETTIVO determinare la concentrazione di acidi e basi

RISOLVI I SEGUENTI QUESITI

11. L'acido nitrico HNO_3 è un acido forte e l'acido nitroso HNO_2 è un acido debole. Pertanto:

A una soluzione 1 M di HNO_3 contiene meno particelle di una soluzione 1 M di HNO_2

B lo ione NO_2^- è una base più forte dello ione NO_3^-

C lo ione NO_3^- è un accettore di protoni più forte di NO_2^-

D il legame fra H^+ e NO_3^- è più forte di quello fra H^++ e NO_2^-

12. Quale volume di una soluzione 0,02 M di $Ba(OH)_2$ serve per neutralizzare 50 mL di una soluzione 0,1 M di HCl?

13. Quale volume di una soluzione 0,03 M di NaOH serve per neutralizzare 33 mL di una soluzione 0,0045 M di acido solforico?

OBIETTIVO descrivere il comportamento dei sali e dei tamponi nelle soluzioni acquose

RISOLVI I SEGUENTI QUESITI

14. Una soluzione 0,1 M di carbonato di sodio ha un pH di circa:

A 1

B 2

C 7

D 12

15. Una reazione fra volumi uguali di una soluzione 1 M di acido acetico e 1 M di NaOH produce una soluzione che contiene:

A un numero uguale di ioni idronio e di ioni idrossido

B più ioni idronio che ioni idrossido

C più ioni idrossido che ioni idronio

D né ioni idronio né ioni idrossido

16. Una mole di acetato di sodio ($NaCH_3COO$) è sciolta in un litro d'acqua. Quale delle seguenti specie è presente in concentrazione maggiore?

A CH_3COOH

B CH_3COO^-

C OH^-

D Na^+

17. Individua l'acido e la base di Lewis nelle seguenti reazioni acido-base:

A $NH_{3(g)} + BF_{3(g)} \rightarrow H_3N{-}BF_3$

B $2NH_3 + Ag^+ \rightarrow Ag(NH_3)_2^+$

C $Fe^{3+} + 2H_2O \rightarrow Fe(OH)_2^+ + 2H^+$

D $H_2O + H^+ \rightarrow H_3O^+$

E $H^+ + NH_3 \rightarrow NH_4^+$

Pensa come uno scienziato

1 Completa la seguente tabella:

Concentrazione dell'acido o della base	[H] mol/L	[OH] mol/L	pH
H_2SO_4 1 M			
HCl			3
NaOH		$1 \cdot 10^{-4}$	
$Ba(OH)_2$ 0,005 M			
KOH			12
NH_3 0,01 M			

2 Quale tra i seguenti quattro indicatori cambia colore quando si passa da una soluzione di HCl $1 \cdot 10^{-5}$ M a una $1 \cdot 10^{-3}$ M?

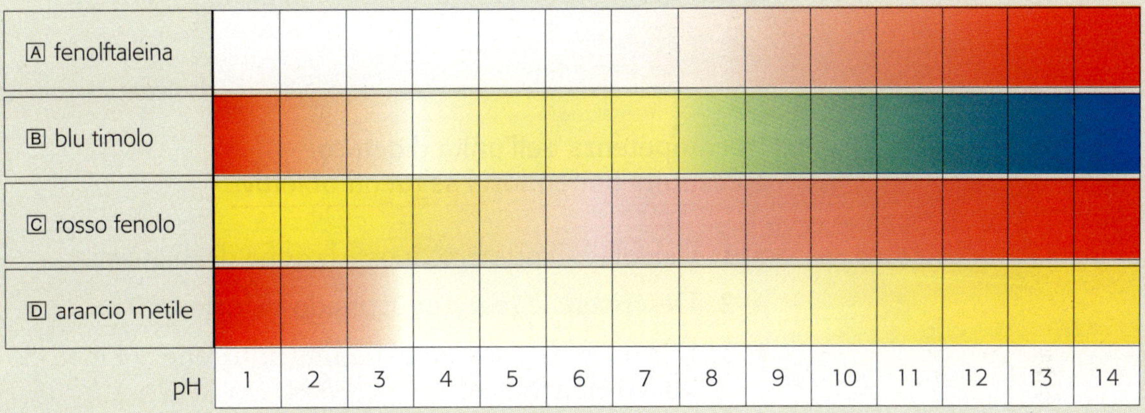

Unità 2

COMPETENZA

Identificare e bilanciare le reazioni di ossido-riduzione.

La competenza dell'unità didattica è costruita ponendosi i seguenti obiettivi:

1. Calcolare il numero di ossidazione degli atomi.
2. Descrivere le reazioni di ossido-riduzione.
3. Bilanciare le reazioni di ossido-riduzione col metodo ionico elettronico.

Le reazioni di ossido-riduzione

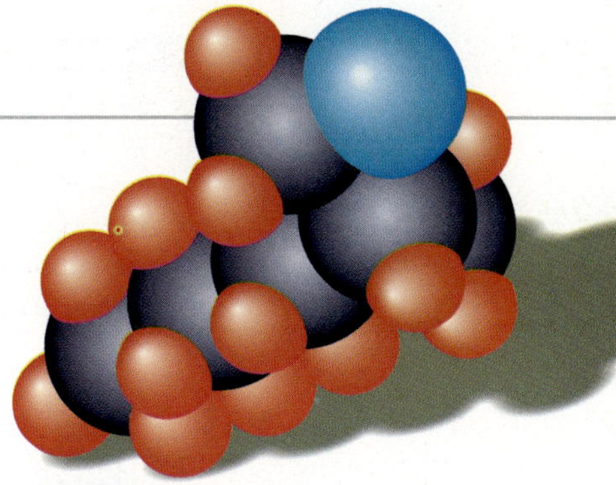

Nel modulo E abbiamo parlato della *valenza* o capacità di combinazione degli elementi. Diamo nuovamente la definizione:

La valenza rappresenta il numero di elettroni che un atomo di un elemento acquista, cede o mette in comune, quando si lega con altri atomi.

Abbiamo poi messo in relazione il concetto di valenza con il concetto di elettronegatività introducendo il *numero di ossidazione (n.o.)* o stato di ossidazione, assai importante per le reazioni di ossido-riduzione ▸figura 2.1.

FIGURA 2.1 Una semplice ossido-riduzione: $2Ag^+ + Cu \rightarrow 2Ag + Cu^{2+}$. I cristalli che si formano sulla lamina di rame sono di argento metallico.

1. IL NUMERO DI OSSIDAZIONE

Al concetto di valenza è strettamente legato il concetto di numero di ossidazione, perché entrambi trattano di scambi di elettroni. Avevamo introdotto il numero di ossidazione nell'unità E1: ne daremo ora una definizione leggermente diversa, più utile da un punto di vista operativo:

Il numero di ossidazione rappresenta la carica formale che viene attribuita a un atomo allo stato elementare, ionico o di un composto molecolare, seguendo determinate regole.

A ciascun atomo, infatti, a seconda dello stato in cui si trova e ai legami che instaura, si può associare un numero che può assumere valori positivi o negativi, oppure essere uguale a 0. Abbiamo indicato tale numero nella definizione come *carica formale o arbitraria.*

Esistono cinque regole per assegnare il numero di ossidazione che si basano tutte sul presupposto di considerare qualunque atomo come se fosse uno ione (anche quando appartiene a molecole covalenti come H_2O, HCl, H_2SO_4); per applicarle correttamente, bisogna ricordare che esiste una gerarchia e che *in caso di contrasto, prevale sempre la regola col numero più basso*: $1 \rightarrow 2 \rightarrow 3 \rightarrow 4 \rightarrow 5$.

REGOLA 1 *Allo stato elementare, tutti gli atomi hanno numero di ossidazione zero.*

Questo vale sia per i singoli atomi sia per le molecole composte da atomi dello stesso tipo: per esempio, l'atomo di zinco Zn e l'atomo di idrogeno nella molecola di H_2 hanno entrambi numero di ossidazione zero.

Lo stesso vale per gli atomi di N in N_2, di P in P_4, di Cu, di O in O_2, di S in S_8.

REGOLA 2 *La somma dei numeri di ossidazione di tutti gli atomi di un composto dev'essere uguale a zero (per le molecole neutre), uguale alla carica complessiva dello ione (nel caso di ioni poliatomici).*
Per esempio, in H_2O la somma dei numeri di ossidazione di idrogeno e ossigeno è uguale a zero (lo stesso per H_2SO_4, NaOH, CO_2, che sono tutte molecole neutre). Nello ione NH_4^+ , la somma dei numeri di ossidazione di azoto e idrogeno è +1, come la carica complessiva. In SO_4^{2-}, sarà invece −2.

REGOLA 3 *Gli ioni monoatomici hanno numero di ossidazione uguale alla loro carica.*
Cl^- ha numero di ossidazione −1, Ca^{2+} invece avrà +2.

REGOLA 4 *In un legame covalente, si attribuiscono formalmente i due elettroni di legame all'atomo più elettronegativo.*
Su questa base si calcola poi il numero di ossidazione: per ogni doppietto si attribuisce −1 all'atomo più elettronegativo e +1 a quello meno elettronegativo. Da questa regola si ricavano le successive.

REGOLA 5 *In tutti i composti (tranne gli idruri metallici) l'idrogeno ha sempre numero di ossidazione +1.*
Per esempio, in HCl, HSO_4^-, NaOH, NH_3 (che non sono idruri metallici) l'idrogeno ha numero di ossidazione +1. In NaH, che è un idruro metallico, H ha numero di ossidazione −1. Il sodio, infatti, è meno elettronegativo dell'idrogeno. Gli idruri si riconoscono facilmente perché, nella formula, l'idrogeno è scritto dopo il metallo.

REGOLA 6 *In tutti i composti (tranne i perossidi e OF_2) l'ossigeno ha sempre numero di ossidazione −2.*
Nei perossidi, come H_2O_2, l'ossigeno ha numero di ossidazione −1; in OF_2 ha numero di ossidazione +2, perché è meno elettronegativo del fluoro.

L'applicazione di queste regole è illustrata dai seguenti esempi.

ESEMPIO **Quali sono i numeri di ossidazione del potassio e dell'ossigeno in K_2O?**

Soluzione

La regola 6 ci indica per l'ossigeno il numero di ossidazione −2; il potassio, che è meno elettronegativo, avrà numero di ossidazione (+1).

ESEMPIO **Qual è il numero di ossidazione dell'azoto in HNO_3?**

Soluzione

Si tratta di una molecola neutra; quindi la sua carica complessiva è zero. Pertanto, la somma dei numeri di ossidazione di tutti gli elementi è uguale a zero (regola 2), il numero di ossidazione dell'idrogeno è +1, quello dell'ossigeno −2 (regola 5 e 6); quindi:

$[1 \cdot (+1)] + [1 \cdot (?)] + [3 \cdot (-2)] = 1 + (?) - 6 = 0$

$(?) = 6 - 1 = +5.$

Il numero di ossidazione di N nella molecola di HNO_3 è +5.

2. L'OSSIDAZIONE E LA RIDUZIONE

Definiamo ora l'**ossidazione** e la **riduzione** (che rappresenta la trasformazione opposta):

Nelle reazioni di ossidazione il numero di ossidazione aumenta; nelle reazioni di riduzione il numero di ossidazione diminuisce.

La reazione di ossidazione avviene quasi sempre con la *perdita* di 1 o più elettroni, mentre la reazione di riduzione si verifica con l'*acquisto* di 1 o più elettroni. Spiegheremo ora cosa significa l'aumento o la diminuzione del numero di ossidazione. Se scriviamo i seguenti numeri relativi, indicanti lo stato di ossidazione di ipotetici elementi:

ossidazione →

−5, −4, −3, −2, −1, 0, +1, +2, +3, +4, +5, +6, +7

← riduzione

possiamo renderci conto che, andando da sinistra a destra, i numeri *aumentano* (−3 è più grande di −5), mentre *diminuiscono* se si va da destra verso sinistra.

Consideriamo ora la combustione del magnesio ▸figura 2.2.

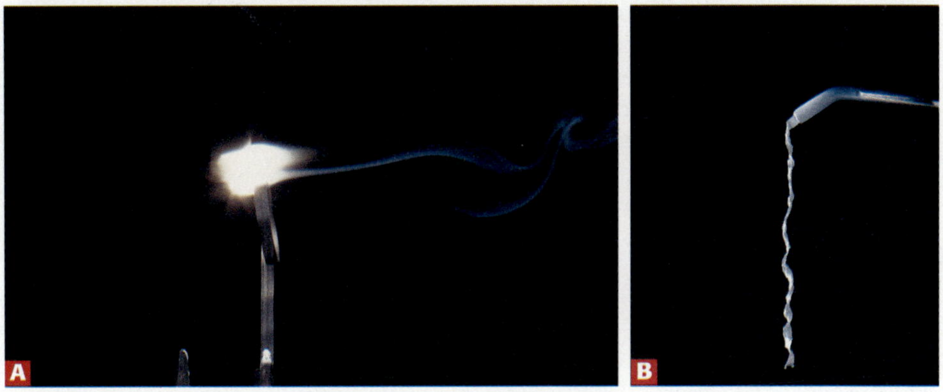

FIGURA 2.2
A Combustione del magnesio.
B La cenere bianca è ossido di magnesio, MgO.

La reazione, attivata dalla fiamma, coinvolge il magnesio (un metallo) e l'ossigeno dell'aria, producendo ossido di magnesio, un solido ionico:

ossidazione: da 0 a + 2

Numero di ossidazione	0		0		+2 −2		
Reazione	2Mg	+	O_2	⟶	2MgO	+	energia

riduzione: da 0 a − 2

2 atomi di magnesio perdono 2 elettroni ciascuno: $-4\ e^-$
2 atomi di ossigeno acquistano 2 elettroni ciascuno: $+4\ e^-$

Calcolando i numeri di ossidazione degli elementi prima e dopo la reazione, ci accorgiamo che il magnesio è passato dal numero di ossidazione 0 a +2, cioè che è avvenuto un *aumento* del numero di ossidazione: il magnesio

FIGURA 2.3 Reazione basica dell'ossido di magnesio. La colorazione rossa della fenolftaleina testimonia l'ambiente basico.

si è *ossidato*. L'ossigeno ha subito il processo opposto: il suo numero di ossidazione è passato da 0 a −2, cioè si è *ridotto*.

Nella reazione quindi, gli atomi che si sono ossidati perdono elettroni ($-4e^-$) che vengono acquistati ($+4e^-$) dagli atomi che si sono ridotti.

L'ossido di magnesio prodotto dall'ossidazione del metallo è un ossido basico, composto binario, ionico di formula $Mg^{2+}O^{2-}$. L'anione O^{2-} infatti è, secondo la teoria di Lewis (pagina G7), una base forte. Se si scioglie la polverina bianca di ossido di magnesio in acqua (sono sufficienti poche gocce) e si saggia con fenolftaleina, quest'ultima assume una intensa colorazione rossa che testimonia l'ambiente basico ▸figura 2.3.

Quindi possiamo affermare che:

I numeri di ossidazione variano durante le ossido-riduzio ni, e le reazioni di ossidazione e riduzione si manifestano contemporaneamente.

Se qualche specie chimica si ossida (il riducente) ci sarà *sempre* qualche altra specie chimica che si riduce (l'ossidante) e viceversa.

Con il termine **ossidante** si indica una sostanza che ossida altri partner, mentre essa stessa si riduce, *acquistando* elettroni. Tipici ossidanti sono l'ossigeno (O_2), il cloro (Cl_2), gli ioni permanganato (MnO_4^-) e bicromato ($Cr_2O_7^{2-}$) in ambiente acido. Il **riducente** invece si ossida, cioè tende a *cedere* elettroni e provoca la riduzione di altre sostanze.

Un'applicazione pratica delle reazioni di ossido-riduzione si ha nella riduzione di un minerale in metallo ▸figura 2.4. Quasi tutti i metalli, infatti, si trovano in natura sotto forma ossidata. Per ottenere il ferro metallico, per esempio, si riduce un suo minerale, l'ematite (Fe_2O_3) con monossido di carbonio (CO):

ossidazione: da +2 a + 4

$$\overset{+3\,-2}{Fe_2O_3} + \overset{+2\,-2}{3CO} \longrightarrow \overset{0}{2Fe} + \overset{+4\,-2}{3CO_2}$$

riduzione: da +3 a 0

3 atomi di C perdono 2 elettroni ciascuno: $-6\ e^-$
2 atomi di Fe acquistano 3 elettroni ciascuno: $+6\ e^-$

FIGURA 2.4 Ossido-riduzione fra zinco metallico e solfato di rame in soluzione acquosa. Situazione all'inizio Ⓐ e dopo 24 ore Ⓑ.

Si può seguire la riduzione dell'ematite a ferro elementare attraverso la variazione dei numeri di ossidazione. Il ferro *abbassa* il suo numero di ossidazione da +3 a 0, mentre il numero di ossidazione del carbonio *aumenta*, passando da +2 a +4. Se ne conclude che il ferro si *riduce* a spese dell'*ossidazione* del carbonio: quindi, il ferro è l'*ossidante* e il carbonio è il *riducente*.

PROVA TU **Le seguenti reazioni sono usate per ridurre allo stato metallico i minerali di rame, zinco e mercurio:**

HgS **cinabro**	+	O_2	→	Hg	+	SO_2		
Cu_2S **calcocite**	+	O_2	→	2Cu	+	SO_2		
$ZnS + 2O_2$ **blenda**	+	C	→	Zn	+	SO_2	+	CO_2

Trova i numeri di ossidazione e individua l'elemento che si ossida e quello che si riduce.

Dagli esempi presentati si potrebbe erroneamente dedurre che solo l'ossigeno possa determinare reazioni di ossidazione. In realtà, le ossido-riduzioni hanno luogo anche in assenza di ossigeno; l'unico valido elemento di controllo, quindi, è la variazione del numero di ossidazione. Infatti nella reazione tra ferro e cloro, il ferro si *ossida* (da 0 a +3) e il cloro si *riduce* (da 0 a −1):

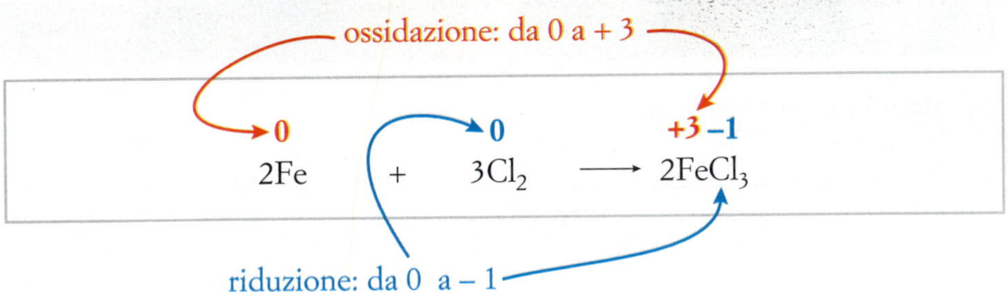

2 atomi di Fe perdono 3 elettroni ciasuno: $-6\ e^-$

6 atomi di Cl acquistano 1 elettrone ciascuno: $+6\ e^-$

La reazione di ossidazione è accompagnata dalla perdita di 6 elettroni che sono acquistati dalla sostanza che si riduce.

3. COME SI BILANCIANO LE REAZIONI DI OSSIDO-RIDUZIONE

La determinazione dei coefficienti nelle reazioni **redox** (come sono brevemente chiamate le reazioni di ossido-riduzione) non è sempre un'operazione facile e immediata.

La strategia da seguire per trovare i coefficienti è quella conosciuta come *metodo ionico-elettronico*.

Discuteremo il bilanciamento di due reazioni, una in ambiente acido, ▸figura 2.5, e l'altra in ambiente basico.

■ Come per qualunque reazione, il bilanciamento della ossido-riduzione può essere effettuato per tentativi. Tale metodo è consigliato per i casi più semplici, come la combustione del magnesio. Il metodo ionico-elettronico conduce agli stessi risultati e semplifica i casi più intricati.

FIGURA 2.5 La sequenza fotografica mostra una reazione redox in ambiente acido fra il rame (nel chiodo) e l'acido nitrico A. Dopo 30 secondi B si ha la fase iniziale. Dopo 2 minuti C lo sviluppo del gas rosso (diossido di azoto, NO_2) è molto intenso. Alla fine della reazione D, il gas è stato aspirato e si evidenzia la colorazione blu del nitrato di rame. Bilancia la reazione.

Reazioni in ambiente acido

Vogliamo bilanciare la seguente reazione in ambiente acido.

$$NO_3^- + Zn \rightarrow Zn^{2+} + N_2O$$

Per poterlo fare bisogna seguire le seguenti procedure.

1. Separare la semireazione che si ossida dalla semireazione che si riduce:

$$NO_3^- \rightarrow N_2O$$
$$Zn \rightarrow Zn^{+2}$$

2. Bilanciare gli *atomi* che si ossidano e gli atomi che si riducono, *prima* di determinare quanti elettroni sono acquistati oppure sono ceduti. Nel nostro caso si deve bilanciare soltanto l'atomo di azoto (trascurando per ora l'ossigeno), anteponendo il coefficiente 2 davanti allo ione nitrato:

$$2\,NO_3^- \rightarrow N_2O$$

Scrivere i numeri di ossidazione:

$$2\,\overset{+5}{N}\overset{-2}{O}_3^- \rightarrow \overset{+1}{N}_2\overset{-2}{O}$$

La semireazione dell'azoto è la reazione di riduzione. Ciascun atomo di azoto infatti guadagna 4 elettroni (perché il n.o. di N passa da +5 a +1). In totale i due N acquistano 8 elettroni ($2 \times 4 = 8$):

$$2\,NO_3^- + 8e^- \rightarrow N_2O$$

Scrivere i numeri di ossidazione dello zinco:

$$\overset{0}{Zn} \rightarrow \overset{+2}{Zn^{+2}}$$

La semireazione dello zinco è la reazione di ossidazione; lo zinco infatti cede 2 elettroni:

$$Zn \rightarrow Zn^{+2} + 2e^-$$

3. Bilanciare il numero di elettroni guadagnati e ceduti, moltiplicando ciascuna specie di una semireazione per lo stesso fattore. Per esempio, nella prima semireazione si acquistano 8 elettroni, mentre nella seconda si cedono 2 elettroni. Per uguagliare gli elettroni ceduti a quelli acquistati, bisogna perciò moltiplicare ciascuna specie della seconda semireazione per 4:

$$4\,(Zn \rightarrow Zn^{+2} + 2e^-)$$

Cioè:

$$4\,Zn \rightarrow 4Zn^{+2} + 8e^-$$

4. Sommare le due semireazioni e semplificare gli elettroni, che sono 8 a sinistra e 8 a destra dell'equazione generale:

$$\begin{array}{c} 2\,NO_3^- + 8e^- \rightarrow N_2O \\ 4\,Zn \rightarrow 4\,Zn^{+2} + 8e^- \\ \hline 4\,Zn + 2\,NO_3^- \rightarrow 4\,Zn^{+2} + N_2O \end{array}$$

5. Bilanciare le cariche a sinistra e a destra della reazione globale. Se la reazione avviene in ambiente acido, si bilancia con gli ioni H^+. Se la reazione avviene in ambiente basico, si bilancia con gli ioni OH^-; la reazione in esame avviene in ambiente acido. Poi si controllano le cariche:

$$4\,Zn + 2\,NO_3^- \rightarrow 4\,Zn^{+2} + N_2O$$

A sinistra ci sono due cariche negative e a destra 8 positive, dovute ai 4 ioni zinco ($4 \times 2 = 8$).
In ambiente acido per bilanciare le cariche si possono usare solo gli ioni H^+. Perciò, ci vogliono 10 H^+ a sinistra. In questo modo a sinistra e a destra dell'equazione ci saranno sempre 8 cariche positive.

$$4\,Zn + 2\,NO_3^- + 10\,H^+ \rightarrow 4\,Zn^{+2} + N_2O$$

6. Bilanciare gli atomi di idrogeno e gli atomi di ossigeno aggiungendo H_2O. Siccome ci sono 6 atomi di ossigeno a sinistra e solo un atomo a destra, ci vogliono 5 molecole d'acqua a destra per bilanciare i 10 H e i rimanenti 5 O.

$$4\,Zn + 2\,NO_3^- + 10\,H^+ \rightarrow 4\,Zn^{+2} + N_2O + 5\,H_2O$$

Mettendo insieme tutte queste regole, possiamo scrivere così la reazione redox:

$1 \times$	$8e^- + 10\,H^+ + 2NO_3^-$	$\rightarrow$	$N_2O + 5\,H_2O$	riduzione
$4 \times$	Zn	$\rightarrow$	$Zn^{+2} + 2e^-$	ossidazione
	$\cancel{8e^-} + 10\,H^+ + 2NO_3^- + 4\,Zn$	$\rightarrow$	$N_2O + 4\,Zn^{+2} + 5\,H_2O + \cancel{8e^-}$	

7. Infine controllare se il bilanciamento è corretto.

PROVA TU **Bilancia le seguenti ossido-riduzioni in ambiente acido:**

$NO_3^- + Cu \rightarrow NO_2 + Cu^{2+}$

$MnO_4^- + SO_3^{2-} \rightarrow SO_4^{2-} + Mn^{2+}$

$I_2 + ClO_3^- \rightarrow IO_3^- + Cl^-$

$Cr_2O_7^{2+} + Fe^{2+} \rightarrow Fe^{3+} + Cr^{3+}$

Reazioni in ambiente basico

Vogliamo bilanciare la seguente ossido-riduzione in ambiente basico:

$$Bi_2O_3 + Na^+ClO^- + NaOH \rightarrow Na^+BiO_3^- + NaCl$$

Le regole da applicare sono analoghe a quelle impiegate in ambiente acido. C'è un'unica differenza: in ambiente basico si bilancia con OH^- (modificando quindi, il procedimento al punto 5). Applichiamo la procedura vista nell'esempio precedente.

1. Isolare le due coppie che si riducono e si ossidano:

$$Bi_2O_3 \rightarrow BiO_3^-$$
$$ClO^- \rightarrow Cl^-$$

2. Bilanciare gli atomi che si ossidano e si riducono. In questo caso si bilancia soltanto la prima semireazione:

$$Bi_2O_3 \rightarrow 2\,BiO_3^-$$
$$ClO^- \rightarrow Cl^-$$

Scrivere i numeri di ossidazione:

$$\overset{+3\,-2}{Bi_2O_3} \rightarrow 2\,\overset{+5-2}{BiO_3^-}$$
$$\overset{+1}{Cl}O^- \rightarrow \overset{-1}{Cl^-}$$

Bilanciare il numero di elettroni ceduti e il numero di elettroni acquistati. La prima semireazione è un'ossidazione (il n.o. del bismuto passa da +3 a +5) e i 2 atomi di bismuto cedono $4e^-$ ($2 \times 2 = 4$). Nella seconda semireazione il cloro acquista $2e^-$ (il n.o. passa da +1 a −1).
Sulla base di questi calcoli si riscrivono le due semireazioni:

$$Bi_2O_3 \rightarrow 2\,BiO_3^- + 4e^-$$
$$ClO^- + 2e^- \rightarrow Cl^-$$

3. Bilanciare il numero di elettroni guadagnati e perduti, moltiplicando ciascuna specie di una semireazione per lo stesso fattore. Per esempio, nella prima semireazione sono stati ceduti 4 elettroni, mentre nella seconda sono stati acquistati 2 elettroni. Moltiplicando ciascuna specie della seconda semireazione per 2, si ha come risultato che anche questa semireazione ha acquistato 4 elettroni:

$$Bi_2O_3 \rightarrow 2\,BiO_3^- + 4e^-$$
$$2\,(ClO^- + 2e^- \rightarrow Cl^-)$$

cioè

$$2\,ClO^- + 4e^- \rightarrow 2\,Cl^-$$

4. Sommare le due semireazioni e semplificare gli elettroni, che sono 4 a sinistra e 4 a destra dell'equazione generale:

$$Bi_2O_3 \rightarrow 2\,BiO_3^- + 4e^-$$
$$2\,ClO^- + 4e^- \rightarrow 2\,Cl^-$$
$$\overline{Bi_2O_3 + 2\,ClO^- \rightarrow 2\,BiO_3^- + 2\,Cl^-}$$

5. Bilanciare le cariche a sinistra e a destra della reazione globale. La reazione avviene in ambiente basico, quindi si bilancia usando gli ioni OH^-. Le cariche negative a sinistra sono 2 mentre a destra sono 4; pertanto, sarà sufficiente aggiungere 2 OH^- a sinistra, per avere lo stesso numero di cariche ai due lati della equazione globale.

$$Bi_2O_3 + 2\,ClO^- + 2\,OH^- \rightarrow 2\,BiO_3^- + 2\,Cl^-$$

6. Bilanciare gli atomi di idrogeno e gli atomi di ossigeno con H_2O. A sinistra ci sono 7 atomi di ossigeno e a destra 6; perciò, è sufficiente aggiungere a destra 1 molecola d'acqua per avere l'equazione bilanciata:

$$Bi_2O_3 + 2\,ClO^- + 2\,OH^- \rightarrow 2\,BiO_3^- + 2\,Cl^- + H_2O$$

7. Controllare il bilanciamento e scrivere l'equazione generale bilanciata:

$$Bi_2O_3 + 2\,Na^+ClO^- + 2\,NaOH \rightarrow 2\,Na^+BiO_3^- + 2\,NaCl + H_2O$$

1. IL NUMERO DI OSSIDAZIONE

1. Qual è il numero di ossidazione del fosforo in H_3PO_4?

A 0 | B −3
C +3 | D +5

2. L'idrogeno ha numero di ossidazione −1 quando è combinato con :

A N | B O
C Cl | D Na

3. Il numero di ossidazione dell'azoto è più alto in:

A N_2 | B NH_3
C N_2O | D NO_2

4. Nell'acido ipocloroso (HClO) il cloro ha numero di ossidazione:

A 0 | B −1
C +1 | D +3

5. In $KClO_3$ il numero di ossidazione del cloro è:

A +1 | B +3
C +5 | D +7

6. In $Na_2S_2O_3$ lo zolfo ha numero di ossidazione:

A −2 | B +2
C 0 | D +6

7. In $H_2S_2O_7$ lo zolfo ha numero di ossidazione:

A −2 | B +2
C +4 | D +6

8. Il cloro ha numero di ossidazione +5 nel composto:

A HClO | B $HClO_2$
C $HClO_3$ | D $HClO_4$

9. Il cloro ha numero di ossidazione +3 nel composto:

A HClO | B $HClO_2$
C $HClO_3$ | D $HClO_4$

10. L'ossigeno ha numero di ossidazione zero in:

A H_2O | B H_2O_2
C O_2 | D OF_2

11. L'ossigeno ha numero di ossidazione +2 in:

A H_2O | B H_2O_2
C O_2 | D OF_2

12. In quale composto l'idrogeno ha numero di ossidazione −1?

A H_3PO_4 | B CaH_2
C NaOH | D NH_3

13. Quale alogeno, quando si combina con l'ossigeno, ha numero di ossidazione −1?

A F_2 | B Cl_2
C Br_2 | D I_2

14. Trova i numeri di ossidazione degli atomi sottolineati nei composti seguenti:
$\underline{V}O_3^-$, $\underline{Mn}O_4^-$, $\underline{W}O_4^-$, $H_3\underline{B}O_3$, $\underline{P}_2O_5$, $H\underline{Cl}O_2$

15. Calcola i numeri di ossidazione degli atomi sottolineati:
$H\underline{S}O_3^-$, $H\underline{S}^-$, $\underline{Ag}_2O$, $\underline{Sn}O_2$, $H\underline{Cr}O_4^-$

16. Calcola i numeri di ossidazione degli atomi sottolineati:
$\underline{Cl}O_2$, $H\underline{Cl}O$, $\underline{S}_2O_8^{2-}$, $H_2\underline{Se}$, $\underline{N}_2O_4$, $\underline{Si}H_4$, $\underline{Xe}O_4$

17. Qual è il numero di ossidazione dello iodio in KIO_4?

A +1 | B −1
C +7 | D −7

2. L'OSSIDAZIONE E LA RIDUZIONE

18. Uno ione ossido ossidato a ossigeno atomico:

A perde elettroni
B guadagna elettroni
C perde protoni
D guadagna protoni

19. Quale cambiamento del numero di ossidazione rappresenta una riduzione?

A da −1 a +1 | B da −1 a −2
C da −1 a +2 | D da −1 a 0

20. Quale cambiamento nel numero di ossidazione rappresenta una riduzione?

A da −3 a 0 | B da −2 a −4
C da 0 a +2 | D da +1 a +3

21. Quale cambiamento nel numero di ossidazione rappresenta una ossidazione?

A da −2 a −4

B da 0 a −1

C da −1 a 0

D da +3 a +2

22. Un riducente è una sostanza che:

A perde protoni

B guadagna protoni

C perde elettroni

D guadagna elettroni

23. Quando due atomi di cloro si combinano per formare una molecola di cloro, il numero di ossidazione:

A diminuisce

B aumenta

C rimane lo stesso

24. Quando Fe^{3+} è ridotto a Fe^{2+} lo ione Fe^{3+}:

A guadagna 1 protone

B perde 1 protone

C guadagna 1 elettrone

D perde 1 elettrone

25. Una reazione redox comporta sempre:

A un cambiamento di fase

B un cambiamento nel numero di ossidazione

C un trasferimento di protoni

D la formazione di ioni

26. Nella reazione
$2Na + 2H_2O \rightarrow 2Na^+ + 2OH^- + H_2$
la sostanza ossidata è:

A H_2

B lo ione H^+

C Na

D lo ione Na^+

27. Nella reazione
$2Na + 2H_2O \rightarrow 2Na^+ + 2OH^- + H_2$
la sostanza ridotta è:

A H_2

B lo ione H^+

C Na

D lo ione Na^+

28. Stabilisci quali tra le seguenti sono reazioni di ossido-riduzione.

A $2CrO_4{}^{2-} + 2H^+ \rightarrow Cr_2O_7{}^{2-} + H_2O$

B $Fe_2O_3 + 2Al \rightarrow Al_2O_3 + 2Fe$

C $Cu^{++} + 4NH_3 \rightarrow [Cu(NH_3)_4]^{2+}$

D $CuSO_4 + BaCl_2 \rightarrow CuCl_2 + BaSO_4$

E $HF + SiO_2 \rightarrow SiF_4 + H_2O$

29. La reazione
$H_2SO_4 + 2KOH \rightarrow K_2SO_4 + 2H_2O$
è classificata come:

A acido-base

B addizione

C sostituzione

D ossido-riduzione

30. Quale reazione non implica variazioni nel numero di ossidazione dei vari elementi?

A $P_4 + 5O_2 \rightarrow 2P_2O_5$

B $CaO + H_2O \rightarrow Ca(OH)_2$

C $2NaNO_3 \rightarrow 2NaNO_2 + O_2$

D $Fe + H_2SO_4 \rightarrow FeSO_4 + H_2$

31. Quale reazione comporta variazioni nel numero di ossidazione?

A $MnO_2 + 4HCl \rightarrow MnCl_2 + Cl_2 + 2H_2O$

B $NaCl + H_2SO_4 \rightarrow NaHSO_4 + HCl$

C $SO_2 + H_2O \rightarrow H_2SO_3$

D $Na_2O + SO_3 \rightarrow Na_2SO_4$

32. In quale caso si verifica una riduzione?

A atomi neutri si convertono in ioni negativi

B atomi neutri si convertono in ioni positivi

C aumenta la carica positiva dello ione

D diminuisce la carica negativa dello ione

33. Il perossido d'idrogeno, H_2O_2, può agire sia da ossidante sia da riducente, come risulta dalle seguenti semireazioni (mancanti del bilanciamento degli elettroni):

1. $H_2O_2 + 2H^+ \rightarrow 2H_2O$
2. $H_2O_2 \rightarrow O_2 + 2H^+$
3. $H_2O_2 \rightarrow 2OH^-$
4. $H_2O_2 + 2OH^- \rightarrow O_2 + 2H_2O$

H_2O_2 agisce da ossidante in:

A 1, 2

B 3, 4

C 1, 3

D 2, 4

34. Nella reazione
$Zn + H_2SO_4 \rightarrow ZnSO_4 + H_2$
A l'idrogeno si è ridotto
B l'idrogeno si è ossidato
C lo zolfo si è ridotto
D lo zolfo si è ossidato

35. Nella reazione
$Cr_2S_3 + KNO_3 + Na_2CO_3 \rightarrow K_2CrO_4 + NO + CO_2 + Na_2SO_4$
quali elementi subiscono ossidazione?
A N, S
B S, Cr
C C, N
D Cr, N

36. Quale elemento viene ridotto nella reazione
$As_2S_3 + 28HNO_3 \rightarrow 2H_3AsO_4 + 3H_2SO_4 + 28NO_2 + 8H_2O$?
A As
B S
C N
D H

3. COME SI BILANCIANO LE REAZIONI DI OSSIDO-RIDUZIONE

37. Data la reazione
$HNO_3 + MnCl_2 + HCl \rightarrow NO + MnCl_4 + H_2O$
l'equazione risulta bilanciata quando il coefficiente di reazione dell'acido nitrico è:
A 5
B 2
C 3
D 6

38. Data la reazione
$Cl_{2(aq)} + 2KBr_{(aq)} \rightarrow 2KCl + Br_{2(aq)}$
qual è l'ossidante?
A Cl_2
B KCl
C KBr
D Br_2

39. Data la reazione
$Cl_{2(aq)} + 2KBr_{(aq)} \rightarrow 2KCl + Br_{2(aq)}$
qual è il riducente?
A Cl_2
B KCl
C KBr
D Br_2

40. Nella reazione
$Cl_2 + H_2O \rightarrow HClO + HCl$ il cloro Cl_2 è:
A solo ossidato
B solo ridotto
C sia ossidato che ridotto
D né ossidato né ridotto

41. Bilancia le seguenti reazioni di ossido-riduzione in ambiente acido:
A $Cr^{3+} + IO_4^- \rightarrow CrO_4^{2-} + I^-$
B $Zn + NO_3^- \rightarrow Zn^{2+} + NH_4^+$
C $Cu + NO_3^- \rightarrow NO + Cu^{2+}$
D $MnO_4^- + C \rightarrow CO_2 + Mn^{2+}$
E $Cr_2O_7^{2-} + Sn^{2+} \rightarrow Sn^{4+} + Cr^{3+}$

42. Bilancia la seguente reazione di ossido-riduzione in ambiente basico (P_4 in una semireazione si ossida e nell'altra si riduce):
$2P_4 \rightarrow H_2PO_2^- + PH_3$

43. Bilancia le seguenti reazioni in ambiente acido:
A $I_2 + S_2O_3^{2-} \rightarrow I^- + S_4O_6^{2-}$
B $H_2S + NO_3^- \rightarrow S + NO$
C $H_2O_2 + I^- \rightarrow I_2 + H_2O$

44. Bilancia le seguenti reazioni in ambiente acido:
A $I^- + SO_4^{2-} \rightarrow I_2 + SO_2$
B $I^- + SO_4^{2-} \rightarrow I_2 + H_2S$
C $As_2O_3 + NO_3^- \rightarrow AsO_4^{3-} + NO$
D $Cr_2O_7^{2-} + S_2^- \rightarrow S + Cr^{3+}$
E $As_2O_3 + IO_3^- \rightarrow AsO_4^{3-} + I^-$

45. Bilancia le seguenti reazioni in ambiente basico:
A $MnO_4^- + NO_2 \rightarrow NO_3^- + MnO_4^{2-}$
B $Zn + NO_3^- \rightarrow ZnO_2^{2-} + NH_3$

46. Bilancia la seguente reazione in ambiente basico:
$K^+OH^- + Al \rightarrow K_3AlO_3 + H_2$

47. Bilancia l'equazione:
$ZnS + HNO_3 \rightarrow Zn(NO_3)_2 + S + NO + H_2O$

48. Bilancia le seguenti reazioni (solo l'ultima avviene in ambiente basico) di ossido-riduzione:
A $MnO_4^- + C_2H_5OH \rightarrow Mn^{2+} + CO_2$
B $Cu + NO_3^- \rightarrow Cu^{2+} + NO$
C $ClO^- + Br^- \rightarrow Cl^- + BrO_3^-$
D $Cr_2O_7^{2-} + H_2S \rightarrow Cr^{3+} + S_8$
E $H_2CO + Ag^+ \rightarrow HCOO^- + Ag$

COSTRUISCI LA COMPETENZA

OBIETTIVO calcolare il numero di ossidazione degli atomi

RISOLVI I SEGUENTI QUESITI

1. Nei seguenti ossidi FeO e Fe_2O_3, il ferro ha numero di ossidazione:

A +1 e +2

B +1 e +3

C +2 e +3

D +2 e +4

2. Qual è il numero di ossidazione dello zolfo in $Na_2S_4O_6$?

3. Uno dei processi ossido-riduttivi più interessanti è la trasformazione dell'alcol etilico, (contenuto nel vino) in CO_2. Il corpo umano realizza l'ossidazione dell'alcol in più passaggi:

$$C_2H_6O \rightarrow C_2H_4O \rightarrow C_2H_4O_2 \rightarrow CO_2$$

alcol etilico → aldeide acetica → acido acetico → diossido di carbonio

Calcola i numeri di ossidazione del carbonio e segui il processo di ossidazione attraverso la variazione dei numeri stessi.

OBIETTIVO descrivere le reazioni di ossido–riduzione

RISOLVI I SEGUENTI QUESITI

4. Nella reazione
$Zn + 2Ag^+ \rightarrow Zn^{2+} + 2Ag$
lo ione Ag^+ è:

A ossidato e il suo numero di ossidazione cambia da 0 a +1

B ridotto e il suo numero di ossidazione cambia da +1 a 0

C ossidato e il suo numero di ossidazione cambia da +1 a 0

D ridotto e il suo numero di ossidazione cambia da 0 a +1

Spiega le ragioni della tua risposta.

5. Quale semireazione rappresenta correttamente un'ossidazione?

A $Zn^{2+} + 2e^- \rightarrow Zn$

B $Zn + 2e^- \rightarrow Zn^{2+}$

C $Zn^{2+} \rightarrow Zn + 2e^-$

D $Zn \rightarrow Zn^{2+} + 2e^-$

6. Nella reazione
$2Al_{(s)} + 3Cu^{2+}{}_{(aq)} \rightarrow 3Cu_{(s)} + 2Al^{3+}{}_{(aq)}$
l'alluminio metallico:

A guadagna protoni

B perde protoni

C guadagna elettroni

D perde elettroni

7. Nella reazione
$Cr^{3+}{}_{(aq)} + Zn_{(s)} \rightarrow Cr_{(s)} + Zn^{2+}{}_{(aq)}$
il coefficiente dello zinco è:

A 1

B 2

C 3

D 4

8. I seguenti metalli reagiscono vivacemente con l'acqua e producono H_2. Nel corso della reazione si ossidano o si riducono? Qual è l'altra specie che cambia numero di ossidazione?

A Na

B K

9. Qual è il più lento di questi processi ossidoriduttivi? Spiega la tua risposta.

A combustione del magnesio in aria

B accensione della benzina

C corrosione del ferro

D esplosione di una miscela idrogeno-ossigeno

OBIETTIVO bilanciare le reazioni di ossido–riduzione col metodo ionico elettronico

RISOLVI I SEGUENTI QUESITI

10. Bilancia l'ossidoriduzione
$KMnO_4 + HCl \rightarrow MnCl_2 + KCl + H_2O + + Cl_2$
La somma dei coefficienti è:

A 6

B 30

C 35

D 10

11. L'ossidazione di Fe^{2+} a Fe^{3+} è accompagnata dalla riduzione del bicromato ($Cr_2O_7{}^{2-}$) a sale di Cr^{3+}. Quante moli di solfato ferroso si possono ossidare con una mole di bicromato?

A 2 B 3

C 6 D 12

12. Bilancia le reazioni, note come processo di Claus, per il recupero dello zolfo dall'H_2S contenuto nei gas naturali e nel petrolio:

A $H_2S + O_2 \rightarrow SO_2 + H_2O$

B $H_2S + SO_2 \rightarrow S_8 + H_2O$

13. Bilancia le seguenti reazioni di *disproporzione* (una stessa specie si ossida e si riduce):

A $S_2O_3^{2-} + H^+ \rightarrow S_8 + SO_3^{2-}$

B $ClO_2^- \rightarrow ClO_3^- + Cl^-$

C $NH_4NO_3 \rightarrow N_2O + 2H_2O$

D $Hg_2Cl_2 \rightarrow HgCl_2 + Hg$

E $NO_2 + H_2O \rightarrow HNO_3 + HNO_2$

14. Traduci in formule e bilancia le seguenti reazioni redox:

A L'ammoniaca, con catalizzatori opportuni (come l'ossido di cromo) brucia con l'ossigeno dell'aria, formando azoto e acqua.

B Il fosforo elementare, tetrafosforo, viene prodotto dal decaossido di tetrafosforo per riduzione con carbonio. Quest'ultimo si trasforma in monossido di carbonio.

C Per il dosaggio quantitativo del monossido di carbonio, si può determinare la quantità di iodio elementare prodotta dalla reazione del gas con pentossido di diiodio. Nella reazione l'ossido di carbonio si trasforma in anidride carbonica.

D Uno degli stadi dell'arricchimento isotopico dell'uranio consiste nella reazione fra vapori di esafluoruro di uranio e magnesio metallico, in cui si formano uranio metallico e fluoruro di magnesio.

E Nell'industria tessile, per rimuovere l'eccesso di cloro utilizzato per sbiancare i tessuti, si effettua un lavaggio con tiosolfato di sodio ($Na_2S_2O_3$) I prodotti ottenuti sono idrogenosolfato di sodio e acido cloridrico.

15. Una reazione quantitativa per determinare il contenuto di ione BH_4^- prevede la reazione dello ione boroidruro con Ag^+, in ambiente basico. Si formano argento metallico e ione borato, $B(OH)_4^-$. Stabilisci quante moli di argento precipitano da una mole di BH_4^-.

A 2

B 4

C 6

D 8

Pensa come uno scienziato

1 Completa la seguente tabella:

Semireazione	È un'ossidazione	È una riduzione	Elettroni acquistati	Elettroni ceduti	Semireazione bilanciata
$MnO_4^- \rightarrow Mn^{2+}$					
$MnO_4^- \rightarrow MnO_2$					
$C \rightarrow CO_2$					
$S \rightarrow SO_4^{2-}$					
$Cr_2O_7^{2-} \rightarrow Cr^{3+}$					
$SO_2 \rightarrow SO_4^{2-}$					
$Mn^{2+} \rightarrow MnO_2$					
$Au^{3+} \rightarrow Au$					

2 Spiega in 20 righe il metodo di bilanciamento di una reazione di ossido riduzione.

Unità 3

COMPETENZA

Applicare i principi delle reazioni di ossido-riduzione alle pile e alle celle elettrolitiche.

La competenza dell'unità didattica è costruita ponendosi i seguenti obiettivi:

1. Descrivere la pila Daniell.
2. Utilizzare i potenziali normali di riduzione per progettare le pile.
3. Descrivere le principali pile in commercio.
4. Spiegare il fenomeno della corrosione.
5. Applicare le leggi di Faraday ai processi elettrolitici.

L'elettrochimica

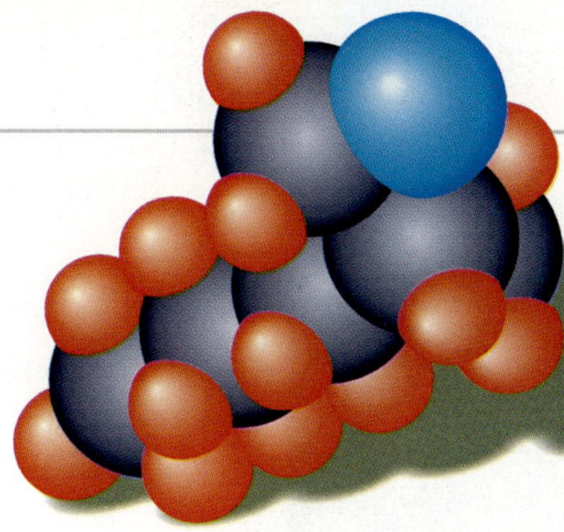

1. REAZIONI SPONTANEE E REAZIONI NON SPONTANEE

L'elettrochimica mosse i primi passi in Italia con Luigi Galvani (1737-1798) e con Alessandro Volta (1745-1827). L'esperienza di Galvani sulle rane (1791) dimostrò l'esistenza di una differenza di potenziale elettrico ai capi di due metalli diversi, posti in contatto. Alessandro Volta fu invece l'inventore della pila (1799), il dispositivo che aprì la strada all'isolamento di nuovi elementi mediante elettrolisi.

In questa unità studieremo le reazioni di ossido-riduzione che avvengono in alcuni dispositivi denominati **celle elettrochimiche**.

Esistono due tipi di celle elettrochimiche: le celle **galvaniche**, dette anche celle voltaiche o, più comunemente, **pile**, e le celle **elettrolitiche**.

Quali sono le principali differenze fra celle galvaniche e celle elettrolitiche?

Le celle galvaniche ossia le pile:
1. *producono* energia elettrica;
2. utilizzano *reazioni spontanee* di ossido-riduzione dalle quali ricavano l'energia chimica che viene convertita in energia elettrica.

Si chiama pila l'apparecchiatura che trasforma l'energia chimica, prodotta da una reazione di ossido-riduzione spontanea, in energia elettrica.

Al contrario, le celle elettrolitiche:
1. *consumano* energia elettrica;
2. utilizzano *reazioni non spontanee* di ossido-riduzione che avvengono grazie all'energia elettrica fornita che viene trasformata in energia chimica.

Si chiama cella elettrolitica il dispositivo che consuma energia elettrica e causa il completamento di una reazione di ossido-riduzione non spontanea.
La cella trasforma l'energia elettrica in energia chimica; il procedimento complessivo viene denominato elettrolisi.

Nelle *celle reversibili* (per esempio, gli accumulatori delle macchine e le pile dei telefonini) la reazione di ossido-riduzione si verifica spontaneamente e produce energia elettrica. La reazione inversa può essere avviata soltanto se si consuma energia elettrica. Gli accumulatori e le pile dei telefonini infatti si scaricano, durante l'uso, e si possono ricaricare con la corrente elettrica domestica, che inverte la reazione di ossido-riduzione spontanea della pila.

Proviamo a fare il seguente esperimento; immergiamo una lamina di zinco in una soluzione celeste di $CuSO_4$ ▸figura 3.1.

FIGURA 3.1 Nella reazione spontanea fra Zn e Cu^{2+} lo zinco viene ossidato dagli ioni rame Cu^{2+}.

FIGURA 3.2 Non c'è reazione fra rame metallico e ioni Zn^{2+}.

Lo ione celeste di rame si riduce a rame metallico e forma uno strato scuro sulla superficie della lamina di zinco. Invece, lo zinco metallico si ossida e passa in soluzione come ione zinco Zn^{2+}.

La reazione descritta è spontanea e procede da sinistra verso destra:

$$Zn_{(s)} + Cu^{2+}{}_{(aq)} \rightarrow Cu_{(s)} + Zn^{2+}{}_{(aq)} + \text{calore}$$

Facciamo un altro esperimento: immergiamo una lamina di rame in una soluzione incolore di $ZnSO_4$ ▸figura 3.2. L'esito è diverso, perché non c'è reazione visibile fra gli ioni Zn^{2+} e il metallo Cu.

$$Cu_{(s)} + Zn^{2+}{}_{(aq)} \rightarrow \textit{nessuna reazione}$$

La reazione fra zinco metallico e ioni Cu^{2+} pone in evidenza una duplice proprietà degli elementi e dei composti: la proprietà di ossidarsi (perdendo elettroni), come fa lo zinco metallico, e la proprietà di ridursi (acquistando elettroni), come avviene per gli ioni Cu^{2+} ▸figura 3.3. Proseguendo nello studio di questa unità didattica potremo chiarire e descrivere questa opposta tendenza a ossidarsi e a ridursi di molecole e ioni. Intanto, facciamo notare che la reazione fra zinco e ioni Cu^{2+} è una **reazione spontanea**, mentre la reazione fra rame e ioni Zn^{2+} è una **reazione non spontanea**, che infatti non avviene nelle condizioni sperimentali descritte. La reazione può procedere solo a spese di energia fornita dall'esterno, sotto forma di corrente elettrica.

FIGURA 3.3 Schema delle reazioni di ossido-riduzione.

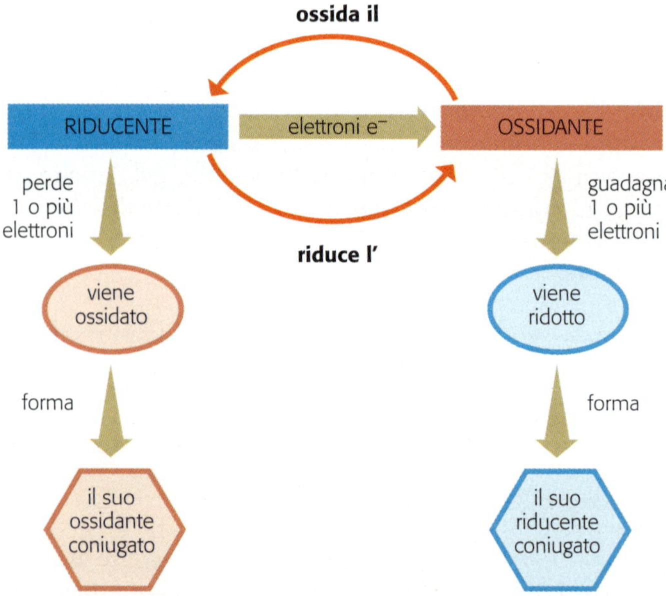

2. LE PILE

Quando l'ossidante e il riducente vengono a contatto in una reazione spontanea di ossido-riduzione, gli elettroni si spostano rapidamente fra i reagenti liberando energia. L'energia delle reazioni redox può essere trasformata in energia elettrica se il sito dell'ossidazione viene separato dal sito della riduzione e se gli elettroni, che si ottengono dalla reazione redox, sono costretti a muoversi attraverso un filo metallico esterno, che collega i due siti di reazione. In questo modo essi generano una corrente elettrica, che può essere utilizzata per accendere lampadine, far girare motori, ecc. Il trasferimento degli elettroni di una reazione redox si realizza in un'apparecchiatura chiamata *cella galvanica* oppure *pila*.

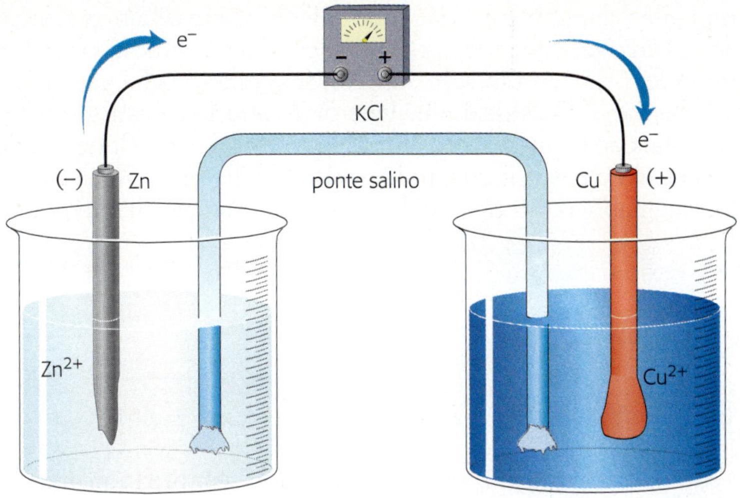

FIGURA 3.4 Schema della pila di Daniell. Durante il funzionamento la massa dell'elettrodo di zinco diminuisce e la massa dell'elettrodo di rame aumenta.

Nella ▸figura 3.4 è rappresentata una semplice cella galvanica, denominata *pila Daniell*, che usa la stessa reazione fra ioni rame Cu^{2+} e zinco metallico, descritta nella ▸figura 3.1.

La pila Daniell è costituita da due **semicelle** collegate da un filo conduttore e da un *ponte salino*. Una semicella è costituita da una lamina di zinco immersa in una soluzione 1M di $ZnSO_4$; l'altra semicella è una lamina di rame in una soluzione 1M di $CuSO_4$. Le due lamine metalliche, che prendono il nome di **elettrodi**, sono collegate dal filo conduttore, che permette il passaggio degli elettroni; sul filo è inserito un misuratore di corrente. Le due soluzioni, invece, sono collegate dal ponte salino, che consiste in un tubo di vetro a U che contiene una soluzione salina (per esempio di KCl) molto concentrata. Il ponte salino permette il passaggio di ioni da una semicella all'altra senza che le due soluzioni si mescolino, chiudendo il circuito.

Il funzionamento della pila è il seguente; in seguito alla semireazione di ossidazione

$$Zn_{(s)} \rightarrow Zn_{(aq)}^{2+} + 2\,e^-$$

lo zinco metallico, che costituisce uno degli elettrodi, passa in soluzione ossidandosi a ione Zn^{2+} e liberando due elettroni. Attraverso il filo conduttore, gli elettroni passano nell'altra semicella, all'elettrodo di rame, che si carica negativamente. L'elettrodo ora attrae ioni Cu^{2+} in soluzione, a cui cede i 2 elettroni. Gli ioni Cu^{2+} quindi si riducono a rame metallico secondo la semireazione:

$$Cu_{(aq)}^{2+} + 2\,e^- \rightarrow Cu_{(s)}$$

Questa reazione produce un eccesso di ioni Zn^{2+} in una semicella e di ioni SO_4^{2-} nell'altra semicella. Se l'equilibrio elettrico non venisse ristabilito dagli ioni ceduti dal ponte salino, questo fenomeno finirebbe per interrompere la reazione.

In ciascuna semicella, la somma delle cariche positive è uguale alla somma delle cariche negative.

Nella pila, si può osservare che la lamina di zinco si consuma mentre la massa della lamina di rame aumenta; la reazione, infatti, è la stessa della figura 3.1. Se l'ossido-riduzione avviene nello stesso recipiente, il sistema trasforma l'energia chimica in energia termica; facendo avvenire l'ossidazione e la riduzione in due recipienti separati, invece, l'energia chimica viene convertita in energia elettrica.

Negli esperimenti di Crookes e Thomson che abbiamo visto nell'unità C4, la placca carica positivamente (verso cui vanno gli elettroni) era chiamata anodo, quella carica negativamente (da cui originano gli elettroni) catodo. Lo stesso avviene nella cella elettrolitica (che vedremo nel paragrafo 7), dove il polo negativo è chiamato catodo e il polo positivo anodo.
Nella pila, invece, le cariche risultano invertite: l'anodo è negativo e il catodo positivo. Questo potrebbe generare confusione. La cosa importante da ricordare è questa: non è la carica, ma la *natura della reazione chimica* che vi ha luogo a determinare se un elettrodo è l'anodo o il catodo. Sull'anodo ha sempre luogo l'ossidazione e sul catodo ha sempre luogo la riduzione.

Torniamo alla pila; abbiamo visto che sull'elettrodo di zinco avviene l'ossidazione dello zinco metallico, mentre sull'elettrodo di rame avviene la riduzione degli ioni Cu^{2+} presenti in soluzione. In una pila (o cella galvanica), l'elettrodo su cui ha luogo l'**ossidazione** viene detto **anodo** e costituisce il **polo negativo** della pila, che fornisce elettroni; l'elettrodo su cui ha luogo la **riduzione** viene detto **catodo** e costituisce il **polo positivo** della pila. Gli elettroni, forniti dall'anodo, viaggiano in direzione del catodo, come anche gli ioni positivi Cu^{2+}.

anodo (−): ossidazione	$Zn_{(s)} \rightarrow Zn^{2+}{}_{(aq)} + 2\,e^-$
catodo (+): riduzione	$Cu^{2+}{}_{(aq)} + 2\,e^- \rightarrow Cu_{(s)}$
somma delle semireazioni	$Zn_{(s)} + Cu^{2+}{}_{(aq)} \rightarrow Cu_{(s)} + Zn^{2+}{}_{(aq)}$

Come si vede nella figura 3.5, in una pila bisogna sempre indicare:

1. gli elettroliti nelle due semicelle;
2. l'anodo (a sinistra) e il catodo (a destra);
3. i materiali di cui sono fatti gli elettrodi;
4. la polarità degli elettrodi (se sono positivi o negativi);
5. la direzione del flusso di elettroni;
6. la direzione in cui si muovono anioni e cationi nel ponte salino;
7. le due semireazioni;
8. l'equazione generale della pila (somma delle due semireazioni).

FIGURA 3.5 Nella pila di Daniell, i becher contengono rispettivamente una soluzione $ZnSO_4$ 1M e una soluzione $CuSO_4$ 1M.

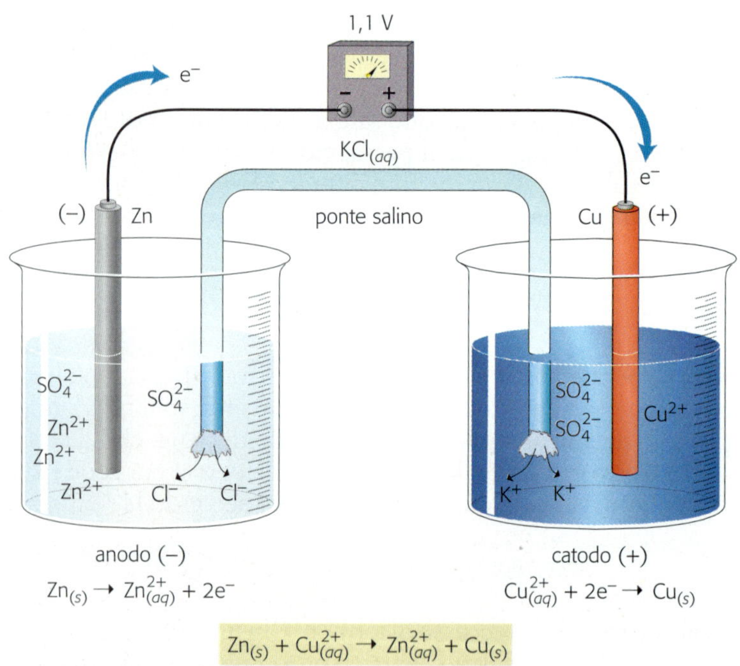

Una buona regola per ricordare è questa: anodo e ossidazione iniziano entrambe con una vocale; catodo e riduzione cominciano entrambe con una consonante.

In conclusione:

In una qualsiasi pila, all'anodo si verificano sempre le reazioni di ossidazione e al catodo si verificano sempre le reazioni di riduzione.

La pila Daniell che abbiamo descritto si rappresenta col seguente simbolismo:

SEMIPILA ANODICA (OSSIDAZIONE) — SEMIPILA CATODICA (RIDUZIONE)

$$(-)\ Zn_{(s)} / Zn^{2+}{}_{(aq)} // Cu^{2+}{}_{(aq)} / Cu_{(s)} (+)$$

La doppia barra // indica il ponte salino che consente il collegamento elettrico delle soluzioni e impedisce il loro mescolamento.

Si definisce voltaggio di una pila o di una batteria la differenza di potenziale (d.d.p.) fra i due elettrodi; la differenza di potenziale si misura in volt.

La pila Daniell, per esempio presenta una differenza di potenziale tra le due lamine (o poli) di 1,1 volt, quando la concentrazione di Zn^{2+} e Cu^{2+} è 1M. Questo valore rappresenta il potenziale di cella, cioè la capacità della pila di spingere gli elettroni nel circuito esterno.

Il circuito elettrico di una pila può essere schematizzato come il modello nella ▸figura 3.6:

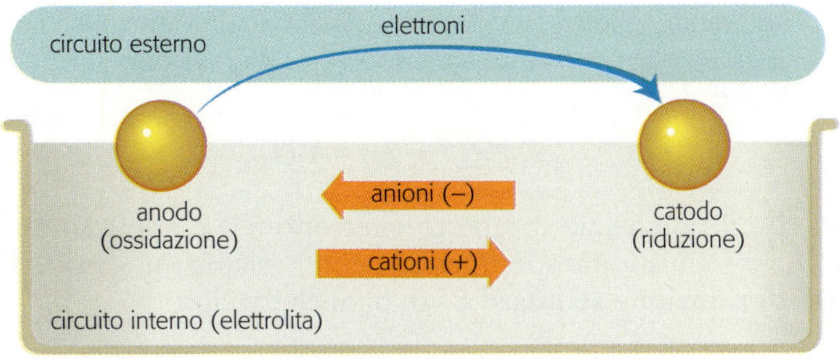

FIGURA 3.6 Il circuito esterno e il circuito interno di una pila.

1. un *circuito esterno*, in cui gli elettroni fluiscono, attraverso un conduttore metallico, dall'anodo verso il catodo;
2. un *circuito interno*, in cui gli ioni trasportano la carica elettrica attraverso l'elettrolita: i cationi verso il catodo, gli anioni verso l'anodo.

Al polo negativo c'è la semipila che contiene il riducente più forte, al polo positivo quella che contiene l'ossidante più energico.

PROVA TU **Nella pila della ▸figura 3.7, il flusso di elettroni, come è indicato dal voltmetro, va dal nichel al rame. Trova l'anodo e il catodo della pila e scrivi le reazioni agli elettrodi.**

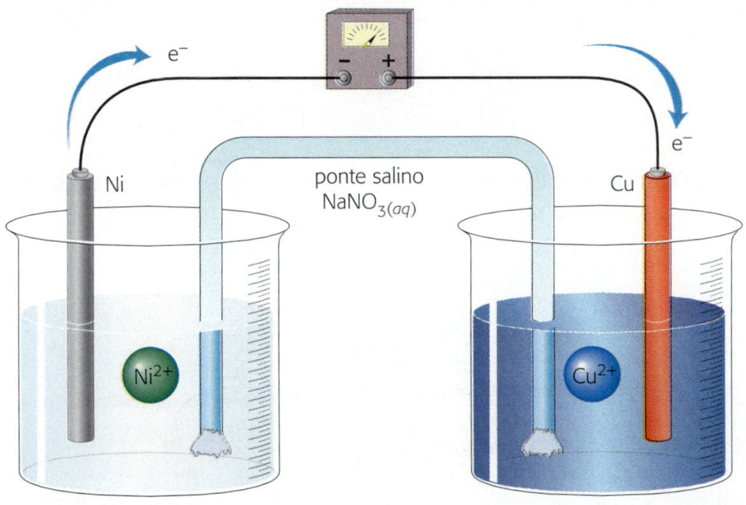

FIGURA 3.7 Una pila nichel-rame. Il ponte salino è un tubo con una soluzione, in questo caso di $NaNO_3$, che non deve reagire con gli ioni contenuti nei due becher. Esso stabilisce il contatto elettrico fra le due soluzioni.

3. LA SCALA DEI POTENZIALI NORMALI DI RIDUZIONE

Nel paragrafo precedente abbiamo appreso che ogni pila possiede una differenza di potenziale misurata ai capi degli elettrodi; la differenza di potenziale, in chimica, è chiamata *forza elettromotrice*, *fem*:

$$fem = E_{catodo} - E_{anodo} = \Delta E$$

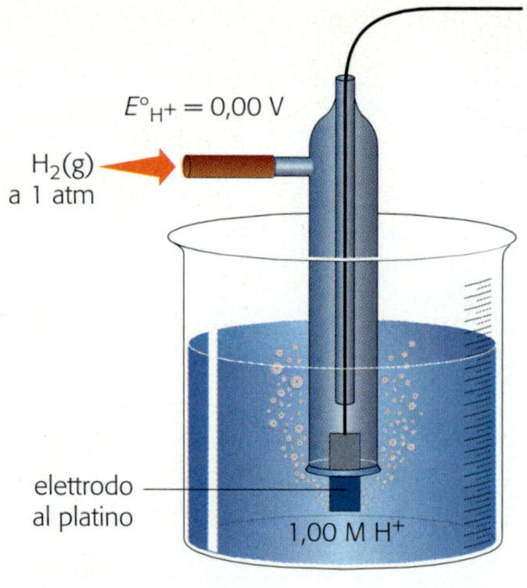

FIGURA 3.8 Elettrodo a idrogeno. Il suo potenziale è arbitrariamente uguale a zero.

La *fem* è la differenza tra il potenziale dell'elettrodo che funziona da catodo(+) e il potenziale dell'elettrodo che funziona da anodo(−).

Con un tester si può ricavare la forza elettromotrice di ogni pila, ma non si può conoscere, in modo assoluto, il valore di potenziale di ogni singolo elettrodo.

È stata costruita, quindi, un'apposita pila nella quale un elettrodo è costituito dall'elemento (o composto) di cui si vuole conoscere il potenziale, e l'altro è un elettrodo di riferimento, al quale si assegna per convenzione il valore *zero* di potenziale.

Come elettrodo di riferimento si è preso l'elettrodo a idrogeno ▸figura 3.8; esso è costituito da una lamina di platino, immersa in una soluzione acida 1 M di ioni H^+, nella quale viene fatto gorgogliare H_2 gassoso alla pressione di 1 atmosfera. La reazione di riduzione che avviene è:

$$2H^+_{(aq)} + 2e^- \rightarrow H_{2(g)}$$

Sapendo che il potenziale di questo elettrodo è 0 e applicando la relazione che dà la *fem* (misurata sperimentalmente), siamo in grado di ricavare i **potenziali di riduzione standard** $E°$ di ogni elettrodo:

$$fem = E_{\text{elettrodo}} - E_{\text{idrogeno}} = E_{\text{elettrodo}} - 0 = E°$$

Nella ▸tabella 3.1. sono riportati i valori dei potenziali di riduzione standard $E°$ di alcune specie chimiche.

Vediamo come si opera per determinare il potenziale standard dell'elettrodo Zn^{2+}/Zn. Per farlo, occorre costruire una pila con la semicella di riferimento H^+/H_2, cioè una pila formata dall'elettrodo di zinco, immerso in una soluzione a concentrazione unitaria dei suoi ioni, e dall'elettrodo a idrogeno, entrambi a 25 °C ▸figura 3.9.

Consideriamo le due seguenti semireazioni:

$$Zn^{2+}_{(aq)} + 2e^- \rightarrow Zn_{(s)}$$
$$2H^+_{(aq)} + 2e^- \rightarrow H_{2(g)}$$

Si collegano le due semicelle con un ponte salino e con un filo metallico esterno.

Inizia il passaggio di corrente: il voltmetro segna una fem di 0,76 V. Il flusso di elettroni va dallo zinco verso l'elettrodo a idrogeno.

FIGURA 3.9 Come si determina il potenziale normale dello zinco.

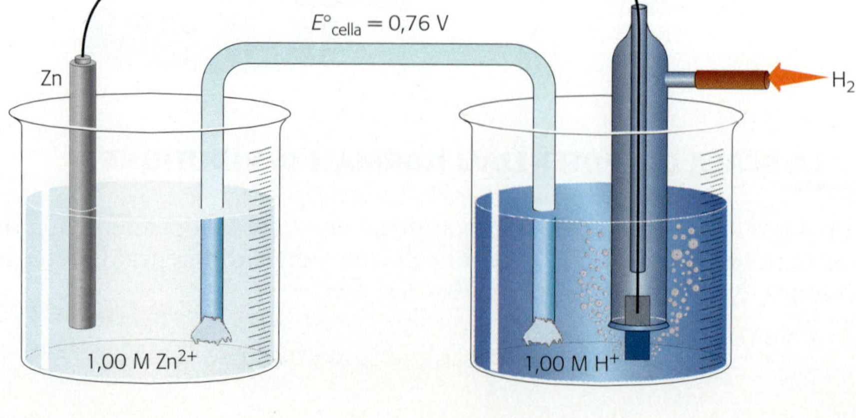

TABELLA 3.1 Potenziali di riduzione standard $E°$ di alcune specie chimiche.
A sinistra dell'equilibrio è riportata la specie ossidata (che si riduce acquistando elettroni) mentre a destra compare la specie ridotta.

OSSIDANTI PIÙ FORTI ↑ — RIDUCENTI PIÙ FORTI ↓

ossidante + n e$^-$ ⇄ (riduzione → / ← ossidazione) riducente	$E°$(V)
$F_{2(g)} + 2e^- \rightleftarrows 2F^-_{(aq)}$	+ 2,87
$S_2O_8^{2-}{}_{(g)} + 2e^- \rightleftarrows 2SO_4^{2-}{}_{(aq)}$	+ 2,07
$PbO_{2(s)} + SO_4^{2-}{}_{(aq)} + 4H^+_{(aq)} + 2e^- \rightleftarrows PbSO_{4(s)} + 2H_2O_{(l)}$	+ 1,69
$MnO_4^-{}_{(aq)} + 8H^+_{(aq)} + 5e^- \rightleftarrows Mn^{2+}_{(aq)} + 4H_2O_{(l)}$	+ 1,51
$Au^{3+}_{(aq)} + 3e^- \rightleftarrows Au_{(s)}$	+ 1,50
$Cl_{2(g)} + 2e^- \rightleftarrows 2Cl^-_{(aq)}$	+ 1,36
$Cr_2O_7^{2-}{}_{(aq)} + 14H^+_{(aq)} + 6e^- \rightleftarrows 2Cr^{3+}_{(aq)} + 7H_2O_{(l)}$	+ 1,33
$O_{2(g)} + 4H^+_{(aq)} + 4e^- \rightleftarrows 2H_2O_{(l)}$	+ 1,23
$Br_{2(l)} + 2e^- \rightleftarrows 2Br^-_{(aq)}$	+ 1,07
$NO_3^-{}_{(aq)} + 4H^+_{(aq)} + 3e^- \rightleftarrows NO_{(g)} + 2H_2O_{(l)}$	+ 0,96
$Pd^{2+}_{(aq)} + 2e^- \rightleftarrows Pd_{(s)}$	+ 0,95
$2Hg^{2+}_{(aq)} + 2e^- \rightleftarrows Hg_2^{2+}{}_{(aq)}$	+ 0,92
$Hg^{2+}_{(aq)} + 2e^- \rightleftarrows Hg_{(l)}$	+ 0,85
$Ag^+_{(aq)} + e^- \rightleftarrows Ag_{(s)}$	+ 0,80
$Fe^{3+}_{(aq)} + e^- \rightleftarrows Fe^{2+}_{(aq)}$	+ 0,77
$I_2(s) + 2e^- \rightleftarrows 2I^-_{(aq)}$	+ 0,54
$O_2(g) + 2H_2O(l) + 4e^- \rightleftarrows 4OH^-_{(aq)}$	+ 0,40
$Cu^{2+}_{(aq)} + 2e^- \rightleftarrows Cu_{(s)}$	+ 0,34
$Cu^{2+}_{(aq)} + e^- \rightleftarrows Cu^+_{(aq)}$	+ 0,15
$Sn^{4+}_{(aq)} + 2e^- \rightleftarrows Sn^{2+}_{(aq)}$	+ 0,15
$HgO_{(s)} + H_2O_{(l)} + 2e^- \rightleftarrows Hg_{(l)} + 2OH^-_{(aq)}$	+ 0,10
$2H^+_{(aq)} + 2e^- \rightleftarrows H_{2(g)}$	0,00
$Pb^{2+}_{(aq)} + 2e^- \rightleftarrows Pb_{(s)}$	− 0,13
$Sn^{2+}_{(aq)} + 2e^- \rightleftarrows Sn_{(s)}$	− 0,14
$Ni^{2+}_{(aq)} + 2e^- \rightleftarrows Ni_{(s)}$	− 0,26
$Co^{2+}_{(aq)} + 2e^- \rightleftarrows Co_{(s)}$	− 0,28
$PbSO_{4(s)} + 2e^- \rightleftarrows Pb_{(s)}\ 2 + SO_4^{2-}{}_{(aq)}$	− 0,36
$Fe^{2+}_{(aq)} + 2e^- \rightleftarrows Fe_{(s)}$	− 0,45
$Cr^{3+}_{(aq)} + 3e^- \rightleftarrows Cr_{(s)}$ − 0,74	
$Zn^{2+}_{(aq)} + 2e^- \rightleftarrows Zn_{(s)}$	− 0,76
$2H_2O_{(l)} + 2e^- \rightleftarrows H_{2(g)} + 2OH^-_{(aq)}$	− 0,83
$ZnO_{(s)} + H_2O_{(l)} + 2e^- \rightleftarrows Zn_{(s)} + 2OH^-_{(aq)}$	− 1,22
$Al^{3+}_{(aq)} + 3e^- \rightleftarrows Al_{(s)}$	− 1,66
$Mg^{2+}_{(aq)} + 2e^- \rightleftarrows Mg_{(s)}$	− 2,37
$Na^+_{(aq)} + e^- \rightleftarrows Na_{(s)}$	− 2,71
$Ca^{2+}_{(aq)} + 2e^- \rightleftarrows Ca_{(s)}$	− 2,76
$K^+_{(aq)} + e^- \rightleftarrows K(_{(s)}$	− 2,93
$Li^+_{(aq)} + e^- \rightleftarrows Li_{(s)}$	− 3,04

I valori riportati sono tratti da *Handbook of Chemistry and Physics*, 68ª edizione e arrotondati, per comodità, alla seconda cifra decimale.

Dato che, per convenzione, il potenziale dell'elettrodo a idrogeno è di 0,00 V, il potenziale che si legge sullo strumento rappresenta il potenziale della semireazione $Zn^{2+}_{(aq)} + 2e^- \rightarrow Zn_{(s)}$. Rimane però un'importante questione da risolvere: il segno da assegnare a 0,76 V è positivo o negativo?

Se gli elettroni si muovono lungo il filo, in direzione dell'elettrodo di idrogeno, vuol dire che gli ioni H^+ esercitano sugli elettroni un'*attrazione maggiore* degli ioni Zn^{2+}. Pertanto, siccome la reazione:

$$2H^+_{(aq)} + 2e^- \rightarrow H_{2(g)}$$

ha un potenziale di 0,00 V, il potenziale $E°$ dell'elettrodo Zn^{2+}/Zn deve essere *inferiore* e quindi il suo segno è *negativo* (−0,76 V). All'elettrodo Zn^{2+}/Zn, quindi, avviene l'ossidazione; le reazioni che interessano questa pila sono:

catodo (+): riduzione	$2H^+_{(aq)} + 2e^- \rightarrow H_{2(g)}$
anodo (−): ossidazione	$Zn_{(s)} \rightarrow Zn^{2+}_{(aq)} + 2e^-$
somma delle semireazioni	$2H^+_{(aq)} + Zn_{(s)} \rightarrow H_{2(g)} + Zn^{2+}_{(aq)}$

Anche la reazione diretta fra H^+ [come $HCl_{(aq)}$] e zinco metallico conduce spontaneamente agli stessi prodotti.

ESEMPIO **In una pila costituita dall'elettrodo Cu^{2+}/Cu e dall'elettrodo a idrogeno H^+/H_2, si misura una *fem* di 0,34 V; gli elettroni fluiscono, attraverso il circuito esterno, verso l'elettrodo di rame. Il potenziale di riduzione di Cu^{2+}/Cu sarà positivo o negativo? Quali saranno le reazioni agli elettrodi?**

Soluzione

Il flusso di elettroni verso il rame dipende dall'attrazione esercitata dagli ioni Cu^{2+} sugli elettroni, che è *maggiore* di quella esercitata dagli ioni H^+. Perciò il potenziale standard di riduzione del rame sarà maggiore di 0,00 V, e quindi positivo. Il potenziale normale di riduzione del rame è precisamente +0,34 V e le reazioni agli elettrodi sono:

catodo (+): riduzione	$Cu^{2+}_{(aq)} + 2e^- \rightarrow Cu_{(s)}$
anodo (−): ossidazione	$H_{2(g)} \rightarrow 2H^+_{(aq)} + 2e^-$
somma delle semireazioni	$Cu^{2+}_{(aq)} + 2H_{2(g)} \rightarrow 2H^+_{(aq)} + Cu_{(s)}$

Le condizioni di *stato standard* nelle misure elettrochimiche sono così definite:

1. tutte le soluzioni sono 1 M;
2. tutti i gas hanno una pressione parziale di 1 atmosfera (101 kPa);
3. le misure sono fatte a 25 °C;
4. il potenziale standard di una cella è indicato col simbolo $\Delta E°$.

Dalla ▸tabella 3.1 dei potenziali standard (chiamati anche potenziali normali di riduzione) si ricavano le seguenti importanti informazioni.

1. *Ciascuna semicella è sempre scritta come una reazione di riduzione.* Ciò comporta che le specie di sinistra della semireazione sono gli *ossidanti* e le specie di destra i *riducenti*.

2. *Ciascuna semireazione può avvenire come è scritta (riduzione) oppure in senso contrario (ossidazione).* A seconda dalle condizioni sperimentali, la semireazione può essere il catodo o l'anodo di una cella elettrochimica. Sarà il catodo (riduzione), se procede come è scritta e sarà l'anodo (ossidazione), se procede in senso contrario.
3. *Più positivo è il valore di E°, più facilmente può essere ridotta la specie di sinistra.* Se la specie si può facilmente ridurre si tratta di un forte ossidante. Quindi il fluoro $F_{2(g)}$ è il migliore ossidante ($E° = +2{,}87$ V) e lo ione $Li^{+}_{(aq)}$ è il peggiore ossidante ($E° = -3{,}05$ V) di tutta la tabella.
4. *Più negativo è il valore di E°, più facilmente avviene la reazione opposta di ossidazione, cioè da destra verso sinistra.* Perciò, il litio metallico Li è il migliore riducente e lo ione F^- è il peggiore riducente.

4. POTENZIALE NORMALE E SPONTANEITÀ DELLE REAZIONI

Le reazioni procedono *spontaneamente* quando la variazione di energia libera ΔG, associata alla reazione, è negativa. La diminuzione di energia libera di una reazione è uguale al *lavoro utile* fatto dalla reazione. Nel caso delle reazioni di ossido-riduzione, il lavoro utile non è altro che il lavoro elettrico svolto, per esempio, da una pila. Consideriamo il caso in cui reagenti e prodotti si trovino nei rispettivi stati standard: la variazione di energia libera sarà $\Delta G°$. Quale relazione esiste fra l'energia libera e il potenziale normale di una pila? La relazione tra le due grandezze è:

$$\Delta G° = -\, n\, F\, \Delta E°$$

dove n rappresenta il numero di elettroni trasferiti nella reazione di ossidoriduzione; $\Delta E°$ è il potenziale normale di cella; F è la costante di Faraday (pari a circa 96 500 coulomb, cioè alla carica di una mole di elettroni). La costante di Faraday e il numero di elettroni, scambiati nella reazione ossidoriduttiva, consentono di convertire la grandezza *intensiva* $\Delta E°$ nella grandezza *estensiva* $\Delta G°$. Da questa relazione si ricavano altre utilissime informazioni sulla spontaneità delle reazioni.

Siccome $\Delta G°$ è negativo per un processo spontaneo, ne deriva che se $\Delta E°$ *è positivo* la reazione procede nella direzione scritta. Si tratta, perciò, di una *reazione spontanea* che avviene in una *cella galvanica* (o pila). Se $\Delta E°$ è *negativo*, è indispensabile l'apporto di energia esterna perché la reazione proceda nella direzione scritta. Siamo in presenza quindi di una *reazione non spontanea*, la quale può accadere soltanto in una *cella elettrolitica*, a spese dell'energia elettrica fornita.

Come si progetta una pila

La scala dei potenziali standard di riduzione è una guida indispensabile per stabilire la spontaneità e il verso di una reazione, nonché per la progettazione di pile.

Come sappiamo, ogni reazione di ossidoriduzione può essere suddivisa in due semireazioni: in una si verifica la reazione di riduzione, nell'altra quella di ossidazione.

Supponiamo di dover decidere fra due semireazioni, che in tabella sono scritte come riduzioni, quale avverrà nella stessa direzione in cui è scritta e quale invece avverrà nella direzione opposta, (ossidazione), fornendo così gli elettroni necessari. Leggendo con attenzione la ▸tabella 3.1, si può rapidamente stabilire che la riduzione è a carico della semireazione che ha il valore di $E°$ *più alto*. L'altra semireazione, di conseguenza, si scriverà come ossidazione, cioè invertendone il verso da destra verso sinistra. Le due semireazioni da confrontare si scrivono ponendo sopra la semireazione con $E°$ maggiore.

Per comprendere meglio quanto detto vediamo come si opera concretamente. Consideriamo le due seguenti reazioni:

$$Ca^{2+}{}_{(aq)} + Fe_{(s)} \rightarrow Ca_{(s)} + Fe^{2+}{}_{(aq)}$$
$$Fe^{2+}{}_{(aq)} + Ca_{(s)} \rightarrow Fe_{(s)} + Ca^{2+}{}_{(aq)}$$

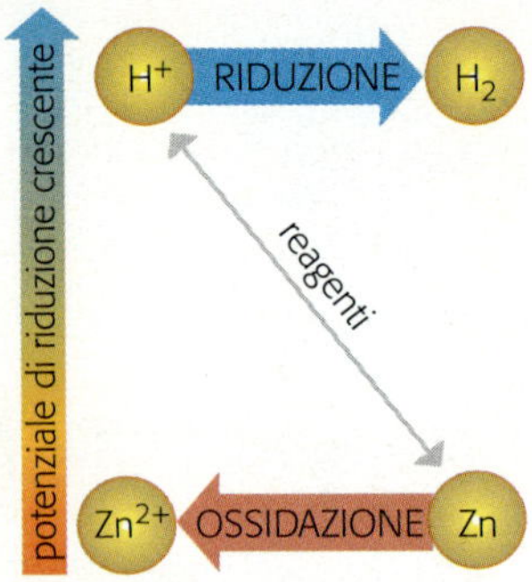

FIGURA 3.10 Le reazioni spontanee avvengono fra le specie in alto a sinistra (ossidanti) e le specie in basso a destra della scala dei potenziali standard e non viceversa.

Quale delle due reazioni redox avviene *spontaneamente?* Per rispondere, consultiamo la tabella 3.1 e scriviamo le semireazioni con il relativo valore di $E°$:

$$Fe^{2+} + 2e^- \rightarrow Fe \qquad E° = -0{,}44\ V$$
$$Ca^{2+} + 2e^- \rightarrow Ca \qquad E° = -2{,}76\ V$$

Il valore maggiore di $E°$ (ossia il meno negativo) appartiene alla coppia Fe^{2+}/Fe; perciò, la reazione spontanea è quella che comporta la riduzione di Fe^{2+}. La freccia rossa indica l'andamento della reazione:

$$Fe^{2+} + 2e^- \rightarrow Fe$$
$$Ca^{2+} + 2e^- \rightarrow Ca$$

Dunque, come si può vedere seguendo la freccia rossa, la semireazione che interessa il calcio è una reazione di *ossidazione*:

$$Ca \rightarrow Ca^{2+} + 2e^-$$

Nella nostra pila, quindi, la semireazione di riduzione di Fe^{2+} a Fe avviene al catodo e la semireazione di ossidazione di Ca a Ca^{2+} all'anodo della pila figura 3.10:

catodo (+): riduzione	$Fe^{2+} + 2e^- \rightarrow Fe$	$E° = -0{,}44\ V$
anodo (−): ossidazione	$Ca \rightarrow Ca^{2+} + 2e^-$	$E° = -2{,}76\ V$
somma delle semireazioni	$Fe^{2+}{}_{(aq)} + Ca_{(s)} \rightarrow Fe_{(s)} + Ca^{2+}{}_{(aq)}$	

Qual è il potenziale standard di questa ipotetica pila? Possiamo calcolarlo con l'equazione seguente:

$$\Delta E°_{pila} = E°_{catodo} - E°_{anodo} = E°_{Fe^{2+}/Fe} - E°_{Ca^{2+}/Ca}$$

$$\Delta E°_{pila} = -\,0{,}44\ V - (-2{,}76\ V) = -\,0{,}44\ V + 2{,}76\ V = +\,2{,}32\ V$$

FIGURA 3.11 Reazione di ossido-riduzione fra rame metallico e una soluzione di $AgNO_3$. Gli ioni Ag^+ attraggono con più forza gli elettroni e quindi si riducono più facilmente:

$Ag^+{}_{(aq)} + e^- \rightarrow Ag_{(s)}$
$E° = +\,0{,}80\ V$

$Cu^{2+}{}_{(aq)} + e^- \rightarrow Cu_{(s)}$
$E° = +\,0{,}34\ V$

Un altro esempio è rappresentato nella figura 3.11. Potremmo progettare una pila dove al catodo avviene la riduzione degli ioni Ag^+ e all'anodo avviene l'ossidazione del Cu, secondo la reazione redox complessiva:

$$2Ag^+{}_{(aq)} + Cu_{(s)} \rightarrow 2Ag_{(s)} + Cu^{2+}{}_{(aq)}$$

Il voltaggio di una pila non dipende dal numero di moli di elettroni o di ioni che prendono parte alla reazione, ma solo dalle semireazioni che in essa si verificano e, in misura minore, dalla concentrazione delle specie in soluzione e dalla temperatura. Il $\Delta E°$, infatti, è una grandezza intensiva. In tutti i casi:

Il flusso di elettroni esterni avviene verso la semicella contenente le specie che attraggono maggiormente gli elettroni.

5. LE PILE IN COMMERCIO

Pila a secco e pila alcalina

Le comuni pile a secco usano lo zinco come agente riducente e MnO_2 come agente ossidante ▸figura 3.12.

Le reazioni della pila a secco sono complicate e su di esse non c'è un accordo generale. L'equazione di reazione più diffusa è la seguente:

$$Zn_{(s)} + 2MnO_{2(s)} + 2NH_4{}^+{}_{(aq)} \rightarrow Zn(NH_3)_2{}^{2+}{}_{(aq)} + 2MnO(OH)_{(s)}$$

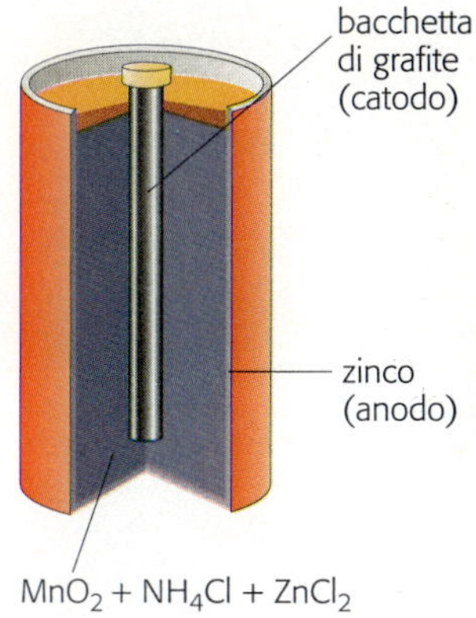

FIGURA 3.12 Schema di una pila a secco.

Questa pila, quando è carica, ha una differenza di potenziale di 1,5 V fra anodo e catodo.

Nelle più comuni *pile alcaline* ▸figura 3.13, l'agente riducente è sempre lo zinco e l'agente ossidante il biossido di manganese, ma l'elettrolita non è più il cloruro d'ammonio, bensì una soluzione acquosa di idrossido di potassio.

Durante la scarica avvengono una serie di reazioni, che possiamo riassumere con la seguente equazione:

FIGURA 3.13 Comuni pile alcaline.

$$Zn_{(s)} + 2MnO_{2(s)} + 2H_2O + 2OH^- \rightarrow Zn(OH)_4{}^{2-}{}_{(aq)} + 2MnO(OH)_{(s)}$$

Queste pile hanno una maggiore durata e una maggiore stabilità di voltaggio. Il costo più elevato deriva dall'involucro che deve essere a perfetta tenuta, per evitare perdite dell'idrossido di potassio, che è corrosivo.

L'accumulatore al piombo

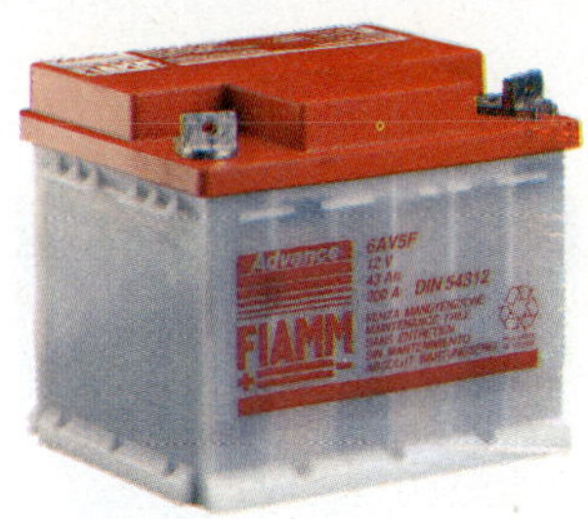

FIGURA 3.14 La batteria per automobili è un esempio di accumulatore.

Lo svantaggio della pila a secco consiste nel fatto che, quando si scarica, non è più possibile ricaricarla; gli accumulatori, invece, possono essere usati per periodi abbastanza lunghi, proprio perché sono ricaricabili ▸figura 3.14. Il più noto fra gli accumulatori è quello al piombo. Le reazioni reversibili agli elettrodi di un accumulatore al piombo sono illustrate sotto:

anodo (−): ossidazione	$Pb_{(s)} + SO_4{}^{2-}{}_{(aq)} \rightarrow PbSO_{4(s)} + 2e^-$	$E° = -0{,}36$ V
catodo (+): riduzione	$PbO_{2(s)} + 4H^+{}_{(aq)} + SO_4{}^{2+}{}_{(aq)} + 2e^- \rightarrow PbSO_{4(s)} + 2\,H_2O_{(l)}$	$E° = +1{,}69$ V
somma delle semireazioni	$Pb_{(s)} + PbO_{2(s)} + 4H^+{}_{(aq)} + 2SO_4{}^{2-}{}_{(aq)} \underset{\text{ricarica}}{\overset{\text{scarica}}{\rightleftarrows}} 2PbSO_{4(s)} + 2H_2O_{(l)}$	

In base al processo globale, la concentrazione dell'elettrolita (H_2SO_4) diminuisce durante la scarica. La differenza di potenziale fra una di queste coppie di elettrodi è di circa 2 volt, perciò le batterie delle automobili (che sono generalmente di 12 volt) utilizzano 6 elementi del tipo descritto sopra, collegati in serie.

La batteria, dopo essere stata «scaricata» dall'accensione del motore, viene ricaricata durante la marcia, convertendo in energia elettrica una parte dell'energia generata dal motore a scoppio.

ESPERIMENTO Pulire l'argenteria con una pila.

Gli oggetti d'argento, anneriti superficialmente, possono riacquistare il loro originale splendore con questo semplice metodo.

Sciogli un cucchiaio di sale e un cucchiaio di bicarbonato per ogni 100 mL d'acqua e riscalda la soluzione fino a incipiente ebollizione. Poni l'oggetto d'argento sul fondo di una vaschetta d'alluminio (del tipo per la cottura dei cibi) e versa la soluzione salina calda fino a coprirlo. Attendi un'ora. Pulisci l'oggetto con un panno e bicarbonato in polvere e infine sciacqua con acqua. Si garantiscono risultati sorprendenti!

Infatti con questo metodo si forma una pila fra alluminio e argento: l'alluminio si ossida, cedendo i suoi elettroni ai prodotti dell'ossidazione dell'argento, i quali si riducono restituendo l'argento metallico ▶figura 3.15.

FIGURA 3.15 Come si puliscono gli oggetti d'argento per via elettrochimica.

6. LA CORROSIONE

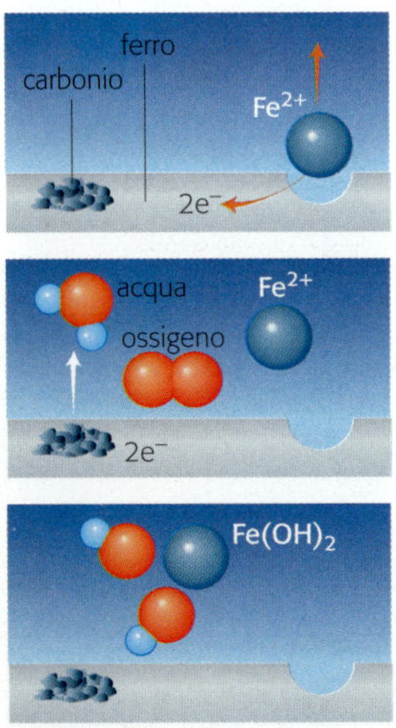

FIGURA 3.16 Sul granulo di carbonio (nero) avviene la riduzione di O_2 a OH^-. Si forma subito l'idrossido di ferro (II), che subisce successivamente l'ossidazione a ferro Fe^{3+}, dal quale si ottiene la ruggine: $Fe_2O_3 \cdot H_2O$

Gli oggetti metallici si corrodono facilmente in ambiente umido, mentre in ambiente secco, come per esempio nel deserto, gli oggetti resistono più a lungo. Difatti, le armi lasciate sul campo nel Sahara, alla fine della seconda guerra mondiale, sono ancora in buono stato di conservazione.

La corrosione dell'acciaio, ma sopprattutto di tutti gli oggetti che contengono ferro, è dovuta all'ossidazione del Fe. Si forma, cioè, una pila ferro-ossigeno, in cui il ferro è il polo negativo della pila. Il metallo si ossida a ione Fe^{2+}, costituendo l'anodo della pila. L'acciaio contiene pure una piccola quantità di carbonio, che agisce da polo positivo, come se fosse un elettrodo inerte di grafite. Su questo elettrodo avviene la riduzione dell'ossigeno dell'aria. L'elettrodo di carbonio è il catodo positivo della pila ferro ossigeno.

Le due semireazioni sono:

anodo (−): ossidazione	$2\,Fe_{(s)} \rightarrow 2\,Fe^{2+}{}_{(aq)} + 4e^-$
catodo (+): riduzione	$O_{2(g)} + 2\,H_2O_{(l)} + 4\,e^- \rightarrow 4\,OH^-{}_{(aq)}$

L'equazione di reazione completa è:

$$2\,Fe_{(s)} + O_{2(g)} + 2\,H_2O_{(l)} \rightarrow 2\,Fe^{2+}{}_{(aq)} + 4\,OH^-{}_{(aq)}$$

La formazione della **ruggine** è la continuazione di questo processo ▶figura 3.16. Lo ione Fe^{2+} è ossidato dall'ossigeno a Fe^{3+} e reagisce con gli ioni OH^- per dare prima $Fe(OH)_3$ e poi $Fe_2O_3 \cdot H_2O$ (ruggine).

Un sistema ingegnoso per prevenire la corrosione del ferro è la *protezione catodica*. Se si vuole impedire la formazione di ruggine, per esempio su di un serbatoio di acciaio interrato, lo si protegge sacrificando una barra di metallo più attivo (magnesio o zinco). Si costruisce, cioè, un pila nella quale l'anodo è la barra di magnesio, che se ne va lentamente in soluzione (come Mg^{2+}) proteggendo il catodo dalla corrosione. L'elettrodo di magnesio è chiamato *anodo sacrificale*, in quanto sacrifica i suoi elettroni (che vanno all'H_2O e all'O_2) per risparmiare quelli del ferro.

Nelle costruzioni navali o aeronautiche, la corrosione anodica può essere evitata impedendo il contatto elettrico tra le parti costituite da metalli diversi. I metalli devono essere trattati per proteggerli dagli agenti ossidanti, grazie a speciali rivestimenti di cromati e resine speciali (passivazione).

7. LA CELLA ELETTROLITICA

Grazie alla pila di Volta, nel 1800 W. Nicolson e A. Carlisle effettuarono la prima elettrolisi dell'acqua. Essi dimostrarono che si trattava di un composto e non di una sostanza elementare come era stata considerata prima di allora.

Finora abbiamo considerato esempi di pile, cioè di celle che convertono l'energia chimica in energia elettrica. Nelle celle elettrolitiche avviene il contrario: l'energia elettrica viene trasformata in energia chimica, attraverso reazioni di ossido-riduzione che sono provocate dalla corrente elettrica.

Nelle celle elettrolitiche si realizza la trasformazione di energia elettrica in energia chimica.

La figura 3.17 illustra la differenza tra una pila Daniell (fem 1,10 V) e una cella elettrolitica: in pratica, è sufficiente collegare la pila a un generatore di corrente in grado di creare una fem maggiore di 1,10 V. I segni degli elettrodi si invertono e gli elettroni sono spinti nella direzione opposta, determinando la riduzione dello ione zinco Zn^{2+} in soluzione e l'ossidazione del rame metallico; dato che *all'anodo avviene sempre l'ossidazione e al catodo avviene sempre la riduzione*, nella cella elettrolitica l'**anodo** è il **polo positivo** e il **catodo** è il **polo negativo** (verso cui si dirigono gli ioni Zn^{2+}):

anodo (+): ossidazione	$Cu_{(s)} \rightarrow Cu^{2+}{}_{(aq)} + 2e^-$
catodo (−): riduzione	$Zn^{2+}{}_{(aq)} + 2\,e^- \rightarrow Zn_{(s)}$

Esaminiamo ora il comportamento di un sale fuso, di un sale in soluzione e delle soluzioni diluite nell'elettrolisi.

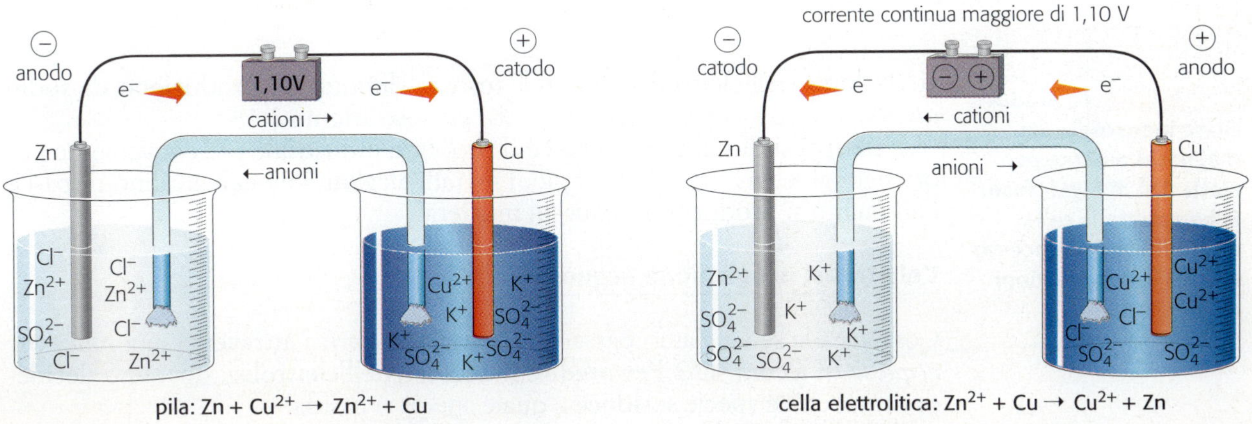

FIGURA 3.17 Sia nella cella elettrochimica sia in quella elettrolitica all'anodo avviene la reazione di ossidazione mentre al catodo si verifica la reazione di riduzione. Nelle due celle però il nome degli elettrodi è invertito perché si inverte anche la reazione redox.

L'elettrolisi di NaCl fuso

L'elettrolisi inizia appena gli elettrodi di carbone, immersi nel sale fuso (a una temperatura di 801 °C), sono collegati con i poli di una batteria. Gli elettroni provenienti dalla batteria, attraverso il polo negativo, sono catturati dagli ioni Na^+, che si riducono a Na metallico:

catodo (−): riduzione	$Na^+_{(l)} + 1e^- \rightarrow Na_{(l)}$

Siccome il processo è una *riduzione*, il polo negativo della cella elettrolitica sarà il *catodo*. L'altro elettrodo sarà il polo positivo. Gli ioni cloruro (Cl^-) arrivano all'*anodo* positivo, cedono gli elettroni all'elettrodo e si *ossidano* a cloro elementare. Si ricordi che la molecola del cloro è costituita da due atomi di cloro.

anodo (+): ossidazione	$Cl^-_{(aq)} \rightarrow \frac{1}{2} Cl_{2(g)} + 1e^-$

Se sommiamo le due semireazioni, otteniamo il processo globale:

catodo (−): riduzione	$Na^+_{(l)} + 1e^- \rightarrow Na_{(l)}$
anodo (+): ossidazione	$Cl^-_{(aq)} \rightarrow \frac{1}{2} Cl_{2(g)} + 1e^-$
somma delle semireazioni	$Na^+_{(l)} + Cl^-_{(aq)} \rightarrow \frac{1}{2} Cl_{2(g)} + Na_{(l)}$

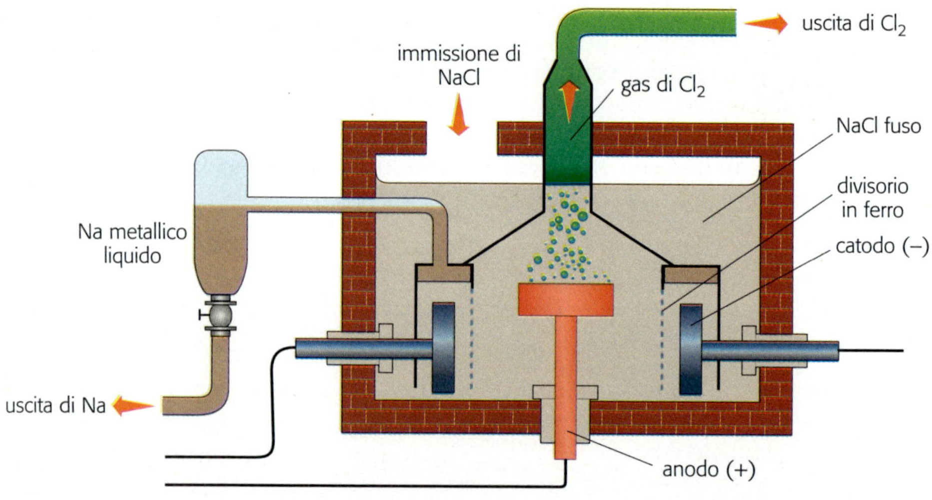

FIGURA 3.18 Schematizzazione dell'elettrolisi di NaCl fuso. Nel processo industriale l'anodo è di ferro e il catodo è di grafite; inoltre i due elettrodi sono concentrici. A NaCl viene aggiunto anche $CaCl_2$ per abbassare il punto di fusione a ~ 600 °C.

PROVA TU **La produzione industriale del magnesio avviene per elettrolisi di $MgCl_2$ fuso. Schematizza la cella elettrolitica del processo e scrivi le semireazioni agli elettrodi.**

Il risultato dell'elettrolisi di NaCl fuso è, dunque, la produzione di sodio metallico fuso e cloro molecolare (Cl_2) gassoso ▸figura 3.18.

L'elettrolisi di sali e ossidi fusi è il processo industriale più conveniente per ottenere gli elementi; per esempio, i metalli alcalini, i metalli alcalino-terrosi e l'alluminio si producono in questa maniera.

L'elettrolisi in soluzione acquosa

Cosa accade se facciamo passare la corrente elettrica attraverso una *soluzione acquosa* di alcuni sali? Per predire il decorso dell'elettrolisi, dovremo decidere prima quale specie si riduce e quale specie si ossida.

Prendiamo una soluzione acquosa di $KI_{(aq)}$, che contiene ioni K^+, ioni I^- e molecole d'acqua. Cominciamo dalla reazione di riduzione: lo ione I^- è già ridotto, perciò la riduzione potrà interessare soltanto lo ione K^+ e le molecole d'acqua. Ricaviamo dalla tabella dei potenziali normali le reazioni e i potenziali delle due specie:

$$2\,H_2O_{(l)} + 2e^- \rightarrow H_{2(g)} + 2\,OH^-_{(aq)} \qquad E°_{rid} = -\,0{,}83\ V$$
$$K^+_{(aq)} + e^- \rightarrow K_{(s)} \qquad E°_{rid} = -2{,}93\ V$$

Effettuata l'elettrolisi, si ha sviluppo di H_2 gassoso al catodo. È il segnale che la riduzione è avvenuta a carico dell'acqua. Possiamo affermare che:

Al catodo di una cella elettrolitica si riduce la specie che possiede il valore di $E°$ più positivo (oppure meno negativo).

Nel caso esaminato, l'acqua ha $E° = -0{,}83$ V, cioè il potenziale meno negativo dei due.

Passiamo alla reazione di ossidazione, che si sviluppa all'anodo. Lo ione potassio si trova già nel suo stato massimo di ossidazione e, quindi, non potrà essere ossidato. Invece, sia I^- che H_2O possono essere ossidati. Dalla tabella ricaviamo le reazioni e i potenziali standard. Per condurre un confronto ragionato, conviene: invertire la direzione delle reazioni di riduzione della tabella e cambiare segno ai potenziali $E°$.

$$2\,I^-_{(aq)} \rightarrow I_2 + 2e^- \qquad E°_{oss} = -\,0{,}54\ V$$
$$6\,H_2O_{(l)} \rightarrow O_{2(g)} + 4\,H_3O^+ + 4e^- \qquad E°_{oss} = -\,1{,}23\ V$$

Alla fine dell'elettrolisi, all'anodo si notano i granuli, di colore viola, dello iodio molecolare I_2. Quindi, l'elettrolisi ha ossidato lo ione ioduro e non l'acqua. Pertanto:

All'anodo di una cella elettrolitica si ossida la specie che possiede il valore del potenziale di ossidazione più positivo (oppure meno negativo).

La coppia I_2/I^- ha un potenziale di ossidazione meno negativo di quello dell'acqua e quindi si ossida. Analoghe considerazioni valgono per tutte le altre soluzioni acquose. Le reazioni agli elettrodi di una cella elettrolitica contenenti soluzioni acquose sono quindi quelle che richiedono il voltaggio più basso possibile. In conclusione:

1. *Uno ione metallico può essere ridotto al catodo se possiede un potenziale $E°$ maggiore (più positivo) del potenziale di riduzione dell'acqua (− 0,83 V).* Per questo motivo gli ioni Na^+, Li^+, K^+, Al^{3+}, possono essere ridotti solo se i loro sali sono allo stato fuso e non in soluzione acquosa.

2. *Una specie può essere ossidata in soluzione acquosa se possiede un potenziale di ossidazione ($-E°$) più positivo dell'acqua (−1,23 V).* Per esempio, $F^-_{(aq)}$ non può essere ossidato in soluzione acquosa; al suo posto sarà ossidata l'acqua e si otterrà ossigeno molecolare $O_{2(g)}$.

L'elettrolisi dell'acqua

Il prossimo esempio riguarda l'elettrolisi della *soluzione diluita di un sale*, il solfato di sodio:

$$Na_2SO_4 \rightarrow 2Na^+ + SO_4^{2-}$$

Le semireazioni di ossidazione e riduzione, provocate dalla corrente continua, interessano direttamente l'acqua e la decompongono nei suoi elementi costitutivi, l'idrogeno e l'ossigeno. Al polo negativo (*catodo*) si avrà la *riduzione* con formazione di H_2 gassoso, e al polo positivo (*anodo*) si avrà la l'*ossidazione* dell'acqua, con produzione di O_2 gassoso.

catodo (−): riduzione	$2\,H_2O_{(l)} + 2e^- \rightarrow H_{2(g)} + 2\,OH^-{}_{(aq)}$
anodo (+): ossidazione	$H_2O_{(l)} \rightarrow \frac{1}{2}\,O_{2(g)} + 2\,H^+{}_{(aq)} + 2e^-$
somma delle semireazioni	$3\,H_2O_{(l)} \rightarrow H_{2(g)} + \frac{1}{2}\,O_{2(g)} + 2\,H^+{}_{(aq)} + 2\,OH^-{}_{(aq)}$

Gli ioni H^+ prodotti all'anodo e gli OH^- formatisi al catodo si ricombinano per dare 2 molecole d'acqua:

$$2H^+{}_{(aq)} + 2OH^-{}_{(aq)} \rightarrow 2H_2O_{(l)}$$

Quindi la reazione completa può essere scritta così:

$$H_2O_{(l)} \rightarrow H_{2(g)} + \frac{1}{2}\,O_{2(g)}$$

$$\text{1 mole} \quad \text{1 mole} \quad \frac{1}{2}\text{mole}$$

il volume di H_2 è 2 volte quello dell'O_2

Aggiungendo qualche goccia di soluzione di indicatore universale, al catodo comparirà una colorazione *blu* (dovuta agli ioni OH^-) e all'anodo una colorazione *rossa* (dovuta agli ioni H^+ prodotti nell'elettrolisi) ▸figura 3.19.

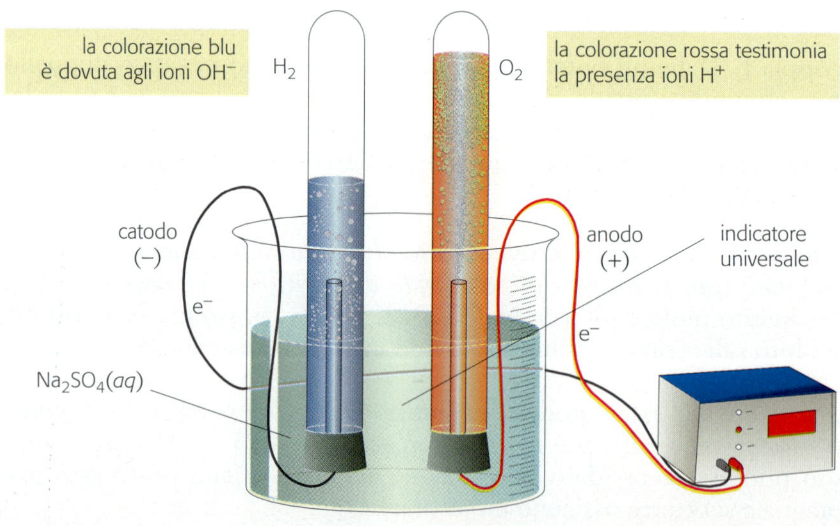

FIGURA 3.19 Elettrolisi di Na_2SO_4 diluito. Il volume di idrogeno prodotto è esattamente doppio di quello di ossigeno.

Gli ioni spettatori SO_4^{2-} e Na^+, pur non prendendo parte ai processi che avvengono agli elettrodi, sono essenziali poiché garantiscono il trasporto della carica nell'elettrolita.

Anche gli *acidi diluiti* e le *basi diluite* portano alla formazione di H_2 e O_2 gassosi agli elettrodi. Le reazioni ossido-riduttive sono schematizzate qui di seguito:

Acidi diluiti

catodo (−): riduzione	$2\,H^+_{(aq)} + 2e^- \rightarrow H_{2(g)}$
anodo (+): ossidazione	$H_2O_{(l)} \rightarrow \frac{1}{2} O_{2(g)} + 2\,H^+_{(aq)} + 2e^-$
somma delle semireazioni	$H_2O_{(l)} \rightarrow \frac{1}{2} O_{2(g)} + H_{2(g)}$

Basi diluite

catodo (−): riduzione	$2H_2O_{(l)} + 2e^- \rightarrow H_{2(g)} + 2OH^-_{(aq)}$
anodo (+): ossidazione	$2OH^-_{(aq)} \rightarrow \frac{1}{2} O_{2(g)} + H_2O_{(l)} + 2e^-$
somma delle semireazioni	$H_2O_{(l)} \rightarrow \frac{1}{2} O_{2(g)} + H_{2(g)}$

Per gli acidi cambia la semireazione al catodo, per le basi cambia la semireazione di ossidazione all'anodo; il resto rimane come nel caso dei sali diluiti. Si può così concludere:

La decomposizione elettrolitica dell'acqua nei suoi componenti è caratteristica della maggior parte delle soluzioni diluite di acidi, basi e sali.

8. LE LEGGI DI FARADAY

Grazie al fisico inglese Michael Faraday e alle sue leggi sull'elettrolisi, siamo in grado di stabilire il rapporto tra la quantità di corrente che passa in una cella elettrolitica e la quantità di sostanza che si forma agli elettrodi.

Come si misura l'elettricità che passa in una cella elettrolitica? La misura della *quantità* di carica elettrica trasportata dalla corrente è il coulomb (C):

$$1 \text{ coulomb} = 1 \text{ ampère} \times \text{secondo};\ 1\,C = 1\,A \cdot s$$

Per esempio, una corrente dell'intensità di 4 ampère che attraversa una cella per 10 minuti ($10 \cdot 60 = 600$ s), corrisponde a:

$$4\,A \times 600\,s = 2400\,C$$

Per comprendere il lavoro di Faraday bisogna ricordare alcune considerazioni fatte in precedenza. Le reazioni agli elettrodi, come abbiamo visto, accettano o cedono elettroni. Fissiamo per un attimo la nostra attenzione sulle equazioni di *riduzione catodica* di metalli monovalenti (M^+), bivalenti (M^{2+}) e trivalenti (M^{3+}):

catodo (−): riduzione	$M^+ + 1e^- \rightarrow M$
catodo (−): riduzione	$M^{2+} + 2e^- \rightarrow M$
catodo (−): riduzione	$M^{3+} + 3e^- \rightarrow M$

Il consumo di elettroni, come si può vedere, è il doppio per uno ione bivalente, il triplo per uno trivalente rispetto a quanto richiesto per uno ione mono-

I 96 486 coulomb di carica negativa, cioè i $6{,}022 \times 10^{23}$ elettroni, sono bilanciati da altrettanti coulomb di carica positiva; infatti la soluzione è sempre neutra.

valente *qualsiasi*. Analogo discorso vale per le ossidazioni anodiche. Dato che la quantità di elettricità è proporzionale alla quantità di elettroni, possiamo enunciare la prima **legge di Faraday**:

La quantità di sostanza decomposta nell'elettrolisi, e quindi anche la quantità di sostanza formatasi agli elettrodi, è proporzionale alla quantità di elettricità che attraversa la sostanza.

La prima legge di Faraday evidenzia la proporzionalità fra la quantità di elettricità scambiata e la quantità di prodotti ottenuti agli elettrodi.

La **seconda legge di Faraday** introduce il concetto di equivalente elettrochimico:

La stessa quantità di elettricità produce, agli elettrodi di celle differenti, quantità di sostanza proporzionali ai rispettivi equivalenti elettrochimici.

Per ottenere 1 mol di un elemento monovalente occorre far passare nella cella 1 mol di elettroni, cioè 1 mol di elettricità; questa mole di elettricità è chiamata **faraday** (F) e si calcola moltiplicando la carica di un elettrone per il numero di Avogadro:

$$1 \text{ faraday} = 1 \text{ mol elettricità} = 1{,}6022 \cdot 10^{-19}\ \text{C} \times 6{,}0221 \cdot 10^{23} = 96\,486\ \text{C}$$

La quantità di sostanza che si deposita agli elettrodi quando nel circuito passa una corrente di 1 F è chiamata *equivalente elettrochimico*.
Quindi facendo passare 1 F di corrente (cioè una mole di elettroni) in una cella elettrolitica, si depositerà mezza mole di un elemento bivalente (come il rame) o 1/3 di mole di un elemento trivalente (come l'alluminio).

La definizione, quindi, richiama l'attenzione sul numero di elettroni coinvolti nelle semireazioni di ossidazione e di riduzione agli elettrodi.

Ciò che abbiamo detto è riassunto nella tabella 3.2.

TABELLA 3.2

Semireazione					Peso atomico o peso molecolare	Numero di elettroni acquistati o perduti	Grammi liberati al passaggio di 1 faraday		
Na^+	+	1e-	→	Na	23	1	23	g	(1 mol)
Ag^+	+	1e-	→	Ag	107,9	1	107,9	g	(1 mol)
Mg^{2+}	+	2e-	→	Mg	24,3	2	12,15	g	(0,5 mol)
Cu^{2+}	+	2e-	→	Cu	63,5	2	31,75	g	(0,5 mol)
$Al_3{}^+$	+	3e-	→	Al	27	3	9	g	(1/3 di mole)
$2Cl^-$	→	Cl_2	+	2e-	71	2	35,5	g	(0,5 mol)

PROVA TU **Nell'elettrolisi di una soluzione di $CuSO_4$, al catodo si ottiene rame metallico e all'anodo ossigeno (O_2). Calcola i grammi di rame prodotto se 2 faraday di elettricità passano nella cella elettrolitica. Scrivi e bilancia le reazioni agli elettrodi.**

1. REAZIONI SPONTANEE E REAZIONI NON SPONTANEE

1. Quale metallo reagisce spontaneamente con gli ioni rame Cu^{2+}?

A Au B Ag
C Zn D Hg

2. Quale metallo reagisce spontaneamente con gli ioni rame Cu^{2+}?

A Mg B Ag
C Pd D Hg

3. Data la reazione
$Mg + ZnCl_2 \rightarrow MgCl_2 + Zn$
quale affermazione riguardante il magnesio è corretta?

A è stato ossidato e ha perso due elettroni
B è stato ossidato e ha guadagnato due elettroni
C è stato ridotto e ha guadagnato due elettroni
D è stato ridotto e ha perso due elettroni

4. Data la reazione
$Ca + NiCl_2 \rightarrow CaCl_2 + Ni$
il numero di ossidazione del cloro:

A aumenta
B diminuisce
C è +1
D rimane lo stesso

5. Data la reazione
$Zn + Cu^{2+} \rightarrow Zn^{2+} + Cu$
il riducente:

A guadagna protoni
B guadagna elettroni
C perde protoni
D perde elettroni

6. In una reazione redox il riducente:

A perde sempre elettroni
B perde talvolta protoni
C acquista sempre protoni
D acquista sempre elettroni

7. Il piombo nella semireazione:
$Pb \rightarrow Pb^{2+} + 2e^-$:

A guadagna protoni
B perde elettroni
C perde protoni
D è ridotto

2. LE PILE

8. Nella pila la cui reazione è
$Zn + Cu^{2+} \rightarrow Zn^{2+} + Cu$
l'agente ossidante è:

A Zn B Cu
C Zn^{2+} D Cu^{2+}

9. Quale semireazione rappresenta una riduzione?

A $Sn \rightarrow Sn^{2+} + 2e^-$
B $Sn^{2+} \rightarrow Sn + 2e^-$
C $Sn + 2e^- \rightarrow Sn^{2+}$
D $Sn^{2+} + 2e^- \rightarrow Sn$

10. La semireazione di una pila è:
$Mg \rightarrow Mg^{2+} + 2e^-$. Il magnesio:

A guadagna elettroni all'anodo
B perde elettroni all'anodo
C guadagna elettroni al catodo
D perde elettroni al catodo

11. Data la reazione
$Zn_{(s)} + Cu^{2+}_{(aq)} \rightarrow Zn^{2+}_{(aq)} + Cu_{(s)}$
l'elettrodo negativo della pila è:

A $Cu_{(s)}$ B $Zn_{(s)}$
C $Zn^{2+}_{(aq)}$ D $Cu^{2+}_{(aq)}$

12. Durante il funzionamento della pila Daniell la massa dell'elettrodo di rame:

A aumenta
B diminuisce
C rimane invariata
D cresce la concentrazione di Cu^{2+}

13. Durante il funzionamento della pila alluminio-nichel la massa dell'elettrodo di alluminio:

A aumenta
B diminuisce
C rimane invariata
D cresce la concentrazione di Ni^{2+}

VERIFICHE

14. Le seguenti proposizioni riguardano il funzionamento della pila; indica quelle vere.
   A gli elettroni sono scambiati attraverso il ponte salino
   B l'ossidazione e la riduzione non avvengono simultaneamente
   C il polo positivo della pila è dalla parte dell'ossidante più forte
   D all'elettrodo positivo avviene l'ossidazione
   E per far crescere la differenza di potenziale della pila bisogna aumentare la superficie degli elettrodi

15. Data la pila Cr / Cr^{3+} // Cu^{2+} /Cu, in condizioni standard la sostanza che agisce da ossidante è:
   A $Cu_{(s)}$
   B $Cu^{2+}{}_{(aq)}$
   C $Cr_{(s)}$
   D $Cr^{3+}{}_{(aq)}$

16. In una pila, la funzione del ponte salino è quella di permettere il passaggio di:
   A elettroni
   B neutroni
   C molecole
   D ioni

17. La reazione della pila alluminio-nichel è $2Al + 3Ni^{2+} \rightarrow 2Al^{3+} + 3Ni$.
Quale specie si riduce?
   A Al
   B Ni^{2+}
   C Ni
   D Al^{3+}

18. Una pila è costituita da due semicelle Ni^{2+}/Ni e Zn^{2+}/Zn collegate da un ponte salino.
   A Qual è il polo positivo della pila?
   B Quali sono le reazioni agli elettrodi?
   C Qual è la reazione globale di funzionamento della pila?

3. LA SCALA DEI POTENZIALI NORMALI DI RIDUZIONE

19. Qual è il potenziale standard $E°$ della pila $Mg + Fe^{2+} \rightarrow Mg^{2+} + Fe$.
   A 2,81 volt
   B 2,37 volt
   C 1,92 volt
   D 0,44 volt

20. Qual è il voltaggio della pila in cui avviene la seguente reazione?
$Cu_{(s)} + Hg^{2+}{}_{(aq)} \rightarrow Cu^{2+}{}_{(aq)} + Hg_{(l)}$

21. Si vuol costruire una pila con gli elettrodi Au^{3+}/Au e Ni^{2+}/Ni. Qual è il polo positivo della pila? Qual è il potenziale prodotto dalla pila in condizioni standard?

22. Il potenziale standard dell'idrogeno è:
   A −0,41 volt
   B 0,83 volt
   C 0,00 volt
   D 0,78 volt

23. Per la reazione
$2Cr_{(s)} + 3Cu^{2+}{}_{(aq)} \rightarrow 2Cr^{3+}{}_{(aq)} + 3Cu_{(s)}$
il potenziale $E°$ della pila è:
   A 0,40 volt
   B −0,40 volt
   C +1,08 volt
   D −1,08 volt

24. Quale elemento sposta il piombo da una soluzione acquosa di $Pb(NO_3)_{2(aq)}$?
   A $Au_{(s)}$
   B Ag
   C Mg
   D Cu

25. Qual è il voltaggio per una pila che ha raggiunto l'equilibrio?
   A 1 V
   B maggiore di 1 V
   C fra 0 e 1 V
   D 0 V

26. In una pila costituita da due semicelle, gli ioni fluiscono da una semicella all'altra attraverso:
   A gli elettrodi
   B il filo esterno
   C il voltmetro
   D il ponte salino

27. Nella reazione
$2Au^{3+}{}_{(aq)} + 3Ni_{(s)} \rightarrow 3Ni^{2+}{}_{(aq)} + 2Au_{(s)}$
il potenziale della pila $E°$ è :
   A 2,26 V
   B 3,76 V
   C 1,76 V
   D 1,26 V

4. POTENZIALE NORMALE E SPONTANEITÀ DELLE REAZIONI

28. Calcola il $\Delta G°$ della pila dell'esercizio 19.

29. Calcola il $\Delta G°$ della pila dell'esercizio 20.

30. Calcola il $\Delta G°$ della pila dell'esercizio 21.

31. Se una reazione ha una differenza di potenziale positiva, la variazione di energia libera *G* è:
- A positiva
- B negativa
- C zero
- D può essere sia positiva che negativa

32. Perché una reazione redox sia spontanea il potenziale *E*° della reazione dovrà essere:
- A maggiore di zero
- B zero
- C fra 0 e −1 V
- D minore di −1 V

33. Chiudendo il circuito di una pila Daniell, gli elettroni fluiscono nel circuito esterno da:
- A Cu a Zn
- B Cu a Cu^{2+}
- C Zn a Cu
- D Zn a Zn^{2+}

5. LE PILE IN COMMERCIO

34. Considera la reazione dell'accumulatore: $Pb + PbO_2 + 2H_2SO_4 \rightarrow 2PbSO_4 + 2H_2O$. Quale stato di ossidazione assume il piombo durante la scarica?
- A Pb è ossidato a Pb^{2+}
- B Pb^{2+} è ridotto a Pb
- C Pb è ossidato a Pb^{4+}
- D Pb^{4+} è ridotto a Pb

35. In una batteria al nichel-cadmio la reazione è: $2Ni(OH)_3 + Cd \rightarrow 2Ni(OH)_2 + Cd(OH)_2$ Quale specie è ossidata durante la scarica?
- A Ni^{2+}
- B Ni^{3+}
- C Cd
- D Cd^{2+}

36. Nella batteria del precedente esercizio qual è il polo negativo?
- A $Ni(OH)_3$
- B Ni
- C Cd
- D $Cd(OH)_2$

37. La reazione redox in una batteria durante la scarica può essere descritta come:
- A non spontanea che avviene in una cella galvanica
- B spontanea che avviene in una cella galvanica
- C non spontanea che avviene in una cella elettrolitica
- D spontanea che avviene in una cella elettrolitica

38. In una batteria ricaricabile possono avvenire:
- A sia reazioni spontanee che non spontanee
- B solo reazioni spontanee
- C solo reazioni non spontanee
- D nessuna delle reazioni in A. B. C

6. LA CORROSIONE

39. Quale metallo si corrode più facilmente?
- A nichel
- B ferro
- C zinco
- D cromo

40. Quale tipo di reazione avviene nella corrosione del ferro?
- A ossido-riduzione
- B sostituzione
- C decomposizione
- D acido-base

41. Quale metallo forma uno strato protettivo, se esposto all'aria umida?
- A sodio
- B zinco
- C calcio
- D ferro

42. Quale alogeno corrode l'oro e lo trasforma in Au^{3+}?
- A F_2
- B Cl_2
- C Br_2
- D I_2

43. Consultando la tabella dei potenziali standard, stabilisci quali metalli sono attaccati dal fluoro $F_{2(g)}$ e quali dal bromo $Br_{2(l)}$.

44. Per trasformare il rame metallico in Cu^{2+} quale acido devi usare?

A HCl diluito

B HNO_3 diluito

C H_2SO_4 diluito

D H_3PO_4 diluito

45. Quale fra i seguenti metalli può essere sciolto in HCl 0,1 M?

A Sn B Cu

C Hg D Ag

46. Quale metallo si scioglie in acido nitrico?

A Au B Pt C Ag

7. LA CELLA ELETTROLITICA

47. Cosa avviene in una cella elettrolitica che contiene Cu^{2+}?

A gli ioni rame migrano verso il polo negativo

B gli ioni rame migrano verso il polo positivo

C gli ioni rame sono ossidati

D gli ioni cloruro sono ridotti

48. Quale semireazione avviene al polo negativo di una cella elettrolitica in cui un oggetto è rivestito di un sottile strato di argento?

A $Ag^+ + 1e^- \rightarrow Ag$

B $Ag + 1e^- \rightarrow Ag^+$

C $Ag \rightarrow Ag^+ + 1e^-$

D $Ag^+ \rightarrow Ag + 1e^-$

49. Nell'elettrolisi del $CaCl_2$ fuso:

A gli ioni calcio Ca^{2+} sono ridotti

B gli atomi di calcio Ca sono ridotti

C gli ioni cloruro Cl^- sono ridotti

D gli atomi di cloro sono ridotti

50. Nel processo elettrolitico per placcare un oggetto con rame metallico:

A il catodo è positivo

B il catodo è negativo

C l'anodo è negativo

D al catodo avviene la reazione di ossidazione del rame

51. Se una reazione redox avviene grazie al consumo di energia elettrica, il processo è chiamato:

A neutralizzazione

B idrolisi

C sostituzione

D elettrolisi

52. Quale metallo non si ottiene per riduzione dei minerali in un processo elettrolitico?

A Na B Li

C Au D K

53. Durante l'elettrolisi di KBr fuso, quale reazione avviene all'elettrodo positivo?

A Br^- è ridotto

B Br^- è ossidato

C K^+ è ridotto

D K^+ è ossidato

54. Quale semireazione avviene al catodo di una cella elettrolitica in cui un oggetto viene placcato con rame metallico?

A $Cu \rightarrow Cu^{2+} + 2e^-$

B $Cu + 2e^- \rightarrow Cu^{2+}$

C $Cu^{2+} + 2e^- \rightarrow Cu$

D $Cu^{2+} \rightarrow Cu + 2e^-$

55. In una cella elettrolitica lo ione Br^- è attratto da:

A elettrodo positivo ed è ossidato

B elettrodo positivo ed è ridotto

C elettrodo negativo ed è ossidato

D elettrodo negativo ed è ridotto

56. Se per l'elettrolisi dell'acqua si impiega una soluzione diluita di NaOH come elettrolita, quali sono le reazioni agli elettrodi?

57. Nell'elettrolisi del cloruro di calcio fuso, quali sono le reazioni agli elettrodi?

58. Una soluzione diluita di H_2SO_4 è sottoposta a elettrolisi; quali saranno le reazioni agli elettrodi?

59. Per avere il rame puro si elettrolizza una soluzione di Cu^{2+}, usando due elettrodi di rame. Durante l'elettrolisi il peso dell'anodo:

A aumenta

B diminuisce

C rimane invariato

60. Quale gruppo di metalli è ottenuto per riduzione elettrolitica?

A Pb, Cu   B Fe, Zn
C Al, Mg   D Au, Pd

8. LE LEGGI DI FARADAY

61. Quante moli di elettroni servono per ridurre 1 mole di Fe^{3+} a Fe^{2+}?

A 1   B 2
C 3   D 4

62. Quante moli di elettroni servono per ridurre 1 mole di Fe^{3+} a Fe?

A 1   B 2
C 3   D 4

63. Quante moli di elettroni sono necessarie per depositare 1 mole di rame metallico da una soluzione contenente ioni rame Cu^{2+}?

A 1   B 2
C 3   D 4

64. Quanti ioni zinco, ioni argento, ioni alluminio possono essere ridotti da $4 \cdot 10^{22}$ elettroni?

COSTRUISCI LA COMPETENZA

OBIETTIVO descrivere la pila Daniell

RISOLVI I SEGUENTI QUESITI

1. La durata di una pila Daniell può essere aumentata utilizzando:
A un elettrodo di zinco più grande
B un elettrodo di rame più grande
C una concentrazione di $Zn^{2+}{}_{(aq)}$ più elevata
D un setto poroso più sottile
Spiega la tua risposta.

2. Se si associa una semipila standard a idrogeno H^+/H_2 con una semipila standard Ag^+/Ag, si legge sul voltmetro +0,80. Disegna la pila che si ottiene. Scrivi le reazioni agli elettrodi e la reazione globale. In quale direzione si muovono gli elettroni? Indica l'anodo e il catodo della pila.

OBIETTIVO utilizzare i potenziali normali di riduzione per progettare pile

RISOLVI I SEGUENTI QUESITI

3. Ordina i seguenti metalli in base alla facilità con cui passano in soluzione come ioni positivi: Al, Cu, Ag, Na, K, Mg.

4. Osservando i potenziali di riduzione (tabella 3.1), quale ione metallico ha secondo te la maggior tendenza ad acquistare elettroni?

A Cu^{2+} B Zn^{2+}
C Fe^{3+} D U^{3+}

5. I potenziali normali Cu^{2+}/Cu, Ni^{2+}/Ni, Zn^{2+}/Zn sono rispettivamente +0,34 V, −0,25 V, −0,76 V. Accoppiando fra loro questi elettrodi costruisci le relative pile e:
A scrivi le semireazioni agli elettrodi
B scrivi la reazione generale di ciascuna pila
C calcola l'$E°$ di ciascuna pila
D calcola il $\Delta G°$ di ciascuna pila

6. Per ciascuna delle pile seguenti scrivi le reazioni agli elettrodi, calcola il voltaggio di ciascuna cella e stabilisci quali reazioni sono di ossidazione e quali di riduzione.
A Al / Al^{3+}, 1M // $H^+{}_{(aq)}$, 1M // $H_{2(g)}$, 1 atm / Pt
B Pt / Fe^{2+}, 1M, Fe^{3+}(1 M) // Ce^{3+}(1M), Ce^{4+}(1M) / Pt

7. Quale delle seguenti coppie fornirà, in condizioni standard di pressione e temperatura, il maggior voltaggio col semielemento $Zn^{2+}{}_{(aq)}$ 1 M/$Zn_{(s)}$?
A Mg^{2+}/Mg
B Pt, Fe^{3+}/Fe^{2+}
C Cu^{2+}/Cu
D Sn^{2+}/Sn

8. Relativamente alla seguente pila in condizioni standard
$Hg_{(l)}$ / $Hg(NO_3)_{2(aq)}$ // $AgNO_{3(aq)}$ / $Ag_{(s)}$
quale affermazione è vera?
A il $\Delta G°$ della pila è positivo
B l'argento è il catodo

C il mercurio è il polo positivo

D durante il funzionamento il mercurio si ossida.

9. Calcola i $\Delta G°$ e i potenziali standard per le seguenti pile:

A $Ni / Ni^{2+} // Sn^{2+} / Sn$

B $Fe / Fe^{2+} // Ni^{2+} / Ni$

C $Fe / Fe^{2+} // Cu^{2+} / Cu$

10. Sapendo che i potenziali normali Cu^{2+}/Cu, Ni^{2+}/Ni e Zn^{2+}/Zn sono rispettivamente +0,34 V, −0,25 V e −0,76 V, rispondi alle seguenti domande:

A se immergi una lamina di rame in una soluzione verde di $NiSO_4$, che cosa osservi?

B se immergi una lamina di zinco nella soluzione contenente $Ni^{2+}_{(aq)}$, che cosa osservi? Scrivi le eventuali reazioni.

11. Una lamina di manganese, introdotta in una soluzione di $SnCl_2$, si ricopre di stagno:

A bilancia la reazione di ossido-riduzione fra manganese e ioni Sn^{2+}

B schematizza la pila Mn^{2+}/Mn e Sn^{2+}/Sn

C scrivi le reazioni agli elettrodi

D disegna la pila in questione

12. Una pila è costituita dalle seguenti semipile: Mn^{2+}/Mn, Ni^{2+}/Ni

A schematizza la pila

B scrivi le semireazioni agli elettrodi e la reazione globale

C disegna la pila

13. Calcola l'$E°$ della pila dell'esercizio 11.

14. Calcola l'$E°$ della pila dell'esercizio 12.

15. Calcola il $\Delta G°$ della pila dell'esercizio 12.

16. Calcola l'$E°$ della pila formata dall'elettrodo $Cr_2O_7^{2-}/Cr^{3+}$ e dall'elettrodo Br_2/Br^-. Scrivi le semireazioni agli elettrodi e la reazione globale.

OBIETTIVO descrivere le principali pile in commercio

RISOLVI I SEGUENTI QUESITI

17. Se l'involucro esterno di una pila a secco fosse di magnesio e non di zinco, il voltaggio della pila sarebbe superiore o inferiore?

18. Descrivi che cosa si ossida all'anodo e che cosa si riduce al catodo durante la scarica di una batteria al piombo. Perché misuri la densità dell'elettrolita per stabilire se la batteria è carica?

OBIETTIVO spiegare il fenomeno della corrosione

RISOLVI I SEGUENTI QUESITI

19. Quale metallo non può essere usato nella protezione catodica degli scafi delle navi?

A Mg

B Cu

C Al

D Zn

20. Quale dei seguenti elementi è presente in natura solo sotto forma di composto?

A Au

B Ag

C Ne

D Na

OBIETTIVO applicare le leggi di Faraday ai processi elettrolitici

RISOLVI I SEGUENTI QUESITI

21. Perché non è possibile ottenere il sodio metallico per elettrolisi di una soluzione acquosa di NaCl?

22. Quanti grammi di argento metallico si ottengono quando in una cella elettrolitica, contenente $AgNO_3$, fluisce una corrente di 5,0 mA per $5 \cdot 10^4$ s?

23. Quanti grammi di nichel metallico ottieni in una cella elettrolitica da una soluzione di $NiCl_2$ al passaggio di una corrente di 15 mA per 20 min?

24. Quanti litri di Cl_2, a condizioni standard, sono prodotti dall'elettrolisi di una soluzione di NaCl con una corrente di 7 A in 30 min?

25. Con una corrente di 75 A si elettrolizza Al_2O_3 fuso. Quante ore ci vogliono per ottenere 75 g di alluminio?

Pensa come uno scienziato

1 Nella pila Zn/Cu, assegna il movimento degli elettroni e il movimento degli ioni. Quale dei seguenti diagrammi illustra correttamente l'andamento delle reazioni della pila?

- ☐ *a* e *d*
- ☐ *a*
- ☐ *a* e *b*
- ☐ *c*

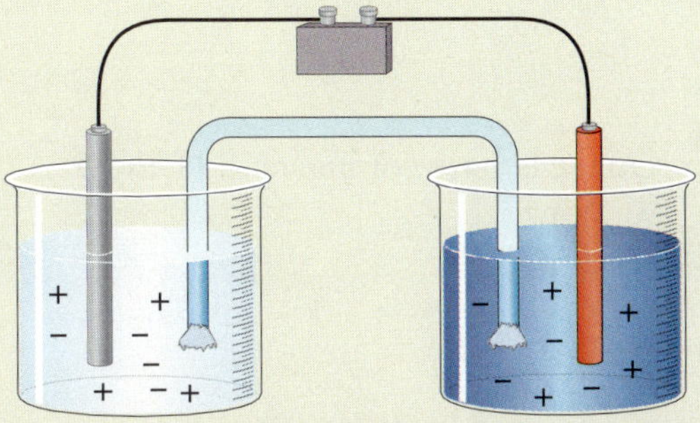

A

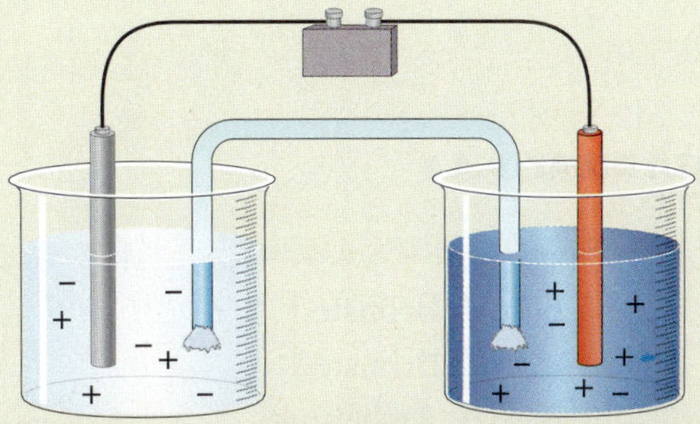

B

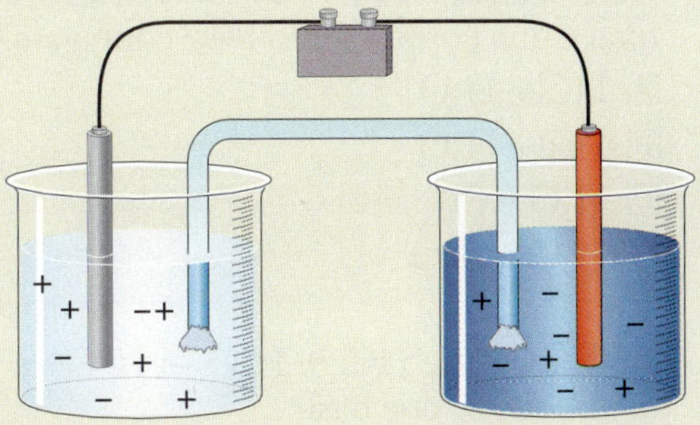

C

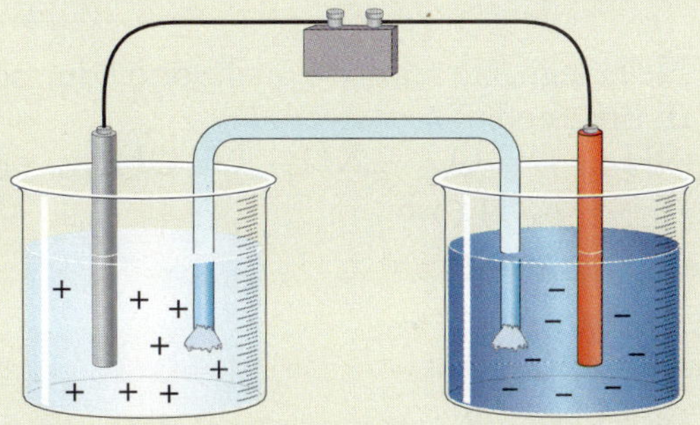

D

2 Completa la seguente tabella. Per la compilazione ricava i valori di $E°$ degli elettrodi dalla scala dei potenziali normali di riduzione.

Pila $E°_{pila}$	$E°_{anodo}$	$E°_{catodo}$
Pb / Cu		
Zn / Ag		
Cu / Ag		
Fe / Au		
Cu / Ag		

Modulo G

Verifiche

VERIFICHE

UNITÀ DIDATTICA 1

1. L'HCl è:

A una base di Brönsted

B un acido di Brönsted

C una base di Arrhenius

D è un composto neutro

2. Nella seguente reazione quali sono i due acidi di Brönsted?

$NH_{3(g)} + H_2O_{(l)} \rightarrow NH_4^+{}_{(aq)} + OH^-{}_{(aq)}$

A NH_4^+ e H_2O

B NH_3 e H_2O

C H_2O e OH^-

D NH_3 e OH^-

3. Secondo la teoria di Brönsted una base è:

A un accettore di protoni

B un donatore di protoni

C un accettore di elettroni

D un donatore di elettroni

4. Secondo la teoria di Lewis una base è:

A un accettore di protoni

B un donatore di protoni

C un accettore di elettroni

D un donatore di elettroni

5. Secondo la teoria di Brönsted un acido è:

A un accettore di protoni

B un donatore di protoni

C un accettore di elettroni

D un donatore di elettroni

6. Qual è la base coniugata di H_2PO_4?

A PO_4^{3-}

B H_3PO_4

C OH^-

D HPO_4^{2-}

7. Nella reazione $HCl + H_2O \rightarrow H_3O^+ + Cl^-$, qual è una coppia acido-base coniugata?

A HCl e H_3O^+

B HCl e H_2O

C H_2O e Cl^-

D H_2O e H_3O^+

8. Nella reazione $HCl + H_2O \rightarrow H_3O^+ + Cl^-$, quali sono le due basi?

A HCl e H_3O^+

B HCl e H_2O

C HCl e Cl^-

D H_2O e Cl^-

9. Qual è il pH a cui la concentrazione di H^+ è più alta?

A 1

B 7

C 11

D 14

10. La $[OH^-]$ è di $1 \cdot 10^{-5}$ mol/L. La soluzione è:

A basica e il pH è uguale a 9

B acida e il pH è uguale a 5

C acida e il pH è uguale a 9

D basica e il pH è uguale a 4

11. Qual è il pH in una soluzione in cui la $[OH^-]$ è $1 \cdot 10^{-6}$ mol/L :

A 8

B 3

C 10

D 11

12. Quale acido ha la base coniugata meno forte?

A HCl

B HF

C HBr

D HI

13. Un campione di 20 mL di HCl vengono neutralizzati da 10 mL di NaOH 1,5 M. Qual è la molarità di HCl?

A 0,50

B 0,75

C 4,5

D 1,5

14. Quante moli d'acqua si formano se 0,6 moli di HCl reagiscono con 0,3 moli di NaOH?

A 1

B 0,9

C 0,3

D 0,75

15. Quante moli d'acqua si formano se 0,7 moli di H_2SO_4 reagiscono con 0,7 moli di KOH?

A 0,35

B 1,4

C 0,6

D 0,7

UNITÀ DIDATTICA 2

16. Qual è il numero di ossidazione del fosforo in H_3P?

A 0

B −3

C +3

D +5

17. Nell'acido cloroso $HClO_2$ il cloro ha numero di ossidazione:

A 0

B −1

C +1

D +3

18. In $KClO_4$ il numero di ossidazione del cloro è:

A +1

B +3

C +5

D +7

19. In quale composto l'idrogeno ha numero di ossidazione +1?

A NaH

B CaH_2

C NaOH

D LiH

20. Quale cambiamento nel numero di ossidazione rappresenta una ossidazione?

A da −5 a −2

B da −2 a −4

C da 0 a −2

D da +3 a +2

21. Quando Fe^{3+} è ridotto a Fe lo ione Fe^{3+} :

A guadagna 1 elettrone

B perde 3 protoni

C guadagna 3 elettroni

D perde 3 elettroni

22. Nella reazione
$2K + 2H_2O \rightarrow 2K^+ + 2OH^- + H_2$
la sostanza ossidata è:

A H_2

B lo ione H^+

C K

D lo ione Na^+

23. Data la reazione
$Cl_{2(aq)} + 2KI_{(aq)} \rightarrow 2KCl + I_{2(aq)}$
qual è l'agente ossidante?

A Cl_2

B KCl

C KBr

D I_2

24. Negli ossidi MnO_2 e Mn_2O_3 il manganese ha numero di ossidazione:

A +1 e +2

B +1 e +3

C +4 e +3

D +2 e +4

25. Quale semireazione rappresenta correttamente una riduzione?

A $Zn^{2+} + 2e^- \rightarrow Zn$

B $Zn + 2e^- \rightarrow Zn^{2+}$

C $Zn^{2+} \rightarrow Zn + 2e^-$

D $Zn \rightarrow Zn^{2+} + 2e^-$

26. Nella reazione
$2Al_{(s)} + 3Cu^{2+}{}_{(aq)} \rightarrow 3Cu_{(s)} + 2Al^{3+}{}_{(aq)}$
lo ione Cu^{2+}:

A guadagna protoni

B perde protoni

C guadagna elettroni

D perde elettroni

27. Nella reazione
$Cr^{3+}{}_{(aq)} + Zn_{(s)} \rightarrow Cr_{(s)} + Zn^{2+}{}_{(aq)}$
il coefficiente del cromo è:

A 1

B 2

C 3

D 4

UNITÀ DIDATTICA 3

28. Data la reazione $Ca + NiCl_2 \rightarrow CaCl_2 + Ni$, il numero di ossidazione del cloro:

A aumenta

B diminuisce

C è −1

D cambia da negativo a positivo

29. Nella semireazione
$Hg \rightarrow Hg^{2+} + 2e^-$
il mercurio:

A guadagna protoni

B perde elettroni

C perde protoni

D è ridotto.

30. Quale semireazione rappresenta una ossidazione?

A $Sn \rightarrow Sn^{2+} + 2e^-$

B $Sn^{2+} \rightarrow Sn + 2e^-$

C $Sn + 2e^- \rightarrow Sn^{2+}$

D $Sn^{2+} + 2e^- \rightarrow Sn$

31. Data la reazione
$Zn_{(s)} + Cu^{2+}{}_{(aq)} \rightarrow Zn^{2+}{}_{(aq)} + Cu_{(s)}$
l'elettrodo positivo della pila è:

A $Cu_{(s)}$

B $Zn_{(s)}$

C $Zn^{2+}{}_{(aq)}$

D $Cu^{2+}{}_{(aq)}$

32. La reazione della pila alluminio – nichel è:
$2Al + 3Cu^{2+} \rightarrow 2Al^{3+} + 3Cu$
Quale specie si ossida?

A Al

B Cu^{2+}

C Cu

D Al^{3+}

33. Calcola il potenziale $\Delta E°$ della pila rappresentata dalla reazione:
$2Cr_{(s)} + 3Sn^{2+}{}_{(aq)} \rightarrow 2Cr^{3+}{}_{(aq)} + 3Sn_{(s)}$

A + 0,60 volt

B – 0,60 volt

C + 0,88 volt

D – 1,08 volt

34. In una pila costituita da due semicelle, gli elettroni fluiscono da una semicella all'altra attraverso:

A gli elettrodi

B il filo esterno

A le soluzioni

D il ponte salino

35. Nella reazione
$2Au^{3+}{}_{(aq)} + 3Cu_{(s)} \rightarrow 3Cu^{2+}{}_{(aq)} + 2Au_{(s)}$
il potenziale della pila $E°$ è :

A 2,26 V

B 1,08 V

C 1,76 V

D 1,26 V

36. Calcola il $\Delta G°$ della pila dell'esercizio 35.

37. Calcola il $\Delta G°$ della pila dell'esercizio 33.

38. Se una reazione ha una differenza di potenziale negativa, la variazione di energia libera *G* è:

- A positiva
- B negativa
- C zero
- D può essere sia positiva che negativa

39. Cosa avviene in una cella elettrolitica che contiene Ag^+?

- A gli ioni argento migrano verso il polo negativo
- B gli ioni argento migrano verso il polo positivo
- C gli ioni argento sono ossidati
- D gli ioni cloruro sono ridotti

40. Nel processo elettrolitico di argentatura di un oggetto:

- A il catodo è positivo
- B il catodo è negativo
- C l'anodo è negativo
- D al catodo avviene la reazione di ossidazione dell'argento

41. Durante l'elettrolisi di KBr fuso, quale reazione avviene all'elettrodo negativo?

- A Br^- è ridotto
- B Br^- è ossidato
- C K^+ è ridotto
- D K^+ è ossidato

42. Quale semireazione avviene all'anodo di una cella elettrolitica in cui un oggetto viene placcato con rame metallico?

- A $Cu \rightarrow Cu^{2+} + 2e^-$
- B $Cu + 2e^- \rightarrow Cu^{2+}$
- C $Cu^{2+} + 2e^- \rightarrow Cu$
- D $Cu^{2+} \rightarrow Cu + 2e^-$

43. In una cella elettrolitica lo ione Cl^- è attratto da:

- A elettrodo positivo ed è ossidato
- B elettrodo positivo ed è ridotto
- C elettrodo negativo ed è ossidato
- D elettrodo negativo ed è ridotto

44. Quante moli di elettroni servono per ridurre 2 moli di Fe^{3+} a Fe?

- A 2
- B 4
- C 6
- D 8

45. Quante moli di elettroni sono necessarie per depositare 3 moli di rame metallico da una soluzione contenente ioni rame Cu^{2+}?

- A 1
- B 3
- C 6
- D 8

Modulo

Glossario G

GLOSSARIO

Cella elettrolitica [*electrolytic cell*]: dispositivo costituito da materiali in cui si provocano reazioni chimiche facendovi passare energia elettrica con due elettrodi.

Cella galvanica o pila [*galvanic cell*]: dispositivo costituito da due semicelle, separate da un conduttore elettrolitico, in cui si realizzano una riduzione e una ossidazione con produzione di energia elettrica.

Corrosione [*corrosion*]: processo di ossidazione a carico di un metallo realizzato da materiali con cui viene a contatto.

Coulomb [*coulomb*]:unità di carica elettrica.

Disproporzione [*dispropotion*]: reazione di ossido-riduzione nella quale l'ossidante e il riducente sono contenuti in un'unica sostanza.

Elettrochimica [*electrochemistry*]: ramo della chimica che si occupa delle trasformazioni chimiche provocate dall'elettricità, dell'elettricità prodotta da reazioni chimiche e della diversa forza relativa dei riducenti e degli ossidanti.

Elettrodo [*electrode*]: materiale che stabilisce il contatto elettrico fra un elettrolita e un circuito elettrico esterno.

Elettrofilo [*electrophylic*]:reagente che attacca una molecola ricca di elettroni.

Elettrolisi [*electrolysis*]: trasformazione chimica provocata dal passaggio della corrente attraverso una sostanza o una sua soluzione.

Elettrolita forte o debole [*electrolyte*]: solo il primo è completamente ionizzato in soluzione acquosa.

Equivalenti [*equivalent*]: concentrazione ottenuta moltiplicando la molarità per la valenza, carica ionica o numero di elettroni scambiati dal soluto.

Faraday [*Faraday*]: carica totale trasportata da una mole di elettroni;
1 F = 96 486 C.

Idratazione [*hydration*]: interazione esistente nelle soluzioni fra un certo numero di molecole d'acqua e le particelle di soluto.

Idrolisi [*hydrolysis*]:processo che si manifesta quando un catione o un anione reagisce con l'acqua e fa cambiare il pH.

Ione idratato [*hydrate ion*]: ione in soluzione acquosa legato a un certo numero di molecole d'acqua.

Ione idrossido (OH^-) [*hydroxide ion*]: ione negativo contenente un atomo di ossigeno e uno di idrogeno.

Ione idrossonio o idronio (H_3O^+) [*hydronium ion*]: protone idratato.

Ioni [*ions*]: singoli atomi o gruppi di atomi con carica elettrica positiva o negativa.

Ionizzazione (di acidi o basi) [*ionization*]: perdita di un protone da parte di un acido di Brönsted con formazione di uno ione negativo o acquisto di un protone da parte di una base di Brönsted, con formazione di uno ione positivo.

Legge di Faraday [*Faraday's law*]: le stesse quantità di elettricità liberano agli elettrodi masse equivalenti degli elementi.

Neutralizzazione [*neutralization*]: reazione fra un acido e una base con produzione di acqua e di un sale.

Nucleofilo [*nucleophylic*]: reagente che attacca una regione povera di elettroni in una molecola.

Numero di ossidazione [*oxidation number*]: carica formale assegnata a ogni atomo in una molecola o ione, secondo determinate regole.

Ossidante [*oxidizing*]: sostanza che causa l'ossidazione (mentre essa stessa si riduce) in una reazione di ossido-riduzione.

Ossidazione [*oxidation*]: processo che comporta un aumento del numero di ossidazione di un atomo.

pH [*pH*]: logaritmo decimale, cambiato di segno, della concentrazione dello ione idronio in soluzione acquosa:
$pH = -\log [H_3O^+]$

Pila a combustione [*fuel cell*]: cella voltaica in cui la sostanza da ossidare è un combustibile (CH_4, H_2) rifornito continuamente dall'esterno mentre la pila è in funzione.

Pila a secco [*dry cell*]: cella elettrochimica il cui anodo è costituito dallo zinco e il catodo da biossido di manganese.

Ponte salino [*salt bridge*]: tubo a U contenente un elettrolita concentrato, come un sale (KCl o KNO_3) in un gel, che garantisce il contatto elettrico fra gli elettroliti dei due comparti di una cella elettrochimica.

Potenziale standard ($E°$) [*standard potential*]: potenziale di un elettrodo, in cui tutte le concentrazioni sono unitarie e le specie gassose a $1{,}013\ 10^5 \cdot$ Pa (1 atm), misurato relativamente a un elettrodo normale a idrogeno, per il quale $E° = 0$.

Protezione catodica [*cathodic protection*]: mezzo di protezione elettrochimica di un metallo dalla corrosione. Il metallo da proteggere (catodo) si collega elettricamente con un altro metallo più attivo (anodo).

Riducente [*reducing*]: sostanza che causa la riduzione (mentre essa stessa si ossida) in una reazione di ossido-riduzione.

Riduzione [*reduction*]: processo che comporta una diminuzione del numero di ossidazione di un atomo.

Sale [*salt*]: composto prodotto (insieme all'acqua) nella reazione di neutralizzazione fra un acido e una base.

Semireazione [*half-reaction*]: equazione di reazione, comprendente anche gli elettroni, che avviene all'anodo o al catodo.

Tampone [*buffer*]: soluzione che resiste alle variazioni di pH quando vengono aggiunte piccole quantità di acidi o di basi.

Indice analitico

U

V

W

Fonti delle illustrazioni

MODULO F

Carlo Gardini: F1.1, F1.2, F1.3, F1.5, F1.6, F1.7, F1.8, F1.11, F1.12, F1.14, F2.8, F2.10, F2.12, F3.3, F3.10, F3.11

F1.9 Mondadoripress, Milano

F1.10 da *Oasis*, n.2, anno 2, marzo-aprile 1986

F2.1 Corbis/G.Neri

F2.9 da Campbell, Mitchell, Reece, *Immagini della Biologia*; Zanichelli, Bologna, 2000

F3.5 da Valitutti, Gentile, Gerosa, Tifi, *Le basi della Chimica* Masson S.p.A., Milano, 1997; Zanichelli, Bologna, 1999

MODULO G

Carlo Gardini: G1.2, G1.3, G1.4, G1.9, G1.10, G1.11, G1.13, G1.15, G1.16, G2.1, G2.2, G2.3, G2.4, G2.5, G3.1, G3.2, G3.11, G3.12, G3.13, G3.15

G1.1 da Campbell, Mitchell, Reece, *Immagini della Biologia*; Zanichelli, Bologna, 2000

G. Valitutti A. Tifi A. Gentile

La chimica in moduli

Modulo H **Il mondo del carbonio**

La formula editoriale VVF (volumi a vendita flessibile) viene incontro a uno dei principali suggerimenti del d.m. 7.12.1999, "Norme e avvertenze per la compilazione del libro di testo da utilizzare nella scuola dell'obbligo". Tale decreto, formalmente dettato solo per la scuola dell'obbligo, contiene tuttavia indicazioni generali valide per ogni livello scolastico.
I contenuti di questo libro sono pertanto offerti, a scelta dell'utente, in sezioni agili e, in alternativa, in aggregazioni più ampie (volumi o confezioni di più fascicoli).
L'utente può così scegliere privilegiando la possibilità di ritagliarsi un percorso didattico differenziato, di graduare l'acquisto o di contenere la spesa.

La divisione di questo libro in volumetti non è puramente meccanica. In sintonia con il d.m. 7.12.1999 il materiale è stato organizzato in modo da configurare moduli didattici autonomi, ciascuno dotato di indicazioni di ingresso (prerequisiti e competenze) e di uscita (prove di verifica finalizzate alla certificazione delle competenze acquisite).
Queste e altre indicazioni (tra cui le informazioni sulla struttura dell'opera), tradizionalmente riservate all'insegnante, sono ora presenti nel libro dello studente, in modo da consentire un più corretto e consapevole utilizzo del libro.

Realizzazione editoriale:
- Redazione: Elena Bacchilega
- Segreteria di redazione: Deborah Lorenzini
- Progetto grafico, impaginazione e disegni: Studio Emme Grafica+
- Fotografie: Carlo Gardini, Parma

Contributi:
- Revisione del testo, ricerca iconografica: Roberta Marchetti
- Indice analitico: Norma, Parma
- Per le foto in laboratorio, si ringrazia il Liceo Statale Giacomo Ulivi, Parma

Copertina:
- Realizzazione: Roberto Marchetti
- Immagine di copertina: Vincent Van Gogh, *Notte stellata sul Rodano*, 1888. Parigi, Musée d'Orsay.

Prima edizione: marzo 2001

Ristampa:

5 4 3 2 2001 2002 2003 2004 2005

Realizzare un libro è un'operazione complessa, che richiede numerosi controlli: sul testo, sulle immagini e sulle relazioni che si stabiliscono tra essi. L'esperienza suggerisce che è praticamente impossibile pubblicare un libro privo di errori. Saremo quindi grati ai lettori che vorranno segnalarceli.
Per segnalazioni o suggerimenti relativi a questo libro l'indirizzo a cui scrivere è:

Zanichelli editore S.p.A.
Via Irnerio 34
40126 Bologna
fax: 051 249782
e-mail: lineaquattro@bo.zanichelli.it
sito web: www.zanichelli.it

Zanichelli editore opera con sistema qualità certificato secondo la norma UNI EN ISO 9001

Stampa: Centro Poligrafico Milano
Via Puccini 64, 20080 Casarile (Milano)
per conto di Zanichelli editore S.p.A.
Via Irnerio 34, 40126 Bologna

G. Valitutti A. Tifi A. Gentile

La chimica in moduli

Modulo H
Il mondo del carbonio

Zanichelli

Sommario

Modulo

H Il mondo del carbonio

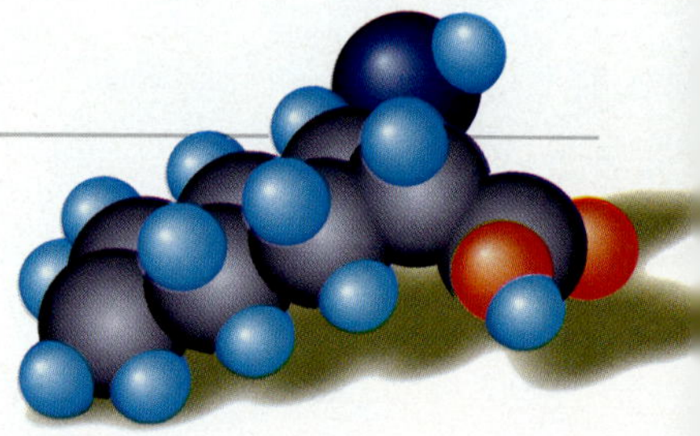

unità 3 LE BASI DELLA BIOCHIMICA H 91

unità 4 LA CHIMICA E L'AMBIENTE H 111

Atlante

STRUTTURA DEL LIBRO

- **MODULO A** La materia e gli atomi
- **MODULO B** Lavorare con gli atomi: la mole
- **MODULO C** All'interno dell'atomo
- **MODULO D** Dagli atomi alle molecole
- **MODULO E** La nomenclatura e le reazioni chimiche
- **MODULO F** L'energia, le reazioni e l'equilibrio
- **MODULO G** Il trasferimento di protoni ed elettroni
- **MODULO H** Il mondo del carbonio

- **PREREQUISITI E COMPETENZE**
- **TESTO CON ESERCIZI DI FINE UNITÀ**
  - **UNITÀ 1**
  - **UNITÀ 2**
  - **UNITÀ ...**
- **VERIFICHE DI FINE MODULO**

Ogni modulo si apre con i *prerequisiti* e le *competenze* e termina con le *verifiche di finali.*

Teoria

Le definizioni sono evidenziate in giallo

Esempi ed esercizi favoriscono un approccio operativo

Le tabelle aiutano ad organizzare le conoscenze

Titolo dell'unità

Titolo del modulo

Esercizi

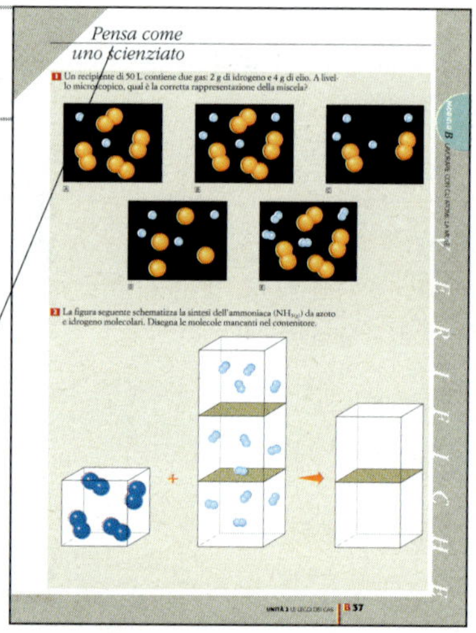

Questi esercizi insegnano a risolvere problemi applicando il modello cinetico-molecolare della materia

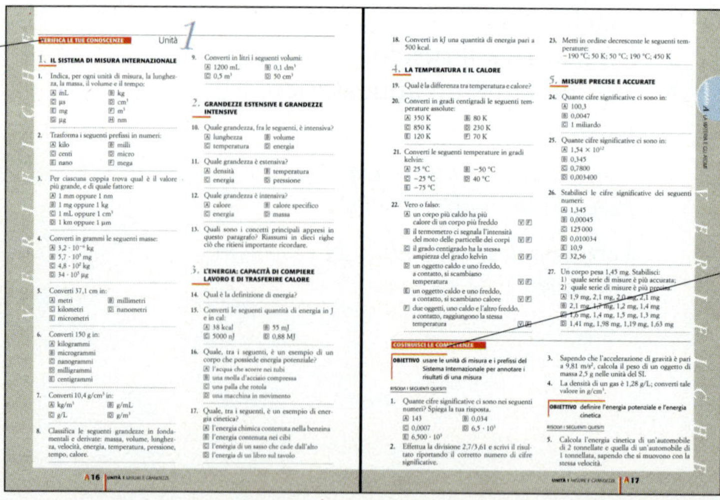

Gli esercizi di conoscenza servono a verificare ciò che lo studente ha appreso

Esercizi

Questi esercizi aiutano lo studente a costruire una competenza attraverso il raggiungimento di alcuni obiettivi intermedi

Fonti di approfondimento

LIBRI

- Isaac Asimov, *Breve storia della chimica*, ZANICHELLI
- H.W. Roesky, K. Möckel, *Il luna park della chimica*, ZANICHELLI
- Peter Atkins, *Il secondo principio*, ZANICHELLI
- Peter Atkins, *Molecole*, ZANICHELLI
- John Emsley, *Prodotti chimici, guida per il consumatore*, ZANICHELLI
- G.Völlmer, M.Franz, *La chimica di tutti i giorni*, ZANICHELLI
- Primo Levi, *Il sistema periodico*, EINAUDI
- *Enciclopedia della chimica*, GARZANTI
- *Dizionario biografico degli scienziati e dei tecnici*, ZANICHELLI

RIVISTE

- *Le Scienze*, edizione italiana di *Scientific American* www.lescienze.it

LINKS E SITI WEB

- www.chemdex.org
  oltre 400 links sulla chimica
- www.webelements.com
  un sito dedicato a tutti gli elementi chimici
- http://portal.sophia.it/cgi-bin/WebObjects/News
  recensioni di articoli, notizie, informazioni e di siti di carattere scientifico

MUSEI

- Museo Nazionale della Scienza e della Tecnica Leonardo da Vinci, Milano
  www.museoscienza.org

Modulo H

Il mondo del carbonio

René Magritte, *La voce dell'aria*

PREREQUISITI

Per affrontare lo studio di questo modulo sono necessarie le seguenti competenze:

- Usare la mole come unità di misura della quantità di sostanza.
- Spiegare la forma delle molecole e le proprietà delle sostanze.
- Spiegare la struttura delle sostanze che presentano legame ionico, legame covalente o legame metallico.
- Spiegare le proprietà di acidi e basi.
- Identificare e bilanciare le reazioni di ossido-riduzione.

COMPETENZE

- Distinguere gli idrocarburi in base alle loro proprietà chimiche e fisiche.
- Confrontare i diversi gruppi funzionali.
- Descrivere le principali molecole che hanno reso possibile la vita sul nostro pianeta.
- Descrivere la complessità del sistema ambiente e proporre interventi per preservarlo.

Unità 1

COMPETENZA

Distinguere gli idrocarburi in base alle loro proprietà chimiche e fisiche.

La competenza dell'unità didattica è costruita ponendosi i seguenti obiettivi:

1. Descrivere il legame semplice, doppio e triplo del carbonio, anche mediante il concetto di ibridazione.
2. Comparare le proprietà degli idrocarburi alifatici con quelle degli idrocarburi aromatici.
3. Descrivere le serie degli alcani e dei cicloalcani, degli alcheni, degli alchini e degli idrocarburi aromatici in termini di formule generali, di formule strutturali e di nomenclatura IUPAC.
4. Descrivere i vari tipi di isomeria, incluse le isomerie ottica e geometrica.
5. Descrivere le principali reazioni degli idrocarburi.

Dal carbonio agli idrocarburi

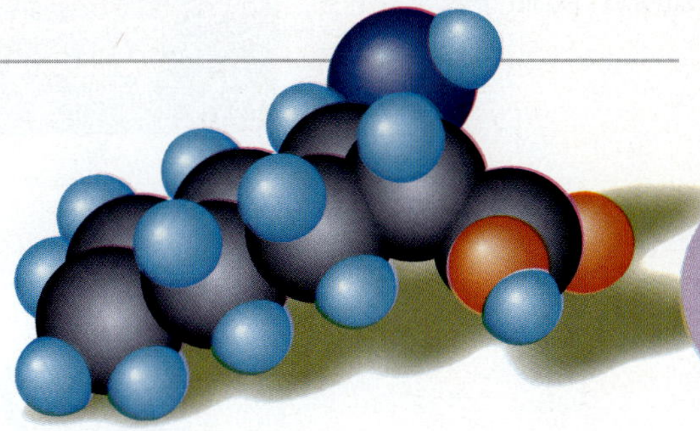

L'anno 1829 segna la data di nascita della moderna chimica organica; tale data, infatti, coincide con la sintesi in laboratorio, da parte di Friedrich Wöhler, dell'*urea*, $H_2N—CO—NH_2$. Prima di allora si riteneva che i composti organici potessero essere sintetizzati solamente da organismi viventi, e non in laboratorio.

Da allora sino a oggi la chimica organica ha avuto uno sviluppo eccezionale, e non c'è campo della ricerca chimica ove non abbia messo solide radici.

1. L'ATOMO DI CARBONIO E IL CONCETTO DI IBRIDAZIONE

Nel modulo D abbiamo introdotto la teoria del legame di valenza, ma ci siamo fermati alle prime nozioni. In questo paragrafo tenteremo di ampliarne la descrizione, parlando in particolare del carbonio e dei suoi derivati.

Diciamo subito che qualsiasi teoria del legame covalente deve poter interpretare le proprietà fisiche e chimiche di una molecola, che sono determinabili sperimentalmente.

Per il metano, CH_4 ▸figura 1.1, i fatti sperimentali accertati ci dicono che:

1. tutti e quattro i legami C—H sono identici: essi hanno la stessa lunghezza di legame (1,095 Å) e la stessa energia di legame ($435\ kJ \cdot mol^{-1}$);
2. i quattro idrogeni sono disposti ai vertici di un tetraedro regolare; tutti gli angoli sono uguali (109,5°).

FIGURA 1.1 Modellino del metano.

Queste osservazioni sono in contrasto con quanto si conosce sulla struttura dell'atomo di carbonio nel suo stato fondamentale (l'elemento, con numero atomico 6, ha infatti sei elettroni da sistemare sugli orbitali).

Il carbonio ha solo due orbitali semipieni (i $2p$) e, pertanto, dovrebbe dare origine solamente a due legami covalenti ▸figura 1.2. In realtà il carbonio è prevalentemente *tetravalente*, cioè in grado di formare *quattro* legami con altri atomi.

Per poter interpretare questa anomalia, la teoria del legame di valenza ha introdotto il concetto di **ibridazione**.

La teoria prevede la promozione di un elettrone dall'orbitale $2s$ (a energia più bassa) all'orbitale $2p$ vuoto; tale atomo di carbonio *eccitato* ha ora quattro orbitali semipieni, e «potrebbe» intrattenere quattro legami; tuttavia, siccome l'orbitale atomico $2s$ ha un contenuto energetico inferiore ed è di forma diversa da quella dei tre orbitali $2p_x$, $2p_y$ e $2p_z$, dovremmo aspettarci tre legami uguali tra loro, e uno diverso.

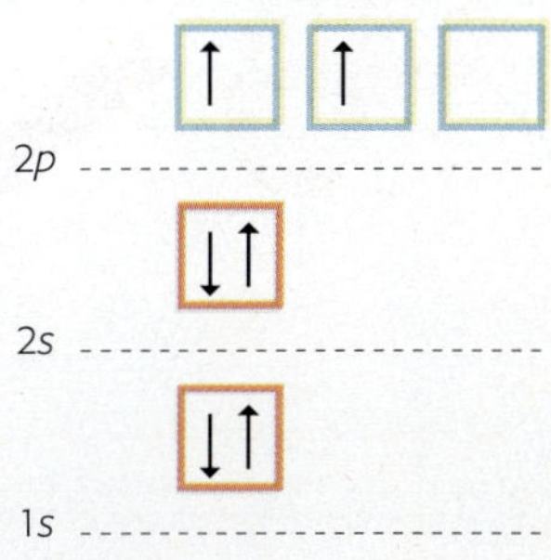

FIGURA 1.2 Lo stato fondamentale del carbonio.

TABELLA 1.1 Come si forma il carbonio ibridato sp^3.

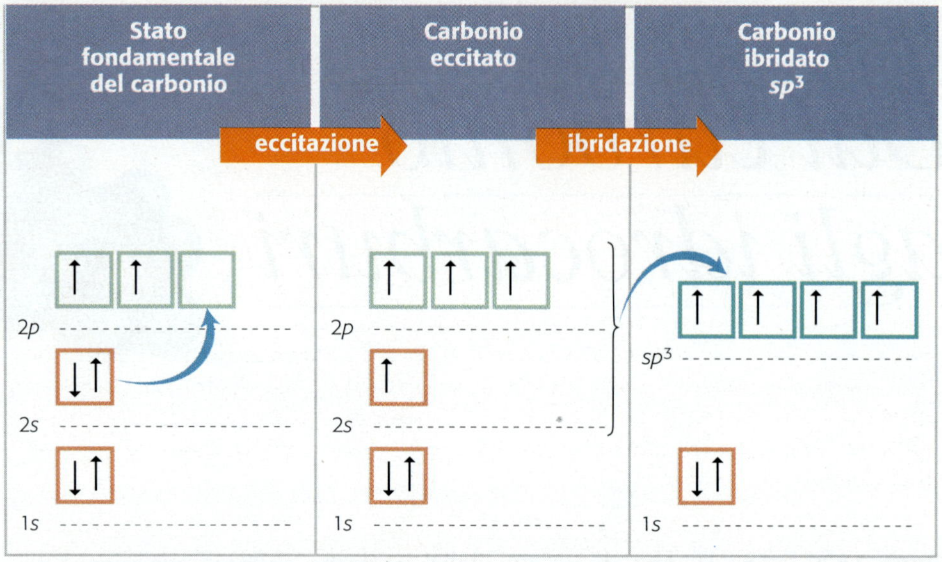

Il 3, esponente di p in sp^3, indica il numero di orbitali p che partecipano alla formazione dell'ibrido.

Tutto ciò è in netto contrasto con quanto accertato sulla struttura del metano; la teoria aggira l'ostacolo e suggerisce il mescolamento matematico delle funzioni d'onda (non è un reale fenomeno fisico!) dell'orbitale $2s$ con i tre orbitali $2p$ ($2p_x$, $2p_y$, $2p_z$) ▸tabella 1.1.

Come risultato, si ottengono quattro nuovi orbitali di forma, energia e disposizione nello spazio del tutto diverse da quelle originarie dei quattro orbitali atomici. Questa operazione matematica prende il nome di *ibridazione*. Così i nuovi *quattro orbitali ibridi*, chiamati sp^3, hanno per 1/4 le caratteristiche dell'orbitale $2s$ e per 3/4 le caratteristiche del $2p$ ▸figura 1.3.

FIGURA 1.3 Gli ibridi del carbonio a confronto. Notare la struttura tetraedrica del carbonio sp^3 con angolo di 109,5° quella planare dell'sp^2 (angolo di 120°) e quella lineare dell'sp (angolo di 180°).

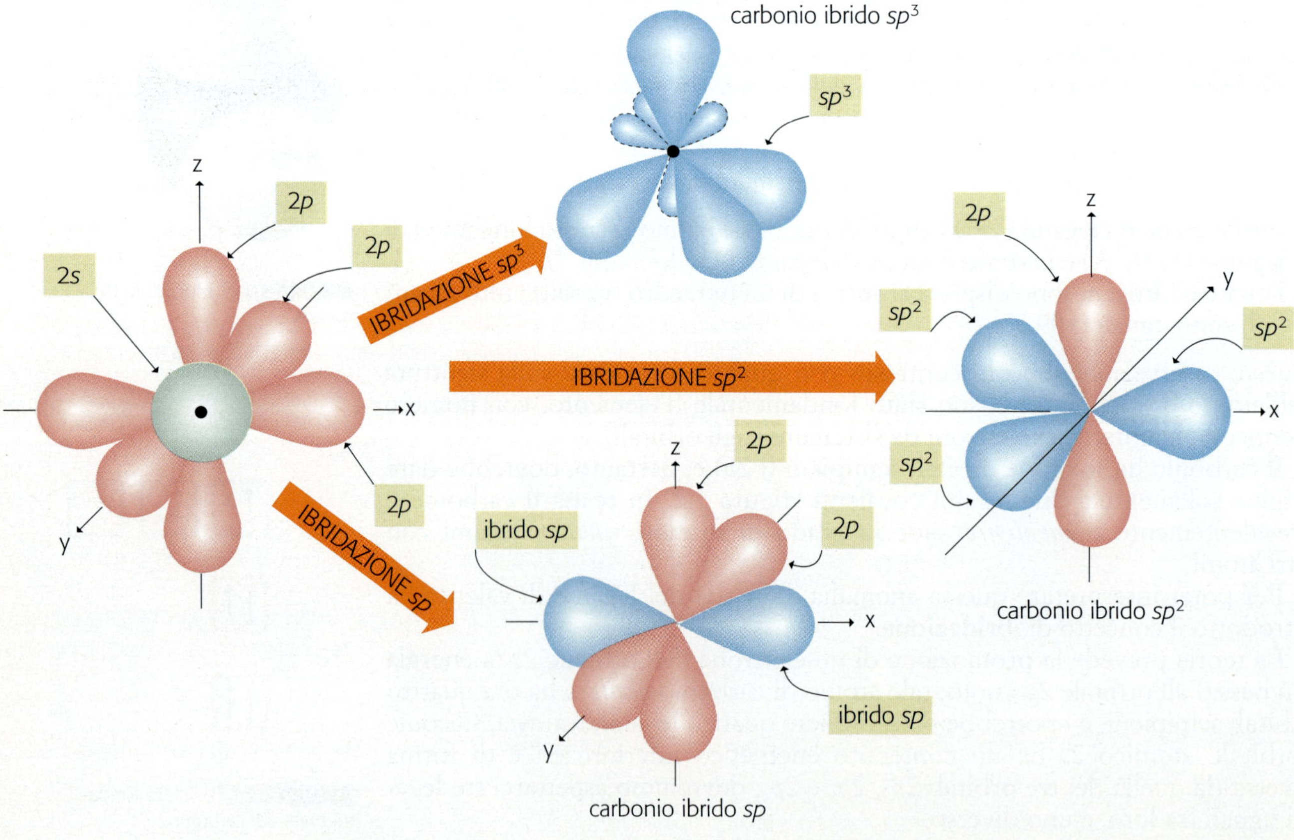

In chimica organica (e non solo per il carbonio!) si incontrano frequentemente altri due ibridi, che descrivono la struttura dei composti contenenti doppi e tripli legami. Per spiegare la struttura dei composti con doppio legame tra due atomi di carbonio, il secondo tipo di ibrido è chiamato sp^2, e nasce dalla fusione del solito orbitale 2*s* del carbonio e, questa volta, da *due* orbitali atomici 2*p*. Il restante orbitale $2p_z$, non ibridato, è perpendicolare al piano contenente i tre ibridi sp^2, i quali si dispongono a 120° l'uno rispetto all'altro.

Infine, si interpreta la struttura dei composti organici con triplo legame postulando l'ibrido *sp* ottenuto dalla fusione dell'orbitale 2*s* con *un solo* orbitale 2*p* (dei tre disponibili). Gli altri due orbitali 2*p*, non ibridati, sono perpendicolari fra loro e ai due ibridi *sp* (questi ultimi si dispongono da parti opposte l'uno rispetto all'altro a 180°, come indicano la ▶figura 1.3 e la ▶tabella 1.2). L'andamento dell'energia relativa posseduta dagli orbitali atomici del carbonio è il seguente:

■ Non sempre, in molecole con legami ibridati, sono presenti legami doppi e tripli. Per esempio la struttura planare di BCl_3 si interpreta considerando il boro ibridato sp^2, con gli atomi di cloro disposti a 120° l'uno rispetto all'altro e senza doppi legami.

$$2s < sp < sp^2 < sp^3 < 2p$$

energia crescente →

Inoltre, siccome la percentuale di carattere 2*s* dei diversi orbitali ibridi varia, anche l'elettronegatività sarà diversa:

$$sp > sp^2 > sp^3$$

← elettronegatività crescente

TABELLA 1.2 Le caratteristiche degli orbitali ibridati del carbonio.

Stato fondamentale del carbonio	Ibrido sp^3	Ibrido sp^2	Ibrido sp
	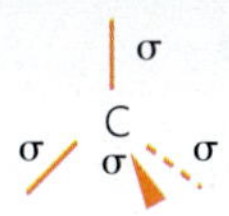 geometria tetraedrica	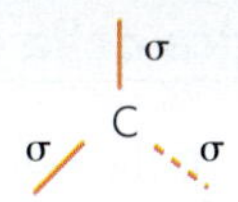 geometria triangolare piana	 geometria lineare
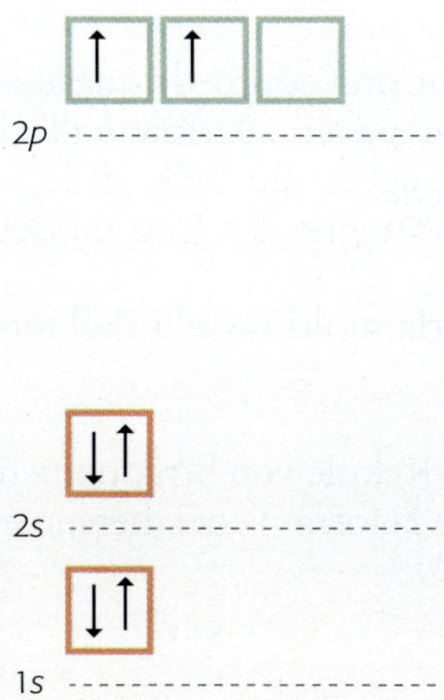	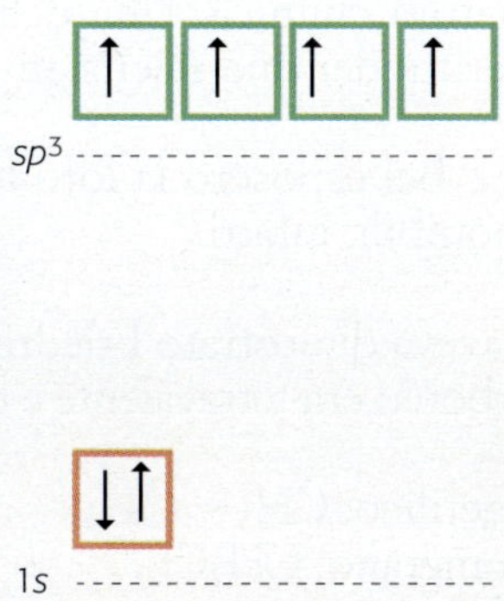	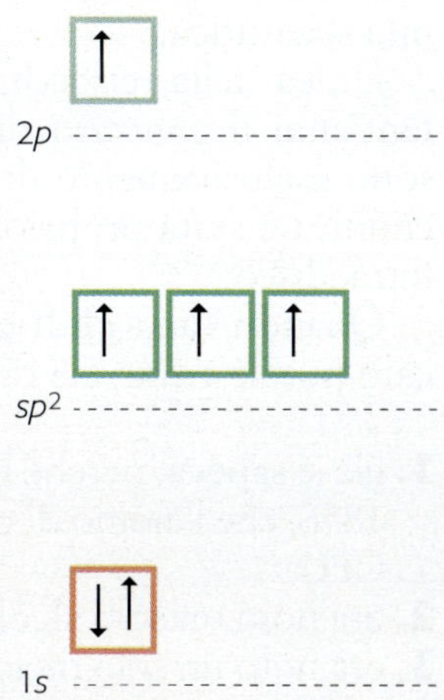	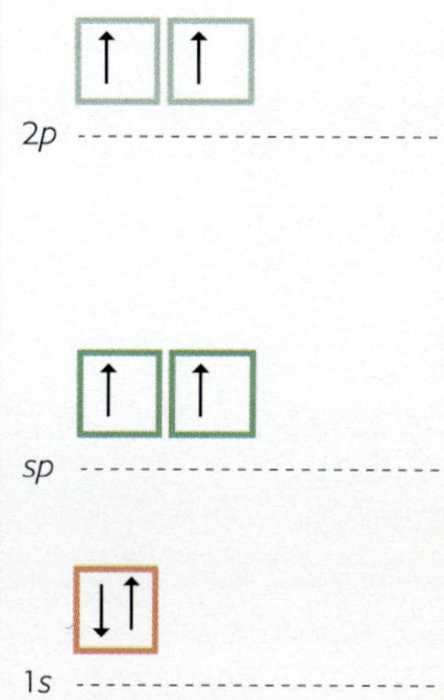

Infatti l'orbitale 2*s* è mediamente più vicino al nucleo; quindi gli elettroni sono più attratti dal nucleo dell'atomo ibridato *sp* (che ha per il 50% le caratteristiche di un *s*).

In conclusione, quando il carbonio è impegnato in legami covalenti semplici utilizza l'ibrido sp^3:

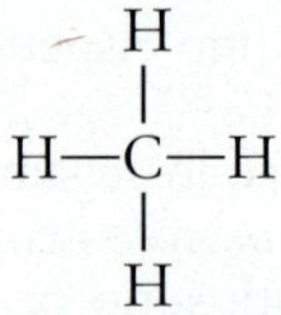

metano

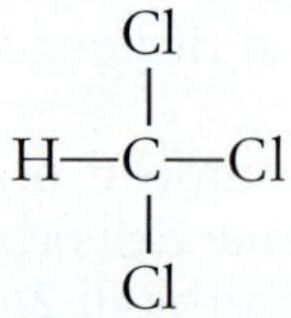

cloroformio

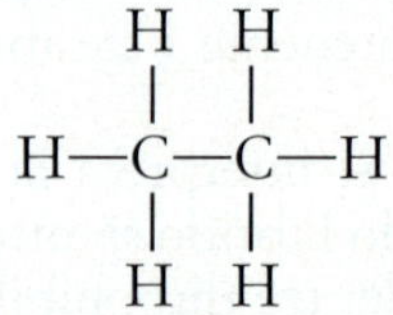

etano

Per i legami doppi, il carbonio usa di preferenza l'ibrido sp^2:

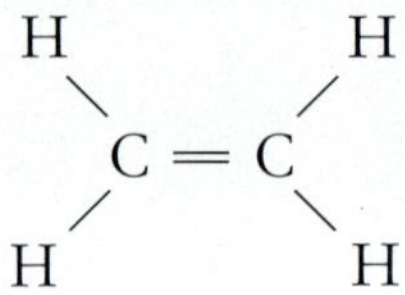

etene
(etilene)

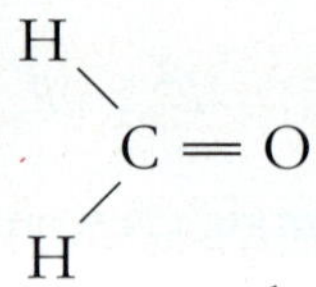

metanale
(aldeide formica)

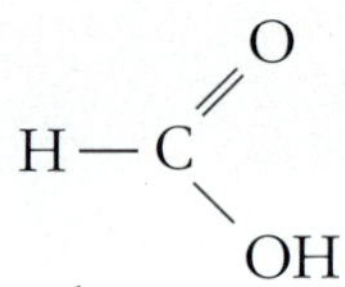

acido metanoico
(acido formico)

Infine, per i tripli legami si ricorre all'ibrido *sp*:

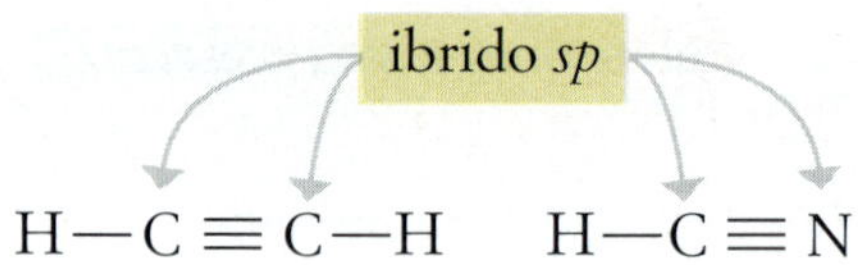

etino (acetilene)   acido cianidrico

La logica della chimica organica

L'idea della *tetraedricità* dell'atomo di carbonio nasce ufficialmente nel 1874 ed è dovuta, congiuntamente, a Jacobus van't Hoff e a J. A. Le Bel.

Per la verità, nel 1869 Emanuele Paternò aveva già proposto un modello tetraedrico dell'atomo di carbonio, ma la sua ipotesi, pubblicata sul poco diffuso *Giornale di Scienze Naturali ed Economiche*, venne ignorata dalla comunità scientifica.

L'idea della tetraedricità, è bene sottolinearlo, ha preceduto di quasi settant'anni il concetto di ibridazione, ed è basata su prove sperimentali che sono esclusivamente di natura chimica. Una delle pagine più belle di logica chimica è stata proprio scritta dai due scienziati a sostegno del loro modello tetraedrico.

Quando van't Hoff e Le Bel esposero la loro teoria molti tasselli dell'intricato puzzle erano già disponibili; infatti:

1. già si sapeva, perché lo aveva dimostrato Friedrich Kekulé von Stradonitz nel 1858, che l'atomo di carbonio era tetravalente e che la formula del metano era CH_4;
2. era noto un solo alcol metilico, $CH_3—OH$;
3. era noto un solo diclorometano, CH_2Cl_2.

Analizzando tali conoscenze, van't Hoff arrivò alle seguenti conclusioni:

1. L'esistenza di un solo alcol metilico indicava che le quattro valenze erano identiche; pertanto, le geometrie possibili per il metano, i cui quattro idrogeni son equivalenti, erano soltanto tre:

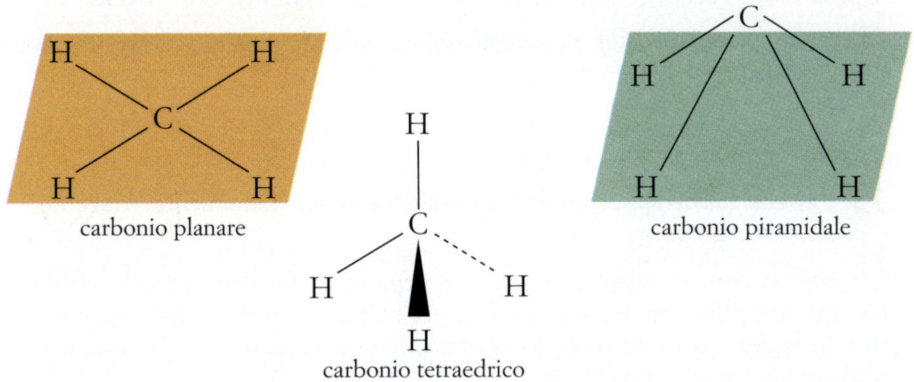

2. L'esistenza di un solo diclorometano, CH_2Cl_2, portava a escludere la geometria planare e quella piramidale. Difatti, se fossero state verosimili queste due ipotesi, si sarebbero dovuti ritrovare due isomeri, invece di un'unica molecola:

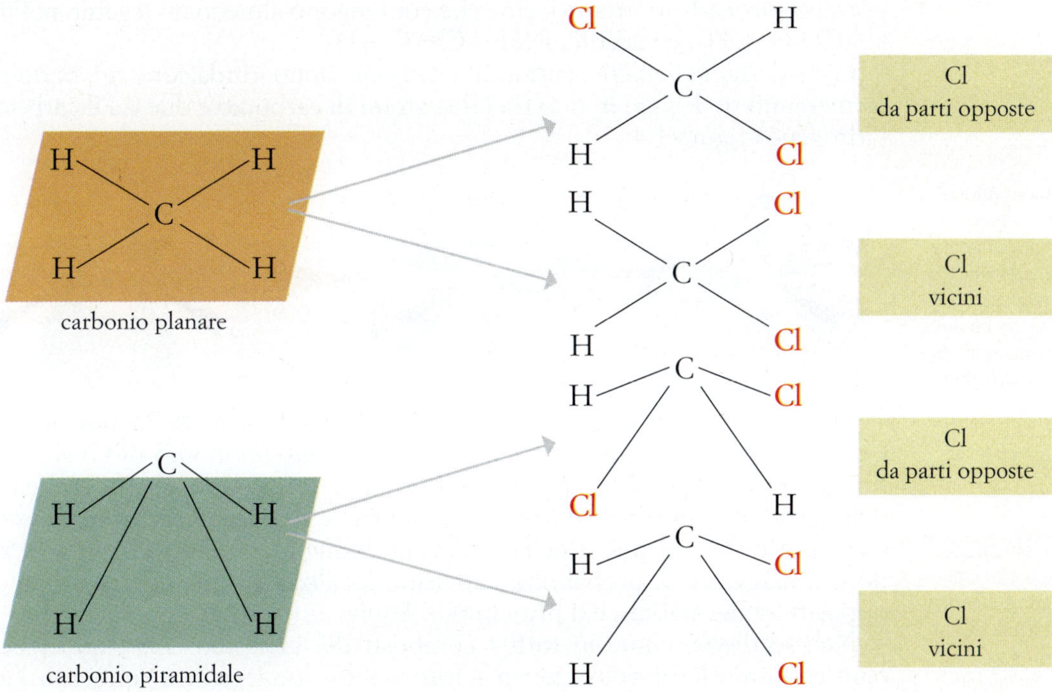

Il diclorometano e il metano quindi dovevano avere la stessa struttura tetraedrica.

La logica che portò van't Hoff a questo risultato rivoluzionario per quei tempi non fu accettata da tutta la comunità scientifica. Molti ancora ritenevano insensato, in quanto al di fuori dei limiti della conoscenza, parlare della forma delle invisibili molecole. Nel 1877, il grande chimico tedesco Adolf Kolbe pubblicò un articolo pieno di invettive contro il giovane van't Hoff. Ma le ricerche successive finirono per dare ragione a van't Hoff e Le Bel, e il coro di consensi che ne seguì cancellò il spiacevole episodio.

Legami covalenti doppi e tripli

Come abbiamo visto nel modulo D (unità 1), la formazione del legame covalente è data dalla sovrapposizione di due orbitali atomici. Sappiamo, inoltre, che a seconda di quali orbitali si sovrappongono, avremo legami σ (sigma) e legami π (pi greco). Quindi possiamo dare la seguente definizione:

Se la sovrapposizione degli orbitali avviene lungo la retta congiungente i nuclei degli atomi (testa contro testa), il legame è di tipo σ.

Per questo tipo di legame la sovrapposizione orbitalica è massima, e quindi il legame che ne deriva è molto forte.

Se, invece, la sovrapposizione degli orbitali avviene lateralmente, il legame covalente è di tipo π.

I legami σ sono sempre più forti dei legami π. Inoltre, quando abbiamo un legame semplice tale legame può essere soltanto un σ, mentre quando abbiamo un legame doppio o triplo avremo, rispettivamente, un legame σ e uno π oppure un legame σ e due π.

Perciò, nel caso della molecola di azoto (N_2), dei tre legami covalenti, uno soltanto è σ e gli altri due sono π (lo stesso accade per l'acetilene, H—C≡C—H):

$$N \overset{\pi}{\underset{\pi}{\overline{\underline{\sigma}}}} N$$

Per distinguere bene il legame σ da quello π, esaminiamo le strutture di due importanti idrocarburi insaturi, cioè che contengono almeno un legame π: l'etilene ($CH_2{=}CH_2$) e l'acetilene (H—C≡C—H).

Consideriamo l'etilene; entrambi i carboni hanno idridazione sp^2, pertanto si formeranno tre legami σ, uno fra i due atomi di carbonio e due tra il carbonio e l'idrogeno ▸figura 1.4.

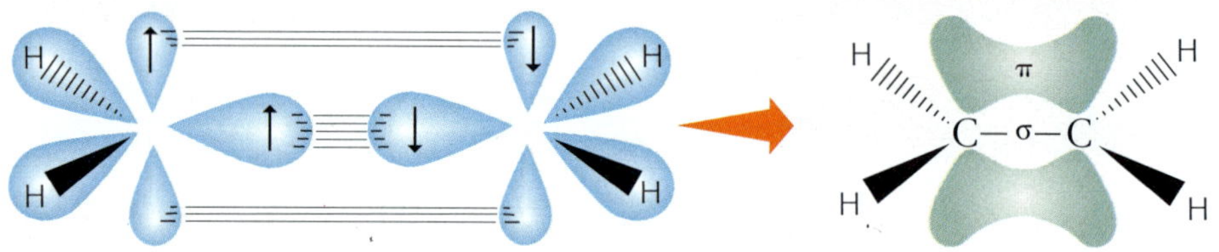

FIGURA 1.4 La formazione dell'etilene. Notate il legame σ centrale, lungo la congiungente dei due carboni, e quello π, ottenuto dalla sovrapposizione laterale degli orbitali $2p$. Le frecce contrapposte indicano lo spin dei due elettroni che occupano l'orbitale σ e l'orbitale π.

Ciascun carbonio ha, inoltre, un elettrone sull'orbitale $2p$ non ibridato. Quindi nell'etilene i due orbitali $2p$ (uno per ciascun atomo di C) si sovrappongono formando il legame π. Nella ▸figura 1.4, si vede che lo «scheletro» dell'etilene è costituito dai legami σ, mentre le due nubi elettroniche, disposte sopra e sotto il piano della molecola, individuano il legame π e la zona dove è maggiore la probabilità che siano localizzati i due elettroni con spin opposto (come stabilisce il principio di Pauli).

Nell'acetilene, come in tutti i composti del carbonio con triplo legame, ogni carbonio ha ibridazione sp e forma solo due legami σ, uno con l'altro carbonio e uno con l'idrogeno ▸figura 1.5.

FIGURA 1.5 La formazione dell'acetilene. Si noti il legame σ centrale, lungo la congiungente i due carboni (nella figura di sinistra), e i due legami π, ottenuti dalla sovrapposizione laterale degli orbitali $2p$ non ibridati.

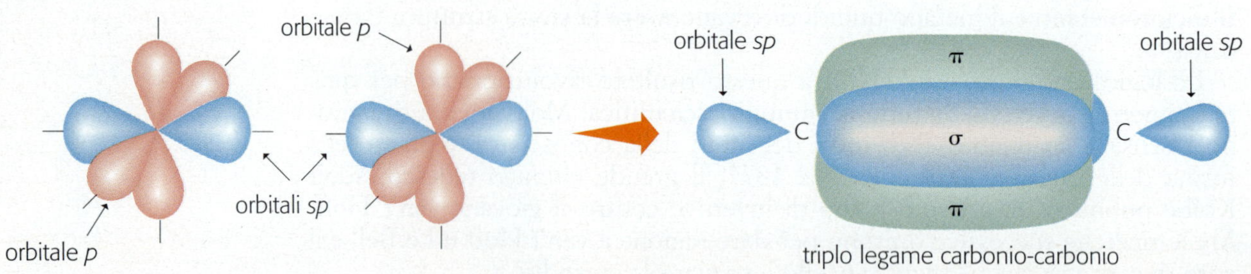

Rimangono da sistemare i quattro orbitali $2p$ non ibridati (due per ciascun atomo di carbonio). Come mostra la ▸figura 1.5, essi si sovrappongono lateralmente e originano due legami π; il triplo legame fra i due carboni dell'acetilene è quindi composto da un legame σ (forte) e da due legami π (deboli).

La nube elettronica π (che contiene quattro elettroni) si sistema intorno all'asse congiungente i due carboni, assumendo una conformazione cilindrica.

2. GLI IDROCARBURI SATURI: ALCANI E CICLOALCANI

I composti formati soltanto da carbonio e idrogeno sono detti **idrocarburi**. Secondo la nomenclatura tradizionale, la prima suddivisione degli idrocarburi è in *alifatici* e *aromatici*. Gli idrocarburi alifatici sono molecole a catena lineare (che può essere aperta o ciclica) o ramificata: appartengono a questo gruppo, per esempio, gli alcani e cicloalcani. Gli idrocarburi aromatici hanno invece una caratteristica struttura ad anello, che studieremo nel paragrafo 9.

Gli alcani

Gli idrocarburi alifatici che contengono solo legami semplici sono denominati **idrocarburi saturi**. Di questi composti fanno parte gli **alcani**, caratterizzati dalla formula generale C_nH_{2n+2}, in cui n è un qualsiasi numero intero.

Gli atomi di carbonio degli alcani hanno struttura tetraedrica, interpretabile con l'ibridazione sp^3. Il capofila e il più semplice degli idrocarburi saturi, è il **metano**:

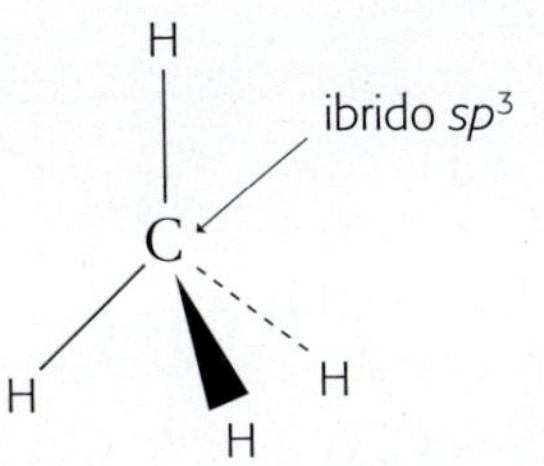

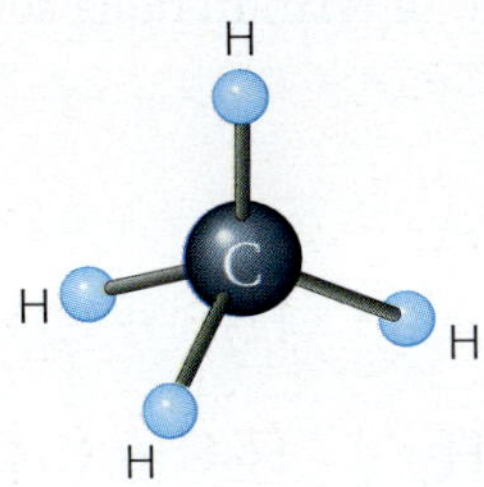

Nel metano, i quattro atomi di idrogeno circondano l'atomo di carbonio e sono legati a esso mediante quattro legami σ; la struttura è perfettamente tetraedrica con angoli di legame di 109,5°.

Disegnare il metano a forma di tetraedro è relativamente semplice, ma non è altrettanto facile scrivere le strutture degli altri idrocarburi della serie; per questi idrocarburi e più conveniente far ricorso alle strutture di Lewis, in due dimensioni.

Per esempio, la struttura di Lewis e il modello dell'**etano**, C_2H_6, sono:

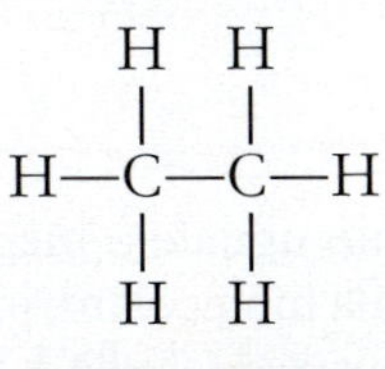

etano

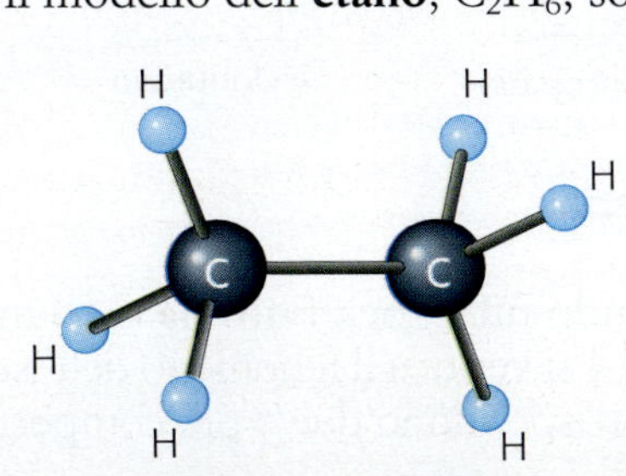

modello dell'etano

I due idrocarburi successivi sono il **propano**, C_3H_8, e il **butano**, C_4H_{10} ▸figura 1.6.

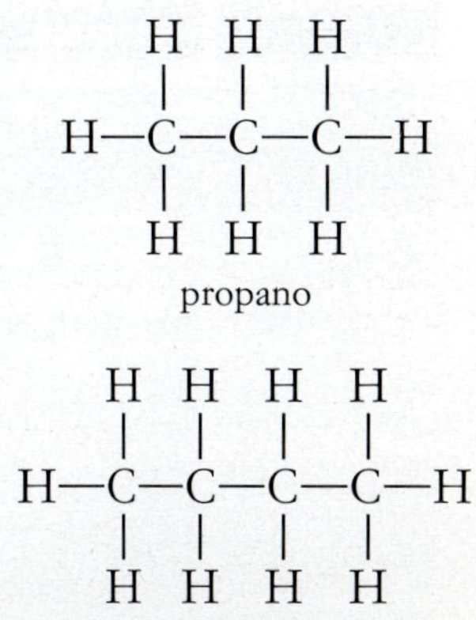

FIGURA 1.6 Strutture di Lewis del propano e del butano.

Segue il **pentano**, C_5H_{12}:

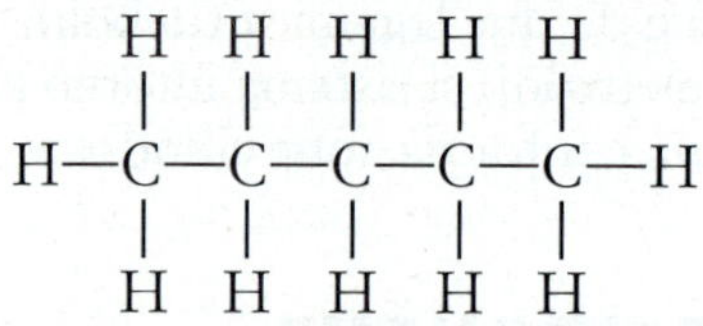

pentano

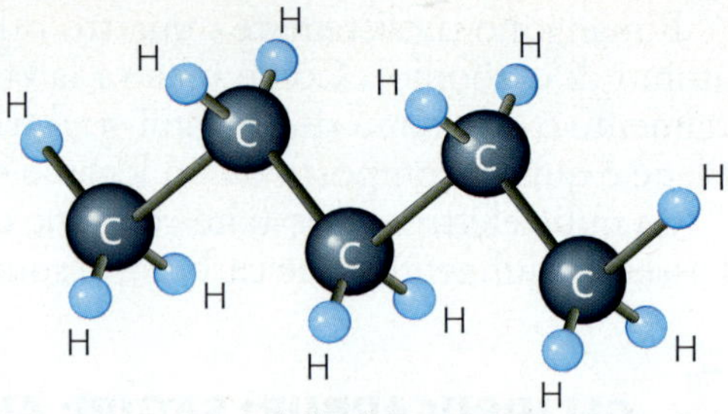

modello del pentano

Il sistema più comodo per rappresentare gli alcani è usare le cosiddette formule *condensate*:

CH_4	CH_3CH_3	$CH_3CH_2CH_3$	$CH_3CH_2CH_2CH_3$	$CH_3CH_2CH_2CH_2CH_3$
metano	etano	propano	butano	pentano

Gli alcani rappresentano una **serie omologa**, cioè un insieme di composti aventi proprietà chimiche simili ma differenti proprietà fisiche, a seconda del loro peso molecolare e della forma delle molecole.

I cicloalcani

Gli idrocarburi saturi possono anche presentarsi in forma ciclica; in questo caso prendono il nome di **cicloalcani**. La formula generale per questi idrocarburi è C_nH_{2n} con n intero. Come si può vedere, la costituzione del ciclo fa diminuire di due unità gli atomi di H, rispetto agli alcani di pari numero di carboni.

I principali termini della serie omologa sono:

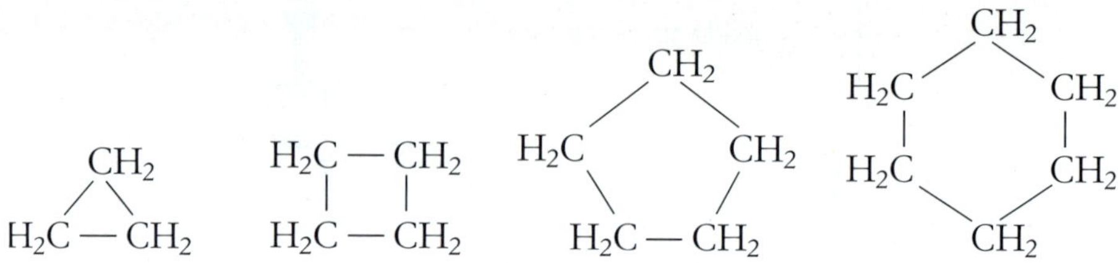

ciclopropano ciclobutano ciclopentano cicloesano

I cicloalcani sono simbolizzati anche con poligoni regolari i cui spigoli corrispondono ai $—CH_2—$ legati in ciclo:

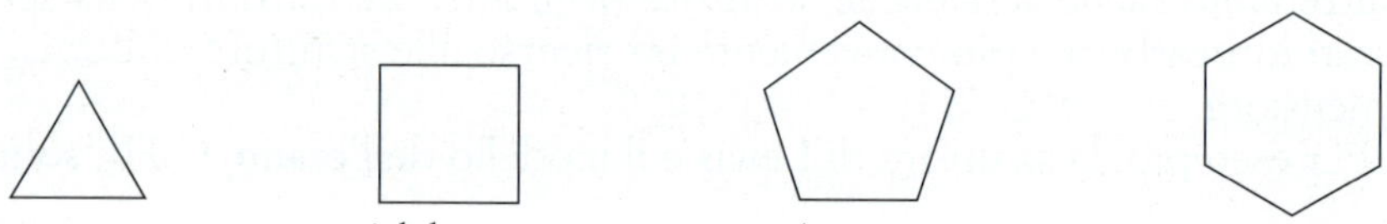

ciclopropano ciclobutano ciclopentano cicloesano

TABELLA 1.3 Gli isomeri dei principali idrocarburi.

Formula	Possibili isomeri
C_4H_{10}	2
C_5H_{12}	3
C_6H_{14}	5
C_7H_{16}	9
C_8H_{18}	18
C_9H_{20}	35
$C_{10}H_{22}$	75
$C_{15}H_{32}$	4347
$C_{20}H_{42}$	366 319

L'isomeria

Quando un idrocarburo ha un numero di atomi di carbonio uguale o maggiore di 4 si verifica il fenomeno dell'**isomeria**; alla stessa formula molecolare, infatti, corrispondono due o più composti che hanno struttura diversa ▸tabella 1.3.

Si dicono isomeri i composti che possiedono lo stesso numero di atomi dello stesso tipo, ma che differiscono per il modo in cui tali atomi sono legati tra loro.

Come vedremo, esistono diversi tipi di isomeria: l'isomeria di struttura, l'isomeria conformazionale, l'isomeria configurazionale e l'isomeria ottica.

L'isomeria di struttura negli alcani

Il primo idrocarburo che può dare molecole strutturalmente diverse è il butano, C_4H_{10}. Con questa formula bruta sono possibili due **isomeri di struttura**: il primo è a catena *lineare*, con due atomi di carbonio *primario* (CH_3) e due atomi di carbonio *secondario* (CH_2), mentre l'altro è *ramificato* e possiede tre atomi di carbonio primario e un atomo centrale di carbonio *terziario* (CH).

C_4H_{10} BUTANO NORMALE O *n*-BUTANO
p.e. −0,6 °C

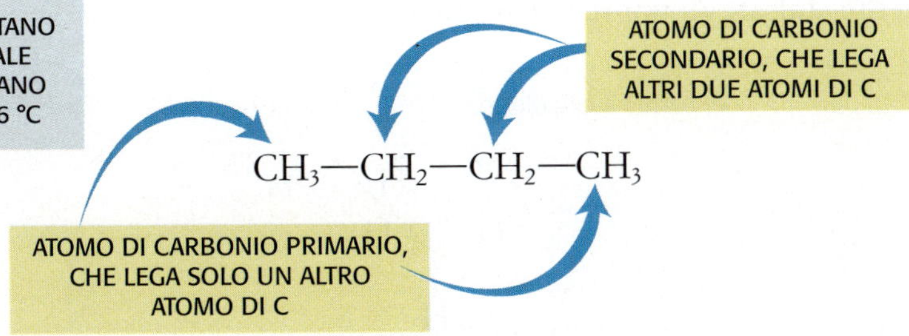

C_4H_{10} 2-METILPROPANO O ISOBUTANO
p.e. −10 °C

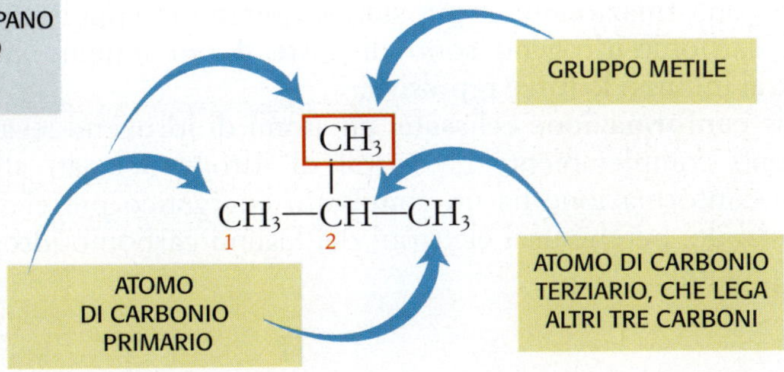

Alla diversa disposizione degli atomi di carbonio nei due isomeri corrispondono differenti punti di ebollizione, riportati sopra.

Anche il pentano normale, il 2-metilbutano e il 2,2-dimetilpropano hanno tutti formula molecolare C_5H_{12}, ma si rappresentano con una diversa disposizione degli atomi di carbonio e hanno punti di ebollizione differenti.

C_5H_{12} *n*-PENTANO
p.e. 36,1 °C

$CH_3—CH_2—CH_2—CH_2—CH_3$

C_5H_{12} 2-METILBUTANO
p.e. 27,9 °C

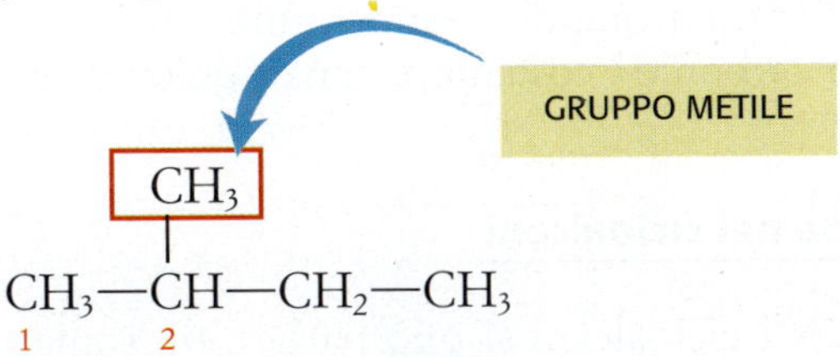

C_5H_{12} 2,2-DIMETILPROPANO
p.e. 9,5 °C

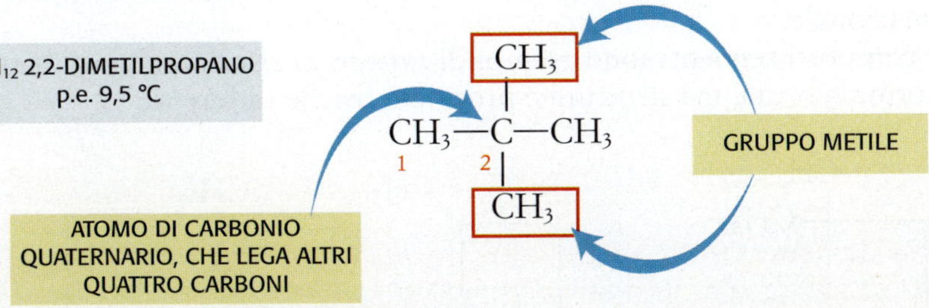

Come vedremo fra poco, la numerazione degli atomi di carbonio parte dall'estremità della catena più vicina alla ramificazione.

L'isomeria conformazionale negli alcani

Le molecole degli alcani e dei cicloalcani non sono rigide; infatti, gli atomi di carbonio possono ruotare e assumere *differenti orientazioni nello spazio*, dette **conformazioni** della molecola.

La molecola di etano, C_2H_6, possiede due conformazioni spaziali: la sfalsata e l'eclissata.

Nella **conformazione sfalsata**, gli idrogeni legati ai due carboni sono completamente sfalsati gli uni rispetto agli altri.

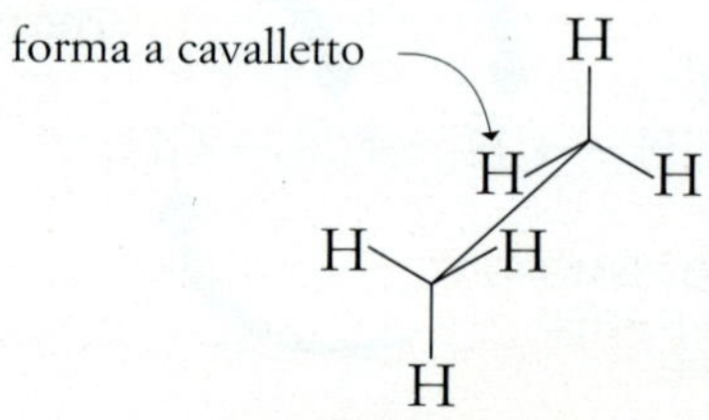

conformazione sfalsata dell'etano

Questa conformazione è la più stabile, perché le coppie di elettroni dei sei legami carbonio-idrogeno sono disposte il più lontano possibile, così da ridurre al minimo le forze repulsive.

Nella **conformazione eclissata**, gli atomi di idrogeno legati a un carbonio ricoprono completamente gli atomi di idrogeno legati all'altro carbonio. Questa conformazione ha un contenuto energetico più elevato, quindi è la meno stabile, perché i sei elettroni dei legami carbonio-idrogeno sono il più vicino possibile.

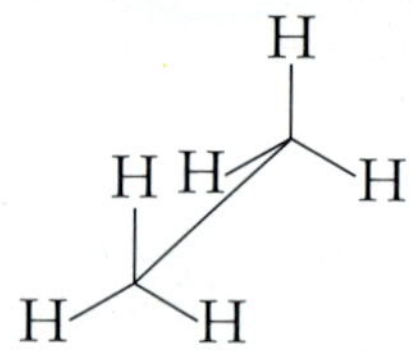

conformazione eclissata dell'etano

La differenza di energia potenziale fra le due configurazioni è minima, pari ad appena 12,5 kJ/mol; quindi, a temperatura ambiente, la rotazione intorno al legame carbonio-carbonio è costante, e non è possibile separare i due isomeri conformazionali.

L'isomeria nei cicloalcani

Anche per i cicloalcani si può parlare di isomeria di struttura e di isomeria conformazionale.

I tre composti seguenti sono esempi di *isomeri di struttura*; infatti hanno la stessa formula bruta, ma struttura e proprietà fisiche differenti:

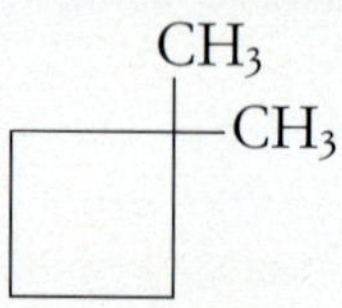

1,1-dimetilciclobutano

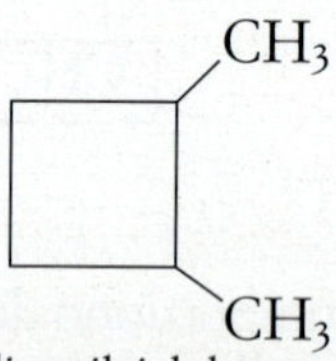

1,2-dimetilciclobutano

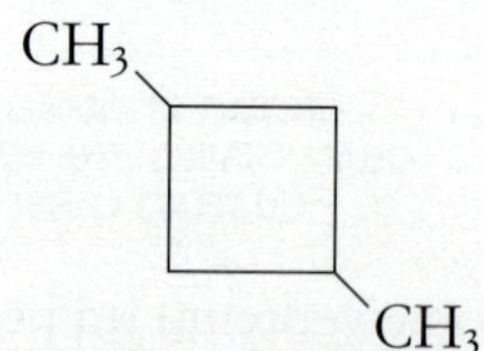

1,3-dimetilciclobutano

Il ciclopropano e il ciclobutano non presentano isomeria conformazionale a causa della loro conformazione spaziale. Infatti il primo composto ha una struttura perfettamente planare con angoli di legame di 60°; il secondo ha una struttura leggermente piegata con angoli di legame di 88°.

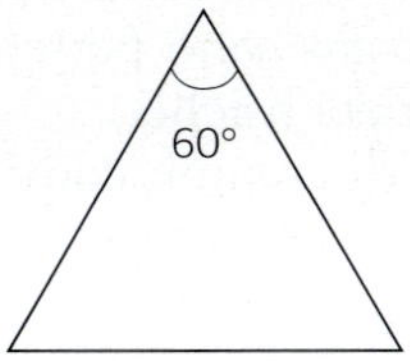

ciclopropano

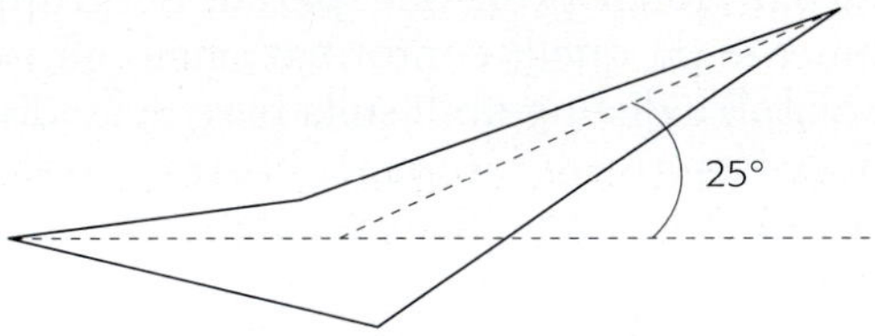

ciclobutano

Gli angoli di legame di questi due idrocarburi, quindi, sono lontani dai 109,5° previsti per l'ibrido sp^3. Tale *compressione* di legame introduce un elemento di instabilità nella struttura del ciclopropano (il meno stabile) e del ciclobutano.

Gli altri cicloalcani hanno strutture non planari e quindi risultano sicuramente più stabili. Essi possono avere diversi isomeri conformazionali.

Il *ciclopentano* forma angoli di 108° e ha una disposizione quasi planare.

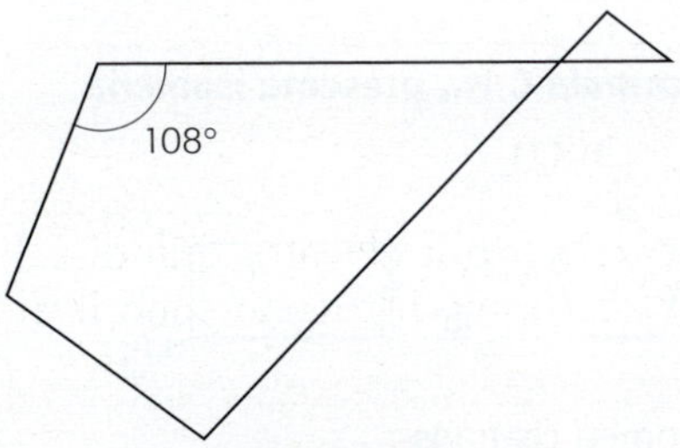

ciclopentano
(conformazione più stabile)

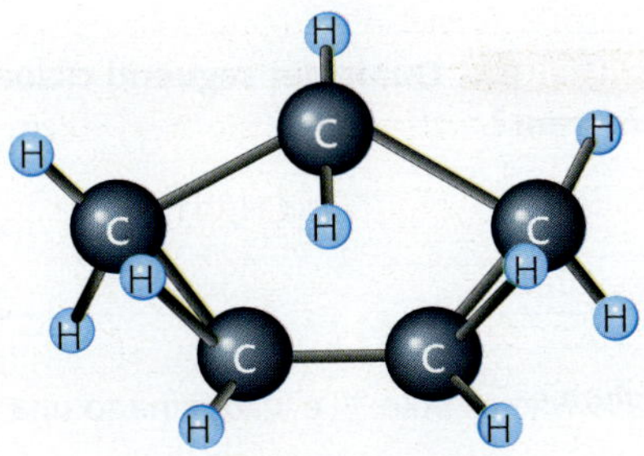

modello del ciclopentano

L'isomero più stabile ha un atomo di carbonio fuori del piano su cui giacciono gli altri quattro in modo da avere gli idrogeni sfalsati. Questa conformazione è detta «a busta»:

Più interessante è la struttura del cicloesano, il quale può assumere conformazioni non planari: le due più importanti sono a **sedia** e a **barca**:

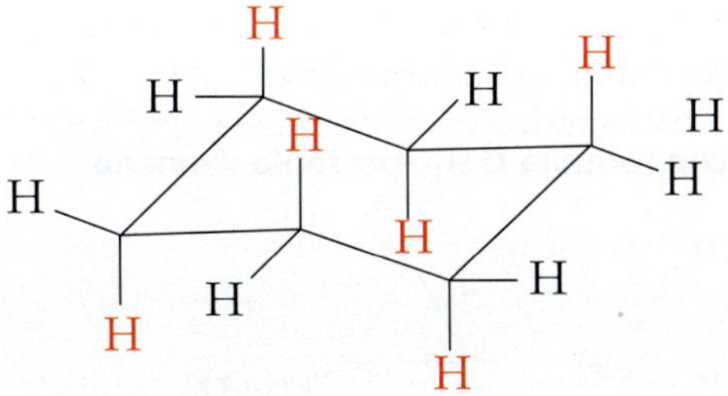

conformazione a sedia
(più stabile)

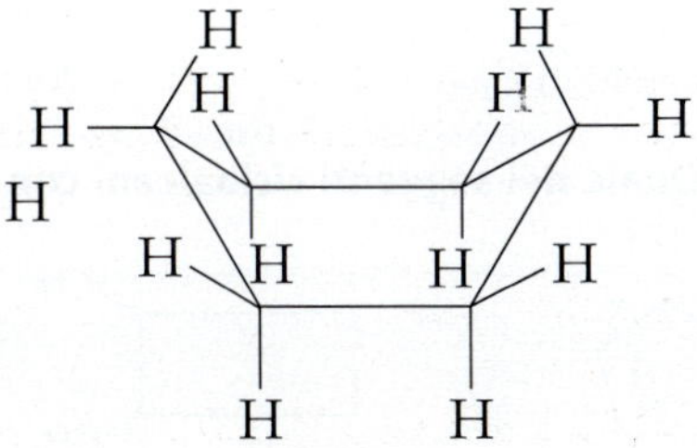

conformazione a barca
(meno stabile)

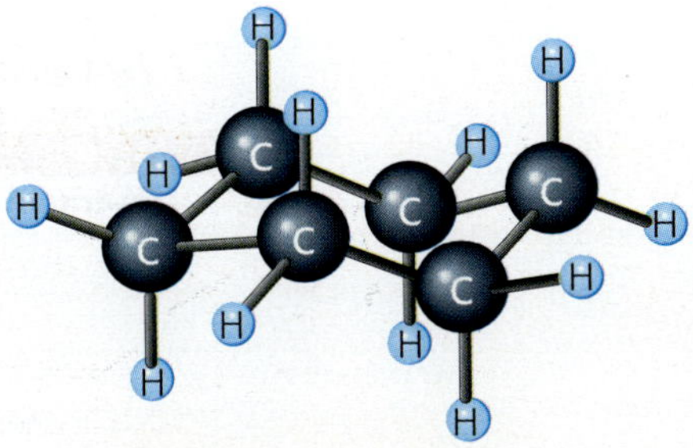

modello a sedia
del cicloesano

La più stabile è la conformazione a sedia, i cui dodici idrogeni sono legati in due serie di sei con differente geometria; sei idrogeni hanno una disposizione *assiale*, ossia parallela all'asse della molecola. Tali idrogeni sono situati, alternativamente sopra e sotto il piano della molecola (nella figura appaiono in rosso). Gli altri sei idrogeni hanno una posizione *equatoriale*, cioè diretta verso l'esterno del perimetro della molecola.

L'isomeria configurazionale o cis-trans nei cicloalcani

Tutti i cicloalcani presentano un particolare tipo di **isomeria** detta **configurazionale** o, più semplicemente, **cis-trans**. Con il termine configurazione di un atomo si intende la particolare posizione spaziale dei gruppi atomici che lo circondano.

Diversamente da quelli conformazionali, gli isomeri cis-trans sono perfettamente isolabili e distinguibili sulla base delle diverse proprietà fisiche.

È difficile descrivere l'isomeria cis-trans senza fare uso di esempi; consideriamo quindi il 1,2-dimetilciclopentano che presenta isomeria cis-trans:

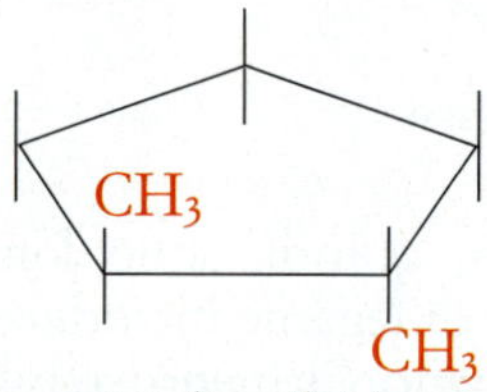

trans-1,2-dimetilciclopentano

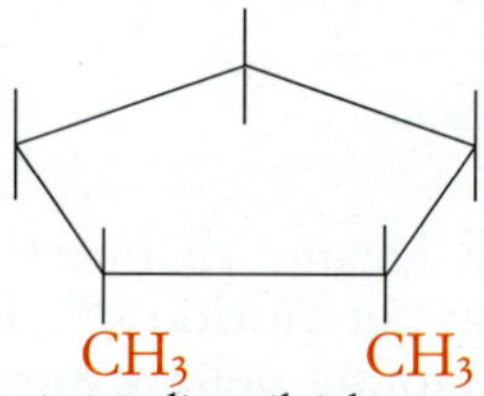

cis-1,2-dimetilciclopentano

Il prefisso *cis-* indica che i due sostituenti sono dalla stessa parte rispetto al piano dell'anello, il prefisso *trans-* che i gruppi si trovano da parti opposte rispetto all'anello.

ESEMPIO **Quale dei seguenti cicloalcani con formula C_7H_{14} presenta isomeria cis-trans?**

A 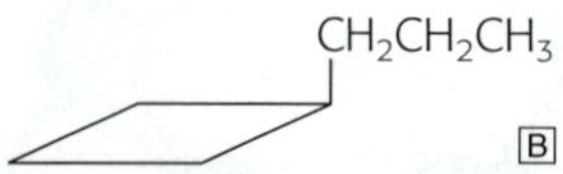

B 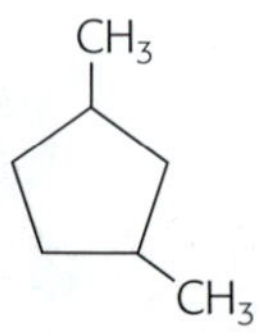

C 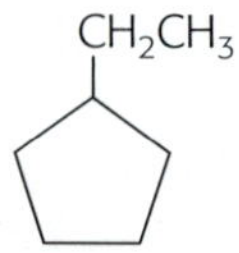

D 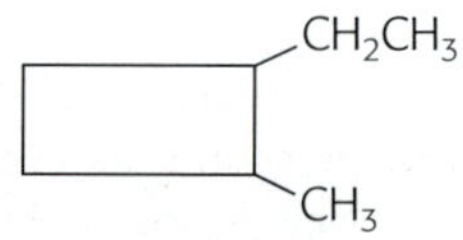

Soluzione Solo B e D originano una coppia di isomeri cis-trans-:

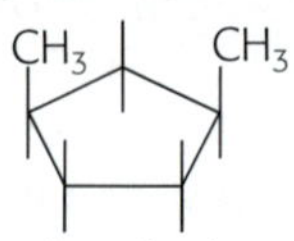

cis-1,3-dimetilciclopentano

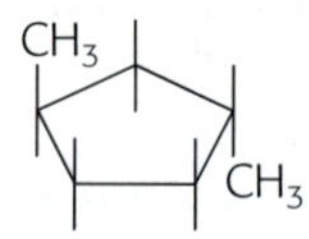

trans-1,3-dimetilciclopentano

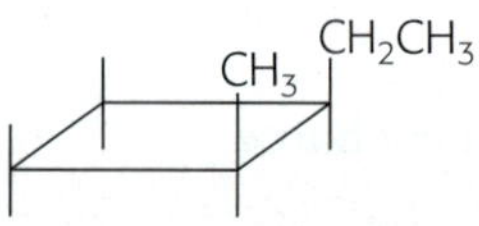

cis-1-etil-2-metilciclobutano

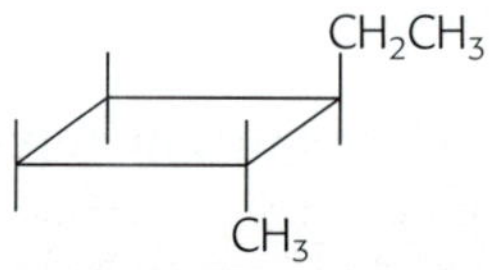

trans-1-etil-2-metilciclobutano

ESEMPIO **Quale dei seguenti cicloalcani con formula C_6H_{12} presenta isomeria cis-trans?**

A 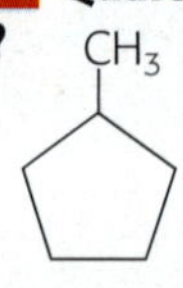

metilciclopentano

B 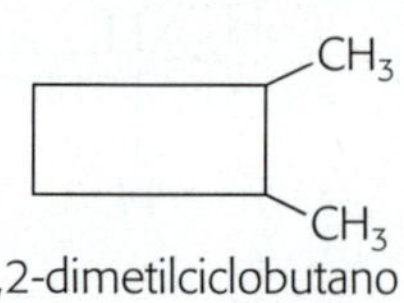

1,2-dimetilciclobutano

C 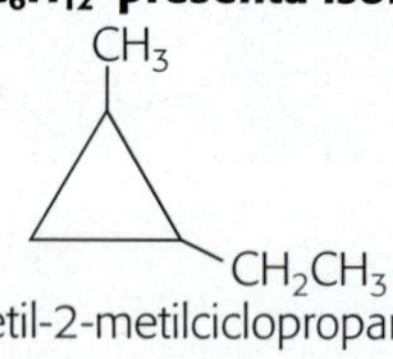

1-etil-2-metilciclopropano

Soluzione Presentano isomeria cis-trans i composti B e C:

B 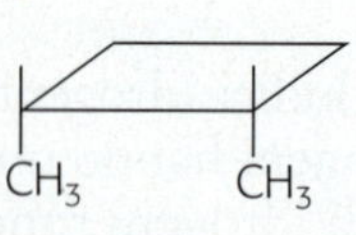

e 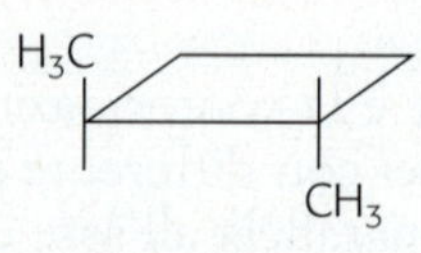

C 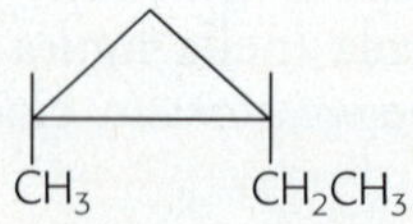

e 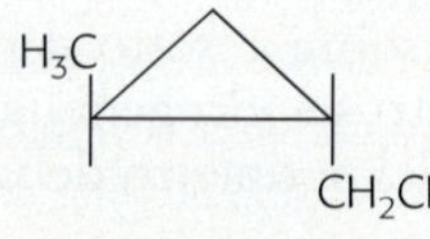

L'isomeria ottica

La mano destra e la sinistra sono l'una immagine speculare dell'altra, ma *diverse*. Gli oggetti che mancano di piani o centri di simmetria vengono chiamati **chirali** (dal greco *khéir*, mano), in quanto non sono sovrapponibili alla loro immagine speculare. Anche le molecole possono essere chirali; una molecola senza elementi di simmetria è differente dalla sua immagine speculare, quindi è chirale.

Consideriamo per esempio il *trans*-1,2-dimetilciclopentano e la sua immagine speculare:

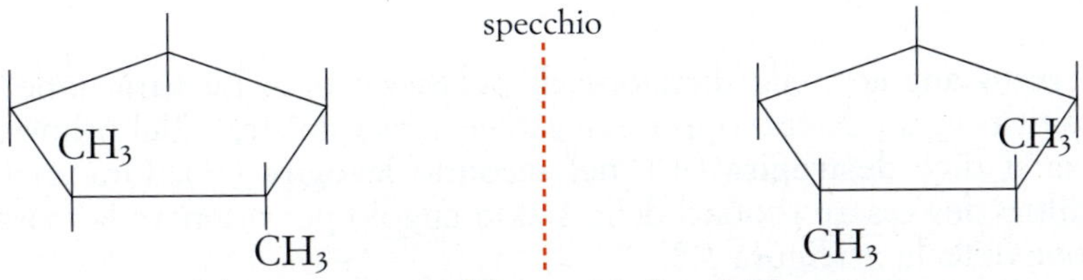

i due isomeri ottici del *trans*-1,2-dimetilciclopentano

Comunque si cerchi di ruotare le molecole, esse non saranno mai sovrapponibili. Per trasformare una molecola nell'altra, occorre rompere i legami covalenti carbonio-carbonio e riformarli in nuove posizioni.

Le due molecole diverse e speculari si dicono **isomeri ottici** o **enantiomeri**. Essi differiscono per alcune limitate proprietà fisiche e chimiche:

1. i due isomeri ottici hanno reagibilità diversa con composti chirali;
2. i due isomeri ottici fanno ruotare il piano della luce polarizzata; per questo motivo si dicono *otticamente attivi*.

A volte i due enantiomeri hanno anche differente odore o diversa azione farmacologica. È un compito molto difficile *risolvere*, cioè separare, una coppia di isomeri ottici, che hanno identici punti di fusione e di ebollizione. Inoltre la solubilità nei liquidi e la reagibilità con sostanze non chirali sono praticamente identiche.

La miscela al 50% dei due enantiomeri è chiamata **racemo** e non è otticamente attiva.

Ma cos'è la *luce polarizzata*? La luce visibile è rappresentabile come un'onda elettromagnetica che si propaga alla velocità di $3 \cdot 10^8$ m/s, in tutte le direzioni. Le onde elettromagnetiche sono oscillazioni trasversali, perpendicolari cioè alla direzione di propagazione dell'onda.

La luce visibile emessa da una lampadina non è polarizzata, e le sue onde vibrano in tutti i piani perpendicolari alla direzione di propagazione.

Ma se la luce attraversa un *prisma di Nicol* o un *filtro polaroid*, ne fuoriesce polarizzata e possiede, ora, *un solo piano di oscillazione*. Il fenomeno può essere dimostrato ponendo un secondo filtro polarizzatore dopo il primo, lungo il percorso della luce. Se il secondo filtro è orientato perpendicolarmente al primo, da esso non emerge nessuna luce; se, invece, è orientato come il primo, permette il passaggio della luce ▸figura 1.7. Se, lungo il tragitto dal primo al secondo filtro polarizzatore, interponiamo una sostanza trasparente e otticamente attiva, il raggio polarizzato subisce una variazio-

FIGURA 1.7 Nella luce polarizzata linearmente, l'oscillazione delle onde avviene su un unico piano.

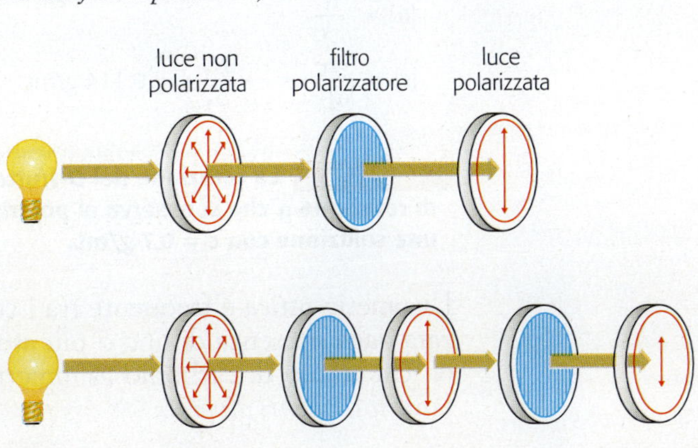

FIGURA 1.8 La sostanza otticamente attiva contenuta nel tubo polarimetrico fa ruotare di un angolo caratteristico il piano della luce polarizzata.

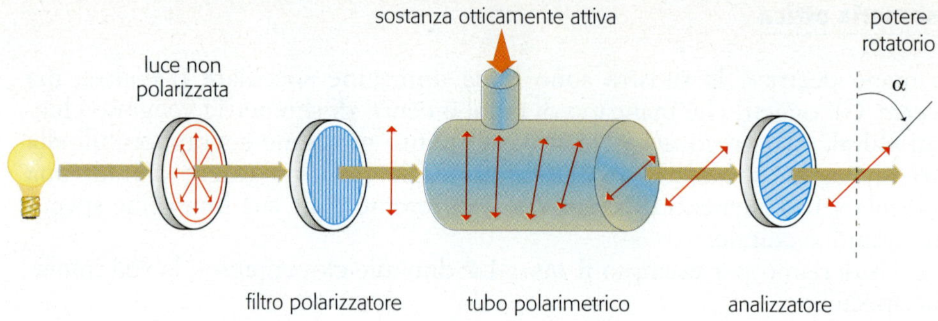

ne di un certo angolo nella direzione di polarizzazione. La variazione può essere positiva (verso destra) oppure negativa (verso sinistra). Nel primo caso la sostanza si dice **destrogira** (+), nel secondo **levogira** (−). Ora anche il secondo filtro dev'essere ruotato dello stesso angolo per ottenere la massima trasmissione della luce ▸figura 1.8.

L'angolo di rotazione α della luce polarizzata, o **potere rotatorio α** di una sostanza otticamente attiva, viene misurato con il **polarimetro** secondo lo schema della ▸figura 1.8.

L'angolo di rotazione α dipende dalla concentrazione della sostanza otticamente attiva e dalla sua natura, dalla lunghezza del tubo polarimetrico, dalla temperatura e dal solvente.

Per poter confrontare i diversi angoli di rotazione sperimentali e per limitare l'incidenza di alcuni fattori si introduce la **rotazione specifica** [α]. È consuetudine effettuare le misure a 20 °C e usare come sorgente luminosa la luce gialla (D) del sodio.

La rotazione specifica [α] è ricavabile con l'equazione:

$$[\alpha]^{20}_{\mathrm{D}} = \frac{\alpha}{l \cdot c}$$

Dove: α = angolo di rotazione sperimentale, misurato al polarimetro
c = concentrazione espressa in g/mL (per i liquidi puri si può usare la densità, d)
l = lunghezza del tubo polarimetrico in decimetri.

ESEMPIO **Sapendo che la rotazione specifica [α] del D-glucosio (glucosio destrogiro) è +52,7°, calcola la concentrazione *c* di una soluzione di glucosio che ha un angolo di rotazione di +6° e tubo polarimetrico di 10 cm.**

Soluzione

Si applica l'equazione:

$$[\alpha] = \frac{\alpha}{l \cdot c}$$

$$[c] = \frac{\alpha}{[\alpha] \cdot l} = \frac{6}{1 \cdot 52{,}7} = 0{,}114 \text{ g/mL}$$

PROVA TU **La rotazione del D-fruttosio è [α] = −92°. Calcola l'angolo di rotazione α che si osserva al polarimetro in un tubo polarimetrico di 5 cm e in una soluzione con c = 0,7 g/mL.**

L'isomeria ottica è frequente fra i composti organici e, in genere, è caratterizzata dalla presenza di uno o più **atomi di carbonio asimmetrici** nella molecola. Un atomo di carbonio asimmetrico contiene quattro legami σ con altrettanti *sostituenti diversi*.

La presenza di un carbonio asimmetrico in una molecola garantisce l'assenza di simmetria nella molecola e quindi la chiralità:

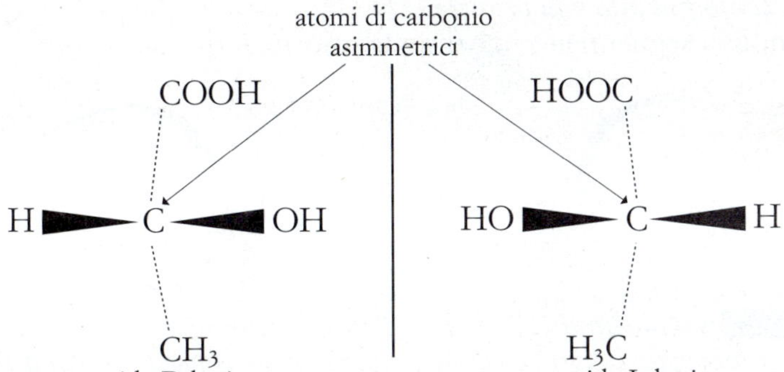

acido D-lattico — acido L-lattico

Una molecola contenente *n* atomi di carbonio asimmetrici fa parte di una famiglia di un massimo di 2^{n-1} coppie di enantiomeri, o di un massimo di 2^n isomeri ottici.

ESEMPIO **Trova e disegna gli isomeri del 3-metil-eptano.**

Soluzione

Il 3-metil-eptano

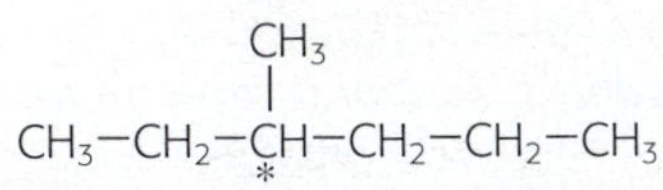

possiede un atomo di carbonio asimmetrico, indicato con l'asterisco; il carbonio 3 è legato infatti a un idrogeno, un metile, un etile e a un propile. Gli isomeri previsti sono pertanto due, evidenziabili con un disegno tridimensionale:

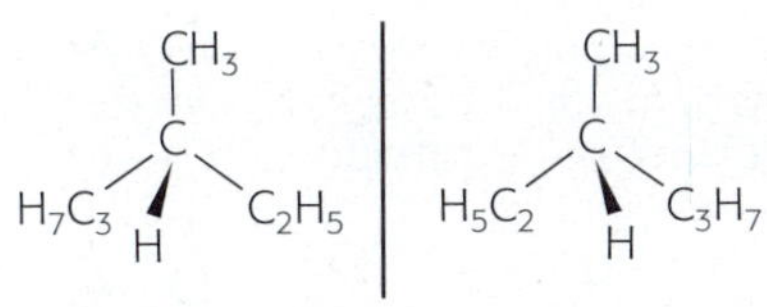

PROVA TU **Stabilisci il numero di isomeri del *trans*-1-cloro-2-metilciclopentano:**

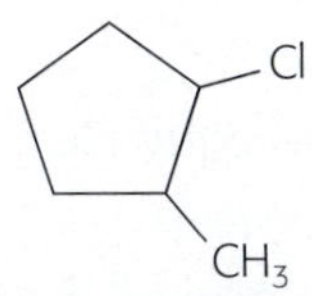

3. FORMULA DI FISCHER E CONFIGURAZIONI ASSOLUTE R, S

L'orientazione nello spazio dei sostituenti di un atomo di carbonio asimmetrico è chiamata **configurazione**. Mentre la *conformazione* cambia continuamente, per semplice rotazione intorno al legame singolo, la *configurazione* rimane immutata, a meno che non si rompano i legami del centro asimmetrico.

Per stabilire la configurazione assoluta di un atomo di carbonio asimmetrico si devono seguire le *regole di priorità* enunciate da R.S. Cahn, C.K. Ingold e Vladimir Prelog nel 1964.

REGOLA 1 *La priorità di un gruppo dipende dal numero atomico dell'atomo attaccato al carbonio asimmetrico. Quanto più alto è il numero atomico, tanto più alta è la priorità.*

Per esempio, i seguenti atomi hanno la priorità indicata:

PRIORITÀ ALTA → Br > Cl > O > N > C > H ← PRIORITÀ BASSA

REGOLA 2 *Se due atomi connessi all'atomo asimmetrico hanno la stessa priorità, si prosegue lungo la catena sino a trovare il punto in cui differiscono i due gruppi; la priorità è assegnata sulla base di tale differenza.*

Negli esempi seguenti, la priorità è assegnata per confronto degli atomi in rosso, dopo aver applicato la regola 1:

PRIORITÀ ALTA → CH_3—O— > H—O— > Br—CH_2— > HO—CH_2— ← PRIORITÀ BASSA

REGOLA 3 *I doppi legami si scrivono come se fossero due legami singoli:*

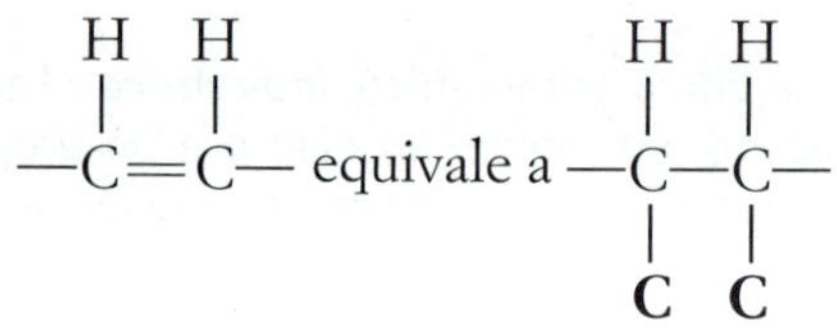

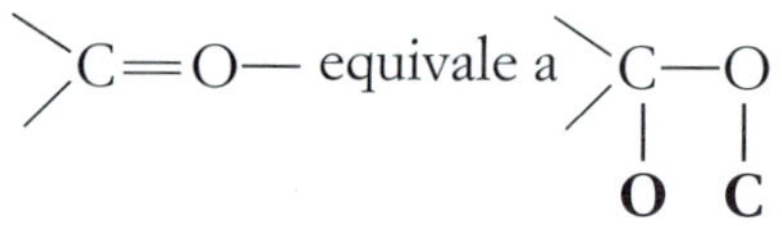

I legami tripli si scrivono come se fossero tre legami singoli:

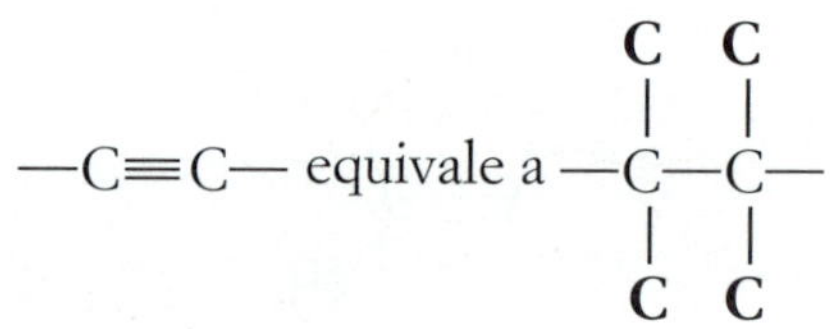

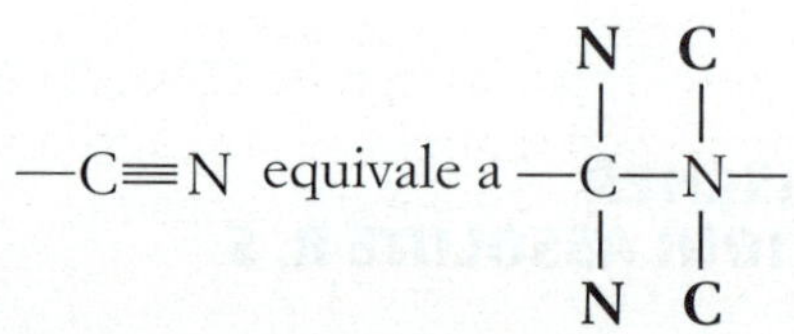

Nel 1891, Emil Fischer inventò la proiezione sul piano dell'atomo di carbonio asimmetrico. Secondo la simbologia di Fischer i due legami che sono disposti sopra il piano del foglio sono disegnati orizzontalmente, mentre quelli diretti sotto il foglio sono verticali. Inoltre, l'atomo di carbonio asimmetrico si trova nel punto d'incrocio dei due segmenti:

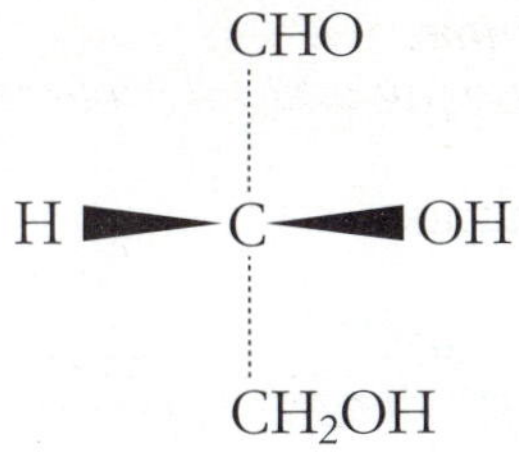

(+) gliceraldeide

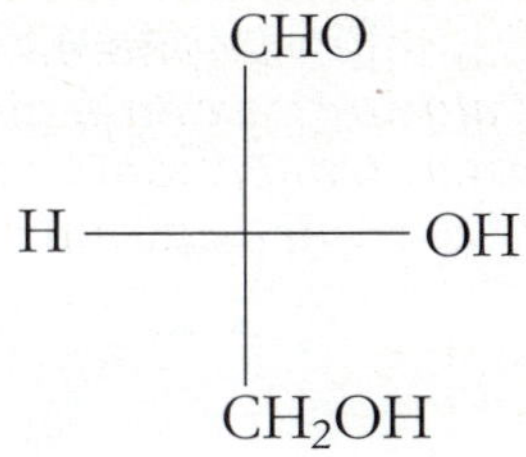

(+) gliceraldeide
(Formula di Fischer)

Il segno (+) sta a indicare l'attività ottica dell'enantiomero.

Vediamo di applicare le regole di priorità a un caso concreto.

ESEMPIO **Qual è la priorità dei gruppi della gliceraldeide destrogira?**

Soluzione

Si danno le priorità agli atomi e gruppi legati sul carbonio asimmetrico. Per la regola 1 la priorità più alta appartiene all'$-OH$ (1) e la più bassa all'$-H$ (4). Secondo le regole 2 e 3 il gruppo $-CHO$ (2) prevale sul $-CH_2OH$ (3). Quindi l'ordine finale di priorità è il seguente:

$$\underset{1}{-OH} > \underset{2}{-CHO} > \underset{3}{-CH_2OH} > \underset{4}{-H}$$

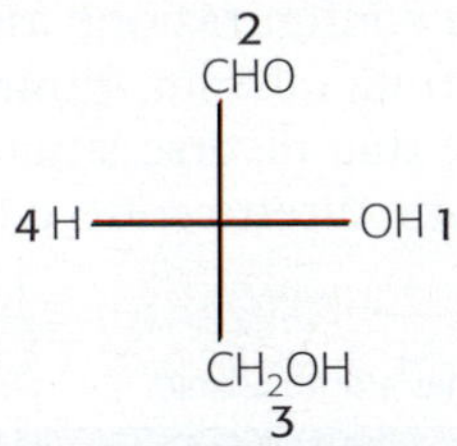

(+) gliceraldeide

Il metodo più semplice per assegnare la **configurazione assoluta** si basa sul fatto che le formule di Fischer ci dicono quali raggruppamenti sono diretti verso l'osservatore sopra il piano del foglio (all'estremità del segmento orizzontale) e quali sotto il piano del foglio (all'estremità del segmento verticale):

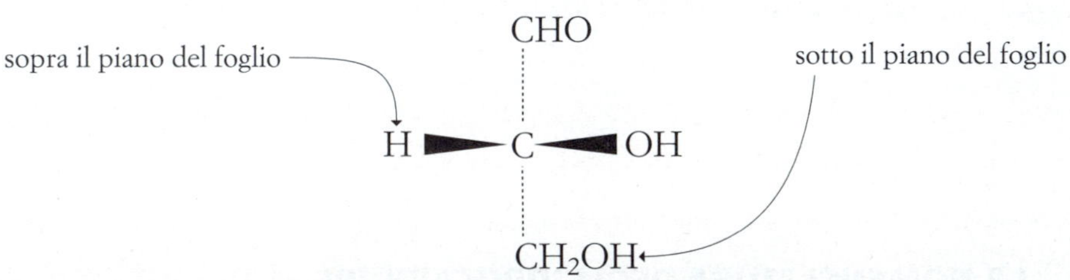

La prima cosa da fare, perciò, per assegnare la configurazione assoluta di un determinato atomo asimmetrico (chirale), è quella di individuare la posizione del gruppo a più bassa priorità. L'esempio seguente ci permetterà di capire meglio come applicare la notazione di Fischer.

ESEMPIO **Qual è la configurazione assoluta della (−) alanina?**

Soluzione

Per determinare la configurazione assoluta della (−) alanina bisogna partire dalla relativa formula di Fischer. La priorità dei vari raggruppamenti è stabilita dai numeri in rosso scritti vicino.

priorità alta $\longrightarrow 1 > 2 > 3 > 4 \longleftarrow$ priorità bassa

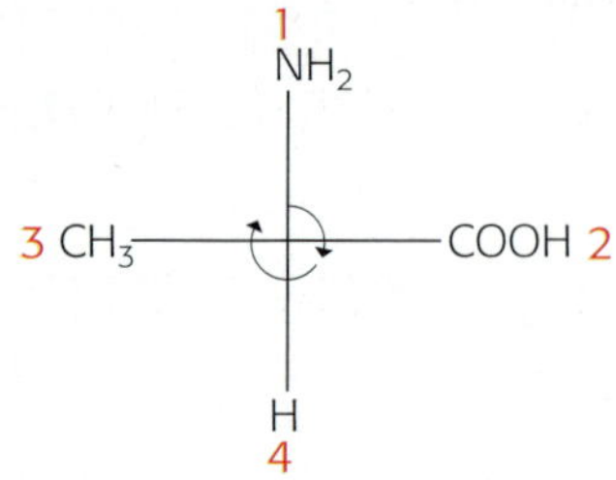

R (−) alanina (nuova denominazione)
D (−) alanina (vecchia denominazione)

Nel caso in esame, il gruppo a più bassa priorità è diretto sotto il piano di questa pagina e all'estremità del segmento verticale (in basso).
Andando dal sostituente a più alta priorità (1) verso il secondo (2) e poi in direzione del terzo (3) la rotazione è oraria (cioè concorde con le lancette dell'orologio), pertanto l'atomo di carbonio asimmetrico ha la configurazione assoluta R (dal latino *rectus*, destro).
La denominazione ufficiale IUPAC prevede la simbologia R-S, mentre la vecchia convenzione ricorre alle lettere D-L. Quest'ultima scrittura rimane ancora valida per indicare le configurazioni assolute di amminoacidi e zuccheri.

Il segno positivo o negativo della rotazione ottica dell'enantiomero non ha nessuna corrispondenza con la configurazione assoluta. La coincidenza di (R) con (+) e di (S) con (−), registrata talvolta, è puramente casuale.

La ▸tabella 1.4 riassume le due diverse situazioni riguardanti il gruppo a più bassa priorità, che può essere diretto sotto o sopra il piano del foglio.

TABELLA 1.4 Configurazione assoluta dell'atomo chirale.

Posizione del gruppo a più bassa priorità	Rotazione freccia (1 → 2 → 3) ORARIA	ANTIORARIA
Sotto il piano (all'estremità, in alto o in basso, del segmento verticale).	R	S
Sopra il piano (all'estremità, destra o sinistra, del segmento orizzontale).	S	R

4. LA NOMENCLATURA DEGLI IDROCARBURI

La nomenclatura organica sistematica è nata a Ginevra nel 1892. Dopo quella data, la *Union of Pure and Applied Chemistry* (IUPAC) si è riunita periodicamente per stabilire, volta per volta, le regole di nomenclatura di una disciplina in costante evoluzione.

Alcani

Soltanto i primi quattro alcani hanno nomi comuni:

CH_4	$CH_3—CH_3$	$CH_3—CH_2—CH_3$	$CH_3—CH_2—CH_2—CH_3$
metano	etano	propano	butano

Dal quinto termine in poi, i nomi sono costituiti da un prefisso numerico seguito dal suffisso **-ano** ▸tabella 1.5:

$CH_3-CH_2-CH_2-CH_2-CH_3$
pent**ano**

$CH_3-CH_2-CH_2-CH_2-CH_2-CH_3$
es**ano**

$CH_3CH_2CH_2CH_2CH_2CH_2CH_3$
ept**ano**

$CH_3CH_2CH_2CH_2CH_2CH_2CH_2CH_3$
ott**ano**

TABELLA 1.5 Nomi degli alcani superiori.

Formula	Nome
C_9H_{20}	non**ano**
$C_{10}H_{22}$	dec**ano**
$C_{11}H_{24}$	undec**ano**
$C_{12}H_{26}$	dodec**ano**
$C_{13}H_{28}$	tridec**ano**
$C_{14}H_{30}$	tetradec**ano**
$C_{15}H_{32}$	pentadec**ano**
$C_{16}H_{34}$	esadec**ano**
$C_{17}H_{36}$	eptadec**ano**
$C_{18}H_{38}$	ottadec**ano**
$C_{20}H_{42}$	eicos**ano**

Allo scopo di dare un nome appropriato a idrocarburi ramificati e non lineari, come quelli elencati sopra, si ricorre all'uso di particolari «frammenti» idrocarburici: i **radicali alchilici**. Tali raggruppamenti di atomi si ottengono togliendo un atomo di idrogeno agli idrocarburi, e si denominano rimpiazzando il suffisso **-ano** con **-ile**. Il carbonio con la valenza libera è il numero 1:

CH_3-
met**ile**

CH_3-CH_2-
et**ile**

$CH_3-CH_2-CH_2-$
prop**ile**

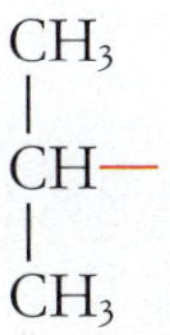
isoprop**ile**

n-but**ile**

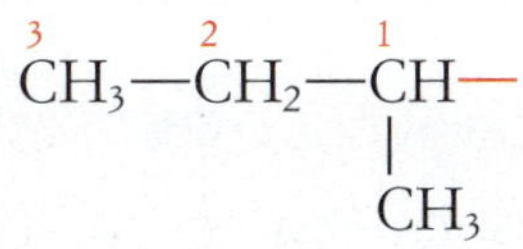
sec-but**ile**

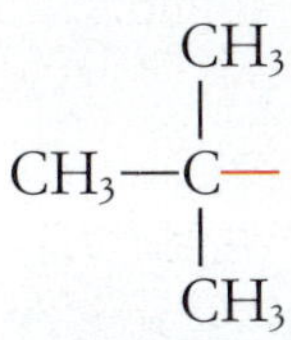
ter-but**ile** o *t*-but**ile**

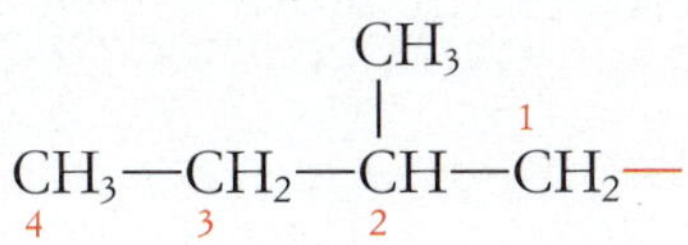
2-metilbut**ile**

Volendo denominare un idrocarburo ramificato, si ricorre a semplici regole, che illustriamo con un esempio.

ESEMPIO **Qual è il nome del seguente idrocarburo?**

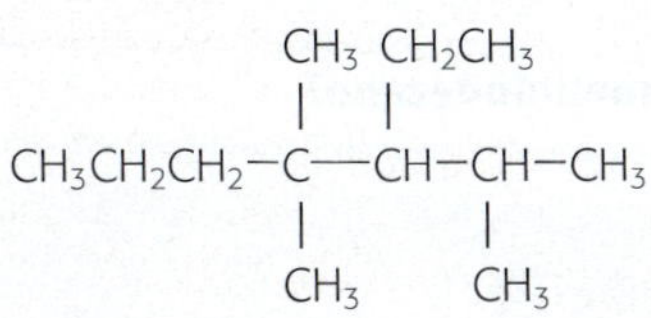

Soluzione Le regole da seguire sono:

1. Scegliere la catena idrocarburica *più lunga* e assegnare il nome del corrispondente idrocarburo; per l'esempio citato, la catena più lunga è quella dell'eptano.
2. Numerare la catena idrocarburica partendo dall'estremità prossima alle ramificazioni, ossia dall'estremità che consente di assegnare agli alchili laterali i numeri più bassi possibile: per l'idrocarburo in esame, numerare da destra verso sinistra:

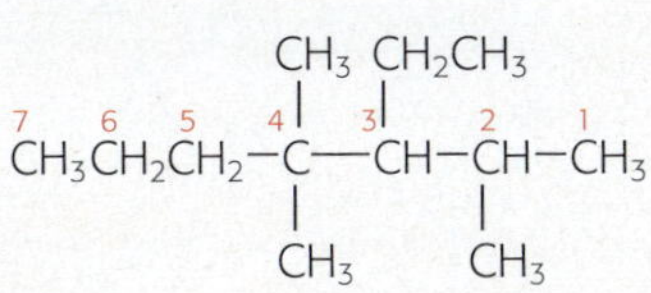

3. Scrivere i nomi dei *radicali alchilici* (le ramificazioni) preceduti da uno o più numeri, indicanti la posizione del o dei radicali lungo la catena. Se ci sono più radicali alchilici dello stesso tipo, designare con l'opportuno prefisso: *di-*, *tri-*, *tetra-*, *penta-*.
4. Se le catene laterali sono di natura diversa, citarle in ordine alfabetico. Perciò, l'alcano scritto sopra avrà il seguente nome:

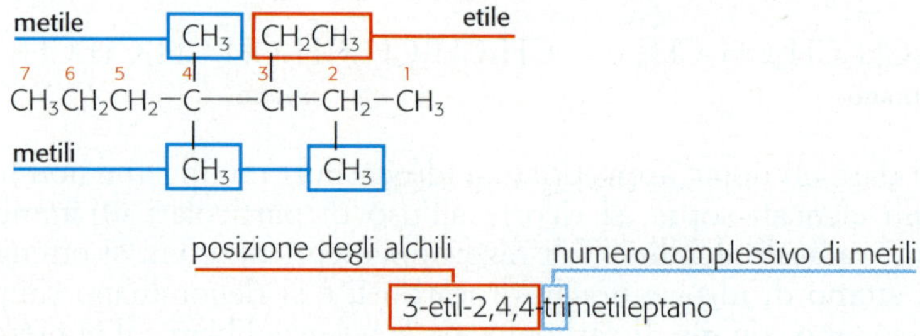

PROVA TU **Scrivi il nome dei seguenti idrocarburi:**

A 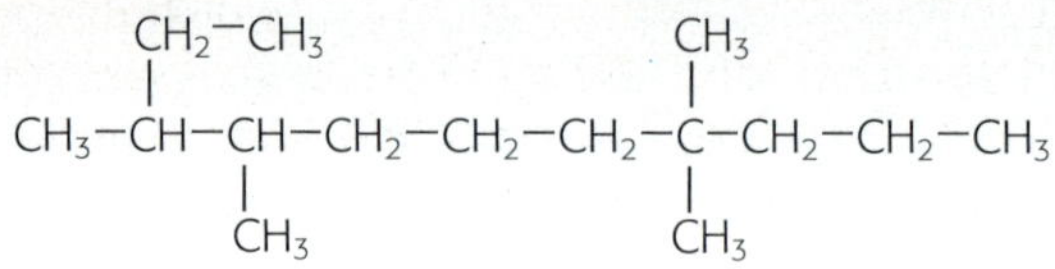

B 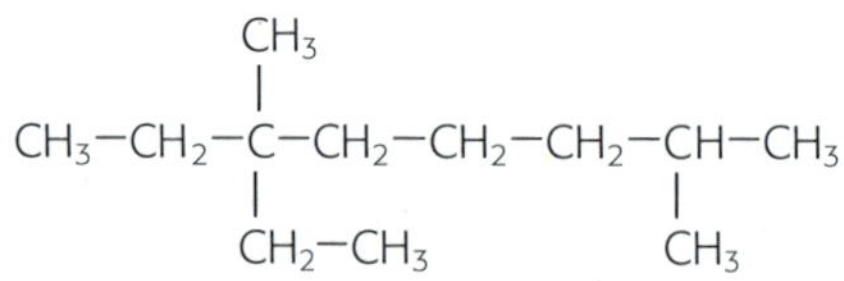

C 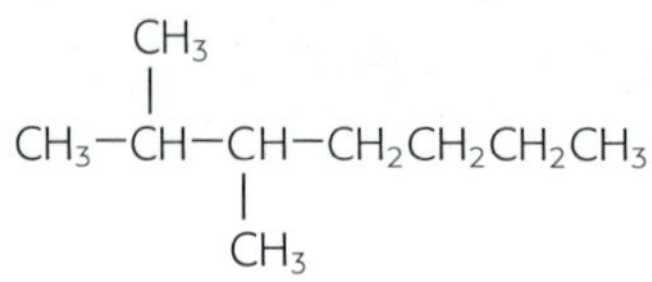

D 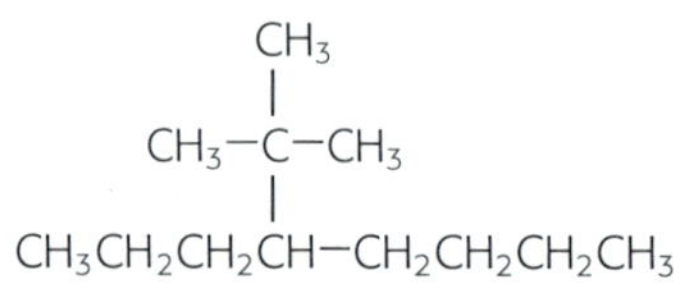

Dato il nome, qual è la formula? Questo è l'ultimo quesito da risolvere a proposito della nomenclatura degli alcani. Vediamo un esempio.

ESEMPIO **Qual è la formula del 6-*ter*-butil-2,7-dimetildodecano?**

Soluzione

Si procede così:

1. Si scrivono, l'uno dietro l'altro, i dodici atomi di carbonio e si numerano le posizioni:

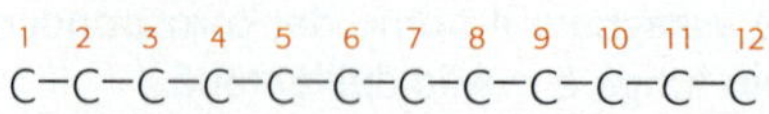

2. Si sistemano le ramificazioni nei punti indicati (i due metili in 2 e 7 e il *ter*-butile in 6):

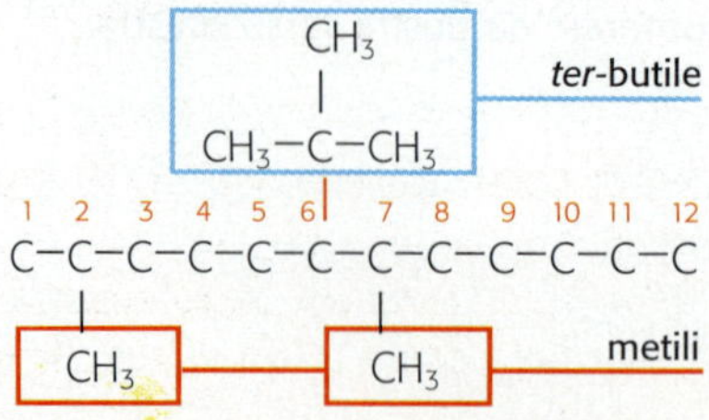

3. Si completa la formula con gli atomi di idrogeno mancanti:

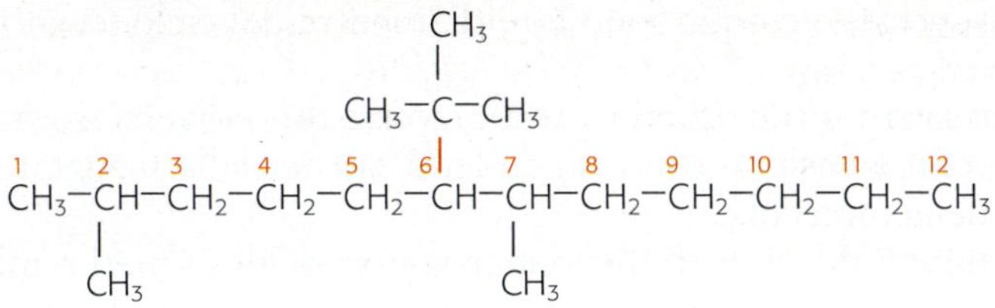

PROVA TU **Disegna le formule dei seguenti alcani:**

A 2,2,3,4-tetrametilottano

B 6-isopropil-2,4-dimetiltridecano

Cicloalcani

La nomenclatura dei cicloalcani segue le regole generali enunciate per gli alcani. Il ciclo (a 3, 4, 5, 6, 7… termini) rappresenta la struttura base come lo è la catena più lunga per gli alcani. I carboni del ciclo sono numerati in maniera da dare alle ramificazioni i più piccoli numeri possibile. Per esempio, i seguenti composti si denominano:

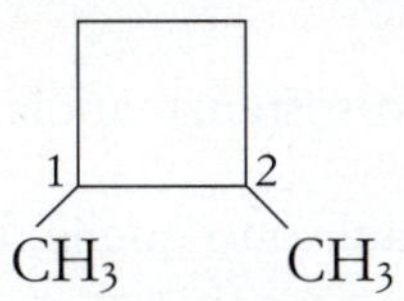

1,2-dimetilciclobutano
(e non 1,4-dimetilciclobutano)

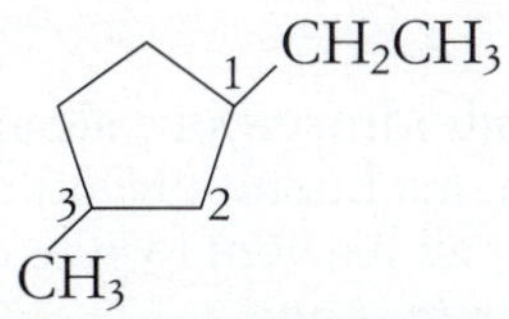

1-etil-3-metilciclopentano
(e non 1-etil-4-metilciclopentano)

I radicali alchilici principali dei cicloalcani sono:

C_3H_5— ciclopropile | C_4H_7— ciclobutile | C_5H_9— ciclopentile | C_6H_{11}— cicloesile

PROVA TU **Scrivi il nome dei seguenti composti:**

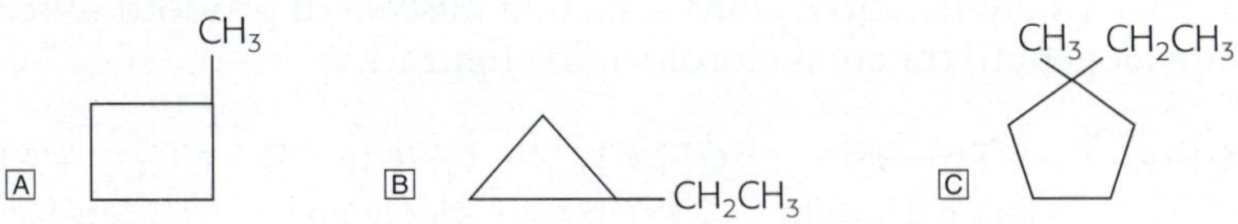

5. PROPRIETÀ FISICHE E CHIMICHE DI ALCANI E CICLOALCANI

Il punto di ebollizione degli alcani e dei cicloalcani cresce con regolarità all'aumentare del peso molecolare. I primi quattro termini degli alcani sono gas a temperatura ambiente, poi diventano liquidi e dal $C_{16}H_{34}$ in poi solidi, con punti di fusione sempre al di sotto dei 100 °C. Vaselina e paraffina sono miscele semisolide e solide di idrocarburi ad alto peso molecolare. Fra i cicloalcani, i primi due termini (ciclopropano e ciclobutano) sono gas a temperatura ambiente, i successivi cinque sono liquidi, mentre dal ciclodecano in poi sono solidi.

Per gli alcani con quattro o più atomi di carbonio esistono diversi isomeri, i cui punti di ebollizione e fusione sono dipendenti anche dalla maggiore o minore compattezza della molecola.

I composti lineari hanno punti di ebollizione maggiori degli isomeri ramificati. Dall'altro versante, i punti di fusione degli isomeri più ramificati risultano, generalmente, più elevati di quelli degli alcani lineari:

Alcano lineare	Alcani ramificati	
pentano p.e. 36,1 °C p.f. −129,7 °C	2-metilbutano p.e. 27,9 °C p.f. −160 °C	2,2-dimetilpropano p.e. 9,5 °C p.f. −16,6 °C
$CH_3CH_2CH_2CH_2CH_3$	$CH_3CH(CH_3)CH_2CH_3$	$CH_3—C(CH_3)_2—CH_3$

Come tutti gli idrocarburi, alcani e cicloalcani sono sostanze apolari, insolubili in acqua, ma buoni solventi di sostanze apolari.

Le principali reazioni fornite da alcani e cicloalcani sono quelle di *alogenazione* e di *combustione*.

Alogenazione

La reazione di alogenazione è data principalmente da cloro e bromo, in presenza di luce o di perossidi, R—O—O—R. L'azione della luce sulla molecola del cloro porta alla formazione di radicali liberi:

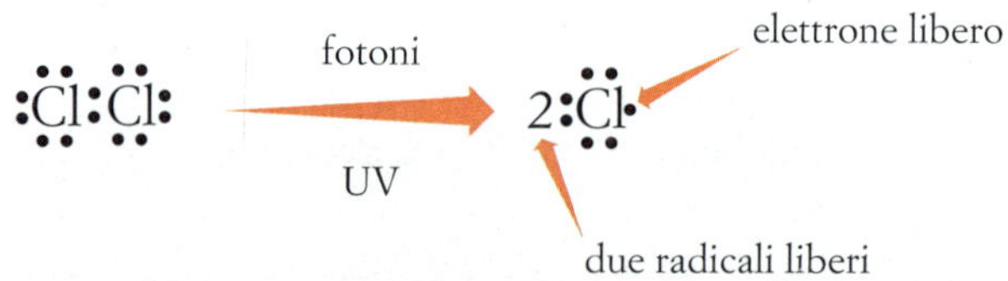

FIGURA 1.9 Modello del cloroformio, $CHCl_3$; in azzurro gli atomi di cloro.

I radicali liberi sono molecole che possiedono un elettrone libero, cioè spaiato.

Facendo reagire con metano e cloro si ha una miscela di prodotti di reazione variamente alogenati, tra cui il cloroformio ▸figura 1.9:

$$CH_4 + Cl{:}Cl \xrightarrow{\text{luce}} \underset{\text{cloruro di metile}}{CH_3—Cl} + \underset{\text{diclorometano}}{CH_2Cl_2} + \underset{\text{cloroformio}}{CHCl_3} + \underset{\text{tetraclorometano}}{CCl_4} + HCl$$

Combustione

Gli alcani e i cicloalcani, come molti altri idrocarburi, sono utilizzati principalmente come combustibili liquidi e gassosi.

L'equazione generale di combustione degli alcani è la seguente:

$$C_nH_{(2n+2)} + \frac{3n+1}{2}O_2 \rightarrow nCO_2 + (n+1)H_2O$$

Per i cicloalcani la reazione è la seguente:

$$C_nH_{2n} + \frac{3n}{2} O_2 \rightarrow nCO_2 + nH_2O$$

6. PETROLIO E PROCESSI DI RAFFINERIA

La formazione del petrolio è dovuta all'azione di batteri anaerobici su materiali organici di origine principalmente vegetale. La materia organica da cui si è formato il petrolio è databile ad almeno 500 milioni di anni fa. I componenti idrocarburici del petrolio vengono in gran parte separati per distillazione frazionata.

La distillazione frazionata del petrolio

Il petrolio è vaporizzato in opportune torri di distillazione ▶figura 1.10. Dalla distillazione si raccolgono un residuo e cinque frazioni principali: olio combustibile, gasolio, kerosene, benzina ed etere di petrolio.

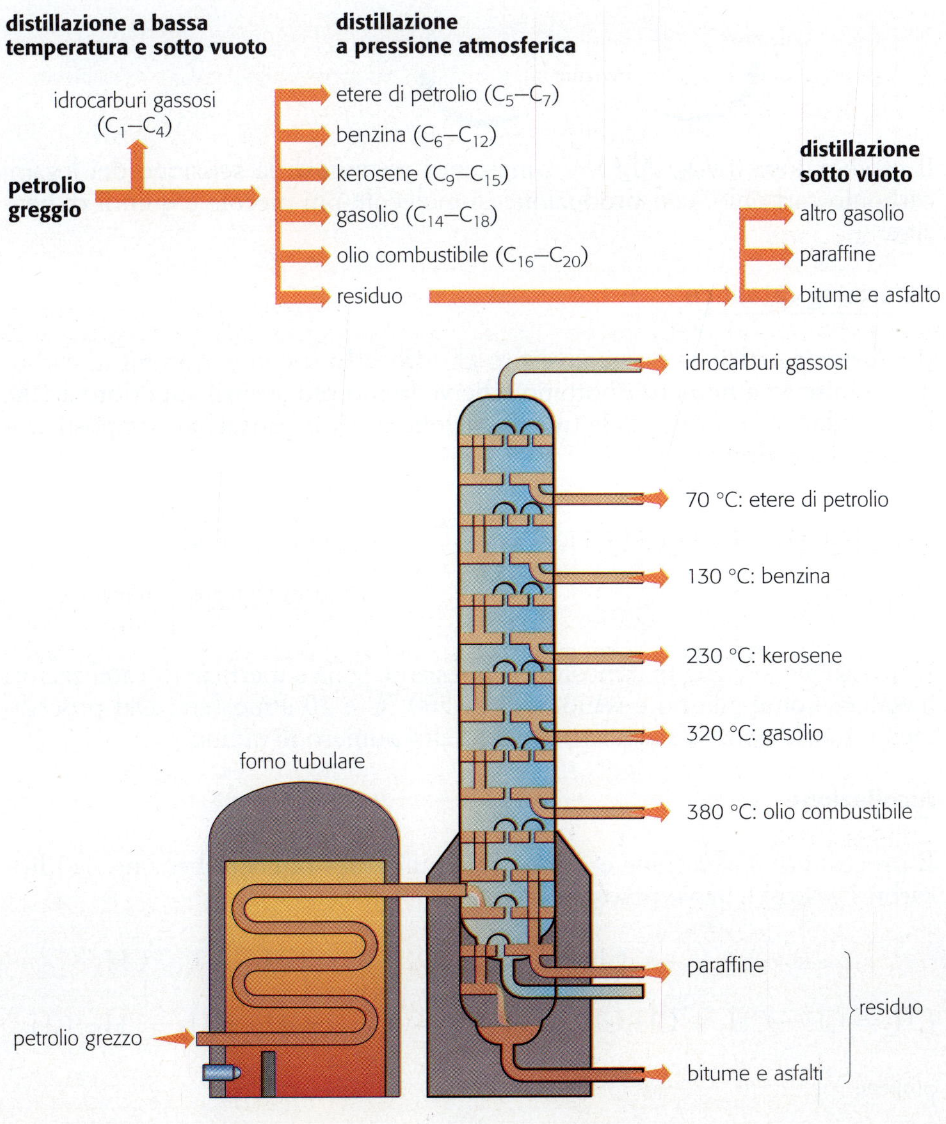

FIGURA 1.10 Distillazione a pressione atmosferica del petrolio greggio.

Il residuo della distillazione a pressione atmosferica è ridistillato sotto vuoto per accrescere la quota di gasolio e olio pesante (C_{20}—C_{70}); quest'ultimo è utilizzato per ottenere olio lubrificante. La parte rimanente rappresenta il catrame, il bitume e l'asfalto. La necessità di ottenere maggiori percentuali di benzina (dalla distillazione se ne ricava meno del 20%) ha costretto l'industria petrolchimica a mettere a punto metodi catalitici di trasformazione delle frazioni pesanti in altre a più basso peso molecolare.

Il cracking catalitico

La parte predominante dei processi di raffineria si basa su reazioni chimiche. Nel *cracking catalitico* la reazione consiste nel frantumare le molecole grandi in molecole più piccole:

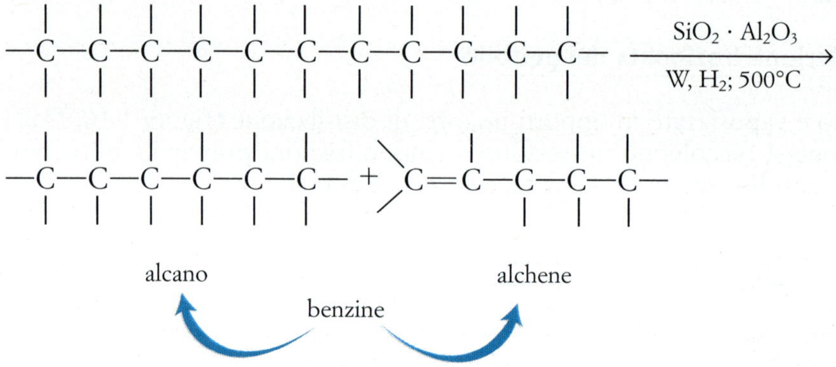

Il catalizzatore (SiO_2, Al_2O_3 e tungsteno) promuove la scissione dei legami carbonio-carbonio, con produzione di molecole più piccole e quindi di benzine.

Reforming catalitico

Il *reforming catalitico* può convertire gli idrocarburi con 6-9 atomi di carbonio in miscele a numero di ottano (che vedremo più avanti) superiore a 100. Il procedimento comporta la trasformazione di alcani lineari in composti aromatici e cicloalcani:

$$\underset{n\text{-eptano}}{CH_3CH_2CH_2CH_2CH_2CH_2CH_3} \xrightarrow[SiO_2 \cdot Al_2O_3]{\text{Pt catalizzatore}} \underset{\text{toluene (composto aromatico)}}{C_6H_5CH_3} + 4H_2$$

L'operazione avviene in atmosfera d'idrogeno, sulla superficie di catalizzatori metallici, come platino e renio, a circa 500 °C e 20 atmosfere. Dal procedimento fuoriescono benzine efficienti ad alto numero di ottano.

Alchilazione

Il processo di *alchilazione* è di notevole utilità per ottenere benzine da idrocarburi gassosi a basso peso molecolare:

$$\underset{\text{propene}}{CH_2{=}CH{-}CH_3} + \underset{\text{2-metilpropano}}{CH_3\overset{\overset{\displaystyle CH_3}{|}}{C}H{-}CH_3} \xrightarrow{HF} \underset{\text{2,4-dimetilpentano}}{CH_3{-}\overset{\overset{\displaystyle CH_3}{|}}{C}H{-}CH_2{-}\overset{\overset{\displaystyle CH_3}{|}}{C}H{-}CH_3}$$

Isomerizzazione

Un'altra alternativa offerta per produrre benzine «performanti» è l'*isomerizzazione* di idrocarburi a catena lineare in altri ramificati:

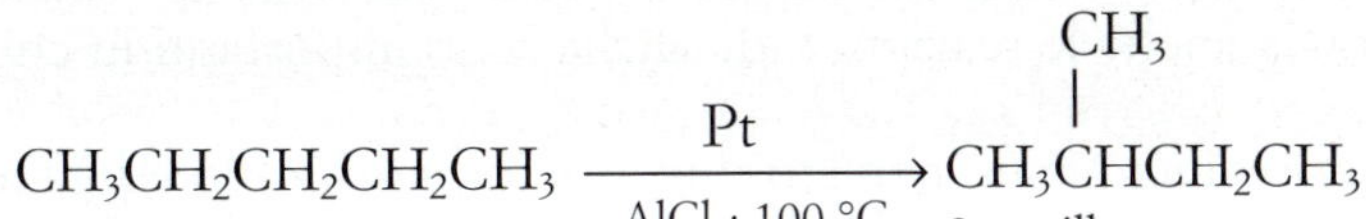

n-pentano → 2-metilbutano

Ma cos'è il numero di ottano che abbiamo citato più volte?

Benzina e numero di ottano

Per i moderni motori, con rapporto di compressione molto alto, è necessario un tipo di carburante ad *alto numero di ottano*.

Il numero di ottano (N.O.) misura il grado di comprimibilità di una miscela aria-benzina.

La miscela infatti non deve detonare per semplice compressione, ma solo allo scoccare della scintilla delle candele, che avviene quando la miscela gassosa è compressa. Perché il motore funzioni al meglio, necessita di benzina ad alta resistenza alla detonazione, ovvero a elevato numero di ottano (95-100). Gli idrocarburi ramificati, o contenenti idrocarburi ciclici e aromatici, hanno in genere elevato numero di ottano, mentre quelli lineari hanno un basso N.O ▸tabella 1.6.

Per stabilirne la qualità, le benzine vengono confrontate con miscele di due idrocarburi presi come riferimento, il *n*-eptano e l'isottano:

$CH_3CH_2CH_2CH_2CH_2CH_2CH_3$

n-eptano (N.O. = 0)

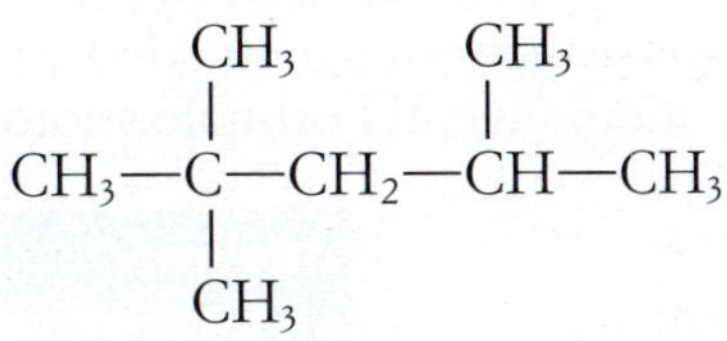

2,2,4-trimetilpentano (isottano) N.O. = 100

Per esempio, una benzina con numero di ottano 80 è come se fosse costituita per l'80% di isottano e per il 20% di *n*-eptano. Per «aggiustare» il numero di ottano della benzina, facendolo salire, si ricorre all'aggiunta di un antidetonante come il piombo tetraetile, $Pb(C_2H_5)_4$. L'attenzione crescente per i problemi ambientali ha portato alla quasi totale sostituzione del piombo tetraetile, notoriamente tossico e inquinante, con sostanze più sicure. Fra i tanti agenti antidetonanti proposti dall'industria, il più sicuro *pare* essere l'etere *t*-butilmetilico:

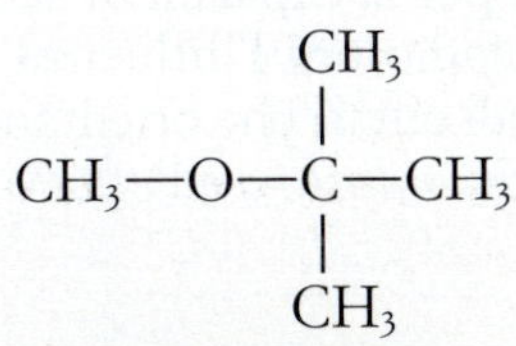

metil-*t*-butiletere

TABELLA 1.6 Alcuni idrocarburi e relativo numero di ottano.

Idrocarburo	N.O.
n-pentano	62
2-metilbutano	90
n-esano	26
2-metilpentano	74
n-eptano	0
2,3-dimetilpentano	89
2,2,3-trimetilbutano	100
2,2,4-trimetilpentano	100
ciclopentano	85
cicloesano	77
benzene	106
toluene	109

7. I REAGENTI CHIMICI E L'EFFETTO INDUTTIVO

Le principali reazioni che interessano i composti organici sono di natura polare; tuttavia anche le reazioni radicaliche sono importanti in chimica organica.

I chimici organici hanno coniato due termini, **nucleofilo** ed **elettrofilo**, per descrivere sinteticamente quello che avviene durante una reazione polare. *Se, nel corso della reazione, un reagente fornisce una coppia di elettroni al substrato, è chiamato nucleofilo. Se, invece, il reagente sottrae coppie di elettroni al substrato, è denominato elettrofilo.*

$(CH_3)_3C^+$	$:\ddot{\underset{\cdot\cdot}{I}}:^{-}$
elettrofilo	nucleofilo

Ma quali sono i reagenti nucleofili e quali quelli elettrofili? In generale possiamo dire:

Tutti gli anioni e le molecole neutre con doppietti elettronici disponibili sono nucleofili.

Più difficile risulta stabilire quali sono i reagenti o gruppi elettrofili. In generale, si dice che:

Un elettrofilo deve avere un orbitale vuoto o deve essere in grado di formare una specie con orbitale vuoto.

Pertanto, sono elettrofili i seguenti cationi, che hanno un orbitale vuoto:

$$H^+ \qquad CH_3{}^+ \qquad (CH_3)_2CH^+ \qquad CH_3\overset{+}{C}=O$$

Anche i seguenti reagenti sono elettrofili perché liberano, durante la reazione, i cationi (aventi l'orbitale vuoto richiesto dalla definizione):

Reagente		Elettrofilo
H—Cl	$\xrightarrow{-Cl^-}$	H^+
Cl—Cl	$\xrightarrow{-Cl^-}$	Cl^+
Br—Br	$\xrightarrow{-Br^-}$	Br^+
Cl—OH	$\xrightarrow{-OH^-}$	Cl^+
$H_2NO_3{}^+$	$\xrightarrow{-H_2O}$	$NO_2{}^+$

Passati in rassegna i reagenti per la capacità di acquistare (elettrofili) o di dare elettroni (nucleofili), esaminiamo ora l'influenza degli effetti elettronici sulla reagibilità chimica. I principali effetti che orientano e influenzano le reazioni in chimica organica sono l'*effetto induttivo* e l'*effetto mesomerico* o di *risonanza*.

L'effetto induttivo

Abbiamo visto nei moduli precedenti che i gruppi con elettronegatività elevata attraggono gli elettroni di legame. Perciò, la coppia di elettroni di un legame covalente è sempre spostata verso l'atomo o gruppo più elettronegativo. Gli spostamenti elettronici, dovuti alla differente elettronegatività, si indicano con una freccia o con la lettera greca δ (delta), seguita dal segno + o − per indicare una certa polarità positiva o negativa della molecola:

$$CH_3 \rightarrow Cl \text{ oppure } \overset{\delta^+}{CH_3}-\overset{\delta^-}{Cl} \qquad CH_3 \rightarrow OH \text{ oppure } \overset{\delta^+}{CH_3}-\overset{\delta^-}{OH}$$

Gli effetti dei sostituenti di cessione o sottrazione elettronica sulle catene idrocarburiche sono chiamati **effetti induttivi**; tali effetti sono influenzati dall'elettronegatività. Si conoscono due effetti induttivi: l'effetto induttivo −I e l'effetto induttivo +I:

x = sostituente

$$\underset{(-I)}{R \rightarrow x} \qquad \underset{(+I)}{R \leftarrow x}$$

(R indica la catena di atomi di carbonio)

Hanno effetto induttivo −I, di sottrazione elettronica, i sostituenti con valore di elettronegatività maggiore dell'idrogeno.

Fra questi ci sono anche i sostituenti con carica positiva intera o parziale e i gruppi in cui l'atomo di carbonio si presenta con ibridazione *sp* e *sp*^{2}. Per esempio hanno effetto −I:

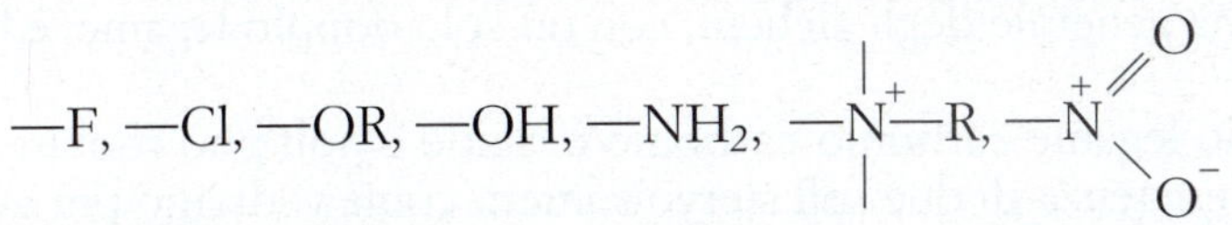

$$-CH{=}CH_2, -C{\equiv}CH, -C{\equiv}N, -\overset{\overset{\large O}{\|}}{C}-R$$

Hanno effetto induttivo + I, di cessione elettronica, i sostituenti con valore di elettronegatività inferiore all'idrogeno.

Fra questi ci sono i gruppi alchilici e i sostituenti con carica negativa. Hanno effetto +I:

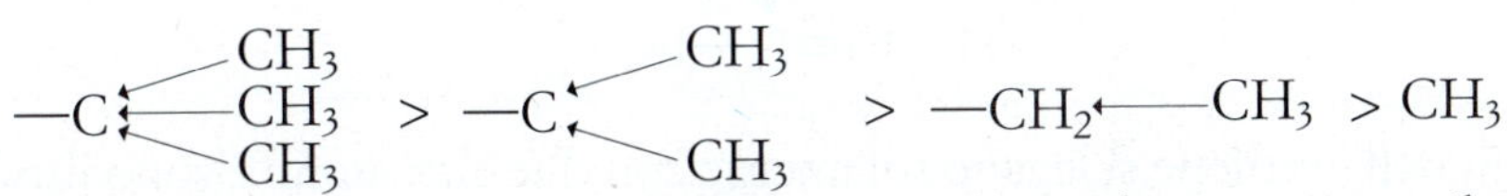

ter-butile isopropile etile metile

8. ALCHENI E ALCHINI

Non tutti gli idrocarburi contengono atomi di carbonio tetraedrici. Gli **alcheni** sono una classe di idrocarburi caratterizzati da un doppio legame carbonio-carbonio, cioè dal seguente gruppo funzionale:

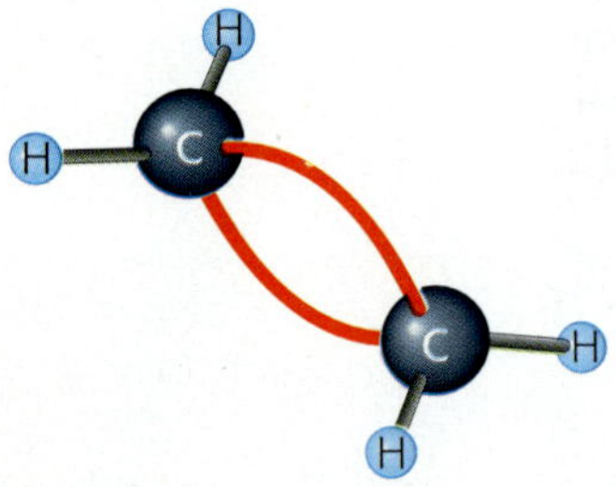

FIGURA 1.11 Modello dell'etilene o etene.

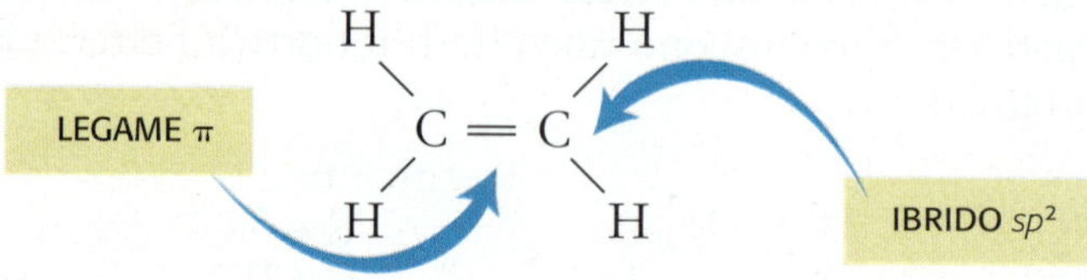

Nell'**etene** o **etilene** ▸figura 1.11, il primo idrocarburo della serie, ciascun atomo di carbonio è legato a tre diversi atomi, che giacciono su un piano. Gli atomi di carbonio dell'etilene sono ibridati sp^2 e formano, con gli altri atomi, angoli di legame approssimativamente di 120°.

Dalla ▸figura 1.4 vediamo che lo «scheletro» dell'etilene è costituito dai legami σ, mentre le due nubi elettroniche disposte sopra e sotto il piano della molecola individuano il legame π, cioè la zona in cui è più probabile trovare i due elettroni di legame con spin opposto (come stabilisce il principio di Pauli). La forma generale degli alcheni, con un solo doppio legame, è la seguente: C_nH_{2n}.

Il doppio legame carbonio-carbonio è rigido e non può ruotare. Ciò rende possibile l'esistenza di due soli stereoisomeri, come vedremo più avanti.
Gli **alchini** sono idrocarburi insaturi il cui gruppo funzionale è il triplo legame carbonio-carbonio:

$$—C{\equiv}C—$$

La formula generale degli alchini con un unico triplo legame è: C_nH_{2n-2}. L'idrocarburo più semplice della serie è l'**acetilene** o etino, che ha struttura lineare e angoli di legame di 180°.

I carboni dell'acetilene si legano solamente con due altri atomi e sono ibridi *sp*.

Secondo la teoria degli orbitali molecolari, il carbonio ibridato *sp* contrae soltanto due legami σ con l'altro carbonio e con l'idrogeno. I quattro orbitali *2p* non ibridati (due per ciascun atomo di carbonio) si sovrappongono lateralmente e originano due legami π. Il triplo legame fra i due carboni dell'acetilene è, appunto per questo, formato da un legame σ (forte) e da due legami π (più deboli) ▸figura 1.12. La nube elettronica π, che contiene quattro elettroni, «avvolge» l'asse congiungente i due carboni e assume, in definitiva, una conformazione cilindrica ▸figura 1.5.

FIGURA 1.12 Modello dell'acetilene o etino.

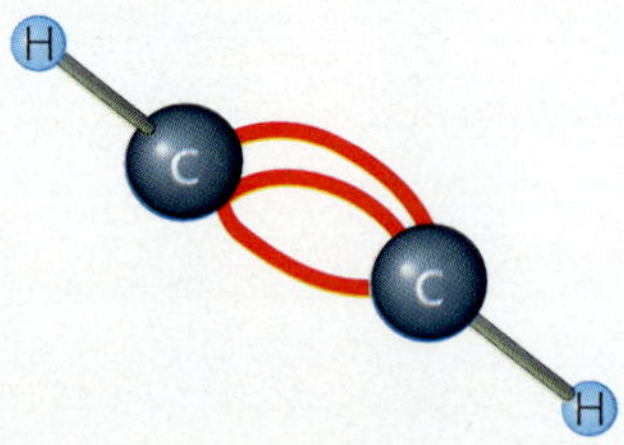

Nomenclatura e stereoisomeria geometrica

Gli idrocarburi insaturi, avendo un doppio o un triplo legame, sono denominati sostituendo il suffisso **-ano** del corrispondente alcano a più lunga catena coi suffissi -**ene** per un *alchene* e **-ino** per un *alchino*.

Se ci sono lungo la catena due o più doppi e tripli legami, il nome terminerà con **-adiene**, **-atriene** o con **-adiino**, **-atriino**:

Composto	Nome IUPAC	Nome comune
$CH_2{=}CH_2$	etene	etilene
$CH{\equiv}CH$	etino	acetilene

$$\overset{1}{C}H_3\overset{2}{C}H{=}\overset{3}{C}H{-}\overset{4}{C}H_2\overset{5}{C}H_2\overset{6}{C}H_3$$
2-esene

$$\overset{6}{C}H_3\overset{5}{C}H_2\overset{4}{C}{\equiv}\overset{3}{C}\overset{2}{C}H_2\overset{1}{C}H_3$$
3-esino

$$\overset{6}{C}H_3\overset{5}{C}H{=}\overset{4}{C}H{-}\overset{3}{C}H{=}\overset{2}{C}H{-}\overset{1}{C}H_3$$
2,4-esadiene

$$\overset{1}{C}H{\equiv}\overset{2}{C}{-}\overset{3}{C}{\equiv}\overset{4}{C}{-}\overset{5}{C}H_3$$
1,3-pentadiino

Per la numerazione, si sceglie la catena più lunga (con il maggior numero di insaturazioni), dando agli atomi di carbonio dei legami doppi e tripli i numeri più bassi possibile. La posizione del doppio e triplo legame è indicata dal numero del *primo* carbonio del legame.

Gli idrocarburi insaturi che posseggono sia il doppio sia il triplo legame sono denominati sostituendo il suffisso **-ano** con **-enino**, **-adienino**, **-enediino** ecc. Per la numerazione si seguono le regole già scritte, cioè si assegnano ai carboni dei legami multipli i numeri più bassi possibile e si sceglie la catena più lunga contenente il maggior numero di legami multipli.

Se c'è possibilità di scelta, si privilegiano i doppi legami e la numerazione inizia dall'estremità a essi più vicina.

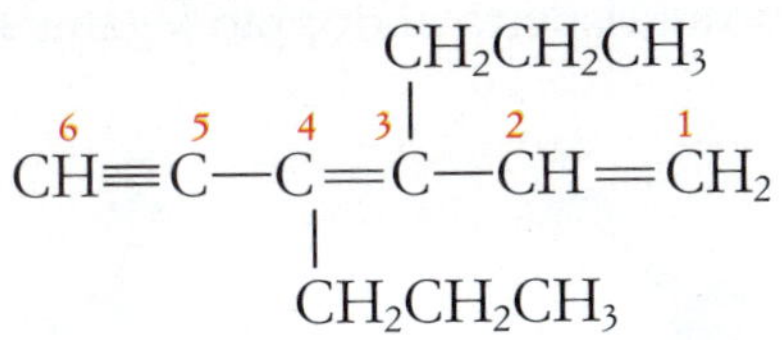

3,4-dipropil-1,3-esadien-5-ino

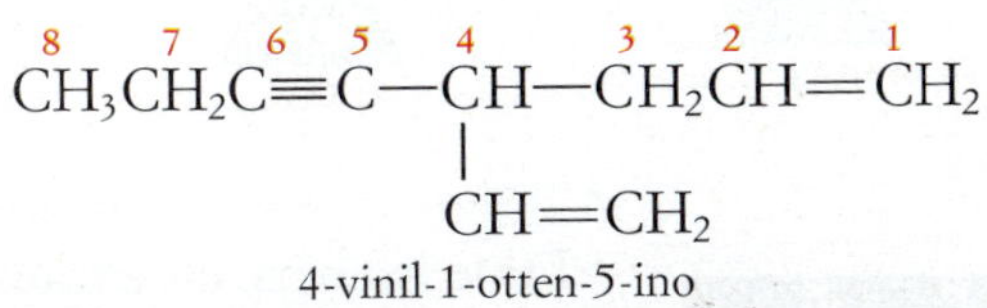

4-vinil-1-otten-5-ino

Quando le insaturazioni compaiono nelle ramificazioni, come nell'ultimo esempio visto, la numerazione della catena laterale ha inizio dal carbonio legato alla catena principale. Il nome della catena laterale, messo fra parentesi, contiene il numero del primo carbonio insaturo e termina con **-enil** o **-inil**, a seconda che si tratti di un doppio o di un triplo legame.

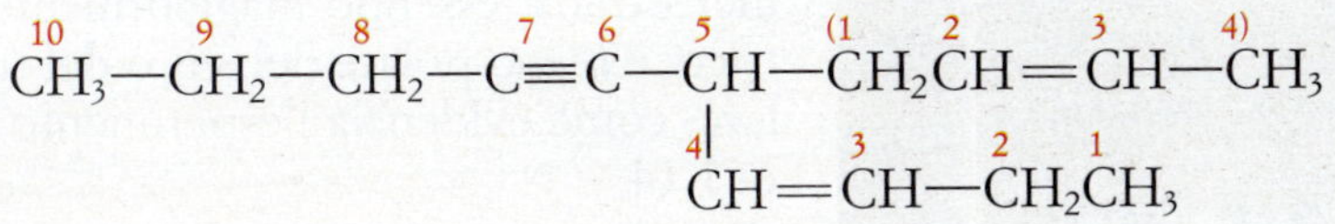

5-(2-butenil)-3-decen-6-ino

Ci sono poi tre casi di radicali insaturi per i quali non si applica la regola generale:

	$CH_2{=}CH{-}$	$CH_2{=}CH{-}CH_2{-}$	$CH_2{=}C(CH_3){-}$
nome da usare	vinile	allile	isopropenile
invece di	etenile	2-propenile	(1-metilvinile)

PROVA TU **Scrivi il nome dei seguenti idrocarburi:**

A 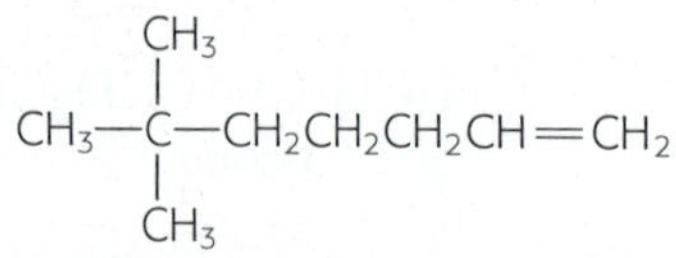

B 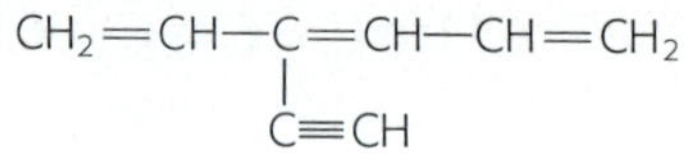

C 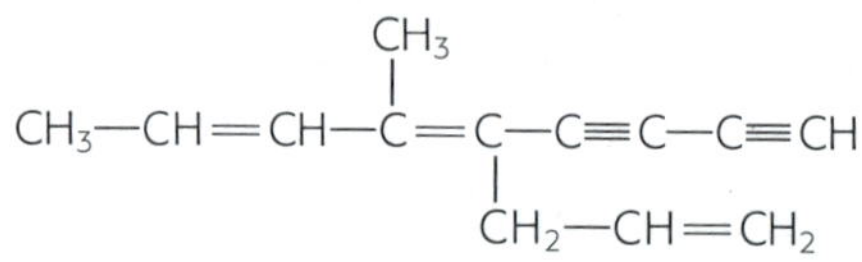

PROVA TU **Scrivi le formule del *cis*-2-pentene e del *trans*-2-pentene.**

La rigidità del doppio legame, e quindi della molecola, è all'origine dell'**isomeria cis-trans** degli alcheni. Sei atomi, i due carboni del doppio legame e i quattro atomi a esso legati, si trovano sullo stesso piano, in posizioni fisse. Gli isomeri cis e trans sono costituiti da molecole che hanno gli stessi tipi di legami tra atomi, ma diversa disposizione nello spazio, come avevamo già visto per gli alcani.

L'isomero cis ha i gruppi simili dalla stessa parte, mentre l'isomero trans ha i gruppi dalla parte opposta rispetto al doppio legame ▸figura 1.13.

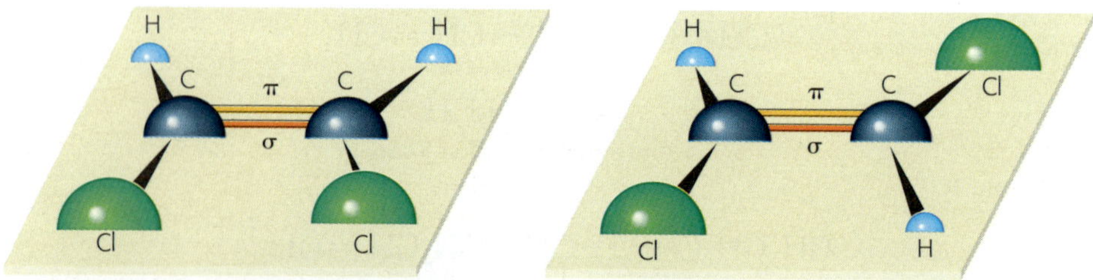

FIGURA 1.13 A sinistra la struttura del *cis*-dicloroetene, a destra quella del *trans*-dicloroetene.

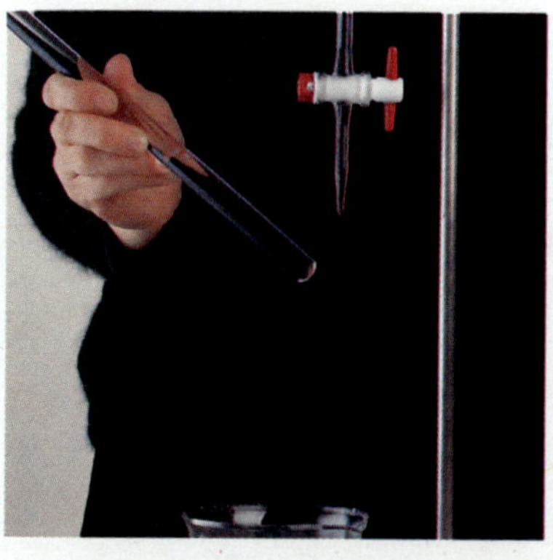

FIGURA 1.14 Il *cis*-dicloroetene è attratto dalla bacchetta elettrizzata, perché le sue molecole sono polari. Nel *trans*-dicloroetene i dipoli carbonio-cloro si annullano esattamente e le molecole sono apolari.

I due isomeri, cis e trans, hanno differenti proprietà: un diverso punto di fusione (i trans fondono sempre a temperatura più alta del cis) e di ebollizione, ma soprattutto una diversa polarità.

Queste differenze consentono di separare e identificare l'isomero cis dal trans. L'isomero trans, essendo maggiormente simmetrico, è meno polare del cis o del tutto apolare, come evidenzia l'esperimento in ▸figura 1.14.

Proprietà fisiche e chimiche

I punti di ebollizione degli alcheni non si discostano molto da quelli dei corrispondenti alcani. Gli alchini, invece, hanno punti di ebollizione leggermente superiori.

Con la sola esclusione del 2-butino (p.e. = +27 °C), alcheni e alchini contenenti sino a quattro atomi di carbonio sono gas a temperatura ambiente. Alcheni e alchini hanno, di solito, un odore agliaceo poco gradevole.

Per quanto concerne la reagibilità, alcheni e alchini si discostano notevolmente dagli alcani. Per ragioni sia steriche sia energetiche, il legame π degli alcheni è facilmente aggredibile da parte degli elettrofili. Gli alchini appaiono meno avvantaggiati nei confronti delle stesse reazioni, nonostante il maggior numero di elettroni π, peraltro facilmente accessibili.

Qual è la causa della minor reagibilità degli alchini? La precaria stabilità degli intermedi, per esempio del carbocatione vinilico, sarebbe all'origine del loro comportamento anomalo. L'ordine di stabilità dei carbocationi difatti è il seguente:

$$CH_3-\overset{+}{C}(CH_3)-CH_3 > CH_3-\overset{+}{C}H-CH_3 > CH_3\overset{+}{C}H_2 > CH_2{=}\overset{+}{C}H > \overset{+}{C}H_3$$

IBRIDO *sp*

catione butilico terziario (il più stabile) — catione isopropilico — catione etilico — catione vinilico — catione metilico

Il carbocatione vinilico si origina dall'addizione elettrofila del protone su H—C≡C—H, mentre i carbocationi più stabili nascono dall'addizione di H^+ sui seguenti alcheni:

$$CH_3-C(CH_3){=}CH_2 \leftarrow H^+ \qquad CH_3-CH{=}CH_2 \leftarrow H^+ \qquad CH_2{=}CH_2 \leftarrow H^+$$

Addizione elettrofila

Le reazioni di *addizione elettrofila* sono tipiche di alcheni e alchini. Il meccanismo di queste reazioni è illustrato nella ▸figura 1.15.

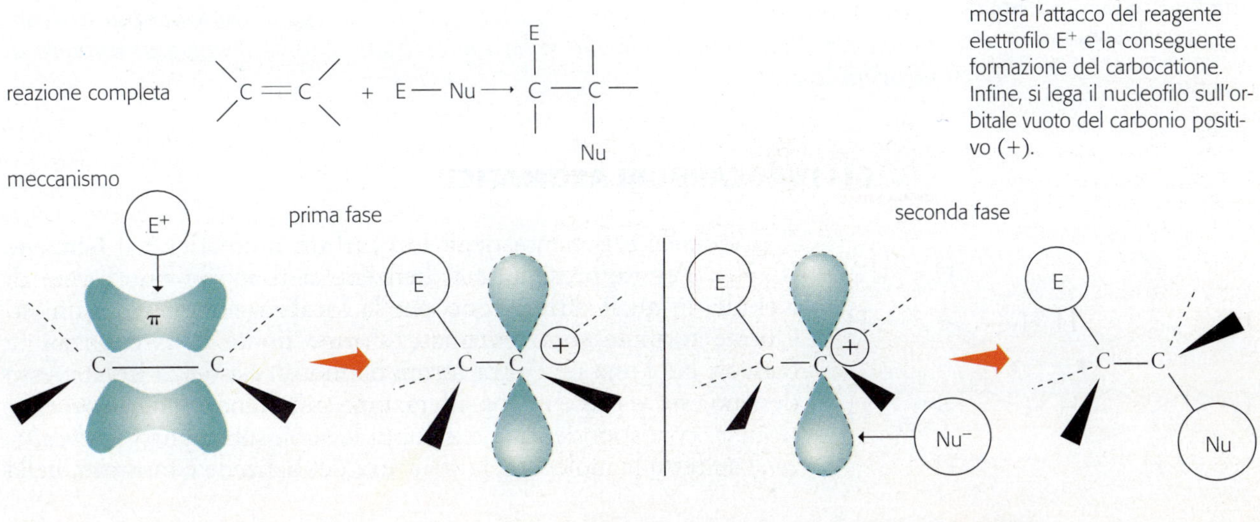

FIGURA 1.15 Meccanismo dell'addizione elettrofila al doppio legame. La figura di sinistra mostra l'attacco del reagente elettrofilo E^+ e la conseguente formazione del carbocatione. Infine, si lega il nucleofilo sull'orbitale vuoto del carbonio positivo (+).

Le più importanti reazioni di addizione sono:

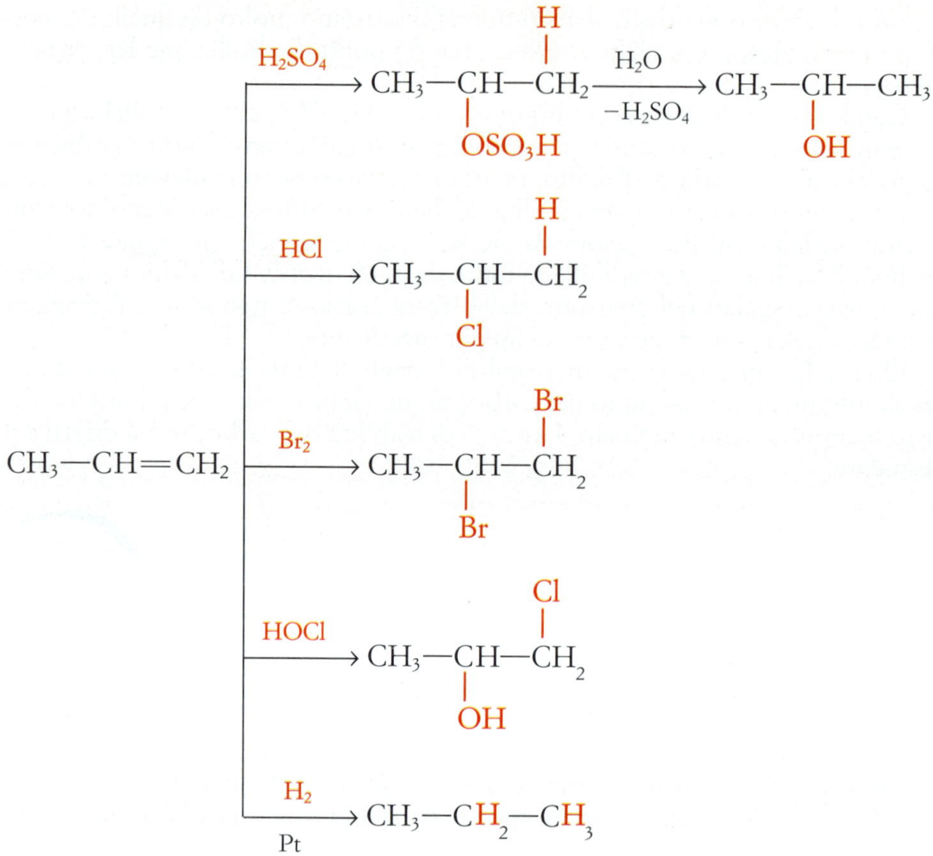

L'ultima reazione di riduzione catalitica non è un'addizione elettrofila. Quasi tutte le reazioni scritte sopra sono date anche dagli alchini. L'addizione di acqua al triplo legame è un'altra tipica reazione:

$$CH_3{-}C{\equiv}CH + H_2O \xrightarrow[H_2SO_4]{Hg^{2+}} CH_3{-}\underset{\underset{\displaystyle O}{\|}}{C}{-}CH_3$$

propanone (o acetone)

L'addizione dei reagenti asimmetrici di tipo H—X segue la cosiddetta «regola di Markovnikov»: *il gruppo negativo (anione) si lega al carbonio più sostituito, mentre l'idrogeno dell'acido si lega al carbonio che ha il maggior numero di idrogeni legati.*

Furono chiamati così per il caratteristico odore dei primi idrocarburi della serie isolati. Oggi il termine «aromaticità» è indicativo di relativa stabilità chimica, dipendente dalla struttura di questi idrocarburi e interpretabile attraverso considerazioni di meccanica quantistica.

9. GLI IDROCARBURI AROMATICI

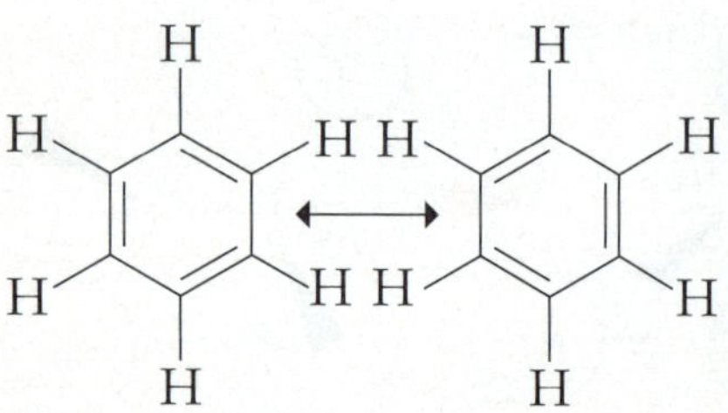

Il principale esponente degli idrocarburi aromatici è il **benzene** (C_6H_6). Per rappresentare il benzene si usano le due forme di Kekulé, le quali differiscono per la localizzazione dei legami π. Queste formule sono chiamate «forme limite di risonanza» (a fianco). Né l'una né l'altra forma hanno un'esistenza isolata: esse devono essere prese in considerazione simultaneamente. I sei elettroni π, corrispondenti ai tre doppi legami, sono sparsi (*delocalizzati*) su tutta la molecola; la struttura del benzene è mostrata nella

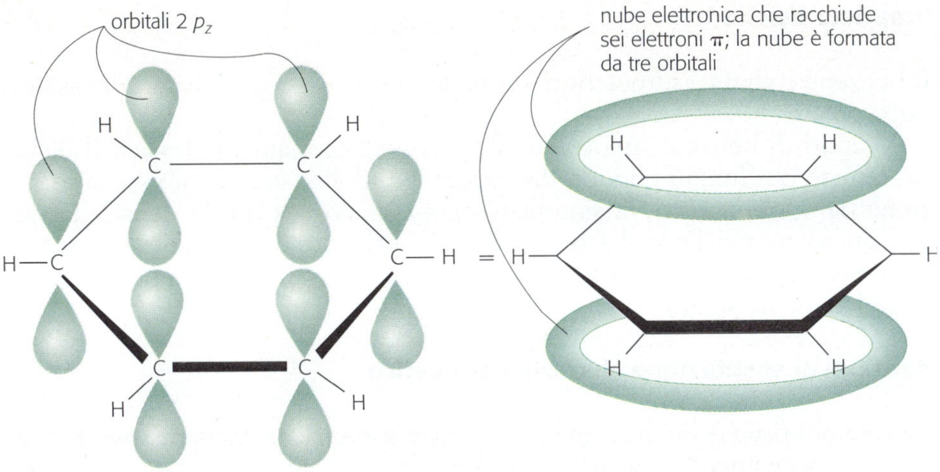

FIGURA 1.16 Come si interpreta la struttura del benzene. Gli orbitali $2p$ non ibridati del carbonio, tutti paralleli, si sovrappongono lateralmente e generano sei orbitali molecolari π, tre dei quali sono leganti. I sei elettroni $2p$ occupano i tre orbitali leganti π e sono delocalizzati sopra e sotto l'intero sistema coniugato.

▸figura 1.16 nella quale si nota che i sei orbitali $2p$ non ibridati dei sei atomi di carbonio con ibridazione sp^2, si sovrappongono sopra e sotto il piano dell'anello a formare una caratteristica doppia ciambella.

I dati sperimentali confermano tale rappresentazione orbitalica esagonale. Infatti, il benzene *non ha tre doppi legami carbonio-carbonio*, *ma sei legami identici*, di lunghezza intermedia (1,40 Å) fra quella di un legame singolo (1,54 Å) e quella di un legame doppio (1,33 Å).

Un'altra possibile rappresentazione del benzene è quella che mette in risalto la delocalizzazione degli elettroni $2p$ sopra e sotto il piano della molecola:

benzene

È interessante notare che alcuni elementi, come lo iodio molecolare (I_2) si comportano in modo diverso quando sono messi a contatto con idrocarburi differenti ▸figura 1.17.

FIGURA 1.17 I colori assunti dallo iodio, da sinistra verso destra: in un idrocarburo saturo (cicloesano), in un idrocarburo aromatico (benzene) e in un alchene (cicloesene).

Nomenclatura

La nomenclatura degli idrocarburi aromatici fa largo uso dei nomi tradizionali:

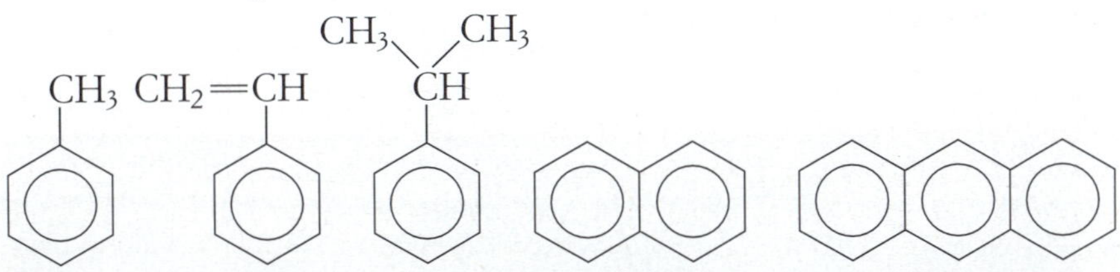

toluene stirene cumene naftalene antracene

Gli isomeri di-sostituiti del benzene sono indicati come *orto-* (1,2), *meta-* (1,3) e *para-* (1,4):

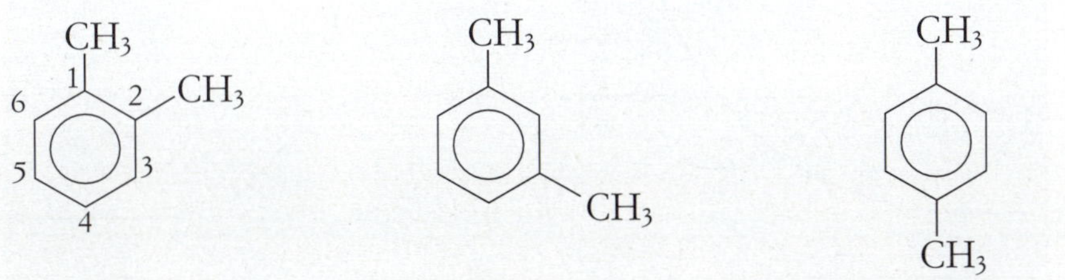

o-xilene (1,2-dimetilbenzene) m-xilene (1,3-dimetilbenzene) p-xilene (1,4-dimetilbenzene)

Proprietà fisiche

Il benzene e gli altri idrocarburi aromatici sono eccellenti solventi di sostanze poco polari.

I vapori di benzene, toluene e xilene sono estremamente tossici. Il benzene, inalato per lunghi periodi, danneggia il midollo osseo e inibisce la formazione dei globuli rossi; la sintomatologia è analoga a quella della leucemia. Per questi motivi l'uso del benzene come solvente è sconsigliato. Anche la comune naftalina (naftalene), a lungo ritenuto un antitarme innocuo, non è completamente sicura.

Reazioni di sostituzione elettrofila aromatica

Le reazioni tipiche del benzene e delle altre sostanze aromatiche sono le *sostituzioni*, specialmente le *sostituzioni elettrofile*.

L'elettrofilo attaccante può essere uno ione positivo o un dipolo. Il meccanismo generale delle sostituzioni elettrofile aromatiche inizia con l'attacco di un elettrofilo (E^+). Si ottiene un catione intermedio, stabilizzato da un certo numero di forme risonanti, e si conclude con l'espulsione di un protone, H^+.

Meccanismo di reazione

Per semplicità mettiamo in evidenza solo l'idrogeno (dei sei disponibili) coinvolto nel meccanismo:

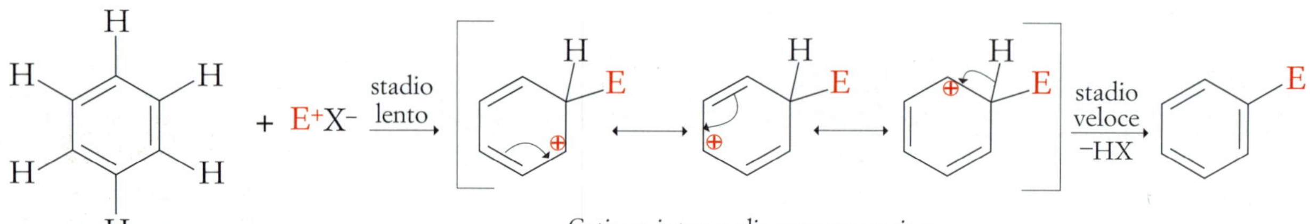

Catione intermedio non aromatico stabilizzato da tre forme risonanti

Dal punto di vista cinetico, il primo passaggio (l'attacco dell'elettrofilo) è il più lento, poiché implica la perdita dell'aromaticità. Tale passaggio richiede, nel diagramma energetico, il maggior salto di energia, corrispondente all'energia di attivazione ▶figura 1.18.

FIGURA 1.18 Diagramma dell'energia nella sostituzione elettrofila del benzene.

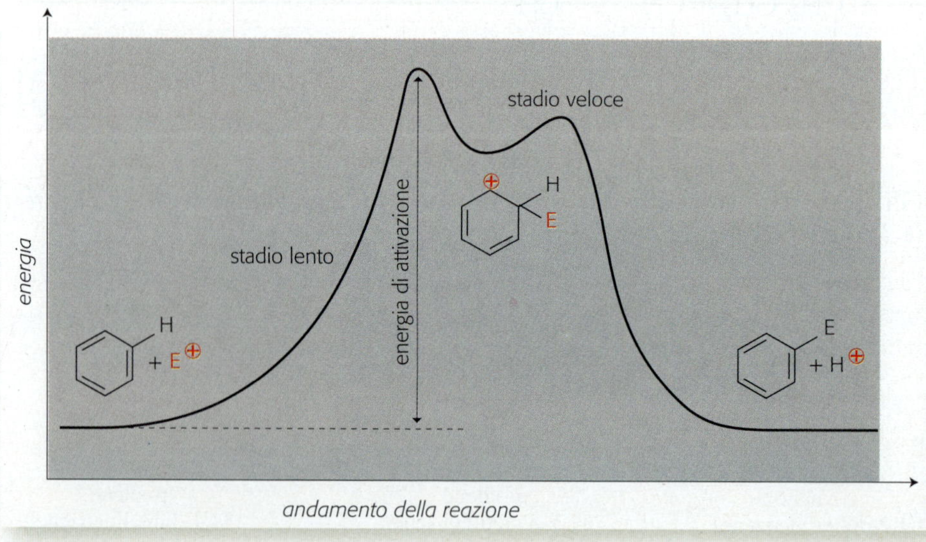

La perdita del protone da parte dell'intermedio è invece un passaggio obbligato veloce che restituisce l'aromaticità, e con essa la stabilità, al composto.

L'intermedio corrispondente all'avvallamento nel profilo energetico, pur non essendo aromatico, è stabilizzato per risonanza. L'eventuale presenza di altri gruppi legati all'anello benzenico influisce:

1. positivamente o negativamente sulla stabilizzazione del catione intermedio, con conseguente variazione della velocità di reazione;
2. differenziando la facilità con cui gli idrogeni, posti in punti diversi dell'anello, possono essere sostituiti.

Le principali sostituzioni elettrofile sono quelle raffigurate nello schema, e cioè: *alogenazione*, *nitrazione*, *solfonazione*, *alchilazione* e *acilazione*. Le ultime due sono anche denominate reazioni di Friedel-Crafts.

Le sostituzioni elettrofile, per poter procedere, hanno spesso bisogno dell'attivazione di un catalizzatore, che procuri l'elettrofilo attaccante (catione o dipolo). I catalizzatori più usati rientrano nella categoria degli acidi di Lewis (H_2SO_4, $AlCl_3$, $FeCl_3$, $FeBr_3$).

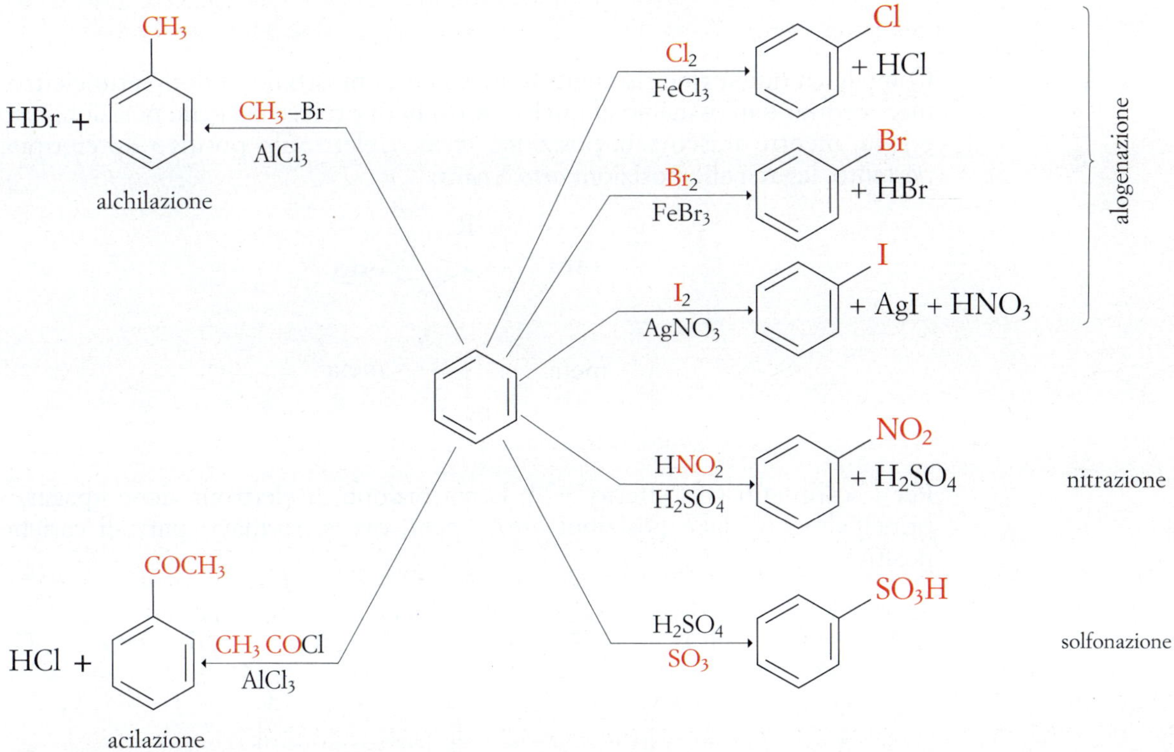

Effetto mesomerico o di risonanza

Come abbiamo visto, l'effetto induttivo interessa i legami σ; l'*effetto mesomerico*, invece, riguarda le coppie elettroniche libere e i legami π. Ma c'è un'altra differenza: contrariamente all'effetto induttivo, l'effetto mesomerico si trasmette a distanza lungo la catena. Anche per l'effetto mesomerico i sostituenti possono cedere elettroni (si dicono sostituenti *attivanti*, +M) o sottrarre elettroni (in questo caso si dicono *disattivanti*, −M).

Hanno effetto mesomerico +M gli atomi più elettronegativi del carbonio purché:
1. abbiano un doppietto elettronico delocalizzabile;
2. siano legati con legame singolo al sistema coniugato.

$$-\ddot{\underset{..}{O}}H \qquad -\ddot{\underset{..}{Cl}}: \qquad -\ddot{\underset{..}{O}}:^- \qquad -\ddot{N}H_2$$

Hanno effetto mesomerico −M (sottrazione di elettroni) gli atomi più elettronegativi del carbonio, purché:

1. siano impegnati in legami multipli (doppi e tripli);
2. siano in coniugazione con altri legami multipli (c'è coniugazione quando, lungo la catena, i legami multipli si alternano con legami semplici).

Gli effetti mesomerici −M e +M riguardano principalmente i derivati del benzene, che è il più classico sistema coniugato (legami doppi e semplici alternati). Per i sostituenti +M (attivanti), la cessione di elettroni al nucleo avviene in questo modo:

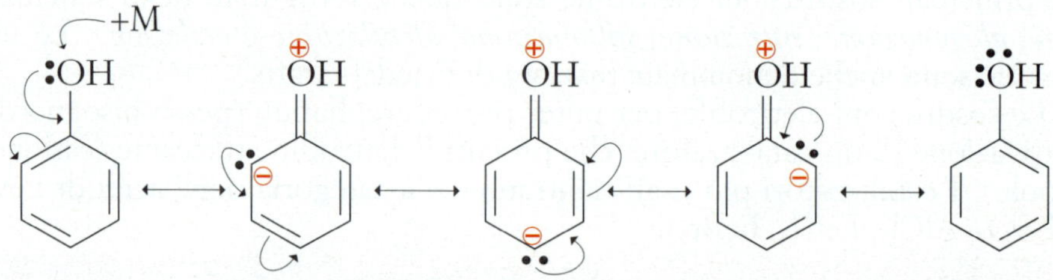

Come le cinque forme risonanti (o mesomere) mostrano, il doppietto elettronico, ceduto dall'ossigeno al nucleo, «sosta» di preferenza nelle posizioni *orto* e *para*, mentre trascura la posizione *meta*. L'elettrofilo positivo «preferirà», pertanto, legarsi alle posizioni *orto* e *para*:

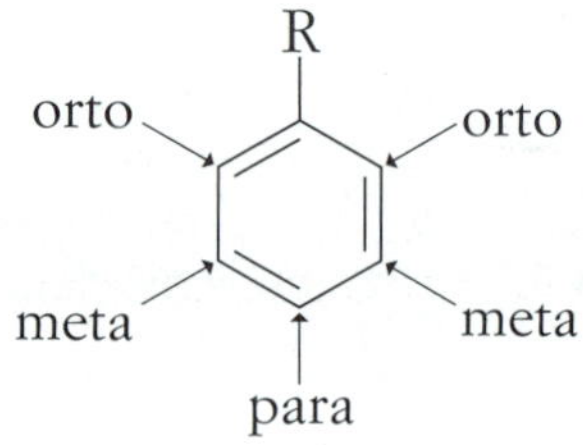

Per i sostituenti con effetto −M, la sottrazione di elettroni viene «pagata» principalmente dalle posizioni *orto* e *para*, ove si formano parziali cariche positive:

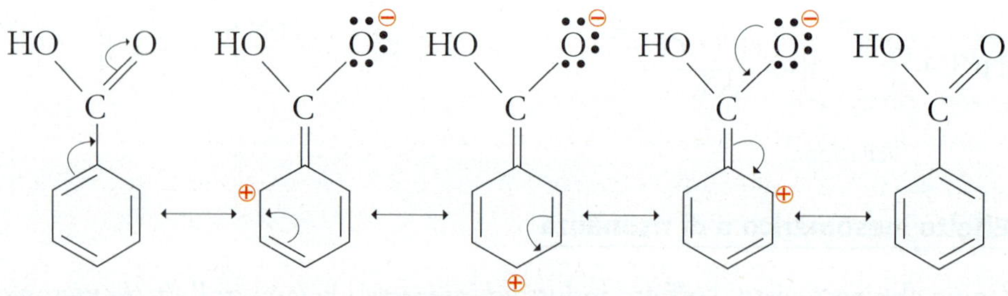

In conclusione: siccome le reazioni più note sul nucleo aromatico sono condotte da gruppi elettrofili positivi, i sostituenti con effetto +M attivano il nucleo benzenico e richiamano i gruppi elettrofili attaccanti nelle posizioni orto e para. I sostituenti con effetto −M, invece, disattivano il nucleo, sottraendo elettroni, e costringono l'elettrofilo attaccante a entrare nella posizione meta. Le ▸tabelle 1.7 e 1.8 ordinano i più comuni sostituenti secondo l'azione attivante o disattivante.

Quando si progetta una reazione di sostituzione elettrofila bisogna tener conto del sostituente che già si trova sul nucleo aromatico. Difatti, la posizione che andrà a occupare il gruppo entrante è condizionata da quest'ultimo.

TABELLA 1.7

Gruppi attivanti (+M) (orientano in *orto* e *para*)		Gruppi disattivanti (–M) (orientano in *meta*)
$-\ddot{N}H_2$ $\quad -\ddot{O}H \quad -\ddot{O}:^{\ominus}$	*forti*	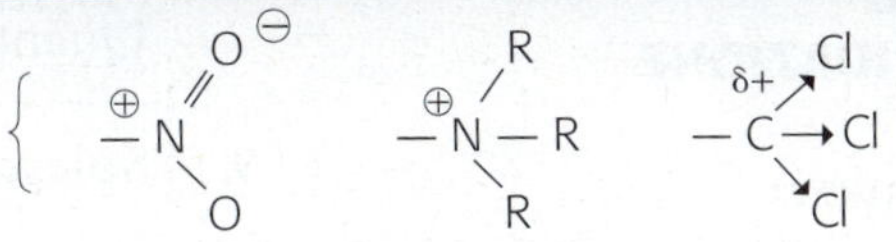
$-\ddot{O}R \quad -\ddot{N}HCOR$	*medi*	$-C\equiv N \quad -CONH_2 \quad -SO_3H$ 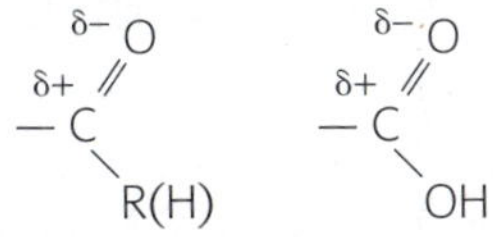
$-C_6H_5$ (fenili) $\quad$ — R (alchili)	*deboli*	

Inoltre, gli alogeni sono *disattivanti*, ma orientano in posizione *orto* e *para* le sostituzioni elettrofile aromatiche.

TABELLA 1.8

Gruppi attivanti	Gruppi disattivanti

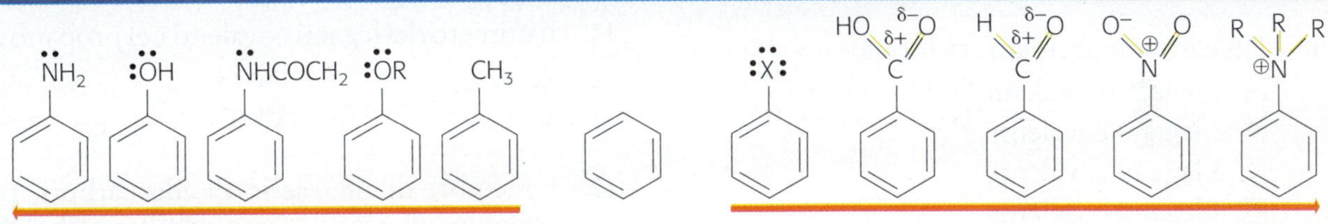

reattività

X = alogeni = $-\ddot{F}: \quad -\ddot{Cl}: \quad -\ddot{Br}: \quad -\ddot{I}:$

Per esempio consideriamo la reazione di nitrazione del clorobenzene e del nitrobenzene:

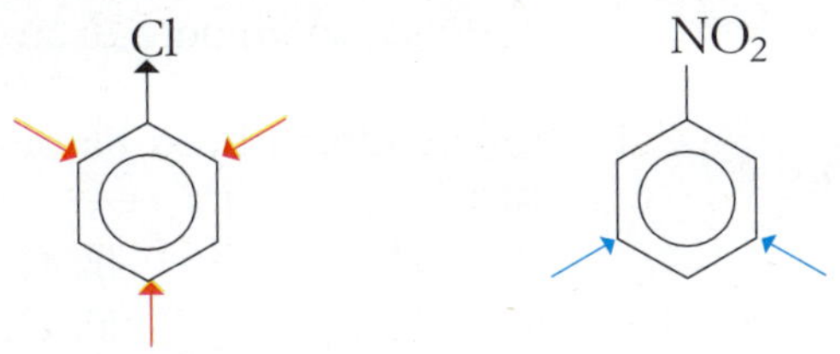

il — Cl orienta in *orto* e *para*

l' — NO_2 orienta in *meta*

Il gruppo che deve entrare si legherà nelle posizioni stabilite dal sostituente già sul posto. Pertanto, siccome il —Cl orienta la sostituzione in orto e para, si otterrà la seguente miscela:

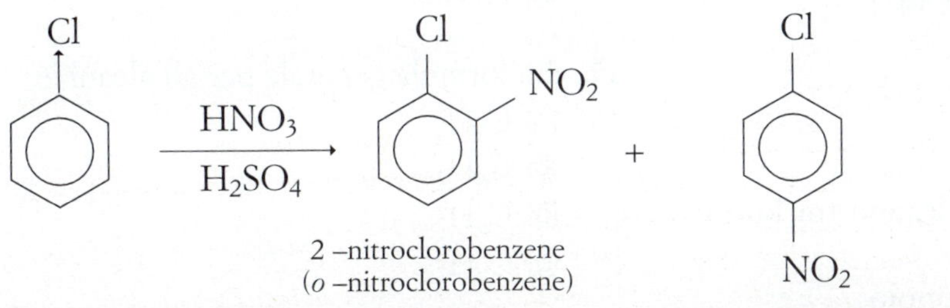

2 –nitroclorobenzene (*o* –nitroclorobenzene)

4 –nitroclorobenzene (*p* –nitroclorobenzene)

1. L'ATOMO DI CARBONIO E IL CONCETTO DI IBRIDAZIONE

1. L'ibridazione del carbonio è:
A un processo fisico
B un processo chimico
C un modello matematico
D nessuna delle tre proposte

2. Un carbonio ibridato sp^3 forma:
A 1 legame covalente
B 2 legami covalenti
C 3 legami covalenti
D 4 legami covalenti

3. Un carbonio ibridato sp^2 forma:
A 1 legame covalente
B 2 legami covalenti
C 3 legami covalenti
D 4 legami covalenti

4. Un carbonio ibridato *sp* forma:
A 1 legame covalente
B 2 legami covalenti
C 3 legami covalenti
D 4 legami covalenti

5. Due carboni ibridati sp^3 si legano fra loro e ciascun carbonio forma:
A 3 legami singoli e uno doppio
B solo legami singoli
C 2 legami singoli e 2 legami doppi
D 2 legami σ e 2 legami π

6. Due carboni ibridati sp^2 si legano fra loro e ciascun carbonio forma:
A 3 legami singoli e uno doppio
B solo legami singoli
C 2 legami singoli e 1 legame doppio
D 2 legami σ e 2 legami π

7. Due carboni ibridati *sp* si legano fra loro e ciascun carbonio forma:
A 3 legami singoli e uno doppio
B solo legami singoli
C 2 legami singoli e 1 legame doppio
D 2 legami π e 2 legami σ

8. Spiega il significato del termine ibridazione. Quanti tipi di ibridi conosci?

9. Spiega la differenza tra legame σ e legame π.

2. GLI IDROCARBURI SATURI: ALCANI E CICLOALCANI

10. Il numero dei legami covalenti in una molecola di etano CH_3CH_3 è:
A 4 B 5
C 6 D 7

11. Il numero dei legami covalenti nel propano è:
A 12 B 11
C 10 D 9

12. I membri di una serie di idrocarburi, per esempio gli alcani, sono simili perché ciascun membro ha:
A la stessa formula bruta
B la stessa formula generale
C lo stesso numero di atomi
D lo stesso numero di atomi di carbonio

13. Quale idrocarburo ha più formule di struttura?
A C_2H_6 B C_3H_8
C C_4H_{10} D C_5H_{12}

14. Il primo e più semplice alcano è:
A il metene
B il metano
C l'etano
D CH_2

15. La formula generale per gli alcani è:
A C_nH_n
B C_nH_{2n}
C C_nH_{2n+2}
D C_nH_{2n-2}

16. La formula generale per gli alcheni è:
A C_nH_n B C_nH_{2n}
C C_nH_{2n+2} D C_nH_{2n-2}

17. La formula generale per gli alchini è:

- A C_nH_n
- B C_nH_{2n}
- C C_nH_{2n+2}
- D C_nH_{2n-2}

18. Un alcano è considerato un idrocarburo saturo perché:

- A è un idrocarburo a catena lineare senza ramificazioni
- B si scioglie nei solventi organici
- C contiene solo atomi di carbonio
- D tutti gli atomi sono legati con legame singolo

19. Gli isomeri sono composti che:

- A hanno lo stesso numero di atomi di carbonio ma un differente numero di atomi di idrogeno
- B hanno lo stesso numero di atomi di idrogeno ma un differente numero di atomi di carbonio
- C hanno lo stesso numero e la stessa serie di atomi in una molecola ma differente struttura
- D hanno la stessa serie di atomi nella formula ma differiscono nel numero di atomi presenti

20. Disegna gli isomeri del pentano.

4. LA NOMENCLATURA DEGLI IDROCARBURI

21. Qual è il numero di atomi di carbonio in un gruppo etile?

- A 1
- B 2
- C 3
- D 4

22. Quale composto è un alcano?

- A C_2H_6
- B C_3H_6
- C C_4H_6
- D C_6H_6

23. Qual è la formula di un idrocarburo saturo?

- A C_2H_2
- B C_5H_{10}
- C C_5H_{12}
- D C_4H_8

24. Ciascun membro successivo della serie degli alcani ha un carbonio in più e:

- A 1 H in più
- B 2 H in più
- C 3 H in più
- D 4 H in più

25. Quali dei seguenti composti sono alcani?

- A C_7H_{16}
- B $C_{12}H_{22}$
- C $C_{20}H_{40}$
- D $C_{16}H_{28}$

26. Il pentadecano è un idrocarburo con 15 atomi di carbonio. Qual è la sua formula di struttura?

27. Completa le seguenti strutture e denomina i corrispondenti alcani:

A 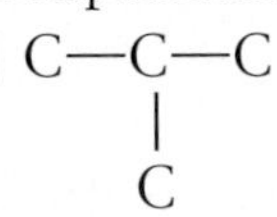

B 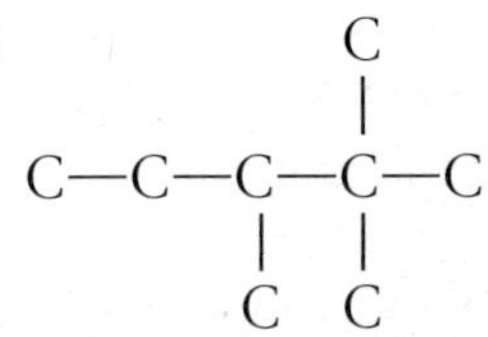

C 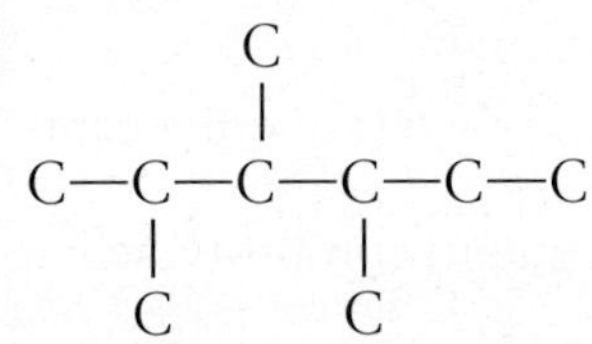

28. Denomina i seguenti alcani:

A 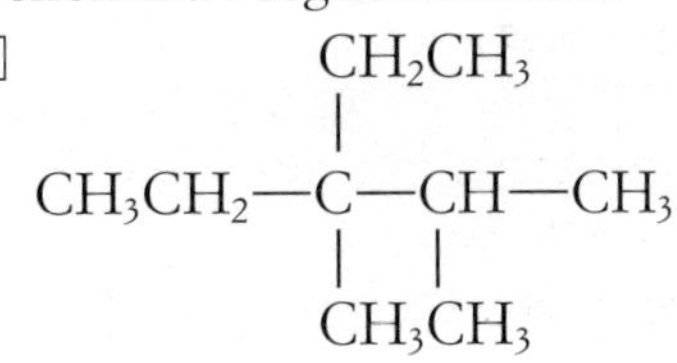

B 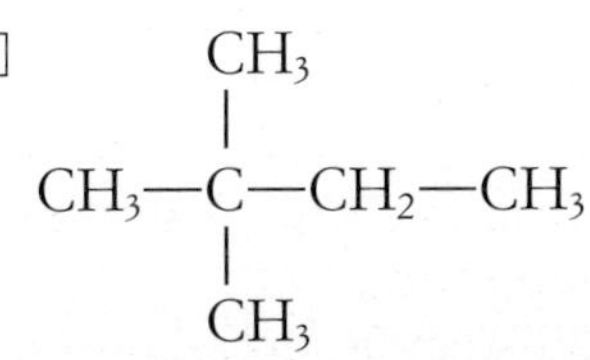

C 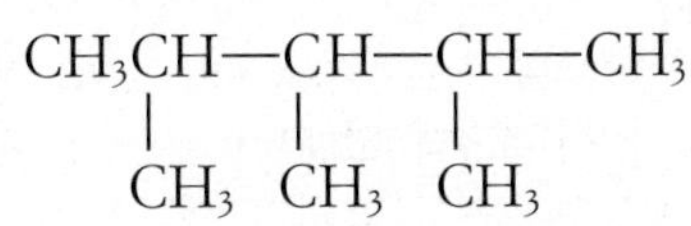

D 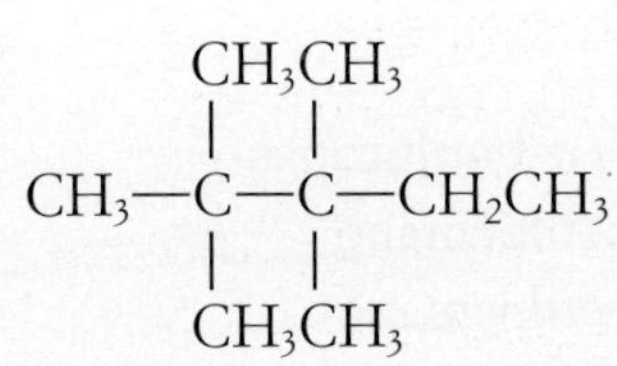

29. Denomina i seguenti alcani:

[A] $(CH_3)_3CCH_2CH_2C(CH_3)_3$

[B] 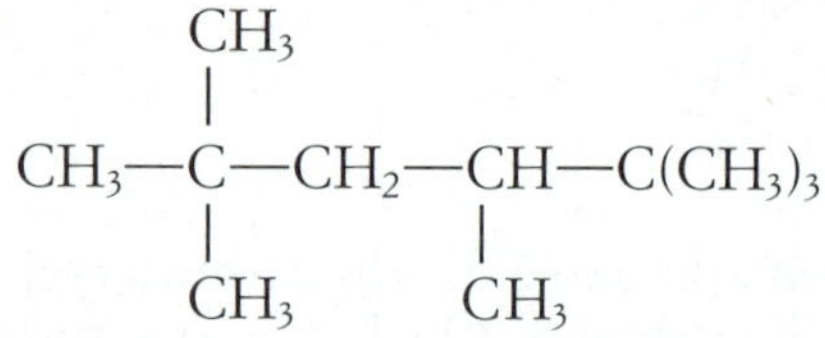

[C] 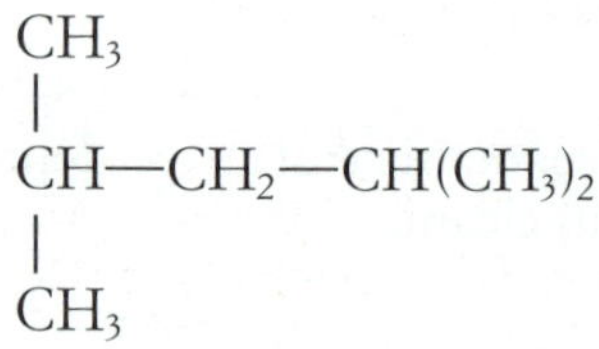

30. Disegna le strutture dei seguenti alcani:

[A] 2,3,4-trimetilesano

[B] 3,3,4,4-tetrametilnonano

[C] 3-etil-2,3,5-trimetileptano

31. Disegna le strutture dei seguenti alcani:

[A] 4-isopropil-2-metil-ottano

[B] 4-*ter*-butil-nonano

[C] 4,5-dietil-2,3,4,5-tetrametildecano

32. Denomina i seguenti composti ciclici:

[A] 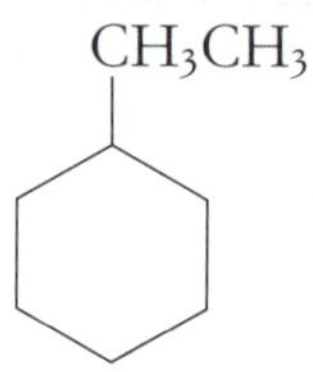

[B] 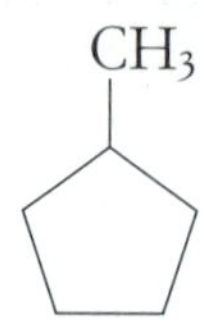

[C] 

[F] 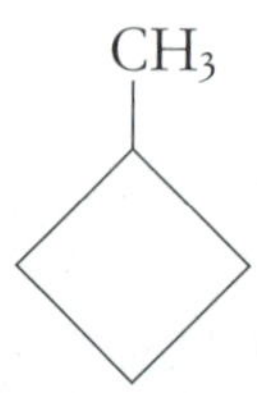

33. Qual è la denominazione IUPAC del seguente alcano?

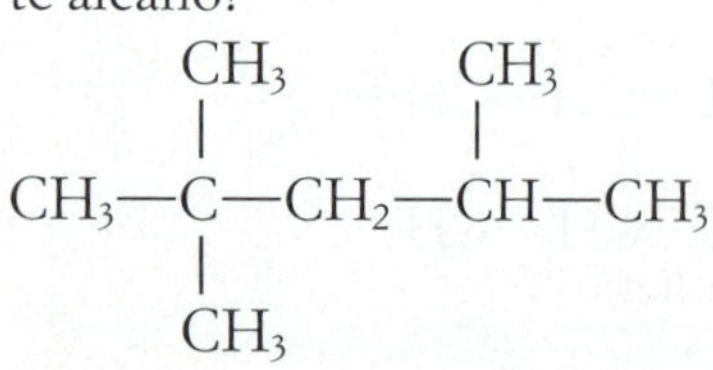

[A] ottano

[B] 2-metil-1-*ter* butilpropano

[C] 2,2,4-trimetilpentano

[D] 2,4,4-trimetilpentano

34. Qual è la denominazione IUPAC del seguente alcano?

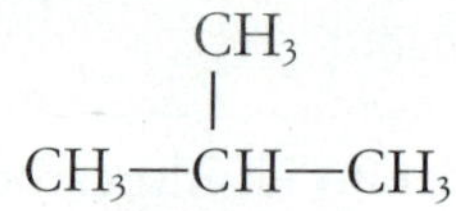

[A] isopropano

[B] 2-metilpropano

[C] isobutano

[D] metilpropano

5. PROPRIETÀ FISICHE E CHIMICHE DI ALCANI E CICLOALCANI

35. Due molecole organiche, aventi la stessa formula bruta (C_5H_{12}), hanno anche proprietà fisiche e chimiche uguali?

36. Gli idrocarburi sono composti non polari le cui molecole sono attratte da deboli forze intermolecolari perciò hanno:

[A] bassa tensione o pressione di vapore

[B] bassi punti di ebollizione

[C] alta conducibilità in soluzione

[D] alti punti di ebollizione

37. All'aumentare del peso molecolare di un alcano il punto di ebollizione:

[A] aumenta

[B] diminuisce

[C] rimane invariato

38. Quale alcano ha il punto di ebollizione più alto?

[A] C_6H_{14}

[B] C_4H_{10}

[C] C_3H_8

[D] C_5H_{12}

6. PETROLIO E PROCESSI DI RAFFINERIA

39. In un motore acceso la temperatura è tale da vaporizzare immediatamente la benzina che affluisce. I vapori sono poi incendiati dalla scintilla. Perché nei motori «diesel» il carburante deve essere «spruzzato» da un iniettore?

40. Come si chiama il processo industriale per trasformare gli idrocarburi a catena lunga in idrocarburi a catena più corta?

A idrogenazione
B polimerizzazione
C ossidazione
D cracking

41. Quale processo consente di separare le varie frazioni del petrolio?

A il processo Haber
B il processo di cracking
C la distillazione frazionata
D la polimerizzazione

8. ALCHENI E ALCHINI

42. Completa le strutture dei seguenti alcheni e denominale:

A 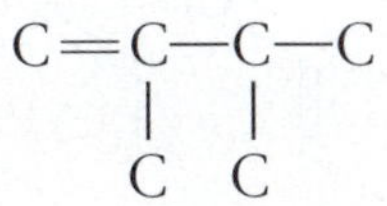

B 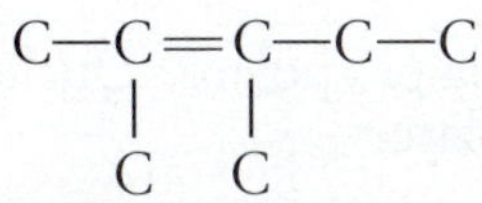

C 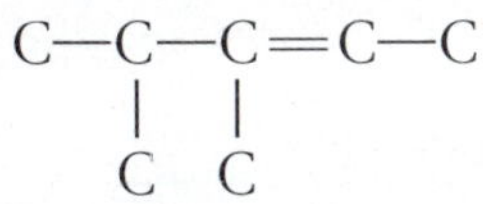

43. Completa le strutture e denomina i seguenti alcheni:

A 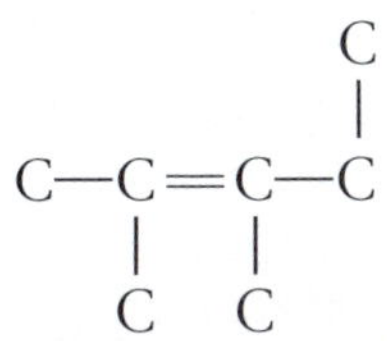

B 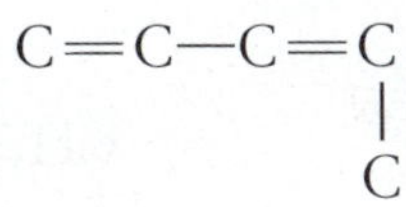

C 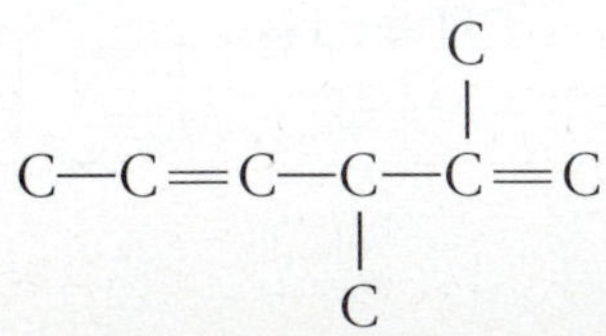

44. Denomina i seguenti alcheni:

A 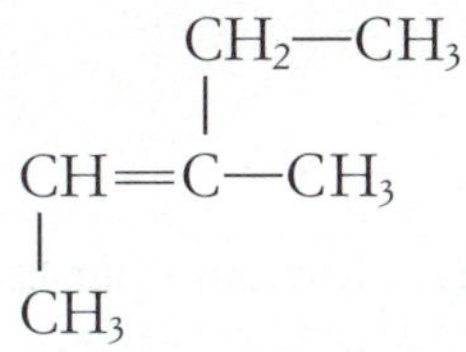

B $(CH_3)_2C{=}C(CH_3)_2$

C $CH_3CH{=}CH{-}CH_2CH_3$

45. Scrivi le strutture dei seguenti alcheni:

A 2,3-dimetil-2-butene
B 4-etil-2-eptene
C 3-etil-2,4-dimetil-4-decene

46. Denomina i seguenti alchini:

A $CH_3{-}C{\equiv}C{-}CH_2CH_3$

B 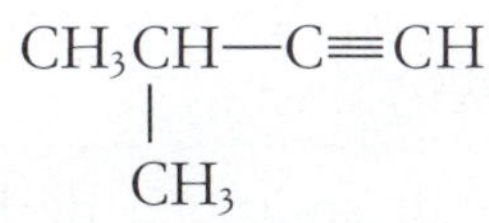

C $CH_3CH_2{-}C{\equiv}C{-}CH_3$

47. Scrivi le formule dei seguenti alchini:

A 2-butino
B 4-metil-2-pentino
C propino
D 4,4-dimetil-1-pentino

48. Ci sono due buteni. Scrivi le formule di struttura e stabilisci qual è il più stabile.

49. Scrivi le reazioni di idrogenazione con H_2 e Pt di:

A 1,3-pentadiene
B 2-pentino

50. Scrivi le reazioni di idrogenazione con H_2 e Pt dei seguenti alcheni:

A propene
B 1-butene
C 1,3-butadiene

51. Qual è il prodotto di idrogenazione con H_2 e Pd del 1-metil-cicloesene?

52. Qual è il prodotto di idrogenazione con H_2 e Pd del cicloesino?

53. Scrivi le reazioni di alogenazione con Cl_2 di:

A 1-butene

B 2-pentene

C cicloesene

54. Scrivi quali prodotti si formano per reazione del Br_2 con:

A 2-butene

B ciclopentene

C 1,3-butadiene

55. Scrivi il meccanismo di addizione elettrofila di HCl sull'1-butene.

56. Qual è il prodotto della reazione di 1,2-dimetil-cicloesene con Br_2?

57. Scrivi le reazioni di addizione di HBr, in assenza di luce e perossidi, a:

A 1-butene

B 3-metil-2-pentene

58. Scrivi la reazione di addizione di H_2SO_4 conc. a:

A 1-butene

B 2-butene

59. Qual è la denominazione IUPAC del seguente alchene?

$$CH_2{=}\underset{\displaystyle CH_3}{\underset{|}{C}}{-}CH_2CH_3$$

A 2-metil-1-butene

B 2-metilbutene

C metilbutene

D isobutene

9. GLI IDROCARBURI AROMATICI

60. Scrivi le formule dei seguenti composti:

A metilbenzene

B butilbenzene

C isopropilbenzene

61. Ci sono tre diclorobenzeni isomeri:

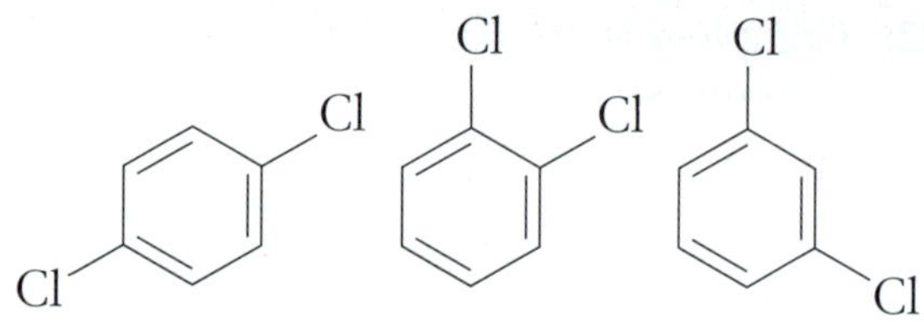

Quale molecola è la più polare? Quale isomero è il meno polare?

COSTRUISCI LA COMPETENZA

OBIETTIVO descrivere il legame semplice, doppio e triplo del carbonio, anche mediante il concetto di ibridazione

RISOLVI I SEGUENTI QUESITI

1. Quali strutture si riferiscono a composti insaturi?

A 1, 2 e 5

B 1, 2 e 3

C 1, 4 e 5

D 2, 3 e 4

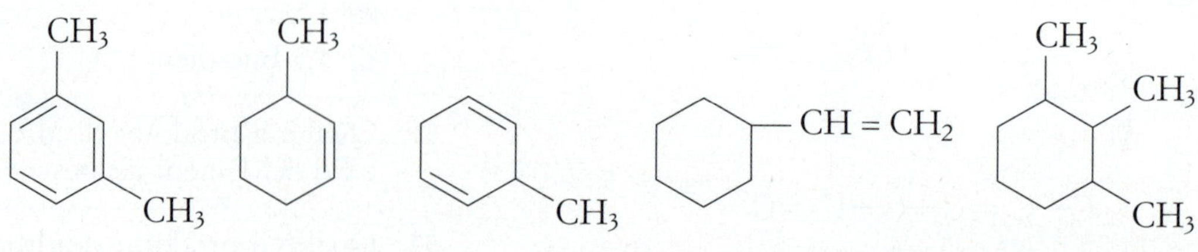

1 2 3 4 5

2. Due carboni impegnati in un legame triplo sono legati:
   A da tre legami σ
   B da due legami σ e un legame π
   C da tre legami π
   D da un legame σ e due legami π

OBIETTIVO comparare le proprietà degli idrocarburi alifatici con quelle degli idrocarburi aromatici

RISOLVI I SEGUENTI QUESITI

3. A parità di atomi di carbonio, quale idrocarburo contiene il maggior numero di legami π?
   A benzene
   B cicloesene
   C cicloesino
   D cicloesadiene
4. Quale composto addiziona più facilmente una molecola di Br_2 sul doppio legame?
   A benzene
   B toluene
   C naftalene
   D cicloesene
5. Quale composto non possiede molecole con doppi legami coniugati?
   A benzene
   B 1,3-butadiene
   C toluene
   D 1,4-pentadiene

OBIETTIVO descrivere le serie degli alcani e dei cicloalcani, degli alcheni, degli alchini e degli idrocarburi aromatici in termini di formule generali, di formule strutturali e di nomenclatura IUPAC

RISOLVI I SEGUENTI QUESITI

6. Quale composto è un alchene?
   A benzene
   B acetilene
   C etene
   D toluene
7. Nella molecola C_3H_8 il numero di legami covalenti è:
   A 7 B 8
   C 10 D 11
8. I composti che hanno la stessa formula ma differente struttura sono chiamati:
   A isotopi
   B allotropi
   C isomeri
   D omologhi
9. C_nH_{2n+2} è la formula generale di una serie omologa. Quale idrocarburo appartiene a questa serie?
   A benzene
   B butano
   C acetilene
   D propino
10. Una molecola di etene è simile a una molecola di etano in quanto ha :
   A la stessa formula di struttura
   B lo stesso numero di atomi di carbonio
   C lo stesso numero di atomi di idrogeno
   D la stessa formula
11. Quale formula rappresenta il pentene?
   A C_4H_8
   B C_5H_{10}
   C C_5H_{12}
   D C_4H_{10}
12. Qual è l'alchino?
   A C_3H_4
   B C_3H_6
   C C_3H_8
   D C_6H_6
13. Quale idrocarburo saturo è un cicloalcano?
   A C_5H_{10}
   B C_5H_{12}
   C C_5H_8
   D C_5H_6
14. Quale idrocarburo è un cicloalchene con un solo doppio legame?
   A C_5H_{10}
   B C_5H_{12}
   C C_5H_8
   D C_5H_6
15. Quale idrocarburo è un cicloalchino?
   A C_5H_{10}
   B C_5H_{12}
   C C_5H_8
   D C_5H_6

16. Qual è la formula del 2-nonacontino?

A $C_{90}H_{178}$

B $C_{90}H_{180}$

C $C_{90}H_{182}$

D $C_{90}H_{176}$

OBIETTIVO descrivere i vari tipi di isomeria, incluse le isomerie ottica e geometrica

RISOLVI I SEGUENTI QUESITI

17. Quale composto può dare due enantiomeri?

A 2-bromopentano

B 2-bromopropano

C 3-bromopentano

D 1-bromopropano

18. Quale composto può dare due isomeri cis-trans?

A 1-butene

B 2-butene

C 1-butino

D 2-butino

19. Quale composto non può dare né isomeria geometrica né isomeria ottica?

A 2-cloropentano

B 2-pentene

C 2-clorotoluene

D 3-cloroesene

OBIETTIVO descrivere le principali reazioni degli idrocarburi

RISOLVI I SEGUENTI QUESITI

20. Le reazioni di addizione avvengono sugli idrocarburi insaturi perché:

A hanno una maggiore massa molecolare

B contengono più atomi

C contengono legami multipli

D contengono meno idrogeni

21. Quale composto addiziona più facilmente HBr?

A CH_4

B C_3H_6

C C_6H_{14}

D C_7H_{16}

22. Quali sono le reazioni caratteristiche dei composti aromatici?

A reazioni di addizione elettrofila

B reazioni di sostituzione elettrofila

C reazioni di sostituzione nucleofila

D le reazioni di ossido-riduzione

23. Completare le seguenti reazioni:

A $CH_3CH_2CH{=}CH_2 + Br_2 \rightarrow$

B $CH_3CH_2CH{=}CH_2 + HCl \rightarrow$

C $CH_3CH_2CH{=}CH_2 + HOSO_3H \rightarrow$

24. Completa la seguente reazione:

$$\begin{array}{l} CH_3CH_2C{=}CH_2 + HOCl \rightarrow \\ \quad\quad\quad\;\; | \\ \quad\quad\quad CH_3 \end{array}$$

25. Completa la seguente reazione:

$$CH_3CH_2C{\equiv}CH + H_2O \xrightarrow[H_2SO_4]{Hg^{2+}}$$

26. Qual è la denominazione IUPAC del seguente alcano?

$$\begin{array}{ccccccccc} & & CH_3 & & & & CH_3 & & \\ & & | & & & & | & & \\ CH_3 & — & C & — & CH_2 & — & CH & — & CH_3 \\ & & | & & & & & & \\ & & CH_3 & & & & & & \end{array}$$

A ottano

B 2-metil-1-terbutilpropano

C 2, 2, 4-trimetilpentano

D 2, 4, 4-trimetilpentano

27. Completa la seguente reazione:

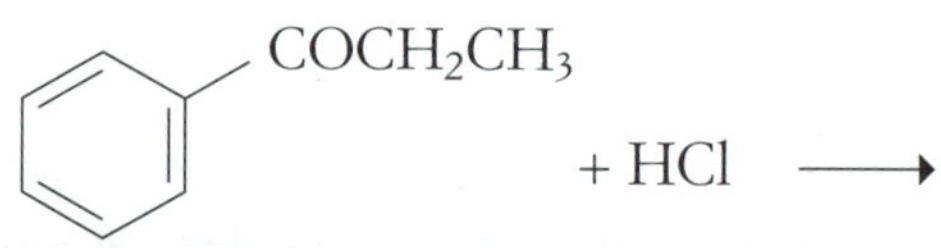

28. Scrivi la reazione di combustione bilanciata di C_9H_{20}.

29. Suggerisci un metodo di preparazione di $CH_3CHBrCH_3$

30. Scrivi il meccanismo di sostituzione elettrofila aromatica fra il benzene e l'elettrofilo NO_2^+.

Pensa come uno scienziato

1 Quali idrocarburi sono alifatici e quali sono aromatici?

A
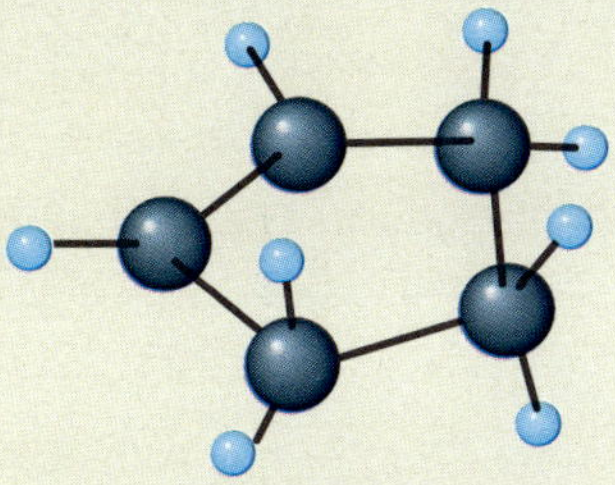

B
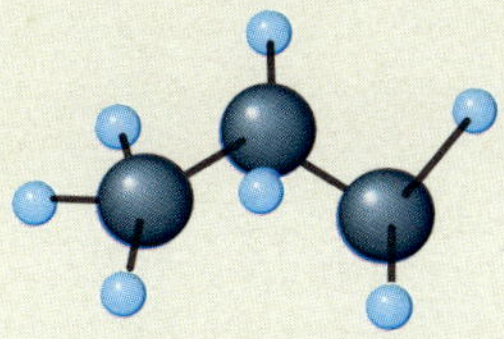

C
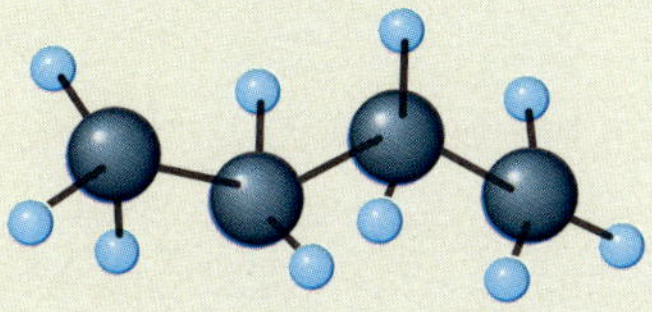

D
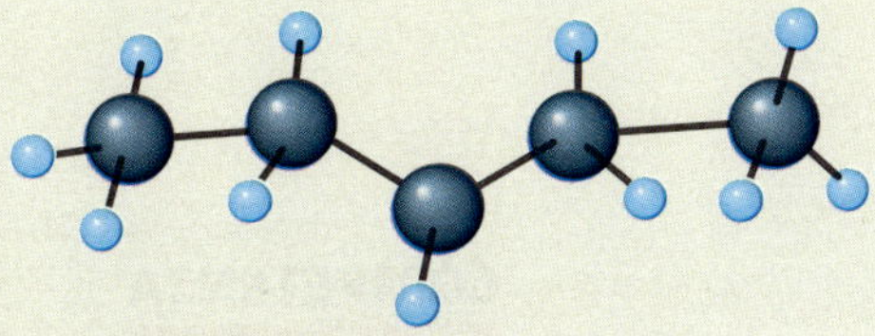

E
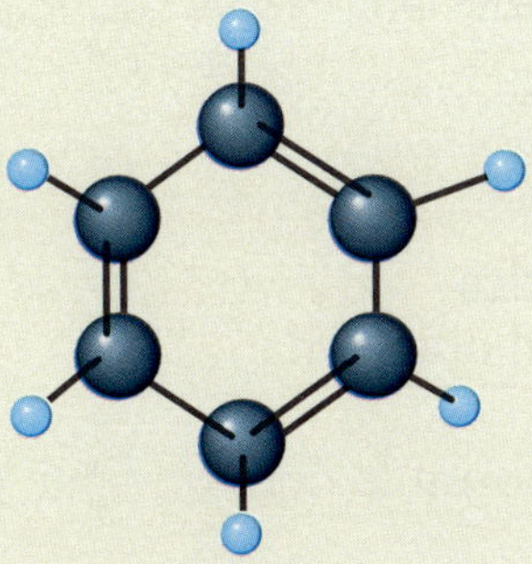

F
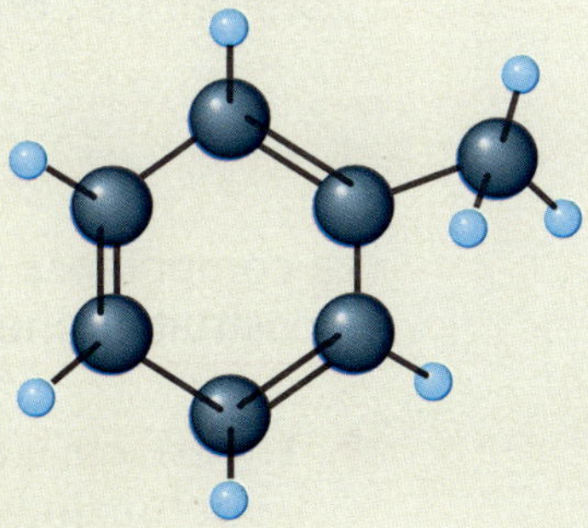

2 Completa la seguente tabella:

Nome	Formula	Ha legami σ?	Ha legami π?	Ha doppi legami?	Ha tripli legami?
2-pentene					
cicloesino					
1-ottino					
trans- 2-butene					
pentadiene					
toluene					

Unità 2

COMPETENZA

Confrontare i diversi gruppi funzionali.

La competenza dell'unità didattica è costruita ponendosi i seguenti obiettivi:

1. Scrivere e denominare le formule dei principali gruppi funzionali.
2. Spiegare le principali reazioni che interessano i gruppi funzionali.
3. Descrivere i meccanismi di reazione.
4. Elencare i principali polimeri sintetici.
5. Identificare i gruppi funzionali attraverso i relativi saggi di riconoscimento.

Dai gruppi funzionali ai polimeri

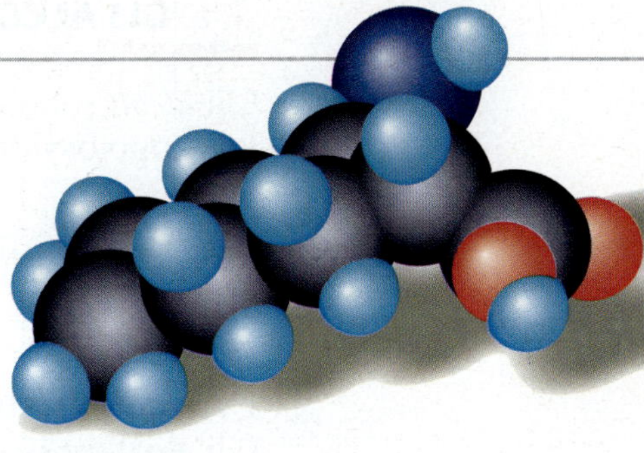

A causa della complessità strutturale che talvolta i composti organici possono avere, è di notevole importanza la scelta del sistema di classificazione. Infatti, sapendo come sono organizzate le strutture organiche sarà più facile rappresentarle, ricordarle e spiegare il loro comportamento chimico.

Il modo migliore è quello di suddividere la molecola in due parti: lo scheletro di carbonio da una parte, e **i gruppi funzionali** dall'altra. Lo scheletro di carbonio è composto dagli atomi di carbonio collegati fra loro e dagli atomi di idrogeno che completano la struttura. I gruppi funzionali, invece, possono essere formati da atomi singoli o da gruppi diversi dal carbonio, per esempio F, Cl, Br, OH, NH_2, SH; il gruppo funzionale può anche contenere atomi di carbonio con legami multipli:

$$C{=}C \qquad C{\equiv}C \qquad -C({=}O)H \qquad -C({=}O)OH \qquad C{=}O \qquad C{=}NH$$

La cosa più importante è che *le proprietà chimiche di un composto organico sono determinate principalmente dal suo (o dai suoi) gruppi funzionali*; i gruppi funzionali, infatti, rappresentano il centro di reattività chimica delle molecole, mentre lo scheletro di carbonio spesso assume un ruolo secondario. Una famiglia di composti, costituita da molecole che differiscono solo nel numero di gruppi CH_2, è chiamata **serie omologa**.

Nella tabella 2.1 sono rappresentate le formule generali dei gruppi funzionali.

TABELLA 2.1 Formule generali dei derivati idrocarburici e dei gruppi funzionali.

Tipo di composto	Formula	Gruppo funzionale
alcol	R−OH	gruppo ossidrile (−OH)
fenolo	Ar−OH	gruppo ossidrile (−OH)
aldeide	$R-C({=}O)-H$	gruppo aldeidico (−C=O)
chetone	$R-C({=}O)-R$	gruppo carbonile ($-C({=}O)-$)
acido organico	$R-C({=}O)-OH$	gruppo carbossile $-C({=}O)-OH$
estere	$R-C({=}O)-O-R$	gruppo estere (−COO−)
etere	R−O−R	gruppo etere (−O−)
ammide	$R-C({=}O)-NH_2$	gruppo ammidico ($-C({=}O)-N(H)-$)
ammina	$R-NH_2$	gruppo amminico ($-NH_2$)

1. GLI ALCOLI

Gli *alcoli* sono derivati dagli idrocarburi per sostituzione di un idrogeno con il gruppo **ossidrile** —OH:

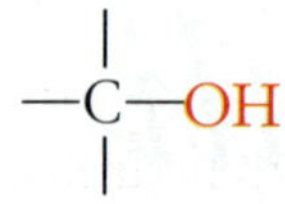

L'atomo di carbonio su cui è legato il gruppo —OH *deve essere* ibridato sp^3. Gli alcoli possono essere *monovalenti*, *bivalenti*, *trivalenti* ecc., a seconda del numero degli ossidrili della catena idrocarburica:

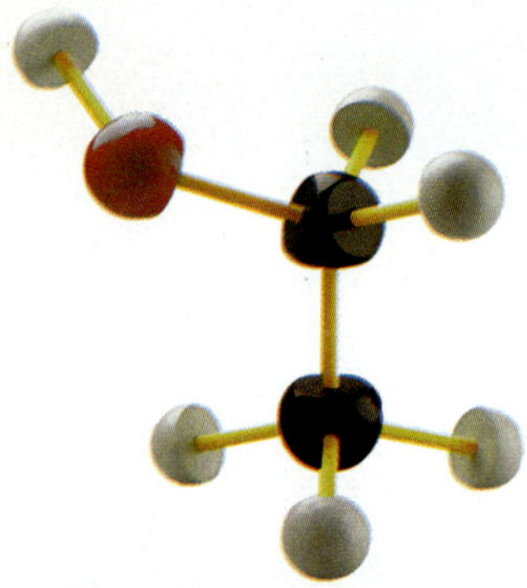

FIGURA 2.1 Modello dell'etanolo, CH_3CH_2OH.

Monovalente	Bivalente
$CH_2–CH_2–OH$ etanolo figura 2.1 (alcol etilico)	$CH_2–CH_2$ (OH, OH) 1,2 etandiolo (glicol etilenico)
Trivalente	**Polivalente**
$CH_2–CH–CH_2$ (OH, OH, OH) 1,2,3-propantriolo (glicerina)	$CH_2–CH–CH–CH–CH–CH_2$ (OH, OH, OH, OH, OH, OH) sorbitolo (presente nella frutta)

Inoltre, gli alcoli possono essere *primari*, *secondari* o *terziari* a seconda del carbonio (primario, secondario o terziario) a cui è legato l'ossidrile; (con R si intende un radicale di atomi di carbonio):

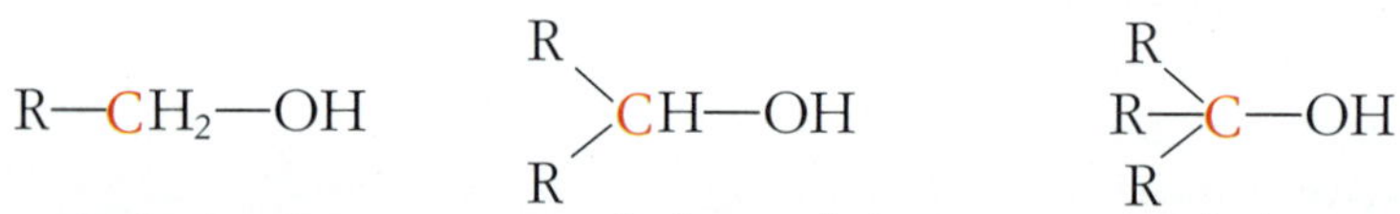

alcol primario — alcol secondario — alcol terziario

Nomenclatura

Secondo la nomenclatura IUPAC, il nome dell'alcol è simile a quello del corrispondente idrocarburo (saturo o insaturo), dal quale si distingue per il suffisso finale in *-olo*.

Il numero che precede il nome dell'alcol indica a quale carbonio è attaccato l'ossidrile. Nel caso di più ossidrili il nome dell'alcol sarà preceduto da più numeri e terminerà in *diolo*, *triolo*… a seconda se sono due, tre, … gruppi OH:

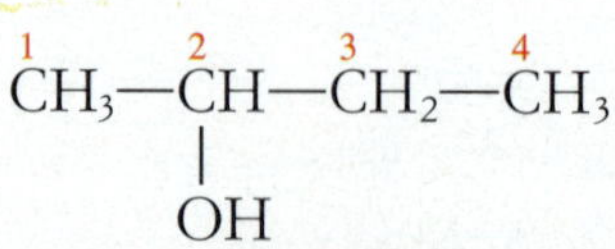

2-butan**olo**

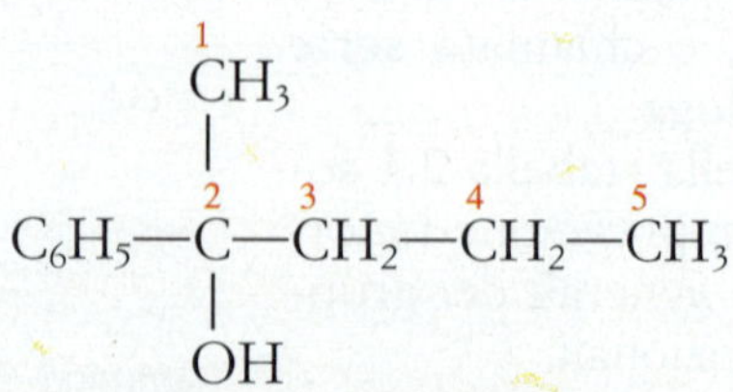

2-fenil-2-pentan**olo**

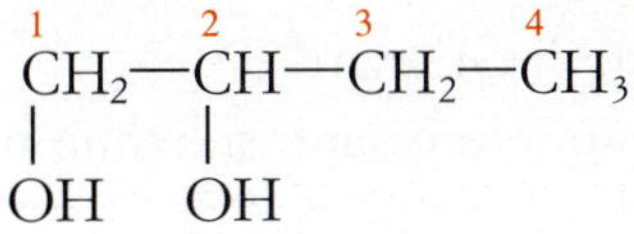

1,2-butandi**olo**

Preparazione

I metodi più semplici di preparazione degli alcoli sono:

1 Idratazione degli alcheni

Lo schema generale di reazione è questo:

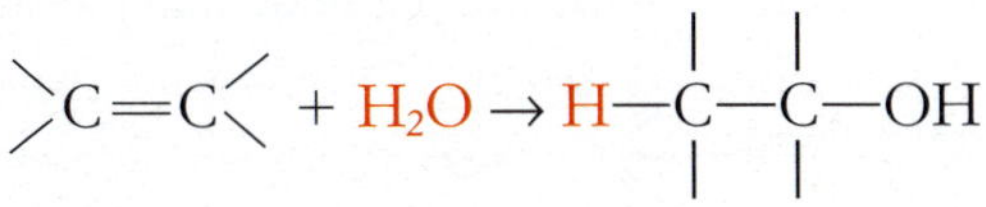

La reazione si effettua in ambiente acido (generalmente H_2SO_4) e l'ossidrile si attacca all'atomo di carbonio più sostituito, conformemente alla regola di Markovnikov:

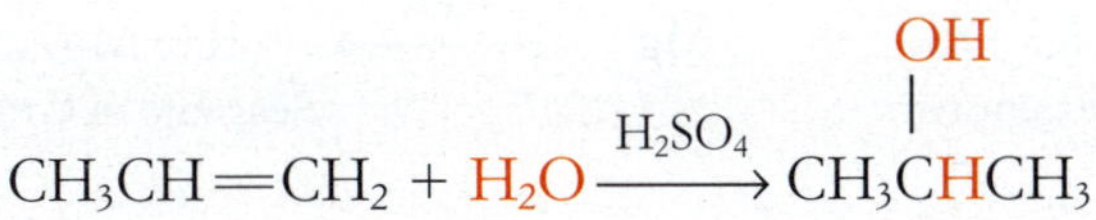

2 Riduzione dei composti carbonilici

Per composti carbonilici s'intendono le sostanze organiche contenenti il carbonile, $>C{=}O$, e cioè le aldeidi, i chetoni e gli acidi.

In laboratorio, il reagente di riduzione più sicuro e di facile utilizzazione è l'idruro di boro e di sodio, $NaBH_4$, particolarmente adatto a ridurre chetoni.

- aldeide → alcol primario

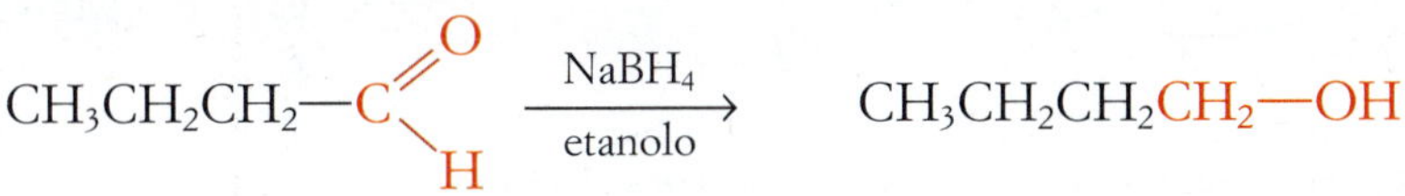

- chetone → alcol secondario

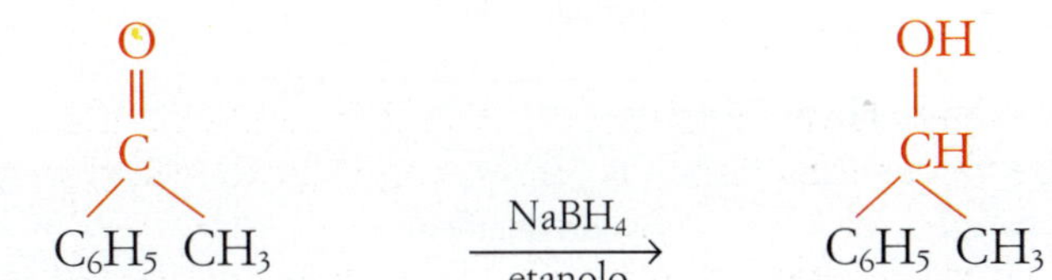

fenil-metil-chetone → 1-feniletanolo

Un altro riducente, meno sicuro di $NaBH_4$, è l'idruro di litio e alluminio, ($LiAlH_4$), usato in soluzione di etere per ridurre gli acidi carbossilici:

- acido → alcol primario

$$C_6H_5{-}COOH \xrightarrow[2.\ H_3O^+]{1.\ LiAlH_4/etere} C_6H_5{-}CH_2{-}OH$$

acido benzoico → fenilmetanolo (alcol benzilico)

3 Addizione dei reagenti di Grignard

Le preparazioni di alcoli più interessanti si hanno nelle reazioni di addizione nucleofila dei reagenti di Grignard al carbonile, $>C{=}O$, o all'ossido di etilene (ossirano, secondo la nomenclatura IUPAC):

$$\underset{\diagdown\ O\ \diagup}{CH_2{-}CH_2}$$

L'addizione nucleofila consiste nell'attacco di un gruppo con carica negativa (parziale o intera) sul carbonio C=O, che possiede una parziale carica positiva:

$$>\overset{\delta^+}{C}{=}\overset{\delta^-}{O}$$

I reattivi di Grignard si ottengono dalla reazione tra un alogenuro organico e il magnesio, in etere *anidro*:

$$\underset{\text{alogenuro}}{R{-}X} + Mg \xrightarrow{\text{etere}} \underset{\text{Reagente di Grignard}}{\overset{\delta^+}{R}{-}\overset{\delta^-}{MgX}}$$

PROVA TU **A partire dal bromuro di etile prepara i seguenti alcoli:**

A 1-butanolo

B 1-propanolo

C 2-butanolo

Dove R = alchile, arile, vinile
X = Cl, Br, I

Il legame fra carbonio e magnesio è fortemente polarizzato; pertanto, i reagenti di Grignard si comportano come se fossero dei carbanioni ($R:^-$), dando reareazioni di addizione nucleofila al $>C{=}O$ (carbonile):

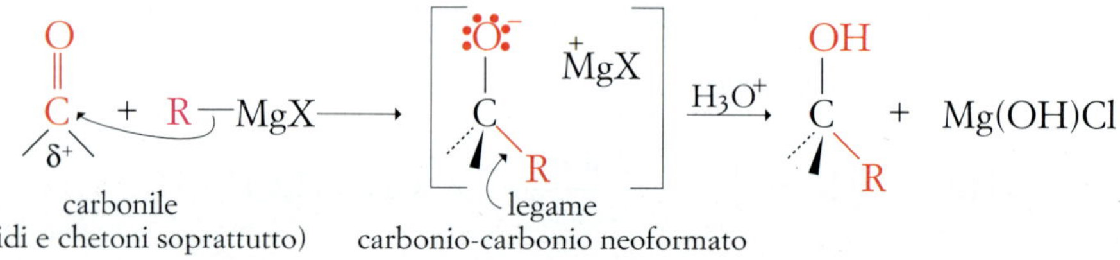

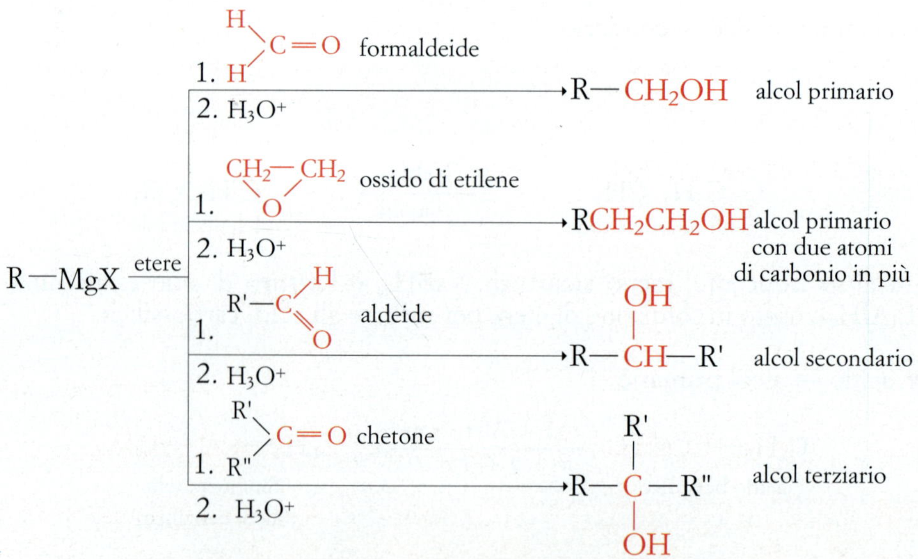

Proprietà fisiche

Gli alcoli hanno punti di ebollizione elevati, se confrontati con gli alcani di peso molecolare comparabile:

CH_3CH_2OH	$CH_3CH_2CH_3$
PM 46 u	PM 44 u
p.e. +78 °C	p.e. −44 °C

Il fatto è pienamente giustificato, trattandosi di composti in cui prevalgono i forti legami a idrogeno fra le proprie molecole.

I primi termini della serie (metanolo, etanolo, propanolo) sono completamente miscibili con l'acqua, a causa del legame a idrogeno. Per alcoli a catena più lunga e con un solo ossidrile (dal butanolo in poi), la solubilità in acqua diminuisce rapidamente, ma cresce la solubilità nei solventi poco polari (etere, esano, benzene).

Proprietà chimiche

Le reazioni degli alcoli si suddividono in tre gruppi:

1. quelle che interessano il legame O—H
2. quelle che interessano il legame C—O
3. quelle di ossidazione.

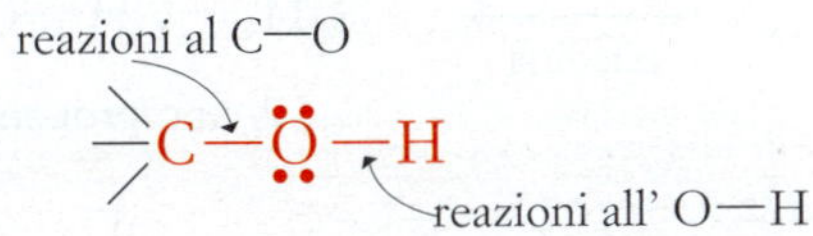

1 Reazioni sul legame O—H:

■ Acidità degli alcoli

Come l'acqua, gli alcoli sono acidi molto deboli con K_a che vanno da 10^{-16} a 10^{-19}:

$$R\text{—}OH + H_2O \rightleftarrows RO{:}^- + H_3O^+$$

$$K_a = \frac{[R\text{—}O^-][H_3O^+]}{[R\text{—}OH]}$$

L'acidità relativa degli alcoli è la seguente:

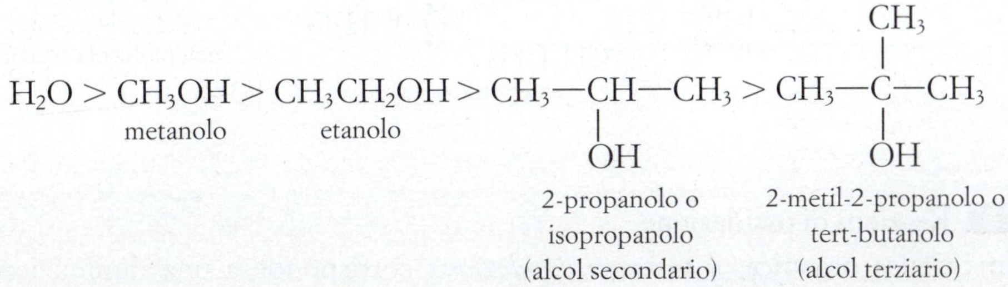

In generale, un alcol terziario è meno acido di un alcol primario e secondario. D'altro canto, l'ordine di basicità degli alcolati (R–O⁻, basi forti) è il seguente:

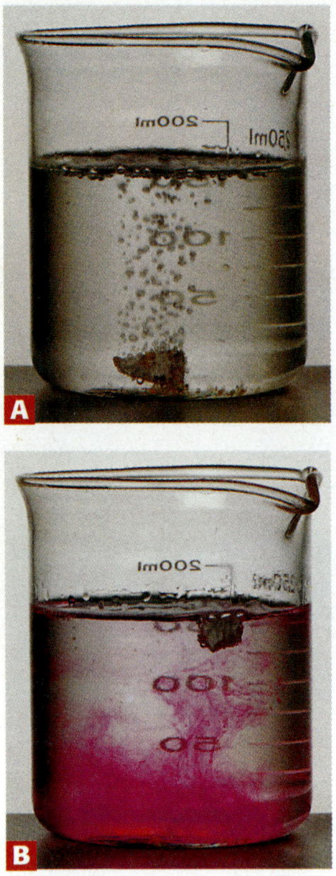

FIGURA 2.2 Dalla reazione con sodio e alcol A si forma un alcolato fortemente alcalino B (che colora in rosso la fenolftaleina).

$$\underset{\text{tert-butilato}}{(CH_3)_3C\text{—}\ddot{O}\!:^-} > \underset{\text{iso-propilato}}{(CH_3)_2CH\text{—}\ddot{O}\!:^-} > \underset{\text{etilato}}{CH_3CH_2\text{—}\ddot{O}\!:^-} > \underset{\text{metilato}}{CH_3\text{—}\ddot{O}\!:^-} > :\ddot{O}H^-$$

■ Reazioni con metalli alcalini

Gli alcoli, specialmente quelli terziari, reagiscono con i metalli alcalini con minore vivacità dell'acqua. La basicità dell'alcolato, che si forma nella reazione, può essere evidenziata con qualche goccia di fenolftaleina ▸figura 2.2.

$$2R\text{—}OH + 2Na \rightarrow 2RO^-Na^+ + H_2$$

2 Reazioni sul legame C—O:

■ Formazione degli alogenuri alchilici

Gli alcoli si convertono in alogenuri alchilici per trattamento con cloruro di tionile ($SOCl_2$) o con tribromuro di fosforo (PBr_3):

$$\underset{\text{2-propanolo}}{CH_3\text{—}CH(OH)\text{—}CH_3} \xrightarrow[\text{piridina}]{SOCl_2} \underset{\text{2-cloropropano}}{CH_3\text{—}CH(Cl)\text{—}CH_3} + SO_2 + HCl$$

$$3CH_3\text{—}CH(OH)\text{—}CH_3 \xrightarrow[\text{etere}]{PBr_3} \underset{\text{2-bromopropano}}{3CH_3\text{—}CH(Br)\text{—}CH_3} + P(OH)_3$$

■ Disidratazione degli alcoli

Reagendo con gli acidi (H_2SO_4, H_3PO_4, Al_2O_3) gli alcoli perdono acqua e danno alcheni ed eteri. La formazione degli alcheni è privilegiata ad alte temperature, mentre gli eteri compaiono a temperature più moderate:

$$2CH_3CH_2OH \xrightarrow[180\ °C]{H_2SO_4} 2\ CH_2\!=\!CH_2 + 2\ H_2O$$

due molecole d'alcol eliminano due molecole d'acqua

$$2CH_3CH_2OH \xrightarrow[140\ °C]{H_2SO_4} \underset{\text{etere etilico}}{CH_3CH_2\text{—}\ddot{O}\text{—}CH_2CH_3} + H_2O$$

due molecole d'alcol eliminano una molecola d'acqua

3 Reazioni di ossidazione

In chimica organica, il termine *ossidazione* corrisponde a una diminuzione del contenuto di idrogeno della molecola o a un aumento del contenuto in ossigeno. Ciò significa che quando una molecola organica viene ossidata perde degli atomi di idrogeno o acquista degli atomi di ossigeno. Analogamente, il termine *riduzione* corrisponde a un aumento del contenuto in idrogeno (o a una diminuzione del contenuto in ossigeno) in una molecola.

Solo gli alcoli primari e secondari possono essere ossidati a composti carbonilici. Gli alcoli primari sono ossidati prima ad aldeidi e poi ad acidi carbossilici:

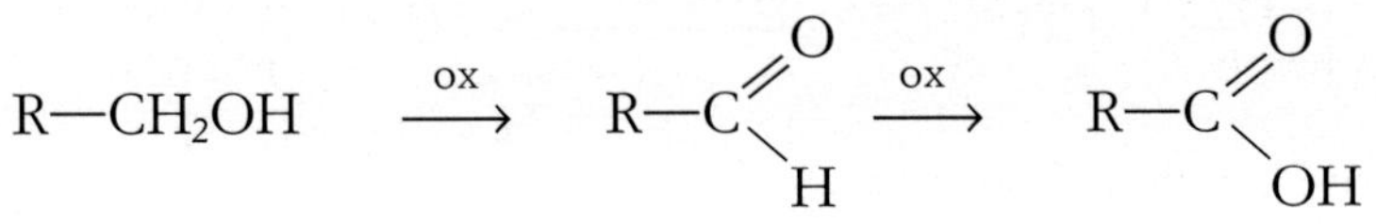

aldeide — acido carbossilico

In laboratorio il metodo migliore per ottenere le aldeidi dagli alcoli primari, senza correre il pericolo dell'ulteriore ossidazione ad acidi carbossilici, è quello di usare come reagente ossidante il clorocromato di piridinio (CCP), $C_5H_6N^+ \cdot CrO_3Cl^-$:

$$CH_3CH_2CH_2CH_2CH_2OH \xrightarrow{\text{clorocromato di piridinio}} CH_3CH_2CH_2CH_2CHO$$

1-pentanolo (alcol primario) — pentanale (aldeide)

Più ampia è la disponibilità di agenti ossidanti per ottenere i chetoni dagli alcoli secondari: $KMnO_4$, CrO_3 e H_2SO_4, $Na_2Cr_2O_7$:

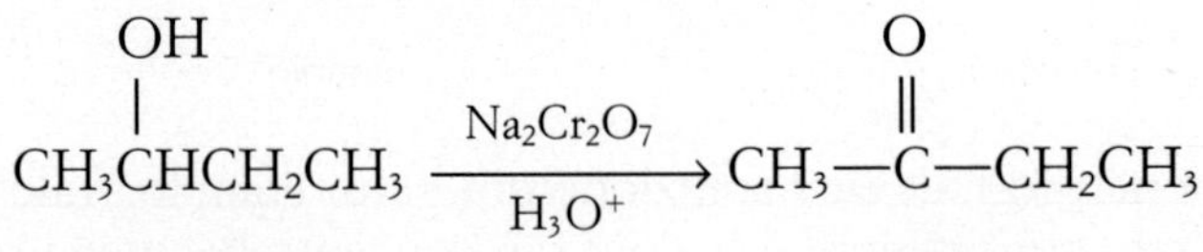

2-butanolo (alcol secondario) — butanone (chetone)

Come si può notare, gli alcoli primari si comportano diversamente dai secondari nell'ossidazione. Per gli alcoli primari è difficile arrestare l'ossidazione al primo passaggio (aldeide), se non ricorrendo a ossidanti selettivi, mentre l'ossidazione degli alcoli secondari non procede oltre i chetoni. Gli *alcoli terziari* non danno reazioni ossidative di questo tipo.

Gli alcoli più importanti

1 Metanolo

La principale via di sintesi del metanolo è l'idrogenazione catalitica dell'ossido di carbonio, ad alta pressione:

$$CO + 2H_2 \xrightarrow[400\ °C]{ZnO} CH_3OH$$
$$250\ \text{atm}$$

Il metanolo sta per diventare un conveniente combustibile non inquinante: esso viene aggiunto alle benzine in una percentuale del 15% ed è usato come solvente oppure per la sintesi della formaldeide.

Il metanolo è una sostanza inebriante e tossica: ne bastano 30 mL per provocare la morte di un uomo. Nel 1985 si sono verificati in Italia numerosi casi mortali di avvelenamento da metanolo. All'origine della strage, vini di scarto «rinforzati» illegalmente con metanolo.

Gli effetti tossici non sono dovuti al metanolo, ma a un suo prodotto di ossidazione, l'aldeide formica:

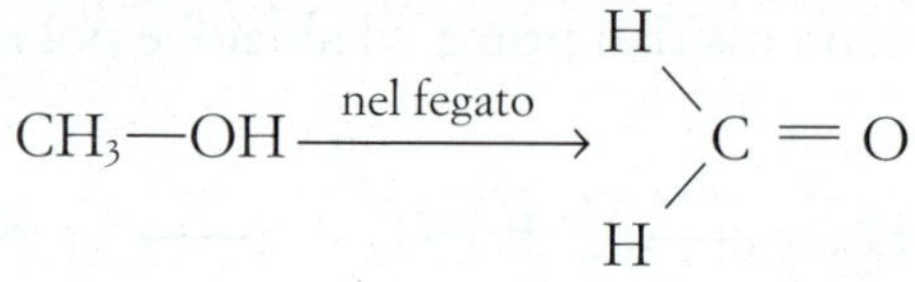

aldeide formica

L'ossidazione enzimatica del metanolo ha luogo nel fegato: l'aldeide formica poi aggredisce rapidamente proteine ed enzimi, inattivandoli. I danni più gravi sono causati alla retina e al nervo ottico, e procurano la cecità. Stranamente, l'antidoto più efficace per questo tipo di avvelenamento è l'etanolo; infatti, la somministrazione tempestiva di massicce dosi di etanolo blocca l'ossidazione del metanolo, che viene eliminato attraverso le vie urinarie.

2 Etanolo

L'etanolo è il componente di tutte le bevande alcoliche: vino, birra, cognac, grappa. L'alcol si ottiene per fermentazione di soluzioni zuccherine:

$$\underset{\text{glucosio}}{C_6H_{12}O_6} \xrightarrow{\text{fermentazione}} \underset{\text{etanolo}}{2CH_3CH_2OH} + 2CO_2$$

La fermentazione produce una soluzione diluita di etanolo. Tale soluzione si deve poi distillare per ottenere soluzioni più concentrate come i superalcolici: grappa, cognac, vodka, bourbon. Industrialmente, l'etanolo si produce idratando l'etilene:

$$CH_2{=}CH_2 + H_2O \xrightarrow[H_3PO_4]{300\ °C} CH_3CH_2OH$$

L'etanolo è un prodotto industriale dai numerosi impieghi; serve, infatti, per produrre solventi, cosmetici, profumi, liquori.

3 Glicol etilenico

Il glicol etilenico o (1,2-etandiolo) è un alcol bivalente che ha un elevato punto di ebollizione (+197 °C) ed è completamente miscibile con l'acqua: per questo viene impiegato come antigelo nei radiatori delle automobili. Si ottiene industrialmente dall'ossido di etilene:

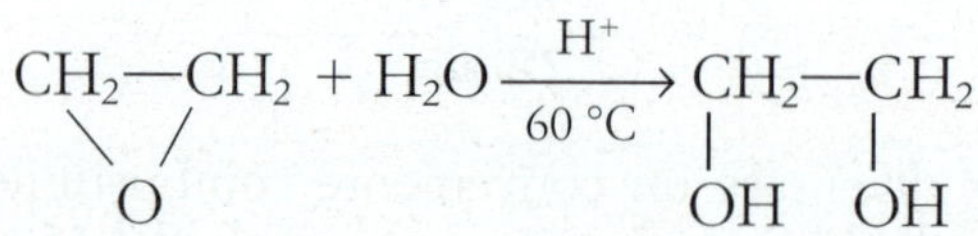

4 Glicerolo

È chiamato anche *glicerina* e si presenta come un liquido sciropposo solubile in acqua.

Il glicerolo è usato nella concia del tabacco, nei cosmetici e nell'industria delle vernici. L'impiego più spettacolare del glicerolo è nella produzione della *nitroglicerina*, un esplosivo potente e poco maneggevole:

$$\begin{array}{l} CH_2OH \\ | \\ CH{-}OH \\ | \\ CH_2{-}OH \end{array} + 3HNO_3 \xrightarrow{H_2OSO_3} \begin{array}{l} CH_2{-}O{-}NO_2 \\ | \\ CH{-}O{-}NO_2 \\ | \\ CH_2{-}O{-}NO_2 \end{array} + 3H_2O$$

Alfred Nobel, nel 1867, ottenne la *dinamite* mescolando la nitroglicerina con materiale siliceo (farina fossile). La dinamite è molto meno pericolosa della nitroglicerina. La nitroglicerina è anche un farmaco che serve a dilatare i vasi sanguigni nelle crisi di angina, molto dolorose.

PROVA TU **Scrivi le reazioni del 2-pentanolo con ciascuno dei seguenti reagenti:**

- A $Na_2Cr_2O_7$, H_3O^+
- B H_2SO_4 a 180 °C
- C Na
- D PBr_3
- E $SOCl_2$

ESPERIMENTO Riconoscimento degli alcoli

Gli alcoli, trattati con nitrato di cerio e ammonio, danno complessi di colore rossastro ▸figura 2.3:

$$\underset{\text{nitrato di cerio e ammonio}}{(NH_4)_2Ce(NO_3)_6} + R{-}OH \xrightarrow{H_2O} \text{complesso di color rossastro}$$

Per preparare il reagente, si sciolgono a caldo 40 g di $(NH_4)_2Ce(NO_3)_6$ in 100 ml di HNO_3 2 M. In una provetta si pongono 1 mL del reagente e 1/2 mL di alcol. La comparsa di una colorazione rossastra, anche fugace, denota la presenza di un alcol.

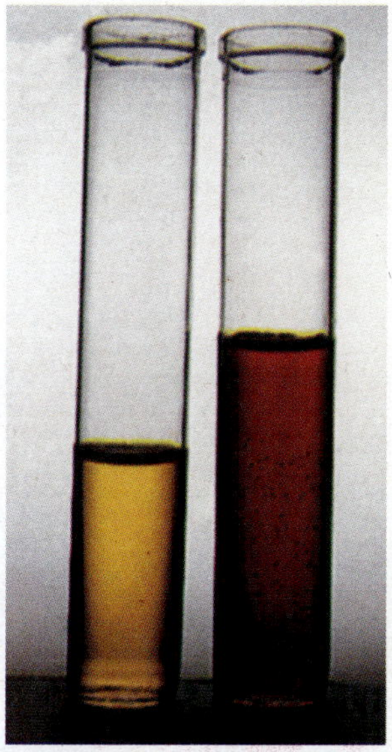

FIGURA 2.3 A sinistra, la soluzione gialla di nitrato di cerio e ammonio. A destra, il complesso colorato, per reazione tra cerio e alcol.

2. REAZIONI DI SOSTITUZIONE E DI ELIMINAZIONE NEGLI ALCOLI

Alcune reazioni degli alcoli si svolgono secondo meccanismi che hanno trovato un riscontro sperimentale. Intendiamo occuparci in questa sede di due classi di reazioni, a volte concorrenti: le **sostituzioni nucleofile** (*Sn*) e le **eliminazioni** (*E*). A partire dagli stessi substrati, nelle sostituzioni nucleofile un atomo o un gruppo è sostituito da un nucleofilo opportuno, mentre nelle eliminazioni il nucleofilo attaccante si comporta da base e sottrae al substrato uno ione H^+, consentendo la formazione di un doppio legame. Nell'uno e nell'altro caso il meccanismo invocato può essere *bimolecolare* (nella fase decisiva della reazione, il passaggio più lento, intervengono sia il substrato sia il nucleofilo) o monomolecolare (nel passaggio più lento è presente una sola molecola, quella del substrato). I meccanismi bimolecolari si indicano con Sn_2 (per le sostituzioni nucleofile) ed E_2 (per le eliminazioni), quelli monomolecolari con Sn_1 ed E_1.

Un esempio chiarirà quanto abbiamo detto.

Nella reazione di un alogenuro alchilico, R—X (con X = Cl, Br o I), se il nucleofilo attaccante è lo ione OH^- potremo avere sia l'*eliminazione* (OH^- si comporta da base) sia la *sostituzione nucleofila* (OH^- si comporta da nucleofilo):

$:\ddot{O}H^-$ può agire da nucleofilo e da base

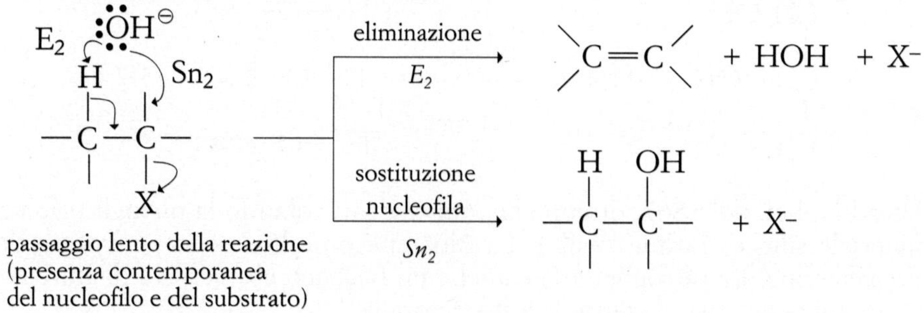

E_2 $CH_3{-}CH_2Cl + OH^- \rightarrow CH_2{=}CH_2 + H_2O + Cl^-$

Sn_2 $CH_3CH_2{-}Cl + OH^- \rightarrow CH_3CH_2{-}OH + Cl^-$

Ci sono prove sperimentali che nella reazione con un alogenuro primario, come CH_3CH_2Cl, il meccanismo di reazione è quello descritto: si ottiene una miscela del prodotto di sostituzione (CH_3CH_2OH) e del prodotto di eliminazione ($CH_2{=}CH_2$), segno evidente della concorrenzialità delle due reazioni.

Invece, nella reazione di un alogenuro terziario il meccanismo proposto è di tipo monomolecolare: prima si forma il carbocatione e poi avvengono le reazioni (E_1 o Sn_1):

H_2O può agire da nucleofilo e da base

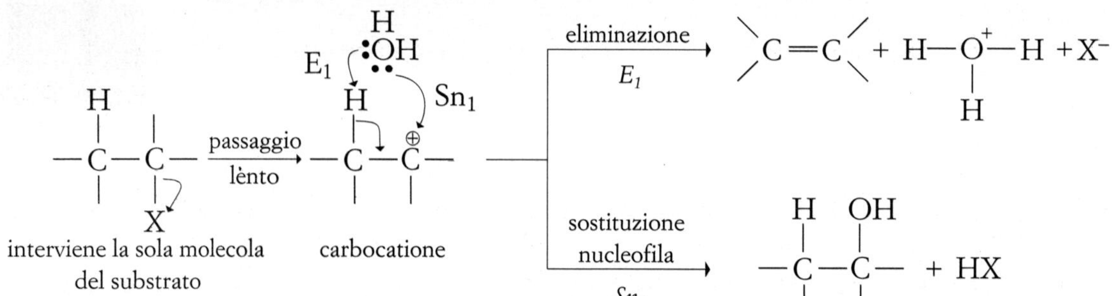

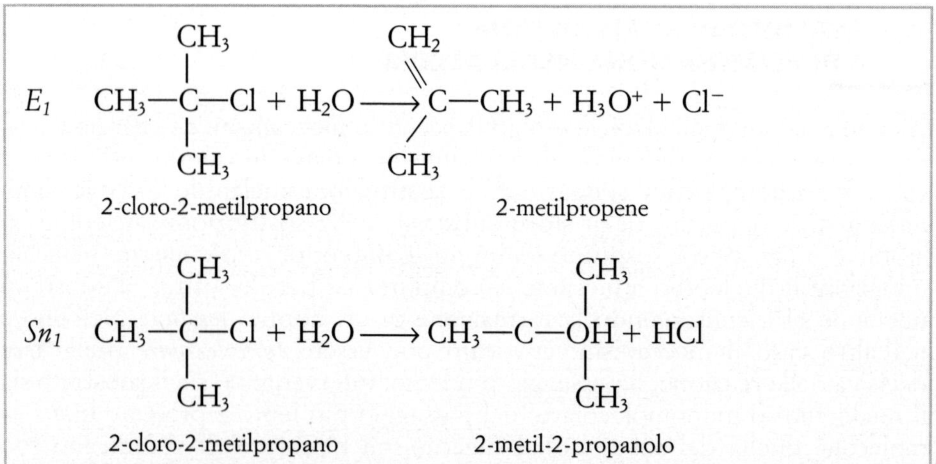

Il passaggio decisivo è quello della formazione del *carbocatione*. Quanto più stabile è il carbocatione, tanto più le reazioni seguono un meccanismo monomolecolare (Sn_1 o E_1). Data la stabilità del carbocatione, riportata nella scala qui sotto, è giustificato ammettere un meccanismo monomolecolare nelle reazioni con gli alogenuri terziari e un meccanismo bimolecolare con quelli primari.

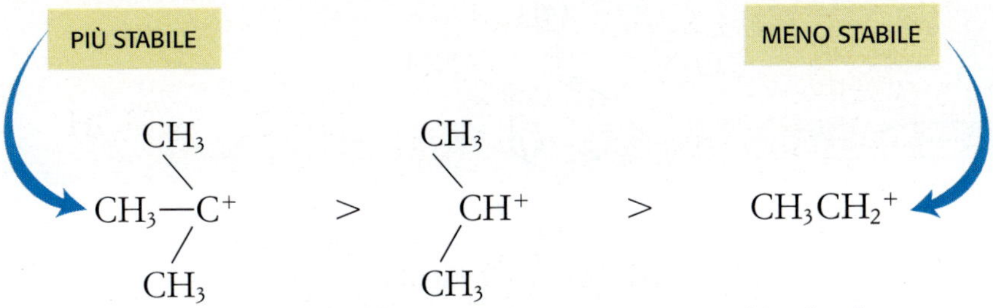

monomolecolare bimolecolare

3. I FENOLI

I *fenoli* sono composti ottenuti per sostituzione di uno o più idrogeni di un nucleo aromatico con gruppi ossidrili (—OH):

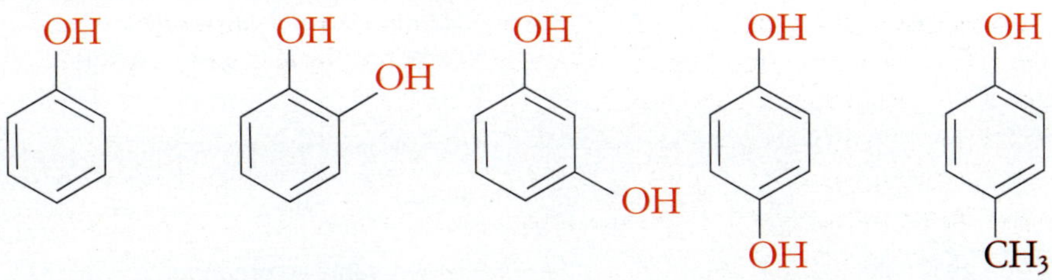

fenolo (idrossibenzene)	pirocatecolo (2-idrossifenolo)	resorcina (3-idrossifenolo)	idrochinone (4-idrossifenolo)	paracresolo (4-idrossitoluene)

I fenoli hanno in genere nomi comuni (in parentesi sono citate alcune denominazioni IUPAC).

Preparazione

Industrialmente i fenoli si preparano con tecniche sintetiche diverse. La più conosciuta è la fusione alcalina degli acidi benzensolfonici; in pratica si trattano gli acidi solfonici con NaOH a 300 °C:

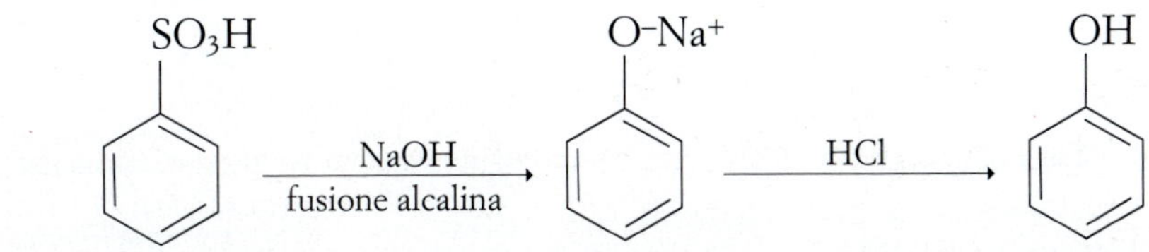

acido benzensolfonico — fenato di sodio — fenolo

Dalla fusione alcalina si ottiene il fenato sodico (sale del fenolo) e, per acidificazione, si libera il fenolo. Questa preparazione può essere impiegata anche per gli altri fenoli.

Proprietà fisiche

I fenoli, a causa dei legami a idrogeno che si instaurano tra le molecole, hanno punti di ebollizione più elevati dei composti con analogo peso molecolare.

La più importante proprietà dei fenoli, tuttavia, deriva dalla loro acidità; sono infatti sostanze leggermente acide ($K_a = 1 \cdot 10^{-10}$): più acide degli alcoli e meno degli acidi carbossilici.

Solamente i nitrofenoli raggiungono e superano l'acidità degli acidi carbossilici; per esempio, l'acido picrico ha $K_a = 3 \cdot 10^{-1}$.

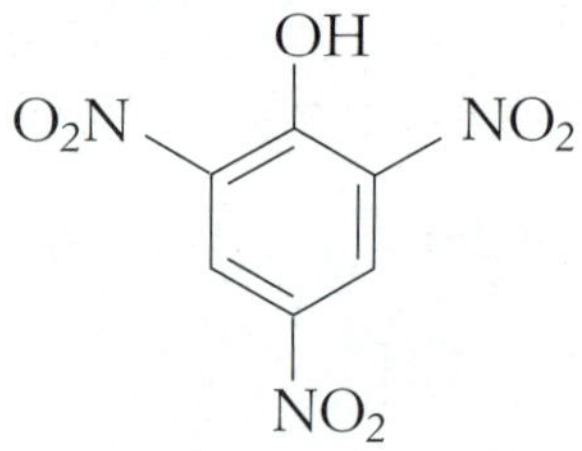

acido picrico (2,4,6-trinitrofenolo)

A causa della loro acidità, i fenoli sono solubili in NaOH acquoso. I fenoli sono usati come battericidi, antisettici, antiossidanti ecc. Nella tabella 2.2 sono elencati alcuni importanti derivati fenolici, con il relativo impiego.

TABELLA 2.2 Alcuni importanti fenoli.

Formula	Nome	Usi
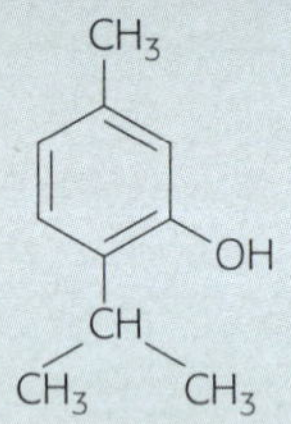	timolo	Disinfettante del cavo orale e componente delle paste dentifricie.
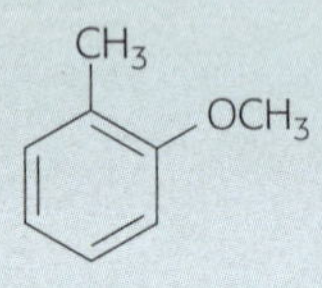	guaiacolo	Espettorante e componente di alcuni sciroppi per la tosse.
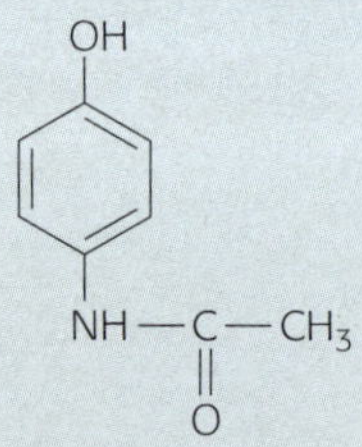	paracetamolo	Antipiretico e analgesico, alternativo all'aspirina.
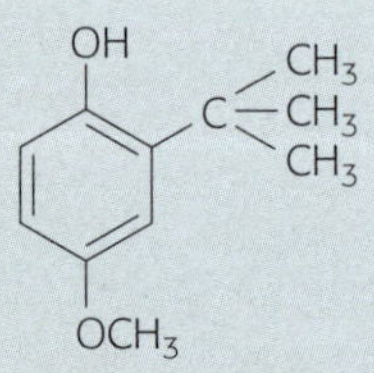	butilidrossianisolo (E 103)	Antiossidante per prodotti alimentari (farina, biscotti, cioccolato).
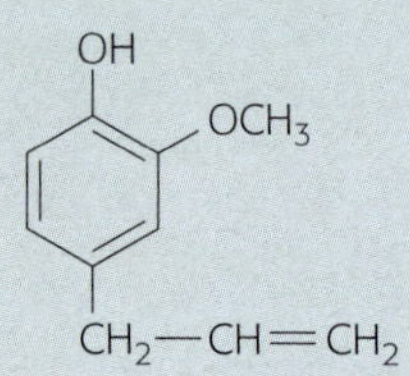	eugenolo	Antibatterico usato dai dentisti; viene estratto dai chiodi di garofano.

Proprietà chimiche

Il gruppo ossidrile posizionato sul nucleo aromatico è un forte attivante e orienta i sostituenti nelle posizioni *orto* e *para*, durante le già descritte *reazioni di sostituzione elettrofila* (nitrazione, solfonazione, alogenazione, alchilazione, acilazione).

Per il resto, la chimica dei fenoli è simile a quella degli alcoli. Pertanto, i fenoli, reagendo con i cloruri acilici (R—CO—Cl) o con le anidridi $(RCO)_2O$, si trasformano in esteri:

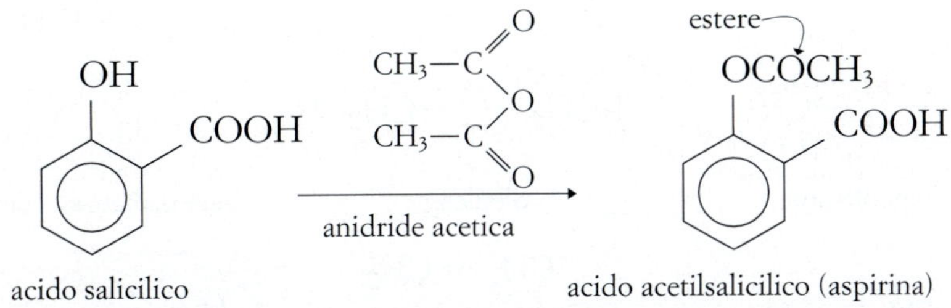

La preparazione dell'aspirina comporta, appunto, il passaggio dell'ossidrile fenolico a estere.

Un'altra tipica trasformazione dei fenoli è in *eteri*:

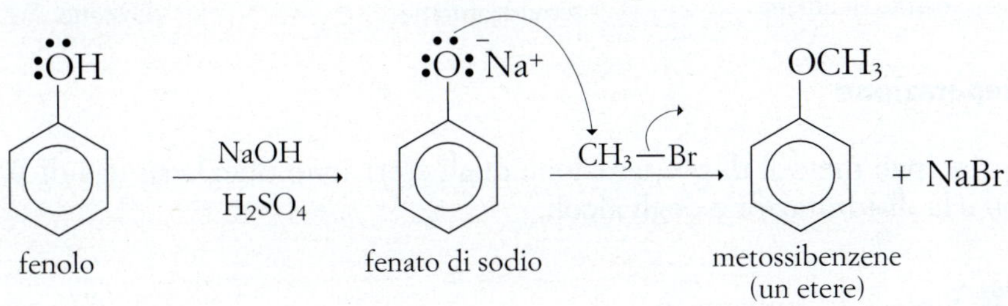

Per reazione del fenolo con aldeide formica, infine, si ottengono importanti materiali plastici (resine fenoliche).

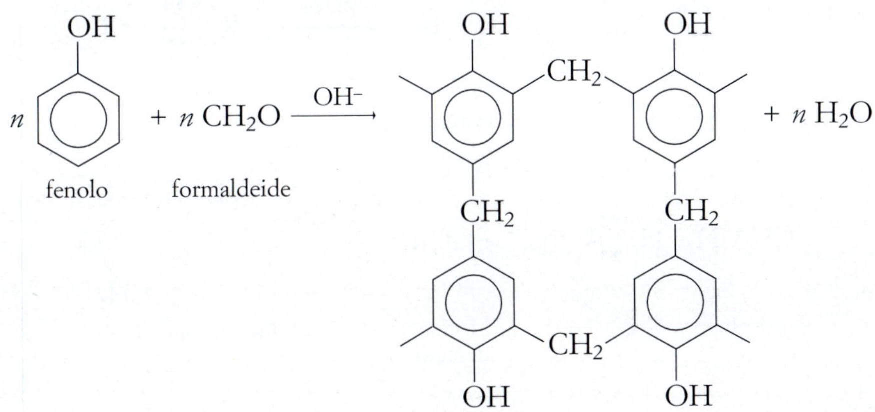

ESPERIMENTO Riconoscimento dei fenoli

In una provetta si pongono una punta di spatola o due gocce di fenolo, 3 mL di una soluzione al 2% di ferricianuro di potassio $K_3Fe(CN)_6$, preparata recentemente, e due gocce di una soluzione acquosa all'1% di $FeCl_3$. Se compare un precipitato blu, il saggio è positivo ▸figura 2.4. Talvolta è necessario riscaldare brevemente.

FIGURA 2.4 Il riconoscimento dei fenoli.

4. GLI ETERI

La molecola di un **etere** è formata da un atomo di ossigeno legato covalentemente a due radicali (alchilici, arilici o misti).

Gli eteri sono derivati dall'acqua per sostituzione dei due idrogeni con radicali alchilici o arilici.

La denominazione più comune è la seguente: si nominano i radicali e quindi si aggiunge la parola *-etere.* In alcuni casi si usano denominazioni particolari.

$CH_3-\ddot{\underset{..}{O}}-CH_3$

dimetiletere

$CH_3CH_2-\ddot{\underset{..}{O}}-CH_2CH_3$

dietiletere

metossibenzene (anisolo)

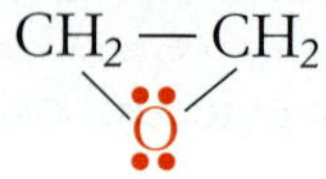

ossido di etilene

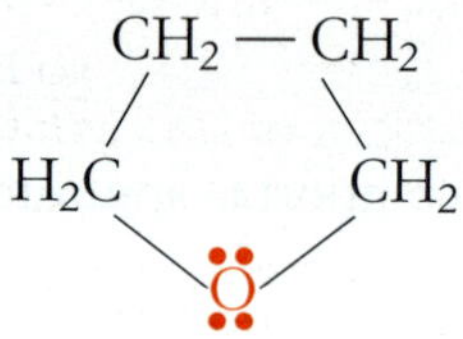

tetraidrofurano

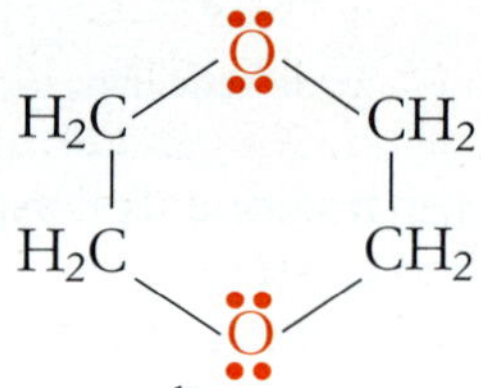

diossano

Preparazione

I principali metodi di preparazione degli eteri sono due: la sintesi di Williamson e la disidratazione degli alcoli.

1 Sintesi di Williamson

Si parte da un alcolato o da un fenato di sodio e si fa reagire con un alogenuro alchilico (è una Sn_2)

$$R-\ddot{\underset{..}{O}}:^{-}Na^{+} + R'-Br \xrightarrow{-NaBr} R-\ddot{\underset{..}{O}}-R'$$

alcolato o fenato — alogenuro alchilico — etere

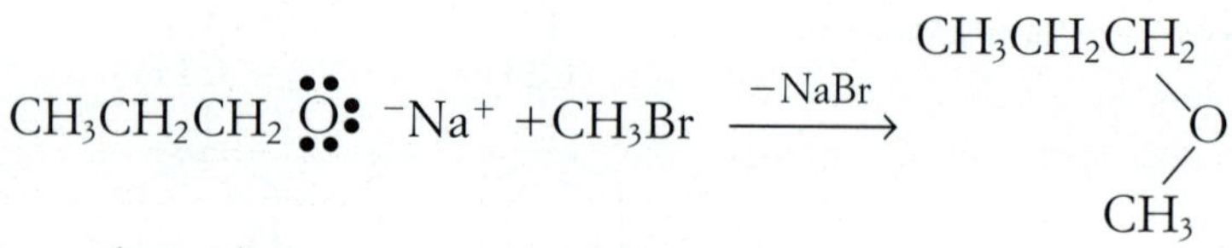

propilato sodico — bromuro di metile — metil-propil-etere

2 Disidratazione degli alcoli

La preparazione dell'etere etilico si ottiene attraverso questo tipo di reazione.

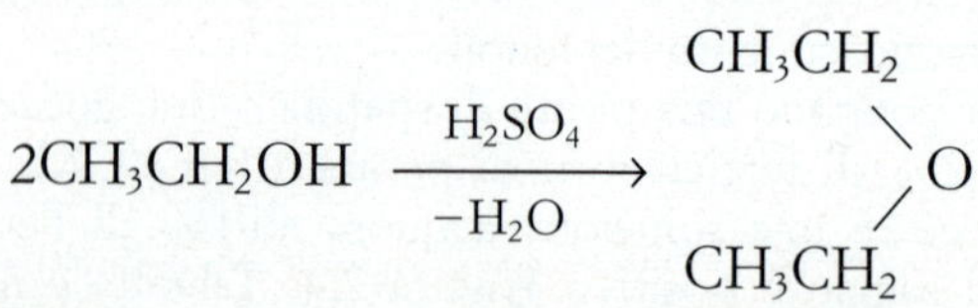

dietiletere

Proprietà fisico-chimiche

I valori più bassi della densità e del punto di ebollizione del dietiletere, rispetto al corrispondente alcol e all'acqua, portano ad alcune conclusioni:

	$CH_3CH_2-O-CH_2CH_3$ etere	CH_3CH_2-O-H alcol	$H-O-H$ acqua
densità	0,71 g/cm³	0,79 g/cm³	1 g /cm³
p.e.	34,6 °C	78 °C	100 °C

1. l'etere, a livello molecolare, è meno associato di alcol e acqua;
2. la causa della minore associazione dipende dall'assenza di legami a idrogeno fra le sue molecole;
3. gli eteri, poco polari nonostante i doppietti elettronici sull'atomo di ossigeno, sono solventi eccellenti per estrarre sostanze organiche da foglie e semi.

Sfortunatamente, gli eteri sono soggetti a un fenomeno di autoossidazione con formazione di perossidi esplosivi; pertanto, si richiede una particolare cautela durante le operazioni di distillazione dei materiali eterei.

$$CH_3CH_2-O-CH_2CH_3 + O_2 \rightarrow CH_3-CH(O-OH)-O-CH_2CH_3$$

Nel 1846 si è avuta la prima applicazione ufficiale, in un intervento chirurgico, dell'etere etilico, che ha proprietà anestetiche.

Oggi le cose sono cambiate e l'etere, ritenuto poco sicuro e irritante, è stato sostituito dai seguenti anestetici generali:

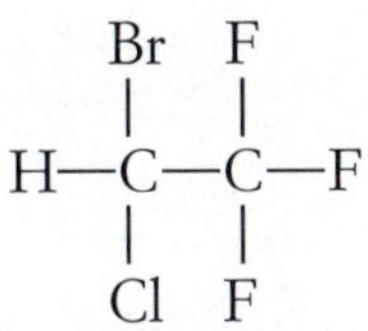
alotano

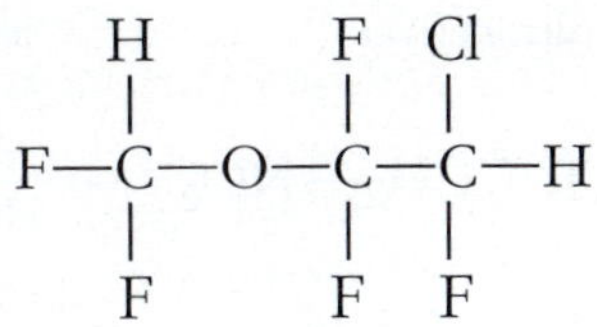
enflurano

5. LE AMMINE

Le *ammine* sono derivate dall'ammoniaca ▸figura 2.5 per sostituzione di uno, due o tre atomi di idrogeno con un radicale alchilico o arilico. Il gruppo caratteristico di queste molecole è il gruppo **amminico**. Le ammine si classificano in *primarie*, *secondarie* e *terziarie* ▸figura 2.6.

$R-\ddot{N}H_2$ ammina primaria — $R-\ddot{N}H-R$ ammina secondaria — $R-\ddot{N}(R)-R$ ammina terziaria

La struttura delle ammine è di tipo piramidale, simile a quella dell'ammoniaca:

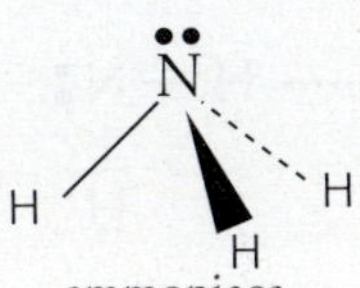
ammoniaca

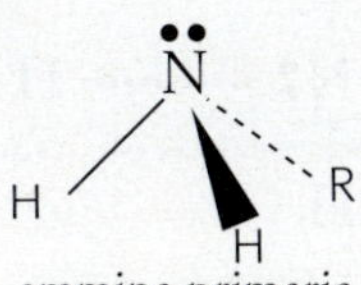
ammina primaria

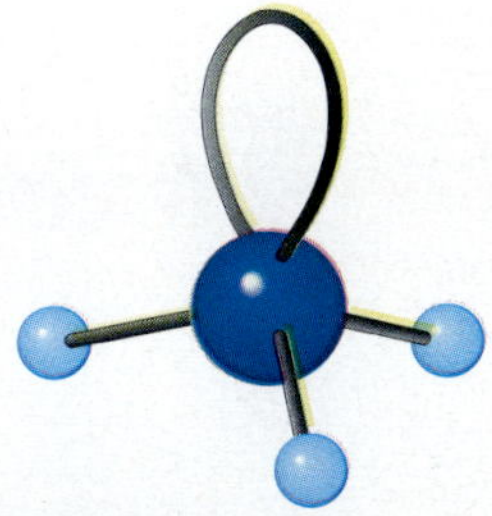
FIGURA 2.5 Modello dell'ammoniaca, NH_3.

1-butanammina (ammina primaria)
$CH_3CH_2CH_2CH_2\ddot{N}H_2$

ammoniaca
$\ddot{N}H_3$

FIGURA 2.6 Le ammine derivano dall'ammoniaca per sostituzione degli atomi di idrogeno con alchili e arili.

Nomenclatura

La nomenclatura internazionale delle ammine fa precedere il nome dell'alcano, da cui derivano, dal prefisso *ammino-* e dalle indicazioni numeriche dal punto in cui sono legati i gruppi amminici (in parentesi la nomenclatura comune):

$$CH_3\ddot{N}H_2 \qquad C_2H_5{-}\ddot{N}H{-}C_2H_5 \qquad CH_3{-}\ddot{N}(C_2H_5){-}CH_3$$

ammino metano (metilammina) p.e. –6,5 °C

N-etil-amminoetano (dietilammina) p.e. +56 °C

N,N-dimetilamminoetano (etildimetilammina) p.e. +37 °C

La N maiuscola indica i radicali attaccati sull'azoto. Alcune ammine aromatiche hanno nomi comuni consolidati:

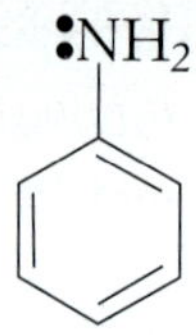

anilina

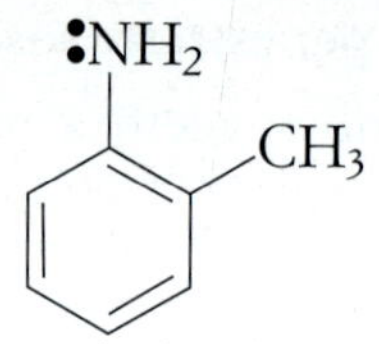

o-toluidina

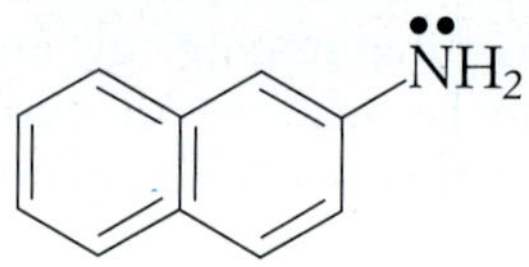

β-naftilammina (cancerogena)

Preparazione

I più semplici metodi di preparazione comportano la riduzione dei seguenti composti:

$R{-}NO_2$ nitroderivato $\qquad$ $R{-}CONH_2$ ammide $\qquad$ $R{-}C{\equiv}N$ nitrile

$$R{-}CH_2{-}NO_2 \xrightarrow[HCl]{Fe} R{-}CH_2NH_2$$

$$R{-}CONH_2 \xrightarrow{LiAlH_4} R{-}CH_2NH_2$$

$$R{-}C{\equiv}N \xrightarrow{LiAlH_4} R{-}CH_2NH_2$$

ammina

PROVA TU La preparazione dell'anilina richiede la riduzione del nitrobenzene con Fe e HCl. Scrivi e bilancia la reazione di ossido-riduzione.

Proprietà fisiche

L'odore delle ammine assomiglia a quello dell'ammoniaca e del pesce non fresco. Esse hanno punti di ebollizione più elevati degli idrocarburi di corrispondente peso molecolare; inoltre, le ammine aromatiche sono tossiche e spesso cancerogene.

Il punto di ebollizione e la solubilità in acqua delle ammine a più basso peso molecolare sono addebitabili al legame a idrogeno, meno forte di quello degli alcoli:

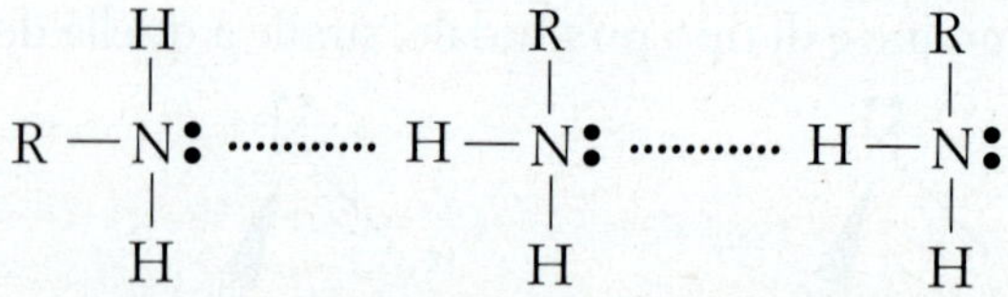

Proprietà chimiche

1 Basicità

La basicità delle ammine dipende dalla «disponibilità» del doppietto elettronico libero dell'azoto, perciò l'ordine di basicità di alcune importanti ammine è il seguente:

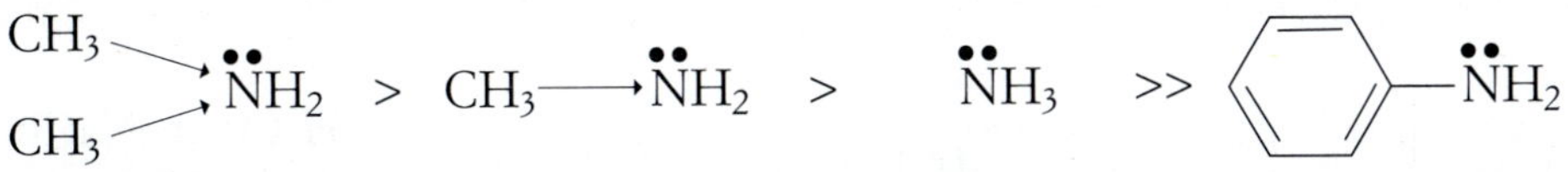

$K_b = 50 \cdot 10^{-5}$ | $44 \cdot 10^{-5}$ | $1,8 \cdot 10^{-5}$ | $4 \cdot 10^{-10}$

I due effetti +I degli alchili rendono più disponibile il doppietto elettronico

Il doppietto elettronico è più disponibile per l'effetto +I del metile

Il fenile attira il doppietto elettronico e lo delocalizza sul nucleo aromatico, da ciò la ridotta basicità delle ammine aromatiche

Le ammine, che sono *insolubili* in acqua, possono essere solubilizzate mediante un acido, per esempio HCl. Dalla reazione dell'ammina, una base debole e dell'acido forte si ottiene un sale solubile in acqua ▸figura 2.7:

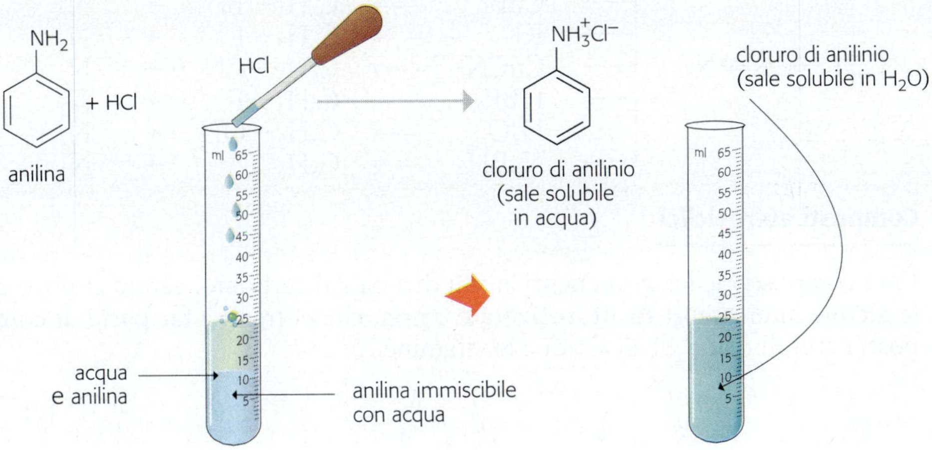

FIGURA 2.7 L'anilina si scioglie in una soluzione acida di HCl.

In questa maniera molti composti azotati naturali, insolubili come basi, possono essere trasformati in sali dagli acidi minerali e diventare quindi solubili in acqua.

2 Reazione delle ammine con acido nitroso

La reazione più generale delle ammine è quella con acido nitroso:

$$(NaNO_2 + HCl \rightarrow HNO_2 + Na^+ + Cl^-)$$

Le ammine aromatiche reagiscono come segue:

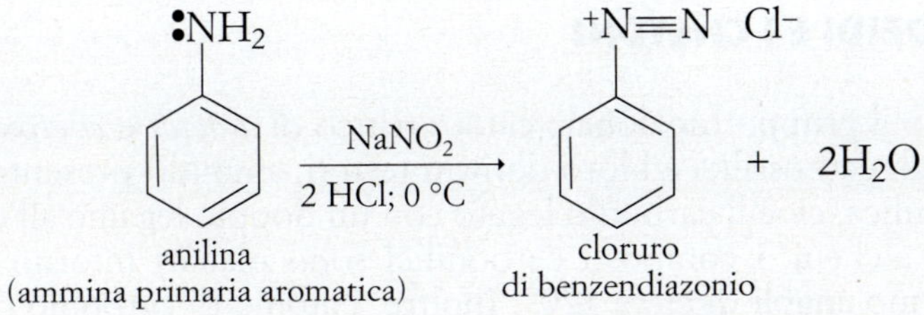

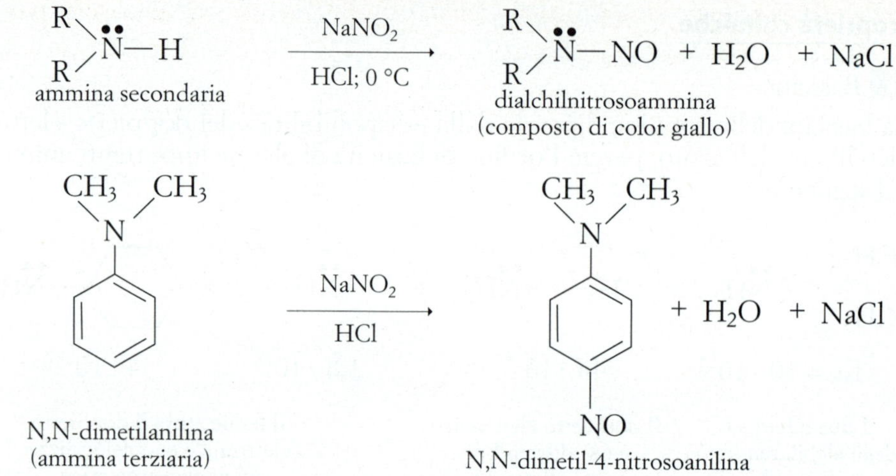

Il diverso comportamento delle ammine primarie, secondarie e terziarie è illustrato dalle reazioni appena scritte. In particolare risulta molto importante la prima reazione, detta di *diazotazione.* Da essa si ottengono i *sali di diazonio*, composti ionici che consentono la sintesi di importanti composti aromatici:

$C_6H_5—{}^{+}N≡N\ Cl^-$

$$CuCl \longrightarrow C_6H_5—Cl + N_2$$
$$CuBr \longrightarrow C_6H_5—Br + N_2$$
$$KI \longrightarrow C_6H_5—I + N_2$$
$$CuCN \longrightarrow C_6H_5—CN + N_2$$
$$HBF_4 \longrightarrow C_6H_5—F + N_2$$
$$H_2O \longrightarrow C_6H_5—OH + N_2$$
$$NaBH_4 \longrightarrow C_6H_6 + N_2$$

Composti eterociclici

Fra i composti ciclici, contenenti atomi diversi dal carbonio, vanno annoverate alcune interessanti strutture azotate e non, che entrano a far parte di composti naturali come gli alcaloidi e le vitamine.

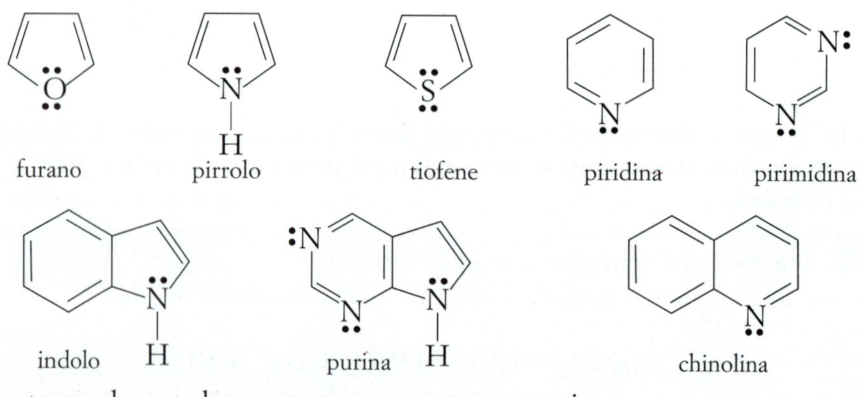

Le sostanze elencate hanno comportamento aromatico.

6. LE ALDEIDI E I CHETONI

Il **carbonile** è il gruppo funzionale caratteristico di *aldeidi* e *chetoni*; tuttavia, anche gli acidi carbossilici e i loro derivati (esteri, ammidi) presentano la funzione carbonilica, cioè il carbonio legato con un doppio legame all'ossigeno.

Come gli alcheni, i composti carbonilici sono planari intorno al doppio legame e hanno angoli di circa 120°. Inoltre, l'atomo di carbonio del gruppo

>C=O è ibridato sp^2 e il doppio legame carbonio-ossigeno è polarizzato, a causa dell'elettronegatività dell'ossigeno.

Nelle aldeidi il gruppo carbonilico è legato da una parte *sempre* all'idrogeno e dall'altra a un radicale (unica eccezione l'aldeide formica $H_2C{=}O$):

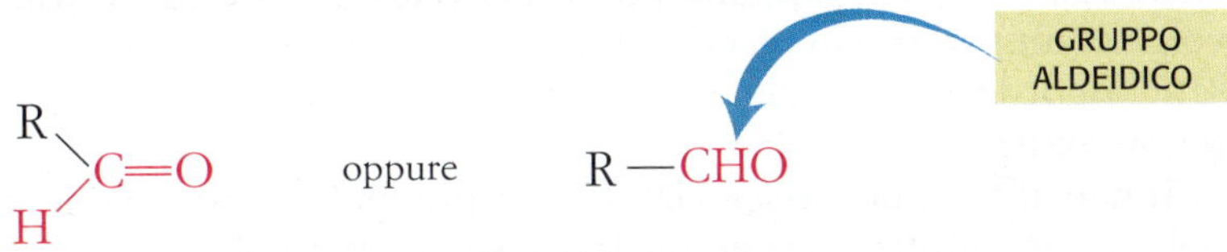

Nei chetoni il gruppo carbonilico è attaccato a due radicali (alchilici, arilici o misti):

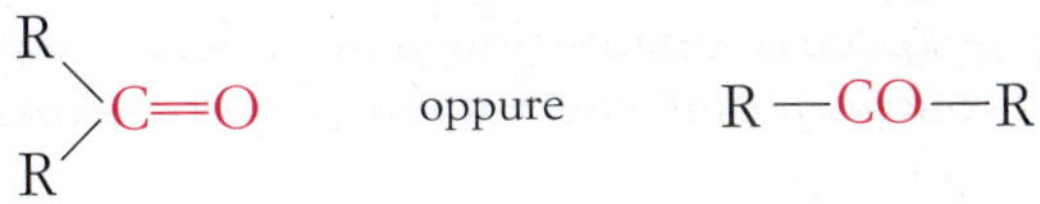

Nomenclatura

1 Aldeidi

I nomi delle aldeidi derivano dall'alcano corrispondente, sostituendo l'-*o* finale col suffisso -*ale*. Tra parentesi sono indicate le denominazioni comuni:

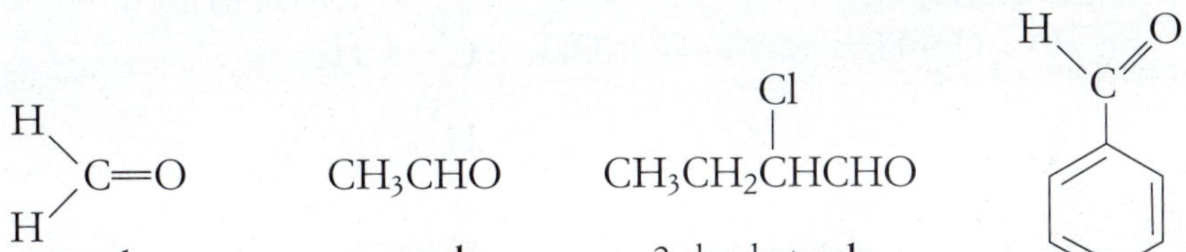

metan**ale** (aldeide formica) — etan**ale** (aldeide acetica) — 2-clorobutan**ale** — aldeide benzoica o benzaldeide

2 Chetoni

Per i chetoni si sostituisce l'-*o* finale del corrispondente alcano con il suffisso -*one*. La posizione del carbonile è indicata da un numero; la numerazione inizia dall'estremità più vicina al carbonio del carbonile (tra parentesi i nomi comuni):

CH_3COCH_3	$CH_3CH_2CH_2COCH_3$	$C_6H_5COCH_3$
propan**one** (acetone) ▸figura 2.8	2-pentan**one** (metil-propil-chetone)	acetofen**one**

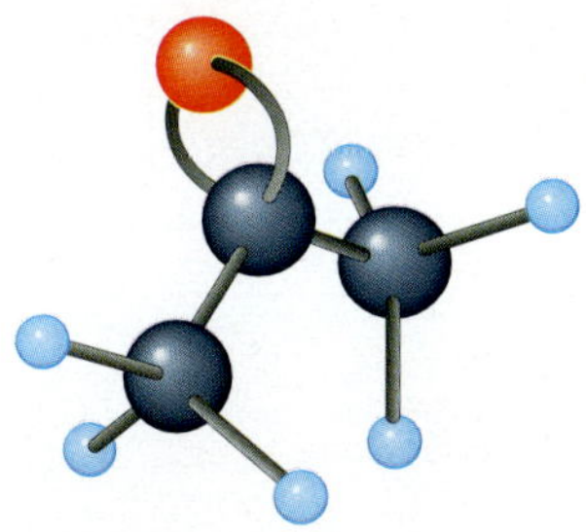

FIGURA 2.8 Modello dell'acetone, CH_3COCH_3.

Preparazione

1 Ossidazione degli alcoli primari e secondari

Questo metodo di sintesi è già stato trattato, a proposito degli alcoli.

Il mezzo più rapido di ottenimento delle aldeidi è l'ossidazione degli alcoli primari con un ossidante selettivo, il clorocromato di piridinio:

$$CH_3CH_2CH_2CH_2OH \xrightarrow[\text{clorocromato di piridinio}]{C_5H_5NH \cdot CrO_3Cl} CH_3CH_2CH_2CHO$$

I chetoni vengono preparati dagli alcoli secondari, ricorrendo ai seguenti ossidanti comuni: $KMnO_4$, CrO_3, $Na_2Cr_2O_7$.

$$CH_3CH_2CH(OH)CH_3 \xrightarrow{Na_2Cr_2O_7/H_3O^+} CH_3CH_2C(=O)CH_3$$

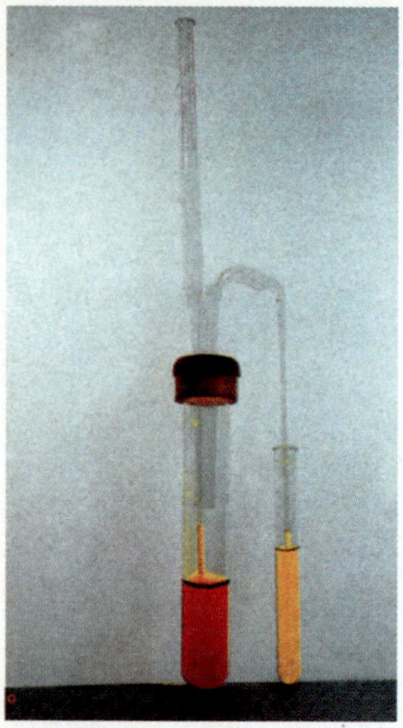

FIGURA 2.9 Dispositivo per la sintesi di aldeidi a basso peso molecolare. L'aldeide è prodotta per ossidazione con $Na_2Cr_2O_7$ da un alcol primario, che si trova nella provetta grande. L'aldeide volatile passa nella provetta piccola e precipita come fenilidrazone con la 2,4 dinitrofenilidrazina.

Dovendo studiare l'andamento di una reazione di ossido-riduzione che coinvolge composti organici, ed effettuare i relativi calcoli stechiometrici, è necessario ricordare le regole esposte nel modulo G e ciò che abbiamo detto in questa unità.

Innanzitutto, nell'assegnazione dei numeri di ossidazione agli atomi componenti una molecola si applicano le seguenti regole:

1. gli elettroni di un legame covalente si considerano equamente suddivisi fra i due atomi contraenti, se questi ultimi sono uguali (C—C, N—N ecc.);
2. se gli atomi impegnati nel legame covalente sono di natura diversa, gli elettroni vengono assegnati formalmente all'atomo più elettronegativo;
3. nel bilanciare le reazioni di ossido-riduzione si tiene conto solo degli atomi interessati (cioè quegli atomi che variano il loro numero di ossidazione durante la reazione).

Come esempio, consideriamo l'ossidazione del 2-propanolo ad acetone con $Na_2Cr_2O_7$ in H_2SO_4 ▸figura 2.9. Si calcolano i numeri di ossidazione di reagenti e prodotti:

elettronegatività
O > C > H

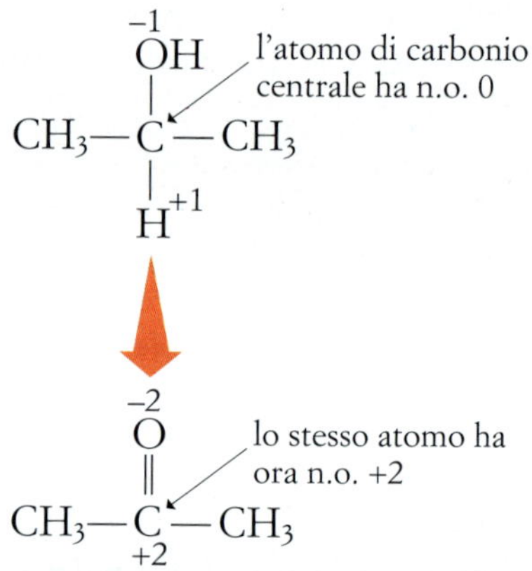

Pertanto:

1. ossidazione:

$$CH_3-CH(OH)-CH_3 \rightarrow CH_3-\overset{+2}{C}(=O)-CH_3 + 2\,e^- + 2H^+$$

2. riduzione:

$$Cr_2O_7^{2-} + 6\,e^- + 14H^+ \rightarrow 2Cr^{3+} + 7H_2O$$

3. sommando:

$$3\,CH_3CH(OH)-CH_3 + Cr_2O_7^{2-} + 8H^+ \rightarrow 3\,CH_3-C(=O)-CH_3 + 2Cr^{3+} + 7H_2O$$

PROVA TU Bilancia l'equazione di reazione nell'ossidazione dell'etanolo ad aldeide acetica, mediante CrO_3 in acido solforico. Il cromo è ridotto a Cr^{3+}.

2 Aldeidi e chetoni dagli alogenuri acilici

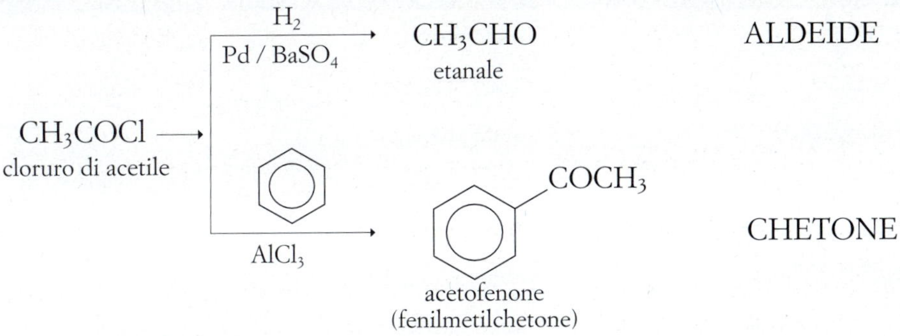

7. GLI ACIDI CARBOSSILICI E I LORO DERIVATI

Il gruppo ossidrile (—OH) e il gruppo carbonile (C═O) sono stati oggetto della nostra attenzione nei paragrafi precedenti. Dalla «fusione» di questi due gruppi funzionali nasce il **carbossile**:

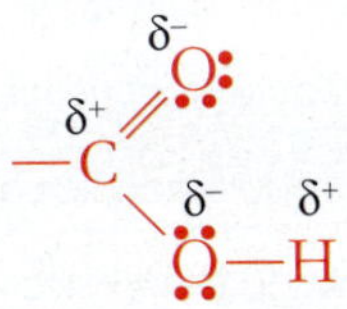

Le proprietà del gruppo carbossile non sono la somma di quelle attribuite all'ossidrile (alcoli, fenoli) e al carbonile (aldeidi e chetoni). Il carbossile infatti manifesta una spiccata reattività a causa dei quattro atomi componenti, forniti di carica parziale, e della propria geometria, tipica degli atomi di carbonio con ibridazione sp^2.

Nomenclatura

Le regole IUPAC permettono l'uso sia della nomenclatura classica (in parentesi) sia di quella moderna. Per l'una e l'altra, il nome è preceduto dalla dicitura *acido* e termina col suffisso *-oico* (per la moderna) ▸tabella 2.3:

$H—COOH$	CH_3COOH	CH_3CH_2COOH	$CH_3CH_2CH_2COOH$
acido metano**ico** (acido formico)	acido etano**ico** (acido acetico)	acido propano**ico** (acido propionico)	acido butano**ico** (acido butirrico)

Nella denominazione moderna (IUPAC) la numerazione inizia col carbonio 1, quello del carbossile, e prosegue. Nella denominazione comune s'impiegano i simboli α, β, γ..., per designare gli atomi di carbonio *adiacenti* al gruppo carbossile.

	Cl (su C4) δ γ β α $CH_3CHCH_2CH_2COO$ 5 4 3 2 1	OH (su C2) γ β α $CH_3CH_2CHCOOH$ 4 3 2 1
IUPAC	acido-4-cloropentanoico	acido-2-idrossibutanoico
comune	(acido γ-clorovalerianico)	(acido α-idrossibutirrico)

Esistono altre classi di acidi organici: acidi bicarbossilici, idrossiacidi, chetoacidi.

TABELLA 2.3 Nomi IUPAC e nomi comuni degli acidi.

Formula	Nome IUPAC	Nome comune
$HCOOH$	acido metanoico	acido formico
CH_3COOH	acido etanoico	acido acetico
CH_3CH_2COOH	acido propanoico	acido propionico
$CH_3CH_2CH_2COOH$	acido butanoico	acido butirrico
$CH_3CH_2CH_2CH_2COOH$	acido pentanoico	acido valerianico
$CH_3(CH_2)_{14}COOH$	acido esadecanoico	acido palmitico
$CH_3(CH_2)_{16}COOH$	acido ottadecanoico	acido stearico
$CH_3(CH_2)_7-\underset{H}{C}=\underset{H}{C}-(CH_2)_7-COOH$	acido cis-ottadecenoico	acido oleico
Acidi bicarbossilici		
$HOOC-COOH$	acido etandioico	acido ossalico
$HOOC-CH_2-COOH$	acido propandioico	acido malonico
$HOOC(CH_2)_2COOH$	acido butandioico	acido succinico
$HOOC(CH_2)_4COOH$	acido esandioico	acido adipico
$HOOC-\overset{H}{C}=\overset{H}{C}-COOH$	acido cis-butendioico	acido maleico
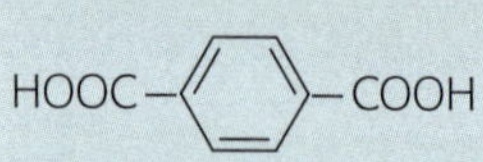	ac. 1,4-benzendicarbossilico	acido tereftalico
$HOOC-\overset{H}{C}=\underset{H}{C}-COOH$	acido trans-butendioico	acido fumarico
Idrossiacidi		
$CH_3\overset{OH}{CH}-COOH$	acido 2-idrossipropanoico	acido lattico
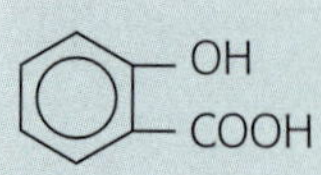	acido 2-idrossibenzoico	acido salicilico
$HOOC-CH_2-\underset{OH}{C}HCOOH$	acido 2-idrossibutandioico	acido malico
$HOOC-\underset{OH}{CH}-\underset{OH}{CH}-COOH$	ac. 2,3-diidrossibutandioico	acido tartarico

Preparazione

I metodi di preparazione più semplici prevedono l'ossidazione di alcoli primari, aldeidi e idrocarburi aromatici con noti ossidanti: $KMnO_4$, $Na_2Cr_2O_7$, HNO_3 ecc.

$$\underset{\text{alcol primario}}{R{-}CH_2OH} \xrightarrow[H_3O^+]{Na_2Cr_2O_7} \underset{\text{acido}}{R{-}COOH} \qquad \underset{\text{aldeide}}{R{-}CHO} \xrightarrow[H_3O^+]{Na_2Cr_2O_7} \underset{\text{acido}}{R{-}COOH}$$

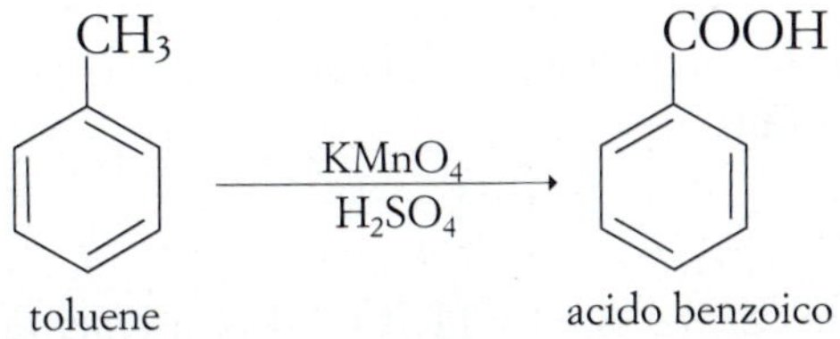

Proviamo a bilanciare quest'ultima reazione, applicando le regole precedentemente illustrate:

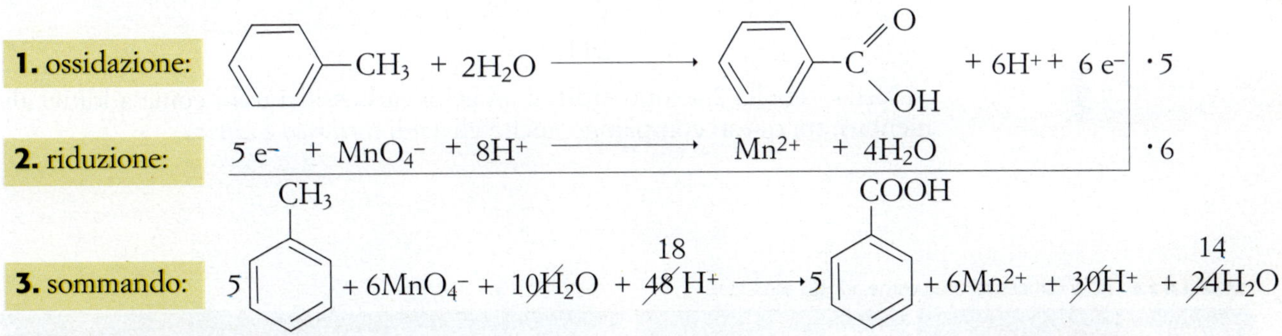

Proprietà fisiche

I primi termini della serie degli acidi carbossilici alifatici (chiamati anche acidi grassi) sono liquidi con alto punto di ebollizione, a causa di legami a idrogeno intermolecolari:

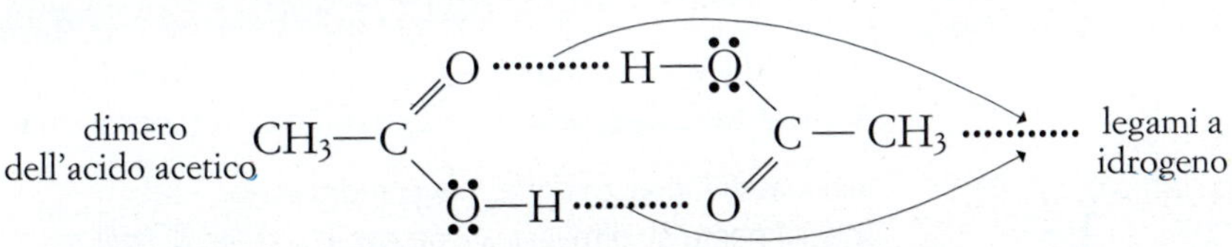

I successivi sono solidi con basso punto di fusione. Solo i primi tre acidi carbossilici (formico, acetico e propionico) sono solubili in acqua. L'odore degli acidi carbossilici, e specialmente di quelli contenenti da 4 a 10 atomi di carbonio, è pungente e molto sgradevole.

L'acido *formico* (HCOOH) ▸figura 2.10, di odore pungente, si rinviene nelle formiche, ha proprietà germicide ed è usato nell'industria della gomma.

L'acido *acetico* si trova, sotto forma di esteri, in oli essenziali e nella frutta ed è usato per la preparazione di importanti solventi come l'acetato di etile ($CH_3COOC_2H_5$), l'acetato di butile ($CH_3COOC_4H_9$) e l'anidride acetica [$(CH_3CO)_2O$]. L'acido acetico è un eccellente solvente per composti organici e inorganici.

L'acido *butirrico* è contenuto nel burro rancido, in alcuni formaggi e, come gliceride, nel burro e nei grassi di origine animale.

PROVA TU **Ossidando l'1-butanolo con $Na_2Cr_2O_7$ e acido solforico, si produce acido butanoico, mentre il $Cr_2O_7^{2-}$ si riduce a Cr^{3+}. Bilancia l'equazione di ossido-riduzione.**

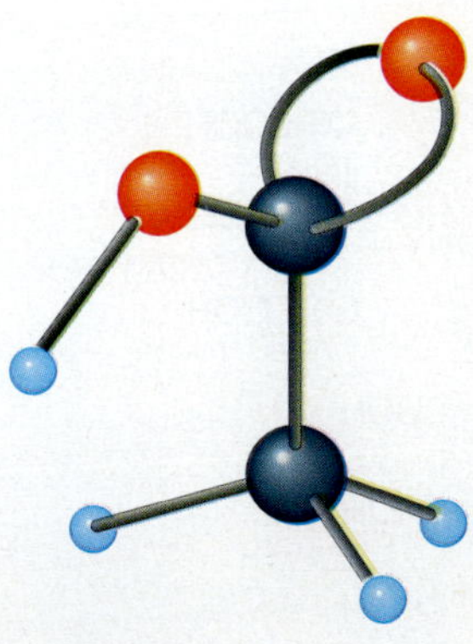

FIGURA 2.10 Modello dell'acido acetico, CH_3COOH.

Gli *acidi grassi* più diffusi in natura hanno numero pari di atomi di carbonio. L'acido *palmitico* ($C_{15}H_{31}COOH$) e l'acido *stearico* ($C_{17}H_{35}$ COOH) hanno una consistenza cerosa e sono ampiamente presenti, come gliceridi, nei grassi animali e vegetali; in miscela con la paraffina, costituiscono il materiale di base nella manifattura delle candele.

Acidi bicarbossilici. L'acido *ossalico* (HOOC—COOH) si ritrova come idrogeno ossalato di potassio nel rabarbaro, nei pomodori e nel tabacco; è utilizzato nell'industria tessile e per rimuovere le macchie di ruggine. L'acido *malonico* ($HOOC—CH_2COOH$) non è stato isolato in prodotti naturali, mentre l'acido *succinico* ($HOOC—CH_2CH_2COOH$) si trova nella lattuga e in altri prodotti vegetali.

OH
|
Idrossiacidi. L'acido *lattico* ($CH_3CHCOOH$) è presente nello yogurt, a cui conferisce il caratteristico sapore acido. Trova impiego nella formulazione di canditi, gelatine, bibite e come conservante per le olive.

L'acido *malico* ($HOOCCH—CH_2COOH$) è diffuso in tutte le cellule.
|
OH

Nella tabella 2.4 sono indicati gli acidi carbossilici usati come additivi alimentari; tra questi compaiono anche gli acidi *tartarico* e *citrico*.

TABELLA 2.4 Acidi carbossilici usati come additivi alimentari.

Formula	Nome	Usi
CH_3COOH	acido acetico	Il comune aceto è una soluzione al 4% di acido acetico.
CH_3CH_2COOH	acido propionico (E 280)	È usato principalmente come sale sodico e di calcio (E 282) nel pane, nelle paste alimentari fresche, nelle patatine fritte.
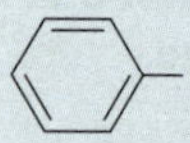 COOH	acido benzoico (E 210)	Come antimicrobico trova impiego nelle bevande analcoliche e in pasticceria. Anche il suo sale sodico (E 211) è usato come conservante.
$CH_3CH=CH-CH=CH-COOH$	acido sorbico (E 200)	Inibitore di funghi e muffe, viene addizionato specialmente ai formaggi, anche come sorbato di sodio (E 201).
CH_2COOH | HO—C—COOH | CH_2COOH	acido citrico	Acidulante e sequestrante di ioni metallici, è un componente della frutta: agrumi, uva.
COOH | CHOH | CHOH | COOH	acido tartarico	È rinvenibile nella frutta, nell'uva, nel vino (come idrogeno tartrato di potassio) e precipita sotto forma di polvere cristallina. Entra nella formulazione di bevande analcoliche, caramelle, lieviti chimici.

Proprietà chimiche

L'acidità degli acidi carbossilici ($K_a = 10^{-5}$), superiore a quella dei fenoli, si spiega, in primo luogo, con la stabilizzazione dello ione carbossilato, conseguente all'esistenza di due forme risonanti:

$$\underset{\text{acido carbossilico}}{RCOOH} \rightleftarrows \underset{\text{ione carbossilato}}{R{-}COO^- + H^+}$$

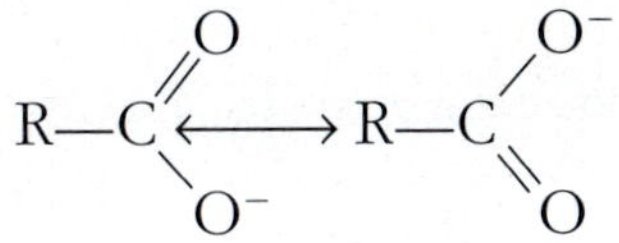

forme risonanti dello ione carbossilato

L'acidità degli acidi carbossilici sostituiti è esaltata principalmente dai sostituenti più elettonegativi (gruppi disattivanti con effetti −M e −I) attaccati sull'atomo di carbonio più vicino ▸tabella 2.5.

Nome	Formula	Costante di acidità K_a
acido tricloroacetico	Cl, Cl, Cl ← C–COOH	$90\,000 \cdot 10^{-5}$
acido fluoroacetico	$F \leftarrow CH_2COOH$	$220 \cdot 10^{-5}$
acido cloroacetico	$Cl \leftarrow CH_2COOH$	$160 \cdot 10^{-5}$
acido formico	H–COOH	$10 \cdot 10^{-5}$
acido acetico	$CH_3 \rightarrow COOH$	$1{,}8 \cdot 10^{-5}$
acido propanoico	$CH_3CH_2 \rightarrow COOH$	$1{,}3 \cdot 10^{-5}$

TABELLA 2.5 Costanti di alcuni acidi carbossilici.

Le principali reazioni di questi acidi sono:

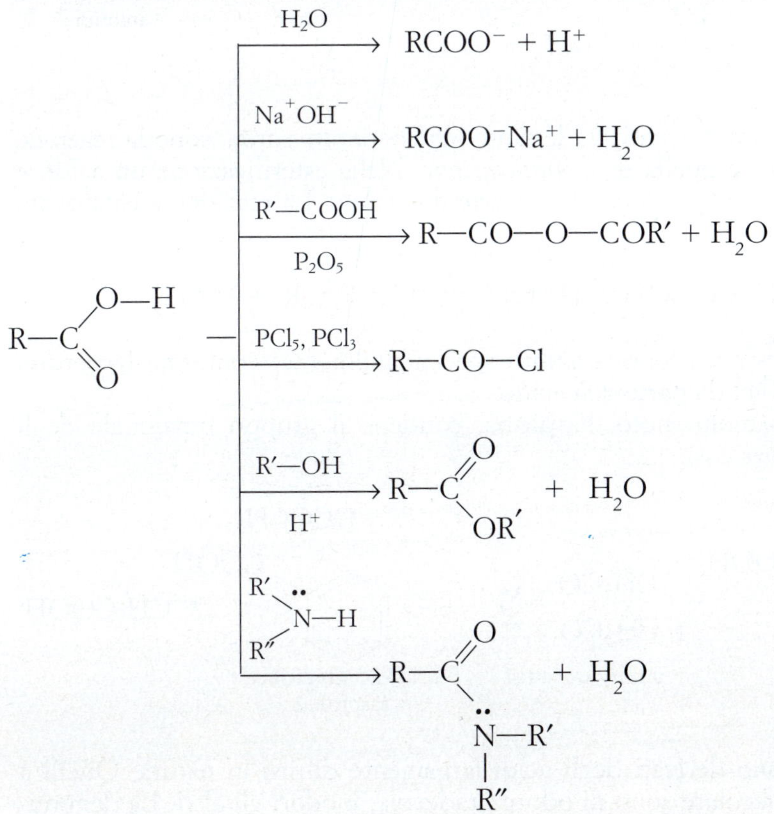

ionizzazione

formazione di sali

formazione di anidridi

formazione di cloruri acilici ▸figura 2.11

formazione di esteri

formazione di ammidi

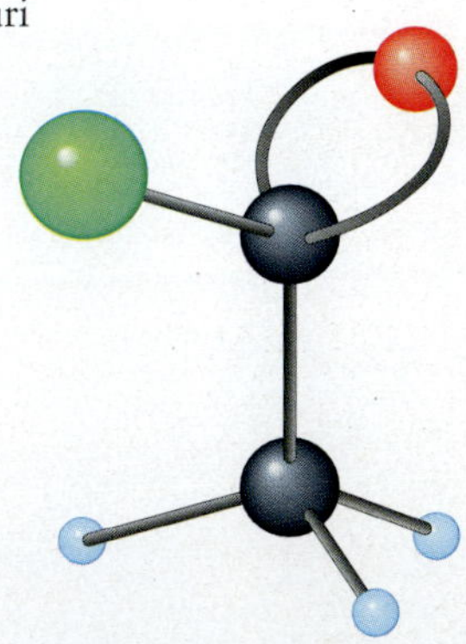

FIGURA 2.11 Modello del cloruro di acetile.

Le prime due reazioni sono dovute al fatto che gli acidi carbossilici, in soluzione, si ionizzano e liberano ioni H^+.

Le restanti reazioni si interpretano attraverso il cosiddetto *meccanismo tetraedrico* di sostituzione nucleofila sul carbonio carbonilico (ibridato *sp*²). L'attacco del nucleofilo avviene così:

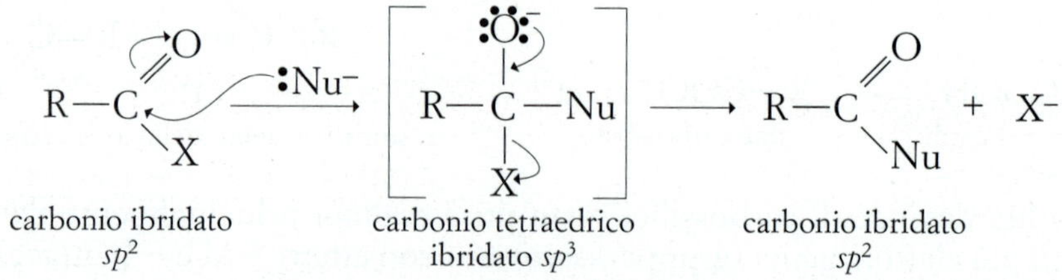

in cui:

$:Nu^- = H_2\ddot{O}\!:\ \ddot{N}H_3, OH^-, R\ddot{O}H, R—COO^-$
$X = —Cl$ (cloruri acilici), —OCOR (anidridi), —OR (esteri)
$= —NH_2$ (ammidi), —OH (acidi)

I derivati degli acidi hanno la seguente reattività nei riguardi dei nucleofili attaccanti:

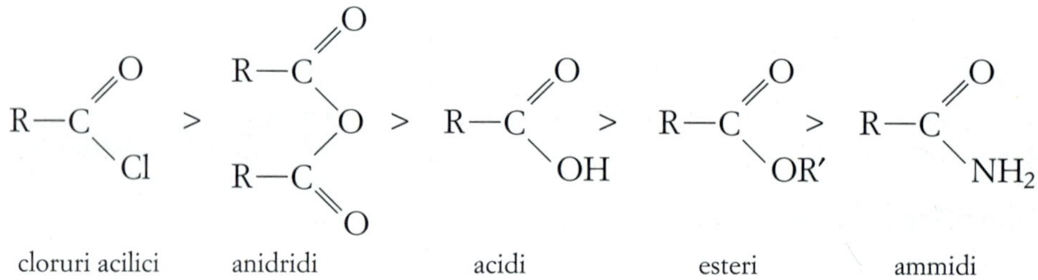

Esteri

Le reazioni più interessanti, fra le tante schematizzate sopra, sono la reazione di *esterificazione* e quella di *saponificazione.* Nella esterificazione un acido e un alcol reagiscono producendo un **estere** e acqua. La reazione è catalizzata dagli ioni H^+:

$$R—CO\ \boxed{OH + H}\ OR' \overset{H^+}{\rightleftarrows} RCOOR' + H_2O$$

Il meccanismo di reazione (stabilito sperimentalmente) conferma la perdita del gruppo —OH da parte dell'acido.

Un farmaco molto noto, l'aspirina, contiene il gruppo funzionale degli esteri e si prepara così:

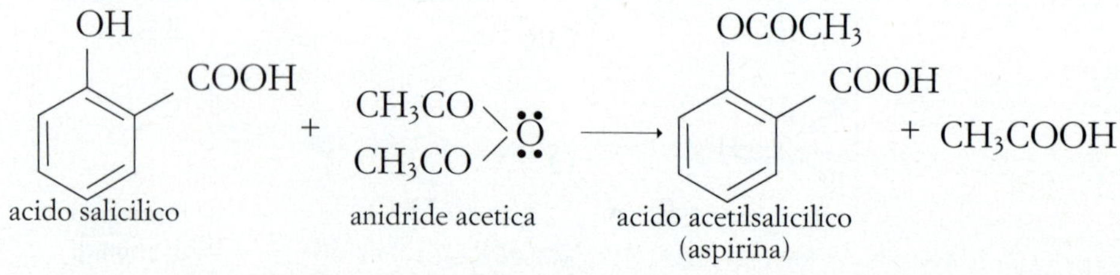

Gli esteri sono derivati degli acidi largamente diffusi in natura. Quelli a basso peso molecolare sono di odore gradevole, inodori gli altri. La denominazione degli esteri si ottiene eliminando la parola *acido* e sostituendo il suffisso degli acidi *-ico* con *-ato*, come per i sali; subito dopo segue il nome del *gruppo alchilico* o *arilico* legato all'ossigeno:

	$CH_3CH_2CH_2COOH$ acido	$CH_3CH_2CH_2COO^-Na^+$ sale	$CH_3CH_2CH_2COO—C_2H_5$ estere
nome IUPAC	acido butanoico	butano**ato** di sodio	butano**ato** di etile
nome comune	acido butirrico	butirr**ato** di sodio	butirr**ato** di etile
esteri:	$CH_3COO(CH_2)_7CH_3$	$CH_3(CH_2)_2COOC_2H_5$	$CH_3(CH_2)_2COO(CH_2)_3CH_3$
nome IUPAC	etano**ato** di ottile (odore d'arancia)	butano**ato** di etile (odore di fragola)	butano**ato** di butile (odore di ananas)

Esteri naturali di elevato peso molecolare sono le **cere** e i **grassi**. Le cere sono formate da grassi superiori e da alcoli monovalenti a lunga catena:

$CH_3(CH_2)_{14}COO(CH_2)_{15}CH_3$
palmitato di cetile

$CH_3(CH_2)_{14}COO(CH_2)_{29}CH_3$
palmitato di miricile
(nella cera d'api)

Alcuni esteri sono comuni insetticidi: gli organo-carbammati, sono esteri dell'acido carbammico ($CH_3NHCOOH$), efficaci nella lotta contro pulci, formiche e scarafaggi.

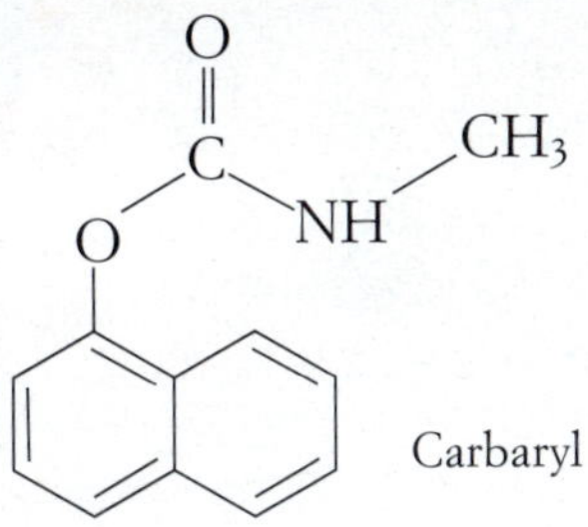
Carbaryl

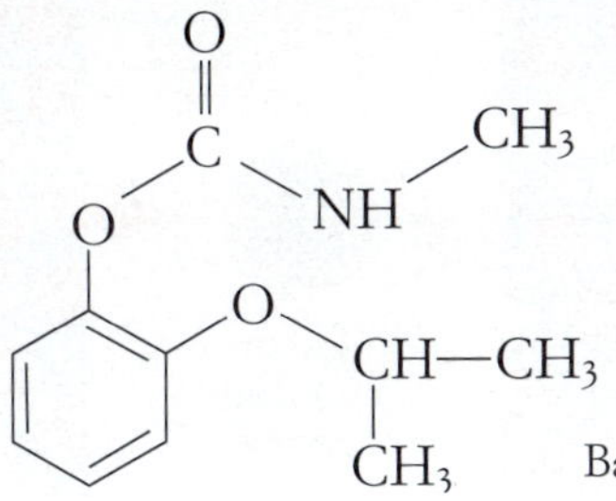
Baygon (Propoxur)

Grassi

Fra i grassi naturali, notevole importanza rivestono i *glicelidi* solidi e liquidi (meglio conosciuti come oli), ottenuti dalla reazione dell'alcol trivalente glicerina con acidi carbossilici saturi e insaturi. I componenti più noti dei gliceridi sono:

$CH_2—O—COR$
|
$CH—O—COR'$
|
$CH_2—O—COR''$
un gliceride

CH_2OH
|
$CH—OH$
|
CH_2OH
glicerina

$CH_3(CH_2)_{14}COOH$
acido palmitico

$CH_3(CH_2)_{16}COOH$
acido stearico

$C_{17}H_{33}COOH$
acido oleico

Saponi

La reazione di idrolisi dei gliceridi con NaOH o KOH è detta saponificazione: da essa si ottengono i saponi.

$$\begin{array}{l} CH_2OCOR \\ | \\ CHOCOR' \\ | \\ CH_2OCOR'' \\ \text{gliceride} \end{array} + 3NaOH = \begin{array}{l} RCOO^- \;\; Na^+ \\ \\ R'COO^- \;\; Na^+ \\ \\ R''COO^- \;\; Na^+ \\ \text{3 molecole di sapone} \end{array} + \begin{array}{l} CH_2{-}OH \\ | \\ CH{-}OH \\ | \\ CH_2{-}OH \\ \text{glicerina} \end{array}$$

L'azione detergente del sapone è dovuta alla sua particolare struttura. Ogni molecola di sapone è costituita da una lunga catena idrofoba (insolubile in acqua, ma solubile nelle sostanze non polari, come le macchie di sporco della biancheria) e da una testa con carica ionica negativa, solubile in acqua. Pertanto, la coda idrocarburica si scioglie nel composto non polare dello sporco e la testa ionica (solubile in acqua) favorisce il passaggio in acqua dello sporco, sotto forma di emulsione ▸figura 2.12. Questi tipi di molecole sono detti *tensioattivi*.

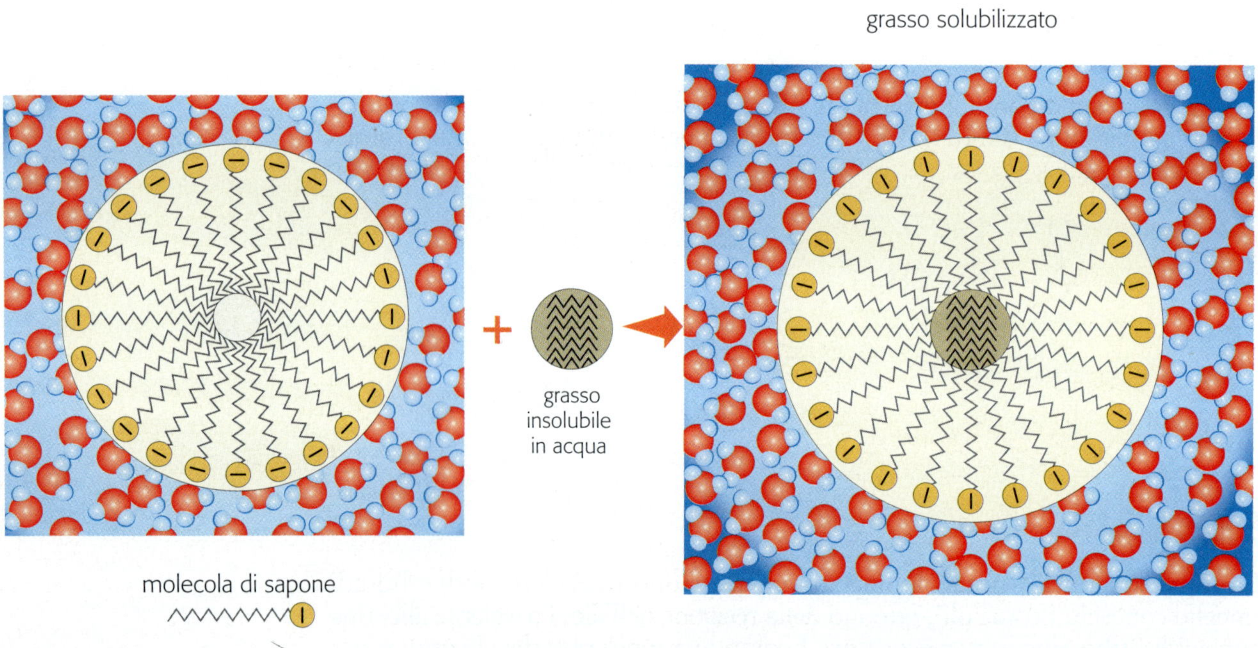

FIGURA 2.12 Le molecole di sapone, data la notevole estensione della catena apolare, non sono solvatate singolarmente dalle molecole d'acqua. Esse preferiscono aggregarsi formando micelle (a sinistra) e mostrando all'acqua le teste polari. Le micelle, interagendo con le catene apolari, possono solvatare particelle grasse disperdendole in acqua (a destra).

Per poter esercitare con efficacia la sua azione detergente il sapone ha bisogno di un'acqua dolce (con contenuto basso di ioni Ca^{2+} ed Mg^{2+}), altrimenti si formano sali insolubili, che allontanano dall'ambiente acquoso le molecole di sapone:

$$\underset{\text{stearato di sodio (un sapone)}}{2C_{17}H_{35}COO^-\,Na^+} + Ca^{2+} \rightarrow \underset{\text{sale insolubile}}{(C_{17}H_{35}COO^-)_2\,Ca^{2+}} + 2Na^+$$

Per ovviare a questo inconveniente sono stati approntati dall'industria una lunga serie di detergenti sintetici. Schematizzando, i detergenti di sintesi si possono inquadrare in tre classi: *anionici* (a catena ramificata e lineare), *cationici* e *non ionici*.

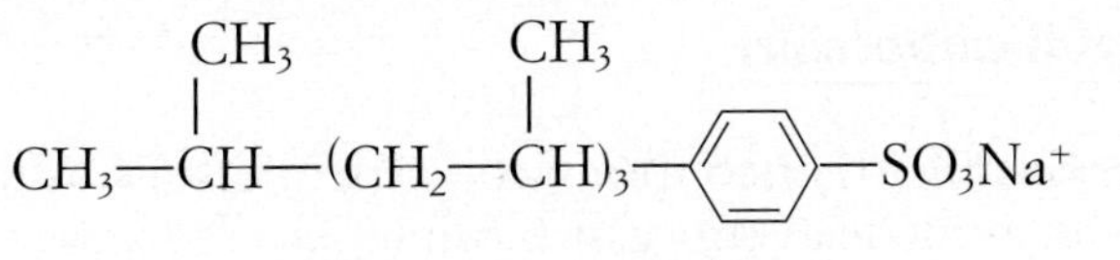

detergente anionico ramificato
(non biodegradabile)

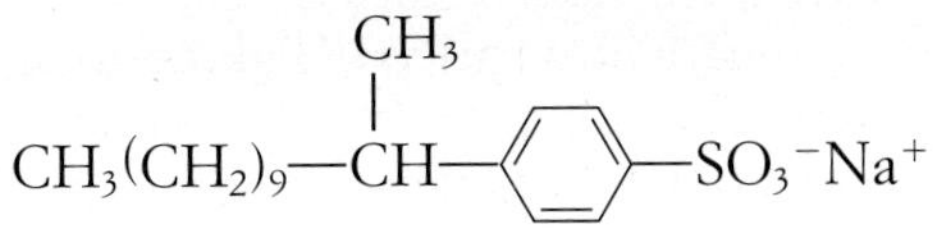

detergente anionico lineare
(biodegradabile)

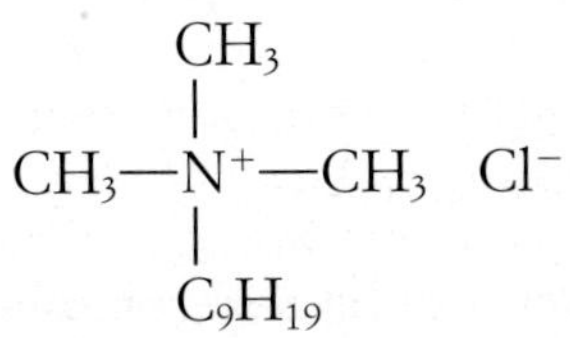

detergente cationico
(con moderata azione antibatterica)

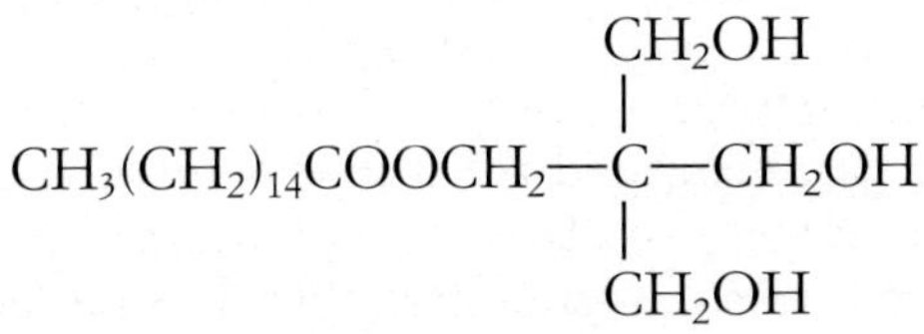

detergente non ionico

Quasi tutti i detergenti in commercio sono anionici. Le polveri detersive, che usiamo nelle nostre case, contengono, accanto al vero e proprio detergente, altri ingredienti come i polifosfati, che sono responsabili dell'inquinamento delle acque; per questo la loro quantità deve essere ridotta al minimo. I nuovi detergenti contengono zeoliti in sostituzione dei polifosfati, per addolcire l'acqua.

Ammidi

Derivati non secondari degli acidi carbossilici sono le *ammidi*, sostanze molto polari, solide a temperatura ambiente per l'intervento di legami a idrogeno.

Le ammidi (R—$CONH_2$) a causa di probabili strutture mesomere o di risonanza, che *delocalizzano* il doppietto elettronico dell'azoto, sono sostanze neutre e non basiche come le ammine.

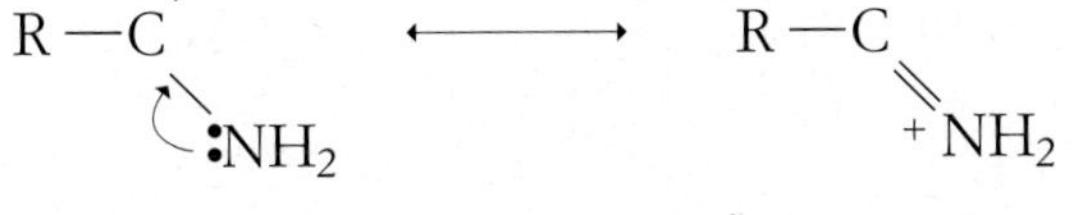

forme di risonanza delle ammidi

Fra le ammidi si possono ricordare la *nicotinammide* (vitamina PP) e i derivati dell'acido barbiturico, utilizzati come sedativi e nel controllo dell'epilessia:

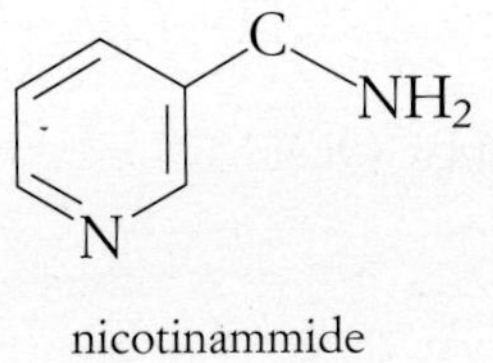

nicotinammide

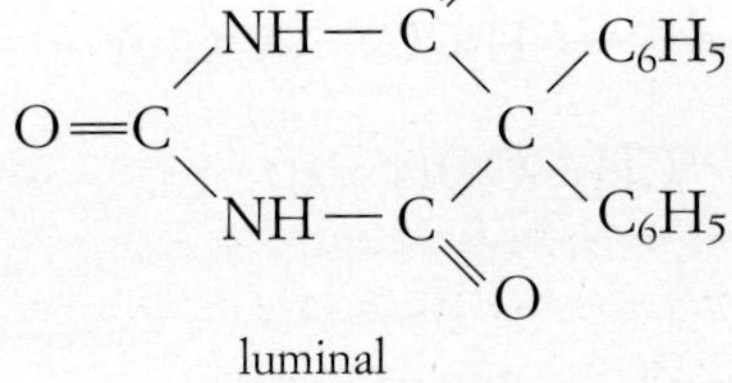

luminal

Biosintesi di acidi carbossilici

Alcuni acidi carbossilici (lattico, piruvico, citrico, diffusi in natura), prendono forma attraverso intricati processi biosintetici. Vediamo alcune tappe tra le più significative, con una premessa: ai vari passaggi biosintetici gli acidi partecipano sotto forma di sali (lattato, piruvato, citrato).

L'acido piruvico ($CH_3COCOOH$) si forma nella cellula, al termine di una lunga serie di reazioni enzimatiche a carico del glucosio, la *glicolisi.* La glicolisi è la prima tappa della respirazione, che ricava energia dal glucosio.

Nella cellula e in condizioni anaerobiche, cioè con poco ossigeno disponibile, l'acido piruvico si può trasformare in acido lattico:

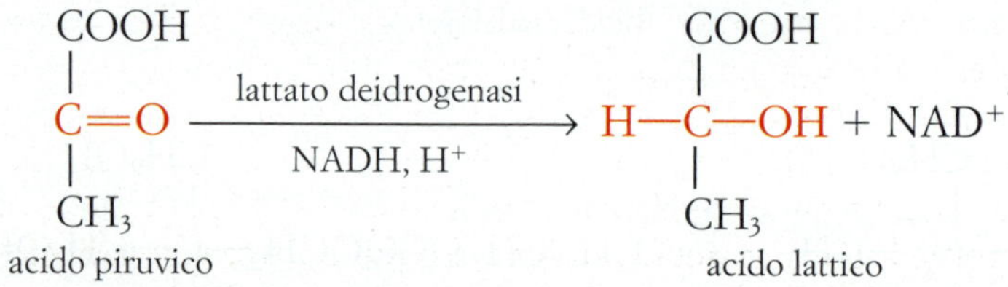

Questo processo avviene nei muscoli o per azione dei batteri anaerobi (lattici) su materiali zuccherini. La sensazione di fatica, che si avverte dopo un esercizio muscolare, è dovuta ad accumulo di acido lattico.

Nella *fermentazione alcolica*, a opera dei lieviti, l'acido piruvico si trasforma in aldeide acetica e quindi in etanolo. Anche tale percorso ha modo di completarsi in condizioni anaerobiche, ossia in assenza d'ossigeno:

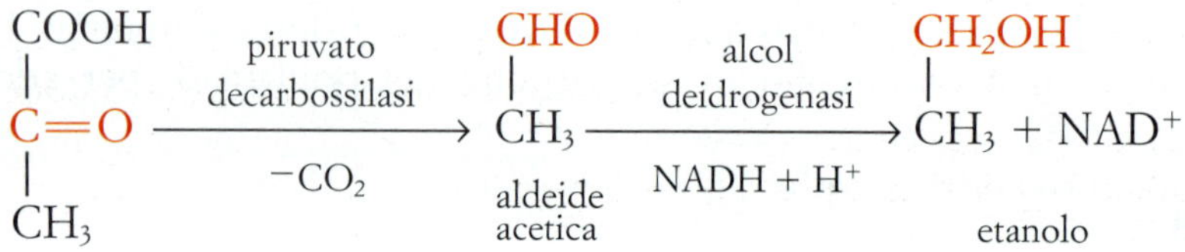

La lievitazione del pane comporta una serie di trasformazioni biochimiche identiche. La CO_2 fa «crescere» il pane, mentre l'alcol, prodotto per fermentazione del lievito, si allontana durante la cottura.

Ultima tappa: la biosintesi dell'acido citrico. Tutto inizia dall'acido piruvico, che viene decarbossilato e legato al coenzima A, per fornire l'acetilcoenzima A:

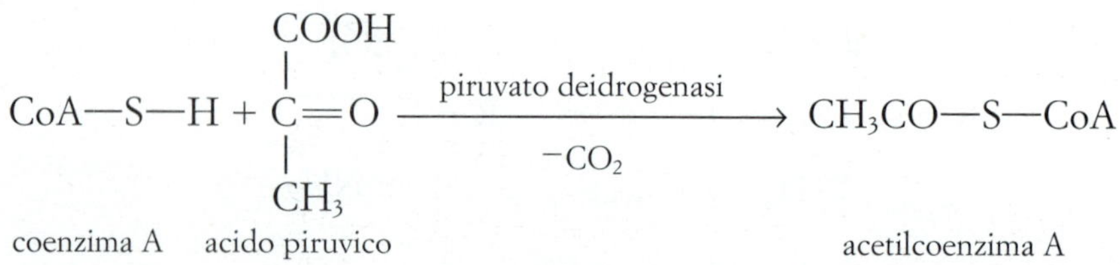

La biosintesi vera e propria avviene in questo modo: una molecola dell'acetilcoenzima A si attacca all'acido ossalacetico (condensazione aldolica) e la successiva idrolisi libera l'acido citrico:

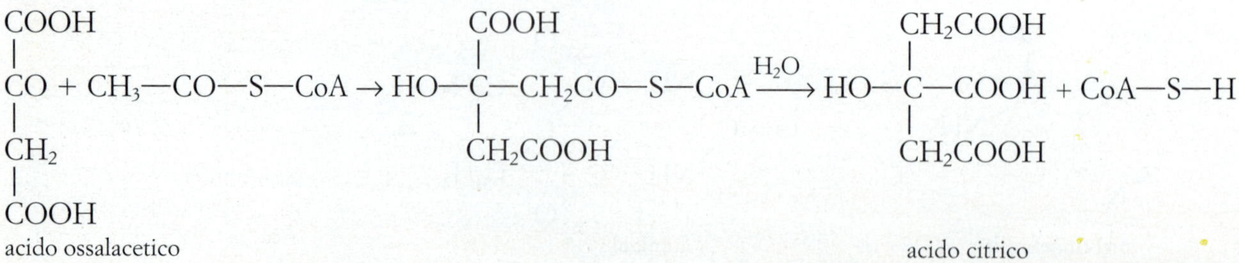

ESPERIMENTO Riconoscimento degli acidi carbossilici

Si pongono in una provetta 1 goccia o pochi mg di un acido organico, 2 gocce di una soluzione di KI (preparata con 2 g di KI in 100 mL di H_2O) e 2 gocce di una soluzione di KIO_3 (4 g di KIO_3 in 100 mL di H_2O). Si tappa la provetta e si scalda a bagnomaria per 1 min.
Si raffredda con acqua e si addizionano 3 gocce di salda d'amido. Una colorazione blu-nera testimonia la presenza di acidi ▸figura 2.13.

FIGURA 2.13 La presenza di acidi carbossilici è confermata dalla colorazione blu del complesso iodio-amido.

8. I POLIMERI DI SINTESI

Se esaminiamo una molecola di plastica, scopriamo che è formata da una catena di *unità strutturali* che si ripetono. Queste unità, veri e propri mattoni molecolari, derivano da piccole molecole chiamate *monomeri.*

Legando insieme chimicamente i monomeri si ottengono molecole più grandi denominate *polimeri* ▸figura 2.14. Le molecole di cui sono costituiti i polimeri non sono tutte della stessa lunghezza; le molecole a basso peso molecolare sono interessanti per le loro proprietà chimiche. Le più apprezzate proprietà fisiche dei polimeri sono la bassa densità e la resistenza ▸figura 2.15. Grazie a tali proprietà è stato possibile costruire un aeroplano di «plastica» assai leggero che, con un unico pieno di carburante, ha fatto il giro del mondo senza scalo.

I monomeri che compongono i polimeri sono estratti dal petrolio, dal gas naturale e dal carbone.

Inizialmente i polimeri si ottenevano con due distinti processi: per *polimerizzazione di addizione* e per *policondensazione*.

I monomeri prediletti per la polimerizzazione di addizione sono di natura alchenica. La saldatura delle piccole molecole avviene mediante l'intervento di un adatto catalizzatore (i più noti sono quelli radicalici, ma si conoscono anche catalizzatori cationici e anionici).

I polimeri di addizione più interessanti sono:

$$\underset{\text{etene}}{nCH_2{=}CH_2} \longrightarrow \underset{\text{polietene}}{-(CH_2{-}CH_2)_n-}$$

$$\underset{\text{cloruro di vinile}}{nCH_2{=}\underset{\displaystyle Cl}{\underset{|}{CH}}} \xrightarrow{\text{perossido}} \underset{\text{polivinilcloruro (PVC)}}{-(CH_2{-}\underset{\displaystyle Cl}{\underset{|}{CH}})_n-}$$

$$\underset{\text{stirene}}{nCH_2{=}\underset{\displaystyle C_6H_5}{\underset{|}{CH}}} \xrightarrow{\text{perossido}} \underset{\text{polistirene}}{-(CH_2{-}\underset{\displaystyle C_6H_5}{\underset{|}{CH}})_n-}$$

$$\underset{\text{metacrilato di metile}}{nCH_2{=}\overset{\displaystyle CH_3}{\overset{|}{\underset{\displaystyle COOCH_3}{\underset{|}{C}}}}} \xrightarrow{\text{perossido}} \underset{\text{plexiglas}}{-(CH_2{-}\overset{\displaystyle CH_3}{\overset{|}{\underset{\displaystyle COOCH_3}{\underset{|}{C}}}})_n-}$$

CH_3 $\qquad$ $CH_3\ H$

FIGURA 2.14 Granuli di PVC pronti per lo stampaggio.

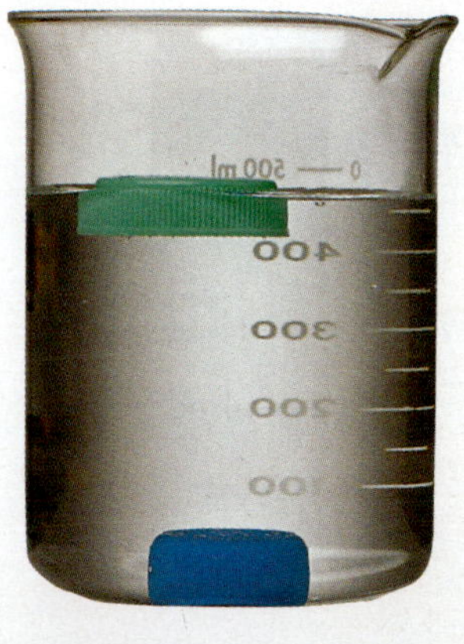

FIGURA 2.15 Diversa densità del polietilene, che galleggia in acqua, e del PVC, che affonda.

$$n\,CH_2{=}\underset{\displaystyle C_6H_5}{\underset{|}{CH}} + n\,CH_2{=}CH{-}CH{=}CH_2 \longrightarrow {-}(CH_2{-}\underset{\displaystyle C_6H_5}{\underset{|}{CH}}{-}CH_2{-}CH{=}CH{-}CH_2)_n{-}$$

stirene — butadiene — copolimero stirene-butadiene (SBR, una gomma sintetica)

$$n\,CH_2{=}\overset{|}{C}{-}CH{=}CH_2 \longrightarrow {-}\!\!(CH_2{-}\overset{|}{C}{=}\overset{|}{C}{-}CH_2{-}\!\!)_n$$

isoprene — poli *cis*-isoprene (gomma naturale)

$$n\,CH_2{=}\underset{\displaystyle COOCH_3}{\underset{|}{\overset{\displaystyle CN}{\overset{|}{C}}}} \xrightarrow{H_2O} {-}(CH_2{-}\underset{\displaystyle COOCH_3}{\underset{|}{\overset{\displaystyle CN}{\overset{|}{C}}}})_n{-}$$

cianoacrilato di metile — policianoacrilato di metile (Attak)

La reazione di polimerizzazione di due o più monomeri (come quella sfruttata per produrre la gomma SBR) è chiamata *co-polimerizzazione.*

I copolimeri si sono imposti per la loro tenacità, durezza, elasticità e forza. L'utilizzazione delle gomme delle auto necessita di un preventivo processo, la *vulcanizzazione*, che consente di ottenere gomme più resistenti nel tempo. La vulcanizzazione si effettua per riscaldamento della gomma in presenza di zolfo e nero fumo. Lo zolfo si lega ai doppi legami delle lunghe catene rendendo la struttura più tenace e resistente agli agenti atmosferici.

Le reazioni di policondensazione, diversamente da quelle di addizione, danno polimeri chiamati di *condensazione*, perché durante la formazione delle lunghe molecole vengono eliminate piccole unità di acqua, di alcol e di acidi.

Questi composti si formano attraverso ripetute reazioni di sostituzione nucleofila al carbonio sp^2 (secondo il meccanismo tetraedrico visto a proposito degli acidi carbossilici e derivati). I polimeri di condensazione più noti appartengono ai poliesteri, alle poliammidi, ai policarbonati e ai siliconi.

Tuttavia, tutti sono concordi nell'affermare che i polimeri naturali, ottenuti

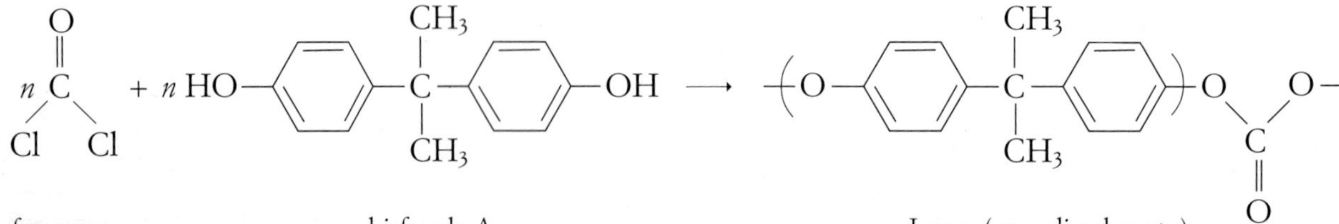

fosgene — bisfenolo A — Lexan (un policarbonato)

$$n\,HO{-}CH_2CH_2{-}OH + n\,HOCOC_6H_4COOH \longrightarrow {-}\!(O{-}CH_2CH_2{-}OCO{-}C_6H_4{-}COO)\!{-}_n + n\,H_2O$$

glicol etilenico — ac. tereftalico — Terylene (un poliestere)

$$n\,H_2N{-}(CH_2)_6{-}NH_2 + n\,HOCO(CH_2)_4COOH \longrightarrow {-}\!(NH(CH_2)_6{-}NH{-}CO(CH_2)_4\,COO)\!{-}_n + n\,H_2O$$

esametilendiammina — Nylon 6,6 (una poliammide)

$$n\,CH_3COO{-}\underset{\displaystyle CH_3}{\underset{|}{\overset{\displaystyle CH_3}{\overset{|}{Si}}}}{-}OCOCH_3 \xrightarrow[-\,CH_3COOH]{SnCl_4} {-}\!(O{-}\underset{\displaystyle CH_3}{\underset{|}{\overset{\displaystyle CH_3}{\overset{|}{Si}}}}{-}O)\!{-}_n$$

un silicone

in buona parte per condensazione, hanno proprietà fisiche nettamente migliori di quelli sintetici. Essi polimerizzano sommando un monomero alla volta, all'estremità in cui s'accresce il polimero; in altre parole, il polimero cresce come un capello, lentamente. Questa è la maniera più redditizia per controllare efficacemente la polimerizzazione e ottenere polimeri con molecole di uguale lunghezza.

Fra le tante mete raggiunte dai sintetisti di macromolecole c'è la *polimerizzazione vivente.* Di che cosa si tratta?

Normalmente la reazione di polimerizzazione avviene attraverso tre stadi: iniziazione, propagazione, terminazione. La polimerizzazione vivente è una speciale tecnica di addizione in cui manca la reazione di terminazione del polimero. Sicché, venendo meno la terminazione, l'estremità della catena rimane attiva, anche dopo la scomparsa di tutto il monomero. Perciò, appena si aggiunge altro monomero, la polimerizzazione riparte. La tecnica della polimerizzazione vivente fornisce due importanti strumenti ai chimici: la sintesi di copolimeri a blocchi, addizionando in tempi diversi i monomeri, e la sintesi di polimeri che terminano con un gruppo funzionale ad hoc.

VERIFICA LE TUE CONOSCENZE Unità 2

1. GLI ALCOLI

1. Quale gruppo funzionale non contiene ossigeno ?
- A amminico
- B alcolico
- C etereo
- D fenolico

2. Qual è il nome di $CH_3CH_2CH_2CH_2CH_2OH$
- A 2-pentanolo
- B 1-butanolo
- C 1-pentanolo
- D 2-butanolo

3. Sostituendo un atomo di idrogeno al benzene con il gruppo OH si ottiene:
- A un alcol
- B un fenolo
- C un etere
- D un'ammina

4. Il composto chiamato 1-propanolo ha la formula:
- A CH_3OH
- B $CH_3CH_2CH_2OH$
- C CH_3CH_2OH
- D $CH_3CH_2CH_2CH_2OH$

5. Disidratando il ciclopentanolo in presenza di acido solforico si ottiene:
- A ciclopentano
- B ciclopentene
- C esano
- D 1-esene

6. Quale composto produce 2-butene per riscaldamento con acido solforico ?
- A 2-butanolo
- B 1-butanolo
- C 3-butanolo
- D isobutanolo

7. L'alcol che contiene due gruppi alchilici sull'atomo di carbonio legato a OH è un alcol:
- A primario
- B secondario
- C terziario
- D quaternario

8. L'ossidazione del 2-propanolo porta al:
- A butanolo
- B propanone
- C propanale
- D propano

9. Identifica i gruppi funzionali nei seguenti composti:

A

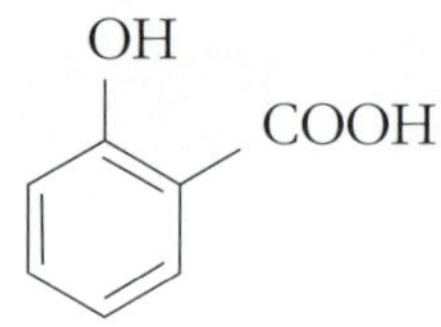

B

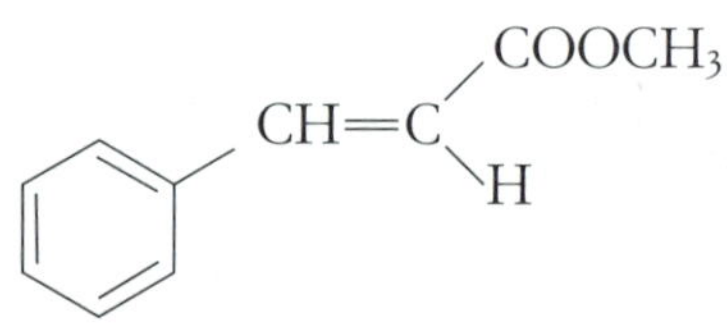

C $HOCH_2—CH(NH_2)—COOH$

D $CH_3CH_2NHCH_2CH_2CHO$

10. Scrivi la formula di:
- A un'aldeide
- B un'ammina primaria
- C un etere
- D un chetone

11. Scrivi le formule di un alcol secondario e di un alcol terziario col minor numero di atomi di carbonio e denominali.

12. Scrivi le strutture dei seguenti composti:
- A 2,4-diidrossi-3,3-dimetil-4-isopropilottano
- B 3-idrossi-4-clorocicloesene

13. Denomina i seguenti composti:

A $(CH_3)_2CHCH_2CH(OH)—CH_2CH_3$

B 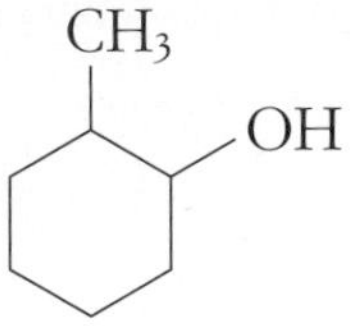

C 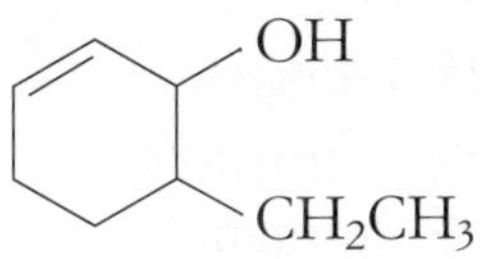

D $CH_2{=}CH{-}\underset{|\atop Cl}{CH}{-}\underset{|\atop OH}{CH}{-}CH_2CH_3$

14. Come puoi sintetizzare i seguenti alcoli?
A 2-butanolo
B 1-propanolo
C cicloesanolo

15. Come puoi preparare i seguenti alcoli?
A ciclopentanolo
B 3-metil-3-esanolo
C 2,4-dimetil-2-pentanolo

2. LE REAZIONI DI SOSTITUZIONE E DI ELIMINAZIONE NEGLI ALCOLI

16. Definisci le reazioni di sostituzione nucleofila monomolecolare e bimolecolare.

17. Definisci le reazioni di eliminazione monomolecolare e bimolecolare.

3. I FENOLI

18 Il fenolo è un derivato di un:
A alcano
B alchene
C alchino
D idrocarburo aromatico

19. Un fenolo è un composto:
A neutro
B acido
C basico
D ionico

4. GLI ETERI

20. Il composto $CH_3{-}CH_2{-}O{-}CH_2CH_3$ si chiama:
A metil etere
B dietil etere
C propan etere
D metil etere

21. Denomina i seguenti composti:

A 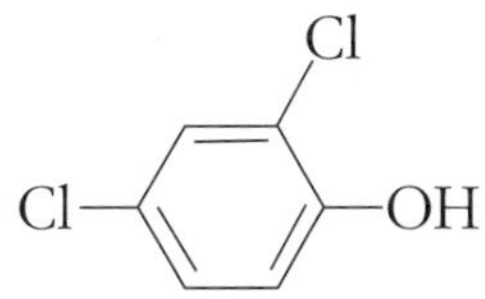

B 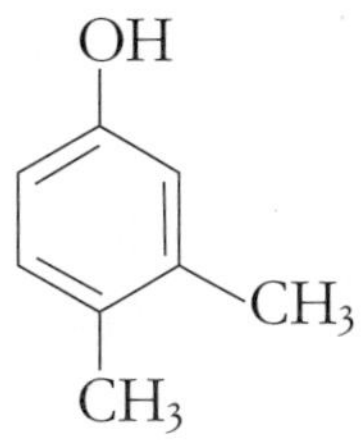

C 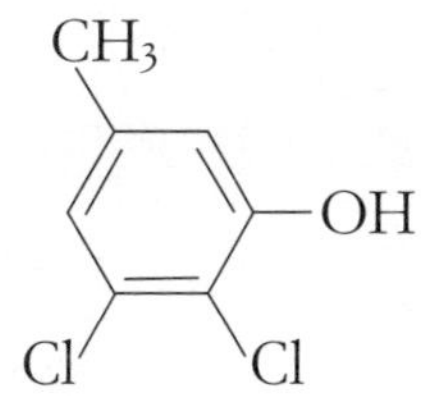

D $CH_3\underset{|\atop CH_3}{CH}{-}O{-}CH_2CH_3$

E 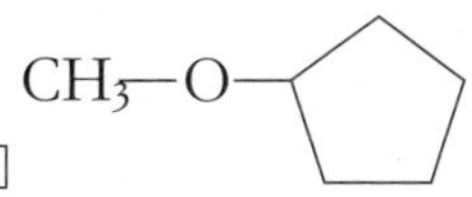

22. Scrivi l'equazione di reazione fra metossido di sodio e bromuro di etile.

5. LE AMMINE

23. Il nome IUPAC di $CH_3CH_2NHCH_3$ è:
A dimetilammina
B metiletilammina
C propilammina
D amminoetano

24. Quale tra i seguenti composti è un'ammina?
A anilina
B metilammina
C propilammina
D tutte e tre i composti sono ammine

25. Quando la propilammina reagisce con HCl il prodotto è:
- A $NH_4Cl + CH_3CH_2CH_3$
- B $CH_3CH_2CH_2NH_2 + Cl^-$
- C $CH_3CH_2CH_2NH_3^+ + Cl^-$
- D $CH_3CH_2CH_2Cl + NH_3$

26. Nicotina, caffeina, morfina sono esempi di composti:
- A acidi
- B basici
- C neutri
- D anfoteri

27. Scrivi le seguenti formule
- A 2-idrossi-4-amminobutano
- B N-etil-N-metil-2-butanammina
- C anilina

28. Completa le seguenti reazioni:

A $(CH_3CH_2)_2NH \xrightarrow[HCl]{NaNO_2}$

B 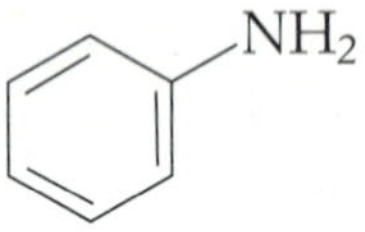 $\xrightarrow[HCl;\ 0\ °C]{NaNO_2}$

C 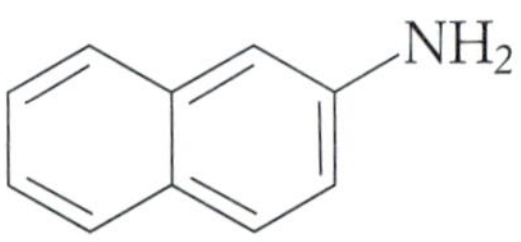 $\xrightarrow[HCl;\ 0\ °C]{NaNO_2} \xrightarrow{CuCN}$

6. LE ALDEIDI E I CHETONI

29. L'aldeide che ha una catena di tre atomi di carbonio e un gruppo metile sul carbonio 2 si chiama:
- A butanale
- B 2-metilbutanale
- C 2-metilpropanale
- D 2-metilpentanale

30. Qual è il nome IUPAC del dietilchetone ?
- A 2-butanone
- B 2-pentanone
- C 3-pentanone
- D butanone

31. La butanale si ottiene per ossidazione blanda del:
- A 2-butene
- B 1-butanolo
- C 2-butanolo
- D 3-butanolo

32. La reazione fra acetone e due molecole d'alcol produce un:
- A emiacetale
- B acetale
- C chetale
- D aldeide

33. Dall'ossidazione del ciclopentanolo si ottiene:
- A pentanale
- B ciclopentene
- C ciclopentanale
- D ciclopentanone

34. Disidratando l'1-butanolo e poi idratando di nuovo e ossidando questo terzo composto si ottiene:
- A butanale
- B butanone
- C 2-butene
- D butano

35. Denomina i seguenti composti:
- A $CH_3CH_2CH(Br)CH_2CHO$
- B $CH_3CH(Br)—CO—CH_2CH_3$
- C 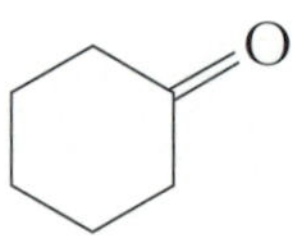
- D $CH_3CH(CH_3)—CH(CH_3)—CHO$

36. Disegna le formule seguenti:
- A 2-metilpentanale
- B 3,4-dimetil-2-pentanone
- C benzaldeide
- D 2,2-dimetil-3-esanone

37. Scrivi una possibile sintesi per:
A benzaldeide
B 2-pentanone
C pentanale

38. Completa le seguenti reazioni:
A 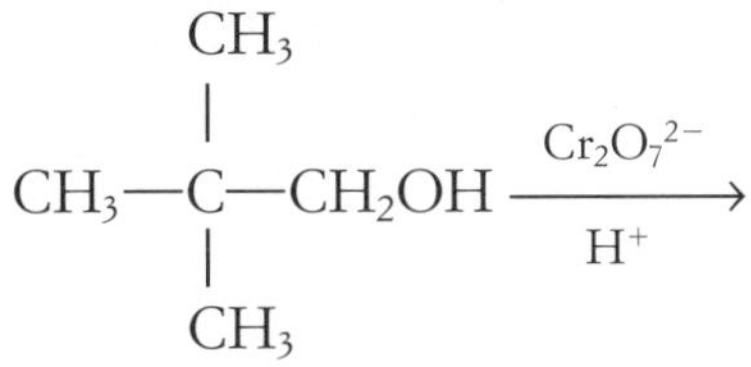

B 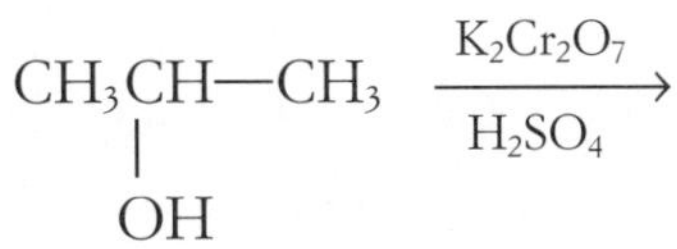

C 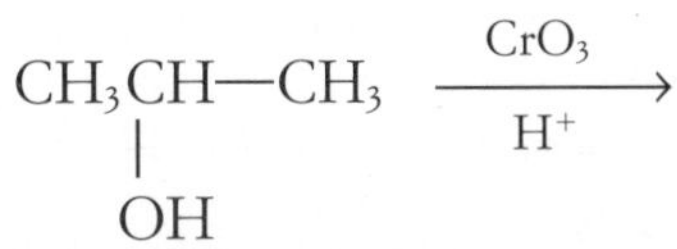

39. Completa le seguenti reazioni:
A 2-metilbutanale + $H_2 \xrightarrow[Pt]{}$
B butanone + HCN
C butanone + $C_2H_5OH \xrightarrow{H^+}$

40. A partire dall'etanale prepara i seguenti composti:
A CH_3CH_2Cl
B 2-propanolo
C acido etanoico

41. Completa le seguenti reazioni:
A 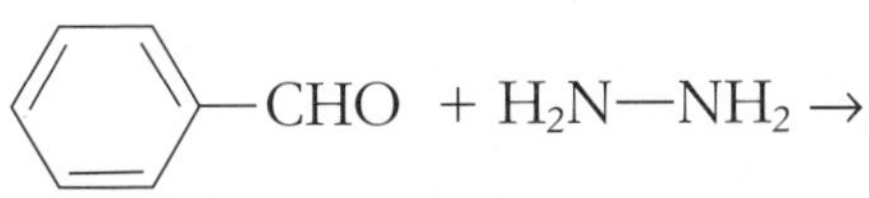

B $CH_3CH_2COCH_3 + H_2N—OH \rightarrow$

C 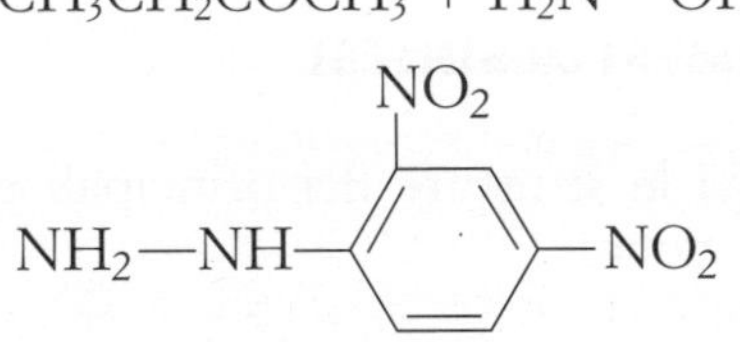

7. GLI ACIDI CARBOSSILICI E I LORO DERIVATI

42. Qual è il nome di $CH_3CH_2CH_2COOH$?
A acido metanoico
B acido etanoico
C acido propanoico
D acido butanoico

43. Il nome IUPAC dell'acido acetico è:
A acido metanoico
B acido etanoico
C acido propanoico
D acido butanoico

44. Il nome di HCOOH è:
A acido metanoico
B acido etanoico
C acido propanoico
D acido butanoico

45. L'acido benzoico è:
A un acido forte
B un acido debole
C un composto neutro
D una base debole

46. Il nome del prodotto di reazione fra metanolo e acido propanoico è:
A metanoato di propile
B propanoato di metile
C estere propanoico
D acido metilpropanoico

47. Il profumo della banana è tipico di un:
A acido carbossilico
B alcol
C estere
D etere

48. Qual è il nome di $CH_3CH_2COOC_2H_5$:
A acetato di etile
B acetato di propile
C propanoato di etile
D pentanoato di metile

49. La reazione fra NaOH e etanoato di metile è una:
A saponificazione
B esterificazione
C idratazione
D neutralizzazione

50. I composti $CH_3CH_2COOH + CH_3OH$ si formano quando si sottopone a idrolisi acida:

Ⓐ etanoato di metile
Ⓑ propanoato di etile
Ⓒ propanoato di metile
Ⓓ metilato di propile

51. Il nome IUPAC di $CH_3CH_2CONHCH_3$ è:
Ⓐ metil propanammide
Ⓑ metil propilammide
Ⓒ metil-N-propanammide
Ⓓ N-metilpropanammide

52. Completa le seguenti reazioni:
Ⓐ $CH_3CH_2CHO + CH_3OH \overset{H^+}{\rightleftarrows}$
Ⓑ $CH_3CH_2COCH_3 + CH_3OH \overset{H^+}{\rightleftarrows}$

53. Nomina i seguenti acidi carbossilici:
Ⓐ $(CH_3)_3CCH_2CH_2COOH$
Ⓑ 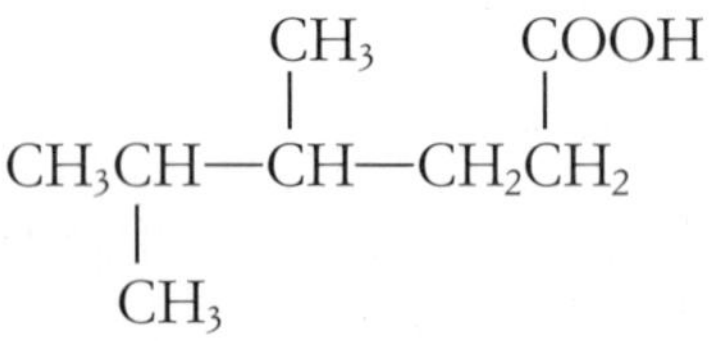
Ⓒ 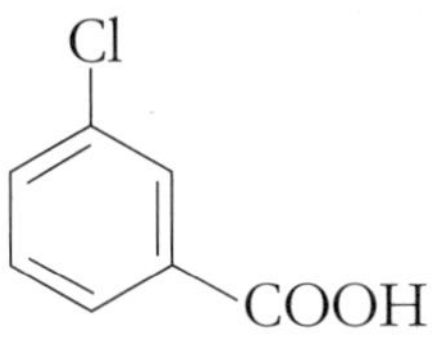

54. Scrivi le seguenti formule:
Ⓐ acido 4-nitrobenzoico
Ⓑ acido 3-cloropentanoico
Ⓒ acido 2-idrossipropanoico o acido lattico

55. Fra acido etanoico e propanolo, quale ha il punto di ebollizione più elevato?

56. Scrivi la formula del benzoato di sodio.

57. Completa le seguenti reazioni:
Ⓐ $CH_3CH_2CH_2COOH + NaOH \rightarrow$
Ⓑ $CH_3CH_2OH +$ 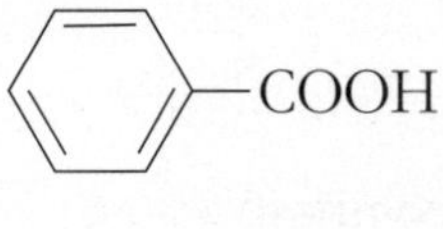 $\overset{H^+}{\rightleftarrows}$
Ⓒ $CH_3CH_2COOH + PCl_5 \rightarrow$

58. Disegna la struttura di una molecola di sapone.

59. Che cos'è la reazione di saponificazione?

60. Quale dei seguenti composti è un estere?
Ⓐ 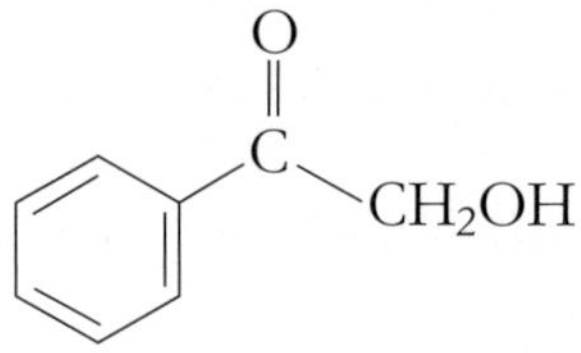
Ⓑ 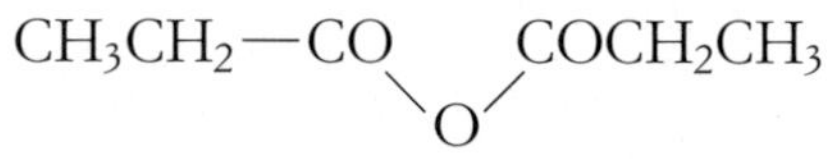
Ⓒ 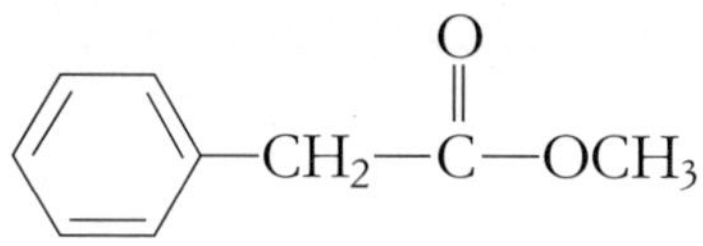
Ⓓ 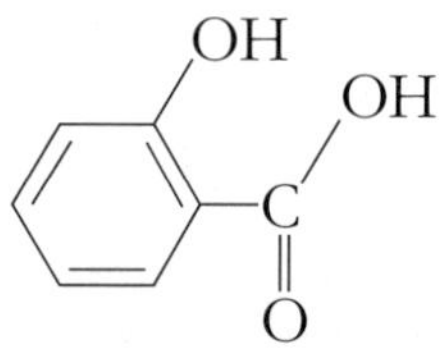

61. Completa le seguenti reazioni:
Ⓐ $CH_3COCl +$ 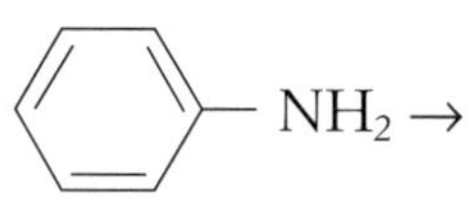
Ⓑ $CH_3CH_2COOCH_3 + NaOH \rightarrow$
Ⓒ $CH_3CH_2COOCH_3 + H_2O \xrightarrow{H^+}$
Ⓓ $CH_3CH_2CONH_2 + NaOH \rightarrow$

8. I POLIMERI DI SINTESI

62. Descrivi le strutture dei principali polimeri di addizione.

63. Descrivi le strutture dei principali polimeri di condensazione.

COSTRUISCI LA COMPETENZA

OBIETTIVO scrivere e denominare le formule dei principali gruppi funzionali

RISOLVI I SEGUENTI QUESITI

1. Disegna tutti gli isomeri con formula $C_4H_{10}O$.
2. Disegna quattro isomeri contenenti una struttura ciclica e formula $C_5H_{10}O$.
3. Disegna le strutture dei composti con formula C_4H_8O contenenti un gruppo carbonile.
4. Disegna le strutture di tutti gli acidi carbossilici ed esteri con formula $C_4H_8O_2$.
5. Disegna tutte le strutture degli alcoli con formula $C_5H_{10}O$ contenenti un ciclo.
6. Quale dei seguenti composti non può essere un etere?
   - A $C_6H_{14}O$
   - B C_2H_4O
   - C CH_4O
   - D C_3H_8O

OBIETTIVO spiegare le principali reazioni che interessano i gruppi funzionali

RISOLVI I SEGUENTI QUESITI

7. Quale delle seguenti reazioni non può avvenire?
   - A $CH_3CH(OH)—CH_3 + HBr \rightarrow CH_3—CH(Br)—CH_3 + H_2O$
   - B 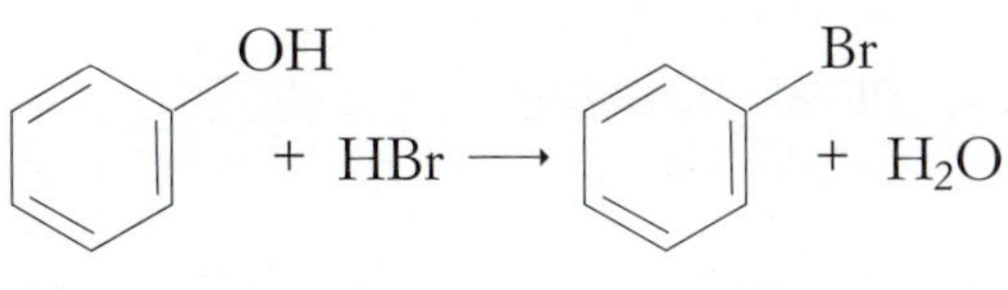
   - C $CH_3—CH{=}CH_2 + HBr \xrightarrow{luce} CH_3CH_2CH_2Br$
   - D $CH_3—CH{=}CH_2 + HBr \rightarrow CH_3CH(Br)CH_3$
8. L'alcool $CH_3—CH{=}CH—CH(OH)—CH_3$ con quale reagente sicuramente non reagisce?
   - A $SOCl_2$
   - B H_2, Pt
   - C H_2SO_4, a caldo
   - D CH_2Cl_2

   Spiega le ragioni della tua risposta.
9. Completa le seguenti equazioni di reazione:
   - A 2-butanolo + $PCl_5 \rightarrow$
   - B 1-propanolo + Na $\rightarrow$
   - C cicloesanolo + $K_2Cr_2O_7 \xrightarrow{H^+}$
   - D cicloesanolo $\xrightarrow{H_2SO_4}$
10. Completa le seguenti reazioni:
    - A 2-amminopropano + $CH_3Br \rightarrow$
    - B $CH_3COCH_3 + NH_3 \rightarrow$
    - C $C_6H_5–N_2^+Cl^- + CuBr \rightarrow$
11. Sistema in ordine crescente di acidità i seguenti composti:
    - A $CH_3CHClCOOH$
    - B $CH_3CH_2CH_2COOH$
    - C CH_3CH_2OH
12. Come puoi sintetizzare i seguenti acidi?
    - A acido 2-metilpropanoico
    - B acido fenilacetico
    - C acido 3,3-dimetilpentanoico

OBIETTIVO descrivere i meccanismi di reazione

RISOLVI I SEGUENTI QUESITI

13. Completa la seguente reazione e scrivine il meccanismo:

    $CH_3CH_2CH_2COOH + CH_3OH \xrightarrow{H^+}$
14. Descrivi il meccanismo di saponificazione dell'acetato di etile in NaOH.

OBIETTIVO elencare i principali polimeri sintetici

RISOLVI I SEGUENTI QUESITI

15. Descrivi la sintesi del policloruro di vinile.

16. Durante l'ebollizione dello stirene si è notato un aumento della temperatura e un indurimento della massa riscaldata. Quale fenomeno è intervenuto durante l'evaporazione?

OBIETTIVO identificare i gruppi funzionali attraverso i relativi saggi di riconoscimento

RISOLVI I SEGUENTI QUESITI

17. I due alcoli 1-butanolo e 2-metil-2-propanolo (alcol terbutilico) hanno i seguenti punti di ebollizione: 82,2 °C e 117,3 °C. Quale alcol ha il punto di ebollizione più alto e perché?

18. Il cicloesene può essere trasformato in dicicloesiletere?

19. Quali sono i motivi della minore reattività dei chetoni, rispetto alle aldeidi, nelle reazioni di addizione nucleofila?

20. Date le seguenti ammine, qual è l'ordine corretto di basicità?

1 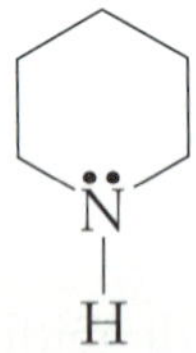

2 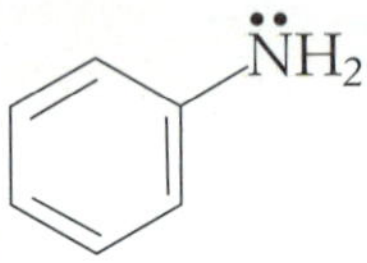

3 

A $1 > 2 > 3$

B $2 > 1 > 3$

C $3 > 2 > 1$

D $1 > 3 > 2$

Spiega le ragioni della tua risposta.

21. Quale composto è il meno basico?

A 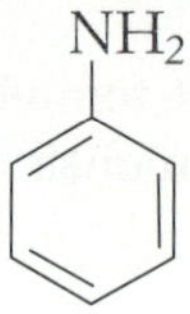

B 

C 

D 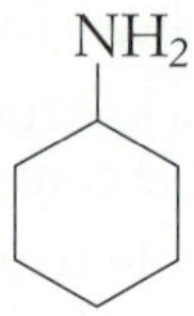

Spiega le ragioni della tua risposta.

22. L'1-pentanolo è stato ossidato in laboratorio con $Cr_2O_7^{2-}$ in ambiente acido. Quale prodotto si ottiene?

A pentanoato di sodio

B pentanale

C acido pentanoico

D nessuno dei tre prodotti

Spiega le ragioni della tua scelta.

23. Quale composto non esiste?

A alcol secondario

B aldeide secondaria

C acido aromatico

D tutti e tre i composti non esistono

Spiega le ragioni della tua scelta.

24. Quale composto non reagisce con HCl?

A cicloesanolo

B 2-butene

C acetato di etile

D pentano

Spiega le ragioni della risposta.

Pensa come uno scienziato

1 A ciascuna delle seguenti strutture molecolari assegna il nome, la formula di struttura e associa uno dei comportamenti chimici riportati di seguito:

A
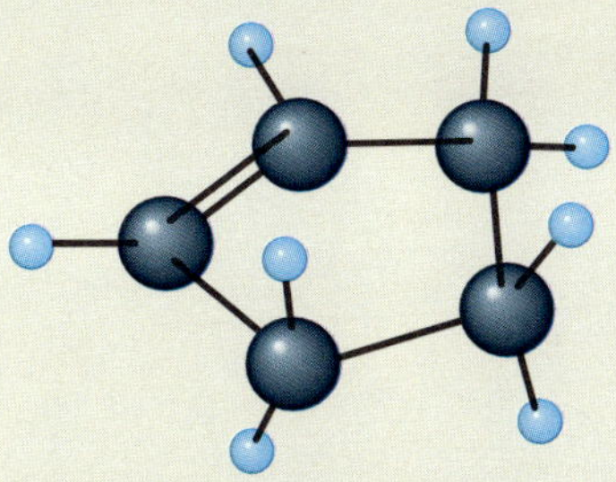
ciclopentene

B
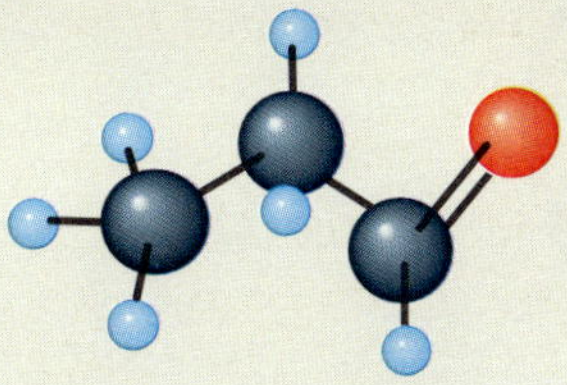
propanale

C
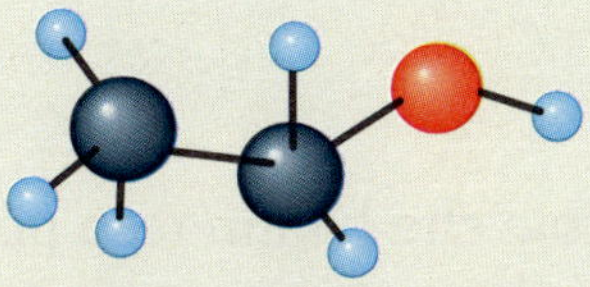
etanolo

D
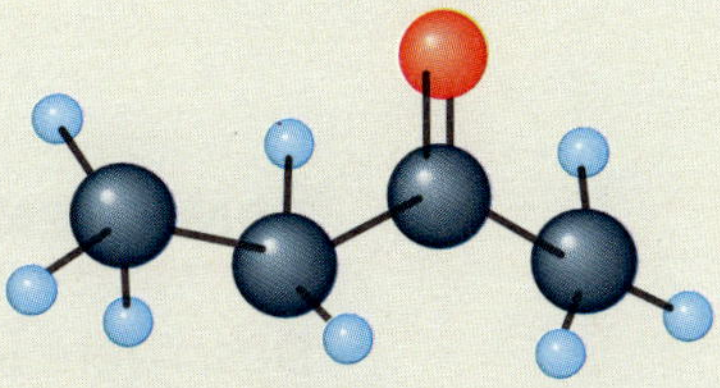
butanone

E
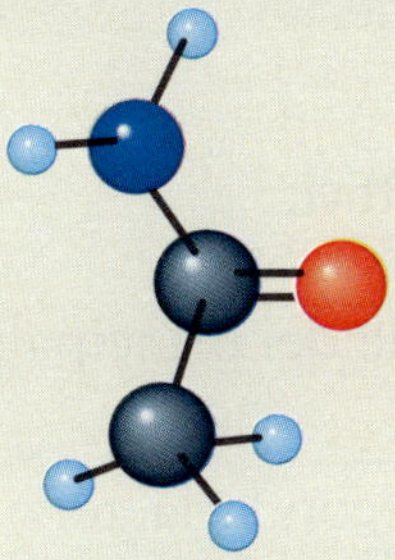
acetammide

F
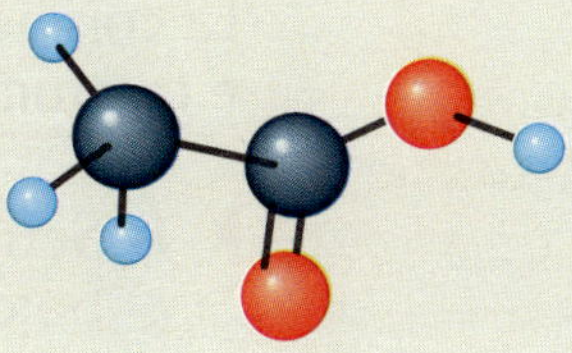
acido acetico

G
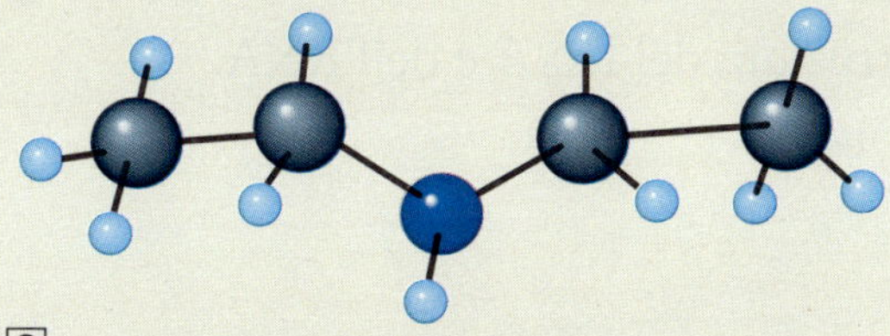
dietilammina

H
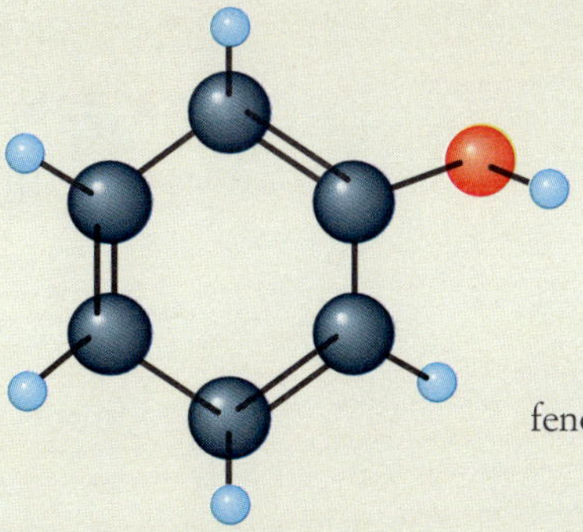
fenolo

1. dà soluzioni acquose basiche
2. reagisce con H_2O e H_2SO_4 a caldo formando un alcol
3. reagisce con ossidanti formando prima aldeide acetica e poi acido acetico
4. è poco solubile in acqua, ma solubile in soluzione di NaOH
5. dà soluzioni acquose acide
6. forma un precipitato arancione con fenilidrazina e resiste all'azione ossidante del bicromato
7. la sua soluzione acquosa, neutra, trattata con NaOH a caldo produce odore di ammoniaca
8. forma un precipitato arancione con fenilidrazina e riduce una soluzione acida di bicromato.

Unità 3

COMPETENZA

Descrivere le principali molecole che hanno reso possibile la vita sul nostro pianeta.

La competenza dell'unità didattica è costruita ponendosi i seguenti obiettivi:

1. Scrivere e denominare le formule dei principali carboidrati, lipidi e amminoacidi.
2. Spiegare la struttura primaria, secondaria, terziaria e quaternaria delle proteine.
3. Spiegare la funzione degli enzimi.
4. Illustrare la struttura del DNA e dell'RNA.

Le basi della biochimica

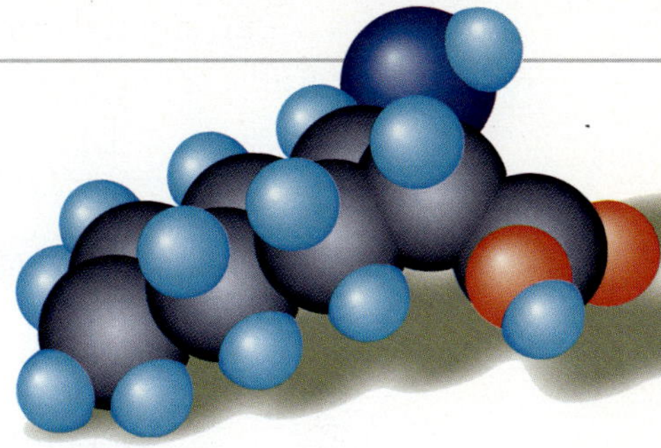

Gli organismi viventi, dai più semplici ai più complessi, sono formati da un'unità base: la cellula. Perciò, prima di addentrarci in una breve descrizione delle molecole più importanti di un sistema vivente, daremo qualche cenno sulla cellula.

I pochi milioni di sostanze diverse prodotte artificialmente dall'uomo nei suoi laboratori rappresentano poca cosa, se paragonate ai quasi mille miliardi di biomolecole differenti approntate dagli organismi viventi terrestri ▸figura 3.1. Come si diceva prima, la cellula è l'unità base. La cellula animale e vegetale, secondo una descrizione schematica e molto approssimativa, risulta composta da un *nucleo*, dal *citoplasma* e dalla *membrana cellulare* che racchiude il tutto. Nel nucleo si trovano il DNA (l'acido desossiribonucleico, o acido deossiribonucleico) e parte dell'RNA (l'acido ribonucleico).

Nel citoplasma trovano posto, fra l'altro, organelli essenziali come i *mitocondri* e i *ribosomi*. I primi sovrintendono a molti processi metabolici e alla produzione dell'energia cellulare, mentre i secondi, di struttura puntiforme, provvedono alla sintesi delle proteine.

H_2O	=	36 kg
C	=	10 kg
N	=	1,3 kg
Ca	=	1,2 kg
P	=	500 g
K	=	200 g
Na, Mg, Fe	=	800 g

FIGURA 3.1 I principali elementi contenuti nel corpo umano, riferiti a un peso di 50 kg.

1. I CARBOIDRATI

I **carboidrati** (chiamati anche *glucidi*) sono fra i componenti organici più abbondanti sulla Terra e rappresentano la prima sorgente di energia per l'uomo. Un solo grammo di glucosio produce 15,5 kJ/mol di energia. Gli zuccheri sono prodotti a partire dal diossido di carbonio e dall'acqua nelle parti verdi delle piante. Il processo, noto come *fotosintesi clorofilliana*, realizza la trasformazione di energia elettromagnetica solare in energia chimica:

$$6CO_2 + 6H_2O + \text{energia solare} \xrightarrow{\text{clorofilla}} C_6H_{12}O_6 + 6O_2$$

Monosaccaridi

I carboidrati si suddividono in *monosaccaridi*, *oligosaccaridi* e *polisaccaridi*. Dai polisaccaridi e dagli oligosaccaridi si ottengono, per idrolisi, i **monosaccaridi**. Questi ultimi, a seconda del numero degli atomi di carbonio, si suddividono in *triosi*, *tetrosi*, *pentosi*, *esosi* ecc. Nei carboidrati prevalgono tre gruppi funzionali: il gruppo alcolico (—OH), il gruppo aldeidico (—CHO) e il gruppo chetonico (—CO—).

Quando uno zucchero contiene un gruppo aldeidico viene detto *aldoso*, mentre se possiede un gruppo chetonico si denomina *chetoso*. Di seguito sono disegnate le strutture di alcuni importanti pentosi ed esosi che presentano atomi di carbonio asimmetrici (evidenziati dall'asterisco):

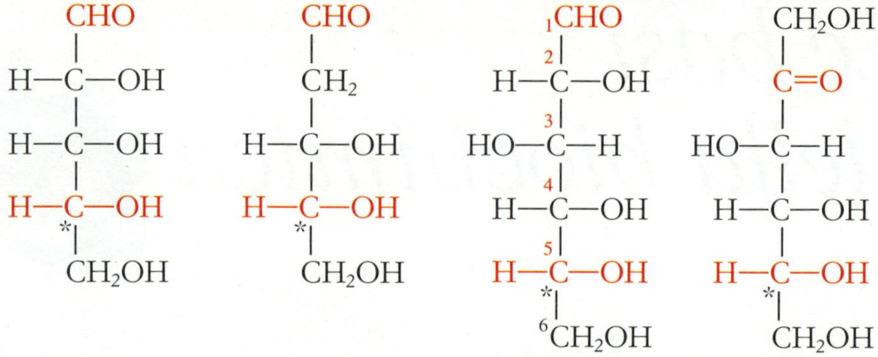

D-ribosio (aldopentoso) — D-desossiribosio (aldopentoso) — D-glucosio (aldoesoso) — D-fruttosio (chetoesoso)

La lettera D (destro) o L (levo) che precede il nome dello zucchero si riferisce alla configurazione assoluta a cui appartiene lo zucchero in esame, indipendentemente dal fatto che faccia ruotare a destra o a sinistra il piano della luce polarizzata (infatti il D-fruttosio è fortemente levogiro). Per stabilire la configurazione assoluta di uno zucchero si confronta la disposizione dell'atomo di carbonio asimmetrico asteriscato (quello più lontano dai gruppi aldeidico e chetonico) con quello dell'aldeide glicerica:

D-gliceraldeide (ha l'ossidrile a destra) — L-gliceraldeide (ha l'ossidrile a sinistra)

Tutti e quattro gli zuccheri precedentemente esaminati hanno la stessa disposizione della D-gliceraldeide sull'atomo asteriscato e, pertanto, appartengono alla serie *destro* (D).

I saccaridi si presentano anche in strutture chiuse, in equilibrio con quelle aperte viste sopra. Per esempio, la forma aperta del D-glucosio in soluzione si trova in equilibrio con altre due forme cicliche (α e β) distinguibili solo per la disposizione dell'atomo di carbonio 1:

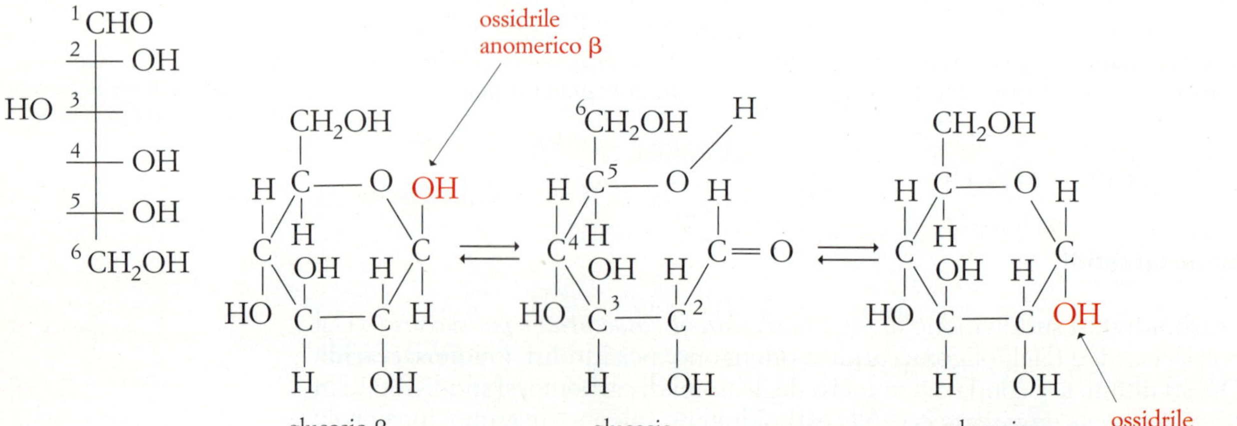

glucosio β — glucosio — glucosio α

Le strutture cicliche preferite dai saccaridi sono a cinque termini (furanosi) o a sei termini (piranosi), come il glucosio disegnato sopra.

Disaccaridi

Fra gli oligosaccaridi, un posto di rilievo spetta ai **disaccaridi**, costituiti da due monosaccaridi, la cui formula generale è $C_{12}H_{22}O_{11}$. Nella formazione del disaccaride si ha la perdita di una molecola d'acqua; i due monosaccaridi costituenti sono uniti mediante un atomo di ossigeno (legame *glicosidico*).

Disaccaridi di grande importanza sono:

1. Il *saccarosio* (zucchero di canna o di barbabietola), formato da una molecola di glucosio e una di fruttosio:

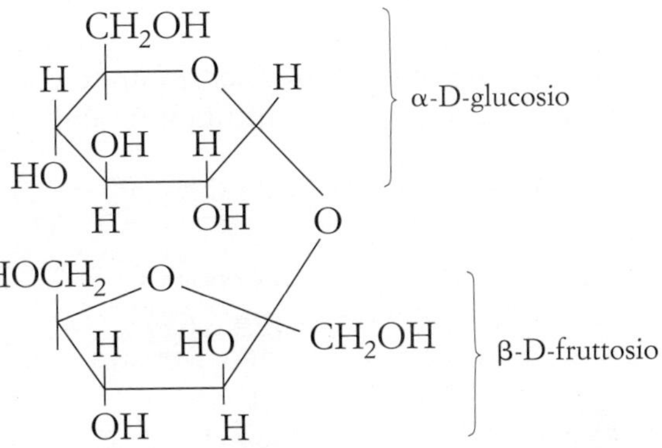

2. Il *maltosio* (due molecole di α-glucosio), derivante dall'idrolisi enzimatica (*diastasi*) del malto:

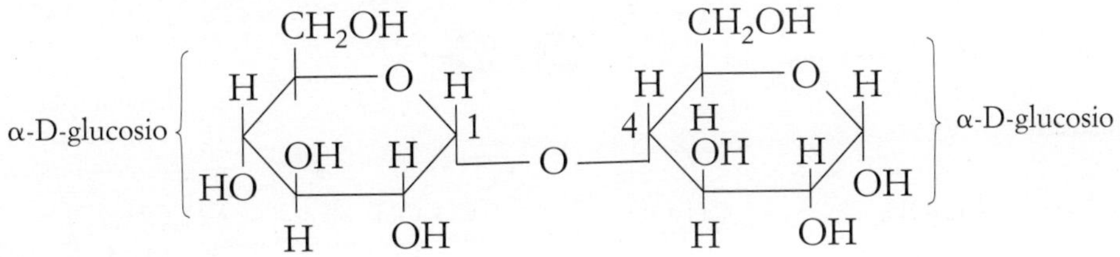

3. Il *cellobiosio* (due molecole di β-glucosio), ottenuto per parziale idrolisi della cellulosa:

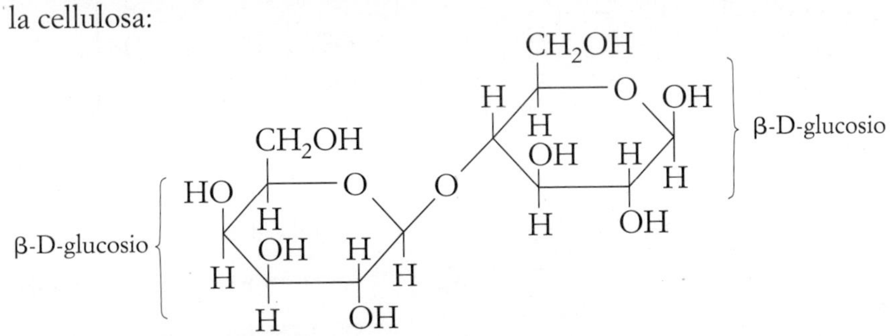

4. Il *lattosio* (una molecola di β-glucosio e una di β-galattosio), componente zuccherino del latte:

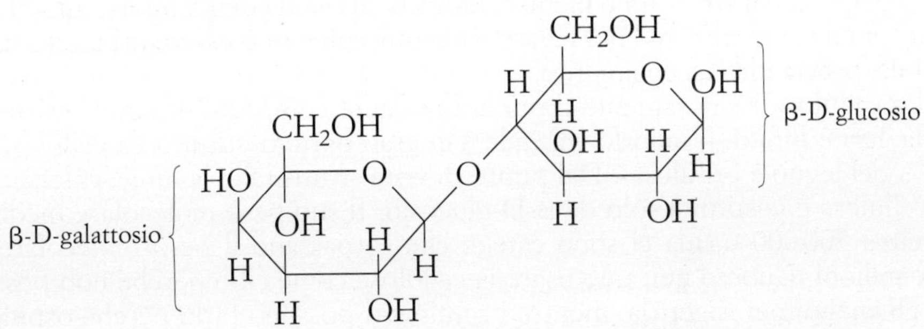

Polisaccaridi

I **polisaccaridi** sono polimeri ad alto peso molecolare dei monosaccaridi naturali; infatti, la gran parte di essi contiene mediamente 100 monosaccaridi per molecola (ma ci sono anche polisaccaridi con maggior peso molecolare, come alcune molecole di cellulosa che superano le 3000 unità di glucosio). Fra i carboidrati polimerici una posizione di primo piano occupano l'*amido*, il *glicogeno* e la *cellulosa*.

L'**amido** è presente nel grano, nelle patate, nel riso e nei cereali e costituisce la riserva di carboidrati tipica delle piante. In esso si distinguono due componenti polimerici: l'*amilosio* e l'*amilopectina.* Il primo ha una struttura pressoché lineare tipica delle unità di α-glucosio unite con legame glucosidico, mentre alla seconda si assegna una struttura più ramificata ▸figura 3.2.

FIGURA 3.2 Strutture dell'amilosio e dell'amilopectina.

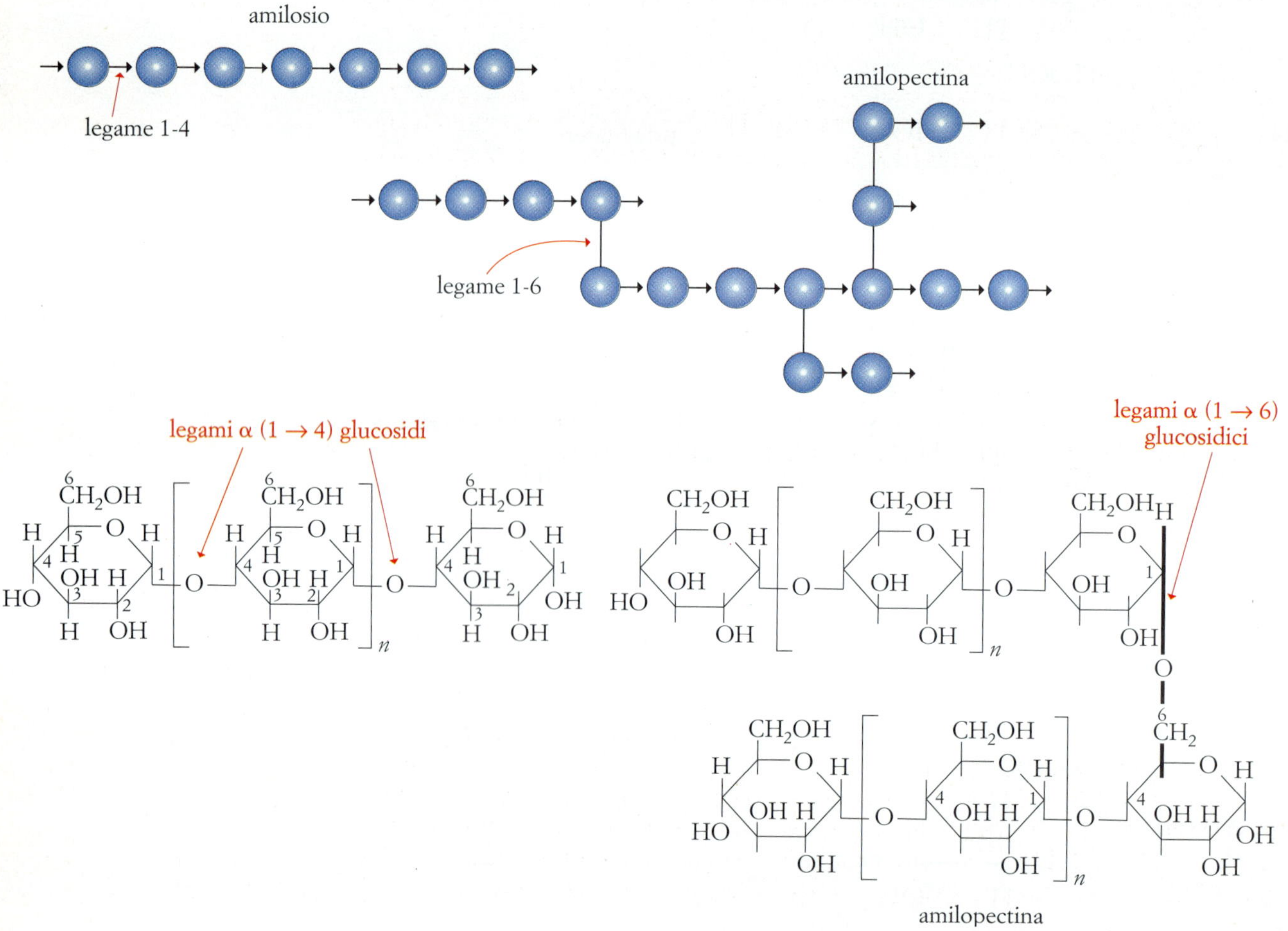

Negli organismi animali il polisaccaride di riserva è il glicogeno (un poliglucoside), la cui struttura è meno ramificata di quella dell'amilopectina. Esso si accumula abitualmente nel fegato e nei muscoli e può essere utilizzato dalle cellule, previa idrolisi enzimatica.

La cellulosa è sicuramente il più abbondante composto organico esistente sulla Terra; infatti, il mondo vegetale è in gran parte costituito da cellulosa (il 50% del legno è cellulosa). Dal punto di vista strutturale, la lunga catena della cellulosa è costituita solo da β-D-glucosio. Il suo peso molecolare medio è di circa 500 000 u, ma ci sono catene che sorpassano il peso molecolare di due milioni. L'uomo non può usare la cellulosa come cibo perché non possiede gli enzimi per digerirla, mentre i ruminanti possono farlo perché ospitano nel loro apparato digerente diversi tipi di batteri che sono in grado di demolire la catena del polisaccaride.

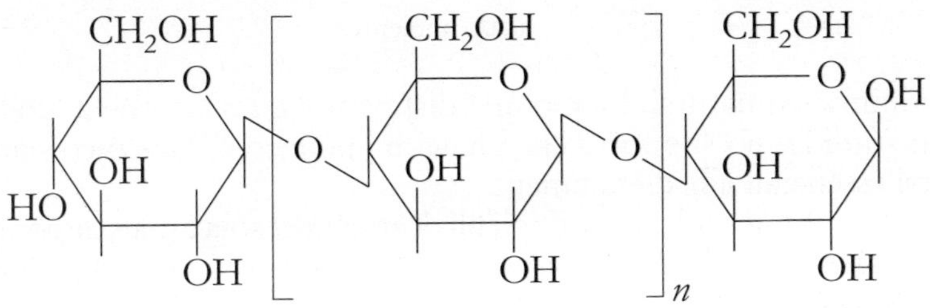

La presenza di numerosi ossidrili (tre per ogni unità di glucosio) lungo la catena della cellulosa la rende disponibile a modifiche di natura chimica. Per esempio, la cellulosa può essere nitrata con HNO_3 in presenza di H_2SO_4. La cellulosa altamente nitrata (con 2,5 gruppi $—NO_2$ per unità di glucosio) è un composto esplosivo, il *fulmicotone*.

Un'altra applicazione industriale della cellulosa comporta l'esterificazione dei gruppi ossidrilici con anidride acetica $(CH_3CO)_2O$. Dalla reazione si forma l'*acetato di cellulosa* che, per estrusione, può essere trasformato in fibra tessile.

2. I LIPIDI

I **grassi**, denominazione comune dei lipidi, rappresentano la sorgente di energia più concentrata della dieta umana. Per ogni grammo di sostanza grassa si liberano, mediamente, circa 40 kJ di energia.

Rientrano nella famiglia molte sostanze con gruppi funzionali diversi. I lipidi più comuni sono *trigliceridi*, triesteri della glicerina:

$$\begin{array}{l} CH_2—O—COR \\ | \\ CH—O—COR' \\ | \\ CH_2—O—COR'' \end{array}$$

un trigliceride

Le catene R—, R′—, R″— rappresentano radicali lineari saturi o insaturi. Il trigliceride si ottiene dalla reazione di esterificazione della glicerina con tre molecole di acidi grassi (acidi monocarbossilici lineari). In base al contenuto di radicali insaturi i lipidi si distinguono in grassi solidi (a temperatura ambiente) e in grassi liquidi. Questi ultimi sono trigliceridi con una percentuale relativamente alta di acidi grassi insaturi come gli acidi *oleico*, *linoleico* e *linolenico*.

$$CH_3(CH_2)_{16}—COOH$$

acido stearico (saturo)

$$CH_3(CH_2)_7—\overset{\displaystyle H}{\overset{|}{C}}=\overset{\displaystyle H}{\overset{|}{C}}—(CH_2)_7—COOH$$

acido oleico

$$CH_3(CH_2)_4—\overset{\displaystyle H}{\overset{|}{C}}=\overset{\displaystyle H}{\overset{|}{C}}—CH_2—\overset{\displaystyle H}{\overset{|}{C}}=\overset{\displaystyle H}{\overset{|}{C}}—(CH_2)_7—COOH$$

acido linoleico

(segue)

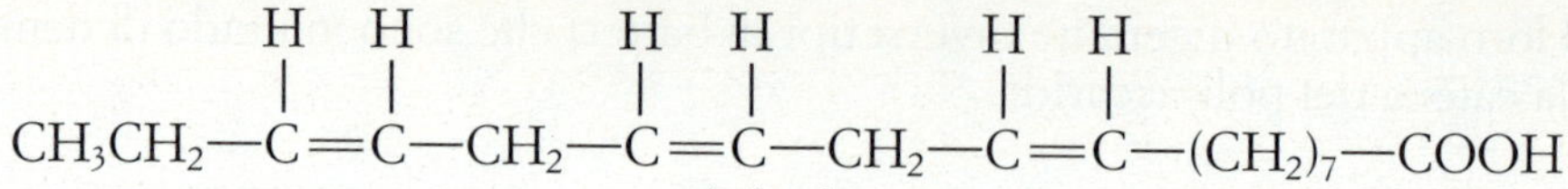

acido linolenico

Gli acidi insaturi naturali hanno una disposizione *cis* intorno ai doppi legami. Recenti studi fanno supporre che gli acidi linoleico e linolenico siano da considerarsi essenziali alla dieta umana.

L'apporto di tali acidi insaturi (gli oli di arachide, soia e mais ne contengono in buona percentuale) è indispensabile per la sintesi biologica di importanti sostanze, le *prostaglandine*, la cui influenza su numerose attività fisiologiche (pressione sanguigna, secrezione gastrica, temperatura corporea) pare accertata.

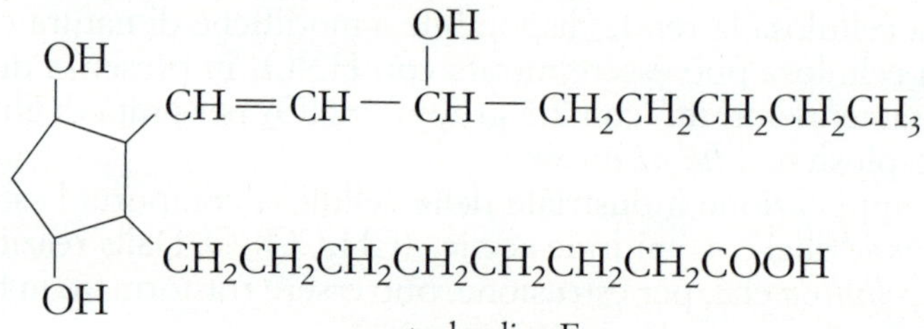

prostaglandina E_1

Esistono inoltre le cosiddette *margarine*, grassi solidi e semisolidi ottenuti industrialmente per parziale idrogenazione delle catene idrocarburiche insature di oli di origine vegetale; queste sostanze costituiscono dei surrogati del burro.

Il processo di idrogenazione viene condotto in opportune autoclavi sotto pressione con idrogeno e catalizzatore, in genere nichel finemente suddiviso.

3. GLI AMMINOACIDI

Gli **amminoacidi** sono i monomeri delle proteine, che rappresentano circa il 15% in peso del corpo umano. Gli amminoacidi naturali sono venti ▸tabella 3.1.

Già dal nome si ricava che la molecola di un amminoacido contiene un gruppo amminico $-NH_2$ e un gruppo carbossilico $-COOH$:

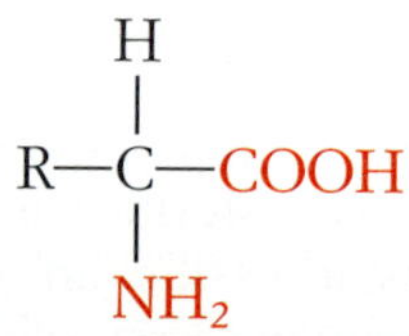

Il gruppo R— è caratteristico di ciascun amminoacido. A eccezione della *glicina*, NH_2CH_2COOH, tutti gli amminoacidi naturali hanno un atomo di carbonio asimmetrico e quindi sono molecole otticamente attive. La configurazione assoluta degli amminoacidi naturali (identica per tutti) li colloca nella serie L. La struttura prediletta degli amminoacidi è quella di un *sale interno*.

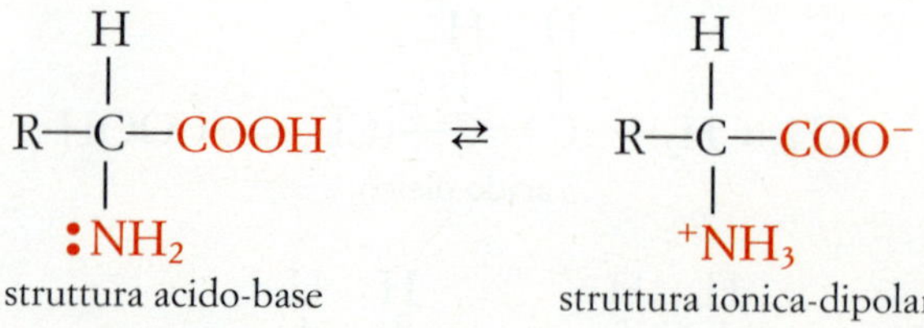

struttura acido-base — struttura ionica-dipolare

In virtù della loro struttura ionica dipolare, essi possono comportarsi sia da acidi sia da basi.

TABELLA 3.1 I principali amminoacidi.

Nome	Simbolo	Gruppo R H | R–C–COOH | NH_2
glicina	Gly	$-H$
alanina	Ala	$-CH_3$
*valina	Val	$-CH(CH_3)_2$
*leucina	Leu	$-CH_2CH(CH_3)_2$
*isoleucina	Ile	$-CH-C_2H_5$ | CH_3
*fenilalanina	Phe	$-CH_2-C_6H_5$
serina	Ser	$-CH_2OH$
*treonina	Thr	OH | $-CH-CH_3$
tirosina	Tyr	$-CH_2C_6H_4-OH$
cisteina	Cys	$-CH_2SH$
*metionina	Met	$-CH_2-CH_2-S-CH_3$
cistina	Cy-S-S-Cy	$-CH_2-S-S-CH_2-$
*lisina	Lys	$-CH_2CH_2CH_2CH_2NH_2$
asparagina	Asn	$-CH_2-CO-NH_2$
glutammina	Gln	$-CH_2CH_2-CO-NH_2$
*arginina	Arg	$-CH_2CH_2CH_2-NH-C-NH_2$ ‖ NH
acido aspartico	Asp	$-CH_2-COOH$
acido glutammico	Glu	$-CH_2CH_2COOH$
*triptofano	Trp	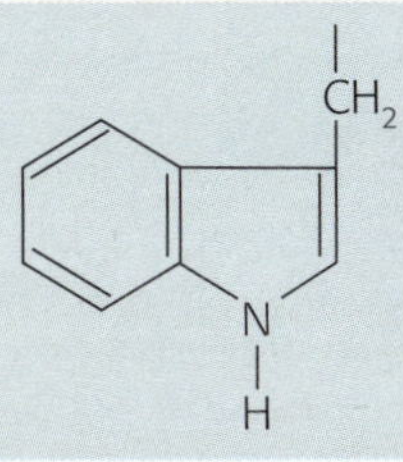
*istidina	His	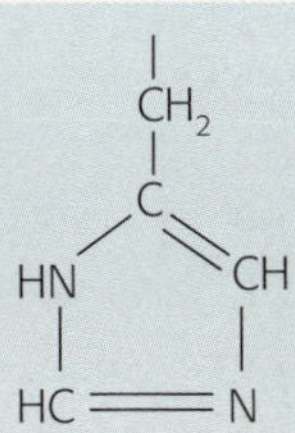

* Gli amminoacidi contrassegnati con l'asterisco sono essenziali per l'uomo, cioè devono essere introdotti con la dieta perché l'organismo non riesce a sintetizzarli.

4. LE PROTEINE

Le **proteine** sono formate dagli amminoacidi naturali uniti fra loro attraverso un *legame ammidico* (—CO—NH—) chiamato *legame peptidico*. Nel processo di formazione delle proteine, il carbossile di un amminoacido reagisce con il gruppo amminico (—NH_2) di un secondo amminoacido eliminando una molecola d'acqua:

$$H_2N-\underset{H}{\overset{R}{C}}-COOH + H_2N-\underset{H}{\overset{R'}{C}}-COOH \longrightarrow H_2N-\underset{H}{\overset{R}{C}}-CO-NH-\underset{H}{\overset{R'}{C}}-COOH + H_2O$$

Quando successivi amminoacidi reagiscono tra loro si ottengono veri e propri polimeri naturali ai quali si danno prima i nomi di *polipeptidi* ▸figura 3.3 e poi di *proteine*. Le proteine (biologicamente attive) hanno pesi molecolari superiori a 1000 e, in casi estremi, a diversi milioni. Molte proteine possiedono gruppi di

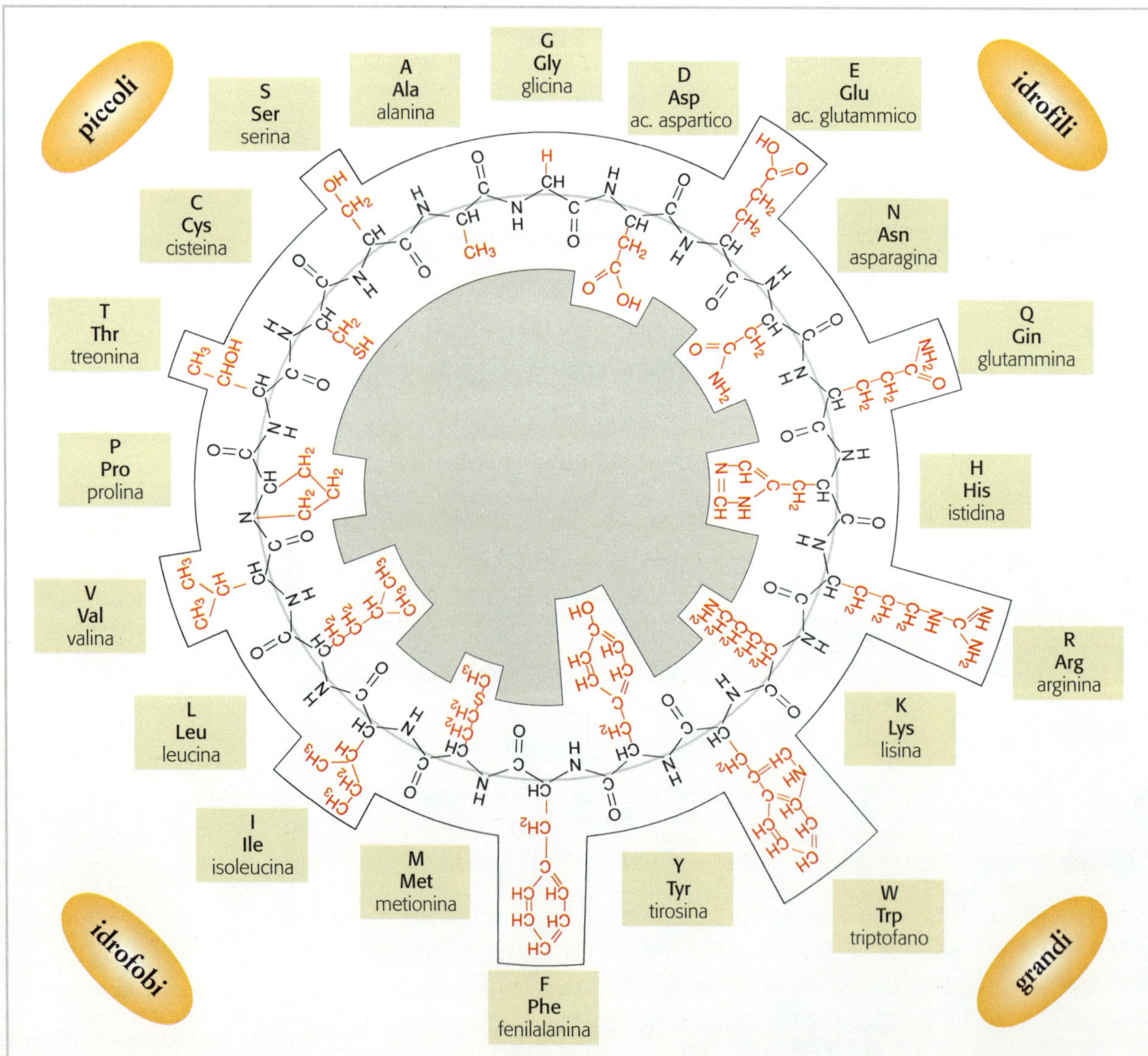

FIGURA 3.3 Un ipotetico polipeptide ciclico formato dai venti amminoacidi naturali, raggruppati per tipo.

natura diversa dagli amminoacidi, i cosiddetti *gruppi prostetici.* Per esempio la proteina dell'emoglobina è unita a un gruppo, detto *eme*, costituito da un atomo di ferro legato a quattro atomi di azoto in una struttura complessa:

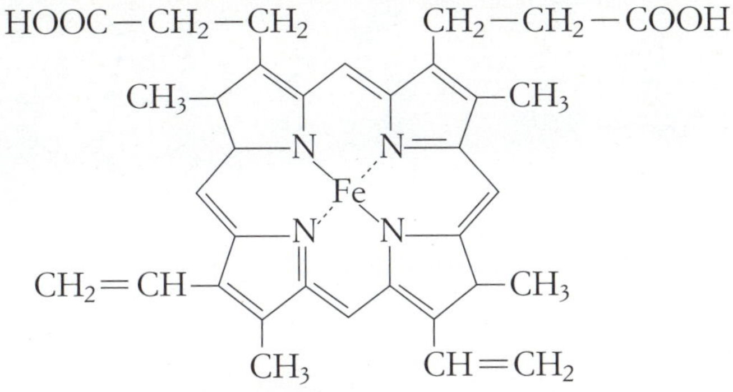

gruppo «eme»

Ma qual è la struttura delle proteine?

Nelle sostanze proteiche si individuano una *struttura primaria*, una *secondaria*, una *terziaria* e una *quaternaria*.

■ La **struttura primaria** delle proteine si riferisce allo scheletro covalente della catena proteica, e in particolare individua il numero, il tipo e la sequenza dei vari amminoacidi nella catena. L'*insulina*, per esempio, ha una struttura primaria:

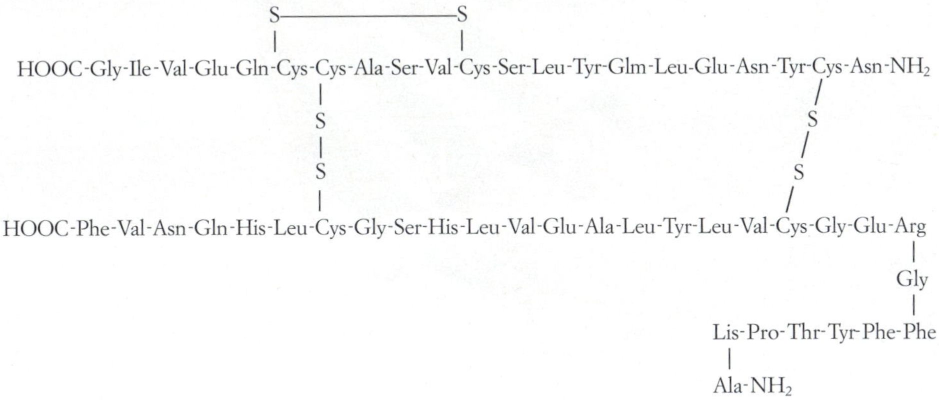

Insulina bovina

La struttura primaria è determinante per definire la forma e la funzione di una proteina. L'anemia falciforme, una malattia del sangue molto grave, è dovuta alla sostituzione di una sola molecola dell'acido glutammico con la valina lungo una delle quattro lunghe catene di 160 amminoacidi dell'emoglobina!

■ La **struttura secondaria** delle proteine riguarda la configurazione tridimensionale assunta dalle catene polipeptidiche, cioè la loro disposizione nello spazio. La più comune struttura secondaria è l'*α-elica*, postulata da Pauling e collaboratori nel 1951 e poi confermata mediante spettri a raggi X.

La disposizione elicoidale ▸figura 3.4 della proteina è tenuta in piedi da deboli legami a idrogeno (20 kJ/mol) che si stabiliscono nell'ambito di una stessa molecola fra le anse superiori e quelle inferiori:

$$>N-H\cdots\cdots O=C<$$

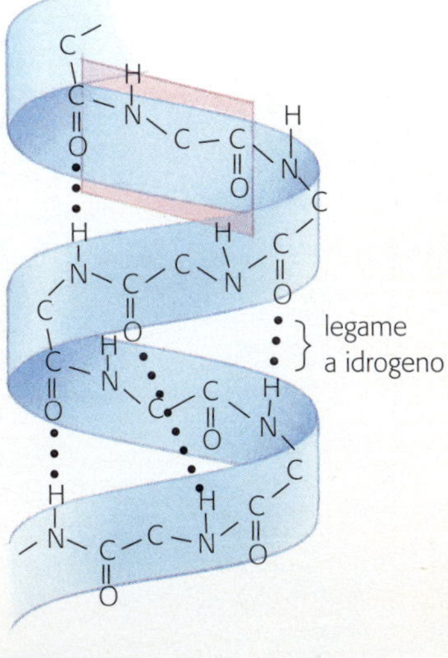

FIGURA 3.4 Struttura di un'α-elica proteica. Le linee a pallini indicano i legami idrogeno.

FIGURA 3.5 Struttura secondaria a foglietto β. Le linee a pallini indicano i legami a idrogeno.

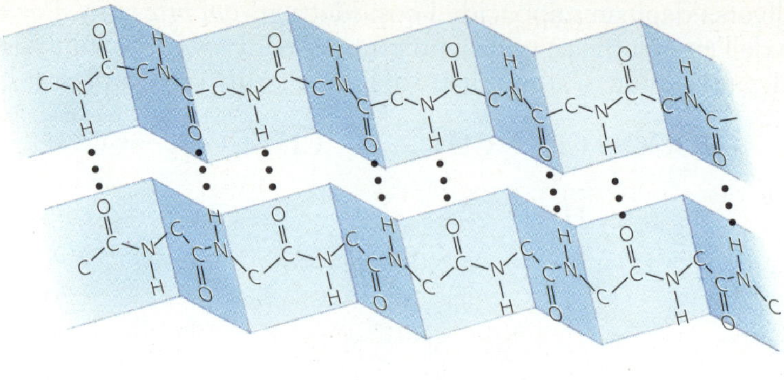

FIGURA 3.6 La stessa proteina può formare, in diversi tratti, α-eliche e foglietti β.

La seconda struttura secondaria delle proteine, scoperta da Pauling e Corey, è chiamata foglietto β ▸figure 3.5 e 3.6.

In questa particolare disposizione i legami a idrogeno non interessano la stessa catena ma si stabiliscono fra catene vicine; inoltre le catene laterali degli amminoacidi costituenti si dispongono sopra e sotto il piano del foglio ripiegato a fisarmonica. La proteina della seta, la *fibroina*, ha una struttura secondaria di questo tipo.

■ La **struttura terziaria** delle proteine è dovuta all'ulteriore ripiegamento delle catene ad α-elica o dei foglietti β. Il fattore decisivo di questo ripiegamento risiede nella forza attrattiva di tipo elettrostatico. Per esempio, la natura idrofoba dei radicali come:

$$CH_3^-,\ \begin{array}{c}CH_3CHCH_2\\ \vert\\ CH_3\end{array}$$

costringe la catena ad (α-elica a ripiegarsi in una specie di palla e a occupare il minimo volume possibile con i gruppi idrofobi al centro e quelli idrofili (—NH— e —CO—) disposti esternamente sulla superficie globulare.

■ La **struttura quaternaria** delle proteine compete solo ad alcune di esse costituite da due o più sub-unità. È il caso dell'emoglobina, una superstruttura formata da quattro sub-unità proteiche, associate fra di loro mediante legami elettrostatici.

Quando le delicate strutture proteiche sono sottoposte a variazioni di temperatura e di pH consistenti, subiscono un fenomeno di *denaturazione*, spiegabile con la perdita della conformazione tridimensionale e la rottura dei deboli legami a idrogeno. La coagulazione del latte acidificato (denaturazione della proteina *caseina*) è un tipico esempio del fenomeno, come pure la trasformazione della chiara d'uovo in una sostanza insolubile per riscaldamento prolungato.

5. GLI ENZIMI: CATALIZZATORI BIOLOGICI

Una speciale classe di proteine è quella degli **enzimi**. Tali sostanze giocano un ruolo essenziale nella demolizione e nella costruzione di importanti materiali organici. Gli enzimi sono *catalizzatori biologici* a tutti gli effetti. Le proteine enzimatiche infatti sono in grado di effettuare a una temperatura di circa 37 °C (relativamente bassa) nel nostro corpo trasformazioni chimiche, che invece richiederebbero condizioni di temperatura elevate se condotte in laboratorio.

Ciascuno dei numerosissimi enzimi del corpo umano è specializzato in un singolo tipo di reazione. Le molecole sulle quali gli enzimi agiscono si chiamano *substrati* e il tipo di reazione in cui interviene un certo enzima determina il nome dell'enzima stesso. Per esempio, l'enzima che trasforma il substrato maltosio in zuccheri più semplici è chiamato *maltasi*.

6. LA CHIMICA DEGLI ACIDI NUCLEICI

La molecola del DNA (acido deossiribonucleico) è un lungo polimero dell'unità strutturale chiamata *nucleotide.* Quest'ultimo è composto da acido fosforico, da desossiribosio (uno zucchero con cinque atomi di carbonio) e da una base organica.

Ci sono quattro tipi di base che entrano a far parte del nucleotide del DNA: due basi puriniche, *adenina* e *guanina*, e due basi pirimidiniche, la *timina* e la *citosina*.

La molecola dell'RNA (acido ribonucleico) ha la stessa composizione del DNA con tre sole varianti:

1. lo zucchero è il *ribosio* e non il desossiribosio;
2. la base organica *timina* è sostituita dall'*uracile*;
3. il peso molecolare è inferiore a quello del DNA.

Basi pirimidiniche

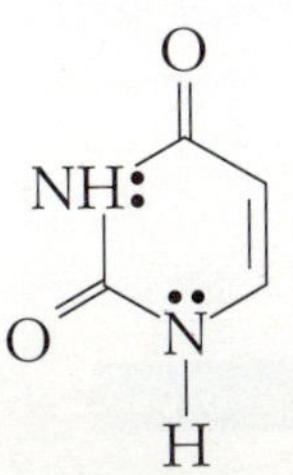
uracile (U)

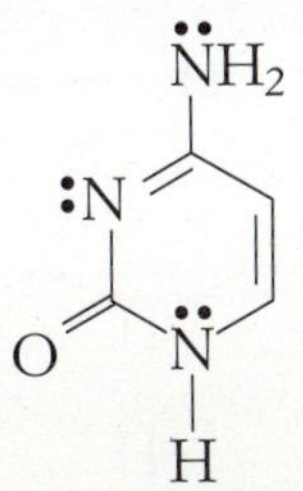
citosina (C)

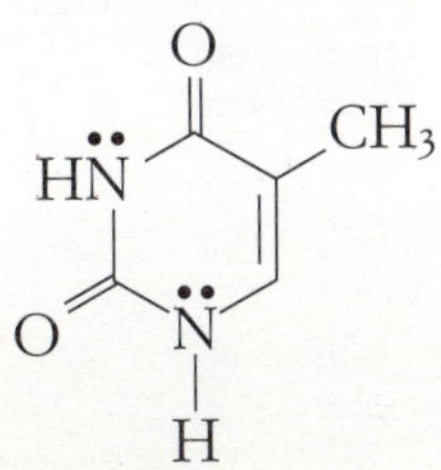
timina (T)

Basi puriniche

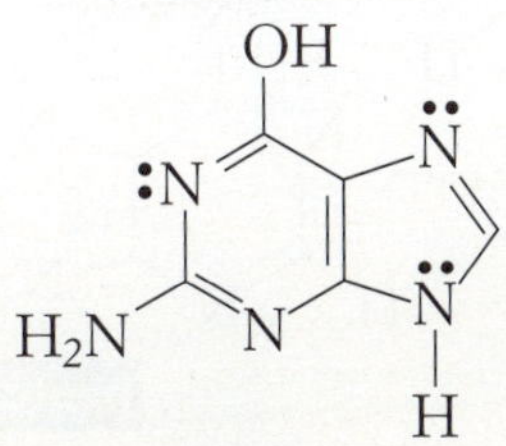
guanina (G)

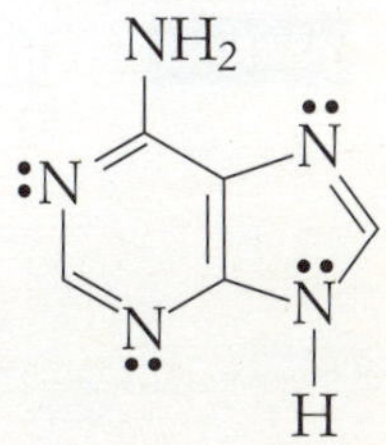
adenina (A)

FIGURA 3.7 La doppia elica del DNA e il suo meccanismo di replicazione.

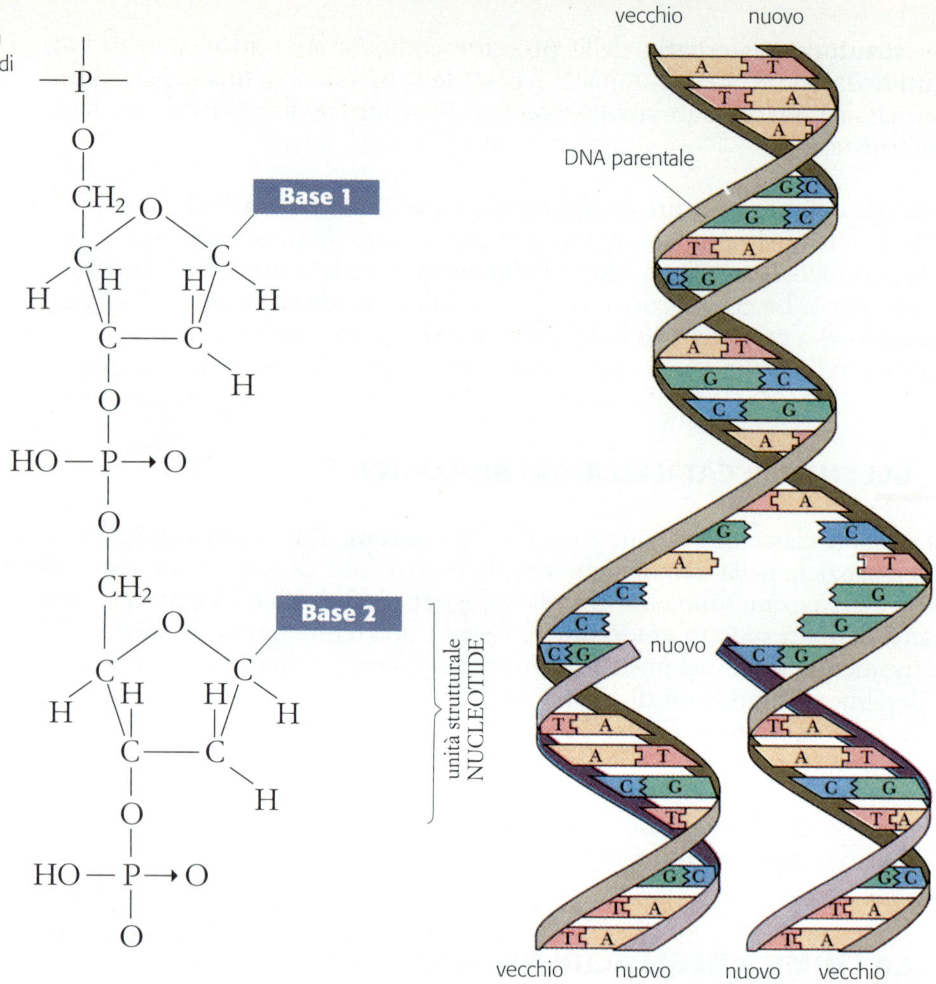

Nel 1953 James Watson e Francis Crick di Cambridge proposero per il DNA la famosa struttura a doppia elica ▸figura 3.7. Due catene di DNA, attratte da legami a idrogeno fra le basi organiche dei due rami, si appaiano e formano una microscopica e lunga scala a chiocciola, i cui gradini sono le quattro basi puriniche e pirimidiniche che abbiamo elencato.

Gli accoppiamenti delle basi organiche (i gradini della scala) non sono casuali: l'adenina si lega mediante legami a idrogeno con la timina (A···T) e la guanina solo con la citosina (G···C):

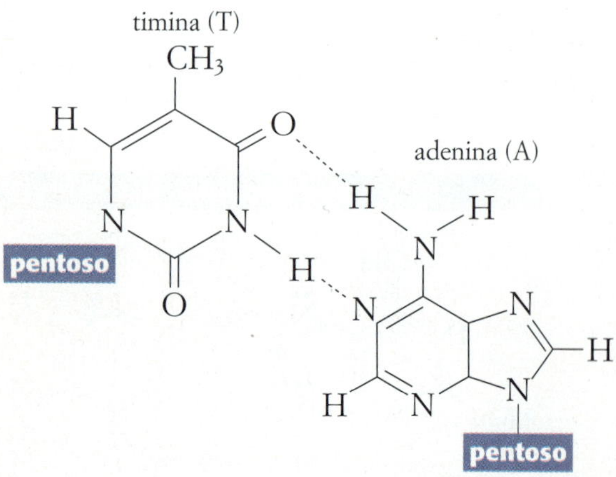

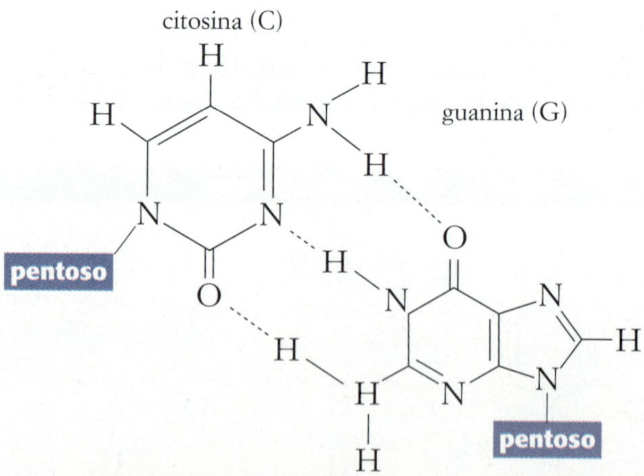

La conseguenza immediata dell'appaiamento è che la sequenza di basi lungo una catena determina anche la sequenza di basi sull'altra catena; si dice infatti che le basi organiche degli acidi nucleici sono *complementari.*

Pertanto, se la sequenza di basi di una catena è:

—G—C—A—T—G—G—

per complementarità l'altra catena dovrà essere:

—C—G—T—A—C—C—

I due filamenti sono uniti da legami idrogeno fra le basi puriniche e pirimidiniche:

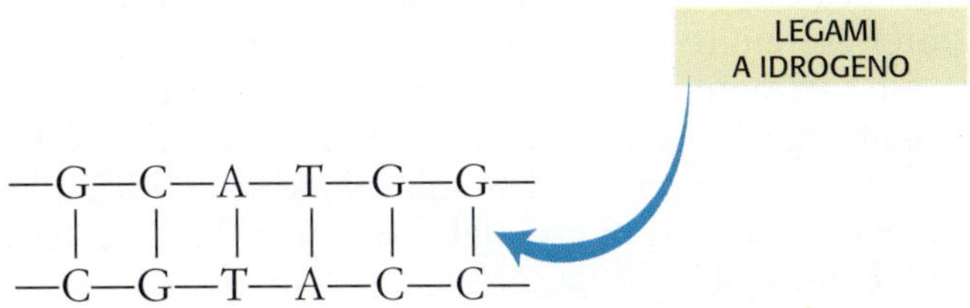

Lungo le spirali del DNA sono contenute tutte le informazioni per la riproduzione cellulare e per la sintesi proteica.

Quando una cellula si duplica (*mitosi*), le doppie eliche di DNA si **replicano**, cioè si separano per permettere la sintesi di nuovi filamenti secondo le regole di accoppiamento già viste, G con C e T con A. Così, al termine del processo, da una doppia elica iniziale si ottengono due doppie eliche perfettamente identiche.

Il DNA contiene le informazioni per la sintesi delle proteine: a ogni tre basi sulla molecola di DNA (tripletta) corrisponde un certo amminoacido. Un tratto di DNA che codifica per una determinata proteina è chiamato *gene*. I geni, quindi, determinano la struttura primaria delle proteine, cioè la sequenza degli amminoacidi. Questo vale per tutte le proteine di un organismo, siano esse proteine strutturali, enzimi, recettori, ormoni, proteine di riserva o proteine di trasporto.

Il DNA però non è coinvolto direttamente nella sintesi delle proteine: esso infatti si trova nel nucleo, mentre la sintesi proteica avviene nel citoplasma. Il messaggio genetico viene prima trascritto in una molecola di RNA, chiamata *RNA messaggero* (mRNA), che esce dal nucleo e viene poi tradotto in una proteina.

Il primo passaggio, la **trascrizione** di un gene, prevede l'apertura della doppia elica del DNA e la sintesi di un filamento di mRNA complementare, ad opera di specifici enzimi. Nel citoplasma avviene la seconda tappa: la **traduzione.** Qui l'mRNA si lega ai ribosomi, che sono le «fabbriche» dove avviene la sintesi proteica. Il ribosoma è un organello cellulare composto da proteine e da un altro tipo di RNA, l'*RNA ribosomiale* (rRNA). Alla costruzione della nuova proteina partecipa anche un terzo tipo di RNA, l'*RNA di trasporto* (tRNA) che ha il compito di trasportare i singoli amminoacidi fino al ribosoma.

Il ribosoma legge il messaggio genetico che è contenuto nell'mRNA e lega tra di loro gli amminoacidi (ognuno trasportato dal suo tRNA) nella sequenza corretta. L'energia necessaria alla formazione del legame peptidico tra due amminoacidi è fornita dall'**ATP** (adenosintrifosfato) ▸figura 3.8 che è la «moneta energetica» della cellula.

FIGURA 3.8 Struttura dell'ATP (adenosintrifosfato).

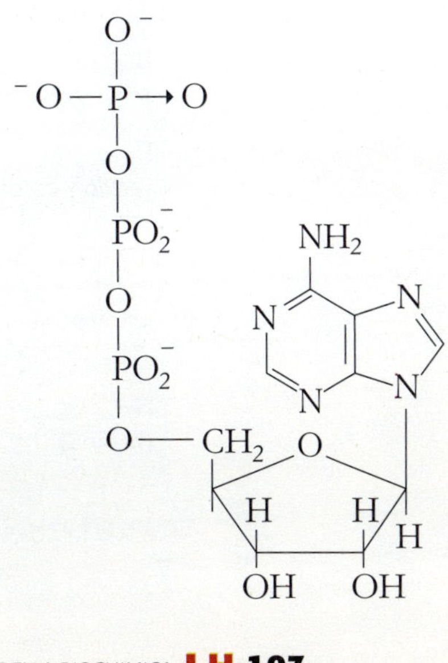

7. LE VITAMINE

La parola vitamina significa «sostanza azotata necessaria alla vita». Le vitamine sono contenute nei cibi che quotidianamente ingeriamo. Esse sono necessarie, in piccole quantità, al buon funzionamento del nostro corpo, che non è in grado di produrre da solo queste sostanze (fatta eccezione per la vitamina D che l'uomo sintetizza per esposizione alla luce solare).

Le quantità di vitamine da ingerire quotidianamente sono variabili e dipendono dal peso corporeo, dall'età, dall'attività fisica. Un certo numero di vitamine, principalmente le vitamine idrosolubili del gruppo B, sono dei coenzimi, cioè sono molecole capaci di rendere attivi gli enzimi. La struttura proteica di alcuni enzimi ha quindi bisogno di unirsi a queste molecole per poter esercitare la specifica azione catalizzatrice.

Le vitamine hanno strutture molecolari diverse l'una dall'altra, perciò la classificazione non si basa sul tipo di struttura. Nella maggioranza dei casi si tralascia la complicata denominazione scientifica e le vitamine vengono identificate sulla base di una sigla costituita da 1 o 2 lettere maiuscole seguite da indici numerici.

TABELLA 3.2 Le funzioni delle vitamine idrosolubili.

Vitamina	Fabbisogno quotidiano	Fonte	Funzione	Effetti dovuti alla carenza
B_1 (tiamina)	1,5 mg	latte, burro, . olio di fegato di merluzzo, vegetali verdi	coenzima	beriberi, neuriti, disordini mentali
B_2 (riboflavina)	1,8 mg	cereali, lievito, noci, carne	coenzima	piaghe, screpolature
B_3 (niacina)	20,0 mg	lievito, carne germe di grano	coenzima	pellagra
B_6 (piridossina)	1,5 mg	tuorlo d'uovo, lievito, fegato, germe di grano	coenzima	dermatiti, irritabilità, senso di debolezza
B_{12} (cianocobalamina)	1,2 mg	carne, rene, fegato	coenzima	anemia perniciosa
C (acido L-ascorbico)	5,0 mg	frutta, agrumi,	implicata vegetali del collagene	scorbuto nella formazione
acido pantotenico	10-16 mg	pesce, latte, uova, fegato	componente del coenzima A	difficoltà a parlare, senso di fatica, nausea
H (biotina)	0,20 mg	uova, latte, fegato	coenzima	depressione, dermatiti, dolori muscolari
acido folico	0,5 mg	vegetali a foglia verde, fegato	coenzima	anemia

TABELLA 3.3 Le funzioni delle vitamine liposolubili.

Vitamina	Fabbisogno quotidiano	Fonte	Funzione	Effetti dovuti alla carenza
A (retinolo)	1,5 mg	olio di fegato di merluzzo, latte, burro, carote	costituente della rodopsina un pigmento visivo	ridotta visibilità notturna
D (calciferolo)	10,0 μg	tuorlo d'uovo, olio di pesce	favorisce l'assorbimento del calcio	decalcificazione delle ossa, rachitismo
E (tocoferolo)		pesce, uova, latte, vegetali verdi	antiossidante	precoce invecchiamento delle arterie
K		vegetali, uova, fegato	favorisce la coagulazione del sangue	emorragia

Le vitamine si suddividono in due gruppi: quelle che si sciolgono in acqua e che sono chiamate *vitamine idrosolubili* ▸tabella 3.2; quelle che si sciolgono nei grassi e, per questo, sono denominate *vitamine liposolubili* ▸tabella 3.3.

Come si vede nelle tabelle, le principali vitamine sono:

1. vitamine idrosolubili: tiamina (vit.B_1), riboflavina (vit.B_2), acido nicotinico (vit.B_3) chiamata anche vitamina PP (la vitamina serve a «Prevenire la Pellagra»), piridossina (vit.B_6), cianocobalamina (vit.B_{12}), acido L-ascorbico (vit.C), acido pantotenico, biotina e acido folico;
2. vitamine liposolubili: retinolo (vit.A), calciferolo (vit.D), tocoferolo (vit.E), vitamina K.

1. I CARBOIDRATI

1. I carboidrati sono prodotti a partire da acqua e CO_2 attraverso un processo denominato:
   A metabolismo
   B respirazione
   C saponificazione
   D fotosintesi

2. I carboidrati possono contenere i gruppi funzionali:
   A —CHO
   B —OH
   C $—CO^-$
   D tutti e tre i gruppi

3. Il carboidrato $CH_2OH—CHOH—CHOH—CHO$ è:
   A un chetotetroso
   B un aldotetroso
   C un chetopentoso
   D un aldopentoso

4. L'atomo chirale del 2-esanolo è:
   A il carbonio 1
   B il carbonio 2
   C il carbonio 3
   D il carbonio 5

5. Nel D-glucosio l'OH del carbonio 5 è:
   A sopra
   B sotto
   C a sinistra
   D a destra

6. Il disaccaride composto da D-fruttosio e D-glucosio è chiamato:
   A maltosio
   B galattosio
   C saccarosio
   D lattosio

7. Il polisaccaride presente nel legno delle piante è:
   A l'amilopectina
   B l'amilosio
   C il glicogeno
   D la cellulosa

8. Quale ruolo hanno gli zuccheri negli organismi viventi?

9. Scrivi le formule del fruttosio e del glucosio.

10. Scrivi le formule di un aldoso e di un chetoso.

11. Quale atomo di carbonio è responsabile della configurazione assoluta di uno zucchero?

2. I LIPIDI

12. Quali sono le sostanze grasse che compaiono con maggior frequenza nella dieta?

13. Scrivi la struttura di un gliceride e individuane il gruppo funzionale caratteristico.

14. Qual è la formula dell'acido oleico?

15. Che cosa sono le margarine e come si ottengono industrialmente?

16. Quali cibi hanno il più alto valore calorico?

17. Scrivi l'equazione di idrolisi alcalina, con NaOH, del seguente trigliceride:

$CH_2OCO(CH_2)_{16}CH_3$
|
$CHOCO(CH_2)_{16}CH_3$
|
$CH_2OCO(CH_2)_{16}CH_3$

18. Come si può sintetizzare un gliceride?

19. Scegli tra i seguenti il solvente più adatto per sciogliere un lipide:
   A acqua
   B alcol etilico
   C benzina
   D acetone

20. Quale affermazione, fra le seguenti, *non* è corretta?
   A le margarine si preparano a partire da grassi animali
   B il glucosio è solubile in acqua
   C l'acido oleico non si scioglie in acqua

21. Quale acido, fra i seguenti, ha il punto di fusione più basso?
[A] $CH_3(CH_2)_{18}COOH$
[B] $CH_3(CH_2)_{16}COOH$
[C] $CH_3(CH_2)_7CH{=}CH(CH_2)_7COOH$

22. I lipidi che contengono gli acidi grassi sono:
[A] gli steroidi
[B] i fosfolipidi
[C] le cere
[D] i trigliceridi

23. Il nome di $CH_3(CH_2)_{16}COOH$ è:
[A] carboidrato
[B] acido butirrico
[C] acido oleico
[D] acido stearico

24. Un acido monoinsaturo contiene, lungo la catena idrocarburica:
[A] solo legami singoli
[B] un doppio legame
[C] due doppi legami
[D] tre doppi legami

25. La reazione di un gliceride che produce tre acidi grassi e glicerina è una:
[A] esterificazione
[B] saponificazione
[C] idrolisi basica
[D] idrolisi acida

3. GLI AMMINOACIDI

26. La formula R—CH(NH_2)—COOH indica:
[A] una proteina
[B] un acido
[C] un'ammina
[D] un amminoacido

27. Qual è il nome di CH_3—CH(NH_2)—COOH:
[A] glicina
[B] alanina
[C] valina
[D] acido glutammico

28. Un amminoacido essenziale è un amminoacido che:
[A] è di origine sintetica
[B] è sintetizzato dalle cellule
[C] manca nella dieta
[D] è fornito dalla dieta

4. LE PROTEINE

29. Descrivi che cosa s'intende con struttura primaria e secondaria delle proteine.

30. Tutte le proteine hanno una struttura quaternaria?

31. Una proteina, sottoposta a riscaldamento, subisce modificazioni?

32. In quale parte della cellula avviene la sintesi delle proteine?

33. Scrivi la struttura di un tripeptide formato dai seguenti amminoacidi: glicina, alanina, serina.

34. Nelle proteine il legame tra i singoli amminoacidi è chiamato:
[A] legame ionico
[B] legame peptidico
[C] legame doppio
[D] legame acilico

35. Una catena proteica è un esempio di:
[A] isomero
[B] polimero
[C] enantiomero
[D] monomero

36. Il legame che determina la struttura secondaria delle proteine è:
[A] un legame idrogeno
[B] un legame covalente
[C] un'attrazione idrofila
[D] un legame ionico

5. GLI ENZIMI: CATALIZZATORI BIOLOGICI

37. Qual è il ruolo degli enzimi nelle cellule?

VERIFICHE

38. Quale fattore fa aumentare la velocità di una reazione catalizzata da un enzima?
A abbassamento della temperatura
B innalzamento della temperatura
C aggiunta di alcol
D aggiunta di più sostanza

6. LA CHIMICA DEGLI ACIDI NUCLEICI

39. Che cosa sono il DNA e l'RNA?

40. Le basi azotate nell'RNA sono:
A A, G, T
B A, G, C, U
C A, G, C, T
D A, G, U

41. La timina si trova :
A nel DNA
B nell'RNA
C sia nell'RNA sia nel DNA
D né nell'RNA né nel DNA

42. Il ribosio si trova:
A nel DNA
B nell'RNA
C sia nell'RNA sia nel DNA
D né nell'RNA né nel DNA

43. La sequenza complementare di un filamento di DNA che abbia la sequenza CGAT è:
A GCTA
B ATCG
C GCUA
D CGAT

COSTRUISCI LA COMPETENZA

OBIETTIVO scrivere e denominare le formule dei principali carboidrati, lipidi e amminoacidi

RISOLVI I SEGUENTI QUESITI

1. Perché certe sostanze pure, come le proteine e la cellulosa, non esistono né allo stato liquido né allo stato gassoso?
2. Definisci che cos'è un carboidrato e scrivi le formule dei principali carboidrati.
3. Confronta la solubilità in acqua dei lipidi, dei carboidrati e degli amminoacidi. Qual è la ragione del loro diverso comportamento?
4. Quanti differenti dipeptidi si possono formare dagli amminoacidi glicina e alanina?

OBIETTIVO spiegare la struttura primaria, secondaria, terziaria e quaternaria delle proteine

RISOLVI I SEGUENTI QUESITI

5. Che cosa comporta la struttura secondaria delle proteine? Quanti tipi di strutture secondarie conosci?
6. Quali sono i fattori che possono modificare in maniera irreversibile la struttura delle proteine?
7. Che cosa si intende per struttura terziaria?

OBIETTIVO spiegare la funzione degli enzimi

RISOLVI I SEGUENTI QUESITI

8. Descrivi le principali caratteristiche di un enzima.
9. Un enzima è una proteina oppure un acido nucleico?

OBIETTIVO illustrare la struttura del DNA e dell'RNA

RISOLVI I SEGUENTI QUESITI

10. Descrivi i differenti ruoli del DNA e dell'RNA nella cellula.
11. Descrivi le regole di accoppiamento delle basi azotate nel DNA.
12. Descrivi come avviene nella cellula la sintesi delle proteine.

Pensa come uno scienziato

1 Trova i gruppi funzionali che sono contenuti nelle seguenti molecole di interesse biochimico.

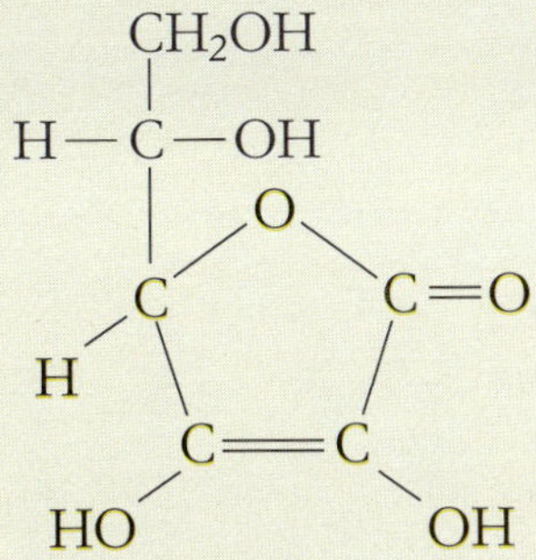

vitamina C
(acido L-ascorbico)

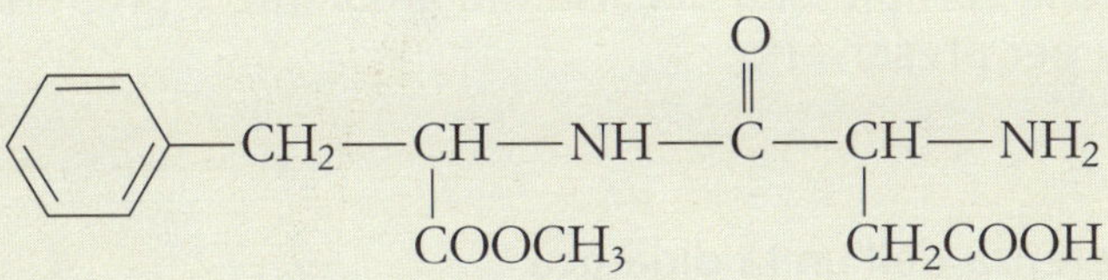

aspartame
(un dolcificante di sintesi a basso contenuto energetico)

2 Completa la seguente tabella:

Nome	Struttura del monosaccaride	Struttura del disaccaride	Struttura del polisaccaride
glucosio			
fruttosio			
amido			
saccarosio			
cellulosa			
glicogeno			
lattosio			
maltosio			

Unità 4

COMPETENZA

Descrivere la complessità del sistema ambiente e proporre interventi per preservarlo.

La competenza dell'unità didattica
è costruita ponendosi i seguenti obiettivi:

- **1.** Definire gli ecosistemi e le relazioni tra organismi viventi e materia.
- **2.** Descrivere le principali cause di inquinamento e i sistemi di depurazione dell'acqua.
- **3.** Descrivere i cicli naturali del carbonio, dell'ossigeno e dell'azoto.
- **4.** Spiegare come il riciclo può aiutarci a conservare le risorse non rinnovabili.
- **5.** Illustrare le principali cause dell'inquinamento atmosferico.

La chimica e l'ambiente

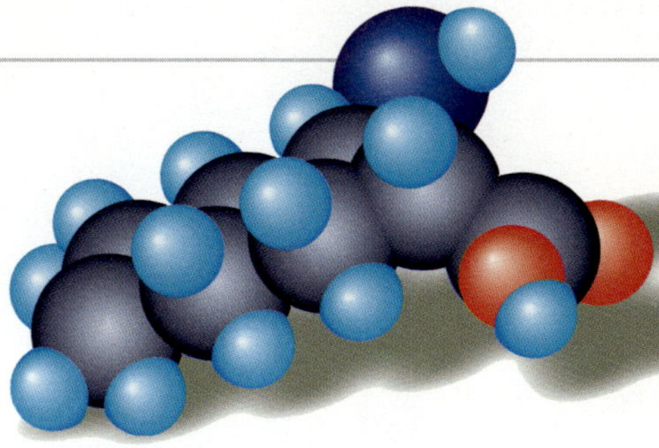

Per la soluzione dei problemi sia sociali sia tecnologici, la conoscenza scientifica è indispensabile, ma non sufficiente. Si parla spesso di «non sostenibilità» dello sviluppo attuale, ma non per invertire la direzione dello sviluppo, bensì per indirizzarla, tenendo presenti due importanti fattori:

1. le risorse sono limitate ▸tabella 4.1 e distribuite in maniera non uniforme sul pianeta ▸tabella 4.2;
2. le attività umane possono danneggiare gli equilibri della biosfera, dell'atmosfera e dell'idrosfera più di quanto già non avvenga per cause naturali.

In questa unità tratteremo di alcuni temi ambientali riguardanti la «nave spaziale Terra» ▸figura 4.1. Diamo innanzitutto la definizione di ecosistema:

Un ecosistema è un'unità ambientale ospitante varie comunità biologiche coinvolte in cicli di trasformazione, consumo e decomposizione di materiali organici e inorganici.

TABELLA 4.1 Previsione 1990 del MIT (Massachusetts Institute of Technology) sulla durata delle riserve mondiali di metalli.

Metallo	Anni
rame	36
alluminio	100
ferro	240
piombo	26
mercurio	13
stagno	17
zinco	23

TABELLA 4.2 Percentuale delle risorse mondiali presenti nel Sud Africa.

Risorsa	Percentuale sulle risorse totali
territorio	0,8
popolazione	0,6
metalli del gruppo del Pt (Pd, Ir, Rh, Ru, Os)	75
cromo	68
oro	51
pietre preziose	34
titanio	25

FIGURA 4.1 La Terra vista dallo spazio.

FIGURA 4.2 Un ecosistema in miniatura: può scambiare solo energia (luce e calore) ma non materia.

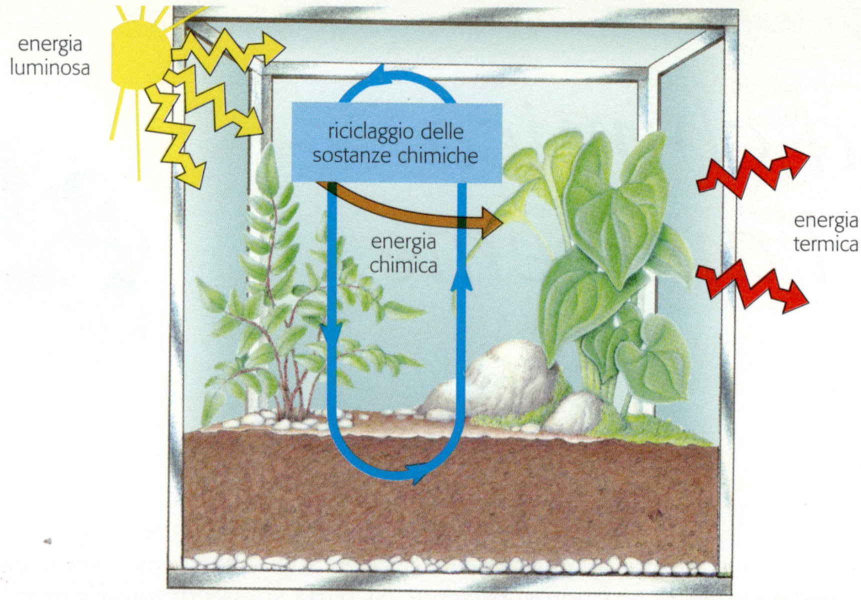

Un ecosistema sperimentale può essere realizzato in una semplice bottiglia di vetro, ponendo in essa alcune pietre, della sabbia, acqua di rubinetto e un po' d'acqua di mare, poi sigillando il tappo e lasciando la bottiglia alla luce del Sole ▸figura 4.2.

All'inizio avverranno il passaggio in soluzione degli ioni e dei composti principali costituenti le rocce (Ca^{2+}, Na^{+}, K^{+}, HCO_3^{-}, H_4SiO_4) e quello della CO_2 nella fase gassosa. La luce, che entra nella bottiglia, sarà catturata dalle alghe, che avvieranno la fotosintesi clorofilliana.

Gli organismi viventi in un ecosistema possono essere classificati in organismi *autotrofi* e in organismi *eterotrofi*.

Si dicono autotrofi gli organismi che sono in grado di utilizzare i materiali inorganici per produrre le complesse molecole organiche necessarie alla vita.

Nel nostro esempio le alghe sono organismi autotrofi. Dopo qualche tempo, nella bottiglia si formerà una quantità di sostanza organica sufficiente a sostenere altre specie viventi (batteri e piccoli animali) *eterotrofe*.

Si dicono eterotrofi gli organismi che richiedono materiali organici e inorganici per il loro nutrimento.

Essi degraderanno e consumeranno ciò che viene prodotto dalle piante, fino a quando la produzione e la degradazione si bilanceranno. Nella bottiglia si stabilirà allora un regime permanente, in cui la *biomassa* (l'insieme degli organismi, vivi e morti), le concentrazioni di ossigeno e di biossido di carbonio, e quella dei nutrienti raggiungeranno un valore costante.

Simili ecosistemi chiusi sono stati ricreati in laboratorio per un determinato periodo di tempo. Il più vecchio di questi, contenente batteri, piante e gamberetti, continua a vivere da vent'anni presso l'università delle Hawaii.

1. L'ECOSISTEMA ACQUA

L'acqua ha una triplice funzione negli ecosistemi: essa infatti agisce come reattivo, come solvente e come mezzo di trasporto dei nutrienti.

Il suolo è il nodo degli equilibri ambientali; le terre emerse, meno di un terzo di tutta la superficie del pianeta, contengono circa il 70% di terreno fertile e su di esso dimorano i due terzi di tutte le specie viventi, uomo compreso.

Gli ecosistemi acquatici (laghi, fiumi, stagni, lagune, oceani e mari) possono essere considerati unità ambientali, comprendenti un flusso di energia luminosa, una comunità biologica attiva e vari cicli di sostanze necessarie alla vita. Le acque dolci costituiscono, in particolare, uno degli ecosistemi più sensibili alle attività umane.

Tra gli anni 1960 e 1970 gli italiani si erano quasi abituati all'idea che i corsi d'acqua e le acque interne potessero essere morti. Acidi, basi, metalli pesanti, oli e tensioattivi, tutto finiva nei fiumi senza nessun controllo. Il lago d'Orta era morto da tempo, mentre il Lambro, l'Arno e i laghi di Mantova erano moribondi e pieni di pesci avvelenati. L'applicazione della legge Merli del 1976 ha lentamente riportato la vita nelle nostre acque.

Sia le acque dolci sia quelle degli oceani contengono parecchie sostanze, che sono continuamente assorbite e rigenerate da cicli geologici e biologici più o meno lunghi ▸figura 4.3.

I cicli delle sostanze presenti nell'acqua dipendono dalle interazioni con le rocce e con l'atmosfera, dall'assorbimento di emissioni vulcaniche, dalla fotosintesi, dalla respirazione e dalla decomposizione degli organismi e dalla formazione di sedimenti, come illustrato nella ▸figura 4.4.

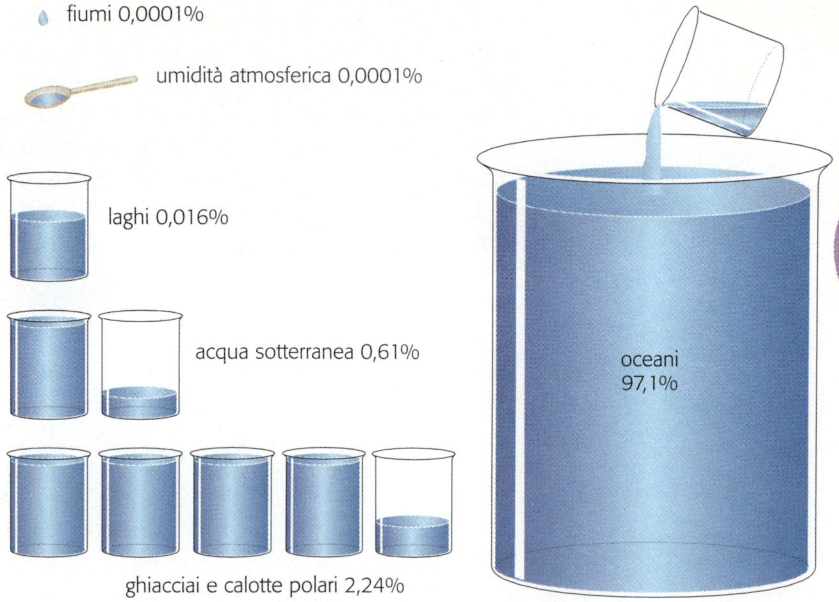

FIGURA 4.3 La distribuzione delle risorse idriche della Terra.

FIGURA 4.4 Rete connettiva delle relazioni tra oceani e altri comparti ambientali. L'acqua è mezzo di trasporto e al tempo stesso reattivo chimico che interviene nei processi di dissoluzione e precipitazione delle rocce.

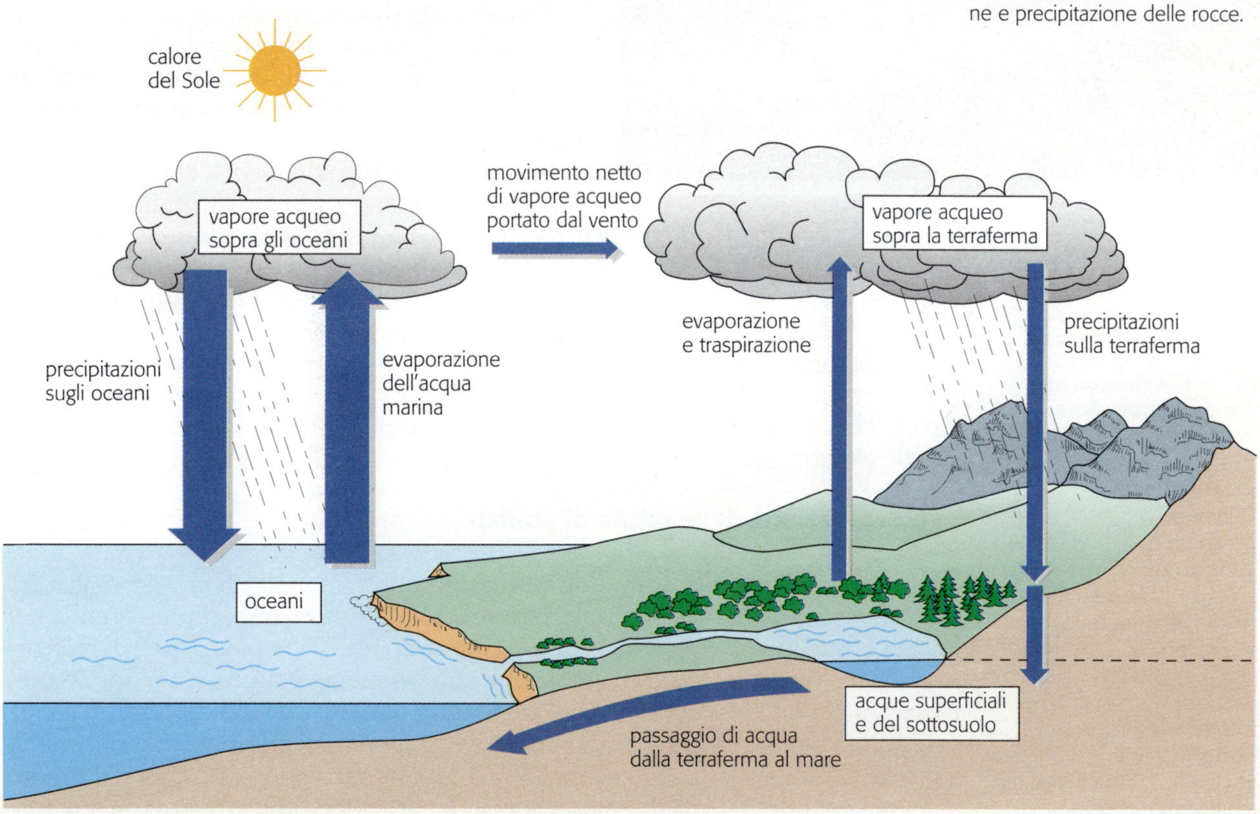

Per esempio, le rocce calcaree ($CaCO_3$) sono costituite dai resti degli organismi marini vissuti milioni di anni fa e accumulatisi nei fondali marini, quando la concentrazione di CO_2 nell'atmosfera e di ione HCO_3^- nel mare erano molto più elevate. I sedimenti, con l'azione del tempo e della pressione, si sono mineralizzati e, con l'incresparsi della crosta terrestre e il ritirarsi degli oceani, hanno originato le attuali catene montuose.

La dissoluzione-precipitazione del carbonato di calcio è descritta dalla reazione d'equilibrio:

$$CaCO_{3(s)} + CO_{2(g)} + H_2O_{(l)} \rightleftarrows Ca^{2+}{}_{(aq)} + 2HCO_3^-{}_{(aq)}$$

Per un sistema all'equilibrio contenente $CaCO_{3(s)}$, CO_2 atmosferica allo 0,03% e a 25 °C si possono calcolare i seguenti valori:

$$[HCO_3^-] = 1 \cdot 10^{-3}\ M \qquad [Ca^{2+}] = 5 \cdot 10^{-4}\ M \qquad pH = 8{,}3$$

Lo ione HCO_3^- sciolto nell'acqua di mare ammonta a 60 volte il carbonio atmosferico contenuto come CO_2. Tale carbonio è utilizzato con grande efficienza dagli organismi acquatici per costituire alghe, tessuti molli e gusci.

Come si uccide un lago: l'eutrofizzazione

FIGURA 4.5 Un fenomeno di eutrofizzazione delle acque.

L'inquinamento cronico di un ecosistema acquatico prende spesso il nome di **eutrofizzazione** ▸figura 4.5.

L'eutrofizzazione consiste nella crescita smisurata di alcune alghe, con conseguente impoverimento delle sostanze nutritive dell'ambiente lacustre. Esauriti i nutrienti, le alghe vanno in putrefazione e le reazioni di decomposizione provocano una drastica diminuzione dell'ossigeno disciolto. Senza ossigeno, la vita diviene impossibile per i pesci. Il fosforo, sotto forma di ione fosfato, è la causa scatenante dell'eutrofizzazione.

Per evitare il fenomeno dell'eutrofizzazione, che ha colpito anche il mare Adriatico, la legge italiana ha ridotto a meno dell'1% il contenuto di fosforo (presente come tripolifosfato, $Na_5P_3O_{10}$) nei detersivi. In sostituzione dei polifosfati le nuove formulazioni adottano altri agenti in grado di sequestrare o complessare gli ioni Ca^{2+} e Mg^{2+}, come le zeoliti sintetiche di tipo A e l'acido citrico.

Il fosforo dei fosfati continua a essere usato in agricoltura per rendere più efficiente il processo fotosintetico e l'assimilazione dei concimi azotati, e in parecchie attività industriali. Ma non si deve dimenticare l'apporto di fosforo delle «acque luride» provenienti dalle città e dagli allevamenti.

■ Come si spiega il ruolo critico del fosforo? Se le alghe fossero un composto chimico la loro formula sarebbe, all'incirca, $C_{106}H_{263}O_{110}N_{16}P_1$. Ogni alga, per crescere, utilizza carbonio, azoto e fosforo solo nel rapporto C:N:P = 106:16:1. L'ambiente acquatico contiene normalmente tutto il carbonio e l'azoto necessari, ma solo tracce di fosforo, che costituisce quindi il *fattore limitante* della crescita. Da ogni grammo di P si ottengono ben 112 grammi di alghe (come peso secco).

La depurazione delle acque di scarico

La depurazione delle acque di scarico urbane e industriali si può realizzare per mezzo di un notevole numero di schemi di trattamento, il più comune dei quali è quello a *fanghi attivi.* Questi non sono altro che una massa di microrganismi sospesa e tenuta in agitazione con aerazione continua. La flora batterica consuma l'ossigeno e le sostanze inquinanti per accrescersi. L'acqua depurata biologicamente e i fanghi attivi vengono poi trasferiti in una zona di quiete, in cui avviene la decantazione. I fanghi attivi sono pompati dal fondo, del decantatore e *riciclati* nella vasca di depurazione biologica ▸figura 4.6.

A

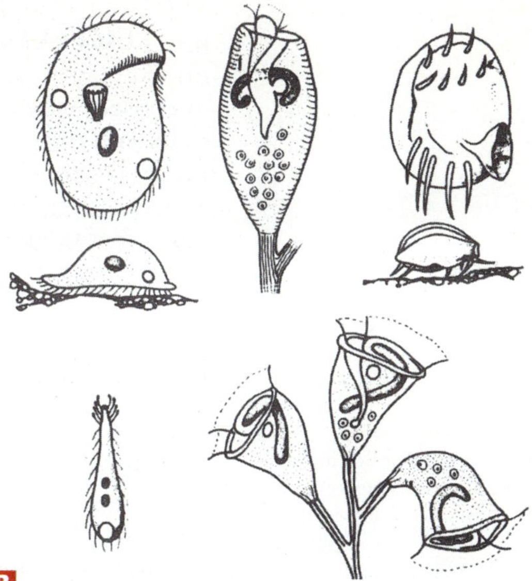

B

FIGURA 4.6
A Depuratore a fanghi attivi.
B Protozoi ciliati presenti nei fanghi attivi e nei filtri percolatori.

L'eccedenza dei fanghi viene invece inviata alla *linea di trattamento fanghi*. *Stabilizzare* i fanghi significa ridurre della metà il loro contenuto di sostanza organica: in tali condizioni essi non sono più soggetti a putrefazione e sono meglio filtrabili e accumulabili.

L'acqua privata del carico organico fuoriesce dalla sommità del decantatore e subisce un trattamento di *disinfezione*, prima di essere scaricata in un corpo ricettore (fiume, lago, mare).

Prima di giungere alla fase di **depurazione biologica**, che abbiamo descritto, l'acqua deve subire un trattamento *primario* e poi un trattamento *fisico-chimico*.

Il **trattamento primario** consiste in una serie di operazioni che sottraggono ai liquami in entrata i solidi più grossolani e le parti più pesanti (per esempio la sabbia) e più leggere (per esempio gli oli) che tendono a depositarsi o a stratificarsi.

Il **trattamento fisico-chimico** comprende reazioni di precipitazione (con $Ca(OH)_2$), neutralizzazione del pH (con H_2SO_4), di ossigenazione e flocculazione (con Al^{3+}). Vengono «abbattuti» in questo modo molti metalli come idrossidi insolubili e il fosforo inorganico ($AlPO_4$). L'ossidazione trasforma Fe^{2+} in Fe^{3+} e impedisce la putrefazione nella successiva decantazione. Le acque chiarificate, a questo punto, contengono principalmente composti organici solubili e sono inviate alla vasca di ossidazione biologica con fanghi attivi.

La depurazione descritta *non elimina* le sostanze inquinanti, ma le trasforma concentrandole in una sostanza organica (i fanghi stabilizzati e pressati). Dopo svariati anni di applicazione di questa rapida «tecnica di emergenza» le possibilità di accumulo dei fanghi nei depuratori comunali e nei perimetri delle industrie si sono ridotte. Solo una piccola parte dei fanghi, infatti, trova applicazione come fertilizzante in campo agricolo; la parte restante viene interrata nelle *discariche a strati* o bruciata.

Una soluzione più sensata è certamente la depurazione *anaerobica*, cioè in assenza di ossigeno, che avviene in fermentatori chiusi. La flora batterica che si sviluppa in condizioni anaerobiche non tende a moltiplicarsi (agisce solo da catalizzatore) e la componente organica del liquame si trasforma in gas (contenente metano, H_2S, H_2, CO_2) dal quale si recupera energia. La depurazione anaerobica mediante fermentazione metanica produce un quantitativo di fanghi del 35-50% inferiore a quello prodotto dalla depurazione aerobica. Questa tecnica non ha avuto ancora il successo che merita, perché la depurazione richiede tempi più lunghi e costi maggiori per il personale di controllo e di gestione.

2. I CICLI VITALI

La conservazione della vita sul nostro pianeta è legata alla presenza di *cicli vitali* che consentono il rifornimento naturale di azoto, ossigeno e carbonio alle forme di vita. I cicli naturali sono caratterizzati da una fase in cui il materiale disperso viene concentrato e *riorganizzato*. Questo implica una diminuzione dell'*entropia*, diminuzione conquistata dagli organismi viventi attraverso un sapiente utilizzo della più abbondante forma di energia rinnovabile: la radiazione solare.

Il ciclo del carbonio e dell'ossigeno

L'energia chimica immagazzinata come carboidrati dalla fotosintesi ammonta a circa 1000 EJ (10^{21} J) all'anno. Per il 30% è prodotta dalle microalghe (fitoplancton) dei mari. L'energia *rinnovabile* equivale a circa 3 volte i consumi mondiali di energia e a 1/7 delle riserve stimate di petrolio.

Il carbonio è l'elemento più importante per la vita, in quanto è un componente delle molecole di ogni organismo vivente. Ma come ottengono il carbonio necessario gli esseri viventi? La risposta è molto semplice: dal diossido di carbonio (CO_2) presente nell'atmosfera per lo 0,03%; da esso derivano sia il carbonio organico sia l'ossigeno indispensabile alla vita. Tutto avviene in quel meraviglioso e complicato processo che è conosciuto come *fotosintesi clorofilliana.* Come abbiamo detto, sono detti autotrofi alcuni microrganismi e le piante che sono in grado di sintetizzarsi da sole sostanze organiche, utilizzando solo fonti minerali. Nella parte verde delle piante e delle alghe marine, in seguito alla fotosintesi, avviene la sintesi di un composto organico (il glucosio) con contemporanea liberazione di ossigeno, necessario alla respirazione.

$$6CO_2 + 6H_2O + 2826\ \text{kJ} \underset{\text{respirazione}}{\overset{\text{fotosintesi}}{\rightleftharpoons}} C_6H_{12}O_6 + 6O_2$$

$$\text{diossido di carbonio} + \text{acqua} + \text{energia solare} \rightleftharpoons \text{glucosio} + \text{ossigeno}$$

FIGURA 4.7 Il ciclo del carbonio e dell'ossigeno.

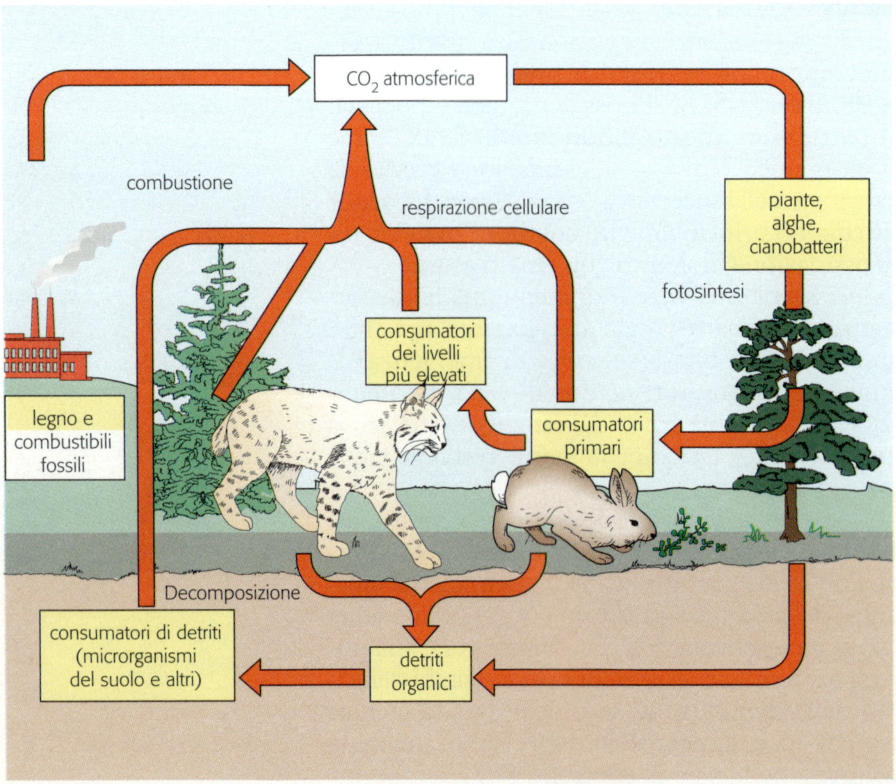

Mediante la fotosintesi l'energia solare è trasformata in energia chimica attraverso la sintesi del glucosio.

Nella *respirazione cellulare* questo processo si inverte, con liberazione di diossido di carbonio e di energia. Nella cellula, l'energia chimica del glucosio è trasformata in ATP, una molecola che funziona come una «moneta energetica» figura 4.7. Le piante rappresentano la fonte principale di carbonio per tutti gli eterotrofi, direttamente (erbivori) o indirettamente (carnivori). Il carbonio dell'atmosfera si rinnova completamente in circa cento anni, mentre per l'ossigeno il ciclo è più lungo: 8000 anni.

Il ciclo dell'azoto

Anche l'azoto gioca un ruolo fondamentale nel processo vitale. Molecole importanti come le *proteine*, le *vitamine*, gli *enzimi*, gli *ormoni* contengono atomi di azoto nella loro struttura: ogni persona deve assumere, quotidianamente, circa 50 g di azoto. La fonte principale di azoto è, ancora una volta, l'atmosfera, nella quale è presente per l'80% circa. Sfortunatamente, sotto questa forma l'azoto non è utilizzabile. Alcuni microrganismi come il genere *Rhizobium*, che vive in simbiosi con le leguminose, sono capaci di trasformare l'N_2 atmosferico in nitrati assimilabili NO_3^-. Un ettaro di terreno coltivato a leguminose può fissare, in questo modo, anche 40 kg all'anno di azoto atmosferico.

Con i fulmini, l'ossigeno e l'azoto si combinano e formano NO, che si trasforma, a bassa temperatura, in NO_2 e poi in HNO_3. Si calcola che sulla superficie della Terra cadano ogni giorno, con le piogge, 250 000 t di acido nitrico. Lo ione NO_3^-, data la sua solubilità e lo scarso trattenimento da parte del suolo, è facilmente assorbito dalle radici. Il nitrato è poi ridotto a NH_4^+, con un costo energetico sostenibile grazie alla fotosintesi. Le piante assimilano quindi l'azoto in forma ammoniacale, inserendolo nel metabolismo del carbonio, e lo incorporano nelle proteine e in altre complesse molecole organiche.

Dalla decomposizione degli organismi superiori (piante e animali), invece, deriva NH_4^+. Le riserve di azoto del nostro pianeta sono costituite per il 94-98% da azoto ammoniacale. Questo viene lentamente ossidato, dopo una serie di reazioni, dai batteri nitrificanti), in NO_3^-:

Nel rapporto 1991 del World-Watch Institute, la graduatoria dei provvedimenti da attuare per la conservazione delle risorse e lo smaltimento razionale dei rifiuti vede al primo posto la riduzione della loro produzione, al secondo il riciclaggio, al terzo l'incenerimento e all'ultimo la discarica a strati.

$$2NH_3 + 3O_2 \longrightarrow 2H_3O^+ + 2NO_2^-$$

$$2NO_2^- + O_2 \longrightarrow 2NO_3^-$$

Questi microrganismi ricavano energia dall'ossidazione dell'azoto (III) ad azoto (V). Il nitrato non si accumula poiché è rapidamente assorbito dalle piante e anche perché in parte viene convertito in azoto molecolare e N_2O, un ossido chimicamente inerte. A questo ultimo anello della catena provvedono altri batteri denitrificanti (genere *Nitrobacter*, *Azotobacter*) abitanti abituali del terreno.

Quindi, il ciclo dell'azoto inizia nell'atmosfera, passa attraverso le piante e gli animali per concludersi nuovamente nell'atmosfera ▸figura 4.8. Quanto tempo impiegano le molecole di N_2 dell'atmosfera a ricambiarsi completamente? Questo tempo è stato valutato in 10^8 (cento milioni) anni.

FIGURA 4.8 Il ciclo dell'azoto.

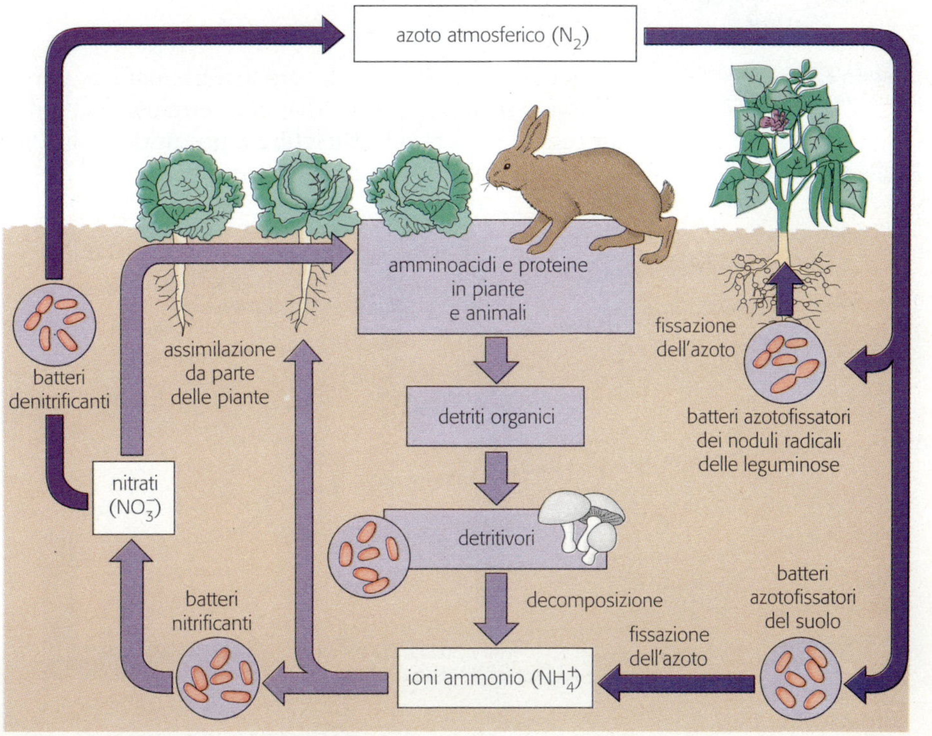

3. LE RISORSE E IL RICICLO

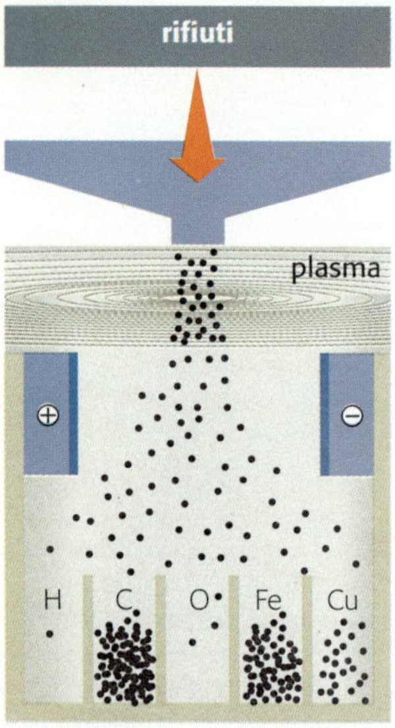

FIGURA 4.9 Una macchina ideale recupera e separa tutti i componenti dei rifiuti, ma con un consumo energetico estremamente elevato. Macchine simili sono state recentemente progettate per separare gli isotopi radioattivi delle scorie nucleari.

L'acqua potabile, il suolo fertile, le piante e gli animali, che possono essere rinnovati in breve tempo dai cicli naturali, rappresentano le **risorse rinnovabili**. Dobbiamo usare tali risorse a una velocità non superiore a quella con cui esse sono rigenerate. Altri materiali, come i metalli, il gas naturale, il carbone e il petrolio, sono **risorse non rinnovabili**. A differenza dei cicli naturali, i «cicli tecnologici» dell'uomo sono spesso interrotti e terminano con la **dispersione** nell'ambiente del materiale inservibile.

Per **conservare** le risorse non rinnovabili esistono tre possibilità:

1. costruire oggetti che abbiano una maggiore durata (più resistenti o riparabili);
2. sostituire alcune parti con materiali rinnovabili;
3. riciclare il materiale divenuto inservibile ▸tabella 4.3.

TABELLA 4.3 Oggetti realizzabili con plastica riciclata.

PET	PS	HDPE (polietilene ad alta densità)	PT
imbottiture per cuscini	videocassette	contenitori per latte e detergenti	vasi per fiori
giubbotti da sci	isolanti per abitazioni	base delle bottiglie di plastica per bibite	barriere spartitraffico
sacchi a pelo	giocattoli	giocattoli	paraurti
isolanti per abitazioni	attrezzatura da ufficio	coni spartitraffico	scatole portaoggetti
tappezzeria	raschietti per ghiaccio	sacchetti dei rifiuti	panchine
portauova	vassoi	scolapiatti	tavoli da pic-nic
	cucchiai	tubi di plastica	attrezzature per parco-giochi
	pettini	bidoni dei rifiuti	passerelle di attracco per barche
		segnali e insegne	recinti

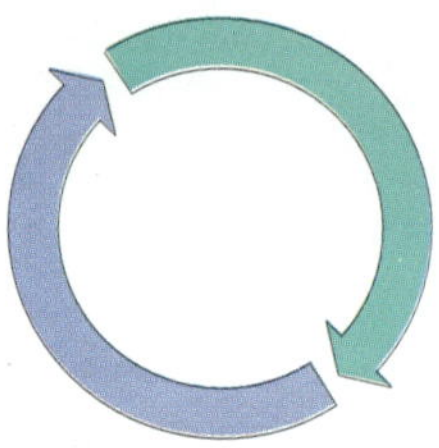

FIGURA 4.10 Questo simbolo indica i materiali riciclati.

La terza soluzione è la più problematica: per favorire il riciclo occorrono, infatti, strategie costruttive che rendano facile il recupero dei diversi materiali pregiati ▸figura 4.9. Riciclare è un modo di imitare la natura, cioè di produrre senza consumare eccessivamente le risorse ▸figura 4.11.

FIGURA 4.11 Il ciclo del rame.

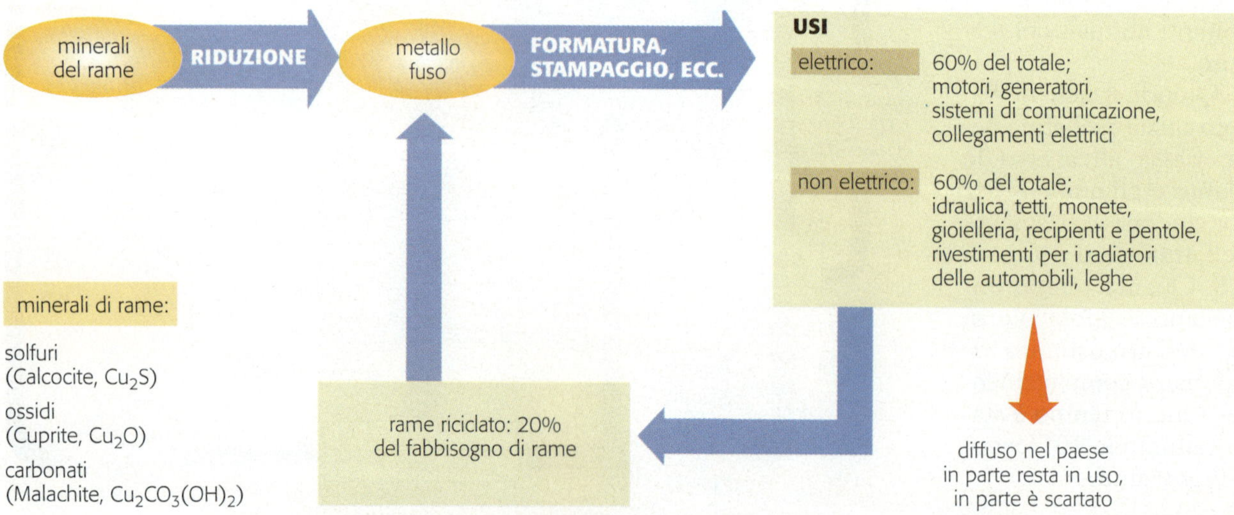

Nel recupero dei materiali dai rifiuti esistono due limitazioni:

1. il recupero non può essere completo in nessun caso;
2. è sempre richiesta energia.

Il principio di conservazione della massa ci dice che gli atomi non possono sparire, cioè non scompaiono durante le reazioni chimiche, ma tendono a mescolarsi. Quanto più il materiale da recuperare è eterogeneo, tanto meno completa è la separazione delle materie prime aventi valore economico. Quanto più i rifiuti sono ammassati disordinatamente o dispersi nell'ambiente, tanto maggiore è l'energia che occorre spendere per concentrarli e recuperarne i materiali. Per esempio, da una miscela omogenea di elementi è possibile, in linea di principio, recuperare e raggruppare per tipo tutti gli atomi costituenti, trasformando la miscela in un plasma (ad alta temperatura) e separando con campi elettrici e magnetici i diversi ioni, in base ai diversi rapporti carica/massa. Molta meno energia occorre se i materiali – alluminio, carta, rame, vetro, acciaio – sono già separati alla fonte.

4. L'INQUINAMENTO ATMOSFERICO

La parola **smog**, di origine inglese, è il frutto dell'unione dei due termini *smoke* e *fog*, che significano, rispettivamente, fumo e nebbia.

La combustione è la sorgente principale dei gas inquinanti. Quando brucia 1 kg di carbone o di petrolio, si liberano circa 3,3 kg di CO_2, insieme a 50 g circa di SO_2 e quantità variabili di CO, NO, NO_2 e fumo. Le polveri, gli ossidi di zolfo e di azoto, essendo solubili in acqua, ricadono a terra con la pioggia e si mantengono, mediamente, a una concentrazione bassa nell'aria (fenomeno delle piogge acide, ▸figura 4.12).

Un tipo di smog diverso da quello descritto sopra è lo **smog fotochimico** che si forma nelle giornate assolate, spesso in concomitanza con una situazione particolare, detta di *inversione termica*. Nelle città situate nel fondo valle, può accadere che la temperatura dell'aria sia più elevata in alta quota, rispetto allo strato sottostante. In questo caso lo strato d'aria più calda funziona da «tappo» e impedisce un normale ricambio dell'aria stessa, provocando un accumulo di sostanze tossiche ai livelli inferiori. Anche l'automobile è parti-

FIGURA 4.12 Una foresta devastata dalle piogge acide.

colarmente implicata in questo tipo di inquinamento: infatti la miscela di gas prodotta dalla combustione dei motori a scoppio si trasforma in smog fotochimico. I componenti principali di questo miscuglio tossico sono:

1. gli ossidi di azoto (NO e NO_2) sintetizzati nei cilindri delle automobili;
2. gli idrocarburi incombusti dei gas di scarico delle automobili;
3. le radiazioni solari comprese fra 3000 e 4000 Å, cioè nella zona dell'ultravioletto e del violetto.

La formazione dello smog inizia dalla decomposizione di NO_2 a opera della radiazione solare:

$$NO_2 + \text{fotoni UV} \rightarrow NO + O\cdot$$

L'ossigeno atomico, molto reattivo, si associa con una molecola di O_2 per formare l'ozono, il composto più attivo dello smog fotochimico:

$$\cdot O + O_2 \rightarrow O_3$$

L'ozono e l'ossigeno determinano poi una lunga serie di reazioni ossidative fra le molecole dei gas di scarico delle automobili. Si formano perciò aldeidi (R—CHO) e chetoni (R—CO—R), sostanze irritanti per le mucose (occhi e polmoni). A complicare il tutto contribuiscono anche gli ossidi di azoto, NO e NO_2, i quali, sotto la «spinta» dell'ozono, reagiscono con gli idrocarburi e formano derivati organici azotati, il cui principale componente è il perossiacetilnitrato, che è un potente lacrimogeno:

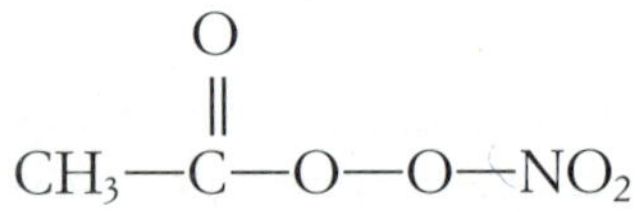

Perossi Acetil Nitrato (PAN)

TABELLA 4.4 Livelli di CO_2 nell'aria.

Anno	CO_2 (% in volume)
1870	0,0291
1900	0,0287
1920	0,0303
1930	0,0310
1960	0,0317
1965	0,0320
1970	0,0325
1974	0,0328
1976	0,0330
1978	0,0333
1980	0,0337
1982	0,0340
1983	0,0342
1985	0,0345

Inoltre l'ozono, così prezioso nella stratosfera, è molto tossico nell'aria che respiriamo. Tale gas si riconosce per l'«odore di saldatura»: la soglia della percezione olfattiva è appena di 10 parti per miliardo. A una concentrazione di 0,3 parti per milione, nell'arco di 8 ore, l'ozono provoca irritazioni alle vie respiratorie e contrazioni toraciche, mentre una concentrazione di 2 parti per milione per 2 ore provoca forte tosse. L'ozono danneggia, inoltre, le foglie delle piante, rallentandone la crescita e macchiettandole, distrugge i materiali in nylon (come le calze) e accelera l'irrancidimento delle sostanze grasse.

La ▸tabella 4.5 riassume i principali inquinanti dell'atmosfera, le sorgenti e i danni che possono arrecare, nonché i limiti previsti dalla legge sulle emissioni.

Se i problemi della prima epoca industriale erano limitati alle zone di produzione degli inquinanti, l'uomo moderno ha introdotto mutamenti su scala planetaria. Alcuni gas, come CO_2, CH_4, N_2O e clorofluorocarburi sono infatti particolarmente stabili e hanno il tempo di diluirsi su tutta l'atmosfera.

Diossido di carbonio, effetto serra e reti connettive

Il diossido di carbonio, ▸tabella 4.4 è il principale responsabile dell'**effetto serra** ▸figura 4.13. La Terra assorbe la radiazione solare e, in parte, la riflette. Vista dallo spazio, la Terra emette la radiazione tipica di un corpo che si trova a −18 °C, eppure la temperatura del suolo è mediamente di 33 °C più alta. La ragione di questo «tepore» risiede nell'atmosfera che, grazie ad alcuni suoi componenti (CO_2, vapore acqueo, CH_4, N_2O), si comporta come una serra,

TABELLA 4.5 I principali inquinanti atmosferici locali.

Inquinanti	Sorgenti e danni	Limiti di qualità dell'aria
monossido di carbonio (CO)	Deriva dalla combustione incompleta di idrocarburi, specialmente della benzina. La sua velenosità è legata al fatto che riduce la capacità del sangue di trasportare ossigeno. CO infatti si lega all'emoglobina (Hb) formando la carbossiemoglobina (COHb) con un legame più forte di quello con l'ossigeno. La concentrazione di COHb nel sangue avvelenato si dimezza solo ogni 2 ore. Con il 4% di COHb iniziano mal di testa e sonnolenza. Concentrazioni maggiori del 50% possono portare alla morte.	Media su 8 h: 10 μg/m^3 Media su 1 h: 40 μg/m^3
idrocarburi	Provengono principalmente dalla benzina incombusta delle automobili, dalle perdite dei serbatoi e dalle raffinerie. Particolarmente pericolosi sono quelli aromatici, molti dei quali sono riconosciuti come cancerogeni.	Media su 3 h, metano escluso: 200 μg/m^3
piombo	Proviene dalla benzina, dove è contenuto come antidetonante sotto forma di piombo tetraetile $Pb(C_2H_5)_4$. L'ingestione di piombo danneggia seriamente il cervello e può portare alla morte. Un indicatore biologico del piombo è l'*Avena fatua*, una graminacea molto comune che lo accumula, prelevandolo sia dal suolo sia dall'atmosfera.	Media annuale su rilievi di 64 h: 2 mg/m^3.
ossidi di azoto	I principali sono NO ed NO_2, prodotti nella combustione per reazione di N_2 e O_2. La presenza di NO_2 nell'aria determina seri disturbi respiratori, anche a bassa concentrazione. NO_2 interviene nella formazione dello smog fotochimico.	Punte giornaliere massime (media su 24 h): 200 μg/m^3
polveri	Provengono dalle lavorazioni industriali e dai fumi degli impianti domestici di riscaldamento. Particolare pericolosità presenta la polvere di amianto (dai freni delle automobili), che favorisce la formazione del cancro nei polmoni.	Media annuale dei valori giornalieri: 150 μg/m^3 punte giornaliere: 300 μg/m^3
diossido di zolfo (SO_2)	Insieme agli ossidi di azoto è il principale responsabile dei danni a carico dell'apparato respiratorio. Proviene in gran parte dagli impianti di riscaldamento, dall'industria e dalle centrali termoelettriche. L'indicatore biologico più sensibile all'SO_2 è rappresentato dai licheni, specialmente quelli che crescono sulla corteccia degli alberi. Questi vegetali non sopravvivono se l'ambiente contiene anche piccole quantità di SO_2; dalla presenza o meno di licheni e dalla loro distribuzione per specie si può ricavare una sorta di mappa dell'inquinamento.	Media annuale sui valori giornalieri: 80 μg/m^3 punte giornaliere (media su 24 h): 250 μg/m^3 media invernale: 130 μg/m^3
ozono (O_3)	Generato da scariche elettriche o dalle lampade a raggi ultravioletti, ha l'odore caratteristico che si avverte dopo i temporali. Si forma anche per reazione dell'ossigeno atomico con l'ossigeno molecolare, derivante, a sua volta, dall'azione della radiazione solare sull'NO_2. È un gas irritante per le vie respiratorie, danneggia i vegetali e i materiali polimerici. Le foglie di tabacco sono indicatori biologici qualitativi e quantitativi dell'ozono.	Media di 1 h da non raggiungere più di una volta al mese: 200 μg/m^3

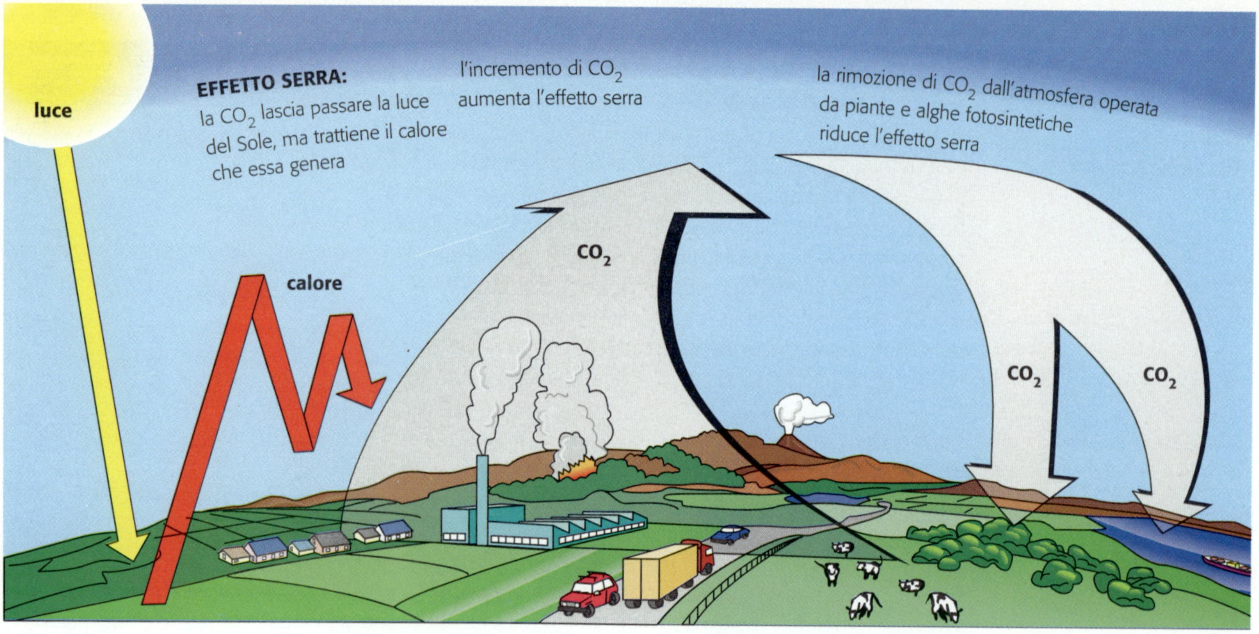

FIGURA 4.13 L'effetto serra.

assorbendo la radiazione infrarossa della luce solare e riemettendola diffusa in tutte le direzioni.

Le complesse relazioni che legano tra loro i vari comparti ambientali e le alterazioni prodotte dall'uomo devono essere descritte da reti connettive di relazioni di causa-effetto. La rete, una volta chiarite le proporzioni e la rilevanza di ogni fenomeno, è alla base dei moderni modelli previsionali che impegnano i più potenti elaboratori. Un esempio di tale **rete connettiva** può essere abbozzato per spiegare l'aumento di temperatura del pianeta causato dall'aumento di CO_2, il più abbondante «gas serra» dell'atmosfera, sulla base delle conoscenze attualmente in nostro possesso ▸figura 4.14.

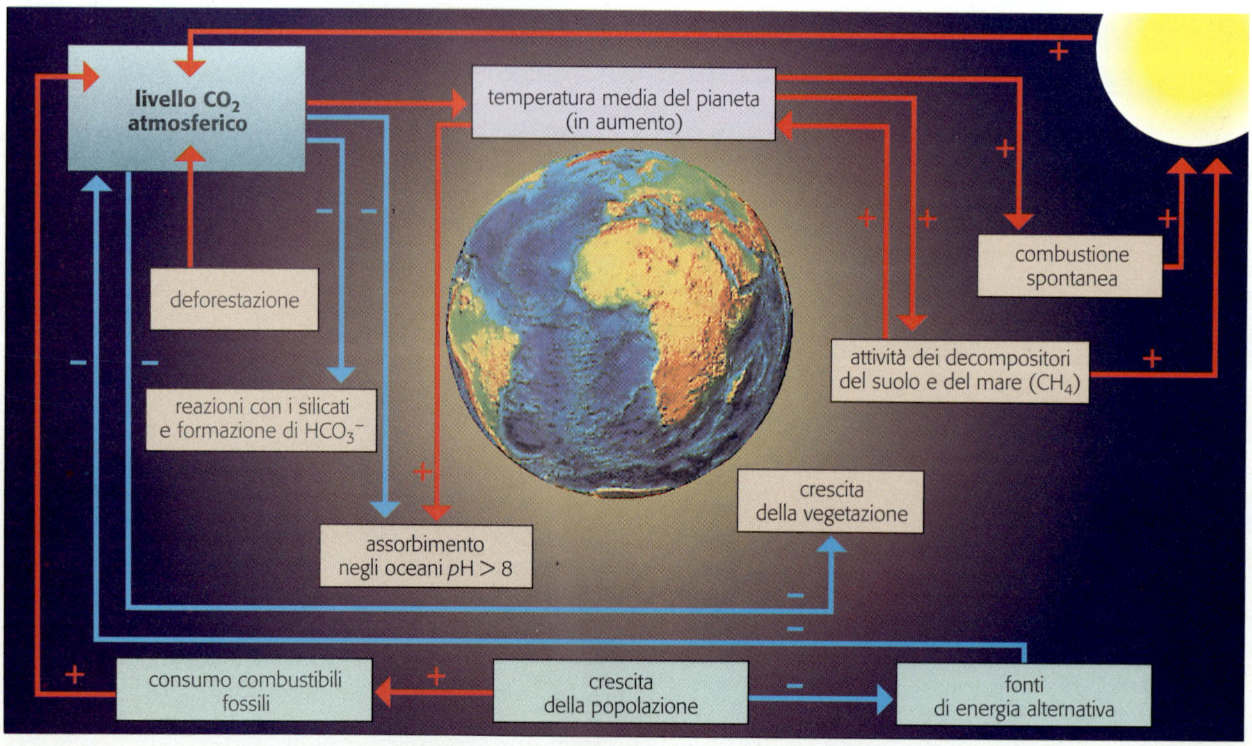

FIGURA 4.14 Un esempio di rete connettiva.

La quantità di diossido di carbonio che l'umanità emette dipende dal consumo globale di combustibili fossili e dal ritmo di deforestazione (responsabile del 20% delle attuali emissioni). Ciascuno di questi fattori è a sua volta influenzato da molti altri. La crescita della popolazione, per esempio, influisce sia sull'aumento dell'uso di combustibili fossili sia sulla rapidità con cui verranno adottate fonti di energia alternative e pratiche di risparmio energetico. Altri gas «serra», pur essendo prodotti in minor quantità, assorbono la radiazione infrarossa più efficacemente della CO_2 e per alcuni di essi, come il metano, le fonti di provenienza sono incerte. Tra le varie ipotesi per l'aumentata immissione di CH_4 vi sono i batteri che vivono nell'apparato digerente delle termiti, in aumento a causa della deforestazione, il metano prodotto dai bovini e quello liberato dalle perforazioni dei pozzi di petrolio.

Clorofluorocarburi e ozono

I premi Nobel 1995 per la Chimica sono stati assegnati a F. Sherwood Rowland, Mario J. Molina e Paul J. Crutzen che, con le loro ricerche iniziate nel 1970, hanno studiato i possibili effetti sulla chimica dell'atmosfera derivanti dall'immissione di ossidi di azoto e di composti del cloro e bromo. I loro studi hanno evidenziato come le attività umane possano interferire con gli equilibri chimici della stratosfera, nella quale è presente ozono (O_3), uno scudo naturale che ci protegge dalla radiazione UV proveniente dal Sole. I **clorofluorocarburi** (CFC) sono i maggiori responsabili dell'impoverimento dell'ozono nella stratosfera che si è registrato da vent'anni a questa parte. I clorofluorocarburi, in cui le quattro valenze del carbonio sono saturate da atomi di fluoro e cloro, sono stabili, inodori, atossici e non infiammabili. Per tutte queste caratteristiche, sono stati considerati per quarant'anni i fluidi ideali per i circuiti dei frigoriferi, spesso in sostituzione della tossica ammoniaca e dell'infiammabile propano. Essi sono impiegati anche come propellenti sicuri delle bombolette spray, come agenti schiumogeni di estintori o isolanti, come solventi per il lavaggio a secco e come scambiatori di calore.

molecole di freon 11 ($CFCl_3$)

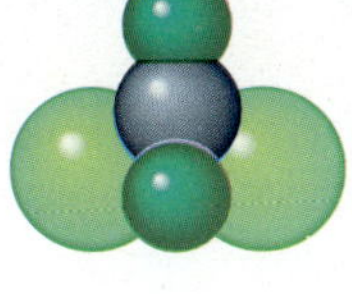

molecole di freon 12 (CF_2Cl_2)

L'ozono si forma nella stratosfera (tra i 12 e i 50 km di altezza) in concentrazione molto bassa, ma tuttavia sufficiente a causare congiuntiviti ai viaggiatori delle linee aeree che volano intorno agli 8000 metri.

Se tutto l'ozono atmosferico si potesse radunare in uno strato, a 0 °C e 1 atm, esso formerebbe uno spessore di soli 3 mm. Nonostante la sua rarefazione, l'ozono è efficacissimo nel bloccare le radiazioni UV più nocive.

Il bilancio della produzione dell'ozono atmosferico è piuttosto delicato. La sua formazione avviene a un tasso costante di 4000 tonnellate al secondo, ed è causata dalle stesse radiazioni ultraviolette del Sole:

$$O_2 \xrightarrow{\text{raggi UV } (\lambda < 242 \text{ nm})} 2O\bullet \qquad O\bullet + O_2 \rightarrow O_3$$

Il bilancio tra formazione e decomposizione garantisce l'esistenza di circa 4 miliardi di tonnellate di ozono stratosferico (tra 12 e 50 km di altezza) distribuite su tutto il globo in modo non uniforme (concentrazione massima = 5 ppm). Tale equilibrio delicato può essere però disturbato dalla presenza di catalizzatori della decomposizione dell'ozono, immessi nella stratosfera da attività umane.

La presenza del cloro, derivante dai CFC o da altre fonti, catalizza la decomposizione, con un meccanismo particolarmente efficiente:

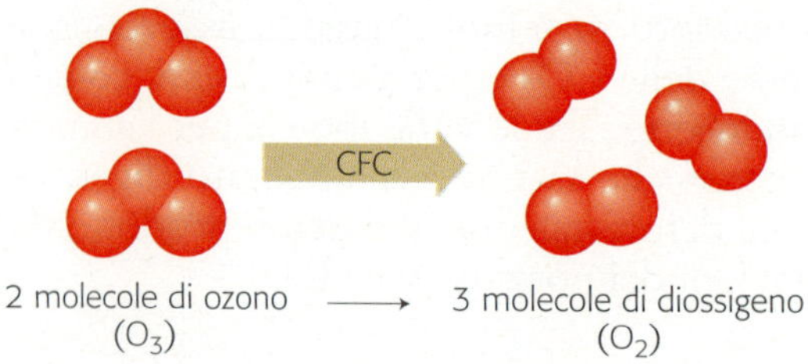

$$Cl\bullet + O_3 \rightarrow ClO\bullet + O_2$$
$$ClO\bullet + O\bullet \rightarrow Cl\bullet + O_2$$
$$\overline{O_3 + O\bullet \rightarrow 2O_2}$$

Ciascun atomo di cloro «elimina» così migliaia di molecole di ozono. Si calcola che il meccanismo catalitico del cloro rimuova 100 000 tonnellate di ozono all'anno dalla stratosfera. La riduzione dell'ozono interessa soprattutto la zona antartica del pianeta, dove si registrano annualmente, a partire dal 1975, diminuzioni cicliche, primaverili, del 50% nello strato di ozono. Le nubi stratosferiche diffuse in quelle regioni, costituite da cristalli di ghiaccio, probabilmente favoriscono la reazione dell'ozono con certi composti clorurati inglobati nei cristalli.

Il depauperamento dell'ozono stratosferico è una prospettiva inquietante. Venendo a mancare tale prezioso scudo, le radiazioni UV provocherebbero danni gravi all'uomo, agli animali e alla catena alimentare. Per questo, con l'accordo di Montreal del 1987, decine di Stati si sono impegnati a dimezzare la produzione di CFC entro la fine del secolo, mentre diverse nazioni e i principali produttori di CFC hanno già interrotto la produzione di questi composti. Attualmente si producono composti alternativi (CHFC, contenenti anche idrogeno) più instabili. Tali nuovi prodotti si decompongono entro pochi mesi dopo l'uso, sicché restano poco nella stratosfera.

Le piogge acide

In condizioni normali, il diossido di carbonio si scioglie nell'acqua della pioggia formando acido carbonico e conferendole una lieve acidità (pH = 5,6); le concentrazioni sono:

$$[H_2CO_3] = 620 \text{ ppb}$$
$$[HCO_3^-] = 153 \text{ ppb}$$
$$[CO_2] = 553 \text{ ppb}$$

SO_2, NO e NO_2 sono gas di origine antropica che, dopo una serie di trasformazioni, abbassano il pH dell'acqua nelle precipitazioni, rendendole acide. Le deposizioni acide possono essere **umide** (pioggia, neve, nebbia) o **secche:** (polveri, foschie di solfati $(NH_4)_2SO_4$ e Na_2SO_4, assorbimento diretto di gas SO_3 o SO_2 da parte delle foglie, del terreno e dei manufatti). L'acidità e le malattie delle piante prodotte da deposizioni secche sono circa di entità confrontabile con quella delle deposizioni umide.

L'acidità delle precipitazioni è la conseguenza dell'attività di autodepurazione dell'atmosfera da tali gas. Il radicale ossidrile, infatti, è lo «spazzino» dell'aria ▸figura 4.15.

Esso si forma dalla reazione tra l'ossigeno atomico (derivante dall'ozono) e la molecola d'acqua:

$$O\cdot + H_2O \rightarrow 2 \bullet OH$$

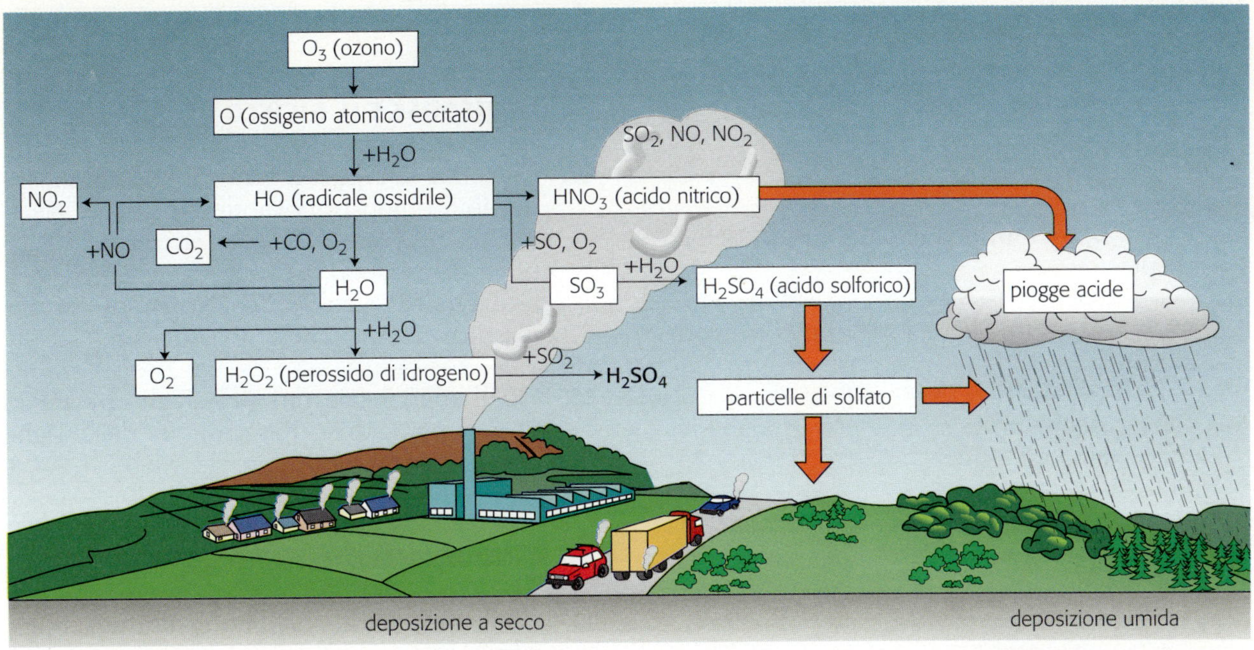

FIGURA 4.15 Le reazioni che conducono alla formazione di piogge e di deposizioni acide sono la conseguenza della capacità auto-depurante dell'atmosfera dagli inquinanti generati dalle attività umane.

Ecco le reazioni cui dà luogo il radicale •OH:

REAZIONE 1 ossidazione da SO_2 a SO_3

$SO_2 + \bullet OH \rightarrow HOSO_2$

$HOSO_2 + O_2 \rightarrow SO_3 + \bullet HO_2$

REAZIONE 2 ossidazione da NO a NO_2

$\bullet HO_2 + NO \rightarrow \cdot OH + NO_2$

REAZIONE 3 formazione di H_2SO_4 $(= (OH)_2SO_2)$

$SO_3 + H_2O \rightarrow H_2SO_4$

REAZIONE 4 ossidazione a HNO_3

$\bullet OH + NO_2 \rightarrow HNO_3$

Le piogge e le nebbie acide, vere e proprie soluzioni di HNO_3 e H_2SO_4, hanno effetti devastanti sui monumenti e sulle opere d'arte. Nelle opere in marmo il $CaCO_3$ si trasforma in $CaSO_4$ originando fessure e vescicole che consentono l'insediamento di licheni e piante le quali, a loro volta, amplificano l'azione disgregatrice. Ma ancora più drammatici sono gli effetti dell'acidificazione dell'ecosistema. Interi boschi di conifere sono stati devastati, e molti laghi alpini privi di rocce calcaree (capaci di tamponare l'acido) rischiano la morte biologica. I batteri denitrificanti hanno pH ottimali di lavoro intorno a 6,5 e quindi l'acidificazione interrompe il ciclo dell'azoto, nel suolo e nei laghi. L'aumento dell'acidità provoca inoltre la dissoluzione di ioni Al^{3+}. Quando il pH del suolo scende sotto il valore 4,2 la concentrazione di Al^{3+} supera la soglia di 0,2 mg/L, la massima concentrazione tollerata dagli organismi acquatici. Per questi e altri fattori, la vita di un lago risente già di un pH intorno a 6 e scompare definitivamente se il pH scende a 5.

Negli ultimi vent'anni la concentrazione di solfati è diminuita grazie all'adozione di combustibili a basso tenore di zolfo e all'installazione di depuratori. Nonostante ciò l'acidità è aumentata ed è divenuta più uniforme in tutti i periodi dell'anno, a causa dell'aumento dei consumi energetici e dell'aumentato traffico veicolare.

1. L'ECOSISTEMA ACQUA

1. Cos'è un ecosistema?

2. Quali sono i principali inquinanti dell'acqua?

3. Che cosa si intende con il termine «eutrofizzazione»?

4. Quali inquinanti possono derivare dalla fertilizzazione intensiva?

5. Perché i concimi contenenti fosfati agevolano la fissazione dell'azoto da parte delle piante coltivate?

2. I CICLI VITALI

6. Quale processo opera la trasformazione del carbonio atmosferico in glucosio?
   - A la fotosintesi
   - B la respirazione
   - C l'eutrofizzazione

7. Come si chiama il processo di trasformazione dell'azoto nitrico in N_2?
   - A nitrificazione
   - B denitrificazione
   - C fissazione

8. In quali modi l'azoto atmosferico viene fissato in natura?

9. Qual è la principale fonte di azoto per gli animali?

10. Quali sono i concetti principali appresi in questo paragrafo? Riassumi in dieci righe ciò che ritieni importante ricordare.

3. LE RISORSE E IL RICICLO

11. Classifica le seguenti fonti di energia in rinnovabili e non rinnovabili: metano di giacimento, propano, idrogeno elettrolitico, carbone di miniera, carbone di legna, energia fotovoltaica, alcol etilico, scarti di carta e plastica, energia da fissione nucleare.

12. Quali sono i concetti principali appresi in questo paragrafo? Riassumi in dieci righe ciò che ritieni importante ricordare.

4. L'INQUINAMENTO ATMOSFERICO

13. Quali sono i principali inquinanti dell'atmosfera?

14. Quali sono le principali molecole contenute nell'atmosfera?

15. Quali fenomeni naturali producono inquinamento dell'atmosfera? È corretto definire l'inquinamento come «danno ambientale prodotto dall'uomo»?

16. Anche la pioggia «normale» è acida (pH 5,6) a causa del diossido di carbonio disciolto in essa. Quali sono gli ossidi responsabili delle piogge acide?

17. Quali sono gli indicatori biologici più adatti per SO_2, O_3 e Pb?

18. Cosa si intende per «smog fotochimico»?

19. Che cos'è l'effetto serra?

20. Qual è l'azione dei clorofluorocarburi sui gas presenti nella stratosfera?

21. Quali sono i concetti principali appresi in questo paragrafo? Riassumi in dieci righe ciò che ritieni importante ricordare.

COSTRUISCI LA COMPETENZA

OBIETTIVO definire gli ecosistemi e le relazioni tra organismi viventi e materia

RISOLVI I SEGUENTI QUESITI

1. Quali sostanze utilizza per crescere una pianta verde?
2. Che tipo di legame unisce i due atomi di azoto nella molecola? Quali processi usa l'uomo per trasformare l'azoto molecolare in composti?

OBIETTIVO descrivere le principali cause di inquinamento e i sistemi di depurazione dell'acqua

RISOLVI I SEGUENTI QUESITI

3. Perché i laghi con bacini calcarei ($CaCO_3$) sono più soggetti all'eutrofizzazione?
4. Perché un modo di combattere l'eutrofizzazione dei laghi consiste nel rimescolare l'acqua o nell'insufflare ossigeno?
5. Qual è l'elemento da abbattere in uno scarico per ridurre il rischio di eutrofizzazione di un lago?
6. Qual è il destino dei fanghi prodotti dai depuratori comunali della tua città?
7. Quali sono i vantaggi della depurazione anaerobica con fermentazione metanica? Quali sono gli svantaggi?

OBIETTIVI descrivere i cicli naturali del carbonio, dell'ossigeno e dell'azoto
spiegare come il riciclo può aiutarci a conservare le risorse non rinnovabili

RISOLVI I SEGUENTI QUESITI

8. Calcola il contenuto di carbonio in:
   A 1 kg di metano CH_4
   B 1 kg di ottano C_8H_{18}
   C 1 kg di alcol etilico C_2H_5OH
   Scrivi e bilancia le reazioni di combustione.
9. L'azoto fissato dalle piante è sufficiente per i consumi alimentari mondiali? Spiega la tua risposta.
10. Quale aspetto della fabbricazione del vetro rende poco vantaggioso il riciclo?
    A il costo elevato delle materie prime
    B la scarsa diffusione delle materie prime
    C l'elevata quantità di energia consumata per la separazione, la raccolta e la nuova fusione
    D il peggioramento delle qualità del materiale
    Spiega la tua risposta.
11. Indica quale dei seguenti materiali è di fatto riciclato quasi per intero:
    A vetro
    B ferro
    C plastica
    D carta
    Spiega la tua risposta.
12. Quale aspetto della fabbricazione dell'alluminio rende particolarmente vantaggioso il riciclo?
    A la scarsa diffusione della materia prima
    B l'abbattimento dei costi energetici
    C l'elevato inquinamento associato alla sua produzione
    D l'elevato inquinamento associato con la sua dispersione nell'ambiente
    Spiega la tua risposta.
13. Qual è la sistemazione più conveniente per i sacchetti di plastica?
    A incenerimento
    B riciclo
    C biodegradazione in discarica
    D riutilizzo
    Spiega la tua risposta.
14. Sotto quale forma l'energia può percorrere lunghe distanze con le minori perdite?
    A cavi elettrici
    B tubi di acqua calda
    C incorporata in legami chimici
    D vapore surriscaldato
    Spiega la tua risposta.
15. Quale dei seguenti combustibili brucia senza produrre CO_2?
    A metano
    B idrogeno
    C carbone
    D alcol etilico
    Spiega la tua risposta.

VERIFICHE

OBIETTIVO illustrare le principali cause dell'inquinamento atmosferico

RISOLVI I SEGUENTI QUESITI

16. Quali sono le sostanze implicate nella decomposizione dell'ozono atmosferico?

17. Facendo gorgogliare dell'aria a 1 L/minuto in una soluzione di KI, dopo circa 1 ora la soluzione diventa gialla; durante un violento temporale, invece, bastano pochi minuti. Perché?

18. Discuti i vantaggi dell'impiego dell'idrogeno come combustibile.

19. Un campione di pioggia acida avente pH 3 contiene esclusivamente acido solforico. Calcola la concentrazione molare dell'acido.

20. Per rivelare la presenza di acido solforico in un campione di pioggia con un saggio chimico si può usare una soluzione di:

A NaOH

B NaCl

C NH_3

D $BaCl_2$

Spiega la tua risposta.

21. Quale particella, instabile e reattiva, consente di trasformare SO_2 in H_2SO_4?

A CO

B •OH

C H_2O_2

D NO

Spiega la tua risposta.

22. Quale agente non favorisce la trasformazione di SO_2 in solfati nell'atmosfera?

A ammoniaca

B acqua

C contaminanti riducenti

D ozono

Spiega la tua risposta.

Pensa come uno scienziato

1 Il ciclo del carbonio, in natura, può essere rappresentato dal seguente schema. Per ogni freccia numerata esamina il corrispondente trasferimento degli atomi di carbonio e dai un nome al processo.

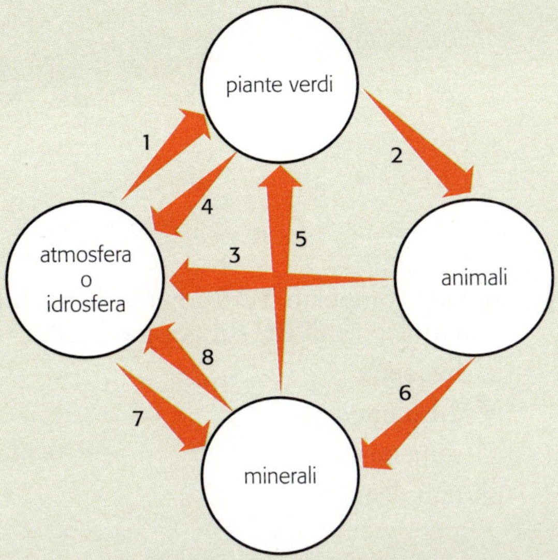

2 Completa la seguente tabella:

Parola chiave	Definizione	Esempi
Ecosistema		
Autotrofo-eterotrofo		
Fotosintesi		
Eutrofizzazione		
Smog fotochimico		
Effetto serra		

Modulo H

Verifiche

UNITÀ DIDATTICA 1

1. Due carboni impegnati in un legame doppio sono legati:
   - A da tre legami sigma
   - B da due legami sigma e un legame pi greco
   - C da un legame sigma e un legame pi greco
   - D da un legame sigma e due legami pi greco

2. Quale struttura non è un isomero dell'esano?
   - A 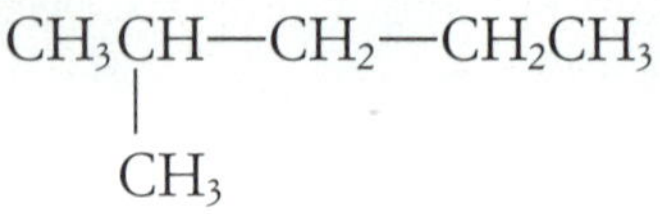
   - B 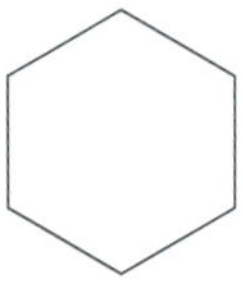
   - C 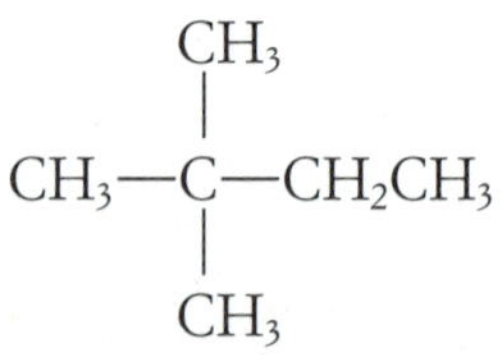
   - D 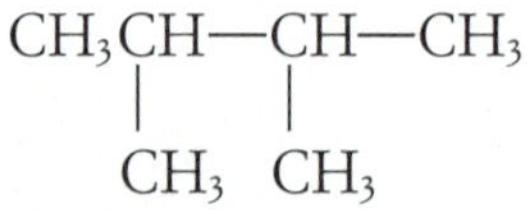

3. A parità di atomi di carbonio quale idrocarburo contiene il maggior numero di legami π?
   - A cicloeptene
   - B cicloeptino
   - C cicloeptadiene
   - D toluene

4. Quale composto addiziona più facilmente una molecola di Br_2 sul doppio legame?
   - A benzene
   - B 2-butene
   - C toluene
   - D naftalene

5. Quale composto non possiede molecole con doppi legami coniugati?
   - A toluene
   - B 1,3-pentadiene
   - C 1,2-butadiene
   - D naftalene

6. Quale composto è un alchene?
   - A 1,3-butadiene
   - B antracene
   - C toluene
   - D naftalene

7. Nella molecola C_4H_{10} il numero di legami covalenti è:
   - A 7
   - B 13
   - C 10
   - D 12

8. Alcuni composti che hanno la stessa formula ma differente struttura sono chiamati:
   - A enantiomeri
   - B allotropi
   - C isotopi
   - D omologhi

9. C_nH_{2n} è la formula generale di una serie omologa. Quale idrocarburo appartiene a questa serie?
A naftalene
B pentano
C acetilene
D cicloesano

10. Una molecola di 1-butene è simile a una molecola di butano in quanto ha :
A la stessa formula di struttura
B lo stesso numero di atomi di carbonio
C lo stesso numero di atomi di idrogeno
D la stessa formula

11. Quale formula rappresenta il butano?
A C_4H_8
B C_5H_{10}
C C_5H_{12}
D C_4H_{10}

12. Quale formula rappresenta un alchene?
A CH_4
B C_3H_6
C C_3H_8
D C_6H_6

13. Quale idrocarburo è un cicloalchene?
A C_5H_{10}
B C_5H_{12}
C C_5H_8
D C_6H_{12}

14. Quale composto può dare due enantiomeri?
A 1-bromopentano
B 2-bromopropano
C 3-bromopentano
D 2-bromopentano

15. Quale composto può dare due isomeri *cis-trans*?
A 2-pentene
B 1-butene
C 1-butino
D 1-propene

16. Le reazioni di addizione avvengono sugli idrocarburi insaturi perché:
A hanno legami π
B contengono più atomi di idrogeno
C contengono meno atomi di idrogeno
D contengono legami più forti

17. Quale composto addiziona più facilmente H_2?
A CH_4
B C_3H_8
C C_6H_{14}
D C_4H_8

18. Quali sono le reazioni caratteristiche degli alcheni?
A reazioni di addizione elettrofila
B reazioni di sostituzione elettrofila
C reazioni di sostituzione nucleofila
D reazioni di neutralizzazione

19. I membri di una serie di idrocarburi, per esempio gli alchini, sono simili perché ciascun membro ha:
A la stessa formula bruta
B la stessa formula di struttura
C la stessa formula generale
D lo stesso numero di atomi di carbonio

20. Quale idrocarburo ha meno formule di struttura?
A C_6H_6
B C_4H_8
C C_5H_{10}
D C_4H_{10}

21. Il primo e più semplice alchino è:
A il metene
B il metino
C l'etene
D l'acetilene

UNITÀ DIDATTICA 2

22. Disidratando il cicloesanolo con acido fosforico si ottiene:
A cicloesene
B ciclopentene
C esano
D ciclopentano

VERIFICHE

23. Quale composto produce propene per riscaldamento con acido solforico?
- A solo isopropanolo
- B solo 1-propanolo
- C sia l'isopropanolo sia l'1-propanolo
- D propano

24. L'alcol che contiene tre gruppi alchilici sull'atomo di carbonio legato a OH è un alcol:
- A primario
- B secondario
- C terziario
- D quaternario

25. L'ossidazione del 2-butanolo porta al:
- A butano
- B propanone
- C butanone
- D propanolo

26. Il clorofenolo è un derivato di un:
- A di un alogenuro alchilico
- B alogenuro aromatico
- C alchino
- D idrocarburo insaturo

27. Il composto $CH_3—CH_2—O—CH_2CH_2CH_3$ si chiama:
- A etilpropil etere
- B dietil etere
- C etere pentilico
- D metilpropil etere

28. Il nome IUPAC di $CH_3CH_2NHCH_2CH_3$ è:
- A dimetilammina
- B butilammina
- C propilammina
- D dietilammina

29. Quale tra i seguenti composti è un'ammina?
- A anilina
- B benzina
- C benzolo
- D naftalina

30. Quando la butilammina reagisce con HCl il prodotto è:
- A $NH_4Cl + CH_3CH_2CH_2CH_3$
- B $CH_3CH_2CH_2NH_2 + Cl^-$
- C $CH_3CH_2CH_2CH_2Cl + NH_4^+$
- D $CH_3CH_2CH_2CH_2NH_3^+ + Cl^-$

31. L'aldeide formica si ottiene per ossidazione blanda del:
- A acido formico
- B alcol metilico
- C alcol etilico
- D metano

32. La reazione fra propanale e una molecola d'alcol produce un:
- A emiacetale
- B acetale
- C chetale
- D propanone

33. Dall'ossidazione del cicloesanolo si ottiene:
- A cicloesanone
- B cicloesene
- C cicloesanale
- D cicloesano

34. Qual è il nome di CH_3CH_2COOH?
- A acido metanoico
- B acido etanoico
- C acido propanoico
- D acido butanoico

35. Il nome IUPAC dell'acido formico è:
- A acido metanoico
- B acido etanoico
- C acido propanoico
- D acido butanoico

36. L'acido benzoico è:
- A un acido aromatico
- B un acido forte
- C un acido con 6 atomi di carbonio
- D un acido minerale

37. Il nome del prodotto di reazione fra metanolo e acido butanoico è:
- A butanoato di metile
- B propanoato di etile
- C estere butanoico
- D acido metilbutirrico

38. Qual è il nome di $CH_3CH_2COOCH_3$:
- [A] acetato di etile
- [B] acetato di propile
- [C] propanoato di metile
- [D] pentanoato di metile

39. La reazione fra HCl e butanoato di etile è una:
- [A] saponificazione
- [B] esterificazione
- [C] idrolisi acida
- [D] neutralizzazione

40. Il nome IUPAC del composto $CH_3CH_2CONHCH_2CH_3$ è:
- [A] N-etilpropanammide
- [B] metil propilammide
- [C] metil-N-propanammide
- [D] N-metilpropanammide

UNITÀ DIDATTICA 3

41. I carboidrati sono composti che contengono prevalentemente:
- [A] carbonio e ossigeno
- [B] carbonio e idrogeno
- [C] idrogeno e ossigeno
- [D] carbonio, idrogeno e ossigeno

42. A temperatura ambiente i lipidi sono sempre allo stato:
- [A] solido
- [B] liquido
- [C] aeriforme
- [D] solido o liquido

43. Il carboidrato seguente è:

$$CH_2OH—CHOH—\underset{\underset{\displaystyle O}{\|}}{C}—CH_2OH$$

- [A] un chetotetroso
- [B] un aldotetroso
- [C] un chetopentoso
- [D] un aldopentoso

44. L'atomo chirale del 2-butanolo è:
- [A] il carbonio 1
- [B] il carbonio 2
- [C] il carbonio 3
- [D] il carbonio 4

45. Nel D-fruttosio, l'OH del carbonio 5 è:
- [A] sopra
- [B] sotto
- [C] a sinistra
- [D] a destra

46. Il disaccaride composto da D-galattosio e D-glucosio è:
- [A] il maltosio
- [B] il cellobiosio
- [C] il saccarosio
- [D] il lattosio

47. Il polisaccaride di riserva presente nei cereali è:
- [A] l'amido
- [B] la lignina
- [C] il glicogeno
- [D] la cellulosa

48. Il nome del composto $CH_3(CH_2)_7CH{=}CH(CH_2)_7COOH$ è:
- [A] carboidrato
- [B] acido butirrico
- [C] acido oleico
- [D] acido stearico

49. Un acido saturo contiene lungo la catena:
- [A] solo legami singoli
- [B] un doppio legame
- [C] due doppi legami
- [D] tre doppi legami

50. La reazione di un gliceride con HCl che produce tre acidi grassi e glicerina è una:
- [A] esterificazione
- [B] saponificazione
- [C] idrolisi basica
- [D] idrolisi acida

51. La formula R—CONH—R′ indica:
- [A] una proteina
- [B] un acido
- [C] un'ammina
- [D] un amminoacido

VERIFICHE

52. Qual è il nome di $CH_2(NH_2)$—COOH?
A glicina
B alanina
C valina
D acido glutammico

53. Gli amminoacidi non essenziali:
A sono sempre di origine sintetica
B sono sintetizzati dall'organismo
C mancano nella dieta
D devono essere introdotti con la dieta

54. I polisaccaridi si formano legando insieme i monosaccaridi con un:
A legame singolo
B legame peptidico
C legame doppio
D legame acilico

55. La cellulosa è un esempio di:
A isomero
B polimero
C enantiomero
D monomero

56. Il legame che determina la struttura primaria delle proteine è:
A un legame idrogeno
B un legame covalente
C un'attrazione idrofila
D un legame ionico

57. Le basi azotate nel DNA sono:
A A, G, T
B A, G, C, U
C A, G, C, T
D A, G, U

58. L'uracile si trova :
A nel DNA
B nell'RNA
C sia nell'RNA sia nel DNA
D né nell'RNA né nel DNA

59. Il desossiribosio si trova:
A nel DNA
B nell'RNA
C sia nell'RNA sia nel DNA
D né nell'RNA né nel DNA

60. La sequenza complementare di un tratto di DNA con sequenza GGAT è:
A GCTA
B ATCG
C CCTA
D CGAT

UNITÀ DIDATTICA 4

61. Quale processo trasforma il glucosio in CO_2 e H_2O?
A fotosintesi
B respirazione cellulare
C eutrofizzazione

62. Come si chiama il processo di trasformazione di NH_3 in NO_3^-?
A nitrificazione
B denitrificazione
C fissazione

63. Quale materiale è riciclabile solo in modeste quantità?
A ferro
B mercurio
C plastica
D carta

64. Perché conviene riciclare la carta?
A perché la raccolta e il riciclo consentono un notevole risparmio di energia
B perché si limita la produzione di carta dagli alberi
C perché la carta non è biodegradabile
D perché l'incenerimento è difficile

65. Quale combustibile ha un carico inquinante più elevato?
A idrogeno
B metano
C legno
D alcol etilico

66. Le cause dell'inquinamento dell'aria e dell'acqua sono dovute:
A alle emissioni naturali
B all'uomo
C agli animali
D ad A, B, C

67. I gas e le particelle solide rilasciate nell'atmosfera:

- [A] sono diluite dall'atmosfera
- [B] circolano nell'atmosfera
- [C] rimangono vicino alla Terra
- [D] le tre precedenti risposte sono vere

68. L'esposizione all'aria che contiene lo 0,1% di CO per diverse ore può causare:

- [A] reazioni allergiche
- [B] la morte
- [C] infiammazioni bronchiali
- [D] nessuna reazione

69. Quale composto possiede un odore acre e irrita il sistema respiratorio?

- [A] monossido di carbonio
- [B] idrocarburi
- [C] diossido di zolfo
- [D] azoto

70. La produzione di acidi nell'atmosfera deriva da cause naturali quali:

- [A] la corrosione
- [B] i fulmini
- [C] le piogge
- [D] le foreste

71. La temperatura media del pianeta sta crescendo. Come si chiama tale effetto?

- [A] effetto estate
- [B] effetto serra
- [C] riscaldamento tropicale
- [D] effetto globale

72. Le polveri nell'aria sono prodotte principalmente:

- [A] dai condizionatori d'aria
- [B] dalle montagne
- [C] dalla combustione
- [D] dall'aria calda

Modulo

Glossario H

Alcano [*alkane*]: idrocarburi contenenti singoli legami carbonio-carbonio e carbonio-idrogeno. La formula generale è C_nH_{2n+2}.

Alchene [*alkene*]: idrocarburi contenenti doppi legami carbonio-carbonio. La formula generale degli idrocarburi lineari e ramificati è C_nH_{2n}, se contengono un solo doppio legame.

Alchino [*alkyne*]: idrocarburi alifatici con tripli legami carbonio-carbonio. Se contengono un solo triplo legame la formula è C_nH_{2n-2}.

Aldeide [*aldehyde*]: composti organici con gruppo funzionale —CHO.

Acido carbossilico [*carboxylic acid*]: composti organici di natura acida con gruppo funzionale —COOH.

Ammina [*amine*]: composti organici con gruppo funzionale $—NH_2$, —NHR, —NRR′.

Chetone [*ketone*]: composto organico contenente un carbonile (C=O) legato a due atomi di carbonio. Esempio CH_3COCH_3 (acetone).

Cicloalcano [*cycloalkane*]: idrocarburo ciclico contenente solo carboni saturi. I cicloalcani hanno formula C_nH_{2n}.

Cracking [*cracking*]: processo per trasformare frazioni del petrolio rompendo le molecole in frammenti più piccoli e contenenti un maggior numero di doppi legami.

Effetto induttivo [*inductive effect*]: sottrazione o cessione di elettroni, di certi atomi o gruppi di atomi, che influenza la polarità di un legame.

Effetto serra [*greenhouse effect*]: trattenimento dei raggi solari, riflessi dal suolo, da parte di certi gas presenti nell'atmosfera (CO_2, vapore acqueo).

Elettrofilo [*electrophilic*]: reagente che attacca una molecola ricca di elettroni.

Enantiomero [*enantiomer*]: copia speculare di una molecola chirale.

Enzima [*enzyme*]: catalizzatore biologico.

Estere [*ester*]: composto organico prodotto dalla reazione di un alcol con un acido organico.

Estrazione [*extraction*]: separazione di un componente da una miscela sfruttando la sua solubilità in un dato solvente.

Etere [*ether*]: composto avente formula generica R—O—R.

Eutrofizzazione [*eutrophication*]: enorme produzione di piante acquatiche in un corso d'acqua, dovuta a un eccesso di nutrienti quali nitrati e fosfati.

Fenolo [*phenol*]: composti in cui un gruppo —OH (ossidrile) è attaccato direttamente a un gruppo aromatico.

Fissazione dell'azoto [*nitrogen fixation*]: formazione di composti azotati a partire dall'azoto molecolare.

Fotosintesi [*photosynthesis*]: complesso sistema di reazioni, innescato dalla radiazione solare, che si realizza nella parte verde delle piante e che trasforma biossido di carbonio e acqua in carboidrati e ossigeno.

Glucide [*carbohydrate*]: sostanza con una componente zuccherina, le cui molecole contengono gruppi alcolici e funzioni chetoniche o aldeidiche.

Grasso [*grease*]: riserva energetica per il corpo; sono in genere esteri di acidi grassi con la glicerina.

Isomero [*isomer*]: composti costituiti dagli stessi atomi, ma disposti con differente arrangiamento.

Lipide [*lipid*]: sostanza di origine naturale solubile in solventi apolari.

Molecola chirale [*chiral molecule*]: molecola priva di elementi di simmetria per la quale esistono due versioni, l'una immagine riflessa dell'altra, come le mani destra e sinistra.

Monomero [*monomer*]: la molecola più piccola dalla quale può essere ottenuto un polimero.

Monosaccaride [*monosaccharide*]: molecola di uno zucchero. Esempio: glucosio.

Nucleofilo [*nucleophylic*]: reagente che attacca una regione povera di elettroni in una molecola.

Polimerizzazione [*polymerization*]: unione di monomeri per formare lunghe molecole (polimeri).

Polimero di addizione [*addition polymer*]: molecola polimerica ottenuta da reazioni di addizione dei monomeri, in genere sostanze contenenti doppi legami. Esempi: alcheni e loro derivati, come il polietilene.

Polimero di condensazione [*condensation polymer*]: molecola polimerica ottenuta da reazioni di condensazione dei monomeri. La condensazione comporta l'eliminazione di piccole molecole (H_2O, HCl).

Polisaccaride [*polysaccharide*]: molecola costituita da una catena di numerosi monosaccaridi.

Potere rotatorio α [*rotatory power*]: capacità di una sostanza o soluzione di ruotare il piano di polarizzazione della luce (polarizzata) che lo attraversa.

Proteina [*protein*]: polimero naturale costituito da una lunga serie di α-amminoacidi uniti con legame —CO—NH—.

Racemo [*racemic mixture*]: miscela contenente concentrazioni uguali di due enantiomeri.

Smog fotochimico [*photochemical smog*]: miscela complessa di sostanze irritanti e tossiche, prodotta dall'azione della luce solare sull'atmosfera inquinata dai gas di scarico delle automobili.

Indice analitico

A

B

C

D

E

F

G

I

K

L

M

N

O

P

Q

R

S

T

Fonti delle illustrazioni

MODULO H

Carlo Gardini: H1.1, H1,9, H1.14, H1.17,H2.1, H2.2, H2.4, H2.13, H2.14, H2.15;
H2.3, H2.9 da Valitutti, Gentile, Gerosa, Tifi, *Le basi della Chimica* Masson S.p.A., Milano, 1997; Zanichelli, Bologna, 1999
H3.4, H3.5 da Campbell, Mitchell, Reece, *Immagini della Biologia*; Zanichelli, Bologna, 2000
H3.6, H3.7b da Garrett, Grisham, Biochimica, Zanichelli Bologna, 1998
H4.1 da Lupia Palmieri, Parotto, *Il globo terrestre*, Zanichelli Bologna, 2000
H4.5 Foto Enrico Gargiulo
H4.7 Rosenfeld Images LTD/Science Photo Library/G.Neri
H4.12 da Strahler, Strahler, *Corso di scienze della Terra*, Zanichelli Bologna, 1996